U0229232

集成过程模拟、先进控制和大数据分析优化聚烯烃生产

（上册）

［美］刘裔安（Y. A. Liu）
［美］尼克特·夏尔马（Niket Sharma） 著
冯新国　阳永荣　罗正鸿　等译

中国石化出版社
·北京·

编译工作组

总策划： 曹湘洪

组　长： 冯新国　阳永荣　罗正鸿

总校对： 刘喬安

成　员： 王建平　陈玉石　赵恒平　杨彩娟

宋登舟　郑冬梅　王　赓　范小强

蒋斌波　廖祖维　陈锡忠　朱礼涛

欧阳博　杨亚楠　阮诗想　高　希

中文版序言

我和美国弗吉尼亚理工学院暨州立大学(英文简称 Virginia Tech)刘裔安(Y. A. Liu)教授相识于1992年暑期。当时刘教授应中国科学院郭慕孙院士邀请回国讲学，经过郭慕孙院士的介绍，我很荣幸认识了著名的华裔学者刘裔安教授。1993年，我在北京燕山石化公司主管科技和生产，为优化各个生产装置操作运行，由我决策、购买了全公司生产装置均可以使用的 Aspen Tech 网络版的流程模拟软件，成为 Aspen Tech 在中国石化企业的首批用户，但是流程模拟软件只是提供了一种先进的工具，必须让装置的工艺工程师学会使用软件才能发挥作用。

经 Aspen Tech 公司有关人员的推荐，燕山石化和刘裔安教授合作开办软件应用培训班，利用他每年的大学假期到燕山石化，给来自各个车间的负责人及工艺工程师授课，讲解如何使用 Aspen Tech 软件。鉴于培训对象的英文水平有限，刘教授把教材写成中文，用中文授课。

为了充分利用暑假、寒假时间，学校一放假他就来到燕山石化，每天授课和对学员辅导都会超过8小时。虽然我专门交代要为他的食、宿提供优质的服务，但讲了一天课，回到燕山石化招待所，他经常是只要一碗面条。因为太累，他吃完后回房间稍事休息就睡觉，睡到凌晨就起来准备当天的教案。他的敬业精神、对每个学员高度负责的态度给我留下极为深刻的印象。

就这样，刘教授为燕山石化培训了一批又一批装置工程师，让他们学会了使用软件进行所在装置的流程模拟，并能根据模拟结果完善生产装置的操作决策。在提高产量、质量和节能降耗上都取得了好效果。有些装置的工程师还通过流程模拟的结果，发现了装置原设计存在的不合理问题，提出了技术改造的方案，实施后成效明显。燕山石化的做法和取得的效果受到了中国石化的重视。

1997年，中国石化与Aspen Tech商定在燕山石化成立中国石化-Aspen Tech-Virginia Tech北京培训中心，将培训对象扩大到中国石化系统内各企业石化装置的工程师和工程设计及研究单位的工程师。刘教授出色的培训工作受到了广大学员的一致好评。由中国石化支持与提名，刘教授于2000年获得了国务院颁给在华国外专家的最高奖项——中国政府友谊奖，感谢他对企业的可持续开发和工程培训的贡献。

2004年，北京培训中心移址新建的石油化工管理干部学院，办学条件和教学设施得到明显改善，到中心接受培训的工程师除了中国石化系统内的，还有系统外的。2015年，刘教授结束了在中国石油化工股份公司担任总裁办公室顾问的任期。2015年至2018年，刘教授持续每年回国帮助中国石油天然气股份公司开展技术开发与工程培训。从1992年起到2018年为止，刘教授得到其夫人的全力支持，每年不辞辛苦、远渡重洋，来国内为中国石油化工行业培训了至少7500位工程师，使他们掌握了基于Aspen Tech软件的流程模拟及先进控制技术，在各自的工作岗位上为中国石油化工工业的发展作出了贡献。

在中国石化，刘教授培训的学员应用流程模拟和先进控制技术优化生产运行，根据我们信息和数字化管理部的统计，每年产生的效益超过1.1亿美元。他还为专门应用流程模拟和先进控制技术为企业提供技术服务的团队，即中国石化控股的石化盈科公司上海分公司，培训了一批高水平的技术骨干。长达30多年的工作交往也使我和刘教授建立了深厚的友谊。

聚烯烃是以乙烯为龙头的石化企业的主要终端产品，其应用领域十分广泛，是使用量最大的高分子材料。2023年，全球聚烯烃的产量和消费量已分别达到2.09亿t和2.01亿t。面向未来，为满足人类对粮食、洁净水、健康、医疗等的基本需求，各行各业节能减碳的需求，开发利用零碳能源实现能源低碳化转型的需求，聚烯烃仍将是不可或缺并会产生新的应用场景的材料，只是更多的应用场景对聚烯烃材料的结构与性能会有新的要求。

从20世纪80年代起，中国聚烯烃的产量及消费量一直保持快速增长的态势，增长过程中陆续引进了世界上各种聚烯烃技术。进入新世纪，跟随世界聚烯烃装置大型化的步伐，我国聚烯烃生产装置的规模也在扩大。我服务的中国石化还通过自主创新开发出了具有技术特色的聚乙烯、聚丙烯生产技术，并实现了产业化和推广应用。2023年，中国聚烯烃的年产量达到6158万t，年消费量为7700万t，年产量和年消费量分别占世界的30.13%和38.86%，是世界上最大的聚烯烃生产国和消费国。如此庞大的产量，无论是采用引进技术生产的，还是采用自主技术生产的，提高聚烯烃生产装置的效率和效益，已成为中国聚烯烃生产企业十分重要的追求和目标。中国石化是中国国内及国际上最大的聚烯烃生产商，2023年的产能及产量分别达到2301万t和2065万t，而且产能、产量还在快速增长中。

2024年初，我和中国石化具体负责信息与数字化工作的王子宗副总工程师在一起讨论中国石化的聚烯烃装置如何提高管理和技术水平，共同认为利用生产数据，进行全过程建模、集成先进控制技术，努力实现装置的数字化和智能化，优化装置运行是重要举措，但是，目前我们的装置运行工程师对聚烯烃装置过程建模与先进控制技术缺少深入了解，对大数据、人工智能技术在聚烯烃装置的应用了解得更少，要尽快安排技术培训。我向他推荐刘教授，他是最好的培训老师。他让我尽快联系刘教授，刘教授在电话中告诉我，这两年来和研究生们一起在塑料回收工艺的开发和可持续设计方面的研究和著作需要花费大量的时间，目前回到中国石化为聚烯烃装置的运行工程师们开设培训课程比较困难。

刘教授向我推荐了在新冠肺炎疫情期间他和他的学生Niket Sharma专心学习、研究和写作完成，在2023年7月出版的上下两册的英文教科书《集成过程模拟、先进控制和大数据分析优化聚烯烃生产》，支持中国石化出版社从Wiley出版公司购买版权将该书翻译成中文版出版发行。不仅可以让中国石化还可以让中国聚合物领域的从业工程师、大学高年级学生和老师们方便地从书中学习掌握集成过程模拟、先进控制、大数据分析和机器学习技术，以此弥补他不能亲自来北京为中国石化新一代聚烯烃工艺工程师授课的缺憾。

我很快收到了刘教授寄来的上下册计857页的教科书。看了该书的目录、各章节的标题和部分内容，尤其认真阅读了在化工过程模拟、先进控制、大数据分析和机器学习领域从事学术研究和产业应用，并且业有所成的学术界和产业界的6位专家为该书写的序言。序言中他们从不同视角对该教科书做了高度赞扬和评价。

美国化学工程师学会前任主席、美国国家工程院院士、Aspen Tech(艾斯本技术公司)创始人Lawrence B. Evans博士评价:“Y. A. 和他的学生通过两本教科书作出的贡献是独一无二的,奠定了可持续设计教育和聚合物制造实践的基石。”Aspen Tech的首席技术官Willie K. Chan先生说:“据我所知,没有任何类似的书籍能够涵盖如此广泛的范围、高质量的内容,同时提供现实世界的应用例题。”美国国家工程院院士、聚合物工艺链段建模技术发明者Chau-Chyun Chen(陈超群)博士说:“这本书代表了聚合物工艺的集成过程模拟、先进控制、大数据分析和机器学习等方面的一个重要里程碑。”美国陶氏化学公司人工智能和数据科学核心研发高级研发院士、美国国家工程院院士Leo H. Chiang(蒋浩天)博士评价:“本书解释了工业聚合物的过程模拟、先进控制、人工智能和数据分析的动机、内容和方法,它将在未来几十年影响化学工程界。”

美国化学工程师学会化学工程计算奖(2015)、美国化学工程师学会可持续工程研究奖(2020)和英国化学工程师学会萨金特奖章(2021)获得者,丹麦技术大学化学工程教授Rafiqul Gani评价:“这本书本身非常独特,我们找不出任何类似的教材。它全面介绍了集成过程模拟、先进控制和大数据分析的基础知识,并在42个实践例题中利用来自聚烯烃行业的真实工厂数据说明了它们的应用。”美国陶氏化学公司包装和特种塑料技术中心全球流程自动化总监Kevin C. Seavey博士评价:“我毫不怀疑,通过理解和应用本书概述的技术,可以实现重大价值,特别是对于工业从业者而言。”上述专家们的序言和他们对该书的评价,让我更深刻地感到了该书对中国聚烯烃产业发展和聚合物领域各层次人才培养的重要价值。

在征求刘教授的意见后,我组织了石化盈科上海分公司冯新国经理团队、上海交通大学化学化工学院罗正鸿教授团队、浙江大学化学工程与生物工程学院阳永荣教授团队组成翻译组,召开了翻译工作启动会,确定了按章分工翻译、译稿交叉审核、终审集成全书、确保书稿质量的工作原则。会后三个组的翻译工作很快启动,刘教授考虑到翻译组可能会受专业局限,很难避免误译、错译,要求每章翻译的中文稿都要送他校对。我看了他收到中文译稿后的校对稿,他逐页、逐行校对，提出修改意见。他严谨治学的精神再一次让我十分敬佩，值得我学习。

翻译团队认真工作，刘教授亲自校对，中国石化出版社有力协调和严把出版质量，《集成过程模拟、先进控制和大数据分析优化聚烯烃生产》的中文版教科书终于出版了。

该教科书有上下二册共11章，可分为三个部分。第一部分(第1~7章)系统介绍了建立聚烯烃装置稳态和动态模拟模型的基础知识和方法，包括：聚合物分子的表征方法和聚合物属性的概念；建模需要的热力学参数的获取、缺失参数的估算与验证方法；生产LDPE/EVA、PS的自由基(游离基)聚合工艺，生产HDPE、LLDPE、PP、EPDM的齐格勒-纳塔催化聚合工艺，生产丁二烯-苯乙烯热塑性弹性体SBS的阴离子聚合工艺等不同聚合工艺的基于工厂数据的反应动力学参数估算方法；建立不同聚合工艺的稳态和动态模拟模型的方法。展示了利用模型指导改善操作决策、优化牌号切换等方面的效果。

第二部分(第8章)详细介绍了DMC3(第三代动态矩阵控制)和聚烯烃过程的非线性模型预测控制的基本概念，对线性和非线性模型识别、稳态经济优化和动态控制中的关键参数做了清晰解释，讨论了先进控制器调整和模型预测控制在优化工业聚合物生产中的应用。

第三部分(第9~11章)介绍了围绕大数据和机器学习技术在聚合物生产中的应用，介绍了多种多元统计和机器学习技术，包括简单回归、降维和聚类方法、集成方法和深度神经网络；开发模型的说明性示例和选择最合适技术的思路。第11章介绍了混合建模技术，基于第一性原理的基础模型和基于大数据的机器学习模型相结合，可以实现基础模型和经验模型两者的互补，混合建模技术有望开发出高性能的制造过程模型。

该书还有一个独特之处，包括了42个应用实例，使读者易于结合实际的工厂数据，使用商业软件工具和Python机器学习代码开发优化聚合物生产的定量模型，用于工程设计、生产控制与优化。

该书是聚合物工艺与工程的从业人员，包括大学高年级学生和他们的老师、研究人员、工程设计工程师和工厂的执业工程师，非常有价值的培训学习参考资料。中文版的出版将使中国的上述从业人员更容易、更方便地学习。这是刘教授对祖国的科技发展和人才培养的又一大贡献。我特别向本书作者和翻译团队以及出版社衷心致谢。

我相信，依靠一批熟练掌握流程模拟、先进控制、大数据分析和机器学习技术的高素质人才，不断开发、优化聚烯烃的工艺和工程技术以及优化聚烯烃生产，我国的聚烯烃产业一定会实现高质量可持续发展。

希望大家欢迎和接受这本书。

中国工程院院士

美国工程院外籍院士

中国化工学会前任主席

中国石油化工股份公司前任高级副总裁暨总工程师

曹湘洪

2024 年 8 月 15 日

序言1

Willie K. Chan
Aspen Tech 首席技术官

聚烯烃是使用最广泛的商品和特种聚合物之一，可用于薄膜和包装、医疗、日用消费品和工业用品以及汽车工业。聚烯烃具有广泛的应用，需要具有不同分子量分布和支化分布的不同性能。随着世界人口的增加和消费阶层的不断壮大，对聚烯烃的高需求给化学工业带来了双重挑战，即生产更多的聚烯烃以满足这些不断增长的需求，同时最大限度地减少对环境的负面影响。聚烯烃工艺的建模和优化将使工程师能够应对这一重要挑战；然而，聚烯烃工艺的复杂性需要采取更传统的化学工艺通常不需要的方式来理解和应用相关热力学、聚合反应动力学、反应器设计、产品分离和工艺控制的独特组合。这本教科书是一本全面而实用的指南，用于解决工程从业者在稳态和动态操作中建模和优化工业聚烯烃工艺时将面临的技术复杂性。

几十年来，刘裔安(Y. A. Liu)教授一直是应用计算机辅助建模和仿真解决实际工业问题的孜孜不倦的、热情的倡导者和教育家。刘教授曾与世界各地的许多领先公司合作，培训了数千名工程师，将过程模拟、优化和先进的过程控制应用于石油炼制、工业节水、碳捕获和聚合物生产等各种行业。本书是刘教授及其学生撰写的一系列优秀教科书中的最新一本，提供了解决实际问题的详细技术和实用工程方法。

刘教授和Sharma博士编写的这本教科书通过易于理解的分步示例详细介绍了工业聚合物过程的全面建模。这本教科书涵盖了聚合物过程建模不同领域的进展，例如聚合物热力学、反应动力学、反应器建模和过程控制。本书介绍了一种经过工业验证的方法，使用商用计算机辅助工程工具对复杂的工业聚烯烃工艺进行建模和优化。

本教材从聚合物组分表征和热力学性质计算的基础知识开始，介绍了基于聚合物分子的表征方法和聚合物属性的概念，热力学模型的评估和选择，以及参数估计和数据回归。借鉴工业经验的知识，讨论了选择适当的聚合物性方法来模拟特定聚烯烃过程的具体指南。作者开发了一种根据工厂数据估算反应动力学参数的有效方法，这一点至关重要，因为催化聚烯烃过程需要估算大量反应动力学参数。他们还展示了动态过程模型在聚合物牌号切换等应用中的优势，这些应用能很显著地降低生产成本。本教科书涵盖了先进过程控制和模型预测控制在优化工业聚合物过程中的应用，包括对控制器调整以优化控制性能的讨论。

此外，这本教科书还很详尽地介绍了大数据分析和机器学习应用的最新进展。作者以易于理解的方式介绍了这些概念，并展示了如何将这些技术应用于流程工业。对于聚合物加工来说，尤其重要的是应用大数据分析来预测聚合物的质量测量值，例如聚合物熔融指数和分子量。作者还强调了将第一性原理工程模型与机器学习相结合(混合科学指导的机器学习)以开发混合模型的重要性和方法，该模型可以在符合物理约束的情况下提供更准确和一致的预测。

我认为，这本教科书对高年级学生、研究生、大学教师以及希望学习集成过程模拟、先进控制、大数据分析和机器学习的基础知识和应用的实践工程师和工业科学家，从事可持续设计、操作和优化聚烯烃制造工艺，应该非常有益。据我所知，没有任何类似的书籍能够涵盖如此广泛的范围、高质量的内容，同时提供现实世界的应用例题。

序言2

陈超群(Chau-Chyun Chen)博士
得克萨斯理工大学霍德杰出教授和杰克·马多克斯杰出讲座教授
聚合物工艺链段建模技术的发明者
美国国家工程院院士

刘裔安(Y. A. Liu)教授在过程设计教学、撰写过程设计和模拟教科书以及可持续工程领域具有独创性和影响力的学术研究方面有着四十多年的非凡专业生涯。作为与刘教授合作并受益于他在计算机辅助化学工程领域二十五年多来的善意建议和支持的人，我钦佩并祝贺刘教授在《集成过程模拟、先进控制和大数据分析优化聚烯烃生产》教科书上取得的又一项杰出成就。

考虑到聚烯烃约占商业聚合物生产的60%，这本关于应用于聚烯烃生产的过程模拟、先进控制和大数据分析的教科书对大学生和教师、工业从业者和科学家来说是特别有益的贡献。要真正理解这本关于优化聚烯烃生产教科书的重要性，我们必须认识到这本教科书是刘教授多年来创作一系列涵盖化学过程可持续设计和优化的教科书的又一个里程碑。在化学工艺设计和优化课程方面，我想重点介绍近年来刘教授出版的四本教科书：①*Step-Growth Polymerization Process Modeling and Product Design*《逐步增长聚合过程建模和产品设计》，Wiley(2008)；②*Refining Engineering*：*Integrated Process Modeling and Optimization*《炼油工程：集成过程模拟与优化》，Wiley-VCH(2012)；③*Petroleum Refinery Process Modeling*：*Integrated Optimization Tools and Applications*《石油炼制过程模拟：集成优化工具及应用》，Wiley-VCH(2018)；④*Design*，*Simulation and Optimization of Adsorptive and Chromatographic Separations*《吸附和色谱分离的设计、模拟和优化》，Wilcy-VCH(2018)。所有这些教科书都涵盖了这些极其重要且复杂的化学制造过程的化学工程基础知识、商业过程模拟软件中实施的现代过程建模和模拟技术，以及致力于设计、控制和优化的专业工程师的工业实践。这四本教科书都得到了学术专家、行业从业者和我所在的得克萨斯理工大学的学生的高度评价。我毫不怀疑目前这本关于聚烯烃工艺的新教科书将再次取得巨大成功。

就我个人而言，我深入参与了现代过程模拟软件技术的发明、实施、测试、商业化和应用，用于对包括聚烯烃过程在内的各种化学过程进行建模和模拟。我知道开发建模和仿真技术面临的挑战，以及许多顶尖软件开发人员和工业合作者需要付出巨大的努力来克服这些挑战，我特别感谢刘教授和他的博士生基于他们最新的研究结果和该领域其他人的研究和进展投入时间和精力来撰写教科书。他和他的学生撰写详细，提供了可供读者们动手实践的详细例题，以供当前和未来的工程人员如何使用商业软件工具应用流程系统工程和计算机辅助进行设计。此外，刘教授和他的合著者在神经网络、工业用水回用夹点技术、石油精炼过程、吸附和色谱分离、工业聚合物制造等多个领域都取得了非常出色和有效的成果。

本教科书分为三个部分。第一部分(第 1~7 章)通过 24 个例题介绍了聚烯烃工艺的稳态和动态模拟与控制的基础知识和实践，并通过实际工厂数据逐步说明应用于工业聚烯烃工艺。第二部分(第 8 章)介绍了第三代动态矩阵控制(DMC3)和聚烯烃过程非线性先进控制的关键概念和软件实现，包括先进控制共聚和聚丙烯过程的两个详细的实践例题。第三部分(第 9~11 章)通过 16 个实践应用例题展示了多元统计和机器学习如何在优化聚烯烃制造方面发挥着越来越重要的作用。作者们表示，他们写作这一部分的目的是为大学生和教师、刚接触该领域的执业工程师和科学家，以及那些知识渊博但希望有所了解的人准备多元统计和机器学习的概述，以及化学和聚合物工艺的新发展和应用文献。对这些章节详细研读，会发现作者们做得非常出色。

本书对初学者有益，为许多不同的应用程序提供了详细的教程和指南，而且还描述了更多对高级从业者有用的技术细节。这本书代表了聚合物工艺的集成过程模拟、先进控制、大数据分析和机器学习等方面的一个重要里程碑，我迫不及待地想知道刘教授对他的下一本教科书的想法。

序言3

蒋浩天(Leo H. Chiang)博士
陶氏化学公司人工智能和数据科学核心研发高级研发院士
美国国家工程院院士

刘裔安(Y. A. Liu)教授数十年来在教授聚合物制造过程建模基础知识和实践方面的热情、使命和奉献精神在化学工程界享有盛誉。他与 Kevin C. Seavey 于 2008 年合著的教科书《逐步增长聚合过程建模和产品设计》对于学生和工业从业者来说是一笔宝贵的资产，有助于他们了解如何在工业聚合物过程中应用过程建模和产品设计概念。

自 2008 年以来，大数据的可用性、机器学习算法的进步以及计算资源的可负担性推动了化学和材料行业的数字化转型。Y. A. 是一位世界级的研究人员，致力于将人工智能、机器学习和数据分析相结合，以增强聚合物工艺的建模、控制和优化；他也是一位鼓舞人心的老师，致力于传授他的知识。本教科书在第一部分(第 1~7 章)中阐述了过程模拟的基础，在第二部分(第 8 章)中介绍了先进过程控制的重要作用，并在第三部分(第 9~11 章)中展示了大数据分析如何对聚合物过程产生积极影响的演变。第 9 章解释了为什么多元统计(主成分分析和偏最小二乘法)仍然是分析聚合物工艺制造数据的“黄金标准”。第 10 章重点介绍了机器学习算法的最新进展(从有监督学习到强化学习，从逻辑回归到变压器深度神经网络)；第 11 章概述了混合科学指导的机器学习(也称为混合建模或物理信息机器学习)的大有前景的研究方向。

第三部分的内容与我在人工智能、机器学习和数据分析方面长达二十年的行业研究和实施经验产生了共鸣。事实上，在最近我与同事们合著的于 *AIChE Journal* 上发表的文章《迈向化学工业大规模人工智能》中，我们将人工智能定位为一系列支持技术，需要在特定环境中应用这些技术来满足特定的业务需求。

成功的工业人工智能应用有一个共同的属性，即根据领域过程知识和数据特征选择正确的人工智能方法。Y. A. 大约在我阅读他的发表在 *AIChE Journal* 上的文章《化学过程建模的科学指导机器学习方法：综述》的同时阅读了我的论文。我很高兴我们有共同的愿景，这本教科书是人工智能如何在聚合物制造领域成功应用的见证。

我很感激 Y. A. Liu 和 Niket Sharma 编写了这本教科书，其中包含大量具有工业相关性的实践示例和动手应用的例题。本书解释了工业聚合物的过程模拟、先进控制、人工智能和数据分析的动机、内容和方法，它将在未来几十年影响化学工程界。

序言4

Lawrence B. Evans 博士
麻省理工学院化学工程名誉教授
Aspen Tech 创始人
美国国家工程院院士
美国化学工程师学会前任主席

聚烯烃制造是一个庞大而重要的行业。2021 年世界市场规模为 2780 亿美元，2030 年预计市场规模从 4380 亿美元到 6040 亿美元不等，具体取决于所使用的复合年增长率（CAGR）。聚烯烃装置的设计和运行中的微小改进可以产生巨大的经济回报。

在我职业生涯的大部分时间里，我都致力于化学过程计算机模型的开发。从我在麻省理工学院的先进过程工程系统（ASPEN）项目开始，我的团队后来成立了 Aspen Tech，开发了化学行业第一个基于计算机的建模和仿真技术。在过去的 40 年里，我对 Aspen Tech 的同事开发的许多变革性解决方案留下了美好的回忆，这些解决方案一直帮助各个行业以安全、盈利和可持续的方式运营业务。特别是在 1997 年，我以前在麻省理工学院的两名博士生（后来在 Aspen Tech 的研发人员）陈超群和 Michael Barrera（Michael 是在弗吉尼亚理工大学选修本书作者刘教授的本科生四年级设计课程和研究课程的学生）等人，将基于聚合物链段建模的一项突破性专利方法和开发的相关软件工具 Polymers Plus（现称为 Aspen Polymers）用于聚合过程。在过去 25 年多的时间里，这种方法已成为聚合工艺建模和产品设计的基础。

1999 年初，刘教授和他的研究生与 Aspen Tech 的聚合物工艺建模团队密切合作，开始了一项为期多年的工业推广工作，以促进大公司商业聚合物生产工艺的可持续设计、操作和优化，例如霍尼韦尔特种材料公司和中国石化（SIN-

OPEC)。除了给公司带来显著回报外，这一努力还促使2002年至2007年在工业和工程化学研究领域发表了许多Aspen Tech-Virginia Tech联名文章。其中两篇论文(在第1章中被引用为文献[3]和文献[9])提出了聚烯烃工艺可持续设计和优化方法，并成为文献中报道的聚烯烃工艺建模(例如聚丙烯和高密度聚乙烯)后续论文的标准参考文献。刘教授和他的学生Kevin Seavey将他们在逐步增长聚合物方面的研究成果，出版了教科书《逐步增长聚合过程建模和产品设计》(Wiley，2008)。

1997年，Y. A. 与中国石化合作，与Aspen Tech共同在北京建立了培训中心。在接下来的20多年里，Y. A. 利用大学的暑假和寒假，与他培训过的老师一起，教会了数千名执业工程师使用基础过程建模和先进过程控制，通过最新的软件工具来促进可持续工程。他们还带领工程团队开发了石化过程的稳态和动态模拟模型，几乎涵盖了中国石化的所有聚烯烃生产装置。我曾多次参观培训中心，并得到了中国石化资深领导们的反馈，认为培训对中国石化来说是非常宝贵的。

在过去的三年里，新冠肺炎疫情导致Y. A. 无法利用大学假期到中国培训执业工程师。我赞扬Y. A. 和他的研究生Niket Sharma做出的明智决定，他们投入大量的时间研究文献、动手设计运行例题和进行演算，为当前这本教科书撰写手稿。他们通过与下一代学生、工程师和科学家分享弗吉尼亚理工大学团队在聚烯烃工艺建模和先进控制的创造性研究和工业培训中积累的多年知识和见解，提供了出色的专业服务(参见第1~8章)。我还赞扬他们的努力，在书稿中添加了多元统计和机器学习的最新发展，以及它们在化学和聚合物工艺(特别是聚烯烃制造)中的应用。Y. A. 和Niket在第9~11章中很好地实现了他们的目的，即为大学生和教师、刚进入该领域的实践工程师和科学家介绍了大数据分析和机器学习，并为那些知识渊博、希望了解化学和聚合物工艺方面新发展的专业人士，提供了综述和相关资料。

本书的独特优势在于它包括42个让读者动手练习的工业应用实践例题，教读者如何基于实际工厂数据，应用易于使用的商业软件工具和Python机器学习代码来开发可持续设计、控制和优化的定量模型。这些例题讨论了非常实际的问题，包括如何使用真实数据、如何为正在解决的问题和拥有的数据开发适当的细节级别的模型，以及如何根据工厂数据调整模型。本书包含截至2022年的大量文献参考资料，希望为聚烯烃工艺的可持续设计和操作的开发作出贡献，探索新方向的个人可能会发现对现有工作的回顾很有价值。

总体而言，Y. A. 和 Niket 编写的这本书代表了一项重大进展，让非专家的学生和工程师能够开发和使用最先进的计算机模型来模拟和优化聚烯烃工艺，使其更安全、更有利可图、更可持续。逐步增长聚合物(例如尼龙、PET 等)和聚烯烃(PE、LDPE、HDPE、PP 等)合计约占商业聚合物产量的 80%。Y. A. 和他的学生通过这本教科书作出的贡献是独一无二的，奠定了可持续设计教育和聚合物制造实践的基石。

序言5

Rafiqul Gani 博士
丹麦技术大学化学工程教授(1985—2017 年)
泰国曼谷 SPEED PSE 联合创始人兼总裁(自 2018 年起)
美国化学工程师学会化学工程计算奖获得者(2015 年)
美国化学工程师学会可持续工程研究奖获得者(2020 年)
英国化学工程师学会萨金特奖章获得者(2021 年)

我很高兴为一本及时而重要的教科书《集成过程模拟、先进控制和大数据分析优化聚烯烃生产》撰写序言，该教科书由刘裔安(Y. A. Liu)教授和他的研究生 Niket Sharma 撰写。

就我撰写本序言的专业知识和背景而言，从 1985 年到 2017 年，我作为丹麦技术大学的一名教授，活跃在教学、研究和工业推广领域长达 33 年。2018 年，我开始了自己的过程系统工程相关咨询工作，并继续在美国和亚洲的几所大学担任兼职教授。我有幸担任 *Computers and Chemical Engineering* 主编(2009—2015 年)和欧洲化学工程联合会主席(2015—2018 年)，这两个职位让我对学术成就和研究趋势有了全球视野，并有了深入了解我们专业的工业机会。多年来我的研究兴趣包括计算机辅助建模方法和工具的开发和应用，包括热力学建模和物性估计、稳态和动态过程模拟以及机器学习和大数据分析。在此背景下，我发现这本教科书特别及时和重要，涵盖了集成过程模拟、先进控制、多元统计和机器学习以优化聚烯烃制造的基础研究和工业应用的最新进展。

2010 年，在我访问弗吉尼亚理工大学作专题演讲之后，我在丹麦技术大学的团队与 Y. A. 在弗吉尼亚理工大学的团队合作，并于 2011 年发表了一篇关于选择用于生物柴油过程建模和产品设计的热力学性质预测方法的文章。通过这次合作，我清楚地认识到 Y. A. 自 1997 年以来一直致力于将大学假期用于培训美国和亚洲的企业工程师和科学家，以促进可持续设计和实践。Y. A. 和他培训的教师带领项目团队开发了中国石化几乎所有聚烯烃生产装置的稳态和动态模拟模型。这些模型经过工厂数据验证，使工程师能够定量研究新操作条件对产品产量、能耗、废物产生和聚合物质量(例如熔融指数和分子量)的影响，并确定所需的操作条件生产新的聚合物牌号，同时最大限度地减少不合格废物的产生。在本书中，Y. A. 和他的弗吉尼亚理工大学团队分享了他们多年来从聚烯烃工艺建模和先进控制的创造性研究和工业培训中获得的知识和经验。

回顾第1~7章中的过程建模，您会发现，除其他主题外，还包括：详细介绍了基于聚合物链段的过程建模方法；开发稳态和动态仿真模型的工作流程；适用于聚烯烃工艺的先进状态方程和活度系数模型的说明，以及如何选择合适的热力学模型并从常规测量中估计相关参数；详细回顾了聚合动力学文献，推荐了不同聚烯烃生产的适当动力学模型，以及使用高效软件工具从工厂数据估计反应动力学参数的方法；加速大型商业聚烯烃工艺模拟与产品分离和回收循环的演算收敛的指南；如何将稳态仿真模型转换为动态仿真模型，并结合适当的PID控制器来提高过程的可操作性和安全性；根据实际工厂数据让读者动手操作的应用例题，教读者如何设计和优化聚烯烃工艺，提高安全性、利润和可持续性。

据我所知，第8章是目前对DMC3(第三代动态矩阵控制)和应用于聚合物过程的非线性模型预测控制的基本概念和软件实现最详细的介绍。作者解释了线性和非线性模型识别、稳态经济优化和动态控制器模拟这三个关键步骤，并逐步说明了共聚反应器和聚丙烯反应器的软件实现。特别是，本章对模型辨识、经济优化和动态控制中的所有关键参数进行了清晰明确的解释，以便先进过程控制的初学者能够开发和微调先进过程控制器。

关于第9~11章，我热烈支持作者的观点，即任何有关过程建模和先进控制的新教科书都不能忽视两个重要趋势：①过去20年人工智能的巨大进步，特别是机器学习和大数据领域的巨大进步。②在化学和聚合物过程建模的混合科学指导机器学习(SGML)方法中，将科学指导的基础模型与基于数据的机器学习相结合变得越来越重要。事实上，在2021年，我和我的同事发表了一篇关于多尺度材料和工艺设计的混合数据驱动和机械建模方法的论文，我充分认识到SGML方法对化学和聚合物工艺建模的重要性，正如第11章所述。在这些章节中，Y. A. 和Niket出色地介绍了多元统计和机器学习的基础知识和实践，以及优化聚烯烃制造的实践应用例题。这些章节对于刚接触该领域的学生、教师、工程师和科学家以及那些知识渊博但希望了解化学和聚合物工艺的新发展和应用文献的人来说都是有益的。

我相信，这本书本身非常独特，我们找不出任何类似的教材。它全面介绍了集成过程模拟、先进控制和大数据分析的基础知识，并在42个实践例题中利用来自聚烯烃行业的真实工厂数据说明了它们的应用。最重要的是，阅读本书是一种乐趣，我祝贺Y. A. 和Niket完成了这本精彩的教科书。

序言6

Kevin C. Seavey 博士
陶氏化学公司包装和特种塑料技术中心
全球流程自动化总监

我很高兴为 Y. A. Liu 和 Niket Sharma 所写的这本重要的新教科书《集成过程模拟、先进控制和大数据分析优化聚烯烃生产》撰写序言。本书远远超出了文献中大部分零散的孤立基础知识，介绍了量化复杂工业制造过程的稳态和动态模拟，先进控制、大数据分析以及它们生产的聚合物产品的性能所需的所有相关基础和经验建模、控制和优化技术。

20 多年前，我在弗吉尼亚理工大学踏上了探索和学习高分子化学与工程的迷人世界的旅程。1999 年，我有幸作为化学工程博士生加入 Y. A. 的研究小组，研究先进的聚合过程建模。我们与 Aspen Tech 以及霍尼韦尔、中国石化、台塑、中国石油等制造商合作，巩固和推进了基础过程建模技术，并将其应用于开发整个聚合序列的详细稳态和动态工程模型。我们成功地利用这些模型来识别创造新价值的流程改进，并培训了许多专业工程师根据基础知识开发和使用自己的流程模型。Y. A. 和我在逐步增长聚合过程建模和企业应用的成果最终形成了《逐步增长聚合过程建模和产品设计》(Wiley，2008)这本教科书。

2007 年，我加入了全球领先的聚乙烯生产企业陶氏化学公司。我很高兴有机会在公司工程师队伍中担任建模和仿真小组的专家，在一家生产大量商品聚乙烯和特种聚烯烃的聚烯烃工厂担任运营工程师，以及负责全球聚乙烯加工技术的先进控制工程师。我目前担任包装和特种塑料技术中心的全球流程自动化总监。我的经验和当前的职责使我和我的同事处于独特的位置，可以从 Y. A. 数十年工作的成果中受益。

Y. A. 和 Niket 的新教科书从创建聚烯烃制造工艺流程模型所需的科学和工

程基础知识开始。它们广泛涵盖了用于模拟单一组分和混合物属性的物理属性框架。他们对基于聚合物链段的表征方法的描述使工程师能够跟踪后来聚合过程中分子的发展，例如聚合物活度系数模型和状态方程以及聚合机制和反应动力学模型的发展。它们还涵盖了构建聚合物产品特性模型的技术。正如前述的介绍逐步增长聚合的教科书一样，Y. A. 和 Niket 说明了如何在 Aspen Plus 中应用这些基本原理，向用户展示了如何选择正确的物理性质模型、如何回归物理性质参数以及如何构建反应机制和表征动力学。当与传统的单元操作模型(例如连续搅拌釜反应器、活塞流反应器和相平衡分离器)相结合时，用户可以构建自己的工艺生产流程模型。接下来的几章展示如何将这些基本原理应用于低密度聚乙烯、乙烯醋酸乙烯酯、高密度聚乙烯、聚丙烯、线型低密度聚乙烯、三元乙丙橡胶、聚苯乙烯、丁苯橡胶等(第 1~6 章)。

在向读者讲授聚合过程建模的基础知识并将其应用于稳态和动态模型后，Y. A. 和 Niket 继续演示如何使用这些模型来改善稳态操作条件以及优化牌号切换(第 7 章)。然后，他们将注意力转向先进的过程控制，演示如何使用动态矩阵控制和非线性控制，并使用溶液共聚反应器和聚丙烯反应器的例题对这两个主题进行了深入探讨(第 8 章)。

也许 Y. A. 和 Niket 的教科书中对数字化生产计划最有贡献的，是第 9~11 章中关于应用多元统计和机器学习在聚合物生产过程中创造价值的部分。作者向读者介绍了许多多元统计和机器学习技术，包括简单回归、降维和聚类方法、集成方法和深度神经网络。它们还包括开发模型的说明性示例，并指导用户如何选择最合适的技术。最后，第 11 章介绍混合建模，其中 Y. A. 和 Niket 将基于第一性原理的基本模型和根据数据的机器学习模型相结合，以实现基础模型和经验模型两者的互补。该技术有望开发高性能的制造过程模型。

我强烈推荐本书给应用研究和开发专家以及从事工程或自动化工作的制造工程师。我还热情地向高年级学生、研究生以及希望学习应用于聚烯烃的聚合物过程建模、控制和机器学习的基础知识和实践的大学教师推荐本书。本书教授基础知识，并展示了如何使用清晰、循序渐进的指导将其应用于现实案例研究。我毫不怀疑，通过理解和应用本书概述的技术，可以实现重大价值，特别是对于工业从业者而言。我衷心感谢 Y. A. 和 Niket 所做的出色努力，不仅汇总和记录了对聚烯烃制造过程的计算机辅助设计、模拟和控制领域的关键贡献，而且还汇总和记录了他们自己在过去的工作和十年来推进理论和实践方面的贡献。

前言

加成聚合和逐步增长聚合是生产商业聚合物的两种主要机制。大多数商业聚合物是加成聚合物，其中最重要的是聚烯烃。聚烯烃的例子有：低密度聚乙烯(LDPE)、高密度聚乙烯(HDPE)、聚丙烯(PP)及其共聚物，例如乙烯-醋酸乙烯酯(EVA)、乙烯-丙烯共聚物(EPM)、乙烯-丙烯-二烯三元共聚物(EPDM)。此外，有充分的理由将聚苯乙烯(PS)及其共聚物，例如聚(苯乙烯-丁二烯-苯乙烯)或SBS橡胶，作为聚烯烃(参见第6.1节)。聚烯烃合计约占商业聚合物产量的60%。逐步增长聚合物，例如尼龙6、尼龙66、聚对苯二甲酸乙二醇酯(PET)、聚氨酯和聚丙交酯，约占商业聚合物产量的20%。本书重点介绍聚烯烃。几十年来，工业聚合物生产商一直在模拟聚合过程。通过实验和工厂数据验证的稳态和动态过程模型有助于：①评估各种设计修改的影响，而无须在中试或工厂规模上进行；②研究改变进料、催化剂、反应和分离条件对聚合物收率和性能的影响；③分析已运行的工厂，寻找更好的条件以实现工艺可持续运行，且能耗和废物产生最少；④确定生产具有所需性能(例如聚合物密度和熔体流动速率或熔体指数)的新产品等级的操作条件；⑤动态研究不同的控制方案并选择最安全和适合操作的方案。

在我们(Kevin C. Seavey 和 Y. A. Liu)于2008年在Wiley出版的教科书《逐步增长聚合过程建模和产品设计》中，我们证明了工业聚合物生产过程的成功建模需要对物理性质和热力学建模、聚合进行综合、定量地考虑反应动力学、传递现象、计算机辅助设计以及过程动力学和控制。本书还提供了用于实施这种集成定量方法的用户友好型实用软件工具的示例和分步教程，例如 Aspen Polymers、Aspen Plus Dynamics 和 Aspen DMC3。这些工具对于学术界的教师和学生以及工业界的实践工程师和科学家非常有用。

自 2000 年以来，我们致力于开发可持续聚烯烃工艺的模拟和优化模型，这得益于对有关该主题的仅有的两本明显可用的书籍的研究：①NA Dobson、R. Galvan、RL Lawrence 和 M. Tirrell，***《聚合过程建模》***，VCH(1996)；②JBP Soares 和 TFL McKenna，***《聚烯烃反应工程》***，Wiley-VCH(2012)。前一本书在描述聚合动力学机理方面做得很好，但它只包含了 13 页的聚烯烃非均相配位(齐格勒-纳塔)聚合；后者对聚烯烃反应工程进行了精彩的描述，但只有 13 页的工业反应器开发模型。然而，令人鼓舞的是，在 Soares 和 McKenna 的《聚烯烃反应工程》第 323 页上了解到他们对我们的***集成定量方法应用于聚烯烃过程建模的两篇论文的积极看法***："Khare 等人的两篇文章(2002，2004)(在第 1 章中引用为文献[3，9])提供了一种简化方法的精彩概述，该方法可用于对 HDPE 淤浆法的整个工艺进行建模，以及商业化的气相 PP 工艺模拟。它们证明了所需信息的类型，以及使用定义明确但可管理的反应器和单元操作模型可以获得一定程度的工艺改进的事实。"

在过去的 20 年里，已有数百篇论文描述了物理性能建模和预测、聚合物热力学模型、聚烯烃反应动力学、动力学参数估计、多相反应器建模以及应用于聚烯烃过程的模型预测控制方面的进展。不幸的是，我们找不到一本涵盖聚烯烃工艺建模、优化和控制方面进展的教科书，也找不到一本介绍这些重要进展的教科书，以造福大学教师和学生、工业从业者和科学家。缺乏潜在的有价值的资源促使我们编写当前的教科书。

然而，当今任何关于过程建模和高级控制的新教科书都不能忽视两个重要趋势：①过去 20 年来人工智能(AI)特别是机器学习(ML)和大数据分析领域的巨大进步；②在化学和聚合物过程建模的科学指导机器学习(SGML)方法中，将科学引导的基础模型与基于数据的机器学习相结合变得越来越重要。

美国化学工程师学会的学术期刊(*AIChE Journal*)上发表的一篇深思熟虑的文章中，V. Venkatasubramanian(在第 10 章中引用为文献[6])给出了化学工程中人工智能演变的精彩视角。他将迄今为止的历史发展分为三个阶段：第一阶段——专家系统时代(约 1983—1995 年);第二阶段——神经网络时代(约 1990—2008 年);第三阶段——数据科学和深度学习时代(约 2005 年至今)。过去 20 年来机器学习的新发展已经触及化学工业的各个方面，这确实令人惊讶。在同一期刊的 2022 年 6 月的文章中，Leo Chiang 和他在陶氏化学公司的同事(在第 10 章中引用为文献[23])提供了令人信服的证据，表明人工智能(尤其是机器学习)在化学工业中广泛应用的时代终于到来了。此外，在同一期刊的 2022 年 5 月发表的一篇评论中(在第 10 章中引用为文献[22])，我们提出了混合过程建模的广阔前景，将生物加工和化学工程中的科学知识和数据分析与科学指导机器学习(SGML)的方法相结合。我们还提供了示例，证明 SGML 模型对于聚烯烃制造过程的预测精度有所提高，外推能力也大有增强。

因此，本教科书第 9~11 章还介绍了大数据分析(特别是多元统计和机器学习)在优化聚烯烃制造方面的应用。

本书的简要大纲如下：

第一部分：聚烯烃制造过程的稳态和动态建模

1. 聚烯烃制造优化中的集成过程模拟、先进控制和大数据分析简介
2. 用于聚合过程模拟的物性方法选择和物性估算
3. 反应器建模、收敛技巧和数据拟合工具
4. 自由基聚合：LDPE 和 EVA
5. 齐格勒-纳塔聚合：HDPE、PP、LLDPE 和 EPDM
6. 自由基和离子聚合：PS 和 SBS 橡胶
7. 通过稳态和动态模拟模型改进聚合过程的可操作性和控制

第二部分：聚烯烃制造的先进过程控制

8. 聚烯烃工艺的模型预测控制

第三部分：大数据分析应用于聚烯烃制造过程

9. 多元统计在优化聚烯烃制造中的应用
10. 机器学习在聚烯烃制造优化中的应用
11. 化学和聚合物过程建模的混合科学指导机器学习方法

在这些章节中，我们包括了 42 个工业应用实践例题，教读者如何应用易于使用的商业软件工具和 Python 机器学习代码来开发聚烯烃制造可持续设计、操作、控制和优化的定量模型流程。我们在补充材料中提供了例题的所有模拟文件。我们的书中还包括两个附录：附录 A，多元数据分析和模型预测控制中的

矩阵代数；附录B，面向化学工程师的Python简介。

从1992年到2020年COVID-19大流行，本书的资深作者将大学假期投入全球三大化工企业(中国石化、台塑和中国石油)进行工业推广。他和他培训的讲师已经教会了数千名工程师应用他们的方法，将基本原理、工业应用和实践例题相结合，使用用户友好型商业软件工具来开发和实施可持续设计、操作和控制聚烯烃工艺模型。根据2014年2月在中国化学工业与工程学会的学术期刊*CIESC Journal*上发表的中国石化报告，由资深作者培训的团队完成了建模项目，从2002年开始到2012年为止，总投资不到1000万美元，每年的投资回报超过1.155亿美元。这个在中国持续了28年的工程师培训涵盖了本书的许多聚烯烃主题。我们的学员发现，我们的教材，尤其是动手操作用脑思考的实践例题，易于学习，对他们的工业实践非常有用。

我们仔细查阅当前已出版的书籍和参考资料，未能找到任何涵盖广泛的过程建模、高级控制和大数据分析的相关资料，也无法找到类似我们强调基本原理、工业应用和实践例题的教科书，我们希望本书对本科生、研究生、大学教师、企业工程师和工业科学家有所帮助。

刘裔安(Y. A. Liu)
美国弗吉尼亚理工学院
暨州立大学校友会杰出教授
Frank C. Vilbrandt讲座教授

Niket Sharma
美国弗吉尼亚理工学院
暨州立大学化工博士
美国Aspen Tech资深工程师

致　　谢

我很高兴感谢一些非常特别的个人和单位，他们为本书的编写作出了贡献。

我们谨向以下学术界和工业界的专家们抽出时间审阅我们的稿件并撰写序言表示诚挚的谢意：Willie K. Chan 先生，艾斯本技术公司（Aspen Tech）首席技术官；陈超群（Chau-Chyun Chen）教授，得克萨斯理工大学霍德杰出教授和聚合物工艺链段建模技术的发明者；蒋浩天（Leo H. Chiang）博士，陶氏化学公司人工智能和数据科学核心研发高级研发院士，美国国家工程院院士；麻省理工学院化学工程名誉教授劳伦斯·B. 埃文斯（Lawrence B. Evans），艾斯本技术公司创始人；丹麦技术大学 Rafiqul Gani 教授，泰国曼谷 SPEED PSE 联合创始人兼总裁；陶氏化学公司包装和特种塑料技术中心全球流程自动化总监 Kevin C. Seavey 博士。

感谢中国石化和艾斯本技术公司，使我们接受挑战进入聚合过程的模拟、优化和可持续设计这一领域，通过托付给我们的过程开发和培训的任务，从 1998 年开始指导企业工程师们的聚合过程建模计划。

特别感谢中国石油化工股份公司前任高级副总裁兼总工程师曹湘洪院士和中国石化过去 30 年来的大力支持。我们很感激台塑石化股份有限公司董事长王文潮先生，在 2008 年至 2013 年合作期间的大力支持。我们也感谢中国石油炼化公司总工程师、高级副总经理何盛宝先生，感谢他近年来的大力支持。

特别感谢艾斯本技术公司从 2002 年开始，大力支持在弗吉尼亚理工大学化学工程系成立的艾斯本技术公司过程系统工程卓越中心。我们感谢创始人兼前任首席执行官 Lawrence B. Evans 博士，现任首席执行官 Antonio Pietri 先生，首席技术官 Willie K. Chan 先生，客户成功高级副总裁 Steven Qi 博士，客户支持和培训高级总监 David Reumuth 先生，大学项目负责主管 Daniel Clenzi 先生，感谢他们的大力支持。

我们感谢得克萨斯理工大学的陈超群（Chau-Chyun Chen）教授，石化盈科信息技术有限责任公司的杨彩娟女士和宋登舟先生，多年来与我们分享他们在聚合物工艺建模方面的专业知识。我们感谢威斯康星大学 W. Harmon Ray 教授，因其在聚烯烃反应工程方面发表了许多鼓舞人心的论文。

对艾斯本技术公司的流程建模、先进控制以及机器学习和混合建模专家们给予我们的帮助表示诚挚的谢意，特别是：Yuhua Song、Lorie Roth、David Trembley、Paul Turner、Alex Kalafatis、Krishnan Lakshminarayan、Ashok Rao、Ron Beck 和 Gerardo Munoz。

最后，我们要感谢弗吉尼亚理工大学执行副校长兼教务长西里尔·克拉克(Cyril Clark)博士，感谢他过去三年对这本教科书写作的大力支持和鼓励。

感谢我们的研究生 Aman Agarwal、James Nguyen 和 Adam McNeeley 在本书的编写过程中提供的宝贵帮助。

年轻作者 Niket Sharma 要感谢他的父母 Rekha Sharma 和 Raj Kumar Sharma 以及他的其他家人和朋友在他的研究生学习期间提供的支持。资深作者要感谢他的妻子刘庆霞(Hing-Har Lo Liu)在本书写作和修改的艰辛过程中给予的支持。

版权声明

本书配套网站

本书所有的示例与例题相关的文档可从下面网站下载：Downloads－>Example and workshop files

https：//www. wiley. com/enus/Integrated+Process+Modeling%2C+Advanced+Control+and+Data+Analytics+for+Optimizing+Polyolefin+Manufacturing%2C+2+Volume+Set-p-9783527843824#downloadstab-section

作者简介

刘裔安(Y. A. Liu)是弗吉尼亚理工大学的校友会杰出教授和 Frank C. Vilbrandt 化学工程讲座教授，分别在台湾大学、塔夫茨大学和普林斯顿大学获得学士、硕士和博士学位。他目前在教学、研究和工业推广方面的兴趣包括塑料回收、可持续设计、流程建模、大数据分析以及节能节水。

自 1974 年以来，刘教授一直为化学工程专业大四学生教授定点设计课程，重点关注可持续设计和实践以及工业可持续设计项目。美国工程教育协会授予其乔治·威斯汀豪斯工程教育卓越奖和弗雷德·梅里菲尔德可持续设计教学和研究卓越奖。化学制造商协会授予其国家催化剂化学教育卓越奖。美国化学工程师学会(AIChE)授予其杰出学生分会顾问奖，该奖项从 57 个国家的 412 个学生分会中选出，以表彰他自 1995 年以来在培养领导力和专业精神以及激发本科生公共服务热情方面所作出的卓越贡献。

AIChE 授予其在可持续设计和实践方面的研究和工业推广奖与工艺开发研究卓越成就奖，表彰其在绿色工艺工程创新专业的成就和工艺开发研究的卓越成就。他特别努力在九本开创性的教科书中发表了大量关于其研究的工业应用的知识和见解。这些书介绍了以下内容：①工业节水；②聚合物、炼油、吸附和色谱分离过程的可持续设计；③生物加工和化学工程中人工智能和神经计算的智能设计。他的教科书包括 200 个实践例题，教授大四学生、研究生和执业工程师如何应用软件工具进行可持续设计和优化。

他曾获得塔夫茨大学杰出校友奖和杰出职业成就奖。他是美国化学工程师学会会士和美国科学促进会会士，因其“在设计教学、开创性教科书和可持续工程方面的创造性学术研究以及在实施节能/节水和二氧化碳捕获方面的全球领导地位”而受到表彰。

从 1992 年到 2020 年全球新冠肺炎疫情暴发，他利用大学假期帮助发展中国家的石化行业和弗吉尼亚州的化学行业进行技术开发和工程培训。他在亚太地区和美国教授过计算机辅助设计、先进过程控制、节能节水以及炼油和聚合过程建模方面的强化培训课程。刘教授和他培训的教师在由艾斯本技术公司、中国石化、中国石油、台塑集团、霍尼韦尔等公司赞助的课程中为超过 7500 名执业工程师授课。

由于有效地将可持续设计教育、研究和工业推广相结合，他获得了弗吉尼亚州州长颁发的杰出教授奖、中国国务院总理颁发的中国政府友谊奖以及卡内基教学促进基金会和教育促进与支持委员会颁发的美国年度教授奖。

Niket Sharma 于 2021 年获得弗吉尼亚理工大学化学工程博士学位和计算机科学硕士学位，专攻机器学习。他目前是波士顿艾斯本技术公司的高级工程师，致力于开发结合化学工程和数据科学原理的机器学习和混合建模应用程序。他的博士论文重点研究了用于优化聚烯烃制造的集成过程建模和大数据分析。在攻读博士学位期间，他致力于开发一种有效的动力学参数估计方法，用于根据工厂数据对商业聚烯烃工艺进行建模，并因此获得了美国化学工程师学会颁发的2020年工艺开发学生论文奖。

在加入弗吉尼亚理工大学研究生院之前，他拥有五年的工业经验。他曾在SABIC担任研究工程师四年，从事工艺开发、放大、工艺建模以及测量反应动力学和聚合的实验。他还曾在印度石油公司炼油厂担任生产工程师一年。Niket还于2013年获得了印度科学研究所的工程硕士学位(化学)。

Niket热衷于化学工程以及数据科学在不同领域的应用，并希望为行业从业者提供高质量的参考文献。

CONTENTS

上 册

下 册

1 聚烯烃制造优化中的集成过程模拟、先进控制和大数据分析简介

这一章开始介绍由艾斯本(Aspen)技术有限公司陈超群(Chau-Chyun Chen)博士和迈克尔·巴雷拉(Michael Barrera)等人[1]于1997在美国专利5687090中提出的基于链段的聚合过程建模，很高兴地注意到这篇专利的第二作者迈克尔·巴雷拉在弗吉尼亚理工学院暨州立大学(Virginia Tech)的本科四年级设计课程与研究项目是由本书的资深作者教授和指导的。第1.1节解释聚合过程建模中的组分类型，单体的概念和基本的聚合物属性(如：数均分子量，MWN；重均分子量，MWW；多分散性指数，PDI)。第1.2节展示应用Aspen Plus(包含Aspen Polymers)的例题，将两种共聚物流进行混合，确定混合后流股的聚合物属性。第1.3节展示简单的淤浆法高密度聚乙烯(HDPE)过程模拟模型的例题，将解释开发聚合物过程模拟模型的工作流程。在解释过程中，将有针对性地提出问题，以说明拥有过程模拟模型在可持续设计与优化、过程改进、扩能和新产品设计方面进行定量计算的显著优势。第1.4节包含聚合过程模拟、先进控制、大数据分析以及它们的集成应用在优化聚烯烃生产中的工业和潜在应用实例。本章以参考文献结束。

1.1 基于链段的聚合过程模拟：组分表征和聚合物属性

1.1.1 聚合过程模拟的组分类型

聚合过程模拟涉及三种类型的组分。

（1）链段（Segments）：代表重复单元、终端单元或分支点并且具有明确的分子结构。可以使用 Aspen Plus 在线帮助，搜索"segment databank components"查看链段数据库包含的所有链段（见图 1.1）。

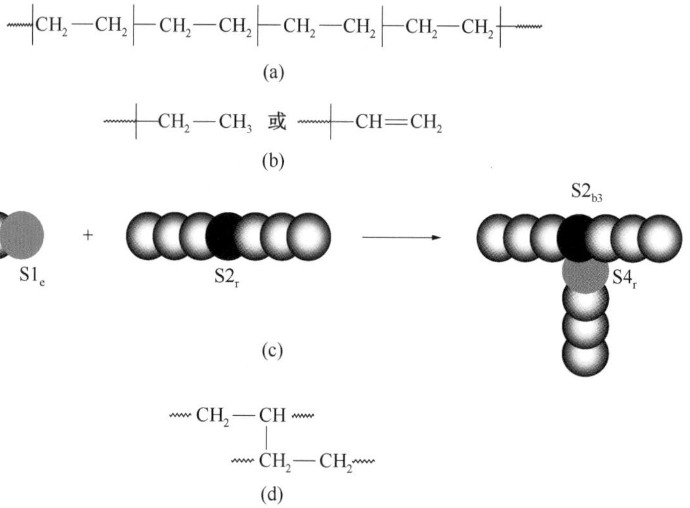

$\sim|CH_2—CH_2|—CH_2—CH_2|—CH_2—CH_2|—CH_2—CH_2|\sim$

(a)

$\sim|—CH_2—CH_3$ 或 $\sim|—CH═CH_2$

(b)

$S1_e$ + $S2_r$ → $S2_{b3}$ $S4_r$

(c)

$\sim CH_2—CH\sim$
$\sim CH_2—CH_2\sim$

(d)

图 1.1 （a）重复链段：Ethylene-R；（b）终端链段：Ethylene-E；（c）三分支链段：链段 S1（端基类型），$S1_e$，链段 S2（重复类型），$S2_r$反应，将重复链段 $S2_r$ 转化成三分支点 $S2_{b3}$ 和重复单元 $S4_r$；（d）四分支链段：Butadiene-R-3

① REPEAT 类型（-R）：聚合物链中的重复单元。如聚乙烯（PE）中的 C_2H_4R 或 Ethylene-R，见图 1.1（a）。

② END 类型（-E）：聚合物链终止的终端单元。如聚乙烯中的 C_2H_5-E 或 Ethylene-E，见图 1.1（b）。

③ BRANCH3 类型：附属于三个分支的分支点。当聚合物分子附属于另一聚合物链时，将产生分支，将重复单元转化成分支点。单体也可与重复单元反应引发分支的形成，Aspen Plus 在线帮助中给出了图 1.1（c）的说明。

④ BRANCH4 类型：附属于四个分支的分支点。如聚丁二烯中的 C_4H_6-R-2 或 Butadiene-R-3，见图 1.1（d）。

（2）低聚物（Oligomers）：拥有固定的结构或包含已知数量的链段。在模拟过程中性质不会发生改变，不需要组分属性。在 Aspen Polymer 中定义低聚物时，遵循以下路径：Properties→Components, including the oligomer as a component→Polymers→Oligomers→Identify the name of oligomer specified in Components and add the number of segments。

（3）聚合物：定义完聚合物名称之后，可在 Aspen Plus 在线帮助中搜索“polymer databank components”识别聚合物组分名和分子式；如果数据库中没有所需组分，规定组分名为“generic-polymer-component”同时使用别名“polymer”（参见例题 2.2 中的示例）。

注意到聚合物无固定的分子量，典型的做法是使用表观分子量，它的数值与聚合物重复单元的分子量相同。为避免混淆，***应当基于质量基准定义和查看聚合物性质***。这就意味着，当通过以下路径新建 Aspen plus 模拟时，应选择流率基准为“mass”。路径：Aspen Plus→New→Chemical with Metric Units→Create→Simulation Environment→Setup→（1）Global unit set=METCBAR；（2）Flow basis=Mass，见图 1.2。

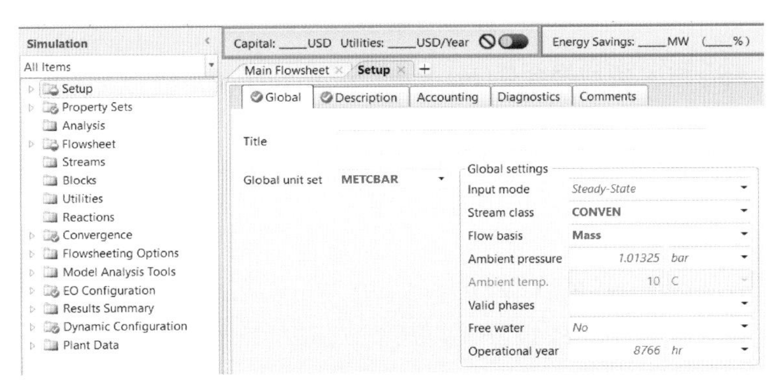

图 1.2 为聚合过程模拟设置质量流量基准

1.1.2 矩和一些基本聚合物属性的概念

图 1.3 为聚乙烯和乙烯-醋酸乙烯酯共聚物（EVA）重复单元的结构式，该图中，聚乙烯是均聚物，只包含一种类型的重复单元；EVA 包含两种类型的共聚单元。

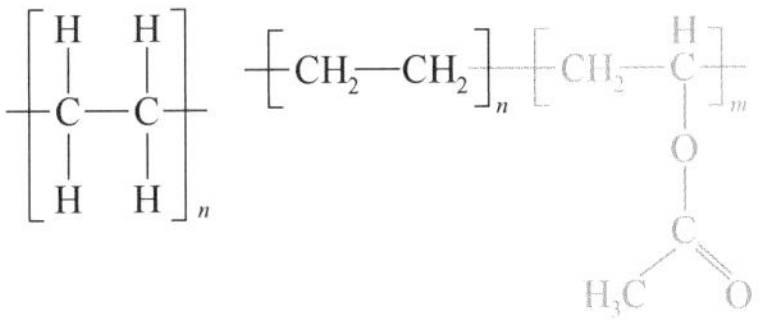

$$-\!\!\left[CH_2-CH_2\right]_n\!\!-\quad -\!\!\left[CH_2-CH(OCOCH_3)\right]_m\!\!-$$

图 1.3 聚乙烯和乙烯-醋酸乙烯酯共聚物重复单元

在聚乙烯分子的混合物中，每一个聚乙烯分子可能含有不同数量（n）的重复单元，某些的 n 值（或***聚合度，DP***）比较大，意味着这些聚合物的链比较长；某些的 n 值比较小，意味着这些聚合物的链比较短；链长特别短的聚合物，如 n 小于等于 10 的，则称为***低聚物***。

通常情况下由质量分率对分子量（w_i 对 M_i）的图来描绘聚合物的分子量分布（MWD），使用矩的分布来量化聚合物分子量的分布[2]。

矩是什么？如图 1.4 所示的聚合物，假定聚合物链中的每一个圈代表一个重复单元，如聚乙烯重复链段，一个链含有 3 个链段，另一个链含有 4 个链段，还有一个链含有 5 个链段，使用 P_n 来描述聚合物链，其中 n 为聚合物链中链段的数量，由此，图 1.4 所示聚合

物包含 P_3、P_4 和 P_5，使用括号来表示每个聚合物链的浓度，因图 1.4 所示聚合物每个聚合物链只有一个，因此$[P_3]=[P_4]=[P_5]=1$。

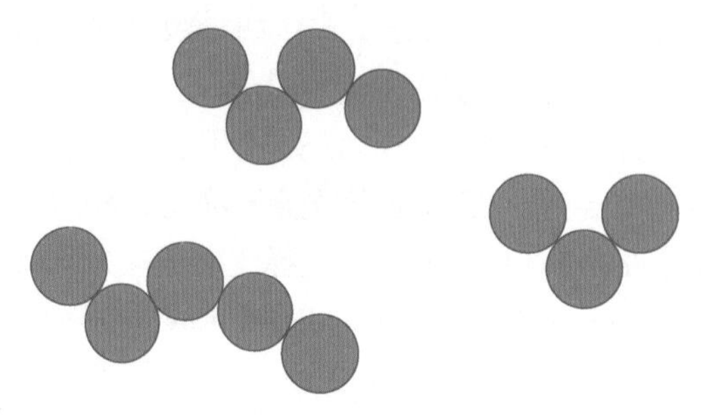

图 1.4 聚合物示例

图 1.4 所示聚合物的***数均聚合度(the number-average degree of polymerization, DPN)***是什么？定义如下：

$$DPN=\frac{\text{链段总数量}}{\text{链的总数量}}=\frac{3+4+5}{3}=4 \tag{1.1}$$

这个方程的另外一种书写方式为：

$$DPN=\frac{3\times[P_3]+4\times[P_4]+5\times[P_5]}{[P_3]+[P_4]+[P_5]}=\frac{3\times1+4\times1+5\times1}{3}=4 \tag{1.2}$$

可以将这个方程推广为：

$$DPN=\frac{\sum\limits_n n[P_n]}{\sum\limits_n [P_n]}=\frac{3\times[P_3]+4\times[P_4]+5\times[P_5]}{[P_3]+[P_4]+[P_5]}=\frac{3\times1+4\times1+5\times1}{3}=4 \tag{1.3}$$

这个数均聚合度的定义方程基于总和比率(summation ratio)，适用于任何聚合物链。定义***矩***的分子量分布如下：

$$\mu_i=\sum_n n^i[P_n] \tag{1.4}$$

用矩重新书写数均聚合度方程如下：

$$DPN=\frac{\sum\limits_n n[P_n]}{\sum\limits_n [P_n]}=\frac{\sum\limits_n n^1[P_n]}{\sum\limits_n n^0[P_n]}=\frac{\mu_1}{\mu_0} \tag{1.5}$$

实际上，在聚合过程模拟中，最多用到三个矩，它们是：

$$\text{零阶矩(ZMOM)}:\mu_0=\sum_n [P_n] \tag{1.6}$$

$$\text{一阶矩(FMOM)}:\mu_1=\sum_n n[P_n] \tag{1.7}$$

$$\text{二阶矩(SMOM)}:\mu_2=\sum_n n^2[P_n] \tag{1.8}$$

零阶矩将系统中所有链的数量相加，因此零阶矩代表聚合物的***总浓度或聚合物的总摩尔流量***。一阶矩为系统中***链段的总数量或链段的总浓度或链段的总摩尔流量***。二阶矩与一阶矩类似，不过因链段的数量 n 是平方，长链的浓度权重较大。

对于图 1.4 所示的聚合物，我们可得：

$$\mu_0 = \sum_n [P_n] = 1 + 1 + 1 = 3$$

$$\mu_1 = \sum_n n[P_n] = 3 \times 1 + 4 \times 1 + 5 \times 1 = 12$$

$$\mu_2 = \sum_n n^2[P_n] = 3^2 \times 1 + 4^2 \times 1 + 5^2 \times 1 = 50$$

重均聚合度(the weight-averaged degree of polymerization，DPW)定义如下：

$$DPW = \frac{\sum_n n^2[P_n]}{\sum_n n^1[P_n]} = \frac{\mu_2}{\mu_1} = \frac{50}{12} = 4.17 \tag{1.9}$$

定义***多分散性指数(polymer dispersity index，PDI)***为：

$$PDI = \frac{DPW}{DPN} = \frac{\mu_2/\mu_1}{\mu_1/\mu_0} = \frac{\mu_2\mu_0}{\mu_1^2} = \frac{50\times 3}{12^2} = 1.04 \tag{1.10}$$

最后，通过乘以平均链段分子量($MWSEG$)将数均聚合度、重均聚合度与数均分子量和重均分子量相关联。

$$MWN = DPN \times MWSEG \tag{1.11}$$

$$MWW = DPW \times MWSEG \tag{1.12}$$

将方程(1.11)和方程(1.12)相结合，得到多分散指数的标准定义：

$$PDI = \frac{DPW}{DPN} = \frac{MWW}{MWN} \tag{1.13}$$

Aspen Polymers 包含大量的聚合物属性组用于特定的聚合动力学模型[1]，将从第 4 章开始讨论不同类型聚合过程的其他聚合物属性。

1.1.3 流股初始化和基本聚合物属性

根据参考文献[1]，针对乙烯-醋酸乙烯酯共聚物进料流股，我们介绍基本的流股初始化计算。该进料流股流量为 1 kg/s，共聚物包含 60%(摩)的乙烯和 40%(摩)的醋酸乙烯酯，数均分子量为 20000 kg/kmol，重均分子量为 90000 kg/kmol。

已知乙烯和醋酸乙烯酯的分子量分别为 28.05 和 86.09，链段摩尔分率分别为：

$$x_{E2} = 0.6 \quad x_{VA} = 0.4$$

由此得到链段平均分子量为：

$$MWSEG = \sum_i SFRAC_i\, M_i = 0.6\times 28.05 + 0.4\times 86.09 = 51.266(\mathrm{g/mol}) = 51.266(\mathrm{kg/kmol})$$

链段摩尔流量为：

$$SFLOW(\mathrm{E2}) = [(1\ \mathrm{kg/s})/(51.266\ \mathrm{kg/kmol})]\times 0.6 = 0.011704\ \mathrm{kmol/s}$$

$$SFLOW(\mathrm{VA}) = [(1\ \mathrm{kg/s})/(51.266\ \mathrm{kg/kmol})]\times 0.4 = 0.007802\ \mathrm{kmol/s}$$

聚合物一阶矩等于链段总摩尔流量，即 0.019506 kmol/h。

已知数均分子量为 20000 kg/kmol，重均分子量为 90000 kg/kmol，得到多分散指数为：

$$PDI = MWW/MWN = 90000/20000 = 4.5$$

由方程(1.11)，得到数均聚合度：

$$MWN = DPN \times MWSEG \quad 20000 = DPN \times 51.266 \rightarrow DPN = 390.12$$

同样，由方程(1.12)得到重均聚合度：

$$MWW = DPW \times MWSEG \quad 90000 = DPW \times 51.266 \rightarrow DPW = 1755.55$$

依据方程(1.5)将数均聚合度与零阶矩和一阶矩相关联，注意零阶矩代表聚合物总摩尔流量。

$$DPN = \frac{\mu_1}{\mu_0} \rightarrow 390.12 = 0.019506/\mu_0 \rightarrow \mu_0 = 0.00005 \text{ kmol/s}$$

类似地，依据方程(1.9)得到聚合物二阶矩：

$$DPW = \frac{\mu_2}{\mu_1} = \frac{\mu_2}{0.019506} = 1755.55$$

由此得到聚合物二阶矩为34.2438 kmol/s。

这个例子还表明，可以通过流股的质量流量和聚合物的数均分子量计算聚合物总摩尔流量(聚合物零阶矩)：

$$\mu_0 = \frac{\text{聚合物流股的质量流量}}{\text{聚合物数均分子量}} = \frac{1 \text{ kg/s}}{20000 \text{ kg/kmol}} = 0.00005 \text{ kmol/s}$$

将流股初始化的结果总结于表1.1。

表1.1 乙烯-醋酸乙烯酯共聚物案例流股初始化结果

流股变量	值	流股变量	值
质量流量/(kg/s)	1(已知)	一阶矩/(kmol/s)	0.019506
数均聚合度	390.12	二阶矩/(kmol/s)	34.2438
重均聚合度	1755.55	链段摩尔流量(E2)/(kmol/s)	0.011704
多分散性指数	4.5	链段摩尔流量(VA)/(kmol/s)	0.007802
数均分子量/(kg/kmol)	20000(已知)	链段摩尔分率(x_{E2})	0.6(已知)
重均分子量/(kg/kmol)	90000(已知)	链段摩尔分率(x_{VA})	0.4(已知)
零阶矩/(kmol/s)	0.00005	链段平均分子量/(kg/kmol)	51.260

1.2 例题1.1：混合两共聚物流股后确定结果流股的属性

1.2.1 目的

本例题的目的在于说明如何使用Aspen Plus软件代替第1.1.3节手动进行的流股初始化计算，以及如何通过操纵(如混合)两个或更多的流股得到流股属性(如数均分子量、重均分子量和多分散性指数)结果。

1.2.2 问题描述

在温度 150℃ 和压力 1 bar 条件下混合两种乙烯-醋酸乙烯酯共聚物物流：①流股 EVA80：乙烯链段的摩尔分率等于 0.8，质量流量等于 1.0 kg/s，数均分子量等于 2000 kg/kmol，重均分子量等于 5000 kg/kmol。②流股 EVA50：乙烯链段的摩尔分率等于 0.5，质量流量等于 1.0 kg/s，数均分子量等于 20000 kg/kmol，重均分子量等于 50000 kg/kmol。确定混合流股(EVAMIXED)的聚合物属性(数均分子量、重均分子量和多分散性指数)。查看 EVA80 流股的质量流量在 0.001 kg/s、0.002 kg/s、0.005 kg/s、0.01 kg/s、0.02 kg/s、0.05 kg/s、0.1 kg/s、0.2 kg/s、0.33 kg/s、0.5 kg/s、0.7 kg/s、1 kg/s、2.5 kg/s、5 kg/s、7.5 kg/s、10 kg/s、50 kg/s、100 kg/s、200 kg/s、500 kg/s、1000 kg/s、2000 kg/s 和 10000 kg/s 间变化时对数均分子量、重均分子量和多分散性指数等结果的影响。

1.2.3 工艺流程

图 1.5 展示了一个简单的混合流程。将模拟文件保存为“***WS1.1 Stream Attribute Calculations.bkp***。”

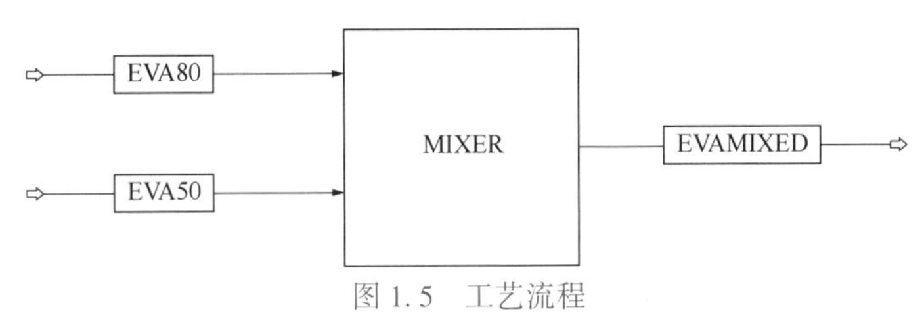

图 1.5 工艺流程

流程中使用了流股自身的名字 EVA80 和 EVA50，模块名为 MIXER。为了取消自动命名，遵循以下路径：File→Options→Flowsheet→Stream and unit operation labels→取消勾选“Automatically assign block name with prefix B”和“Automatically assign stream name with prefix S”→Apply，见图 1.6。

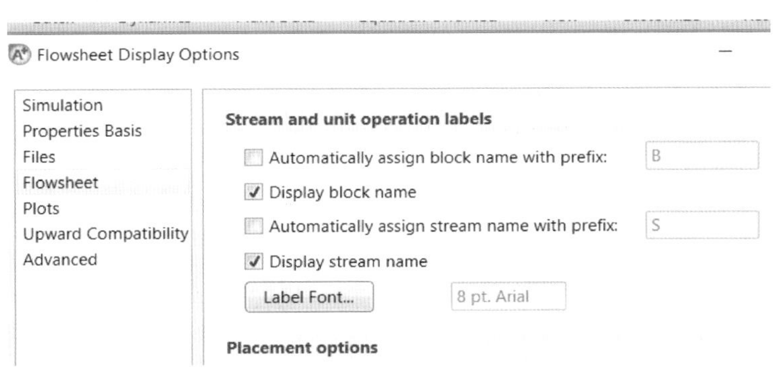

图 1.6 取消自动命名模块和流股的选项

1.2.4 单位集、组分和共聚物表征

选择 METCBAR 单位集并按图 1.7 所示定义组分。按照以下路径访问和创建 METCBAR

单位集：Properties→Setup→Unit Sets→New：创建新 ID→输入名称“METCBAR”→Standard→Copy from MET→将温度单位由 K 更改为℃，将压力单位由 atm 更改为 bar(见图 1.7)。当这些完成之后，按照以下路径指定单位集：Setup→Specifications→Global unit set→选择“METCBAR”。

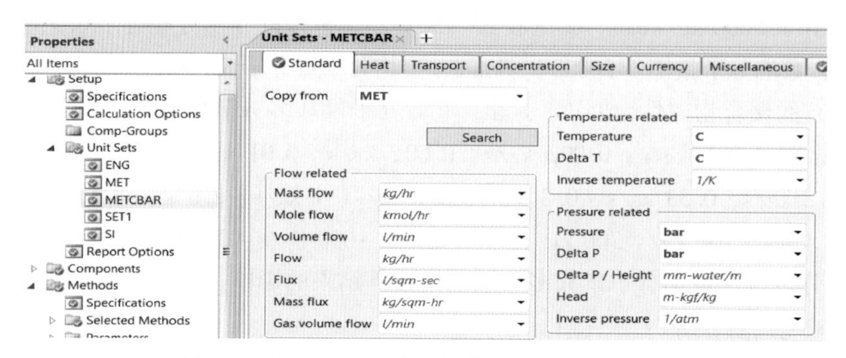

图 1.7　基于 MET 单位集创建 METCBAR 单位集

本例题涉及基于链段的基本聚合物属性的预测与计算，不涉及聚合动力学，因此不包含乙烯-醋酸乙烯酯共聚物自由基聚合的其他所需组分，如引发剂。将在第 4 章中讨论乙烯、醋酸乙烯酯共聚合。

图 1.8 为组分定义和企业数据库，选择纯组分数据库 PURE37、链段和聚合物数据库(SEGMENT 和 POLYMER)以及与选用的物性方法扰动-链统计流体理论状态方程(POLYPCSF)对应的数据库，将在第 2.8 节讨论扰动-链统计流体理论状态方程。

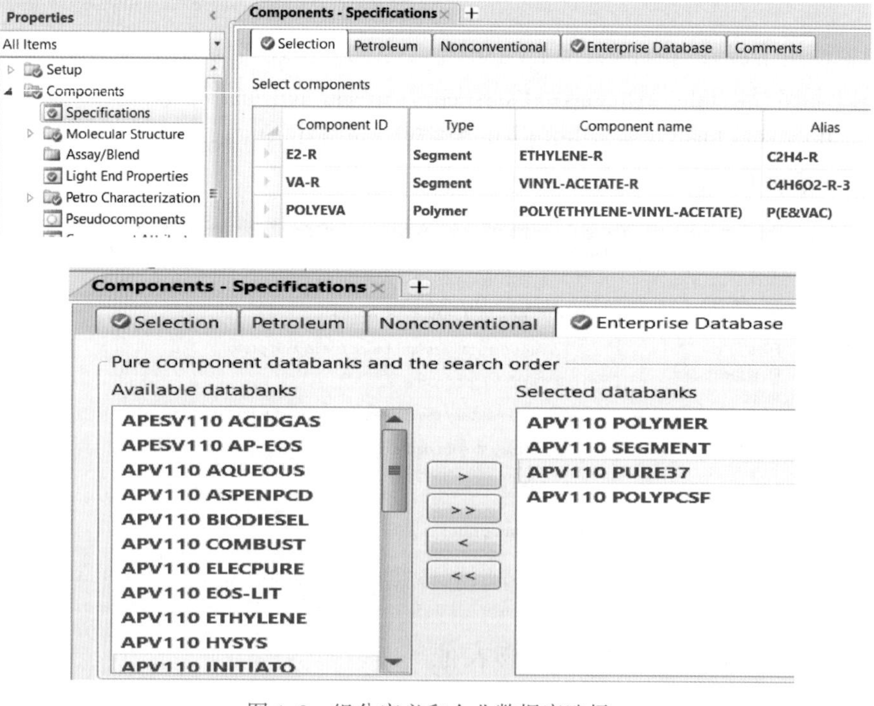

图 1.8　组分定义和企业数据库选择

下一步，遵循以下路径：Properties→Components→Polymers→Characterization→Segments→将 E2-R 和 VA-R 定义为重复链段，见图 1.9。

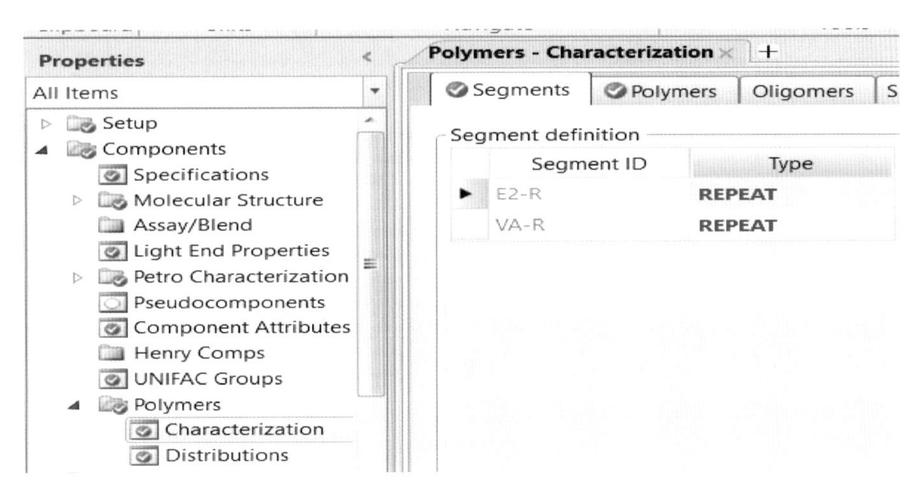

图 1.9　链段类型定义

继续遵循路径：Polymers→Characterization→Polymers，为共聚物 POLYEVA 选择内置的属性组 Free-radical selection，见图 1.10。

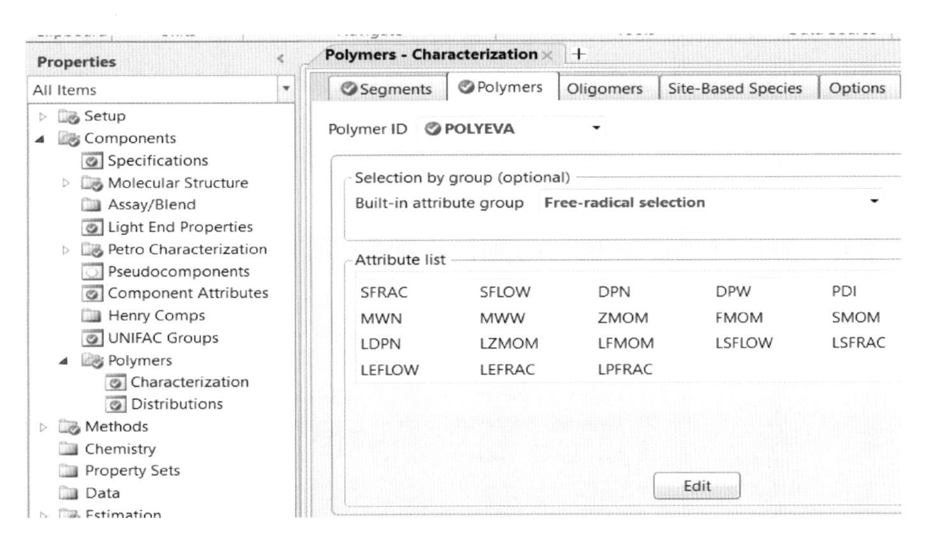

图 1.10　自由基聚合属性组的默认选择

点击图 1.10 中的“Edit”按钮，将显示自由基聚合属性组的完整列表和选项，选择在第 1.1.2 节和第 1.1.3 节中介绍的如下属性：链段的摩尔分率（*SFRAC*）、链段的摩尔流量（*SFLOW*）、数均聚合度（*DPN*）、重均聚合度（*DPW*）、数均分子量（*MWN*）、重均分子量（*MWW*）、零阶矩（*ZMOM*）、一阶矩（*FMOM*）和二阶矩（*SMOM*），取消选择活性聚合物数均聚合度（*LDPN*），活性聚合物零阶矩（*LZMOM*）……活性聚合物分率（*LPFRAC*），然后点击“Close”按钮，即得到需要的聚合物属性组，见图 1.11 左侧。

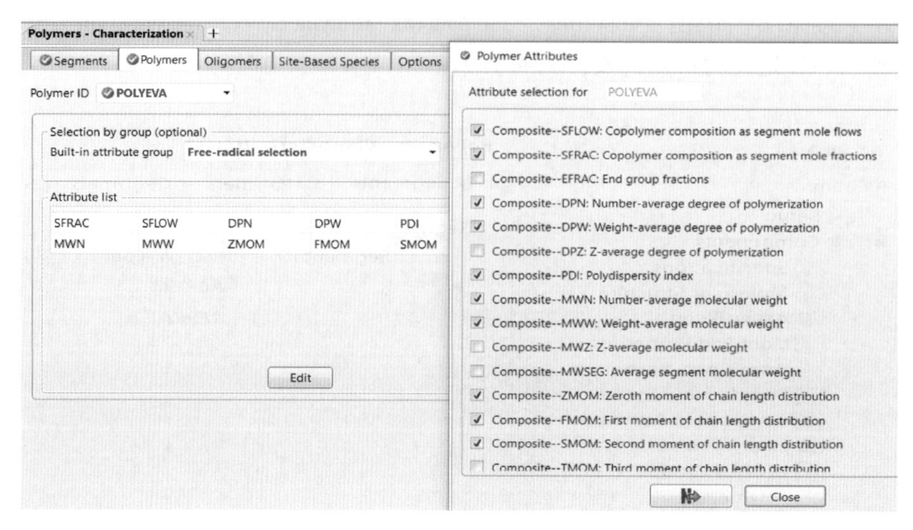

图 1.11　选择所需的聚合物属性

1.2.5　物性方法和组分物性参数

正如将在第 2 章详细讨论的那样，Aspen Plus 中的物性方法是一系列模型和方法的集合，用于计算系统相平衡和各种物理性质，如密度、焓、黏度和热导率。为了模拟通常在极高压力下(见表 4.10)乙烯-醋酸乙烯酯共聚物的生产，建议物性方法选用聚合物扰动链统计流体理论(POLYPCSF)状态方程，这个物性方法将在第 2.8 节和第 2.9 节进行详细讨论。该物性方法需要纯组分参数和二元交互作用参数，然而，由于本例题仅关注于流股的初始化、简单的物料平衡和基本的聚合物属性计算，而非相平衡计算和能量平衡计算，不需要输入这些物性参数值。

图 1.12 展示了本案例在指定物性方法时的所需输入。

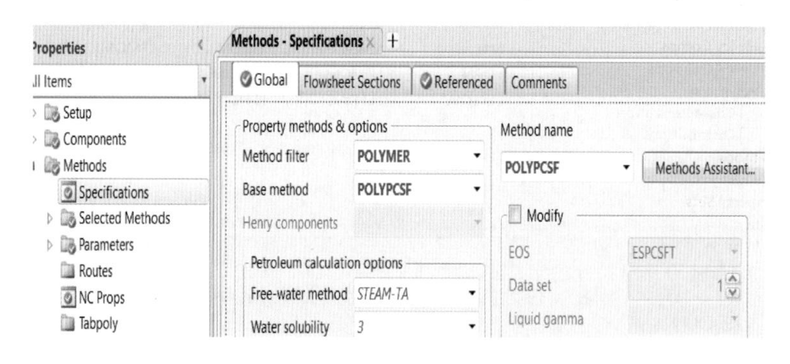

图 1.12　指定物性方法

1.2.6　流股和模块说明

遵照以下路径：Simulation→Streams→EVA80→Specifications and Component Attributes，完成 EVA80 共聚物流股的输入，见图 1.13。

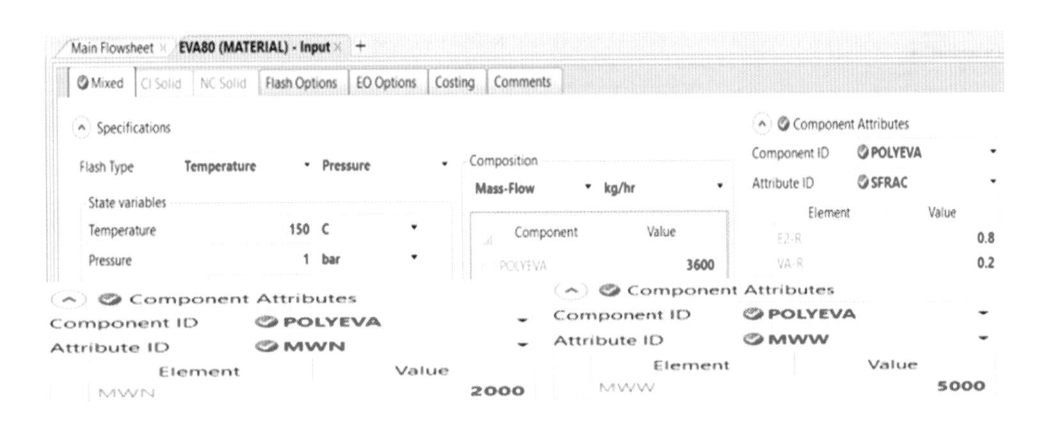

图 1.13　共聚物流股 EVA80 的输入

按照相同的方法完成共聚物流股 EVA50 的输入(见第 1.2.2 节)，图 1.14 为零压降混合器模块的输入。

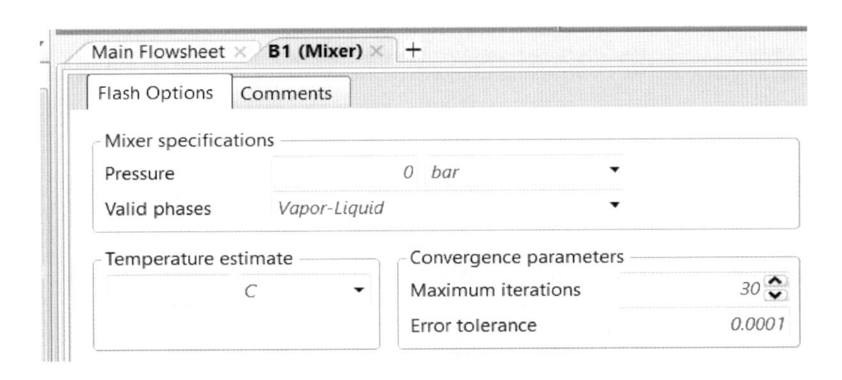

图 1.14　零压降混合器模块的输入

在 Aspen Plus 中，将压力定为 0 意味着混合器入口和出口的压力是相同的，这里的 0 代表压降。只有当输入的压力为大于 0 的值时，才代表出口压力。

下一步，遵照以下路径定义灵敏度分析：Simulation→Model Analysis Tools→Sensitivity→New→新建灵敏度分析，命名为 S-1→Input。第一步，定义自变量：Vary→New→新建调节变量(自变量)variable 1→见图 1.15(通过“list of values”方式输入自变量的值，具体为：0.001，0.002，0.005，0.01，0.02，0.05，0.1，0.2，0.33，0.5，0.7，1，2.5，5，7.5，10，50，100，200，500，1000，2000 和 10000)。第二步 a，定义聚合物属性因变量：Define→New→新建因变量并将其命名为“MWN”，调用属性“MWN”，见图 1.16；重复以上步骤再新建 2 个因变量，分别命名为“MWW”和“PDI”，调用属性“MWW”和“PDI”，见图 1.16。第二步 b，定义组分流量因变量：新建因变量并将其命名为“FEVA80”，见图 1.17；重复以上步骤再新建因变量并命名为“FEVA50”，见图 1.17；只需将流股名改为“EVA50”。第三步，指定如何列表显示：Tabulate→见图 1.18，其中变量 4 由公式 FEVA80/(FEVA80+FEVA50)计算共聚物 EVA80 占混合进料(EVA80+EVA50)的质量分率。

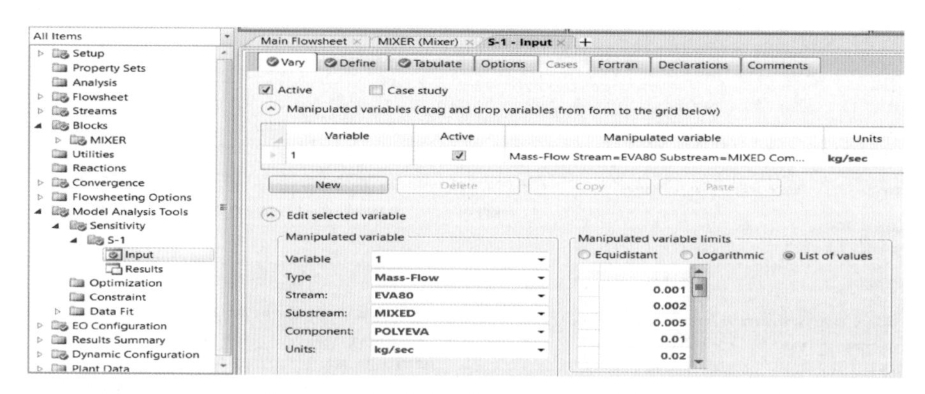

图 1.15　灵敏度分析第一步：定义自变量

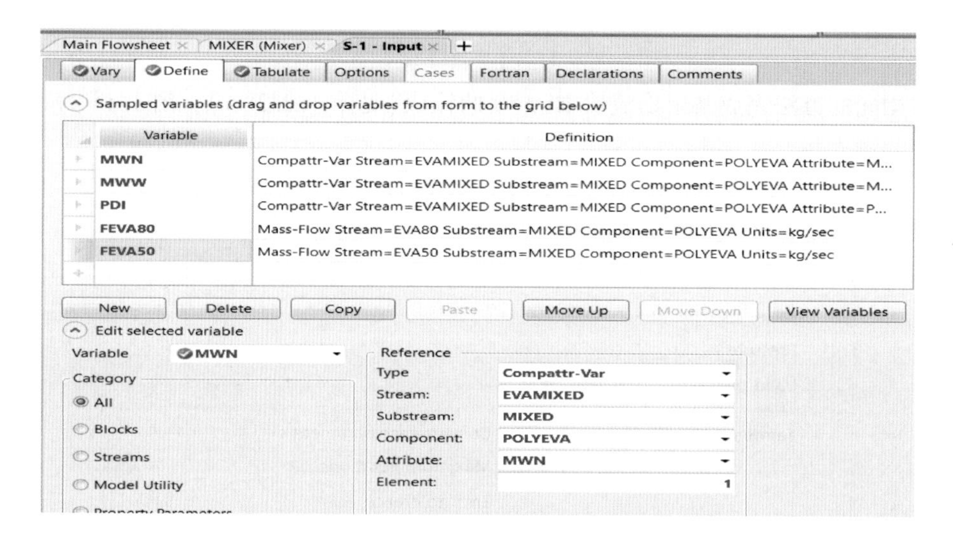

图 1.16　灵敏度分析第二步 a：定义聚合物属性因变量

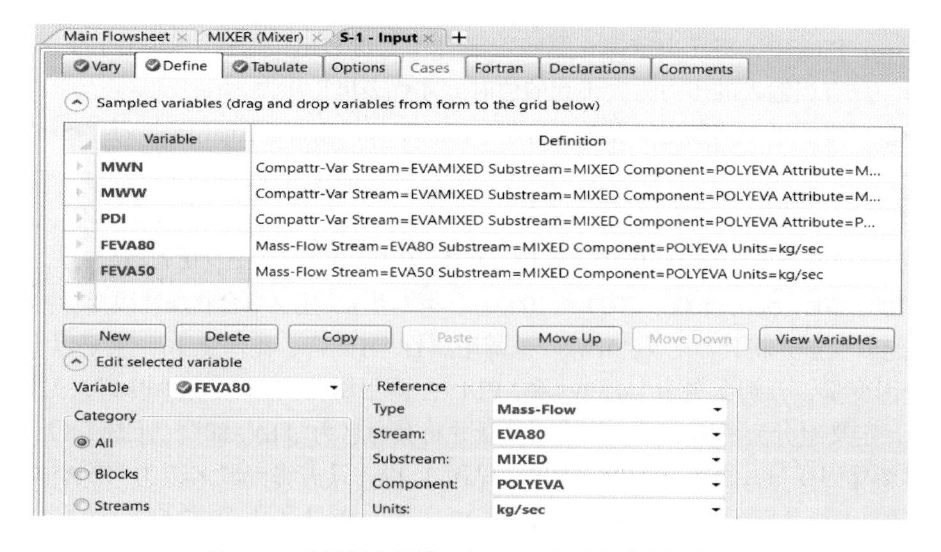

图 1.17　灵敏度分析第二步 b：定义组分流量因变量

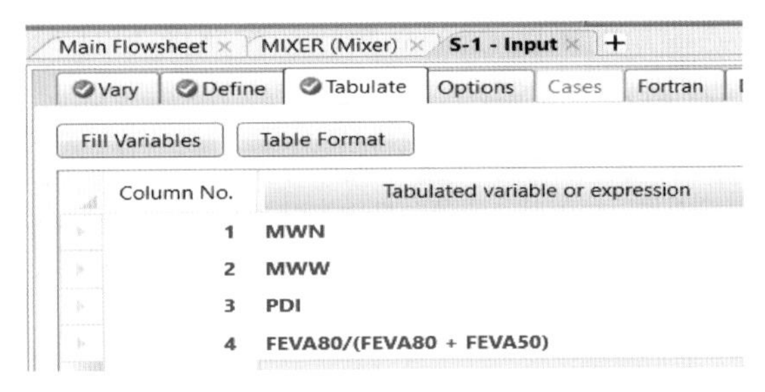

图 1.18　灵敏度分析第三步：列表显示变量

遵循以下路径，运行模拟：Home→Control panel→Run。该模型很容易完成收敛，见图 1.19。

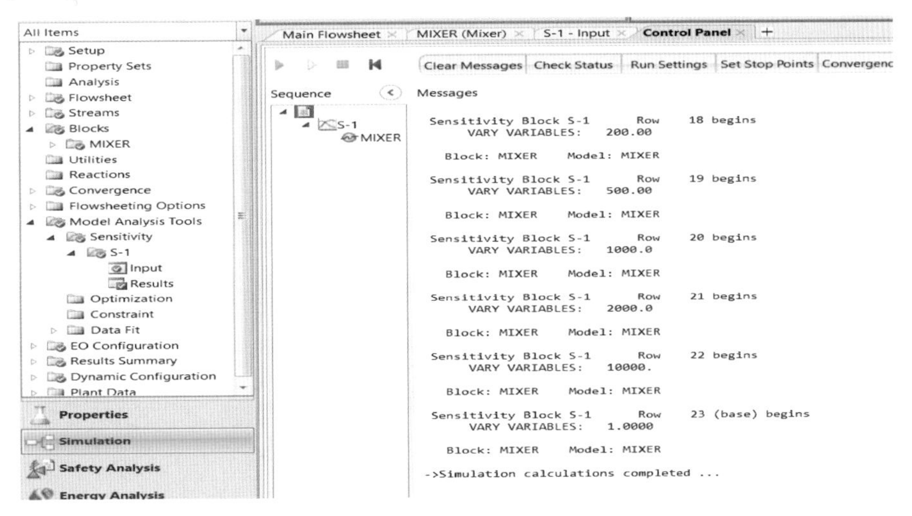

图 1.19　完成模拟的控制面板消息

遵循以下路径，查看灵敏度分析的结果：Simulation→Model Analysis Tools→Sensitivity→S-1→Results。图 1.20 为列表结果，注意到，自变量 Vary1 的单位为"kg/hr"而非"kg/s"，这是因为单位集 METCBAR 的默认时间单位为"hr"。

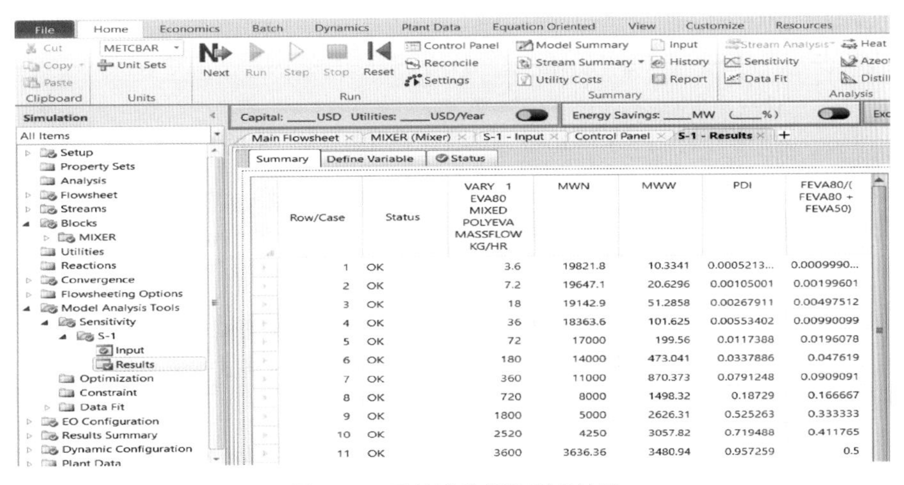

Row/Case	Status	VARY 1 EVA80 MIXED POLYEVA MASSFLOW KG/HR	MWN	MWW	PDI	FEVA80/(FEVA80 + FEVA50)
1	OK	3.6	19821.8	10.3341	0.0005213...	0.0009990...
2	OK	7.2	19647.1	20.6296	0.00105001	0.00199601
3	OK	18	19142.9	51.2858	0.00267911	0.00497512
4	OK	36	18363.6	101.625	0.00553402	0.00990099
5	OK	72	17000	199.56	0.0117388	0.0196078
6	OK	180	14000	473.041	0.0337886	0.047619
7	OK	360	11000	870.373	0.0791248	0.0909091
8	OK	720	8000	1498.32	0.18729	0.166667
9	OK	1800	5000	2626.31	0.525263	0.333333
10	OK	2520	4250	3057.82	0.719488	0.411765
11	OK	3600	3636.36	3480.94	0.957259	0.5

图 1.20　灵敏度分析的列表结果

下一步点击图 1.20 右上角的图标 Custom 按钮，按照图 1.21 所示定义 x 轴和 y 轴，然后点击“OK”，得到图 1.22 所示的关系图。

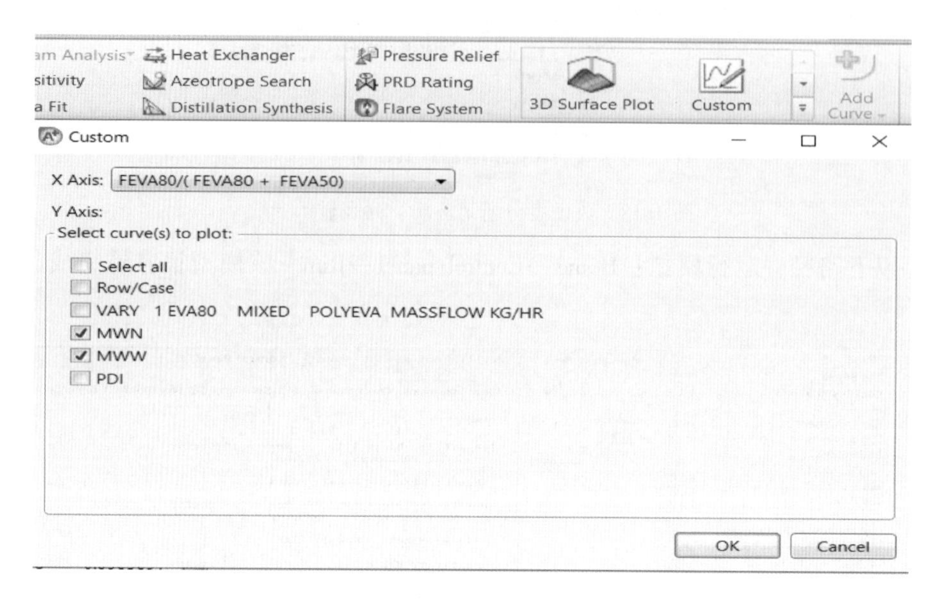

图 1.21　指定绘制 *MWN* 和 *MWW* 对共聚物 EVA80 质量分率的关系图

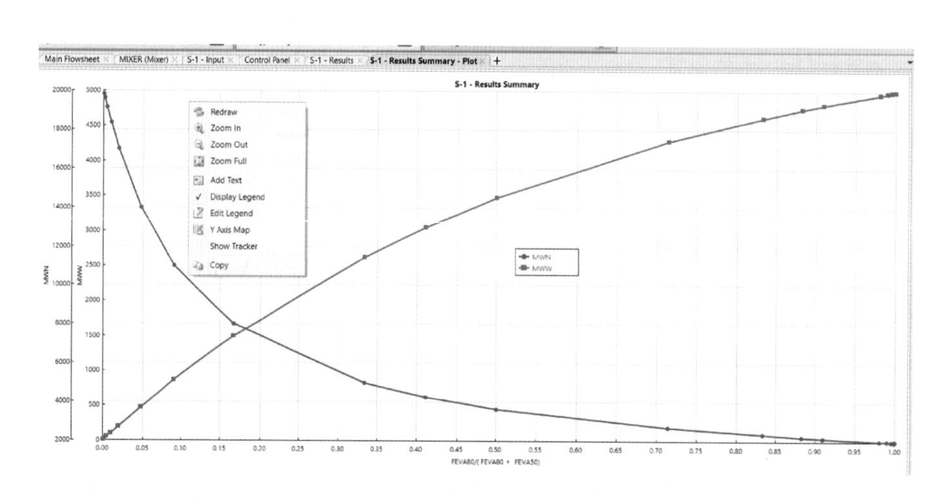

图 1.22　*MWN* 和 *MWW* 对共聚物 EVA80 质量分率的关系图

可以将 y 轴设为单一坐标：在关系图空白处点击鼠标右键，出现如图 1.22 所示的绘图选项框，选择“Y-Axis Map”，然后选择“Single Y-Axis”并点击“OK”，得到如图 1.23 所示的曲线图。

按照绘制图 1.21 的步骤，绘制 *PDI* 对 EVA80 共聚物质量流量的关系图，结果如图 1.24所示。点击图 1.24 的 x 轴，在图的上方将显示 x 轴的格式(最小值、最大值和坐标类型)，将 x 轴的坐标类型由“Linear”改为“Log”，见图 1.25。

结束后，将模拟文件另存为“***WS1. 1 Stream Attribute Calculations. bkp***。”

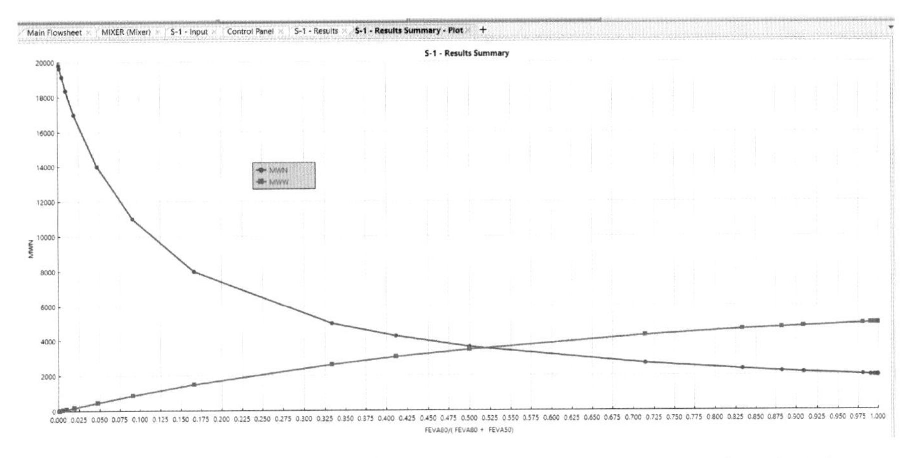

图 1.23　单一纵坐标下 *MWN* 和 *MWW* 对共聚物 EVA80 质量分率的关系图

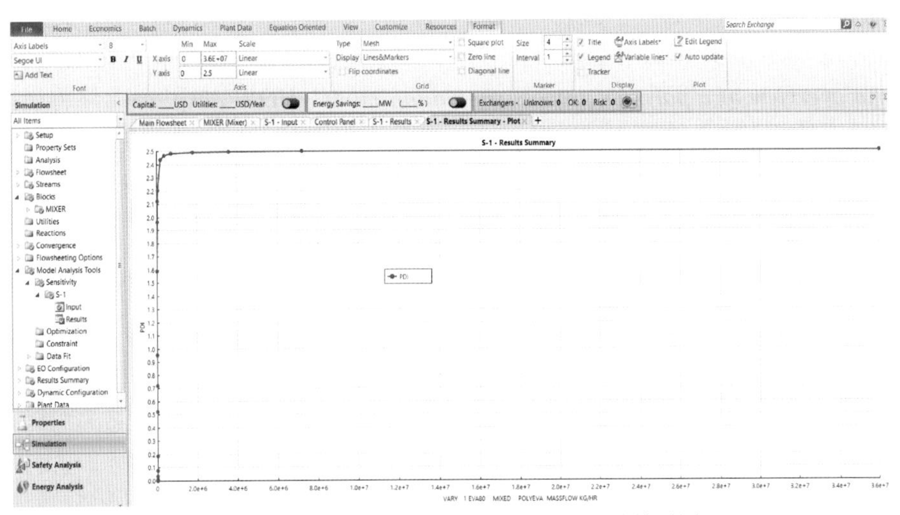

图 1.24　*PDI* 对共聚物 EVA80 质量流量的关系图

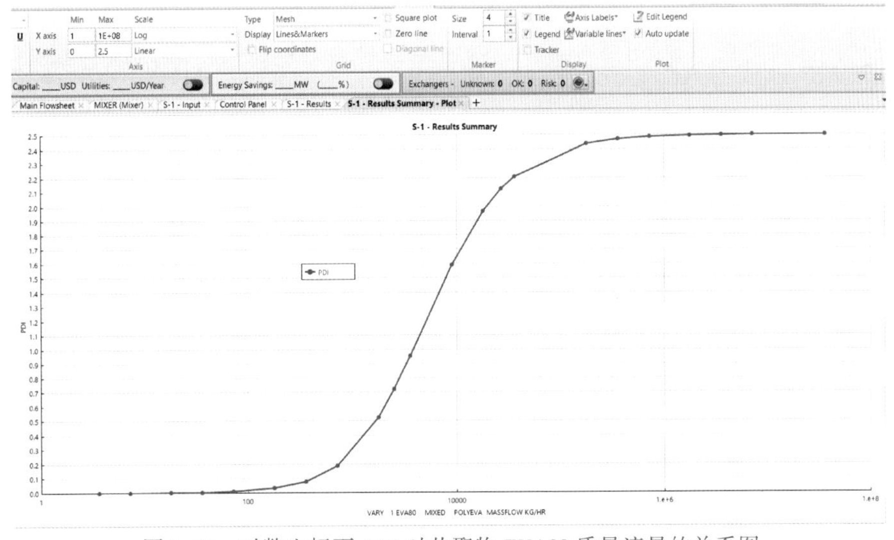

图 1.25　对数坐标下 *PDI* 对共聚物 EVA80 质量流量的关系图

1.3 例题 1.2：淤浆法高密度聚乙烯过程的简化模拟模型和开发聚合过程模拟模型的工作流程

1.3.1 目的

本例题的目的是以简化淤浆法高密度聚乙烯过程为例来说明开发聚合过程模拟模型的步骤，确定每个步骤中涉及的具体任务，并说明它们与优化聚烯烃生产的相关性。

1.3.2 步骤 1：问题设置

首先创建“Blank Simulation”(见图 1.26)，点击“Create”按钮进入物性环境下的组分设置，如图 1.27 所示，按照以下路径：File→Save as→Aspen Plus Backup→将模拟文件另存为“***WS1.2 An overview of a polymer process simulation model_HDPE.bkp***”。始终将模拟文件保存为“.bkp”文件非常重要，将来遇到软件版本升级，保存的“.bkp”文件还可以打开，而其他的文件类型如“.apw”将无法打开。不过，如果想要储存复杂模拟问题收敛的模拟输入和结果，就需要保存为“.apw”文件。

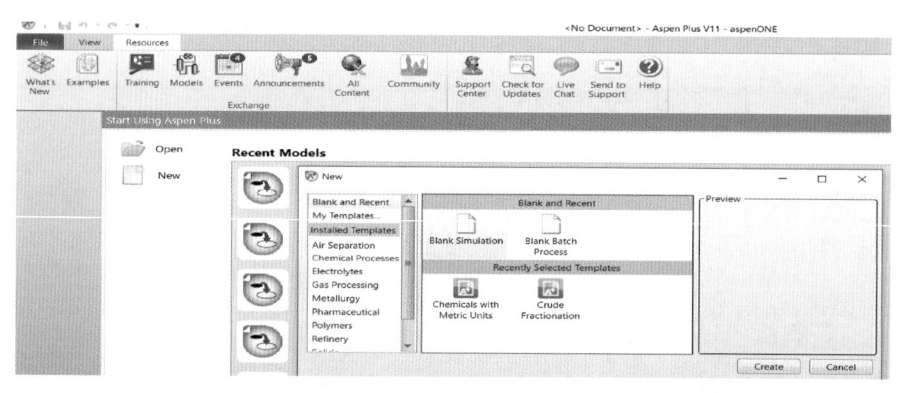

图 1.26　创建空白模拟

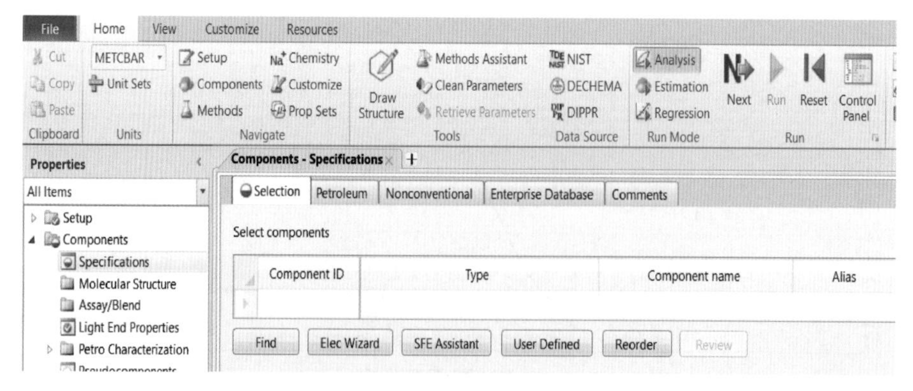

图 1.27　物性环境下的组分设置

在输入组分前，先来看物性环境中的基本输入及输入顺序：Properties→Setup(Specifications，Unit Sets)→Components(Specifications，Polymers)→Methods(Specifications，Parameters)。

图 1.28 为在物性环境中已完成的全局设置。

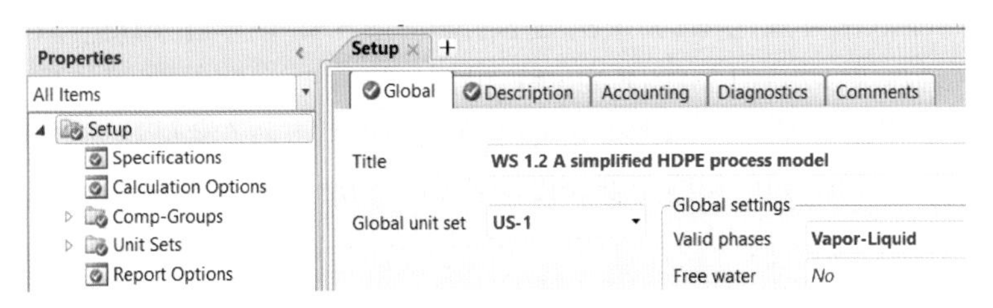

图 1.28　物性环境中已完成的全局设置

在模拟环境中的全局设置还需关注另一个设置问题。由于增长的聚合物链其平均分子量在不断变化，在包含聚合物的流股中很难量化组分摩尔分率，因此***建议基于质量流量和组分质量分率进行聚合过程的物料平衡计算***。按照以下路径进行质量基准的设定：Simulation→Setup→Specifications→Global→Flow basis：Mass，见图 1.29。

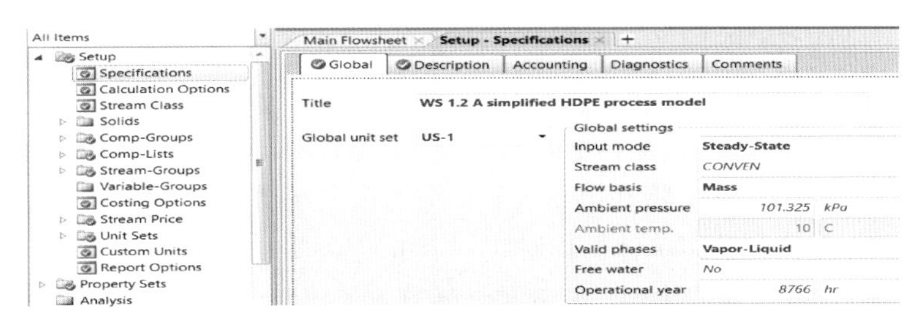

图 1.29　定义聚合过程模拟的质量基准

图 1.28 和图 1.29 中用户自定义的全局单位集 US-1 是基于国际单位集创建的，仅将温度单位由 K 更换成了℃，压力单位由 N/m^2 更换成了 kPa，时间单位由“sec”(s)更换成了“hr”(h)，如图 1.7 所示。然而，在 Aspen Plus 单位集中找到时间单位对于初学者来说还是比较棘手的，请按以下路径进行单位集创建及更改：Properties→Setup→Unit Sets→New→输入单位集标识符：US-1→第一步更改标准单位：在 Standard 表单下，将温度单位由 K 更改为℃，将压力单位由 N/m^2 更改为 kPa；第二步更改浓度单位：在 Concentration 表单下，将时间单位由“sec”更改为“hr”(见图 1.30)。

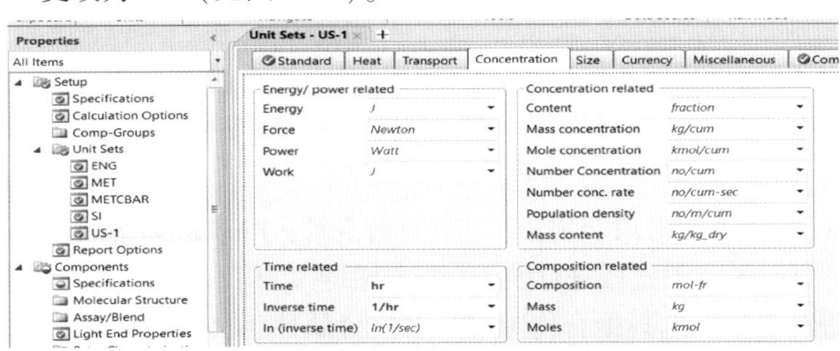

图 1.30　浓度表单下将国际单位集中的时间单位由“sec”更改为“hr”

1.3.3 步骤 2：组分定义

在定义链段和聚合物组分之前，需先选择相应的企业数据库。图 1.31 列出了聚烯烃过程模拟经常用到的数据库。INITIAIO 为自由基聚合引发剂分解速率常数参数数据库，如聚苯乙烯(PS)和高压低密度聚乙烯(LDPE)过程(参见第 4.2.1 节)；EOS-LIT 包含状态方程(EOSs)的物性参数；PC-SAFT 和 POLYPCSF 包括了应用扰动链统计流体理论(PC-SAFT)状态方程和聚合物扰动链统计流体理论(POLYPCSF)状态方程(参见第 2.8 节)建立高密度聚乙烯(HDPE)、聚丙烯(PP)和线型低密度聚乙烯(LLDPE)过程所需的物性参数。

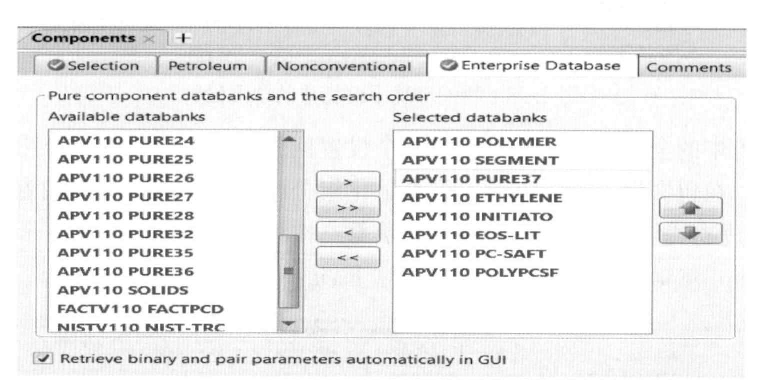

图 1.31 选择的数据库

图 1.32 展示了组分定义。将在第 5.6 节详细讨论淤浆法高密度聚乙烯过程，其中，乙烯和 1-丁烯分别为单体和共聚单体，均对应一个重复链段，$TiCl_4$ 是催化剂，三乙基铝(triethyl aluminum，TEAL)是助催化剂，氢气是链转移剂，己烷是溶剂，氮气是净化气体。

Components - Specifications

Selection | Petroleum | Nonconventional | Enterprise Database | Comments

Select components

Component ID	Type	Component name	Alias
C2H4	Conventional	ETHYLENE	C2H4
R-C2H4	Segment	ETHYLENE-R	C2H4-R
C4H8	Conventional	1-BUTENE	C4H8-1
R-C4H8	Segment	1-BUTENE-R	C4H8-R-1
HDPE	Polymer	HIGH-DENSITY-POLY(ETHYLE...	HDPE
TICL4	Conventional	TITANIUM-TETRACHLORIDE	TICL4
TEAL	Conventional	TRIETHYL-ALUMINUM	C6H15AL
H2	Conventional	HYDROGEN	H2
HX	Conventional	N-HEXANE	C6H14-1
N2	Conventional	NITROGEN	N2

Find | Elec Wizard | SFE Assistant | User Defined | Reorder | Review

图 1.32 组分定义

接下来，通过以下路径对聚合物及其属性进行表征：Properties→Component→Polymers→Characterization。第一步，对链段进行表征，将乙烯链段和丁烯链段定义为重复链段；第二步，对聚合物进行表征，选择聚合物 HDPE 及内置属性组 Ziegler-Natta catalyst；第三步，表征基于活性位的催化剂或引发剂，具体见图 1.33。

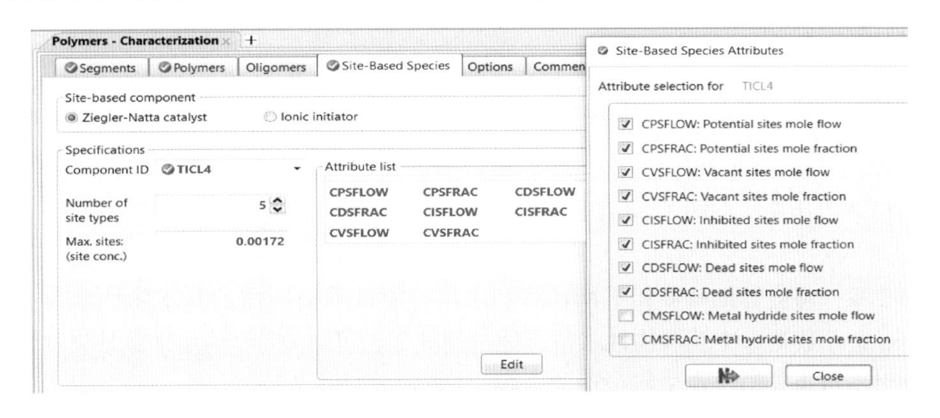

图 1.33 基于活性中心催化剂 $TiCl_4$ 的表征

在图 1.33 中，假定催化剂 $TiCl_4$ 有五个活性中心，这是通过对凝胶渗透色谱(GPC)分析得到的聚合物分子量分布数据进行解析得到的(参见第 5.5.2.3 节)；同时假定催化剂活性中心浓度为 0.00172 mol/g 催化剂，通常为 0.00001~0.001 mol/g 催化剂[3]。要了解属性的含义，可用鼠标左键点击其中一个属性，在界面右侧得到图 1.33 所示属性选择对话框，里面对每个属性进行了解释。将在第 5 章更多地讨论齐格勒-纳塔(Ziegler-Natta)聚合。

1.3.4 步骤 3：物性方法

下一步是选择物性方法。物性方法是用于计算相平衡和各种物理性质的模型和方法的集合，这些物理性质是进行质量和能量平衡所必需的，如密度、比热容、液体蒸气压和汽化热等。第 2 章将详细讨论适用于聚烯烃过程建模的物性方法以及选择原则。对淤浆法高密度聚乙烯过程的模拟，可以选择第 2.6 节中讨论的 POLYSL(Polymer Sanchez-Lacombe)状态方程或第 2.8 节中讨论的 POLYPCSF 状态方程。图 1.34 为淤浆法高密度聚乙烯过程模拟物性环境下选择 POLYSL 状态方程的说明。

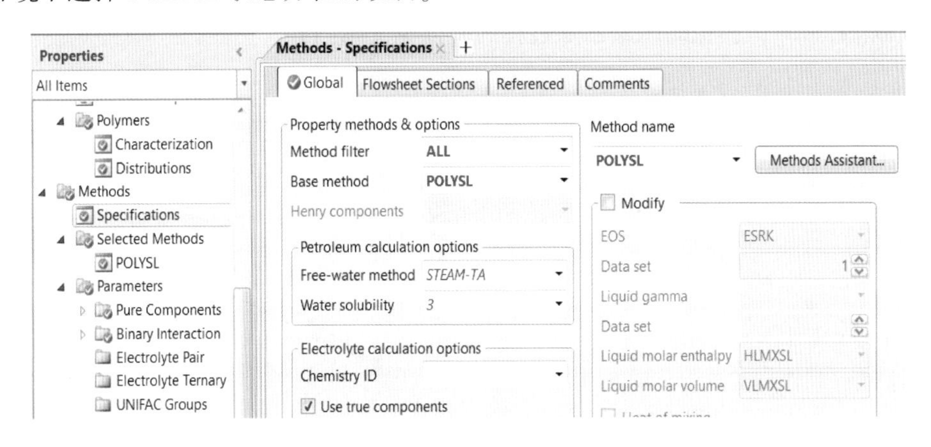

图 1.34 POLYSL 物性方法选择说明

1.3.5 步骤 4：物性参数——从数据库获取数值和估算缺失参数

对于每一个物性方法，均需要物性参数来进行相平衡及物料、能量平衡计算。包括：①纯组分参数，可能是标量值(如分子量和常压沸点)也可能是依赖于温度的性质关联式常数(如液体蒸气压、理想气体比热容和汽化热)；②两组分间的二元交互作用参数，这些参数将影响相平衡计算。在图 1.34 中，可以看到物性方法中的纯组分参数和二元交互作用参数文件夹。

在第 2 章，将会详细解释相平衡计算和质量与能量平衡所需的基本物性参数；展示如何从 Aspen 企业数据库中获取物性参数，通过例题 2.3(第 2.7 节)演示估算缺失物性参数的过程，这里不再重复第 2 章中将讨论的内容。

1.3.6 步骤 5：通过将预测的纯组分性质与实验数据进行比较，验证所选物性方法的准确性

模型开发者必须提出的关键问题是：***选择的物性方法是否能够准确预测模拟聚烯烃过程在操作温度和压力范围内纯组分标量性质和依赖于温度的性质?*** 回答该问题有以下两种方法。

(1) ***搜索文献，查找包含通过对比物性预测值与已发表的实验数据对所推荐物性方法进行验证的相关出版物。***

举例来说，对于淤浆法高密度聚乙烯过程的模拟，通过文献报告的实验数据已经验证了 POLYSL 物性方法[3]和 POLYPCSF 物性方法[4]对物性值的准确预测。图 1.35 显示已发表的对 POLYSL[3]和 POLYPCSF[4]物性方法进行验证的例子，图中高密度聚乙烯比热容实验数据源于文献[5]、氢气气相密度实验数据源于文献[6]、乙烯气相比热容实验数据源于文献[7]、丙烷比热容实验数据源于文献[8]。在第 2.9.1 节中，给出了聚烯烃过程建模气液平衡和热物理性质数据来源的参考文献。应用 POLYPCSF 物性方法模拟聚丙烯过程的准确性验证见文献[9，10]，模拟高压聚乙烯过程的验证见文献[11]。

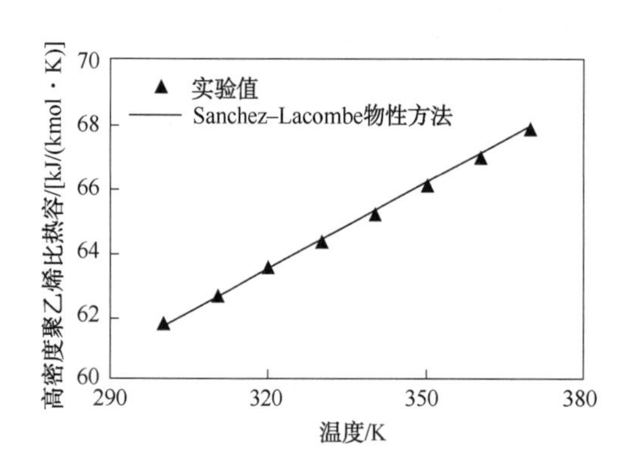

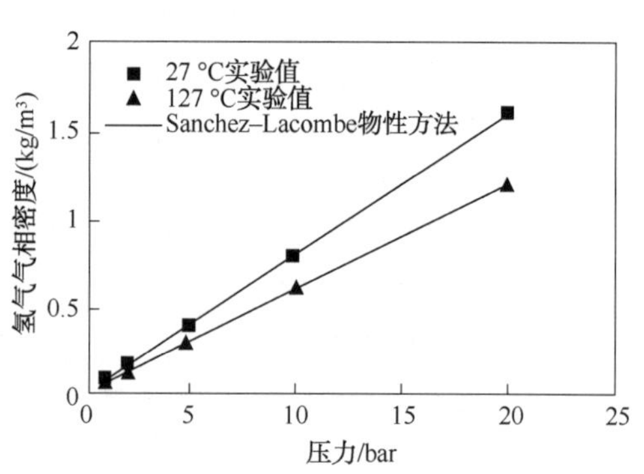

图 1.35(a) POLYSL 预测的物性值与已报告的实验数据的验证

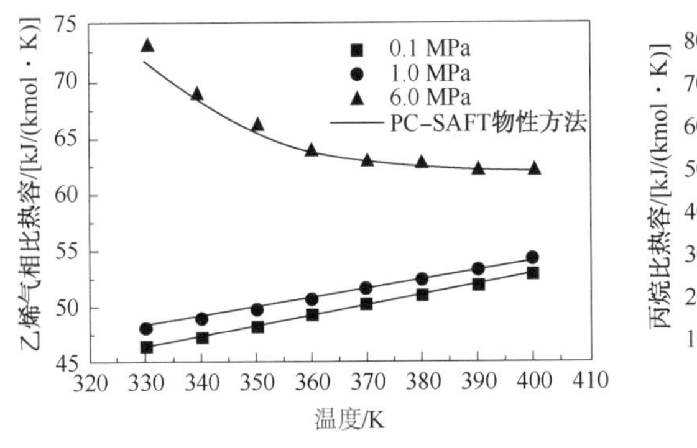

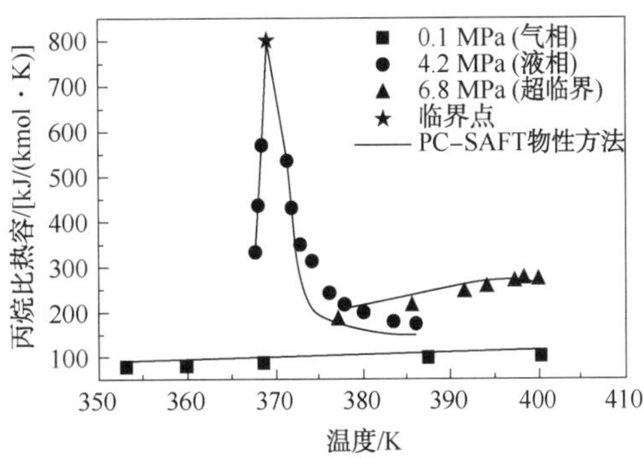

图 1.35(b) POLYPCSF 预测的物性值与已报告的实验数据的验证

(2) *如果无法找到已发表的物性值与实验数据的验证报告，可以通过应用Aspen Plus的物性集和物性分析工具(参见第 2.5 节)进行验证研究。*

1.3.7 步骤 6：回归组分液体密度数据和二元气液平衡(TPXY)数据，以估算所选物性方法缺失的纯组分和二元交互作用参数，并验证预测的气液平衡结果与实验数据

参见第 2.7 节和第 2.9 节的两个例题，在淤浆法高密度聚乙烯生产过程中，分别应用 POLYSL 和 POLYPCSF 两个物性方法执行数据回归、物性估算和结果验证等步骤。

1.3.8 步骤 7：基于工厂数据开发聚合物产品质量指标关联式，如密度和熔融指数(熔体流动速率)

详情请参见第 2.10.1 节和第 2.10.2 节。

1.3.9 步骤 8：定义聚合反应，输入反应速率常数初值

第 3~6 章将详细讨论聚合动力学模型反应的类型，以及从实验或工厂数据估算它们的反应速率常数。第 4 章介绍了高压聚乙烯和乙烯-醋酸乙烯酯共聚物的自由基聚合动力学；第 5 章重点介绍了高密度聚乙烯、聚丙烯、线型低密度聚乙烯和乙烯-丙烯-二烯三元共聚物(EPDM)的齐格勒-纳塔聚合动力学；第 6 章涵盖了聚苯乙烯的自由基聚合和聚苯乙烯-丁二烯-苯乙烯(SBS)橡胶的离子聚合。这些章节还根据文献提供了基于标准阿累尼乌斯(Arrhenius)方程的指前因子 k_0 和活化能 E 等反应速率常数的初值。

$$k=k_0\times e^{-\frac{E}{R}\left(\frac{1}{T}-\frac{1}{T_r}\right)} \tag{1.14}$$

其中，R 为理想气体常数，T 为反应系统的温度，T_r 为参考温度。

遵照以下路径定义反应，输入反应速率常数初值：Simulation→Reactions。第一步：定义反应组分，见图 1.36；第二步：定义反应，见图 1.37；第三步：输入反应速率常数，见图 1.38。在图 1.36 中，单体乙烯和共聚单体丁烯分别转为重复链段 $R-C_2H_4$ 和 $R-C_4H_8$，

$TiCl_4$ 是催化剂，TEAL 是助催化剂，HX(己烷)是溶剂，H_2 是链转移剂，其他聚烯烃生产过程可能还涉及毒物和给电子体。

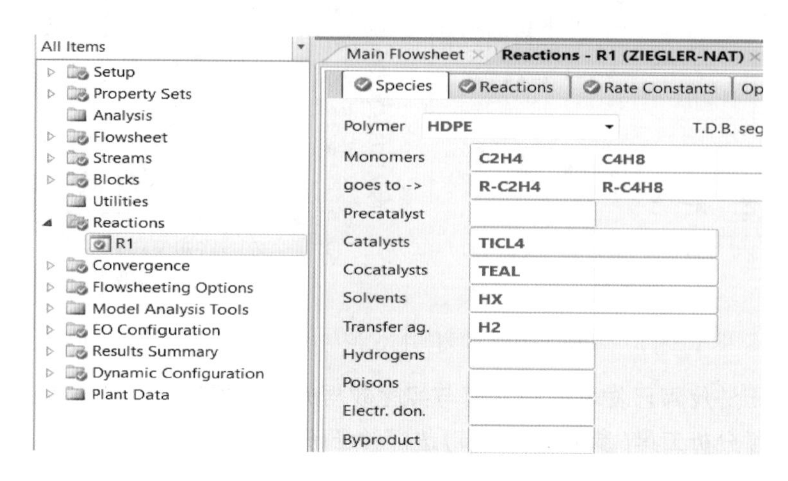

图 1.36　淤浆法高密度聚乙烯过程齐格勒-纳塔聚合反应组分的定义

Main Flowsheet　Reactions - R1 (ZIEGLER-NAT)

Species　Reactions　Rate Constants　Options　Comments

Generate Reactions

New　Edit Reaction　Edit Rate Constants

Reaction	Reactants		Products
1) Act-Cocat (1)	Cps[Ticl4] + Teal	->	Po
2) Act-Cocat (2)	Cps[Ticl4] + Teal	->	Po
3) Act-Cocat (3)	Cps[Ticl4] + Teal	->	Po
4) Act-Cocat (4)	Cps[Ticl4] + Teal	->	Po
5) Act-Cocat (5)	Cps[Ticl4] + Teal	->	Po
6) Chain-Ini (1)	Po	->	P1[R-C2h4]
7) Chain-Ini (1)	Po	->	P1[R-C4h8]
8) Chain-Ini (2)	Po	->	P1[R-C2h4]
9) Chain-Ini (2)	Po	->	P1[R-C4h8]
10) Chain-Ini (3)	Po	->	P1[R-C2h4]
11) Chain-Ini (3)	Po	->	P1[R-C4h8]
12) Chain-Ini (4)	Po	->	P1[R-C2h4]
13) Chain-Ini (4)	Po	->	P1[R-C4h8]
14) Chain-Ini (5)	Po	->	P1[R-C2h4]
15) Chain-Ini (5)	Po	->	P1[R-C4h8]
16) Propagation (1)	Pn[C2H4] + C2H4	->	Pn+1[C2h4]
17) Propagation (1)	Pn[C2H4] + C4H8	->	Pn+1[C4h8]
18) Propagation (1)	Pn[C4H8] + C2H4	->	Pn+1[C2h4]
19) Propagation (1)	Pn[C4H8] + C4H8	->	Pn+1[C4h8]

图 1.37　淤浆法高密度聚乙烯过程生成的部分齐格勒-纳塔聚合反应列表

图 1.37 显示了基于图 1.33 中规定的五个催化剂活性中心生成反应的部分列表，图 1.38 给出了部分生成反应基于方程(1.14)的指前因子和活化能的初值列表。在本例中，共得到 70 个反应，包括：①助催化剂在每个活性中心上引发的活化反应，共 5 个；②单体乙烯和共聚单体丁烯在每个活性中心上的链引发反应，共 10 个；③聚合物链[C_2H_4]在每个活性中心上与单体乙烯和共聚单体丁烯的链增长反应以及聚合物链[C_4H_8]在每个活性中心上与单体乙烯和共聚单体丁烯的链增长反应，共 20 个；④聚合物链[C_2H_4]在每个活性中心上

与单体乙烯和共聚单体丁烯的链转移至单体反应以及聚合物链[C_4H_8]在每个活性中心上与单体乙烯和共聚单体丁烯的链转移至单体反应，共20个；⑤聚合物链[C_2H_4]在每个活性中心上链转移至氢气的反应以及聚合物链[C_4H_8]在每个活性中心链转移至氢气的反应，共10个；⑥每个活性中心上自发的催化剂失活反应，共5个。在第5.2节，将详细讨论齐格勒-纳塔聚合所有可能的反应以及确定不同聚烯烃生产过程反应集合的准则。

n Flowsheet × Reactions - R1 (ZIEGLER-NAT) × +

Species | Reactions | Rate Constants | Options | Comments

Type	Site No.	Comp 1	Comp 2	Pre-Exp 1/sec	Act-Energy J/kmol
ACT-COCAT	1	TICL4	TEAL	300000	3.3494e+07
ACT-COCAT	2	TICL4	TEAL	300000	3.3494e+07
ACT-COCAT	3	TICL4	TEAL	300000	3.3494e+07
ACT-COCAT	4	TICL4	TEAL	300000	3.3494e+07
ACT-COCAT	5	TICL4	TEAL	300000	3.3494e+07
CHAIN-INI	1	C2H4		7e+07	2.9308e+07
CHAIN-INI	1	C4H8		3e+06	2.9308e+07
CHAIN-INI	2	C2H4		7e+07	2.9308e+07
CHAIN-INI	2	C4H8		3e+06	2.9308e+07
CHAIN-INI	3	C2H4		7e+07	2.9308e+07
CHAIN-INI	3	C4H8		3e+06	2.9308e+07
CHAIN-INI	4	C2H4		7e+07	2.9308e+07
CHAIN-INI	4	C4H8		3e+06	2.9308e+07
CHAIN-INI	5	C2H4		7e+07	2.9308e+07
CHAIN-INI	5	C4H8		3e+06	2.9308e+07
PROPAGATION	1	C2H4	C2H4	2e+07	2.9308e+07
PROPAGATION	1	C2H4	C4H8	873444	2.9308e+07
PROPAGATION	1	C4H8	C2H4	397020	2.9308e+07

图1.38 部分生成反应指前因子和活化能初值列表

1.3.10 步骤9：绘制开环工艺流程图，进行流股和模块的输入

步骤8和步骤9的顺序可以交换，也就是说，一旦完成了物性环境(步骤1~7)，在进入模拟环境后可以先绘制工艺流程图。图1.39为简化淤浆法高密度聚乙烯过程的开环流程图。

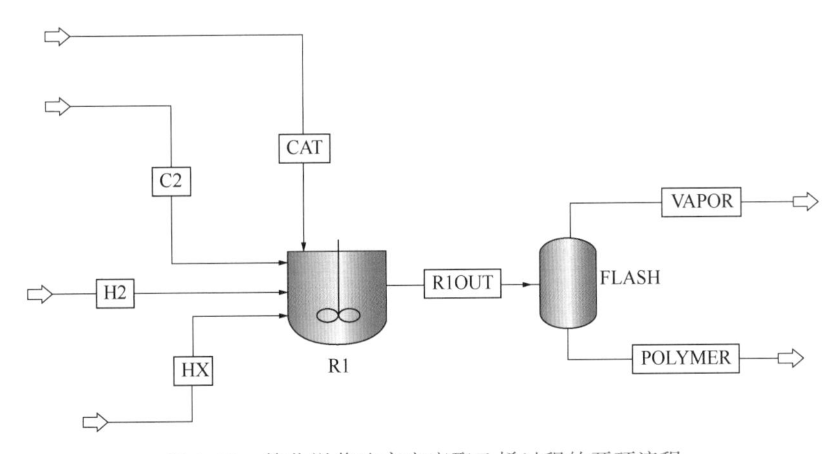

图1.39 简化淤浆法高密度聚乙烯过程的开环流程

为了加快聚烯烃生产过程相平衡和质量、能量平衡计算的收敛速度，建议将下游分离器返回反应器的某流股打断，先绘制开环工艺流程图。可对比图5.20(开环)和图5.45(闭

环)中的商业淤浆法高密度聚乙烯工艺流程图，以及图 5.51(a)、图 5.51(b)(开环)和图 5.66(a)和图 5.66(b)(闭环)中的商业气相搅拌床聚丙烯工艺流程图。在第 5.6 节和第 5.7 节中，将通过例题演示在复杂的闭环聚烯烃工艺模拟中实现收敛的方法。

1.3.11 步骤 10：运行初始的开环过程模拟，并检查模拟结果是否合理

图 1.40 为基于设置的动力学参数初值开环模拟的流股结果。

可以看到基于工厂经验单体至高密度聚乙烯的转化率过高(5684.82/5700 = 99.73%)，数均分子量 2.794×10^6 和重均分子量 7.194163×10^6 看起来也很高。聚合物过程建模的关键问题是：***如何微调动力学参数初值以匹配生产目标或工厂数据？***

Main Flowsheet × | R1 (RCSTR) - Stream Results (Boundary) × | +

Material | Heat | Load | Vol.% Curves | Wt. % Curves | Petroleum | Polymers | Solids

	Units	C2	CAT	H2	HX	POLYMER
Description						
From						
To		R1	R1	R1	R1	FLASH
Stream Class		CONVEN	CONVEN	CONVEN	CONVEN	CONVEN
Maximum Relative Error						
Cost Flow	$/sec					
− MIXED Substream						
Phase		Vapor Phase	Liquid Phase	Vapor Phase	Liquid Phase	Liquid Phase
Temperature	C	40	20	25	40	85
Pressure	kPa	1300	700	101.325	1400	755
− Mass Flows	kg/hr	5700	255.31	8	15000	20875.2
C2H4	kg/hr	5700	0	0	0	11.9272
C4H8	kg/hr	0	0	0	0	0
HDPE	kg/hr	0	0	0	0	5684.82
TICL4	kg/hr	0	1.22	0	0	1.22
TEAL	kg/hr	0	1.16	0	0	0.927715
H2	kg/hr	0	0	8	0	1.99774
HX	kg/hr	0	252.93	0	15000	15174.3
N2	kg/hr	0	0	0	0	0
− Component Attributes						
− HDPE						
DPN						99598.2
DPW						254569
FMOM	kmol/hr					202.632
LDPN						99598.2

图 1.40　开环模拟的流股结果

在第 5.5 节中，将介绍应用 Aspen Plus 高效软件工具通过工厂数据，对商业聚烯烃过程模型进行动力学参数估计的方法，包括灵敏度分析、设计规定和数据拟合[12]。***灵敏度分析***量化了动力学参数变化对生产目标的影响；***设计规定***求得了匹配指定生产目标所需的动力学参数；***数据拟合***是有效的非线性回归工具，可以通过固定的、随时间变化的或者温度相关的实验室测量数据，或者通过将过程模拟与生产目标进行匹配确定统计上可接受的动力学参数。在第 1.2 节的图 1.15~图 1.25 中简要介绍了灵敏度分析，在第 3.9 节和第 3.10 节，演示了使用数据拟合估计苯乙烯聚合动力学参数的方法。

第 5.5.2.1 节的表 5.4 和第 5.5.2.3 节的表 5.9 给出了使用单活性中心和多活性中心齐格勒-纳塔催化剂影响生产目标的因素。

例如，根据表 5.4，在所有因素中，链增长速率常数是显著影响单体转化率或聚合物生产速率的因素之一。如果将图 1.38 中所有链增长反应的指前因子减小至原来的十分之一，然后再次运行模拟，会发生什么？这将导致单体乙烯至高密度聚乙烯的转化率降为 5525.38/5700(96.94%)，数均分子量变为 2.71533×10^6，重均分子量变为 6.94027×10^6。

可以继续在以下步骤的闭环流程中微调动力学参数，以匹配生产目标或工厂数据。

1.3.12 步骤11：闭合回收循环，得到收敛的闭环稳态模拟模型，进而研究改进工艺操作的应用，确定新产品设计的操作条件

第5.6.9~5.6.11节和第5.7.8节分别对如何闭合商业淤浆法高密度聚乙烯过程的回收循环和气相搅拌床聚丙烯过程的回收循环进行了说明。第5.6~5.8节对高效软件工具特别是灵敏度分析、设计规定和数据拟合进行了详细说明；由此产生的聚烯烃过程模拟模型为可持续设计和优化、工艺改进、扩能和新产品设计提供了量化基础，第1.4节中给出了潜在的工业应用和实例。

1.3.13 步骤12：将Aspen Plus中的稳态模拟模型转换为Aspen Plus Dynamics中的动态模拟模型，添加适当的控制器，并研究过程操作、控制和牌号切换

第7章将详细介绍如何通过Aspen Plus和Aspen Plus Dynamics模型改进聚合过程操作和控制。

1.4 集成过程模拟、先进控制和大数据分析优化聚烯烃生产的工业和潜在应用

1.4.1 过程模拟优化聚烯烃生产的工业和潜在应用

本书的资深作者曾是中国石化(SINOPEC)模拟培训中心的创始人和导师，该培训中心位于北京，1997年到2015年由艾斯本技术公司(Aspen Tech)和弗吉尼亚理工学院暨州立大学共同赞助。他(在大学假期期间)和他培训的导师们已经教授了超过7500名中国大陆地区的应用工程师使用软件工具来推动过程模拟、先进控制以及节能节水。在他的指导下，他的学员从2001年到2015年已完成300多个石化过程的模拟模型，用于节能、减排和可持续设计与优化，增强了优化的可持续性，并产生了显著的经济效益和环境效益。根据2014年2月中国石化发布的报告[13]，从2002年到2012年，这些过程模拟项目的年回报额超过1.155亿美元(包括节能收益5730万美元)，而总投资不到1000万美元。

例如，在2012年至2014年，项目团队已完成38套聚烯烃过程Aspen Polymers模拟模型的建立，包括23套聚丙烯过程、5套线型低密度聚乙烯过程、3套高密度聚乙烯过程和7套高压聚乙烯过程；这些模型经过验证能够准确预测工厂数据，为优化反应器液位和密度，反应温度，单体和共聚单体的流量及进料比率，催化剂、助催化剂和给电子体的流量及进料比率，氢气质量流量，共聚物组成以及分离系统操作提供了量化基础。这些优化可提升单体的单程转化率，增加聚合物产量，减少催化剂、助催化剂和给电子体的消耗，降低能源消耗和不必要的单体排放损失，在牌号切换过程中减少过渡料，以及确定新产品牌号的

最佳操作条件。这 38 套 Aspen Polymers 过程模拟模型每年产生 570 万美元的回报，平均每个过程约为 15 万美元，而每个过程的总投资不到 1 万美元。

Tremblay[14]、艾斯本技术公司[15]、Morse 与 Tremblay[16] 提供了几个将 Aspen Polymers 应用到工业聚合过程的成功案例，其中与聚烯烃相关的包括以下内容。

（1）聚合过程设计，化工业务，暹罗化工集团(SCG)，泰国：该公司希望设计一个新的高密度聚乙烯生产工厂，产能为 40 万 t/a，并减少高密度聚乙烯产品设计和开发时间。通过应用 Aspen Polymers，该公司为新工厂节省了 100 万美元的成本，并通过减少新产品牌号的工厂试验节省了 30 万美元，除此之外，还能够应用该模型进行过程操作瓶颈分析。

（2）操作决策支持，韩华解决方案化学部门，韩国：该公司面临着无法深入了解高压低密度聚乙烯工艺的挑战，这导致生产率低、产品质量欠佳，难以在工厂内作出操作决策。通过应用 Aspen Polymers开发管式反应器模拟模型，预测温度分布和聚合物性质，并利用基于 Excel 的 Aspen Simulation Workbook 部署该模型，该公司能够确定固有的安全操作条件，年产率提高 5%～7%，同时提高了产品质量和一致性。使用模拟模型进行工程研究能够获得使工厂进一步改进的方案，并使工厂工程师理解操作条件如何影响产品质量。

（3）加速新产品牌号的开发，凯诺斯(Qenos)，澳大利亚：该公司希望比竞争对手更快地将定制产品供应到市场，并优化高密度聚乙烯过程以满足定制产品要求。应用 Aspen Polymers和工厂历史数据开发模拟模型，该公司减少了批处理过程中生产不合格产品的副反应，提前六个月完成了新产品牌号的工厂试验，每年节省 13.5 万美元。

（4）通过缩短批处理周期减少新产品上市时间，陶氏化学公司，美国：陶氏化学应用 Aspen Polymers 和 Aspen Plus Dynamics，调整工艺条件，将批处理周期缩短了 24%，成功将产品上市时间加快。通过对模拟模型进行研究，工程师能够建立聚合物的应用性能与其化学结构之间的定量关系，这使得工程师能够通过微调工艺设计，生产出具有所需应用性能的聚合物产品，从而缩短新产品的总上市时间。

1.4.2 先进控制优化聚烯烃生产的工业和潜在应用

Marlin[17]、Camacho 与 Bordons[18]、Lahiri[19] 等人分别介绍了基于模型预测控制(MPC)方案的先进过程控制(APC)方法的基本原理和工业应用。在本书中，专注于称为**动态矩阵控制(DMC)**的模型预测控制，这是由 Cutler 和 Ramaker[20] 在 1979 年首次提出的。多年来，艾斯本技术有限公司一直致力于进一步发展动态矩阵控制技术，目前的版本为第三代动态矩阵控制技术，称为 DMC3[21,22]。巴西圣保罗的拉丁美洲最大的石化公司布拉斯科(Braskem)报告称其成功在短短两周内部署 Aspen DMC3 控制器，随即获得收益[23]。埃克森美孚(ExxonMobil)等公司也分享了其在石化工厂实施新 DMC3 控制器的积极经验。

为了了解新的 DMC3 技术在聚合物生产特别是聚合物牌号切换方面的潜力和工业应用，我们首先回顾历史发展和工业应用。

早在 20 世纪 90 年代初，有关使用神经网络模型开发化工过程模型预测控制技术[25,26]的研究日益增多，Turner 等人首次指出使用传统神经网络模型应用于聚合物生产的模型预测控制时存在两个显著困难[27,28]：①传统的神经网络结构固有地包含因变量(过程变量，

PV)对自变量(操作变量，MV)偏微分为零的区域，而模型增益为零将导致无限的控制增益。②传统的神经网络模型无法应对聚合物牌号切换过程中预测控制的外推性需求。

为避免这些困难，Turner 等人提出了一种新的以状态空间为基础的***有限微分神经网络(SSBDN)***，作为应用神经网络模型进行模型预测控制的基础[27,28]。这项工作促成了 ***Aspen Apollo 控制器***的开发。当与 Aspen IQ 一起用于开发性质预测模型，与 Aspen Transition Manager 一起用于牌号切换管理时，Aspen Apollo 控制器成为 ***Aspen 集成聚合物生产控制解决方案***的核心组件。

位于德国格尔森基兴的沙特基础工业公司(SABIC)聚烯烃股份有限公司的聚乙烯生产装置是第一个成功实施 Aspen Apollo 控制器的聚合物生产商，实现了两个目标[29]：①品级目标，保持聚合物产品质量在产品指标要求范围内；最大化聚合物产量，减少废料和生产成本。②最小化牌号切换时间和切换期间的生产损失，减少不合格聚合物产品的生产。

2004 年，中国的聚烯烃生产商开始在越来越多的应用中使用 Aspen Apollo 控制器，涉及高密度聚乙烯、聚丙烯和线型低密度聚乙烯工艺过程，用于控制聚合物质量(熔融指数和密度)、生产速率以及优化牌号切换[30-35]。当时，本书的资深作者利用寒暑假在北京中国石化仿真培训中心为先进过程控制项目工程师进行培训，并熟悉这种应用开发。在所有这些应用中，整体控制策略都是相似的，如图 1.41 所示：①两个串级控制器分别用于质量控制以及浓度和生产速率控制；②牌号切换管理，为质量控制器提供质量目标，为浓度和生产速率控制器提供调整限制；③性质预测模型基于两串级控制器目标和牌号切换管理中的过程变量，代表质量预测，可提供瞬时性质预测和基于反应器床层的平均性质预测。第 8 章将详细讨论该控制器的开发。

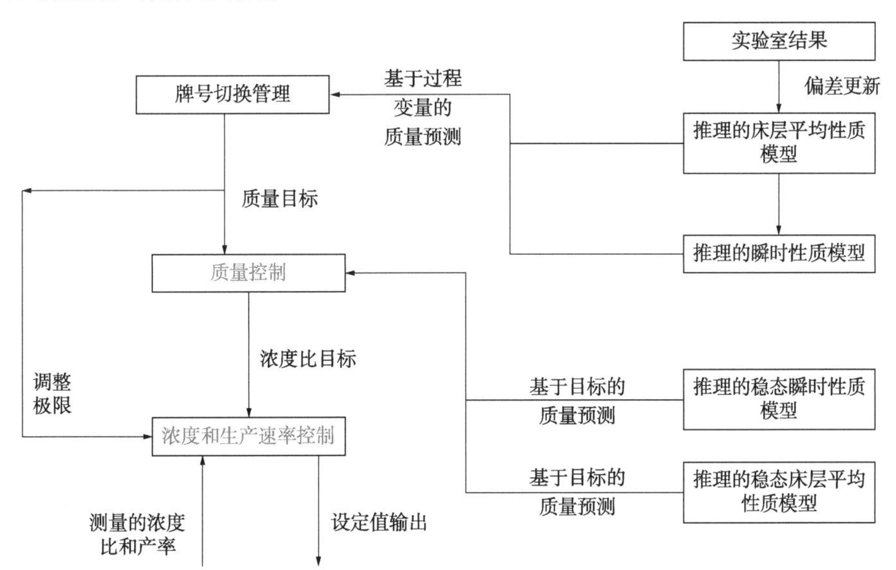

图 1.41　用于控制聚合物质量、生产速率和优化牌号切换的 Aspen Apollo 控制器结构

表 1.2 举例说明了中国某 24 万 t/a 淤浆法高密度聚乙烯生产过程中牌号 A 和牌号 B 的切换要求。请注意反应器温度和压力的变化，目标聚合物熔融指数，每个反应器单体进料的百分比，共聚单体的进料量，以及氢气与单体比率的变化。图 1.42 展示应用 Aspen 集成

聚合物生产控制解决方案，由牌号 A 切换到牌号 B 过程中反应器 R1 压力、氢气乙烯比和氢气流量的自动变化过程。Aspen Apollo 控制器提高产量 2.9%，减少催化剂消耗 6.4%，降低氢气消耗 21.7%，乙烯排放损失降低了 3.5kg/t 高密度聚乙烯。在 APC 上线率达 90%时，年经济回报额为 270 万美元，投资为 90 万美元，回报周期为四个月。

表 1.2　牌号切换说明

牌号	A(两反应器并联)		B(两反应器串联)	
反应器	R1	R2	R1	R2
温度/℃	85	85	85	78
压力/MPa	0.4~0.6	0.4~0.6	0.60~0.75	0.20~0.30
浆液浓度/(g/L)	360	360	360	360
熔融指数/(g/10min)	4.4~6.9	4.4~6.9	130~230	1.2~1.6
总进料百分比/%	50	50	54.68	45.32
单体进料/(kg/h)	5750	5750	5800	4557
共聚单体进料/(kg/h)	—	—	—	250
氢气乙烯比	1.4~1.6	1.4~1.6	3.8~4.2	0.20~0.25

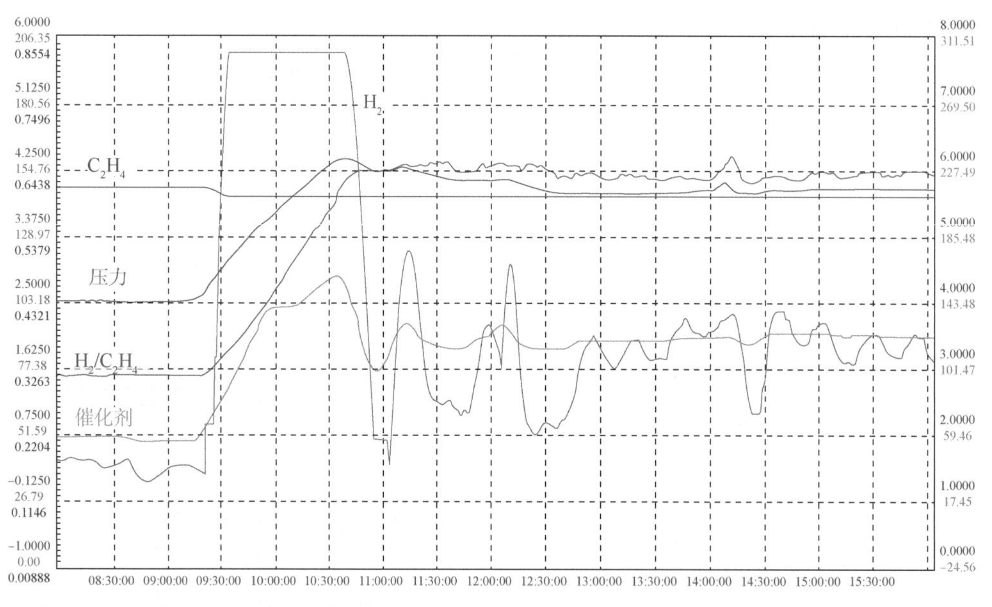

图 1.42　牌号 A 至牌号 B 切换过程中反应器 R1 压力、氢气乙烯比和氢气流量自动变化实例

关于 Aspen 集成聚合物生产控制解决方案成功商业应用的报告持续在中国石油化工企业的文献中出现，主要为高密度聚乙烯[30]，聚丙烯[31-34]和线型低密度聚乙烯[35]。根据 2014 年 2 月发表的中国石化报告[13]，截至 2013 年底其炼油和化工过程中共实施了 142 个先进过程控制项目，每年产生 8000 万美元的经济回报，投资约 2000 万美元。

目前，Aspen Apollo 的最新扩展称为 Aspen Nonlinear Controller；相应的 Aspen IQ 的扩展

称为 Aspen Inferential Qualities。两者都是先进过程控制软件工具第三代动态矩阵控制套件 DMC3 的组成部分，在控制和优化炼油和化工过程(包括聚合物生产)方面取得了许多成功案例。第 8 章将介绍使用 DMC3 的最新 Aspen 聚合物生产控制解决方案的原理、工业实践和实际操作。

1.4.3 大数据分析优化聚烯烃生产的工业和潜在应用

自 20 世纪 80 年代末至 20 世纪 90 年代初，化学工程师开始更加关注人工智能、神经计算、机器学习和大数据分析等新兴主题以及它们在生物加工和化工行业中的应用[26,31,36-38]。麦格雷戈(McGregor)和其他人论证了多元统计分析和大数据分析在优化高压低密度聚乙烯、高密度聚乙烯、尼龙 6 和其他聚合物生产中的重大应用[39-43]。多元统计分析[44-47]及其软件工具 Aspen ProMV[48]在聚合物生产中有许多应用，如：①数据质量偏差分析；②单元产出分析；③生产能力退化分析；④离线生产优化(关键变量发现和优化)；⑤在线过程监控和故障排除；⑥批处理过程变量分析。

本书的第 9~11 章涵盖机器学习和大数据分析在优化聚烯烃生产中的当前和新兴应用。侧重于神经网络、机器学习和多元统计分析在优化聚合物生产中的原理和应用[45-47]，同时通过实际操作案例演示 Python 和 Aspen ProMV 软件的实际应用情况[48]。

在第 2.10 节中，我们解释了聚合物产品质量指标之间的相关性，如熔融指数(MI)或熔融流动指数(MFI)。下面我们演示简单的基于数据的传感器，该传感器通过韩国乐喜金星(LG)石化公司的实际工厂数据，预测带有并行反应器的淤浆法高密度聚乙烯生产过程的熔融指数[43]。图 1.43 为带有并行反应器的一般淤浆法高密度聚乙烯生产过程示意图[3]。

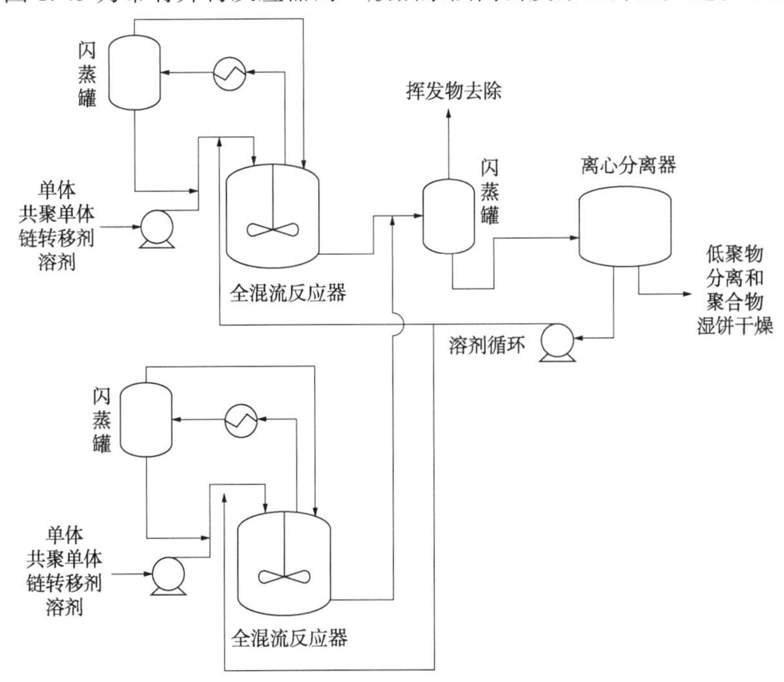

图 1.43 带有并行反应器的一般淤浆法高密度聚乙烯生产过程示意图

Park 等人将熔融指数与以下自变量相关联。①C2：单体乙烯的进料流量；②C4：共聚单体 1-丁烯的流量；③CAT：催化剂流量；④H2：链转移剂氢气的流量；⑤HX：溶剂正己烷的流量；⑥H2/C2：氢气乙烯进料比；⑦T：反应器温度；⑧P：反应器压力。

图 1.44 展示 Aspen ProMV 在数据质量偏差分析中的应用，如识别测得的熔融指数数据中的异常值[43]。注意高于 0.99 和 0.96 置信限水平线上方的数据点，可以去掉这些异常值。

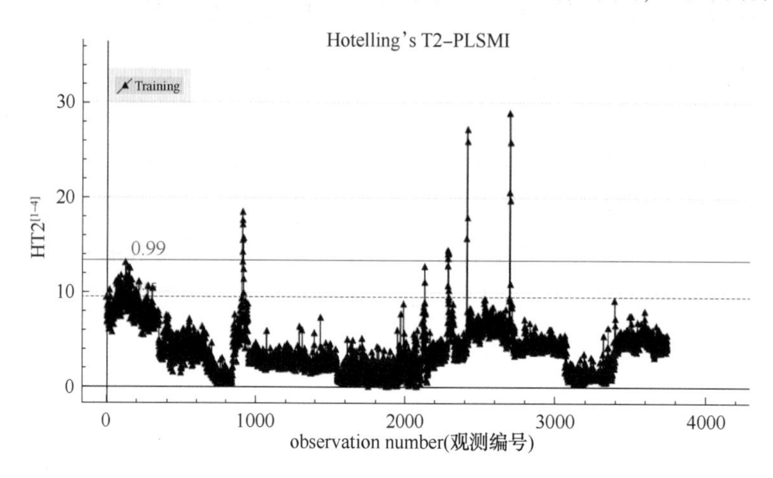

图 1.44　使用 Aspen ProMV 软件进行多元统计分析的数据质量偏差分析

图 1.45 对比了淤浆法高密度聚乙烯在牌号切换过程中熔融指数随时间变化的测量值与基于多元统计分析与偏最小二乘法(PLS)回归模型的预测值。图 1.46 展示了相同的对比，只是回归模型使用 Python 语言由第 10.3.2 节介绍的被称为随机森林算法的机器学习方法开发。一般情况下，使用均方根误差(*RMSE*)来评估不同回归模型的相对准确性。需要说明的是，偏最小二乘法回归模型具有较大的均方根误差，具体为 1.08，而随机森林算法机器学习方法回归模型具有较小的均方根误差，具体为 0.12。

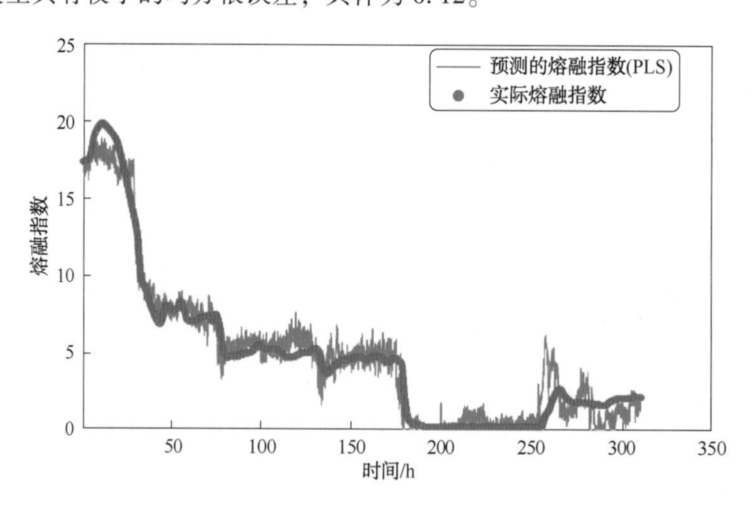

图 1.45　使用 Aspen ProMV 基于偏最小二乘法多元统计分析开发的熔融指数软测量仪

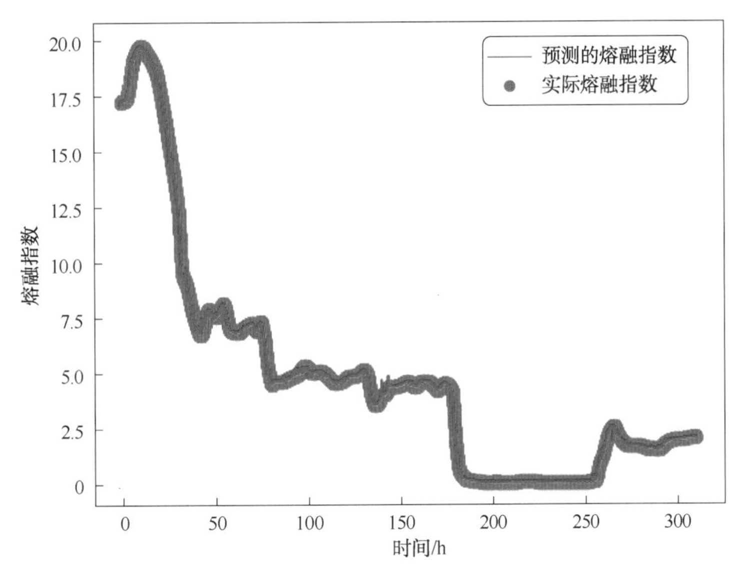

图 1.46 使用 Python 基于随机森林算法的机器学习技术开发的熔融指数软测量仪

我们鼓励读者参考 McGregor 和 Brewer 的文章[41]，其中详细介绍了如何利用历史数据来优化工艺和产品，包括多元统计分析和 Aspen ProMV 在空气产品和化学品公司进行的优化批量聚合的应用。

本书的附录 A 回顾了 MATLAB 和 Python 中矩阵代数在多元数据分析和模型预测控制中的应用，附录 B 提供了使用 Python 的教程，第 9~11 章介绍了将多元统计分析、机器学习技术和大数据分析应用于优化聚烯烃生产的细节。

1.4.4 混合建模：过程模拟、先进控制和大数据分析优化聚烯烃生产的集成应用

这一节首先回顾混合建模在生物加工和化学工业中的历史和最新发展，然后，基于图 1.43所示淤浆法高密度聚乙烯过程说明混合建模得到的最终预测模型在拓宽流程变量适用范围方面的显著优势。

对任何物理系统的建模都需要对系统的物理原理有完整的了解，而这对于复杂的过程不一定可行。使用第一性原理对系统进行建模时做出的一些假设，最终将导致对原始系统描述的一些差距，即使对于物理知识足以建模的系统，也有太多参数需要估计。鉴于数据驱动模型在预测方面的精准性，其已被应用于研究有足够物理数据的系统。然而，数据驱动或机器学习(ML)模型是黑箱模型，可能会出现数据的过度拟合，得出科学上不一致的结果。为了获得更高的精确度，机器学习模型需要更多的数据，而这对于所有问题来说不一定总是可行的。因此，结合基于物理的知识和基于数据的信息，实现准确、科学一致的预测变得越发重要。这样的结合称为***混合科学指导机器学习(Hybrid Science-Guided Machine Learning，SGML)方法***[50]。

在生物加工和化学工业中最早应用的混合建模之一是在过程控制领域中，Psichogios 和 Ungar[51]使用神经网络估算物理模型的参数，用于基于模型的控制。该半参数模型后来应用于生物过程，与独立的神经网络模型相比[52]，用以提高预测精度。Agarwal[53]是最早讨论不同混合建模框架者之一，这里说的框架即将基于科学原理的模型和机器学习模型的输出以串行或并行配置的方式进行整合。

多年来，随着智能制造的进步，混合建模在生物加工和化工行业的不同领域得到了越来越多的应用[54]。Von Stosch 等人[55]将混合建模在化学工业中的应用分为不同领域，包括生物过程[56,57]、化学和石化工业[58]、过程控制[59]、实验设计[60]、过程开发和扩大[61]以及过程优化[62]。

Von Stosch 等人[55]明确在化工过程中混合建模的关键优势是能够在实验测试条件之外得到科学上一致的预测结果，这对于过程开发和扩大、控制和优化至关重要，在开发基于数据的模型时数据需求量也会减少。同时 Von Stosch 等人也总结了混合建模的一些挑战，如：科学模型中的基本知识错误会对预测造成偏差，因此，模型中使用的基本假设对分析很重要，此外，在决定混合建模方案时，时间和参数估计的精度也至关重要。

基于将混合建模应用于化工行业的经验，艾斯本技术有限公司[63,64]把混合模式分为三类：***①人工智能(AI)驱动建模；②第一性原理驱动建模；③降阶建模***。基于人工智能的混合模型是基于工厂或实验数据的经验模型，并利用第一性原理、约束和领域专业知识来创建更准确的模型。人工智能驱动模型的示例可以是推理传感器或在线设备模型。第一性原理驱动模型是现有的第一性原理模型，通过数据和人工智能进行增强，以提高模型的准确性和可预测性，在生物过程建模中有许多应用。最后，为了开发降阶模型，首先使用机器学习根据大量模拟运行的数据创建经验模型，并加入约束和领域专业知识，以构建能够更快运行的适用模型。这种降阶建模技术通常用于构建需要快速部署的全厂范围的模型。

在图 1.43~图 1.46 中，已对使用韩国乐喜金星石化公司的实际工厂数据[43]，预测淤浆法高密度聚乙烯两并联反应器工艺过程熔融指数的情况进行了说明。在第 7 章中，我们将展示如何将基于 Aspen Plus 的稳态模拟模型转换为基于 Aspen Plus Dynamics 的动态(时间相关)模拟模型。得到的动态模拟模型具有与图 1.43~图 1.46 中相似的自变量。稳态和动态模拟模型都是从相平衡计算和质量能量平衡等第一性原理出发开发的。因此，它们是科学上一致的模型。

图 1.47 比较了牌号切换过程中基于第一性原理的动态模拟模型预测的熔融指数(红色)与工厂实际熔融指数，从中可以看出模型预测值与工厂实际值之间存在很大的偏差。将模型计算的熔融指数与工厂实际熔融指数进行比较，并计算误差残差，模型残差的均方根误差为 1.5，实际熔融指数数据的标准偏差为 5.1。

为了提高模型预测的准确性，使用随机森林算法(见第 10.3.2 节)的机器学习方法[49]在 Python 中开发了回归模型，以预测误差残差与独立过程变量的函数关系。这就形成了混合模型，它将综合考虑动态模拟模型(基于第一性原理)预测值和预测的误差残差(基于数据)来预测熔融指数，而误差残差通过给定的独立过程变量求得。由图 1.47 可知，混合模型的预测结果(蓝色)与工厂数据更加匹配，比仅基于第一性原理的动态模拟模型更好。

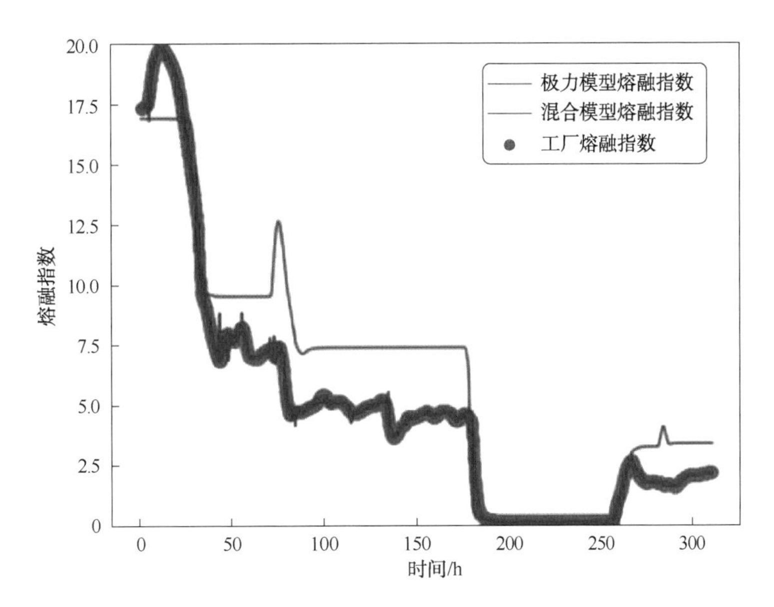

图 1.47 组合直接混合模型对熔融指数的预测，
与第一性原理模型和工厂数据进行比较

需要说明的是，仅基于数据的模型也具有类似的准确性，但对超出建模数据范围的预测，可能产生科学上不一致的结果；而混合模型不仅准确，而且在当前操作范围之外，也能给出科学上一致的结果。在第 11 章中，将介绍混合模型在优化聚烯烃生产中的基础、应用和实际操作案例。

参 考 文 献

[1] Chen, C. C., Barrera, M., Ko, G. et al. (1997). Polymer component characterization method and process simulation apparatus. US Patent 5, 687, 090, 11 November 1997.

[2] Seavey, K. C. and Liu, Y. A. (2008). *Step-Growth Polymerization Process Modeling and Product Design*, 61-64. New York: Wiley.

[3] Khare, N. P., Seavey, K. C., Liu, Y. A. et al. (2002). Steady-state and dynamic modeling of commercial slurry high-density polyethylene(HDPE) processes. *Industrial and Engineering Chemistry Research* 41: 5601.

[4] Chen, K., Tian, Z., Luo, N., and Liu, B. (2014). Modeling and simulation of borstar bimodal polyethylene process based on a rigorous PC-SAFT equation of state model. *Industrial and Engineering Chemistry Research* 53: 19905.

[5] Gaur, U. and Wunderlich, B. (1981). Heat capacity and other thermodynamic properties of linear macromolecules. Ⅱ. Polyethylene. *Journal of Physical and Chemical Reference Data* 10: 119.

[6] Beaton, C. F. and Hewitt, G. F. (1989). *Physical Property Data for the Design Engineer*. New York: Hemisphere Publishing Corp.

[7] Jahangiri, M., Jacobson, R. T., Stewart, R. B., and McCarthy, R. D. (1986). Thermodynamic properties of ethylene from the freezing line to 450K at pressure of 260MPa. *Journal of Physical and Chemical Reference Data* 15: 593.

[8] Yesavage, V. F., Katz, D. L., and Powers, J. E. (1969). Thermal properties of propane. *Journal of Chemical & Engineering Data* 14: 197.

[9] Khare, N. P., Lucas, B., Seavey, K. C. et al. (2004). Steady-state and dynamic modeling of commercial gas phase polypropylene processes using stirred-bed reactors. *Industrial and Engineering Chemistry Research*

43：884.

[10] Zheng, Z. W., Shi, D. P., Su, P. L. et al. (2011). Steady-state and dynamic modeling of the basell multireactor olefin polymerization process. *Industrial and Engineering Chemistry Research* 50：322.

[11] Bokis, C. P., Ramanathan, S., Franjione, J. et al. (2002). Physical properties, reactor modeling, and polymerization kinetics in the low-density polyethylene tubular reactor process. *Industrial and Engineering Chemistry Research* 41：1017.

[12] Sharma, N. and Liu, Y. A. (2019). 110th Anniversary：an effective methodology for kinetic parameter estimation for modeling commercial polyolefin processes from plant data using efficient software tools. *Industrial and Engineering Chemistry Research* 58：14209.

[13] Li, D. and Suo, H. (2014). Accelerating the process of smart plant and promoting ecological civilization construction. *CIESC Journal* 65：374.

[14] Tremblay, D. (2020). Improve sustainability and increase profits in polymers with digitalization. AspenTech White Paper. https：//www.aspentech.com/en/resources/white-papers/improve-sustainability-and-increase-profits-in-polymerswith-digitalization(accessed 4 June 2021).

[15] Aspen Technology, Inc. (2020). Daicel accelerates innovation and reduces the number of experiments with Aspen polymers. AspenTech Case Study. https：//www.aspentech.com/en/resources/case-studies/daicel-acceleratesinnovation-and-reduces-the-number-of-experiments-with-aspen-polymers(accessed 4 June 2021).

[16] Morse, P. and Tremblay, D. (2020). Accelerate innovation and improve sustainability through polymer process modeling. AspenTech webinar. https：//www.aspentech.com/en/resources/on-demand-webinars/accelerate-innovation-andimprove-sustainability-through-polymer-process-modeling(accessed 4 June 2021).

[17] Marlin, T. E. (2000). *Process Control：Designing Processes and Control Systems for Dynamic Performance*, 2e. New York：McGraw-Hill.

[18] Camacho, E. F. and Alba, C. B. (2013). *Model Predictive Control*, 2e. London：Springer-Verlag.

[19] Lahiri, S. K. (2017). *Multivariable Predictive Control：Applications in Industry*. New York：Wiley.

[20] Cutler, C. R. and Ramaker, B. L. (1979). *Dynamic Matrix Control-A Computer Control Algorithm*. Houston, TX：AIChE National Meeting.

[21] Golightly, R. (2016). The Aspen DMC3 difference. AspenTech White Paper. https：//www.aspentech.com/en/resources/white-papers/the-aspen-dmc3-difference(accessed 9 June 2021).

[22] Kalafatis, A., Harmse, M., and Campbell, J. (2017). Next generation MPC：where is the technology headed? *8th CPC Conference* (10 January 2017). https：//www.focapo-cpc.org/pdf/Kalafatis.pdf(accessed 4 June 2021).

[23] Tizzo, L. (2018). Braskem implements Aspen DMC3 to deploy controllers in just two weeks and immediately accrues benefits. https：//www.aspentech.com/en/resources/case-studies/braskem-implements-dmc3-to-deploy-controllers-injust-two-weeks-and-immediately-accrues-benefits(accessed 9 June 2021).

[24] Hokanson, D. and D'Hooghe, P. (2018). DMC builder experience in ExxonMobil. AspenTech webinar. https://www.aspentech.com/en/resources/on-demandwebinars/experiences-with-aspen-dmc3-builder-featuring-exxonmobil(accessed 9 June 2021).

[25] Saint-Donat, J., Bhat, N., and McAvoy, T. J. (1991). Neural-net based model-predictive control. *International Journal of Control* 54：1453.

[26] Baughman, D. R. and Liu, Y. A. (1995). *Neural Networks in Bioprocessing and Chemical Engineering*, 228-364. San Diego, CA：Academic Press, Inc.

[27] Turner, P., Guiver, J., and Lines, B. (2003). Introducing the bounded derivative network for commercial transition control. *Proceedings of American Control Conference*, Denver, Colorado(4-6 June 2003), 5400.

[28] Turner, P. and Guiver, J. (2005). Introducing the bounded derivative network-superceding the application of neural networks in control. *International Journal of Control* 15：407.

[29] Aspen Technology, Inc. (2002). Innovative AspenTech solution delivers new levels of manufacturing performance to polymers industry. http：//ir.aspentech.com/news-releases/news-release-details/innovative-aspentech-solution-delivers-newlevels-manufacturing(accessed 9 June 2021).

[30] Zhu, Y. Q. , Zhang, Y. J. , and Xu, X. W. (2006). Application of advanced process control technology to a high-density polyethylene process. *Petrochemical Technology* 5: 469.
[31] Wu, B. Y. (2006). Application of advanced controltechniques in gas-phase process for polymerization of propylene. *Sino-Global Energy* 11(1): 82.
[32] Guo, X. J. (2007). Application of nonlinear controllers to polypropylene loop reactor process. *Technology and Economics in Petrochemicals* 23(2): 31.
[33] Wang, S. Q. (2015). Application of advanced process control to a gas-phase polypropylene process. *Chemical and Pharmaceutical Engineering* 36: 51.
[34] Zhou, T. M. , Zheng, X. C. , Jiang, F. Y. et al. (2017). Advanced process control system for a polypropylene process and its applications. *Computers and Applied Chemistry* 34: 957.
[35] Chi, L. (2010). Application of advanced process control to a gas-phase linear low-density polyethylene(LLDPE)process. *Computers and Applied Chemistry* 27(8): 1049.
[36] Quantrille, T. E. and Liu, Y. A. (1991). *Artificial Intelligence in Chemical Engineering*. San Diego, CA: Academic Press.
[37] Qin, S. J. (2014). Process data analytics in the era of big data. *AIChE Journal* 60: 3092.
[38] Chiang, L. , Lu, B. , and Castillo. (2017). Big data analytics in chemical engineering. *Annual Reviews of Chemical and Bimolecular Engineering* 8: 63.
[39] Skagerberg, B. , MacGregor, J. F. , and Kiparissides, C. (1992). Multivariate data analysis applied to low-density polyethylene reactors. *Chemometrics and Intelligent Laboratory Systems* 14: 341.
[40] McGregor, J. F. (1997). Using on-line process data to improve quality: challenges for statisticians. *International Statistical Review* 65: 309.
[41] McGregor, J. F. and Brewer, M. J. (2017). Optimization of processes and products using historical data. *FOCAPO/CPC(Foundation of Computer-Aided Process Operation/Chemical Process Control)Conference* (8-12 January 2017), Tucson, Arizona. http://www.focapo-cpc.org/pdf/MacGregor.pdf(accessed 14 June 2021).
[42] Munoz, S. G. and McGregor, J. F. (2016). Big data: success stories in th process industries. *Chemical Engineering Progress* 112(3): 36.
[43] Park, T. C. , Kim, T. Y. , and Yeo, Y. K. (2010). Prediction of the melt flow index using partial least squares and support vector regression in high-density polyethylene (HDPE) process. *Korean Journal of Chemical Engineering* 27: 1562.
[44] Haykin, S. (2009). *Neural Networks and Learning Machines*, 3e. Hoboken, NJ: Pearson Education, Inc.
[45] Johnson, R. A. and Wichern, D. W. (2013). *Applied Multivariate Statistical Analysis*, 6e. Hoboken, NJ: Pearson Education, Inc.
[46] Dunn, K. (2019). Process improvement using data. https://learnche.org/pid/PID.pdf(accessed 11 June 2021).
[47] Dunn, K. (2019). OpenMV.net Datasets. https://openmv.net(accessed 11 June 2021).
[48] Aspen Technology, Inc. (2018). Aspen ProMV Brochure. https://www.aspentech.com/en/resources/brochure/aspen-promv-brochure(accessed 14 June 2021).
[49] Breiman, L. (2001). Random forests. *Machine Learning* 45(1): 5.
[50] Sharma, N. and Liu, Y. A. (2022). A hybrid science-guided machine learning approach to modeling chemical processes: a review. *AIChE Journal*. https://doi.org/10.10021/aic.17609.
[51] Psichogios, D. C. and Ungar, L. H. (1992). A hybrid neural network-first principles approach to process modeling. *AIChE Journal* 38: 1499.
[52] Thompson, M. L. and Kramer, M. A. (1994). Modeling chemical processes using prior knowledge and neural networks. *AIChE Journal* 40: 1328.
[53] Agarwal, M. (1997). Combining neural and conventional paradigms for modelling, prediction and control. *International Journal of Systems Science* 28: 65.
[54] Yang, S. , Navarathna, P. , Ghosh, S. , and Bequette, B. W. (2020). Hybrid modeling in the era of smart manufacturing. *Computers and Chemical Engineering* 140: 106874.
[55] Von Stosch, M. , Oliveira, R. , Peres, J. , and de Azevedo, S. F. (2014). Hybrid semi-parametric modeling in process systems engineering: past, present and future. *Computers and Chemical Engineering* 60: 86.

[56] O'Brien, C. M., Zhang, Q., Daoutidis, P., and Hu, W. -S. (2021). A hybrid mechanistic-empirical model for in silico mammalian cell bioprocess simulation. *Metabolic Engineering* 66: 31.

[57] Pinto, J., de Azevedo, C. R., Oliveira, R., and von Stosch, M. (2019). A bootstrap-aggregated hybrid semi-parametric modeling framework for bioprocess development. *Bioprocess and Biosystems Engineering* 42: 1853.

[58] Iwama, R. and Kaneko, H. (2020). Design of ethylene oxide production process based on adaptive design of experiments and bayesian optimization. https://www.authorea.com/doi/full/10.22541/au.160091365.52756748(accessed 18 June 2021).

[59] Madar, J., Abonyi, J., and Szeifert, F. (2005). Feedback linearizing control using hybrid neural networks identified by sensitivity approach. *Engineering Applications of Artificial Intelligence* 18: 343.

[60] Rodriguez-Granrose, D., Jones, A., Loftus, H. et al. (2021). Design of experiment(DOE) applied to artificial neural network architecture enables rapid bioprocess improvement. *Bioprocess and Biosystems Engineering* 44: 1301.

[61] Bollas, G., Papadokonstadakis, S., Michalopoulos, J. et al. (2003). Using hybrid neural networks in scaling up an FCC model from a pilot plant to an industrial unit. *Chemical Engineering and Processing: Process Intensification* 42: 697.

[62] Asprion, N., Böttcher, R., Pack, R. et al. (2019). Gray-box modeling for the optimization of chemical processes. *Chemie Ingenieur Technik* 91: 305.

[63] Beck, R. (2020). Hybrid modeling: the next generation of process simulation technology. https://www.aspentech.com/en/resources/blog/aspen-hybrid-modelsthe-next-generation-of-process-simulation-technology(accessed 18 June 2021).

[64] Beck, R. and Munoz, G. (2020). Hybrid modeling: AI and domain expertise combine to optimize assets. https://www.aspentech.com/en/resources/white-papers/hybrid-modeling-ai-and-domain-expertise-combine-to-optimize-assets/?src=blogglobal-wpt(accessed 18 June 2021).

2 用于聚合过程模拟的物性方法选择和物性估算

本章包括聚烯烃生产过程表征相平衡的物性方法，以及物性参数估算。我们将讨论聚合物非随机两液相活度系数模型(POLYNRTL ACM)，聚合物Sanchez-Lacombe状态方程(POLYSL EOS)，以及含链扰动统计缔合流体理论状态方程(POLYPCSF)。对于模拟特殊的聚烯烃生产过程，我们提出了选择适用的聚合物活度系数模型或状态方程的指导[1,2]。

本章从讨论模拟聚合过程需要的物性方法和参数开始(第2.1节)，然后展示聚合物活度系数模型，特别是POLYNRTL活度系数模型(第2.2节)和一个关于用UNIFAC方法估算POLYNRTL二元交互作用参数的例题(第2.3节)。第2.4节中讨论了应用Van Krevelen基团贡献法预测聚合物物理性质，并在第2.5节中设置了估算共聚物的物理性质的例题。在第2.6节，我们介绍了POLYSL状态方程，并在第2.7节提供一个关于使用数据回归工具来估算性质参数的例题。我们在第2.8节介绍了POLYPCSF状态方程，并在第2.9节提供了一个POLYPCSF状态方程性质参数回归的例题。最后在第2.10节，我们讨论了聚烯烃产品质量指标关联式，例如，熔体流动速率或熔融指数，以及聚合物密度。本章以参考文献结束。

2.1 过程模拟需要的物性方法和热力学参数

Aspen Plus 中的某一个物性方法，是用于计算相平衡以及各种物理性质，如密度、焓值、黏度和热传导系数的模型和方法的集合。在第 2.2 节至第 2.9 节我们讨论物性方法的两个主要类别，称为活度系数模型(ACM)和状态方程(EOS)。对于特殊的聚烯烃生产过程，我们建议选择适用的物性方法。

表 2.1 概括了关键的过程模拟任务，以及完成这些任务基本的热力学性质需求。

表 2.1　过程模拟任务和必要的热力学性质需求

过程模拟任务	必要的热力学性质需求
质量平衡	密度或标准液相体积，相平衡
能量平衡	比热容，生成热，反应热，汽化热，液体饱和蒸气压
热量传递	密度，比热容，热传导，黏度
压力降	密度，黏度

读者可以在 Aspen Plus 中搜索信息：Help→Property requirements→Property requirements for mass and energy balance simulations(帮助→物性需求→质量和能量平衡模拟的物性需求)。

对于聚烯烃生产过程表征相平衡和估算物性，我们讨论 2 个关键的物性方法类型：活度系数模型和状态方程。

2.2 聚合物活度系数模型：聚合物非随机两液相模型(POLYNRTL)

在第 6 章，我们描述应用自由基聚合，模拟聚苯乙烯生产过程，以及应用离子聚合，模拟聚(苯乙烯-丁二烯-苯乙烯)橡胶(或称为 SBS 橡胶)生产过程。上述两个过程，对于相平衡计算，必须考虑由于存在极性组分(比如水)而导致的高度非理想状态，在低压-中压下(<10 bar)，也即远离临界区[1,2]，在下面讨论中，我们参考文献[3-5]的解释。

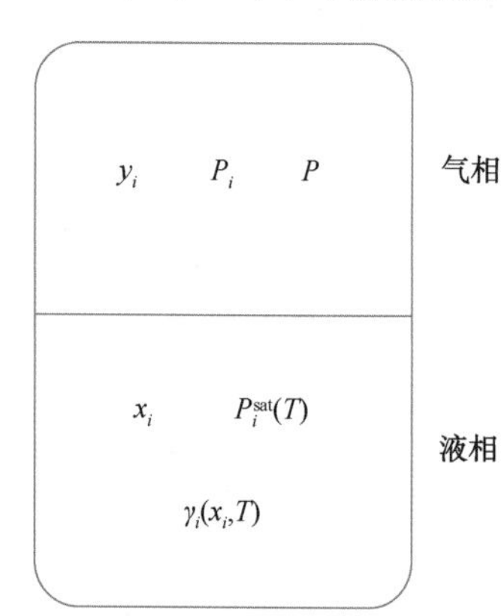

图 2.1　气液混合物

2.2.1　理想气体与非理想液相之间的气液平衡

图 2.1 表示了一个气液混合物，我们假定气相处于理想状态下，气相中组分 i 的分压P_i等于：

$$P_i = x_i \gamma_i (x_i, T) P_i^{sat}(T) = y_i P \tag{2.1}$$

方程式中x_i为组分 i 的液相摩尔分率，$\gamma_i(x_i, T)$为组分 i

的活度系数，它是关于液相组成x_i和温度 T 的函数，$P_i^{sat}(T)$是纯组分 i 的蒸气压，y_i是组分 i 的气相摩尔分率，而 P 是系统压力。

对于理想溶液，根据拉乌尔(Raoult)定律[1]，分压P_i等于$x_i P_i^{sat}$。对于非理想溶液，我们在此项前乘以活度系数$\gamma_i(x_i, T)$进行校正。对于理想的气相，根据道尔顿(Dalton)定律[1]，分压P_i等于$y_i P$。

2.2.2 基于逸度系数和液相活度系数的通用气液平衡关系

基于 Walas[1]，我们延伸方程(2.1)，用气相逸度系数和液相活度系数定义气液平衡：

$$x_i \Upsilon_i f_i^{oL} = y_i \varphi_i^V P = P_i \tag{2.2}$$

方程中，f_i^{oL}为液相的参考逸度系数，定义为混合物温度 T 和压力 P 下纯组分的逸度；φ_i^V为组分 i 的分气相逸度系数，由状态方程计算得到。

2.2.3 链段基准摩尔分率与物种基准摩尔分率

本小节参考文献[3]中的讨论，我们在包含聚合物的系统中用于模拟物理性质和相平衡的分子计算系统有两种类型：基于物种的计算将聚合物链视为单个分子，而基于链段的计算则将每个聚合物重复单元(链段)视为单个分子。基于链段的方法可以通过构成聚合物的链段或单体单元的化学性质来表征聚合物分子。这使得更容易评估聚合物组成对热力学性质的影响。基于链段的方法还可以考虑链长，这在模拟相平衡和物理性质时是很重要的。

图 2.2 说明了混合物中聚合物链的基于链段的表示形式，这样可以考虑每种链段类型与溶剂分子之间的相互作用。

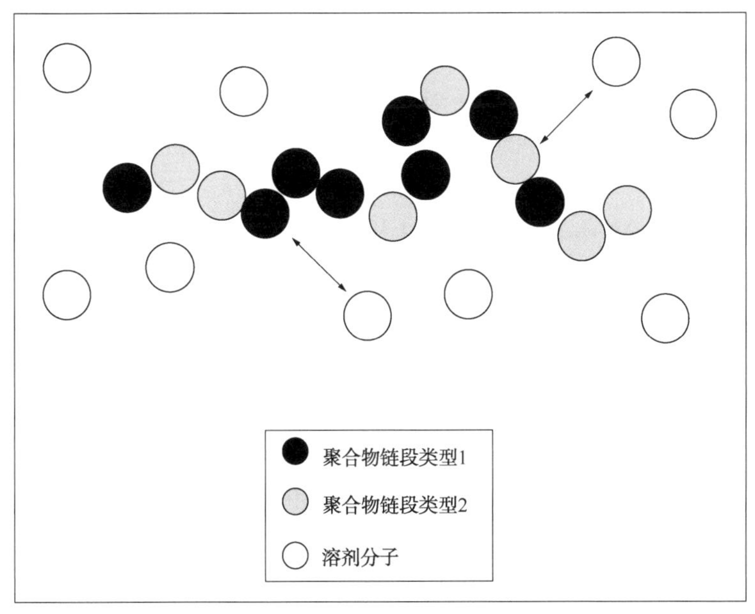

图 2.2 混合物中聚合物链段基准的表征

我们注意到聚合物链的摩尔分率通常没有明确的物理意义。让我们考虑一个 1 g 分子量为 5 万的高密度聚乙烯溶解在 10 g 分子量为 86.18 的正己烷中，我们发现聚合物的摩尔分率为：

$$X_{\text{polymer}} = (\text{聚合物链段物质的量})/(\text{溶剂物质的量}+\text{聚合物链段物质的量})$$
$$= (1/50000)/(1/86.18+1/50000) = 1.72\times10^{-4}$$

现在，让我们考虑乙烯链段($-C_2H_4-$)的分子量为 28.05，分子量为 50000 的 HDPE 聚合物对应的聚合度为 50000/28.05 或 1534.9 个链段。我们将每个溶剂分子视为单个链段，那么基于链段的聚合物的摩尔分率是：

$$X_{\text{polymer}} = (\text{聚合物链段物质的量})/(\text{溶剂物质的量}+\text{聚合物链段物质的量})$$
$$= [(1/50000)\times1534.9]/[10/28.05+(1/50000)\times1534.9]$$
$$= 7.93\times10^{-2}$$

这个基于链段的摩尔分率比基于物种的聚合物摩尔分率更能代表混合物中聚合物的含量。

通常，我们可以根据关系式将基于物种的摩尔分率 x 转换为基于链段的摩尔分率 X[5]。

$$X_I = \frac{x_i r_{i,I}}{\sum_i \sum_I x_i r_{i,I}} \tag{2.3}$$

其中，下标 I 指的是聚合物链段，下标 i 指的是一个聚合物分子，$r_{i,I}$是聚合物分子 i 中第 I 类链段的数量。

2.2.4 POLYNRTL：聚合物非随机二液相活度系数模型

在 Chen 的 POLYNRTL 模型[4]中，聚合物溶液的混合 Gibbs 自由能是基于非随机二液相(NRTL)理论[5]的混合焓和基于 Flory-Huggins(F-H)理论[6-8]的混合熵的总和。该模型计算的活度系数是两个贡献的和：

$$\ln\gamma_i = \ln\gamma_i^{\text{NRTL}} + \ln\gamma_i^{\text{F-H}} \tag{2.4}$$

其中，γ_i表示物种 i 的活度系数，上标 NRTL 和 F-H 分别代表 NRTL 和 Flory-Huggins 的贡献。

我们注意到，POLYNRTL 和许多其他 ACM 模型，都在方程(2.4)中忽略了代表自由体积(FV)或可压缩性贡献的第三项。Oishi 和 Prausnitz[9]提出了一个 UNIFAC-FV 模型来包括 FV 贡献。感兴趣的读者可以在 Aspen Plus 在线帮助中搜索“UNIFAC free volume model”以了解有关该模型的更多详细信息，但本文中我们不使用该模型。

NRTL 活度系数贡献对于聚合物(下标 $i=p$)和溶剂(下标 $i=s$)是不同的，相关的表达式如下：

$$\ln\gamma_{i=p}^{\text{NRTL}} = \sum_J r_{p,J}\left[\frac{\sum X_K G_{KJ}\tau_{KJ}}{\sum G_{KJ}} + \sum_K \frac{X_K G_{JK}}{\sum X_L G_{LK}}\left(\tau_{JK} - \frac{\sum X_L G_{LK}\tau_{LK}}{\sum X_L G_{LK}}\right)\right] \tag{2.5}$$

$$\ln\gamma_{i=s}^{\text{NRTL}} = \frac{\sum X_K G_{Ks}\tau_{Ks}}{\sum X_K G_{Ks}} + \sum_L \frac{X_L G_{sL}}{\sum X_K G_{KL}}\left(\tau_{sL} - \frac{\sum X_K G_{KL}\tau_{KL}}{\sum X_K G_{KL}}\right) \tag{2.6}$$

在这些方程中，X_K是由方程(2.3)定义的基于链段的摩尔分率。参数G_{IJ}将整体基于链段的摩尔分率与局部基于链段的摩尔分率相关联。它通过以下关系与二元交互作用参数τ_{ij}和非随机因子α_{ij}相关：

$$G_{ij}=\exp(-\alpha_{ij}\tau_{ij}) \tag{2.7}$$

α_{ij}的值介于 0.2 和 0.3 之间，并且其值对模型的性能没有显著影响[5]。二元交互参数τ_{ij}与物种 i 和 j 之间的相互作用能量g_{ij}，以及一对 j 物种之间的相互作用能量g_{jj}有关，根据以下关系：

$$\tau_{ij}=(g_{ij}-g_{jj})/RT \tag{2.8}$$

这个定义建议τ_{ii}等于零。

Aspen Plus 数据库提供了二元交互参数τ_{ij}和非随机因子α_{ij}与温度相关的关联式：

$$\tau_{ij}=a_{ij}+b_{ij}/T+e_{ij}\ln T+f_{ij}T \tag{2.9}$$

$$\alpha_{ij}=c_{ij}+d_{ij}(T-273.15) \tag{2.10}$$

方程(2.4)中的 Flory-Huggins 贡献如下：

$$\ln\gamma_i^{\mathrm{F-H}}=\ln\left(\frac{\varphi_i}{X_i}\right)+1-m_I\sum_J\left(\frac{\varphi_i}{m_j}\right) \tag{2.11}$$

对于溶剂，$\varphi_i=X_i$，这是溶剂的基于链段的摩尔分率；对于聚合物，$\varphi_i=X_i$，对所有链段进行求和。

m_i是物种 i 的特征尺寸，它与聚合程度相关：

$$m_i=s_i\times P_i^{\varepsilon_i} \tag{2.12}$$

式中，s_i和ε_i是经验参数，对于小分子来说，它们的默认值为 1.0。P_i是物种 i 的聚合度。

表 2.2 总结了 POLYNRTL 模型的参数，在 Aspen Plus 中使用 POLYNRTL 模型时，我们只需要输入参数 NRTL/1～NRTL/8，Aspen Polymers 会将其余的模型参数设置为默认值。

表 2.2 POLYNRTL 模型参数

参数名称/元素	符号	默认值	单位关键字	注释
NRTL/1	a_{ij}和a_{ji}	0	—	二元的，不对称的
NRTL/2	b_{ij}和b_{ji}	0	TEMP	二元的，不对称的
NRTL/3	c_{ij}	0.3	—	二元的，对称的
NRTL/4	d_{ij}	0	1/TEMP	二元的，对称的
NRTL/5	e_{ij}和e_{ji}	0	—	二元的，不对称的
NRTL/6	f_{ij}和f_{ji}	0	1/TEMP	二元的，不对称的
NRTL/7	T_{min}	0	TEMP	一元的
NRTL/8	T_{max}	1000	TEMP	一元的
FHSIZE/1	s_i	1.0	—	一元的
FHSIZE/2	ε_i	1.0	—	一元的
POLDP	P_i	1.0	—	一元的

2.2.5　气液平衡中亨利组分的概念，包含超临界组分的气相和非理想液相

ACM 的一个严重缺陷是在预测超临界组分在液相中的溶解度时不准确，这些组分指的是轻气体和低分子量烃类，如 H_2、O_2、N_2、CO、CO_2、H_2S、NO_2、SO_2、CH_4、C_2H_4、C_2H_6、C_3H_6和 C_3H_8。参考方程(2.1)描述理想气相和非理想液相之间的气液平衡关系：

$$P_i = x_i \gamma_i(x_i, T) P_i^{sat}(T) = y_i P$$

对于包含超临界组分的气相和非理想液相，我们修改方程(2.1)如下：

$$x_i \gamma_i^* H_i = \phi_i^v y_i P = P_i \tag{2.13}$$

在这个方程中，$\gamma_i^* = \gamma_i / \gamma_\infty$，而 γ_∞是无限稀释活度系数。H_i是亨利常数，ϕ_i^v是通过状态方程计算的气相逸度系数。对于理想气相，我们选择理想气体定律作为状态方程；对于非理想气体(如中等压力下的气相)，我们使用 Redlich-Kwong-Soave(RKS)状态方程，这是一个立方状态方程，其中压力 P 与混合物体积的三次方V_m^3的乘积与理想气体定律常数 R 乘以混合物温度 T 有关。

感兴趣的读者可以在 Aspen Plus 在线帮助中搜索“Redlich-Kwong-Soave”了解 RKS 状态方程的详细信息。

亨利定律常数 H_i通常作为温度的函数进行相关性建模。对于超临界组分 i 和溶剂 A，Aspen Plus 使用以下相关方法：

$$\ln(H_{i,A}) = a_{i,A} + b_{i,A}/T + c_{i,A}\ln T + d_{i,A}T + e_{i,A}/T^2,\quad T_L < T < T_H \tag{2.14}$$

表 2.3 总结了亨利定律参数。

表 2.3　亨利定律参数

参数名称/元素	符号	默认值	单位
Henry/1	$a_{i,A}$	0	—
Henry/2	$b_{i,A}$	0	TEMP
Henry/3	$c_{i,A}$	0	TEMP
Henry/4	$d_{i,A}$	0	TEMP
Henry/5	T_L	0	TEMP
Henry/6	T_H	2000	TEMP
Henry/7	$e_{i,A}$	0	TEMP

我们以下面的示例来展示如何应用亨利组分的概念，并比较应用亨利定律与不应用亨利定律情况下溶剂中轻质气体的浓度。考虑图 2.3 中展示的一个简单的两相闪蒸问题，以及表 2.4 中的定义。我们将模拟文件保存为“***Example 2.1 NRTL Flash with Henry Component. bkp***”。图 2.4 说明了如何指定亨利组分：Properties→Components→Henry Components→New(物性→组分→亨利组分→新建)：HC-1，将 H_2 和 N_2 从“Available Components(可用组分)”移动到“Selected Components(已选择组分)”。

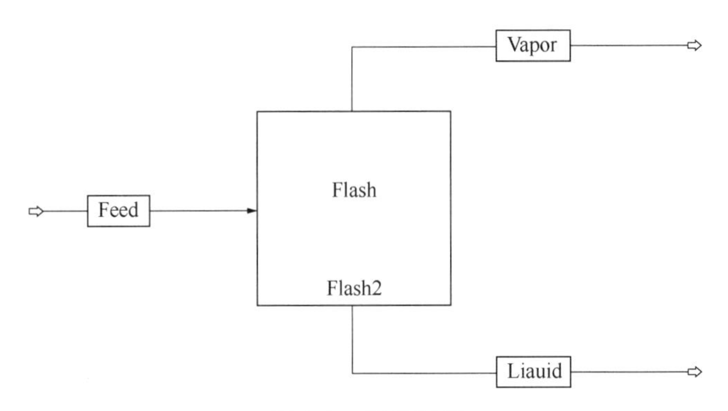

图 2.3　简单闪蒸

表 2.4　实例 2.1 的指定

组分	水，H_2，N_2
物性方法	NRTL
亨利组分	H_2，N_2
进料	70℃，1 bar，水(1000 kg/h)，H_2(50 kg/h)，N_2(50 kg/h)
闪蒸罐	70℃，1 bar

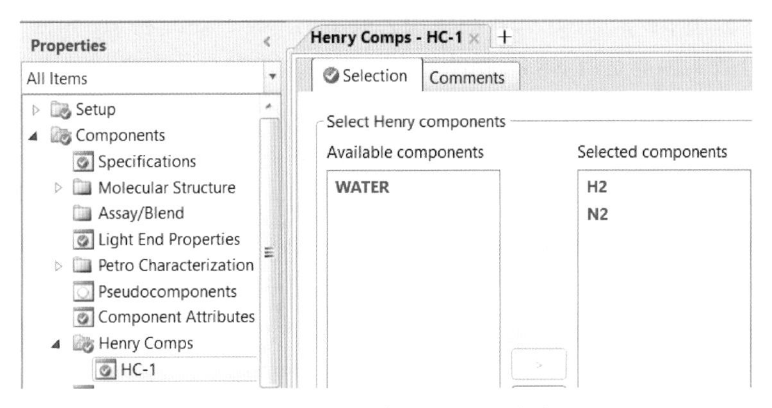

图 2.4　亨利组分组 HC-1 的指定

在定义亨利组分之后，我们可以按照路径查看 H_2 和 N_2 的亨利定律参数：Properties→Methods→Parameters→Binary Interaction(物性→方法→参数→二元交互作用)→HENRY-1(参见图 2.5)。参考方程(2.14)和表 2.3 的亨利定律参数。

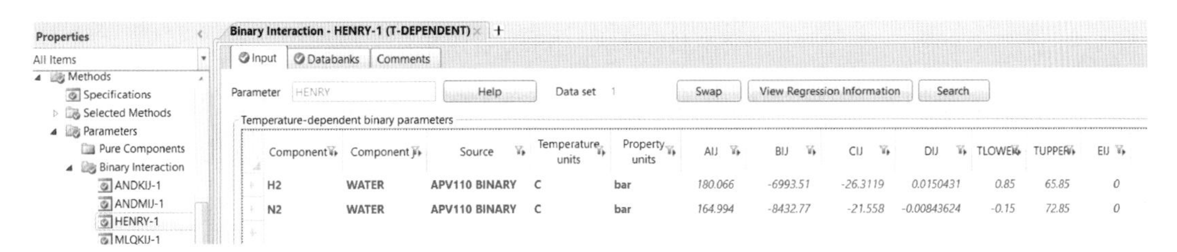

图 2.5　H_2-N_2-水混合物亨利定律参数值

接下来，我们在表 2.4 中输入进料流股和闪蒸条件。随后，经验不足的 Aspen Plus 用户可能会习惯性地点击“Next(下一步)”按钮，并看到“所需输入已完成”的消息，然后继续运行模拟(参见图 2.6)。

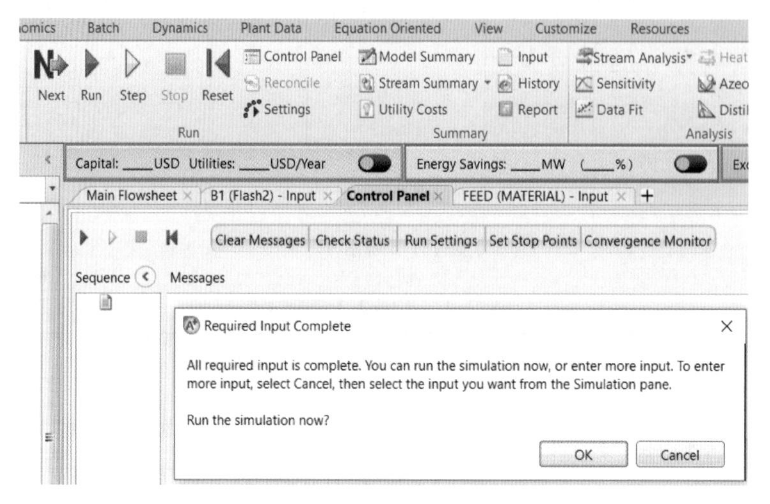

图 2.6　点击“Next”按钮看见输入完成，并点击“OK”运行模拟

导致液相产品中 H_2 和 N_2 的质量分数分别为 4.98053×10^{-6} 和 5.25986×10^{-5}(参见图 2.7)，即 4.98 μg/g 和 52.6 μg/g。但正如我们很快会展示的那样，尽管将 H_2 和 N_2 定义为亨利组分，这些质量分数实际上是由 NRTL 物性方法得出的，并没有考虑亨利定律。

in Flowsheet | Control Panel | B1 (Flash2) - Stream Results (Boundary)

aterial | Vol.% Curves | Wt. % Curves | Petroleum | Polymers | Solids

	Units	FEED	LIQUID	VAPOR
Molar Solid Fraction		0	0	0
Mass Vapor Fraction		0.288115	0	1
Mass Liquid Fraction		0.711885	1	0
Mass Solid Fraction		0	0	0
Molar Enthalpy	kcal/mol	-44.0272	-67.4398	-17.681
Mass Enthalpy	kcal/kg	-3285.88	-3743.56	-2155.04
Molar Entropy	cal/mol-K	-19.6117	-36.424	-0.692967
Mass Entropy	cal/gm-K	-1.46368	-2.02188	-0.0844617
Molar Density	kmol/cum	0.074436	52.6958	0.0350501
Mass Density	kg/cum	0.997359	949.31	0.287569
Enthalpy Flow	Gcal/hr	-3.61447	-2.93148	-0.682988
Average MW		13.3989	18.0149	8.20452
+ Mass Flows	**kg/hr**	**1100**	**783.074**	**316.926**
− Mass Fractions				
WATER		0.909091	0.999942	0.684611
H2		0.0454545	4.98053e-06	0.157753
N2		0.0454545	5.25986e-05	0.157636

图 2.7　LIQUID 产品中计算的 H_2 和 N_2 质量分数，
没有将亨利定律纳入 NRTL 物性方法

要将亨利定律纳入 NRTL 物性方法的计算，我们必须告诉 Aspen Plus 怎样做，按照以下路径：Properties→Methods→Specifications→Henry Components，得到图 2.3 中定义的 HC-1。我们在图 2.8 中说明了这一步骤。

再次运行模拟，我们看到在图 2.9 中得到的液态产品中 H_2 和 N_2 的质量分数分别为 9.47979×10^{-7} 和 6.16813×10^{-7}，或 0.948 μg/g 和 0.617 μg/g(与图 2.7 中不正确的值 4.98 μg/g

和 52.6 μg/g 对比)，这种显著的差异说明了正确将亨利组分纳入 NRTL 物性方法的重要性。这个观察结果同样适用于 POLYNRTL 物性方法。

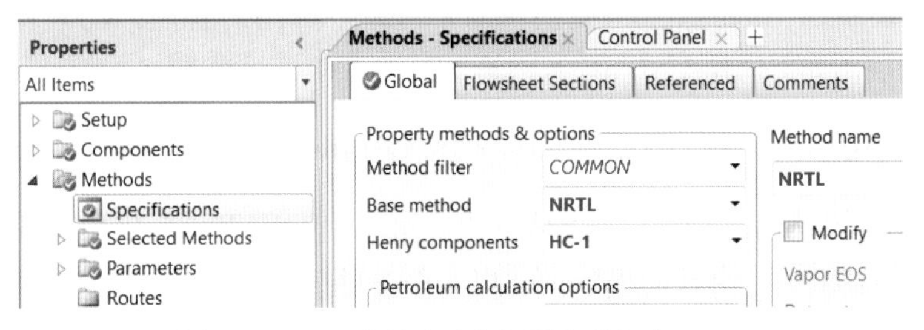

图 2.8　NRTL 物性方法包括了亨利组分 HC-1

	Units	FEED	LIQUID	VAPOR
Molar Solid Fraction		0	0	0
Mass Vapor Fraction		0.288197	0	1
Mass Liquid Fraction		0.711803	1	0
Mass Solid Fraction		0	0	0
Molar Enthalpy	kcal/mol	-44.0268	-67.4445	-17.6823
Mass Enthalpy	kcal/kg	-3285.86	-3743.77	-2154.89
Molar Entropy	cal/mol-K	-19.6109	-36.4269	-0.693001
Mass Entropy	cal/gm-K	-1.46362	-2.02202	-0.0844539
Molar Density	kmol/cum	0.0744252	52.7001	0.0350501
Mass Density	kg/cum	0.997215	949.401	0.287609
Enthalpy Flow	Gcal/hr	-3.61444	-2.93131	-0.683135
Average MW		13.3989	18.0151	8.20567
+ Mass Flows	**kg/hr**	**1100**	**782.984**	**317.016**
− Mass Fractions				
WATER		0.909091	0.999998	0.684563
H2		0.0454545	9.47979e-07	0.157718
N2		0.0454545	6.16813e-07	0.157719

图 2.9　LIQUID 产品中计算的 H_2 和 N_2 质量分数，将亨利定律纳入 NRTL 物性方法之后

总之，***POLYNRTL 方法适用于包含高度非理想液相(带有极性和氢键结合物种)的聚烯烃工艺，涉及压力约 10 bar 的中等压力范围***。当混合物中含有轻质气体和低分子量烃类时，必须使用亨利定律。

两种典型的工艺是使用自由基聚合法的聚苯乙烯工艺和使用离子聚合法的聚苯乙烯-丁二烯-苯乙烯橡胶，将在第 6 章中讨论。对于非聚烯烃系统，我们将 POLYNRTL 方法应用于尼龙、PET(聚对苯二甲酸乙二醇酯)、PLA(聚乳酸)等逐步聚合工艺[3]中。

2.3 例题 2.1：使用 UNIFAC 估算 POLYNRTL 二元参数

2.3.1 目的

UNIFAC(UNIQUAC 官能团活度系数)方法[10,11]是用于预测非理想混合物中非电解质活度的半经验系统。多年来，已经有许多文章和书籍将该方法扩展到更复杂的气液混合物中。

UNIFAC 方法试图通过官能团[如官能团 1005(>CH−)、1100(>CH_2)、1015(−CH_3)和 2400(CH_2SH)]描述分子相互作用，从而将问题分解。关于“Aspen Plus 官能团”在在线帮助中搜索“UNIFAC Functional Groups”，将提供 Aspen Plus 中可用的官能团的表格(表 3.12～表 3.21)。本例题演示如何使用 UNIFAC 来估算 POLYNRTL 二元参数。

2.3.2 使用 UNIFAC 估算聚烯烃制造过程的 POLYNRTL 二元参数

图 2.10 显示了聚苯乙烯制造中涉及的一些组分，其中 STYRENE 和 STY-SEG 分别代表苯乙烯(单体)和苯乙烯链段(重复单元)，而 EB(乙基苯)和 DDM(十二烷硫醇)则是链转移剂。我们将模拟文件保存为“***WS2.1 Estimating POLYNRTL Binary Parameters Using UNIFAC.bkp***”。

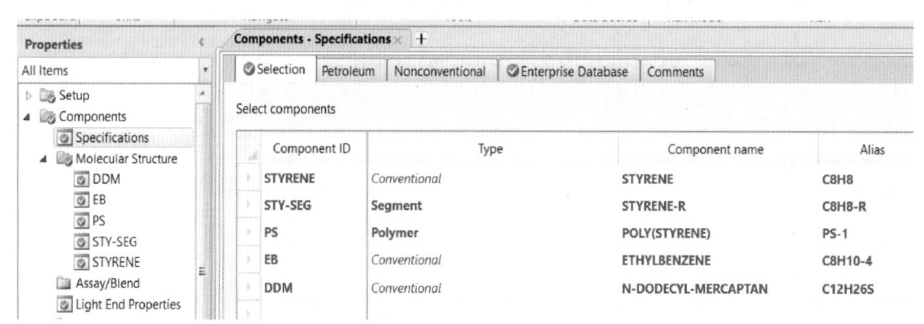

图 2.10　案例 2.1 组分选择

如果某个组分在 Aspen 企业数据库中具有纯组分和链段，我们将会在“Molecular Structure(分子结构)”文件夹中看到其结构被显示出来，如图 2.11 所示的 DDM($C_{12}H_{26}S$)。

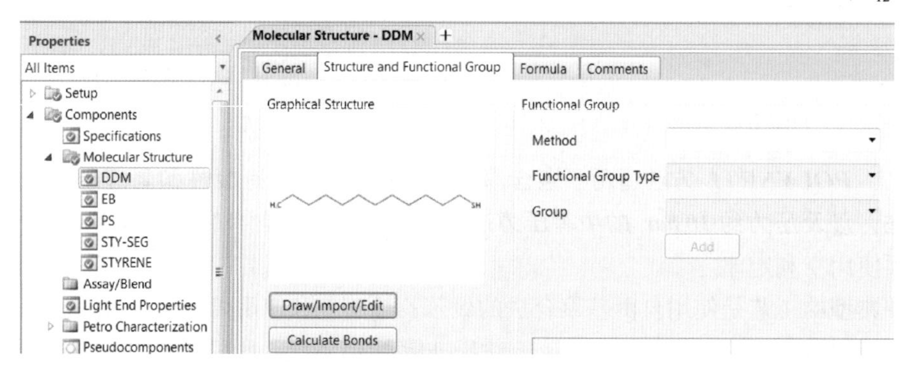

图 2.11　Aspen 企业数据库中可用的 DDM 的图形结构

此外，Aspen Plus 将自动完成以 UNIFAC 官能团的组合形式表示的结构代表，例如，“$C_{12}H_{26}S=H_3C-(CH_2)_{10}-CH_2SH=1*(\text{Group 1015}, H_3C)+10*(\text{Group 1100}, CH_2)+1*(\text{Group 2400}, CH_2SH)$”。事实上，Aspen Plus 将对 Aspen 企业数据库中可用的所有指定的组分完成此操作，这将使得使用 UNIFAC 组贡献方法来估算二元参数成为可能。

在图 2.11 中，我们可以看到“Draw/Import/Edit”按钮。在 4.4.3 节中，我们将展示如何从互联网(如 Chemical Book，www.chemicalbook.com)导入分子结构文件“*.mol”，以获取 Aspen 企业数据库中没有的组分。在 6.1.4 节中，我们还将展示如何在 Aspen Plus 中使用绘图工具来画出分子结构。

接下来，我们依次点击路径：Properties→Estimation→Input→(1)Estimation options→Estimate only the selected parameters[物性→估算→输入→(1)估算选项→仅估算所选参数]；(2)Parameter types→Binary interaction parameters(参数类型→二元交互参数)(见图 2.12)。

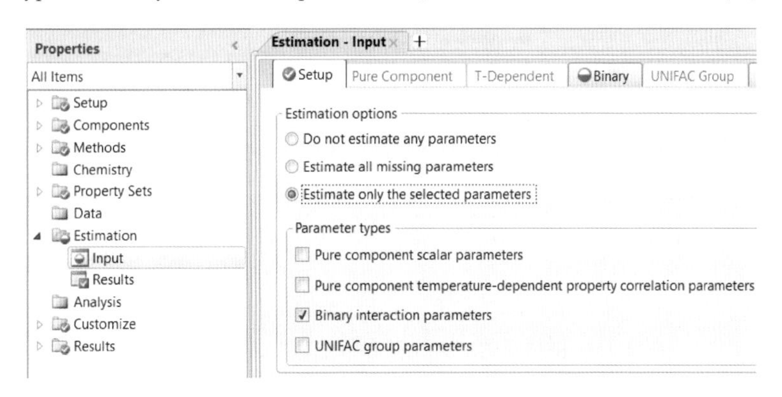

图 2.12　用于估算二元交互参数的选择

在图 2.13 中，我们点击“New(新建)”按钮，然后选择参数“NRTL”和方法“UNIFAC”。我们可以逐个指定组分 i(苯乙烯)和组分 j(STY-SEG)以及其他 i-j 组分组合。不过，这并不是必需的；通过同时选择“ALL”作为组分 i 和 j，Aspen Plus 将为我们估算所有二元组分组合的交互作用参数。

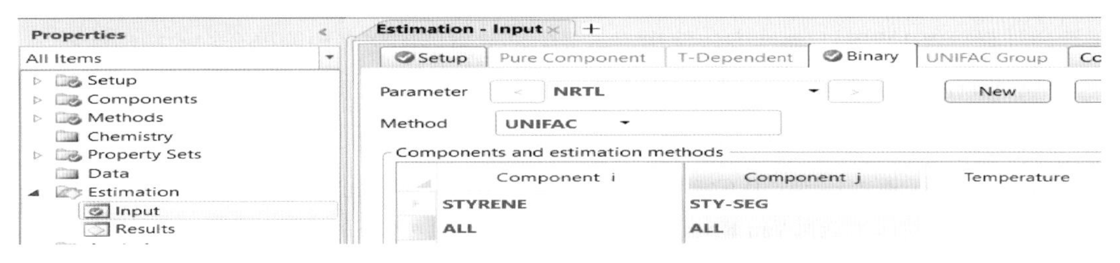

图 2.13　要估算的二元交互参数的选择

然后我们运行物性估算，图 2.14 显示了根据方程(2.9)和方程(2.10)以及表 2.2 得出的估算的二元交互参数。我们将该模拟文件另存为“***WS2.1 Estimating Binary Parameters Using UNIFAC.bkp***”。

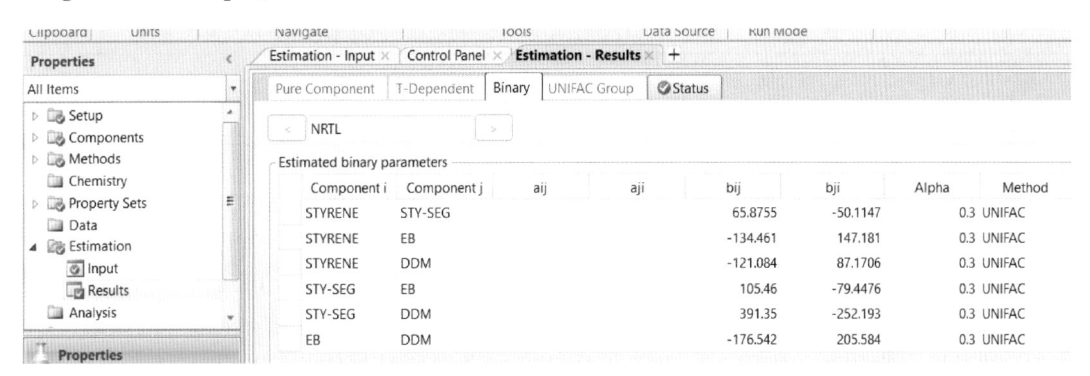

Component i	Component j	aij	aji	bij	bji	Alpha	Method
STYRENE	STY-SEG			65.8755	-50.1147	0.3	UNIFAC
STYRENE	EB			-134.461	147.181	0.3	UNIFAC
STYRENE	DDM			-121.084	87.1706	0.3	UNIFAC
STY-SEG	EB			105.46	-79.4476	0.3	UNIFAC
STY-SEG	DDM			391.35	-252.193	0.3	UNIFAC
EB	DDM			-176.542	205.584	0.3	UNIFAC

图 2.14　估算的二元交互参数

此外，按照路径操作，Properties→Methods→Parameters→Binary Interaction(物性→方法→参数→二元交互作用)→NRTL-1，我们也可以看到估算的参数作为物理常数估算系统(PCES)的结果(R)输入，即R-PCES(见图2.15)。

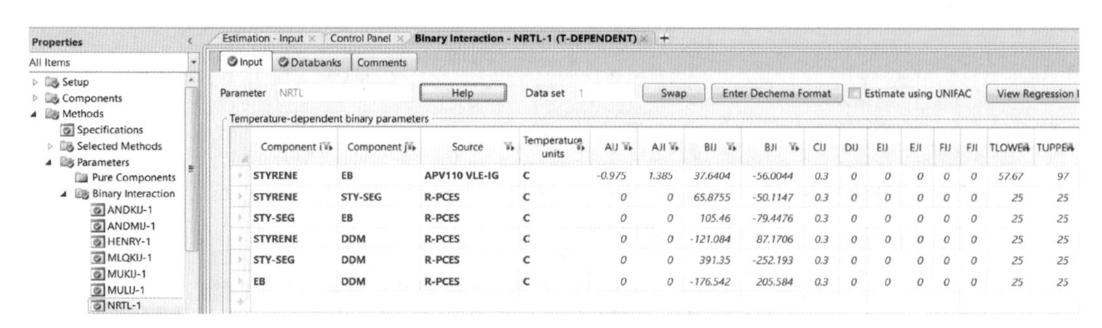

图2.15 将估算的二元交互参数输入“parameters”表格

2.4 Van Krevelen官能团法预估聚合物物理性质

正如我们所讨论的，根据方程(2.12)的气液平衡，POLYNRTL物性方法将POLYNRTL活度系数法用于液相，并选择RKS(Redlich-Kwong-Soave)[12]立方状态方程法用于气相。对于性质计算，POLYNRTL物性方法使用Van Krevelen官能团法来预测聚合物的物理性质。

Van Krevelen方法是基于聚合物的化学结构的[13]，表2.5总结了应用Van Krevelen方法的关键概念。

表2.5 通过从官能团转换到链段，然后再转换到聚合物混合物，应用Van Krevelen方法来估算含有聚合物体系的性质

$-CH_2-$	官能团[Van Krevelen(VK)]	利用组成链段的官能团性质，估算链段的性质，例如：比热容 C_p， $C_p = \sum_k n_k C_{p,k}$ k 表示第 k 种官能团；n_k 表示第 k 种官能团的数量。从SEGMENT数据库调用链段时，没有必要提供官能团。否则，基于VK官能团定义链段
$-CH_2-CH_2-$	链段(乙烯)	由链段性质计算聚合物性质、数均聚合度，以及链段组成
$-CH_2-CH_2-CH_2-CH_2-\cdots$	聚合物(聚乙烯)	找出整个组分系统的混合物(聚合物、单体、溶剂等)性质

在Aspen Plus的在线帮助中搜索“Thermophysical Properties of Polymers”可以显示我们可以通过Van Krevelen方法估算的大量聚合物性质。我们通过聚合物组分的摩尔体积来说明Van Krevelen方法的概念，这取决于温度和聚合物的物理状态。图2.16显示了聚合物在不同物理状态下的摩尔体积随温度的变化图。在图2.16中，V_l指的是聚合物液体的摩尔体积，V_c表示结晶聚合物的摩尔体积，V_g表示非晶玻璃聚合物的摩尔体积。X_c代表结晶聚合物的质量分数。T_g和T_m分别是玻璃化转变温度和熔化转变温度。这些体积和温度的概念在大多

数初级聚合物教材中都有很好的解释[14]。

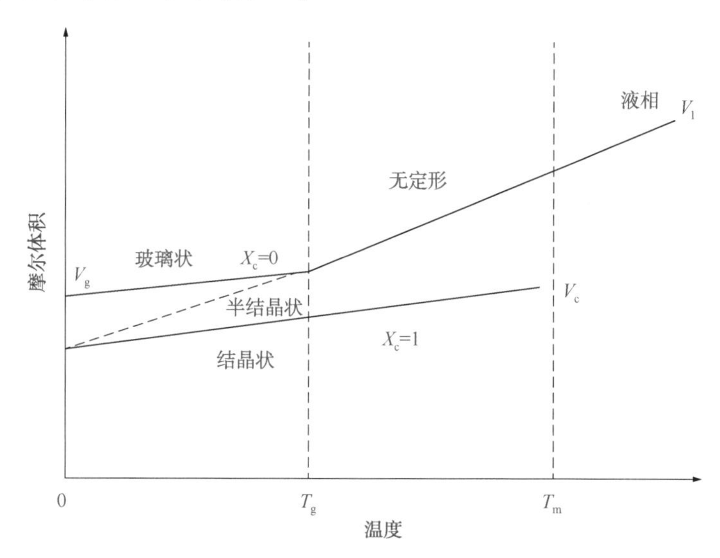

图 2. 16　聚合物不同物理状态下摩尔体积随温度变化

用于估算聚合物物理性质的基团贡献法的基本思想是计算组分(结构和官能团)的贡献之和作为一种近似值。例如，考虑找到图 2. 17 中所示的丙烯重复链段的摩尔密度。

$$-CH_2-CH(CH_3)-$$

图 2. 17　丙烯重复链段 C_3H_6-R

该结构单元的分子量为 42. 08 g/mol。从 Van Krevelen 和 te Nijenhuis[13]的表 4. 5 中，我们知道 Van Krevelen 功能团 100、$-CH_2-$的 Van der Waals 体积(V_w)贡献，在 25℃时为 16. 1 cm^3/mol，而功能团 101、$-CH(CH_3)-$的 Van der Waals 体积贡献为 33. 2 cm^3/mol。这两者体积贡献的和为 49. 3 cm^3/mol。因此，丙烯重复链段在 25℃时的摩尔密度为 42. 08 g/mol (49. 3 cm^3/mol)或 0. 85 g/cm^3。这个值与实验值[13]完全一致。需要注意的是，并非 Van Krevelen 方法估算的每个性质都能完全符合实验数据。

当我们不能忽略官能团和结构团之间的相互作用时，Van Krevelen 方法会包括相互作用的校正项。由此产生的模型称为官能团相互作用模型[13]。对 Van Krevelen 方法估算物理性质的更多细节感兴趣的读者，可以在 Aspen Plus 的在线帮助中搜索“Van Krevelen group contribution methods”。

2. 5 例题 2. 2：　使用 Van Krevelen 基团贡献法估算共聚物物性

2. 5. 1　目的

本例题展示应用 Van Krevelen 基团贡献法来估算共聚物的物理性质的过程。这些物性包括 CP(定压比热容)、K(热导率)、MU(黏度)、RHO(密度)、TG(玻璃化转变温度)和 TM(熔融转变温度)。我们使用聚苯乙烯-丁二烯橡胶(SBR)作为我们的共聚物，我们将在第 6 章详细讨论，假设共聚物的数均聚合度(*DPN*)为 2000。我们研究了由摩尔分率为 50% 苯乙烯和 50% 丁二烯组成的 SB 共聚物在 250℃ 和 1.01325 bar 条件下的闪蒸操作。我们假设苯乙烯、丁二烯和 SB 共聚物的质量流速相同，均为 10 kg/h。

我们展示如何根据以下步骤应用 Van Krevelen 方法：①绘制流程图；②指定单位集和全局选项；③定义组分、链段和聚合物，并表征它们的结构；④选择物性方法并输入或估算物性参数；⑤定义物流和设备块；⑥创建物性集；⑦定义物性分析运算以创建物性表；⑧运行模拟，检查结果，并制作物性图。

2.5.2 绘制流程图并指定单位集和全局选项

我们简单的闪蒸设备与图 2.3 中的相同。在物性和模拟的设置中，我们选择单位集 METCBAR，如之前在图 1.7 中所示。对于全局选项，我们依照路径：Simulation→Setup→Global settings→Flow basis(模拟→设置→全局设置→流率基准)：选择"Mass(质量)"(见图 1.6)。

2.5.3 定义组分、链段和聚合物并表征它们的结构

图 2.18 展示了组分指定，我们注意到两点：①特意没有指定苯乙烯链段 STY-SEG 的组分名称和别名(化学式)，因为我们想演示如何使用 Van Krevelen 官能团来指定这个链段；②指定苯乙烯-丁二烯(SB)共聚物的数均聚合度 *DPN* 为 2000，*DPN* 定义见方程(1.5)和方程(1.11)，指定为"Generic Polymer Component(通用聚合物组分)"，别名为"Polymer(聚合物)"。

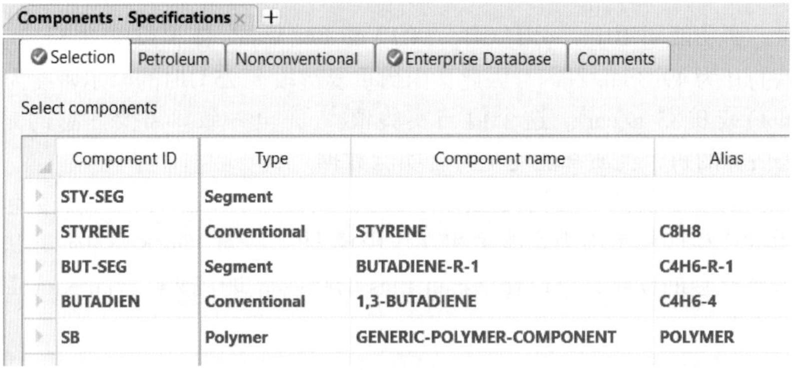

Components - Specifications

Selection | Petroleum | Nonconventional | Enterprise Database | Comments

Select components

Component ID	Type	Component name	Alias
STY-SEG	Segment		
STYRENE	Conventional	STYRENE	C8H8
BUT-SEG	Segment	BUTADIENE-R-1	C4H6-R-1
BUTADIEN	Conventional	1,3-BUTADIENE	C4H6-4
SB	Polymer	GENERIC-POLYMER-COMPONENT	POLYMER

图 2.18 组分指定

要表征聚合物组分，我们按照以下路径进行操作：

Properties→Components→Polymers→Segments→Segment definition(物性→组分→聚合物→链段→链段定义)：STY-SEG 和 BUT-SEG 均选择"Repeat"单元。图 2.19 显示了我们选择了"Properties selection"内置聚合物属性的 SB 共聚物的情况。请参见图 1.19。我们在 1.3.2 节和 1.3.3 节中已经解释了所有选择的所有属性。

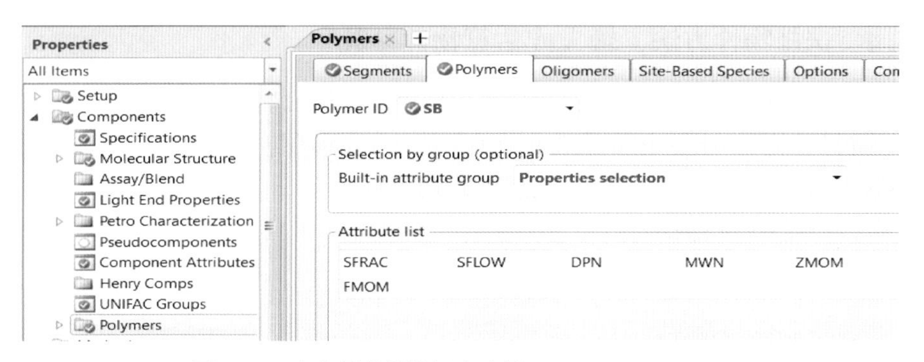

图 2.19 在内置的属性组中选择“Properties selection”

接下来我们查看路径：Properties→Components→Molecular Structure→Structural and functional groups(物性→组分→分子结构→结构和官能团)，注意到 BUT-SEG 和纯组分 BUTADIEN 和 STYRENE 均可在 Aspen Plus 的链段和组分数据库中被找到，我们可以看到它们的结构被显示出来。我们不需要通用聚合物组分 SB 共聚物的结构，但需要指定链段 STY-SEG 的结构，如图 2.20 所示。

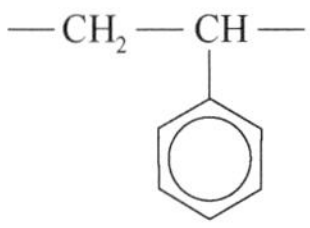

$—CH_2—CH—$

图 2.20 STY-SEG 的结构

在 Aspen Plus 在线帮助中搜索“Van Krevelen Functional Group Parameters”后，我们发现可以将 STY-SEG 表示为三个 Van Krevelen(VK)官能团的总和：①VK 官能团 100，$-CH_2-$；②VK 官能团 131，>CH-；③VK 官能团 146，苯基基团。我们根据图 2.21 指定了这些官能团。

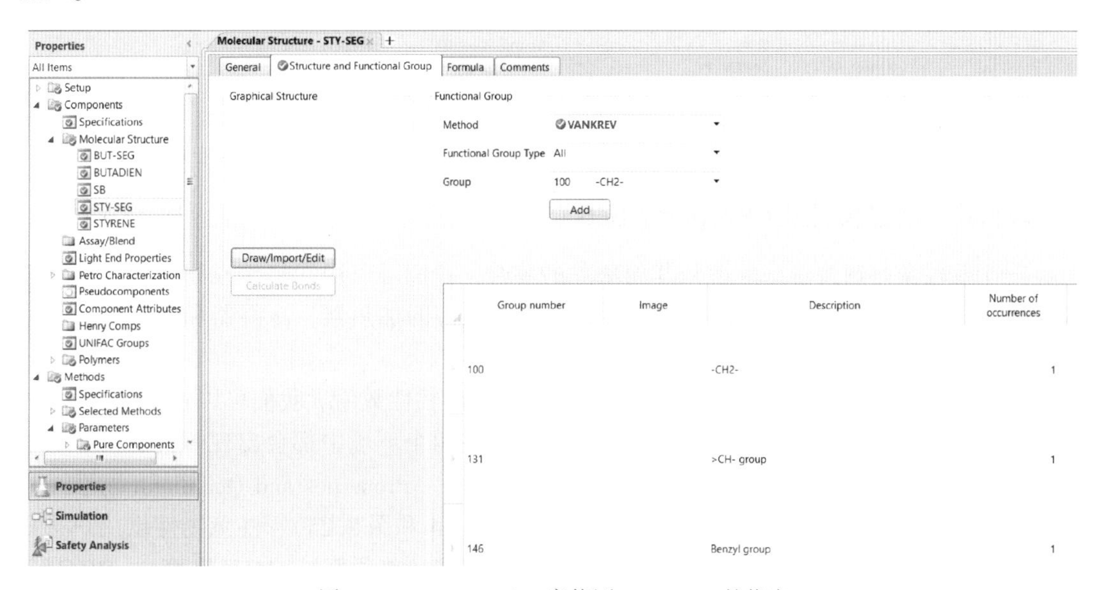

图 2.21 Van Krevelen 官能团 STY-SEG 的指定

2.5.4 选择物性方法，输入或估算物性参数

我们选择 POLYNRTL 物性方法来解决当前问题，就像我们将在第 6 章详细讨论的聚苯乙烯-丁二烯橡胶例题一样。按照第 2.6 节的例题 2.1 的步骤，我们估算所有缺失的二元交互作用参数。图 2.22 显示了估算的二元交互作用参数。

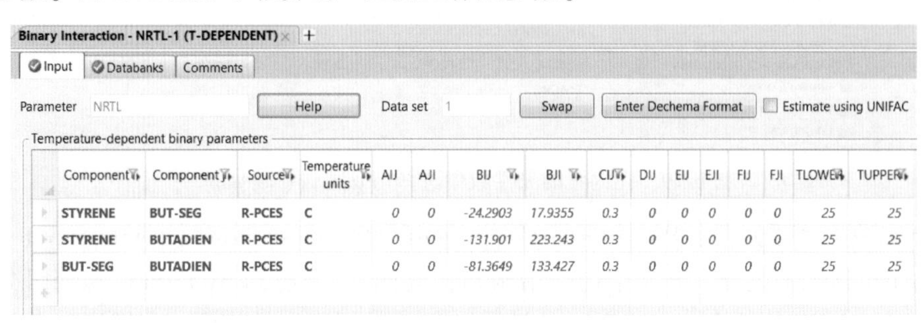

Component i	Component j	Source	Temperature units	AIJ	AJI	BIJ	BJI	CIJ	DIJ	EIJ	EJI	FIJ	FJI	TLOWER	TUPPER
STYRENE	BUT-SEG	R-PCES	C	0	0	-24.2903	17.9355	0.3	0	0	0	0	0	25	25
STYRENE	BUTADIEN	R-PCES	C	0	0	-131.901	223.243	0.3	0	0	0	0	0	25	25
BUT-SEG	BUTADIEN	R-PCES	C	0	0	-81.3649	133.427	0.3	0	0	0	0	0	25	25

图 2.22 估算的二元交互作用参数

2.5.5 进料流股和闪蒸设备的指定

图 2.23 显示了进料流股的指定，在组分属性表单，需要为 SB 共聚物指定“SFRAC、SFLOW 和 DPN”。对于闪蒸罐，输入温度为 250℃，压力为 1.01325 bar。

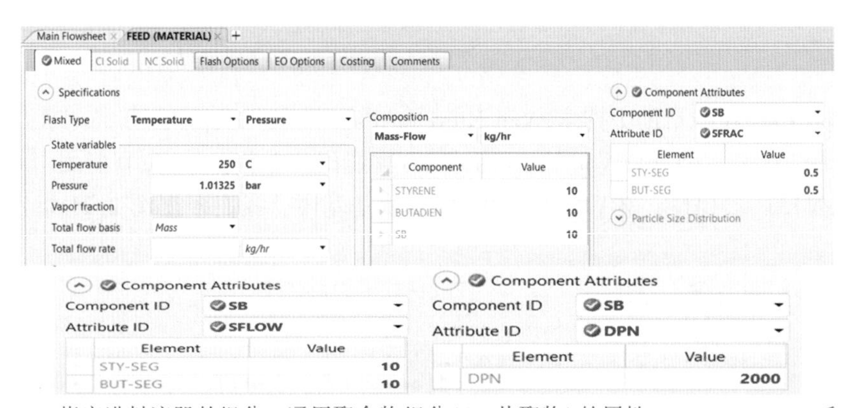

图 2.23 指定进料流股的组分，通用聚合物组分(SB 共聚物)的属性 SFRAC、SFLOW 和 DPN

2.5.6 创建物性集(Property Sets)

一个物性集是热力学、传递和其他物性的集合，我们可以用它来生成物流报告、物性表和物性分析、加热和冷却曲线等。我们将在装置模型的加热器、冷凝器和再沸器、蒸馏塔级物性报告、反应器温度分布等使用。

我们创建一个物性集，以显示从物性分析中得到的物性数值。我们可以在物性(Properties)或模拟(Simulation)环境中定义物性集，结果将在两个环境中都会出现。我们按照以下路径进行：Properties→Property Sets→New：name=PS-1→Properties and Qualifiers(物性→物性集→新建：名称=PS-1→物性和限定条件)(见图 2.24 和图 2.25)。注意物性供用户选择的下拉菜单和相应的单位，我们将 ***CP(定压比热容)、K(热导率)、MU(黏度)、RHO(密度)、TG(玻璃化转变温度)和 TM(熔融转变温度)***包含在物性集中。

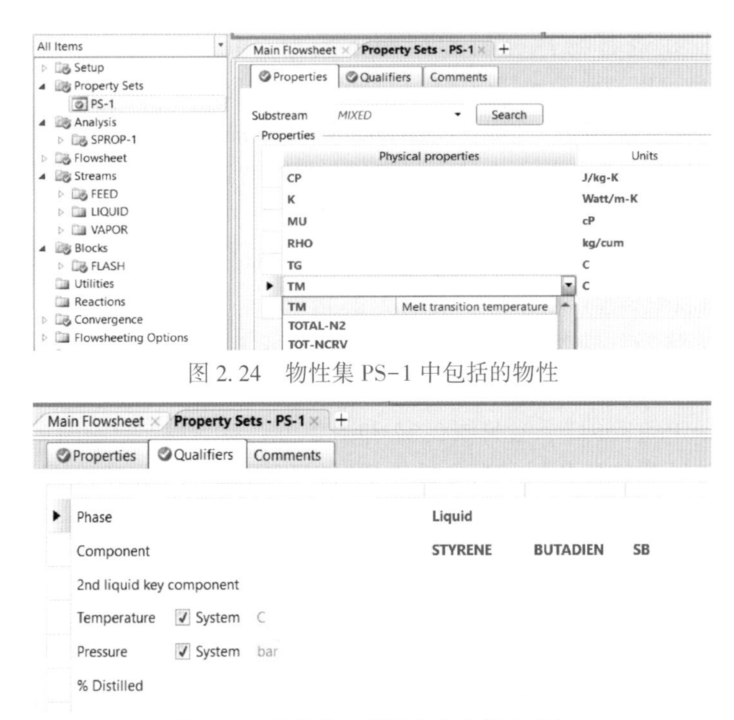

图 2.24 物性集 PS-1 中包括的物性

图 2.25 物性集中所选物性的限定条件

为了确保闪蒸设备的流股报告中包含物性集 PS-1 中指定的物性值，我们按照以下路径进行：Simulation→Setup→Report Options→Streams→Click on"Property Sets"button→Property sets(模拟→设置→报告选项→物流→点击"Property Sets"按钮→物性集)，将 PS-1 从可用物性集移动到 Selected property sets(已选择物性集)→Close(关闭)(见图 2.26)。

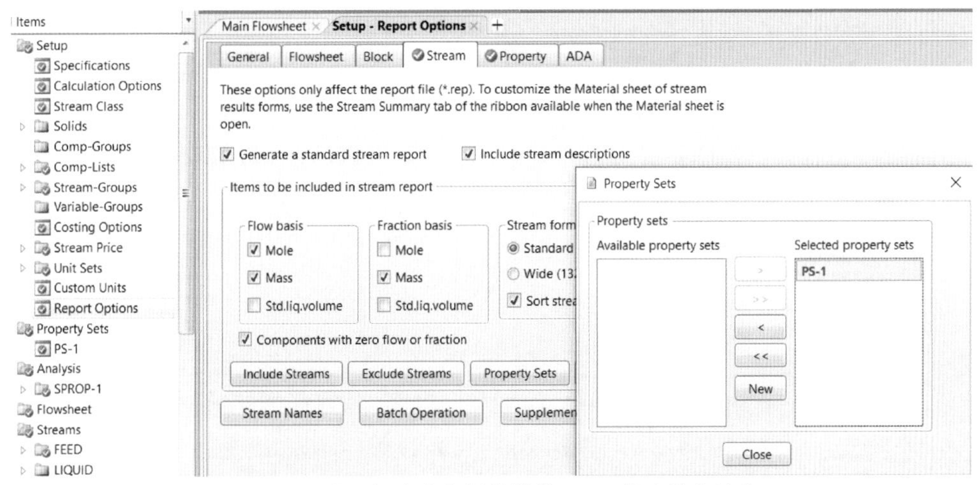

图 2.26 流股报告中包括物性集 PS-1 指定的物性值

2.5.7 定义物性分析运行以创建物性表

我们可以使用物性分析工具，根据温度、压力和组成生成纯组分和混合物的物理性质表格和曲线图。需要强调的是，Aspen Plus 中的物性分析工具和回归工具***均不支持***聚合物组分属性。因此，在进行物性分析和回归运行时，我们应将聚合物定义为低聚物(oligomer)。这样做可以消除输入任何属性信息的需求。我们应指定其重复单元或链段的数量、链段的组成，按照以下路径完成：Components→Polymers→Characterization→Oligomers→Oligomer Structure(组分→聚合物→表征→低聚物→低聚物结构)，填写重复单元的数量和聚合度。或者，像当前的例子一样，我们将 SB 共聚物指定为一个通用聚合物组分(generic polymer component)，取别名为"聚合物(polymer)"，并指定其属性，特别是通过 SFRAC 指定链段的组成，以及聚合度(见图 2.18 和图 2.23)。

我们按照以下路径创建物流的物性分析：Process flowsheet→Right-click the name of FEED stream(过程流程图→右键单击 FEED 流的名称)，在下拉菜单中选择"Analysis"→选择分析类型"Stream Properties"，参见图 2.27 和图 2.28。然后我们点击图 2.28 中的"Run Analysis"按钮进行流股的物性分析。当分析完成时，我们点击图 2.28 中显示的"Results"按钮，并按照图 1.22 和图 1.23 中的方法绘制物性(CP、K、MU 和 RHO)与温度的"定制(custom)"图。图 2.29 和图 2.30 说明了与温度相关的热导率和质量密度的结果图。表格化分析结果还显示，SB 共聚物的玻璃化转变温度和熔体转变温度分别为 45.3472℃ 和 225.23℃。至此结束了当前的例题。我们将模拟文件保存为"***WS2.2 Estimating Physical Properties of a Copolymer Using VK Group Contribution Method.bkp***"。

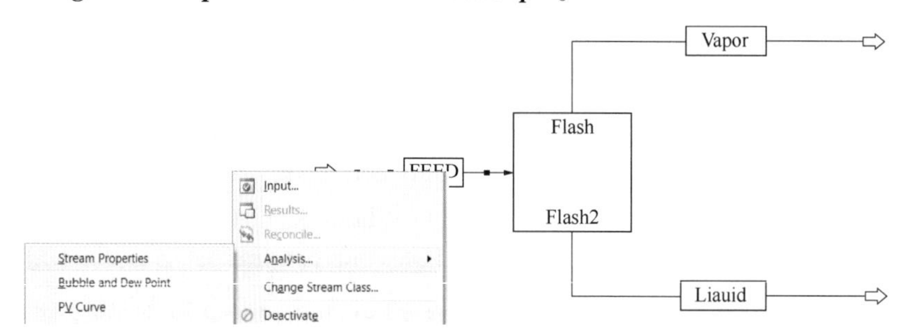

图 2.27　初始化 FEED 流股性质分析

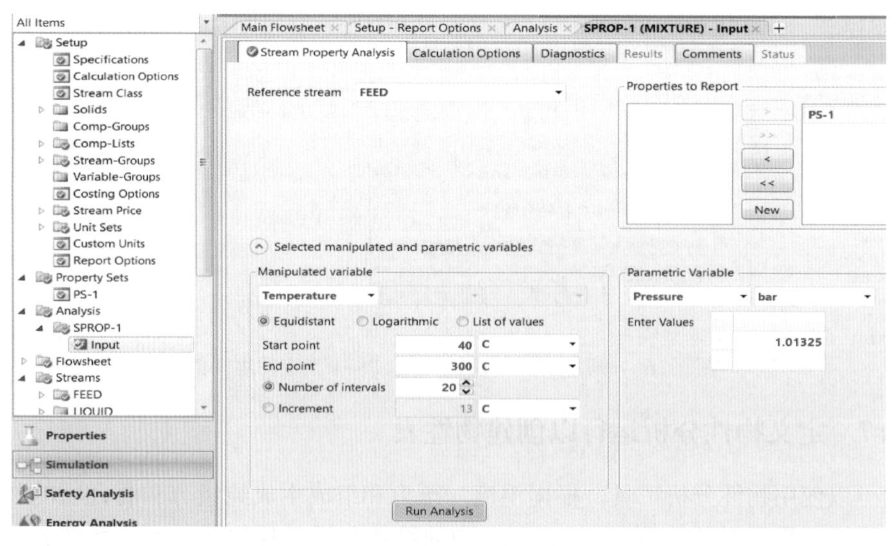

图 2.28　流股性质分析(SPROP-1)的指定

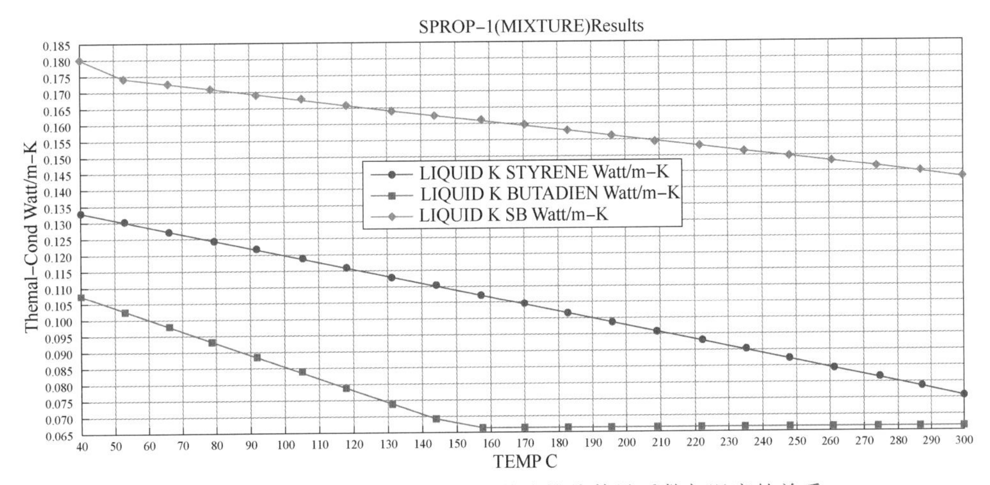

图 2.29　苯乙烯、丁二烯和 SB 共聚物热传导系数与温度的关系

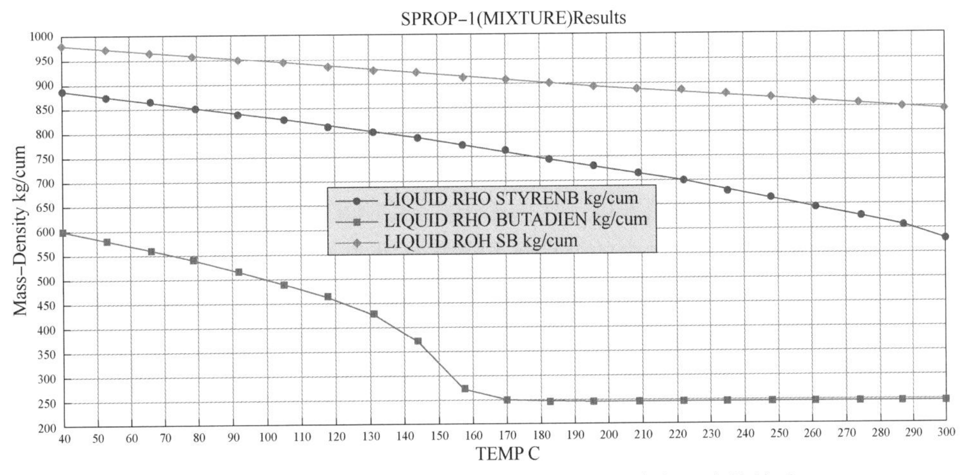

图 2.30　苯乙烯、丁二烯和 SB 共聚物质量密度与温度的关系

2.6 聚合物 Sanchez-Lacombe 状态方程(POLYSL)

为了模拟高压下的聚烯烃生产过程，采用活度系数法(ACM)，如 POLYNRTL，存在一些弱点，因为它们大多只适用于不可压缩的液体溶液。此外，ACM 不能正确预测下临界溶解温度(LCST)的聚合物溶液的相态特性，低于 LCST 温度混合物中的组分在所有组成下都是可混溶的，ACM 也不能预测部分溶解温度区间的上限，称为 UCST(上临界溶解温度)。相比之下，EOS(状态方程)可以准确表征气-液或者气-液-液混合物整个流体区域内温度、压力、体积(或密度)和组成之间的关系。***EOS 模型可以估算中压到高压下的任何流体相的物理特性，只要流体混合物不含有极性成分。***参考文献[15，16]回顾了涉及纯成分、低聚物和聚合物的混合物的 EOS 的发展历程。

用于模拟聚烯烃生产过程最有用的两种状态方程是 POLYSL 状态方程[17-20]和 POLYPCSF 状态方程[21-23]，它们是统计流体理论(SAFT)状态方程[24-26]的扩展。下文中我们会讨论 POLYSL 状态方程。

Sanchez-Lacombe 状态方程被称为晶格-气体模型，因为纯成分的 $P-V-T$ 性质是根据***假设将组分分解成部件或“单体”，并放置在晶格中与一种平均场类型的分子间势能相互作用来计算的***[20]。用于纯流体的 Sanchez-Lacombe 状态方程为：

$$\tilde{\rho}^2+\tilde{P}+\tilde{T}\left[\ln(1-\tilde{\rho})+\left(1-\frac{1}{m}\right)\tilde{\rho}\right]=0 \tag{2.15}$$

方程式中：

$$\tilde{T}=\frac{T}{T^*} \quad \tilde{P}=\frac{P}{P^*} \quad \tilde{\rho}=\frac{\rho}{\rho^*} \tag{2.16}$$

$$T^*=\frac{\varepsilon^*}{k} \quad P^*=\frac{\varepsilon^*}{v^*} \quad \rho^*=\frac{M}{mv^*} \tag{2.17}$$

在这些方程中，T 是绝对温度(K)，P 是压力(bar)，ρ 是密度(kg/m^3)，$\tilde{T}$、$\tilde{P}$ 和 $\tilde{\rho}$ 分别是对比温度、对比压力和对比密度，T^*(K)、P^*(bar)和ρ^*(kg/m^3)是独立于聚合物分子大小的比例因子，ε^* 是每个链段的特征相互作用能量，k 是玻尔兹曼(Boltzmann)常数，它是温度(以 K 为单位)和能量(以 J 为单位)之间的比例常数，其值为 1.380649×10^{-23} J/K，v^* 是一个链段的最密堆积体积，M 是分子量，m 是每个聚合物链的链段数。

我们通常从实验数据的回归来确定比例因子T^*(K)、P^*(bar)和ρ^*(kg/m^3)，例如，常规组分的蒸气压力数据和聚合物中的液体体积数据。我们演示了如何做(***例题 2.3***，第 2.3 节)。在 Aspen Plus 在线帮助中搜索“Sanchez-Lacombe unary parameters”可以得到许多聚合物、溶剂和单体的这些一元参数的值，一些已发表的文章也给出了在模拟 HDPE、LDPE 和 LLDPE 过程中，怎样回归所选链段的一元参数[27-30]。图 2.31 给出了用于模拟淤浆法 HDPE 共聚反应过程的 POLYSL 一元(或纯组分)参数示例[27]。在图 2.31 中，$TiCl_4$ 和 TEAL(三乙基铝)是催化剂和助催化剂；CH_4、C_2H_6 和 N_2 是杂质；C_2H_4 和 C_4H_8 是单体和共聚单体；R-C_2H_4 和 R-C_4H_8 是乙烯和 1-丁烯链段；H_2 是链转移剂。要输入这些参数值，我们按照以下路径进行：Properties→Methods→Parameters→Pure Components→New(物性→方法→参数→纯组分→新建)：Name(名称)= PURE-1→Parameters(参数)：SLTSTR、SLPSTR、SLRSTR，然后输入这些值。对于那些缺少一元参数的物种，Aspen Plus 在线帮助建议使用以下值：SLTSTR = 415 K，SLPSTR = 3000 bar，SLRSTR = 736 kmol/m^3(这些值必须用组分分子量转化为质量基准的单位)。

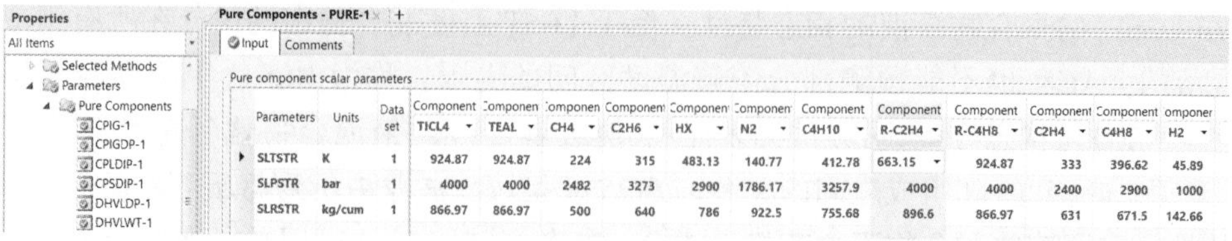

Properties | All Items | Selected Methods | Parameters | Pure Components | CPIG-1 | CPIGDP-1 | CPLDIP-1 | CPSDIP-1 | DHVLDP-1 | DHVLWT-1

Pure Components - PURE-1 | Input | Comments

Pure component scalar parameters

Parameters	Units	Data set	Component TICL4	Component TEAL	Component CH4	Component C2H6	Component HX	Component N2	Component C4H10	Component R-C2H4	Component R-C4H8	Component C2H4	Component C4H8	Component H2
SLTSTR	K	1	924.87	924.87	224	315	483.13	140.77	412.78	663.15	924.87	333	396.62	45.89
SLPSTR	bar	1	4000	4000	2482	3273	2900	1786.17	3257.9	4000	4000	2400	2900	1000
SLRSTR	kg/cum	1	866.97	866.97	500	640	786	922.5	755.68	896.6	866.97	631	671.5	142.66

图 2-31　输入 POLYSL EOS 的一元或纯组分参数以模拟 HDPE 工艺

要将 POLYSL EOS 应用于混合物，模型参数通过以下混合规则变为与组成相关的。混合物的“mers”(即晶格内组分的分解部件[20])的特征最密堆积摩尔体积v_{mix}^*的混合规则如下：

$$v_{\text{mix}}^{*} = \sum_{i} \sum_{j} \varphi_i \varphi_j v_{ij}^{*} \tag{2.18}$$

$$v_{ij}^{*} = \frac{1}{2}(v_{ii}^{*} + v_{jj}^{*})(1 - \eta_{ij}) \tag{2.19}$$

二元交互作用参数 η_{ij}(在 Aspen Plus 中称为参数 LETIJ-1)修正了与算术平均值的偏差，下标 i 和 j 表示溶液混合物中的组分。组分 i 的链段分数 φ_i定义为：

$$\varphi_i = \frac{\dfrac{w_i}{\rho_i^{*} v_i^{*}}}{\sum_{j}\left(\dfrac{w_j}{\rho_j^{*} v_j^{*}}\right)} \tag{2.20}$$

其中，w_i是混合物中组分 i 的质量分数，ρ_j^{*} 和v_j^{*} 分别是组分 j 的特征质量密度和最紧密堆积摩尔体积。对于混合物的特征相互作用能量$\varepsilon_{\text{mix}}^{*}$的混合规则是：

$$\varepsilon_{\text{mix}}^{*} = \frac{1}{v_{\text{mix}}^{*}} \sum_{i} \sum_{j} \varphi_i \varphi_j \varepsilon_{ij}^{*} v_{ij}^{*} \tag{2.21}$$

$$\varepsilon_{ij}^{*} = \sqrt{\varepsilon_{ii}^{*} \varepsilon_{ij}^{*}}(1 - k_{ij}) \tag{2.22}$$

其中，ε_{ii}^{*} 和ε_{jj}^{*} 分别是组分 i 和 j 在晶格内不同分解部分之间的特征相互作用能量(在参考文献[20]中称为分子间相互作用)，而二元交互作用参数k_{ij}(在 Aspen Plus 中称为参数 SLKIJ-1)则考虑了组分 i 和 j 之间的特定二元交互作用。最后，混合物中分子占据的位点数r_{mix}的混合规则为：

$$\frac{1}{r_{\text{mix}}} = \sum_{j} \frac{\varphi_j}{r_j} \tag{2.23}$$

其中，r_j是分子 j 在晶格中占据的位点数，而φ_j是组分 j 的链段分数，在方程(2.20)中定义。

二元交互作用参数k_{ij}和η_{ij}通常作为对比温度T_{r}($=T/T_{\text{ref}}$，其中$T_{\text{ref}}=298.15$ K)的函数进行相关处理：

$$k_{ij} = a_{ij} + b_{ij}/T_{\text{r}} + c_{ij}\ln T_{\text{r}} + d_{ij}T_{\text{r}} + e_{ij}T_{\text{r}}^2 \tag{2.24}$$

$$\eta_{ij} = a'_{ij} + b'_{ij}/T_{\text{r}} + c'_{ij}\ln T_{\text{r}} + d'_{ij}T_{\text{r}} + e'_{ij}T_{\text{r}}^2 \tag{2.25}$$

图 2.32 和图 2.33 显示了用于模拟 HDPE 过程的二元交互作用参数k_{ij}和η_{ij}[27]的数值。要在 Aspen Plus 中输入这些值，请按照以下路径进行：Properties→Methods→Parameters→Binary Interaction→New(物性→方法→参数→二元交互作用→新建)→名称：SLKIJ-1→输入数值(SLETIJ-1 相同方法)。

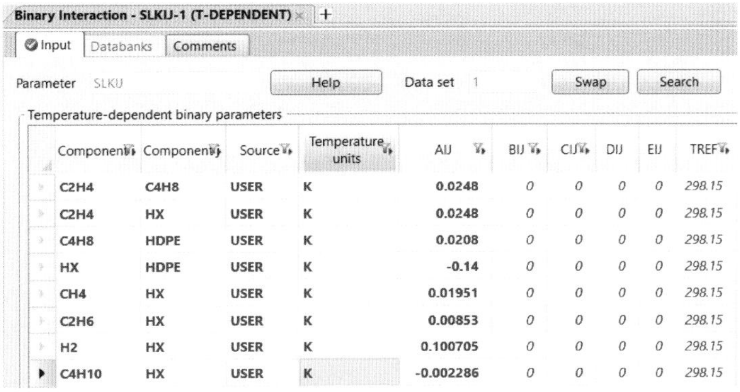

Binary Interaction - SLKIJ-1 (T-DEPENDENT) × +

Input | Databanks | Comments

Parameter SLKIJ Help Data set 1 Swap Search

Temperature-dependent binary parameters

Component i	Component j	Source	Temperature units	AIJ	BIJ	CIJ	DIJ	EIJ	TREF
C2H4	C4H8	USER	K	0.0248	0	0	0	0	298.15
C2H4	HX	USER	K	0.0248	0	0	0	0	298.15
C4H8	HDPE	USER	K	0.0208	0	0	0	0	298.15
HX	HDPE	USER	K	-0.14	0	0	0	0	298.15
CH4	HX	USER	K	0.01951	0	0	0	0	298.15
C2H6	HX	USER	K	0.00853	0	0	0	0	298.15
H2	HX	USER	K	0.100705	0	0	0	0	298.15
C4H10	HX	USER	K	-0.002286	0	0	0	0	298.15

图 2.32　模拟 HDPE 过程的二元交互作用参数k_{ij}

Binary Interaction - SLETIJ-1 (T-DEPENDENT)

Input | Databanks | Comments

Parameter SLETIJ　Help　Data set 1　Swap　Search　BIP Completeness

Default temp. unit C

Temperature-dependent binary parameters

Component i	Component j	Source	Temp. Units	AIJ	BIJ	CIJ	DIJ	EIJ	TREF
H2	C2H4	USER	K	-0.0867	0	0	0	0	298.15
H2	C4H8	USER	K	-0.0867	0	0	0	0	298.15
H2	HX	USER	K	0.100705	0	0	0	0	298.15
C2H4	C4H8	USER	K	0.1476	0	0	0	0	298.15
C2H4	HX	USER	K	0.1476	0	0	0	0	298.15
C2H4	HDPE	USER	K	-0.1093	0	0	0	0	298.15
C4H8	HDPE	USER	K	-0.0225	0	0	0	0	298.15

图 2.33　模拟 HDPE 过程的二元交互作用参数η_{ij}

2.7　例题 2.3：应用数据回归工具估算物性参数

2.7.1　目的

本例题演示如何基于组分液体密度数据和二元气液平衡(VLE)数据(两种最常用的用于数据回归的物性参数)，使用数据回归(DRS)工具来识别 EOS 模型的纯组分参数和二元相互作用参数。我们以淤浆法 HDPE 工艺[27]为例。

我们展示如何根据以下步骤应用 DRS 工具：①定义 DRS 运算；②指定单位集和全局选项；③定义组分、链段、低聚物和聚合物，确保将聚合物定义为低聚物；④选择物性方法并输入来自 Aspen 企业数据库的已知物性参数；⑤输入实验数据；⑥指定回归运算和要回归的物理性质参数；⑦运行模拟，检查结果并将模型预测与实验数据进行比较。

2.7.2　定义数据回归运算

我们首先创建一个数据回归运算，并将模拟文件保存为“***WS2. 3 Estimating Property Parameters Using Data Regression Tool. bkp***”。我们在屏幕顶部的工具栏中选择运行模式中的数据回归，如图 2.34 所示。

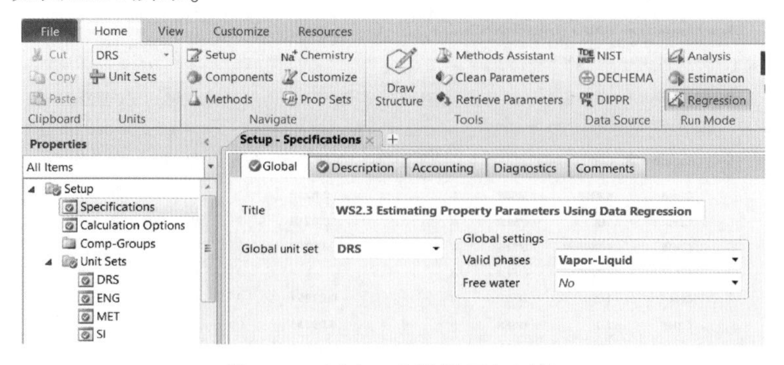

图 2.34　创建一个数据回归运算

2.7.3 指定单位集和全局选项

我们通过从单位集 SI 中复制大多数单位，但将压力单位更改为 bar，来定义一个名为 DRS 的单位集。根据图 1.6，我们指定一个全局选项，使用质量基准的流量，步骤如下：Simulation→Setup→Specifications→Global→Flow basis（模拟→设置→指定→全局的→流率基准）：mass（质量）（见图 1.29）。

2.7.4 定义组分、链段、低聚物和聚合物

图 2.35 显示一个商业淤浆法 HDPE 工艺的相同组分指定，我们将在第 5 章[27]中详细模拟。我们重复了在第 1.3 节中提到的重要信息，并强调 Aspen Plus 中的物性分析和回归工具**均不支持**聚合物属性。因此，在物性分析和回归运算中，我们应该将聚合物定义为低聚物。这样做可以消除输入任何属性信息的需求。

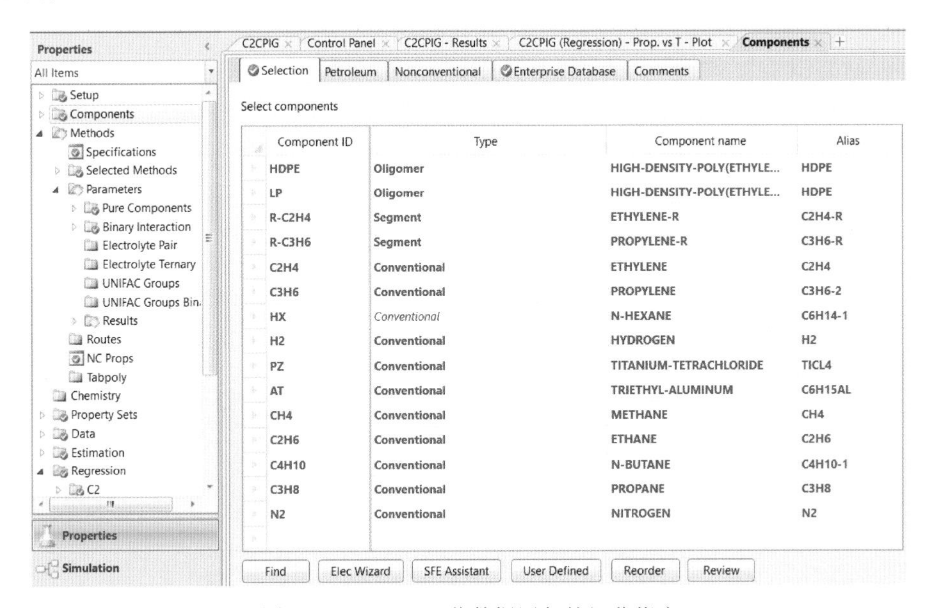

图 2.35　HDPE 工艺数据回归的组分指定

在图 2.35 中，LP 指 HDPE 工艺代低聚物产品；R-C_2H_4 和 R-C_3H_6 分别是乙烯和丙烯链段；C_2H_4 和 C_3H_6 是单体和共聚单体；己烷（HX）是溶剂；H_2 是链转移剂；CH_4、C_2H_6、C_4H_{10}和 C_3H_8 是杂质；N_2 是惰性气体。

其他在企业数据库中出现的纯组分和链段的分子结构，参见：Properties→Components→Molecular Structure→Choose component name→Structural and functional group→Graphical structure（物性→组分→分子结构→选择组分名称→结构和官能团→图形结构）。

我们通过以下路径对 HDPE 和 LP 进行量化：

Properties→Components→Polymers→Segments（物性→组分→聚合物→链段）：将链段 R-C_2H_4 和 R-C_3H_6 都设置为重复单元；低聚物：假设 HDPE 和 LP 分别有 1500 个和 16 个重复链段。请注意，HDPE 重复链段的确切数量并不影响回归结果。

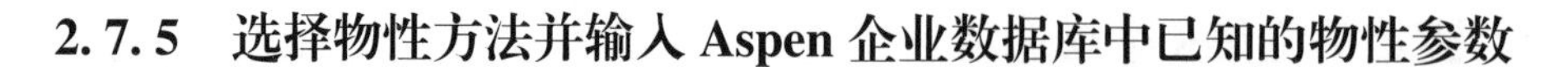

2.7.5 选择物性方法并输入 Aspen 企业数据库中已知的物性参数

点击图 2.35 底部的“Review”按钮，要求 Aspen Plus 从企业数据库中调用所有相关的纯组分参数，包括纯组分、链段和聚合物。例如，图 2.36 显示了数据库提供的纯组分参数(常数和温度相关参数)。图 2.36 显示了从链段数据库 DB-SEGMET 获取的理想气体比热容参数。要查看任何与温度相关的参数的具体形式，如 CPIG，点击图 2.36 中的“Help”按钮即可访问 Aspen Plus 在线帮助。在图 2.37 中，我们看到了 CPIG 的相关比热容参数的表达式。

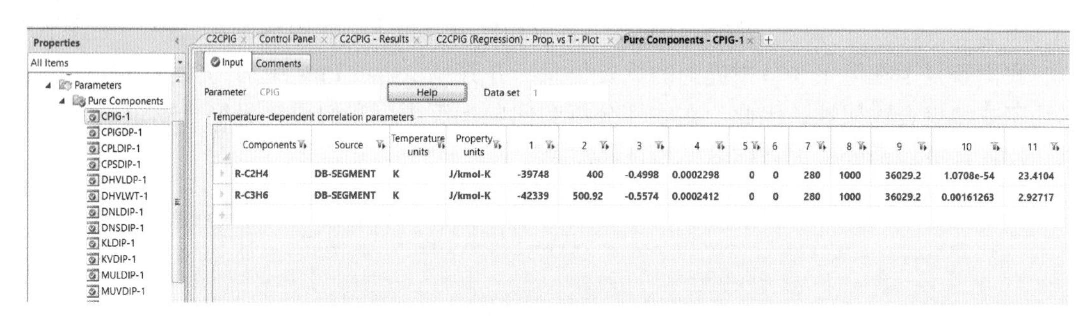

Components	Source	Temperature units	Property units	1	2	3	4	5	6	7	8	9	10	11
R-C2H4	DB-SEGMENT	K	J/kmol-K	-39748	400	-0.4998	0.0002298	0	0	280	1000	36029.2	1.0708e-54	23.4104
R-C3H6	DB-SEGMENT	K	J/kmol-K	-42339	500.92	-0.5574	0.0002412	0	0	280	1000	36029.2	0.00161263	2.92717

图 2.36 调用纯组分参数的数据库数据

Aspen Ideal Gas Heat Capacity Polynomial

The ideal gas heat capacity polynomial is available for components stored in ASPENPCD, AQUEOUS, and

$$C_p^{*,ig} = C_{1i} + C_{2i}T + C_{3i}T^2 + C_{4i}T^3 + C_{5i}T^4 + C_{6i}T^5 \text{ for } C_{7i} \le T \le C_{8i}$$
$$C_p^{*,ig} = C_{9i} + C_{10i}T^{C_{11i}} \text{ for } T < C_{7i}$$

$C_p^{*,ig}$ is linearly extrapolated using slope at C_{8i} for $T > C_{8i}$.

Parameter Name/Element	Symbol	Default	MDS	Lower Limit	Upper Limit	Units
CPIG/1	C_{1i}	—	—	—	—	MOLE-HEAT-CAPACITY, TEMPERATURE
CPIG/2, ..., 6	C_{2i}, ..., C_{6i}	0	—	—	—	MOLE-HEAT-CAPACITY, TEMPERATURE
CPIG/7	C_{7i}	0	—	—	—	TEMPERATURE
CPIG/8	C_{8i}	1000	—	—	—	TEMPERATURE
CPIG/9, 10, 11	C_{9i}, C_{10i}, C_{11i}	—	—	—	—	MOLE-HEAT-CAPACITY, TEMPERATURE †

图 2.37 通过在线帮助访问 Aspen Plus 关于 CPIG 的表达式

此外，我们可以按以下路径查看纯组分的常数物性：Properties→Methods→Parameters→Pure components(物性→方法→参数→纯组分)→REVIEW-1(见图 2.38)。要理解每个列出的参数的含义，点击名称以展开下拉菜单，您将看到一个描述。

对于 HDPE，Aspen Plus 假设 HDPE 的分子量为链段 C_2H_4 的分子量，即 28.0538。为了输入 HDPE“低聚物”具有 1500 个重复链段的正确分子量，我们按照以下路径进行：Properties→Methods→Parameters→Pure components→New→Name = MWHDPE→Input(物性→方法→参数→纯组分→新建→名称 = MWHDPE→输入)：Component(组分) = HDPE，Parameter(参数)：MW=42080.7(28.0538×1500)。我们注意到此分子量的确切值并不影响

回归结果。

在 Aspen Plus 中显示的纯组分参数列表(见图 2.38)不包括由等式(2.17)定义，并且在图 2.31 中说明的 T^*、P^* 和 ρ^* 的值，我们按照以下路径进行：Properties→Methods→Parameters→Pure components→New(物性→方法→参数→纯组分→新建)：name(名字)=SLTPR→Parameters(参数)：SLTSTR，SLPSTR 和 SLRSTR，根据 Khare 等人[27]的数据输入数值(见图 2.39)。对缺失二元相互作用参数，进行气液平衡数据回归，这些数据是必要的。

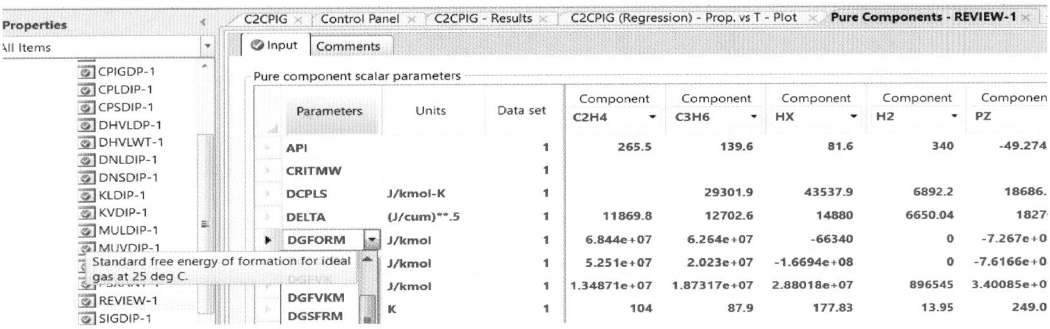

Parameters	Units	Data set	Component C2H4	Component C3H6	Component HX	Component H2	Componen PZ
API		1	265.5	139.6	81.6	340	-49.274
CRITMW		1					
DCPLS	J/kmol-K	1		29301.9	43537.9	6892.2	18686.
DELTA	(J/cum)**.5	1	11869.8	12702.6	14880	6650.04	1827
DGFORM	J/kmol	1	6.844e+07	6.264e+07	-66340	0	-7.267e+0
	J/kmol	1	5.251e+07	2.023e+07	-1.6694e+08	0	-7.6166e+0
	J/kmol	1	1.34871e+07	1.87317e+07	2.88018e+07	896545	3.40085e+0
	K	1	104	87.9	177.83	13.95	249.0

Standard free energy of formation for ideal gas at 25 deg C.

图 2.38　REVIEW-1 表单显示的从数据库调出的纯组分常数性质

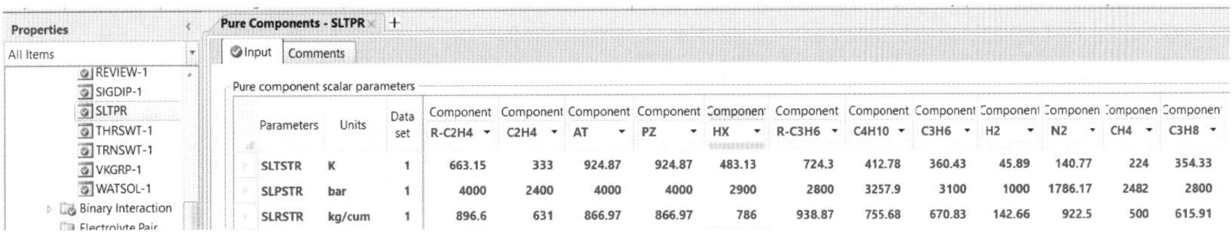

Parameters	Units	Data set	R-C2H4	C2H4	AT	PZ	HX	R-C3H6	C4H10	C3H6	H2	N2	CH4	C3H8
SLTSTR	K	1	663.15	333	924.87	924.87	483.13	724.3	412.78	360.43	45.89	140.77	224	354.33
SLPSTR	bar	1	4000	2400	4000	4000	2900	2800	3257.9	3100	1000	1786.17	2482	2800
SLRSTR	kg/cum	1	896.6	631	866.97	866.97	786	938.87	755.68	670.83	142.66	922.5	500	615.91

图 2.39　用于 HDPE 工艺过程的 POLYSL 状态方程的纯组分参数

2.7.6　输入数据回归实验数据，运行回归并检查结果

首先，我们演示了如何回归 POLYSL 的 C_2H_4 的纯组分参数 T^*、P^* 和 ρ^* [由方程(2.17)定义]，并将得到的值与图 2.39 中列出的数值进行比较。我们按照以下路径输入 C_2H_4 的液体密度数据[31]：Properties→Data→New(物性→数据→新建)→输入 ID=C2RHOL，选择类型：PURE-COMP→Setup(设置)：Category(类别)= Thermodynamic，物性=RHOL，组分=C_2H_4；根据图 2.40 输入 C2RHOL 数据。为了输入图 2.41 中的 TPXY 数据，我们按照以下路径进行：Properties→Data→New(物性→数据→新建)→输入 ID：PEXY1，选择类型：混合物→设置：类别→相平衡，数据类型→TPXY，混合物中的组分：C_2H_4、HDPE，组成基准：质量分数，数据→输入图 2.41 中显示的数据。

2.7.7　指定回归运算和待回归的参数

为了对 POLYSL 进行纯组分参数回归，我们按照以下路径进行：

Properties→Regression→New(物性→回归→新建)：输入 ID=C2→输入：见图 2.42。

接下来，我们指定要进行回归的纯组分参数(见图 2.43)。

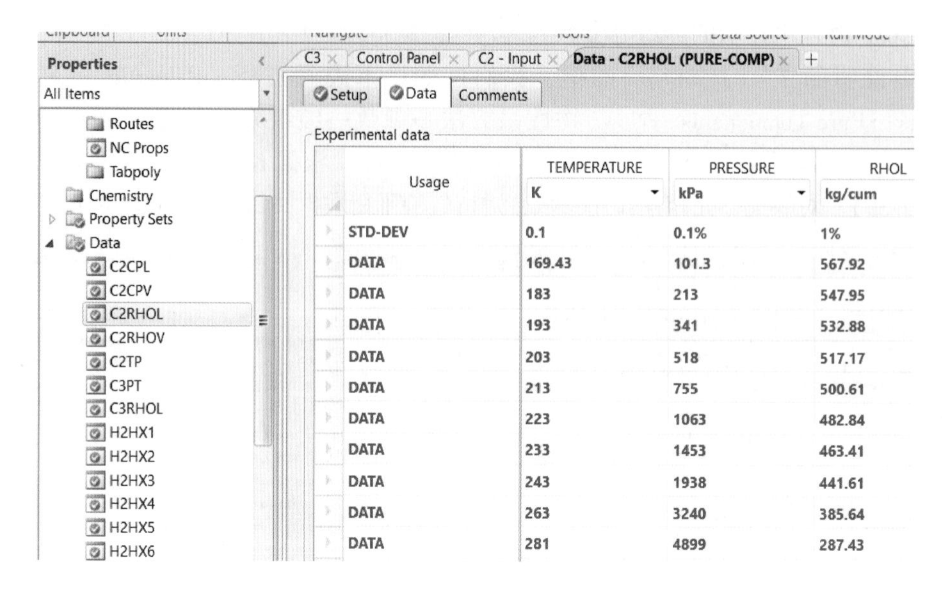

Usage	TEMPERATURE K	PRESSURE kPa	RHOL kg/cum
STD-DEV	0.1	0.1%	1%
DATA	169.43	101.3	567.92
DATA	183	213	547.95
DATA	193	341	532.88
DATA	203	518	517.17
DATA	213	755	500.61
DATA	223	1063	482.84
DATA	233	1453	463.41
DATA	243	1938	441.61
DATA	263	3240	385.64
DATA	281	4899	287.43

图 2.40　用于纯组分参数回归的 C_2H_4 液相密度数据

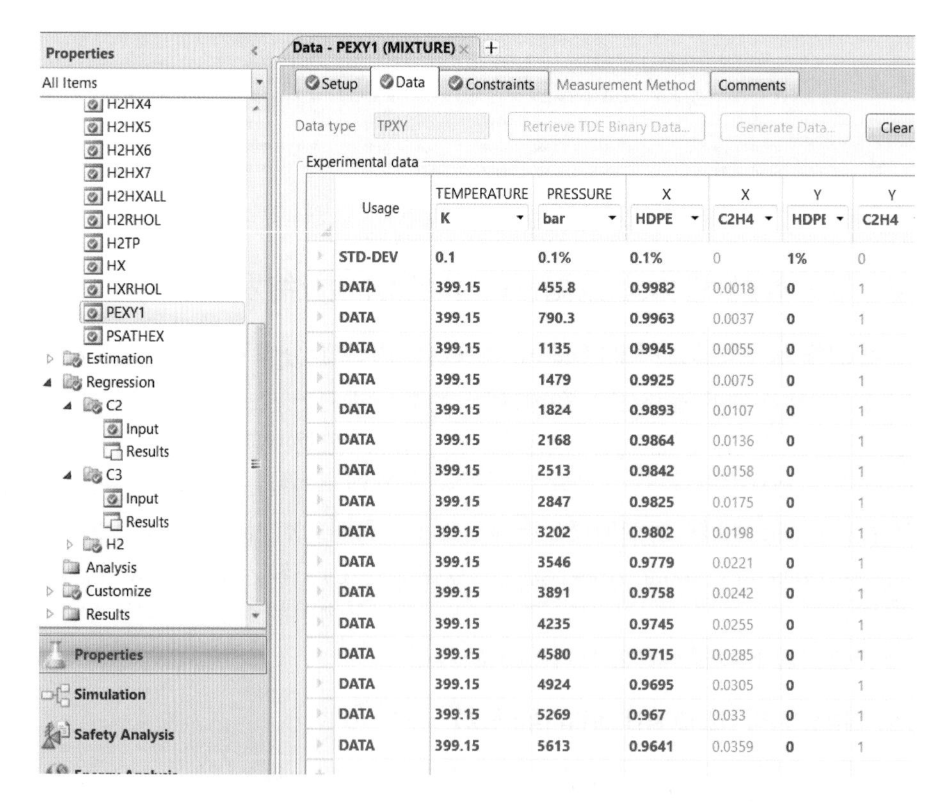

Usage	TEMPERATURE K	PRESSURE bar	X HDPE	X C2H4	Y HDPE	Y C2H4
STD-DEV	0.1	0.1%	0.1%	0	1%	0
DATA	399.15	455.8	0.9982	0.0018	0	1
DATA	399.15	790.3	0.9963	0.0037	0	1
DATA	399.15	1135	0.9945	0.0055	0	1
DATA	399.15	1479	0.9925	0.0075	0	1
DATA	399.15	1824	0.9893	0.0107	0	1
DATA	399.15	2168	0.9864	0.0136	0	1
DATA	399.15	2513	0.9842	0.0158	0	1
DATA	399.15	2847	0.9825	0.0175	0	1
DATA	399.15	3202	0.9802	0.0198	0	1
DATA	399.15	3546	0.9779	0.0221	0	1
DATA	399.15	3891	0.9758	0.0242	0	1
DATA	399.15	4235	0.9745	0.0255	0	1
DATA	399.15	4580	0.9715	0.0285	0	1
DATA	399.15	4924	0.9695	0.0305	0	1
DATA	399.15	5269	0.967	0.033	0	1
DATA	399.15	5613	0.9641	0.0359	0	1

图 2.41　回归二元交互作用参数的 TPXY 数据

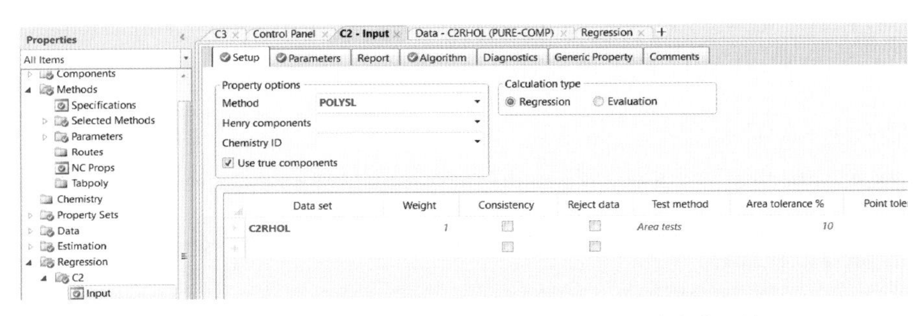

图 2.42　用 C2RHOL 的液相密度数据，回归纯组分参数的输入

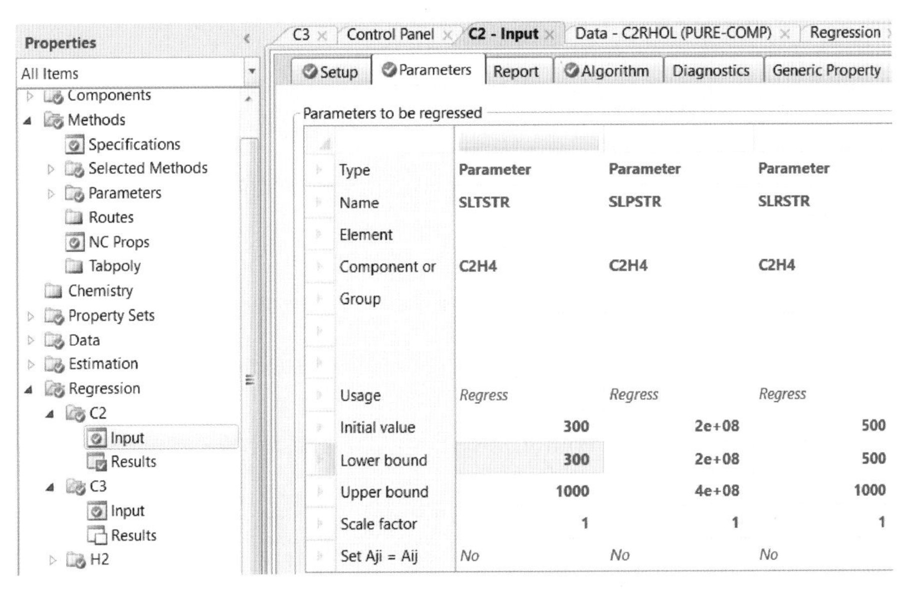

图 2.43　要回归的 POLYSL 纯组分参数的指定

2.7.8　运行回归案例并检查结果

在运行回归时，控制面板首先显示要运行的回归案例。我们选择案例 C2 并点击“OK”来运行(见图 2.44)。然后按照图 2.45 的步骤，将回归得到的纯组分参数值保存在回归运算 C2 的结果文件夹中，而不替代先前输入的值(见图 2.46)。回归得到的参数 SLTSTR = 334.508 K，SLPSTR = 2.39886 × 10^8 kPa = 2398.86 bar，SLRSTR = 631.704 kg/m^3，与图 2.39[27]中为 C_2H_4 输入的数值 333 K、2400 bar 和 631 kg/m^3 比较相符。在结果的“Profiles”文件夹中，我们看到了 C_2H_4 的温度、压力和液体密度的实验数据和估算值的对比(见图 2.47)。我们按照以下路径绘图：Plot(绘图)(电脑屏幕右上角)→Custom(自定义)→X 轴：实验值 RHO LQUID C_2H_4，kg/m^3；Y 轴：估算值

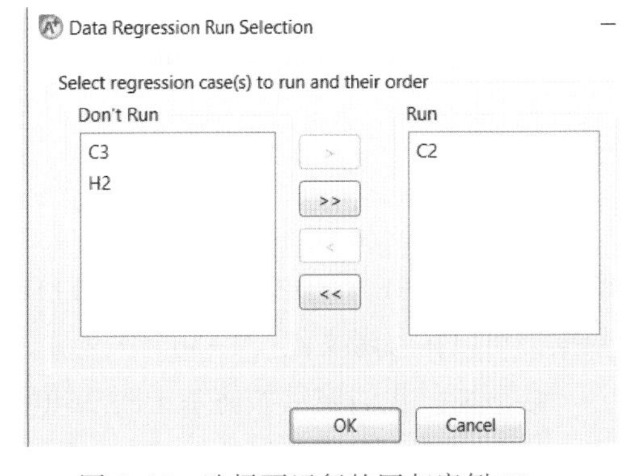

图 2.44　选择要运行的回归案例 C2

RHO LQUID C_2H_4，kg/m^3，参见图 2.48。初始绘图→Plot(绘图)：Format(格式)，选择"Squared plot"和"Diagonal Line"，改进后的绘图见图 2.49。

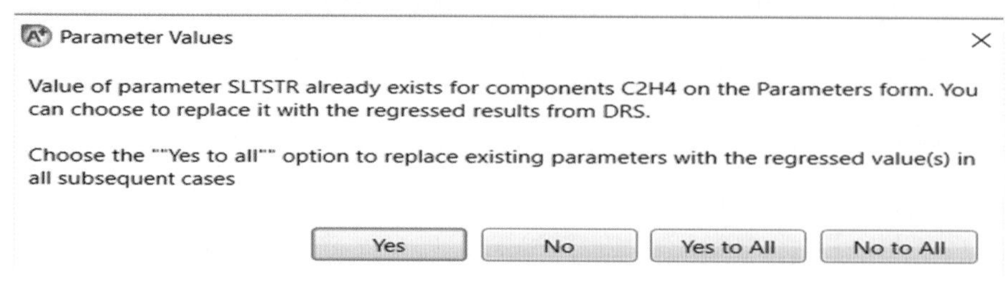

图 2.45 点击"No"按钮三次，不覆盖前面在图 2.39 中输入的 SLTSTR、STPSTR 和 SLRSTR 参数

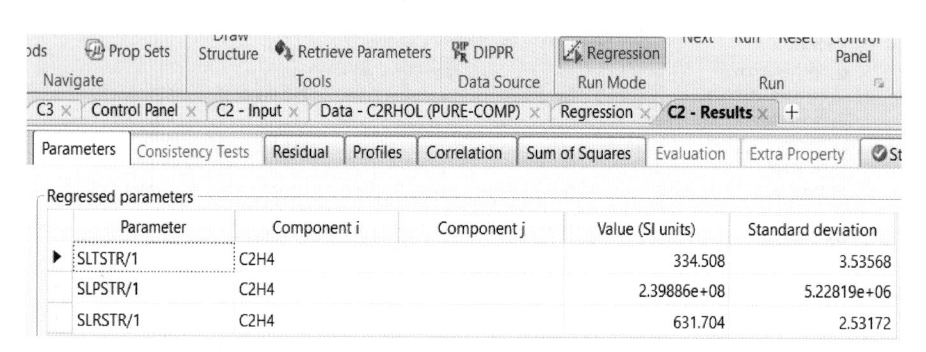

Regressed parameters

Parameter	Component i	Component j	Value (SI units)	Standard deviation
SLTSTR/1	C2H4		334.508	3.53568
SLPSTR/1	C2H4		2.39886e+08	5.22819e+06
SLRSTR/1	C2H4		631.704	2.53172

图 2.46 POLYSL 的 C_2H_4 纯组分参数回归数值

Data set C2RHOL

Summary of regression results

Exp Val TEMP K	Est Val TEMP K	Exp Val PRES bar	Est Val PRES bar	Exp Val RHO LIQUID C2H4 kg/cum	Est Val RHO LIQUID C2H4 kg/cum
169.43	169.429	1.013	1.013	567.92	564.137
183	183	2.13	2.13	547.95	547.494
193	193.001	3.41	3.41	532.88	533.808
203	203.001	5.18	5.18	517.17	518.791
213	213.001	7.55	7.55	500.61	502.287
223	223.001	10.63	10.63	482.84	484.083
233	233.001	14.53	14.53	463.41	463.865
243	242.999	19.38	19.38	441.61	441.165
263	262.996	32.4	32.4001	385.64	384.401
281	281.002	48.99	48.9898	287.43	287.461

图 2.47 C_2H_4 的温度、压力和液相密度估算值和实验数据对比

我们可以使用相同的方法，通过使用液体密度数据对乙烯链段和其他组分进行纯组分参数的回归。PE、HDPE、LDPE 和 LLDPE 工艺中大多数组分的液体密度和比热容的实验数据都可以在参考文献[31-36]中找到。

接下来，我们演示如何基于图 2.40 中的 C_2H_4 液体密度数据 C2RHOL，以及图 2.41 中聚乙烯和乙烯的气液平衡数据 PEXY1，根据方程(2.24)和方程(2.25)对二元交互作用参数 SLETIJ(η_{ij})和 SLKIJ(k_{ij})进行回归。

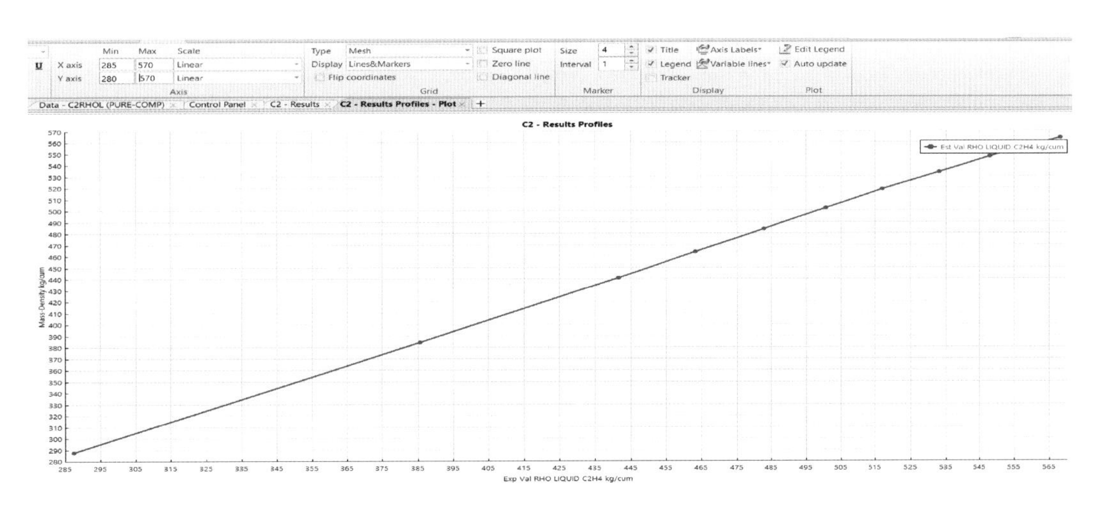

图 2.48　C_2H_4 液相密度估算值与测量值的初始图(注意顶部的正方形图和对角线格式选项)

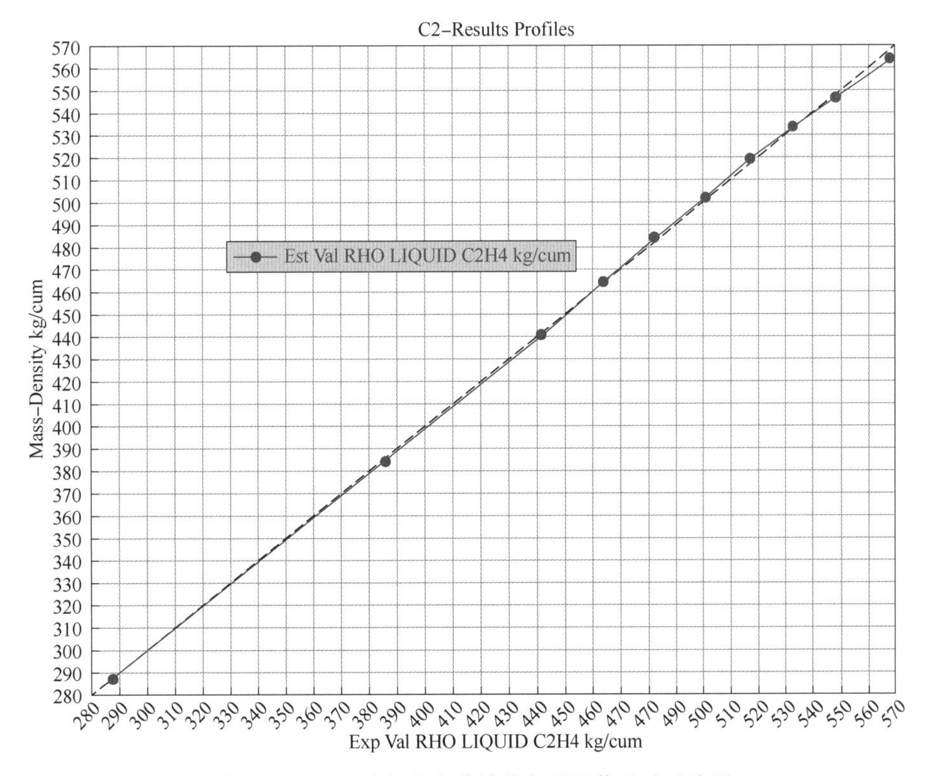

图 2.49　C_2H_4 液相密度估算值与测量值的改进绘图

我们按照以下路径创建一个新的回归运算：Properties→Regression→New→Enter ID：C2TPXY(物性→回归→新建→输入 ID：C2TPXY)→OK，设置：输入数据集 PEXY1 和 C2RHOL(见图 2.42)→参数，见图 2.50，以指定要回归的二元交互作用参数。

按照图 2.44~图 2.46 的步骤，我们运行回归案例 C2TPXY，得到的二元交互作用参数显示在图 2.51 中，这些参数的准确性取决于实验数据的准确性。

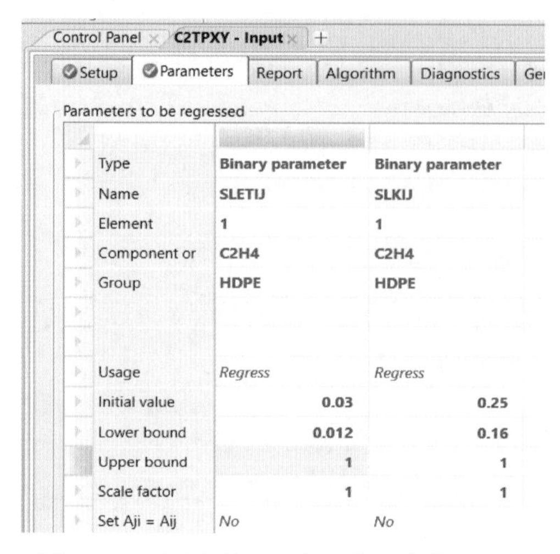

图 2.50　要回归的二元交互作用参数的指定

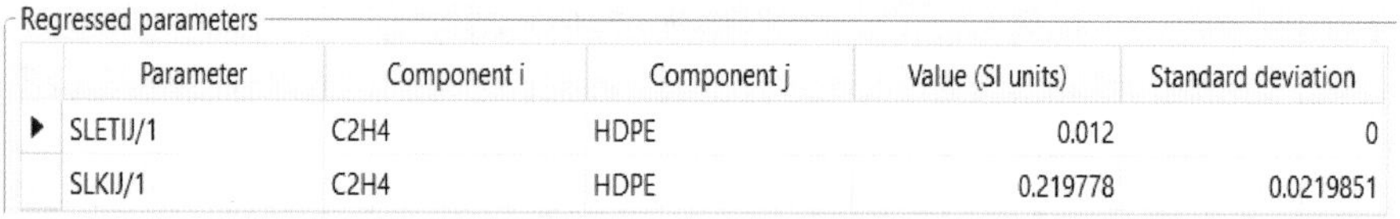

Regressed parameters

Parameter	Component i	Component j	Value (SI units)	Standard deviation
SLETIJ/1	C2H4	HDPE	0.012	0
SLKIJ/1	C2H4	HDPE	0.219778	0.0219851

图 2.51　C_2H_4 和 HDPE 之间二元交互作用参数的回归结果

2.8 含链扰动统计缔合流体理论(POLYPCSF)状态方程

Gross 和 Sadowski[21-23] 开发了 PC-SAFT 状态方程，这是著名的 SAFT 状态方程[24-26] 的扩展。这两种模型之间的一个关键区别是，PC-SAFT 模型用连接的聚合物链段之间的分散交互作用(吸引)的表达式替换了隔离的(或断开的)聚合物链段之间的交互作用。在图 2.52 中进行了说明，其中每个圆点代表一个链段。

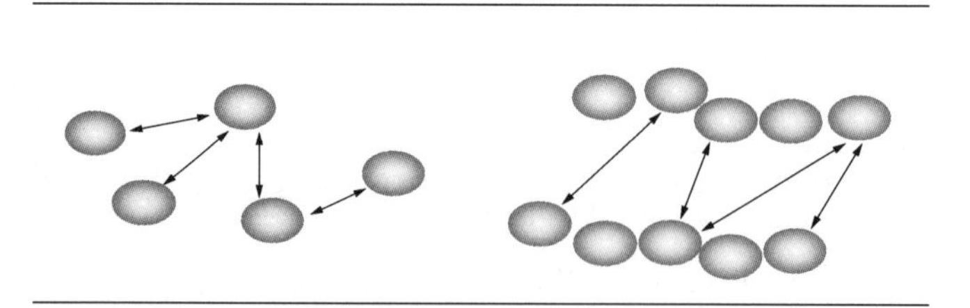

图 2.52　SAFT 链段断开与 PC-SAFT 链段连接的说明

PC-SAFT 模型适用于温度和压力条件范围广泛的、小分子和大分子流体系统，并且它非常有效地表征了聚合物系统。

统计热力学通常使用 Helmholtz 自由能 A 来表示分子之间的吸引(或扰动)交互作用，因为大多数人们感兴趣的物性，如压力，可以通过适当地对 A 进行微分得到。在 SAFT 模型中，这个吸引或扰动项是关于温度倒数的一系列扩展，而每个展开式的系数取决于密度和组成。相比之下，PC-SAFT 模型将摩尔残余 Helmholtz 自由能A^{res}表示为两部分的和：

$$A^{res}=A^{ref}+A^{pert} \tag{2.26}$$

其中，A^{res}和A^{pert}分别是参考和扰动(吸引)贡献。参考项将由硬球链组成的流体作为扰动理论的参考，而扰动项则包括链之间的吸引力。

PC-SAFT 模型和 SAFT 模型之间的主要区别在于扰动项。SAFT 模型使用硬球链而不是将硬球作为扰动贡献的参考流体。硬球链的使用允许 PC-SAFT 状态方程在表达物种间吸引力时考虑到构成长链的链段的连通性，从而更真实地描述链状分子混合物的热力学性能。Gross 和 Sadowski[21-23]以及其他人[28-30]演示了 PC-SAFT 对于气液和气液液平衡的预测优于 SAFT 模型。

由此得到的 PC-SAFT 状态方程将压缩性表示为理想(数值为 1)、参考和扰动三个贡献的和：

$$\frac{PC}{RT}=z=z^{id}+z^{ref}+z^{pert}=1+z^{ref}+z^{pert} \tag{2.27}$$

感兴趣的读者可以参考原始文献获得 PC-SAFT 模型的分析表达式的详细信息[21-23]。Kang 等人最近的文章[37]对 PC-SAFT 模型方程及其迭代求解程序进行了相当全面的分析。应用 PC-SAFT 模型需要对涉及的每个物种使用三个纯组分参数：①链段数目 m，这是一个特征长度，与物种的大小(分子量)成正比；②链段直径 σ，Å；③链段能量 ε，J，通常以 ε/k_B 的比值表示，K，其中 k_B 是 Boltzmann 常数，1.38×10^{-23} J/K。对于聚合物，通常用比值 r 替换链段数目 m，r 定义为 m 除以数均分子量 MWN：

$$r=m/MWN \tag{2.28}$$

使用这个比值更加方便，因为聚合物的分子量通常在聚合物生产之前是未知的。对于链段，我们通常也使用比率 r。这些参数是通过拟合纯组分的实验蒸气压和液态摩尔体积数据获得的。

图 2.53 说明了在模拟气相 PP 工艺[38]中这些纯组分参数的值。要在 Aspen Plus 中输入这些参数，按照以下路径：Properties→Methods→Parameters→Pure Components(物性→方法→参数→纯组分)→New(新建)：name＝PCSAFT→输入参数名称、组分和值。在图 2.53 中，①参数 PCSFTM 是链段数 m；②参数 PCSFTU 代表链段能量与 Boltzman 常数的比值 ε/k，K；③参数 PCSFTV 是链段直径 σ，Å；④参数 PCSFTR 代表由等式(2.27)定义的比值 r，mol/g。对于那些缺少纯组分参数的物种，在 Aspen Plus 在线帮助搜索“missing parameters (POLYPCSF)”，对于聚合物物种和链段，建议使用以下值：PCSFTM＝0.02434*(组分分子量)；PCSFTU＝267.67 K；PCSFTV＝4.072 Å；PCSFTR＝0.02434 mol/g。

POLYPCSF 模型也需要方程(2.24)中的二元交互作用参数，它是T_r的函数(其中$T_r=T/T_{ref}$，$T_{ref}=298.15$ K)：

$$k_{ij}=a_{ij}+b_{ij}/T_r+c_{ij}\ln T_r+d_{ij}T_r+e_{ij}T_r^2 \tag{2.29}$$

这些参数可以通过回归相平衡数据来获取，当这些参数值没有提供时，默认值为零。

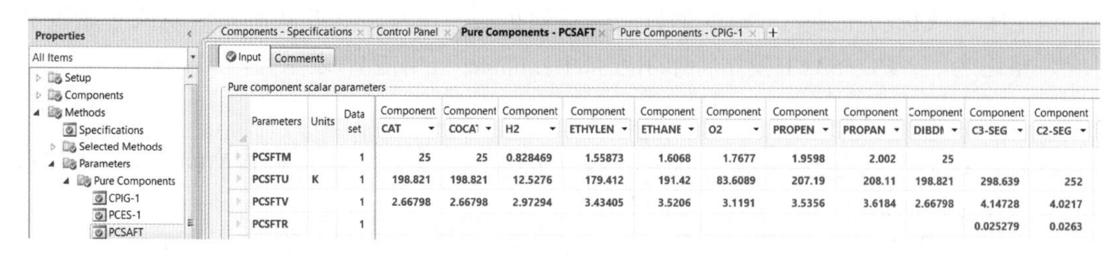

Parameters	Units	Data set	Component CAT	Component COCAT	Component H2	Component ETHYLEN	Component ETHANE	Component O2	Component PROPEN	Component PROPAN	Component DIBDI	Component C3-SEG	Component C2-SEG
PCSFTM		1	25	25	0.828469	1.55873	1.6068	1.7677	1.9598	2.002	25		
PCSFTU	K	1	198.821	198.821	12.5276	179.412	191.42	83.6089	207.19	208.11	198.821	298.639	252
PCSFTV		1	2.66798	2.66798	2.97294	3.43405	3.5206	3.1191	3.5356	3.6184	2.66798	4.14728	4.0217
PCSFTR		1										0.025279	0.0263

图 2.53　模拟聚丙烯 PP 过程的 POLYPCSF 模型的纯组分参数

2.9　例题 2.4：　回归 POLYPCSF 状态方程物性参数

2.9.1　目的和数据源

本例题的目的是演示例题 2.3 中回归 POLYSL 状态方程物性参数的步骤，以适用于回归 POLYPCSF 状态方程的参数。

对于聚合物组分，我们可以找到相关热物理性质和相平衡数据：①乙烯和丙烯数据在文献[34-36]中提供；②聚合物溶液和组分的数据在文献[31，32，39-42]中提供；③溶剂气相和液相数据在文献[33]中提供；④用于 PP 工艺的 POLYPCSF 纯组分参数在文献[38]中提供。

2.9.2　POLYPCSF 状态方程纯组分参数的回归

基于图 2.34，我们首先创建一个数据回归运算，并选择 MET 单位集，并将模拟文件保存为“***WS2.4 Regressing Property Parameters for POLYPCSF.bkp***”。

图 2.54 显示了组分指定，正如在第 2.7.4 节中讨论的那样，Aspen Plus 中的性质分析和回归工具都***不支持***聚合物属性。因此，在性质分析和回归运算中，我们将聚乙烯定义为低聚物。

我们按照路径：Properties→Components→Polymers→Characterization（物性→组分→聚合物→表征）进行操作：①链段，将 C2H4SEG 定义为重复链段；②低聚物：指定 PE 包含 1250 个 C2H4SEG。然后，我们点击图 2.54 中所示的“Review”按钮，从 Aspen Plus 数据库中调用纯组分、链段和聚合物的纯组分参数。按照路径：Properties→Parameters→Pure Components（物性→参数→纯组分）→REVIEW-1，我们可以在图 2.55 中看到 PE 的分子量（MW）为 28.0538，这是 C2H4 单体的分子量，并非包含 1250 个重复单元 C2H4SEG 的低聚物的分子量。为了指定 PE 的正确分子量，我们按照路径：Properties→Parameters→Pure Components→New（物性→参数→纯组分→新建）进行操作，选择类型 = scalar（常数量），并指定名称 = MWPE，再点击“OK”，输入组分 PE，参数 MW = 35067.25（28.0538×1250）。

我们按照图 2.40 的操作步骤，输入 PE 的液相密度数据集 PERHOL（见图 2.56）和 C2H4-PE 的气液平衡数据集 PETPXY1（见图 2.41）（以 PE 替换 HDPE）。根据图 2.42 的操作步骤，我们设置了一个回归运算 C2H4SEG，用于估算 C2SEG 的 POLYPCSF 纯组分参数 PCSFTU（链段能量与玻尔兹曼常数比 ε/k，单位为 K）、PCSFTV（链段直径 σ，单位为 Å）和 PCSFTR［由等式(2.27)定义的比值 r，单位为 mol/g］（见图 2.57）。基于 C2RHOL 的液相密度数据集执行回归运行，得到了图 2.58 所示的纯组分参数的结果。

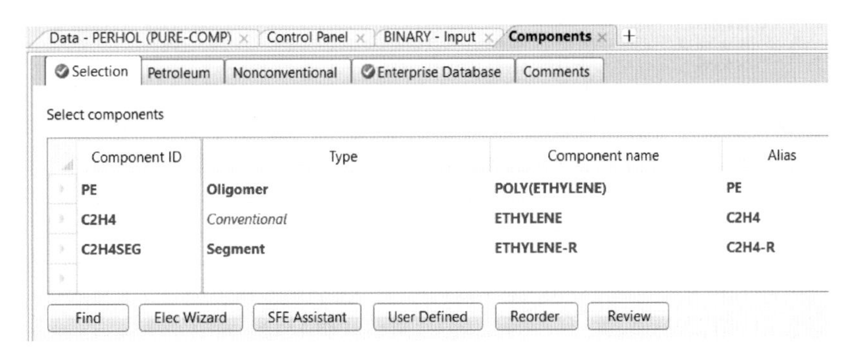

Component ID	Type	Component name	Alias
PE	Oligomer	POLY(ETHYLENE)	PE
C2H4	Conventional	ETHYLENE	C2H4
C2H4SEG	Segment	ETHYLENE-R	C2H4-R

图 2.54　组分指定

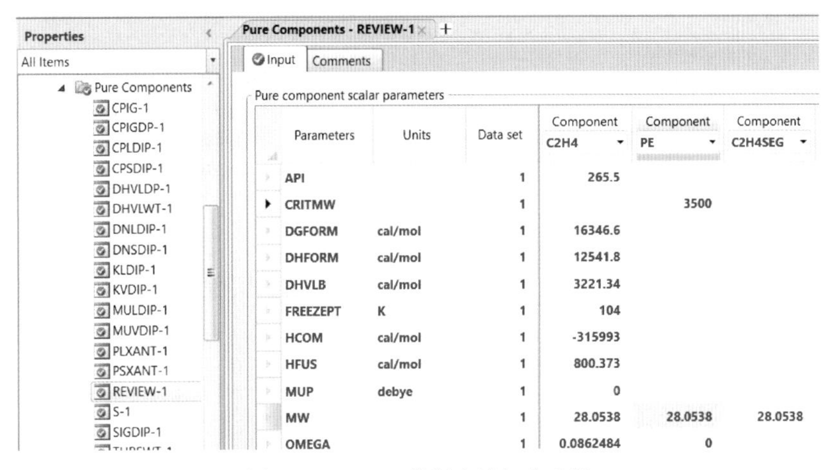

Parameters	Units	Data set	Component C2H4	Component PE	Component C2H4SEG
API		1	265.5		
CRITMW		1		3500	
DGFORM	cal/mol	1	16346.6		
DHFORM	cal/mol	1	12541.8		
DHVLB	cal/mol	1	3221.34		
FREEZEPT	K	1	104		
HCOM	cal/mol	1	-315993		
HFUS	cal/mol	1	800.373		
MUP	debye	1	0		
MW		1	28.0538	28.0538	28.0538
OMEGA		1	0.0862484	0	

图 2.55　Aspen 数据库纯组分参数

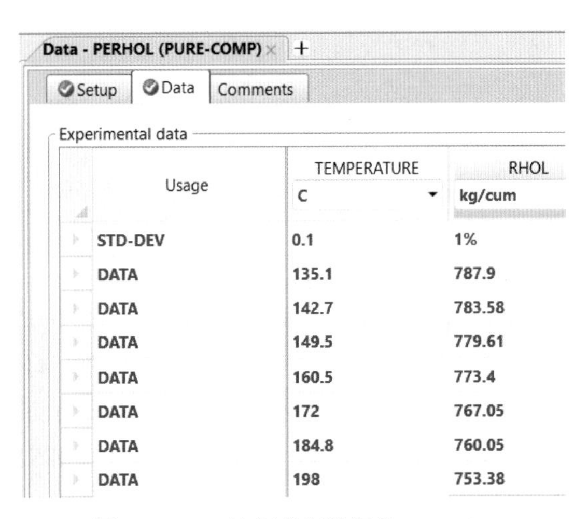

Usage	TEMPERATURE C	RHOL kg/cum
STD-DEV	0.1	1%
DATA	135.1	787.9
DATA	142.7	783.58
DATA	149.5	779.61
DATA	160.5	773.4
DATA	172	767.05
DATA	184.8	760.05
DATA	198	753.38

图 2.56　PE 液相密度数据集 PERHOL

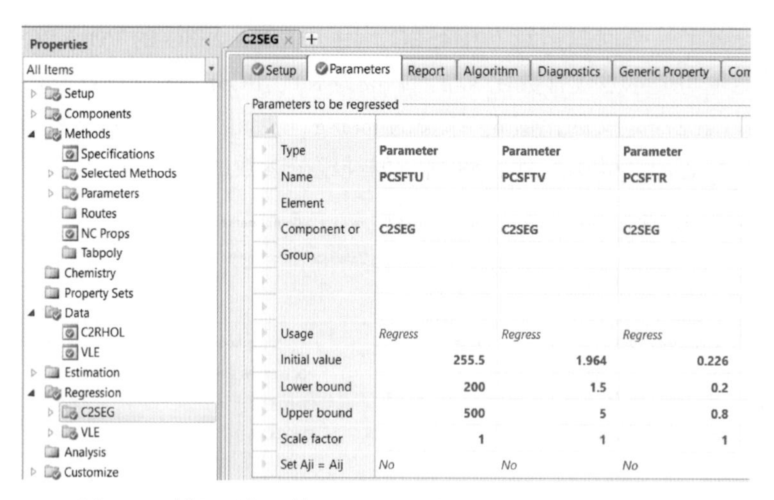

图 2.57　设置回归运算 C2SEG，回归 POLYPCSF 纯组分参数

Data - PERHOL (PURE-COMP) | Control Panel | C2SEG - Results

Parameters | Consistency Tests | Residual | Profiles | Correlation | Sum of Squares | Evaluation | Extra Property

Regressed parameters

Parameter	Component i	Component j	Value (SI units)	Standard deviation
PCSFTU/1	C2H4SEG		254.445	1.95559
PCSFTV/1	C2H4SEG		1.94588	0.0778691
PCSFTR/1	C2H4SEG		0.232374	0.0278565

图 2.58　回归的 C_2H_4 链段的 POLYPCSF 纯组分参数

在图 2.59 的最后两列显示，PE 的估算液体密度数据与实验数据非常匹配。

Data - PERHOL (PURE-COMP) | Control Panel | C2SEG - Results

Parameters | Consistency Tests | Residual | Profiles | Correlation | Sum of Squares | Evaluation | Extra Property

Data set　PERHOL

Summary of regression results

Exp Val TEMP	Est Val TEMP	Exp Val PRES	Est Val PRES	Exp Val RHO LIQUID PE	Est Val RHO LIQUID PE
K	K	atm	atm	kg/cum	kg/cum
408.25	408.25	1	1	787.9	787.733
415.85	415.85	1	1	783.58	783.457
422.65	422.65	1	1	779.61	779.658
433.65	433.65	1	1	773.4	773.56
445.15	445.15	1	1	767.05	767.238
457.95	457.95	1	1	760.05	760.248
471.15	471.15	1	1	753.38	753.08

图 2.59　PE 液相密度估算值和实验数据进行对比

按照图 2.50 的步骤，我们创建了一个名为 BINARY 的回归运算，用于估算组分 C2H4 和 C2H4SEG 之间的二元交互作用参数 PCSKIJ，我们使用了图 2.41 中 C2H4-PE 的气液平衡数据集 PETPXY1(用 PE 替代 HDPE，见图 2.60)。图 2.61 显示了得到的二元交互作用参数。这样就完成了当前的例题，我们将模拟文件保存为“***WS2.4 Regressing Property Parameters for POLYPCSF.bkp***”。

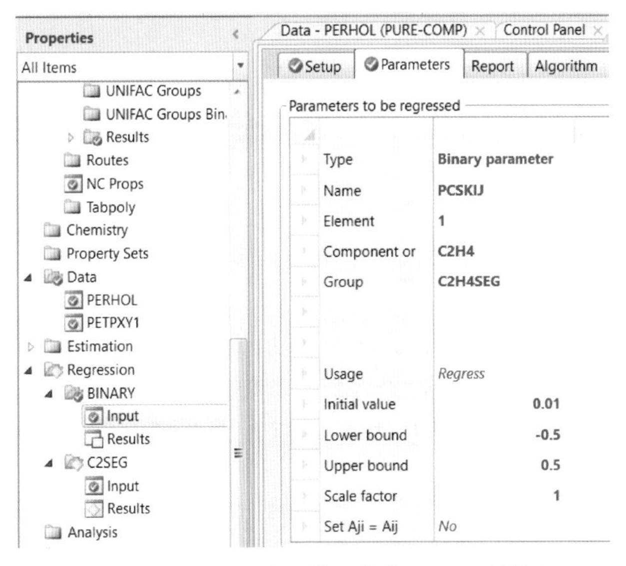

图 2.60　回归二元交互作用参数 PCSKIJ 的输入

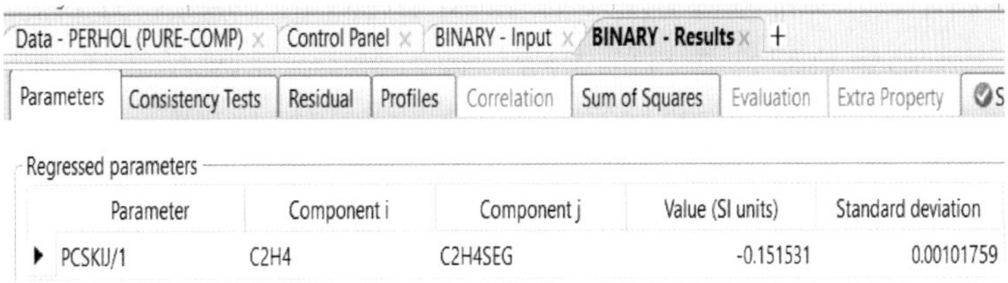

Data - PERHOL (PURE-COMP) | Control Panel | BINARY - Input | **BINARY - Results**

Parameters | Consistency Tests | Residual | Profiles | Correlation | Sum of Squares | Evaluation | Extra Property

Regressed parameters

Parameter	Component i	Component j	Value (SI units)	Standard deviation
PCSKIJ/1	C2H4	C2H4SEG	-0.151531	0.00101759

图 2.61　回归的 POLYPCSF 二元交互作用参数

这个例题结束了我们选择热力学方法和估算物性的内容，我们总结了在聚合物应用中状态方程(EOS)和活度系数(Gamma)模型之间的差异，汇总在表 2.6 中。

表 2.6　聚合物应用中状态方程模型和活度系数模型的对比

状态方程(EOS)模型	活度系数(Gamma)模型
表征非理想液体受限	可以表征具有极性和氢键粒子的高度非理想液体
需要较少的二元交互作用参数	需要很多的二元交互作用参数，见第 2.3 节
参数可以随温度进行合理外延	二元交互作用参数与温度高度相关
可表征气液两相	只能表征液相
对于轻质气体和低分子量烃组分，临界区一致性好	临界区不一致，导致液相中轻质气体和低分子量烃组分的浓度不准确，见第 2.2.5 节
通用 EOS 模型	**通用 Gamma 模型**
POLYSL，用于聚合物的 Sanchez-Lacombe EOS 模型，见第 2.6 节和第 2.7 节；POLYPCSF，用于聚合物的含链扰动统计缔合流体理论 EOS 模型，见第 2.8 节和第 2.9 节	POLYNRTL，用于聚合物的非随机二液相活度系数模型，见第 2.2.4 节和第 2.3 节

2.10 聚合物产品质量指标关联式与分子结构-物性关联式

2.10.1 聚烯烃产品质量指标

从根本上讲，聚合物产品是由它们的分子结构表征的。关键的质量指标包括分子量平均值(*MWN* 和 *MWW*)、分子量分散度指数、共聚物组成、支链类型和频率以及立构规整性。Aspen Polymers 能够利用动量方程来预测这些质量指标，作为模拟模型的一部分。

实际上，工业聚合物生产商更关注经验性的产品质量指标。两个最重要的质量指标是***熔融指数(MI)或熔体流动速率(MFR)和聚合物密度***。*MI* 或 *MFR* 被定义为聚合物在通过特定直径和长度的毛细管时，在 10 min 内流经的质量，单位为 g/10min，在给定温度下施加特定的重力进行测试。标准测试方法包括 ASTM D1238 用于热塑性塑料的挤出塑料流速，以及 ISO 1133 用于确定热塑性塑料的 *MFR*。对于密度，密度标准测试方法包括 ASTM D1505(用于塑料密度)、ASTM D792-00(用于塑料密度和相对密度)，以及 ISO 1183(用于塑料密度)。

图 2.62 给出了一个用于确定 *MI* 的熔融流速仪，聚合物熔体流经机筒、进口区(或收缩区)和毛细管。放大图显示了进口区，这里发生了漏斗流动。毛细管的标准尺寸为直径 0.083 in 和长度 0.250 in。对于聚乙烯，最常见的条件是 190℃ 和施加 2.16 kg 的负荷。对于聚丙烯，温度为 230℃。对于某些聚乙烯，负荷增加到 21.6 kg，这称为***高负荷熔融指数(High-Load Melt Index，HLMI)***[43]。*MI* 给出了与聚合物分子量和黏度有关的相对指征。*MI* 越低，分子量和黏度越高。

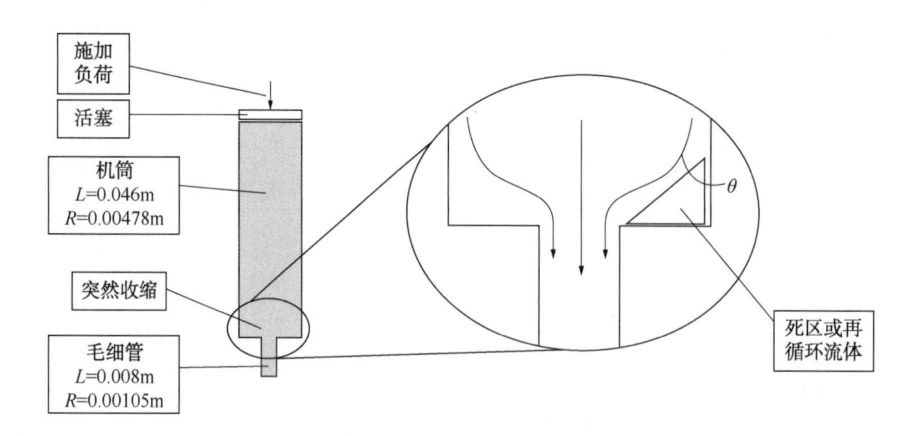

图 2.62 测定 *MI* 的熔融流速仪

立构规整性是聚丙烯的一个重要的质量指标。在图 2.63 中，我们可以看到，在***等规立构(isotactic)***PP中，(所有重复的甲基 CH_3)官能团，用黑色向下箭头表示，排列在聚合物链的同侧。在***间规立构(syndiotactic)***PP 中，重复出现的甲基官能团交替排列在聚合物链的两侧，而在***无规物(atactic)***PP 中，重复出现的甲基官能团随机排列在聚合物链的两侧。在第 5 章中，我们展示了 Aspen Polymers 模拟通过***无规物分数(ATFRAC)***来量化 PP 的等规度，无规物分数定义为无规物链增长反应速率与总链增长反应速率的比值。

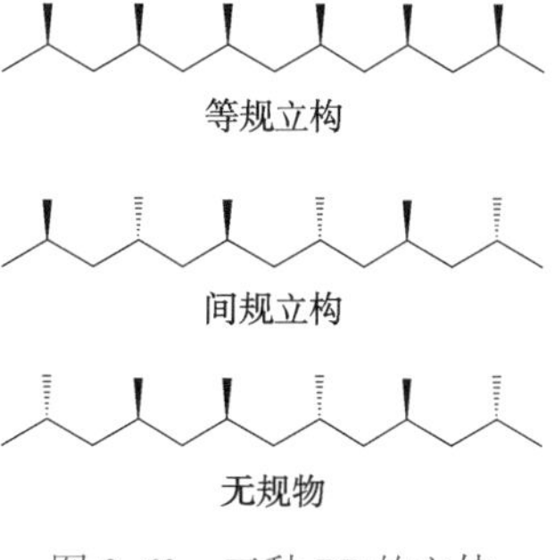

图 2.63　三种 PP 的立体化学结构

2.10.2　聚合物产品质量目标的经验关联式

我们注意到估算的分子量分布可以根据催化剂、工艺、工厂运行情况和测试方法而异。因此，聚合物产品质量目标的经验关联式具有有限的适用范围。来自特定催化剂、特定共聚物、单个反应器或多反应器操作的关联式可能会有所不同。

在 1953 年的一篇早期报告中，Sperati 等人[44]对低密度聚乙烯的 11 种物性关联式进行了相当全面的研究。其中两个报告的关联式包括：

$$\mathrm{Log}(MI)=5.09-1.53\times10^{-4}(MWN) \tag{2.30}$$

$$\text{密度}=2.0\times10^{-3}(\text{结晶度})+0.03 \tag{2.31}$$

对于 HDPE 或 LLDPE 共聚物密度，一个常见的关联式形式为：

$$\text{密度}=A-B\times(SFRAC\times100)^{C} \tag{2.32}$$

其中，A、B 和 C 是常数，$SFRAC$ 是聚合物产品中共聚单体的摩尔分率(例如，共聚单体 1-丁烯与单体乙烯)。

在文献中，大多数具有宽分子量分布(MWD)或大分子量分散度指数(PDI)的聚烯烃 MI 的经验关联式是基于重均分子量(MWW)。例如，基于 MWW 的 MI[45-47]的一般关联式为：

$$MI=a(MWW)^{-b} \tag{2.33}$$

其中，a 和 b 是关联式参数，对于 PP，MI 可能依赖于 MWW 以及利用 Aspen Polymers 计算的无规物分数($ATFRAC$)，它由无规物链增长反应(ATATCS-PROP)计算[38]。

聚合物密度通常为测定的产物颗粒的密度，并且关联为 MWW 的函数。对于共聚物，我们经常将聚合物密度与共聚单体的摩尔分率和 MWW 相关联[47,48]。在参考文献[48]中，使用乙烯与共聚单体 1-丁烯共聚合得到的 HDPE 密度遵循以下关联式：

$$(1-0.0081x_{\mathrm{B}}^{0.148895})\times[1.137247-0.014314\ln(MWW)] \tag{2.34}$$

其中，x_{B}是 1-丁烯的摩尔分率。

接下来演示如何基于 Excel 从 PP 过程测得的数据开发熔融指数的简单线性和非线性关联式，我们将参考本章附录中的 Excel 文件“***Example 2.2 Correlation of Melt Index.xlsx***”。

参考图 2.64，我们可以看到 Grade 1(牌号 1)在单元格 B10~B13，C10~C13，E10~E13 和 D10~D13 中，测得的 MI、MWN、MWW 和 $PDI(=MWW/MWN)$的数据，以及 Grade 2(牌

号 2)在单元格 B17~B20，C17~C20，E17~E20 和 D17~D20 中的数据。基于参数 a 和 b 的假设值，我们计算估算值与实验数据之间的平方误差的总和(SOE)，然后使用 Excel 中的 Goal Seek 求解器来找到最小化 SOE 的参数 a 和 b 的拟合值。要使用 Goal Seek 求解器，可以依次选择路径：Data→What-If Analysis→Goal Seek(数据→试算分析→目标搜寻)。由于牌号 1 和牌号 2 的 MI 值存在显著差异，针对测得数据开发两个单独的关联式可能是最好的。

	B	C	D	E	F	G	H	I
1								
2	**MI = (a/MWW)^b**							
3	use solver to minimize sum of squared errors			(SOE)				
4	i. e.,**SOE = sum((MI-(a/MWW)^b)^2)**							
5	by adjusting a and b							
6	MWW=PDI*MWN							
7								
8	Grade 1						**b**	2.640954
9	MI	MWN	PDI	MWW	(a/MWW)^b	Squared Error	**a**	2338559.779516
10	175	60000	5.5	330000	176.1809067	1.394540573		
11	155	63000	5.52	347760	153.4036518	2.548327434		
12	115	70000	5.54	387800	115.038746	0.001501253		
13	65	80000	6	480000	65.4942942	0.244326757		
14					SOE	4.188696017		
15	Grade 2						**b**	3.774509
16	MI	MWN	PDI	MWW	(a/MWW)^b	Squared Error	**a**	491762.151756
17	1.4	80000	5.6	448000	1.421612106	0.000467083		
18	1.15	83000	5.7	473100	1.157230495	5.22801E-05		
19	0.9	90000	5.8	522000	0.798329336	0.010336924		
20	0.4	96000	6.2	595200	0.486478563	0.007478542		
21					SOE	0.018334829		

图 2.64 使用 Excel 开发计算 MI 的关联式

2.10.3 用 *MI-MWW* 测量值估算表观牛顿黏度

我们首先了解一些关于牛顿流体和非牛顿流体的背景知识。牛顿流体满足牛顿黏度定律，其中比例常数 η 是流体的黏度：

$$\tau(\text{剪切应力，Pa}) = \eta(\text{黏度，Pa·s}) \times \dot{\gamma}(\text{剪切速率，1/s}) \tag{2.35}$$

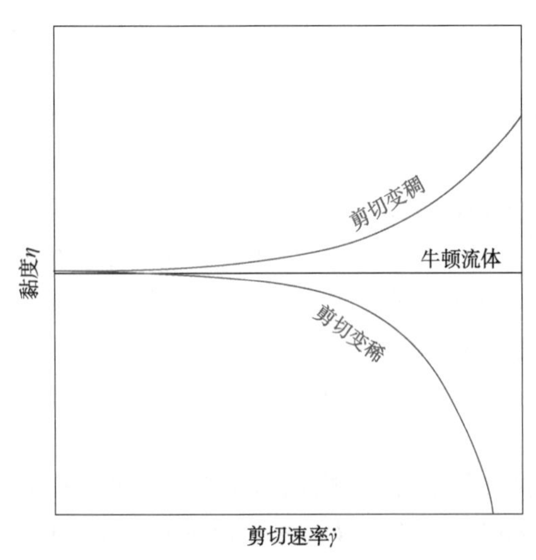

图 2.65 剪切变稠、剪切变稀和牛顿流体的说明

实际上，大多数流体都是非牛顿流体，这意味着它们的黏度取决于剪切速率(剪切变稀或变稠)或变形历史。非牛顿流体表现出黏度和剪切速率之间的非线性关系(见图 2.65)。如果流体的黏度随着剪切速率的增加而增加，那么它就是剪切变稠的(shear thickening)，玉米淀粉和水的混合物是剪切变稠流体的常见例子。如果黏度随着剪切速率的增加而减小，那么流体就是剪切变稀的(shear thinning)，常见的例子包括番茄酱、涂料和血液。

Seavey 等人[46]回顾了分子量分布、非牛顿剪切黏度和熔融指数之间的关系，有关联这些变量的简单的和更复杂的半经验方法。例如，Bremner 等人[49]提供了实验数据，并研究了 PS、PP、LPDE 和 HDPE 等几种商用热塑性塑料的不同平均分子量与熔融指数之间的关系。Rohlfing 和 Janzen[50]采用了一种不同的方法，使用熔融指数计量仪内部流动模型来预测熔融指数。他们认为根据图 2. 62，熔融指数计量仪中的压降是筒体、入口区域和毛细管中的压降之和。他们开发了一套关联筒体壁剪切率、毛细管壁剪切率和毛细管内部的剪切率、筒体压降、毛细管压降、入口压降和体积流率的积分代数方程。

对于黏度为μ(单位为 Pa · s)的牛顿流体，基于第 2. 10. 1 节图 2. 62 中指定的标准尺寸的熔融指数计量器，Rohlfing 和 Janzen 模型方程的解析解是可能的，导出来一个简单的方程式：

$$MI = 7280/\mu \tag{2.36}$$

详细情况参见文献[46]。

从熔融指数倒推非牛顿剪切黏度(或“流动曲线”)是困难的，因为涉及的是积分代数方程。在涵盖流动曲线的部分剪切变稀区域的情况下，流动模型的解不是唯一的。例如，具有较高牛顿黏度但剪切变薄很快的聚合物，可能与具有较低牛顿黏度且剪切变薄较慢的聚合物具有相同的熔融指数。

因此，在下面的例子中，我们将自行限制使用解析关联式方程(2. 34)估算的聚合物样本的表观牛顿黏度，一旦可以用 *MI* 数据估算表观牛顿黏度，我们就可以使用幂律(power law)表达式来关联 *MWW* 与黏度。

让我们打开电子表格(Excel)“***Example 2. 2 Correlation of Melt Index. xlxs***”。B 列和 C 列显示了来自参考文献[51]表 1 的 LLDPE 样本 *MWW* 与 *MI* 的数据(见图 2. 66)。基于方程(2. 35)，我们可以从 C 列中找到 E 列，即$\mu = 7280/MI$。

	A	B	C	D	E
1					
2					
3					
4					Step 1
5		Data (Bremner, Rudin, and Cook, 1990)			Calculate apparent Newtonian Viscosity
6		MWW (g/mol)	MI (g/10min)		Viscosity (μ, Pa s)
7		167000	0.3		24267
8		103000	0.6		12133
9		145000	1		7280
10		131000	0.8		9100
11		68000	1.2		6067
12		79000	4		1820
13		102000	2		3640
14		54000	20		364
15		48000	50		146
16		38000	100		73
17					

图 2. 66　LDPE 样品的 *MI* 与 *MWW*(来源：Adapted from Aspen Technology, Inc.)[51]

然后，使用 Excel 来建立μ和 *MWW* 之间的相关性(见图 2. 67)。我们注意到，这种方法对于低熔融指数的材料来说效果很好，因为通过熔融指数计量器的流动主要是牛顿流体。

最后，要指出我们将在第 5. 8. 11 节，在 Aspen Polymers 中进行稳态聚合物过程模拟中，用 FORTRAN 语言实现 *MI* 和聚合物密度的关联[方程(2. 31)和方程(2. 32)]，并在第 7. 6. 3 节的 Aspen Plus Dynamics 应用中，利用“Tasks”实现动态聚合物牌号切换。

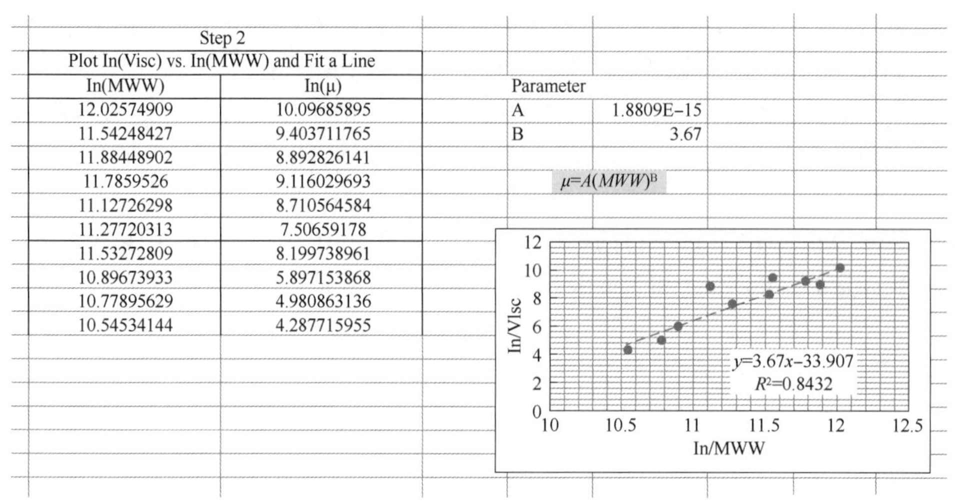

Step 2	
Plot In(Visc) vs. In(MWW) and Fit a Line	
In(MWW)	In(μ)
12.02574909	10.09685895
11.54248427	9.403711765
11.88448902	8.892826141
11.7859526	9.116029693
11.12726298	8.710564584
11.27720313	7.50659178
11.53272809	8.199738961
10.89673933	5.897153868
10.77895629	4.980863136
10.54534144	4.287715955

Parameter	
A	1.8809E-15
B	3.67

图 2.67　表观牛顿黏度 μ 和 MWW 关联式的开发

参 考 文 献

[1] Walas, S. M. (1985). *Phase Equilibria in Chemical Engineering*. Stoneham, MA: Butterworth.

[2] Bokis, C. P., Orbey, H., and Chen, C. C. (1999). Properly model polymer processes. *Chemical Engineering Progress* 95(4): 39.

[3] Seavey, K. C. and Liu, Y. A. (2008). *Step-Growth Polymerization Process Modeling and Product Design*, 87-92. New York: Wiley.

[4] Chen, C. C. (1993). A segment-based local composition model for Gibbs energy of polymer solutions. *Fluid Phase Equilibria* 83: 135.

[5] Renon, H. and Prausnitz, J. M. (1968). Local compositions in thermodynamic excess functions for liquid mixtures. *AIChE Journal* 14: 135.

[6] Flory, P. J. (1942). Thermodynamics of high polymer solutions. *Journal of Chemical Physics* 10: 51.

[7] Flory, P. J. (1953). *Principles of Polymer Chemistry*. New York: Cornell University Press.

[8] Huggins, M. L. (1942). Some properties of solutions of long-chain compounds. *Journal of Physical Chemistry* 46: 151.

[9] Oishi, T. and Prausnitz, J. M. (1978). Estimation of solvent activity in polymer solutions using a group contribution method. *Industrial and Engineering Chemistry Process Design and Development* 17: 333.

[10] Fredenslund, A., Jones, R. L., and Prausnitz, J. M. (1975). Group contribution estimation of activity coefficients in nonideal liquid mixtures. *AIChE Journal* 21: 1086.

[11] Fredenslund, A. (1977). *Vapor-Liquid Equilibria Using UNIFAC: A Group-Contribution Method*. New York: Elsevier.

[12] Redlich, O. and Kwong, J. N. S. (1949). On the thermodynamics of solutions. V. An equation of state. Fugacities of gaseous solutions. *Chemical Reviews* 44: 233.

[13] Van Krevelen, D. W. and te Nijenhuis, K. (2009). *Properties of Polymers - Their Correlation with Chemical Structure; Their Numerical Estimation and Prediction from Additive Group Contributions*, 4e. Amsterdam: Elsevier.

[14] Painter, P. C. and Coleman, M. M. (1977). *Fundamentals of Polymer Science: An Introductory Text*, 2e. Lancaster, PA: Techonomic Publishing Company, Inc.

[15] Lambert, S. M., Song, Y., and Prausnitz, J. M. (2000). Equations of state for polymer systems. In: *Equations of State for Fluids and Fluid Mixtures* (ed. J. V. Sengers, R. F. Kayer, C. J. Peters, and H. J. White), 523-588. New York: Elsevier.

[16] Wei, Y. S. and Sadus, R. J. (2000). Equations of state for calculation of fluid-phase equilibria. *AIChE Journal* 46: 169.

[17] Sanchez, I. C. and Lacombe, R. H. (1976). An elementary molecular theory of classical fluids. Pure

fluids. *Journal of Physical Chemistry* 80: 2352.
[18] Lacombe, R. H. and Sanchez, I. C. (1976). Statistical thermodynamics of fluid mixtures. *Journal of Physical Chemistry* 80: 2568.
[19] Sanchez, I. C. and Lacombe, R. H. (1978). Statistical thermodynamics of polymer solutions. *Macromolecules* 11: 1145.
[20] McHugh, M. A. and Krukonis, V. J. (1994). *Supercritical Fluid Extraction: Principles and Practice*, 2e, 99-134. Elsevier.
[21] Gross, J. and Sadowski, G. (2001). Perturbed-chain SAFT: an equation of state based on a perturbation theory for chain molecules. *Industrial and Engineering Chemistry Research* 40: 1244.
[22] Gross, J. and Sadowski, G. (2002). Modeling polymer systems using of perturbed-chain SAFT equation of state. *Industrial and Engineering Chemistry Research* 41: 1084.
[23] Gross, J. and Sadowski, G. (2002). Application of perturbed-chain SAFT equation of state to associating systems. *Industrial and Engineering Chemistry Research* 41: 5510.
[24] Chapman, W. G., Gubbins, K. E., Jackson, G., and Radosz, M. (1990). New reference equation of state for associating liquids. *Industrial and Engineering Chemistry Research* 29: 1709.
[25] Huang, S. H. and Radosz, M. (1990). Equation of state for small, large, polydisperse, and associating molecules. *Industrial and Engineering Chemistry Research* 29: 2284.
[26] Huang, S. H. and Radosz, M. (1991). Equation of state for small, large, polydisperse, and associating molecules: extension to fluid mixtures. *Industrial and Engineering Chemistry Research* 30: 1994.
[27] Khare, N. P., Seavey, K. C., Liu, Y. A. et al. (2002). Steady-state and dynamic modeling of commercial slurry high-density polyethylene(HDPE) processes. *Industrial and Engineering Chemistry Research* 41: 5601.
[28] Orbey, H., Bokis, C. P., and Chen, C. C. (1998). Equation of state modeling of phase equilibrium in the low-density polyethylene process: the Sanchez-Lacombe, statistical associating fluid theory, and polymer-Soave-Redlich-Kwong equations of state. *Industrial and Engineering Chemistry* 37: 4481.
[29] Bokis, C. P., Ramanathan, S., Franjione, J. et al. (2002). Physical properties, reactor modeling, and polymerization kinetics in the low-density polyethylene tubular reactor process. *Industrial and Engineering Chemistry Research* 41: 1017.
[30] Krallis, A. and Kanellopoulos, V. (2013). Application of Sanchez-Lacombe and perturbed-chain statistical fluid theory equation of state models in catalytic olefins (co) polymerization industrial applications. *Industrial and Engineering Chemistry Research* 52: 9060.
[31] Hao, W., Elbro, H. S., and Alessi, P. (1992). *Polymer Solution Data Collection*, Chemistry Data Series, Part 1, vol. XIV. Frankfurt: DECHEMA.
[32] Danner, R. P. and Hugh, M. S. (1993). *Handbook of Polymer Solution Thermodynamics*. New York: Design Institute for Physical Property Research, American Institute of Chemical Engineers.
[33] NIST(National Institute of Science and Technology) (2023). NIST Chemistry Webbook, SRD69, Thermophysical Properties of Fluid Systems. https://webbook.nist.gov/chemistry/fluid/ (accessed 30 March 2023).
[34] William, R. B. and Katz, D. L. (1954). Vapor-liquid equilibria in binary systems. Hydrogen with ethylene, ethane, propylene, and propane. *Industrial and Engineering Chemistry* 46: 2512.
[35] Beaton, C. F. and Hewitt, G. F. (1989). *Physical Property Data for the Design Engineer*. New York: Hemisphere Publishing Corp.
[36] Sychev, V. V., Vasserman, A. A., Golovsky, E. A. et al. (1987). *Thermodynamic Properties of Ethylene*. New York: Hemisphere Publishing Corp.
[37] Kang, J., Zhu, L., Xu, S. et al. (2018). Equation-oriented approach for handling the perturbed-chain SAFT equation of state in simulation and optimization of polymerization process. *Industrial and Engineering Chemistry Research* 57: 4697.
[38] Khare, N. P., Lucas, B., Seavey, K. C. et al. (2004). Steady-state and dynamic modeling of gas-phase polypropylene processes using stirred-bed reactors. *Industrial and Engineering Chemistry Research* 43: 884.
[39] Olabisi, O. and Simha, R. (1975). Pressure-volume-temperature studies of amorphous and crystalline polymers. I. Experimental. *Macromolecules* 8: 206.
[40] Gaur, U. and Wunderlich, B. (1981). Heat capacity and other thermodynamic properties of linear

macromolecules. II. Polyethylene. *Journal of Physical and Chemical Reference Data* 10: 119.

[41] Knapp, H. , Doring, R. , Oellrich, L. et al. (1982). *Vapor-Liquid Equilibria for Mixtures of Low Boiling Substances*, Chemistry Data Series, Part 1, vol. Ⅵ. Frankfurt: DECHEMA.

[42] Brandrup, J. , Immergut, E. H. , and Grulke, E. A. (1999). *Polymer Handbook*, 4e. New York: Wiley.

[43] Griff, A. L. (2003). Melt Index Mysteries Unmasked. https://griffex.com/wpcontent/uploads/2020/09/Griff-meltindex.pdf(accessed 16 May 2021).

[44] Sperati, C. A. , Franta, W. A. , and Starkweather, H. W. (1953). The molecular structure of polyethylene V. The effect of chain branching and molecular weight on physical properties. *Journal of the American Chemical Society* 75: 6127.

[45] Sinclair, K. B. (1983). Characteristics of Linear LDPE and Description of the UCC Has Phase Process. Process Economics Report. Menlo Park, CA: SRI International.

[46] Seavey, K. C. , Khare, N. P. , Liu, Y. A. et al. (2003). Quantifying relationships among the molecular weight distribution, non-newtonian shear viscosity and melt index for linear polymers. *Industrial and Engineering Chemistry Research* 42: 5354.

[47] Mattos Neto, A. G. , Freitas, M. F. , Nele, M. , and Pinto, J. C. (2005). Modeling ethylene/1-butene copolymerization in industrial slurry reactors. *Industrial and Engineering Chemistry Research* 44: 2697.

[48] Meng, W. , Li, J. , Chen, B. , and Li, H. (2013). Modeling and simulation of ethylene polymerization in industrial slurry reactor series. *Chinese Journal of Chemical Engineering* 21: 850.

[49] Bremner, T. , Rudin, A. , and Cook, D. G. (1990). Melt flow index values and molecular weight distributions of commercial thermoplastics. *Journal of Applied Polymer Science* 41: 1617.

[50] Rohlfing, D. C. and Janzen, J. (1997). What is happening in the melt-flow plastometer: the role of elongational viscosity. *Technical Papers of the Annual Technical Conference-Society of Plastics Engineers Incorporated*, Society of Plastics Engineers Inc. , 1010-1014.

[51] Aspen Technology, Inc. (2020). Top Questions about Aspen Polymer Process Modeling in Aspen Plus. AspenTech FAQ. https://www.aspentech.com/en/resources/faq-documents/top-questions-about-polymer-process-modeling-inaspen-plus(accessed 4 June 2021).

3 反应器建模、收敛技巧和数据拟合工具

本章介绍 Aspen Plus/Polymers 软件内可用于聚烯烃生产过程模拟的三种类型动力学或速率基准反应器模型，包括连续搅拌槽式反应器(RCSTR)、塞流式反应器(RPLUG)，以及间歇式/半间歇式反应器(RBATCH)。在第 3.2~3.4 节，我们聚焦于三种动力学反应器的结构和参数指定。第 3.5 节为非理想反应器的表征。在第 3.6~3.7 节，展示加速求解质量、能量与聚合物属性守恒方程，以及相平衡计算的实用技巧。第 3.8 节讨论数据拟合工具，回归各种类型的模拟参数，如反应器动力学、传热系数，以及可访问的模型输入参数(包括物性模型参数)。第 3.9~3.10 节为例题，利用随时间变化的浓度分布数据以及聚合物属性(例如数均分子量 *MWN* 和重均分子量 *MWW*)来进行数据拟合，估算动力学参数。本章以参考文献结束。

3.1 动力学或速率基准反应器

给定反应动力学和操作条件，利用动力学反应器模型进行质量、能量与聚合物属性平衡计算。我们注意到Aspen Plus也有流化床反应器模型，但此模型只能处理常规反应动力学，不能处理聚合反应动力学。在第3.5节和第4~7章中，我们展示如何使用RCSTR模型表征聚烯烃生产过程的流化床反应器。在表3.1中概括了Aspen Plus/Polymers软件中可用的动力学或速率基准反应器关键假设。

表3.1 Aspen Plus/Polymers软件中动力学反应器的假设

反应器类型	假设
RCSTR	理想混合；反应器内浓度均匀；温度和压力恒定；相平衡
RPLUG	流体为理想的塞流式、没有返混；径向是均匀的；相平衡；允许并流或逆流加热
RBATCH	理想混合；浓度均匀；每个时间步长温度和压力恒定；相平衡；允许一次性进料或随时间变化的连续进料；进料和产品流股条件是单位时间的均值
FluidBed	理想固体混合；气相为塞流式；径向是均匀的；气相和固相连续进料

3.2 连续搅拌槽式反应器模型（RCSTR）

3.2.1 RCSTR的结构

在第5章，我们在淤浆法高密度聚乙烯生产过程中应用RCSTR。一个RCSTR模块可以连接一股或多股进料，这取决于我们设定的有效相。此模块可以有一个单独的液相或气相产物，一个液相产物和一个气相产物，或者一个气相产物和两个液相产物。图3.1说明相关结构，我们可以用多股进料替换单一进料。在RCSTR3中，我们增加了可选的输入和输出“热量”流。图3.2展示如何设置有效相和第二液相关键组分。

3.2.2 RCSTR的设置

图3.3说明了例题5.1中，淤浆法HDPE生产过程CSTR反应器D201的设置。

关于操作压力，我们可以设定出口压力（正值）或者压降（零或负值），可以输入温度或反应器热负荷。关于相态，可以设定气相或冷凝相，所选的相态确定了持液量（holdup）的输入类型。具体说来，我们可以选择七种类型之一：①反应器体积；②停留时间；③反应器体积和相的体积；④反应器体积和相的体积分数；⑤反应器体积和相的停留时间；⑥停留时间和相的体积分数；⑦相的停留时间和体积分数。第 4 章我们将演示动力学和组分属性的指定，RCSTR 收敛技巧见第 3.5 节。

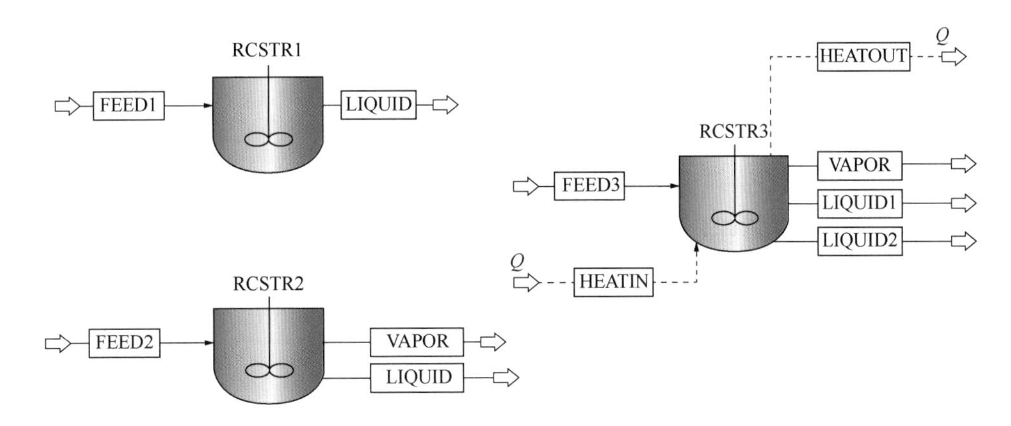

图 3.1　RCSTR 的配置

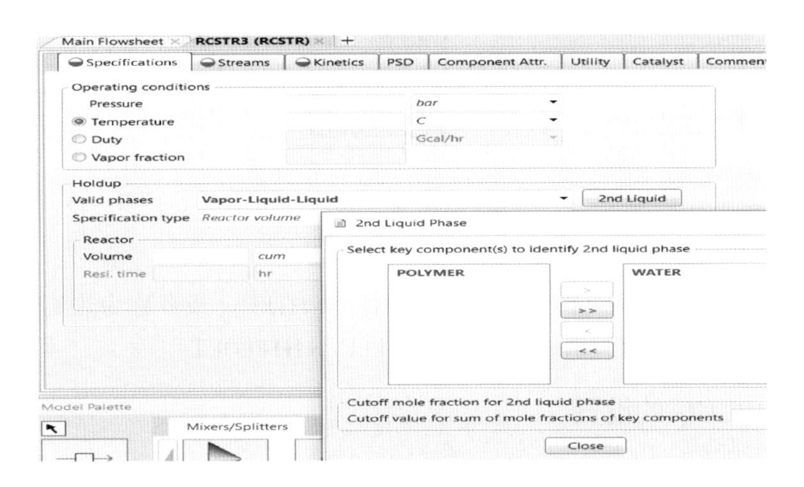

图 3.2　有效相和第二液相关键组分的指定

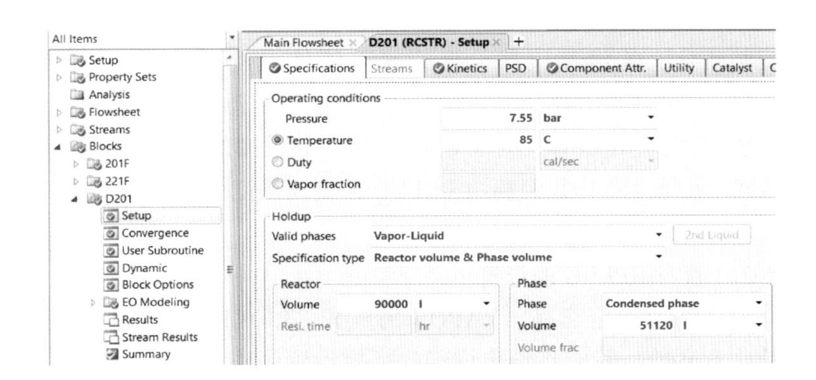

图 3.3　RCSTR 的设置

3.3 塞流式反应器模型(RPLUG)

3.3.1 RPLUG 的结构

在第 4 章中，我们在高压低密度聚乙烯(LDPE)工艺和乙烯-醋酸乙烯酯共聚物工艺中使用了 RPLUG。图 3.4 显示了具有“气-液-液”有效相的 RPLUG 配置。要指定有效相，请遵循以下路径：Simulation→Setup→Global settings→Valid phases→Vapor-liquid-liquid。将 RPLUG 有效相指定为只有气相(vapor only)，只有液相(liquid only)，或者气-液相(vapor-liquid)，我们遵循相同的路径。

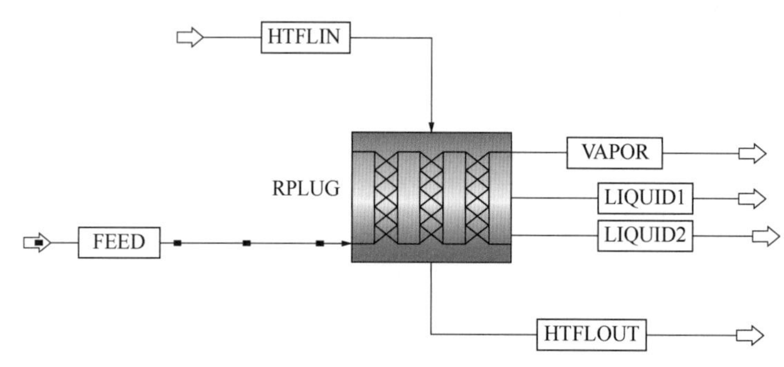

图 3.4　带有热传递流体的 RPLUG 结构

RPLUG 模型的显著特征是能够使用热传递流体(HTFL)(或者称为热流体)。在图 3.4 中看到热传递流体的进口流和出口流分别为 HTFLIN、HTFLOUT。

3.3.2 RPLUG 的设置

按照路径：Simulation→Blocks→RPLUG→Setup→Reactor type，我们看到图 3.5 中的热流体有以下选项：

对于带有热流体的 RPLUG，我们看到五个可能选项：①恒定的热流体温度；②并流热流体；③逆流热流体；④沿反应器长度指定热流体温度；⑤指定外部热流通量。在图 3.5中我们也看到 2 种通用的反应器类型：①恒定指定温度；②绝热反应器。对于带有并流或者逆流热流体的 RPLUG，图 3.6 显示有 2 个附加的设置：①热流体传热系数；②热流体出口温度。在第 4 章，我们利用 RPLUG 模型和热流体模拟了 LDPE 工艺高压管式反应器。

随后，在图 3.7 查看 RPLUG 的设置。

流股(Streams)文件夹指定产品，VAPOR 为气相、LIQUID1 为第一液相，LIQUID2 为第二液相。在第 4 章开始，我们将给出详细的反应设置。压力(Pressure)文件夹指定反应器入口压力和压降。持液量(Holdup)文件夹，我们通常用默认条件，假定不同相之间无滑移。

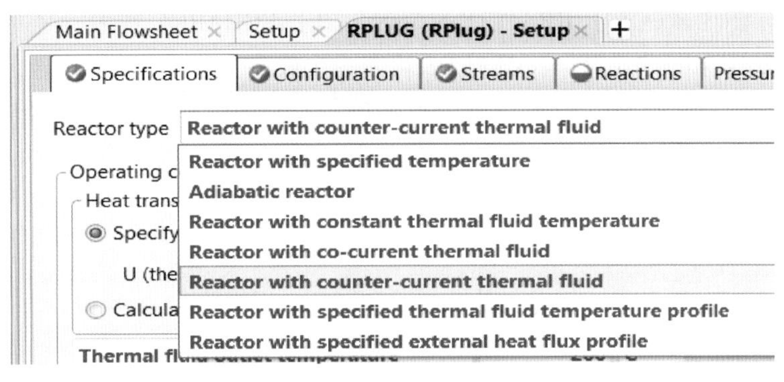

图 3.5 RPLUG 反应器的设置类型

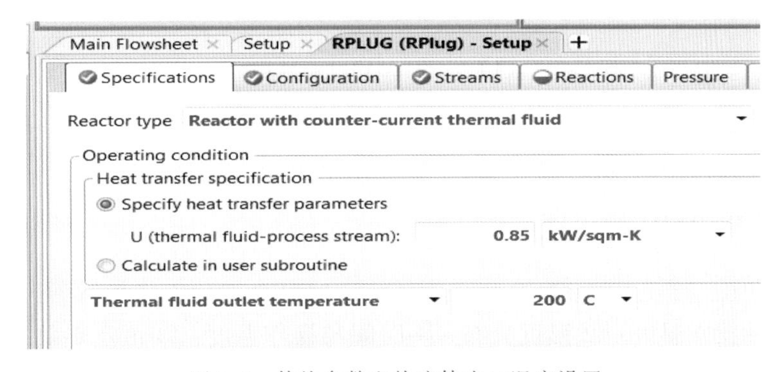

图 3.6 传热参数和热流体出口温度设置

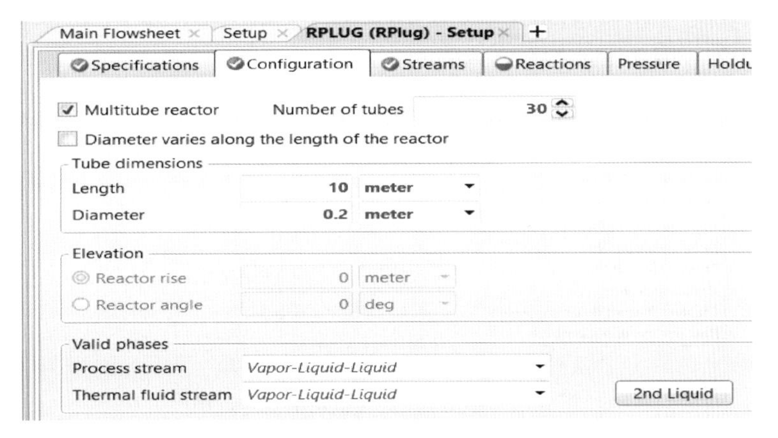

图 3.7 RPLUG 的设置

3.4 间歇式反应器模型（RBATCH）

3.4.1 RBATCH 的结构

RBATCH 模型可以模拟间歇式或半间歇式操作，在第 6 章，我们用 RBATCH 模拟 SBS

橡胶生产过程。图 3.8 展示了 RBATCH 的结构，图上 BCHARGE 代表一个单独的间歇进料流股(必需)，对于半间歇式操作，CFEEDS 代表一个或多个连续进料(可选的)，PRODUCT 代表一个单独的产品流股(必需)。对于半批式操作，VENT 表示用于半间歇式操作(可选)的排气流。没有入口热流，允许有一个出口热流 HEAT(可选)。

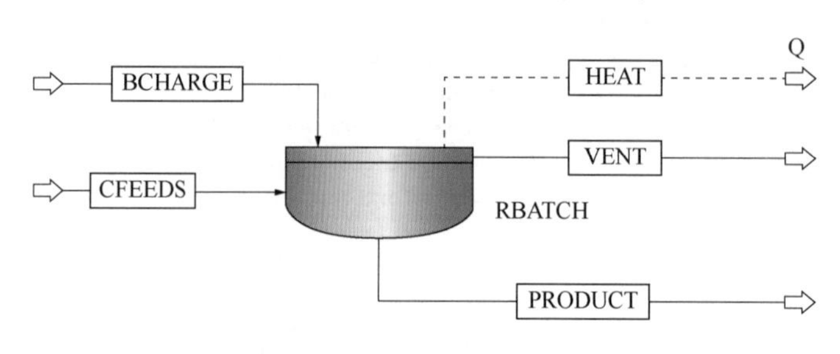

图 3.8　RBATCH 的结构

RBATCH 围绕理想的间歇式反应器进行质量、能量与聚合物属性守恒计算，假定已知反应动力学和反应器内容物混合良好。

3.4.2　RBATCH 的设置

图 3.9 说明反应器运行设置的六种选择，选择每个选项，将导致额外的所需指定：①恒定温度——操作温度；②温度分布——时间与操作温度；③恒定热负荷——热负荷；④热负荷——时间与热负荷；⑤恒定热流体温度——热流体温度、总传热系数和传热面积；⑥传热用户子程序——指定传热用户子程序的实例，见第 4 章 LDPE 反应器(为连续反应器，但是用户子程序的指定是基本相似的)。

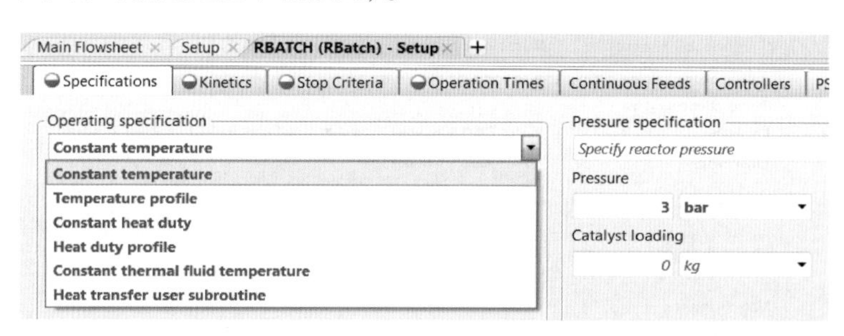

图 3.9　RBATCH 操作指定的 6 个选项

在图 3.9 中，我们看到压力指定，有 3 个选项：①指定反应器压力；②指定反应器压力分布(时间与操作压力)；③计算反应器压力。图 3.10 说明温度分布，“计算反应器压力”指定，以及有效相。我们需要提供反应器体积来计算反应器压力。半间歇式操作允许有放空流股时，我们指定一个排气开启压力和反应器体积。在图 3.9 中，我们还看到“Stop Criteria(停止操作标准)”“Operating Times(操作时间)”，以及“Continuous Feeds(连续进料)”等输入表单，对此将在第 6 章 SBS 生产过程进行详细说明，见表 6.13 和图 6.79。

最后，在图 3.10 上查看“Controllers(控制器)”输入表单。RBATCH 进行控制器计算，如果温度或者温度分布是指定的，反应器是半间歇式连续进料，有气相和液相，并以恒定的体积排气。在 Aspen Plus 在线帮助(online help)中，搜索“RBATCH controllers”，将给出反应器温度和压力 PID(比例-积分-微分)控制器的详细资料。我们将在第 7 章详细讨论控制器指定和参数调谐。

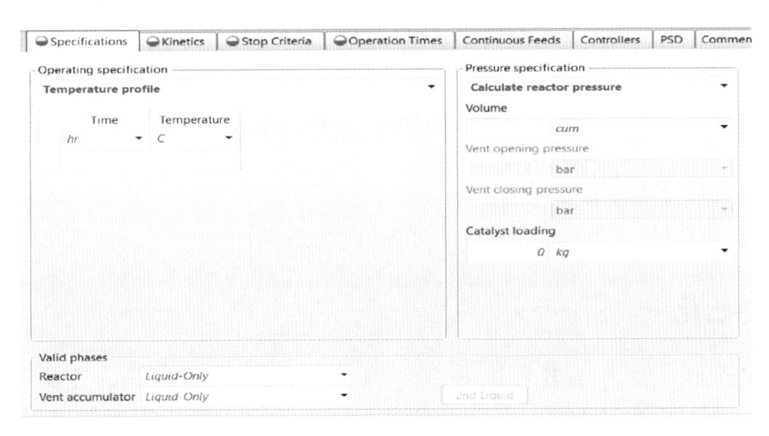

图 3.10　温度分布，“计算反应器压力”指定及有效相

3.5 非理想反应器的表征

本节给出几个例子，我们可以用 RCSTR 模型表征聚烯烃工业生产的非理想反应器。

在第 5.6.4 节，以淤浆法 HDPE 生产过程为例，讨论固体聚合物在相平衡计算中的影响。假定聚合物溶解于溶剂的液相之中，就像反应器温度在聚合物熔点之上的乙烯溶液聚合一样。尽管这种模拟简化不能代表乙烯淤浆法聚合的真实情况，但是热力学模拟的影响相对较小。图 5.25 说明了实际条件和模拟假设之间的差别[1]。

在第 5.7.3 节，我们用 4 个 RCSTR 串联，详细讨论气相聚丙烯(PP)生产过程的卧式搅拌床反应器[2]，见图 5.50。关于卧式搅拌床反应器聚合物生产停留时间分布(*RTD*)的实验研究，表明我们可用 3~5 个 RCSTR 产生的聚合物停留时间分布来准确地表征[3]。

在图 5.8，展示了 Univation 公司应用流化床反应器的 UNIPOL 线型低密度聚乙烯工艺。在 Aspen Plus 软件中，现行的做法是用 RCSTR 模拟 UNIPOL 聚合反应器和类似的流化床聚合反应器。流化的聚合物固相的特性就像相平衡观点看法的流体。参考图 3.3，我们需要根据已知的反应床固体积累量，指定冷凝相的体积。

3.6 RCSTR 演算的收敛

图 3.11 展示了 Aspen Plus 在线帮助中 RCSTR 的收敛方案，我们按照此图，讨论每一个步骤的细节。

- 初始化：设置初值和缩放因子
- 停留时间循环：改变体积来匹配指定的停留时间
  - 能量平衡循环：改变温度来匹配指定的热负荷
    - 质量平衡循环：求解组分的质量守恒方程
      - 闪蒸循环：求解相平衡方程
- 最后：计算并储存结果

图 3.11　RCSTR 收敛方案

3.6.1　初始化

为了初始化质量、能量与聚合物属性守恒计算，所使用的默认方法称为***求解方法***（***solver method***）。具体到 RCSTR，设置出口流股等于入口流股，或者使用指定的温度、组分流率和属性数值初始化 RCSTR 模块，除非上一次收敛结果可以使用。然后，RCSTR 在初始猜测值的基础上，应用试错法求解质量、能量与聚合物属性守恒方程。

另一种初始化方案是***积分法***，RCSTR 对质量、能量与聚合物属性守恒方程进行数值积分，从初始条件积分到稳态条件。默认的初始条件是，设置出口流股等于入口流股，温度等于指定温度，或者热负荷等于指定热负荷。使用此方法，我们不需要提供组分流率和属性初值。

按照如下路径：Simulation → Blocks → RCSTR Block → Convergence → Parameter → Initialization（模拟→设备块→连续搅拌槽式反应器→收敛→参数→初始化），选择：①不使用积分（Do not use integration）；②总是用积分（Always use integration）；③用积分进行初始化（Initialize using integration），见图 3.12。

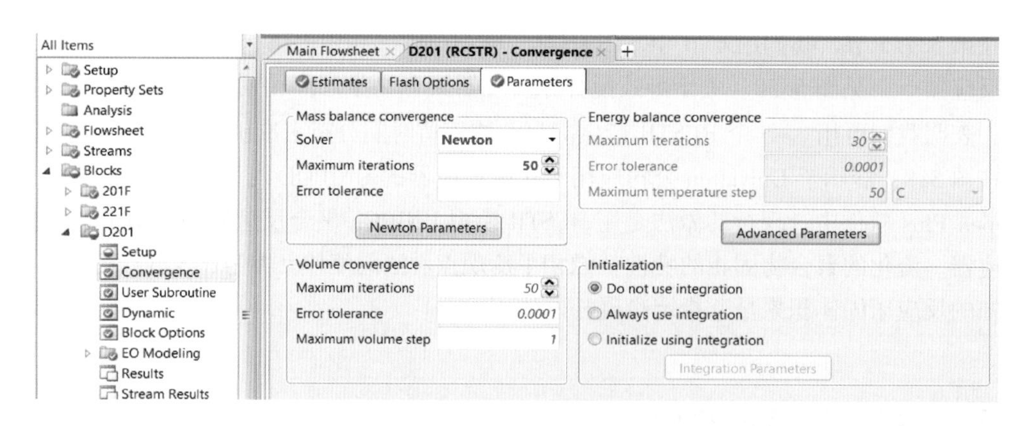

图 3.12　初始化选项说明

Aspen Plus 软件在线帮助推荐“数值积分比试错法更可靠”。因此，排除质量守恒收敛问题时，请考虑删除初始化初值和用积分进行初始化。

3.6.2 缩放因子

缩放因子对 RCSTR 的收敛特性有很强的影响。基本上，Aspen Plus 使用数值求解器求解质量、能量与聚合物属性守恒方程，收敛于包括 RCSTR 在内的动力学反应器的循环计算。求解算法使用缩放后的变量，理想情况，每个类型变量的缩放因子数值大小和变量本身相同(例如，质量分数由 0 至 1；聚合物属性 *MWN* 由 5000 至 60000)，换言之，当缩放后的变量接近于 1，求解器工作得最好。我们注意到，如果缩放因子变大，变量变小，那么模型收敛精度变差；如果缩放因子变小，变量变大，那么收敛判据将会收紧得不可接受，导致模型收敛失败。

点击图 3.13 所示的"Advanced Parameters(高级参数)"按钮，可以看到两个缩放参数选项：Component-based(组分基准的)和 Substream-based(子流股基准的)。有兴趣的读者可以在 Aspen Plus 软件在线帮助搜索"Component Attributes Scale Factors(组分属性缩放因子)"，得到更详细的介绍。对于子流股基准的缩放，搜索"Substream Mixed and Stream Class CONVEN"，了解 Aspen Plus 如何设置组分摩尔流率、总的摩尔流率、温度、压力、质量焓等，聚合物组分属性(例如，链段分数 *SFRAC*、数均分子量 *MWN*、重均分子量 *MWW*，以及分子量分散性指数 *PDI*)，排列到常规组分的子流股向量 MIXED 中。

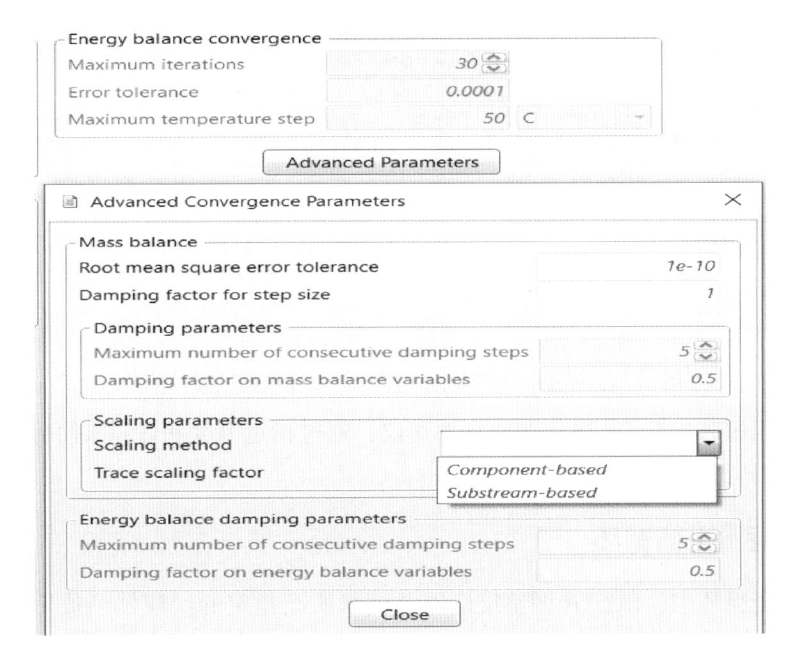

图 3.13 缩放参数选项：组分基准的和子流股基准的

表 3.2 列出了 Aspen Plus 如何通过 RCSTR 组分基准的和子流股基准的方法确定缩放因子的指导原则。注意图 3.13 中所示"Trace scaling factor(痕量缩放因子)"。当该因子等于 1 时，组分基准的和子流股基准的方法是相同的。

表 3.2　Aspen Plus 如何确定 RCSTR 组分基准的和子流股基准的缩放因子指南

变量类型	组分基准的缩放	子流股基准的缩放
焓值	估算出口流的初值	
组分摩尔流率	较大数值：(1)估算出口流的摩尔流率；(2)0 至 1 的痕量缩放因子×总的出口流流率估算值	总的出口流摩尔流率估算值
聚合物属性	较大数值：(1)出口流的估计值；(2)默认属性缩放因子×估算的组分摩尔流率；(3)痕量缩放因子×总摩尔流率估算值×默认属性缩放因子	默认的属性缩放因子

3.6.3　停留时间循环

在图 3.3 中，我们已经提供了反应器体积和相的体积，如果选择指定停留时间来代替体积，RCSTR 通过调整体积满足指定的停留时间。我们可以提供体积的初值，缓解停留时间循环的收敛问题。按照如下路径：RCSTR→Convergence→Estimates→Volume(RCSTR→收敛→初值→体积)填写反应器体积初值，如果持续存在收敛问题，按照下述路径改变最大体积步长：RCSTR→Convergence→Parameters→Volume convergence→Maximum volume step(RCSTR→收敛→参数→体积收敛→最大体积步长)，从 1 减小到较小的数值，见图 3.14。

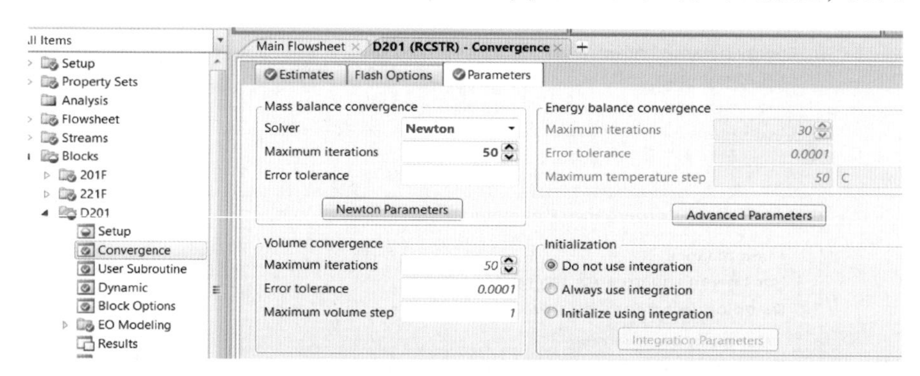

图 3.14　减小最大体积步长参数加速停留时间循环收敛

排除收敛问题时，Aspen Plus 在线帮助建议，通过指定温度和体积来简化问题，而不是指定热负荷和停留时间。

3.6.4　能量平衡循环

在能量平衡循环中，RCSTR 调整反应器温度来匹配指定的反应器热负荷。如果指定反应器温度代替反应器热负荷，RCSTR 将跳过此循环，并且切换到质量平衡循环，从而大大简化质量和能量平衡计算。因此建议当指定反应器温度代替反应器热负荷，或者指定传热参数(热流体温度、总传热系数，或者热量流股)可行时，简化 RCSTR(以及 RPLUG 和 RBATCH)的运行。

我们注意到反应速率对温度很敏感，反应器温度大的变化，可能导致能量平衡循环发散。

如果按照如下路径指定压力和热负荷作为反应器操作条件：Simulation→Blocks→RCSTR→Setup→Operating conditions（模拟→设备块→RCSTR→设置→操作条件），指定压力和热负荷，通过提供好的温度初值，可以避免反应器收敛问题，完成此项指定的路径：Simulation→Blocks→RCSTR→Convergence→Estimates→Temperature（模拟→设备块→RCSTR→收敛→初值→温度）：填写初值。如果数量问题依旧存在，可以减小最大温度步长，由默认值50℃调到一个较小数值，见图3.15。

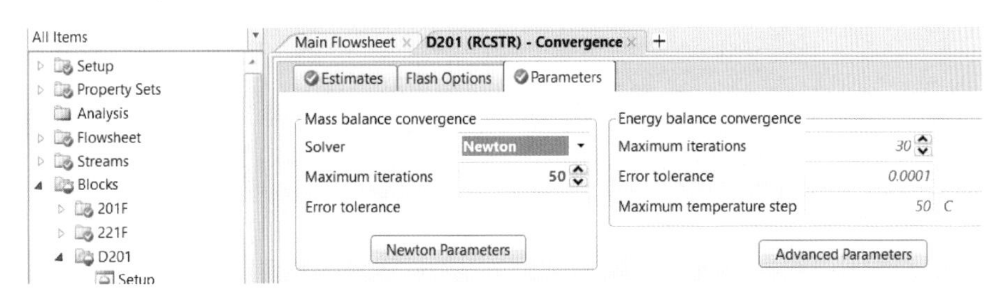

图3.15 能量平衡收敛：减小最大温度步长

3.6.5 质量平衡循环

收敛质量、能量与聚合物属性守恒方程，包括组分摩尔流量、守恒的组分属性（例如：链段分数 *SFRAC*、*MWN* 和 *MWW*），RCSTR 有两种求解方法：① ***布洛登（Broyden）算法***趋向于相对地快，但是组分和属性的数量大以及反应速率高时，可能不稳定；② ***牛顿（Newton）算法***趋向于比较慢，但是对于多种问题，它更稳定。

在讨论每一种算法质量平衡迭代达到收敛的计算次数之前，我们看图3.16了解阻尼（damping）的概念[4]。过程模拟软件工具都包括应用阻尼因子减小过程变量的平方根误差（*RMSE*）与容许误差比值的功能，通过有限次数的迭代，该比值小于1达成收敛。此图说明了应用阻尼因子后良好的阻尼系统，在有限的迭代次数之内，误差比是怎样减小到小于1（即 10^0）的，以及在欠阻尼系统，比值是如何增大的。

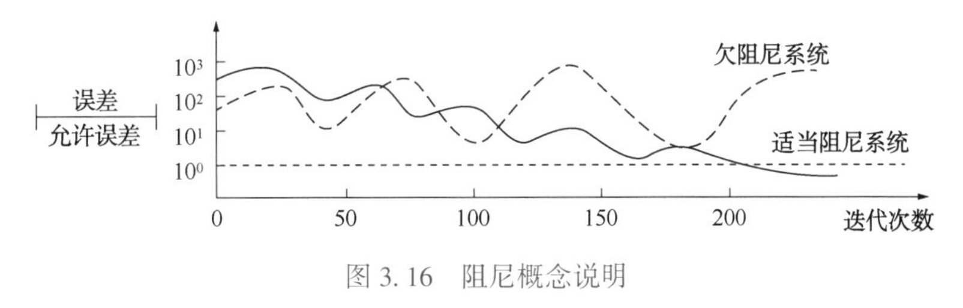

图3.16 阻尼概念说明

图3.17显示了质量平衡收敛算法默认的迭代次数，Broyden 方法的默认值为50次，该默认值对于 Newton 方法是足够的，对于 Broyden 方法通常是太小了。如图3.17所示，Aspen Plus 在线帮助建议增加 Broyden 方法的迭代次数，用于聚合过程模拟至少为500次，并应用较小的阻尼因子，其范围在0.1和0.001（点击图上显示的“Advanced Parameters”按钮访问该参数）。

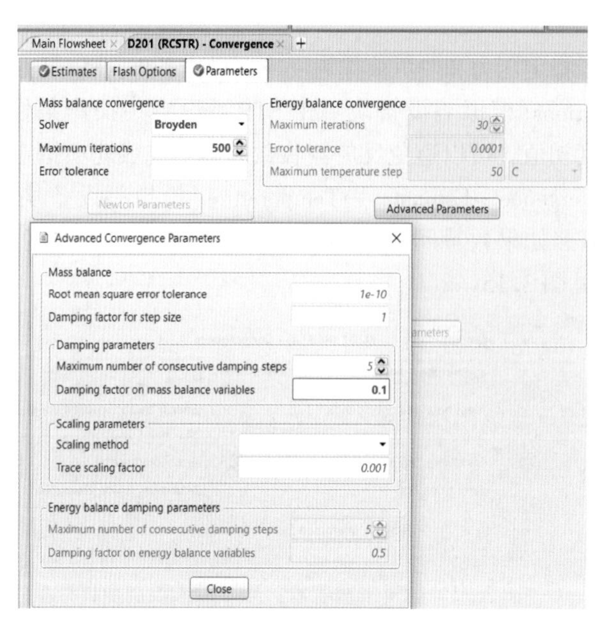

图 3.17　将 Broyden 算法最大迭代次数设置为 500，并在质量平衡变量上添加 0.1 至 0.001 的小阻尼因子

使用 Newton 算法进行质量平衡迭代时，应用稳定策略，指定用于稳定 Newton 算法的方法，有两种选择：① ***狗腿(Dogleg)策略***(默认)，应用优化理论中的鲍威尔(Powell)狗腿策略，Newton 算法和最陡下降方向进行组合；② ***线性搜索(Line-Search)策略***，沿着牛顿方向进行一维搜索，对于聚合反应动力学以及反应速率对痕量物种浓度很敏感的系统，建议用线性搜索。这些痕量物种也参与反应(例如，反应催化剂或阻聚剂)。在“Newton Parameters(牛顿参数)”表单改变稳定策略，从“Dogleg”改为“Line-Search”，可以改进收敛性能，特别是适用于离子聚合(ionic)和配位(Ziegler-Natta)聚合动力学，见图 3.18。

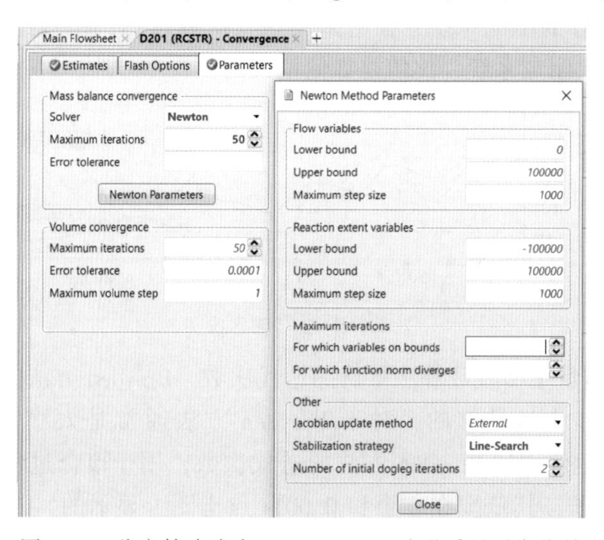

图 3.18　稳定策略改为“Line-Search”改进质量平衡收敛

3.6.6 闪蒸循环

如图 3.11 所示，从底部向上看，闪蒸循环是最内部的循环，而能量平衡循环和停留时间循环代表着外层循环。闪蒸循环进行相平衡计算。在生产过程的整个温度和压力范围内，准确的物理性质是至关重要的。当我们在控制面板上看到“初始化闪蒸失败”的消息时，这很可能是因为物理性质问题，应检查聚合物和低聚物组分的生成热(*DHFORM*)和理想气体比热容(*CPIG*)。如果缺少这些物性值，请应用第 2 章的物性估算方法(参见第 2.7 节)。如果存在超临界组分(轻质气体和低分子量烃类)，在使用 POLYNRTL 物性方法时，考虑将其视为亨利组分(参见第 2.2.5 节)。当质量平衡回路中出现闪蒸失败故障时，请按照以下路径更改闪蒸选项的参数：Simulation→Blocks→RCSTR→Convergence→Flash options→Increase “maximum iterations”(模拟→设备块→RCSTR→收敛→闪蒸选项→增加“最大迭代次数”)至 200，并减少闪蒸允许误差到小于 0.0001。

3.6.7 聚烯烃生产过程模拟推荐的 RCSTR 质量平衡收敛算法

表 3.3 总结了聚烯烃生产过程模拟推荐的 RCSTR 质量平衡收敛算法。

表 3.3 聚烯烃生产过程模拟推荐的 RCSTR 质量平衡收敛算法

聚烯烃聚合反应动力学	RCSTR 质量平衡收敛算法
自由基聚合(第 4 章：LDPE，EVA；第 7 章，PS)	对于均聚反应，假定虚拟稳态近似算法(PSSA)，使用 Broyden 算法；否则，使用 Newton 算法
配位(ZN)聚合(第 5 章：HDPE，PP，LLDPE)；离子聚合(第 7 章：SBS)	使用带初值的 Newton 算法，如果收敛失败，使用积分(integration)初始化。减小默认的痕量缩放因子至 0.0001(见图 3.12)，如果收敛问题依旧存在，再缩小 10 倍。将稳定策略由“Dogleg”改为“Line-Search”

3.7 RPLUG/RBATCH 模型收敛

RPLUG 和 RBATCH 的收敛计算基本是相似的。它们使用变步长 Gear 积分方案[5]来解决质量、能量和聚合物属性守恒方程。对于 RPLUG，我们沿着反应器长度进行积分，而对于 RBATCH，我们沿着时间轴进行积分。图 3.19 显示了 RPLUG 和 RBATCH 相同的“闪蒸选项”。

图 3.20 说明了 RPLUG 的“Integration Loop(积分循环)”。

对于 RPLUG 和 RBATCH，质量、能量和聚合物属性守恒计算的求解算法称为***校正器(corrector)***。RPLUG 和 RBATCH 都提供两种校正器方法：① ***直接替代方法(Direct)***；② ***牛顿方法(Newton)***。一般来说，牛顿方法在聚合动力学中具有最佳性能，但对于变量数量较多的问题，直接替代法更快。Aspen Plus 在线帮助建议尝试两种方法，以确定在特定问题中哪种方法更快。

在图 3. 20 中，我们看到“***Initial step size of integration variables*(*积分变量的初始步长*)**”为 0. 01。如果求解器无法通过这个步长收敛方程，它将把步长缩小 10 倍。这个过程会重复最多 6 次。如果求解器仍然无法收敛，反应器计算将失败，并显示错误消息“ ***求解器无法在最小步长下收敛***”。当发生这种情况时，我们建议将初始步长缩小至 1×10^{-4}。

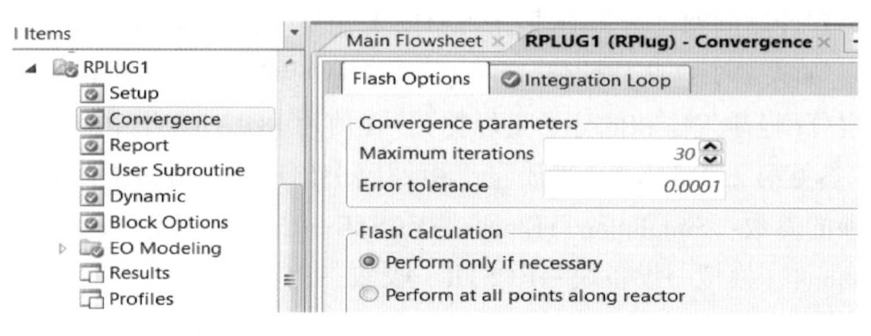

图 3. 19　RPLUG 和 RBATCH 的闪蒸选项

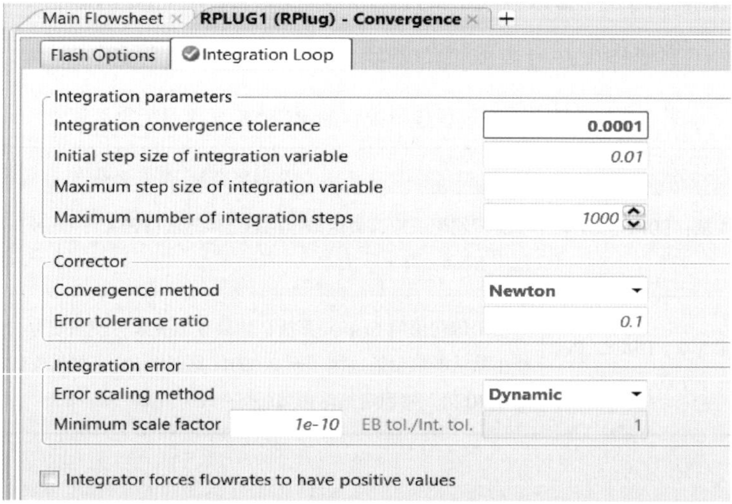

图 3. 20　RPLUG 的积分循环

图 3. 20 还显示了默认值为 1000 的“***Maximum number of integration steps*** ***(最大积分步数)***”。对于涉及微量组分的快速反应动力学，特别是在校正器使用直接替代方法的情况下，Aspen Plus 在线帮助建议将最大积分步数从 1000 增加到 5000。如果收敛需要超过 5000 步，请尝试将校正器更改为牛顿方法。

从图 3. 20 中我们可以看到，对于 RPLUG，默认的“initial step size of integration variable (误差与许可误差的比值)”为 0. 01. 这意味着校正器的许可误差为 1×10^{-5}，即积分收敛的许可误差(设置为 0. 0001)乘以 0. 1。对于一些问题，尤其是涉及带有热传递计算的 RPLUG 的情况，误差与许可误差的比值可能会高于 0. 1，但它应始终小于 1。对于 RBATCH，我们在积分循环中看不到误差许可误差的比值的输入，但它有一个隐藏的默认值为 0. 1。

像 RCSTR 一样，RPLUG 和 RBATCH 使用第 3. 6. 2 节讨论的缩放因子求解质量、能量和聚合物属性守恒方程。在图 3. 20 中，我们看到了 ***误差缩放方法*** 的输入。RPLUG 和

RBATCH 都有两个选项：①基于进料流股条件的 ***静态缩放因子***，在整个积分过程中保持恒定；② ***动态缩放因子***，它们根据上一次的变量值在每个积分步骤中进行更新。在图 3.20 中，我们在 RPLUG 的积分循环中看到了"Minimum scale factor(最小缩放因子)"的条目，默认值为 1×10^{-10}。在运行 RPLUG 模拟时，我们可能会遇到"integration error：maximum number of integration steps is reached(积分错误：达到最大积分步数)"这样的错误消息。当使用动态缩放时，变量值变得非常小，一个小的绝对误差就会变成一个很大的缩放后误差。解决方法是将最小缩放因子从默认值 1×10^{-10} 增加到 1×10^{-5}。

在此结束了我们对反应器收敛技巧的一般讨论。在第 4~7 章，我们将阐明这些指南在具有不同聚合动力学的特殊工业聚合反应器中的应用，并讨论涉及反应器、分离器和其他单元设备的工艺流程收敛的实用指南。

3.8 数据拟合(模拟数据回归)

在第 2.7 节中，我们讨论了用于估算热物理性质数据回归(DRS)的工具，以及用于物性方法的纯组分和二元交互参数。Aspen Plus 还有另一个用于模拟数据回归的有用工具，称为 ***数据拟合(data fit)***。我们可以使用它做以下工作：①估算未知的模型参数(例如，反应动力学参数、传热系数和分离效率)；②对实测数据进行调和；③对未知模型参数进行估算，同时对实测数据进行校正。

数据拟合是一种有效的非线性回归工具，允许用户从常数、随时间变化的或温度相关的实验测量数据或者工艺模拟与工厂目标匹配中确定统计上可接受的模型参数。我们可以使用点数据或时间分布数据进行回归。我们需要使用调和的输入变量和标准偏差来定义数据，利用指定范围内的数据来估算模型参数[6]。

数据拟合最小二乘回归目标函数如下：

$$f=\min_{X_p,\ X_{ri}}\sum_{i=1}^{N_{set}}\left(W_i\times\left(\sum_{j=1}^{N_{expi}}\left(\sum_{i=1}^{N_{ri}}\left(\frac{X_{mri}-X_{ri}}{\sigma X_{mri}}\right)^2+\sum_{m=1}^{N_{rr}}\left(\frac{X_{mrr}-X_{rr}}{\sigma X_{mrr}}\right)^2\right)\right)\right)\tag{3.1}$$

受的约束条件：

$$X_{plb}\leqslant X_p\leqslant X_{pub},\ X_{rilb}\leqslant X_{ri}\leqslant X_{riub}\tag{3.2}$$

式中 N_{set}——回归中指定的数据集数量；

N_{expi}——数据集 i 中实验的数目；

N_{ri}——调和后输入变量的数目；

N_{rr}——测量的输出变量的数目；

W_i——回归中数据集 i 的权重；

X_p——可变参数的向量；

X_{mri}——调和输入变量的测量值；

X_{ri}——调和输入变量的计算值；

X_{mrr}——输出变量的测量值；

X_{rr}——输出变量的计算值；

σ——测量变量指定的标准偏差。

由于模型参数估计是一个复杂的回归问题，我们可以在数据拟合中改变一些数值参数，以加快收敛计算。我们可以改变计算残差所需的***最大算法迭代次数***(***maximum algorithm iterations***)和***通过过程流程图的最大次数***(***maximum number of passes***)，这些都是用于计算残差的。我们指定了一个***边界因子***(***bound factor***)，通过变量乘以标准差给出上限和下限。我们还指定***目标函数许多误差的绝对平方和***(***the absolute sum of squares objective function tolerance***)，以便在目标函数值小于许可误差值时问题能够收敛。

该工具使用***信赖域算法***(***trust region algorithm***)进行参数估算的最小二乘回归。具体来说，该算法根据当前可变数值向量的初值维持一个区域直径的估算，称为***信赖域***(***trust region***)，它可以预测最小二乘目标函数的特性。如果在信赖域内找到了一个足够好的模型，那么该区域将会扩展；如果模型是一个较差的近似，那么信赖域将会收缩。该工具还提供了一些处理手段来实现信赖域优化算法的回归。

3.9 例题 3.1：使用浓度分布数据进行苯乙烯聚合动力学参数拟合

3.9.1 目的

本次案例的目的是演示应用数据拟合工具回归通过热引发进行的苯乙烯本体聚合的动力学参数的简化步骤[7,8]。这是自由基聚合的一个示例，在第 4 章中我们将详细讨论 LDPE 和 EVA，第 6 章将讨论 PS。在本例题中，我们从一个简化的 PS 模拟模型开始，解释完成的步骤，然后演示逐步应用数据拟合工具，基于间歇式反应器中 PS 浓度随时间的变化，回归聚合反应的动力学参数。本例题的起始模拟文件是“***WS3. 1 Data Fit _Profile Data _PS. bkp***”。

3.9.2 苯乙烯聚合的简化动力学模型

我们打开起始模拟文件并进入物性环境，设置(Setup)文件夹显示，该例题使用一个称为 METCBAR 的单位集，它是由一个名为 MET 的单位集，将温度单位从 K 更改为℃，将压力单位从 atm 更改为 bar 构建而成，如之前的图 1. 7(a)所示。

接下来，我们转到组分(Components)文件夹，图 3. 21 中显示了各个组分。此处，STY 和 STE-SEG 分别表示苯乙烯单体和苯乙烯链段(重复类型)。PS 是聚苯乙烯产物。INIT 是链引发剂，双叔丁基过氧化物(DTBP)是引发剂，在 Aspen Polymers 引发剂数据库中有。CINI 是一个共引发剂，这是一个虚拟组分，用于激活 Aspen Polymers 自由基聚合动力学模型中的热引发反应。EB(乙基苯)是一种链转移剂，用于控制分子量。INHIBIT 是一种抑制剂，由 STY 表示。

我们点击图 3. 21 中显示的企业数据库“Enterprise Database”按钮，以确保我们已为本例题选择了纯组分、链段、聚合物和引发剂的数据库，参见图 3.22。

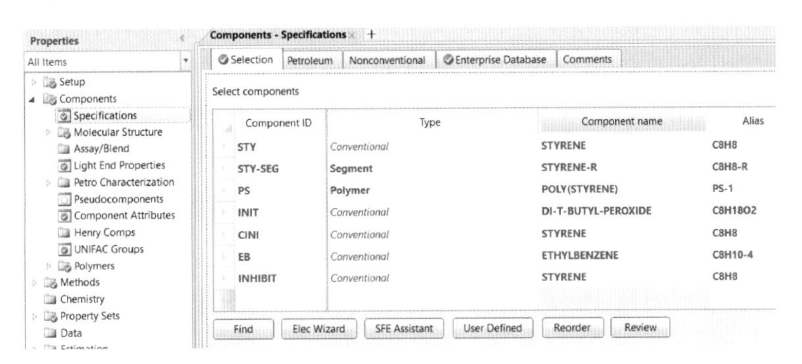

图 3.21　组分选择

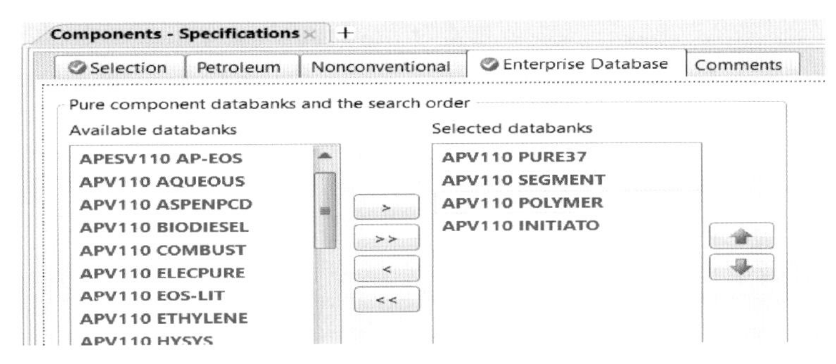

图 3.22　指定的企业数据库

接下来，我们按照如下路径进行操作：Properties → Components → Polymers → (1) Segments：segment ID = STY-SEG，type = Repeat[物性→组分→聚合物→(1)链段：链段 ID = STY-SEG，类型 = 重复]；(2) Polymers：Polymer ID：Choose"PS"；Built-in attribute group：Choose"Free radical selection"(聚合物：聚合物 ID：选择"PS"；内置属性集：选择"自由基选择")。

这个例题使用了第 2.2.4 节中讨论的 POLYNRTL 物性方法。

按照路径进行操作：Properties→Methods→Specifications→Global→Method name(物性→方法→指定→全局的→方法名称)：选择"POLYNRTL"。接下来，点击图 3.21 底部显示的"Review"按钮，调出纯组分参数。我们可以按照路径进行操作，查看纯组分参数：Properties→Methods→Parameters→Pure Components(物性→方法→参数→纯组分)。

为了确保 PS 具有极小的液体饱和蒸气压，并且不会汽化，我们需要输入与扩展安托因(Antoine)相关的液体饱和蒸气压的第一个温度相关参数(PLXANT-1)，值为-40，参见图 3.23。要查看 PLXANT 相关的具体方程式，请点击图 3.23 中显示的"Help(帮助)"按钮。

根据第 2.3 节，例题 2.1，我们使用 UNIFAC 功能团贡献方法估算 POLYNRTL 模型的所有缺失二元交互参数。我们按照路径查看估算的参数：Properties→Methods→Parameters→Binary Interaction(物性→方法→参数→二元交互作用)→NRTL-1(见图 3.24)。在此估算后，我们停止下一次模拟进行此项估算，按照路径进行操作：Properties→Estimation→Input→Setup→Estimation options：Choose"Do not estimate any parameters"(物性→估算→输入→设置

→估算选项：选择“不估算任何参数”）。

接下来，我们进入模拟环境，查看图 3.25 中的 RBATCH 反应器的流程图。FEED 流体温度为 100℃，压力为 4.5 bar，组分质量流率(kg/h)为：苯乙烯(STY) = 1000，INIT = CINIT = 1，EB = 5，INHIBIT = 0.5。

Components	Source	Temperature units	Property units	1	2	3	4	5	6	7	8	9
INHIBIT	USER	K	Pa	-30	0	0	0	0	0	0	0	1000
STY	DB-PURE37	K	N/sqm	105.93	-8685.9	0	0	-12.42	7.5583e-06	2	242.54	636
INIT	DB-PURE37	K	N/sqm	73.778	-6989.5	0	0	-7.412	1.7108e-17	6	233.15	547
CINI	DB-PURE37	K	N/sqm	105.93	-8685.9	0	0	-12.42	7.5583e-06	2	242.54	636
EB	DB-PURE37	K	N/sqm	89.063	-7733.7	0	0	-9.917	5.986e-06	2	178.2	617.15
PS	USER	K	N/sqm	-40	0	0	0	0	0	0	0	1000

图 3.23　PS 液相饱和蒸气压关联式用户参数的指定

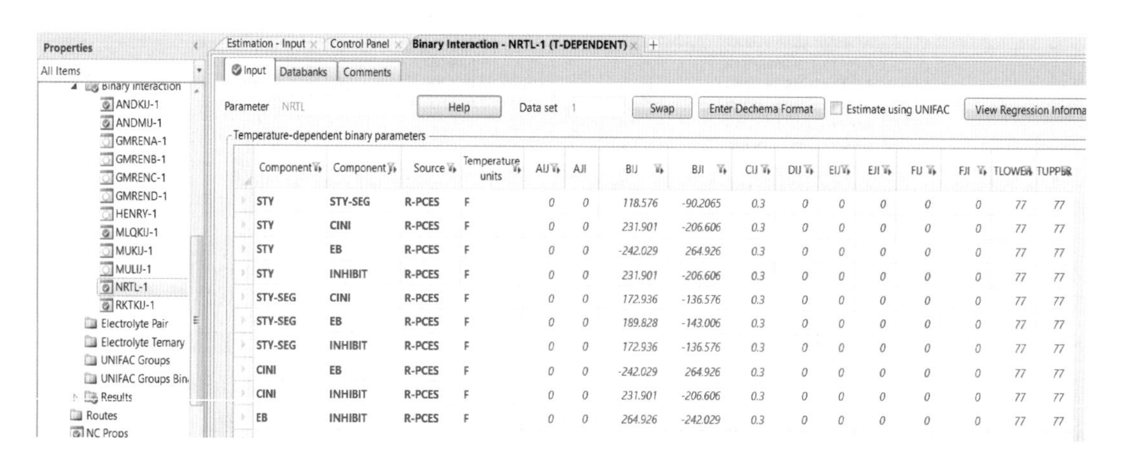

Component i	Component j	Source	Temperature units	AIJ	AJI	BIJ	BJI	CIJ	DIJ	EIJ	EJI	FIJ	FJI	TLOWER	TUPPER
STY	STY-SEG	R-PCES	F	0	0	118.576	-90.2065	0.3	0	0	0	0	0	77	77
STY	CINI	R-PCES	F	0	0	231.901	-206.606	0.3	0	0	0	0	0	77	77
STY	EB	R-PCES	F	0	0	-242.029	264.926	0.3	0	0	0	0	0	77	77
STY	INHIBIT	R-PCES	F	0	0	231.901	-206.606	0.3	0	0	0	0	0	77	77
STY-SEG	CINI	R-PCES	F	0	0	172.936	-136.576	0.3	0	0	0	0	0	77	77
STY-SEG	EB	R-PCES	F	0	0	189.828	-143.006	0.3	0	0	0	0	0	77	77
STY-SEG	INHIBIT	R-PCES	F	0	0	172.936	-136.576	0.3	0	0	0	0	0	77	77
CINI	EB	R-PCES	F	0	0	-242.029	264.926	0.3	0	0	0	0	0	77	77
CINI	INHIBIT	R-PCES	F	0	0	231.901	-206.606	0.3	0	0	0	0	0	77	77
EB	INHIBIT	R-PCES	F	0	0	264.926	-242.029	0.3	0	0	0	0	0	77	77

图 3.24　POLYNRTL 二元交互作用参数估算

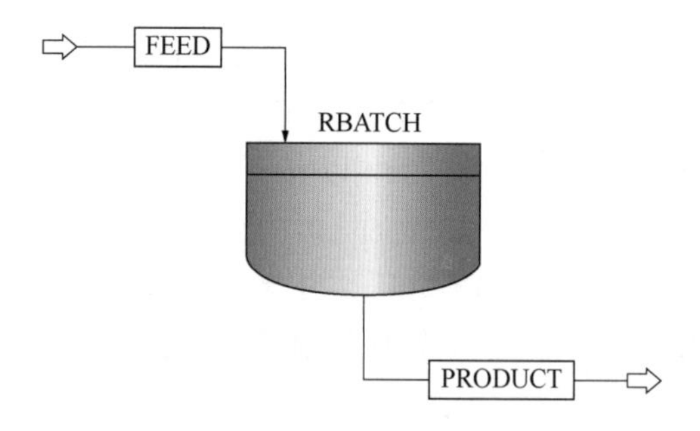

图 3.25　WS3.1 RBATCH 反应器

我们将在第 4 章更详细地讨论自由基聚合的动力学。要创建我们的反应集，我们按照以下路径进行操作：Simulation→Reactions→New→Create New ID→Enter ID = R-1；Select Type：Free-Rad(模拟→反应→新建→创建新 ID→输入 ID = R-1；选择类型：Free-Rad)→OK(确定)→Species specification(物种选择)，见图 3.26。

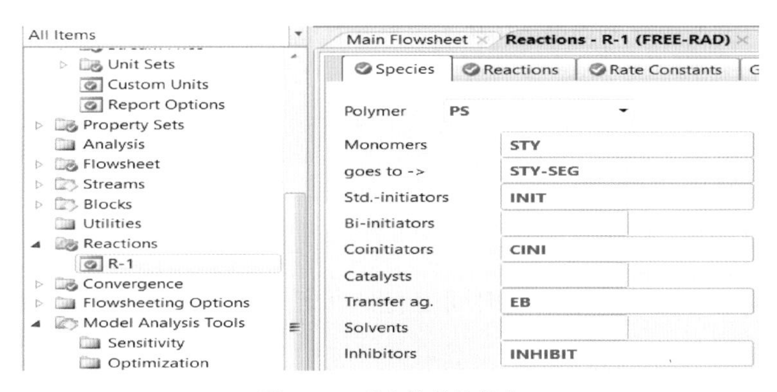

图 3.26 反应物种的指定

在这个例题中，我们按照以下路径生成反应：Simulation→Reactions→Reaction R-1→Species(Figure 3.26)→Reactions→Click on"Generate Reactions"button[模拟→反应→反应 R-1→物种选择(见图 3.26)→反应→点击"生成反应"按钮]。图 3.27 中列出的 9 个反应，包括：①引发剂分解(Init-Dec)；②特殊热引发(Init-Sp)；③链引发(Chain-Ini)；④链增长(Propagation)；⑤链转移至单体(Chat-Mon)；⑥链转移至链转移剂(Chain-Agent)；⑦歧化终止(Term-Dis)；⑧耦合终止(Term-Comb)；⑨受抑制剂抑制(Inhibition)。

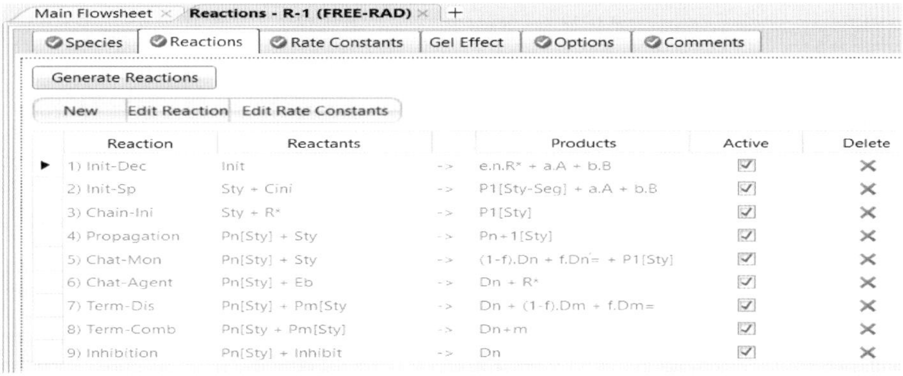

Main Flowsheet × Reactions - R-1 (FREE-RAD) × +

Species | Reactions | Rate Constants | Gel Effect | Options | Comments

Generate Reactions

New | Edit Reaction | Edit Rate Constants

Reaction	Reactants		Products	Active	Delete
1) Init-Dec	Init	->	e.n.R* + a.A + b.B	☑	×
2) Init-Sp	Sty + Cini	->	P1[Sty-Seg] + a.A + b.B	☑	×
3) Chain-Ini	Sty + R*	->	P1[Sty]	☑	×
4) Propagation	Pn[Sty] + Sty	->	Pn+1[Sty]	☑	×
5) Chat-Mon	Pn[Sty] + Sty	->	(1-f).Dn + f.Dn= + P1[Sty]	☑	×
6) Chat-Agent	Pn[Sty] + Eb	->	Dn + R*	☑	×
7) Term-Dis	Pn[Sty] + Pm[Sty	->	Dn + (1-f).Dm + f.Dm=	☑	×
8) Term-Comb	Pn[Sty + Pm[Sty]	->	Dn+m	☑	×
9) Inhibition	Pn[Sty] + Inhibit	->	Dn	☑	×

图 3.27 苯乙烯热引发聚合

在第 4.2 节，我们将对每种类型的自由基反应进行详细解释。对于当前的例题，我们只关注简化的反应集，通过删除反应 1 和反应 7，并将初始速率常数作为初值，再用数据拟合工具回归动力学参数。图 3.28 显示了剩下的 7 个反应的初始速率常数。

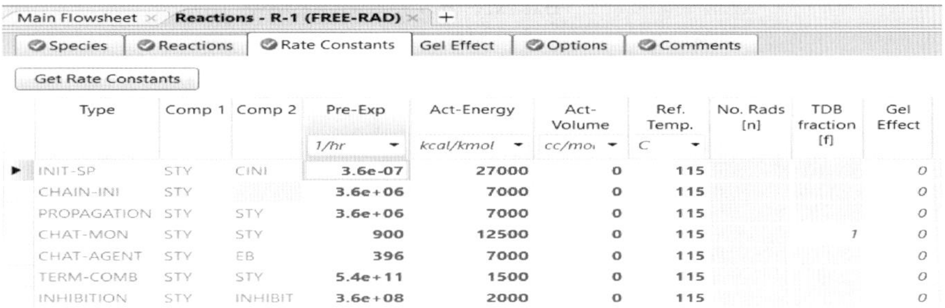

Main Flowsheet × Reactions - R-1 (FREE-RAD) × +

Species | Reactions | Rate Constants | Gel Effect | Options | Comments

Get Rate Constants

Type	Comp 1	Comp 2	Pre-Exp	Act-Energy	Act-Volume	Ref. Temp.	No. Rads [n]	TDB fraction [f]	Gel Effect
			1/hr	kcal/kmol	cc/mol	C			
INIT-SP	STY	CINI	3.6e-07	27000	0	115			0
CHAIN-INI	STY		3.6e+06	7000	0	115			0
PROPAGATION	STY	STY	3.6e+06	7000	0	115			0
CHAT-MON	STY	STY	900	12500	0	115		1	0
CHAT-AGENT	STY	EB	396	7000	0	115			0
TERM-COMB	STY	STY	5.4e+11	1500	0	115			0
INHIBITION	STY	INHIBIT	3.6e+08	2000	0	115			0

图 3.28 案例 3.1 初始速率常数

我们注意到图 3.28 中列出的反应速率常数具有以下标准的 Arrhenius 形式：

$$k=k_0\times e^{-\frac{E}{R}\left(\frac{1}{T}-\frac{1}{T_r}\right)} \tag{3.3}$$

其中，k_0为指前因子，E 为活化能，R 为理想气体常数，T 为反应系统的温度，T_r为参考温度。

3.9.3 数据集

RBATCH 恒温实验数据包括随时间变化的苯乙烯液相质量分数(PSFRAC)，参见表 3.4。

表 3.4 随时间变化的苯乙烯液相质量分数

时间/h	数据集		
	PS1 苯乙烯质量分数	PS2 苯乙烯质量分数	PS3 苯乙烯质量分数
0	0	0	0
0.5	0.00799	0.000366	0.00041
1	0.015	0.000806	0.000861
1.5	0.0227	0.00123	0.00127
2	0.0316	0.00163	0.00178
2.5	0.038	0.00211	0.00205
3	0.0466	0.00249	0.00265
3.5	0.0506	0.00294	0.00304
4	0.061	0.0033	0.00358
4.5	0.064	0.00388	0.00389
5	0.0759	0.0043	0.0046

我们按照以下路径创建数据集：Simulation→Model Analysis Tools→Data Fit→Dataset→New→Enter ID=PS1；Choose type=Profile-data→OK(模拟→模型分析工具→数据拟合→数据集→新建→输入 ID=PS1；选择类型=分布数据→确定)→①定义(Define)：参见图 3.29；②数据(Data)：参见图 3.30，输入表 3.4 中数据集 PS1。重复此路径输入数据集 PS2 和 PS3。

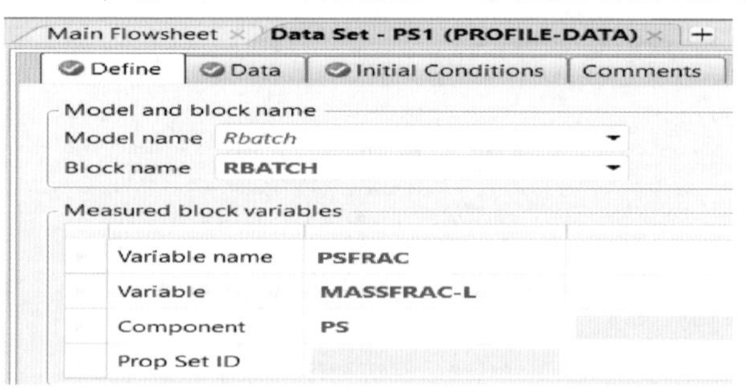

图 3.29 定义随时间变化的苯乙烯液相质量分数作为数据集 PS1

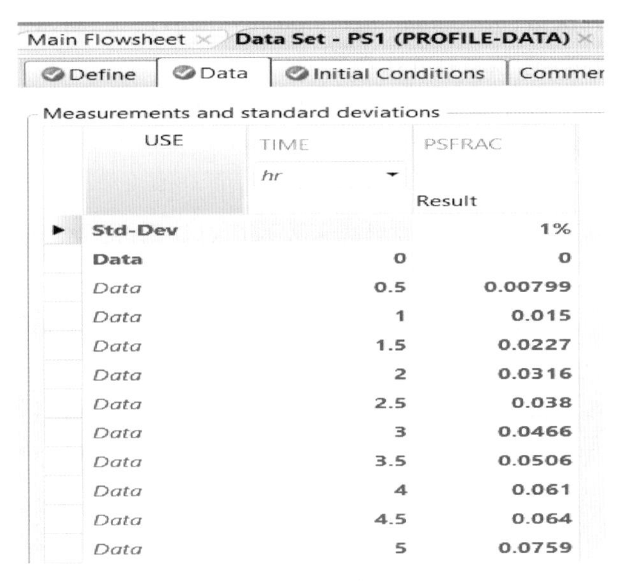

图 3.30 数据集 PS1

3.9.4 模拟数据回归(Data Fit)

要定义一个模拟-回归运算，我们按照以下路径进行操作：Simulation→Model Analysis Tools→Data Fit→Regression→New→Enter ID：R-1(模拟→模型分析工具→数据拟合→回归→新建→输入 ID：R-1)→OK(确定)→Specifications(指定)：①激活：是(Active：yes)；②选择要回归的数据集(Select datasets to be regressed)：PS1，PS2 和 PS3；③变量：新建(Vary：New)，参见图 3.31。变量 1(ISPRE-EXP，特殊引发反应的指前因子)；变量 2(ISACT-Energy，特殊引发反应的活化能)；变量 3(INPRE-EXP，抑制反应的指前因子)，以与变量 1 同样的方式定义变量 2 和变量 3。

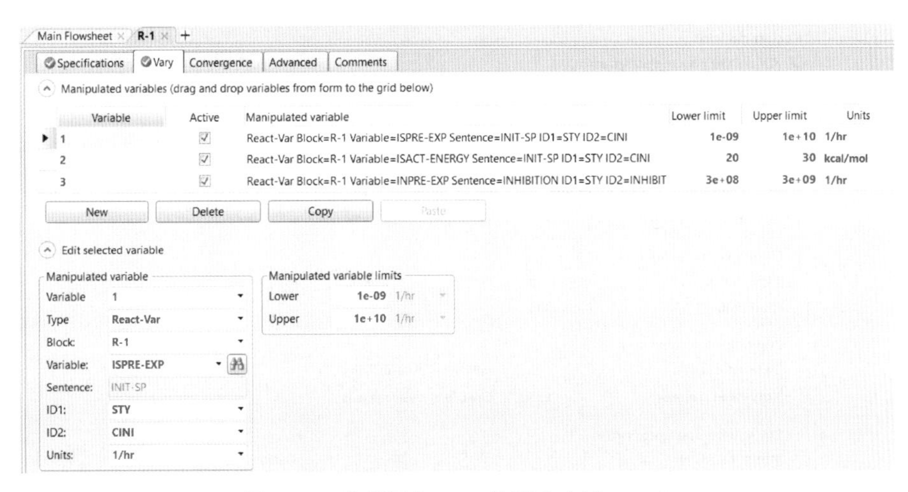

图 3.31 数据回归 R-1 的调节变量(Vary)

图 3.32 展示了数据拟合的默认收敛参数：

（1）***最大算法迭代次数(Maximum algorithm iterations)***：控制回归迭代的次数。50 次迭代通常是足够的(当前运行收敛在 5 次迭代内)。

（2）***流程最大通过次数(Maximum passes through the flowsheet)***：对于变量和实验较多的问题，需要增加通过次数。

（3）***绝对(目标)函数许可误差***：通常默认值 0.01 太低。

（4）***相对函数许可误差***：当预测的目标函数的相对变化低于指定值时停止迭代；默认值 0.002 太小。通常，0.01(或 1%)的值足够了。

（5）***X 收敛容差***：当预测的任何变量的最大相对变化低于指定值时停止迭代；默认值 0.002 太小。

（6）***最小步长许可误差***：控制“solution maybe suboptimal message(解决方案可能是次优信息)”。默认值非常保守。我们按照以下路径进行操作：Simulation→Model Analysis Tools→Data Fit→Regression→Results→Summary(模拟→模型分析工具→数据拟合→回归→结果→概要)。在这里，我们寻找从初始值(14970.5)到最终值(122.333)目标函数的合理改善，见图 3.33。理论上，卡方分布(Chi-square)统计值应小于 95%的置信关键值，然而这在实际回归中很少发生。我们接着检查图 3.34 中显示得到的调节变量，寻找在 95%置信区间的下限和上限之间的更小值，宽松的界限表示松弛的拟合，同时，确认估计值合理地大于标准偏差。

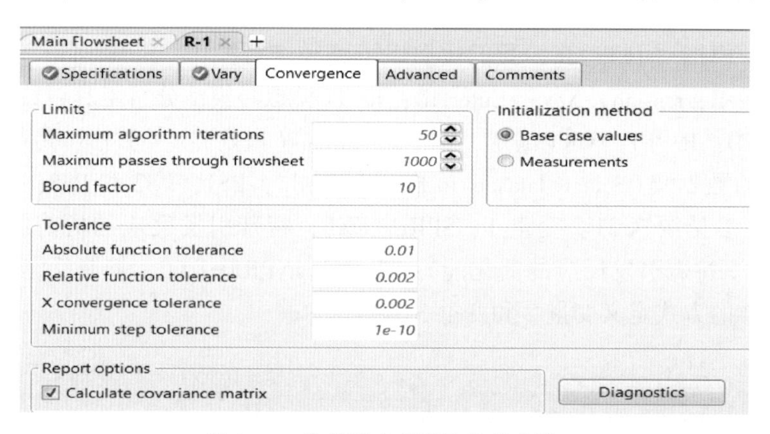

图 3.32　数据拟合的默认收敛参数

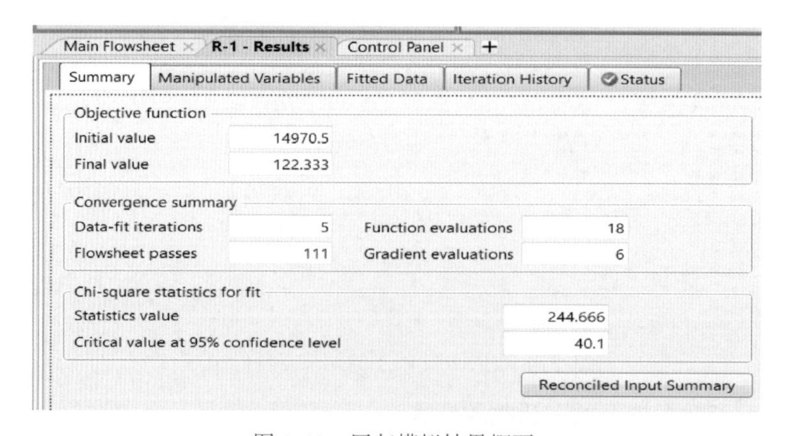

图 3.33　回归模拟结果概要

Summary | Manipulated Variables | Fitted Data | Iteration History | Status

Vary no.	Initial value	Estimated value	Standard deviation	95% confidence interval	
				Lower limit	Upper limit
1	3.6e-07	5.51757e-07	3.70714e-09	5.44491e-07	5.59023e-07
2	27000	24704.8	59.1647	24588.9	24820.8
3	3.6e+08	3.5148e+08	3.689e+06	3.44249e+08	3.5871e+08

图 3.34 估算的调节变量数值和标准偏差

查看迭代历史数据也将提供有用的见解，图 3.35 显示了“Objective function(目标函数)”值和前后两次目标函数值的实际相对差异[称为增量函数(Delta function)]方面的迭代进展。有兴趣的读者可以搜索 Aspen Plus 在线帮助，了解图中其他列表结果的解释。

Main Flowsheet | R-1 - Results | Control Panel

Summary | Manipulated Variables | Fitted Data | Iteration History | Status

View: Function results

Iteration	Objective function	Delta function	Predicted delta function	Delta X	Lambda
0	14970.5	0	0	0	0
1	203.665	0.986396	0.987117	5.55316e-08	0.69176
2	124.966	0.386416	0.386651	5.91288e-08	1.39027e-08
3	124.96	4.45987e-05	4.76438e-05	5.92616e-08	1.42446e-08
4	122.34	0.0209638	0.0210754	0.0121822	0
5	122.333	6.16844e-05	6.15612e-05	0.000207142	0

图 3.35 数据拟合运算迭代历史数据

最后，我们可以通过以下路径比较估计值和测量值：Regression R-1→Results→Fitted Data(回归 R-1→结果→拟合数据)→Plot：Choose Custom(绘图：选择自定义)，X 轴-估计值(X Axis-estimated values)；Y 轴-测量值(Y Axis-measured value)，点击“OK(确定)”。见图 3.36 中的初始绘图→绘图：格式，选择正方形图(Square Plot)和对角线(Diagonal Line)，参见图 3.37 中改进的绘图。

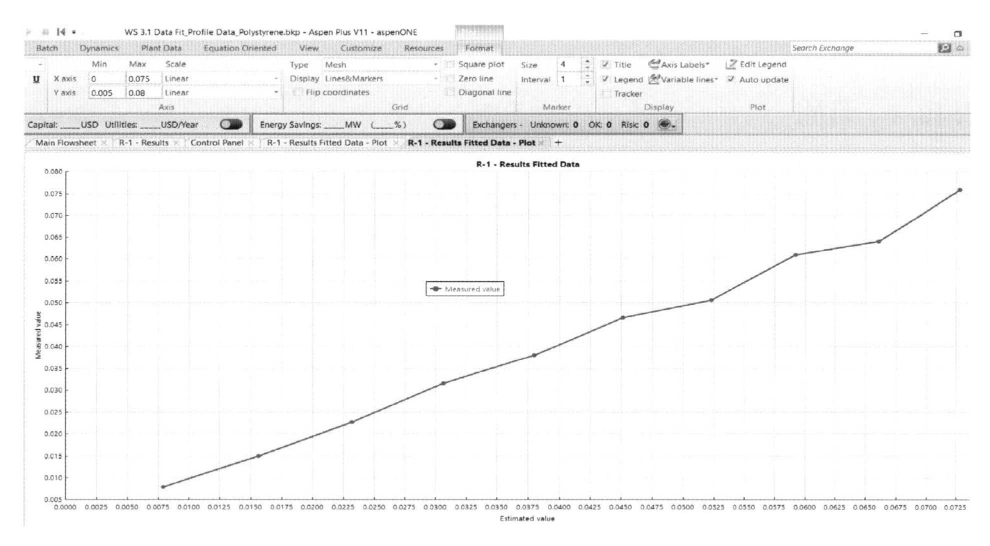

图 3.36 估算值与测量值的初始绘图，注意顶端的正方形图和对角线格式选项

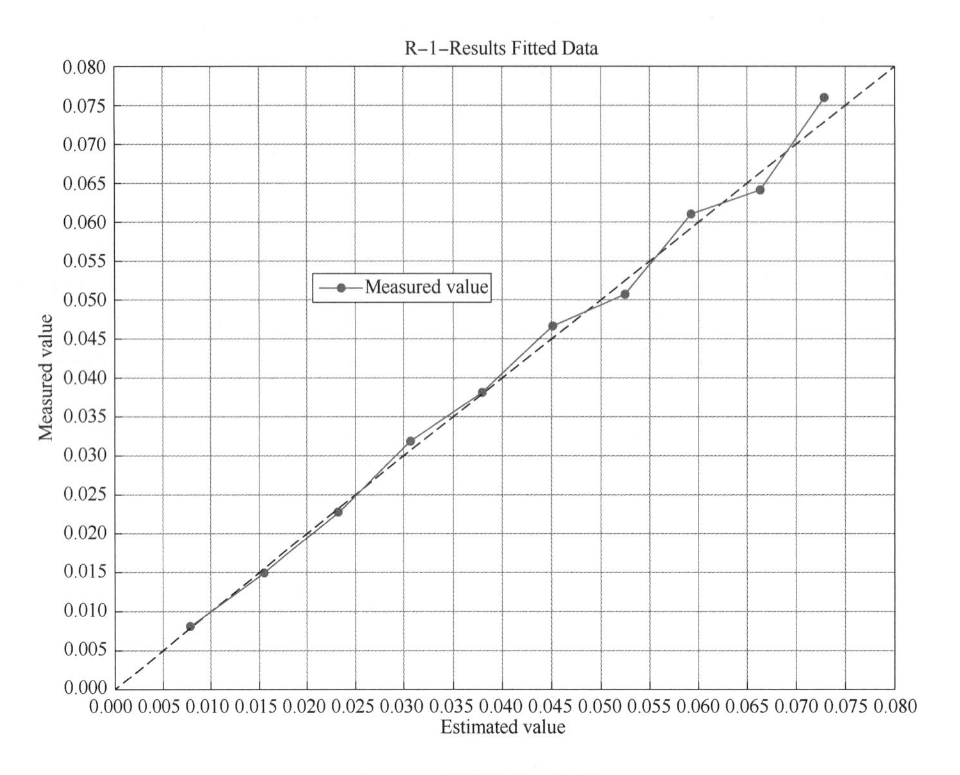

图 3.37　估算值与测量值

此处结束了本例题，我们将模拟文件保存为“***WS3.1 Data Fit_Profile Data_PS.bkp***”。

3.10 例题 3.2：利用点数据进行苯乙烯聚合动力学参数的数据拟合

3.10.1 目的

本例题的目的是继续之前的 PS 例题，并演示如何应用数据拟合工具来对 RBATCH 反应器产品流股进行动力学参数回归，以满足间歇式聚合结束时所需的 *MWN* 和 *MWW* 值。数据拟合运行的数据集只包括称为点数据集的 *MWN* 和 *MWW* 的单个数值。

我们使用与“***WS3.1***”相同的模拟文件，并将其重新保存为“***WS3.2 Data Fit_Point Data_PS.bkp***”。按照以下路径操作：Simulation→Streams→Product→Result→Component Attributes（模拟→物流→产品→结果→组分属性），*MWN*=2792.19，*MWW*=5483.05（见图 3.38）。我们的任务是找到适当的速率常数的指前因子，用于链增长反应和链转移至单体反应，以生产 *MWN*=2800、*MWW*=5500 的 PS 产品。

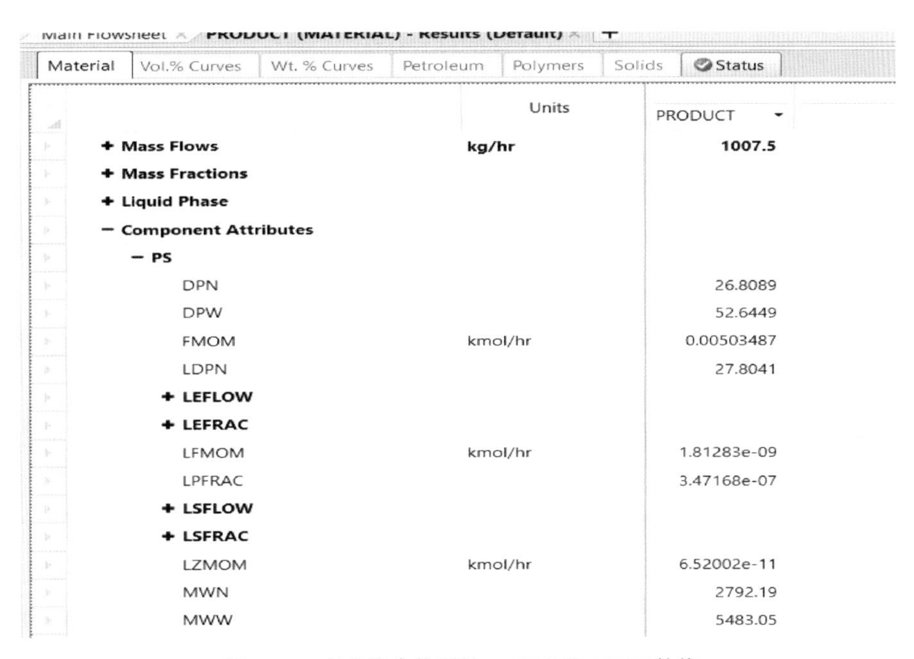

图 3.38　产品聚合物属性：*MWN* 和 *MWW* 数值

3.10.2　数据集

我们按照如下路径创建数据集：Simulation→Model Analysis Tools→Data Fit→Dataset→New→Enter ID=PS4(模拟→模型分析工具→数据拟合→数据集→新建→输入 ID=PS4)；选择类型=点数据(Select type=Point-data)，点击“OK”按钮，①定义：变量 PSMWN(Define：Variable PSMWN)，参见图 3.39，PS 产品物流 *MWN* 的数值；重复同样步骤，定义 PSMWW 变量用于 PS 产品物流的 MWW。②数据(Data)：参见图 3.40，PS4 数据集。

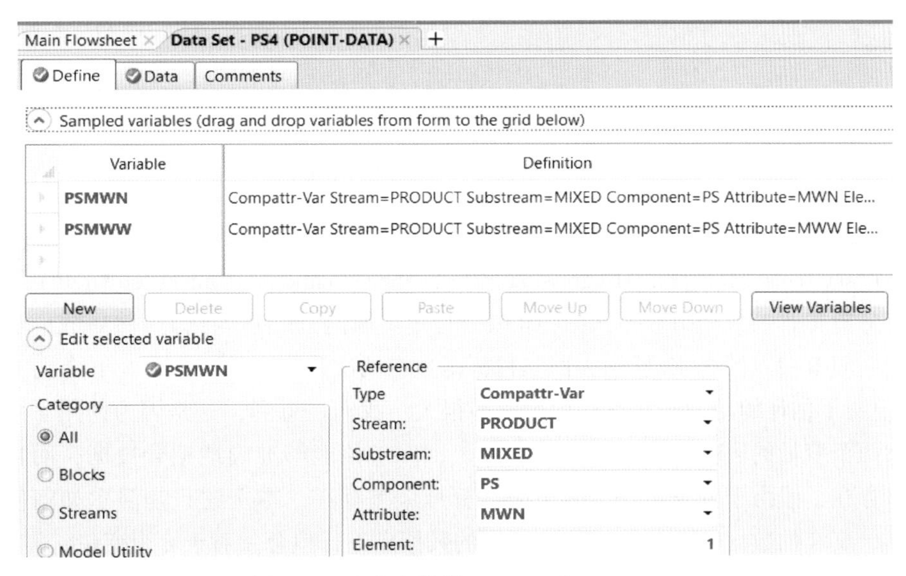

图 3.39　定义点数据 PSMWN 和 PSMWW

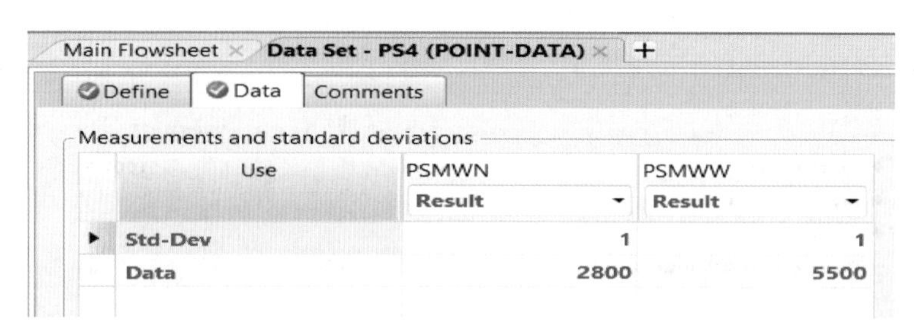

图 3.40　选择点数据集 PS4

3.10.3　模拟数据回归

为了定义一个模拟回归运算，我们按照以下路径操作：Simulation→Model Analysis Tools→Data Fit→Regression→New→Enter ID：R-2(模拟→模型分析工具→数据拟合→回归→新建→输入 ID：R-2)→OK(确定)→Specifications(指定)：①激活：是(Active：yes)；②选择要进行回归的数据集：PS4(Select datasets to be regressed：PS4)；③变量：新建(Vary：New)，参见图 3.41。变量 1(PRPRE-EXP，链增长的指前因子)；变量 2(CMPRE-EXP，链传递至单体的指前因子)。以与变量 1 相同的方式定义变量 2。

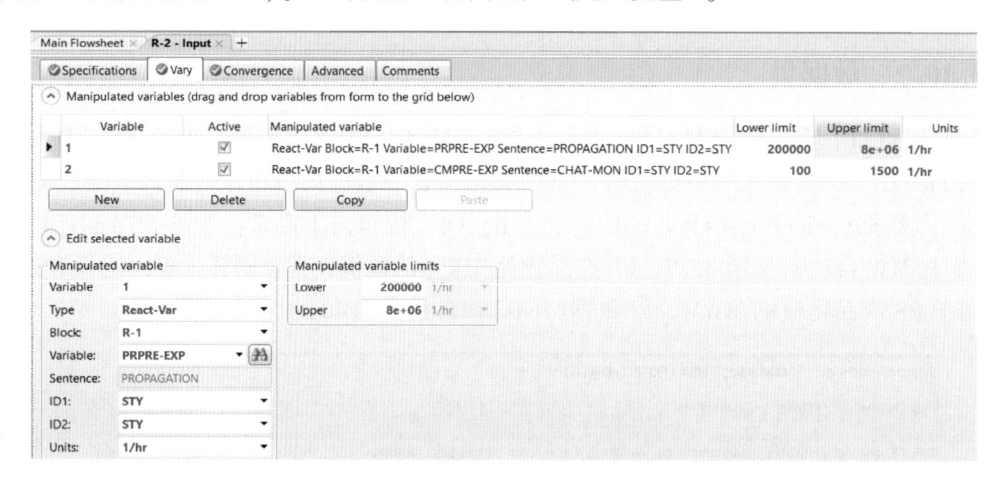

图 3.41　数据回归 R-2 的调节变量

在运行回归 R-2 之前，我们需要通过以下路径停用以前的回归运算 R-1：Simulation→Model Analysis Tools→Data Fit→Regression→R-1→Specifications：Cancel the“Active”entry(模拟→模型分析工具→数据拟合→回归→R-1→指定：取消“激活”勾选)。然后我们通过控制面板运行回归 R-2。图 3.42 显示，回归目标函数在两次迭代中从 35881.6 下降到 1.09908。图 3.43 说明了估计的动力学参数的标准偏差很大。我们注意到，这是因为使用了两个数据点来进行两个变量的回归。从技术角度来看，回归应该能够准确地拟合数据，而且标准偏差不应该存在，但由于变量 2 处于其下限，标准偏差存在。本例题只是演示如何使用数据拟合工具。真实的数据匹配问题应依赖更多的数据点进行拟合。对于 n 个变量，需要至少 n 个数据点，并且需要 $n+1$ 个数据点才能存在标准偏差。具有统计显著性的结果需要的数据点的数目至少比回归变量数量大一个数量级。图 3.44 和图 3.45 显示了拟合数据-估算数据和目标函数迭代结果。

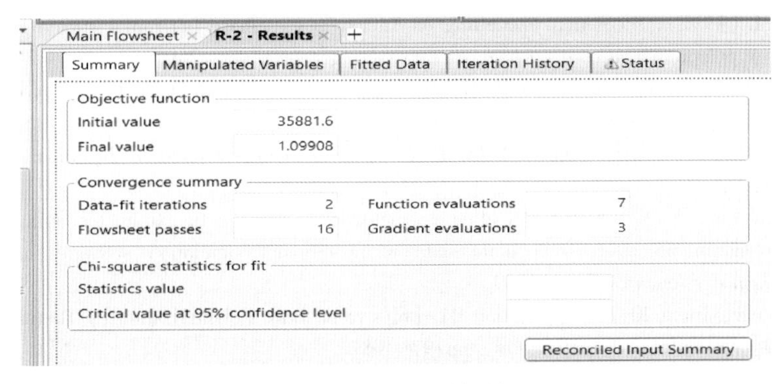

图 3.42　回归模拟结果概要

Main Flowsheet | R-2 - Results

Summary | Manipulated Variables | Fitted Data | Iteration History | Status

Vary no.	Initial value	Estimated value	Standard deviation	95% confidence interval Lower limit	Upper limit	Status
1	3.6e+06	3.75465e+06	3.78914e+06	200000	8e+06	
2	900	100	238983	100	1500	

图 3.43　估算的调节变量数值和标准偏差

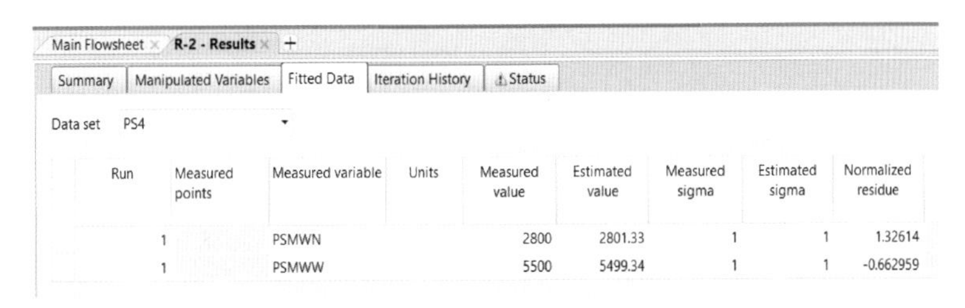
Main Flowsheet | R-2 - Results

Summary | Manipulated Variables | Fitted Data | Iteration History | Status

Data set　PS4

Run	Measured points	Measured variable	Units	Measured value	Estimated value	Measured sigma	Estimated sigma	Normalized residue
	1	PSMWN		2800	2801.33	1	1	1.32614
	1	PSMWW		5500	5499.34	1	1	-0.662959

图 3.44　测量值和估算值比较

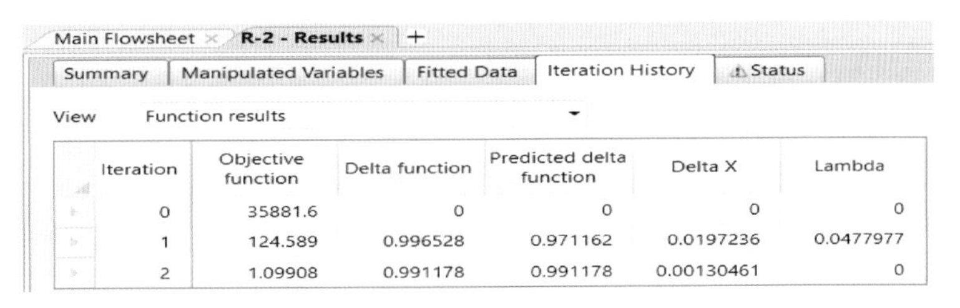
Main Flowsheet | R-2 - Results

Summary | Manipulated Variables | Fitted Data | Iteration History | Status

View　Function results

Iteration	Objective function	Delta function	Predicted delta function	Delta X	Lambda
0	35881.6	0	0	0	0
1	124.589	0.996528	0.971162	0.0197236	0.0477977
2	1.09908	0.991178	0.991178	0.00130461	0

图 3.45　两次迭代之内目标函数明显下降

本例题到此为止，将模拟文件保存为“***WS3. 2 Data Fit_Point Data_PS. bkp***”。

参　考　文　献

[1] Khare, N. P., Seavey, K. C., Liu, Y. A., Ramanathan, S., Lingard, S., Chen, C. C., (2002). Steady - state and dynamic modeling of commercial slurry high - density polyethylene (HDPE) processes. *Industrial and Engineering Chemistry Research* 41: 5601.

[2] Khare, N. P. , Lucas, B. , Seavey, K. C. , Liu, Y. A. , Sirohi, A. , Ramanathan, S. , Lingard, S. , Song, S. , Chen, C. C. (2004). Steady-state and dynamic modeling of gas-phase polypropylene processes using stirred-bed reactors. *Industrial and Engineering Chemistry Research* 43: 884.

[3] Caracotsios, M. (1992). Theoretical modelling of Amoco's gas phase horizontal stirred bed reactor for the manufacturing of polypropylene resins. *Chemical Engineering Science* 47: 2591.

[4] Liu, Y. A. , Chang, A. F. , and Pashikanti, K. (2018). *Petroleum Refinery Process Modeling: Integrated Optimization Tools and Applications*, 71. Weinheim: Wiley-VCH.

[5] Gear, C. W. (1971). *Numerical Initial Value Problems in Ordinary Differential Equations*. Englewood Cliffs, NJ: Prentice-Hall.

[6] Sharma, N. and Liu, Y. A. (2019). An effective methodology for kinetic parameter estimation for modeling commercial polyolefin processes from plant data using efficient simulation software tools. *Industrial and Engineering Chemistry Research* 58: 14209.

[7] Aspen Technology, Inc. (2017). Application B1-Polystyrene Bulk Polymerization by Thermal Initiation. *Aspen Polymers V8.4: Examples and Applications*, pp. 97-108.

[8] Aspen Technology, Inc. (2017). Initiator Decomposition Rate Parameters. *Aspen Polymers V8.5 Unit Operation and Reactor Models*, pp. 431-444.

4 自由基聚合：LDPE和EVA

本章介绍使用高压釜式反应器和管式反应器进行自由基聚合生产高压低密度聚乙烯（Low－Density Polyethylene，LDPE）和乙烯－醋酸乙烯酯共聚物（Ethylene-Vinyl acetate Copolymer，EVA）工艺的建模。

我们将介绍概念开发、建模方法、示例和例题。第4.1节介绍通过自由基聚合制备的聚合物。第4.2节介绍自由基聚合反应动力学。第4.3节解释如何选择合适的热力学方法和如何估算基本物性参数，以模拟自由基聚合制备聚烯烃过程。第4.4节讨论高压釜式反应器制备低密度聚乙烯工艺的例题。在本节中介绍一种基于工业数据估算动力学参数的有效方法，并将其用于开发自由基聚合制备商用聚烯烃工艺的模拟模型和优化模型。第4.5节是高压管式反应器制备低密度聚乙烯工艺的例题。第4.6节是高压釜式反应器制备EVA共聚物工艺的例题。本章最后以参考文献结束。

4.1 自由基聚合制备的聚合物

大约40%的商用聚合物是通过自由基聚合工艺制成的，在这些工艺中，单体通常处于液相状态。典型的单体形式为XHC═CH_2或XYC═CH_2。表4.1给出了自由基工艺中涉及的单体、重复单元(链段)和聚合物。

4.2 自由基聚合反应动力学

图4.1是自由基聚合反应示意图。自由基聚合工艺中主要反应包括引发剂分解反应、链引发反应、链增长反应、链转移反应、β裂解反应(自发链转移)、短链支化反应(分子内链转移或反咬)、链终止反应等，详见Odian[2]的教科书。在Aspen Polymers[3]的在线帮助中搜索“Reaction Kinetic Scheme(Free-Radical)[反应动力学方案(自由基)]”，可以找到自由基聚合模型中所有反应的完整列表和解释。

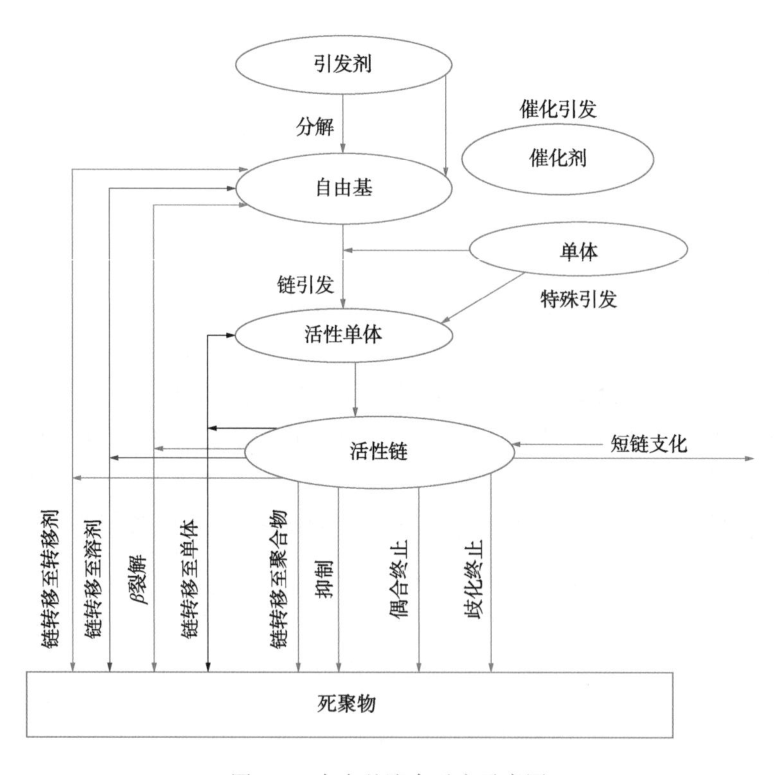

图4.1　自由基聚合反应示意图

(来源：改编自Lingard[1]，经Aspen Technology Inc. 许可使用)

表 4.1　自由基聚合工艺设计的部分单体、重复单元和聚合物

单体名称	单体化学式	重复单元	聚合物
乙烯	$H_2C=CH_2$	$—CH_2—CH_2—$	聚乙烯(PE)
苯乙烯	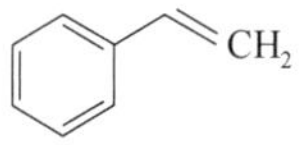 CH_2	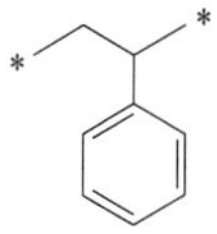 * *	聚苯乙烯(PS)
醋酸乙烯酯	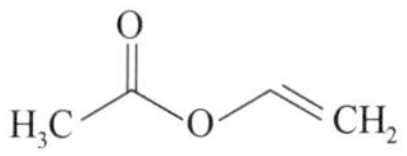 O H_3C O CH_2	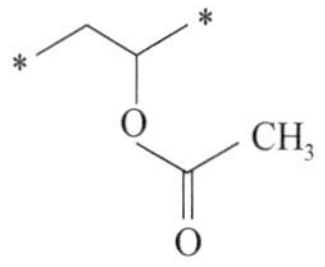 * * O CH_3 O	聚醋酸乙烯酯(PVAC)
乙烯、醋酸乙烯酯	$H_2C=CH_2$ 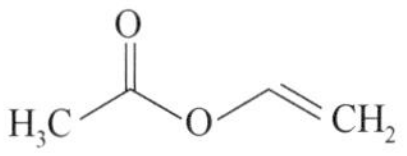 O H_3C O CH_2	$—CH_2—CH_2—$ * * O CH_3 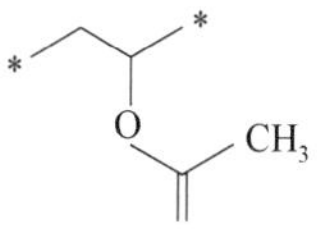	乙烯-醋酸乙烯酯共聚物(EVA)
苯乙烯、丙烯腈	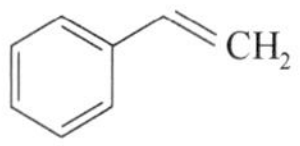 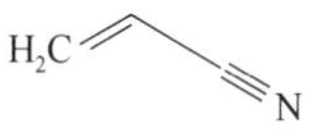 CH_2 H_2C N	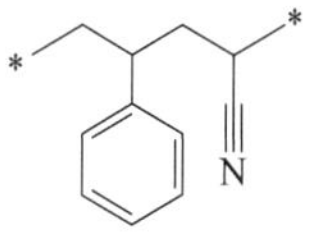 * * N	丙烯腈-苯乙烯共聚物(SAN)
甲基丙烯酸甲酯	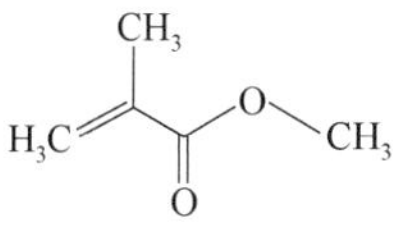 CH_3 H_3C O CH_3 O	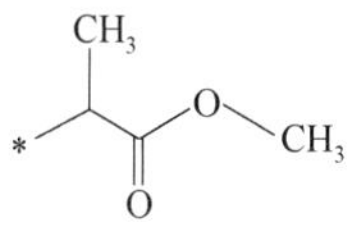 CH_3 * O CH_3 O	聚甲基丙烯酸甲酯(PMMA)

4.2.1　引发剂及其分解速率参数

考虑引发剂分解反应：INIT→$e \cdot n \cdot R^* + aA + bB$，其中，INIT代表引发剂，如过氧化苯甲酸叔丁酯(TBPB)；e是引发剂效率；n是产生的自由基数量；R^*表示自由基；A和B是副产物，a和b是相应的化学计量系数。我们在例题4.1中使用TBPB作为高压低密度聚乙烯(LDPE)工艺的引发剂之一。通过在在线帮助中搜索Aspen Polymers的“initiator decomposition rate parameters”(引发剂分解速率参数)条目，我们可以访问数据库API100 INITIATO[4]中的大量商用引发剂的动力学参数集。这些引发剂包括偶氮腈类(水溶性和含溶剂)、二酰基过氧化物、过氧化碳酸盐、烷基过氧化物、氢过氧化物、C—C引发剂和硫酰基过氧化物。例如，图4.2给出了烷基过氧化物DTBP(二叔丁基过氧化物)的分解反应动力学参数。

图4.3给出了自由基聚合动力学模型中部分的引发剂分解反应。在模型生成的自由基

反应列表中，我们选中第一个引发剂分解反应，点击“Edit Rate Constants”(编辑速率常数)以查看速率常数的详细信息。我们可以看到引发剂分解反应的速率常数 k 的具体形式，其中，k_{ref}是指前因子(1/s 或 1/h)，E_a是活化能(cal/mol 或 kcal/mol)，ΔVP(m^3/kmol 或 cm^3/mol)是在高压反应中非常重要的活化体积，T_{ref}(℃)是参考温度。点击“Get Rate Constants”(获取速率常数)按钮，Aspen Polymers 将从数据库 API100 INITIATO 中获取相关的速率参数值。需要注意的是，数据库中假定引发剂效率为 1，然而根据工业经验，我们应该在案例中将其改为 0.8 或更低。在图 4.3 中，我们使用的效率为 0.4。

Alkyl Peroxides

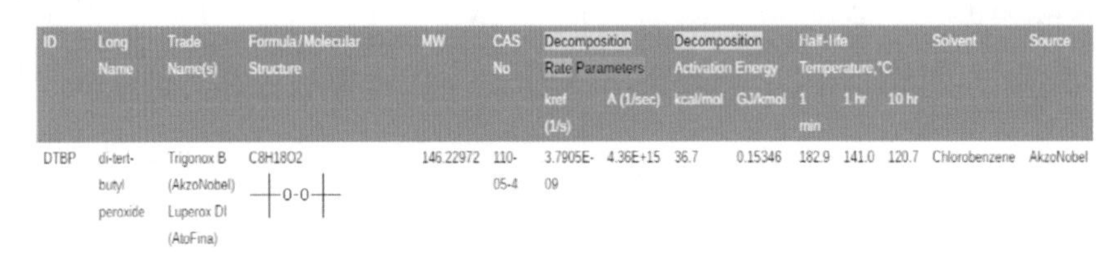

ID	Long Name	Trade Name(s)	Formula/Molecular Structure	MW	CAS No	Decomposition Rate Parameters		Decomposition Activation Energy		Half-life Temperature,°C			Solvent	Source
						kref (1/s)	A (1/sec)	kcal/mol	GJ/kmol	1 min	1 hr	10 hr		
DTBP	di-tert-butyl peroxide	Trigonox B (AkzoNobel) Luperox DI (AtoFina)	C8H18O2	146.22972	110-05-4	3.7905E-09	4.36E+15	36.7	0.15346	182.9	141.0	120.7	Chlorobenzene	AkzoNobel

图 4.2　DTBP 的分解反应动力学参数

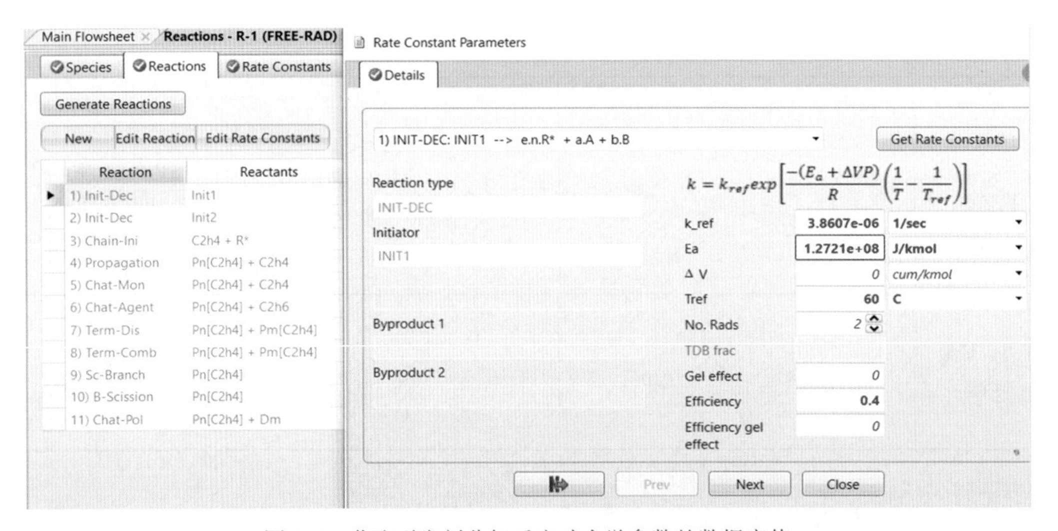

图 4.3　获取引发剂分解反应动力学参数的数据库值

4.2.2　链引发反应

我们考虑了三种引发反应。

(1) 链式引发(PI)：

单体 M_j+自由基 R^*→活性单体 $P1_j$

j=1，2，…，J(单体种类数量)

我们用中括号“[ ]”表示物种浓度，并将反应速率写成：

$R_{PI,j}=k_{PI,j}[M_j][R^*]$

(2) 催化引发(CI)：

引发剂 $INIT_i$+催化剂 CAT_k→$e\cdot n\cdot R^*$+CAT_k+aA+bB

其中，$i=1, 2, \cdots, I$(引发剂种类数量)；$k=1, 2, \cdots, K$(催化剂种类数量)；A 和 B 为产物；a 和 b 为相应的化学计量系数。

催化引发的反应速率为 $R_{CI,k}=k_{CI,k}[INIT_i][CAT_k]$

(3) 特殊引发(SI)：

单体 M_j+共引发剂 C_i→活性单体 $P1_j+aA+bB$

特殊引发的反应速率为 $R_{SI,j}=k_{SI,j}[C_i]^{aj}[M_j]^{bj}(h\nu)^{cj}$

其中，h 是普朗克常数，6.626186×10^{-34} J·s；ν 是电磁频率，每秒的周期数(Hz)。根据三个指数的取值，该速率表达式分为三种情况：①热引发，$aj=0$，$cj=0$，参见苯乙烯本体溶液聚合中热引发的例子[5]；②辐射引发，$aj=0$；③共引发剂引发，$cj=0$。

4.2.3 链增长反应

活性链 $P_n(M_j)$+单体 M_j→活性链 $P_{n+1}(M_j)$

其中，$P_n(M_j)$是长度为 n 的聚合物链，具有活性单体 M_j 链段。链增长反应速率为 $RP_j=kP_j[M_j][P_n]$。图 4.4 显示了聚苯乙烯的这一反应。

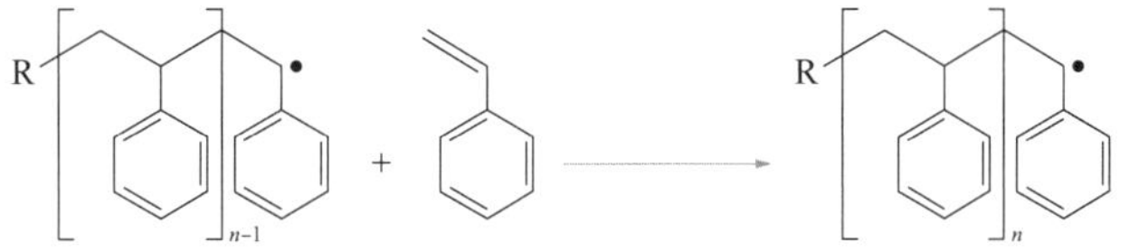

图 4.4　链增长反应示意图

对于共聚过程，如 EVA 的生产，我们需要考虑单体反应性比例或竞聚率(monomer reactivity ratio)的概念。让我们考虑单体 M_1 和 M_2 的增长反应[7]：

$$M_1+M_1 \longrightarrow M_1M_1 \quad \text{反应速率常数：} k_{p11}$$

$$M_1+M_2 \longrightarrow M_1M_2 \quad \text{反应速率常数：} k_{p12}$$

$$M_2+M_1 \longrightarrow M_2M_1 \quad \text{反应速率常数：} k_{p21}$$

$$M_2+M_2 \longrightarrow M_2M_2 \quad \text{反应速率常数：} k_{p22}$$

其中，M_1 代表单体 M_1 的自由基。我们将反应性比例或竞聚率定义如下：

$$r_1=k_{p11}/k_{p12}$$

$$r_2=k_{p22}/k_{p21}$$

单体和自由基的反应速率写法如下：

$$-d[M_1]/dt=k_{p11}[M_1\cdot][M_1]+k_{p21}[M_2\cdot][M_1]$$

$$-d[M_2]/dt=k_{p22}[M_2\cdot][M_2]+k_{p12}[M_1\cdot][M_2]$$

$$d[M_1\cdot]/dt=k_{p21}[M_2\cdot][M_1]-k_{p12}[M_1\cdot][M_2]$$

$$d[M_2\cdot]/dt=k_{p12}[M_1\cdot][M_2]-k_{p21}[M_2\cdot][M_1]$$

求出前两个等式的比值，可得：

$$d[M_1]/d[M_2]=([M_1]/[M_2])\{k_{p11}[M_1\cdot]/[M_2\cdot]+k_{p21}\}/\{k_{p22}+k_{p12}[M_1\cdot]/[M_2\cdot]\}$$

假设自由基的拟稳态为 $d[M_1\cdot]/dt=d[M_2\cdot]/dt=0$，并引入竞聚率 r_1 和 r_2，可得：

$$d[M_1]/d[M_2]=([M_1]/[M_2])\{r_1[M_1]+[M_2]\}/\{[M_1]+r_2[M_2]\}$$

从等式右侧可以看出，进料中单体的浓度比$[M_1]/[M_2]$以及竞聚率r_1和r_2会影响单体在链增长反应中的变化速率。例如，表4.2列出了Ratzsch等[8]报告的实验所测得的乙烯-醋酸乙烯酯在高压下进行自由基聚合时的竞聚率。我们在**例题WS4.3** EVA共聚过程的案例中采用了这一实验观察结果。

表4.2　高压下乙烯-醋酸乙烯酯共聚竞聚率的文献值

竞聚率 $r_1=k_{p11}/k_{p12}$	竞聚率 $r_2=k_{p22}/k_{p21}$	操作温度/℃	操作压力	
			atm	kg/cm^2
1.2	1.1	160	1200	1240
1.2	1.1	210	1200	1240
1.2	1.1	220~240	2000	2066
1.2	1.1	220~240	2400	2480

4.2.4　链转移反应

我们考虑了四种链转移反应，以及自发链转移反应(β断裂)和分子内链转移(短链分支)反应。

(1)链转移到单体：

活性链$P_n(M_j)$+单体M_j→死聚合物$D_n(M_j)$+活性单体R^*

链转移到单体的反应速率为$R_{trm,j}=k_{trm,j}[P_n][M_j]$。

在此反应中，活聚合物链(P_n)从单体分子中吸引一个氢，形成死聚合物链(D_n)。失去一个氢的单体变成一个活的聚合物端基(成长中单体)，其上有一个未反应的双键($P_1=$)和一个自由基。对于第6章中介绍的聚苯乙烯，在图4.5[6]中说明了链转移到单体的情况(黑点代表附着在成长中单体上的自由基)。

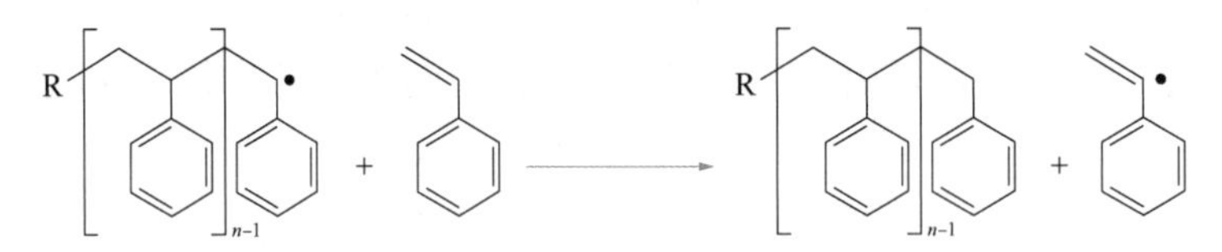

图4.5　链转移到单体的示意图

(2)链转移到转移剂：

活性链$P_n(M_j)$+链转移剂A_k→死聚合物$D_n(M_j)$+活性单体R^*

链转移到单体的反应速率为$R_{tra,k}=k_{tra,k}[P_n][A_k]$。

其中，$k=1, 2, \cdots, K$[链转移种类数量(CTA)]。

(3)链转移到溶剂：

活性链$P_n(M_j)$+溶剂S_k→死聚合物$D_n(M_j)$+活性单体R^*

链转移到溶剂的反应速率为$R_{trs,k}=k_{trs,k}[P_n][S_k]$。

其中，$k=1, 2, \cdots, K$(溶剂种类数量)。

(4) 向聚合物的链转移：

活性链 $P_n(M_j)$ + 死聚合物 $D_m(M_j)$ → 死聚合物 $D_n(Mj)$ + 活性链 $P_m(M_j)$

链转移到聚合物的反应速率为 $R_{trp,j}=k_{trp,j}[P_n][D_m]$。

(5) 自发链转移或 β 裂解反应：

活性链 $P_n(M_j)$ → 死聚合物 $D_n(M_j)$ + 成长中单体 R^*

β 裂解的反应速率为 $R_{bsc,j}=k_{bsc,j}[P_n]$。

(6) 分子内链转移、反咬或短链支化反应：

自由基附着在链段 j 的活性链 $P_n(M_j)$ → 自由基附着在链段 i 上的活性链 $P_n(M_i)$。

短链支化反应速率为 $R_{scb,j}=k_{scb,j}[P_n(M_j)]$。

4.2.5 终止反应

(1) 偶合终止：

活性链 $P_m(M_j)$ + 活性链 $P_n(M_j)$ → 死聚合物 D_{m+n}

偶合终止的反应速率为 $R_{tc,j}=k_{tc,j}[P_n][P_m]$。对于聚苯乙烯，图 4.6[6] 中显示了这一反应。

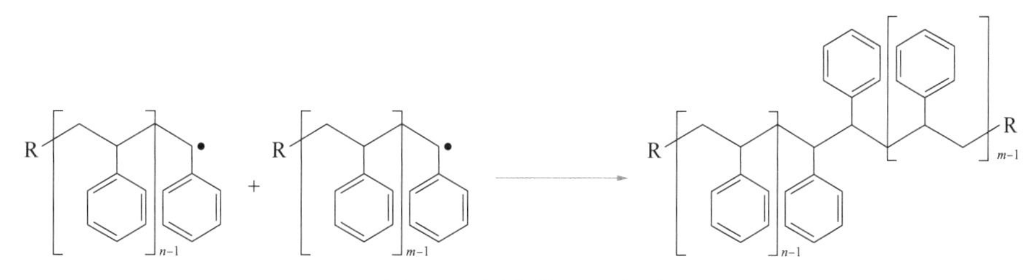

图 4.6 偶合终止示意图

(2) 歧化终止：

活性链 $P_m(M_j)$ + 活性链 $P_n(M_j)$ → 死聚合物 D_m + 死聚合物 D_n

歧化终止反应速率为 $R_{td,j}=k_{td,j}[P_n][P_m]$。图 4.7[6] 显示了聚苯乙烯的这一反应。

图 4.7 歧化终止的示意图

4.2.6 自加速、Trommsdorff 效应或凝胶效应

在聚合物浓度或转化率较高的情况下，链自由基之间的终止反应受到扩散作用控制，从而导致聚合速率和分子量开始增加。这种现象被称为***自加速、Trommsdorff 效应或凝胶效应***[2]。在聚合物浓度较高时，反应介质黏度的增加会限制聚合物链的扩散，从而导致有效链终止速率降低。通常情况下，链终止反应常数首先受到凝胶效应的影响，因为它们涉及两个大分子聚合物自由基的扩散。最后，当转化率足够高时，凝胶效应甚至会降低链增

长、链引发和链转移反应以及引发剂的效率。因此，一般来说，对于所有聚合反应都有必要考虑凝胶效应[3]。

通常采用有效反应速率常数 k_{eff} 来模拟扩散限制，该常数是由低转化率反应速率常数 k 乘凝胶效应修正系数 GF 得出的，并且凝胶效应修正系数 GF 随转化率的增加而减小。因此，有效反应速率常数为：

$$k_{eff}=k\times GF$$

凝胶效应修正系数可通过实验与单体转化率相关联[5]。将在例题 6.1 中演示聚苯乙烯的反应速率常数的校正过程。

4.2.7 其他自由基聚合反应

Aspen Polymers 模型还包括其他几种反应：①头对头增长(顺式增长和反式增长)；②抑制；③末端双键聚合；④侧链双键聚合；⑤双功能引发剂分解和引发；⑥二级引发剂分解和引发。在 Aspen Polymers 的在线帮助中搜索“Reaction Kinetic Scheme(Free-Radical)”[反应动力学方案(自由基)]条目，即可找到这些反应的相关描述。

4.3 热力学方法和物性参数要求

表 4.3 概述了几种重要的已经工业化的自由基聚合工艺、过程建模常用的热力学方法、热力学方法的参考文献以及过程建模应用实例。

表 4.3 几种常见聚合物、热力学方法、参考文献和模拟例题

聚合物	热力学方法	参考文献	模拟例题
LDPE	POLYSL	第 2.6 节，[9-11]	[12]，*例题4.1*
LDPE	POLYPCSF (聚合物扰动链统计流体理论)	第 2.8 节，[11，13-16]	[17-21]，*例题4.2*
EVA	POLYPCSF	第 2.8 节，[11，13-16，22]	[9，23-30]，*例题2.3*
PS	POLYNRTL (聚合物非随机双液相)活度系数模型	第 2.2 节，[10，11]	[31]，*例题6.1*

4.4 例题 4.1：高压釜式法低密度聚乙烯(LDPE)工艺模拟

4.4.1 目的

我们希望开发一种商用高压釜式法低密度聚乙烯工艺的模拟流程，并利用产量、*MWN* 和 *MWW* 等工业数据对该模拟流程进行验证。然后，我们对验证后的模拟流程进行灵敏度分

析，从而定量分析关键独自变量对聚合物产量和质量指标的影响。

4.4.2 工艺流程和模拟示例

图 4.8 为典型的高压釜式法低密度聚乙烯工艺流程。整个工艺包括压缩、聚合、分离、造粒、空气输送、混合、加工和包装单元。

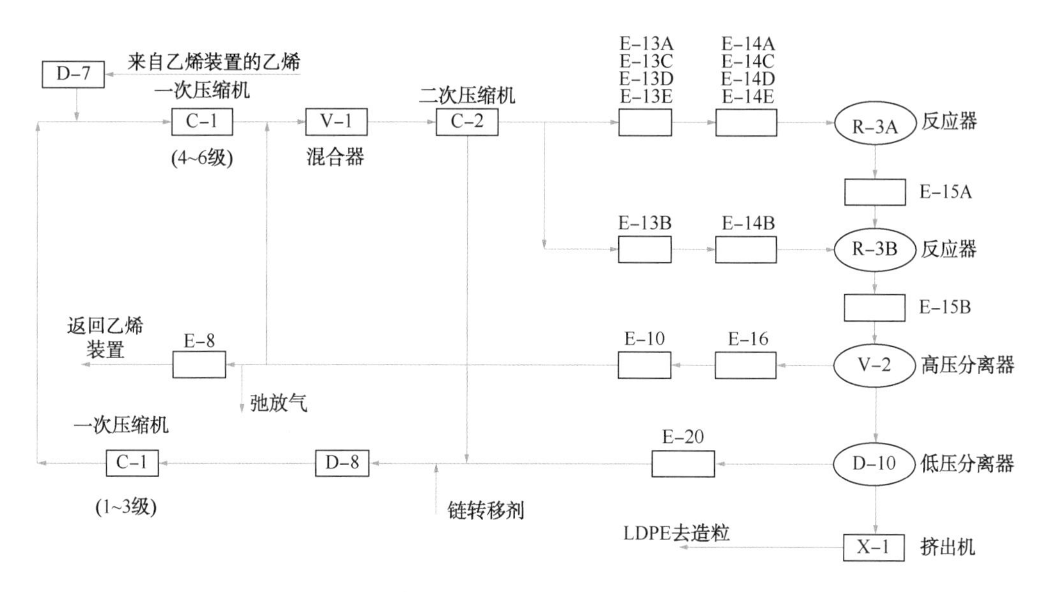

图 4.8 高压釜式法低密度聚乙烯工艺流程

在图 4.8 中，离开低压分离器 D-10 的未反应低压循环乙烯进入压缩机 C-1，压缩机 C-1 由低压段(1~3 级)和高压段(4~6 级)组成。离开低压段的气流在 D-7 中与来自乙烯装置的新鲜乙烯混合，混合物料在高压段中进一步压缩。离开压缩机 C-1 的工艺气与来自高压分离器 V-2 的未反应高压循环乙烯在混合器 V-1 中混合，然后进入压缩系统 C-2。在图 4.8 中，我们可以看到在每个反应器之前以及高压和低压分离器之后都有一系列热交换器。将模拟流程图分为三个工艺单元：①压缩单元；②反应器单元；③分离单元。

图 4.9 给出了压缩单元的模拟流程。

对于反应器单元，图 4.10 为低密度聚乙烯工艺中两个串联高压釜式反应器的示意，乙烯单体和引发剂在两个反应器的多个位置进料。参考文献[19]中也有类似的示意图。

根据图 4.8 和图 4.10，我们建立了反应器单元的模拟流程，如图 4.11 所示，其中连续搅拌釜式反应器 R3A1 至 R3A3 用来模拟实际反应器 R-3A 的三个反应区，而 R3B1 至 R3B2 模拟实际反应器 R-3B 的两个反应区。

我们将工艺单元 1 和工艺单元 2 的模拟结果保存为“***WS4. 1 LDPE BaseCase_Secs 1-2. bkp***”。图 4.12 为分离单元的示意。我们将包含所有三个工艺单元的模拟文件保存为“***WS4. 1 LDPE BaseCase_Secs 1-2-3. bkp***”。

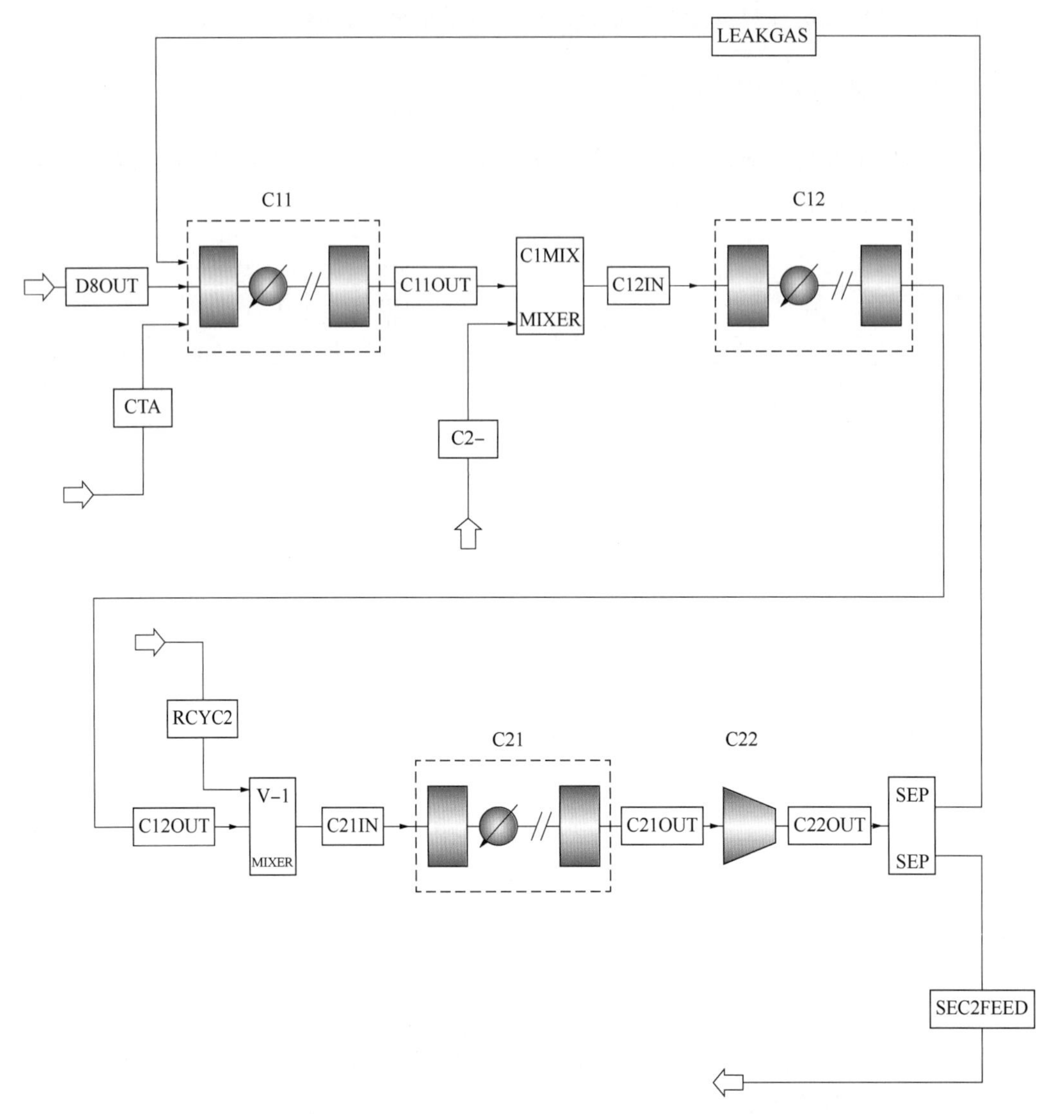

图 4.9　压缩单元模拟流程

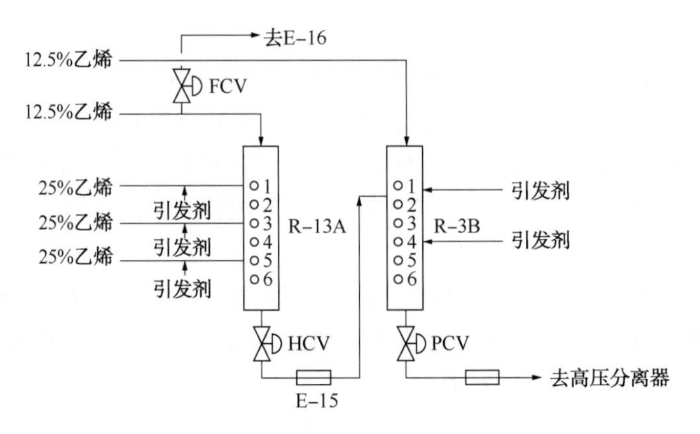

图 4.10　两个串联的高压釜反应器示意

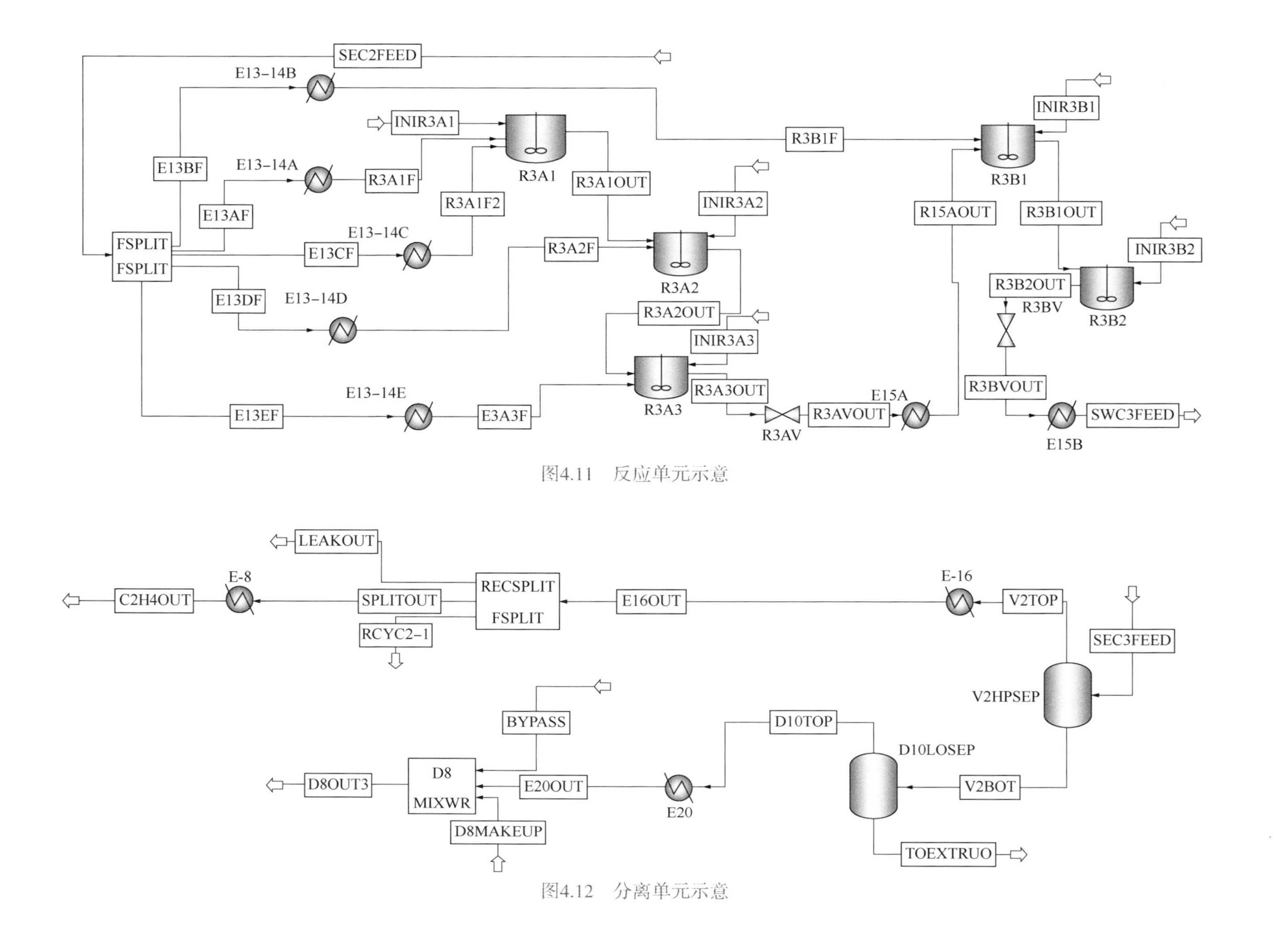

图4.11 反应单元示意

图4.12 分离单元示意

4.4.3 聚合物的单位集、组分和属性

除了用℃表示温度单位和用 kg/cm³ 表示压力单位，还采用了 MET 单位集的大部分单位，从而定义了一个单位系统，即 METCKGCM，见图 4.13。

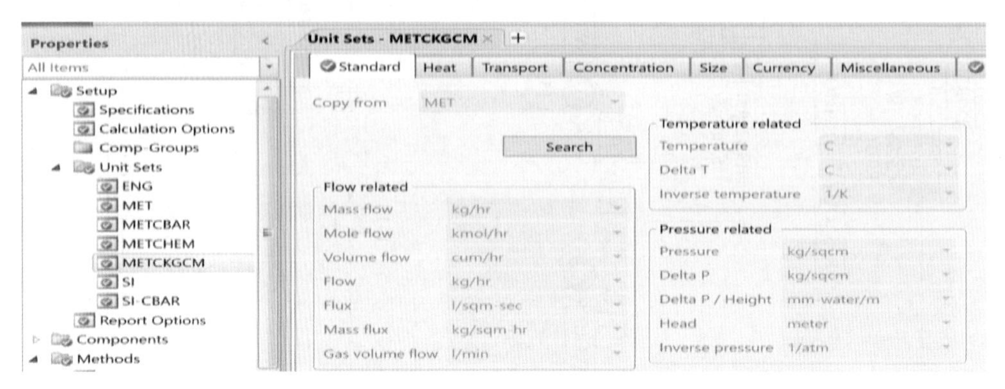

图 4.13　通过复制 MET 系统的大部分单位创建单元系统 METKGCM

图 4.14 为用于模拟自由基聚合过程的企业数据库，图 4.15 详细说明了低密度聚乙烯所用到的组分。

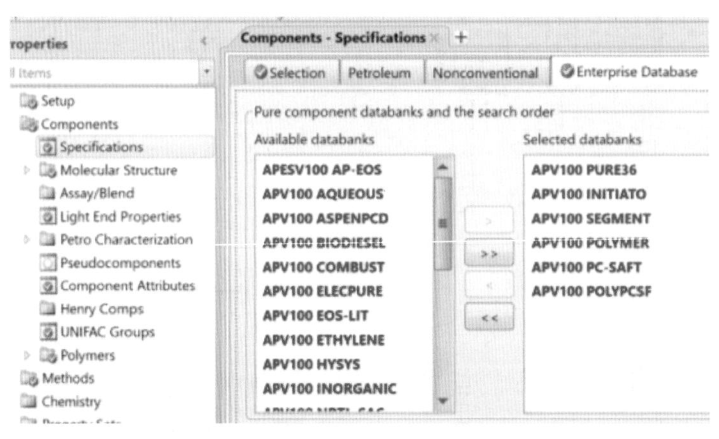

图 4.14　选用的企业数据库

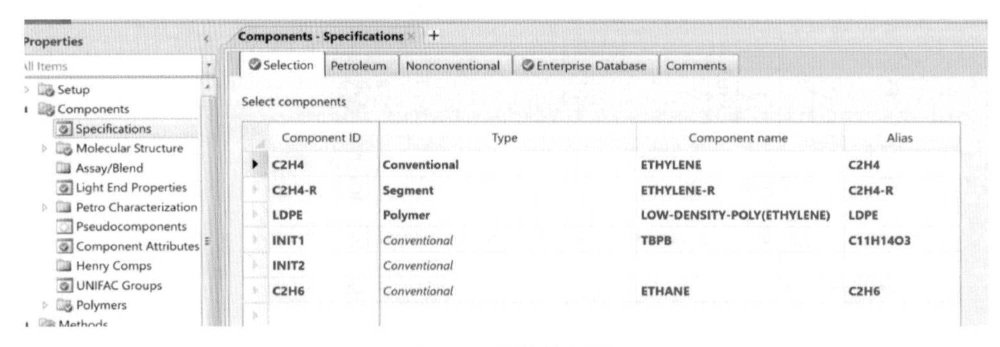

图 4.15　组分的规定

C_2H_4 和 C_2H_4-R 是乙烯单体和乙烯链段(重复单元)。LDPE 是聚合物产品。图 4.16 显示了乙烯链段、E2-SEG 或 C_2H_4-R 的定义，图 4.17 提供了自由基聚合中的聚合物属性和属性选择。

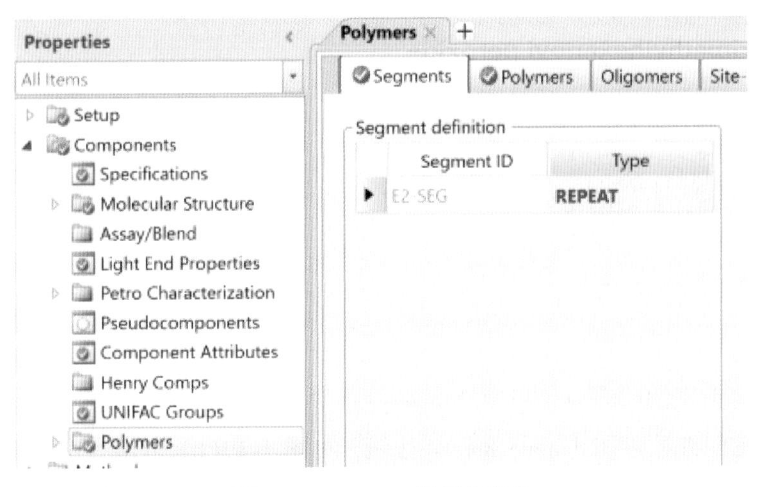

图 4.16 C_2H_4-R 链段的定义

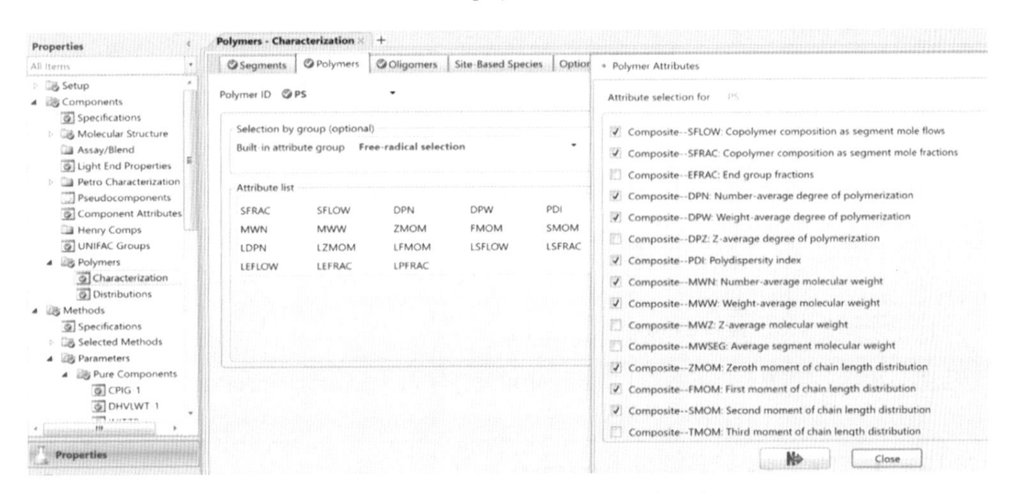

图 4.17 自由基聚合物的属性和属性选择

INIT1 是我们的第一种引发剂，即过氧化苯甲酸叔丁酯，在 Aspen Polymers 的引发剂数据库 APV100 INITIATO 中称为 TBPB(见图 4.14)，其分子量为 194.23 g/mol。INIT2 是 3,5,5-三甲基己酰过氧化物，化学式为 $C_{18}H_{34}O_4$，其分子量为 314.466 g/mol，CAS 编号为 3851-87-4。Aspen Polymers 的引发剂数据库中没有 INIT2 这种物质。为了定义 INIT2，可以在化学书网站(www.chemicalbook.com)上搜索该成分。可以在 Google 上搜索"Chemical Book，3,5,5-Trimethylhexanoyl peroxide"条目，并在第一个条目中看到其结构，如图 4.18 所示。可以下载并保存分子结构文件 3851-87-4.mol，并按照以下路径将其导入 Aspen Polymers：Properties → Components → Molecular Structure → INIT2 → Structure (Graphical Structure)→Draw/Import/Edit→Molecule Editor→Import Mol File→3851-87-4.mol→Structure，如图 4.19(a)所示。

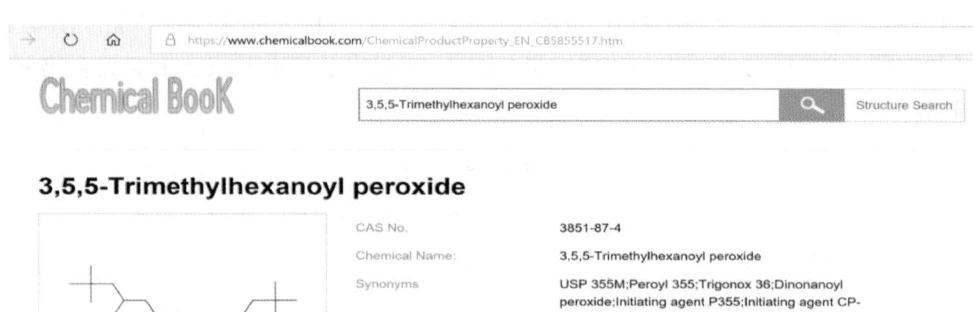

图 4.18　在“Chemical Book”中搜索 3，5，5-三甲基己酰过氧化物的结构

接下来，我们将看到“Calculate Bonds”按钮，如图 4.19(b)所示。

点击“Calculate Bonds”按钮后，Aspen Polymers 将自动完成“General”结构文件夹。图 4.19(c)给出了通用结构，我们将在下面的物性参数估计中使用该结构。

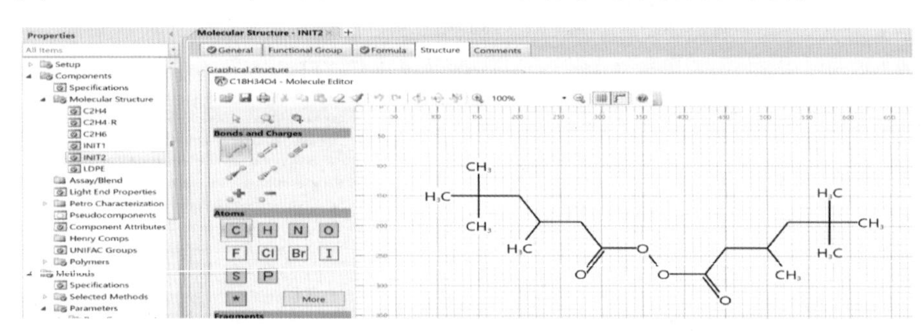

图 4.19(a)　将互联网下载的 INIT2 的 MOL 文件导入 Aspen 后得到的 INIT2 分子结构

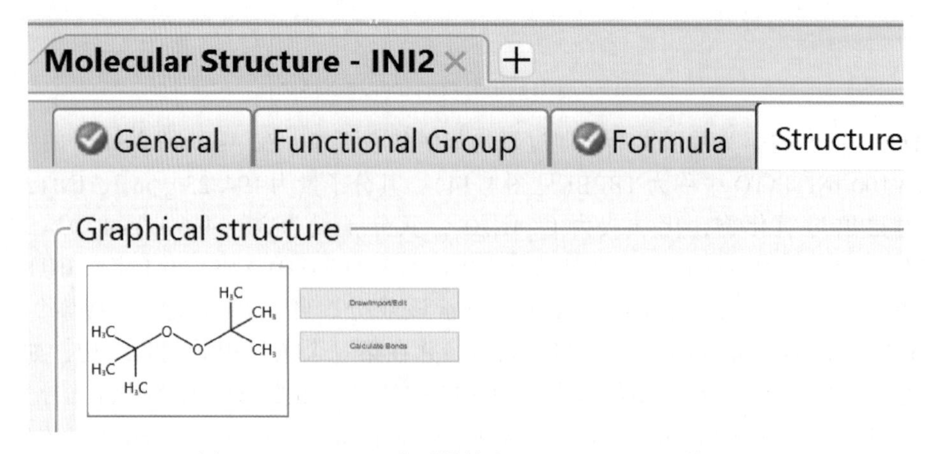

图 4.19(b)　INIT2 分子结构和“Calculate Bonds”按钮

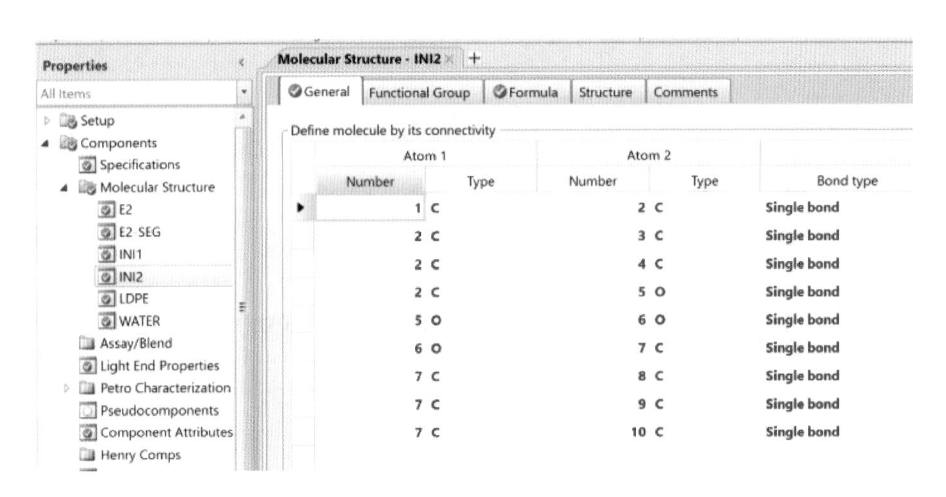

图 4.19(c) Aspen Polymers 根据图 9. 19(b)的化学结构自动确定的分子结构

4.4.4 组分、链段和聚合物的热力学方法与物性参数

我们选择聚合物的 Sanchez-Lacombe(POLYSL)状态方程(见第 2.6 节)进行低密度聚乙烯工艺仿真，并采用 Aspen Polymer[12]提供的低密度聚乙烯仿真示例，该示例还提供了一些基本物性参数值。我们注意到，一些参考文献(即文献[14-16])给出了使用扰动链统计关联流体理论(PC-SAFT)状态方程(见第 2.8 节)进行低密度聚乙烯工艺模拟的方法，我们将在下一个例题中对此进行说明。

根据参考文献[12]和在 Aspen Polymers 帮助中搜索的"Sanchez - Lacombe unary parameter"，我们输入了纯组分和链段参数，路径如下：Properties→Methods→Parameters→Pure Components→New→Scalar→Change name from Pure-1 to POLYSL，输入如图 4.20 所示的值。

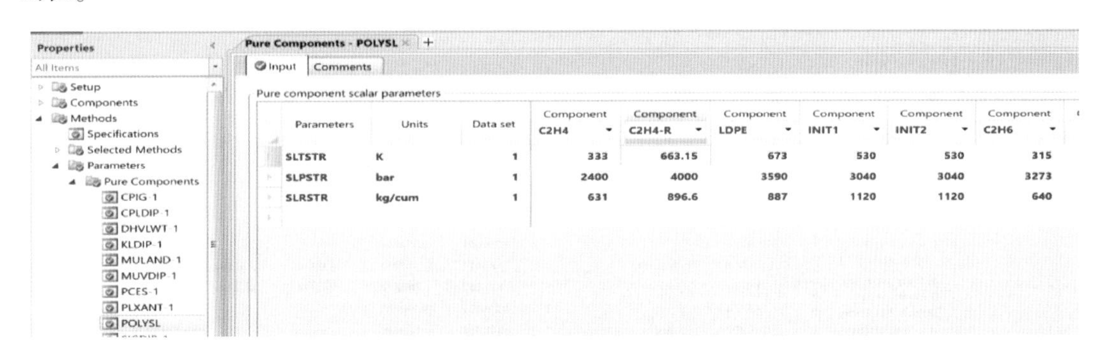

图 4.20 POLYSL 纯组分和链段参数

根据参考文献[15]，在图 4.21 中输入乙烯和乙烯链段的理想气体比热容参数，路径如下：Properties→Methods→Parameters→Pure Components→New→T-dependent correlation→Ideal-gas heat capacity→CPIG-1。

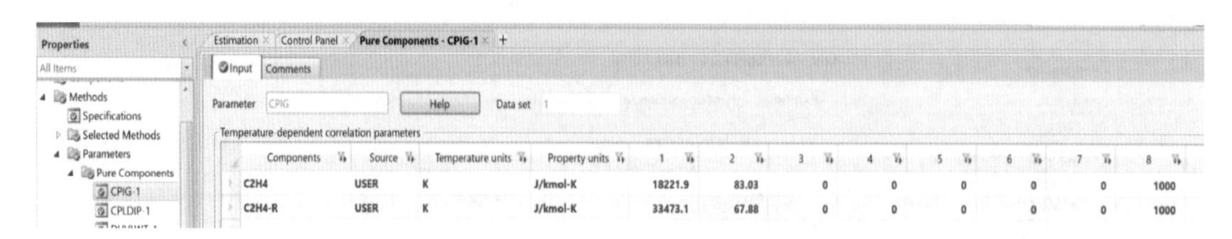

图 4.21　理想气体比热容参数

4.4.5　PCES(Physical Constant Estimation System)估计缺失的物性参数的方法

根据分子结构估算出所有缺失的物性参数，见图 4.22。

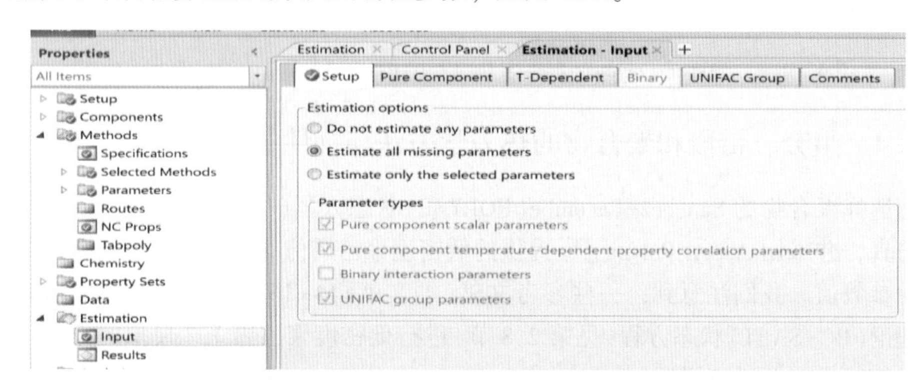

图 4.22　估计所有缺失的物性参数

然后运行物性估算并保存估算的参数值，进入模拟步骤。图 4.23 给出了物性估计值。

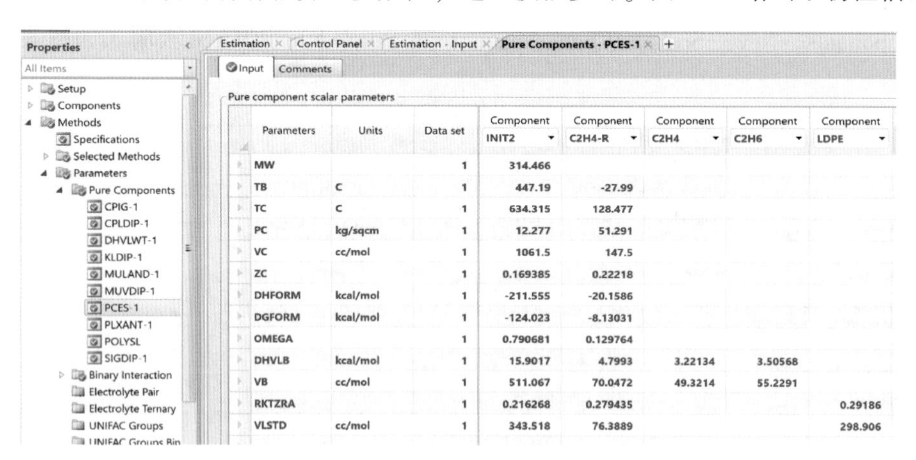

图 4.23　估计所得物性参数的示意

4.4.6　确定低密度聚乙烯的自由基聚合反应

参考文献[15, 18]详细描述了高压低密度聚乙烯工艺的相关自由基聚合反应。表 4.4 总结了本次例题所涉及的自由基聚合反应。

表 4.4　用于高压低密度聚乙烯工艺的自由基聚合基元反应

基元反应	示意	说明
引发剂 1 分解反应	引发剂 1→自由基 INIT1→∈nR^*+aA+bB （该引发剂无副产物 A 和 B）	∈是引发剂效率，一般设置为 0.8。INIT1 或 TBPB（t-Butyl peroxybenzoate）分解时产生 2 个自由基（n=2）
引发剂 2 分解反应	引发剂 2→自由基 INIT2→∈nR^*+aA+bB （该引发剂无副产物 A 和 B）	INIT2 或 3，5，5－trimethylhexanoyl peroxide 分解产生 2 个自由基（n=2）
链引发反应	单体+自由基→活性单体 $E2+R^* \rightarrow P_1[E2]$	$E2=C_2H_4$
链增长反应	活性链+单体→活性链 $P_n[E2]+E2 \rightarrow P_{n+1}[E2]$	$P_n[E2]$是活性链 链长为 n 的活性链的端基 C_2H_4-R 或 E2-R 链段存在自由基
链转移至单体	活性链+单体→死聚合物+活性单体 $P_n[E2]+E2 \rightarrow D_n+R^*$	D_n 为死聚合物链，不含有自由基
链转移至链转移剂	活性链+转移剂→死聚合物+活性链 $P_n[E2]+A \rightarrow D_n+R^*$	A 表示链转移剂
链转移至聚合物	活性链+死聚合物→死聚合物+活性链 $P_n[E2]+D_m \rightarrow D_n+P_{m+1}[E2]$	
β 裂解 （自发链转移）	活性链→死聚合物+活性单体 $P_n[E2] \rightarrow D_n+R^*$	活性链 $P_n[E2]$分裂为一个死聚合物链 D_n 和一个初级自由基 R^*
短链支化反应 （反咬或分子内链转移）	自由基附着在链段 i 的活性链→自由基附着在链段 j 的活性链 $P_n[E2] \rightarrow P_m[E2]$	
偶合终止反应	活性链 P_m+活性链 P_n→死聚合物 D_{m+n} $P_n[E2]+P_m[E2] \rightarrow D_{m+n}$	
歧化终止反应	活性链 P_m+活性链 P_n→死聚合物 D_n+死聚合物 D_m $P_m[E2]+P_n[E2] \rightarrow D_n+D_m$	

要在 Aspen Polymers 中生成这些反应，请遵循以下路径：Reactions→New：R-1 FREE-RAD type→OK。具体请参见图 4.24(a)和图 4.24(b)。根据图 4.24(a)中定义的物种，点击

图 4.24(b)中显示的“Generate Reactions”按钮。Aspen Polymers 将自动生成图 4.24(b)中的 11 种反应。对于图 4.24(c)中的反应速率常数，使用参考文献[12]中反应速率常数的指前因子和活化能作为初始值。

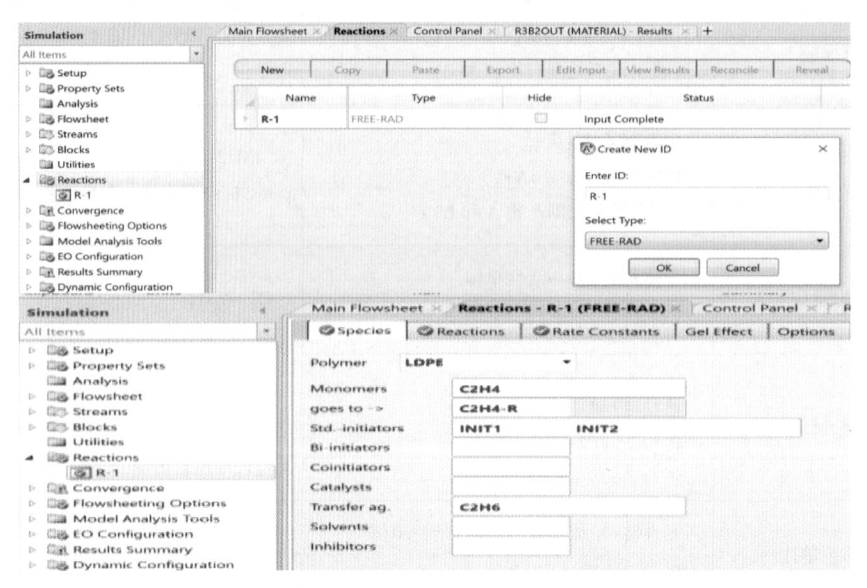

图 4.24(a)　为低密度聚乙烯工艺创建自由基聚合反应集

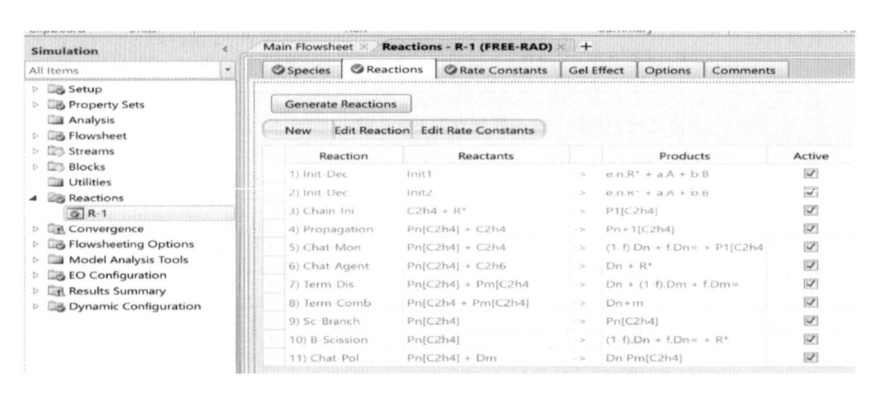

Reaction	Reactants		Products	Active
1) Init-Dec	Init1	->	e.n.R* + a.A + b.B	☑
2) Init-Dec	Init2	->	e.n.R* + a.A + b.B	☑
3) Chain-Ini	C2h4 + R*	->	P1[C2h4]	☑
4) Propagation	Pn[C2h4] + C2h4	->	Pn+1[C2h4]	☑
5) Chat-Mon	Pn[C2h4] + C2h4	->	(1-f).Dn + f.Dn= + P1[C2h4	☑
6) Chat-Agent	Pn[C2h4] + C2h6	->	Dn + R*	☑
7) Term-Dis	Pn[C2h4] + Pm[C2h4	->	Dn + (1-f).Dm + f.Dm=	☑
8) Term-Comb	Pn[C2h4 + Pm[C2h4]	->	Dn+m	☑
9) Sc-Branch	Pn[C2h4]	->	Pn[C2h4]	☑
10) B-Scission	Pn[C2h4]	->	(1-f).Dn + f.Dn= + R*	☑
11) Chat-Pol	Pn[C2h4] + Dm	->	Dn Pm[C2h4]	☑

图 4.24(b)　用于低密度聚乙烯工艺的 11 种自由基基元反应

Main Flowsheet　Reactions - R-1 (FREE-RAD)　+

Species　Reactions　Rate Constants　Gel Effect　Options　Comments

Get Rate Constants

Type	Comp 1	Comp 2	Pre-Exp	Act-Energy	Act-Volume	Ref. Temp.	No. Rads [n]	TDB fraction [f]	Gel Effect	Efficiency [e]	Efficiency Gel Effect
			1/sec	J/kmol	cum/kmol	C					
INIT-DEC	INIT1		3.8607e-06	1.2721e+08	0	60	2		0	0.4	0
INIT-DEC	INIT2		3.7905e-09	1.5346e+08	0		2		0	0.4	0
CHAIN-INI	C2H4		2.5e+06	3.53e+07	0				0		
PROPAGATION	C2H4	C2H4	2.5e+06	3.53e+07	-0.0213				0		
CHAT-MON	C2H4	C2H4	500000	4.54e+07	0			1	0		
CHAT-AGENT	C2H4	C2H6	500000	4.54e+07	0				0		
TERM-DIS	C2H4	C2H4	5e+08	4.19e+06	0.001			1	0		
TERM-COMB	C2H4	C2H4	5e+08	4.19e+06	0.001				0		
SC-BRANCH	C2H4	C2H4	1.3e+09	4.16e+07	0				0		
B-SCISSION	C2H4		6.07e+07	4.53e+07	0			1	0		
CHAT-POL	C2H4	C2H4	500000	3.04e+07	0.0016				0		

图 4.24(c)　低密度聚乙烯工艺聚合反应动力学参数的初始值

这里我们解释一下如何从 Aspen Polymers 引发剂数据库[4]中获取引发剂 INIT1 和 INIT2 的分解反应动力学参数，因为这对读者使用不同的引发剂很有帮助。具体来说，我们遵循以下路径：Reactions→Highlight reaction 1) INIT－DEC，INI1→Edit Rate Constants→Rate Constant Parameters[见图 4.25(a)]；将指前因子 k_{ref}、活化能 E_a和活化体积 ΔV 的单位分别改为1/s、J/kmol 和 m^3/kmol→点击“Get Rate Constants”，见图 4.25(b)中检索到的常数。一定要将效率从理想值 1 改为实际值 0.8 或更低。根据工业经验，我们在本例题中使用的值为 0.4。重复上述步骤设置引发剂 INIT2 的反应速率常数。

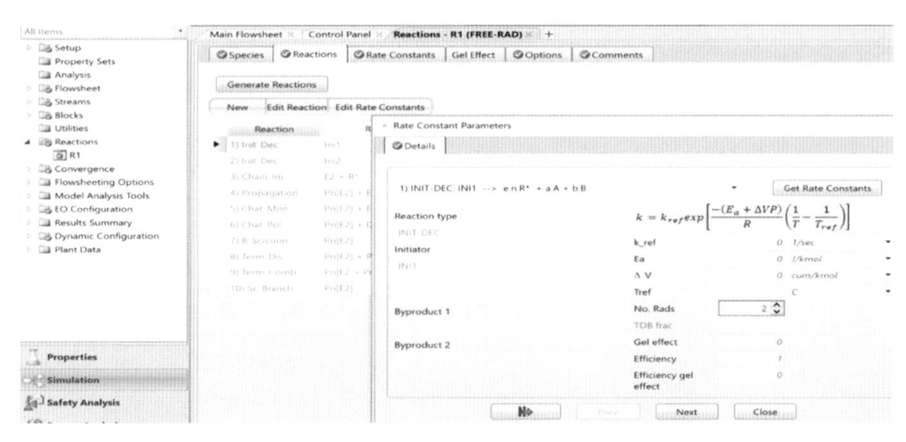

图 4.25(a) 评估“Rate Constant Parameters”界面

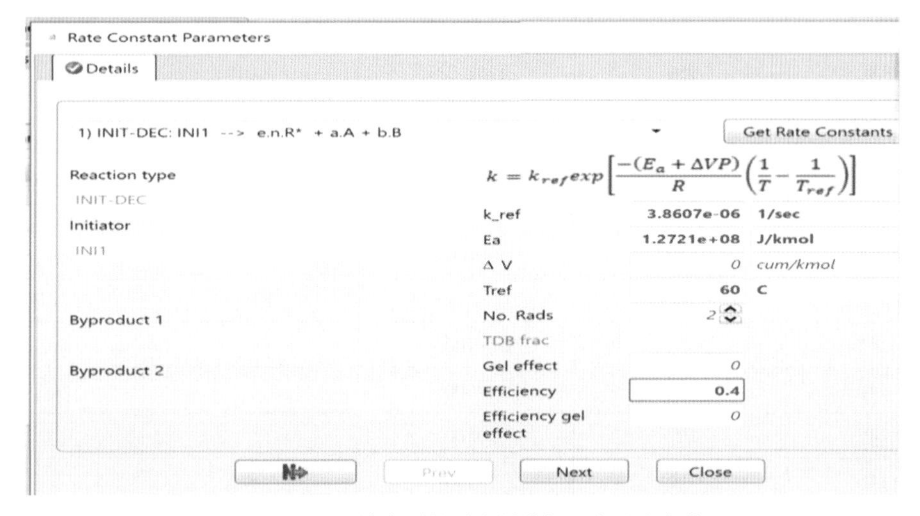

图 4.25(b) 检索到的引发剂分解反应速率参数

4.4.7 进料工艺流股、单元操作和反应器单元规定

表 4.5 和表 4.6 为压缩单元和反应器单元的操作条件规定。

在模拟分离单元之前，我们将继续模拟压缩单元和反应器单元，并对反应动力学参数进行微调，使其与工业数据相匹配。

表 4.5 压缩单元的操作条件规定

流股	温度/℃	压力/(kg/cm³)	乙烯流量/(kg/h)	链转移剂 CTA (ethane)流量/(kg/h)
D8OUT	40	1.433	2550	
CTA	气相分率=1	4.433		40
C2-	30	34.033	9220	
RCYC2	40	251.033	25750	504
设备	温度/℃	压力/(kg/cm³)	其他	
C11	40(冷却器出口)	34.033	3 段，等熵压缩	
C1MIX		0(无压降)		
C12	40(冷却器出口)	0(无压降)	3 段，等熵压缩	
V1	40(冷却器出口)	0(无压降)		
C21	90(冷却器出口)	1101.033	1 段，等熵压缩	
C22		1701.033	1 段，等熵压缩	
SEP			乙烯弛放气 =500 kg/h	

表 4.6 反应器单元的操作条件规定

流股	温度/℃	压力/(kg/cm³)	INIT1/(kg/h)	INIT2/(kg/h)
INIR3A1	250	1701.033	4.018	
INIR3A2	250	1601.033	2.009	
INIR3A3	250	1601.033	4.018	
INIR3B1	250	1301.033	4.571	
INIR3B2	250	1301.033	1.959	
设备	温度/℃	压力/(kg/cm³)	体积/L	反应集
E13-14A	35	-100		
E13-14B	35	-400		
E13-14C	35	-100		
E13-14D	35	-100		
E13-14E	35	-100		
R3A1	250	1601.033	216.67	R1
R3A2	250	1601.033	216.67	R1
R3A3	250	1601.033	216.67	R1
R3AV		1301.033		
E15A	160	0(无压降)		

续表

设备	温度/℃	压力/(kg/cm^3)	体积/L	反应集
R3B1	240	1301.033	325	R1
R3B2	260	1301.033	325	R1
R3BV		251.033		
E15B	240	0(无压降)		

4.4.8 提高仿真流程收敛性和动力学参数估计的方法

根据文献[15，18]和我们的工业项目经验，提出了图 4.26 所示的动力学参数估计方法，该方法在匹配聚合物生产目标方面尤为有效。对于在较小温度范围内运行的聚烯烃反应器，我们只估算指前因子 k_0，并将活化能 E 与文献值保持一致。

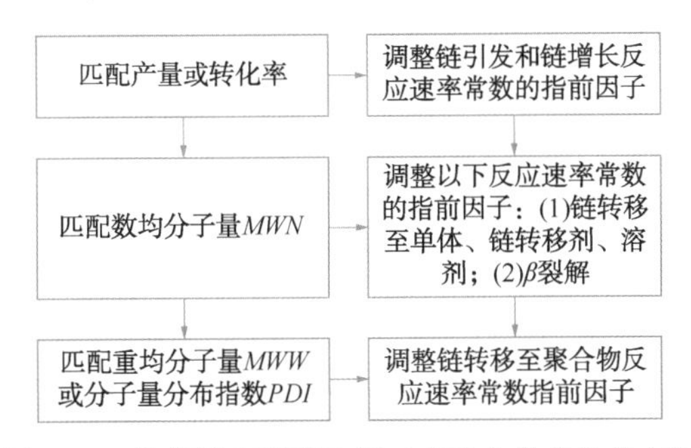

图 4.26 估算低密度聚乙烯工艺动力学参数的方法

在调整指前因子时，我们注意到以下动力学参数和聚合度(DPN)存在以下关系[2]：

$$1/MWN \propto 1/DPN = k_{tr,m}/k_p + (k_{tr,A} \times CA)/(k_p \times C_m) \tag{4.1}$$

其中，下标“p”“tr，m”和“tr，A”分别代表链增长、链转移到单体和链转移到 CTA；CA 和 C_m 分别代表 CTA 和单体的浓度。式(4.1)表明：①随着链引发和链增长的指前因子增加，产量或单体转化率增大；②随着链转移到单体、CTA 或溶剂以及 β 裂解反应的指前因子增大，MWN 减小；③随着链转移到聚合物的指前因子增大，MWW(或 PDI)增大。当我们增大或减小特定的指前因子时，必须循序渐进，使指前因子的变化以较小的增量正确接近模拟目标。

我们模拟基础工况的目标是定量分析动力学参数，使其与以下生产目标相匹配：***①LDPE 产量=8500 kg/h；②MWN=10500；③MWW=191800***。

在模拟压缩单元和反应器单元时，我们可能会遇到循环或撕裂流股的收敛问题，见图 4.9中的 LEAKGAS 以及图 4.11 中的五个反应器。为改善撕裂流股的收敛性，在 Aspen Polymers 的在线帮助中搜索“tear stream convergence”，可获得以下有关收敛参数的建议：①对于 Wegstein 收敛方法，将流程评估的最大次数增加到 3000 次，将“Wait”值增加到 4，将连续加速步数增加到 20，将加速参数的上限增加到 0.5；②对于 Broyden 收敛方法，将流程评估的最大次数增加到 3000 次，并将“Wait”值增加到 4(见图 4.27)。

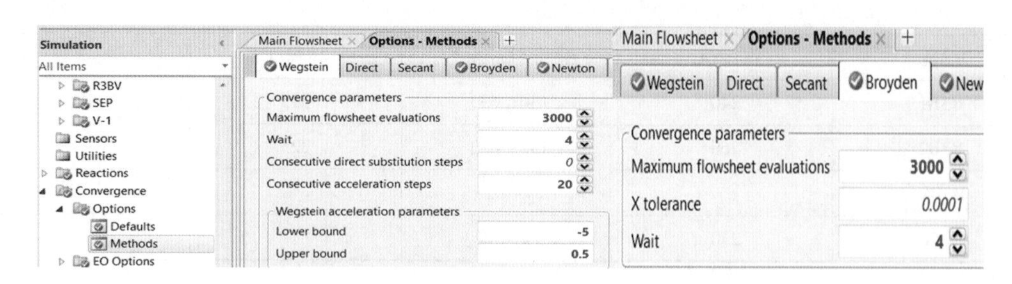

图 4.27　改进撕裂流股收敛的参数值

对于反应器模拟中的质量平衡计算不收敛的问题，在 Aspen Polymers 的在线帮助中搜索“RCSTR mass balance convergence failure”，可得到以下建议(另请参见第 3.6.5 节)：①使用 Broyden 收敛方法，将迭代次数增加到 1000 次，并降低阻尼系数(0.5，0.3，0.1，…，0.0001)，直到问题收敛；②使用牛顿收敛方法，迭代次数为 1000 次，使用积分进行初始化，并将稳定策略由“Dogleg”改为“Line-Search”[见图 4.28(a)和图 4.28(b)]。

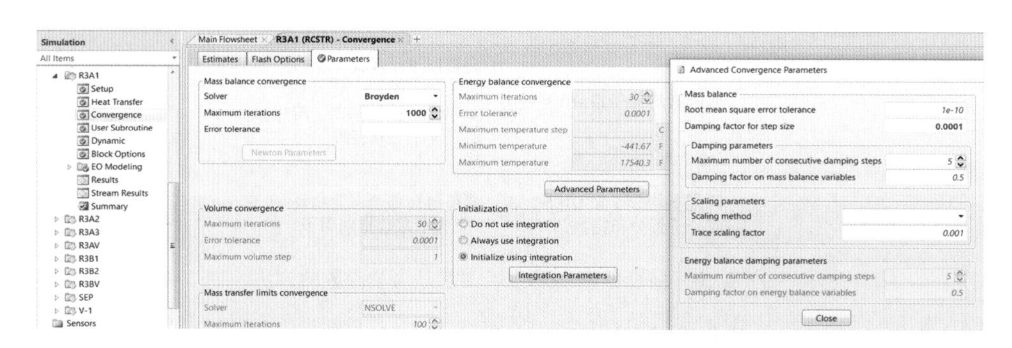

图 4.28(a)　采用 Broyden 方法改善 RCSTR 质量平衡收敛性的参数值

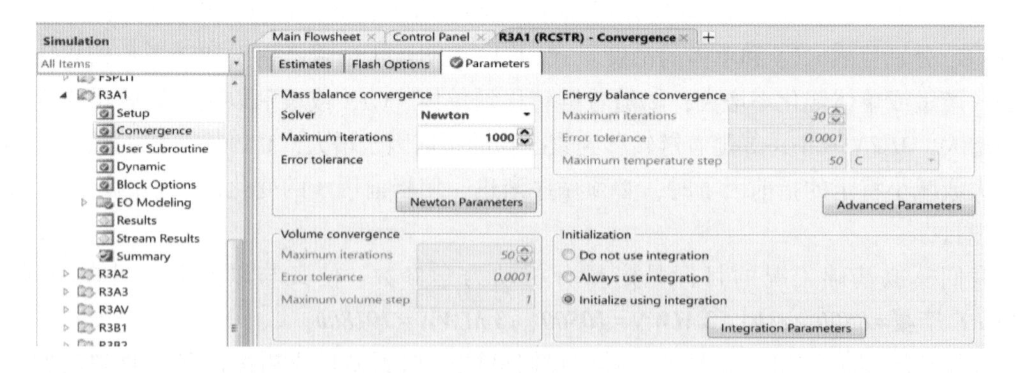

图 4.28(b)　采用牛顿方法改善 RCSTR 质量平衡收敛性的参数值

4.4.9　例题基础工况模拟结果

按照图 4.26 的方法，我们对图 4.24(c)中的指前因子进行了微调。图 4.29 给出了微调后的动力学参数。图 4.30(a)和图 4.30(b)给出了模拟结果，包括 LDPE 产量以及相

应的 *MWN* 和 *MWW* 的模拟值。表 4.7 中对 LDPE 产量、*MWN* 和 *MWW* 的模拟值和目标值进行了比较。我们将生成的模拟文件保存为“***WS4.1_LDPE_Base_GoodProduction_MWN+MWW.bkp***”。

Type	Comp 1	Comp 2	Pre Exp 1/sec	Act Energy J/kmol	Act Volume cum/kmol	Ref. Temp. C	No. Rads	[n]	TDB fraction [f]	Gel Effect	Efficiency [e]	Efficiency Gel Effect
INIT DEC	INIT1		4e-06	50000	0	60	2			0	0.4	0
INIT DEC	INIT2		4e-09	1.5346e+08	0		2			0	0.4	0
CHAIN INI	C2H4		2.9e+06	3.53e+07	0					0		
PROPAGATION	C2H4	C2H4	2.9e+06	3.53e+07	-0.0213					0		
CHAT MON	C2H4	C2H4	150000	4.54e+07	0				1	0		
CHAT AGENT	C2H4	C2H6	150000	4.54e+07	0					0		
TERM DIS	C2H4	C2H4	5e+08	4.19e+06	0.001				1	0		
TERM COMB	C2H4	C2H4	5e+08	4.19e+06	0.001					0		
SC BRANCH	C2H4	C2H4	1.3e+09	4.16e+07	0					0		
B SCISSION	C2H4		20000	4.53e+07	0				1	0		
CHAT POL	C2H4	C2H4	34280	3.04e+07	0.0016					0		

图 4.29　基本案例中估计的动力学参数

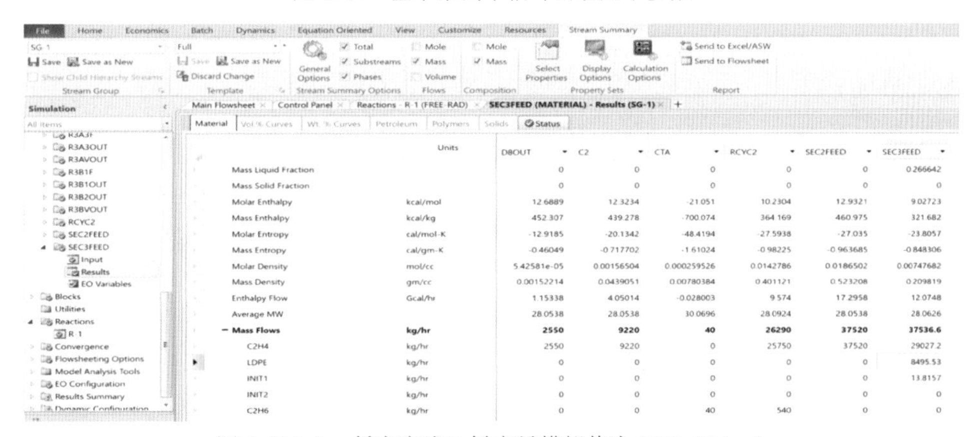

	Units	D8OUT	C2	CTA	RCYC2	SEC2FEED	SEC3FEED
Mass Liquid Fraction		0	0	0	0	0	0.266642
Mass Solid Fraction		0	0	0	0	0	0
Molar Enthalpy	kcal/mol	12.6889	12.3234	-21.051	10.2304	12.9321	9.02723
Mass Enthalpy	kcal/kg	452.307	439.278	-700.074	364.169	460.975	321.682
Molar Entropy	cal/mol-K	-12.9185	-20.1342	-48.4194	-27.5938	-27.035	-23.8057
Mass Entropy	cal/gm-K	-0.46049	-0.717702	-1.61024	-0.98225	-0.963685	-0.848306
Molar Density	mol/cc	5.42581e-05	0.00156504	0.000259526	0.0142786	0.0186502	0.00747682
Mass Density	gm/cc	0.00152214	0.0439051	0.00780384	0.401121	0.523208	0.209819
Enthalpy Flow	Gcal/hr	1.15338	4.05014	-0.028003	9.574	17.2958	12.0748
Average MW		28.0538	28.0538	30.0696	28.0924	28.0538	28.0626
− Mass Flows	**kg/hr**	**2550**	**9220**	**40**	**26290**	**37520**	**37536.6**
C2H4	kg/hr	2550	9220	0	25750	37520	29027.2
LDPE	kg/hr	0	0	0	0	0	8495.53
INIT1	kg/hr	0	0	0	0	0	13.8157
INIT2	kg/hr	0	0	0	0	0	0
C2H6	kg/hr	0	0	40	540	0	0

图 4.30(a)　低密度聚乙烯产量模拟值为 8495.53 kg/h

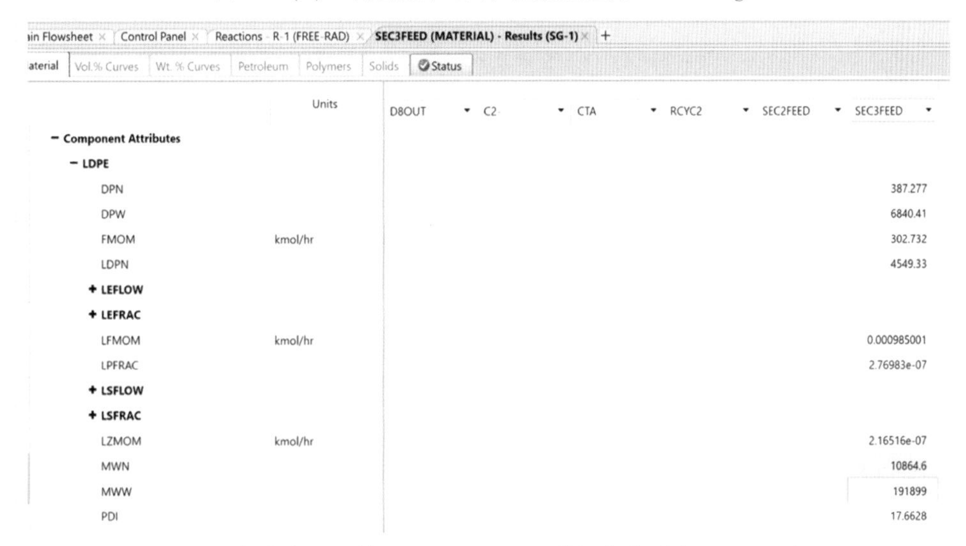

	Units	D8OUT	C2	CTA	RCYC2	SEC2FEED	SEC3FEED
− Component Attributes							
− LDPE							
DPN							387.277
DPW							6840.41
FMOM	kmol/hr						302.732
LDPN							4549.33
+ LEFLOW							
+ LEFRAC							
LFMOM	kmol/hr						0.000985001
LPFRAC							2.76983e-07
+ LSFLOW							
+ LSFRAC							
LZMOM	kmol/hr						2.16516e-07
MWN							10864.6
MWW							191899
PDI							17.6628

图 4.30(b)　低密度聚乙烯的 *MWN* 和 *MWW* 模拟值分别为 10864.6 和 191899

表 4.7　模拟结果与生产目标的比较

项目	目标值	模拟值	误差/%
LDPE 产量/(kg/h)	8500	8495.53	0.05
MWN	10500	10846.6	3.3
MWW	191800	191899	0.05

4.4.10　模型应用

我们可以使用经过验证的基础模型进行灵敏度分析和设计规定研究，以确定进一步提升当前工艺性能所需的操作条件。例如，在保持相同的聚合物质量目标 *MWN* 和 *MWW* 的情况下，我们能否提高低密度聚乙烯的产量？在对不同的自变量进行灵敏度分析后发现，改变反应器 R3B1 和 R3B2 的反应温度可以实现我们的目标。

具体来说，R3B1 的温度在 240～260 ℃变化，而 R3B2 的温度比 R3B1 的温度高20 ℃。我们首先定义一个 FORTRAN 计算器模块来计算 R3B1 和 R3B2 温度之间的关系[见图 4.31(a)～图 4.31(c)]。

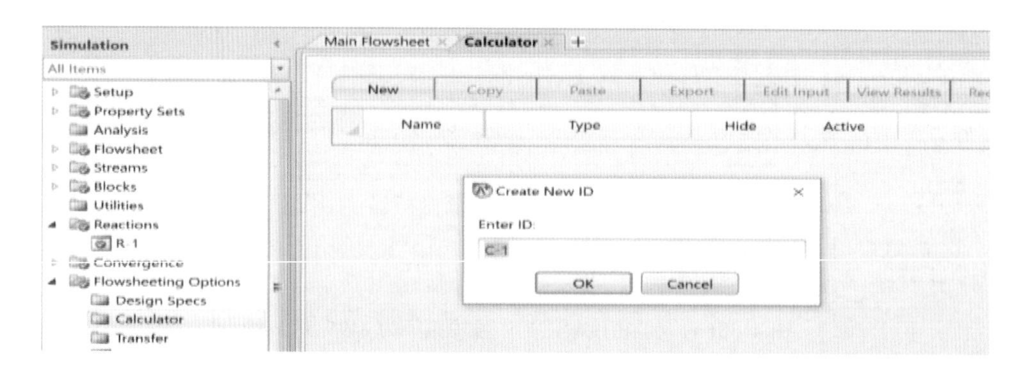

图 4.31(a)　创建一个 FORTRAN 计算器模块

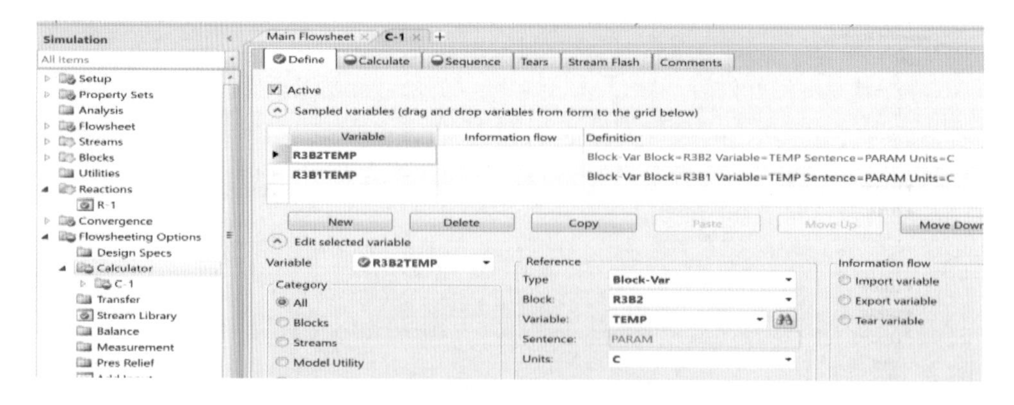

图 4.31(b)　为 FORTRAN 计算器模块定义变量

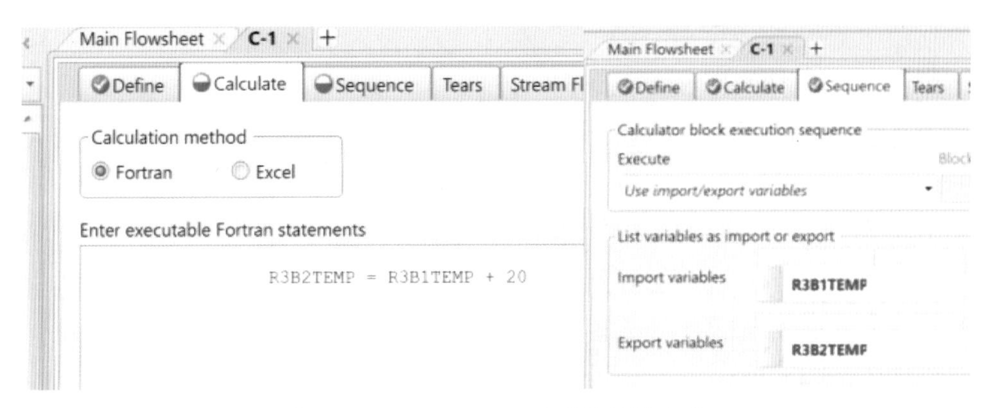

图 4.31(c) FORTRAN 方程和计算序列

通过将反应器 R3B1 的温度从 240℃提高到 260℃，并使用计算器设置反应器 R3B2 的温度，使用图 4.29 中经过验证的动力学参数进行模拟，得出以下结果：***①LDPE 产量=9494.43 kg/h***；***②MWN=10137***；***③MWW=198912***。我们将其与基础模拟目标进行比较：***①LDPE 产量=8500 kg/h***；***②MWN=10500***；***③MWW=191800***。对比结果表明，我们可以将 LDPE 产量提高 1000 kg/h，并获得接近目标值的 *MWN*，但 *MWW* 比目标值高出 7112。按照图 4.26 中的方法，将链转移到聚合物的指前因子的动力学参数由 34280 微调到 34065，并再次运行模拟，结果 *MWN* 不变，*MWW* 为 191800。我们将生成的模拟文件保存为“***WS4.1_LDPE_BaseCase_Sec 2_R3B up by 20 C.bkp***”。

4.4.11 分离单元

现在，我们将图 4.12 中的分离单元添加到模拟流程中(见图 4.32)。

表 4.8 给出了分离单元的操作条件规定。

表 4.8 分离单元的操作条件规定

流股	温度/℃	压力/(kg/cm^3)	乙烯/(kg/h)	链转移剂(C_2H_6)/(kg/h)
SEC3FEED				
BYPASS			0.0001	
D8MAKEUP			0.0001	
单元操作	**温度/℃**	**压力/(kg/cm^3)**	**其他**	
V2		251.033	气相分率=0.74	
E16	40	0(无压降)		
RECSPLIT			SPLITOUT=500 kg/h； LEAKOUT=260 kg/h	
E8	120	0(无压降)		
MAKEUPMX			C2H4 in HPMAKEUP=0.0001 kg/h	
D10	150	1.433		

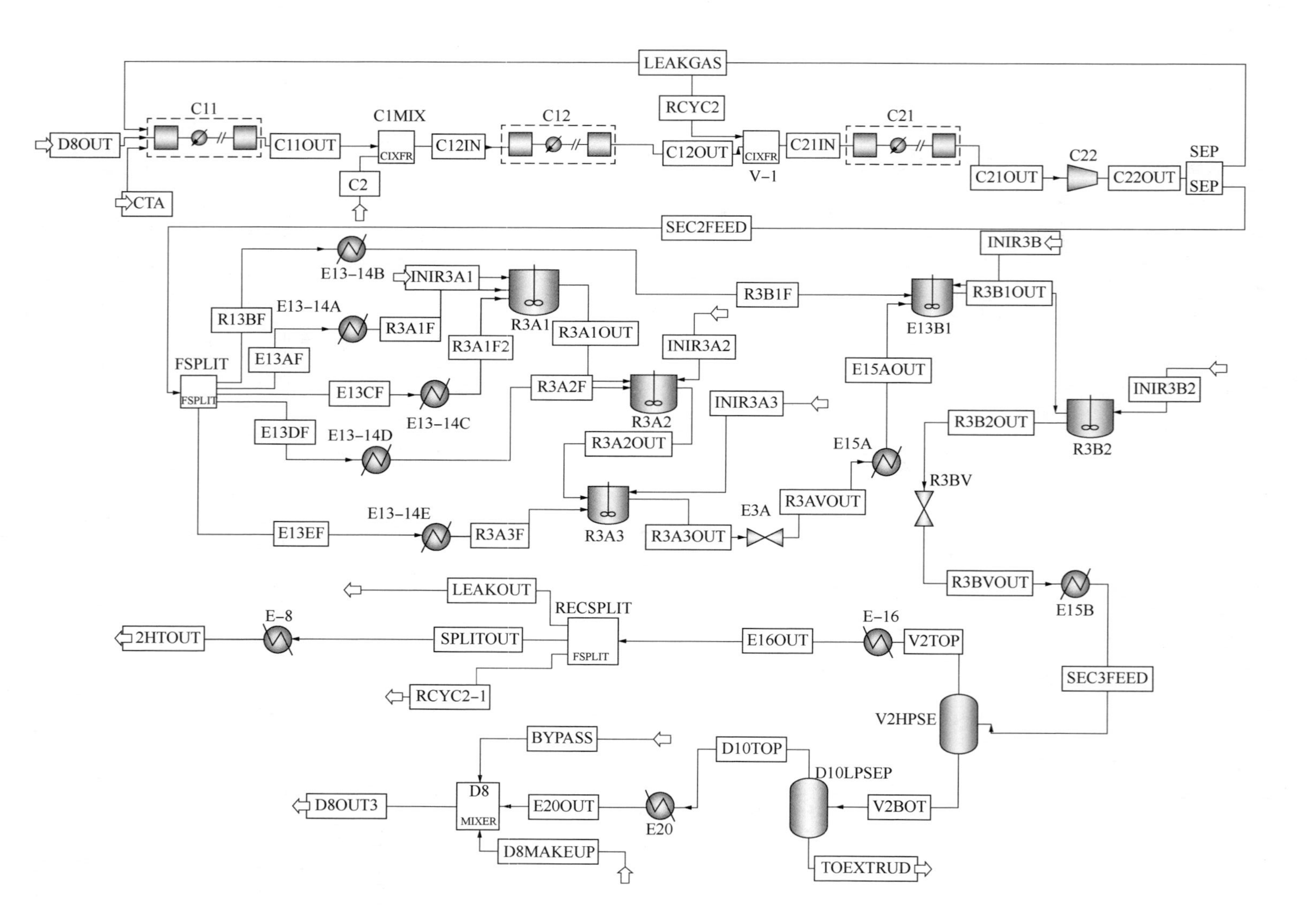

图4.32 压缩、反应和分离单元的完整模拟流程

图 4.33 给出了进入挤出机的低密度聚乙烯产品流股 TOEXTRUD 的模拟结果。

Main Flowsheet × TOEXTRUD (MATERIAL) - Results (Default) × +

Material | Vol.% Curves | Wt. % Curves | Petroleum | Polymers | Solids | Status

Mass Flows	kg/hr	8507.5
C2H4	kg/hr	10.8697
LDPE	kg/hr	8495.53
INIT1	kg/hr	1.10517
INIT2	kg/hr	0
C2H6	kg/hr	0
Mass Fractions		
C2H4		0.00127766
LDPE		0.998592
INIT1		0.000129905
INIT2		0
C2H6		0

Component Attributes		
− LDPE		
DPN		387.277
DPW		6840.41
FMOM	kmol/hr	302.732
LDPN		4549.33
+ LEFLOW		
+ LEFRAC		
LFMOM	kmol/hr	0.000985001
LPFRAC		2.76983e-07
+ LSFLOW		
+ LSFRAC		
LZMOM	kmol/hr	2.16516e-07
MWN		10864.6
MWW		191899
PDI		17.6628
+ SFLOW		
+ SFRAC		
SMOM	kmol/hr	2.07081e+06
ZMOM	kmol/hr	0.781694

图 4.33　进入挤压机的低密度聚乙烯产品流股 TOEXTRUD 模拟结果

我们将包含所有三个部分的模拟结果文件保存为“***WS4.1_LDPE_BaseCase_Sec 1-2-3.bkp***”。

4.5 例题 4.2：高压低密度聚乙烯（LDPE）工艺的管式反应器模拟

4.5.1 目的

在例题 4.1 中研究的高压釜式反应器的基础上，我们希望在本例题中模拟用于生产高压低密度聚乙烯的管式反应器。高压釜式反应器和管式反应器在低密度聚乙烯工艺中都得到了广泛应用[12,32,33]。Aspen Polymers 有一个使用管式反应器的低密度聚乙烯工艺案例，与上一节的例题一样，该工艺也是使用 POLYSL 状态方程（第 2.6 节）作为热力学方法。有几篇文章[11,13-16]显示，POLYPCSF 状态方程（第 2.8 节）比 POLYSF 方法能更准确地预测热力学相平衡和物理性质。在本例题中，我们使用 POLYPCSF 热力学方法进行模拟。我们的目的之一是演示如何获取和估算 POLYPCSF 状态方程所需的物性参数。此外，Aspen Polymers 的低密度聚乙烯工艺示例并未涉及动力学参数估计以匹配模拟目标，我们希望将图 4.26 中的方法应用于本例题。最后，我们将演示如何在 Aspen Polymers 中使用外部 FORTRAN 子程序进行传热计算。

4.5.2 工艺流程和模拟示例

图 4.34 是使用管式反应器的典型高压低密度聚乙烯工艺示意[34]。

按照 Aspen Polymers 的例子[12]，我们在图 4.35 中绘制了模拟流程，以模拟图 4.34 中所示的大部分工艺单元。

我们将模拟文件保存为"***WS4.2_LDPE BaseCase.bkp***"。

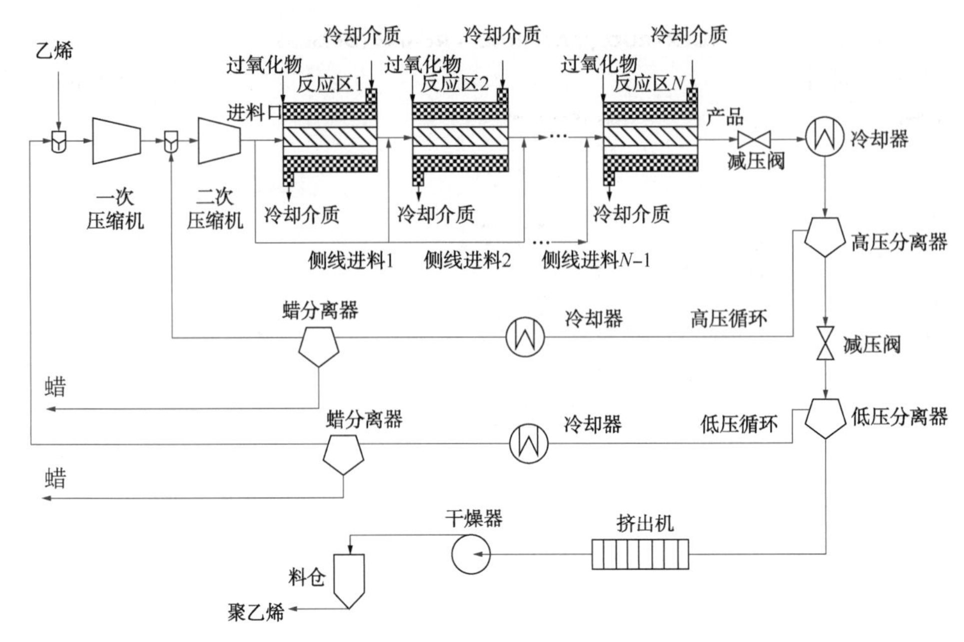

图 4.34 采用管式反应器的高压低密度聚乙烯工艺示意[34]

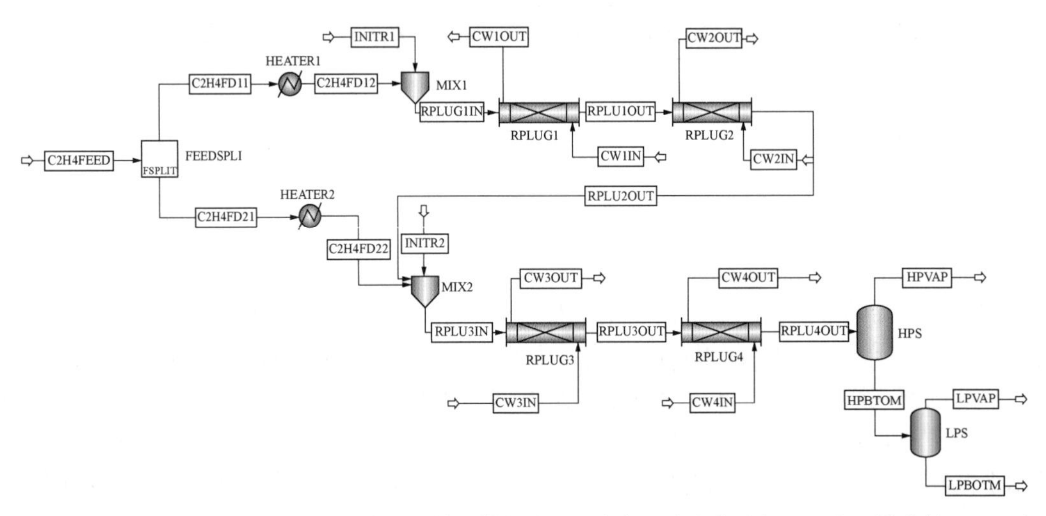

图 4.35 高压低密度聚乙烯管式反应器系统的模拟流程，包括具有夹套冷却、两个乙烯进料口、四个反应区、两个引发剂进料口的管式反应器(由四个串联的平推流反应器模拟)，以及高压和低压分离器

4.5.3 单位集、组分和聚合物属性

我们使用 METCBAR 作为单位集。图 4.36 给出了组分的规定。

我们按照之前在图 4.19(a)~图 4.19(c)中演示的程序，确定引发剂 INIT1 和 INIT2 的结构特征，并用于估算引发剂物性参数。

根据图 4.16 和图 4.17，我们将 E2-SEG 定义为重复链段，并选择聚合物 LDPE 的自由基属性集。

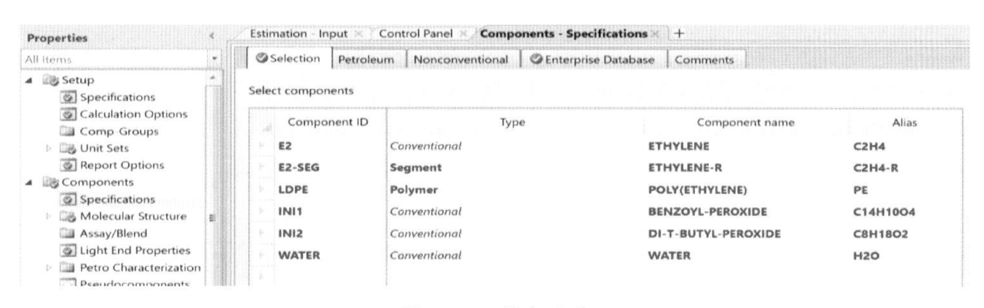

图 4.36　规定组分

4.5.4　热力学模型和物性参数

我们选择 POLYPCSF 状态方程(第 2.8 节)作为热力学方法。根据 POLYPCSF 的原始参考文献[13，14]、Aspen Polymers LDPE 示例[12]以及 Aspen Polymers 关于“Parameters (POLYPCSF)”的在线帮助搜索，我们按照以下路径输入纯组分参数：Properties→Methods→Parameters→Pure Components→New→Scalar→Change name from Pure-1 to POLYPCSF，输入图 4.37 给出的数值。

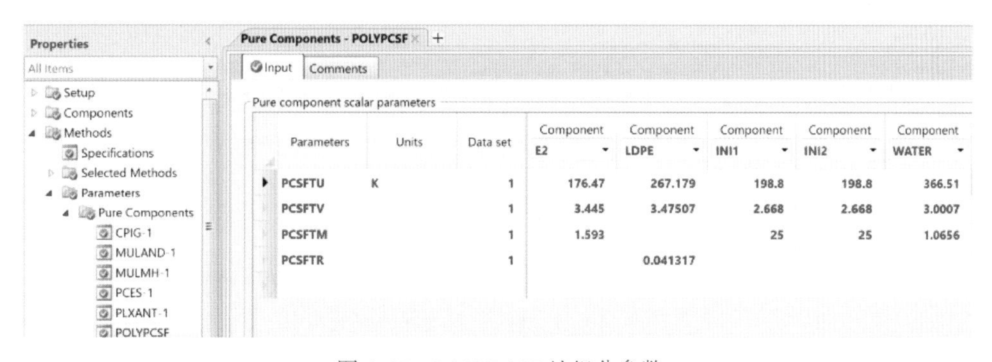

图 4.37　POLYPCSF 纯组分参数

在图 4.37 中，前三个参数是纯组分或链段的参数。具体来说，PCSFTU 是链段能量参数(K)，PCSFTV 是链段直径(Å)，PCSFTM 是链段数。最后一个参数 PCSFTR 专用于聚合物，是一个链段比例参数，其等于 PCSFTM(m)除以单体分子量(M)。当缺少这些参数数值时，Aspen Polymers 在线帮助建议使用以下默认值：①PCSFTU = 269.67K，②PCSFTV = 4.072Å，③PCSFTM = 0.02434，④PCSFTR = 0.02434×M，其中 M 是分子量。

根据 Aspen Polymers LDPE 案例[12]，我们输入：①E2 和 E2-SEG 的理想气体比热容(CPIG-1)相关参数；②LDPE 的标量参数 van Krevelen 玻璃化转变温度(TGVK)和熔融温度(TGVM)以及聚合物临界分子量(CRITMW)；③E2-SEG 的标量参数标准液体摩尔体积(VLSTD)。具体规定见图 4.38。

此外，还输入了与温度有关的引发剂的液相蒸气压参数，以确保引发剂保留在液相中而不会汽化，参数设置路径为：Properties→Methods→Parameters→New→T-dependent correlation→Liquid vapor pressure→PLXANT-1，输入图 4.39 所示的数值。这个关联式使得 ln(引发剂的液体蒸气压力)= -40，并使得引发剂的蒸气压力极小(4.24×10^{-23} bar)[35]。

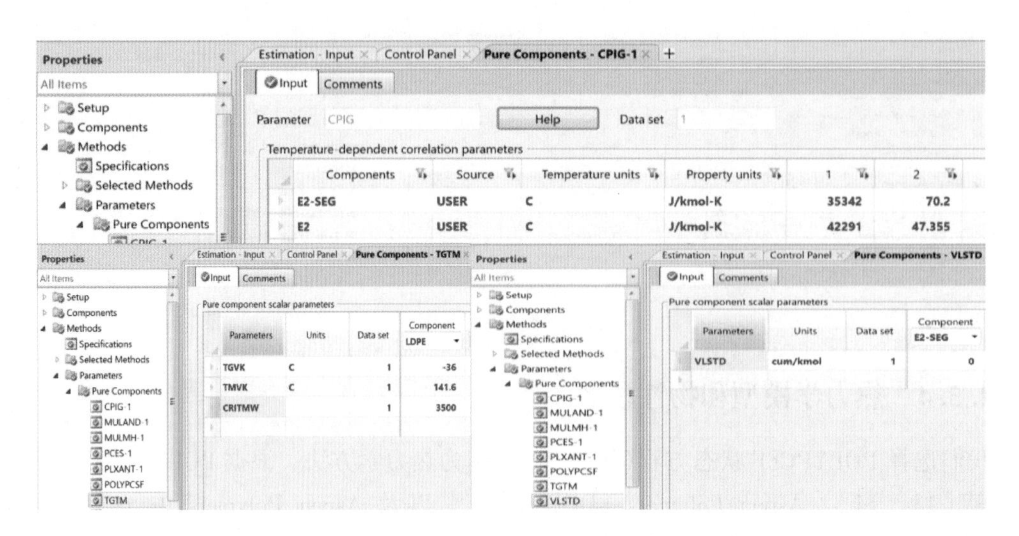

图 4.38　单体、链段和聚合物的纯组分物性参数

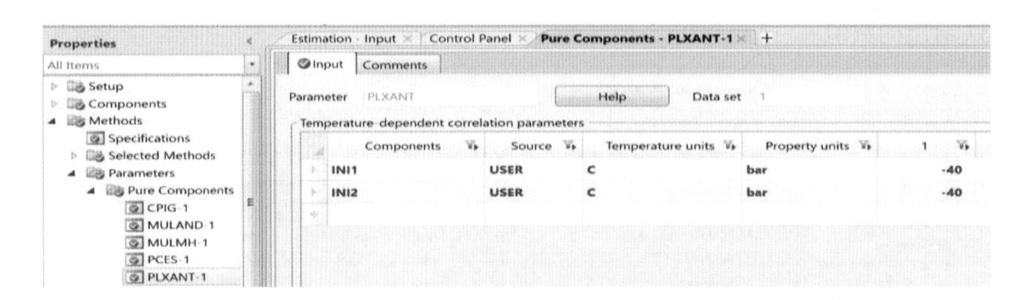

图 4.39　将与温度有关的液体蒸气压力关联式 PLXANT-1 的第一个参数设置为大负数即-40，以确保引发剂保持在液相中

根据参考文献[14]输入 LDPE 和乙烯之间的二元相互作用参数 PCSKIJ，见图 4.40。

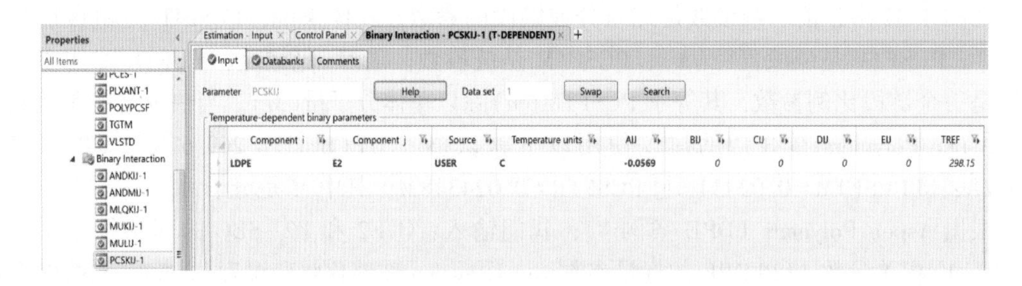

图 4.40　LDPE 和乙烯之间的二元相互作用参数 PCSKIJ

4.5.5　PCES 估计缺失的物性参数的方法

根据图 4.22 的方法，可以根据分子结构估算所有缺失的性质参数。图 4.41 给出了一些估计所得的缺失的物性参数。

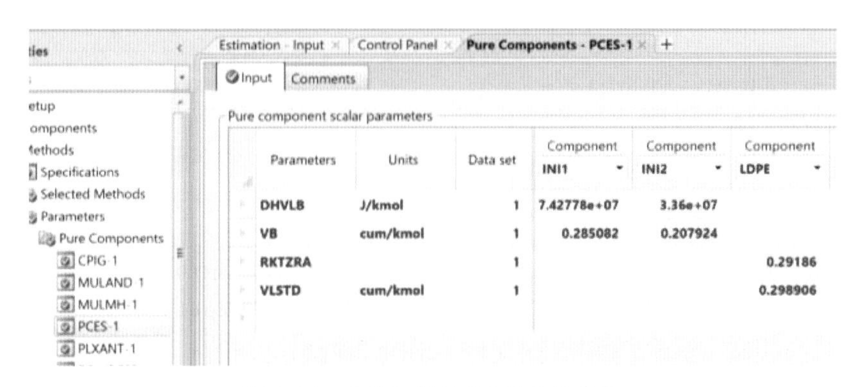

图 4.41　估计所得的缺失的物性参数

4.5.6 LDPE 自由基聚合反应

请读者参阅例题 4.1 中表 4.4 和图 4.24(a)～图 4.24(c) 中相同的动力学。本节采用了与上一节中高压釜式法低密度聚乙烯案例基本相同的动力学参数，见图 4.42。

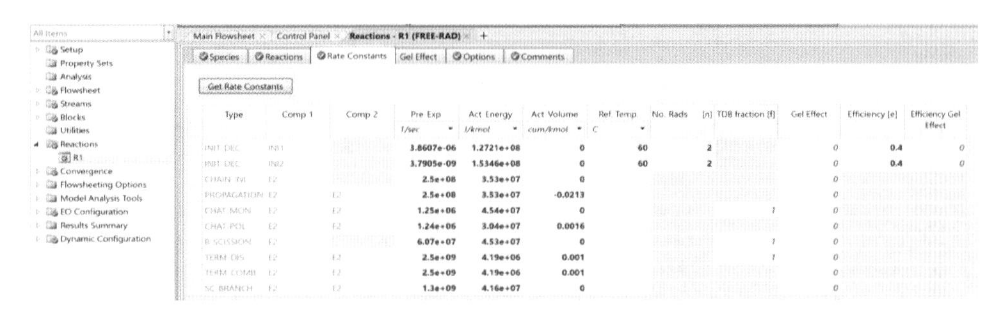

图 4.42　LDPE 工艺的初始动力学参数

4.5.7 进料工艺流股、单元操作和反应器单元规定

表 4.9 列出了进料流股和设备单元的规定。

表 4.9　进料流股和设备单元的规定

流股	温度/℃	压力/(kg/cm^3)	乙烯流量/(kg/h)	INIT1/(kg/h)	INIT2/(kg/h)	水/(kg/h)
C2H4FEED	100	2020	100000			
INITR1	0	2020		9.2	2.3	
INITR2	0	2020		18	4.6	
CW1，CW2	160	100				160000
CW3，CW4						
单元操作	温度/℃	压力/(kg/cm^3)	规定			
HEATER1	250	-10	只存在液相			
HEATER2	250	-10	只存在液相			

续表

<table>
<tr><th>单元操作</th><th>温度/℃</th><th>压力/(kg/cm³)</th><th>规定</th></tr>
<tr><td>MIX1，MIX2</td><td></td><td>2000(MIX1)
1900(MIX2)</td><td>只存在液相</td></tr>
<tr><td>RPLUG1</td><td colspan="3" rowspan="4">170℃逆流换热的反应器：长度=250 m(RPLUG1 和 RPLUG3)或 200 m(RPLUG2 和 RPLUG4)；直径=0.059 m；压降=100 bar(工艺流股)；4 bar(热流股)；反应集=R1</td></tr>
<tr><td>RPLUG2</td></tr>
<tr><td>RPLUG3</td></tr>
<tr><td>RPLUG4</td></tr>
<tr><td>HPS，LPS</td><td colspan="2">250 bar(HPS)；1 bar(LPS)</td><td>绝热过程，$Q=0$ kcal/h；气液两相</td></tr>
</table>

如图 4.43 所示，对于每个设置了外部热流股(冷却水)的 RPLUG 反应器，我们在其模块选项中指定使用蒸汽表 STEAM-TA 方法作为冷却流股的物性方法。依次对所有四个反应器都进行上述设定。

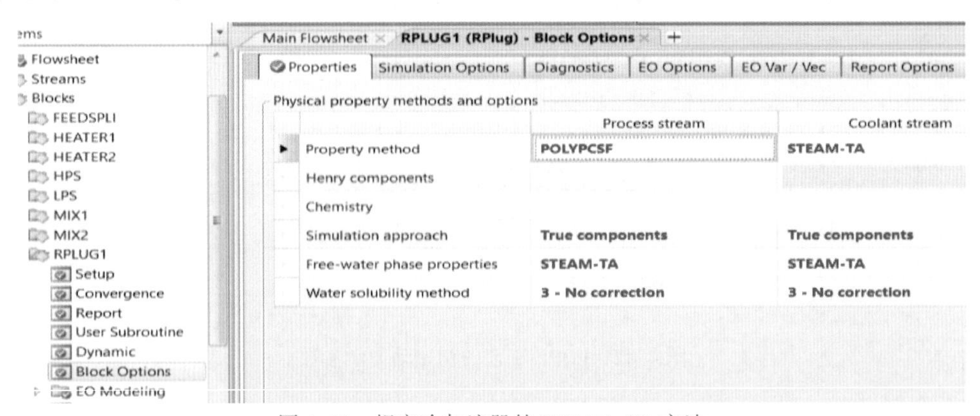

图 4.43　规定冷却流股的 STEAM-TA 方法

4.5.8　用于低密度聚乙烯反应器传热计算的 FORTRAN 用户子程序

Aspen Polymers 的低密度聚乙烯管式反应器案例中使用名为 usrhpe.f 的 FORTRAN 用户子程序进行传热计算。读者可以使用 NOTEPAD 打开该文件，从而查看 FORTRAN 子程序的详细信息，该子程序基于参考文献[17, 33]中报道的传热关联式。该子程序包括一个用于估算反应器壁面污垢阻力(名为 FR)的关联式，其单位为 $cm^2 \cdot K \cdot s/cal$：

$$FR=A+B\times W\_Pol=REALQ(1)+REALQ(2)\times W\_Pol \tag{4.2}$$

其中，A 和 B 是经验相关参数，与 FORTRAN 代码参数 REALQ(1)和 REALQ(2)相对应，单位为 $cm^2 \cdot K \cdot s/cal$；W_Pol 是聚合物的质量分数，该参数无量纲。

要使用该子程序，我们必须将模拟文件 ***WS4.2_LDPE Base-Case.bkp*** 与 FORTRAN 子程序 usrhpe.f 放在同一个工作文件夹中。由图 4.44 可以看到，污垢阻力关联式的两个参数 REALQ(1)和 REALQ(2)的值分别设置为 40 $cm^2 \cdot K \cdot s/cal$ 和 100 $cm^2 \cdot K \cdot s/cal$。

我们需要对所有四个反应器(RPLUG1 至 RPLUG4)重复图 4.44 中的参数规定。

由于许多读者没有运行子程序所需的 FORTRAN 编译器版本，因此，应将 FORTRAN 文

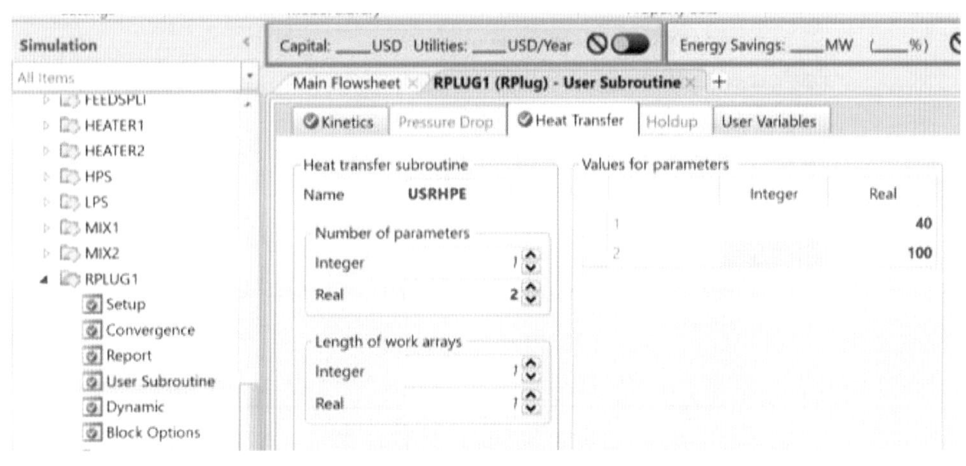

图 4.44 污垢关联式的两个实际参数 REALQ(1)和 REALQ(2)分别为 40 cm^2·K·s/cal 和 100 cm^2·K·s/cal

件转换为相应的 dll(动态链接库)文件和 dlopt(动态链接选项)文件。幸运的是，Aspen Polymers LDPE 案例的同一个工作文件夹中已经给出了热传递计算所需的 userfort. dll 和 userfort. dlopt 文件，读者无须再次编译 FORTRAN 子程序。

读者可以通过以下路径来检查是否有适合 Aspen Polymers 的 FORTRAN 编译器：Start→Aspen Plus→Set Compiler V10(或更高版本)。如果存在编译器，可以按照“How to compile and run an external user subroutine in an Aspen Plus simulation”(如何在 Aspen Plus 仿真中编译和运行外部用户子程序)的说明进行操作，这些说明可以在 Aspen Tech 支持网站上搜索到(文章 ID 000094619，日期为 2020 年 4 月 27 日)。

使用 userfort. dll 和 userfort. dlopt 文件时，请按照以下路径操作：Customize→Options→Run Settings→Engine Files→Linker Options→“userfort. dlopt”(见图 4.45)。必须提醒读者注意，如果点击“Linker Options”右侧的虚线框搜索“ * . dlopt”文件，并看到如图 4.46 所示的文件位置，模拟将无法运行。

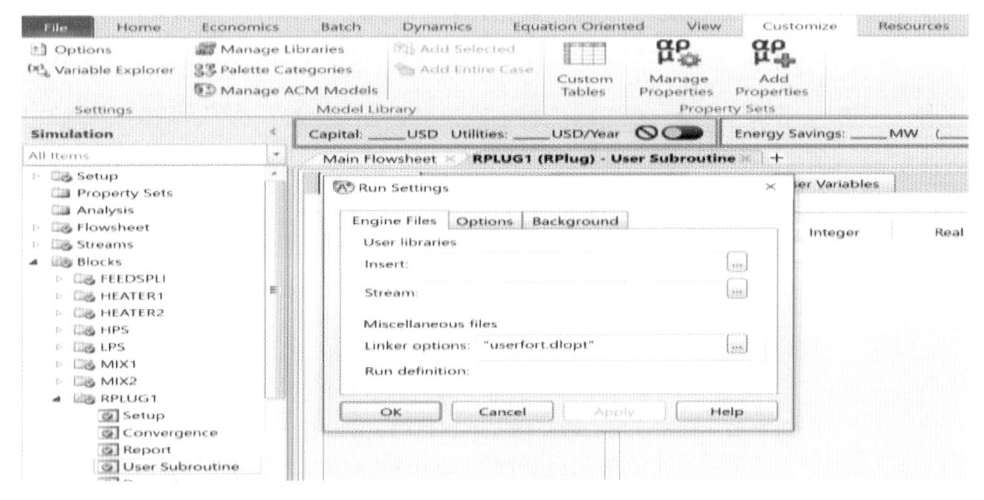

图 4.45 指定用户 FORTRAN 子程序链接器选项，告诉链接器使用 userfort. dlopt 文件中指定的 dll 文件

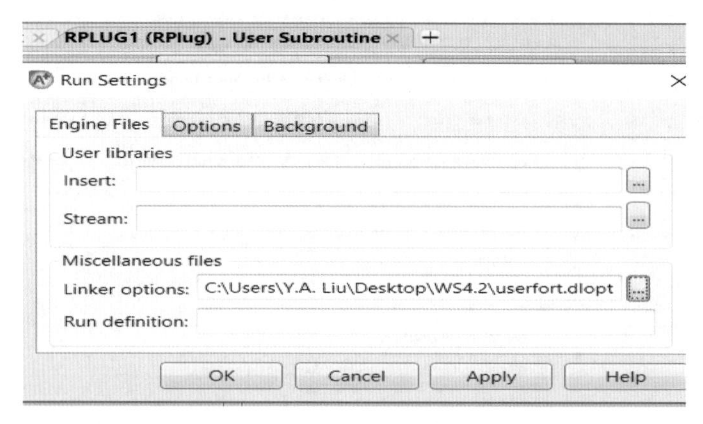

图 4.46　警告：请勿将“＊. dlopt”文件与计算机驱动器上的详细位置相链接，否则模拟将无法运行

4.5.9　基础工况的模拟目标和动力学参数估计

本例题中管式反应器低密度聚乙烯工艺中使用的初始动力学参数与高压釜式反应器低密度聚乙烯专利中的保持一致，见图 4.24(c)。

基础工况的模拟目标是获得与以下生产目标相匹配的动力学参数：***①LDPE 产量=18500 kg/h***；***②MWN=65000***；***③MWW=289000***。

按照第 4.4.8 节所述和图 4.26 所示的步骤，我们对动力学参数进行了微调。首先，将链引发反应和链增长反应的指前因子由 $2.5\times10^{8}\ s^{-1}$ 提高到 $6.075\times10^{8}\ s^{-1}$，从而使低密度聚乙烯产量达到 18499.1 kg/h，此时 *MWN* 和 *MWW* 分别为 61245.5 和 344295。

接下来，我们将链转移到单体的指前因子由 $1.25\times10^{6}\ s^{-1}$ 降至 $1.075\times10^{6}\ s^{-1}$，将 β 裂解的指前因子从 $6.07\times10^{7}\ s^{-1}$ 降至 $5.8\times10^{7}\ s^{-1}$，从而使低密度聚乙烯的产量达到 18498.7 kg/h，*MWN* 和 *MWW* 分别为 64192.3 和 380373。

为了将 *MWW* 降至 289000，我们将链转移到聚合物的指前因子由 $1.24\times10^{6}\ s^{-1}$ 降至 $0.918\times10^{6}\ s^{-1}$，***从而使得低密度聚乙烯产量为18487 kg/h，其MWN 和MWW 分别为64202 和288860***，该模拟结果已经非常接近生产目标。图 4.47 给出了校正后的动力学参数值。

Type	Comp 1	Comp 2	Pre-Exp	Act-Energy	Act-Volume	Ref. Temp.	No. Rads [n]	TDB fraction [f]	Gel Effect	Efficiency [e]	Efficiency Gel Effect
			1/sec	J/kmol	cum/kmol	C					
INIT-DEC	INI1		3.8607e-06	1.2721e+08	0	60	2		0	0.4	0
INIT-DEC	INI2		3.7907e-09	1.5346e+08	0	60	2		0	0.4	0
CHAIN-INI	E2		6.075e+08	3.53e+07	0				0		
PROPAGATION	E2	E2	6.075e+08	3.53e+07	-0.0213				0		
CHAT-MON	E2	E2	1.075e+06	4.54e+07	0			1	0		
CHAT-POL	E2	E2	918000	3.04e+07	0.0016				0		
B-SCISSION	E2		5.8e+07	4.53e+07	0			1	0		
TERM-DIS	E2	E2	2.5e+09	4.19e+06	0.001			1	0		
TERM-COMB	E2	E2	2.5e+09	4.19e+06	0.001				0		
SC-BRANCH	E2	E2	1.3e+09	4.16e+07	0				0		

图 4.47　低密度聚乙烯产量达到 18487 kg/h、*MWN*=64202 和 *MWW*=288860 时的动力学参数值

我们将经过工业数据验证的模拟文件保存为“*WS4.2_LDPE BaseCase.bkp*”。

我们将进一步说明此次案例的模拟结果。图 4.48(a)~图 4.48(c)显示了分布结果以及如何绘制反应器 RPLUG1 管程的温度曲线。

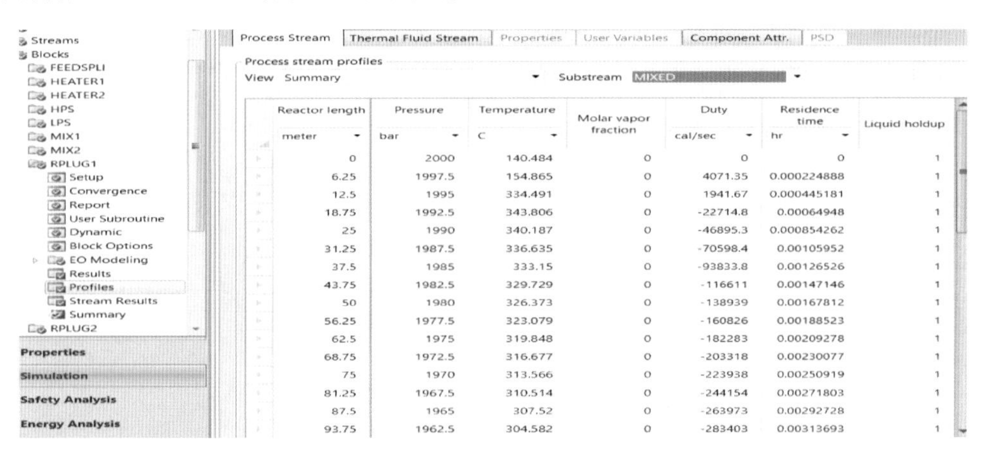

Reactor length	Pressure	Temperature	Molar vapor fraction	Duty	Residence time	Liquid holdup
meter	bar	C		cal/sec	hr	
0	2000	140.484	0	0	0	1
6.25	1997.5	154.865	0	4071.35	0.000224888	1
12.5	1995	334.491	0	1941.67	0.000445181	1
18.75	1992.5	343.806	0	-22714.8	0.00064948	1
25	1990	340.187	0	-46895.3	0.000854262	1
31.25	1987.5	336.635	0	-70598.4	0.00105952	1
37.5	1985	333.15	0	-93833.8	0.00126526	1
43.75	1982.5	329.729	0	-116611	0.00147146	1
50	1980	326.373	0	-138939	0.00167812	1
56.25	1977.5	323.079	0	-160826	0.00188523	1
62.5	1975	319.848	0	-182283	0.00209278	1
68.75	1972.5	316.677	0	-203318	0.00230077	1
75	1970	313.566	0	-223938	0.00250919	1
81.25	1967.5	310.514	0	-244154	0.00271803	1
87.5	1965	307.52	0	-263973	0.00292728	1
93.75	1962.5	304.582	0	-283403	0.00313693	1

图 4.48(a) 反应器 RPLUG1 的分布结果

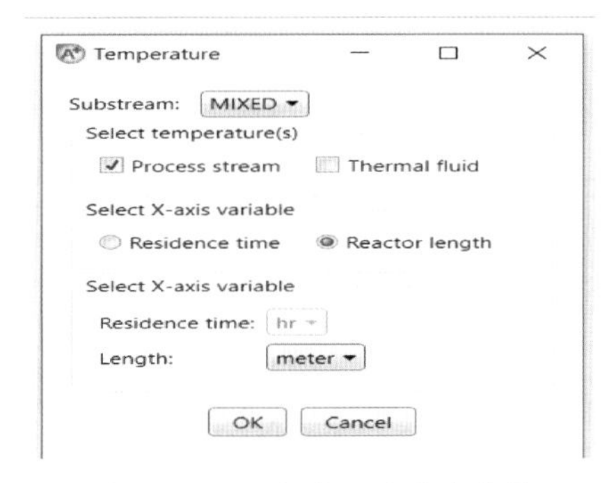

图 4.48(b) 规定温度分布曲线

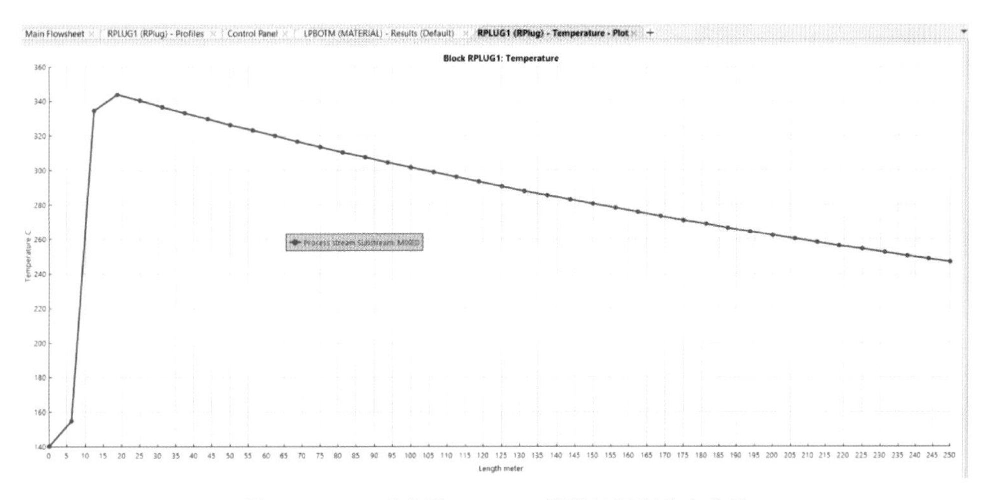

图 4.48(c) 反应器 RPLUG1 管程的温度分布曲线

4.5.10 模型应用

在图 4.35 所示的模拟流程图中，进料质量流量 60%的物料通过流股 C2H4FD21 进入下游反应器。这里希望研究进料流量的分配是如何影响最终的低密度聚乙烯产量以及聚合物的 *MWN* 和 *MWW*。图 4.49(a)~图 4.49(c)给出了灵敏度分析所得的输入和结果列表，图 4.50(a)和图 4.50(b)则以绘图的形式展示了灵敏度分析结果。

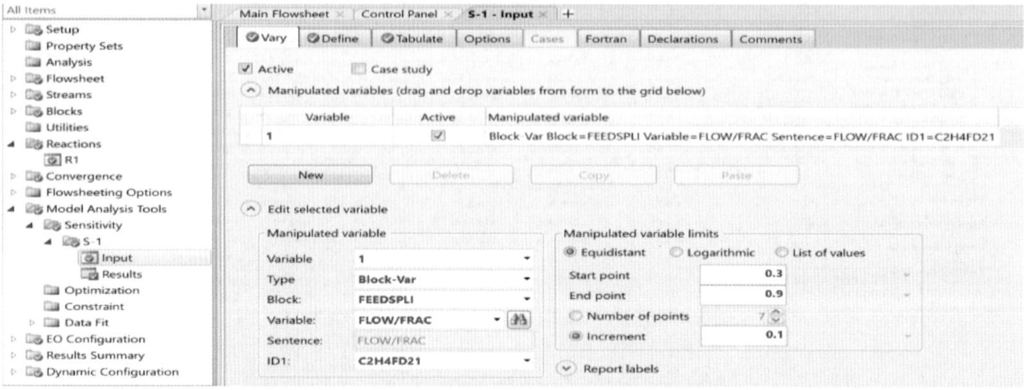

图 4.49(a) 将进料流量分流分率作为自变量“Vary”

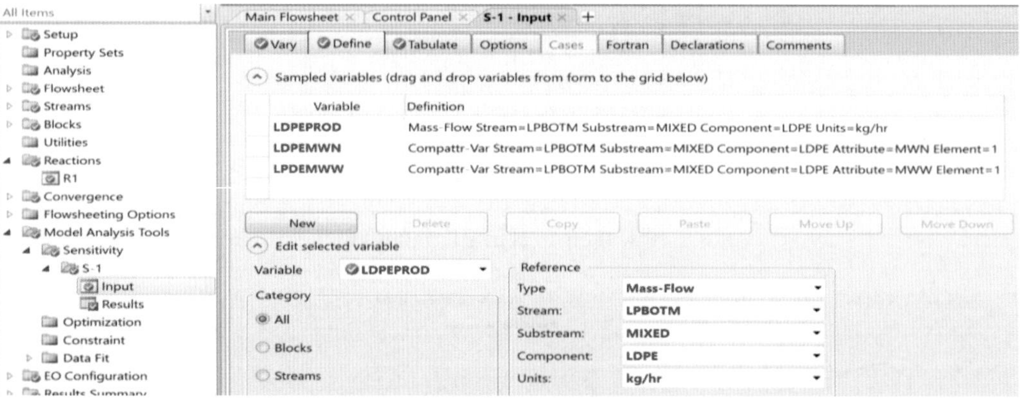

图 4.49(b) 定义 LDPE 产量、*MWN* 和 *MWW* 为因变量

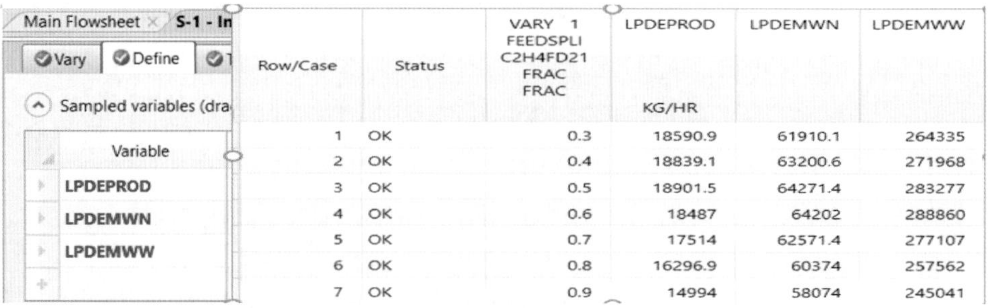

Row/Case	Status	VARY 1 FEEDSPLI C2H4FD21 FRAC FRAC	LPDEPROD KG/HR	LPDEMWN	LPDEMWW
1	OK	0.3	18590.9	61910.1	264335
2	OK	0.4	18839.1	63200.6	271968
3	OK	0.5	18901.5	64271.4	283277
4	OK	0.6	18487	64202	288860
5	OK	0.7	17514	62571.4	277107
6	OK	0.8	16296.9	60374	257562
7	OK	0.9	14994	58074	245041

图 4.49(c) 灵敏度分析结果列表

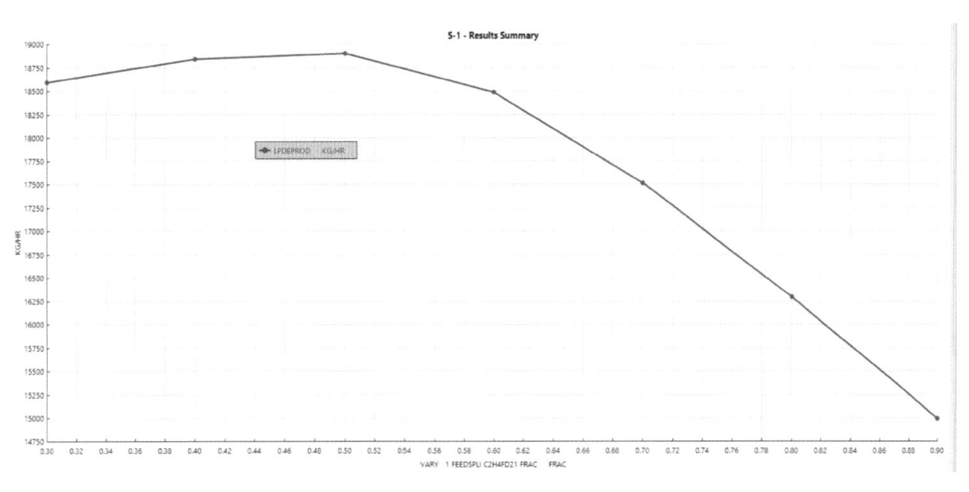

图 4. 50(a)　进料流量分流分率为 0. 5 时 LDPE 的产量达到最大值

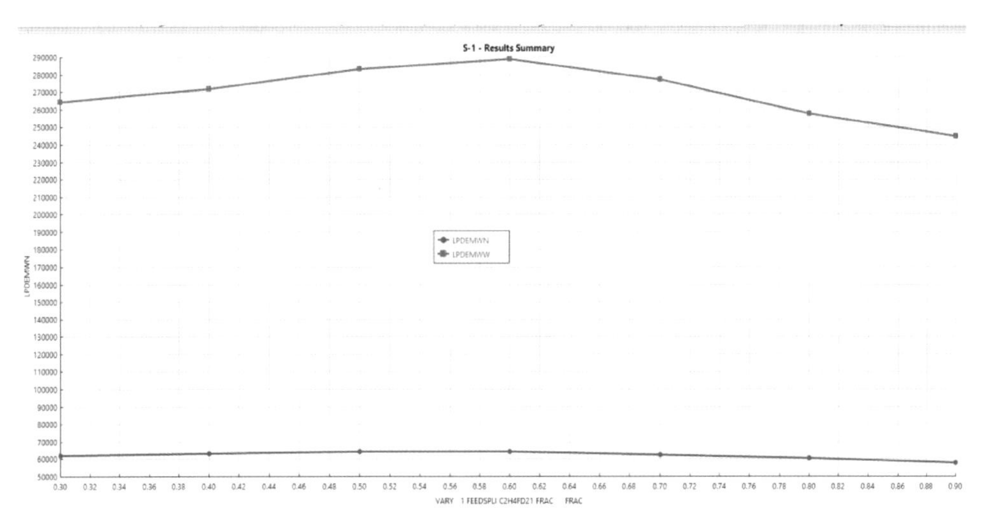

图 4. 50(b)　进料流量分流分率对聚合物产品 *MWN* 和 *MWW* 的影响

本节的案例到此结束，模拟文件保存为“***WS4. 2_LDPE Applications. bkp***”。

4. 6 例题 4. 3：乙烯–醋酸乙烯酯(EVA)共聚工艺的管式反应器模拟

4. 6. 1　目的

本例题的目的是证明例题 4. 1 和例题 4. 2 中介绍的使用高压釜式反应器或管式反应器模拟高压 LDPE 工艺的方法可随时用于模拟使用类似反应器的 EVA 共聚工艺。虽然有许多关于模拟 EVA 共聚工艺的学位论文和公开发表的报告[7,22–30,36]，但我们只能在不同的参考文献中找到一部分工艺信息[如温度、压力、进料和产品质量流量、所用引发剂、溶剂和改性剂或链转移剂(CTA)的化学名称、单元操作和反应器的操作条件以及共聚物的生产目标]。因此，我们只能根据已公布的信息推测合理的工艺条件。此外，这些报告在选择适当的热力学方法、估计基本物性参数和自由基聚合反应动力学方面缺乏具体细节。在本例题中，我们将重点讨论如何选择合适的热力学方法、物性参数和聚合动力学。我们鼓励那些拥有 EVA 共聚工艺的具体设计和生产数据的读者对当前的案例进行适当的修改，并将相关模拟方法应用于工业工艺数据。

4.6.2 工艺背景

表 4.10 比较了高压釜式反应器和管式反应器生产 EVA 的基本特征[37]。

表 4.10 用于生产 EVA 的管式反应器和釜式反应器的基本指标对比

工艺	管式法工艺	釜式法工艺
单套反应器的典型产能/(t/a)	400000 t/a(50 t/h@8000 h/a)	150000 t/a(18.75 t/h@8000 h/a)
反应器		
长径比	(1000~40000):1	(10~40):1
单体转化率/%	25~35	10~20
移热方式	冷却水夹套换热	冷进料、热出料
放大	是	否
操作压力/MPa	240~300	130~220
温度/℃	250~340	150~300
引发剂	空气、氧气、有机过氧化物	有机过氧化物
链转移剂	丙烯、丙烷、丙醛	异丁烯、正丁烷
反应器状态		
进料气体	预热	冷却
温度范围	窄	宽
压降/MPa	30~40	<5
高压减压阀，脉冲操作	是	否
开车	压力固定，逐步提高温度	逐步提高温度和压力

图 4.51(a)和图 4.51(b)给出了两个已公开的使用搅拌高压釜式反应器进行高压 LDPE 和 EVA 的工艺流程图[30,38]。

图 4.51(a)中的高压釜式反应器有七个反应区，反应进料进入 1~5 区，引发剂进料进入 1 区、2 区和 4 区。我们可以修改图 4.10 和图 4.11 中先前用于生产 LDPE 的搅拌釜式反应器系统，以建立 EVA 共聚反应器部分的模拟流程图。例如，图 4.52 显示了模拟流程中的高压釜式反应器单元。

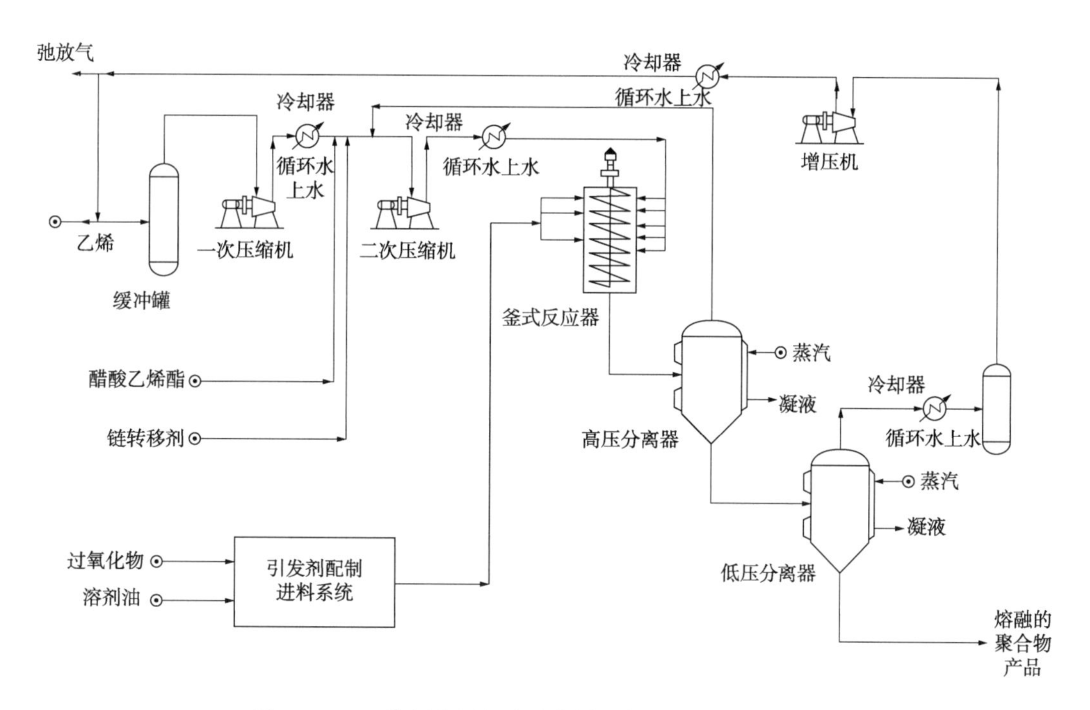

图 4.51(a) 使用高压釜式反应器生产 EVA 的工艺流程图

（来源：Chien，et al.[30]，得到 Elsevier 的许可）

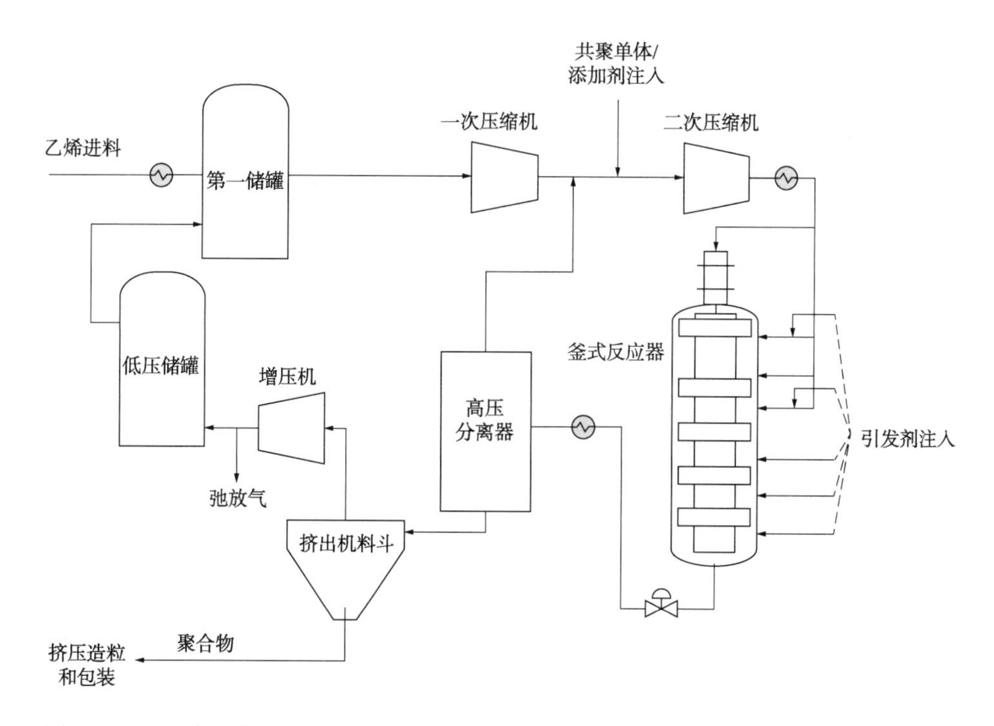

图 4.51(b) 采用略微改造的 ICI 高压釜式反应器生产低密度聚乙烯和 EVA 的工艺流程图

（来源：改编自 Lóez-Carpy，et al.[38]）

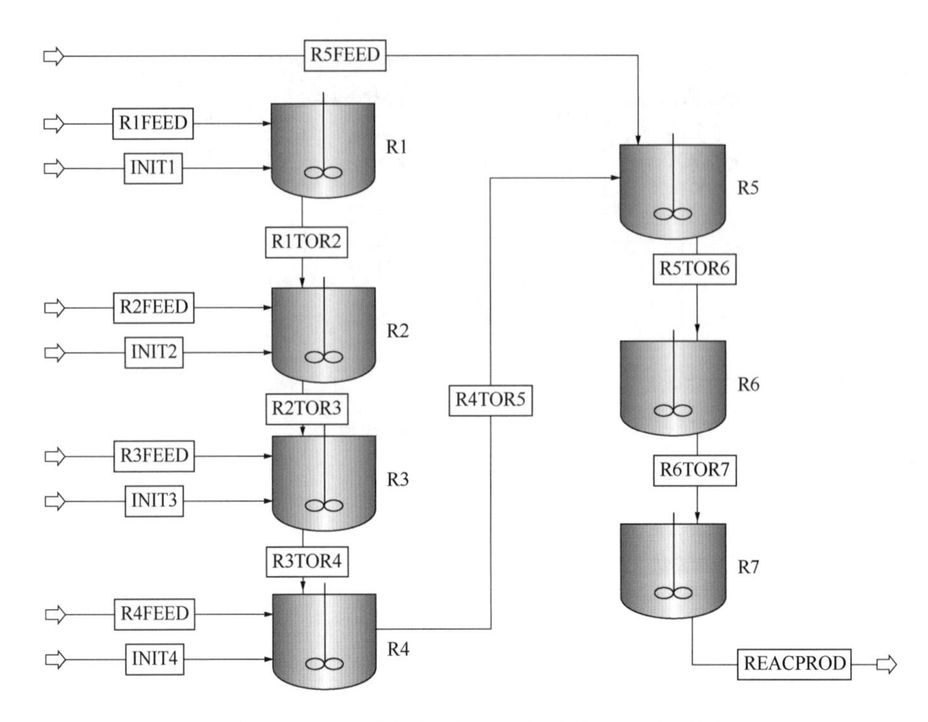

图 4.52　EVA 共聚搅拌釜式反应器的模拟流程图

在本例题中，我们将重点模拟用于生产 EVA 共聚物的管式反应器系统。我们修改了图 4.34和图 4.35 中先前用于生产 LDPE 的管式反应器系统，以建立 EVA 共聚反应器单元的模拟流程图。为方便起见，我们修改了例题 4.2 中的模拟文件“***WS4. 2_LDPE BaseCase. bkp***”。图 4.53 给出了工艺流程图的反应器单元。我们将模拟文件保存为“***WS4. 3. bkp***”。

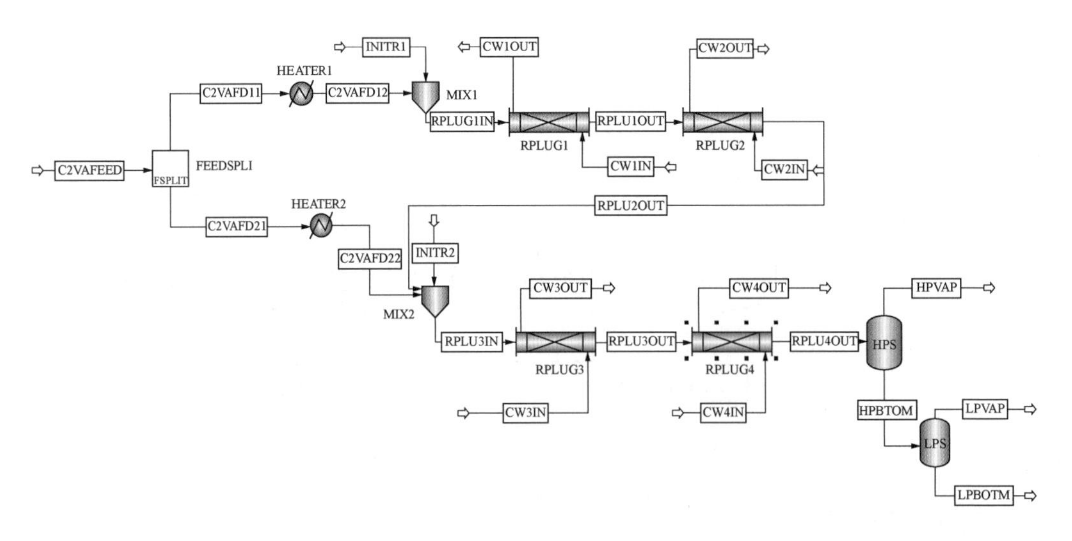

图 4.53　用于高压法 EVA 共聚的管式反应器系统模拟流程图，该系统包括具有夹套冷却、两个单体进料口、四个反应区、两个引发剂注入口的管式反应器(由四个串联的平推流反应器模拟)以及高压和低压分离器

4.6.3 单位集、组分和聚合物属性

我们选择 METCBAR 作为单位集。图 4.54 显示了 EVA 共聚工艺的组分规定。根据参考文献[23]，我们选择 TBPEH(叔丁基过氧-2-乙基己酸酯，CAS 编号 3006-82-4)作为引发剂。其他可用的引发剂有 TBPND(过氧化新癸酸叔丁酯，CAS 编号 26748-41-4)、TBPB (CAS 编号 614-45-9)和 TBPPI(过氧化新戊酸叔丁酯，CAS 编号 927-07-1)。上述四种物质均可在 Aspen Polymers 的引发剂数据库中找到。对于改性剂或链转移剂，文献建议管式反应器使用丙烯[23,37]或丙烷[37]，而搅拌高压釜式反应器使用异丁烯和正丁烷[37]，溶剂使用正己烷[36]。此外，我们还根据图 4.16 和图 4.17 确定了重复链段 E2-R 和 VA-R，以及聚合物 POLYEVA，并选择了自由基聚合的属性集。

ntrol Panel × **Components - Specifications** × +

Selection | Petroleum | Nonconventional | Enterprise Database | Comments

ect components

Component ID	Type	Component name	Alias
E2	Conventional	ETHYLENE	C2H4
E2-R	Segment	ETHYLENE-R	C2H4-R
VA	Conventional	VINYL-ACETATE	C4H6O2-1
VA-R	Segment	VINYL-ACETATE-R	C4H6O2-R-3
POLYEVA	Polymer	POLY(ETHYLENE-VINYL-ACETA...	P(E&VAC)
TBPEH	Conventional		
CTA	Conventional	PROPYLENE	C3H6-2
SOLVENT	Conventional	N-HEXANE	C6H14-1
WATER	Conventional	WATER	H2O

图 4.54　组分规定

我们还可根据图 4.18、图 4.19 获得引发剂 TBPEH 和 TBPND 的化学结构，并根据键类型确定其通用结构。具体请查看第 4 章示例文件夹中的“**TBPEH. mol**”和“**TBPND. mol**”文件。图 4.55 给出了从 Aspen Polymers 的引发剂数据库“**API100 INITIATO**”中获得的 TBPEH 化学结构。

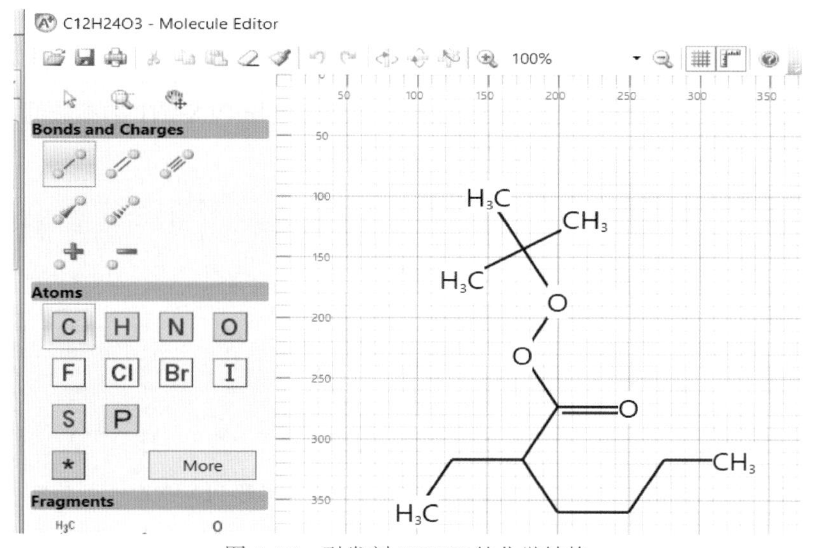

图 4.55　引发剂 TBPEH 的化学结构

4.6.4 热力学模型和物性参数

我们按照先前的例题高压低密度聚乙烯的图 4.37，选择 POLYPCSF 作为热力学方法，并按图 4.56 所示输入所需的纯组分参数。

Parameters	Units	Data set	Component E2	Component E2-R	Component VA	Component VA-R	Component TBPEH	Component CTA	Component SOLVENT	Component WATER
PCSFTU	K	1	176.47	267.179	232.25	243.983	198.8	207.19	236.77	269.67
PCSFTV		1	3.445	3.47507	3.257	3.0617	2.668	3.5356	3.7983	4.072
PCSFTM		1	1.593		3.442		25	1.9598	3.0576	0.02434
PCSFTR		1		0.041317		0.04224				

图 4.56 纯组分和链段的参数值

在图 4.56 中，PCSFTU 是链段能量参数(K)，PCSFTV 是链段直径(Å)，PCSFTM 是链段数。最后一个参数 PCSFTR 是专门用于聚合物的一个链段比率参数，其等于 PCSFTM(m)除以单体分子量(M)。我们从文献[13，14，23]中找到了 E2、VA、丙烯(一种 CTA)、正丁烷(另一种 CTA)、溶剂(正己烷)和水的参数值，并从文献[22]中找到了 E2-R 和 VA-R 的参数值。对于引发剂 TBPEH，我们采用文献[12]中的数值。对于丙烯，我们采用图 2.53 中给出的数值。

根据图 4.22 所示，使用基于分子结构的估计值来估算所有缺失的参数。例如，图 4.57 显示了与温度相关的理想气体比热容参数 CPIG-1。

Components	Source	Temperature units	Property units	1	2	3	4	5	6
E2-R	USER	C	J/kmol-K	35342	70.2				
E2	USER	C	J/kmol-K	42291	47.355				
VA-R	DB-SEGMENT	C	J/kmol-K	95373.6	302.445	-0.356588	0.000196	0	0
TBPEH	R-PCES	C	J/kmol-K	282679	902.843	-0.678471	0.000225754	0	0
VA	R-PCES	C	J/kmol-K	96901.6	241.578	-0.124804	-3.3e-06	0	0

图 4.57 与温度相关的理想气体比热容参数 CPIG-1

根据图 4.39 所示，我们将引发剂 TBPEH 的液相蒸气压 PLXANT 的参数值设为-40，以确保其停留在液相中而不汽化，参数规定详见图 4.58。

Components	Source	Temperature units	Property units	1	2	3	4	5	6
E2-R	R-PCES	C	bar	29.9741	-3263.41	0	0	-3.02832	5.37789e-17
VA-R	R-PCES	C	bar	51.0394	-5986.41	0	0	-5.79084	1.5412e-17
E2	DB-PURE36	C	bar	42.4501	-2443	0	0	-5.5643	1.9079e-05
VA	DB-PURE36	C	bar	45.8931	-5702.8	0	0	-5.0307	1.1042e-17
CTA	DB-PURE36	C	bar	32.3921	-3097.8	0	0	-3.4425	9.9989e-17
WATER	DB-PURE36	C	bar	62.1361	-7258.2	0	0	-7.3037	4.1653e-06
TBPEH	USER	C	bar	-40	0	0	0	0	0

图 4.58 与温度有关的 Antoine 蒸气压参数 PLXANT

4.6.5 EVA 自由基共聚合反应动力学

我们扩展了表 4.4 中高压低密度聚乙烯自由基聚合反应集，增加了共聚单体 VA，并对单体 E2 和共聚单体 VA 的链引发反应、链增长反应、链转移反应、链终止反应、β 裂解反应和短链支化反应等进行了相应的修改。在表 4.11 中加入了基于文献的初始动力学参数值。

表 4.11 EVA 共聚自由基聚合动力学初始参数

反应	组分 1	组分 2	指前因子/s^{-1}	活化能/(cal/mol)	活化体积/(m^3/kmol)	参考文献	说明
引发剂分解 TBPND			1.1742×10^{-4}	25759.5	0	[4, 25]	引发剂效率：0.4 自由基数目：2
引发剂分解 TBPEH			4.1442×10^{-6}	29831.9	0	[4, 25]	同上
链引发	E2		1.25×10^{8}	7550.6	-0.02	[13, 25]	
	VA		1.47×10^{7}	4947.6	-0.0107	[13, 25]	
链增长	E2(1)	E2(1)	1.25×10^{8}	7550.6	-0.02	[8, 25, 39]	
	E2(1)	VA(2)	1.148×10^{8}	7550.6	-0.02	[8, 25, 39]	$K_{p,11}=1.09_{kp,12}$[8]
	VA(2)	VA(2)	1.47×10^{7}	4947.6	-0.0107	[8, 25, 39]	
	VA(2)	E2(1)	1.387×10^{7}	4947.6	-0.0107	[8, 25, 39]	$K_{p,22}=1.06_{kp,21}$[8]
链转移至单体	E2(1)	E2(1)	8.7×10^{5}	9998.6	-0.02	[25]	
	E2(1)	VA(2)	8.7×10^{5}	9998.6			假设值
	VA(2)	VA(2)	7.616×10^{3}	6298.8			
	VA(2)	E2(1)	7.616×10^{3}	6298.8			
链转移至调聚剂	E2(1)	CTA	8.7×10^{5}	9998.6	-0.02		
	VA(1)	CTA	7.616×10^{3}	6298.8			假设值
链转移至聚合物	E2(1)	E2(1)	4.78×10^{8}	13120.1	0.0044	[25]	
	E2(1)	VA(2)	4.78×10^{8}	13120.1	0.0044		假设值
	VA(2)	VA(2)	1.088×10^{4}	6298.8		[25]	
	VA(2)	E2(1)	1.088×10^{4}	6298.8			假设值
偶合终止(1) 歧化终止(2)	E2(1)	E2(1)	1.25×10^{9}	649.4	0.013	[25]	
	E2(1)	VA(2)	1.25×10^{9}	649.4	0.013		假设值
	VA(2)	VA(2)	3.7×10^{9}	3199.1		[25]	
	VA(2)	E2(1)	3.7×10^{9}	3199.1			假设值
β 裂解	E2(1)		1.292×10^{7}	11268.3		[25]	
	VA(2)		1.292×10^{7}	11268.3			假设值
短链支化	E2(1)		1.6×10^{8}	10942.4	0.0229	[25]	
	VA(2)		1.6×10^{8}	10942.4			假设值

备注：设置链引发速率常数等于或大于链增长速率常数[39]；假设偶合终止和歧化终止反应速率常数相同。

我们按照前文例题的步骤，根据 Aspen Polymers 的自由基聚合模型生成了用于 EVA 的反应集 R-1。图 4.59 和图 4.60 给出了 EVA 的物种规定和由此产生的反应。初始动力学参数值见表 4.11。

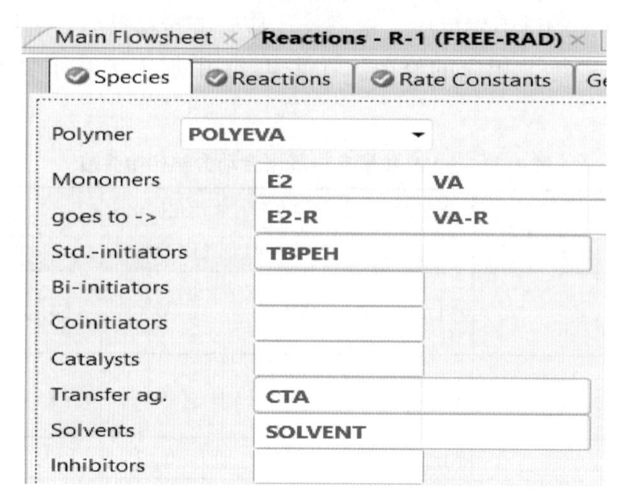

图 4.59　EVA 体系的组分规定

Reaction	Reactants		Products
1) Init-Dec	Tbpeh	->	e.n.R* + a.A + b.B
2) Chain-Ini	E2 + R*	->	P1[E2]
3) Chain-Ini	Va + R*	->	P1[Va]
4) Propagation	Pn[E2] + E2	->	Pn+1[E2]
5) Propagation	Pn[E2] + Va	->	Pn+1[Va]
6) Propagation	Pn[Va] + E2	->	Pn+1[E2]
7) Propagation	Pn[Va] + Va	->	Pn+1[Va]
8) Chat-Mon	Pn[E2] + E2	->	(1-f).Dn + f.Dn= + P1[E2]
9) Chat-Mon	Pn[E2] + Va	->	(1-f).Dn + f.Dn= + P1[Va]
10) Chat-Mon	Pn[Va] + E2	->	(1-f).Dn + f.Dn= + P1[E2]
11) Chat-Mon	Pn[Va] + Va	->	(1-f).Dn + f.Dn= + P1[Va]
12) Chat-Agent	Pn[E2] + Cta	->	Dn + R*
13) Chat-Agent	Pn[Va] + Cta	->	Dn + R*
14) Term-Dis	Pn[E2] + Pm[E2	->	Dn + (1-f).Dm + f.Dm=
15) Term-Dis	Pn[E2] + Pm[Va	->	Dn + (1-f).Dm + f.Dm=
16) Term-Dis	Pn[Va] + Pm[E2	->	Dn + (1-f).Dm + f.Dm=
17) Term-Dis	Pn[Va] + Pm[Va	->	Dn + (1-f).Dm + f.Dm=
18) Term-Comb	Pn[E2 + Pm[E2]	->	Dn+m
19) Term-Comb	Pn[E2 + Pm[Va]	->	Dn+m
20) Term-Comb	Pn[Va + Pm[E2]	->	Dn+m
21) Term-Comb	Pn[Va + Pm[Va]	->	Dn+m
22) Chat-Pol	Pn[E2] + Dm	->	Dn Pm[E2]
23) Chat-Pol	Pn[E2] + Dm	->	Dn Pm[Va]
24) Chat-Pol	Pn[Va] + Dm	->	Dn Pm[Va]
25) Chat-Pol	Pn[Va] + Dm	->	Dn Pm[E2]
26) B-Scission	Pn[E2]	->	(1-f).Dn + f.Dn= + R*
27) B-Scission	Pn[Va]	->	(1-f).Dn + f.Dn= + R*
28) Sc-Branch	Pn[E2]	->	Pn[E2]
29) Sc-Branch	Pn[Va]	->	Pn[Va]

图 4.60　EVA 共聚基元反应

4.6.6 进料工艺流股、单元操作和反应器单元规定

表 4.12 列出了流股和单元操作的规定。

表 4.12 流股和单元操作的规定

流股	温度/℃	压力/(kg/cm^3)	乙烯/(kg/h)	VA/(kg/h)	TBPEH/(kg/h)	链转移剂/(kg/h)	溶剂/(kg/h)	水/(kg/h)
C2VAFEED	100	2020	70000	30000				
INITR1	0	2010			50	5	5	
INITR2	0	2010			50	5	5	
CW1，CW2	160	100						160000
CW3，CW4								
单元操作	温度/℃	压力/(kg/cm^3)	规定					
HEATER1	250	-10	只存在液相					
HEATER2	250	-10	只存在液相					
MIX1，MIX2		2000(MIX1) 1900(MIX2)	只存在液相					
RPLUG1 RPLUG2 RPLUG3 RPLUG4	170℃逆流换热的反应器：长度=250 m(RPLUG1 和 RPLUG3)，200 m(RPLUG2 和 RPLUG4)；直径=0.059 m；压降=100 bar(工艺流股)；4 bar(热流股)；反应集=R1							
HPS，LPS	250 bar(HPS)；1 bar(LPS)		绝热过程，$Q=0$ kcal/h；气液两相					

根据图 4.43 所示，我们在每个带有外部热流股(冷却水)的反应器 RPLUG 的模块选项中指定使用蒸汽表 STEAM-TA 作为冷却流股的物性方法。我们还根据第 4.5.7 节中的图 4.44~图 4.46 的方法，指定使用相同的用户子程序进行传热计算。我们将带有初始动力学参数的模拟文件保存为“***WS4.3 BaseCase.bkp***”。

4.6.7 基础案例的模拟目标和动力学参数估计

运行基础案例模拟文件，得到 EVA 共聚物的产量为 70112 kg/h(单体转化率为 70.1%)，*MWN* 为 2385，*MWW* 为 980352。

我们将图 4.26 给出的 LDPE 聚合动力学参数的估计方法应用于 EVA 共聚案例。根据表 4.10 所示，EVA 共聚的单体转化率约为 25%~35%，但也可能高达近 40%。我们希望对动力学参数进行微调，以生产出**单体转化率为 *39%*、*MWN* 为 *49500* 和 *MWW* 为 *420000* 的 EVA**。

特别地，我们注意到第 4.4.8 节中的三条重要指导原则：①聚合物产量或单体转化率

随着链引发和链增长的指前因子增大而增大；②*MWN* 随着链转移到单体、CTA 或溶剂以及 β 裂解反应的指前因子增大而减小；③*MWW*（或 *PDI*）随着链转移到聚合物的指前因子减小而减小。

根据准则①，我们调整了链引发和链增长的指前因子，如图 4.61 所示。根据表 4.10 中参考文献[8]，链增长指前因子 $k_{0,E2,E2}=1.09\times k_{0,E2,VA}$（1.635E7 = 1.09×1.5E7），以及 $k_{0,VA,VA}=1.06\times k_{0,VA,E2}$（即 1.59E7 = 1.06×1.5E7）。将链转移反应的指前因子设为 12000。对于图 4.61 中未显示的其他反应，不改变其指前因子。该部分的模拟文件保存为"***WS4.3-1.bkp***"。

Type	Comp 1	Comp 2	Pre-Exp 1/sec	Act-Energy cal/mol
INIT-DEC	TBPEH		0.00011742	27579.5
CHAIN-INI	E2		1.5e+07	7550.6
CHAIN-INI	VA		1.5e+07	4947.6
PROPAGATION	E2	E2	1.635e+07	7550.6
PROPAGATION	E2	VA	1.5e+07	7550.6
PROPAGATION	VA	E2	1.5e+07	4947.6
PROPAGATION	VA	VA	1.75e+07	4947.6
CHAT-MON	E2	E2	12000	9998.6
CHAT-MON	E2	VA	12000	9998.6
CHAT-MON	VA	E2	12000	6298.8
CHAT-MON	VA	VA	12000	6298.8
CHAT-AGENT	E2	CTA	12000	9998.6
CHAT-AGENT	VA	CTA	12000	6298.8

图 4.61　经优化的动力学参数使单体转化率达到 38%~40%

运行模拟文件"***WS4.3-1.bkp***"，得出 EVA 的产量为 39141 kg/h（单体转化率为 39.1%），*MWN* 为 1585，*MWW* 为 650753。此时转化率在 38%~40%的目标值范围内。

根据动力学参数调整准则(2)和(3)，将链转移到单体和链转移剂的指前因子由 12000 提高到 16400，将 β 裂解的指前因子也改为 16400，并将链转移到聚合物的指前因子降至 2.44×10^5。表 4.13 给出了模拟结果与目标值。我们将模拟文件保存为"***WS4.3-2.bkp***"。

表 4.13　模拟结果与生产目标值

项目	目标值	模拟值	误差/%
EVA/(kg/h)	39000	38949	0.131
MWN	49500	49606.2	0.2
MWW	420000	420357	0.0085

参　考　文　献

[1] Lingard, S. (2002). *Styrenics Modeling Seminar*. Aspen Technology, Inc., Houston, TX.
[2] Odian, G. (1991). *Principles of Polymerization*, 3e. New York: Wiley.
[3] Aspen Technology, Inc. (2017). Free Radical Bulk Polymerization Models. *Aspen Polymers V8.5 Unit Operation and Reactor Models*, pp. 163-198.

[4] Aspen Technology, Inc. (2017). Initiator Decomposition Rate Parameters. *Aspen Polymers V8. 5 Unit Operation and Reactor Models*, pp. 431-444.
[5] Hui, A. W., Hamielec, A. E. (1972). Thermal polymerization of styrene at high conversions and temperatures: an experimental study. *Journal of Applied Polymer Science* 16: 749.
[6] Chapter 1: Free radical polymerization. https://ethz.ch/content/dam/ethz/special - interest/chab/icb/morbidelli-dam/documents/Education/PRCE/DOC_2016/ Chapter1.pdf(accessed June 8, 2020).
[7] Kan, T. W. (2003). Modeling of High - Pressure Ethylene - Vinyl Acetate Copolymer in Autoclave Reactor. M. S. thesis, Department of Chemical Engineering, National Taiwan University of Science and Technology, Taipei.
[8] Ratzsch, M., Schneider, W., Musche, D. (1971). Reactivity of ethylene in the radically initiated copolymerization of ethylene with vinyl acetate. *Journal of Polymer Science* Part A-1 9: 785.
[9] Aspen Technology, Inc. (2019). *Aspen Physical Property System: Physical Property Models*, V. 11.
[10] Sanchez, I. C., Lacombe, R. H. (1978). Statistical thermodynamics of polymer solutions. *Macromolecules* 11: 1145.
[11] Orbey, H., Bokis, C. P., Chen, C. C. (1998). Equation of state modeling of phase equilibrium in the low-density polyethylene process: the Sanchez- Lacombe, statistical associating fluid theory, and polymer-Soave-Redlich-Kwong equations of state. *Industrial and Engineering Chemistry* 37: 4481.
[12] Aspen Technology, Inc. (2017). Application B8-low-density high-pressure process. *Aspen Polymers V8. 4: Examples and Applications*, pp. 187-204.
[13] Gross, J., Sadowski, G. (2001). Perturbed-chain SAFT: an equation of state based on a perturbation theory for chain molecules. *Industrial and Engineering Chemistry Research* 40: 1244.
[14] Gross, J., Sadowski, G. (2002). Application of perturbed-chain SAFT equation of state to associating systems. *Industrial and Engineering Chemistry Research* 41: 5510.
[15] Bokis, C. P., Ramanathan, S., Franjione, J. et al. (2002). Physical properties, reactor modeling, and polymerization kinetics in the low-density polyethylene tubular reactor process. *Industrial and Engineering Chemistry Research* 41: 1017.
[16] Cheluget, E. L., Bokis, C. P., Wardhagh, L., et al. (2002). Modeling polyethylene fractionation using the perturbed-chain statistical associating fluid theory equation of state. *Industrial and Engineering Chemistry Research* 41: 968.
[17] Chen, C. H., Vermeuchuk, J. G., Howell, J. A., et al. (1976). Computer model for tubular high-pressure polyethylene reactor. *AIChE Journal* 22: 463.
[18] Hendrickson, G. (1997). Simulation of a LDPE Autoclave Reactor with POLYMERS PLUS. Presented at Aspen World, Boston, MA, October, 1997. https://docplayer.net/27596341-Simulation-of-a-ldpe-autoclave-reactor-with-polymers-plus-greg-hendrickson-senior-process-engineer-chevron-chemical-company-kingwood-texas.html(accessed 20 May 2020).
[19] Caliani, E., Cavalcanti, M., Lona, L. M., et al. (2008). Modeling and simulation of high-pressure industrial high-pressure polyethylene reactor. Express *Polymer Letters* 2: 57.
[20] Azmi, A., Aziz, N. (2016). Low density polyethylene tubular reactor modeling: overview of the model developments and future directions. *Journal of Applied Engineering Research* 11: 9906.
[21] Zhmad, Z. and Azix, N. (2018). Modeling and nonlinearity of low-density polyethylene (LDPE) tubular reactor. *Materials Today: Proceedings* 5: 21612.
[22] Camacho,J., Diez, E., Diaz, I., et al. (2017). PC-SAFT thermodynamics of EVA copolymer-solvent systems. *Fluid Phase Equilibria* 449: 10.
[23] Lee, Y., Jeon, K., Cho, J., et al. (2019). Multicomponent model of ethylene-vinyl acetate autoclave reactor: a combined computational fluid dynamics and polymerization kinetics model. *Industrial and Engineering Chemistry Research* 58: 16459.
[24] Samaroria, C., Brandolin, A. (2000). Modeling of molecular weights in industrial autoclave reactors for high pressure polymerization of ethylene and ethylene - vinyl acetate. *Polymer Engineering and Science* 40: 1480.
[25] Ghiass, M., Hutchinson, R. A. (2003). Simulation of free radical high pressure copolymerization in a

multizone autoclave: model development and application. *Polymer Reaction Engineering* 11: 989.

[26] Chien, I. L., Kan, T. W., Cheb, B. S. (2007). Dynamic simulation and operation of a high pressure ethylene–vinyl acetate autoclave reactor. *Computers and Chemical Engineering* 31: 233.

[27] Chen, B. S. (2004). Modeling and Control of High-Pressure Ethylene-Vinyl Acetate Copolymerization Process. M. S. thesis, Department of Chemical Engineering, National Taiwan University of Science and Technology, Taipei.

[28] Lee, H. Y., Yang, T. H., Chien, I. L., et al. (2009). Grade transition using dynamic neural networks for an industrial high-pressure ethylene-vinyl acetate (EVA) copolymerization process. *Computers and Chemical Engineering* 33: 1371.

[29] Sharmin, R., Sundararaj, U., Shah, S., et al. (2006). Inferential sensors for estimation of polymer quality parameters: industrial application of PLS–based soft sensor for a LDPE plant. *Chemical Engineering Science* 61: 6372.

[30] Chien, I. L., Kan, T. W., Chen, B. S. (2005). Rigorous modeling of a high-pressure ethylene-vinyl acetate (EVA) copolymerization autoclave reactor. *IFAC Proceedings*. https://folk.ntnu.no/skoge/prost/proceedings/ifac2005/ Fullpapers/02171.pdf (accessed 10 June 2020).

[31] Aspen Technology, Inc. (2017). Application B1–Polystyrene Bulk Polymerization by Thermal Initiation. *Aspen Polymers V8.4: Examples and Applications*, pp. 97–108.

[32] Yan, R. Study of Operating Mode and Process Simulation of LDPE Plant at BYPC (2000). *China Synthetic Resin and Plastics* 17(2): 36.

[33] Kiparissides, C., Veros, G., MacGregor, J. F. (1993). Mathematical modeling, optimization, and quality control of high-pressure ethylene polymerization reactor. *Reviews in Macromolecular Chemistry & Physics* C33: 437.

[34] Pladis, P., Kiparissides, C. (2014). Polymerization reactors. https://doi.org/10.1016/B978-0-12-409547-2.10908-4 (accessed 1 June 2020).

[35] Bokis, C. P., Orbey, H., Chen, C. C. (1999). Properly model polymer processes. *Chemical Engineering Progress* 95(4): 39.

[36] Kawahara, T., Hikasa, T. (2005). Method for producing ethylene–vinyl acetate copolymer and saponified product thereof., U. S. Patent 6, 838, 517 B2.

[37] Liu, Y. L., Su, G. R., Cheng, M. H. (2019). The comparison and prospect of EVA plant with tubular reactor and autoclave reactor. *Zhejiang Chemical Industry* 50(7): 29.

[38] López–Carpy, B., Saldívar–Guerra, E., Zapata–González, I., et al. (2018). Mathematical modeling of the molecular weight distribution in low density polyethylene. I. Steady–state operation of multizone autoclave reactors. *Macromolecular Reaction Engineering* 12: 1800013.

[39] Aspen Technology, Inc. (2017). Application B4 - styrene ethyl acrylate free radical copolymerization process. *Aspen Polymers V8.4: Examples and Applications*, pp. 133–146.

5 齐格勒-纳塔聚合：HDPE、PP、LLDPE和EPDM

本章介绍使用齐格勒-纳塔(Ziegler-Natta, ZN)催化剂生产高密度聚乙烯(HDPE)、聚丙烯(PP)、线型低密度聚乙烯(LLDPE)和乙烯-丙烯-二烯三元共聚物(EPDM)的工艺建模，并采用 Aspen Polymers 模拟软件介绍 ZN 聚合动力学建模的方法和过程。

本章利用高效的软件工具，提出了一种基于工厂数据有效估算动力学参数的方法，开发了商业化聚烯烃工艺的模拟和优化模型，包括概念开发、建模方法、示例和生产案例。

第 5.1 节介绍 ZN 聚合。第 5.2 节讨论 ZN 聚合动力学，涵盖了催化剂中心活化、链引发、链增长、链转移、催化剂抑制和失活以及共聚动力学。第 5.3 节介绍建模考虑的事项，包括反应器类型、工艺流程图、聚合物类型、分子量分布(*MWD*)和多峰分布、热力学以及全局动力学与局部动力学。第 5.4 节描述商业聚烯烃生产目标，包括通用和聚合物专用生产目标。第 5.5 节利用高效的软件工具介绍一种有效的动力学参数估算方法，该方法根据工厂数据对商业化聚烯烃工艺进行建模，包括数据拟合、灵敏度分析和设计规定，本节还介绍了模拟数据与工厂数据吻合的模型在工艺改进中的应用。第 5.6 节介绍一个详细的生产例题，用于开发淤浆法 HDPE 工艺的模拟模型。第 5.7 节用一个生产例题说明如何使用搅拌床反应器模拟和优化气相 PP 工艺。第 5.8 节介绍使用冷凝模式冷却操作流化床工艺生产 LLDPE 的生产例题。第 5.9 节通过一个生产例题介绍采用茂金属催化体系的乙烯-丙烯橡胶共聚物(EPM)或三元乙丙橡胶(EPDM)生产工艺的模拟。本章还包括一个参考文献小节。

5.1 齐格勒-纳塔（ZN）聚合

5.1.1 简介

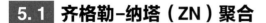

ZN催化剂是用于生产商业化HDPE、PP、LLDPE和EPDM最广泛的催化剂之一。聚乙烯和聚丙烯是需求量最高的两种商品化聚合物。不同分子量分布和支链分布的聚烯烃具有不同性质，因此聚烯烃应用广泛。配位聚合机理与生产高压LDPE的自由基聚合机理不同。采用配位催化剂制备的聚烯烃的微观结构与用自由基聚合制备的不同。利用自由基机理制备的LDPE由短支链(SCB)和长支链(LCB)组成，而利用配位机理制备的LDPE仅由短支链组成。因此，催化剂的设计在聚烯烃工艺中具有重要作用。另外，不同反应器和相组成的工艺也能够改变聚烯烃性能，聚烯烃的生产工艺有三种相态，包括溶液、淤浆和气相。高压釜/CSTR、环管反应器和流化床反应器(FBR)是聚烯烃工艺中具有不同相组成的主要反应器。例如，环管反应器用于淤浆法工艺，FBR用于气相工艺。Soares和McKenna[1]的书详细介绍了不同的聚烯烃工艺。

由于ZN催化剂中存在多个活性催化剂中心，因此ZN动力学建模非常复杂。最常见的ZN催化剂是以$MgCl_2$或SiO_2为载体的四氯化钛($TiCl_4$)，为多相催化剂。ZN催化剂具有高活性和高产率。ZN催化剂的多个活性中心使其能够生产具有宽分子量分布的聚合物，并能很好地控制聚合物微观结构。

本章主要讨论ZN催化剂；其他催化剂类型，如Phillips、茂金属和后过渡金属催化剂，在Soares和McKenna[1]的书中第3章和第5章中已详细讨论。Phillips催化剂与ZN催化剂类似，具有多个活性中心，用于生产高密度聚乙烯。茂金属催化剂和后过渡金属催化剂可用于生产具有均匀特性和窄*MWD*的高密度聚乙烯/低密度聚乙烯。茂金属催化剂被认为是单活性中心的均相催化剂，即可溶于反应介质中。在第5.9节中，我们将通过操作例题介绍茂金属催化剂制备EPM的模拟。本章不讨论任何使用一种以上催化剂类型的工艺。我们的局限性在于缺乏大量公开的生产数据，因此无法为其他催化剂类型制定有效的动力学参数估计方法。

5.1.2 齐格勒-纳塔催化剂

ZN催化剂(见图5.1)需要助催化剂AlR_3[如三乙基铝(TEAL)，$Al(C_2H_5)_3$]进行活化。如图5.2所示，用助催化剂烷基化钛盐产生活性中心，催化剂和助催化剂通过一系列反应形成复合物。助催化剂得到氯原子，并将烷基转移到催化剂上。因此，助催化剂起着还原剂的作用，而缺电子位点则起着引发聚合反应活性中心的作用。

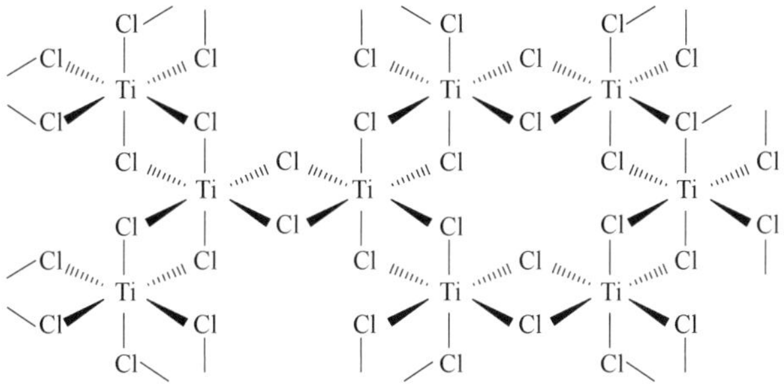

图 5.1 ZN 催化剂结构（来源：Soares and McKenna[1]，Wiley-VCH）

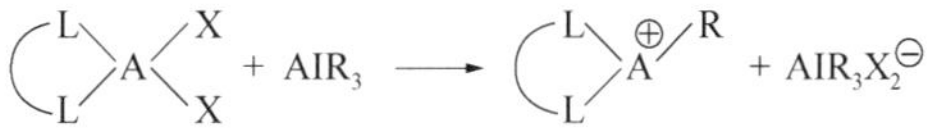

图 5.2 ZN 催化剂机理

5.2 齐格勒-纳塔聚合动力学

ZN 动力学中最重要的反应与其他聚合动力学中的反应相同，即链引发、链增长和链转移反应，链转移剂可以是单体、氢或溶剂。ZN 催化剂由不同的催化剂中心类型组成，由于每个催化剂中心类型的局部化学成分不同，因此每个催化剂中心类型都有自己的相对反应活性。催化剂的活化、失活和抑制反应也是 ZN 催化剂所特有的。催化剂中心活化反应是将潜在催化剂中心转化为活性中心，而催化剂中心失活反应则将活性中心转化为失活催化剂中心。如前所述，Aspen Polymers 以重复单元或链段为单位建立动力学模型，现将 ZN 动力学中的主要反应总结如下。

5.2.1 催化剂活化（ACT）

催化剂中心活化步骤包括从潜在催化剂中心生成可反应催化剂中心、空穴、活性中心。内置动力学方程包括几种不同的催化剂中心活化反应，它们分别是由助催化剂、电子供体、氢、单体和自发催化剂中心活化（ACT-SPON）引起的催化剂中心活化。不同的催化剂体系往往有不同的催化剂中心活化反应子集。$TiCl_4$催化剂通常通过 TEAL 助催化剂活化或自发活化。

（1a）ACT-SPON：自发活化催化剂中心（$P_{0,i}$为 i 类型空穴）：

$$CAT_i \xrightarrow{k_{as,i}} P_{0,i}$$

（1b）ACT-COCAT：助催化剂活化催化剂中心：

$$CAT_i + COCAT \xrightarrow{k_{act,i}} P_{0,i}$$

（1c）ACT-H_2：氢活化催化剂中心：

$$CAT_i + H_2 \xrightarrow{k_{acth,i}} P_{0,i}$$

5.2.2 链引发反应(CHAIN-INI)

链引发是指单体分子在空置的活性中心上发生反应，在该催化剂中心上形成一个单位长度的活性聚合物分子。这一反应将空置的活性中心转化为增长催化剂中心。

(2) CHAIN-INI：单体(M)链引发($P_{1,i}$是 i 类型催化剂中心的增长点，附带的聚合物链含一个链段)：

$$P_{0,i}+M \xrightarrow{k_{\mathrm{ini},i}} P_{1,i}$$

(2′) CHAIN-INI：共聚单体 j(M_j)链引发：

$$P_{0,i}+M_j \xrightarrow{k^j_{\mathrm{int},i}} P^j_{1,i}$$

5.2.3 链增长反应(PROP)

每种活性中心上的活性聚合物都会通过增加单体分子形成长聚合物链。

(3a) PROP：单体(M)的链增长：

$$P_{n,i}+M \xrightarrow{k_{p,i}} P_{n+1,i}$$

$P_{n,i}$和$P_{n+1,i}$是长度为 n 个和 $n+1$ 个链段的聚合物链。

(3b) ATACT-PROP：Aspen Polymers 考虑了无规链增长反应，用于形成无规聚合物(见 2.10.1 节有关立构规整性的内容和图 2.63)，而主体链增长反应表示所有聚合物的形成，适用于等规或无规聚合物。

$$P_{n,i}+M \xrightarrow{k_{\mathrm{pa},i}} P_{n+1,i}$$

$k_{\mathrm{pa},i}$是类型为 i 的催化剂中心的无规链增长速率常数。我们通过将无规链增长产生的聚合物量除以总的链增长产生的聚合物量来定义无规立构分数：

无规立构分数=(无规链增长产生的聚合物量)/(总的链增长产生的聚合物量)

由于实验中数据测量类型有限，造成了不可能单独确定链引发和增长的速率常数。因此，我们设置乙烯或丙烯单体链引发的速率常数等于乙烯或丙烯单体在乙烯或丙烯活性链段上增长的速率常数。同样，我们设置共聚单体链引发的速率常数等于这些单体链增长的速率常数。

5.2.4 链转移反应(CHAT)

链转移至单体、溶剂或链转移剂通常是指活性中心通过从小分子中得到氢致使活性链的终止，同时，形成一个新的空位，可以继续链引发进行聚合反应。

(4a) CHAT-MON：向单体链转移($k^{jk}_{\mathrm{tm},i}$是类型为 i 的催化剂中心处以 j 单体结尾的链转移到 k 单体的速率常数)：

$$P^j_{n,i}+M_k \xrightarrow{k^{jk}_{\mathrm{tm},i}} D_n+P^k_{1,i}$$

(4b) CHAT-H_2：向氢链转移(向氢链转移产生类型为 i 的催化剂中心空位$P_{0,i}$。D_n是长度为 n 的死聚合物链)。

$$P_{n,i}+H_2 \xrightarrow{k_{th,i}} D_n+P_{0,i}$$

(4b′) CHAT-H_2：共聚的向氢链转移(链转移至氢和其他转移反应生成类型为 i 的催化剂中心空位$P_{0,i}$。D_n是长度为 n 的死聚合物链)。

$$P^j_{n,i}+H_2 \xrightarrow{k^j_{th,i}} D_n+P^j_{0,i}$$

5.2.5 催化剂失活(DEACT)

催化剂中心失活包括活性中心的失活、空位和链增长，形成死催化剂中心。催化剂中心失活可以自发发生，也可以由助催化剂、给电子体、氢气、单体或毒物等物质导致失活。不同的催化剂体系往往有不同的催化剂中心失活反应子集，但自发的催化剂失活是最常见的。

(5) DEACT-SPON：催化剂自发失活($DCAT_i$为 i 型失活催化剂中心，D_n为具有 n 个链段的死聚合物链)：

$$P_{0,i} \xrightarrow{k_{ds,i}} DCAT_i$$

$$P_{n,i} \xrightarrow{k_{ds,i}} D_n+DCAT_i$$

5.2.6 催化剂抑制(INH)

被抑制的催化剂中心附着有小分子，例如氢或毒物，导致其不能成为增长催化剂中心。催化剂中心的抑制反应是可逆的，因此，被抑制的催化剂中心上的小分子可能发生解离，从而使其再次成为空催化剂中心。

(6) FSINH-H2 和 RFINH-H2：氢气的正向和反向催化剂抑制作用($ICAT_i$是被抑制的催化剂 i 类型催化剂中心)：

$$CAT_i+x\ H_2 \xrightarrow{k_{finh,i}} ICAT_i$$

$$ICAT_i \xrightarrow{k_{rinh,i}} CAT_i+x\ H_2$$

5.2.7 共聚动力学

共聚单体用于生产不同密度的聚烯烃。我们假设单体(或共聚单体)的增长速率仅取决于活性链段(聚合到链中的最后一个单体)和增长单体，通常称为共聚动力学的末端模型。

(7) 共聚单体-PROP：对于两个单体的系统，链增长反应如下($k^{jk}_{p,i}$是类型 i 催化剂中心的 k 单体聚合到 j 单体活性连段上的链增长速率常数)：

$$P^1_{n,i}+M_1 \xrightarrow{k^{11}_{p,i}} P^1_{n+1,i}$$

$$P^1_{n,i}+M_2 \xrightarrow{k^{12}_{p,i}} P^2_{n+1,i}$$

$$P^2_{n,i}+M_1 \xrightarrow{k^{21}_{p,i}} P^1_{n+1,i}$$

$$P_{n,i}^2+M_2 \xrightarrow{k_{p,i}^{22}} P_{n+1,i}^2$$

上面化学反应中列出的反应速率常数具有以下标准阿伦尼乌斯形式：

$$k=k_0 \times e^{-\frac{E}{R}\left(\frac{1}{T}-\frac{1}{T_r}\right)} \tag{5.1}$$

式中，k_0为指前因子，E 为活化能，R 为理想气体常数，T 为反应体系温度，T_r为参考温度。

下面将讨论包含某些模型反应和简化过程中忽略其他反应的理由[1]。

(1) Touloupidis[2] 和 Zacca 与 Ray[3] 在建模研究中研究了包含了单体(ACT-MON)和电子供体(ACT-EDONOR)对催化剂中心的活化反应。Aspen Polymers 的 ZN 动力学模型中有这些反应。

(2) 链转移至转移剂(CHAT-AGENT)、溶剂(CHAT-SOL)、助催化剂(CHAT-COCAT)、给电子体(CHAT-EDONOR)时发生与(4b)类似的反应，即链转移到氢(CHAT-H_2)。这些反应可在 Aspen Polymers 的 ZN 动力学模型中找到。我们与参考文献[4, 5]一样忽略了这些反应。

(3) Zhang 等人[6] 在其淤浆法高密度聚乙烯模型研究中包含了 β-氢消除反应。Soares 和 McKenna[1,第162页] 指出，此反应产生的金属氢化物位点与链转移到氢产生的金属氢化物位点没有区别。因此，应该像参考文献[4, 5]一样，只考虑链转移到氢的反应，而不考虑 β-氢消除反应。

(4) 在考虑了链转移反应之后，Touloupidis[2] 还考虑了催化剂中心转化反应，即通过特定反应将一种空置催化剂中心类型转换为另一种催化剂中心类型的反应，如向氢转化、向助催化剂转化、向溶剂转化和向毒物转化，以及催化剂中心的自发转化。Touloupidis 进一步指出："催化剂中心转化反应似乎并不重要，因为它们很少被采用。此外，催化剂中心转换的实验测量和验证很难"[2,第518页]。因此，我们忽略了催化剂中心转化反应。

(5) 如参考文献[7]中所述，在以乙烯为单体的聚烯烃工艺中添加氢气，聚合速率降低。我们可以通过由氢引起的正向和反向催化剂中心抑制反应(FSINH-H_2 和 RFINH-H_2)来模拟这种效应。这些抑制反应的速率常数影响聚合物的产率。Aspen Polymers 模型还计算受抑制催化剂中心的平衡摩尔分率(CISFRAC)。

(6) 在某些聚烯烃体系中，例如 HDPE[4]，我们可以从单个反应器中得到双峰均聚物。这与 HDPE[6,8,9]、PP[10,11] 或 LLDPE[12] 在串联反应器中生产的双峰共聚物不同，后者是由于串联的两个反应器的氢气浓度不同而产生。我们可以通过正向和反向催化氢抑制反应(FSINH-H_2 和 RFINH-H_2)来模拟这种双峰共聚物[4]。Aspen Polymers 模型还计算受抑制催化剂中心的平衡摩尔分率(CISFRAC)。

(7) 许多 HDPE[4,6,8,9,13]、PP[5,10,11] 和 LLDPE[12] 模型都包含催化剂自发失活反应(DEACT-SPON)。对于 PP，立构规整度控制剂使产生无规聚合物的部分催化剂中心失活，可以通过立构规整度控制剂(DEACT-TCA)导致催化剂失活的反应来模拟[5]。Aspen Polymers 模型还包括氢(DEACT-H_2)、助催化剂(DEACT-COCAT)、单体(DEACT-MON)、毒物(DEACT-POISON)和给电子体(DEACT-EDONOR)引起的催化剂失活反应，如参考文献[2]中所列。在本书的模拟中包括 DEACT-POISON 和 DEACT-H_2 反应。

表 5.1 生产聚烯烃的常用反应器示例

聚合物	搅拌反应釜式或连续搅拌式反应器(CSTR)	淤浆环管反应器(SLR)	流化床反应器(FBR)	SLR+FBR	搅拌床反应器(SBR)
HDPE	Mitsui 淤浆法工艺[4,6,8]			Borstar 双峰工艺[9,13]	
PP		环管反应器组合[14,15]	Univation UNIPOL[16]	Basell Spheripol 工艺[5,10,11]，HYPOL 工艺[19,20]	Innovene[5]
LLDPE	DOWLEX 溶液法工艺[1,17]	环管反应器组合[12]	Basell Spherilene[17]，Univation UNIPOL[18]		

5.3 建模考虑的事项

5.3.1 反应器类型

在第 4 章介绍了 Soares 和 McKenna[1]用于聚烯烃工艺的各种类型的反应器，反应器类型取决于聚烯烃的类型、工艺技术和反应物相态。聚烯烃工艺中最常用的反应器是搅拌反应釜式或连续搅拌釜式反应器(CSTR)、环管反应器、流化床反应器(FBR)和卧式搅拌床反应器(HSBR)。反应器建模需要一定的假设。

表 5.1 给出了商业聚烯烃工艺中常见反应器类型的示例。我们可以将 Mitsui 淤浆法 HDPE 工艺[4,6,8]和 DOWLEX 溶液 LLDPE 工艺[17]中的搅拌高压釜反应器用 CSTR 建模。Borstar 淤浆法 HDPE 工艺[1,第120页;9,13]以及 Basell Spheripol[1,10,11,第106页]和 Mitsui HYPOL[14,19] PP 工艺中使用了环管反应器，在环管反应器的建模中，当循环比为 30 或更高时，根据 Zacca 和 Ray[3]的计算，可以将环管反应器模拟为 CSTR。高循环比的环管反应器具有非常低的反应物轴向浓度梯度以及均匀的温度和停留时间分布(RTD)，因此我们可以将环管反应器建模为 CSTR。环管反应器具有较高的时空产率和较高的单位体积传热比。Luo 等人[14]和 Zheng 等人[15]将系列环管反应器建模为 CSTR 用于 PP 生产。

FBR 主要用于气相和混合相态工艺，如 Borstar 双峰 HDPE[8,9]、Basell Spheripol PP[10,11]、Mitsui HYPOL PP[19,20]、Basell Spherilene[17]和 Univation UNIPOL[18] LLDPE 工艺。FBR 具有较高的总转化率和较高的撤热能力，主要用于多釜串联聚烯烃工艺的最后以生产共聚物，因为可以添加不同含量的共聚单体且不会出现任何溶解度问题。循环气的高循环比使 FBR 中温度均匀且浓度梯度低，所以将 FBR 建模为 CSTR 是合理的。Chen 等人[13]和 Zhao 等人[9]将作为最后一个反应器的 FBR 建模为 CSTR，用于生产双峰 HDPE。

HSBR 已用于气相聚合工艺，例如 Innovene(以前称为 BP Amoco) PP 工艺[5]。它具有活塞流特性，可用于牌号快速变化并生产多种产品的装置。我们可以将 HSBR 模拟为一系列 CSTR，以近似活塞流的 RTD[5]。

5.3.2 工艺流程图

图 5.3~图 5.8 是几种商业聚烯烃生产工艺的简化流程图，我们将使用这些工艺来介绍

基于工厂数据通过模拟软件估算动力学参数的方法。

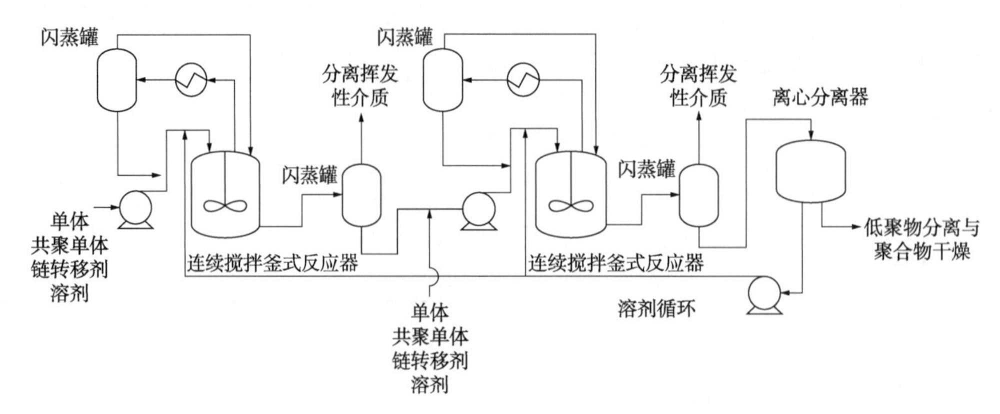

图 5.3　Mitsui 淤浆法高密度聚乙烯工艺：串联反应器
（来源：Khare 等人[4]，美国化学学会）

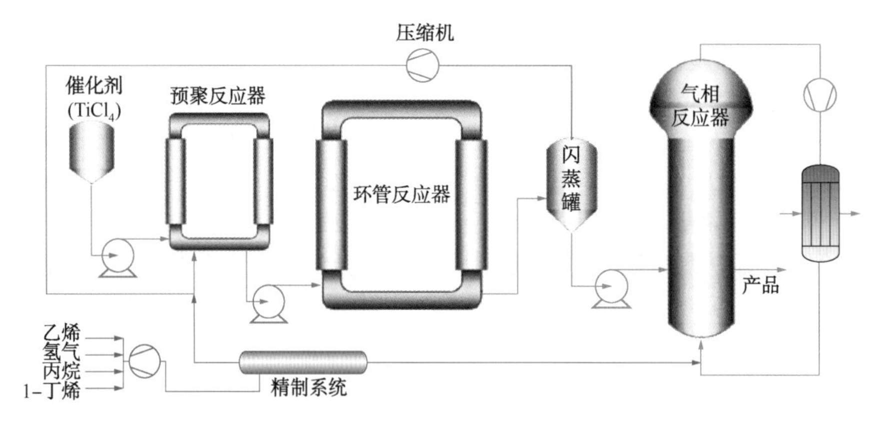

图 5.4　Borstar 双峰高密度聚乙烯工艺，包括一个预聚反应器、一个淤浆环管反应器（SLR）、一个闪蒸单元和一个流化床反应器（FBR）（来源：改编自 Zhao 等人[9]，美国化学学会）

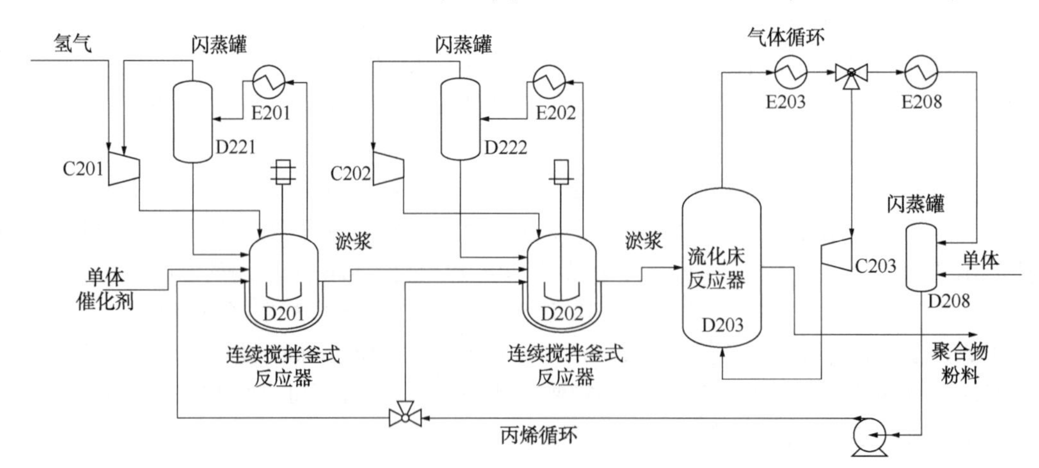

图 5.5　Mitsui HYPOL PP 工艺的聚合部分：C201、C202 和 C203 为压缩机；
D201 和 D202 为淤浆聚合反应器（SLR）；D203 为流化床反应器（FBR）；D221、D222 和 D208 为闪蒸罐；
E201、E202、E203 和 E208 为热交换器（来源：改编自 Luo 等人[20]，Elsevier 出版社）

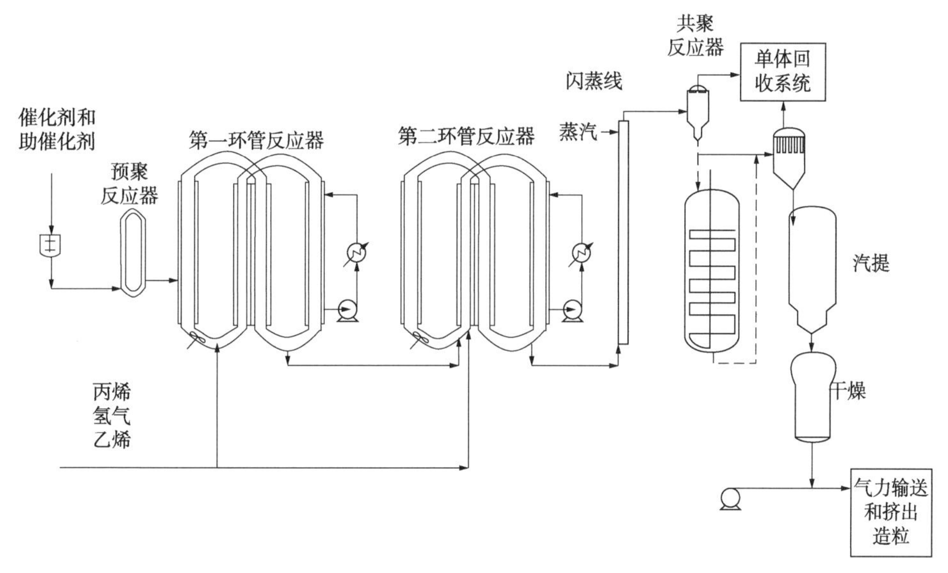

图 5.6 Basell Spheripol PP 工艺采用两个淤浆环管反应器(SLR)和随后的一个闪蒸单元以及一个用于共聚的流化床反应器(FBR)(来源：改编自 Soares and McKenna[1] Wiley-VCH)

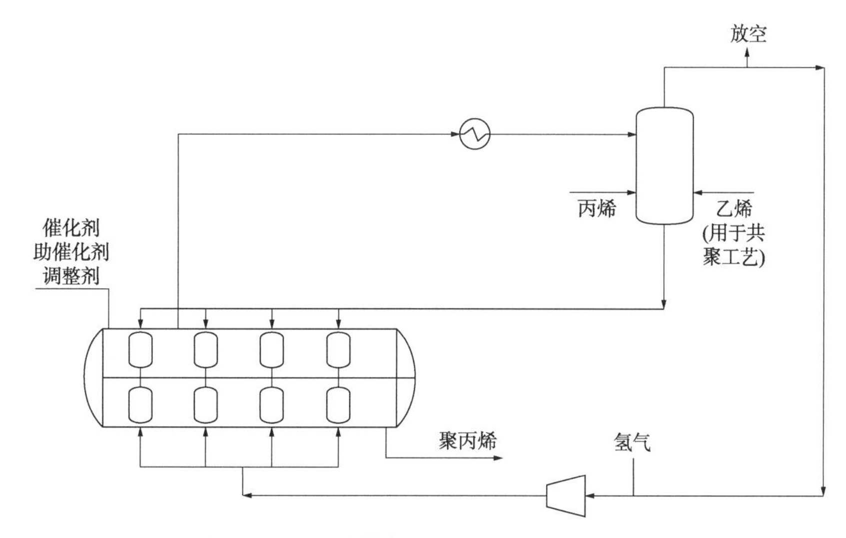

图 5.7 采用一个卧式搅拌床反应器的 Innovene 气相法 PP 工艺
（来源：Khare 等人[5]，美国化学学会）

5.3.3 聚合物类型

HDPE、PP 和 LLDPE 主要使用 ZN 催化剂生产。不同聚合物的过程建模和动力学参数估计的策略不会改变，只需要包含特定聚合物的某些反应。对于 HDPE 工艺，因为乙烯聚合物的聚合速率随着氢气的添加而降低，所以添加氢气的正向和反向催化剂抑制反应(FSINH-H_2 和 RFINH-H_2)是合理的。对于 PP 工艺，是否增加无规增长反应(ATACT-PROP)取决于聚合物的无规立构体含量。无规立构聚合物是无定形聚合物且商业价值低；期望得到高立构规整度 PP(见图 2.63)。

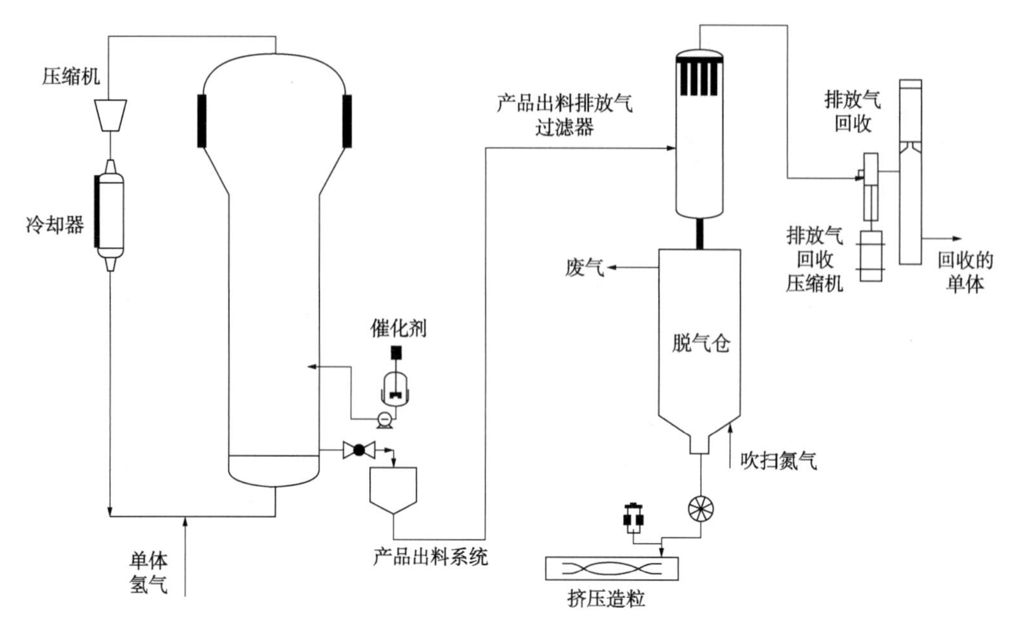

图 5.8　使用一个流化床反应器的 Univation UNIPOL LLDPE 工艺
（来源：改编自 Seavey 等人[21]，美国化学学会）

5.3.4　分子量分布(MWD)和多峰分布

聚合物的 MWD 可以是单峰或多峰，具体取决于操作条件。无论 MWD 是单峰还是双峰，动力学估算和建模策略都是一样的。均聚物 MWD 通常是单峰的。

许多聚烯烃工艺中为了获得双峰 MWD，在不同操作条件的串联反应器中催化烯烃聚合。我们可以采用两个串联反应器来生产双峰 HDPE。第一个反应器在高氢气浓度下生产低 MWN HDPE，而第二个反应器则在低氢气浓度下生产高分子量聚合物。一般通过添加共聚单体 α-烯烃来制备共聚物。Chen 等人[13]和 Meng 等人[8]对 Borstar HDPE 工艺进行了建模以预测双峰 MWD。在 Borstar 工艺中，低分子量均聚物在淤浆环管反应器(SLR)中制备，高分子量共聚物在 FBR 中制备。如果我们在单个反应器中获得双峰 MWD，除了操作条件，可能还有其他原因，例如它可能是催化剂具有不同类型的反应中心、由于氢气或其他中毒抑制了催化剂中心以及反应器中的非理想混合[22]。

5.3.5　热力学

热力学是过程建模的重要部分。聚合物链扰动统计流体理论(POLYPCSF)是模拟聚烯烃过程最有用的热力学模型之一[5,22]。POLYPCSF 模型基于微扰理论。基本思想是将分子间作用力分为排斥力和吸引力。该模型使用硬链系统来解释排斥力。吸引力进一步分为不同的部分，包括分散、极性和缔合。

聚烯烃工艺中另一个应用广泛的相平衡模型是 Polymer Sanchez-Lacombe(POLYSL)状态方程[23-25]。它基于晶格理论，该理论指出流体是限制在晶格中的分子和孔的混合物。

我们建议读者参阅第 2 章，了解 POLYSL(第 2.6 节)和 POLYPCSF(第 2.8 节)模型的详细信息，以及选择聚合物过程模拟热力学模型的指南。

正确的热力学模型对于预测某些商业指标非常重要，例如聚合物溶液密度[不是聚合物颗粒密度，它取决于重均分子量(*MWW*)和 SCB 含量[8,26]。在估计动力学参数之前，我们使用聚合物溶液密度来匹配反应器的停留时间。

5.3.6 全局动力学与局部动力学

反应动力学像热力学一样是一个全局现象[27]。如果所有反应器使用相同的催化剂，一个好的模型应该能够覆盖所有反应器。

在不同的反应器中使用不同的动力学可以显著提高解决问题的自由度，这个问题已经相当复杂了。相反，我们应该将工艺中不同部分的数据作为“自然实验”以进一步确认一组速率参数。

如果我们在每个部分都有聚合物取样，可以采用每个部分的聚合物 MWD 来进一步增强对工艺过程的理解。

我们见过一些项目，工程师在不同的反应器中使用不同的动力学，或者针对不同的产品牌号使用不同的动力学。我们还发现，在某些强制拟合动力学的情况下，每单位质量催化剂的催化剂中心浓度(最大催化剂中心浓度)是不现实的(超出每克催化剂 $1\times10^{-5}\sim1\times10^{-3}$mol 催化剂中心的范围[4])，或者抑制反应和催化剂中毒反应速率常数可能不正确，导致模型预测的催化剂活性不正确。我们始终将其视为不完美的模型。使用局部动力学模型可能会“过度拟合”有限的可用数据，可能导致偏离基本情况的外推错误。由于建模的目标通常是优化流程以提高生产能力、提高质量或降低能耗，因此能够预测当前操作范围之外的操作结果非常重要。

此外，在拟合动力学模型时，我们应该使用动力学表达式的参考温度形式，如式(5.1)。这种形式的指前因子 k_0 和活化能 E 在 T_r 处相互独立。否则，E 的微小变化会影响 k 值的数据拟合，而且会导致拟合算法失败。我们还发现，当速率常数在同一个参考温度基础上更容易比较速率常数。

5.4 商业聚烯烃生产指标

用于估算聚烯烃工艺动力学参数的重要商业生产指标如下。

5.4.1 一般生产指标

5.4.1.1 产量

我们使用串联反应器工艺中每个反应器出口流中聚合物的质量流量来估算动力学参数。这是过程建模的基本生产目标，因为在考虑过程生产时，产量非常重要。链增长反应决定了聚合速率，因此直接影响产量。

5.4.1.2 *MWN*

聚合物的 *MWN* 是一个重要的指标。*MWN* 因聚合物牌号不同而不同。链转移到 H_2（CHAT-H_2）和单体（CHAT-MON）的反应速率常数显著影响聚合物的分子量，因为这些反应导致生长的聚合物链断裂并形成死聚物链。

5.4.1.3 *MI*

在文献中，具有宽 MWD 或大的分散指数（*PDI*）的聚烯烃，其熔融指数（*MI*）的大多数经验关联式基于 *MWW*。例如，与 *MWW* 相关的通用 *MI* 关联式为[21,28]：

$$MI = a\ (MWW)^{-b} \tag{5.2}$$

其中，a 和 b 是关联式系数。对于 PP，*MI* 可能取决于 *MWW* 以及通过无规链增长反应（ATACT-PROP）计算的无规分数（*ATFRAC*）[29]。

5.4.1.4 转化率

单体和共聚单体的转化率确定工艺产率。

5.4.1.5 *PDI*

PDI 是重均分子量与数均分子量的比值（*MWW/MWN*），是重要的聚烯烃性能参数，通过凝胶渗透色谱（GPC）测量产品出口或串联反应器每个反应器出口的聚烯烃样品的获得。

5.4.1.6 *SMWN* 和 *SPFRAC*

SMWN 表示在每个催化剂活性中心产生的 *MWN*。*SPFRAC* 是在每个活性中心产生的聚合物的质量分数，通过聚合物 GPC 曲线的反卷积来确定，并且用于估算单个特定催化剂中心动力学参数。参见第 5.5.2.3 节。

5.4.1.7 *SFRAC* 和 *SCBD*

SFRAC 是共聚单体链段的摩尔分率，通常由短链支化分布（*SCBD*）确定。将在线傅里叶变换红外光谱（FTIR）与 GPC 联用可以检测 *SCBD*，此时 *SCBD* 是 *MWW* 的函数[26]。我们使用该模拟指标来预测共聚物中的共聚单体含量。*SFRAC* 取决于共聚动力学。

5.4.1.8 聚合物密度（*Rho*）

通常测量颗粒的聚合物密度，并将其作为 *MWW* 的函数进行关联。对于共聚，一般将聚合物密度与共聚单体的摩尔分率和 *MWW*[8,26] 进行关联。在参考文献[8]中，通过乙烯与共聚单体 1-丁烯共聚获得的 HDPE 密度符合以下关联式：

$$\rho = (1-0.009165xB^{0.148895}) \times [1.137247-0.014314\ln(MWW)] \tag{5.3}$$

其中，xB 是 1-丁烯的摩尔分率。在参考文献[28]中，我们看到了双峰 HDPE 共聚物工艺中聚合物密度与 *MWW* 和 *SCB* 含量相关的例子：

$$\rho = 1.0748-0.024\log MWW-0.01145\left(\frac{\sum_{j=1}^{N} m(j)\,SCB(j)\ \omega_{\log MWW}(j)}{\sum_{j=1}^{N} m(j)\ \omega_{\log MWW}(j)}\right)^{0.47332} \tag{5.4}$$

其中，$m(j)$ 是在活性中心 j 处形成的聚合物的质量分数，$SCB(j)$ 为在活性中心 j 处形成

的共聚物中的平均 SCB，$\omega_{\log MWW}(j)$ 为由活性中心 j 处所形成的聚合物重量链长分布（WCLD）。

5.4.1.9 停留时间

这是指反应器的停留时间，可以是由串联反应器组成的工艺中每个反应器的停留时间，是影响聚合物性能的一个重要指标。停留时间取决于聚合物溶液密度，而聚合物溶液密度取决于热力学性质参数。

5.4.2 聚合物特定指标

5.4.2.1 *CISFRAC*

CISFRAC 是被抑制催化剂活性中心的物质的量与催化剂活性中心总物质的量的比值。如果考虑催化剂抑制反应时，*CISFRAC* 是 HDPE 工艺的一个指标。

5.4.2.2 *ATFRAC*

ATFRAC 是无规链增长与总链增长的比值，是无规聚丙烯产品的一个商业化指标。表 5.2 给出了生产指标示例，这些指标的工厂数据用于商业化聚烯烃工艺建模过程中的动力学参数估算。

表 5.2 根据工厂数据对商业聚烯烃工艺进行建模的动力学参数估计的生产指标示例

聚合物，[参考文献]	产量	*MWN* 和 *MI*	转化率	*SFRAC*	*PDI*	*Rho*	*SMWN* 和 *SPFRAC*	求解时间	聚合物规范
HDPE，Khare et al.[4]	√	√	√	√	√	√	√	√	√
HDPE，Chen et al.[13]	√	√		√	√	√	√	√	
HDPE，Zhang et al.[6]	√	√		√	√		√		
HDPE，Meng et al.[8]	√	√		√	√	√	√	√	
HDPE，Zhao et al.[9]	√	√	√		√	√	√	√	√
PP，Khare et al.[5]	√	√	√	√	√		√	√	√
PP，Zheng et al.[10]	√	√		√	√	√	√		
PP，Luo et al.[14]	√	√	√		√	√	√	√	
PP，You and Li[19]	√	√	√	√	√		√	√	
PP，Luo et al.[20]	√	√		√	√		√	√	
PE，Kou et al.[30,31]	√	√			√				
LLDPE，Touloupides et al.[12]	√	√			√		√		
LLDPE，Kashani et al.[18]	√	√			√		√		

总结本节，注意以下两点：

（1）并非所有的生产指标都是完全相互独立的。例如，大多数聚烯烃的 *MI* 通常取决于 *MWW*，PP 的 *MI* 取决于无规分数(*ATFRAC*)。在模拟过程中，我们使用 FORTRAN(计算器)模块根据工厂历史数据建立的 *MI* 与 *MWW* 的关联式来计算 *MI*，并将计算出的 *MI* 值与当前工厂数据进行比较。如果计算的 *MI* 值和测量的 *MI* 值之间的偏差不可接受，可以微调模拟参数使 *MWW* 预测 *MI* 更准确，并可以使用新的工厂数据更新 *MI-MWW* 关联式。

（2）在所报道的建模研究中，并非所有建议的生产指标都有相关工厂数据用于模型验证。根据使用模拟模型的目的和模型预测的准确性要求，模型开发人员决定是否要认真努力收集某些生产指标的工厂数据，以验证模拟模型。或者，他们可以使用相关工艺变量的现有数据或模拟输出变量的值作为自变量，为未常规测量的生产指标(如 *MI* 和 *ATFRAC*)开发软传感器或推理模型(如基于神经网络的模型[32])。

5.5 聚烯烃动力学估算方法

表 5.3 总结了在动力学参数估算中考虑的重要商业化生产指标。可用于估算的指标数量取决于这些指标数据的可用性。在估算动力学参数的方法中，我们首先尝试在单催化剂中心模型中匹配一些生产指标，再将单活性中心模型转换为多活性中心模型后拟合剩余指标。在这个过程中，需要考虑 ZN 聚烯烃动力学中涉及的所有反应的速率常数，包括催化剂活化、引发、链增长、链转移、失活和其他聚合物特定反应。动力学速率常数是式(5.1)中的阿伦尼乌斯形式。如第 4.4.8 节所述，窄温度范围内操作的聚烯烃反应器，我们仅估算指前因子 k_0，活化能 E 与文献中的值一致。动力学参数估算方法也允许在必要时估算活化能。

表 5.3　单活性中心和多活性中心的生产指标

单活性中心	多活性中心
产量	聚合物 *PDI*
总体 *MWN*	各活性中心生产的聚合物的 *MWN*
单体转化率	各活性中心生产的聚合物比例
共聚单体转化率或 *SFRAC*	各活性中心生产的无规 PP 含量(*ATFRAC*)
聚合物溶液密度	生产 HDPE 的催化剂活性中心的抑制比例 *CISFRAC*
停留时间	聚合物粒料密度
PP 的无规含量(*ATFRAC*)	

5.5.1　软件工具的有效使用：数据拟合

我们使用 Aspen Polymers 开发模型，并使用之前在第 3 章中介绍的数据拟合工具将工厂数据拟合得出动力学参数。数据拟合是一种有效的非线性回归工具，允许用户通过恒定、随时间变化或温度相关的实验室测量的数据，或将工艺模拟匹配工厂指标来确定统计上可接受的动力学参数。可以使用点数据或随时间变化的数据进行回归。需要用可接受的输入变量和标准偏差来定义数据。使用指定范围内的数据来估算模型参数。请读者参阅第 3.8 节，以了解更多关于数据拟合准则的讨论，并将在下面的第 5.5.2.1 节中说明其应用。

5.5.2 动力学参数估算方法流程图

图 5.9(a)展示了我们使用模拟软件从工厂数据估算聚烯烃工艺模型动力学参数的方法，图 5.9(b)展示了该方法的扩展版本。在下文中，我们将讨论算法的细节，并介绍其在商业化聚烯烃工艺中的示例性应用。另外，我们指导实践工程师将该方法应用于亚太地区几十种商业化 HDPE、PP、LLDPE 和 EPDM 工艺，并根据这些指导经验，提出一些有用的建议。

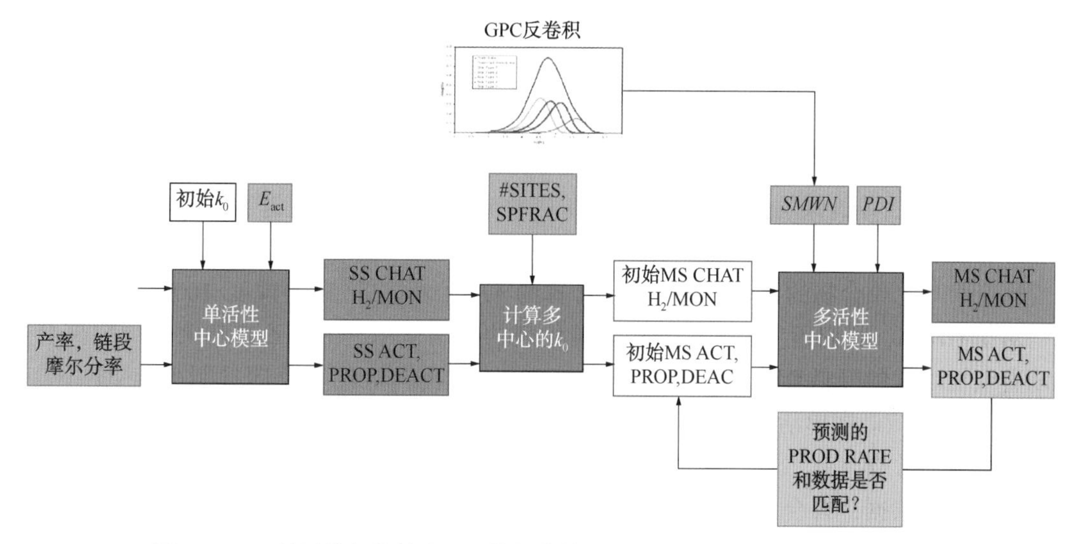

图 5.9(a) 使用模拟软件从工厂数据估算聚烯烃工艺模型动力学参数的方法

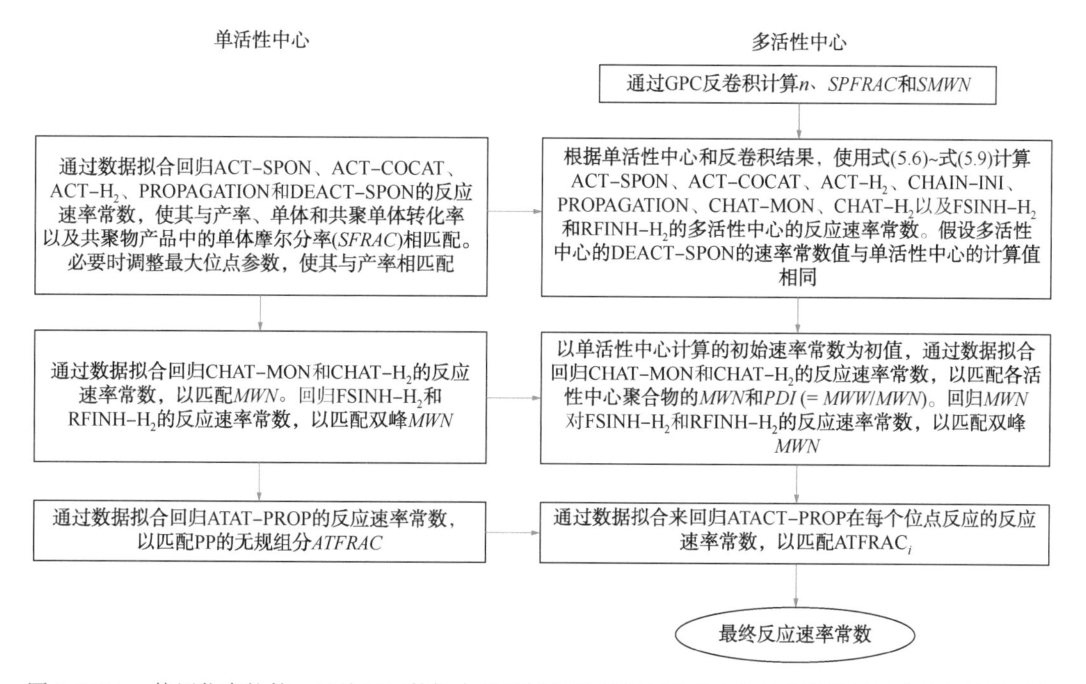

图 5.9(b) 使用仿真软件工具从工厂数据中对聚烯烃过程模型进行动力学参数估计的方法的扩展版本

5.5.2.1 多个产品牌号和单个活性催化剂中心

我们首先建立单活性中心模型，尝试用多个产品牌号的单活性中心产品指标估算动力学参数。使用多个牌号的产率数据，数据拟合工具能够***同时***回归催化剂活化（ACT-SPON、ACT-COCAT 和 ACT-H_2）、链增长（PROPAGATION）反应、失活（DEACT-SPON）反应和任何抑制（FSINH-H_2 和 RSINH-H_2）（如果考虑的话）反应的速率常数。这与之前的大多数研究不同，包括我们之前的研究[4,5]，大多数是***依次***估算这些反应速率常数的工作。

在匹配产率之前，必须确保停留时间与工厂数据相一致。可以调整 PC-SAFT 热力学参数，改变混合模型方程来调整聚合物溶液密度。反应器的停留时间取决于溶液密度。

用均聚物的产率和单体转化率估算单体的链增长（PROPAGATION）反应的速率常数。用共聚物的产量和共聚单体与单体的反应速率之比（*SFRAC*）或共聚单体的转化率来估计共聚单体增长反应的速率常数。

对于 PP，需要确保均聚物的等规度与工厂数据一致。通过无规链增长（ATACT-PROP）反应和无规分数（*ATFRAC*）估算无规链增长速率常数实现与工厂数据一致，*ATFRAC* 是形成无规聚合物与总聚合物的比率。我们希望计算的 *ATFRAC* 接近（1-等规度/100）。

对于 HDPE，我们还考虑了聚合物对催化剂的抑制作用，因为乙烯基聚合物的聚合速率随着氢气浓度的降低而降低。通常使用 *MWN* 估算正向抑制和反向抑制（FSINH-H2 和 RFINH-H2）反应。在单活性中心模型中，还可以用 *MWW* 数据来估算链转移到氢和单体/共聚单体的速率常数。

根据现有数据，聚合物的熔融指数也可用于匹配聚合物的分子量。熔融指数通常是 *MWW* 的函数，但对于聚丙烯均聚物，它也是无规分数（*ATFRAC*）的函数，参见第 2.10.1 节。

当没有 *SFRAC* 和共聚单体含量数据时，可以用最终聚合物颗粒密度来估算共聚单体的链增长速率常数，因为聚合物密度取决于 *SCB* 和共聚单体含量。

表 5.4 给出了显著影响单活性催化剂中心生产指标的主要动力学参数。

表 5.4 影响单活性催化剂中心生产指标的主要动力学参数

单活性指标	影响指标的主要参数
产量	催化剂最大点位参数，链增长速率常数，催化剂活化，抑制反应
总体 *MWN*	向单体、氢气的链转移反应
单体转化率	单体链增长速率常数
共聚单体转化率或 *SFRAC*	共聚单体链增长速率常数
反应器停留时间	聚合物溶液密度和热力学物性参数
ATFRAC	无规链增长速率常数
熔融指数	链转移反应和 *ATFRAC*
聚合物粒料密度	单体含量/共聚单体链增长速率常数

我们介绍了该方法在商业化 Mitsui HYPOL PP 工艺建模过程中估算动力学参数的应用。**附录 5.1**[29]详细介绍了六个聚烯烃工艺建模示例，包括工艺描述、聚合反应、产品指标、估算的速率常数、灵敏度分析和模型验证。

下面将演示怎样高效使用数据拟合工具同时估算动力学参数。

表 5.5 列出了图 5.5 的商业三井 HYPOL PP 工艺单点建模的工厂数据，图 5.10 是该工艺的 Aspen Polymers 模拟流程图，其中增加了一个流化床反应器 D204。

为了简化动力学参数估算，我们先设置一些动力学参数使之相等。例如，将共聚单体乙烯(C_2H_4)聚合到乙烯链段(C2-SEG)和丙烯链段(C3-SEG)的指前因子(PRPRE-EXP)相等。因此，用计算器模块使 PRPRE-EXP-PROPAGATION($C2-SEG/C_2H_4$)等于 PRPRE-EXP-PROPAGATION(C3-SEG/C2H4)。**附录 5.1a** 提供了简化的更多细节。

表 5.5　商业三井 **HYPOL PP** 工艺的动力学建模的工厂数据

数据集	工艺参数	反应器	牌号 1 生产指标	牌号 2 生产指标
PROD123	聚合物产量/(kg/h)	D201	1560	1560
		D202	3120	3120
		D203	6240	6240
PROD4		D204	8600	8600
MWN123	数均分子量(*MWN*)	D201	60000	76000
		D202	63000	83000
		D203	77000	88000
MWN4		D204	80000	96000
SFRAC4	共聚物中乙烯摩尔分率	D204	0. 145	0. 15
PDI	分子量分布指数	D201	5. 50	5. 60
		D202	5. 52	5. 70
		D203	5. 54	5. 80
		D204	6. 00	6. 20
H_2/C_3H_6 摩尔分率×10^3	反应器顶部 H_2/单体摩尔分率	D201	188	17
		D202	209	9. 3
		D203	15	1. 7

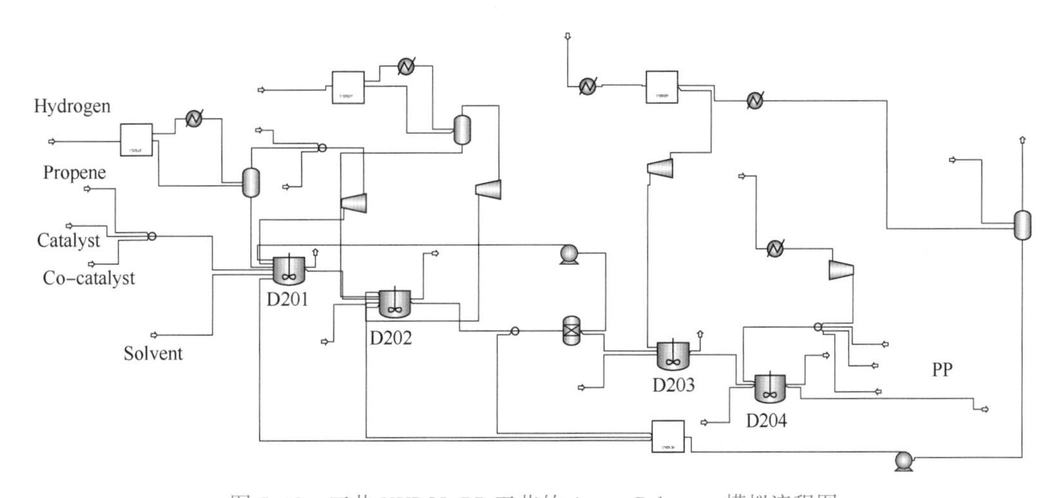

图 5.10　三井 HYPOL PP 工艺的 Aspen Polymers 模拟流程图

数据拟合应用*同时执行*包括：①前三个反应器 D201~D203 的两次回归运行；②第四个反应器(D204)的回归运行，D204 主要生产共聚物。首先，***回归运行RPROD123*** 改变自发催化剂中心活化(ACT-SPON)、助催化剂活化(ACT-COCAT)、单体增长(PROPAGATION)反应和失活(DEACT-SPON)反应的指前因子，以匹配表 5.6 中列出的数据集 PROD123。接下来，***回归运行RMWN123*** 改变丙烯链段和乙烯链段向 H_2 和丙烯单体的链转移的指前因子，以匹配数据集 MWN123。最后，***回归运行RD204*** 改变丙烯链段和乙烯链段到共聚单体 C_2H_4 的链增长以及丙烯链段和乙烯链段链转移至共聚单体 C_2H_4 的指前因子，以匹配数据集 PROD4、MWN4 和 SFRAC4。

表 5.6 表明，对于三井 HYPOL PP 工艺，数据拟合工具能够准确估计单活性中心模型的动力学参数，这些参数对特定的产品指标影响最大(见表 5.4)。模型预测和产品指标之间的最小误差为 0.37%~3.22%。

表 5.6　单活性中心模型预测的生产指标的比较

聚合物产量	牌号 1			牌号 2		
	D201	D202	D203	D201	D202	D203
工厂数据/(kg/h)	1560	3120	6240	1560	3120	6240
预测值/(kg/h)	1541	3153	6151	1538	3211	6236
误差/%	1.18	0.76	0.83	2.17	2.39	0.37
	D201	D202	D203	D201	D202	D203
工厂数据/(kg/h)	60000	63000	70000	80000	83000	88000
预测值/(kg/h)	61797	61511	68598	80547	82693	85167
误差/%	3.06	2.36	2.00	0.68	0.37	3.22
	D204 产量/(kg/h)	D204*MWN*	D204 *SFRAC*(摩尔分率)	D204 产量/(kg/h)	D204 *MWN*	D204 *SFRAC*(摩尔分率)
工厂数据/(kg/h)	8600	80000	0	8600	96000	0
预测值/(kg/h)	8812	78004	0.142	8730	95099	0.152
误差/%	2.45	2.49	1.80	1.51	0.94	1.60

5.5.2.2　多活性中心模型和反卷积分析

我们现在通过更改模型中指定的催化剂中心数量，将单活性中心模型转换为多活性中心模型。然后使用凝胶渗透色谱法(GPC)分析聚合物样品。

使用 GPC 表征数据，我们应用 Soares 和 Hamielec[34] 首次提出的反卷积程序，对 *MWD* 进行反卷积，以确定每个催化剂活性中心最可能的链长分布(Chain length distribution, CLD)。假设 ZN 催化剂的每个活性中心产生的聚烯烃的 CLD 为 Flory 分布。

通过在式(5.5)中平均每个催化剂中心的分布来表示瞬时 WCLD。

$$W[\log M] = \sum_{i=1}^{n} w_i(2.30268\times M^2\tau_i^2 e^{-M\tau_i}) \tag{5.5}$$

式中，$W[\log M]$是对数尺度上分子量为 M 的聚合物链的质量分数；n 是活性中心的总数；w_i是在每个催化剂活性中心 i 形成的聚合物的质量分数；τ_i是每个催化剂活性中心 i 的拟合参数，其等于在每个催化剂活性中心形成的聚合物的 *MWN* 的倒数，即$\tau_i = 1/MWN_i$。这里 w_i和 MWN_i相当于先前定义的产品指标 *SPFRAC* 和 *SMWN*。

5.5.2.3 用于估算活性催化剂活性中心数量的 GPC 数据和反卷积分析

GPC 是一种用于确定聚合物 *MWD* 的表征方法。聚合物样品沿着装填多孔凝胶的管流动。较长的聚合物链相对较快地到达管的末端，而较短的链因受限于凝胶的孔隙中则需要更长的时间，获得的数据集是洗脱时间与分子量的关系，用这些数据作图即得 *MWD* 曲线。

将式(5.5)中的模型与 GPC 实验数据相匹配，并通过最小化模型计算值与实验值之差估算参数。通过解析实验数据 *MWD*，估算出 Flory 分布的最小数量 n，n 即催化剂活性中心的最小数量，还估算了在每个催化剂活性中心产生的聚合物 *MWN*、MWN_i和在每个活性中心产生的聚合物的质量分数 w_i。

附录 5.2“使用反卷积 Excel 电子表格的说明”提供了一个 Excel 电子表格和一个详细的说明性示例，说明如何实现 GPC 数据的 *MWD* 反卷积，读者可以下载该示例用于自己的聚烯烃工艺。本附录介绍了利用 UNIPOL LLDPE 工艺的均聚物 *MWD* 开发反卷积的程序，结果总结在表 5.7 中。**附录 5.1e** 详细介绍了动力学模型和动力学参数的估算，包括所选的反应速率常数和淤浆 LLDPE 工艺的速率常数初始值。第 5.8.5 节通过商业化 LLDPE 工艺的 GPC 数据提供了另一个使用反卷积 Excel 电子表格确定催化剂活性中心数量的例子。

表 5.7 具有代表性的 LLDPE 均聚物样品的反卷积结果见附录 5.2 的 Excel 电子表格

催化剂活性中心类型 i	聚合物质量分数 w_i	τ_i(或 $1/MWN_i$)	MWN_i
1	0.562	3.156×10^{-5}	31685
2	0.299	9.17×10^{-6}	109012
3	0.139	1.28×10^{-4}	7763

图 5.11 作为表 5.7 的示例，绘制了式(5.5)中给出的 WCLD(Weight chain length distribution，重量链长分布)。该图显示了每个催化剂活性中心的 WCLD 和工厂数据的分布，三个催化剂活性中心的单独分布加权各催化剂中心聚合物质量分数预测聚合物的 CLD。

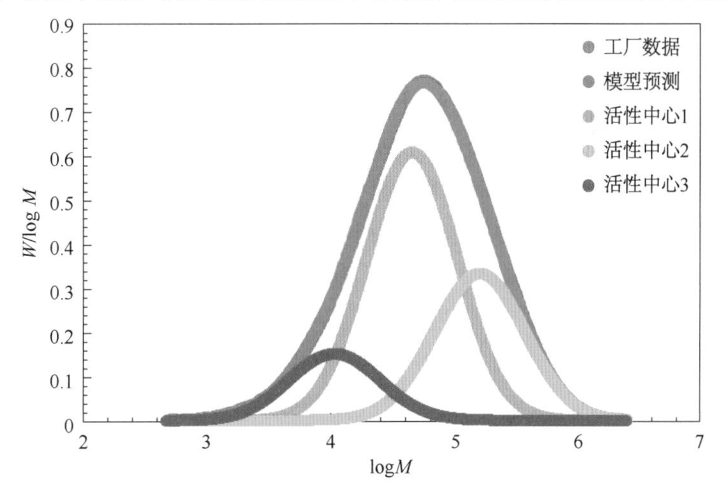

图 5.11 UNIPOL LLDPE 过程中均聚物样品的 GPC 反卷积

用单活性中心建模的速率常数和表 5.8 中的反卷积结果进一步计算多活性中心动力学的速率常数。根据单活性中心值 k_a 计算每个催化剂中心的催化剂活化反应(ACT-SPON、ACT-COCAT 和 ACT-H_2)的指前因子 k_{ai}，

$$k_{ai}=\frac{k_a}{n} \tag{5.6}$$

式(5.6)的结果是，单活性中心和多活性中心模型的潜在催化剂中心浓度相同，但空位催化剂中心的浓度必须除以催化剂活性中心种类数量 n，通过将催化剂活化反应的指前因子除以催化剂中心种类数量 n[29] 来解决这个问题。

表 5.8　数据拟合得出的多活性中心模型的生产指标预测值的比较

项目	牌号 1				牌号 2			
多分散指数	D201	D202	D203	D204	D201	D202	D203	D204
工厂数据	5.5	5.52	5.54	6	5.6	5.7	5.8	6.2
模型预估值	5.48	5.5	5.64	5.95	5.62	5.67	5.76	6.26
误差/%	0.25	0.37	1.84	0.67	0.33	1.42	0.68	1.03

通过式(5.7)估算每个催化剂中心链引发反应(CHAININI)的指前因子：

$$k_{ii}=k_i\times w_i\times n \tag{5.7}$$

通过式(5.8)计算每个催化剂中心的链增长反应(PROPAGATION)的指前因子：

$$k_{pi}=k_p\times w_i\times n \tag{5.8}$$

式(5.6)~式(5.8)直接给出了多活性中心模型的活化、链引发和链增长速率常数的实际值。基于对聚烯烃工艺的建模经验，我们发现，在多活性中心模型中为了匹配产率、*MWN*、*SFRAC* 等相关数据，从式(5.6)~式(5.8)得出的反应常数值需要进一步拟合修正，拟合结果表明，这些反应速率常数值变化很小或不变。

通过式(5.9)计算每个催化剂中心的链转移反应(CHAT-MON 和 CHAT-H_2)的指前因子初始值：

$$k_{ci}=k_c\times w_i\times n \tag{5.9}$$

重要的是，在多活性中心模型和单活性中心模型中链转移至氢(CHAT-H_2)和单体(CHAT-MON)的速率常数比值保持不变，以保证反应对氢和单体浓度的敏感性[29]，可以用 Aspen Polymers 中的计算器模块实现这些计算。

通过回归从每个反应器得出的聚合物 *PDI* 和 *MWN* 数据以及 GPC 分析的 *SMWN* 结果，估算每个催化剂中心链转移到 H_2 和单体的速率常数，在不同的 H_2 和单体流速下获得聚合物的数据能更准确地估算这些动力学参数。在表 5.5 和表 5.8 的示例中，使用从每个反应器中得出聚合物的 *PDI* 和 *MWN* 测量数据估算链转移速率常数，还应该通过匹配 GPC 分析的 *SMWN* 和 *SFRAC* 值，以确保测量 *MWD* 与模型 *MWD* 相吻合。

其他速率常数，如失活速率常数(DEACT-ACT 和 DEACT-TCA)和抑制反应速率常数(FSINH-H_2 和 RSING-H_2)，都与单活性中心模型的速率常数相同。如果考虑催化剂抑制反应(FSINH-H_2 和 RSING-H_2)，必须确保多活性中心模型的总 *CISFRAC* 是所有单个催化剂中心的 $CISFRAC_i$ 之和。此外，对于 PP 模型，如考虑 *ATFRAC*，*ATFRAC* 应在每个催化剂中

心都相同，且与工厂数据相匹配。更新所有速率常数后，多活性中心模型匹配所有指标。

我们继续在图5.5和**附录5.1a**中介绍Mitsui HYPOL PP工艺多活性中心模型的动力学参数估计方法，之前在第5.5.2.1节的表5.5和表5.6中介绍了该方法。在附录中，可以看到GPC数据的反卷积分析给出了该工艺的四个催化剂活性中心。

为简化动力学参数估算，我们先将一些动力学参数设为相等，使乙烯链段(C2-SEG)和丙烯链段(C3-SEG)链转移到丙烯单体(C_3H_6)的指前因子相等，转移到乙烯共聚单体(C_2H_4)的也相等。因此，可以使用计算器模块设置PRPRE-EXP CHAT-MON(C2-SEG/C_3H_6)等于PRPRE-EXPCHAT-MON(C3-SEG/C_3H_6)，设置PRPRE-EXPCHAT-MON(C2-SEG/C_2H_4)等于PRPRE-EXPCHAT-MON(C3-SEG/C_2H_4)。**附录5.1a**第A6节中给出了这些反应速率常数的指前因子和活化能值。

应用数据拟合来执行***回归运行RPDI***，该回归通过改变向氢气(CHAT-H_2)以及单体C_3H_6和共聚单体C_2H_4(CHAT-MON)的链转移反应速率常数，以匹配表5.5中给出的具有不同H_2/C_3H_6比率的反应器D201~D204的数据集*PDI*(以及*MWW*数据)。**附录5.1a**第A6节给出了拟合的多活性中心模型的反应速率常数，可以看到转移到氢和单体链转移指前因子确实不同。表5.8比较了模型预测和工厂数据之间的*PDI*最小误差，表5.6(0.37%~3.06%)和表5.8(0.25%~1.84%)中数据表明，模型预测和工厂数据之间的误差百分比等于或小于已发表的聚烯烃工艺建模研究中的误差百分比(在我们之前的HDPE[7]和PP[29]研究中的误差百分比约为5%)。

表5.9给出了不同的反应常数，这些常数在多活性中心模型中对产品指标有很大影响。如第5.5.3节所述，可以使用灵敏度分析量化不同动力学参数对模拟目标的影响。

表5.9 影响多活性中心模型模拟指标的主要动力学参数

多活性生产指标	影响指标的主要动力学参数
聚合物*PDI*	链增长速率常数
各活性中心生产的聚合物的*MWN*和总体*MWN*	各活性中心的链转移反应速率常数
各活性中心生产的聚合物产量和总产量	各活性中心的链增长反应速率常数
各活性中心*ATFRAC*	无规链增长反应速率常数
聚合物溶液密度	共聚反应速率常数

5.5.3 有效使用软件工具：灵敏度分析

使用灵敏度分析可以量化反应动力学参数对产品指标的影响，有助于我们确定改变哪些操作条件来满足生产目标。灵敏度分析也有助于验证聚烯烃的动力学估算程序。下面我们将举例说明不同烯烃聚合工艺灵敏度分析的例子，这些烯烃聚合工艺已用我们的程序进行了建模和动力学估算。

附录5.1e给出了动力学模型和动力学参数估算的细节，包括图5.8中UNIPOL LLDPE工艺所选择的反应速率常数及其初始值。通过灵敏度分析，我们在图5.12(a)中说明了改变三个活性中心其中一个链转移到氢的反应速率常数$k_{th,i}$是如何影响LLDPE聚合物的最终性能，包括*PDI*、所选催化剂中心上的*MWN*、*SMWN*和整体*MWN*。随着链转移到氢反应速率常数的增大，*SMWN* 和 *MWN* 均减小，*PDI* 逐渐增大。换句话说，我们可以通过改变氢气流速来改变链转移反应的速率，从而达到期望的 *MWN* 和 *PDI*。

又如，图 5.5 和**附录 5.1a** 中的 Mitsui HYPOL PP 工艺，图 5.12(b)表明，改变链转移到单体的反应速率常数 $k_{tm,i}$，会导致 *PDI*、*SMWN* 和 *MWN* 的变化趋势与链转移到氢的变化趋势相似。在图 5.12(a)、图 5.12(b)，图 5.13(a)、图 5.13(b)和图 5.14(a)、图 5.14(b)中观察到类似的趋势，图中数据支撑了基于工厂数据对不同的商业化聚烯烃工艺建模过程中，用相同的方法对动力学参数进行估算的可行性。

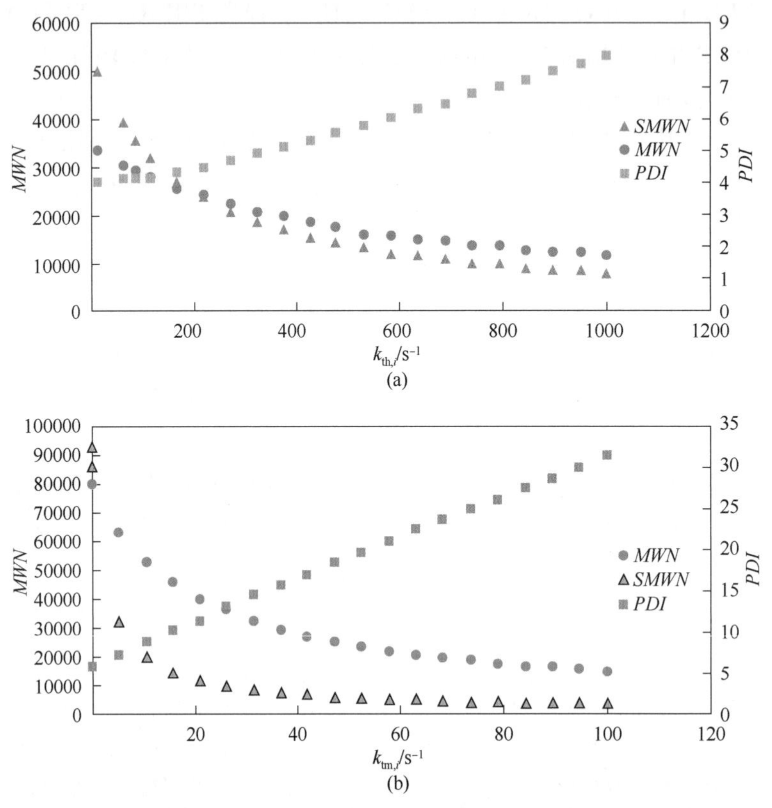

图 5.12　*PDI*、*MWN* 和 *SMWN* 在 UNIPOL LLDPE 工艺中对(a)链转移到氢和(b)链转移到单体的反应速率常数指前因子的敏感性

图 5.8 和**附录 5.1e** 介绍了在 UNIPOL LLDPE 工艺中进一步使用敏感度分析。图 5.13(a)显示了随着三个活性中心之一的链增长速率常数 $k_{p,i}$ 的指前因子增大，该催化剂中心上聚合物的产量和质量分数(*SPFRAC*)增大。

附录 5.1d 给出了动力学模型和动力学参数估算的细节，包括图 5.6 Basell Spheripol PP 工艺所选择的反应速率常数及其初始值。在图 5.13(b)中，展示了随着无规链增长速率常数增大 Spheripol PP 工艺的无规分数(*ATFRAC*)增大。

对于图 5.3 和**附录 5.1b** 中 Mitsui 淤浆法 HDPE 串联反应器工艺，在图 5.14(a)、图 5.14(b)中展示了具有五个活性中心的催化剂，其中一个活性中心上的助催化剂活化 $k_{act,i}$ 和催化剂自失活 $k_{ds,i}$ 反应速率常数变化对聚合物产量的影响。

对于图 5. 3 和**附录 5. 1b** 中 Mitsui 淤浆 HDPE 工艺，图 5. 15 展示了 5 个催化剂活性中心中的 2 个活性中心上氢气正向催化剂抑制反应速率常数($k_{finh,i}$)对 *MWD* 的影响。单反应器生产的高密度聚乙烯的 *MWD* 可以从单峰到双峰变化，这是因为不同的催化剂中心的抑制速率不同。

对于图 5. 7 中的 Innovene 气相 PP 工艺，图 5. 16 显示了改变特定活性中心链增长反应的指前速率常数对两个卧式床反应器(图中表示为 P1、P2)产率的影响。该工艺的详细信息见**附录 5. 1c**。

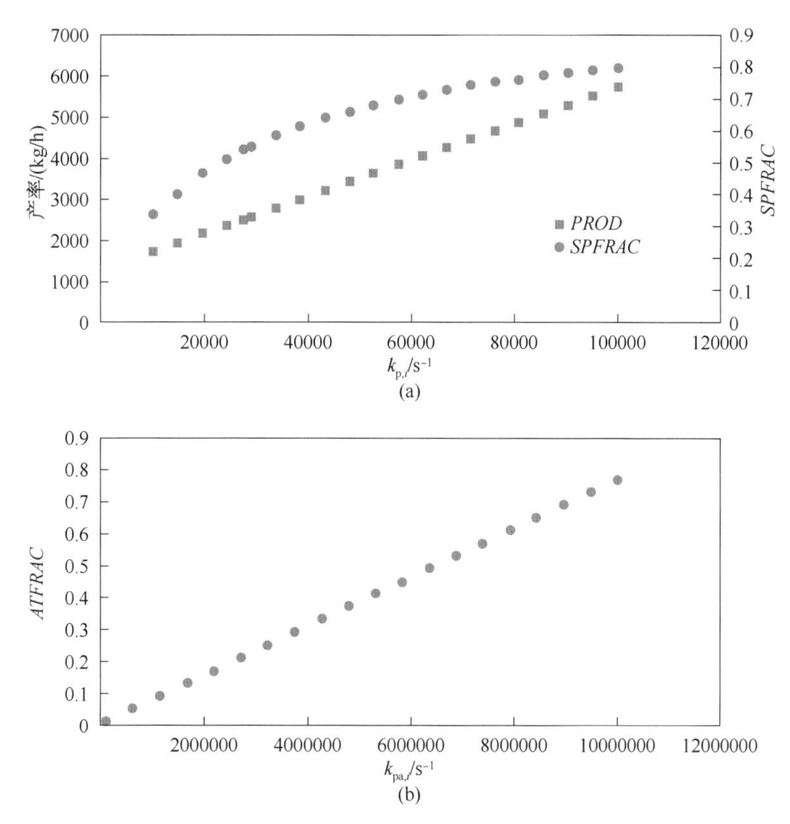

图 5. 13 (a)UNIPOL LLDPE 工艺的产率和 *SPFRAC* 对链增长反应速率常数变化的敏感性；(b)Spheripol PP 工艺中无规含量 *ATFRAC* 对无规链增长反应速率常数的敏感性

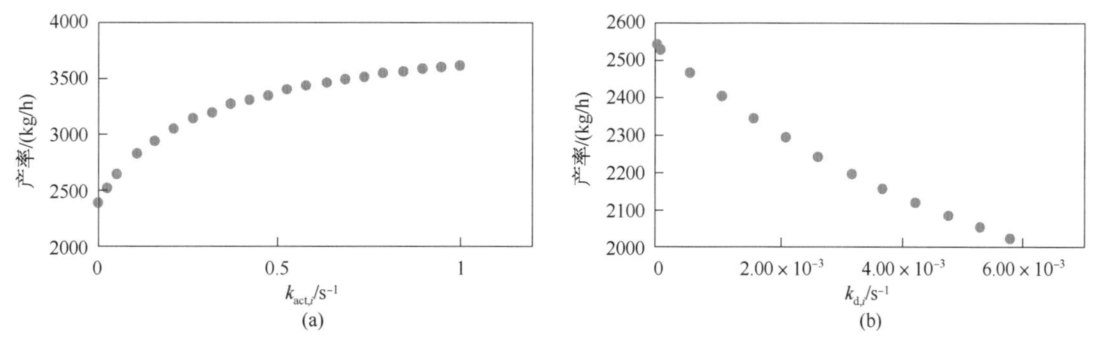

图 5. 14 淤浆法 HDPE 工艺的产率对(a)催化剂被助催化剂活化和(b)催化剂自发失活的反应速率常数变化的敏感性

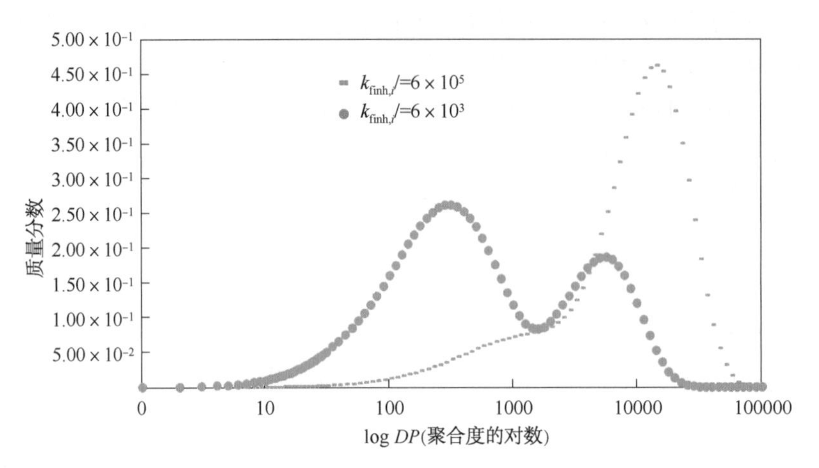

图 5.15　三井淤浆法 HDPE 工艺的 *MWD* 对具有 5 种活性中心的催化剂的 2 种催化剂抑制反应速率常数变化的敏感性

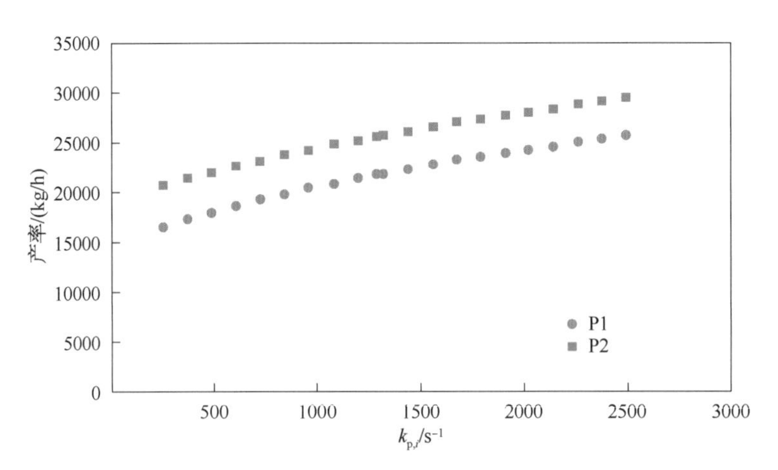

图 5.16　Innovene 气相聚丙烯工艺的产率对链增长反应速率常数变化的敏感性

5.5.4　有效使用软件工具：设计规定

设计规定(Design spec)是过程建模和动力学估算的重要工具。当在选定的范围内改变反应速率常数时，灵敏度分析量化了产品指标的增加或减少趋势，而使用设计规定能够在一定范围内确定达到特定生产指标的反应速率常数值。

在有循环回路的烯烃聚合模型收敛中，设计规定特别有用。可以在循环物流中给定一个特定的组分比例，且模型可以通过改变输入流量保持组分比例不变。例如，在图 5.6 和**附录 5.1d** 的 Spheripol PP 工艺中，可以使用设计规定保持进入流化床反应器的循环物流中乙烯与丙烯的比例，该循环物流是总循环物流加上乙烯和氢气进料。设计规定通过改变乙烯(共聚单体)和氢的流量，使循环物流中乙烯和丙烯的比例保持在期望值。同样地，可以使用另一个设计规定改变进料流中丙烯和氢气的流量，控制进入环管反应器的循环物流。采用设计规定[35]的 Spheripol PP 工艺流程如图 5.17 所示。

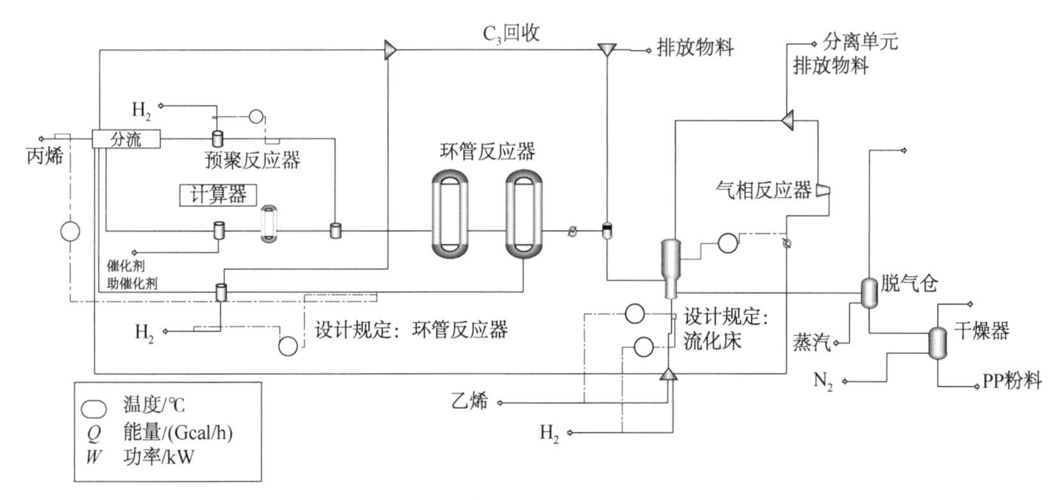

图 5.17 显示设计规定的 Spheripol PP 工艺流程

具体而言，对于 Spheripol PP 模型，将设计规定定义为：

(1) 控制环管反应器的循环物流中氢气质量分数的设计规定，其操纵变量为补充的氢气流量。

(2) 控制流化床反应器循环物流中丙烯与乙烯比例的设计规定，操纵变量为乙烷流量。

表 5.10 给出了设计规定结果。

表 5.10 Spheripol PP 工艺的设计规定结果

设计规定	指标值	模型结果	初始变化值/(kg/h)	最终变化值/(kg/h)	变化范围
1	4.00×10^{-5}	3.90×10^{-5}	0.1	0.16	0.01~10
2	0.5	0.48	1000	3250	5~1000

5.5.5 模型的应用

经过工厂数据验证的聚烯烃工艺模型具有广泛的应用价值。验证的模型有助于现有工厂的产能扩大，也可用于新工厂的工艺开发阶段。我们可以使用验证的模型来研究工艺的变化对生产指标的影响。

我们可以使用该模型改变某些生产指标，同时将其他指标保持不变。例如，在图 5.18 中，可以改变某些工艺条件，以相同的产量生产不同分子量的聚合物牌号。图中显示了 UNIPOL LLDPE 工艺中氢气流量变化对 *MWN* 影响的灵敏度分析，而产率保持不变。

在模型的另一个应用中，可以使用设计规定保持 *MWN* 不变的同时提高产量，我们在 UNIPOL LLDPE 工艺中也证明了其可行性。使用设计规定改变氢气流量，保持 *MWN* 在 29000 左右，同时将 LLDPE 的产率由 2400 kg/h 提高到 3200 kg/h，表 5.11 总结了 UNIPOL LLDPE 工艺设计规定的结果。最后，将工艺控制和优化技术相结合，验证的模型可用于聚合物质量控制和聚合物牌号的高效转换。

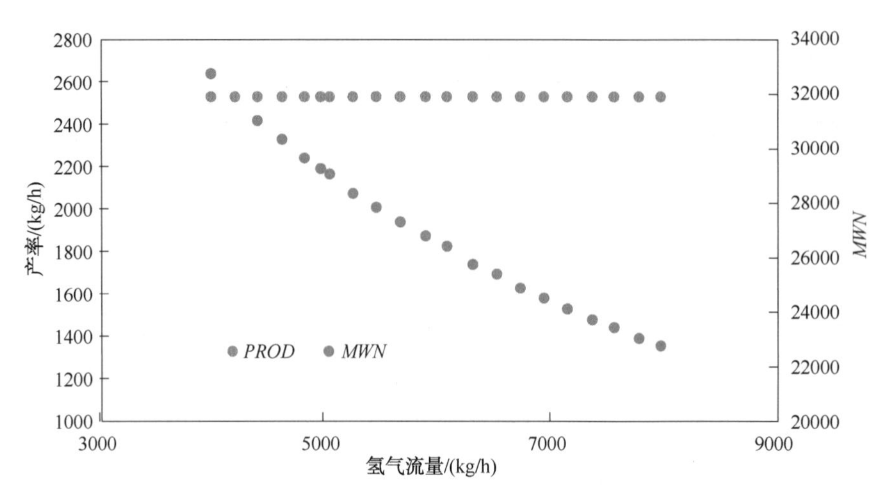

图 5.18　UNIPOL LLDPE 工艺的 *MWN* 和产量对氢气流速变化的敏感性分析

表 5.11　UNIPOL LLDPE 工艺的设计规定

MWN 指标	*MWN* 模型值	初始氢气流量/(kg/h)	最终氢气流量/(kg/h)	变化范围/(kg/h)
29194	29217	4938	7515	3000~9000

5.6 例题 5.1：淤浆法 HDPE 工艺的模拟

5.6.1　目的

在本例题中，模拟了淤浆法 HDPE 工艺[1]。该工艺的反应器由两个 CSTR 串联组成，以亚太地区某石化公司的 HDPE 生产工艺为基础。我们模拟了一个简化的工厂开环流程，重点关注 ZN 反应部分。在这个例题中，有动力学速率常数和催化剂活性中心的最小数量，***因此重点是建立一个HDPE 工艺模型，而不是估算动力学参数***。我们还将简单的开环模型转换为闭环工厂模型，并进行了灵敏度分析。

5.6.2　工艺流程图

图 5.19 为整个工艺的模拟流程图，图 5.20 为当前案例的简化模拟流程图。在图 5.20 中，D201 和 D221 为 CSTR，201F 和 221F 为闪蒸单元。保存图 5.20 的模拟文件，命名为“***WS5.1a HDPE_Open Loop.bkp***”，并使用该文件继续模拟。

5.6.3　单位集、组分和低聚物、聚合物和催化剂中心种类的表征

本工艺采用 METCBAR 单位集。淤浆法 HDPE 工艺模拟中使用的组分以及所选的相关企业数据库，如图 5.21(a)、图 5.21(b)所示。

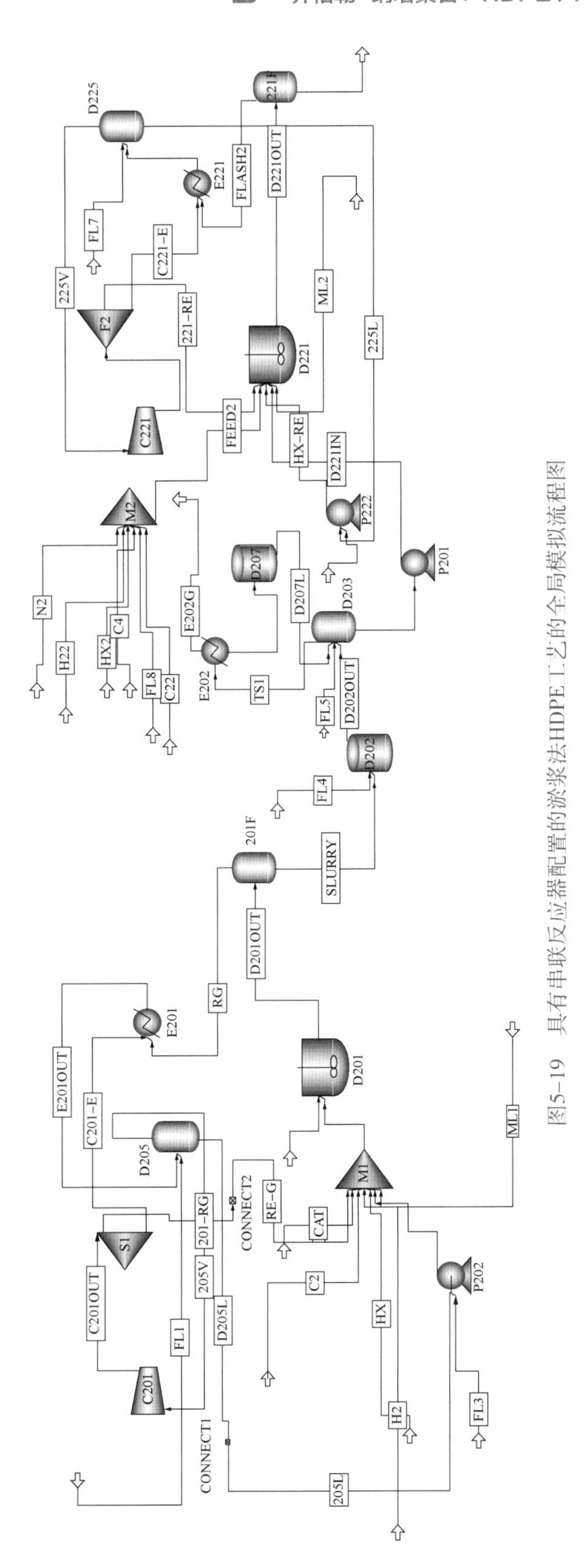

图5-19 具有串联反应器配置的淤浆法HDPE工艺的全局模拟流程图

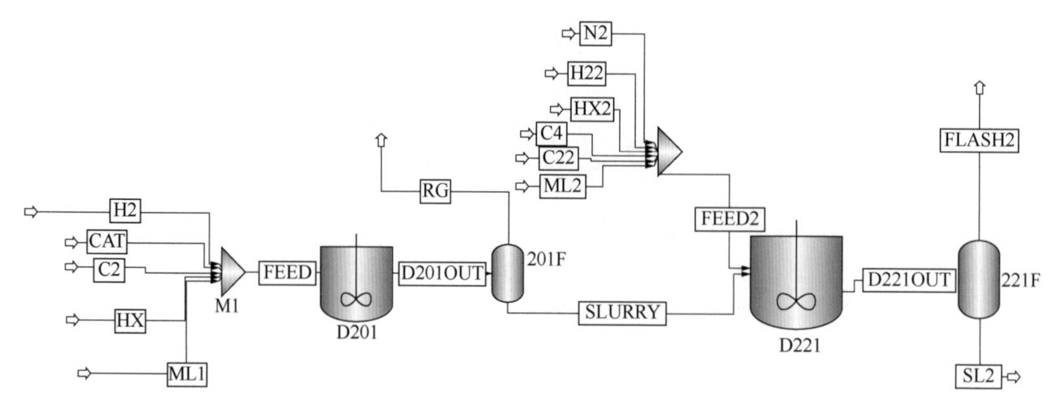

图 5.20 简化的具有串联反应器配置的淤浆法 HDPE 工艺的开环控制模拟流程

乙烯和 1-丁烯分别是单体和共聚单体，对应一个重复链段，假设低聚物 LP 包含 19 个重复的乙烯链段(见图 5.22)。$TiCl_4$ 为催化剂，TEAL 为助催化剂；氢是链转移剂，己烷是溶剂；氮气为吹扫气体，CH_4、C_2H_6、C_4H_{10}为杂质。

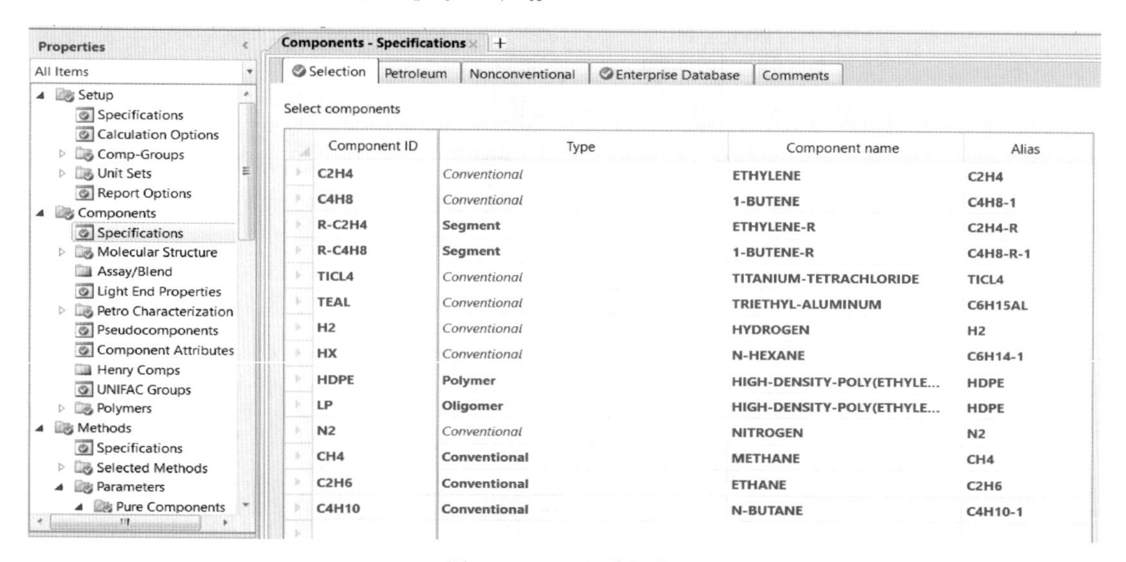

Component ID	Type	Component name	Alias
C2H4	Conventional	ETHYLENE	C2H4
C4H8	Conventional	1-BUTENE	C4H8-1
R-C2H4	Segment	ETHYLENE-R	C2H4-R
R-C4H8	Segment	1-BUTENE-R	C4H8-R-1
TICL4	Conventional	TITANIUM-TETRACHLORIDE	TICL4
TEAL	Conventional	TRIETHYL-ALUMINUM	C6H15AL
H2	Conventional	HYDROGEN	H2
HX	Conventional	N-HEXANE	C6H14-1
HDPE	Polymer	HIGH-DENSITY-POLY(ETHYLE...	HDPE
LP	Oligomer	HIGH-DENSITY-POLY(ETHYLE...	HDPE
N2	Conventional	NITROGEN	N2
CH4	Conventional	METHANE	CH4
C2H6	Conventional	ETHANE	C2H6
C4H10	Conventional	N-BUTANE	C4H10-1

图 5.21(a) 组分规范

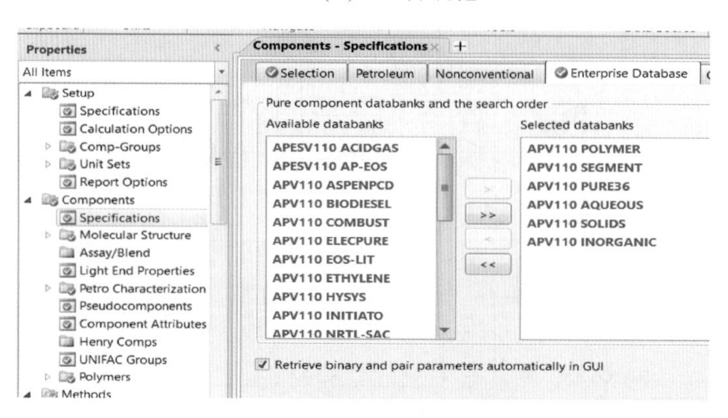

图 5.21(b) 选用的企业数据库

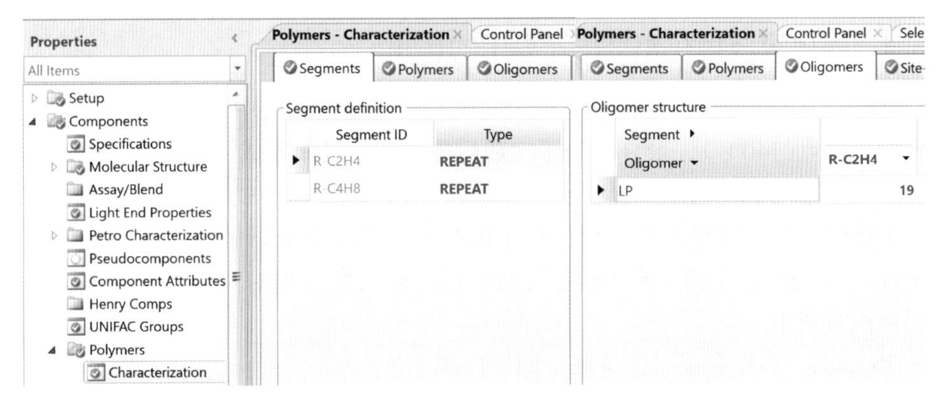

图 5.22　链段和低聚物 LP 的规定

为了表征聚合物 HDPE，我们选择 ZN 的默认属性，如图 5.23 所示。

图 5.24 中定义了催化剂 $TiCl_4$ 基于催化剂中心物种的内容。单击其中一个属性名，可以在图的右侧看到一个属性选择表，解释了每个属性，方便理解其含义。

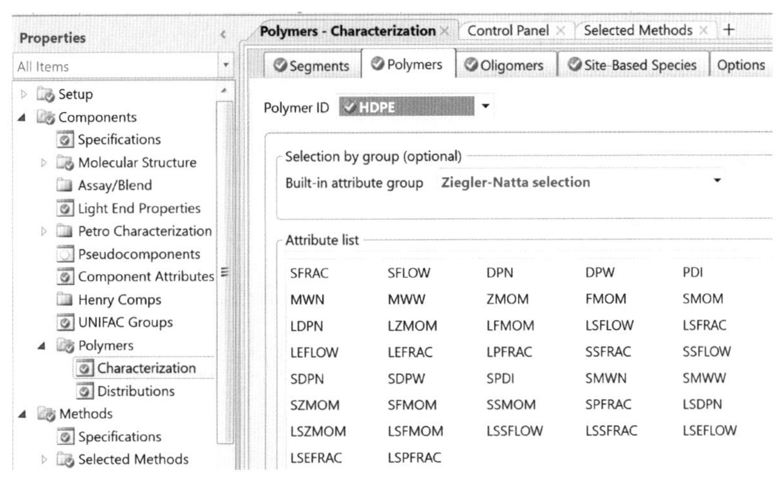

图 5.23　表征 ZN 聚合物的属性

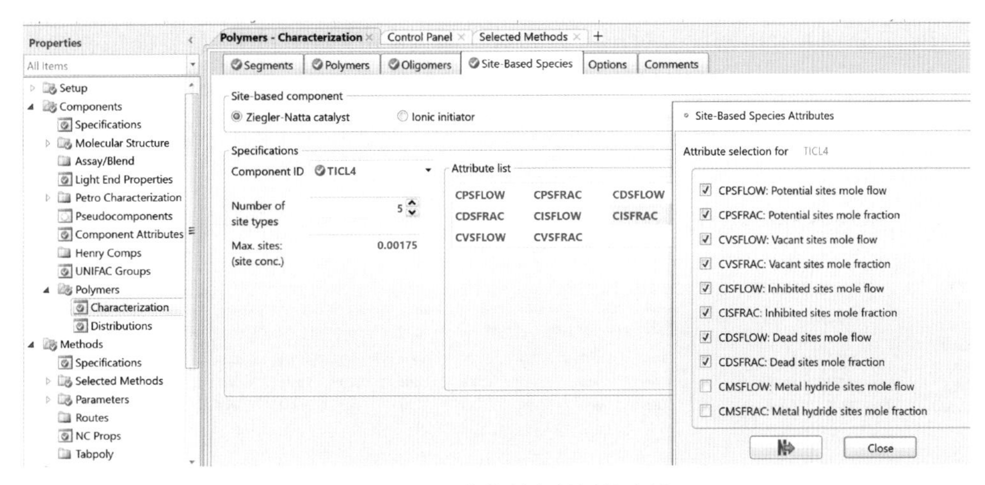

图 5.24　ZN 催化剂表征属性选择

5.6.4 固体聚合物在相平衡计算中的作用

在反应器中，乙烯分子反应形成长聚合物链。在淤浆法工艺中，反应器温度(70~85℃)低于聚合物的熔点(140℃)，聚合物分子生成后是固体，进而形成淤浆体系。

在实际反应过程中，固体聚合物不与反应器中的其他组分发生热力学相互作用。在相计算中，主要假设聚合物与溶剂一起存在于液相中，就像反应器温度高于聚合物熔点的乙烯溶液聚合。尽管这种简化的模型不能反映乙烯淤浆聚合过程的真实物理过程，但热力学模拟的影响相对很小。

图 5.25 示出了实际系统与模拟假定间的区别[4]。

在参考文献[4]中，给出了量化数据证明我们是在不破坏反应器模型鲁棒性的情况下做出的这一假设。

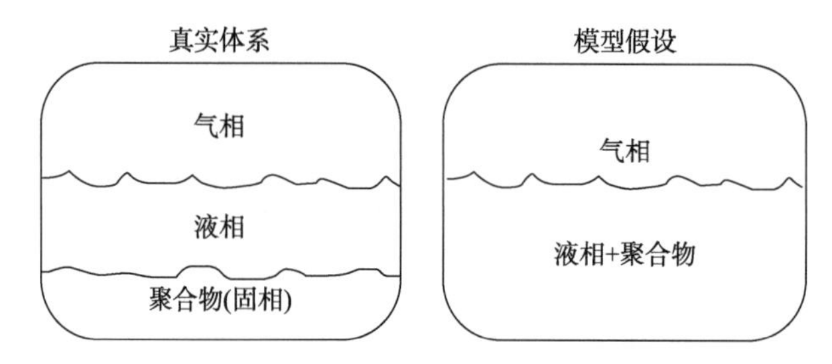

图 5.25 实际浆液系统与模型假设(聚合物与溶剂一起溶解在液相中)之间的比较

5.6.5 热力学模型与参数

使用之前在第 2.6 节中介绍的 POLYSL 状态方程来描述淤浆 HDPE 工艺[7]。模型为：

$$\bar{\rho}^2+\bar{P}+\bar{T}\left[\ln(1-\bar{\rho})+\left(1-\frac{1}{r}\right)\bar{\rho}\right]=0 \tag{5.10}$$

这里，

$$\bar{\rho}=\frac{\rho}{\rho^*},\ \bar{P}=\frac{P}{P^*},\ \bar{T}=\frac{T}{T^*} \tag{5.11}$$

$\bar{\rho}$、$\bar{P}$、$\bar{T}$ 分别为对比密度、对比压力和对比温度；ρ^*、P^* 和 T^* 是表征每种纯流体的比例因子。它们对应于 Aspen Polymers 中的纯组分(一元)参数 SLRSTR、SLPSTR 和 SLTSTR。参考 Aspen Polymers 的“Sanchez-Lacombe Unary Parameters”在线帮助，输入参数值如图 5.26 所示。

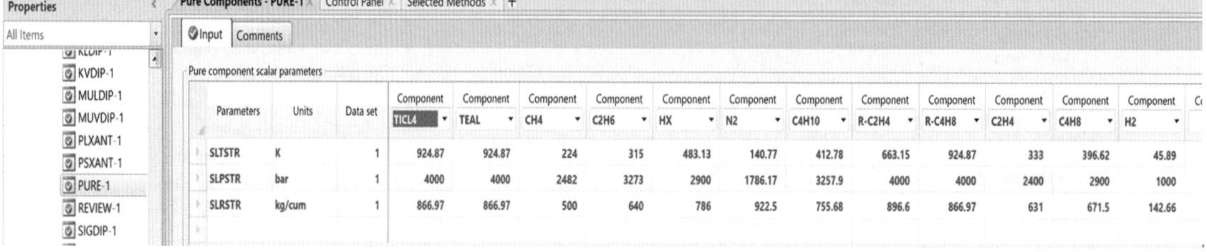

Pure component scalar parameters

Parameters	Units	Data set	TICL4	TEAL	CH4	C2H6	HX	N2	C4H10	R-C2H4	R-C4H8	C2H4	C4H8	H2
SLTSTR	K	1	924.87	924.87	224	315	483.13	140.77	412.78	663.15	924.87	333	396.62	45.89
SLPSTR	bar	1	4000	4000	2482	3273	2900	1786.17	3257.9	4000	4000	2400	2900	1000
SLRSTR	kg/cum	1	866.97	866.97	500	640	786	922.5	755.68	896.6	866.97	631	671.5	142.66

图 5.26 POLYSL 热力学模型的纯组分参数：Properties→Methods→Parameters→Pure Components→PURE-1

为了模拟共聚物产品，引入了二元相互作用参数。通过 Aspen Polymers 的“Sanchez-Lacombe Binary Parameters”在线帮助，我们可以看到两个二元相互作用参数的温度关联式：

$$k_{ij}=a_{ij}+\frac{b_{ij}}{T_r}+c_{ij}\ln T_r+d_{ij}T_r+e_{ij}T_r^2 \tag{5.12}$$

$$n_{ij}=a'_{ij}+\frac{b'_{ij}}{T_r}+c'_{ij}\ln T_r+d'_{ij}T_r+e'_{ij}T_r^2 \tag{5.13}$$

其中，T_r 为 T/T_{ref} 定义的对比温度，参考温度 T_{ref} 的默认值为 298.15K。按照如下路径：Properties→Methods→Parameters→Binary Interaction→SLKIJ-1 and SLETIJ-1，可以在 Aspen Polymers 中输入这两个方程的参数值(参见参考文献[7]中的表 5 和表 6)，如图 5.27 所示。

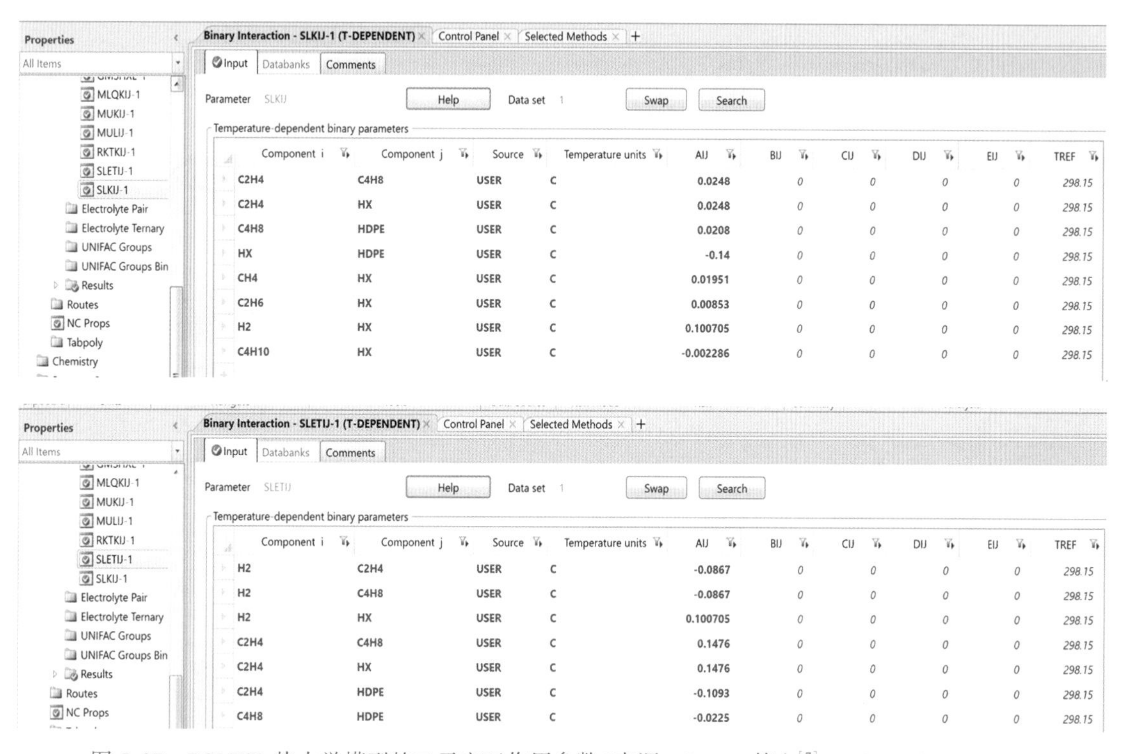

Binary Interaction - SLKIJ-1 (T-DEPENDENT)

Component i	Component j	Source	Temperature units	AIJ	BIJ	CIJ	DIJ	EIJ	TREF
C2H4	C4H8	USER	C	0.0248	0	0	0	0	298.15
C2H4	HX	USER	C	0.0248	0	0	0	0	298.15
C4H8	HDPE	USER	C	0.0208	0	0	0	0	298.15
HX	HDPE	USER	C	-0.14	0	0	0	0	298.15
CH4	HX	USER	C	0.01951	0	0	0	0	298.15
C2H6	HX	USER	C	0.00853	0	0	0	0	298.15
H2	HX	USER	C	0.100705	0	0	0	0	298.15
C4H10	HX	USER	C	-0.002286	0	0	0	0	298.15

Binary Interaction - SLETIJ-1 (T-DEPENDENT)

Component i	Component j	Source	Temperature units	AIJ	BIJ	CIJ	DIJ	EIJ	TREF
H2	C2H4	USER	C	-0.0867	0	0	0	0	298.15
H2	C4H8	USER	C	-0.0867	0	0	0	0	298.15
H2	HX	USER	C	0.100705	0	0	0	0	298.15
C2H4	C4H8	USER	C	0.1476	0	0	0	0	298.15
C2H4	HX	USER	C	0.1476	0	0	0	0	298.15
C2H4	HDPE	USER	C	-0.1093	0	0	0	0	298.15
C4H8	HDPE	USER	C	-0.0225	0	0	0	0	298.15

图 5.27　POLYSL 热力学模型的二元交互作用参数(来源：Dotson 等人[7]，John Wiley & Sons)

5.6.6 纯组分参数

从以下路径：Properties→Components→Specifications→Review(见图 5.28)，可以从 Aspen Polymers 数据库中提取纯组分的物性参数。

然后，我们按照如下路径查看参数值列表：Properties→Methods→Parameters→Pure Components→Review-1，如图 5.29 所示。

对于纯组分，我们需要输入其他几个标量和温度相关的参数。首先，我们输入 Aspen Polymer 数据库中没有的标量纯组分参数的估计值或文献值：Properties→Parameters→Pure Components→New→Scalar，输入参数名称和值。催化剂的临界压力(P_C)和临界温度(T_C)的假设值，如图 5.30 所示。

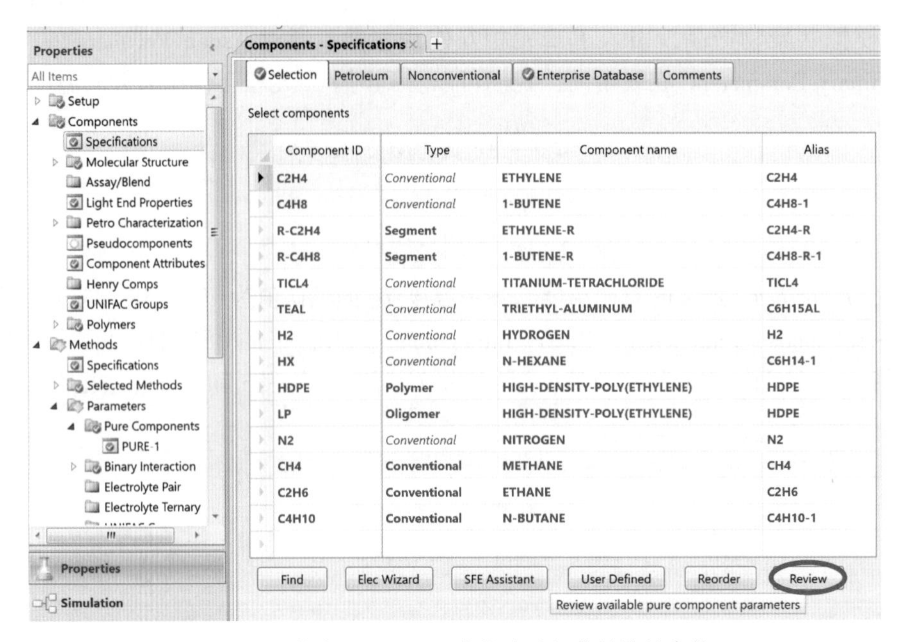

图 5.28　按审查(Review)来提取纯组分的物性参数

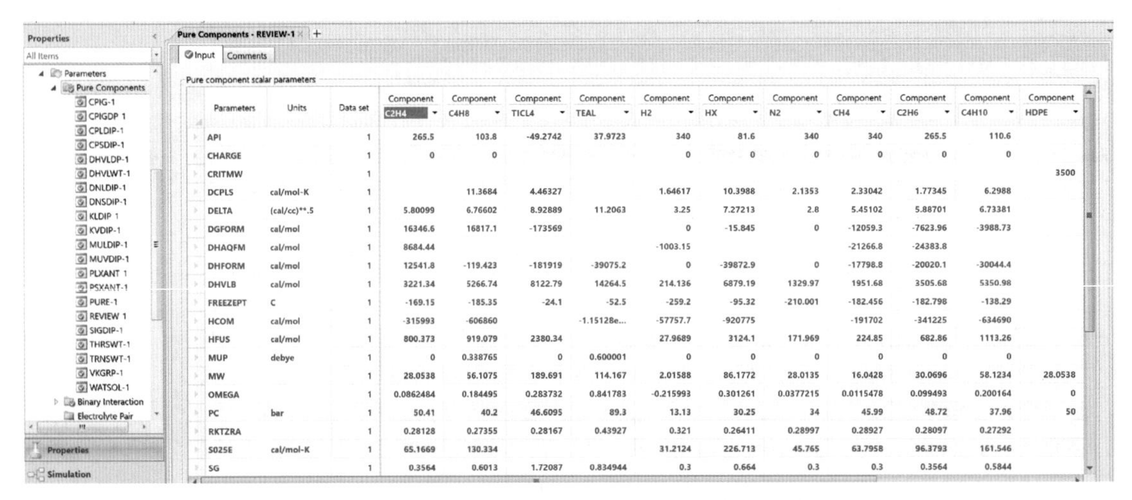

图 5.29　从 Aspen Polymers 中提取的纯物质物性参数值

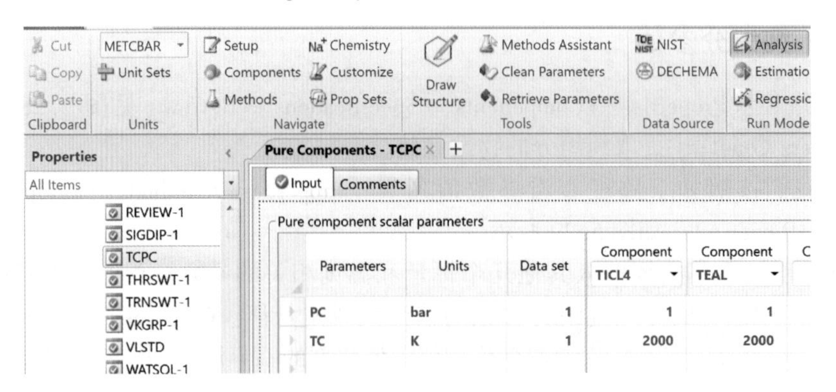

图 5.30　ZN 催化剂 $TiCl_4$ 和助催化剂三乙基铝(TEAL)的临界压力 P_C 和临界温度 T_C 的假设值

我们还要输入低聚物 LP 关键参数的估算值：Properties→Parameters→Pure Components→New→Scalar→Name：LPCRIT，输入参数名称、单位和值(见图 5.31)。

其次，为了确保聚合物 HDPE、低聚物 LP 以及催化剂 $TiCl_4$ 和 TEAL 保持在液相，可以将液相蒸气压关联式 PLXANT-1 的第一个参数指定为一个大的负值，如-40，使这四种组分的蒸气压极小(4.24×10^{-23} bar)[36]，如图 5.32 所示。

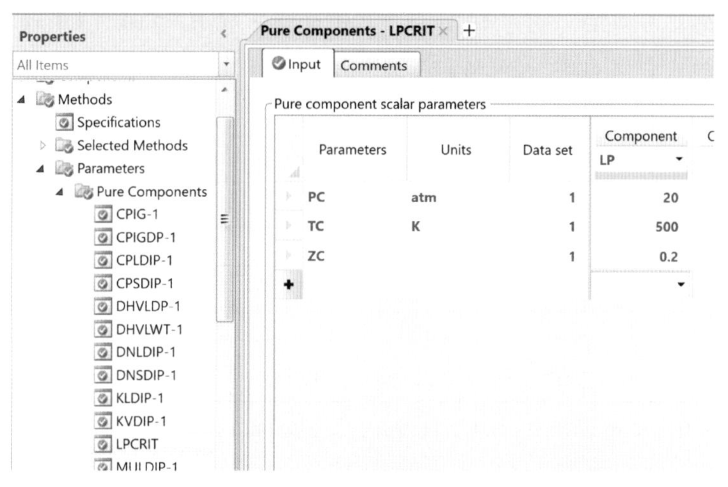

图 5.31 临界压力 P_C、临界温度 T_C 和压缩系数 Z_C 的假设值

Pure Components - PLXANT-1

Parameter PLXANT　Data set 1

Temperature-dependent correlation parameters

Components	Source	Temperature units	Property units	1	2	3	4	5	6	7	8	9
C2H4	DB-PURE36	C	bar	42.4501	-2443	0	0	-5.5643	1.9079e-05	2	-169.15	9.19
C4H8	DB-PURE36	C	bar	40.3231	-4019.2	0	0	-4.5229	4.8833e-17	6	-185.35	146.35
H2	DB-PURE36	C	bar	1.17707	-94.896	0	0	1.1125	0.00032915	2	-259.2	-239.96
HX	DB-PURE36	C	bar	93.1371	-6995.5	0	0	-12.702	1.2381e-05	2	-95.32	234.45
N2	DB-PURE36	C	bar	46.7691	-1084.1	0	0	-8.3144	0.044127	1	-210	-146.95
CH4	DB-PURE36	C	bar	27.6921	-1324.4	0	0	-3.4366	3.1019e-05	2	-182.46	-82.59
C2H6	DB-PURE36	C	bar	40.3441	-2598.7	0	0	-5.1283	1.4913e-05	2	-182.8	32.17
C4H10	DB-PURE36	C	bar	54.8301	-4363.2	0	0	-7.046	9.4509e-06	2	-138.29	151.97
HDPE	USER	C	bar	-40	0	0	0	0	0	0	0	1000
LP	USER	C	bar	-40	0	0	0	0	0	0	0	1000
TICL4	USER	C	bar	-40	0	0	0	0	0	0	0	1000
TEAL	USER	C	bar	-40	0	0	0	0	0	0	0	1000

图 5.32 将液相蒸气压关联式 PLXANT-1 的
第一个参数设置为-40，以确保所选组分保持在液相

最后，更重要的是，为了验证所选的 POLYSL 热力学方法对于淤浆法 HDPE 工艺模拟的准确性，将 POLYSL 预测的组分热物理性质与报道的实验数据进行比较[4]。请读者参考第 2.7 节中的 ***WS 2.3*** 进行此验证工作。

表 5.12 进料流股的设定值

流股	T/℃	P/bar	流量	质量分数
C2	40	13	5588 kg/h	C_2H_4=0.9998；C_2H_6=0.0001；CH_4=0.0001；$H_2=1\times10^{-6}$
CAT	20	7	255 kg/h	$TiCl_4$=0.005；TEAL=0.005；HX=0.99
H2	25	1.0125	36 m^3/h	H_2=0.9773；CH_4=0.0227

续表

流股	T/℃	P/bar	流量	质量分数
HX	40	14	350 kg/h	HX=1
ML1	67	14.5	5300 kg/h	LP=0.05；HX=0.95
C4	116	13.4	96 kg/h	C_4H_8=0.983；C_4H_{10}=0.017
C22	40	13	5412 kg/h	C_2H_4=0.9998；C_2H_6=0.0001；CH_4=0.0001；$H_2=1\times10^{-6}$
H22	25	1.0125	8.68 m^3/h	H_2=0.9773；CH_4=0.0227
HX2	40	14	2000 kg/h	HX=1
ML2	240	1.45E+06	8780 kg/h	LP=0.05；HX=0.95
N2	20	8	20 kg/h	N_2=1

流股	C_2H_4	C_4H_8	TEAL	HX	LP	N_2	C_2H_6
ML1	2.27	4.53	0.19	5023.31	267.862	70	114
ML2	3.77	7.52	0.32	8320.55	444.752	119	19

注：单位：kg/h；ML1 和 ML2 的条件：67℃，14.5 bar；总流量：ML1=5300 kg/h；ML2=8780 kg/h。

5.6.7 物流

第一反应器的进料由乙烯单体(C_2)、催化剂(CAT)、溶剂(HX)、氢气(H_2)和从分离段(ML1)回收的低聚物流股组成，在混合器(M1)中混合后进入第一反应器(D201)。

第二反应器(D221)的进料由第一反应器的出口物流和共聚单体丁烯(C_4)、乙烯单体(C_2)、氢气(H_2)、溶剂(HX)和低聚物流股(ML2)组成。

根据路径：Simulation→Streams，输入表 5.12 中指定的这些进料流的基本数据。

参考图 5.24，定义催化剂 $TiCl_4$ 基于催化剂中心的物种属性，CAT 初始属性值输入参见图 5.33 和图 5.34。

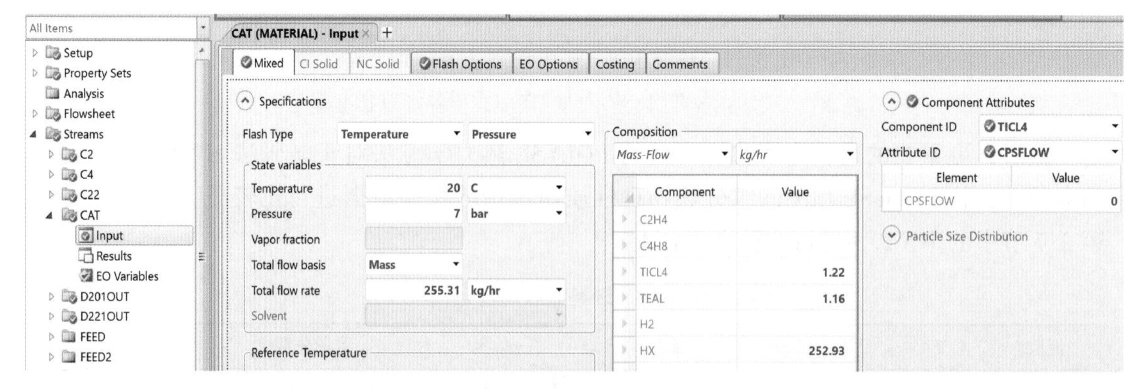

图 5.33　CAT 流的初始基于催化剂中心的物种属性规范：将潜在催化剂中心摩尔流量(CPSFLOW)设置为 0。对潜在催化剂中心摩尔分率(CPSFRAC)、死催化剂中点摩尔流量(CDSFLOW)和摩尔分率(CDSFRAC)也作同样的规范

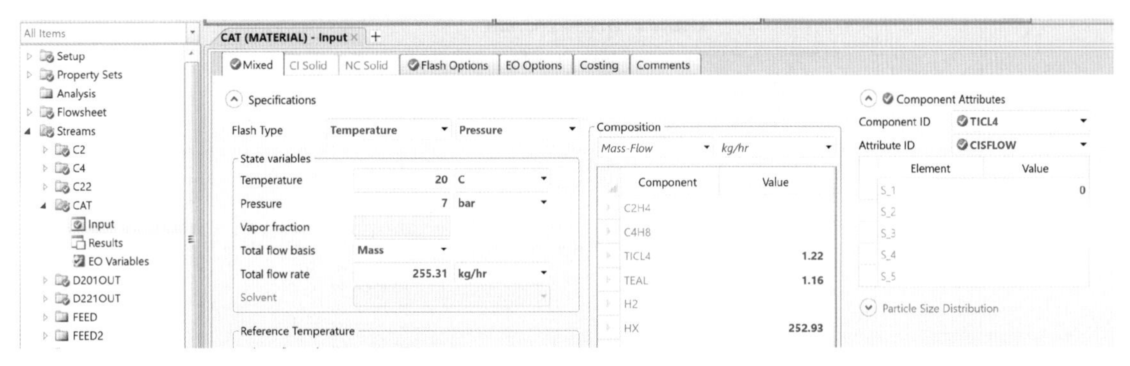

图 5.34 指定 CAT 流的初始基于催化剂中心的物种属性：将第一个抑制催化剂中心 S_1(CISFLOW)的摩尔流量设置为 0。对第一个抑制催化剂中心 S_1 的摩尔分率(CPSFRAC)、第一个空催化剂中心 S_1 的摩尔流量(CVSFLOW)和第一个空催化剂中心 S_1 的摩尔分率(CVSFRAC)进行同样的计算

5.6.8 齐格勒-纳塔动力学设定

建立 ZN 反应集，命名为 ZN，路径为：Reactions→New→ID = ZN，reaction type = Ziegler-Nat→Species(见图 5.35)：

我们之前在图 5.24 中指定了催化剂活性中心的数量为 5，设置的反应包括：

(1) 5 个催化剂活性中心由助催化剂反应(ACT-COACT)激活，每个催化剂活性中心对应 1 个反应；

(2) 单体 C_2H_4 和单体 C_4H_8 链引发反应 10 次，每个催化剂活性中心发生 2 次反应；

(3) 聚合物链 $P_n[C_2H_4]$与 C_2H_4 和 C_4H_8 反应、聚合物链 $P_n[C_4H_8]$与 C_2H_4 和 C_4H_8 反应，共 20 个链增长反应(PROP)，每个催化剂活性中心共 4 个反应；

(4) 聚合物链 $P_n[C_2H_4]$与 H_2 和聚合物链 $P_n[C_4H_8]$与 H_2 发生 10 次链转移至氢反应(CHAT-H_2)，每个催化剂活性中心发生 2 次反应；

(5) 5 个催化剂自失活反应(DEACT-SPON)，每个催化剂活性中心类型有 1 个反应；

(6) 5 个正向和 5 个反向氢对催化剂的抑制反应(FSINH-H_2 和 RFINH-H_2)，每个活性中心各有 1 个反应。图 5.36(a)、图 5.36(b)所示产生了 60 个反应。

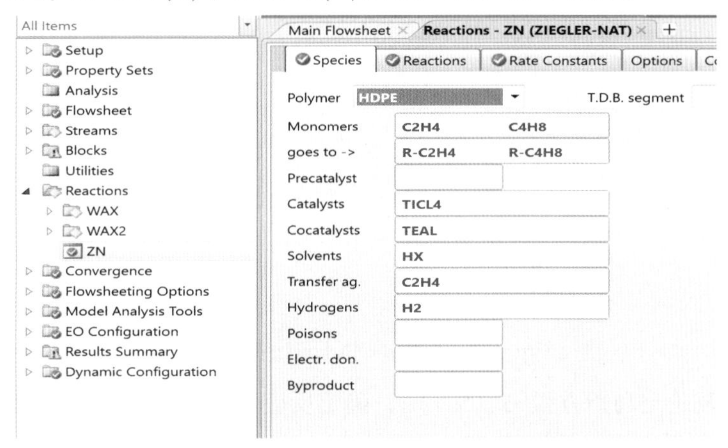

图 5.35 ZN 反应动力学物种规范

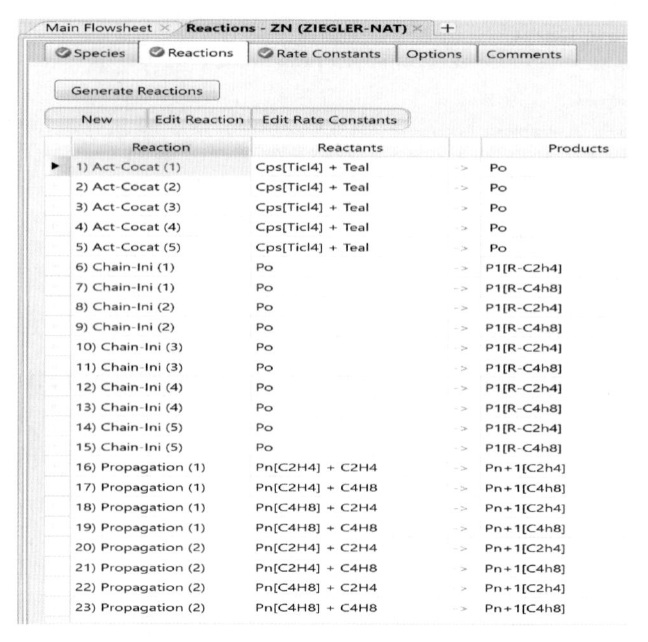

Reaction	Reactants		Products
1) Act-Cocat (1)	Cps[Ticl4] + Teal	->	Po
2) Act-Cocat (2)	Cps[Ticl4] + Teal	->	Po
3) Act-Cocat (3)	Cps[Ticl4] + Teal	->	Po
4) Act-Cocat (4)	Cps[Ticl4] + Teal	->	Po
5) Act-Cocat (5)	Cps[Ticl4] + Teal	->	Po
6) Chain-Ini (1)	Po	->	P1[R-C2h4]
7) Chain-Ini (1)	Po	->	P1[R-C4h8]
8) Chain-Ini (2)	Po	->	P1[R-C2h4]
9) Chain-Ini (2)	Po	->	P1[R-C4h8]
10) Chain-Ini (3)	Po	->	P1[R-C2h4]
11) Chain-Ini (3)	Po	->	P1[R-C4h8]
12) Chain-Ini (4)	Po	->	P1[R-C2h4]
13) Chain-Ini (4)	Po	->	P1[R-C4h8]
14) Chain-Ini (5)	Po	->	P1[R-C2h4]
15) Chain-Ini (5)	Po	->	P1[R-C4h8]
16) Propagation (1)	Pn[C2H4] + C2H4	->	Pn+1[C2h4]
17) Propagation (1)	Pn[C2H4] + C4H8	->	Pn+1[C4h8]
18) Propagation (1)	Pn[C4H8] + C2H4	->	Pn+1[C2h4]
19) Propagation (1)	Pn[C4H8] + C4H8	->	Pn+1[C4h8]
20) Propagation (2)	Pn[C2H4] + C2H4	->	Pn+1[C2h4]
21) Propagation (2)	Pn[C2H4] + C4H8	->	Pn+1[C4h8]
22) Propagation (2)	Pn[C4H8] + C2H4	->	Pn+1[C2h4]
23) Propagation (2)	Pn[C4H8] + C4H8	->	Pn+1[C4h8]

图 5.36(a)　HDPE 的 ZN 反应——第 1 部分

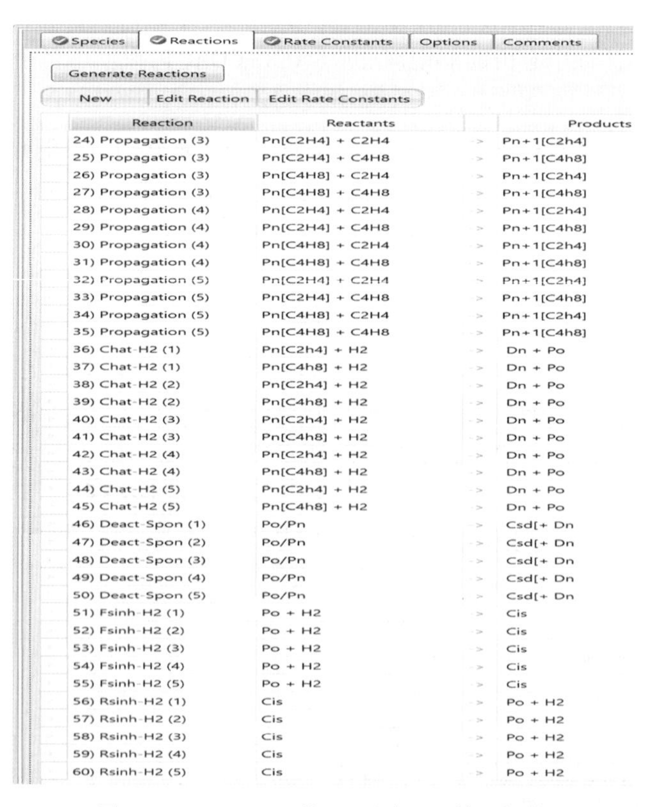

Reaction	Reactants		Products
24) Propagation (3)	Pn[C2H4] + C2H4	->	Pn+1[C2h4]
25) Propagation (3)	Pn[C2H4] + C4H8	->	Pn+1[C4h8]
26) Propagation (3)	Pn[C4H8] + C2H4	->	Pn+1[C2h4]
27) Propagation (3)	Pn[C4H8] + C4H8	->	Pn+1[C4h8]
28) Propagation (4)	Pn[C2H4] + C2H4	->	Pn+1[C2h4]
29) Propagation (4)	Pn[C2H4] + C4H8	->	Pn+1[C4h8]
30) Propagation (4)	Pn[C4H8] + C2H4	->	Pn+1[C2h4]
31) Propagation (4)	Pn[C4H8] + C4H8	->	Pn+1[C4h8]
32) Propagation (5)	Pn[C2H4] + C2H4	->	Pn+1[C2h4]
33) Propagation (5)	Pn[C2H4] + C4H8	->	Pn+1[C4h8]
34) Propagation (5)	Pn[C4H8] + C2H4	->	Pn+1[C2h4]
35) Propagation (5)	Pn[C4H8] + C4H8	->	Pn+1[C4h8]
36) Chat-H2 (1)	Pn[C2h4] + H2	->	Dn + Po
37) Chat-H2 (1)	Pn[C4h8] + H2	->	Dn + Po
38) Chat-H2 (2)	Pn[C2h4] + H2	->	Dn + Po
39) Chat-H2 (2)	Pn[C4h8] + H2	->	Dn + Po
40) Chat-H2 (3)	Pn[C2h4] + H2	->	Dn + Po
41) Chat-H2 (3)	Pn[C4h8] + H2	->	Dn + Po
42) Chat-H2 (4)	Pn[C2h4] + H2	->	Dn + Po
43) Chat-H2 (4)	Pn[C4h8] + H2	->	Dn + Po
44) Chat-H2 (5)	Pn[C2h4] + H2	->	Dn + Po
45) Chat-H2 (5)	Pn[C4h8] + H2	->	Dn + Po
46) Deact-Spon (1)	Po/Pn	->	Csd[+ Dn
47) Deact-Spon (2)	Po/Pn	->	Csd[+ Dn
48) Deact-Spon (3)	Po/Pn	->	Csd[+ Dn
49) Deact-Spon (4)	Po/Pn	->	Csd[+ Dn
50) Deact-Spon (5)	Po/Pn	->	Csd[+ Dn
51) Fsinh-H2 (1)	Po + H2	->	Cis
52) Fsinh-H2 (2)	Po + H2	->	Cis
53) Fsinh-H2 (3)	Po + H2	->	Cis
54) Fsinh-H2 (4)	Po + H2	->	Cis
55) Fsinh-H2 (5)	Po + H2	->	Cis
56) Rsinh-H2 (1)	Cis	->	Po + H2
57) Rsinh-H2 (2)	Cis	->	Po + H2
58) Rsinh-H2 (3)	Cis	->	Po + H2
59) Rsinh-H2 (4)	Cis	->	Po + H2
60) Rsinh-H2 (5)	Cis	->	Po + H2

图 5.36(b)　HDPE 的 ZN 反应——第 2 部分

采用标准的阿伦尼乌斯方程[式(5.1)]，确定反应速率常数。**附录 5.1b** 给出了每个反应的指前因子 k_0 和活化能 E 的数值。

在文献[7]中，我们基于工厂数据开发了反应器 D201 和 D221 的低聚物反应，当前的模拟中加入了以上经验反应，如图 5.37(a)、图 5.37(b)所示。

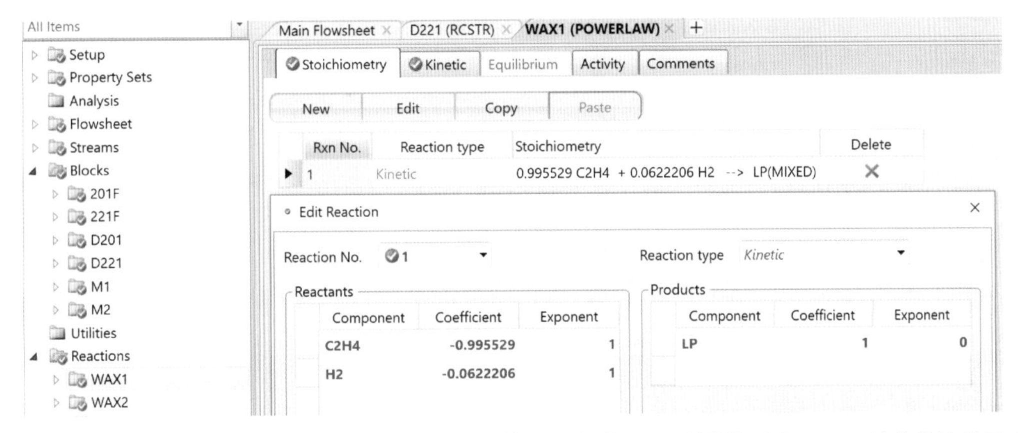

图 5.37(a) 第一反应器 D201 低聚物反应 WAX1 和第二反应器 D221 低聚物反应 WAX2 的化学计量反应式

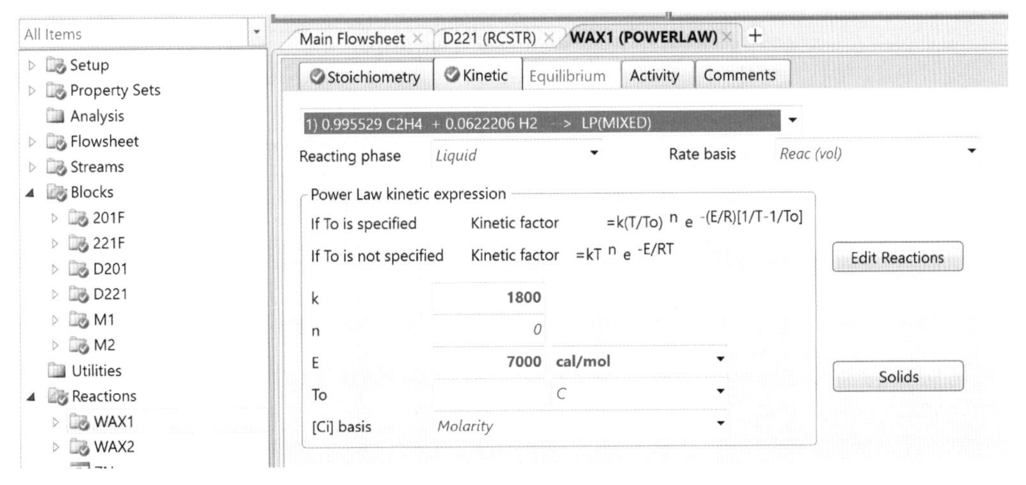

图 5.37(b) 低聚物反应 WAX1 动力学参数规定。对于低聚物反应 WAX2，$k=4.2$，$E=1.6172$ cal/mol

5.6.9 单元操作和化学反应模块的设定

5.6.9.1 混合器(见图 5.38)

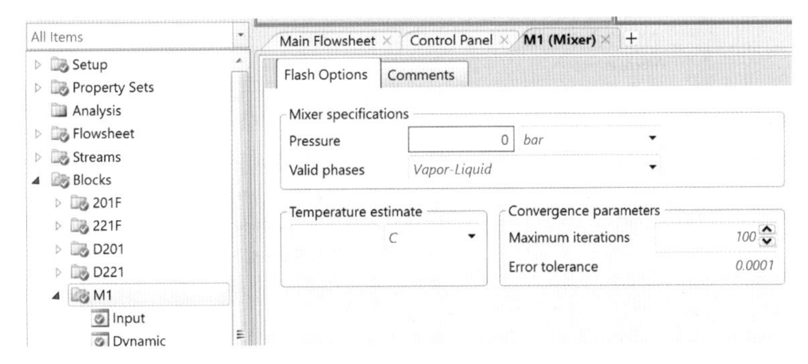

图 5.38 混合器 M1 的无压降规定，M2 作同样的规定

5.6.9.2 反应器(见图 5.39～图 5.41)

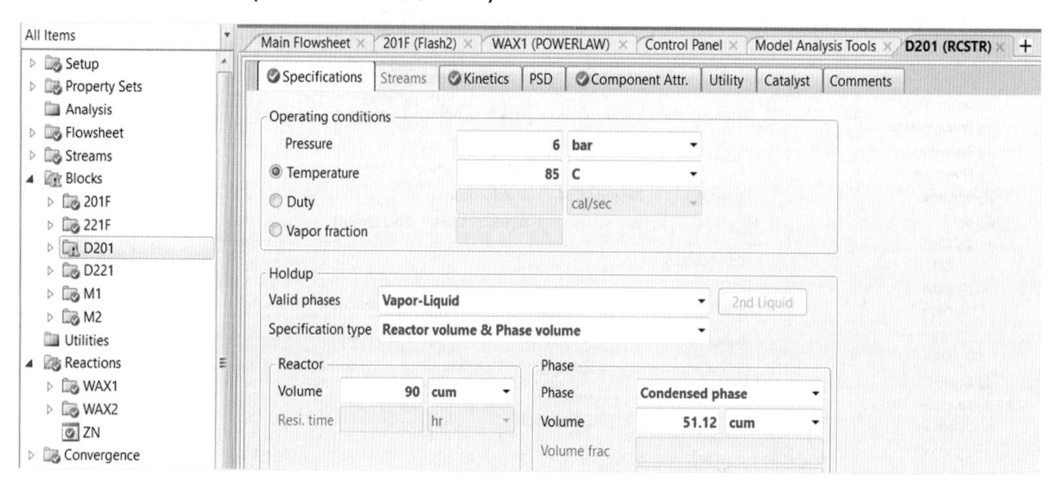

图 5.39 第一反应器 D201 的规定，第二反应器 D221 的压力改为 3.5 bar，温度改为 80℃

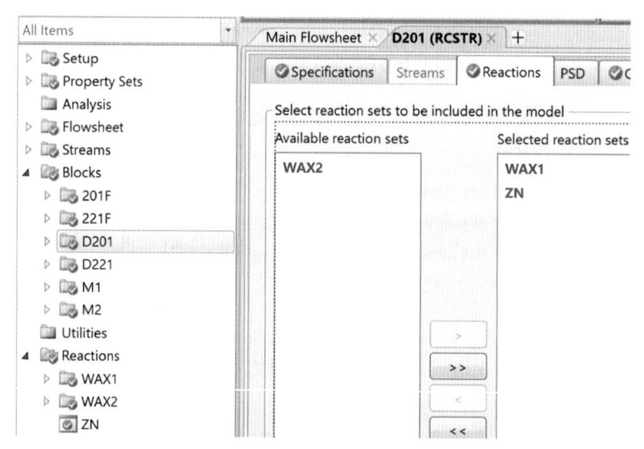

图 5.40 第一反应器 D201 的反应 R1 和 WAX1 的规定，
对于第二反应器 D221，用反应 WAX2 取代反应 WAX1

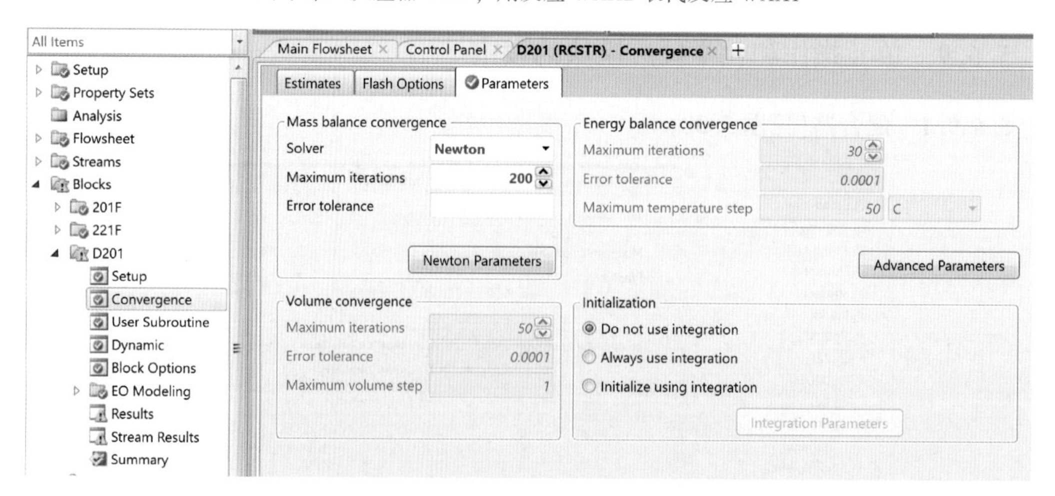

图 5.41 指定 D201 和 D221 反应器的质量平衡收敛方案(牛顿)和最大迭代次数(200)

5.6.9.3 闪蒸罐规定(见图5.42)

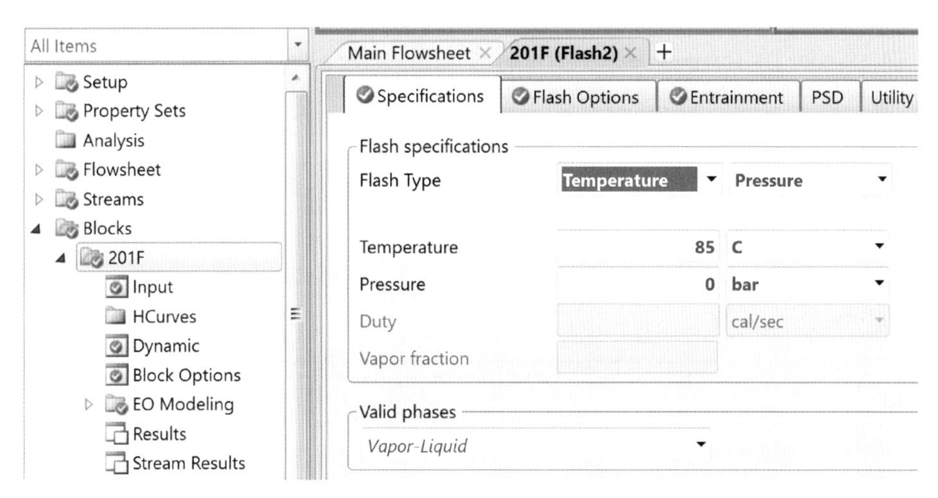

图5.42 闪蒸罐201F的规定，对于221F闪蒸罐，将温度改为80℃

5.6.10 模拟结果

模拟结果见表5.13。在Aspen Polymers中为了显示计算的组分属性，如*MWW*和*PDI*，并以质量单位显示流量，按以下路径设置：stream summary→display option→full option(显示组分属性)→flow：mass，组成为“mass”。

表5.13 图5.20中的开环HDPE工艺流程的模拟结果

质量流量/(kg/h)		Feed	D201OUT	Slurry	Feed2	D221OUT
总体流量/(kg/h)		14646.30	14646.30	14646.30	16308.80	30927.60
选择的组分/(kg/h)	C_2H_4	5589.15	14.6007	12.2919	5414.68	35.982
	C_4H_8	4.53	4.53	4.32593	101.945	106.271
	HDPE	0	5374.93	5374.93	0	10574.9[a]
	LP	267.862	470.17	470.17	444.752	1006.66
	HX	8776.24	8776.24	8752.46	10320.60	19073
组分属性	*MWN*		7769.51			15038.70
	MWW		110123			80781.10
	PDI		14.1737			53.7154

[a] 乙烯转化率为10574/(5589.15+5414.68)×100%=96.10%。

分享一个利用表5.13的质量平衡结果加快反应器模拟收敛的技巧。在前面图5.43中演示了如何将最大迭代次数增加到200次，在与图5.43相同的收敛输入表单上，我们看到了“estimate”表单。根据Feed物流进入第一反应器D201的质量流量以及D201OUT和Feed2进入第二反应器D221的总质量流量，假设C_2H_4转化为HDPE的比例为97%，反应器内HX的蒸发可以忽略，我们可以估算出D201OUT和D221OUT物流中两个反应器的关键组分质量流量，如图5.43所示。

对于目前的例题，没有必要添加这些质量流量估算，但对于更难的反应器模拟问题(如下面的闭环模拟)，这种方法可以加快反应器模拟的收敛速度。

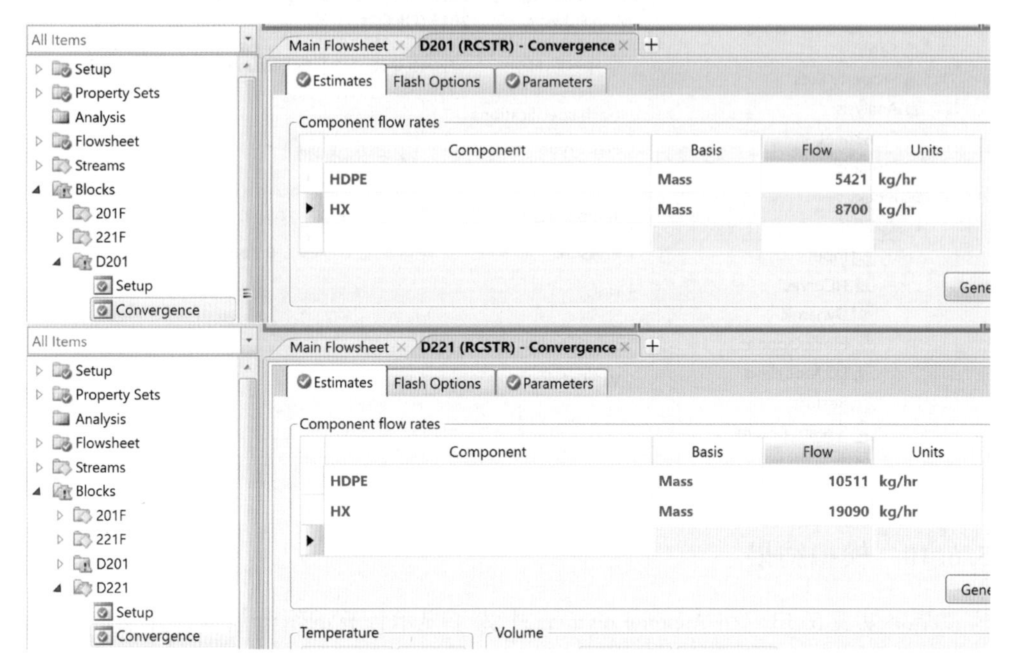

图 5.43　估算 D201 和 D221 反应器流出的关键组分质量流量以加快反应器模拟的收敛速度

5.6.11　灵敏度分析

改变了第二反应器 D221 的氢气流量，考察它对 HDPE 产品的 *MWN*、*MWW* 和质量流量的影响。如图 5.44 所示，正如预期的一样，增加氢气质量流量会增加链转移反应，减小分子量(*MWN* 和 *MWW*)和 HDPE 的产量。

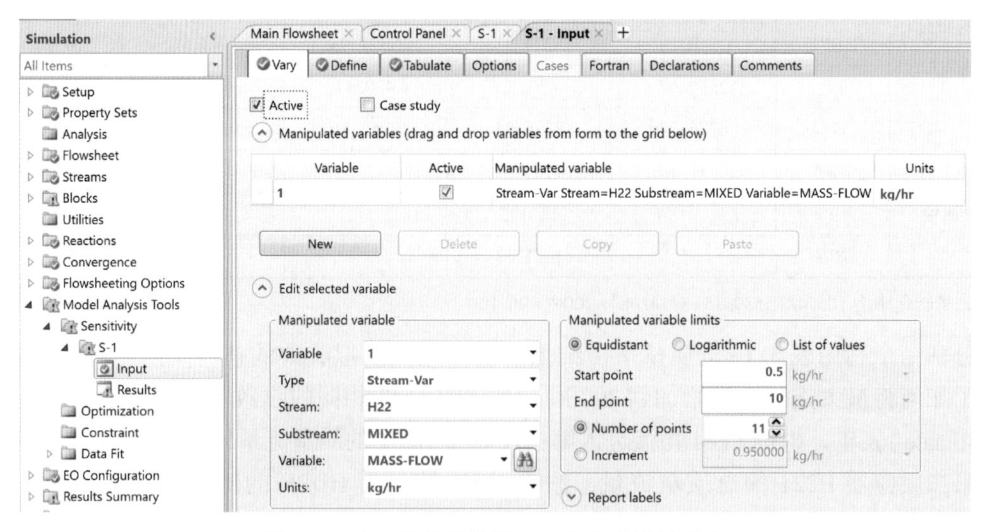

图 5.44(a)　灵敏度分析 S-1 的自变量的定义

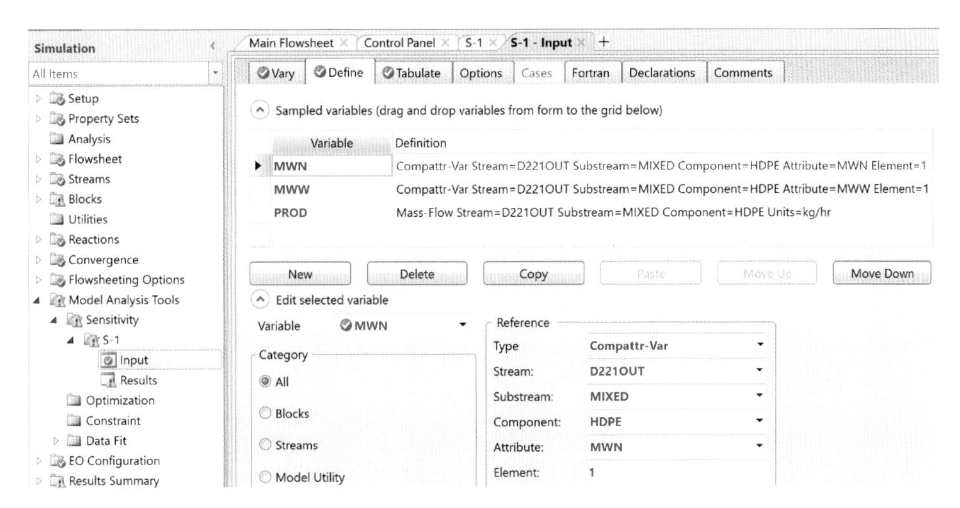

图 5.44(b)　确定敏感性分析 S-1 的因变量

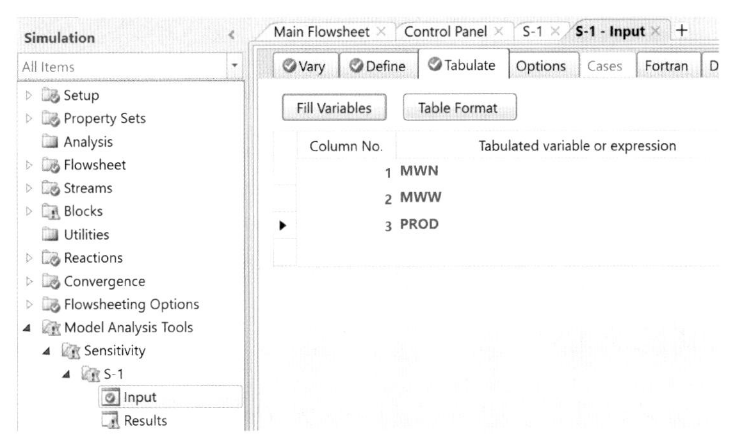

图 5.44(c)　确定 S-1 敏感性分析的显示变量

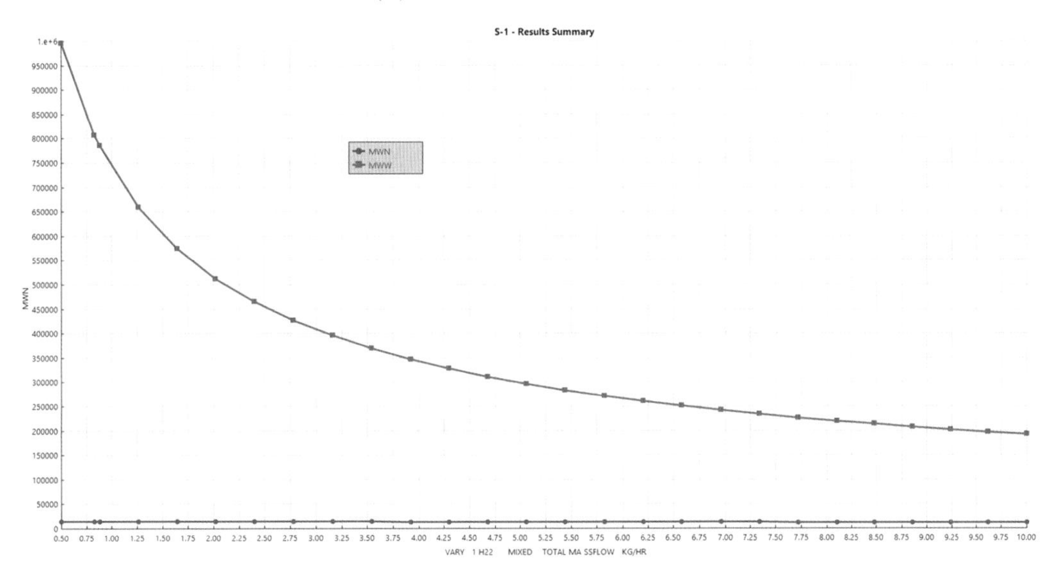

图 5.44(d)　反应器 D221 的氢气入口流速对产品分子量的影响

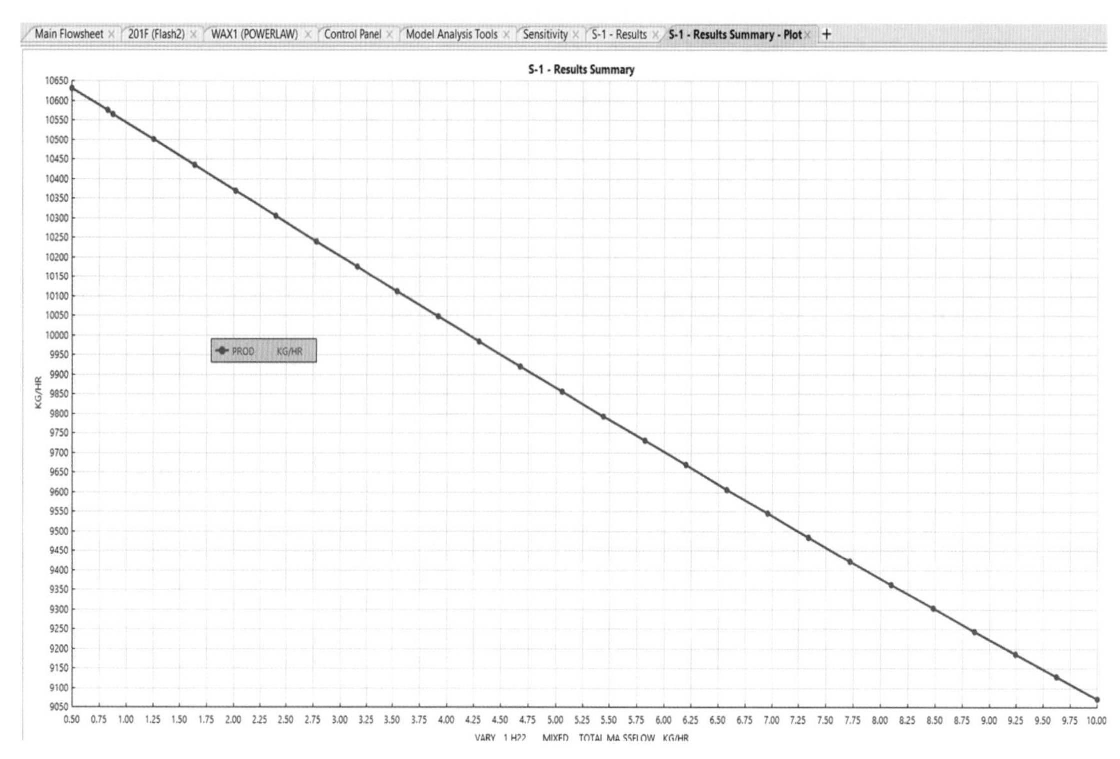

图 5.44(e) 反应器 D221 的氢气入口流速对 HDPE 产品质量流量的影响

5.6.12 闭环循环回路

我们首先保存开环模拟文件为“***WS5.1a HDPE_Open Loop.bkp***”，并另存为“***WS5.1b HDPE_Close Loop Converged.bkp***”，然后开始修改流程图。具体来说，添加了两个本质上相同的循环回路，该回路包括循环冷却器(换热器 E201 和 E221)，闪蒸罐(D205 和 D225)，压缩机(C201 和 C221)，流股分流器(S1 和 S2)，泵(P201 和 P202)，加上补充正己烷的流股 HX1 和 HX4 到闪蒸罐，以及 HX3 和 HX5 到泵。闭环流程如图 5.45 所示。

表 5.14 给出了新的单元操作模块。所有 HX 补充物流的己烷(HX)质量分数均为 1.0，质量流量为：HX201—440 kg/h、HX205—584 kg/h、HX221—115 kg/h 和 HX225—120 kg/h(所有 HX 补充物流都是 40℃和 1 bar)。

为了加快模拟收敛速度，按照图 5.43，输入出反应器 D201 和 D221 的关键组分质量流量估算值。改变循环冷却器 E201 和 E221 的闪蒸选项，如图 5.46 所示。

将撕裂物流(tear)收敛的方法改为“Broyden”方法，如图 5.47 所示。

然后进行模拟，结果收敛。将模拟文件保存为“***WS5.1b HDPE_Closed Loop converged.bkp***”。表 5.15 给出了关键组分的质量平衡结果及其属性。

所得的乙烯转化率略低。然而，本案例不涉及进一步验证，该验证采用工厂数据微调模型参数，如动力学参数，来改善模拟结果。

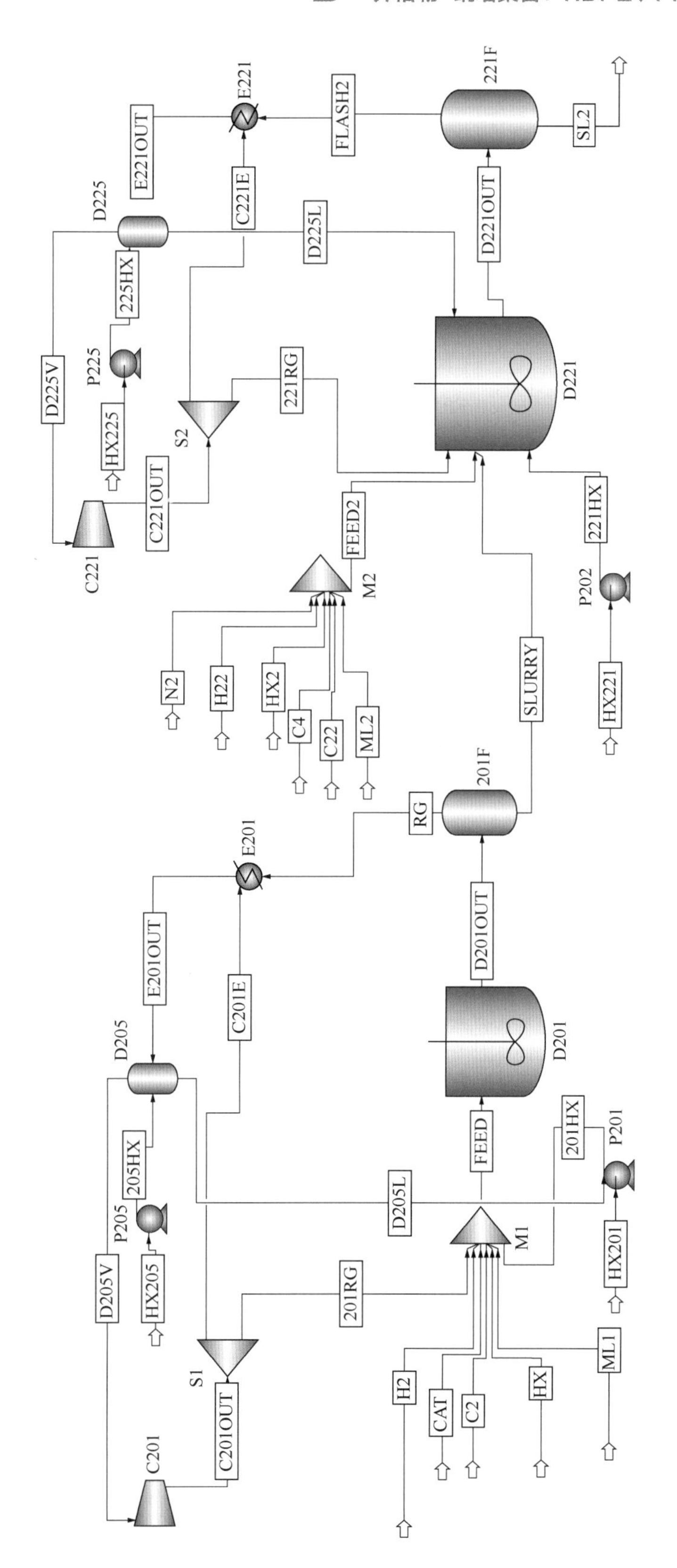

图5-45　淤浆法HDPE工艺的闭环流程

表 5.14　单元操作的规范

装置	模块名称	规范
压缩机	C201，C221	等熵，排放压力 = 5.8 bar(C201)；4.37 bar(C221)；等熵效率 = 0.8，机械效率 = 0.9
流股分流器	S1，S2	流量分数 = 0.635(201RG)；0.5625(221RG)
闪蒸罐	D205，D225，201F，221F	D205：输出温度 = 80℃，5.8 bar；D225：80℃，3.3 bar；201F：85℃，3.5 bar；221F：80℃，3.5 bar
循环冷却器	E201，E221	出口温度 = 32℃，压力 = -0.2 bar(压降)
泵	P201，P202，P205，P225	输出压力 = 6 bar(P201)；3.5 bar(P202)；5.8 bar(P205)；3.3 bar(P225)；泵效率 = 0.6，驱动器效率 = 0.9

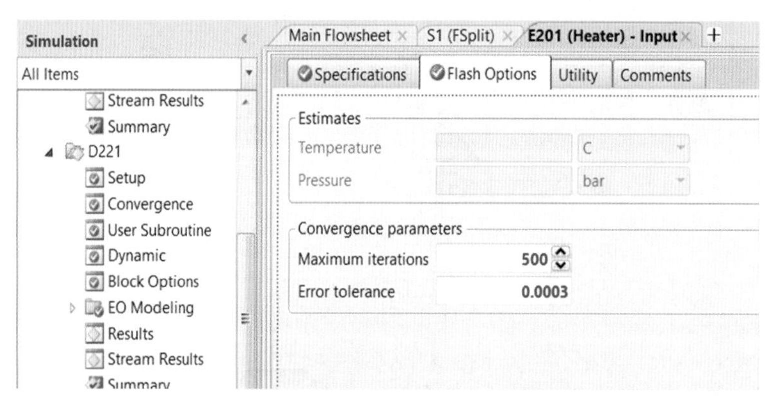

图 5.46　循环冷却器 E201(和 E221)的闪蒸选项输入

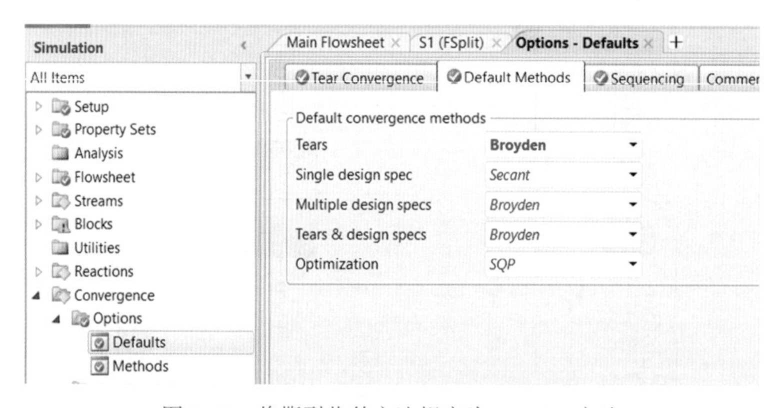

图 5.47　将撕裂收敛方法规定为 Broyden 方法

表 5.15　图 5.45 的闭环 HDPE 工艺流程的模拟结果

流股名称	Feed	Feed2	Slurry	SL2
C2H4	5589.14	5414.68	8.442203	66.0835
C4H8	4.53	101.945	4.53	101.761
HDPE	0	0	5028.21	10178.8[a)]
LP	267.862	444.752	823.494	1444.41

续表

流股名称	Feed	Feed2	Slurry	SL2
MWN			25550	51106. 90
MWW			214919	291821
PDI			8. 41171	57. 1002

a) 乙烯转化率=10178. 8/(5089. 14+5414. 68)×100%=92. 5%。

5.7 例题 5. 2：搅拌床气相 PP 工艺模拟

5. 7. 1 目的

本例题的目的是演示如何使用搅拌床反应器(SBR)开发气相聚丙烯的模拟模型。根据公开的专利[37-41]和研究文章[5,42-47]对工艺进行建模。与淤浆法和溶液工艺不同，反应器中不存在液相，只有气相和固体，也没有溶剂或液体单体从聚合物中分离、纯化和回收。我们介绍如何开发开环和闭环工艺。

5. 7. 2 工艺说明

图 5. 48 是使用 SBR 的气相 PP 工艺的简化图[44]。聚合反应在 66~75℃和 20~25 bar 的卧式 SBR 中进行[44]。出反应器的气体经过冷凝、闪蒸后返回反应器。为避免床层流化，循环气体沿着床层底部的各个点以足够低的流速进入反应器。循环的液体沿着反应器顶部的不同位置喷射进入反应器，液体的蒸发带走了聚合反应的大部分放热，为保持恒定的反应器温度，每次循环转化率为 10%~15%[44]。新鲜丙烯在闪蒸装置顶部进入，使用共聚工艺时乙烯也在这里进入。用于分子量控制(链转移剂)的新鲜氢气进入气相循环物流。催化剂失活剂也可以进入气相循环物流。为除去积聚在循环回路中的丙烷和乙烷，排出一小部分循环气。

PP 工艺使用钛基催化剂和烷基铝基助催化剂，例如四氯化钛($TiCl_4$)和 TEAL[$Al-(C_2H_5)_3$][48]。与催化剂一起加入的还有硅烷基规整度控制剂，如二异丁基二甲氧基硅烷(DIBDMS)[41]，通常用于增加聚丙烯的全同立构含量。

反应器是水平放置的圆柱形反应器，包括几个有时被挡板隔开的区域[44]。由于反应器温度远低于聚丙烯熔点 157℃[49]，聚合物在反应器中是粉末状态，连接到旋转轴的桨叶温和地搅拌粉末，所以基本上不存在返混[44]。对于抗冲聚合物工艺，两个反应器串联，第二个反应器加入共聚单体。图 5. 49 是双反应器系统的简化示意图[5]。

5. 7. 3 搅拌床反应器建模

在稳态操作期间，聚合物质量沿反应器长度保持恒定。沿着反应器的桨叶仅仅温和地

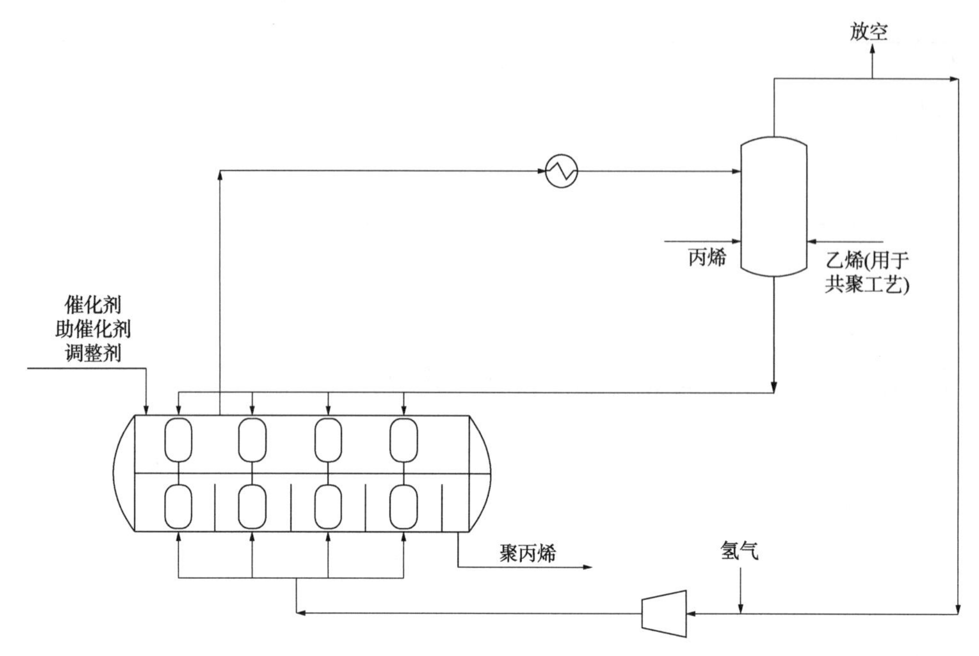

图 5.48　使用搅拌床反应器制备均聚物的气相 PP 工艺简化图(来源：改编自 Caracotsios[44])

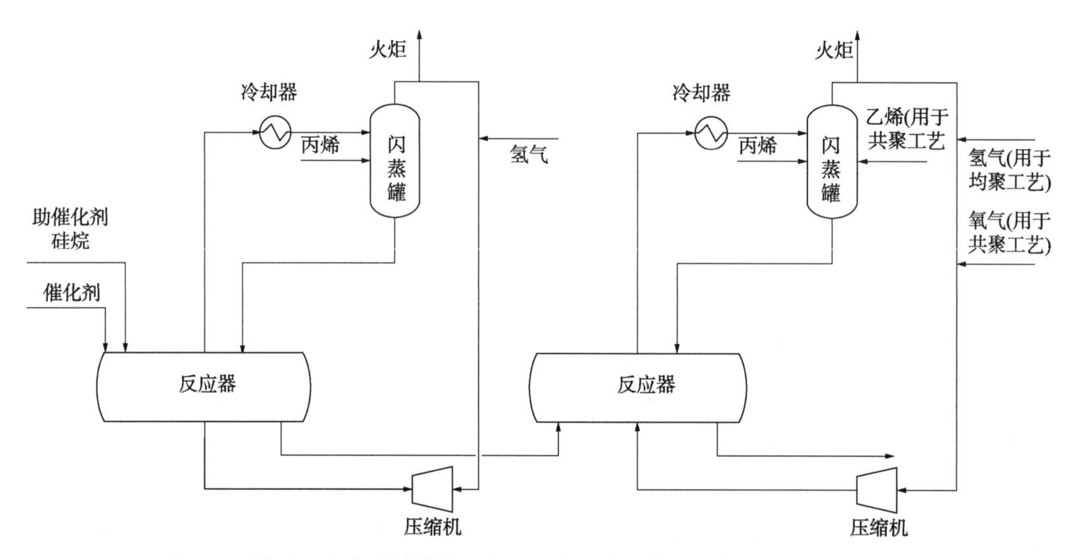

图 5.49　使用两个串联搅拌床反应器生产抗冲聚合物的气相 PP 工艺简化图
(来源：改编自 Khare 等人[5])

搅拌聚合物，所以反应器中的固体不会流化[44]，聚合物相基本上沿着反应器平推流动。可以采用串联几个 CSTR 来模拟平推流情况，实验研究表明，对于卧式搅拌床反应器中生产的聚合物的 RTD 相当于 3~5 个 CSTR 产生的 RTD[44]。图 5.50 将实际反应器与该建模模型进行了比较。在模型中使用 4 个 CSTR 来表示搅拌床反应器，其他建模人员也使用了这种方法[45]。每个 CSTR 都有从塔顶冷凝器回收的液体和气体循环，包括新鲜单体和氢气。只有第一个 CSTR 有新鲜的催化剂和助催化剂进料，所有区域的温度和压力相同。

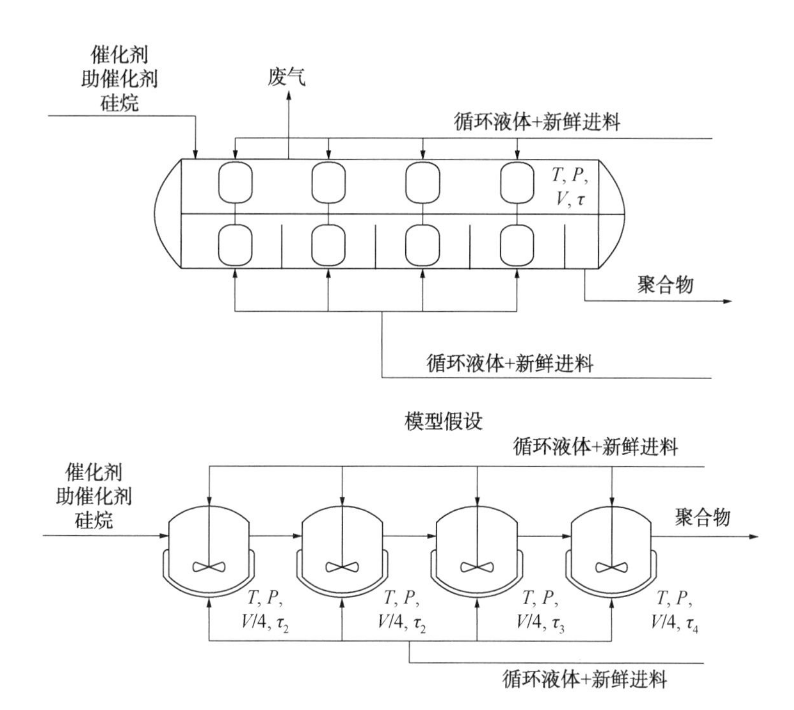

图 5.50 实际反应器与 4 个串联 CSTR 建模的比较

（来源：Khare 等人[5]，美国化学学会）

这种情况下停留时间的概念与多个 CSTR 串联有很大不同。此外，停留时间的计算需要了解反应器中的持料体积。由于桨叶总是在搅拌聚合物，并且固相存在空隙率，所以无法准确地测量持料体积。因此，我们在模型中不使用停留时间作为模拟目标，而是使用反应器持料质量。在模拟中将 CSTR 设置为相同的聚合物质量，使沿床层长度保持相同的持料量，致使 4 个 CSTR（对应给定的搅拌床反应器）停留时间单调下降，与报道的实验结果一致[44]。

持料质量和停留时间之间的关系：

$$\text{反应器持料质量}=\text{出口处凝聚相质量流量}\times\text{凝聚相停留时间} \tag{5.14}$$

我们将此计算应用于 4 个 CSTR 中最后一个 CSTR，以确定设定搅拌床反应器的料位质量。

5.7.4 工艺流程图

图 5.51(a) 和图 5.51(b) 是用于生产气相 PP 聚合物的双反应器系统的第一和第二搅拌床反应器。这两幅图是图 5.49 的扩展版本。关闭循环回路，即图 5.51(a) 中的物流 5 和 5A 与图 5.51(b) 中的物流 54 和 54A 分别链接闭环成同一物流，即物流 5 和物流 54。

在流程图中，C1 和 C2 是压缩机；COND1 和 COND2 是冷凝器；FL1 和 FL2 是闪蒸罐；MIX1 至 MIX8 是混合器；P1 和 P2 是泵；RSPLT1、RSPLT1 和 SPT0 至 SPT10 是分流器。将图 5.51(a) 和图 5.51(b) 的模拟文件保存为“***WS5.2 PP_Open-Loop.bkp***”，并使用该文件浏览当前案例。

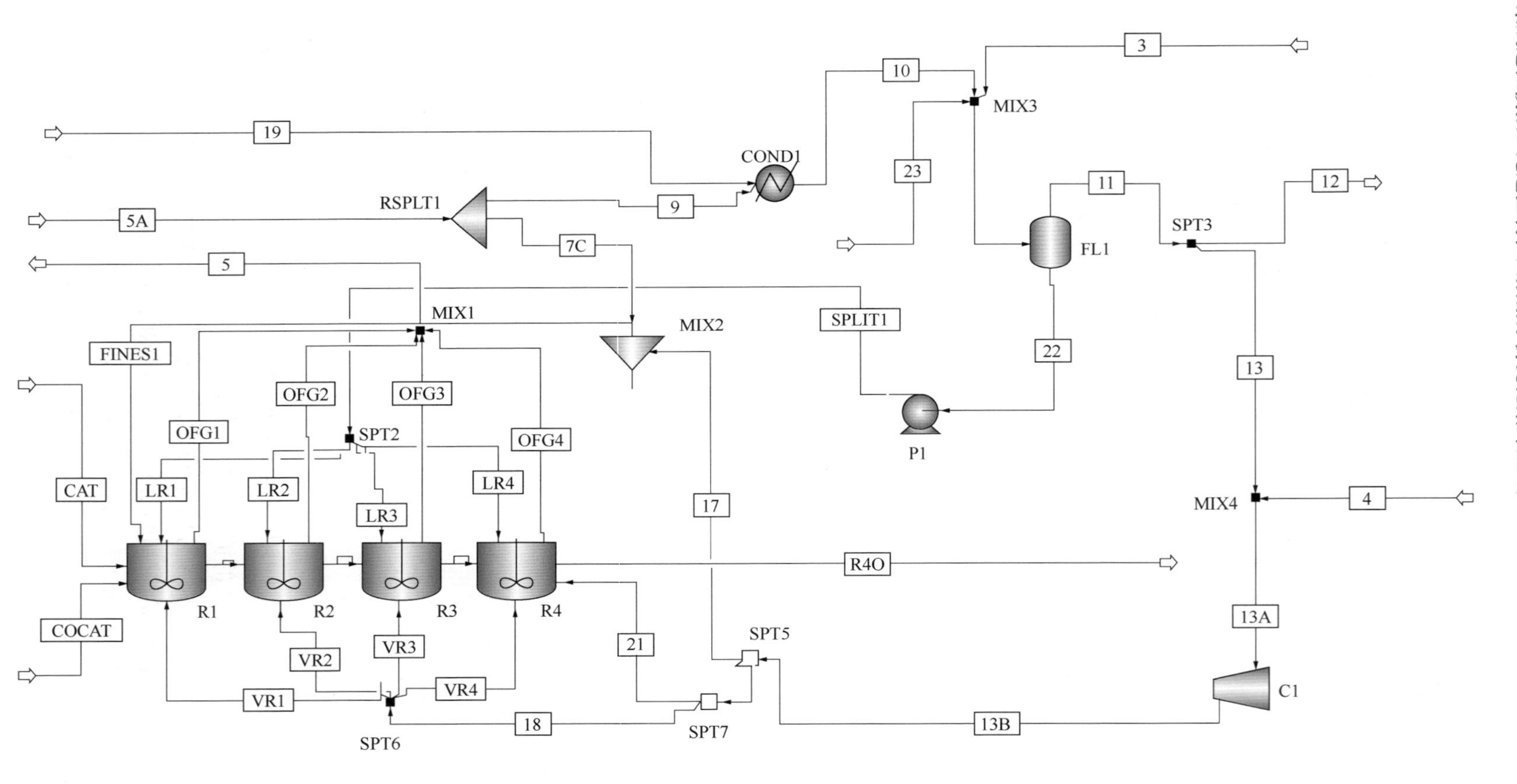

图5-51(a)　使用搅拌床反应器(开环)生产气相PP聚合物的双反应器系统的第一个反应器

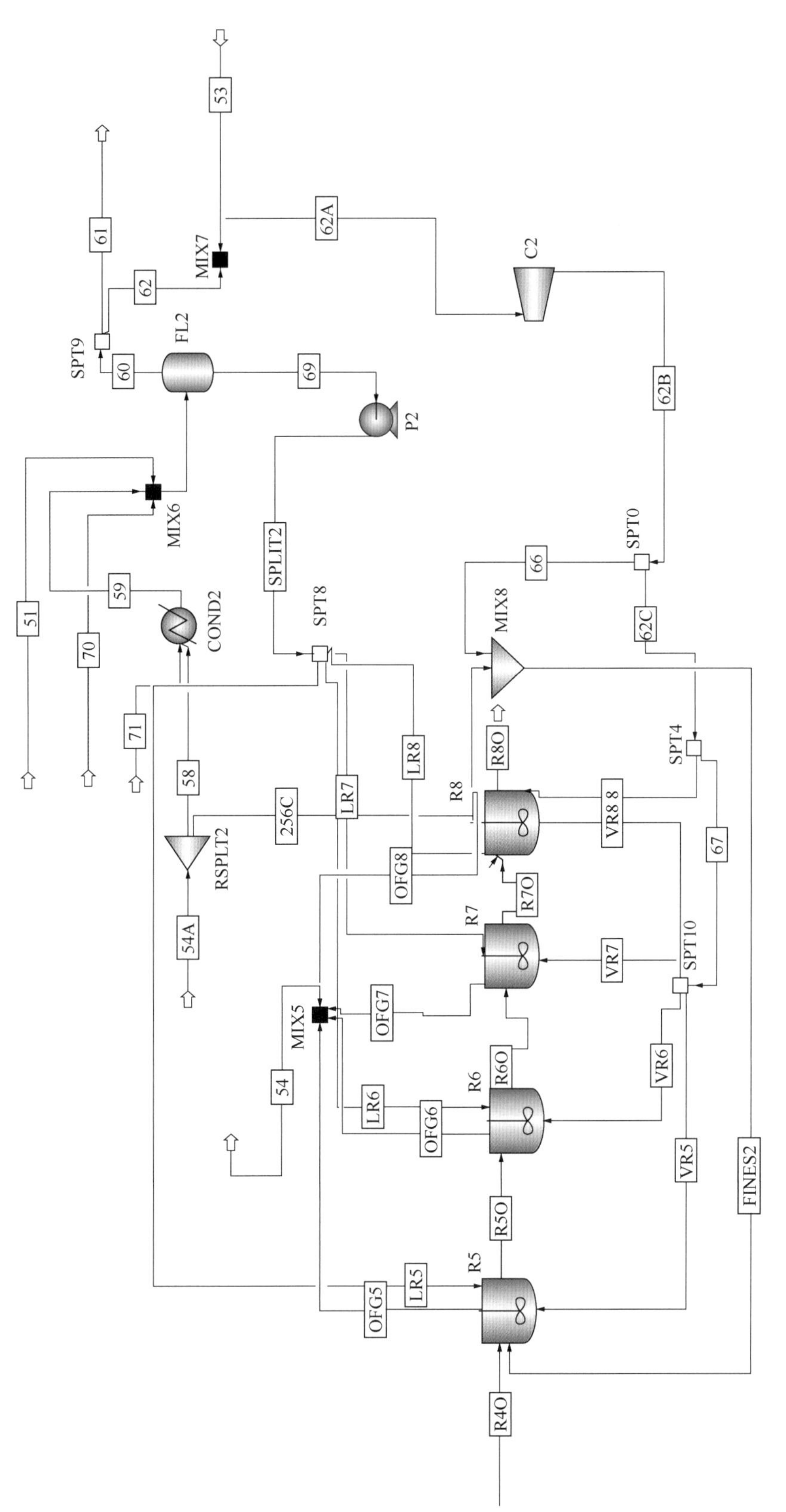

图5-51(b) 使用搅拌床反应器(开环)生产气相PP聚合物的双反应器系统的第二反应器

5.7.5 单位集、组分、聚合物和催化剂活性中心物种的表征

本例题采用 METCBAR 单位集。图 5.52(a)和图 5.52(b)是气相聚丙烯工艺中涉及的组成以及所选的相应企业数据库。

Control Panel × | Components - Specifications × | +

Selection | Petroleum | Nonconventional | Enterprise Database | Comments

Select components

Component ID	Type	Component name	Alias
CAT	Conventional	TITANIUM-TETRACHLORIDE	TICL4
COCAT	Conventional	TRIETHYL-ALUMINUM	C6H15AL
H2	Conventional	HYDROGEN	H2
ETHYLENE	Conventional	ETHYLENE	C2H4
ETHANE	Conventional	ETHANE	C2H6
O2	Conventional	OXYGEN	O2
PROPENE	Conventional	PROPYLENE	C3H6-2
PROPANE	Conventional	PROPANE	C3H8
C3-SEG	Segment	PROPYLENE-R	C3H6-R
PP	Polymer	POLY(PROPYLENE)	PP
C2-SEG	Segment	ETHYLENE-R	C2H4-R
DIBDMS	Conventional	SILANE,-(3,5-DIMETHOXYPEN...	C10H24O2SI

图 5.52(a) 组分设定

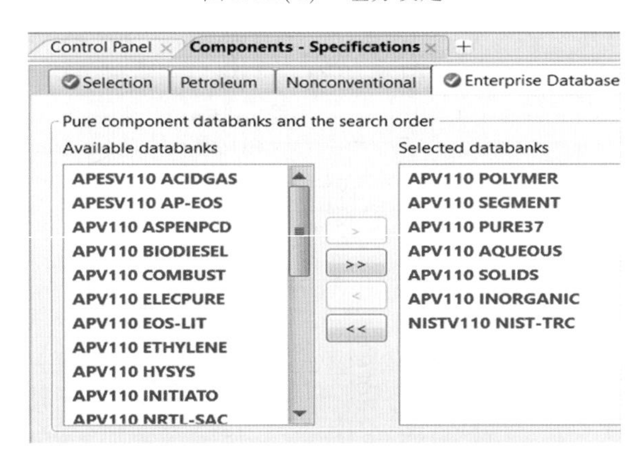

图 5.52(b) 选定的企业数据库

丙烯和乙烯分别是单体和共聚单体，聚丙烯和聚乙烯各自具有重复的链段。$TiCl_4$ 是催化剂，TEAL 是助催化剂，氢气是链转移剂，氧气是吹扫气体，乙烷和丙烷是杂质。DIBDMS(Diisobutyl Dimethoxysilane，二异丁基二甲氧基硅烷，$C_{10}H_{24}O_2Si$)是一种立构规整度控制剂[41]，在 Chemical Book 网站(www.chemicalbook.com)上搜索得到该物质的分子结构文件 **17980-32-4.mol**，按照以下路径将 DIBDMS 的结构导入模拟文件：Properties→Components→Molecular Structure→DIBDMS→Structure and Functional Group→Structure→Draw/Import/Edit→Import→**17980-32-4.mol**。还可以根据图 5.53 通过原子间连接定义分子，这是估算物质未知物理性质所必需的。图 5.22 定义了聚乙烯($R-C_2H_4$)和聚丙烯($R-C_3H_6$)的重复链段，图 5.23 表征了 ZN 聚合的属性。

Properties

All Items

- Setup
- Components
  - Specifications
  - Molecular Structure
    - C2-SEG
    - C3-SEG
    - CAT
    - COCAT
    - DIBDMS
    - ETHANE
    - ETHYLENE
    - H2
    - O2
    - PP
    - PROPANE
    - PROPENE
  - Assay/Blend
  - Light End Properties
  - Petro Characterization
  - Pseudocomponents

Control Panel | Molecular Structure - DIBDMS

General | Structure and Functional Group | Formula | Comments

Define molecule by its connectivity

Atom 1 Number	Atom 1 Type	Atom 2 Number	Atom 2 Type	Bond type
1	C	2	O	Single bond
2	O	3	C	Single bond
3	C	4	C	Single bond
4	C	5	C	Single bond
5	C	6	O	Single bond
6	O	7	C	Single bond
5	C	8	C	Single bond
8	C	9	C	Single bond
9	C	10	Si	Single bond
10	Si	11	C	Single bond
10	Si	12	C	Single bond
10	Si	13	C	Single bond

图 5.53　定义 DIBDMS(二异丁基二甲氧基硅烷)结构

按照图 5.24 对催化剂进行表征，假设 4 个催化剂活性中心的浓度为每克催化剂 0.0012 mol[5]，根据第 5.5.2.3 节和**附录 5.2**，分别确定催化剂活性中心浓度与 GPC 数据的反卷积结果。我们按照第 5.5.2.2 节进行反卷积分析，并将在第 5.7.8 节中给出反卷积结果。

5.7.6　热力学模型和参数

根据第 4.5.4 节中的 LDPE 示例，选择 POLYPCSF 状态方程(见第 2.8 节)作为热力学方法。根据 POLYPCSF[22,50-52] 的原始参考文献、Aspen Polymers Spheripol 高抗冲 PP 共聚物实例[35]、我们之前的文章[5] 以及搜索 Aspen Polymer 关于“Parameters(POLYPCSF)”的在线帮助，输入纯组分参数：Properties→Methods→Parameters→Pure Components→New→Scalar，将“Pure-1”修改为“PCSAFT”，输入数值，如图 5.54 所示。

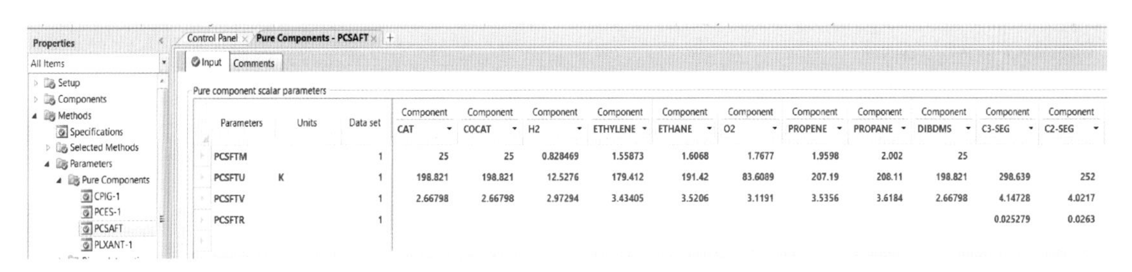

Parameters	Units	Data set	CAT	COCAT	H2	ETHYLENE	ETHANE	O2	PROPENE	PROPANE	DIBDMS	C3-SEG	C2-SEG
PCSFTM		1	25	25	0.828469	1.55873	1.6068	1.7677	1.9598	2.002	25		
PCSFTU	K	1	198.821	198.821	12.5276	179.412	191.42	83.6089	207.19	208.11	198.821	298.639	252
PCSFTV		1	2.66798	2.66798	2.97294	3.43405	3.5206	3.1191	3.5356	3.6184	2.66798	4.14728	4.0217
PCSFTR		1										0.025279	0.0263

图 5.54　POLYPCSF 纯组分参数

具体而言，PCSFTU 是链段能量参数(K)，PCSFTV 是链段直径(Å)，PCSFTM 是链段数，PCSFTR 是为聚合物设置的比率参数，等于 PCSFTM(m)除以单体分子量(M)。当这些参数没有时，Aspen Polymers 在线帮助建议使用以下默认值：①PCSFTU = 269.67 K；②PCSFTV = 4.072 Å；③PCSFTM = 0.02434；④PCSFTR = 0.02434×M，M 是分子量。

图 5.55 是理想气体比热容 CPIG-1 的参数，这些参数值来自参考文献[5，35]。DIBDMS 的参数值是由图 5.53 的结构，通过以下路径应用估算工具得出的：Properties→Estimation→Input→Setup→Estimation option→Estimate all the missing parameters。得出图 5.55 中 DIBDMS 的 R-PCES 所示的估算参数值后，将估算选项更改为“Do not estimate any parameters”。

Control Panel | Estimation | Estimation - Input | Pure Components - CPIG-1

Parameter CPIG　Help　Data set 1

Temperature-dependent correlation parameters

Components	Source	Temperature units	Property units	1	2	3	4
H2	USER	K	J/kmol-K	27140	9.274	-0.0138	7.65e-06
ETHYLENE	USER	K	J/kmol-K	3806	156.6	-0.0835	1.76e-05
ETHANE	USER	K	J/kmol-K	5409	178.1	-0.0694	8.71e-06
O2	USER	K	J/kmol-K	28110	-0.00368	0.0175	-1.07e-05
PROPENE	USER	K	J/kmol-K	3710	234.5	-0.116	2.21e-05
PROPANE	USER	K	J/kmol-K	-4224	306.3	-0.1586	3.22e-05
C2-SEG	USER	K	J/kmol-K	-52417.3	458.823	-0.636152	0.00037622
C3-SEG	USER	K	J/kmol-K	42960.3	152.889	2.39e-05	0
DIBDMS	R-PCES	K	J/kmol-K	-10684.9	724.913	-0.482884	0.000130608

图 5.55　理想气体比热容的用户参数值和估算参数值

图 5.56~图 5.58 给出了以下参数估算：①PP 液相比热容(CPLDIP-1)，采用物理性能研究设计院(DIPPR)的温度关联式估算；②PP 的 Watson 汽化热(DHVLWT-1)；③PP 的 Andrade 液体黏度(MULAND-1)。点击“Help”按钮，可以看到每个参数的温度关联式。

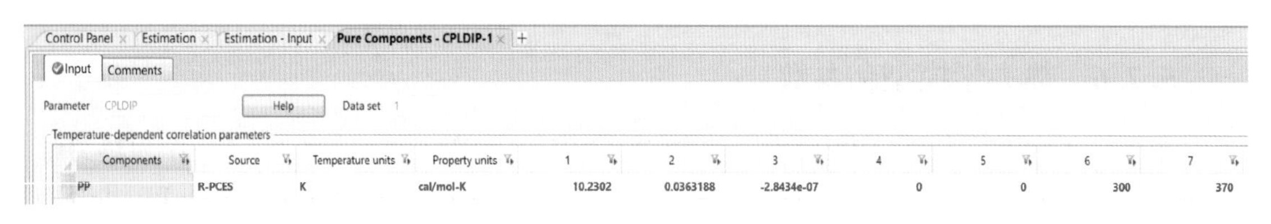
Control Panel | Estimation | Estimation - Input | Pure Components - CPLDIP-1

Parameter CPLDIP　Help　Data set 1

Temperature-dependent correlation parameters

Components	Source	Temperature units	Property units	1	2	3	4	5	6	7
PP	R-PCES	K	cal/mol-K	10.2302	0.0363188	-2.8434e-07	0	0	300	370

图 5.56　PP 液相比热容估算参数值

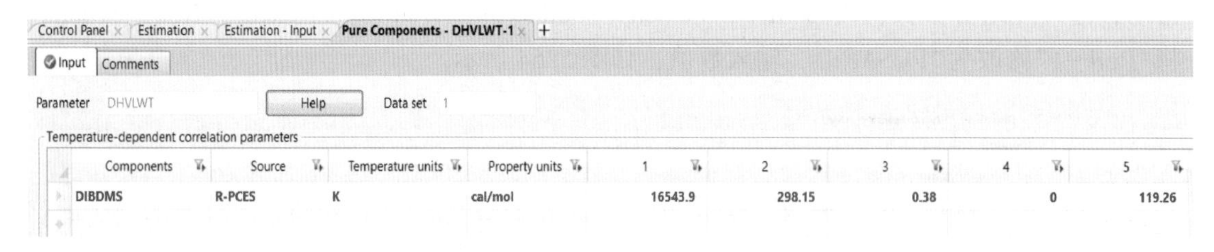
Control Panel | Estimation | Estimation - Input | Pure Components - DHVLWT-1

Parameter DHVLWT　Help　Data set 1

Temperature-dependent correlation parameters

Components	Source	Temperature units	Property units	1	2	3	4	5
DIBDMS	R-PCES	K	cal/mol	16543.9	298.15	0.38	0	119.26

图 5.57　PP 的 Watson 蒸发热的估算参数值

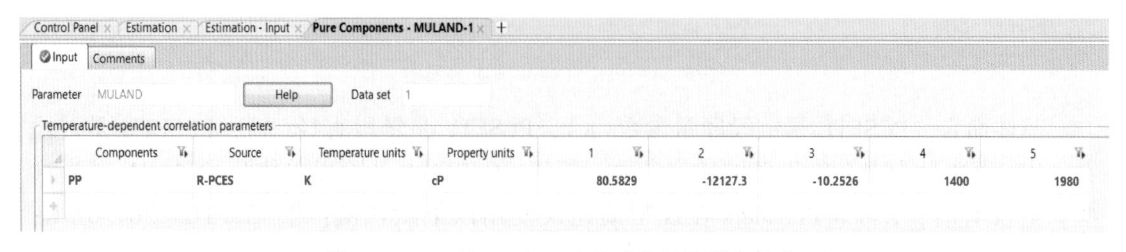
Control Panel | Estimation | Estimation - Input | Pure Components - MULAND-1

Parameter MULAND　Help　Data set 1

Temperature-dependent correlation parameters

Components	Source	Temperature units	Property units	1	2	3	4	5
PP	R-PCES	K	cP	80.5829	-12127.3	-10.2526	1400	1980

图 5.58　PP 的 Andrade 液体黏度的估算参数值

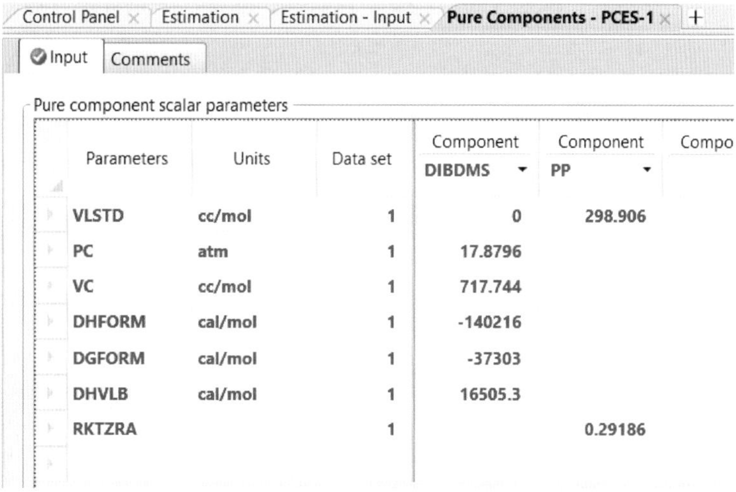

Control Panel × | Estimation × | Estimation - Input × | Pure Components - PCES-1 × | +

Input | Comments

Pure component scalar parameters

Parameters	Units	Data set	Component DIBDMS	Component PP	Compo
VLSTD	cc/mol	1	0	298.906	
PC	atm	1	17.8796		
VC	cc/mol	1	717.744		
DHFORM	cal/mol	1	-140216		
DGFORM	cal/mol	1	-37303		
DHVLB	cal/mol	1	16505.3		
RKTZRA		1		0.29186	

图 5.59　DIBDMS 和 PP 的纯成分估算参数值

最后，如图 5.32 所示，将催化剂 $TiCl_4$、助催化剂 TEAL 和立构规整度控制剂 DIBDMS 与温度相关的气液相压力关联式 PLXANT-1 中的第一个参数设置为一个大负数，如-40，确保这三种组分不会出现在气相中[36]。

5.7.7　进料流

表 5.16 设定了图 5.51(a)的双反应器流程图第一反应器的进料。表中最后一列是从第一反应器体系进入流程的单体总质量流量，不包括通过撕裂流股 5A 的单体。

表 5.17 设定了图 5.51(b)的双反应器流程图第二反应器的进料。表中最后一列是从第二反应器体系进入流程的单体总质量流量，不包括通过撕裂流股 54A 的单体。

还必须设定 CAT 物流中催化剂中心的物种属性，如图 5.33 和图 5.34 所示。图 5.60 显示了对催化剂 CAT 催化剂中心属性的设定。

表 5.16　图 5.51(a)的双反应器流程图第一反应器的进料

流股	CAT	COCAT	3	4	5A	19	23	合计(5A 除外)
温度/℃	32	32	32.22	32.22	66.001	129.71	32.22	
压力/bar	26.2	26.2	30.3371	26.545	22	24.4559	30.3371	
质量流量/(kg/h)	1341.9 总体	344.496	17155.7	0.34	186472	7955.55	359	
CAT	1.7kg/h							
COCAT		41.6						
H_2			0.34	0.34	12.2083	0.15		
Propene	1333.5	338.5			171191	7485.9	371.119	19375.74
Propane	6.7	1.7			15268.70	469.5	1.88054	569.647
DIBDMS		0.136						

表 5.17 图 5.51(b)的双反应器流程图第二反应器的进料

流股	51	53	54A	70	71	合计(54A 除外)
温度/℃	32	32	66.0009	32	78	
压力/bar	30	26	22	30	24	
质量流量/(kg/h)	6619					
H_2		0.51kg/h	6.68323	0.34	0.267647	
Propene	6584.33		102，144	224.816	3471.94	10551.09

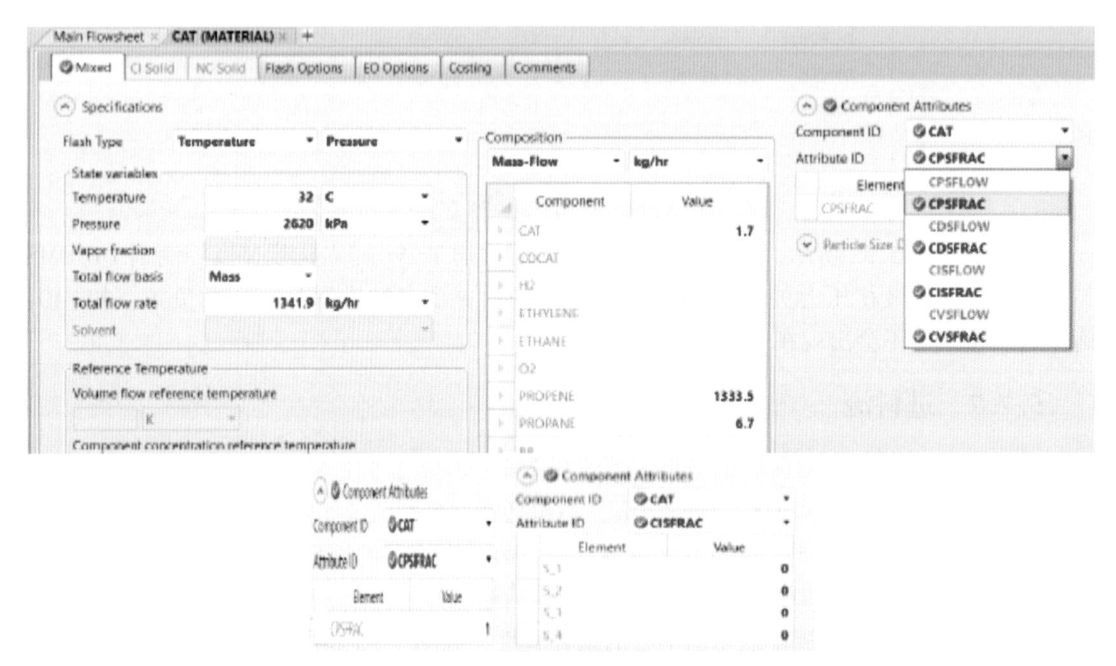

图 5.60 设定 CAT 物流催化剂中心物种属性：将潜在催化剂中心摩尔分率(CPSFRAC)设置为 1，将死催化剂中心摩尔分率设置为 0。将 4 个抑制催化剂中心(CISFRAC)(S_1~S_4)的摩尔分率设置为 0，并对 4 个死催化剂中心(CDSFRAC)(S_1~S_4)执行相同操作

5.7.8 齐格勒-纳塔动力学设定

根据图 5.35，创建一个 ZN 反应集，命名为 ZN-PP。图 5.61 是 ZN 反应的物种设定。

通过该工艺 GPC 数据的反卷积分析，我们之前在第 5.7.3 节中设定了催化剂活性中心数量为 4 个。**附录 5.1c** 给出了这 72 个反应的细节，以及相关的动力学参数。这些反应包括：

(1) 4 个自发的催化剂中心活化反应(ACT-SPON)，每个催化剂活性中心 1 个反应；

(2) 氢的 4 个催化剂活化反应(ACT-H_2)[52]，每个催化剂活性中心 1 个反应；

(3) 单体 C_3H_6 和共聚单体 C_2H_4 的 8 个链引发反应，每个催化剂活性中心有 2 个反应；

(4) 聚合物链 $P_n[C_3H_6]$ 与 C_3H_6 和 C_2H_4 反应，以及聚合物链 $P_n[C_2H_4]$ 与 C_3H_6 和 C_2H_4 反应的 16 个链增长反应(PROP)，每个催化剂活性中心总共 4 个反应；

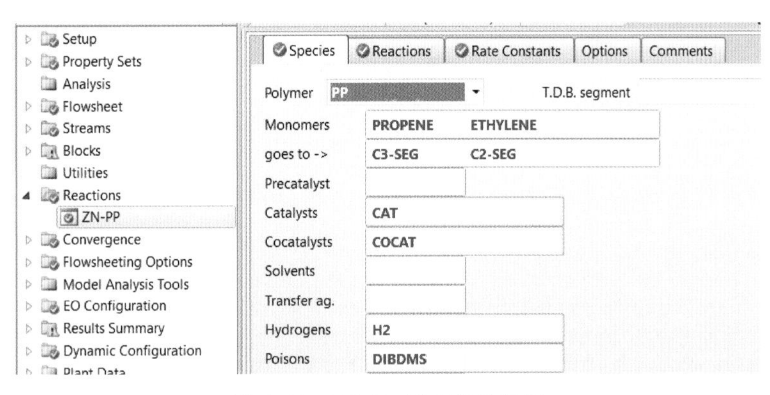

图 5.61　ZN-PP 反应集的设定

（5）聚合链 $P_n[C_3H_6]$与 C_3H_6 和 C_2H_4 反应，以及聚合物链 $P_n[C_2H_4]$与 C_3H_6 和 C_2H_6 反应，16 个链转移到单体(CHAT-MON)的反应，每个催化剂活性中心总共 4 个反应；

（6）聚合物链 $P_n[C_3H_6]$与 H_2 反应和聚合物链 $P_n[C_2H_4]$与 H_2 反应的 8 个链转移到氢的反应(CHAT-H_2)，每个催化剂活性中心有 2 个反应；

（7）4 个自发的催化剂失活反应(DEACT-SPON)，每个催化剂活性中心有 1 个反应；

（8）规整立构度控制剂 DIBDMS 导致的 8 个失活反应，包括活化的催化剂中心 $P_{0,i}$与 DIBDMS 反应失活，含有 n 个链段的活性中心 i 的聚合物链 $P_{n,i}$与 DIBDMS 反应，$i=1\sim4$，代表 4 个活性中心[由于 Aspen Polymers 中没有试剂(DEACT-agent)的失活反应，可以用毒物(DEACT-poison)的失活反应来表示这 8 个反应]；

（9）无规链增长的 4 个反应(ATACT-PROP)，每个催化剂活性中心 1 个反应。

根据阿伦尼乌斯方程(5.1)，设定反应速率常数，**附录 5.1c** 中给出了每个反应的指前因子 k_0和活化能 E。

5.7.9　单元操作和化学反应器模块的设定

5.7.9.1　混合器 MIX1 至 MIX8(见图 5.62)

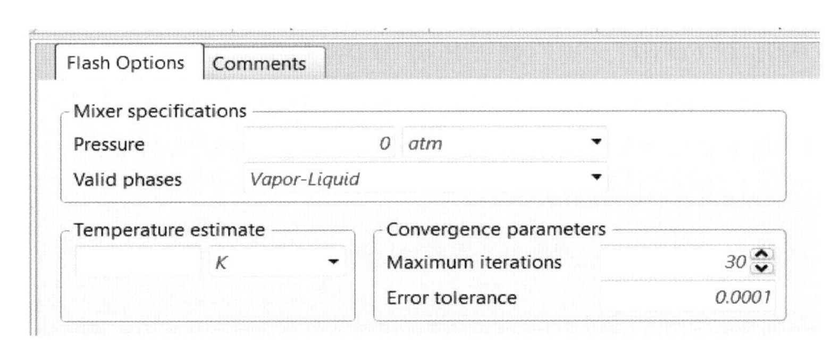

图 5.62　MIX1 至 MIX8 无压降、最大迭代次数和容差的设定

5.7.9.2　反应器 R1 至 R8(见图 5.63 和图 5.64)

如图 5.64 所示，进一步点击“Newton Parameters”，并设定“Line-Search”在“Under Other”(稳定策略)下，是 Aspen Polymers 在线帮助对 RCSTR 收敛的建议。

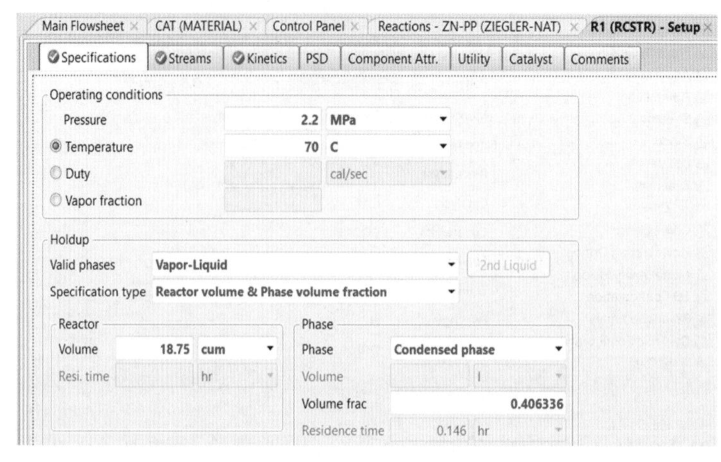

图 5.63　反应器 R1 至 R8 的设定，对于 R5 至 R8，将凝聚相体积分数更改为 0.408138

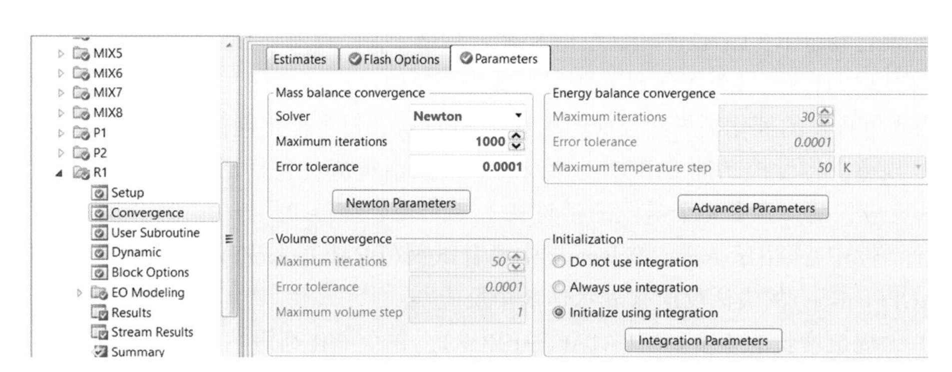

图 5.64　反应器收敛参数设定

5.7.9.3　其他模块

对于闪蒸装置 FL1 和 FL2，我们设定压力为 2.04 MPa，热负荷为 0 cal/s(绝热)。对于泵 P1 和 P2，我们指定排放压力为 2.8 MPa，泵效率为 0.6，电机效率为 0.9。对于压缩机 C1 和 C2，我们指定排放压力为 2.68 MPa、等熵效率为 0.8 和机械效率为 0.9 的等熵运行。对于冷凝器 COND1 和 COND2，我们假设压降为 0；对于 COND1，我们假定出口温度为 51.6℃；对于 COND2，我们指定出口温度为 43.5℃。对于分流器 RSPLT1 和 RSPT2，我们规定 7C 流股的质量流量为 1031.9 kg/h，56C 流股的质量流量为 984 kg/h。表 5.18 规定了分流器 SPT1 至 SPT10 的各种物流的摩尔分率。

表 5.18　流股分流器的规范

流股分流器	摩尔分率	流股
SPT1	0.223807	66
SPT2	0.367147，0.204109，0.201312	LR1，LR2，LR3
SPT3	0.9999	13
SPT4	0.038	68
SPT5	0.192527	17

续表

流股分流器	摩尔分率	流股
SPT6	0.359248, 0.204293, 0.02972	VR1, VR2, VR3
SPT7	0.03859	21
SPT8	0.462916, 0.168904, 0.232728	LR5, LR6, LR7
SPT9	0.9999	62
SPT10	0.204768, 0.232443, 0.230056	VR5, VR6, VR7

5.7.9.4 收敛模块

图 5.65 按以下路径设定了收敛方法：Convergence→Options→Default Methods。

我们还按以下路径给定了最大流程图评估数：Convergence→Options→Methods→Wegstein→Maximum flowsheet evaluations，为 800。

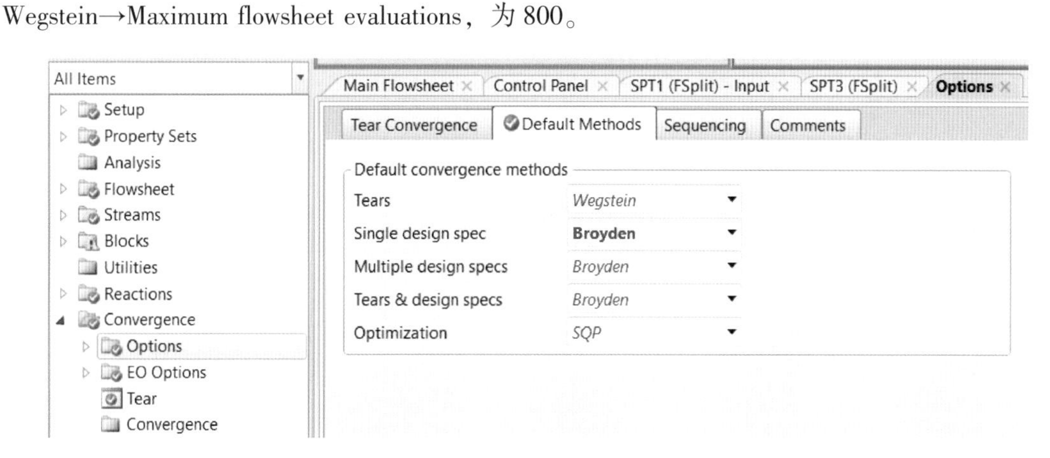

图 5.65 所选的收敛方法

5.7.10 开环模拟结果和循环联通

运行开环模拟，模拟收敛。表 5.19 是开环流程图中的关键结果，假设的撕裂流 5A 和 54A、计算的撕裂流 5 和 54 以及 PP 产物流 R80。将收敛的开环模拟文件保存为"***WS5.2 PP_Open-Loop-Converged.bkp***"。

根据表 5.16 和表 5.17 的最后一列，我们可以看到进入该工艺的丙烯和丙烷的总量分别为 29926.83 kg/h 和 569.647 kg/h，加在一起得到 30498.48 kg/h 的总单体质量流量。与表 5.19 中物流 R80 的 28996.8 kg/h 的 PP 产量相比，得出开环模拟的单体转化率为 95.08%。

参考图 5.51(a)、图 5.51(b)的开环流程图，我们通过删除进入分流器 RSPLIT1 的假定撕裂流 5A，并将其替换为图 5.51(a)中计算的撕裂流 5 来闭合回路。我们还删除了进入分流器 RSPLIT2 的假设撕裂流 54A，并将其替换为图 5.51(b)中计算的撕裂流 54。得到的闭环流程图如图 5.66(a)、图 5.66(b)所示。

在不改变其他输入和收敛参数的情况下，运行闭环模拟，流程收敛。表 5.20 比较了 PP 产物流 R80 的开环和闭环模拟结果。将收敛闭环模拟文件保存为"***WS5.2 PP_Closed-Loop-Converged.bkp***"。

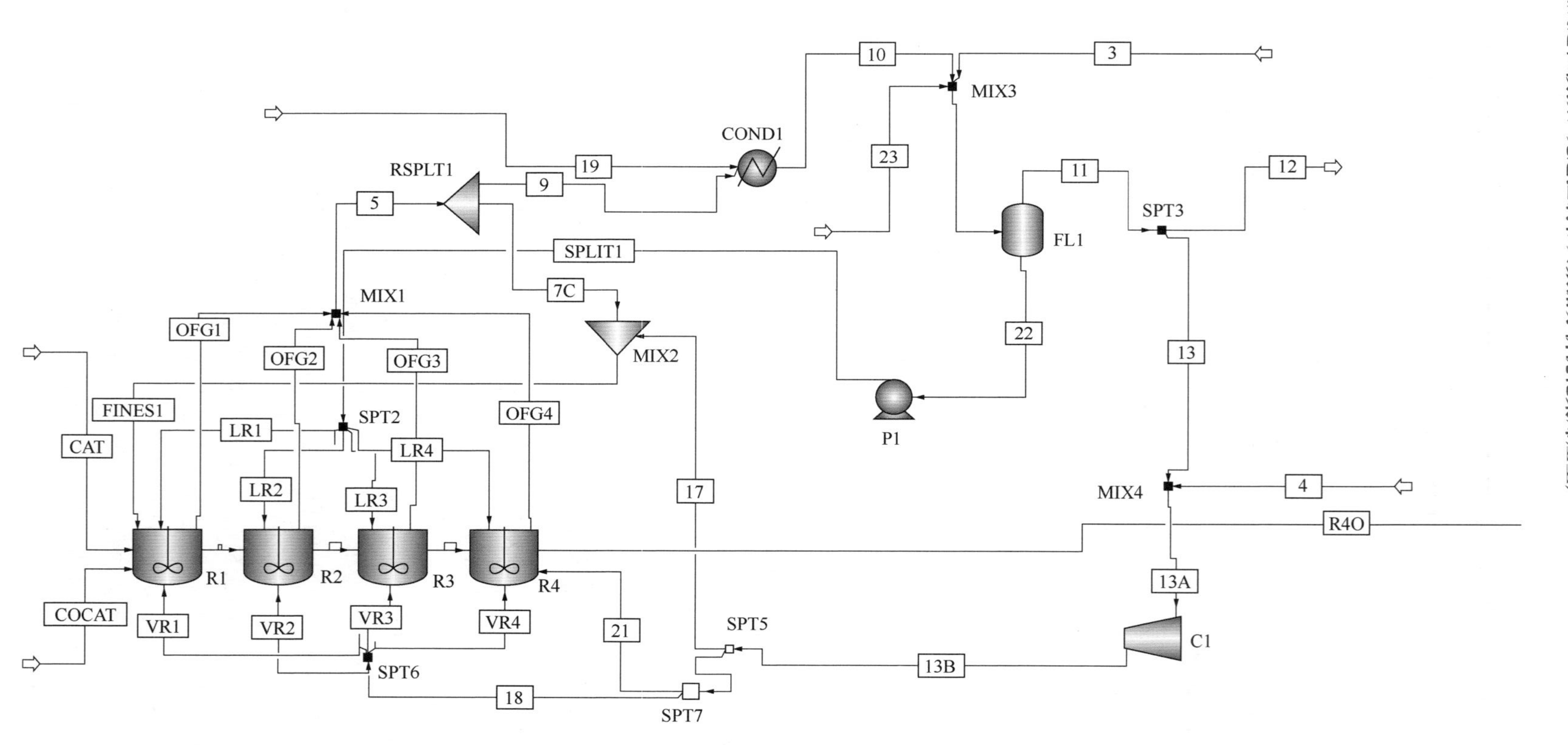

图5-66(a)　使用搅拌床反应器(闭环)生产气相PP聚合物的双反应器系统的前端

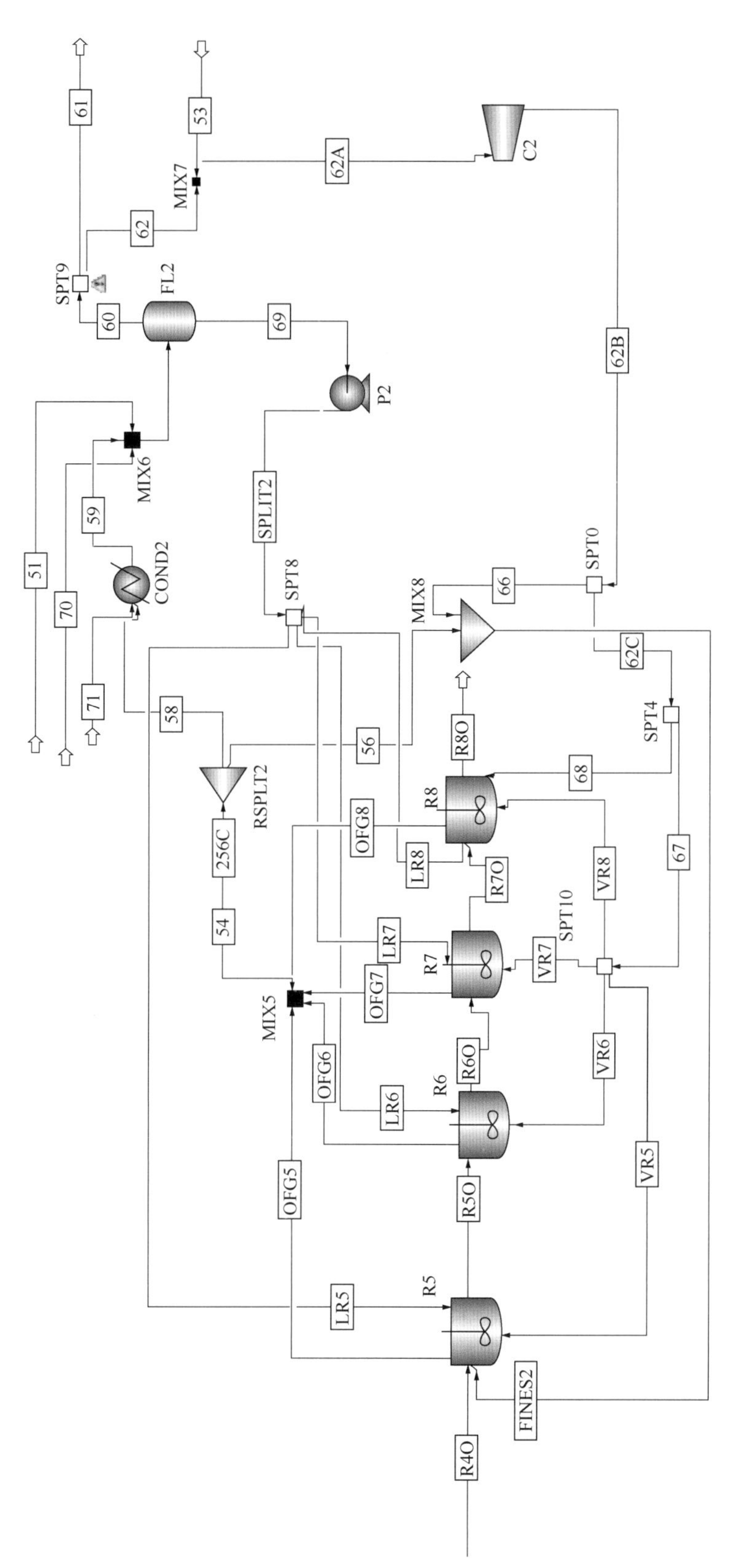

图5-66(b)　使用搅拌床反应器(闭环)生产气相PP聚合物的双反应器系统的后端

表 5.19　假设的撕裂流、计算的撕裂流以及 PP 产物流 R8O 结果

项目		5A(假设)	5(计算)	54A(假设)	54(计算)	R8O
温度/℃		339.151	343.15	339.151	343.15	343.15
压力/MPa		21.7123	21.7123	21.7123	21.7123	21.7123
质量流量/(kg/h)	Propene	171191	171616	102144	104293	5292.11
	Propane	15268.70	15464.70	14668	14827.80	787.452
	H_2	12.2083	11.9805	6.68323	722583	0.0095
	PP	0	0	0	0	28996.80
PP，*ATFRAC*						0.03849
MWN						58861.40
MWW						322183
PDI						5.4736

表 5.20　开环和闭环模拟结果的比较

项目		总单体进料/(kg/h)	R8O(开环)	R8O(闭环)
温度/℃			343.15	343.15
压力/MPa			21.7123	21.7123
质量流量/(kg/h)	Propene	29286.83	5292.11	5487.4
	Propane	1108.625	787.452	573.331
	H_2	14.3259	0.0095	0.0171
	PP	0	28996.80	29210.70
PP，*ATFRAC*			0.03849	0.135921
MWN			58861.40	69990.80
MWW			322183	415064
PDI			5.4736	5.93

5.7.11　模型应用

将模拟文件“***WS5.2 PP_Closed-Loop-Converged.bkp***”重新保存为“***WS5.2a PP_Closed-Loop-PP Production vs TICL4 MASS FLOW.bkp***”，并使用灵敏度分析催化剂($TiCl_4$)的质量流量对 PP 产量以及相对应的 *MWN*、*MWW* 和 *PDI* 的影响。图 5.67(a)和图 5.67(b)是灵敏度分析的操纵变量(Vary)和因变量(Define)。

图 5.68 和图 5.69 显示了催化剂质量流量对 PP 产量(kg/h)以及对所得 *MWN* 和 *MWW* 的影响。

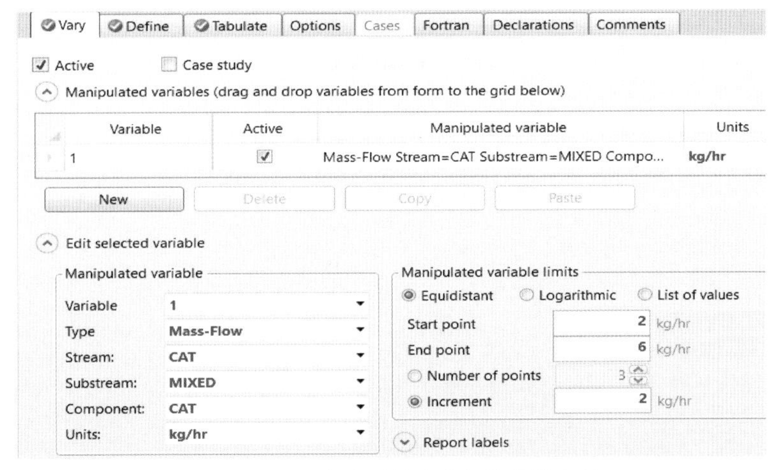

图 5.67(a)　定义灵敏度分析的操纵变量

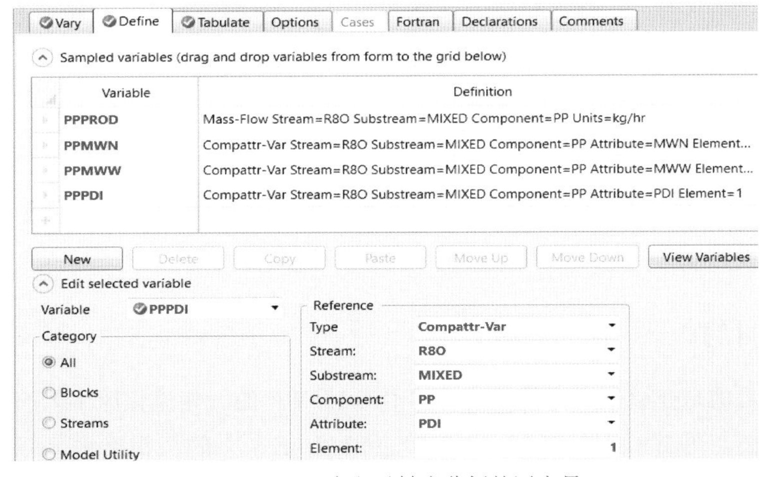

图 5.67(b)　定义灵敏度分析的因变量

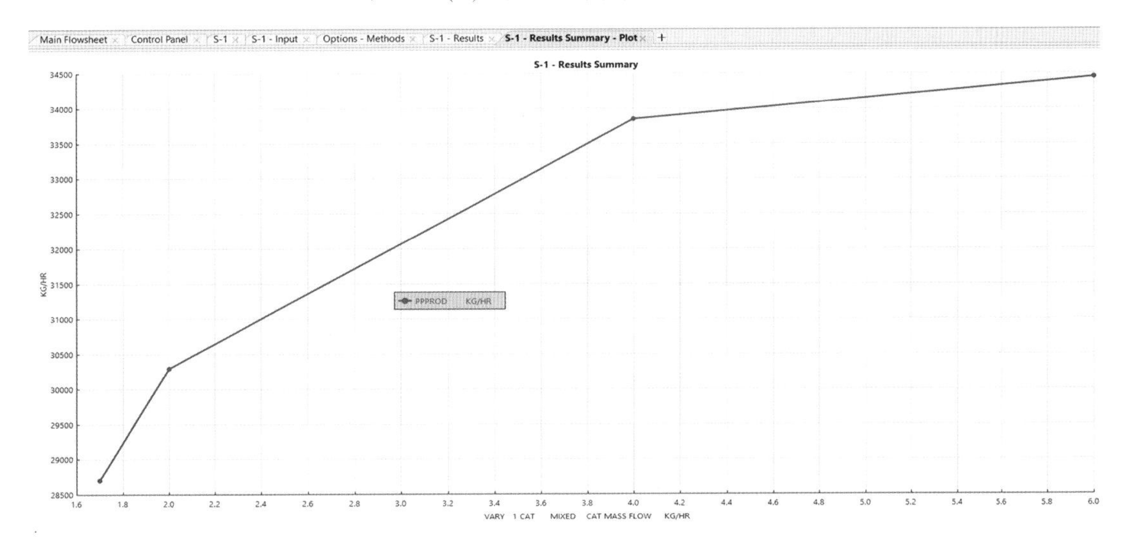

图 5.68　催化剂质量流量对 PP 产量的影响

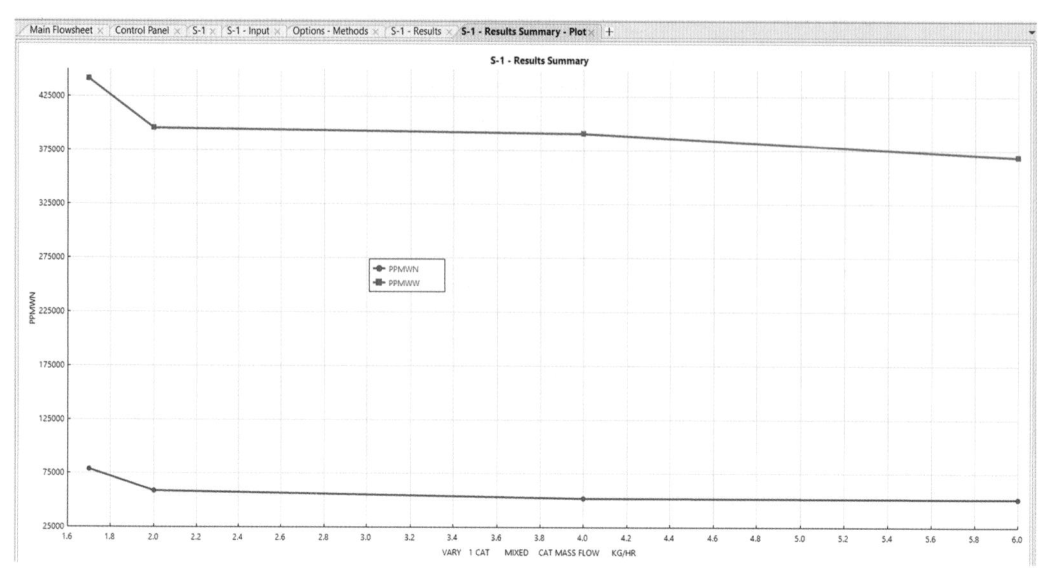

图 5.69 催化剂质量流量对 PP *MWN* 和 *MWW* 的影响

5.8 例题 5.3：采用冷凝模式冷却的气相流化床 LLDPE 工艺模拟

5.8.1 目的

本例题的目的是介绍采用冷凝模式冷却生产 LLDPE 的气相流化床工艺的稳态模拟的细节。之前，我们在图 5.8 中给出了生产 PP[16] 和 LLDPE[17,18] 的气相流化床工艺的简化流程图，并在**附录 5.1f** 中提供了 LLDPE 工艺的动力学模型。在本例题中，将介绍如何根据文献[53]开发 LLDPE 的稳态模拟模型。在第 7.8 节中，我们将进一步介绍 LLDPE 工艺的动态和控制方面。

本例题的具体目标是将冷凝模式冷却[47-55]的概念引入流化床反应器中的乙烯聚合。我们用在亚太地区生产 LLDPE 的 UNIPOL 流化床工艺的工厂数据建模，并用两个产品牌号的工厂数据验证了该模型。

5.8.2 乙烯聚合中的冷凝模式冷却流化床反应器

美国专利 454399A 和 4588790[55,56] 提出了在流化床反应器(FBR)中乙烯聚合的冷凝模式冷却的概念。根据文献[55]，在放热聚合反应的流化床 FBR 中，冷凝模式冷却是将循环物流冷却到其露点以下，并将所得两相物流返回反应器，维持流化床在高于循环物流的露点的适当温度。这种模式可以提高聚合物的产率，并具有其他显著的益处。McKenna[57] 对乙烯聚合中的冷凝模型冷却进行了全面综述和详细分析，他用图 5.70 所示的流程图解释了冷凝模式冷却的概念。我们将他的基本分析总结如下。

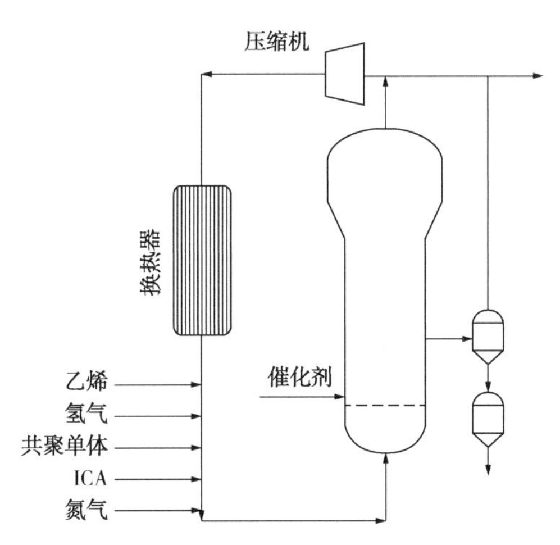

图 5.70 冷凝模式下乙烯聚合的流化床反应器(FBR)系统示意图，在图中，ICA 代表一种诱导凝聚剂（来源：改编自 McKenna[57]）

首先，我们注意到，在工业规模上，撤热是限制聚乙烯产率的首要因素。对于生产 LLDPE 和 PP 的流化床聚合反应器系统，如图 5.8 所示的 UNIPOL 工艺，其建模细节见**附录 5.1e**，McKenna[57]指出，典型 LLDPE 的熔点约为 110℃，典型反应器操作温度为 85~95℃。因此，在撤热方面的容许误差很小。为了解可用于最大化撤热的工具，由 McKenna[57]提出的关于气相 FBR 的简单焓平衡如下：

$$F_{g,in}C_{pg,in}(T_{g,in}-T_{ref})-F_{g,out}C_{pg,out}(T_{g,out}-T_{ref})-F_{s,out}C_{ps,out}(T_{s,out}-T_{ref})-UA(T_R-T_W)-Q_{vap}+R_pV_R(-\Delta H_p)=0 \tag{5.15}$$

式中 $F_{g,in}$、$F_{g,out}$——进出的气相流股的质量流量；

$F_{s,out}$——出口的固体聚合物流股的质量流量；

$C_{pg,in}$、$C_{pg,out}$、$C_{ps,out}$——进出的气相流股比热容和固体聚合物流股的比热容；

$T_{g,in}$、$T_{g,out}$、$T_{s,out}$、T_{ref}——进出的气相流股、固相聚合物流股的温度和计算焓值的参考温度；

U——整体传热系数；

A——反应器壁和粉末床接触表面积；

T_R、T_W——反应器床层和床层壁的平均温度；

Q_{vap}——反应器中的所有液体汽化焓变；

R_p——单位体积的反应器床层反应速率；

V_R——反应床层的体积；

ΔH_p——整个聚合反应的焓变。

McKenna[57]进一步假设 $T_{ref}=T_R=T_{g,out}$，以及做出以下简化：

(1) 固体和气体以相同的温度离开反应器。

(2) 反应器在温度 T_R 均匀分布的稳定状态下运行。

(3) 催化剂进料物流的焓相对于其他物流可忽略不计。

(4) 没有很大的热损失。

有了这些假设和简化，我们可以重新排列方程(5.15)如下：

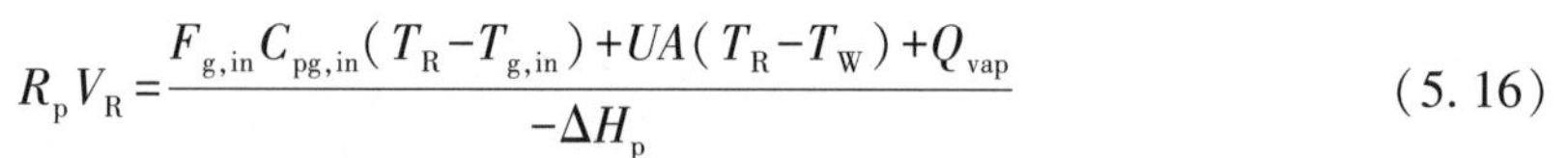

$$R_p V_R = \frac{F_{g,in} C_{pg,in}(T_R - T_{g,in}) + UA(T_R - T_W) + Q_{vap}}{-\Delta H_p} \tag{5.16}$$

为最大限度地提高聚合物产率 $R_p V_R$，从以上方程中我们可以学到什么?

(1) 用于生产 LLDPE 的反应器温度 T_R(85~95℃)操作范围非常窄，因为 LLDPE 的熔融温度约为 110℃，更高的床层温度往往会加快聚合物颗粒的软化和黏附。

(2) 很难增大反应器壁和粉末床之间的总传热系数。增大通过反应器的气速可能导致流化介质的变化。

(3) 只剩下入口处工艺气流的比热容 $C_{pg,in}$ 的变化和反应器中液体汽化引起的焓变 Q_{vap}，能作为最大化聚合物产量的操纵变量。

结论是可以使用进料物流的组成和相变(显然只有惰性组分)来增大撤热量，从而提高聚合物的产率。

从图 5.70 中可以看出，反应器底部分布板下方的进料由乙烯(单体)、氮气(惰性)、共聚单体、氢气(链转移剂)和至少一种诱导冷凝剂(ICA)组成，诱导冷凝剂是一种能部分液化的化学惰性物质。ICA 通常是烷烃，丁烷、戊烷和己烷的异构体比较常用，如原始专利文献[55，56]所述。McKenna[57] 提供了表 5.21 中的数据，作为选择 ICA 的指南。

表 5.21　乙烯聚合中常用的气态 ICA 组分物性

诱导冷凝剂组分	氮气	丙烷	正丁烷	异丁烷	正戊烷	异戊烷	正己烷
比热容^a)	7.0	17.4	23.3	23.1	28.6	28.4	34.5
蒸发焓^b)		4.8	5.8	5.1	6.6	6.5	7.6
LLDPE 中 ICA 溶解度^c)		0.29	0.94	0.77	1.83	1.63	2.85

a) 25℃，cal/(K·mol)；

b) 25℃，kcal/mol；

c) 90℃和 1.72 bar，g ICA/100g LLDPE(密度=0.918 g/cm^3)。

如果用惰性烷烃(如异戊烷)代替氮气，气相比热容会增加。此外，随着惰性烷烃(更长、分支更少)在无定形聚乙烯中的溶解度增加，其蒸发焓也会增加。Mckenna 及其同事[58] 详细分析了 LLDPE 生产中正己烷作为 ICA 的情况。在我们模拟生产 LLDPE 的商业化气相流化床工艺中，ICA 是异戊烷。

5.8.3　工艺流程图

图 5.71 是生产 LLDPE 的 UNIPOL 工艺的气相流化床反应器模拟流程图。在第 5.3.1 节中，我们讨论了循环气体的高循环比使 FBR 中的温度均匀、浓度梯度低，用 CSTR 模型模拟 FBR 是合理的。可以看到流程图包括两个基本相同的部分，只是物流和模块名称的后缀固定字母不同。物流和模块名称中使用后缀字母 A 和 B 来表示产品牌号 A 和 B。在同一模拟流程图中包括这两个部分，能让我们用同一组动力学参数满足两个牌号的生产目标，两个牌号的进料组分和质量流量不同。将模拟文件保存为“***WS5.3 LLDPE.bkp***”。

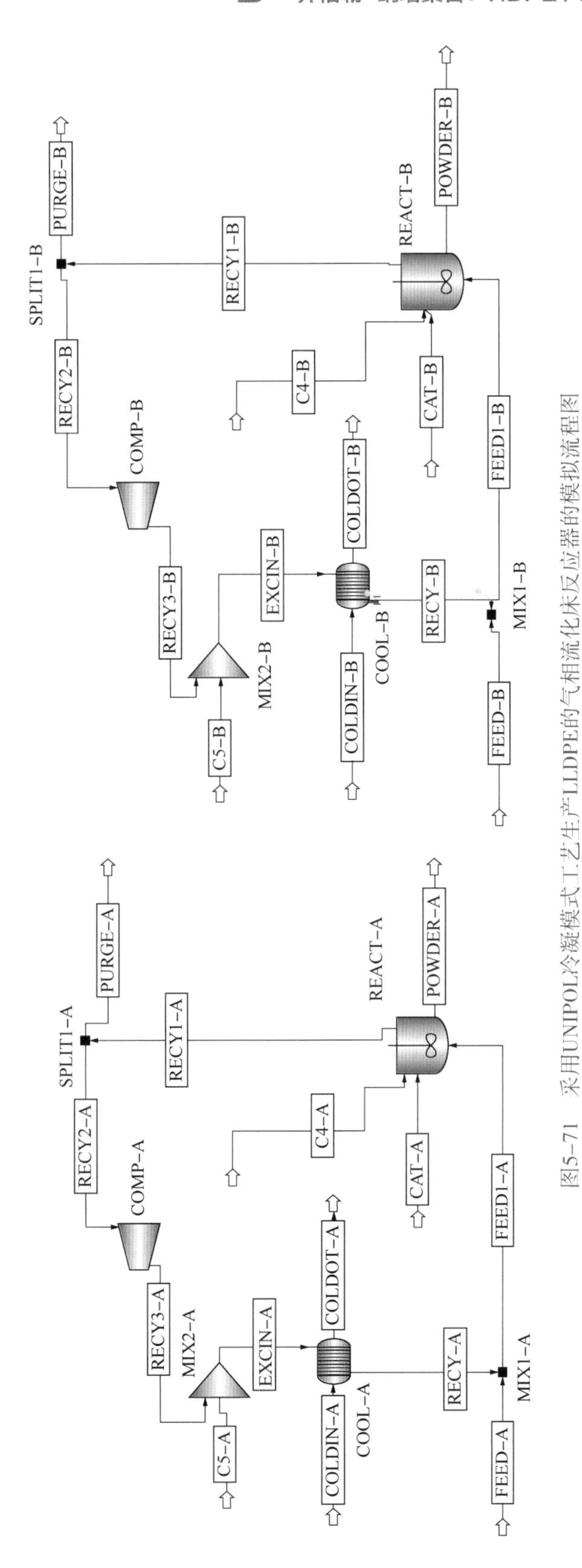

图5-71 采用UNIPOL冷凝模式工艺生产LLDPE的气相流化床反应器的模拟流程图

5.8.4 单位集、组分、低聚物、聚合物的表征和催化剂中心物种

我们在本例题采用 METCATM 单位集，在 MET 单元集的基础上，新建单元集命名为 METCATM，并将压力单位从 N/m^2 修改为 atm。图 5.72 是所涉及的组分。

乙烯(E2)和 1-丁烯(C_4)分别是单体和共聚单体，各自具有重复的链段。催化剂 CAT 为 $TiCl_4$，助热催化剂 COCAT 为 TEAL，IC5(异戊烷或 2-甲基丁烷)是 ICA，H_2 是链转移剂，CO 是毒物，N_2 是惰性气体，H_2O 是冷却介质。沿着以下路径定义低聚体：Properties→Components→Polymers→Characterization→Oligomers，如图 5.73 所示。

我们按照图 5.22 和图 5.23 设定重复链段 E-EG 和 B-EG，并为 LLDPE 选择相同的内置 ZN 属性。图 5.74 设定了活性中心。

Component ID	Type	Component name	Alias
E2	*Conventional*	ETHYLENE	C2H4
E-SEG	**Segment**	ETHYLENE-R	C2H4-R
BUTENE	*Conventional*	1-BUTENE	C4H8-1
B-SEG	**Segment**	1-BUTENE-R	C4H8-R-1
CAT	*Conventional*	TITANIUM-TETRACHLORIDE	TICL4
CCAT	*Conventional*	TRIETHYL-ALUMINUM	C6H15AL
LLDPE	**Polymer**	POLY(ETHYLENE)	PE
OLIGOMER	**Oligomer**		
IC5	*Conventional*	2-METHYL-BUTANE	C5H12-2
H2	*Conventional*	HYDROGEN	H2
CO	*Conventional*	CARBON-MONOXIDE	CO
N2	*Conventional*	NITROGEN	N2
H2O	*Conventional*	WATER	H2O

图 5.72 LLDPE 工艺的组分设定

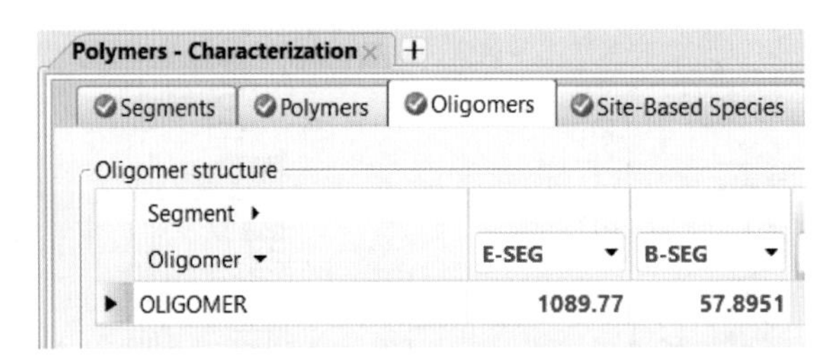

图 5.73 低聚物的设定

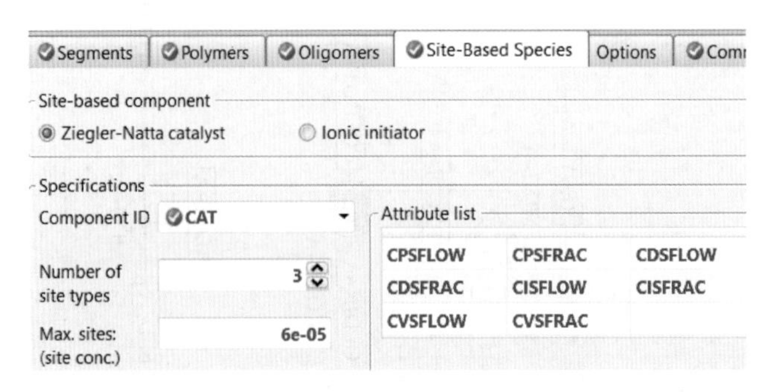

图 5.74 活性中心的设定

5.8.5 GPC 数据的反卷积分析，确定催化剂活性中心的数量

第 5.5.2.3 节介绍了根据**附录 5.2** 中的详细说明如何应用反卷积 Excel 电子表格“***Excel for decov-lolution. xls***”确定催化剂活性中心的数量。参考本章的示例文件夹“***WS5. 3***”，可以看到产品牌号 A 和 B 的 GPC 数据，**Log *MW* 与 d(*wt*)/d(Log*MW*)**，其中 *wt* 是 GPC 图形切片的质量分数，*MW* 是切片的分子量。按照**附录 5.2** 的逐步说明，对 GPC 数据进行反卷积分析，假设有 3 个和 4 个活性催化剂中心。请参阅示例文件夹中 Excel 文件“***WS5. 3_Grade A_3 sites. xls***”“***WS5. 3_Grade A_4 sites. xls***”“***WS5. 3_Grade B_3 sites. xls***”和“***WS5. 3_Grade B_4 sites. xls***”。图 5.75(a)、图 5.75(b)比较了 A 牌号单个催化剂中心的 *MWD* 图和拟合的 *MWD* 结果图，分别假设 3 个和 4 个催化剂中心。注意 4 个催化剂中心的 *MWD* 和 *x* 轴之间有负分数面积，因此选择 3 个催化剂活性中心。

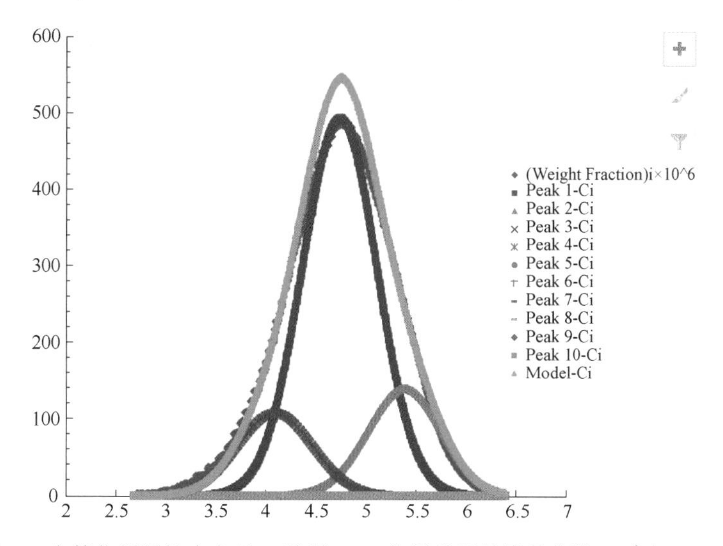

图 5.75(a) 3 个催化剂活性中心的 A 牌号 GPC 分析得到的质量分数×10^6 与 log(*MW*)的关系

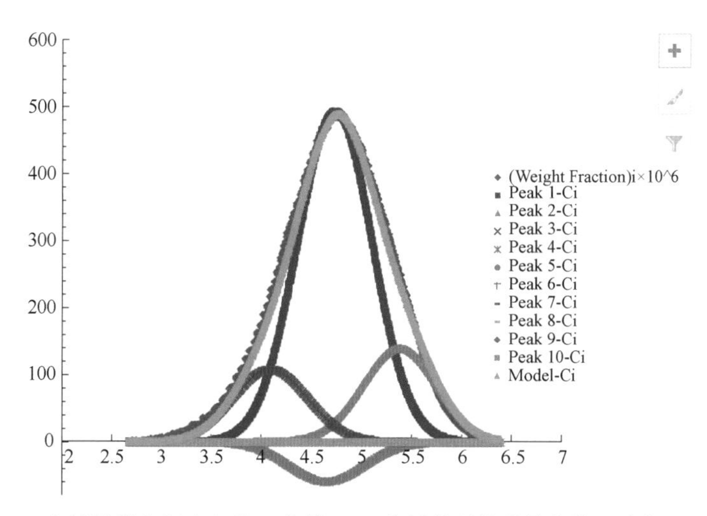

图 5.75(b) 4 个活性催化剂中心的 A 牌号 GPC 分析得到的质量分数×10^6 与 log(*MW*)的关系

5.8.6 热力学模型和参数

根据第4.6.4节中的LDPE示例和第5.7.6节中的PP示例，选择POLYPCSF理论状态方程(第2.8节)作为热力学方法。根据POLYPCSF[22,50,51]的原始参考文献、Aspen Polymers Spheripol高抗冲PP共聚物实例[35]、我们之前的文章[5]以及搜索Aspen Polymers关于"Parameters(POLYPCSF)"的在线帮助，我们输入纯组分参数：Properties→Methods→Parameters→Pure Components→New→Scalar，将名称从"Pure-1"更改为"PCSAFT"，输入值，如图5.76所示。

Pure component scalar parameters

Parameters	Units	Data set	Component CAT	Component CCAT	Component E2	Component BUTENE	Component H2	Component N2	Component IC5	Component H2O	Component CO	Component E-SEG	Component B-SEG
PCSFTM		1	20	20	1.55873	2.27766	0.828469	1.2053	2.5617	2.92912	1.3097		
PCSFTU	K	1	287.028	287.028	179.412	222.314	12.5276	90.96	230.75	316.794	92.15	287.028	230
PCSFTV		1	4.57764	4.57764	3.43405	3.65228	2.97294	3.313	3.8296	2.04668	3.2507	4.57764	4.2
PCSFTR		1										0.0183853	0.014

图5.76 POLYPCSF纯组分参数

根据第4.4.5节和图4.22，使用PCES(物性估算系统)来估算所有缺失的物性参数。读者可以参考模拟文件"***WS5.3 LLDPE.bkp***"了解估算的物性参数，按照以下路径：Properties→Methods→Parameters→Pure Components，可以看到4个来源的参数值：①Aspen企业数据库——DB-PURE37(APV110 Pure 37)和DB-POLYMER(APV110 POLYMER)；②PCES-R-PCES的结果；③用户输入。图5.77是用户输入的理想气体比热容温度关联式CPIG-1的参数。该图中有H2、E2和E-SEG的组分参数值，并包括1-丁烯、B-SEG和IC5的其他参数值，这些参数值是我们从NIST物性值(例如https://www.chemeo.com/cid/13-178-0/1-Butene)回归得到的。点击图5.77中显示的"Help"按钮，可以看到每个参数详细的温度关联式。

Parameter CPIG　　Help　　Data set 1

Temperature-dependent correlation parameters

Components	Source	Temperature units	Property units	1	2	3	4	5	6	7	8
H2	USER	K	J/kmol-K	27140	9.274	-0.0138	7.65e-06	0	0	0	1000
E2	USER	K	J/kmol-K	3806	156.6	-0.835	1.76e-05	0	0	0	1000
BUTENE	USER	C	J/kmol-K	47859	152.06						
E-SEG	USER	K	J/kmol-K	52417.3	458.823	-0.636152	0.00037622	0	0	0	1000
IC5	USER	C	J/kmol-K	16321	431.71						
B-SEG	USER	C	J/kmol-K	82932	115.29						

图5.77 CPIG关联参数

图5.78是PURE-1的催化剂和助催化剂的估算物性值。通过以下路径创建此文件夹：Properties→Methods→Parameters→Pure Components→New→Type：Scalar→PURE-1，根据图5.78输入参数名称、单位、组分名称和相应数值。

图5.79是由van Krevelen方法计算的生成焓DHFVK。假设LLDPE的DHFVK值与Bokis等人[59]报道的LDPE的值相同，此参数对于聚合热的计算比较重要。

Pure component scalar parameters

Parameters	Units	Data set	Component CAT	Component CCAT
TC	K	1	600	600
PC	atm	1	100	100
OMEGA		1	0.2	0.2
VC	cum/kmol	1	0.2	0.2
ZC		1	0.2	0.2

图 5.78　催化剂和助催化剂的估算物性值

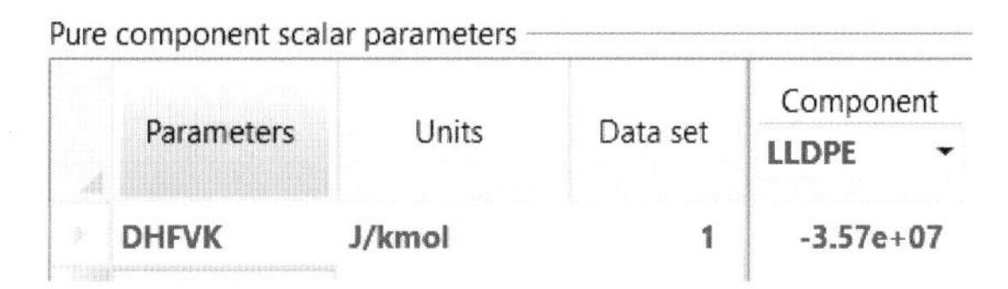
Pure component scalar parameters

Parameters	Units	Data set	Component LLDPE
DHFVK	J/kmol	1	-3.57e+07

图 5.79　计算 LLDPE 生成焓的假设参数

5.8.7　A 牌号和 B 牌号进口物流设定

表 5.22 设定了入口物流，表 5.23 给出了循环物流的初始值。参照图 5.24 和图 5.33，在图 5.80 中为 CAT-A 设定催化剂物流及其组成属性。对于图中的组分属性，需要填写以下内容：attribute ID-CPSFLOW，element CPSFLOW，value=0；attribute ID-CPSFRAC，element CPSFRAC，value=1；attribute ID-CDSFLOW，element CDSFLOW，value=0；attribute ID-CDSFRAC，element CDSFRAC，value=0；attribute ID-CVSFRAC，element S_1，value=0；element S_2，value=0；element S_3，value=0。对于催化剂物流 CAT-B，重复与图 5.80 中 CAT-A 相同的设定，还要输入新的催化剂质量流量 CAT=0.165 kg/h 和 CCAT=5.06 kg/h。

表 5.22　牌号 A 和牌号 B 中进料流股的规定

流股	Feed-A(Feed-B)	C4-A(C4-B)	C5-A(C5-B)	CAT-A(CAT-B)	Coldin-A(Coldin-B)
温度/℃	5	39	45	50	26.59
压力/(atm[kPa(表)])	29.6077(2898.67)	31.5946(3100)	34.5554(3400)	28.5586(2792.38)	1(0)
质量流量/(kg/h)	49054(45900.5)	5300(3800)	70(70)	6.1955(5.225)	1.87×10^6
E2	49000(45825)				
Butene		5300(3800)			
H_2	9(30.5)				
N_2	25				
CO	20				
CAT				0.1955(0.165)	
CCAT				6(5.06)	
IC5			70(70)		
H_2O					1.87×10^6

表 5.23　牌号 A 和牌号 B 的循环流股估计

流股	RECY1-A(RECY1-B)	RECY-A(RECY-B)
温度/℃	64	51.4
压力/atm	23	22.4
质量流量/(kg/h)	209026	918570
E2	41480	434690
Butene	47710	124140
H_2	656	19870
N_2	98350	253910
CO	20	
IC5	20830	85960

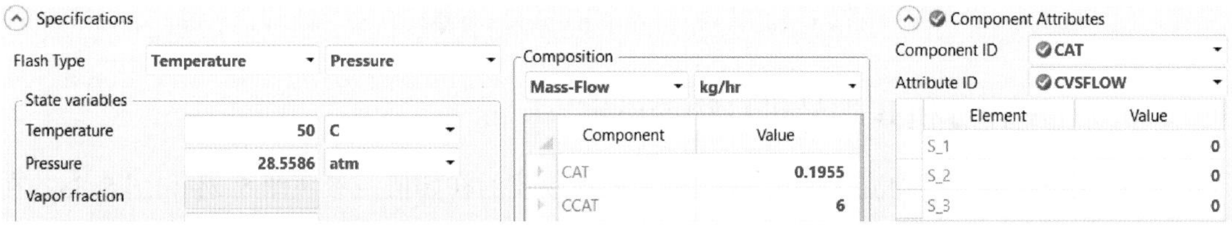

图 5.80　催化剂流股和组分属性的规定

5.8.8　单元操作和化学反应器模块设定

表 5.24 设定了单元操作和化学反应器。

表 5.24　模块规定

模块	规定
React-A(React-B)	86℃，23.2035 atm[2250 kPa(表)]；气液；反应器体积和相体积；反应器容积 = 150 m^3；冷凝相体积 = 30 m^3；流股 Recy1-A(Recy1-B) = 气相，Powder-A(Powder-B) = 液相；动力学 R-1
Split1-A(Split1-B)	分流分数，Purge-A(Purge-B) = 0.1
Comp-A(Comp-B)	等熵，排出压力 = 23.149 atm
Mix1-A(Mix1-B) Mix2-A(Mix2-B)	压力 = 0 atm(无压降)
Cool-A(Cool-B)	设计模式；热流股出口温度 = 49.7552℃；最小温差 = 10℃；热侧压降，出口压力 = -0.68046 atm(压降)；U 方法，常数，U = 0.85 kW/(m^3 · K)

5.8.9　齐格勒-纳塔动力学设定

根据图 5.35 创建一个 ZN 反应集，命名为 R-1。图 5.81 是 ZN 反应的种类设定。

通过该工艺的 GPC 反卷积分析，我们在前面的 5.8.5 节中设定催化剂活性中心的数量为 3。**附录 5.4** 给出了这 63 个反应的细节，以及相关的动力学参数。这些反应包括：

(1) 3个自发催化剂中心活化反应(ACT-SPON)，每种催化剂活性中心有1个反应；

(2) 助催化剂的3个催化剂活化反应(ACT-COCAT)，每种催化剂活性中心有1个反应；

(3) 单体 C_2H_4 和共聚单体 C_4H_8 活化反应(ACT-MON)6个，每种活性催化剂中心有2个反应；

(4) 单体 C_2H_4 和单体 C_4H_8 的6个链引发反应(CHAIN-INI)，每种活性中心有2个链引发反应；

(5) 聚合物链 $P_n[C_2H_4]$ 与 C_2H_4、C_4H_8、聚合物链 $P_n[C_4H_8]$ 与 C_2H_4、C_4H_8 分别发生12个链增长反应(PROP)，每种催化剂活性中心发生4个反应；

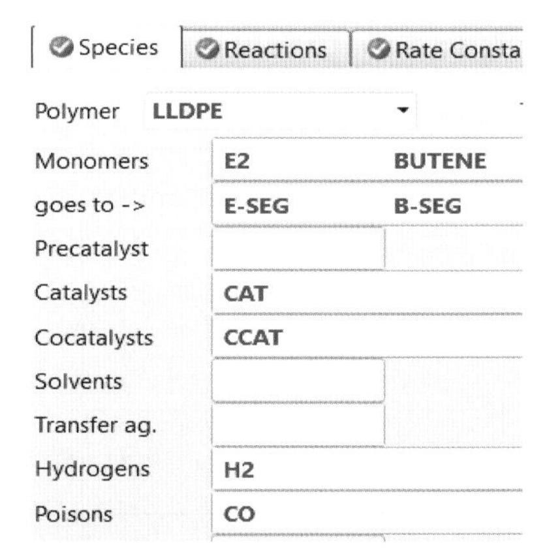

图5.81 ZN反应的物种规定

(6) 聚合物链 $P_n[C_2H_4]$ 与 C_2H_4 和 C_4H_8 反应，聚合物链 $P_n[C_4H_8]$ 与 C_2H_4 和 C_4H_8 反应，共发生12个链转移到单体(CHAT-MON)反应，每种催化剂活性中心发生4个反应；

(7) 聚合物链 $P_n[C_2H_4]$ 与 H_2 和聚合物链 $P_n[C_4H_8]$ 与 H_2 分别发生6个链转移到氢的反应(CHAT-H2)，每种催化剂活性中心发生2个反应；

(8) 活性聚合物链 $P_n[C_2H_4]$ 和活性聚合物链 $P_n[C_4H_8]$ 进行6个自发链转移反应(CHAT-SPON)，每种催化剂活性中心发生2个反应；

(9) 3个毒物催化剂失活反应(DEACT-POISON)，每种催化剂活性中心类型有1个反应；

(10) 3个自发催化剂失活反应(DEACT-SPON)，每种催化剂活性中心类型有1个反应；

(11) 3个氢(DEACT-H_2)失活催化剂反应，每种活性中心发生1个反应。

根据阿伦尼乌斯方程[式(5.1)]确定反应速率常数，**附录5.4**中给出了指前因子 k_0 和每个反应的活化能 E。

5.8.10 反应器和流程模拟以匹配工厂生产目标

入口物流设定见表5.22，模块设定见表5.24，我们的建模目标是对动力学参数进行微调，以模拟牌号A和牌号B的工厂生产目标。为了加速反应器REACT-A和REACT-B的模拟收敛，需要对这些反应器的出口物流中关键组分的质量流量进行估算，如图5.43中的“Estimates”表单所示。这些估算包括单体乙烯(E2)和单体1-丁烯(Butene)在RECY1-A和RECY1-B气相物流中的质量流量，以及聚合物LLDPE在Powder-A和Powder-B液体流中的质量流量。可以分两步生成这些估算值，首先，在没有这些估算值的情况下运行模拟文件“***WS5.3 LLDPE.bkp***”，并将未收敛的模拟文件保存为“***WS5.3 LLDPE no estimates.bkp***”。从该文件中得到了模拟的质量流量，然后再对关键组分的质量流量进行估算。图5.82是用于生产牌号A的反应器REACT-A的估算值。表5.25总结了估算和模拟结果，将收敛的模拟文件保存为“***WS5.3 LLDPE.bkp***”。

按照表5.4和表5.9微调动力学参数以满足生产目标。**附录5.4**列出了得到的动力学参数值，表 5.26 将模拟结果与工厂生产目标进行了比较。

表 5.25 关键组分流量的估计值和模拟值 kg/h

关键组分	RECY1-A 的乙烯(E2)	RECY1-A 的1-丁烯(Butene)	POWDER-A 的 LLDPE	RECY1-B 的乙烯(E2)	RECY1-B 的1-丁烯(Butene)	POWDER-B 的 LLDPE
质量流量模拟值，无估计值	489996	52999.70		458250	38000	
质量流量假设值	480000	53000	10000	460000	38000	9000
含估计的质量模拟值(收敛)	382939	49169.20	10587.80（产品）	361288	35368	9474.79（产品）

表 5.26 产品指标和模型结果的比较

项目	牌号 A			牌号 B		
	产量指标	模型结果	误差/%	产量指标	模型结果	误差/%
产量	10500 kg/h	10587.80 kg/h	0.84	9500 kg/h	9474.79 kg/h	0.27
MWN	24356	25131.10	3.18	13522	13797	2.03
MWW	105496	104081	1.34	55265	56763	2.71
PDI	4.33	4.15	4.15	4.09	4.11	0.49

5.8.11 模型应用

我们展示氢气摩尔流量对 LLDPE *MI* 和密度(*DEN*)影响的灵敏度分析[53,60]。根据第 2.10.2 节式(2.31)和式(2.32)，假设 LLDPE *MI* 和 *DEN* 的关联式如下：

$$MI=(125700/MWW)^{3.84} \tag{5.17}$$

$$DEN=0.936-0.02386\times(SFRAC\times100)^{0.514} \tag{5.18}$$

式中，*SFRAC* 为 LLDPE 产物中共聚单体 1-丁烯的摩尔分率。

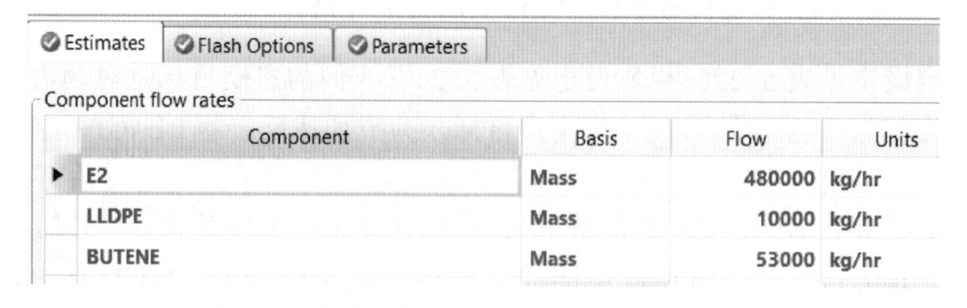

图 5.82 估计反应器 REACT-A 的关键组分流量

首先，使用计算器模块定义 *MI* 和 *DEN* 的关联式。按照以下路径进行：Simulation→Flowsheeting options→Calculator→New→Name = C-1→Input，①定义：如图 5.83 所示定义 *MWW*、*SFRAC*、*PROD*、*MI* 和 *DEN*(注意共聚单体、1-丁烯，在 LLDPE 聚合物中的摩尔分率是 SFRAC 阵列中的元素 2，元素 1 为单体乙烯的摩尔分率)；②计算：见图 5.84；③定义计算顺序：见图 5.85。

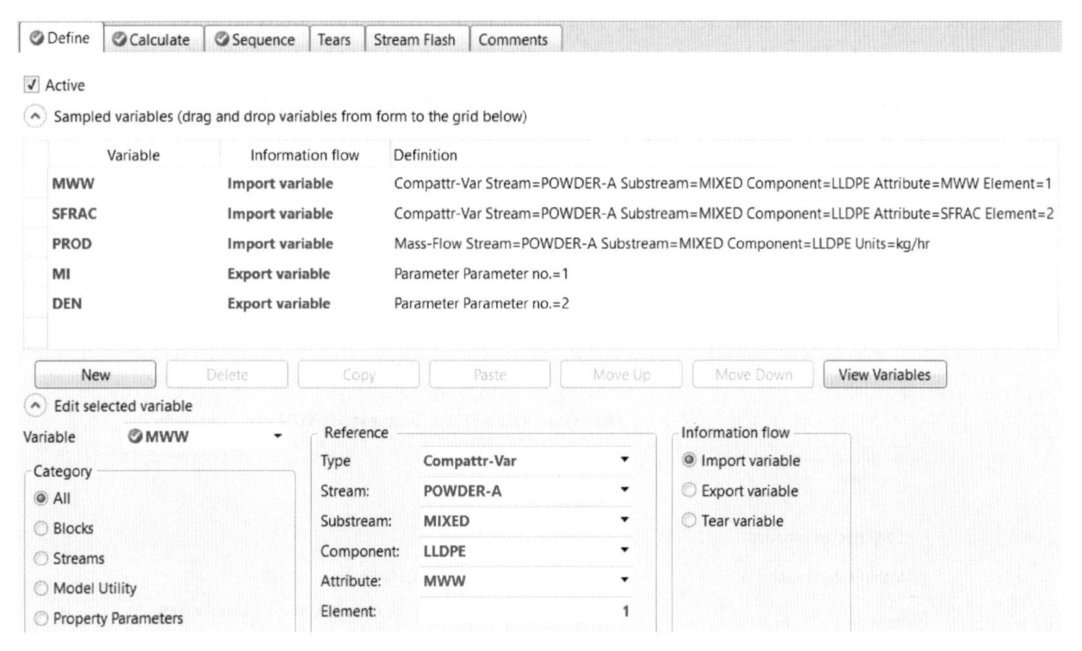

图 5.83　定义变量和参数

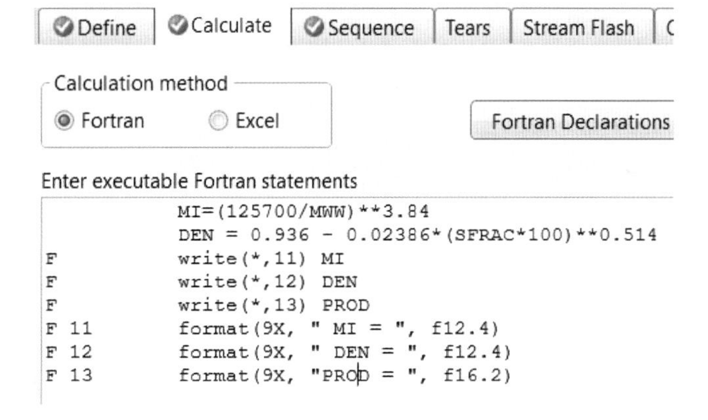

图 5.84　设定 *MI* 和 *DEN* 的 Fortran 方程

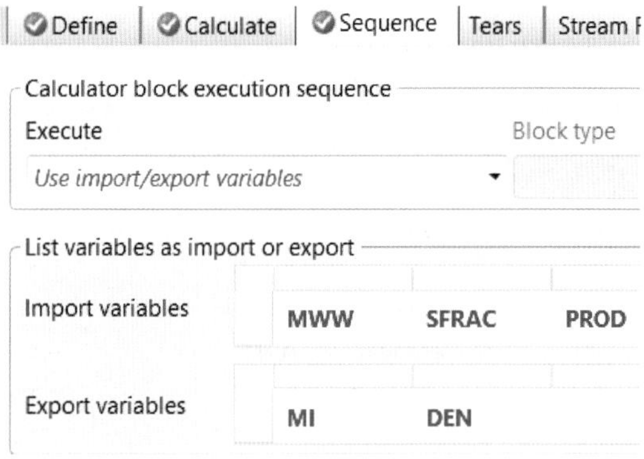

Define | Calculate | Sequence | Tears | Stream F

Calculator block execution sequence

Execute　　Block type

Use import/export variables

List variables as import or export

Import variables	MWW	SFRAC	PROD
Export variables	MI	DEN	

图 5.85　定义计算顺序

接下来，按照如下路径定义灵敏度分析：Simulation→Model analysis tools→sensitivity→New→Name=S-1，输入：①“Vary”：见图 5.86；②“Define”：见图 5.87；③“Tabulate”：见图5.88。图 5.89 绘制了得到 *MI* 和 *DEN* 的值，是 FEED-A 物流中氢摩尔流量的函数。我们将结果模拟文件保存为“***WS5.3 LLDPE_Mi and DEN vs H2 Mole Flow.bkp***”。

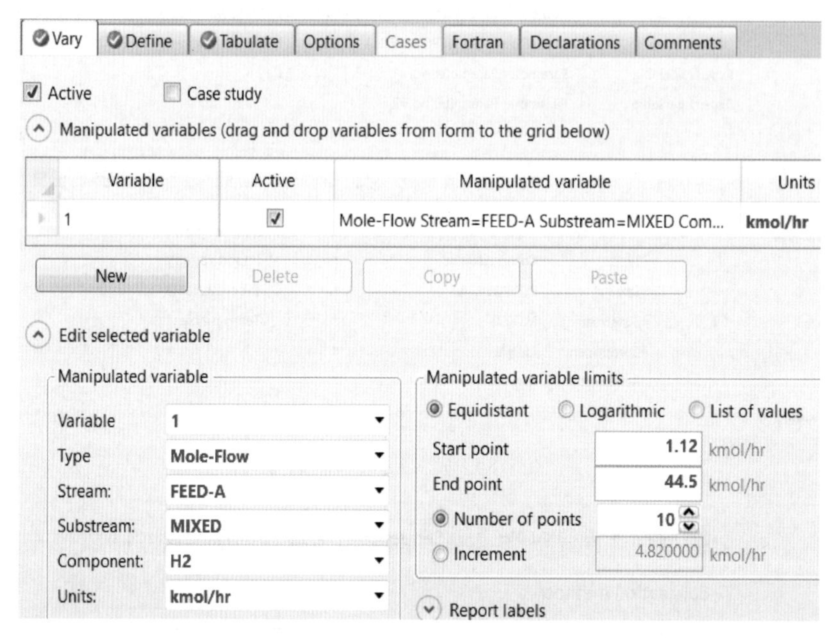

图 5.86　定义操作变量“Vary”

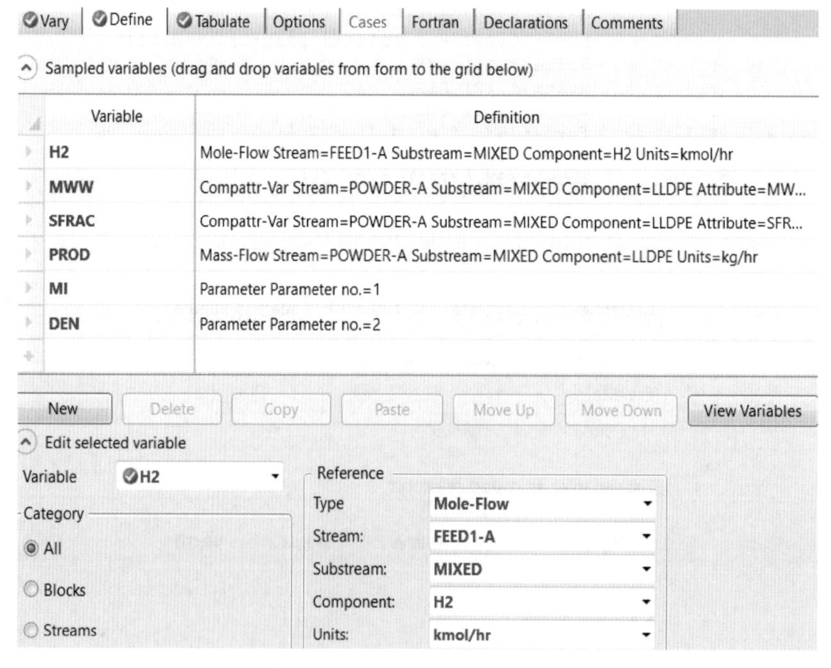

图 5.87　定义因变量和参数

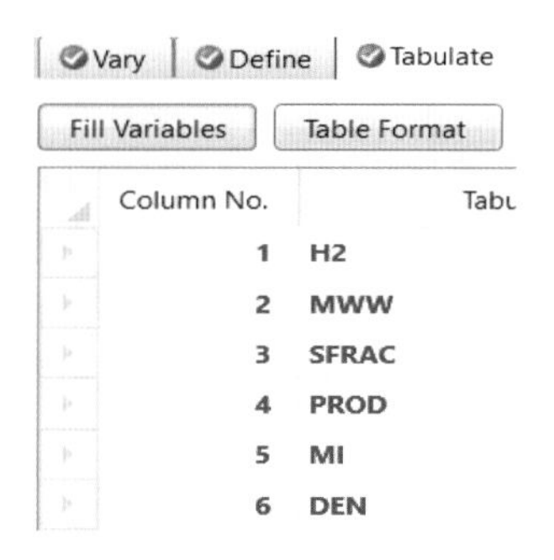

图 5.88　设定列表变量

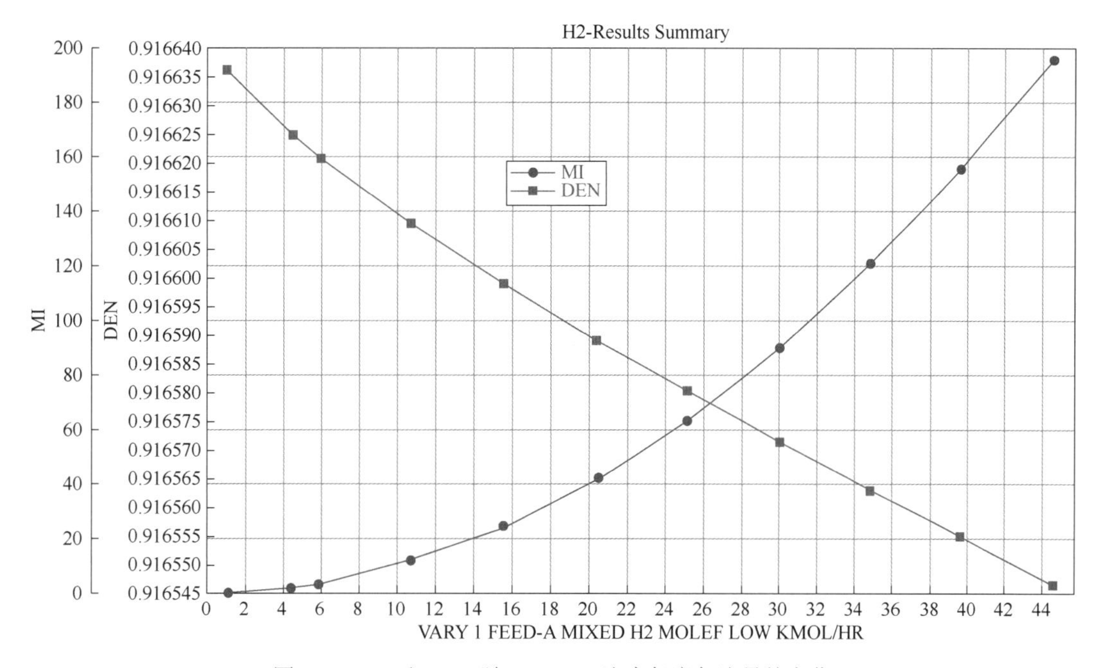

图 5.89　*MI* 和 *DEN* 随 FEED-A 流中氢摩尔流量的变化

5.9 例题 5.4：茂金属催化剂生产乙烯-丙烯共聚物（EPM）或乙烯-丙烯-二烯三元共聚物（EPDM）的溶液聚合工艺的模拟

5.9.1　目的

本例题的目的是介绍采用茂金属催化剂体系的聚烯烃制造工艺模拟方法。具体目标是演示如何在溶液聚合过程中模拟 EPM 或 EPDM 的生产。我们介绍了茂金属催化剂聚合动力学的新特征及其在 Aspen Polymers 中的应用。由于文献中关于工艺细节和操作条件的信息非常有限，我们将重点放在模拟工艺的方法上，工艺的操作条件是假定的。如果有工厂数据，读者可以修改案例的细节很容易获得更准确的模拟。

5.9.2 工艺背景

在参考了500多篇文献的一篇综述中，Cesca[61]对EPM和EPDM的化学性质进行了详细的介绍，并给出了工业溶液和悬浮聚合的工艺流程。Van Duin等人[62]从历史和技术角度总结了Keltan(商品名)的发展，其定义了EPDM的过去和未来50年。图5.90是生产EPDM的典型溶液聚合工艺框图[63]。

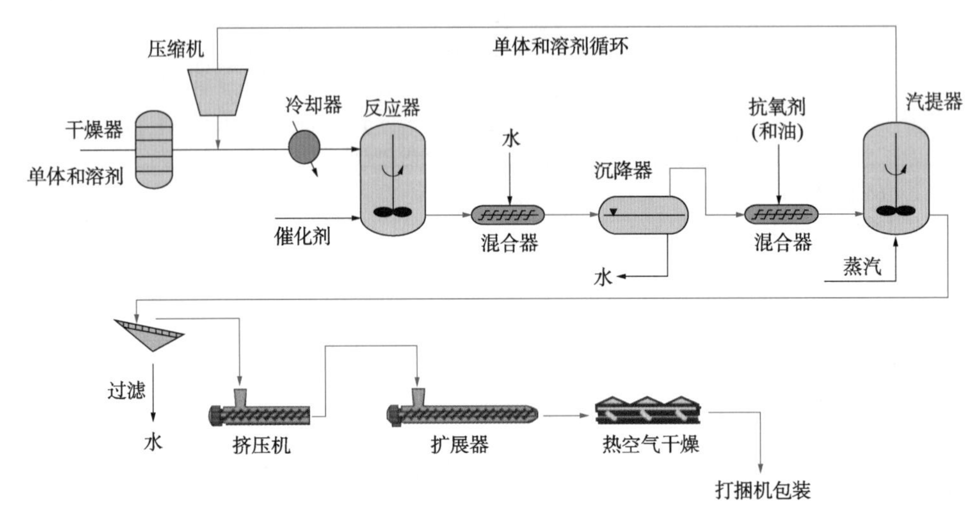

图5.90　EPDM溶液聚合生产工艺框图(来源：改编自Eisinger等人[63])

Eisinger等人[63]介绍了如何采用UNIPOL气体流化工艺生产EPM或EPDM。本例题的重点是将Aspen聚合物的ZN聚合动力学模型应用于茂金属催化剂体系。

用于生产EPDM的单体包括乙烯、丙烯和二烯。典型的二烯单体包括：①ENB(5-亚乙基2-降冰片烯)，CAS为16219-75-3，化学式C_9H_{12}，分子量120.19，分子结构文件为**16129-75.3.mol**[见图5.91(a)](https://www.chemicalbook.com/ProductChemicalProperties-CB1309456_EN.htm)。虽然可以导入分子结构文件来表示ENB并估算其物性，但是，Aspen Plus纯组分数据库没有任何与ENB相关的重复链段。②DCPD(双环戊二烯)，CAS为77-73-6，化学式$C_{10}H_{12}$，分子量132.2，它在Aspen Plus纯组分数据库中可用，其重复链段双环戊二烯-R($C_{10}H_{12}$-R)也可用。将其分子结构导入Aspen Plus中进行物性估算，可以使用结构文件为**77-73-6.mol**[见图5.91(b)](https://www.chemicalbook.com/Search_EN.aspx? keyword=dicyclopentadiene)。

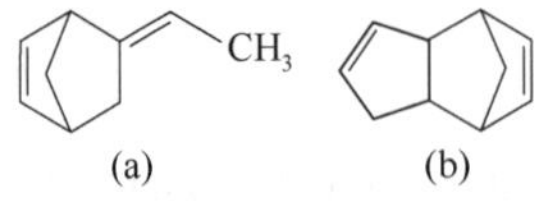

CH_3

(a)　(b)

图5.91　EPDM典型第三单体的分子结构：
(a)ENB(5-亚乙基2-降冰片烯，C_9H_{12})；(b)DCPD(双环戊二烯，$C_{10}H_{12}$)

用于生产EPM或EPDM的典型ZN催化剂体系是钒催化剂-助催化剂体系$VOCl_3$-$Al_2Et_3Cl_3$。Cozewith及其同事[64,65]是第一组详细研究在连续搅拌釜式聚合反应器和间歇式或平推流聚合反应器中使用钒催化剂生产 EPM 或 EPDM 的 ZN 聚合反应和相关实验反应速率常数的团队。随后，出现了基于 Cozewith 动力学模型的模拟和控制研究[66-68]。Hagg 等人[69]后来在半间歇泡罩塔式反应器中进行了实验和建模研究，使用钒催化剂生产 EPM 和 EPDM，并将所得的 ZN 聚合反应速率常数与先前的研究进行了比较。文献[70-72]采用钒催化剂对 EPM 和 EPDM 进行了更深入的建模和实验研究。

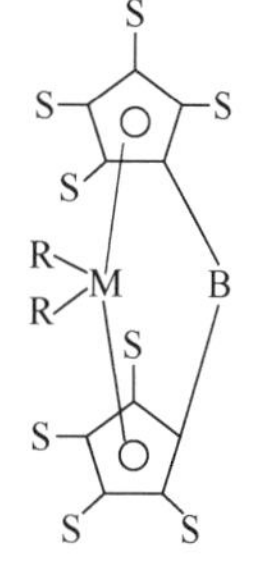

图 5.92 茂金属催化剂的一般结构

Hamielec 和 Soares[73]对茂金属催化聚合进行了全面综述。他们指出："茂金属催化剂是由一个或两个环戊二烯环或取代环戊二烯环 π 键连接过渡金属原子的有机金属配位化合物(见图 5.92)。这些催化剂最显著的特点是，它们的分子结构可以设计成产生活性中心类型，从而可以生产具有全新性能的聚合物。"

Hagg 等人继续他们先前使用钒基催化剂生产 EPM 和 EPDM[74]的研究，使用相同的半间歇泡罩塔式反应器和茂金属 $Et(Ind)_2ZrCl_2/MAO$ 催化剂体系进行了实验和建模研究[69]。这里，"Et"代表乙基，"Ind"代表 indenyl，而茚基"Zr"代表锆，在 Aspen Plus 纯组分数据库中没有 $Et(Ind)_2ZrCl_2$。MAO 代表 $C_3H_9Al_3O_3X_2$，CAS 为 120144-90-3，分子量为 174.05。要将其结构文件导入 Aspen Polymers 进行性能评估，可以使用分子结构文件"**130184-19-9.mol**"(见图 5.93)(https://www.chemicalbook.com/Search_EN.aspx?keyword=MAO)。

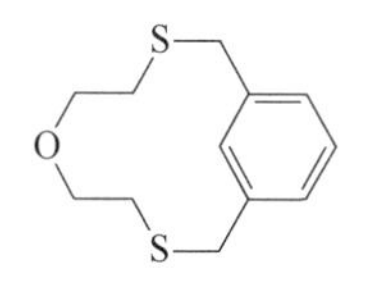

图 5.93 MAO($C_{12}H_{16}OS_2$)的分子结构，茂金属催化剂体系的组分

图 5.94 比较了钒基 ZN 催化剂体系 $VOCl_3-Al_2Et_3Cl_3$ 和茂金属催化剂体系 $Et(Ind)_2ZrCl_2/MAO$ 制备 EPDM 的产量[74]。这三种单体是乙烯、丙烯和 ENB。结果表明，采用茂金属催化体系可提高聚合物产量。

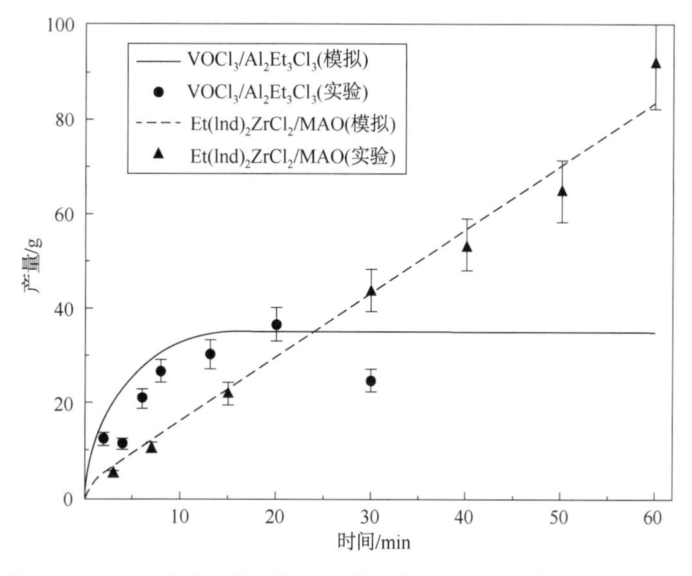

图 5.94 与钒基 Ziegler-Natta 催化剂体系相比，使用茂金属催化剂体系增加 EPDM 产量的示意图

5.9.3 茂金属催化体系下EPM共聚和EPDM三元共聚动力学

除了两个不同之处，茂金属催化剂体系的聚合动力学包括5.2节中描述的大多数ZN催化剂的反应。首先，茂金属催化剂体系大多只有一个催化剂活性中心，导致MWD较窄，*PDI*约为2。其次，茂金属催化剂体系包含了末端双键(Terminal double bond，TDB)端基的额外反应，这些反应在传统的ZN聚合动力学中是没有的。

我们根据文献[75]解释如何将相关的TDB反应包括在Aspen Polymers中。

采用茂金属催化剂体系的聚合通常会形成LCB，但形成LCB的频率通常很小。长链分支可能是链增长反应的结果，包括生长的聚合物链和死聚物链上的TDB，带有TDB的聚合物链是由一些链转移反应形成的。为了形成长链分支，金属催化中心必须打开，为大单体提供有利的竞聚率。

Aspen Polymers通过TDB链段跟踪死聚物链上TDB端基的浓度，该片段通常比相关的重复链段少一个氢原子。例如，我们指定C3H5-TDB端段(C_3H_5-E)对应于C_3H_6-SEG重复段(C_3H_6-R)。TDB片段通过链转移反应产生，并通过TDB聚合反应消失。

表5.27总结了茂金属Et(Ind)$_2$ZrCl$_2$/MAO催化剂体系下的乙烯-丙烯共聚动力学[74]。还根据阿伦尼乌斯方程(5.1)，将参考文献[74]中报道的反应速率常数k(1/min)值转换为Aspen Polymers中使用的相应指前因子k_0(1/s)值，假设反应温度T为85℃或358 K，参见表5.28。在表中活化能的假设值参照文献[75]。

表5.27 茂金属Et(Ind)$_2$ZrCl$_2$/MAO制备EPM(乙烯-丙烯共聚物)的共聚动力学

反应	表示式	说明
助催化剂活化催化剂中心	CAT→P_0	假设单活性中心，P_0为空催化剂中心
单体1的链引发(CHAIN-INI)	P_0+M_1(C_2H_4)→P_1[C_2H_4-R]	M_1为单体1，乙烯。P_1是具有1个链段的聚合物链的活性中心
单体2的链引发(CHAIN-INI)	P_0+M_2(C_3H_6)→P_1[C_3H_6-R]	M_2为单体2，丙烯
链增长反应(PROPAGATION)	聚合物活性链+单体→聚合物活性链 P_n[C_2H_4-R]+C_2H_4→P_{n+1}[C_2H_4] P_n[C_3H_6-R]+C_2H_4→P_{n+1}[C_2H_4] P_n[C_2H_4-R]+C_3H_6→P_{n+1}[C_3H_6-R] P_n[C_3H_6-R]+C_3H_6→P_{n+1}[C_3H_6-R]	P_n和P_{n+1}是链段数量为n和n+1的聚合物链
链转移至单体(CHAT-MON)	聚合物活性链+单体→死链+活性单体 P_n[C_2H_4]+C_3H_6→D_n+P_1[C_3H_6-R] P_n[C_3H_6]+C_3H_6→D_n+P_1[C_3H_6-R]	D_n是链段数量为n的聚合物死链
链转移至链转移剂 (CHAT-AGENT或CHAT-H_2)	聚合物活性链+链转移剂→死链+空催化剂中心 P_n[C_2H_4]+Hydrogen→D_n+P_0 P_n[C_3H_6]+Hydrogen→D_n+P_0	

续表

反应	表示式	说明
催化剂自发失活（DEACT-SPON）	$P_0 \rightarrow DCAT$ $P_n \rightarrow D_n + DCAT$	DACT 是失活的催化剂中心
TDB 聚合反应（TDB-POLY）	$P_n[C_2H_4-R] + D_m[TDB-Seg] \rightarrow P_{n+m}[C_2H_4-R]$ $P_n[C_3H_6-R] + D_m[TDB-Seg] \rightarrow P_{n+m}[C_3H_6-R]$	TDB＝末端双键

来源：改编自 Hagg 等人[74]。

表 5.28 将参考文献[74]中报告的反应速率常数 k(1/min)值转换为 Aspen Polymers 中使用的相应指前因子 k_0(1/s)值

基元反应	Comp1	Comp2	k/(1/min)[74]	K/(1/s)	E_a/(cal/mol)	Exp(E_a/RT)	k_0/(1/s)
CAT-COCAT	CAT	COCAT	40	0.66667	8000	1.31×10^{-5}	51005.47
CHAIN-INI		C2H4	5×10^4	833	7000	5.33×10^{-5}	15633755
CHAIN-INI		C3H6	5×10^3	83.33333	7000	5.33×10^{-5}	1563375
PROPAGATION	C2H4	C2H4	1×10^6	16666.67	7000	5.33×10^{-5}	3.13×10^8
PROPAGATION	C3H6	C2H4	6×10^5	10000	7000	5.33×10^{-5}	1.88×10^8
PROPAGATION	C2H4	C3H6	2.1×10^6	35000	7000	5.33×10^{-5}	6.57×10^8
PROPAGATION	C3H6	C2H4	5.3×10^5	8833.333	7000	5.33×10^{-5}	1.66×10^8
CHAT-MON	C2H4	C3H6	6	0.1	8000	1.31×10^{-5}	7650.821
CHAT-MON	C3H6	C3H6	6	0.1	8000	1.31×10^{-5}	7650.821
CHAT-H_2	C2H4	H2	3457	57.61667	8000	1.31×10^{-5}	4408148
CHAT-H_2	C3H6	H2	3457	57.61667	8000	1.31×10^{-5}	4408148
DEACT-SPON	Active site P_0		80	1.33333	8000	1.31×10^{-5}	102010.9
DEACT-SPON	Polymer chain P_n		80	1.33333	8000	1.31×10^{-5}	102010.9
TDB-POLY	C2H4		2.1×10^6	35000	8000	1.39×10^{-5}	2.68×10^9
TDB-POLY	C3H6		5.3×10^5	8333.333	8000	1.39×10^{-5}	6.76×10^8

来源：改编自 Hagg 等人[74]。

5.9.4 单位集、组分和聚合物的表征

我们选择在 MET 单位集设置的基础上设置单位集，将温度 K 替换为℃，压力 atm 替换为 psi。在这些改变的基础上，模拟了美国专利 No. 6011128[63]中 UNIPOL 气体流化床工艺采用茂金属催化剂系统生产 EPM 的操作条件。

图 5.95 是组分设定。由于 METCAT1 催化剂 Et(Ind)$_2$ZrCl$_2$在 Aspen Plus 纯组分数据库中找不到，所以使用 $TiCl_4$ 表示该组分(但稍后输入正确的分子量 420.81，如图 5.99 所示)。通过导入其分子结构文件 130184-19-9.mol（https://www.chemicalbook.com/Search_EN.aspx?keyword=MAO）定义图 5.94 中的助催化剂(COCAT)MAO(可在本章的例题文件夹中获得)。按照以下路径进行：Properties→Components→Molecular structure→COCAT→Structure and functional group→Draw/import/edit：import 120144-90-3.mol→Calculate bonds→General，原子序数和原子类型由 Aspen Plus 自动定义。我们将模拟文件保存为"***WS5.4 epm_***

metalloene kinetics. bkp”。

在图 5.95 中，乙烯和丙烯为单体，其重复链段为 E-SEG 和 P-SEG。TDB-SEG 是末端双键端基链段，比重复链段 P-SEG 少一个氢原子。EPM 是乙烯、丙烯共聚物，在 Aspen Plus 聚合物组分数据库中不可用，因此我们将其指定为通用聚合物组分，正己烷是溶剂，氢是链转移剂，氮是惰性气体。

Component ID	Type	Component name	Alias
METCAT1	Conventional	TITANIUM-TETRACHLORIDE	TICL4
COCAT	Conventional		
ETHYLENE	Conventional	ETHYLENE	C2H4
PROPYLEN	Conventional	PROPYLENE	C3H6-2
HEXANE	Conventional	N-HEXANE	C6H14-1
HYDROGEN	Conventional	HYDROGEN	H2
EPM	Polymer	POLY(ETHYLENE-PROPYLENE)	P(E&P)
E-SEG	Segment	ETHYLENE-R	C2H4-R
P-SEG	Segment	PROPYLENE-R	C3H6-R
TDB-SEG	Segment	VINYL-E	C2H3-E
NITROGEN	Conventional	NITROGEN	N2

图 5.95　组分设定

接下来，我们按照路径：Properties→Components→Polymers，并根据图 5.96 设定聚合物链段。

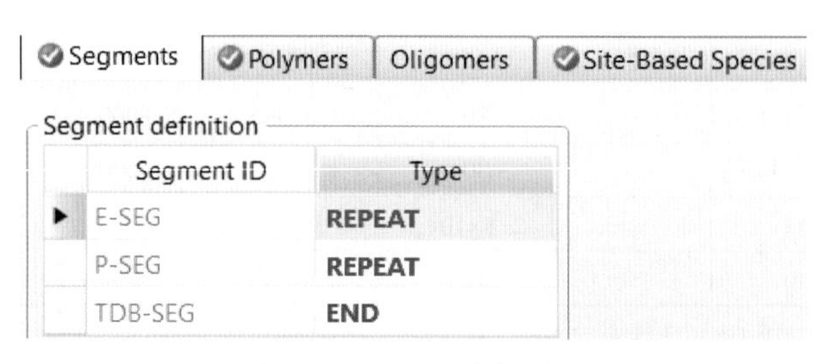

图 5.96　定义聚合物链段

对于 Polymers 表单，选择内置属性组，为聚合物 EPM 选择 ZN 属性集。图 5.97 是催化剂中心的物种设定。

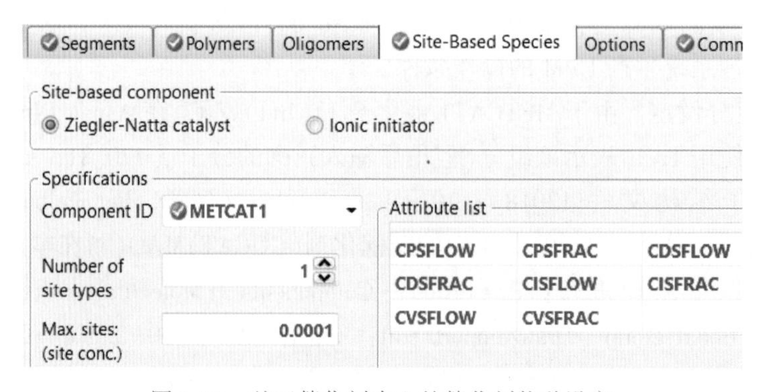

图 5.97　基于催化剂中心的催化剂物种设定

5.9.5 组分和聚合物的热力学方法和性能参数

用于 EPM 的溶液聚合反应器的工作压力为 300 psi(表)[63]，与第 5.7 节中我们用于 PP 的气相搅拌釜式反应器的工作压力接近。因此，选择 POLYPCSF 作为我们的热力学方法。按照 LDPE(第 4.4.4 节)、EVA(第 4.6.4 节)和 PP(第 5.7.6 节)的示例，按照以下路径输入 POLYPCSF 的纯组分参数：Properties→Methods→parameters→Pure Components→New→Scalar，将名称由“Pure-1”更改为“PCSF”，输入如图 5.98 所示的值。我们假设 TDB-SEG 链段与E-SEG 链段参数值相同。

Pure component scalar parameters

Parameters	Units	Data set	Component METCAT1	Component COCAT	Component ETHYLENE	Component PROPYLEN	Component HYDROGE	Component E-SEG	Component P-SEG	Component TDB-SEG
PCSFTM		1	20	20	1.55873	1.9598	0.828469			
PCSFTU	K	1	287.028	287.028	179.412	207.19	12.5276	237.088	267.732	237.088
PCSFTV		1	4.57764	4.57764	3.4305	3.5356	2.97294	3.25929	3.49356	3.25929
PCSFTR		1						0.0481045	0.0402106	0.0481045

图 5.98 POLYPCSF 纯组分参数值

在创建纯组分参数表单 PCSF 时，用相同的程序创建名为“CAT”的纯组分参数表单，并输入如图 5.99 所示的值。注意催化剂 METCAT1 是 Et(Ind)$_2$ZrCl$_2$的分子量。

Pure Components - CAT × | +

Input | Comments

Pure component scalar parameters

Parameters	Units	Data set	Component METCAT1	Component COCAT
TC	K	1	600	600
PC	atm	1	100	100
OMEGA		1	0.2	0.2
VC	cum/kmol	1	0.2	0.2
ZC		1	0.2	0.2
MW		1	420.81	

图 5.99 METCAT1 和 COCAT 的假设的纯组分参数值

图 5.100 是理想气体比热容 CPIG-1 的参数值，这些参数值来自文献[4，5，35]。根据图 5.93 的结构和分子结构文件 **130184-19-9. mol**，应用估算工具对 COCAT 的参数值进行估算。具体来说，按照以下路径进行：Properties→Estimation→Input→Setup→Estimation option→Estimate all missing parameters。获得 COCAT 的 R-PCES 所示的估算参数值后，再将估算选项更改为“Do not estimate any parameters”。

图 5.101 给出了 van Krevelen 法计算的生成焓值 DHFVK，这些值来自第 4.6 节的“***WS4. 3***”。

读者可能会看到由模拟文件“***WS5. 4 EPM_metallocenekinetics. bkp***”的物性估算(R-PCES)得到的其他参数值 DHVLWT-1(蒸发焓)、KLDIP-1(液体导热系数)、MULAND-1(液体黏度)、PLXANT-1(液体蒸气压)和 SIGDIP(液体表面张力)。

Parameter CPIG Help Data set 1

Temperature-dependent correlation parameters

Components	Source	Temperature units	Property units	1	2	3	4	5	6	7	8	9	10	11
E-SEG	USER	K	J/kmol-K	-24096.9	244.16	-0.11	-4.09859e-05	0	0	250	1000	36029.2	1.0708e-54	23.4104
P-SEG	USER	K	J/kmol-K	-33286.7	399.74	-0.165649	0	0	0	250	1000	36029.2	0.811659	1.93918
TDB-SEG	USER	K	J/kmol-K	-24096.9	244.16	-0.11	-4.09859e-05	0	0	250	1000	36029.2	1.0708e-54	23.4104
ETHYLENE	USER	C	J/kmol-K	3806	156.6	-0.0835	1.76e-05	0	0	273.15	1273.15			
PROPYLEN	USER	C	J/kmol-K	3710	234.5	-0.116	2.21e-05	0	0	273.15	1273.15			
COCAT	R-PCES	C	J/kmol-K	231244	872.015	-0.749763	0.000302549	0	0	6.85	826.85	36029.2	42.9328	1.5

图 5.100　理想气体比热容 CPIG-1 的参数值

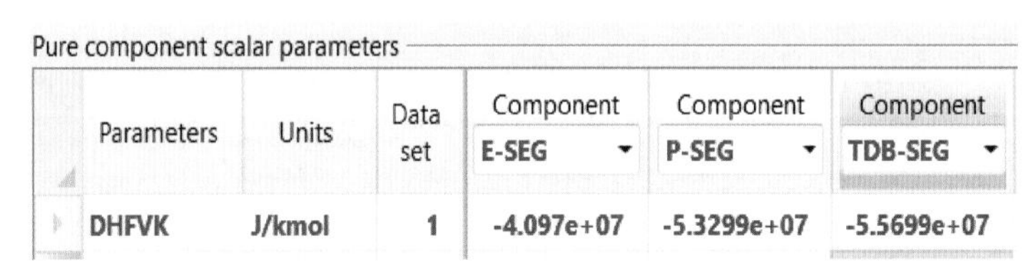
Pure component scalar parameters

Parameters	Units	Data set	Component E-SEG	Component P-SEG	Component TDB-SEG
DHFVK	J/kmol	1	-4.097e+07	-5.3299e+07	-5.5699e+07

图 5.101　基于 van Krevelen 法生成的焓值参数 DHFVK

5.9.6　工艺流程和进料物流及模块设定

图 5.102 描述了 UNIPOL 工艺中用于生产 EPM 的流化床反应器系统。CATFEED 物流的设定如图 5.103 所示。

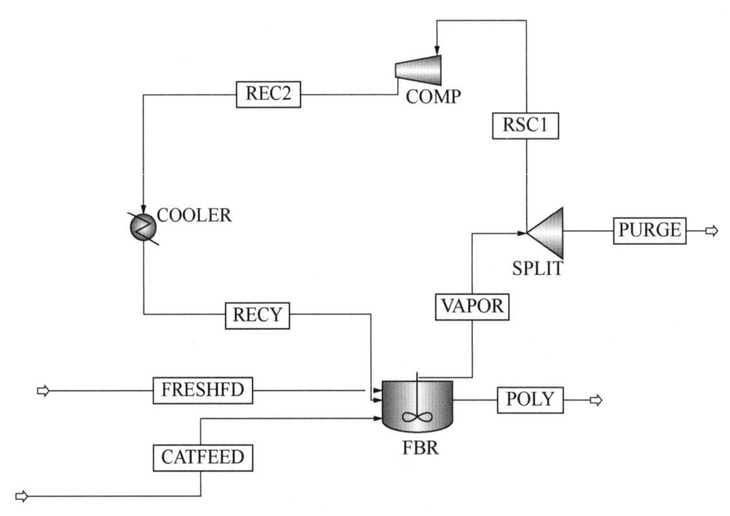

图 5.102　生产 EPM 共聚物的流化床反应器系统

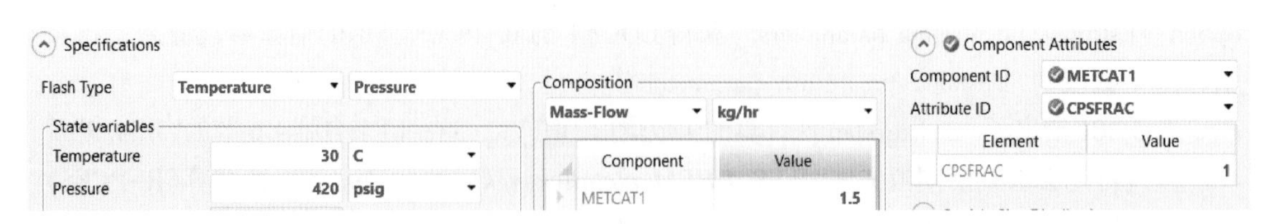

图 5.103　CATFEED 流股的规定

对于图 5.103 中显示的组分属性，还需要继续指定以下属性：CPSFLOW = CDSFLOW = CDSFRAC = CVSFLOW = CVSFRAC = 0。

对于进料物流 FRESHFD，设定 5℃，400 psi(表)和组分质量流量(kg/h)：COCAT = 30，乙烯 = 25000，丙烯 = 5000，H_2 = 5，N_2 = 20。

表 5.29 给出了模块设定。我们注意到反应器的操作压力为 300 psi(表)(20.42 atm)，与文献[63，75]中聚烯烃的茂金属催化剂示例以及“***WS5.2***”和“***WS5.3***”中的 PP 和 LLDPE 示例一样。读者可以根据现有的工厂数据改变这个压力。

表 5.29 模块设定

模块	T/℃	压力/psi(表)	设　定
SOLREACT	85	300	(1)规定：气液相；反应器体积和相体积；反应器容积 = 300 m^3；凝聚相体积 = 88 m^3；流股：气-气相、聚合物-液相；动力学：R-1。 (2)收敛性(见第 3.6 节)：估计-组分质量流量，EPM = 10000 kg/h；闪蒸选项：最大迭代次数 = 200；收敛参数：质量平衡收敛求解器-牛顿，最大迭代次数 = 100，初始化使用积分
SPLIT			分流分数：PURGE-0.001
COMP			等熵，排出压力 = 325 psi(表)
COOLER	85	-10	压力 = -10 psi(绝)，闪蒸选项-最大迭代次数 = 200

5.9.7 基本情况模拟结果

在基本情况模拟中，为了得到合理的单体转化率和共聚物产率、*MWN*、*MWW*、*PDI* 以及聚合物产物中单体和共聚单体的摩尔分数 *SFRAC*，实际反应及其动力学参数与文献中表 5.28 所列略有不同。

动力学参数和进料、聚合物流股结果见表 5.30 和表 5.31。

表 5.30 基础工况模拟所用的实际反应和动力学参数

基元反应	催化剂中心编号	Comp1	Comp2	指前因子/s^{-1}	活化能/(cal/mol)	反应级数	TDB 分率	参考温度/℃
CAT-COCAT	1	METCAT1	COCAT	703000	8000	1		1×10^{35}
CHAIN-INI	1	ETHYLENE		33675000	7000	1		1×10^{35}
CHAIN-INI	1	PROPYLENE		875000	7000	1		1×10^{35}
PROPAGATION	1	ETHYLENE	ETHYLENE	33675000	7000	1		1×10^{35}
PROPAGATION	1	PROPYLENE	ETHYLENE	3367500	7000	1		1×10^{35}
PROPAGATION	1	ETHYLENE	PROPYLENE	8750000	7000	1		1×10^{35}
PROPAGATION	1	PROPYLENE	PROPYLENE	8750000	7000	1		1×10^{35}
CHAT-MON	1	ETHYLENE	ETHYLENE	1000	7200	1	1	1×10^{35}
CHAT-MON	1	PROPYLENE	ETHYLENE	1000	7200	1	1	1×10^{35}
CHAT-MON	1	ETHYLENE	PROPYLENE	1000	7200	1	1	1×10^{35}

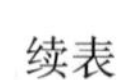

基元反应	催化剂中心编号	Comp1	Comp2	指前因子/s^{-1}	活化能/(cal/mol)	反应级数	TDB 分率	参考温度/℃
CHAT-MON	1	PROPYLENE	PROPYLENE	1000	7200	1	1	1×10^{35}
CHAT-H2	1	ETHYLENE	HYDROGEN	3000	8000	0.5		1×10^{35}
CHAT-H2	1	PROPYLENE	HYDROGEN	3000	8000	0.5		1×10^{35}
DEACT-SPON	1			0.0006	10000	1		1×10^{35}
TDB-POLY	1	ETHYLENE	TDB-SEG	0.02	7000	7		1×10^{35}

表 5.31　进料和聚合物流股结果

流股	CATFEED	FRESHFD	POLY
温度/℃	35	5	85
压力/psi(表)	420	400	300
质量流量/(kg/h)			
METCAT1	1.5		1.5
COCAT		30	29.9641
ETHYLENE		25000	150.882
PROPYLEN		5000	54.692
HYDROGEN		5	0.026235
EPM			10302.4
NITROGEN		20	0.026235
聚合物属性			
MWN			134463
MWW			268975
PDI			1.99888
SFRAC			
E-SEG			0.807252
P-SEG			0.192524
TDB-SEG			0.000224

我们看到总单体转化率为 10302.4/(25000+5000)，即 34.34%。EPM 中乙烯、丙烯和 TDB 链段的摩尔分率分别为 0.807252、0.192524 和 0.000224。*MWN* 为 134463，*MWW* 为 268975，*PDI* 为 1.99888。如果读者有这些结果的工厂数据，根据本章前文例题，微调动力学参数以满足工厂生产指标并不难。我们将模拟文件保存为“***WS5.4 EPM_Metallocene_Kinetics.bkp***”。

5.9.8　扩展到 EPDM

如第 5.9.2 节所述，Aspen Plus 版本 11 包含 DPCD 作为二烯单体生产 EDPM 所涉及的组分。在“***WS5.4***”的模拟文件中，使用 DPCD 作为二烯单体和茂金属 $Et(Ind)_2ZrCl_2/MAO$ 催化剂体系[71]，具有完整的组分和物性文件“***WS5.4 EPDM_metallocene_properties.bkp***”。组分规定如图 5.104 所示，这里的茂金属催化剂和助催化剂的细节与“***WS5.4***”中 EPM 的例子相同。读者可以参考模拟文件了解所涉及的组分和物性的更多信息。

Component ID	Type	Component name	Alias
METCAT1	Conventional	TITANIUM-TETRACHLORIDE	TICL4
COCAT	Conventional		
ETHYLENE	Conventional	ETHYLENE	C2H4
PROPYLEN	Conventional	PROPYLENE	C3H6-2
DPCD	Conventional	DICYCLOPENTADIENE	C10H12-D0
E-SEG	Segment	ETHYLENE-R	C2H4-R
P-SEG	Segment	PROPYLENE-R	C3H6-R
DPCD-R	Segment	DICYCLOPENTADIENE-R	C10H12-R
TDB-SEG	Segment	VINYL-E	C2H3-E
EPDM	Polymer	GENERIC-POLYMER-COMPON...	POLYMER
HEXANE	Conventional	N-HEXANE	C6H14-1
HYDROGEN	Conventional	HYDROGEN	H2
NITROGEN	Conventional	NITROGEN	N2

图 5.104　模拟乙烯-丙烯-DPCD 三元共聚物生产工艺的组分规范

Hagg 等人[74]提出了茂金属 $Et(Ind)_2ZrCl_2/MAO$ 催化剂体系进行 EPDM 三元聚合的一般反应机理、反应速率方程和经验的反应速率常数。Aspen Plus 的纯组分和链段数据库中没有第三个单体 ENB 及其相关的重复链段；我们没有模拟 Hagg 等人[74]的 EPDM 工作。然而，当 DPCD 作为二烯单体的聚合动力学数据是合理的，且 ENB 及其重复链段在 Aspen Plus 数据库中可用时，可以将 EPM(乙烯-丙烯共聚物)的建模方法应用于茂金属催化剂体系的乙烯-丙烯-DPCD 三元聚合建模。

5.10 结论

在本章中，我们介绍了一种有效的方法用于估算生产聚烯烃(如 HDPE、PP、LLDPE 和 EPDM)的商业化工艺中 ZN 聚合动力学参数。考虑了催化剂活化、链引发、链增长、链转移、失活和其他聚合物特定反应。确定了 ZN 聚合动力学中对常见生产指标影响最大的反应速率常数，这在很大程度上简化了利用工厂数据模拟和优化聚烯烃过程的动力学参数估算。

我们的方法从考虑单个催化剂活性中心的动力学模型开始，然后将单活性中心模型转换为多个催化剂活性中心的模型。应用反卷积分析表征 GPC *MWD* 数据，确定每个催化剂中心最可能的 CLD，假设呈 Flory 分布。反卷积分析确定了预期的催化剂活性中心数量，以及每个催化剂活性中心的质量分数和 *MWN*。

图 5.9(a)、图 5.9(b)展示了一种有效的策略，在计算机辅助的逐步过程中，使用高效

的软件工具，如 Aspen Polymers 的数据拟合、灵敏度分析和设计规定，同时估算 ZN 动力学的多个反应速率常数，以匹配生产目标数据，如产率、*MWN* 和 *SFRAC*。这里的研究不同于以往的大多数研究，我们是按顺序估算这些反应速率常数的。图 5.9(a)、图 5.9(b)中的策略也大大简化了多活性中心模型的动力学参数估算，因为我们只需要回归多活性中心模型中选定的动力学参数来匹配 *PDI* 和生产指标的工厂数据，例如 PP 产品中的无规组分比例。

图 5.9(a)、图 5.9(b)所示的策略部分来自在过去 20 年中将我们的策略应用于亚太地区两家石化公司的数十种商业化聚烯烃工艺的洞见和经验。应用我们的方法，使用高效的软件工具，建立经过验证的模拟和优化模型，可以使用这些模型来量化工艺操作、放大工艺产能、控制聚合物质量、切换产品牌号等。

详见附录中的建模示例和 Excel 建模电子表格，有助于工程师将工艺建模和优化应用于商业化聚烯烃生产。

本章还介绍了使用 ZN 催化剂和茂金属催化剂-助催化剂模拟 HDPE、PP、LLDPE 和 EPM 的四个详细的实践案例，介绍了如何使用有效的模拟软件工具，如数据拟合、灵敏度分析和设计规定，可以用于动力学参数估算、工艺改进和优化。

参 考 文 献

[1] Soares, J. B. P., McKenna, T. F. L. (2012). *Polyolefin Reaction Engineering*. Weinheim: Wiley-VCH.

[2] Touloupidis, V. (2014). Catalytic olefin polymerization process modeling: multi-scale approach and modeling guidelines for micro-scale/kinetic modeling. *Macromolecular Reaction Engineering* 8: 508.

[3] Zacca, J. J., Ray, W. H. (1993). Modeling of liquid phase polymerization of olefins in loop reactors. *Chemical Engineering Science* 48: 3743.

[4] Khare, N. P., Seavey, K. C., Liu, Y. A., et al. (2002). Steady-state and dynamic modeling of commercial slurry high-density polyethylene(HDPE)processes. *Industrial and Engineering Chemistry Research* 41: 5601.

[5] Khare, N. P., Lucas, B., Seavey, K. C., Liu, Y. A. et al. (2004). Steady-state and dynamic modeling of commercial gas-phase polypropylene processes using stirred-bed reactors. *Industrial and Engineering Chemistry Research* 43: 884.

[6] Zhang, C., Shao, Z., Chen, X., et al. (2014). Kinetic parameter estimation of HDPE slurry process from molecular weight distribution: estimability analysis and multistep methodology. *AIChE Journal* 60: 3442.

[7] Dotson, N. A., Galvan, R., Laurence, R. L., et al. (1996). *Polymerization Process Modeling*. New York: Wiley-VCH.

[8] Meng, W., Li, J., Chen, B., et al. (2013). Modeling and simulation of ethylene polymerization in industrial slurry reactor series. *Chinese Journal of Chemical Engineering* 21: 850.

[9] Zhao, X., Guo, X., Chen, P., et al. (2012). Simulation and analysis of an ethylene slurry polymerization system using supercritical propane. *Industrial and Engineering Chemistry Research* 51: 682.

[10] Zheng, Z. W., Shi, D. P., Su, P. L., et al. (2011). Steady-state and dynamic modeling of the basell multireactor olefin polymerization process. *Industrial and Engineering Chemistry Research* 50: 322.

[11] Lu, C., Zhang, M., Jiang, S., Song, D. (2006). Application of ASPEN PLUS in large-scale polypropylene plant. *Qilu Petrochemical Technology* 34: 404.

[12] Touloupides, V., Kanellopoulos, V., Pladis, P., et al. (2010). Modeling and simulation of an industrial slurry-phase catalytic olefin polymerization reactor series. *Chemical Engineering Science* 65: 3208.

[13] Chen, K., Tian, Z., Luo, N., et al. (2014). Modeling and simulation of Borstar bimodal polyethylene process based on a rigorous PC-SAFT equation of state model. *Industrial and Engineering Chemistry Research* 53: 19905.

[14] Luo, Z. W., Zheng, Y., Cao, Z. K., Wen, S. H. (2007). Mathematical modeling of the molecular weight distribution of polypropylene produced in a loop reactor. *Polymer Engineering and Science* 47: 1643.

[15] Zheng, X. G. (2015). Operation optimization of dual-loop polypropylene process by polymers plus software. *Petrochemical Technology* 44: 612.

[16] Shamiri, A., Hussain, M. A., Mjalli, F. S., et al. (2010). Kinetic modeling of propylene homopolymerization in a gas-phase fluidized-bed reactor. *Chemical Engineering Journal* 161: 240.

[17] Knuuttila, H., Lehtinen, A., Nummila-Pakarinen, A. (2004). Advanced polyethylene technologies-controlled material properties. *Advances in Polymer Science* 169: 13.

[18] Kashani, A. F., Abedini, H., Kalace, M. R. (2011). Simulation of an industrial linear low density polyethylene plant. *Chemical Product and Process Modeling* 6 (Art. 34). https://www.degruyter.com/document/doi/10.2202/1934-2659.1611/html.

[19] You, C., Li, S. (2007). Analysis and application of model building procedure in polypropylene plant. *Petrochemical Industry Technology* 14(2): 56.

[20] Luo, Z. H., Su, P. L., Shi, D. P., et al. (2009). Steady-state and dynamic modeling of commercial bulk polypropylene process of Hypol technology. *Chemical Engineering Journal* 149: 370.

[21] Seavey, K. C., Khare, N. P., Liu, Y. A., et al. (2003). Quantifying relationships among the molecular weight distribution, non-Newtonian shear viscosity and melt index for linear polymers. *Industrial and Engineering Chemistry Research* 42: 5354.

[22] Gross, J., Sadowski, G. (2001). Perturbed-chain SAFT: An equation of state based on a perturbation theory for chain molecules. *Industrial and Engineering Chemistry Research* 40: 1244.

[23] Sanchez, I. C., Lacombe, R. H. (1976). An elementary molecular theory of classic fluids. Pure fluids. *Journal of Physical Chemistry* 80: 2352.

[24] Lacombe, R. H., Sanchez, I. C. (1976). Statistical thermodynamics of fluid mixtures. *The Journal of Physical Chemistry* 80: 2568.

[25] Sanchez, I. C., Lacombe, R. H. (1978). Statistical thermodynamics of polymer solutions. *Macromolecules* 11: 1145.

[26] Tian, Z., Chen, K. R., Liu, B. P., et al. (2015). Short-chain branching distribution oriented model development for Borstar bimodal polyethylene process and its correlation with product performance of slow crack growth. *Chemical Engineering Science* 130: 41.

[27] Tremblay, D. (2017). Modeling polymerization processes. Aspen Optimize Training, OPTIMIZE 2017, Houston, TX, April 2017.

[28] Mattos Neto, A. G., Freitas, M. F., Nele, M., et al. (2005). Modeling ethylene/1-butene copolymerizations in industrial slurry reactors. *Industrial and Engineering Chemistry Research* 44: 2697.

[29] Sharma, N., Liu, Y. A. (2019). 110th anniversary: an effective methodology for kinetic parameter estimation for modeling commercial polyolefin processes from plant data using efficient software tools. *Industrial and Engineering Chemistry Research* 58: 14209.

[30] Kou, B., McAuley, K. B., Hsu, C. C., et al. Mathematical model and parameter estimation for gas-phase ethylene homopolymerization with supported metallocene catalyst. *Industrial and Engineering Chemistry Research* 44: 2428.

[31] Kou, B., McAuley, K. B., Hsu, C. C., et al. (2005). Mathematical model and parameter estimation for gas-phase ethylene-hexene copolymerization with metallocene catalyst. *Macromolecular Materials and Engineering* 290: 537.

[32] Baughman, D. R., Liu, Y. A. (1995). *Neural Networks in Bioprocessing and Chemical Engineering*. Atlanta, GA: Elsevier.

[33] You, C. (2006). Modeling and analysis of polypropylene process in steady and dynamic states. MS thesis. College of Chemical Engineering, Tianjin University.

[34] Soares, J. B. P., Hamielec, A. E. (1995). Deconvolution of chain-length distribution of linear polymers made by multiple-site-type catalysts. *Polymer* 36: 2257.

[35] Aspen Technology, Inc. (2021). Bessel Spheripol polypropylene process simulation example. https://esupport.aspentech.com/S_Article id=000038267(accessed 11 March 2021).

[36] Bokis, C. P., Orbey, H., Chen, C. C. (1999). Properly model polymer processes. *Chemical Engineering Progress* 95(4): 39.

[37] Shepard, J. W., Jezl, J. L., Peters, E. F., et al. (1976). Divided horizontal reactor for the vapor phase polymerization of monomers at different hydrogen levels. US Patent 3, 957, 488.

[38] Jezl, J. L., Peters, E. F., Hall, R. D., et al. (1976). Process for the vapor phase polymerization of monomers in a horizontal, quench-cooled, stirred-bed reactor using essentially total off-gas recycle and melt finishing. US Patent 3, 965, 083.

[39] Peters, E. F., Spangler, M. J., Michaels, G. O., et al. (1976). Vapor phase reactor off-gas recycle system for use in the vapor state polymerization of monomers. US Patent 3, 971, 768.

[40] Jezl, J. L., Peters, E. F. (1978). Horizontal reactor for the vapor phase polymerization of monomers. US Patent 4, 129, 701.

[41] Buchelli, A., Caracotsios, M. (1996). Polymerization of alpha-olefins. US Patent 5, 504, 166.

[42] Choi, K. Y., Ray, W. H. (1988). The dynamic behavior of continuous stirred-bed reactors for the solid catalyzed gas phase polymerization of propylene. *Chemical Engineering Science* 43: 2587.

[43] Kissel, W. J., Han, J. H., Meyer, J. A. (1999). Polypropylene: structure, properties, manufacturing processes, and applications. In: *Handbook of Polypropylene and Polypropylene Composites* (ed. H. G. Karian), 15. New York: Marcel Dekker.

[44] Caracotsios, M. (1992). Theoretical modelling of Amoco's gas phase horizontal stirred bed reactor for the manufacturing of polypropylene resins. *Chemical Engineering Science* 47: 2591.

[45] Zecca, J. J., Dehling, J. A., Ray, W. H. (1996). Reactor residence time distribution effects on the multistage polymerization of olefins. I. Basic principles and illustrative examples. Polypropylene. *Chemical Engineering Science* 51: 4859.

[46] Gorbach, A. B., Naik, S. D., Ray, W. H. (2000). Dynamics and stability analysis of solid catalyzed gas-phase polymerization of olefins in continuous stirred bed reactors. *Chemical Engineering Science* 55: 4461.

[47] Dittrich, C. J., Mutsers, S. M. P. (2007). On the residence time distribution in reactors with non-uniform velocity profiles: the horizontal stirred bed reactor for polypropylene production. *Chemical Engineering Science* 62: 5777.

[48] Moore, E. P. (1996). Polypropylene (commercial). In: *Polymeric Materials Encyclopedia* (ed. J. C. Salamone), 6578. Boca Raton, FL: CRC Press.

[49] Balow, M. J. (1999). Growth of polypropylene usage as a cost-effective replacement of engineering polymers. In: *Handbook of Polypropylene and Polypropylene Composites* (ed. H. G. Karian), 1. New York: Marcel Dekker.

[50] Gross, J., Sadowski, G. (2004). Perturbed-Chain-SAFT: development of a new equation of state for simple, associating, multipolar and polymeric compounds. In: *Supercritical Fluids as Solvents and Reaction Media* (ed. G. Brunner), 295-322. Elsevier, B. V., Amsterdam.

[51] Gross, J., Sadowski, G. (2002). Application of perturbed-chain SAFT equation of state to associating systems. *Industrial and Engineering Chemistry Research* 41: 5510.

[52] Kissin, Y. V. (2003). Multicenter nature of titanium-based Ziegler-Natta catalysts: comparison of ethylene and propylene polymerization reactions. *Journal of Polymer Science Part A: Polymer Chemistry* 41: 1745.

[53] Wang, W. Q. (2008). Research on modeling and simulation for industrial polymerization process. MS thesis. Hangzhou, China: System Engineering, Zhejiang University.

[54] Kouzai, I., Fukuda, K. (2009). Modeling study on effects of liquid propylene in horizontally stirred gas-phase reactors for polypropylene. *Macromolecular Symposia* 285: 23.

[55] Jenkins, J. M. III, Jones, R. L., Jones, T. L. (1985). Fluidized bed reaction systems. US Patent 4588790.

[56] Jenkins, J. M. III, Jones, R. L., Jones, T. L., Beret, S. (1986). Method for fluidized bed polymerization. US Patent 4543399A.

[57] McKenna, T. F. L. (2019). Condensed mode cooling of ethylene polymerization in fluidized bed reactors. *Macromolecular Reaction Engineering* 13: 1800026.

[58] Rainho, P., Alizadeh, A., Ribeiro, M. R., et al. (2014). Pseudo-homogeneous CSTR simulation of a fluidized-bed reactor operating in condensed-mode including Sanchez-Lacombe n-hexane co-solubility effect.

Journal of Engineering for Rookies 1: 56. http://citeseerx.ist.psu.edu/viewdoc/download? doi = 10.1.1.1075.9872&rep = rep1&type = pdf.
[59] Bokis, C. P., Ramanathan, S., Franjione, J., et al. (2002). Physical properties, reactor modeling, and polymerization kinetics in the low-density polyethylene tubular reactor process. *Industrial and Engineering Chemistry Research* 41: 1017.
[60] Gao, T., Zhao, Y. I. (2008). Application of Aspen Plus process simulation software in LLDPE plant. *Qilu Petrochemical Technology* 36(1): 35.
[61] Cesca, S. (1975). The chemistry of unsaturated ethylene-propylene-based terpolymers. *Journal of Polymer Science: Macromolecular Reviews* 10: 1.
[62] Van Duin, M., Van der Aar, I. N., Van Dornemaele, G. (2017). Historical and technical summary of Keltan developments defining EPDM for the past and the next 50 years. https://www.kgk-rubberpoint.de/en/21389/defining-epdm-for-the-past-and-the-next-50-years(accessed 29 June 2021).
[63] Eisinger, R. F., Lee, K. H., Hussein, F. D., et al. (2000). Process for conditioning a gas-phase reactor to produce an ethylene-propylene or ethylene-propylene-diane-rubber. US Patent No. 6, 011, 128.
[64] Cozewith, C. (1988). Transient response of continuous-flow stirred-tank polymerization reactors. *AIChE Journal* 34: 272.
[65] Ver Strate, G., Cozewith, C., Ju, S. (1988). Near monodisperse ethylene-propylene copolymers by direct Ziegler-Natta polymerization. Preparation, characterization, properties. *Macromolecules* 21: 3360.
[66] Ogunnaike, B. A. (1994). On-line modelling and predictive control of an industrial terpolymerization process. *International Journal of Control* 59: 711.
[67] Meziou, A. M. (1993). Optimization and advanced control of an industrial polymerization process. H. D. dissertation. Louisville, KY: University of Louisville.
[68] Meziou, A. M., Deshpande, P. B., Cozewith, C., et al. (1996). Dynamic matrix control of an ethylene-propylene-diane polymerization process. *Industrial and Engineering Chemistry Research* 35: 164.
[69] Hagg, M. C., Henrique, J., Dantos, J. H. Z. D., et al. (1998). Dynamic simulation and experimental evaluation of EPDM terpolymerization with vanadium-based catalyst. *Journal of Applied Polymer Science* 70: 1173.
[70] Pourhossaini, M. R., Vasheghani-Farahani, E., Gholamian, M., et al. (2006). Dynamic simulation and experimental evaluation of olefin copolymerization with vanadium-based catalysts. *Journal of Applied Polymer Science* 100: 3101.
[71] Chen, H. J. (2016). Development of new product grades and industrial implementation of ethylene-propylene rubber (EPDM). MS thesis. Shanghai, China: College of Life and Environmental Sciences, Shanghai Normal University.
[72] Xu, C. -Z., Wang, J. -J., Gu, X. -P., et al. (2018). Modeling of molecular weight and copolymerization composition distributions for ethylene-propylene solution copolymerization. *AIChE Journal* 65: e1663.
[73] Hamielec, A. E., Soares, J. B. P. (1999). Metallocene catalyzed polymerization: industrial technology. In: *Polypropylene. Polymer Science and Technology Series*, vol. 2 (ed. J. Karger-Kocsis). Dordrecht: Springer. https://doi.org/10.1007/978-94-011-4421-6_62.
[74] Hagg, M. C., Henrique, J., Dantos, J. H. Z. D., et al. (2000). Dynamic simulation and experimental evaluation of EPDM terpolymerization with $Et(Ind)_2ZrCl_2$/MAO catalyst system. *Journal of Applied Polymer Science* 76: 425.
[75] AspenTechnology, Inc. (2020). How to model a terminal double bond polymerization in Aspen polymers? Knowledge Article No. 000086916. AspenTech Online Support. https://esupp-ort.aspentech.com/S_Article? id=000086916(accessed 3 July 2021).

6 自由基和离子聚合：PS和SBS橡胶

本章介绍自由基聚合法聚苯乙烯(PS)和离子聚合法聚苯乙烯-丁二烯-苯乙烯橡胶(SBS橡胶)制造工艺的建模。

虽然某些聚烯烃教科书(如参考文献[1])将PS排除于聚烯烃的研究范畴，但出于以下原因，我们还是将PS纳入了本书的讨论范围。

根据Odian的经典聚合著作[2]："低密度和高密度聚乙烯、丙烯和其他链烯烃(烯烃)单体的聚合物构成了聚合物中的聚烯烃家族。"鉴于其有用的特性及巨大的年产量，人们主张将聚苯乙烯包括在家族内。Odian指出："虽然聚苯乙烯完全是无定形的(玻璃化转变温度 $T_g = 85℃$)，但其庞大的刚性链(由于苯基与苯基之间的相互作用)赋予材料良好的强度和高维稳定性(伸长率仅为1%~3%)；聚苯乙烯是一种典型的刚性塑料。美国每年生产约20亿磅苯乙烯均聚物。"

Schaller[3]指出："苯乙烯反应中间体结构中的共轭离域，使得苯乙烯单体几乎适用于任何聚合方法，包括阴离子、阳离子、自由基和Ziegler-Natta等方法。"同样，Lohse[4]写道："一般来说，聚烯烃是指由烯烃(主要是乙烯和丙烯，也包括丁烯、己烯、辛烯、异丁烯和其他单体)制成的聚合物(根据这一定义，苯乙烯制成的聚合物也可以算作聚烯烃)。"

从化学角度来看，苯乙烯聚合生成聚苯乙烯总是作为聚烯烃的一种，但其内容可能并不明显，这一点从教科书的目录中就可以看出来。通常，教科书中写作链式聚合、烯烃聚合或特定聚合机理，如自由基聚合[2,4-7]。事实上，Odian在各种不饱和单体的链式聚合表格中，就包括了苯乙烯聚合生成聚苯乙烯的内容，参见其教科书[2]第200页的表3-1。

从工程角度来看，普通聚烯烃，如HDPE、PP、LLDPE及其有关的共聚物［如聚乙烯-乙酸乙烯酯共聚物(EVA)］，占商业聚合物产量的50%~55%，而逐步聚合制备的聚合物［如聚对苯二甲酸乙二酯(PET)、尼龙和聚乳酸(PLA)］约占商业聚合物产量的20%[8]。相比之下，PS及其相关共聚物［如苯乙烯-丁二烯嵌段共聚物(SBC)］约占商业聚合物产量的10%，这的确是一个很大的比例。PS通常是通过自由基聚合法以本体、溶液或悬浮工艺合成的[2]。

然而，建立与生产目标和聚合物特性相匹配的商用PS工艺模型是一项具有挑战性的任务，这主要是因为存在大量生成的低聚物[9-11]。据我们所知，目前还没有任何公开的研究能显示如何将低聚物的形成过程定量地纳入PS的建模中。

聚(苯乙烯-丁二烯-苯乙烯)橡胶是一种重要的、采用离子聚合法合成的苯乙烯商用共聚物。特别是，SBS橡胶是使用活性有机锂引发剂进行大规模苯乙烯阴离子聚合的唯一实例。这与使用茂金属催化剂生产聚烯烃类似，后者表现出活性聚合的特性，关注PS的立构规整性也与立构规整性对PP的重要性有关。

因此，本章将涵盖自由基聚合和离子聚合以模拟PS和SBS橡胶的生产。第6.1节介绍具有凝胶效应和低聚物生成的聚苯乙烯生产过程模拟的例题。我们讲解了组分、低聚物和聚合物的表达和表征方法；适当热力学方法如何选择；基本性质参数的估算；聚苯乙烯自由基聚合、低聚物生成和共聚的动力学；具有多个进料口的工业搅拌釜式反应器的模拟以及聚合物产品分离和单体循环的模拟。第6.2节的例题介绍通过离子聚合生产聚(苯乙烯-丁二烯-苯乙烯)即SBS橡胶的模拟过程。我们讨论SBS橡胶的阴离子聚合动力学，以及模拟苯乙烯和丁二烯阴离子共聚生产SBS橡胶的间歇式和半间歇式反应器并使用模拟软件Aspen Polymers进行这项研究。本章还包含参考文献部分。

6.1 例题 6.1： 模拟聚苯乙烯反应器的凝胶效应和低聚物生成

6.1.1 目的

本例题扩展了第 4 章中介绍的自由基聚合的基础知识和实际应用。特别是，我们将展示如何处理凝胶效应（第 4.2.6 节）和利用聚合动力学描述低聚物生成。Aspen Polymers 有一个 PS 热引发本体聚合的范例[12]，其中包括凝胶效应。然而，当应用该模型模拟商业 PS 工艺时，我们发现计算出的质量平衡和聚合物特性与工厂数据不符。这是因为 Aspen Polymers PS 模型忽略了商业 PS 生产中大量形成的低聚物。本例题的目的之一就是根据参考文献[9-11]中公布的反应信息，展示模拟低聚物的细节。我们将介绍如何绘制低聚物的分子结构、如何生成功能基团以表征低聚物并估算其性质参数，以及如何定义相关的低聚物生成反应。我们还演示如何使用数据拟合工具估算相关动力学参数，以匹配 PS 生产率、*MWN* 和 *MWW* 的工厂数据。通过详细演示如何将低聚物生成纳入模拟中，使我们的工作有别于以往文献中对 PS 模拟的所有研究。

6.1.2 工艺流程

图 6.1 是生产通用聚苯乙烯（***General-purpose polystyrene***，***GPPS***）均聚物的三反应器系统商业化工艺的简化示意图。

该系统中，我们在 3 个串联反应器中看到了 2、3、3 的反应区排布。使用连续搅拌槽反应器（CSTR）模型来表示每个反应区。图 6.2 显示了反应器系统的 Aspen Polymers 模拟流程图，每个 CSTR 代表三个串联反应器中的一个反应区。我们将模拟文件保存为“***WS6.1_WithOligomer_BaseCase.bkp***”。在本例题中，请确保在完成每一个特定文件夹的输入后立即保存模拟文件。

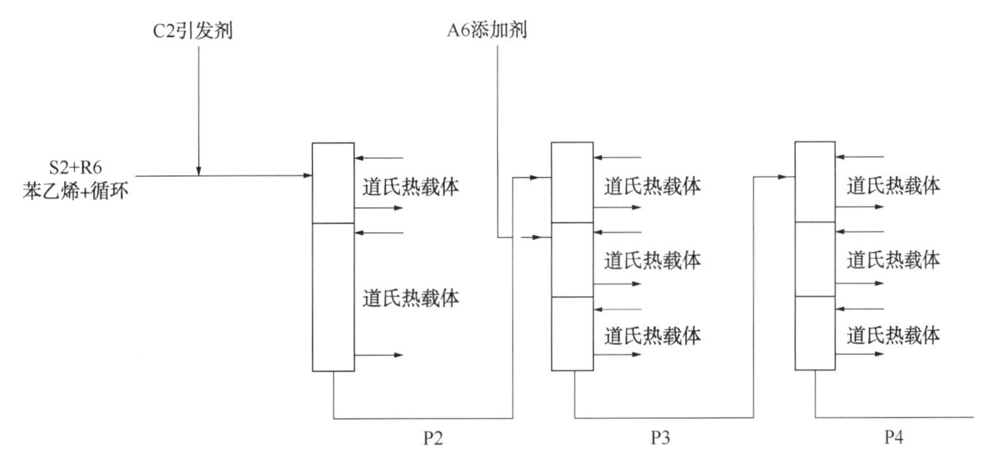

图 6.1 三反应器系统的聚苯乙烯工艺示意图

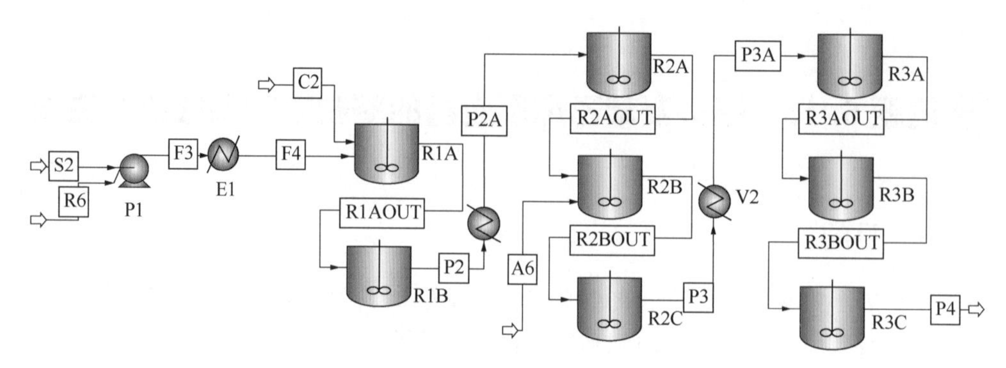

图 6.2　生产 GPSS 均聚物的三反应器系统模拟流程图

6.1.3　单位集、组分和聚合物属性

我们从 MET 系统中复制了大部分单位，定义了一个 METCMPA 单位集，温度单位用“℃”代表，压力单位用“MPa”代表，见图 6.3。

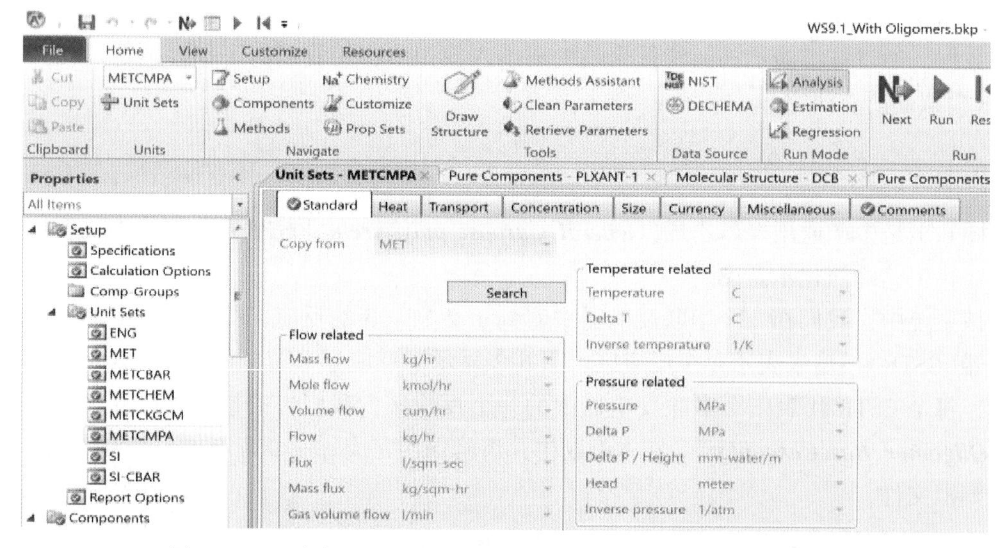

图 6.3　通过复制 MET 系统的大部分单位，定义 METCMPA 单位集

图 6.4 和图 6.5 显示了我们使用的企业数据库和组分，用于模拟 GPPS 和其他自由基聚合过程。

STY 和 STY-SEG 分别代表苯乙烯单体和苯乙烯链段(重复类型)。PS 是聚苯乙烯产品。INIT 是链引发剂，即二异丁基过氧化物(DTBP)，可从 Aspen 聚合物引发剂数据库中获取。CINIT 是辅助引发剂，是模型中激活热引发反应所需的假想成分[12]。我们使用 STY 表示 CINIT，并将进料中该物质的质量流量设为 0。EB(乙苯)和 DDM(正十二烷基硫醇)是链转移剂。INHIB 和 RETARDER 是阻聚剂，由 STY 表示。

图 6.6 显示了 STY-SEG 的定义，图 6.7 显示了自由基聚合中聚合物的属性和属性选择。

我们将在下一节介绍低聚物 DCB、1-苯基四氢萘(IPT)、环状三聚体(CT)和 ZO 的特性。

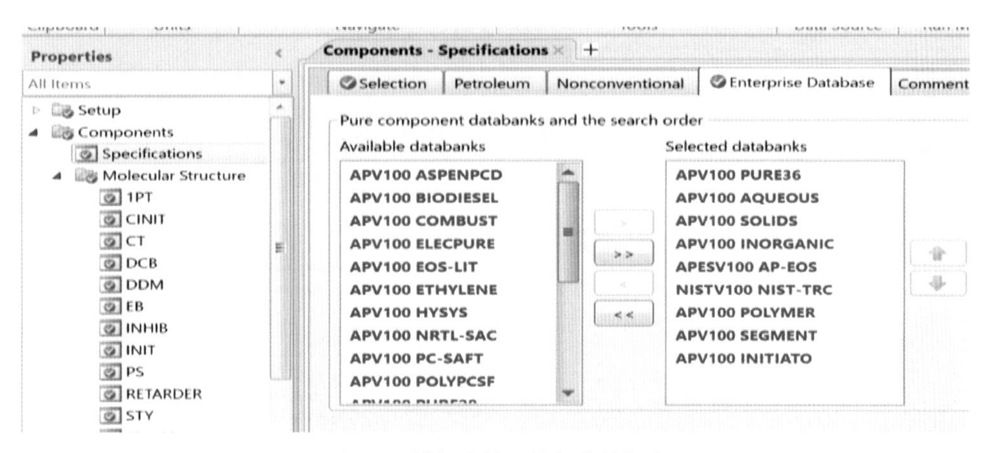

图 6.4　模拟中使用的部分数据库

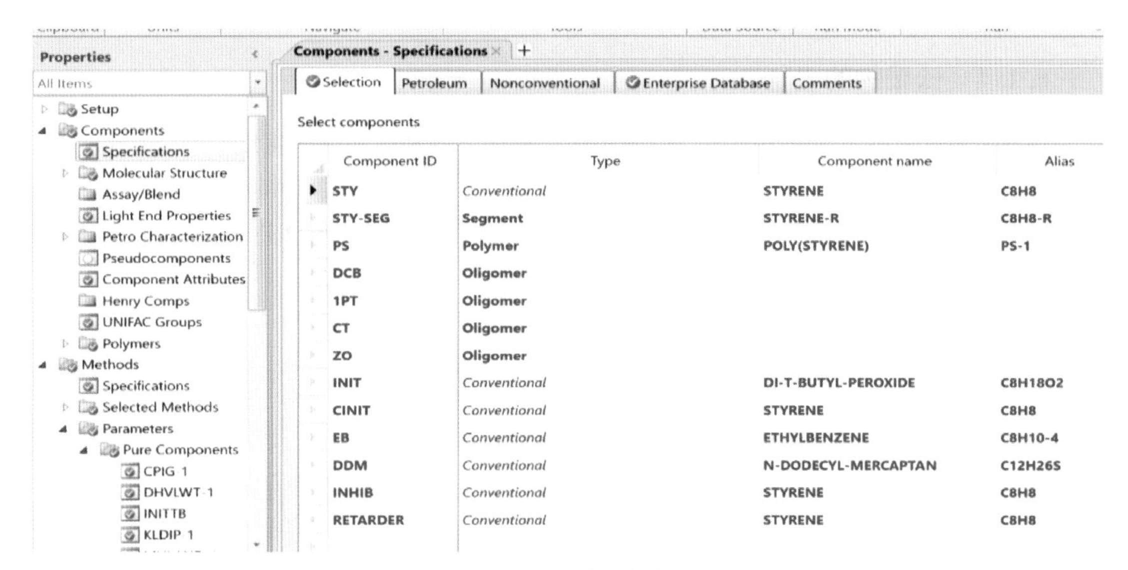

图 6.5　组分的规定

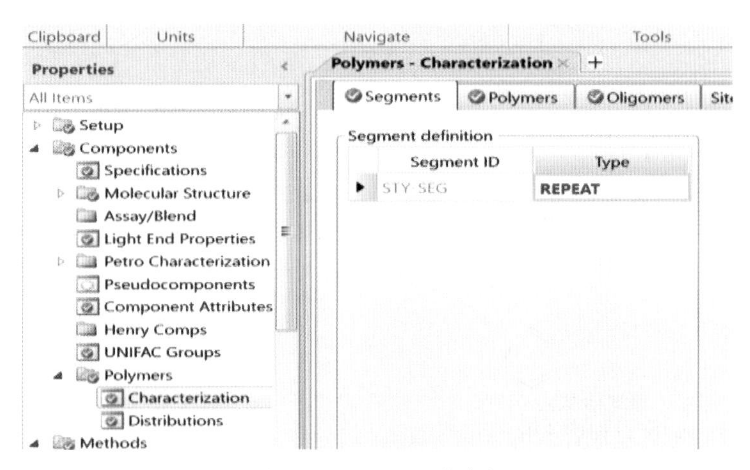

图 6.6　STY-SEG 的定义

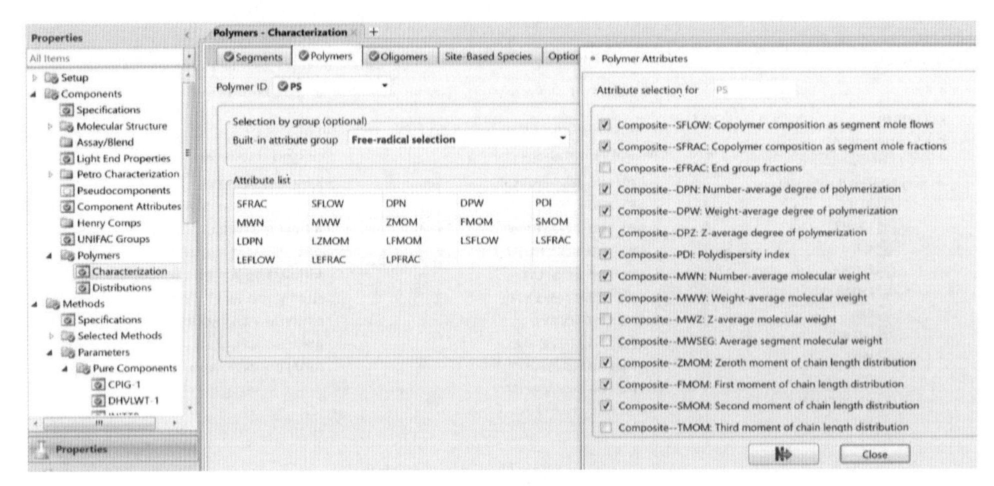

图 6.7　自由基聚合物属性选择

6.1.4　低聚物的表征

图 6.8 展示了参考文献[10, 11]中确定的四种低聚物和中间体的生成。Aspen Polymers 数据库中没有这些组分。下面我们将演示如何绘制分子结构、按原子和官能团描述结构以及估算模拟所需的物性参数。图 6.9(a)～图 6.9(d)显示了使用 Aspen Polymers 中的绘制工具绘制 1,2-二苯基环丁烷(DCB)分子结构的步骤。

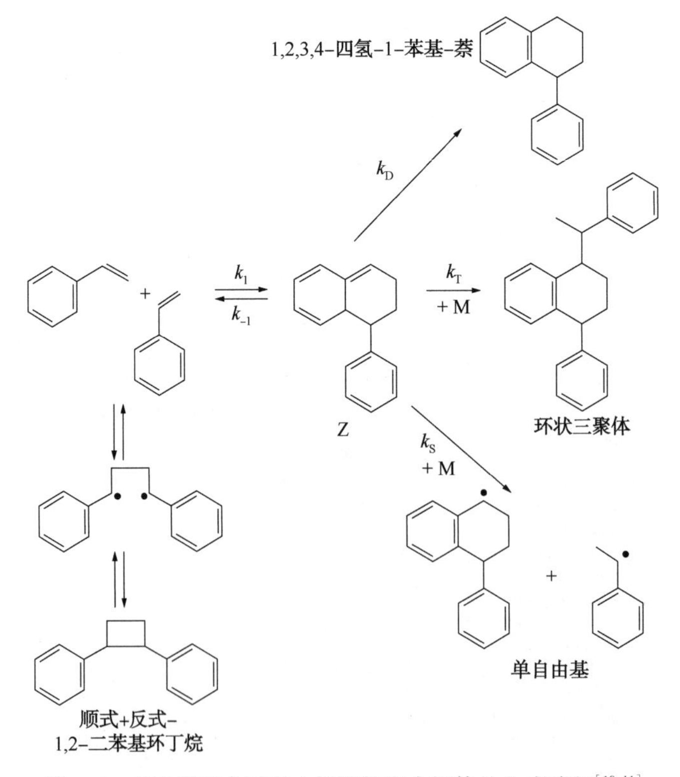

图 6.8　苯乙烯聚合过程中低聚物和中间体的生成路径[10,11]

我们将图 6.9(d) 中绘制的分子结构保存为分子文件“**DCB. mol**”，并关闭绘图窗口[注：在第 4.4.3 节图 4.18、图 4.19(a) 和图 4.19(b) 中，我们演示了如何搜索 Aspen Polymers 数据库中没有，但互联网上可能有的组分分子文件“ *. mol”。如果可以找到，我们可以下载“ *. mol”并直接导入 Aspen Polymers。这将省去图 6.9(a)~图 6.9(d) 所示的步骤，从而节省时间]。接下来，我们将看到“Calculate Bonds”按钮，如图 6.9(e) 所示。

点击“Calculate Bonds”按钮后，Aspen Polymers 将自动完成“General”结构文件夹和“Functional Group”文件夹。图 6.9(f) 显示了一般结构。

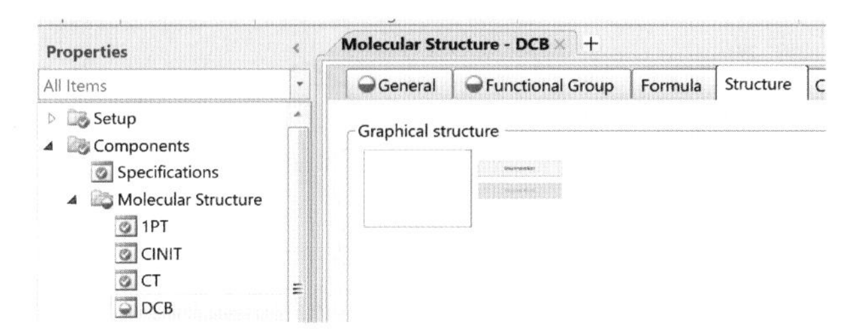

图 6-9(a)　在 DCB 分子结构窗口中点击“Draw/Import/Edit”按钮绘制结构图

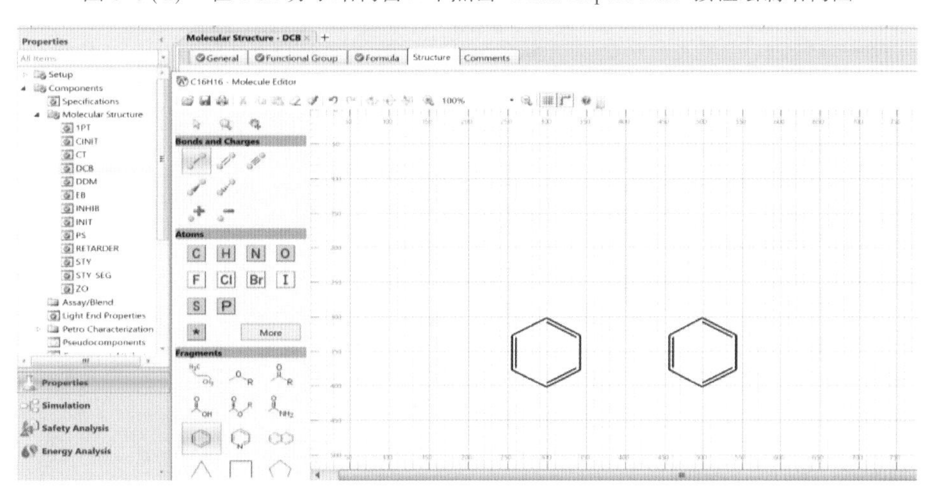

图 6-9(b)　绘制 DCB 结构图的第 1 步：在片段库中点击苯环并在绘图板上粘贴两次，然后取消片段中的苯环

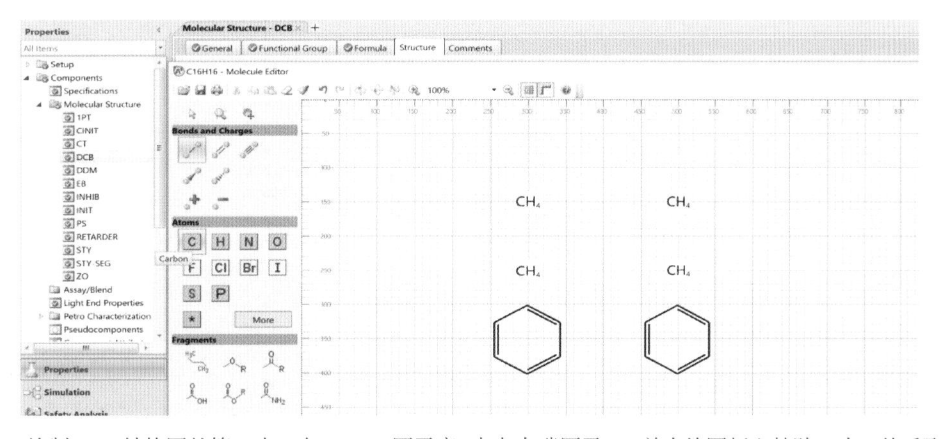

图 6-9(c)　绘制 DCB 结构图的第 2 步：在 Atoms(原子库) 中点击碳原子“C”并在绘图板上粘贴四次，然后取消碳原子

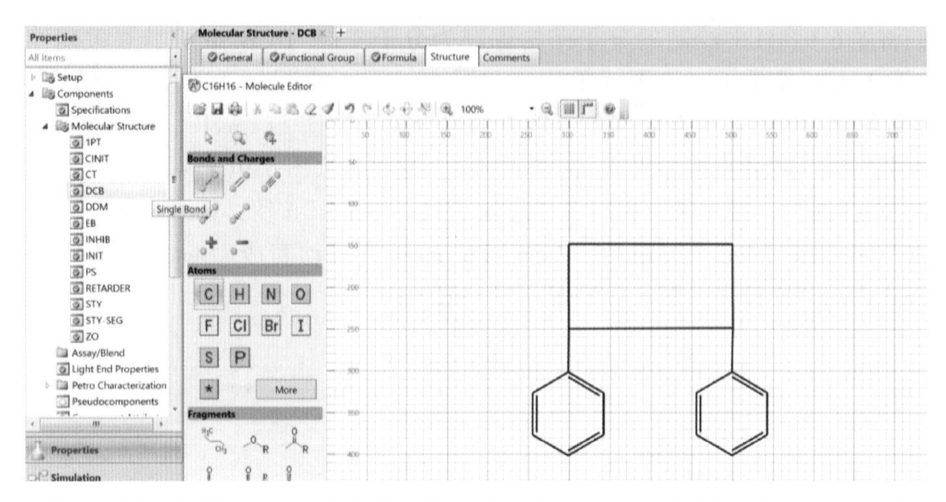

图 6-9(d)　绘制 DCB 结构图的第 3 步：在“Bonds and Charges”中单击“Single Bonds”在绘图板上用直线连接碳原子六次，然后取消单键

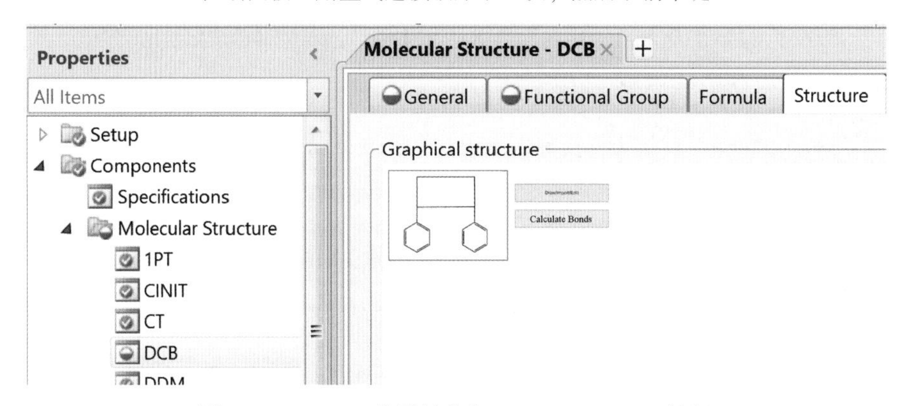

图 6-9(e)　DCB 分子结构和“Calculate Bonds”按钮

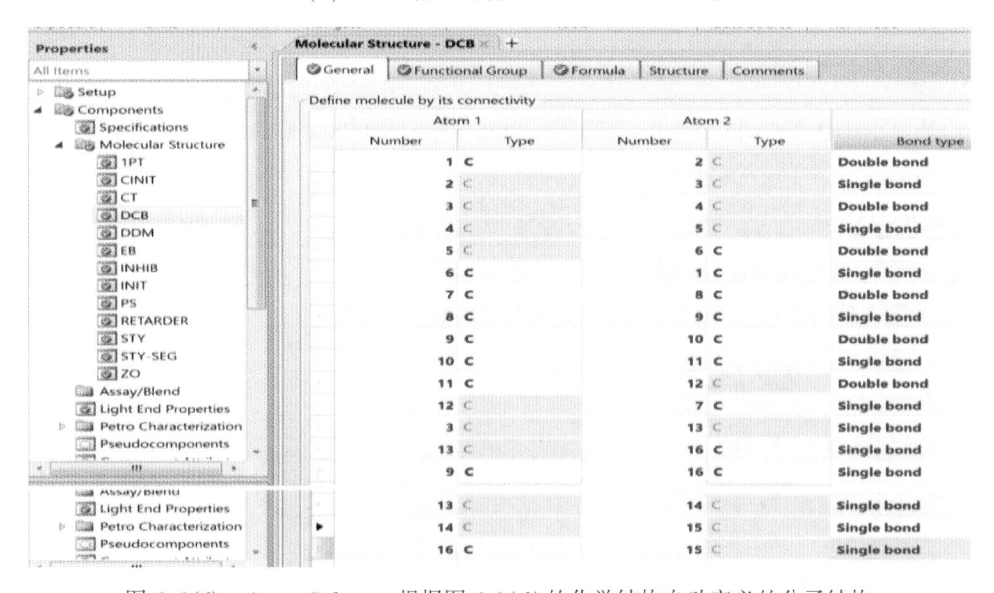

Atom 1 Number	Atom 1 Type	Atom 2 Number	Atom 2 Type	Bond type
1	C	2	C	Double bond
2	C	3	C	Single bond
3	C	4	C	Double bond
4	C	5	C	Single bond
5	C	6	C	Double bond
6	C	1	C	Single bond
7	C	8	C	Double bond
8	C	9	C	Single bond
9	C	10	C	Double bond
10	C	11	C	Single bond
11	C	12	C	Double bond
12	C	7	C	Single bond
3	C	13	C	Single bond
13	C	16	C	Single bond
9	C	16	C	Single bond
13	C	14	C	Single bond
14	C	15	C	Single bond
16	C	15	C	Single bond

图 6-9(f)　Aspen Polymers 根据图 6.9(d)的化学结构自动定义的分子结构

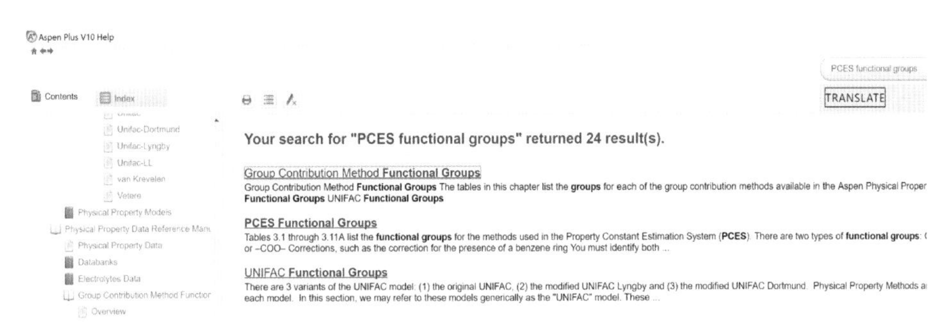

图 6-9(g) “PCES 官能团”的搜索结果

我们用 DCB 表示 1,2-二苯基环丁烷，1PT 表示 1-苯基四氢萘，ZO(图中用 Z 代替)表示二聚体(中间体)，CT 表示环状三聚体。

为了理解图 6.9(f)中的原子序数和连接性，我们注意到从原子 1 到原子 6，以及从原子 7 到原子 12，每个连接性都代表了一种苯结构。Aspen Polymers 指定了顺时针方向 360°的苯结构，顶部的碳原子和底部的碳原子分别占据 0°和 180°的位置。对于两个相连的苯环，第一个原子在 240°的位置。

根据图 6.9(d)中显示的分子结构，Aspen Polymers 还会自动指定该结构的 UNIFAC 和 JOBACK 官能团序号，以便 PCES(物理常数估算系统)估算该结构所需的物性参数。要了解 UNIFAC 和 JOBACK 官能团的详细信息，我们可以搜索官能团序号，按以下路径进行：Aspen Polymers→Help→探索“PCES functional groups”→Results，显示 PCES 官能团和 UNIFAC 官能团，如图 6.9(g)所示。Aspen Polymers 在线帮助中“PCES 官能团”标题下的表 3.5 列出了 JOBACK 官能团的序号，Aspen Polymers 在线帮助中“PCES 官能团”标题下的表 3.12 指定了 UNIFAC 官能团的序号。

我们在表 6.1 中总结了四种低聚物的 UNIFAC 和 JOBACK 官能团数目。还在图 6.10(a)~图 6.10(c)中展示了 1PT(1-苯基四氢萘素)、ZO(二聚体)和 CT(环状三聚体)的分子结构。由于 Aspen Polymers 数据库中的 UNIFAC 官能团数量最多，因此两个不同的 UNIFAC 官能团序号组合可能会代表相同的分子结构。例如，Aspen Polymers 使用 UNIFAC 官能团 1050(C ═C)而不是表 6.1 中的官能团 1005(>CH—)和 1100($>CH_2$)来表示 ZO(二聚体)。换句话说，正确列出官能团序号并不是唯一的。只要我们绘制了正确的分子结构，就可以简单地让 Aspen Polymers 定义给定分子的官能团组合。

表 6.1 低聚物分子结构中 UNIFAC 和 JOBACK 官能团的数目

官能团	>CH—	═C<	—CH_3	>CH_2	═CH—
UNIFAC 序号	1005	1010	1015	1100	1105
JOBACK 序号	111	114	100	110	113
分子结构中的官能团数量					
DDB	2	2		2	10
1PT	1	3		3	9
ZO	1	2		2	10
CT	3	2	1	4	14

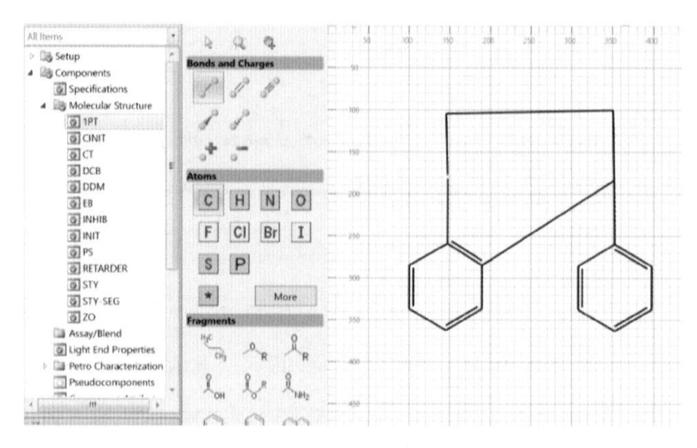

图 6.10(a) 1PT(1-苯基四氢萘)的分子结构

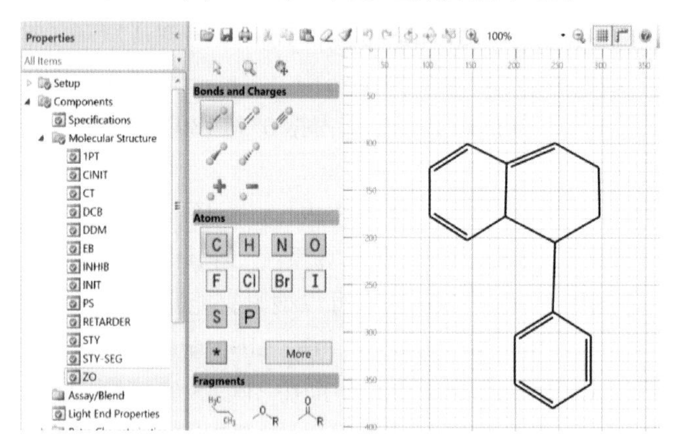

图 6.10(b) ZO 的分子结构(二聚体)

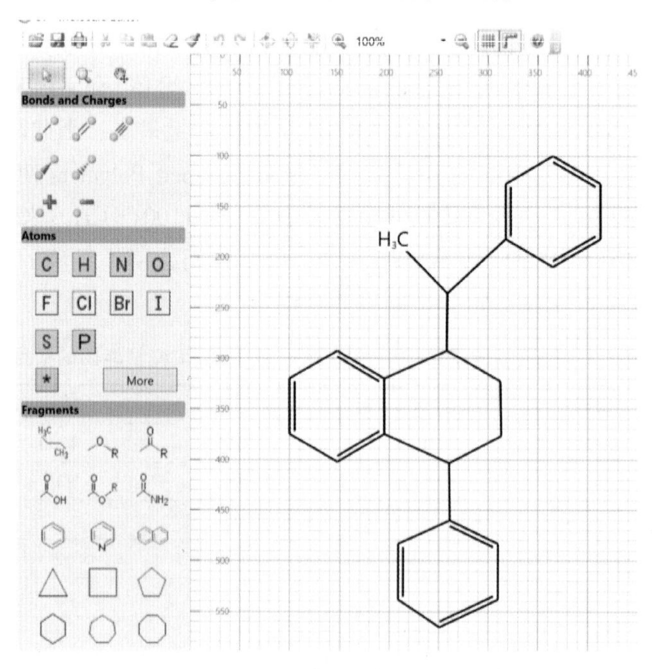

图 6.10(c) CT 的分子结构(环状三聚体)

6.1.5 热力学模型和组分、低聚物的物性参数

我们选择 POLYNRTL 热力学方法(见第 2.1 节和表 4.3)来计算模拟 PS 过程，见图 6.11。

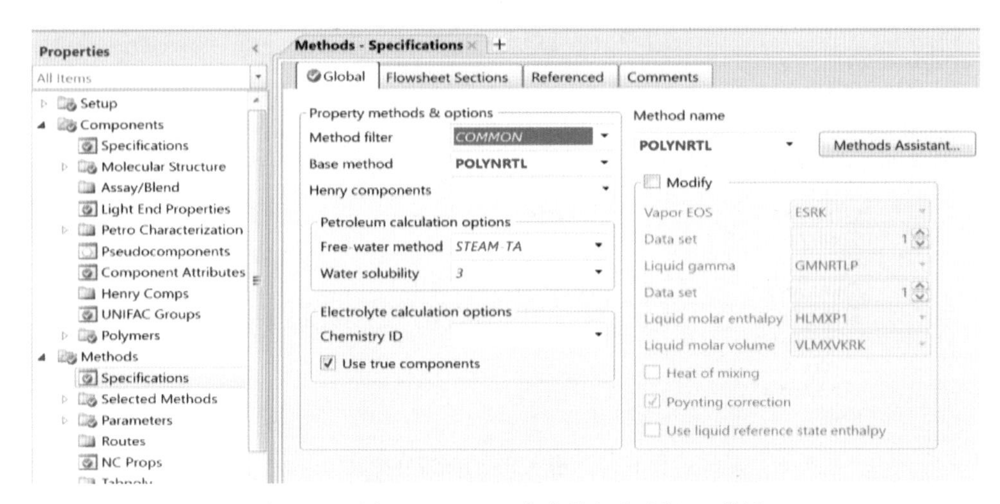

图 6.11 选择 POLYNRTL 热力学方法进行 PS 模拟

根据参考文献[10，11]，我们为低聚物输入以下纯组分参数，按以下路径进行：Properties→Methods→Parameters→Pure Components→New→Scalar→组分名从 Pure-1 变为 Oligomer，输入数值如图 6.12 所示。

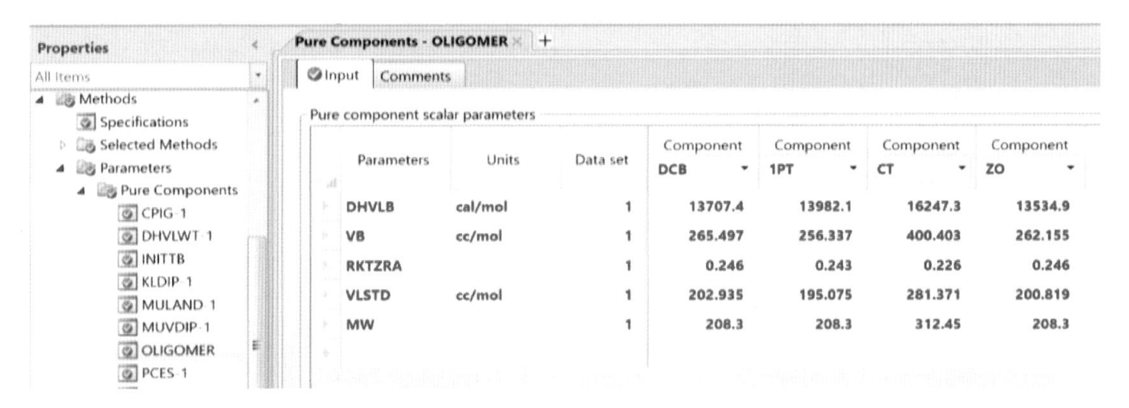

图 6.12 输入低聚物的纯组分参数：DHVLB(沸点时的汽化焓)、VB(沸点时的液体摩尔体积)、RKTZRA(Rackett 液体摩尔体积模型参数)、VLSTD(60°F 时的标准液体摩尔体积)和 MW(分子量)

按照与图 6.12 相同的步骤，我们为 PS 输入纯组分参数，如图 6.13 所示。

接下来，我们假设引发剂 INIT 具有较高的沸点。Aspen 聚合物数据库中没有引发剂 1,1-(二叔丁基过氧化物)环己烷(CAS 编号为 3006-86-8，分子量为 260.37)。我们用已知的引发剂 DTBP 来近似 INIT，但必须输入 INIT 的真实分子量 260.27。参见图 6.14。

为确保 PS 不会汽化并保持液相状态，我们将 PS 的液相蒸气压力关联式 PLXANT-1 中与温度有关的第一个参数设置为较大的负数，如-40。这使得 PS 的蒸气压极小(4.24×10^{-23} Bar)[13]。为此，我们遵循以下路径：Properties→Methods→Parameters→Pure Components→

New→T-dependent correlation→liquid vapor pressure→PLXANT-1→使用缺省名：PLXANT-1，输入数值如图 6.15 所示。

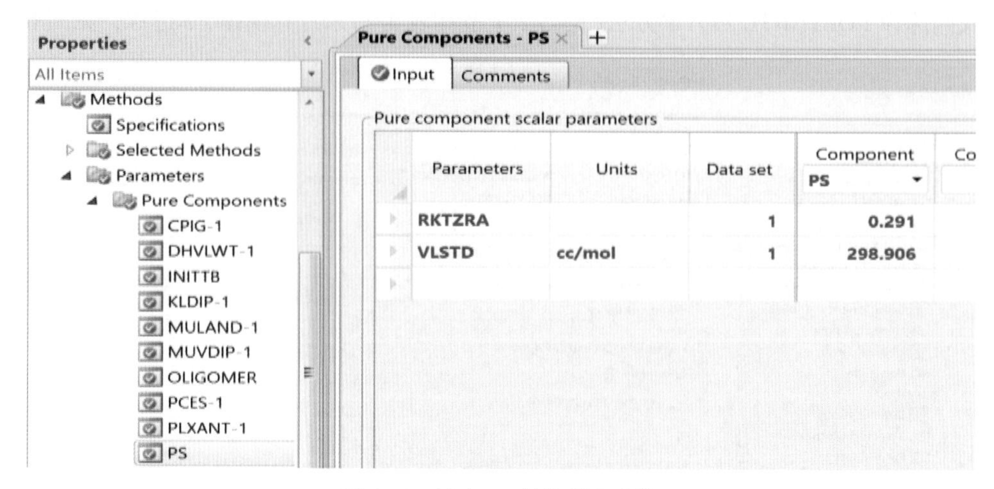

图 6.13　输入 PS 的纯组分参数

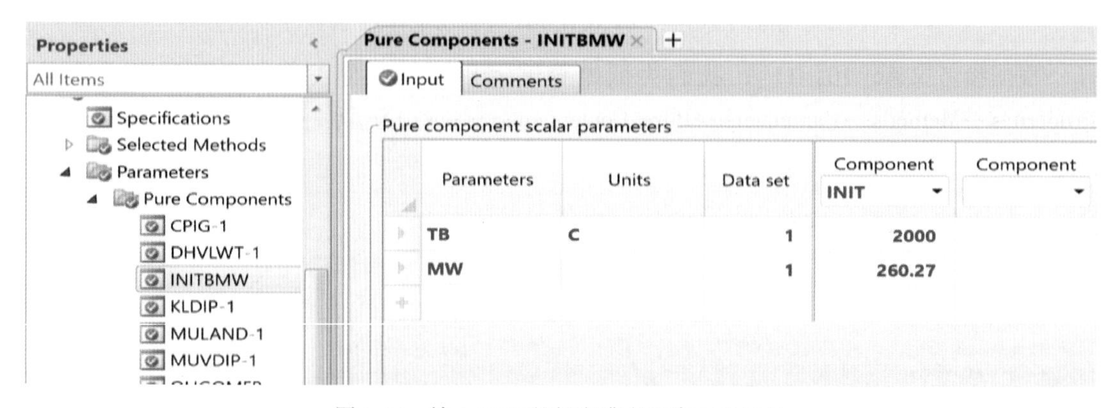

图 6.14　输入 INIT 的假定沸点和真实分子量

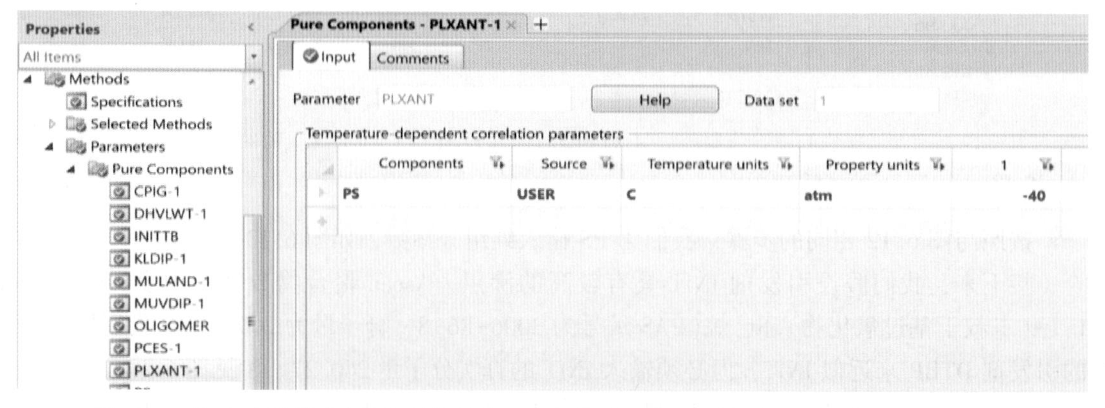

图 6.15　将 PS 的液体蒸气压相关性的第一个参数设置为-40 的大负数，以确保 PS 不汽化。点击“Help”将显示带参数的液体蒸气压扩展的 Antoine 方程的详细信息

我们按照以下路径输入 PS 的 Andrade 液体黏度相关参数：Properties→Methods→Parameters→Pure Components→New→T-dependent correlation→liquid viscosity→MULAND-1→使用缺省名：MULAND-1，输入参数值如图 6.16 所示[12]。

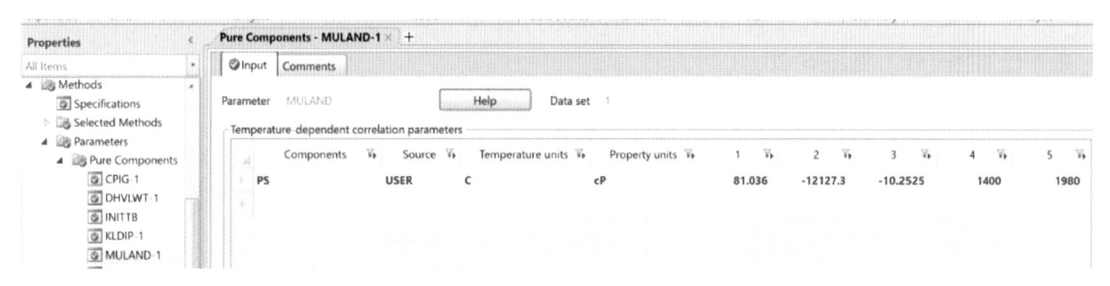

图 6.16　输入 PS 的 Andrade 液体黏度相关参数值[12]

接下来，我们通过使用 SEG-STY 和 STY 组分对的值输入低聚物的 NRTL 二元相互作用参数，参见图 6.17。

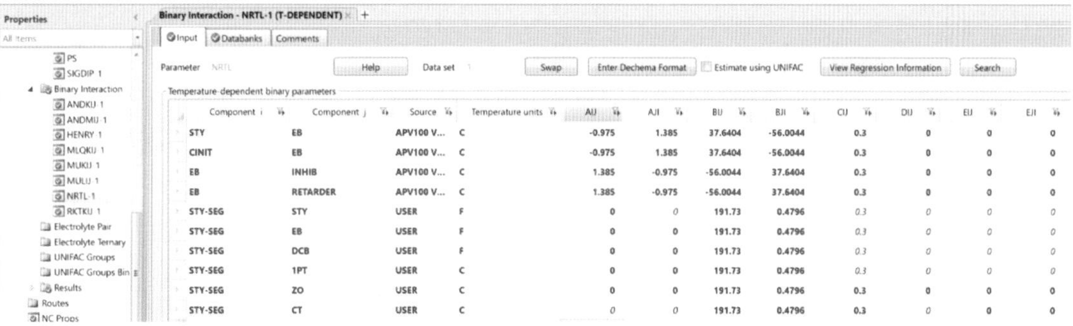

Component i	Component j	Source	Temperature units	AIJ	AJI	BIJ	BJI	CIJ	DIJ	EIJ	EJI
STY	EB	APV100 V...	C	-0.975	1.385	37.6404	-56.0044	0.3	0	0	0
CINIT	EB	APV100 V...	C	-0.975	1.385	37.6404	-56.0044	0.3	0	0	0
EB	INHIB	APV100 V...	C	1.385	-0.975	-56.0044	37.6404	0.3	0	0	0
EB	RETARDER	APV100 V...	C	1.385	-0.975	-56.0044	37.6404	0.3	0	0	0
STY-SEG	STY	USER	F	0	0	191.73	0.4796	0.3	0	0	0
STY-SEG	EB	USER	F	0	0	191.73	0.4796	0.3	0	0	0
STY-SEG	DCB	USER	F	0	0	191.73	0.4796	0.3	0	0	0
STY-SEG	1PT	USER	C	0	0	191.73	0.4796	0.3	0	0	0
STY-SEG	ZO	USER	C	0	0	191.73	0.4796	0.3	0	0	0
STY-SEG	CT	USER	C	0	0	191.73	0.4796	0.3	0	0	0

图 6.17　输入低聚物的 NRTL 二元相互作用参数值

6.1.6　用于估算低聚物的物性参数的 PCES(物性参数估算系统)

根据第 6.1.4 节中定义的低聚物分子结构，我们使用 PCES 估计缺失的物性参数，见图 6.18。

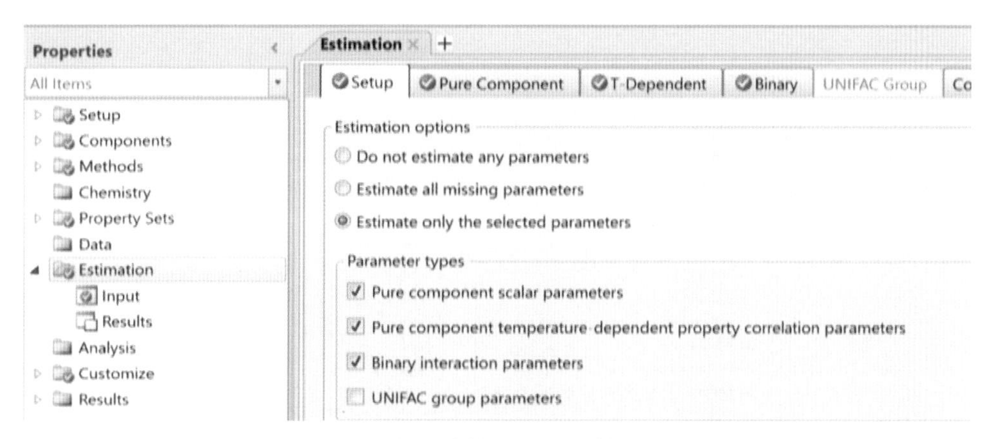

图 6.18　缺失物性参数的选定及估算方法的规定

图 6.19 说明了如何使用 Joback 方法估算低聚物的标量参数 T_C(临界温度)。我们用同样的方法估算了 P_C(临界压力)、V_C(临界体积)、*DHFORM*(25℃时理想气体的标准形成焓)、*DGFORM*(25℃时理想气体的标准 Gibbs 生成自由能)和 T_B(正常沸点)。还可以通过选择参数的定义[DEFINITI(定义法)],来估算这些标量参数,例如 *OMEGA*(偏心因子)和 Z_C(临界压缩因子)。见图 6.20。

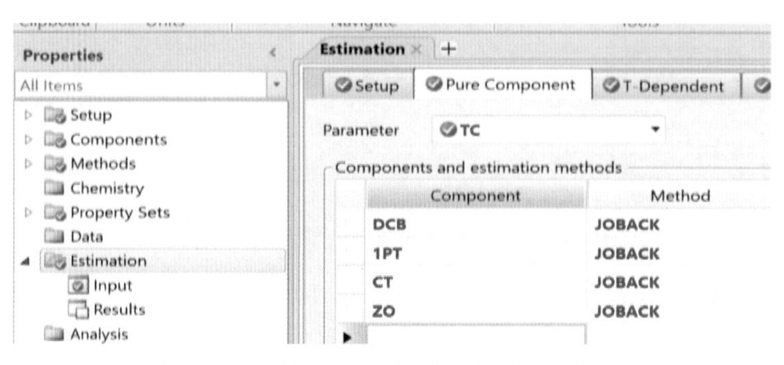

图 6.19 低聚物 T_C(临界温度)估算的规定

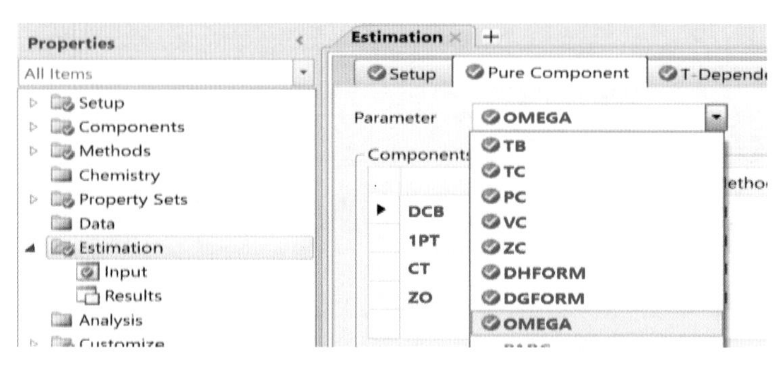

图 6.20 低聚物纯组分物性参数的估算

我们估算了与温度相关的诸多参数,包括,CPIG(理想气体比热容,Joback 法)、PL(液体蒸气压,Riedel 法)、DHVL(汽化焓,定义法)、MUV(蒸汽黏度,Reichenberg 法)、MUL(液体黏度,Orrick-Erbar 法)、KL(液体热导率,Sato-Riedel 法)和 Sigma(表面张力,Brook-Bird 法)。见图 6.21。

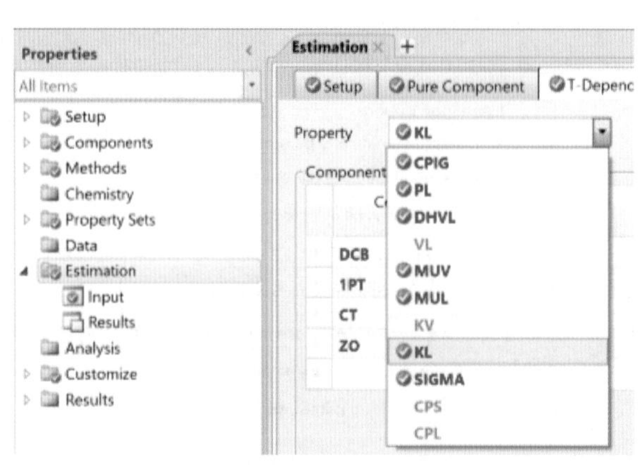

图 6.21 随温度变化的低聚物物性参数的估计

最后，我们使用 UNIFAC 方法估算了未知的二元交互作用参数，见图 6.22。

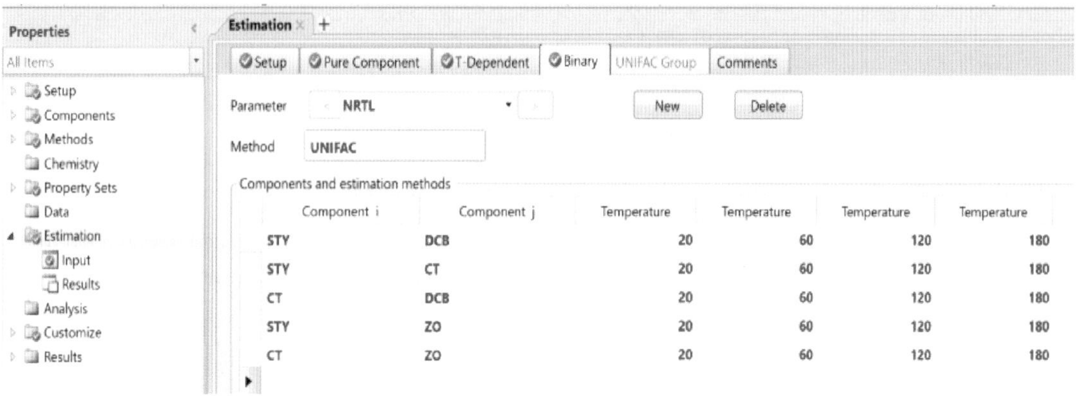

Parameter: NRTL　Method: UNIFAC

Components and estimation methods

Component i	Component j	Temperature	Temperature	Temperature	Temperature
STY	DCB	20	60	120	180
STY	CT	20	60	120	180
CT	DCB	20	60	120	180
STY	ZO	20	60	120	180
CT	ZO	20	60	120	180

图 6.22　使用 UNIFAC 方法估算 NRTL 二元交互作用参数

6.1.7　定义自由基反应和低聚物生成反应

图 6.23 显示了 INIT 或 DTBP 的分子结构。引发剂分解反应会断裂两个氧原子之间的键，产生两个自由基。

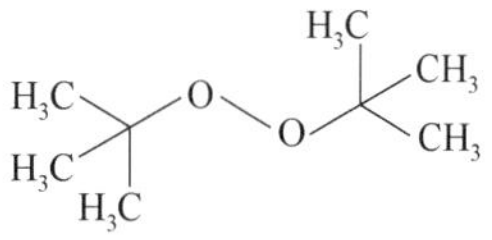

根据表 4.4，我们在表 6.2 中总结了与 PS 模拟相关的自由基聚合反应。在不添加阻聚剂的情况下，我们可以将阻聚反应速率常数的指前因子设为 0。

图 6.23　引发剂分解时两个氧原子之间的键断裂，产生一对自由基

表 6.2　PS 模拟的自由基聚合反应

基元反应	表达方式	说明
引发剂分解	引发剂→自由基 INIT→εnR*+aA+bB (该引发剂无副产物 A 和 B)	ε 是分解效率，通常假定为 0.8。 我们的 INIT 或 DTBP(二叔丁基过氧化物)会产生两个自由基($n=2$)
特殊(热)引发	单体+助引发剂→生长单体 STY+CINIT→P1[STY-SEG]	P1[STY-SEG]是长度为 1 的聚合物生长链，具有活性 STY 链段。热引发反应速率与单体浓度的三次方成正比[4]
链引发	单体+自由基→活性或成长中单体 STY+R*→P1[STY]	
链增长	聚合物活性链+单体→聚合物活性链 P_n[STY]+STY→P_{n+1}[STY]	P_n[STY]是长度为 n 的聚合物活性链，具有一个活性的 STY 链段
链转移至单体	聚合物活性链+单体→死链+活性单体 P_n[STY]+STY→D_n+R*	D_n 是指长度为 n 的聚合物死链，其上不附带自由基
链转移至链转移剂	聚合物活性链+转移剂→死链+活性单体 P_n[STY]+A→D_n+R*	A 代表链转移剂

续表

基元反应	表达方式	说明
偶合终止	聚合物活性链 P_m+增长聚合物链 P_n→聚合物死链 P_n[STY]+P_m[STY]→D_{n+m}	
阻聚反应	聚合物活性链+阻聚剂→聚合物死链 P_n[STY]+X→D_n	

要在 Aspen Polymers 中生成表 6.2 的这些反应，请遵循以下路径：Reactions→New：R-1 FREE-RAD type→OK，请参见图 6.24~图 6.29。根据图 6.25 中定义的物种，点击如图 6.26 中显示的“Generate Reactions”按钮，Aspen Polymers 会自动生成图 6.26 中的 10 个反应。在本次模拟中，我们删除了反应 8(歧化终止)和反应 10(阻聚反应)，结果如图 6.27 所示。对于图 6.28 中的反应速率常数，我们使用参考文献[6]中的反应速率常数的指前因子和活化能作为初始值。对于引发剂分解速率的参数，我们也可以根据第 4.4.6 节和图 4.25(a)、图 4.25(b)检索到与 Aspen Polymers 引发剂数据库[14]相同的值，如图 6.28 所示。为了计算反应，我们没有采用准稳态近似的假设；对于反应 2，我们指定了(热)引发反应速率(见第 4.2.2 节)与单体浓度存在三次幂的依赖性[9]。在图 6.29 展示了这两个方面的情况。

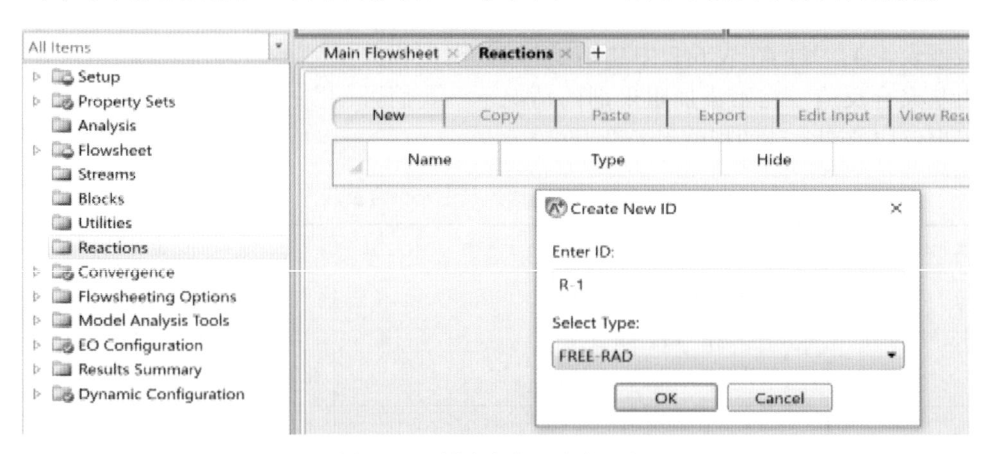

图 6.24　创建自由基聚合反应

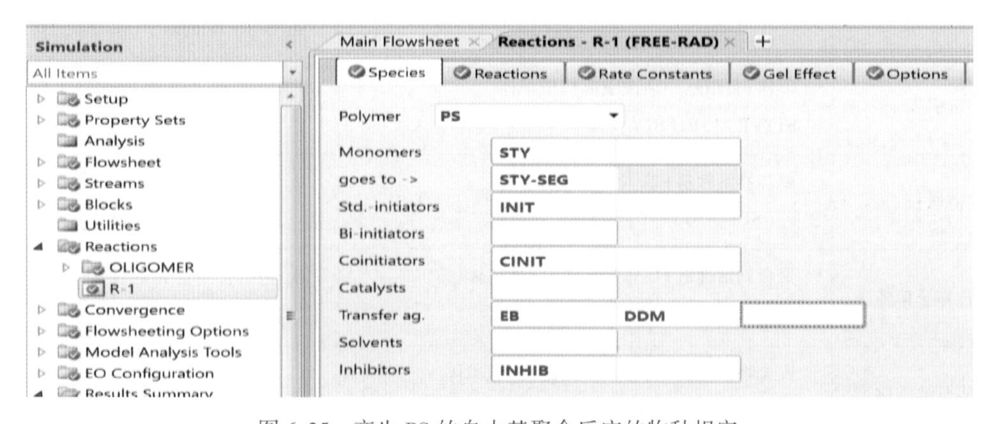

图 6.25　产生 PS 的自由基聚合反应的物种规定

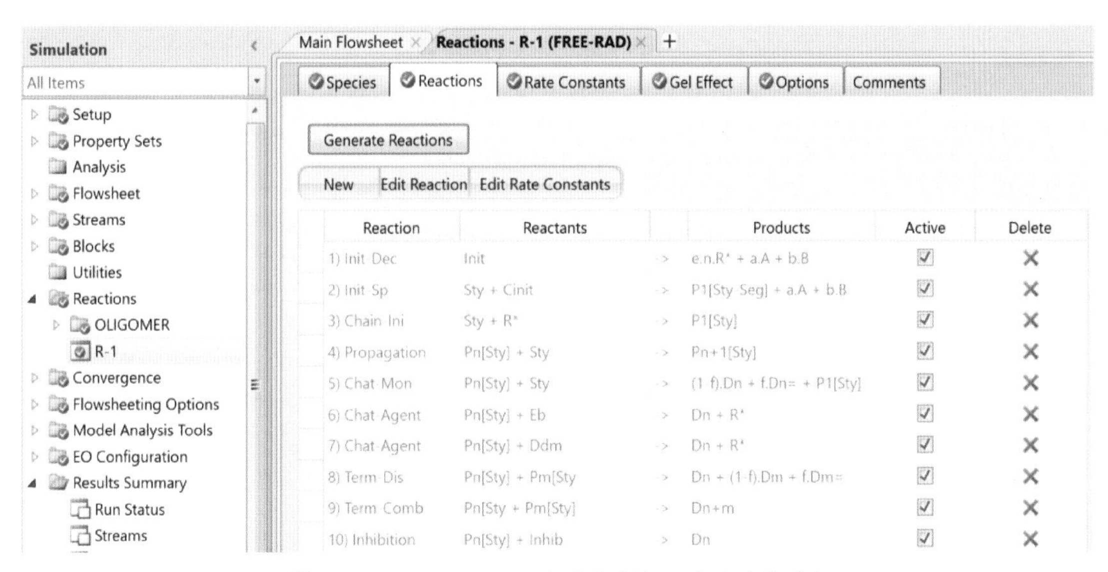

Reaction	Reactants		Products	Active	Delete
1) Init-Dec	Init	->	e.n.R* + a.A + b.B	☑	✕
2) Init-Sp	Sty + Cinit	->	P1[Sty-Seg] + a.A + b.B	☑	✕
3) Chain-Ini	Sty + R*	->	P1[Sty]	☑	✕
4) Propagation	Pn[Sty] + Sty	->	Pn+1[Sty]	☑	✕
5) Chat-Mon	Pn[Sty] + Sty	->	(1-f).Dn + f.Dn= + P1[Sty]	☑	✕
6) Chat-Agent	Pn[Sty] + Eb	->	Dn + R*	☑	✕
7) Chat-Agent	Pn[Sty] + Ddm	->	Dn + R*	☑	✕
8) Term-Dis	Pn[Sty] + Pm[Sty	->	Dn + (1-f).Dm + f.Dm=	☑	✕
9) Term-Comb	Pn[Sty + Pm[Sty]	->	Dn+m	☑	✕
10) Inhibition	Pn[Sty] + Inhib	->	Dn	☑	✕

图 6.26　Aspen Polymers 自动生成的 10 个自由基反应

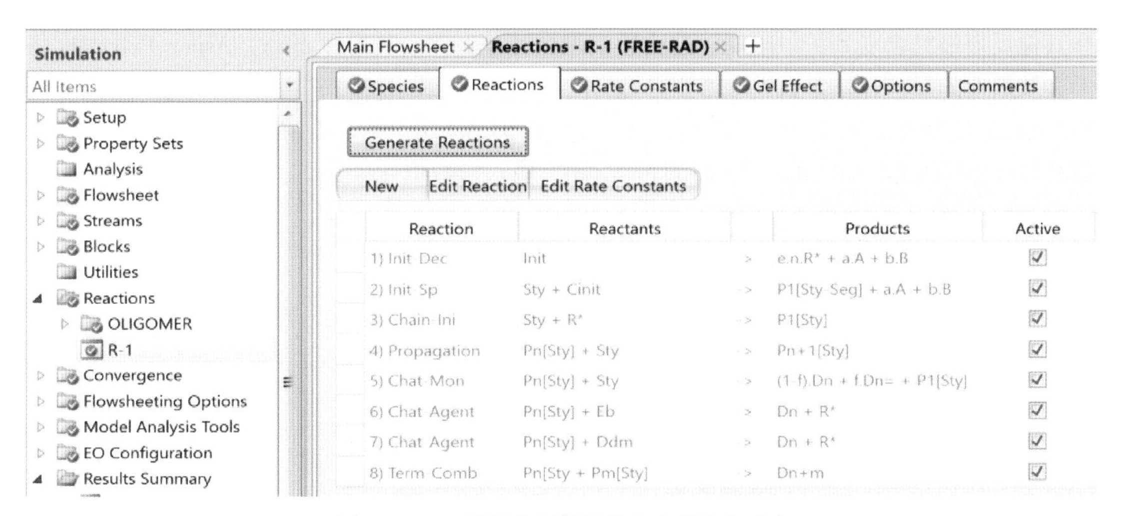

Reaction	Reactants		Products	Active
1) Init-Dec	Init	->	e.n.R* + a.A + b.B	☑
2) Init-Sp	Sty + Cinit	->	P1[Sty-Seg] + a.A + b.B	☑
3) Chain-Ini	Sty + R*	->	P1[Sty]	☑
4) Propagation	Pn[Sty] + Sty	->	Pn+1[Sty]	☑
5) Chat-Mon	Pn[Sty] + Sty	->	(1-f).Dn + f.Dn= + P1[Sty]	☑
6) Chat-Agent	Pn[Sty] + Eb	->	Dn + R*	☑
7) Chat-Agent	Pn[Sty] + Ddm	->	Dn + R*	☑
8) Term-Comb	Pn[Sty + Pm[Sty]	->	Dn+m	☑

图 6.27　PS 模拟案例的最终自由基聚合反应

Type	Comp 1	Comp 2	Pre-Exp 1/hr	Act-Energy cal/mol	Act-Volume cc/mol	Ref. Temp C	No. Rads [n]	TDB fraction [f]	Gel Effect	Efficiency [e]	Efficiency Gel Effect
INIT-DEC	INIT		1.36458e-05	36653	0		2		0	0.8	0
INIT-SP	STY	CINIT	1.5768e+09	27419.5	0				0		
CHAIN-INI	STY		3.7836e+10	7062.67	0				0		
PROPAGATION	STY	STY	1.3411e+09	7062.67	0				0		
CHAT-MON	STY	STY	200000	12663.6	0			1	0		
CHAT-AGENT	STY	EB	2.33411e+07	7067.45	0				0		
CHAT-AGENT	STY	DDM	500000	7067.45	0				0		
TERM-COMB	STY	STY	5e+07	1675.98	0				0		

图 6.28　指前因子和活化能的初始值以及自由基数目和引发剂分解效率[9]

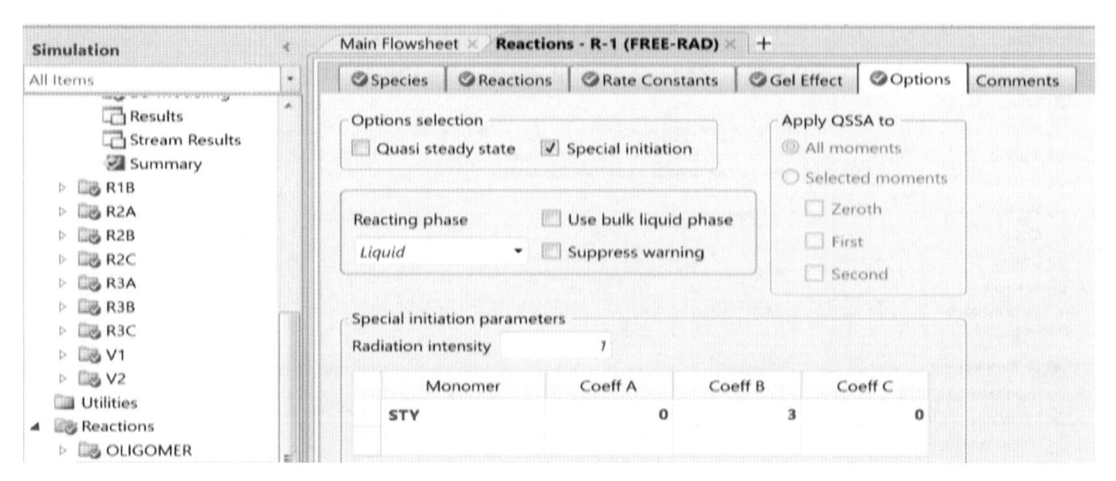

图 6.29 不采取拟稳态假设，并假定特殊(热)引发速率对单体浓度三次幂的依赖性(Coeff B=3)

接下来，我们考虑凝胶效应对自由基聚合反应和由此产生的聚合物分子量的影响。具体来说，随着单体向 PS 的转化率的增加，液态反应混合物的黏度也会继续增加。终止反应和其他反应最终会受到扩散限制。这会影响聚合速率和聚合物分子量[2]。Aspen Polymers 将无凝胶效应的反应速率常数 k 乘修正系数 GF，得出有效反应速率常数 k_{eff}，并给出了 GF 与转化率 Xp 的两个关联式。我们使用关联式 2，借助 Aspen Polymers 在线帮助，并按照以下路径：Help→搜索“Gel effect”→correlation two，输入参数值 $a_1 \sim a_{10}$。

关联式 2：$k_{eff}=k\times GF$。

$GF=\{[A/(1-a_9X_p)]\exp[-(BX_p+CX_p^{\ 2}+DX_p^{\ 3})]\}a_{10}$

这里，$A=a_1+a_2T$；$B=a_3+a_4T$；$C=a_5+a_6T$；$D=a_7+a_8T$。

图 6.30 显示了参数 $a_1 \sim a_{10}$的推荐值[3,6]。

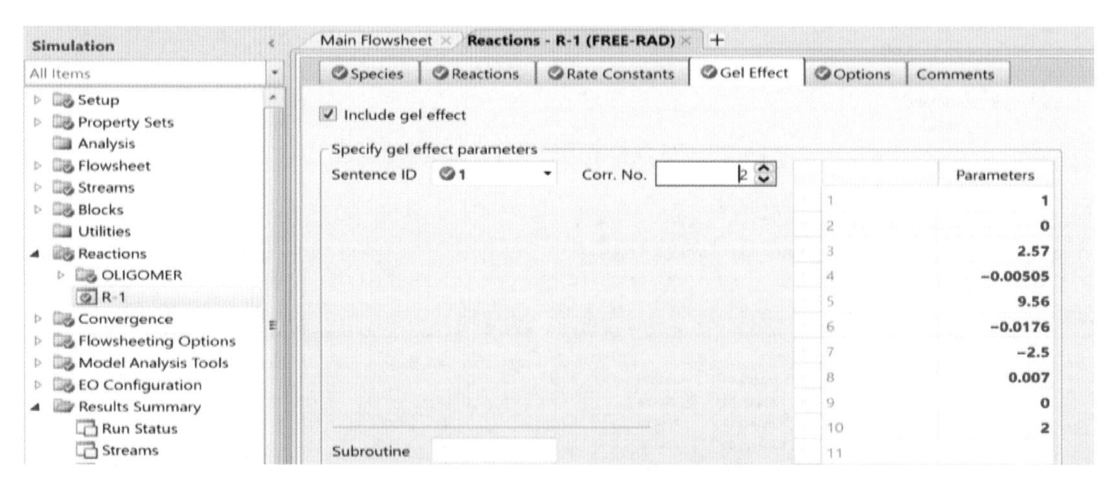

	Parameters
1	1
2	0
3	2.57
4	-0.00505
5	9.56
6	-0.0176
7	-2.5
8	0.007
9	0
10	2
11	

图 6.30 输入凝胶效应关联式 2 的参数值

最后，定义低聚物生成反应。我们指定了一个幂律类型，并将反应命名为低聚物(见图 6.31)，然后定义了第一个反应的动力学，2STY→DCB，按照在表 6.3 中的反应信息，定量化其动力学。参见图6.32~图6.34。假定低聚物6号反应的指前因子为0，表示我们忽略该反应。

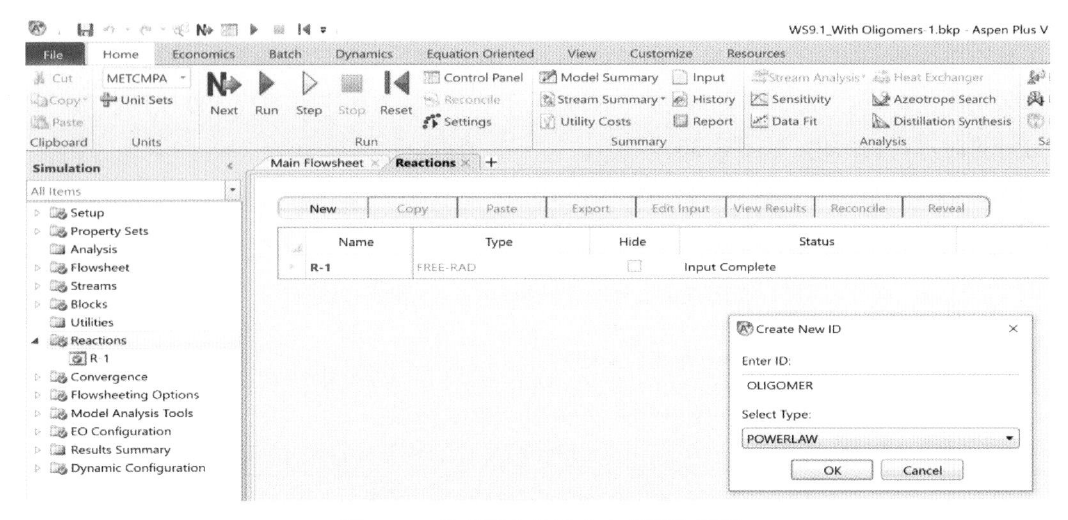

图 6.31　为低聚物的反应定义幂律类型

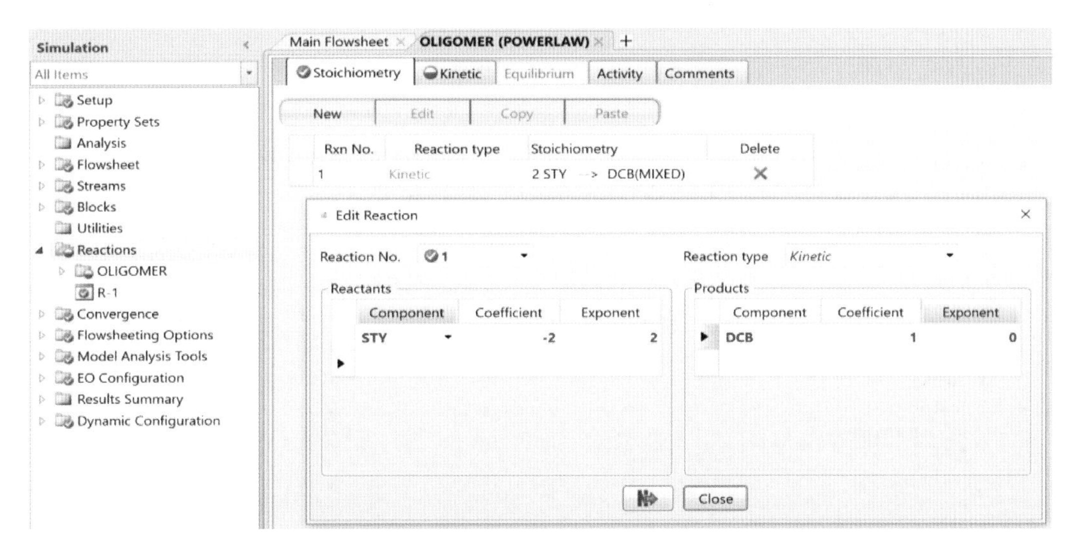

图 6.32　低聚物反应1的化学计量关系

表 6.3　六种低聚物反应规定[9,10]

反应序号	反应	反应速率	指前因子	活化能/(cal/mol)
1	2STY→DCB	$R_1=K_1C_{STY}^2$	1.8×10^7	28000
2	DCB→2STY	$R_2=K_2C_{DCB}$	1×10^{10}	28000
3	2STY→ZO	$R_3=K_3C_{STY}^2$	3909	20000
4	ZO→2STY	$R_4=K_4C_{ZO}$	20	20000
5	ZO+STY→CT	$R_5=K_5C_{ZO}C_{STY}$	1×10^7	20000
6	ZO→PT	$R_6=K_6C_{ZO}$	0	20000

6.1.8 进料工艺物流和单元操作及反应器模块的说明

表 6.4 列出了进料工艺物流的要求说明。表 6.5 列出了单元操作和反应器模块的规定。对于每个反应器，我们都需要激活相关反应，见图 6.35。此外，在进行反应器模拟时，我们不采用准稳态近似方法(见图 6.29)，而是采用 Broyden 方法进行迭代 500 次的收敛计算，积分计算时进行初始化(见图 6.36)。

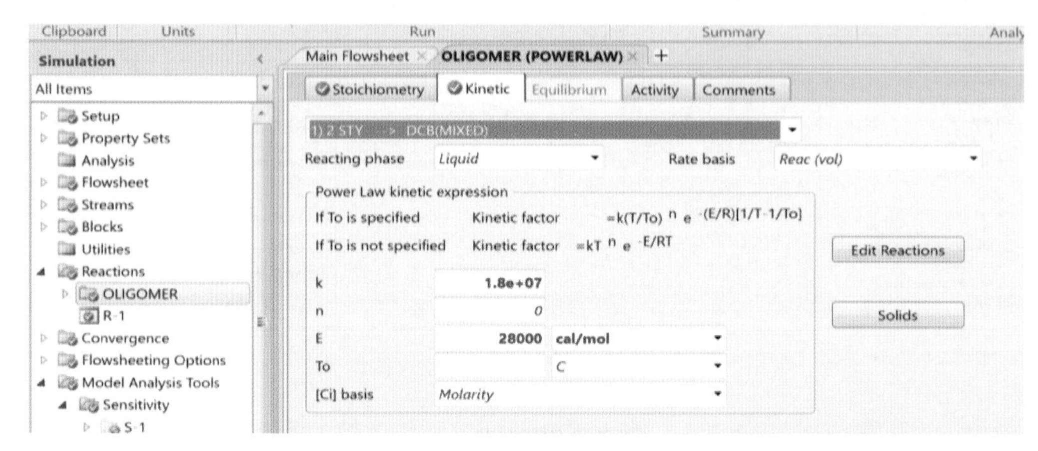

图 6.33 编号 1 的低聚物反应动力学

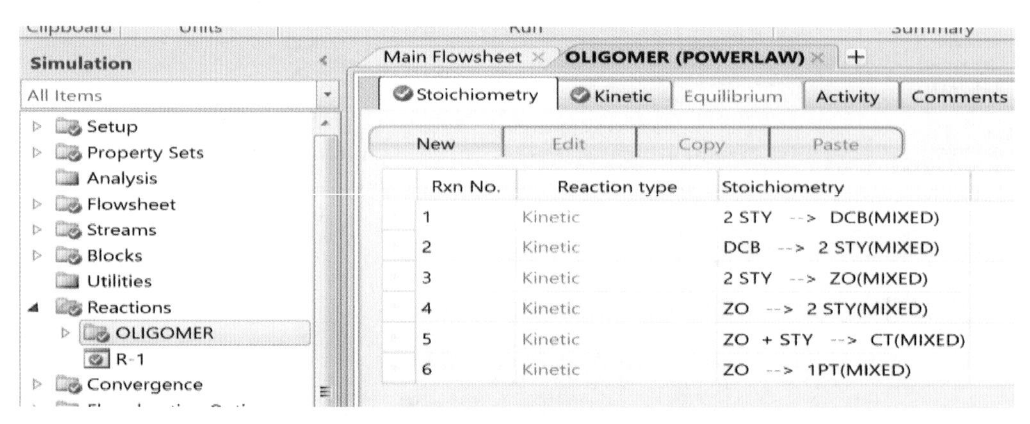

图 6.34 六个低聚物反应的化学计量学

表 6.4 进料工艺物流的要求说明

流股	输入规定
T2	12℃，2.033 MPa，质量流量(kg/h)：STY=5915，EB=144.306
R2	12℃，2.033 MPa，质量流量(kg/h)：STY=615，DCB=1，EB=2，DDM=2
C2	12℃，2.033 MPa，质量流量(kg/h)：INIT=1，CINIT=1，EB=2
A6	12℃，2.033 MPa，质量流量(kg/h)：STY=55，EB=2

其他模块：①E1：90℃，0 MPa(无压降)；②P1：出口压力，5.233 MPa；③V1：4.533 MPa，0 MPa；④V2：3.833 MPa，0 MPa。

表 6.5 单元操作和反应器模块的规定

模块	R1A	R1B	R2A	R2B	R2C	R3A	R3B	R3C
体积/m^3	5.5	11	5.5	5.5	5.5	5.5	5.5	5.5
温度/℃	112	113	115	118	123	135	152	160
压力/MPa	5.233	5.233	4.833	4.833	4.833	3.833	3.833	3.833
相态	L	L	L	L	L	L	L	L
反应相态	L	L	L	L	L	L	L	L

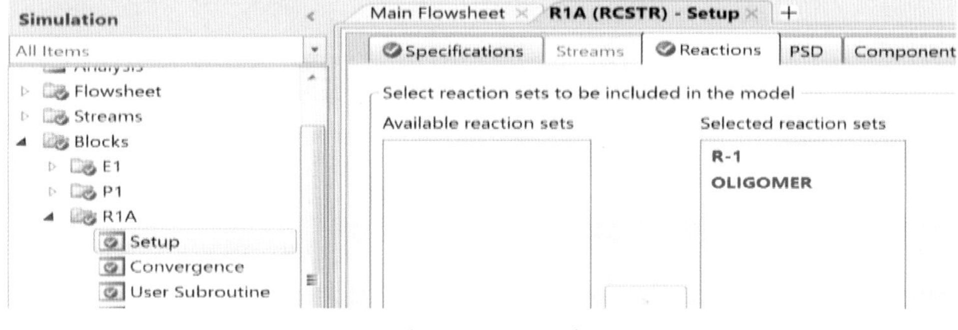

图 6.35 各反应器的反应条件说明

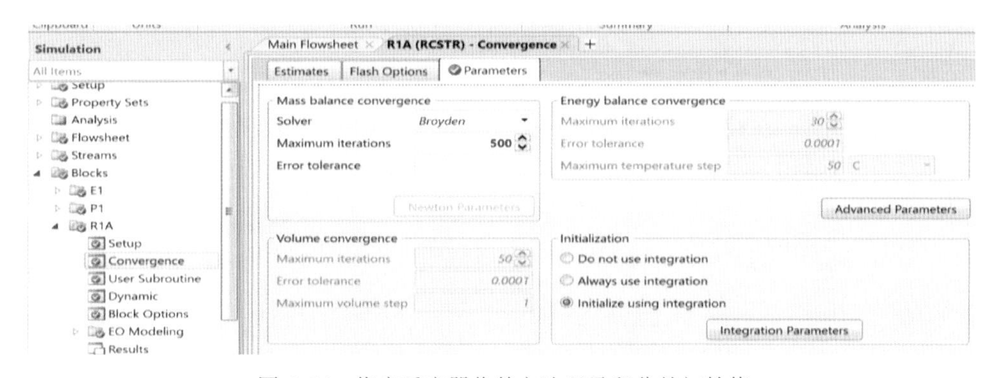

图 6.36 指定反应器收敛方法以及积分的初始值

6.1.9 动力学参数估计和模型验证

表 6.6 列出了影响 PS 自由基聚合模拟目标的主要动力学参数和自变量，下文将进行动力学参数的估算。表 6.6 中关于自由基聚合的聚合度（*DPN*）的动力学关系来自公式(6.1)[2]：

$$1/MWN \propto 1/DPN = k_{tr,m}/k_p + (k_{tr,A} \times CA)/(k_p \cdot C_m) \qquad (6.1)$$

其中，下标 p，“tr，m”和“tr，A”分别代表链增长、向单体链转移和向链转移剂链转移；*CA* 和 C_m 分别代表链转移剂和单体的浓度。这种关系表明，随着 k_p 的增大，$k_{tr,m}$ 和 $k_{tr,A}$ 的减少，*MWN* 和 *MWW* 将增大。我们认为，这一指导关系足以满足动力学参数估计的需要，因为当前 PS 模拟主要使用数据拟合工具进行。在前面的第 4.4.8 节图 4.26 中，我们列出了影响高压 LDPE 自由基聚合参数的主要因素，同时考虑了所涉及的一系列不同反应的影响。

表 6.6　影响 PS 自由基聚合模拟目标的主要动力学参数和自变量

模拟目标	主要动力学参数和自变量
产量或单体转化率	链增长速率常数
MWN，*MWW*	向单体链转移和向链转移剂链转移速率常数；链转移剂的质量流量

我们将为模拟目标定义三个数据集。图 6.37 和图 6.38 显示了如何定义前两个数据集(点数据)，即 PS 产量(数据集 DS-1)和 PS *MWN*(数据集 DS-2)。然后，根据图 6.38，通过选择 *MWW* 属性，定义了 PS *MWW* 数据集 DS-3。我们为数据集 DS-1 定义回归运算数据 DR-1，为数据集 DS-2 和 DS-3 一起定义回归运算数据 DR-2。参见图 6.39 和图 6.40。

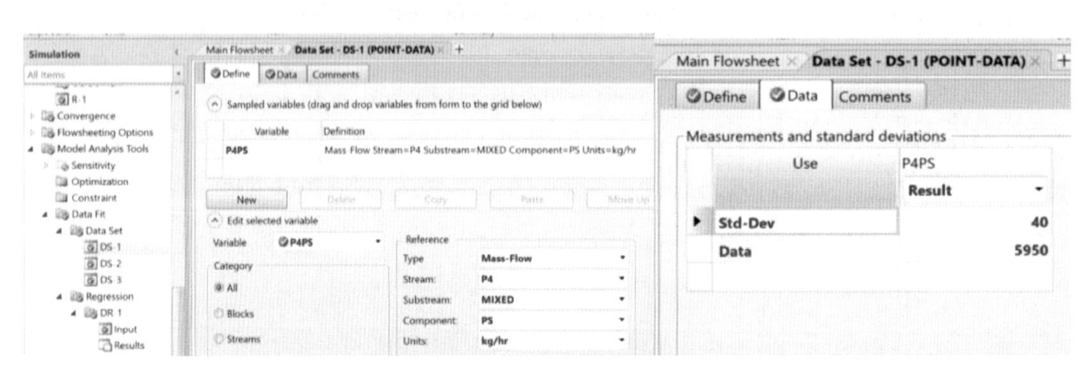

图 6.37　为 PS 产量定义数据集 DS-1

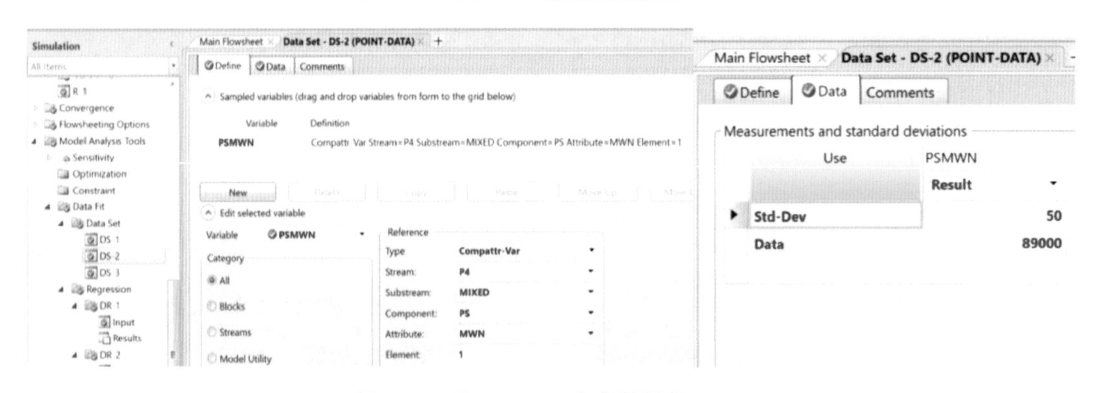

图 6.38　为 PS *MWN* 定义数据集 DS-2

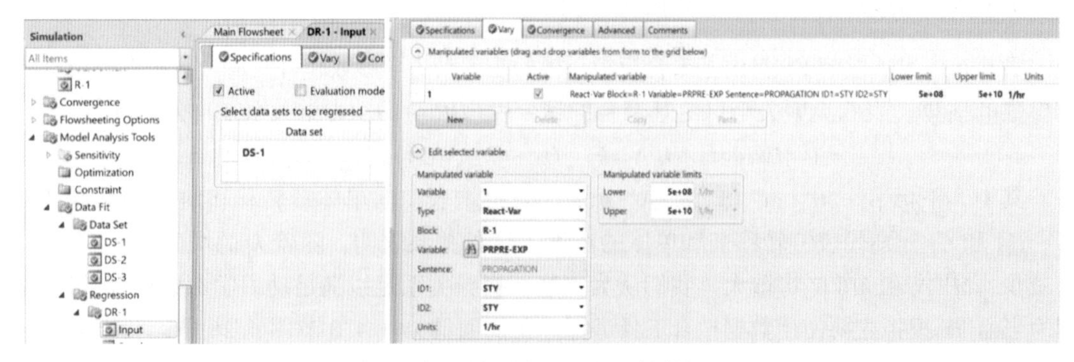

图 6.39　为 PS 产量定义回归运算数据 DR-1

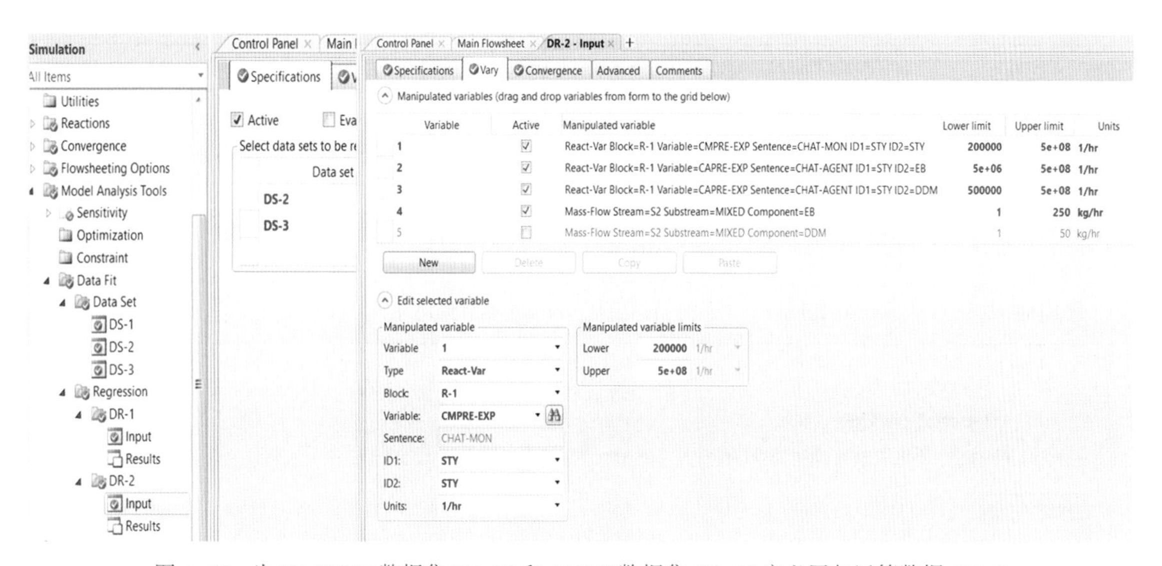

图 6.40　为 PS *MWN*(数据集 DS-2)和 *MWW*(数据集 DS-3)定义回归运算数据 DR-2

我们增加了该两种回归方法 DR-1 和 DR-2 的迭代次数和流程模拟次数，参见图 6.41。

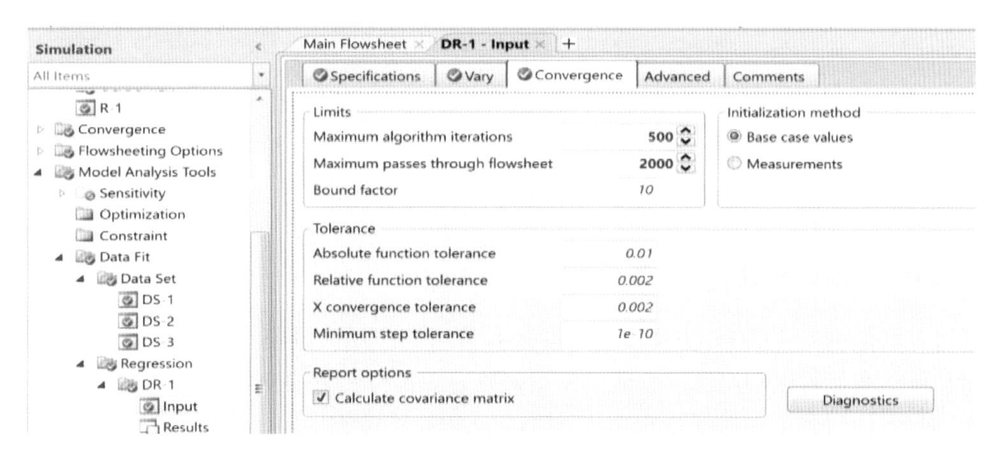

图 6.41　在数据回归运算中增加迭代次数和流程模拟次数

表 6.7 列出了需要计算的操作变量的目标值和回归运算的拟合数据。图 6.42 显示了该基准工况下的动力学参数最终值。

至此，我们完成了基础模型的开发，并将模拟结果保存为“***WS6.1_With Oligomers_BaseCase.bkp***”。

表 6.7　模拟目标(数据集)与模拟结果的比较

项目	PS 产量(DS-1)	PS *MWN*(DS-2)	PS *MWW*(DS-3)
模拟目标	5950 kg/h	89000	256000
模拟结果	5926 kg/h	92645	250635
误差	0.4%	4.1%	2.1%

续表

项目	PS 产量(DS-1)	PS *MWN*(DS-2)	PS *MWW*(DS-3)
关键操作变量	链增长速率常数指前因子	链转移速率常数的指前因子：(1)向单体 STY 转移；(2)向链转移剂 EB 转移；(3)向链转移剂 DDM 转移；(4)链转移剂 EB 的质量流量	
变化范围	5×10^8~5×10^{10} h^{-1}	(1)2×10^5~5×10^8 h^{-1}；(2)5×10^6~5×10^8 h^{-1}；(3)5×10^5~5×10^8 h^{-1}；(4)1~250 kg/h	
数据回归结果	1.3411×10^9 h^{-1}	(1)2×10^5 h^{-1}；(2)2.33272×10^7 h^{-1}；(3)5×10^5 h^{-1}；(4)143.376 kg/h	

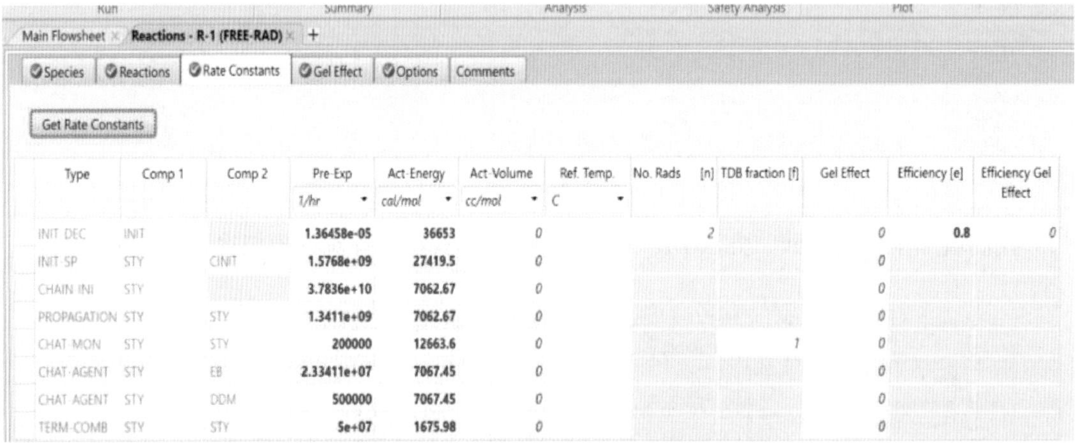

Main Flowsheet | Reactions - R-1 (FREE-RAD)

Species | Reactions | Rate Constants | Gel Effect | Options | Comments

Get Rate Constants

Type	Comp 1	Comp 2	Pre-Exp 1/hr	Act-Energy cal/mol	Act-Volume cc/mol	Ref. Temp. C	No. Rads [n]	TDB fraction [f]	Gel Effect	Efficiency [e]	Efficiency Gel Effect
INIT-DEC	INIT		1.36458e-05	36653	0		2		0	0.8	0
INIT-SP	STY	CINIT	1.5768e+09	27419.5	0				0		
CHAIN-INI	STY		3.7836e+10	7062.67	0				0		
PROPAGATION	STY	STY	1.3411e+09	7062.67	0				0		
CHAT-MON	STY	STY	200000	12663.6	0			1	0		
CHAT-AGENT	STY	EB	2.33411e+07	7067.45	0				0		
CHAT-AGENT	STY	DDM	500000	7067.45	0				0		
TERM-COMB	STY	STY	5e+07	1675.98	0				0		

图 6.42　基础模型的动力学参数值

6.1.10　模型应用

通过工厂数据验证的 PS 仿真模型有许多有价值的应用。该模型将有助于现有 PS 装置的产量扩张。我们可以利用经过验证的模型来研究关键自变量的变化对生产目标的影响。

例如，我们研究了进料流股 S1 中链转移剂 EB 的质量流量(105~420 kg/h)，每步增量为 105 kg/h 时的变化对反应器 V3C 流出的产品流股 P4 中，PS 质量流量以及 *MWN* 和 *MWW* 的影响，见图 6.43~图 6.45。

从图 6.46 和图 6.47 中可以看出，链转移剂 EB 的质量流量对聚合物产品流股 P4 和 PS 质量流量的 *PDI* 影响不大，但对产生的 *MWN* 和 *MWW* 影响很大。我们将模拟文件保存为“***WS6.1_With Oligomers_Good PS Production_MWN and MWN(Final).bkp***”。

另一个例子是，我们研究了进料流股 C2 中 INIT 质量流量从 1 kg/h 到 4 kg/h 的变化与进料流股 S2 中链转移剂 EB 的质量流量从 105 kg/h 到 420 kg/h 的变化，对产品流股 P4 中 PS 的分子量分布指数 *PDI* 的交互影响。我们将结果绘制成参数图，*X* 变量为 S2 流股中的 INIT 质量流量，参数变量为 C2 流股中链转移剂 EB 的质量流量，*Y* 变量为产品流股 P4 中 PS 的 *PDI*。具体见图 6.48 和图 6.49。

至此，考虑凝胶效应和低聚物生成的 PS 模拟例题结束。

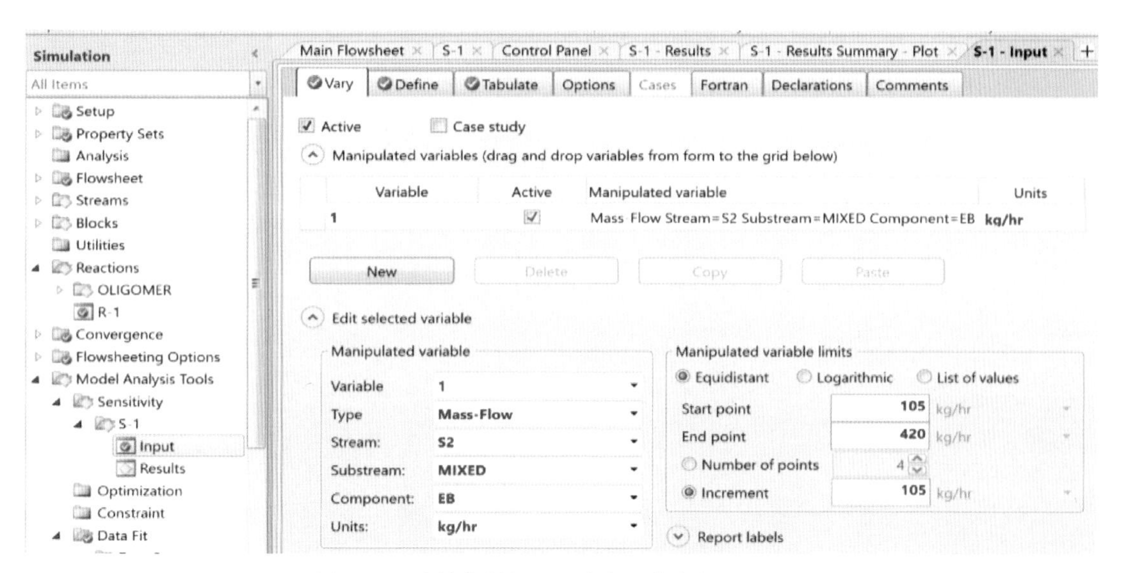

图 6.43　灵敏度研究 S-1 中定义的自变量(Vary)

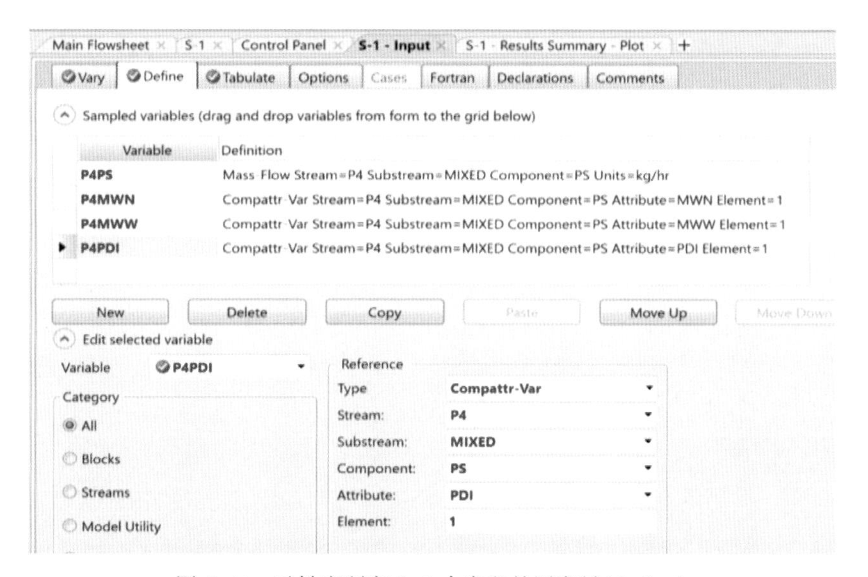

图 6.44　灵敏度研究 S-1 中定义的因变量(Define)

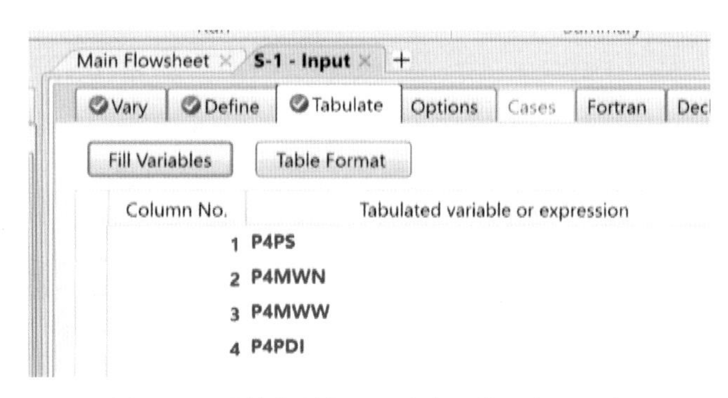

图 6.45　灵敏度研究 S-1 中定义的因变量列表

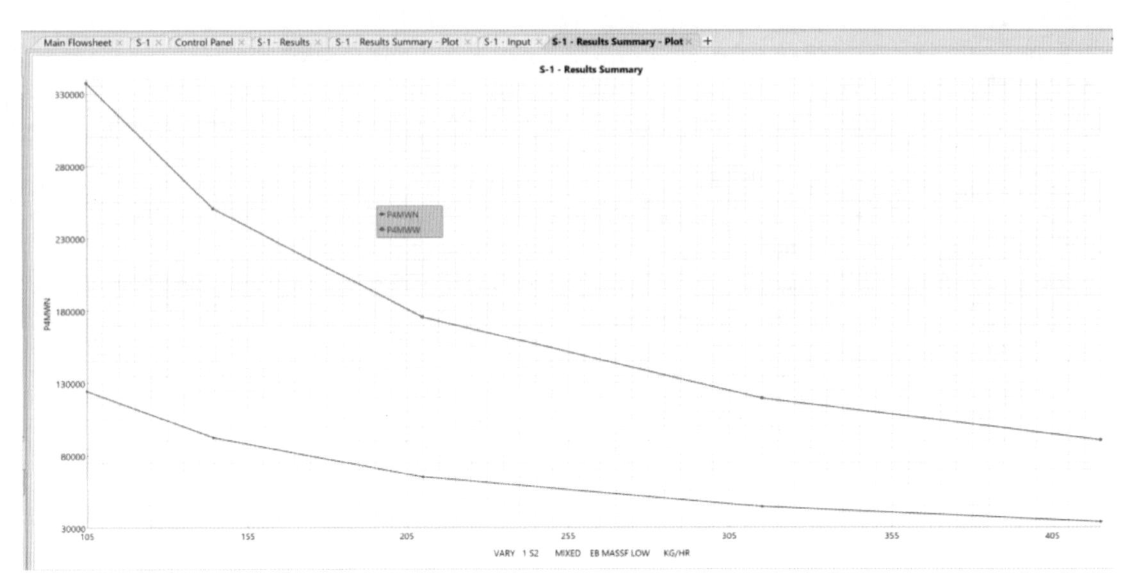

图 6.46　链转移剂 EB 的质量流量对聚合物产品流股 P4 的 *MWN* 和 *MWW* 的影响

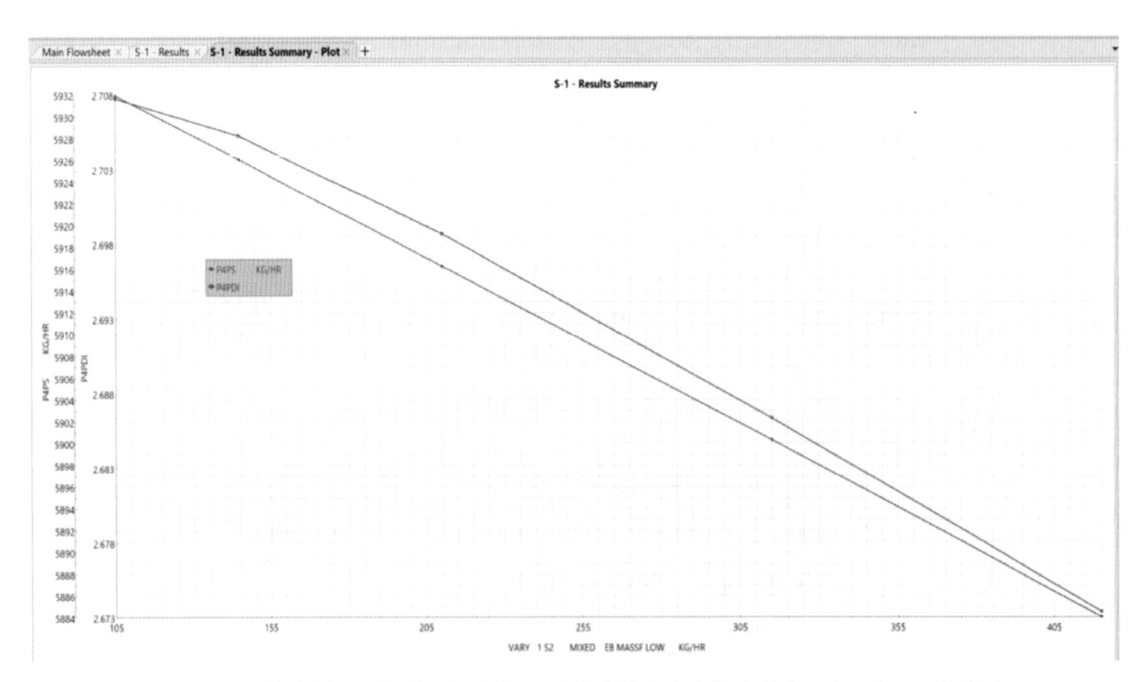

图 6.47　链转移剂 EB 的质量流量对 PS 质量流量和聚合物产品流股 P4 的 *PDI* 的影响

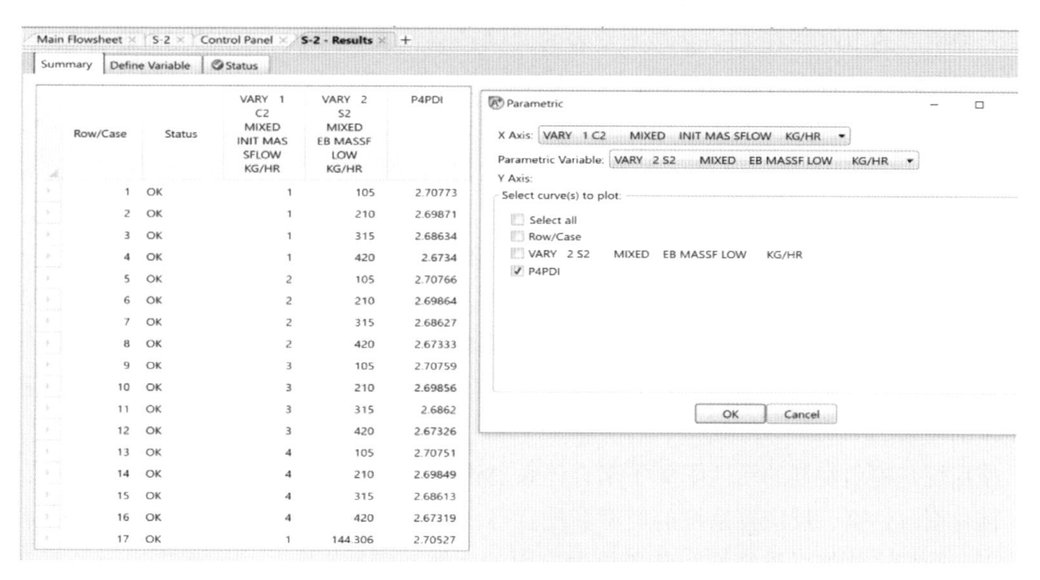

Row/Case	Status	VARY 1 C2 MIXED INIT MAS SFLOW KG/HR	VARY 2 S2 MIXED EB MASSF LOW KG/HR	P4PDI
1	OK	1	105	2.70773
2	OK	1	210	2.69871
3	OK	1	315	2.68634
4	OK	1	420	2.6734
5	OK	2	105	2.70766
6	OK	2	210	2.69864
7	OK	2	315	2.68627
8	OK	2	420	2.67333
9	OK	3	105	2.70759
10	OK	3	210	2.69856
11	OK	3	315	2.6862
12	OK	3	420	2.67326
13	OK	4	105	2.70751
14	OK	4	210	2.69849
15	OK	4	315	2.68613
16	OK	4	420	2.67319
17	OK	1	144.306	2.70527

图 6.48 定义灵敏度分析结果的参数图

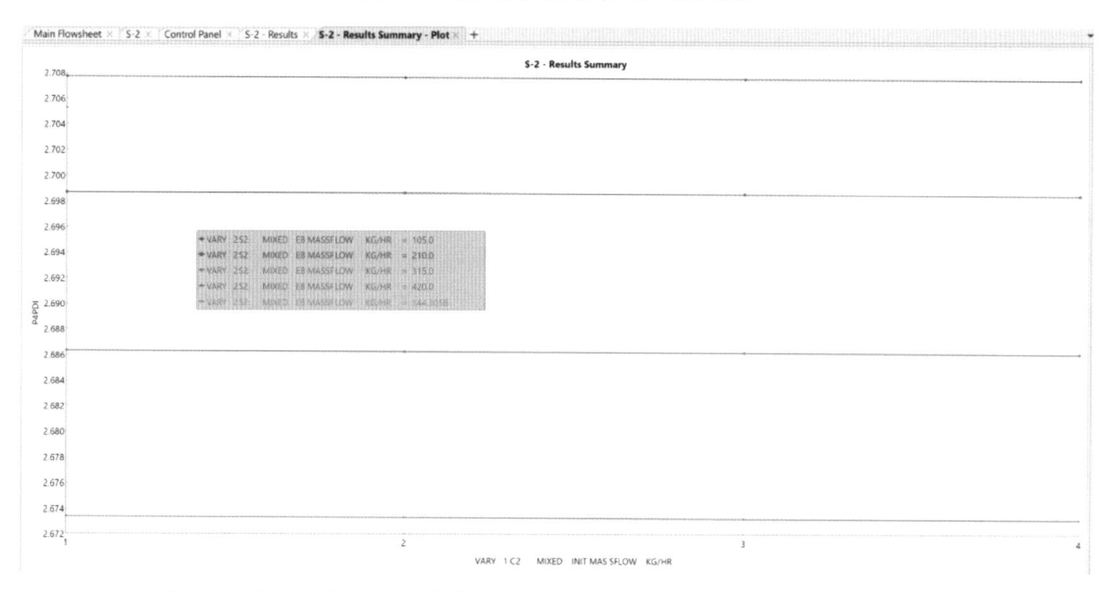

图 6.49 当 INIT 从 1 kg/h 变为 4 kg/h 时，产品流股 P4 中 PS 的 *PDI* 变化不大，但当链转移剂 EB 的质量流量从 105 kg/h 增加到 420 kg/h 时，*PDI* 会下降

6.2 例题 6.2：通过离子聚合法生产聚（苯乙烯-丁二烯-苯乙烯）（SBS 橡胶）

6.2.1 离子聚合工艺建模的背景和目的

如前所述，聚苯乙烯是一类重要的不饱和聚烯烃。PS 及其共聚物如 SBS 橡胶，约占商

业聚合物生产的10%。在 Chang 等人发表的两篇经典论文中[15,16]，他们以 SBS 橡胶为例，提出了研究阴离子聚合过程机理模型的令人信服的论据。我们将他们的观点总结如下。

弹性体是指具有橡胶等弹性特征的天然或合成聚合物。第 5 章中讨论的 Ziegler-Natta 催化剂被广泛应用于生产具有特定立体微观结构(如等规、间规和无规)的弹性体，这种弹性体结构对工艺变化和环境杂质相对不敏感。然而，为新的或独特的应用而生产客户定制的聚合物却很困难。我们知道，活性聚合指的是不发生任何终止反应的聚合过程。幸运的是，高分子化学家在活性阴离子聚合体系(尤其是使用烷基锂引发剂)方面取得的重大研究成果，为聚合物结构高度定制化敞开了大门。具体来说，轮胎和橡胶行业已经定制了分子量和分子量分布、微观结构、序列分布和支链结构可控的弹性体，以满足市场对轮胎和橡胶质量的要求。

使用烷基锂引发剂的活性阴离子聚合体系对许多工艺和化学变量非常敏感，例如，温度、催化剂改性剂、反应器系统的类型和配置等；而要控制这些变量，将给化学研究者和工艺工程师带来诸如可重复性和装置放大方面的问题。Chang 等人[15,16]率先展示了工艺机理建模的威力，可以准确预测转化率、微观结构、分子量和分布与工艺和化学变量之间的函数关系。

6.2.2 反应器配置和共聚物产品

苯乙烯(Styrene)和丁二烯(Butadiene)的阴离子共聚合在间歇式、半间歇式或连续式反应器中进行，反应温度在 50~100℃，使用正丁基锂、仲丁基锂或叔丁基锂引发剂并溶解在碳氢溶剂(如已烷和环已烷)中。反应器中引入了四氢呋喃(THF)等活化剂。四氢呋喃可促进反应初期聚合链增长速率的提高，也可作为链转移剂。链终止在阴离子聚合中非常罕见，但也可能发生在工艺的最后阶段，通过添加少量的链终止剂(如水)来防止聚合物链进一步生长。

通过阴离子聚合法生产的苯乙烯-丁二烯共聚物有三种不同的类型[17,18]。

6.2.2.1 梯度嵌段共聚物

在使用苯乙烯、丁二烯和烷基锂的***批式或间歇反应器***中，可形成梯度嵌段共聚物。其中一个嵌段是丁二烯-苯乙烯(B/S)共聚物，仅含有少量苯乙烯，另一个嵌段是聚苯乙烯(S)嵌段，整体形成了***B/S-S 嵌段共聚物***。

6.2.2.2 二/三嵌段共聚物和星形嵌段共聚物

在***半批式或半间歇反应器***中依次加入苯乙烯和丁二烯，首先聚合苯乙烯形成 S 嵌段，然后加入一半的丁二烯形成一半的 B 嵌段，就可以生产出二/三嵌段共聚物。然后加入双官能团偶联剂(如碘)，将活性聚合物链连接起来，形成***三嵌段共聚物SBS***。

我们注意到，星形嵌段共聚物可以通过添加四氯化硅($SiCl_4$)等四价偶联剂，将两个活的二嵌段结合在一起，形成***星形苯乙烯嵌段共聚物(SBC)***。星形聚合物是最简单的一类支链聚合物，其一般结构是由连接到中心核的几条(至少三条)线型链组成。聚合物的核心或中心可以是原子、分子或大分子；链或“臂”由长度可变的有机链组成。

6.2.2.3 无规共聚物

在一个***连续反应器***中，苯乙烯和丁二烯通过聚合反应生成一种无规共聚物。共聚物的成分随苯乙烯和丁二烯进料的流率而变化。

6.2.3 苯乙烯和丁二烯阴离子共聚过程的组分、链段和聚合物

表6.8概述了苯乙烯和丁二烯阴离子共聚过程涉及的相关物种。

图6.50显示了Aspen Polymers中苯乙烯和丁二烯阴离子共聚的组分规定。

表6.8 苯乙烯和丁二烯阴离子共聚时的组分规定

组分ID	类型	组分名称	Aspen Polymers中的别名	功能
Styrene	常规	苯乙烯	C8H8	单体
Sty-seg	链段	苯乙烯-R	C8H8-R	单体链段
Butadiene	常规	1,3-丁二烯	C4H6-4	单体
But-seg	链段	丁二烯-R-1	C4H6-R-1	单体链段
SBR	聚合物	苯乙烯-丁二烯橡胶	SBR	聚合物
BuLi-6	常规	丁基锂六聚体[a]	C24H38O4-D1[a]	缔合的引发剂
BuLi-1	常规	正丁基锂[a]	C4H9CL-D1[a]	引发剂
Hexane	常规	己烷	C6H14-1	溶剂
Cyclohex	常规	环己烷	C6H12-1	溶剂
THF	常规	四氢呋喃	C4H8O-4	活化剂或链转移剂
I2	常规	碘	I2	偶联剂
StarCoup	常规	四氯化硅	SiCl4	星形偶联剂
H2O	常规	水	H2O	终止剂

[a] Buli-6和Buli-1在Aspen Polymers的数据库中没有。用邻苯二甲酸二异辛酸($C_{24}H_{38}O_4$-D1)代表Buli-6，并指定其分子量为384(是Buli-6的真实分子量)。用异丁基氯代表BuLi-1，并指定其分子量为64(是BuLi-1的真实分子量)。

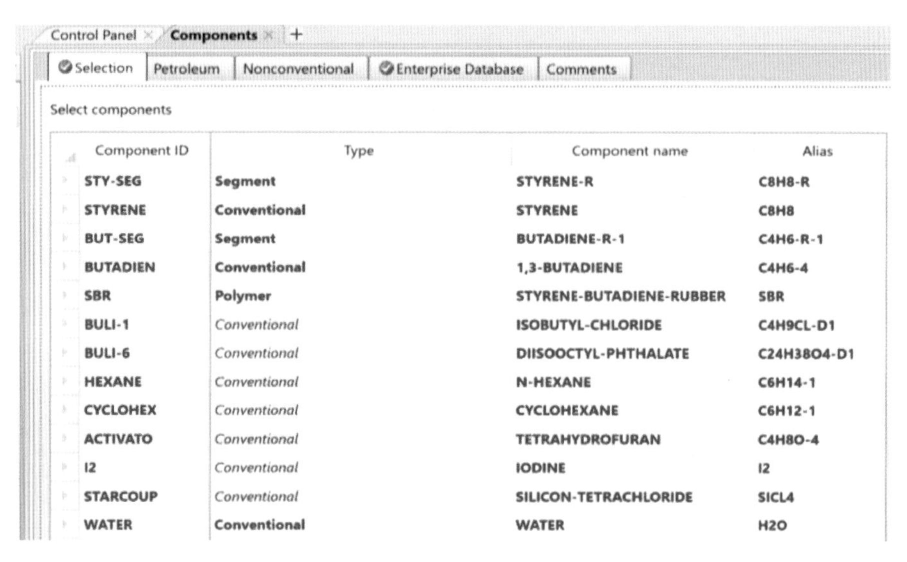

图6.50 Aspen Polymers中苯乙烯和丁二烯阴离子共聚的组分规定

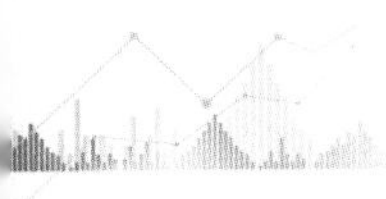

6.2.4 热力学模型和组分、聚合物的物性参数

根据图 6.11，我们选择 POLYNRTL 热力学方法(见第 2.2.4 节和表 4.3)用于苯乙烯和丁二烯阴离子共聚过程建模。为了验证 POLYNRTL 模型预测纯组分性质的准确性，我们使用 Aspen Polymers Properties 环境中的“Analysis”工具预测苯乙烯、丁二烯和 THF 的密度和理想气体比热容，并将预测值与美国化工学会的物理性质研究设计院(DIPPR)的实验数据进行比较[19]。图 6.51～图 6.53 显示了在 1 atm 条件下预测丁二烯密度的分析输入值和模型预测值，温度为 100～400 K，递增步长为 15 K。

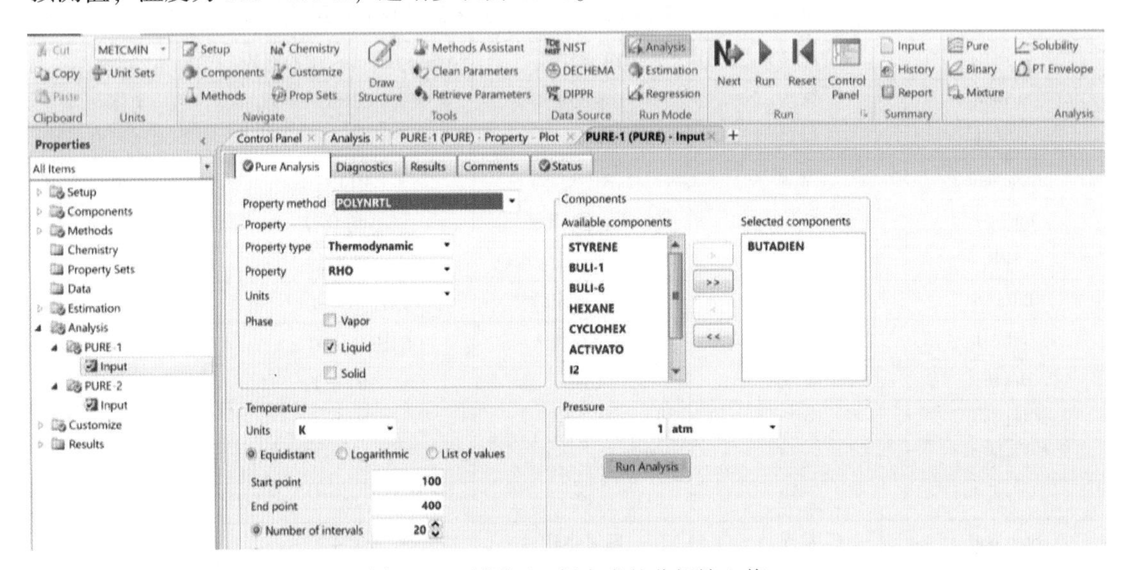

图 6.51　预测丁二烯密度的分析输入值

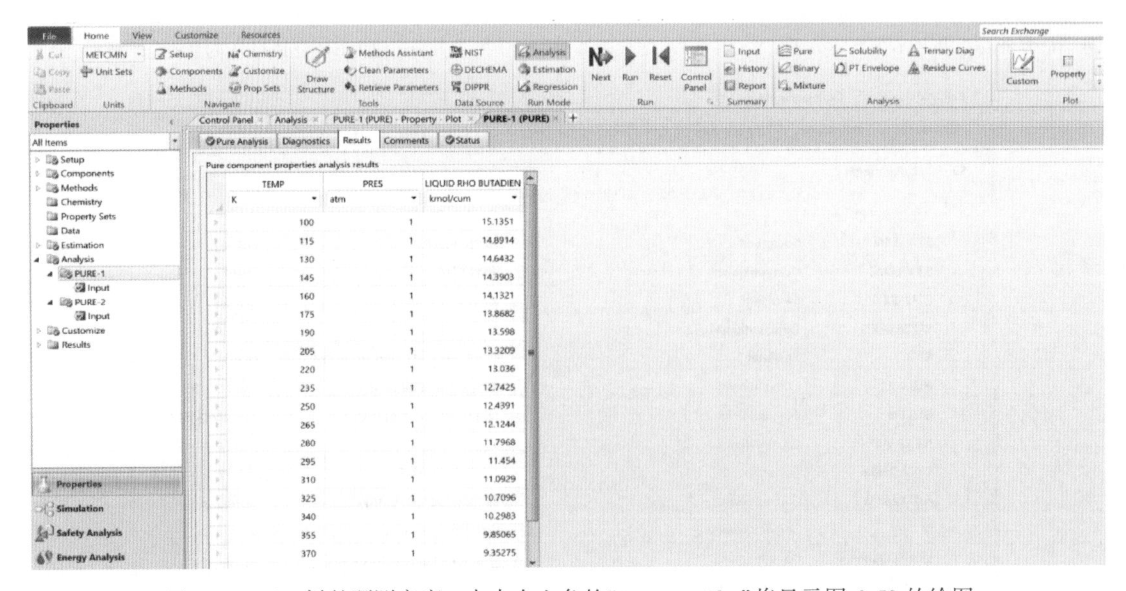

TEMP	PRES	LIQUID RHO BUTADIEN
K	atm	kmol/cum
100	1	15.1351
115	1	14.8914
130	1	14.6432
145	1	14.3903
160	1	14.1321
175	1	13.8682
190	1	13.598
205	1	13.3209
220	1	13.036
235	1	12.7425
250	1	12.4391
265	1	12.1244
280	1	11.7968
295	1	11.454
310	1	11.0929
325	1	10.7096
340	1	10.2983
355	1	9.85065
370	1	9.35275

图 6.52　丁二烯的预测密度，点击右上角的“Property Plot”将显示图 6.53 的绘图

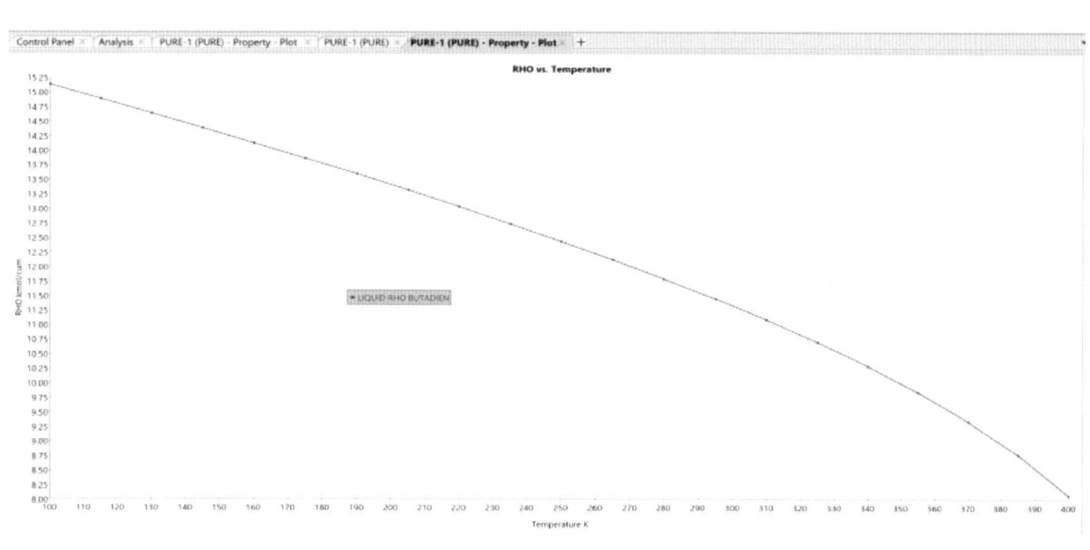

图 6.53　丁二烯的密度与温度的函数关系预测

图 6.54~图 6.56 比较了 POLYNRTL 的预测值和各组分 DIPPR[13] 的实验数据，说明 POLYNRTL 热力学方法给出了准确的预测值。我们还使用分子结构来估算所有缺失的物性参数。首先，为了确定目前以邻苯二甲酸二异辛酯(Diisooctyl Phthalate)表示的 BuLi-6 的分子结构，我们遵循了之前在图 4.18、图 4.19 中演示的程序。具体来说，我们可以在 Chemical Book (www. chemica1book. com)网站上搜索该组分。我们在 Google 上搜索条目"Chemical Book, diisooctyl phthalate"，可以看到组分的 CAS 编号 27554-26-2 以及分子结构文件"27554-26-

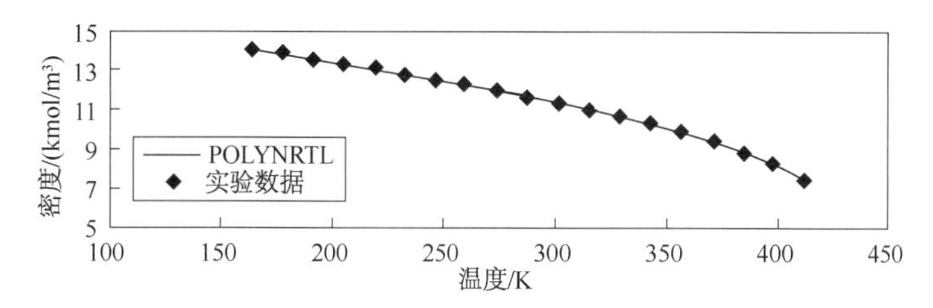

图 6.54　丁二烯密度的实验数据与 POLYNRTL 预测值的比较

(文献值来自 DIPPR[13])

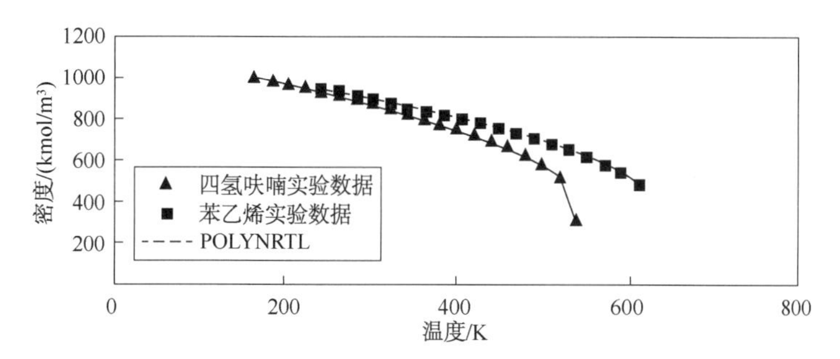

图 6.55　苯乙烯和四氢呋喃密度的实验数据与 POLYNRTL 预测值的比较

(文献值来自 DIPPR[19])

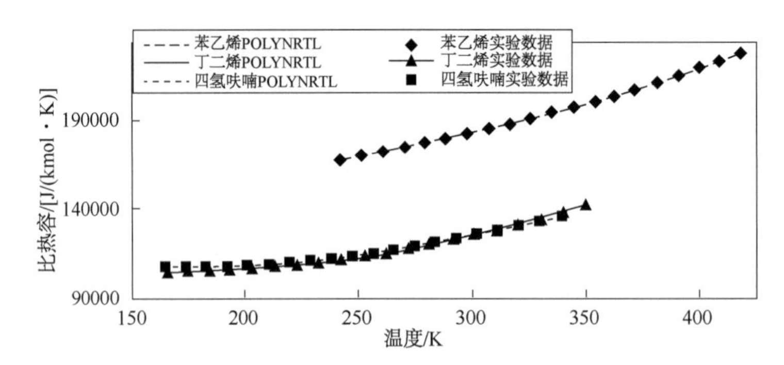

图 6.56 苯乙烯、丁二烯和四氢呋喃比热容的实验数据与 POLYNRTL 预测值的比较[20]

3. mol”。我们下载并保存分子结构文件，然后按照以下路径将其导入 Aspen Polymers：Properties→Components→Molecular Structure→BuLi－6→Structure→Draw/Import/Edit→Molecule Editor→Import Mol File→27554-26-3. mol，如图 6.57 所示的结构。

根据图 4.19(a)~图 4.19(c)借助 C、H 和 O 原子，量化 BuLi-6 的结构。在定义了所有分子结构后，我们将估算缺失的物性参数，参见图 6.58~图 6.60。

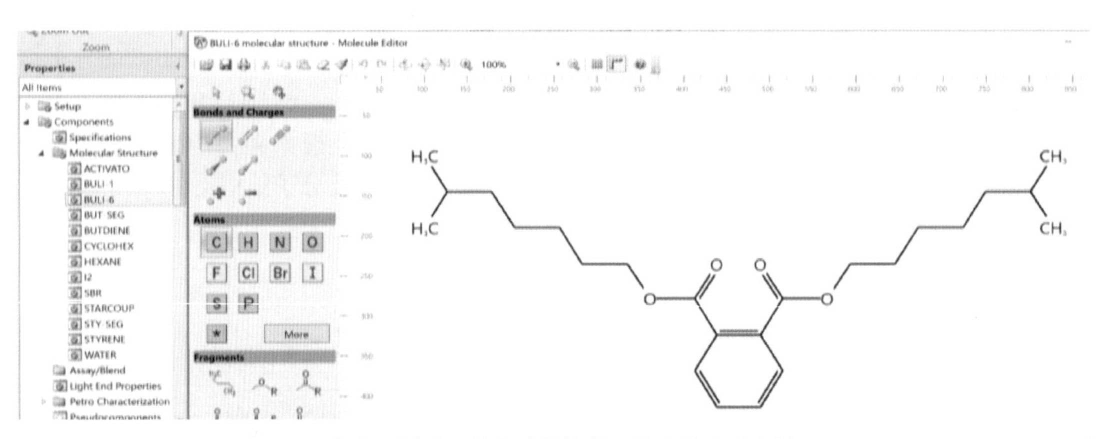

图 6.57 邻苯二甲酸二异辛酯的结构，代表缔合引发剂 BuLi-6

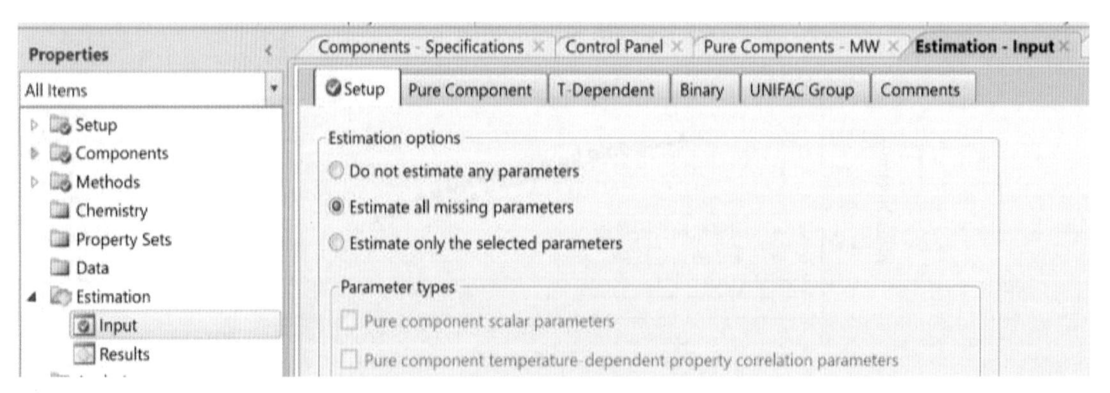

图 6.58 所有缺失参数的估计

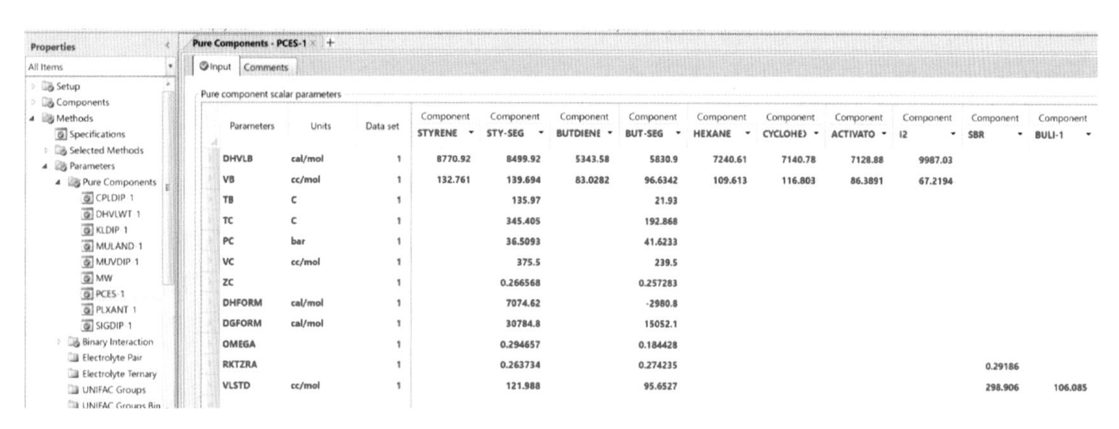

图 6.59　纯组分物性参数的估计

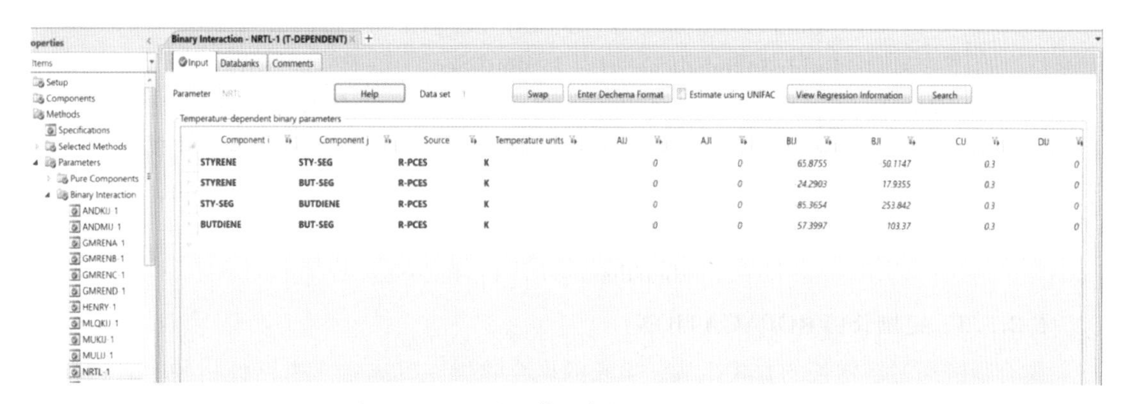

图 6.60　二元交互作用参数 NRTL-1 的估计

6.2.5　苯乙烯和丁二烯的阴离子共聚动力学

6.2.5.1　引发剂解缔合反应(INIT-DISSOC)

在阴离子聚合反应中，活性物种是离解形式的引发剂[21-23]。我们观察了在烷基锂类型引发剂的非极性溶剂中引发剂的缔合与解缔合过程。

$$\text{INIT-DISSOC：BuLi-6} \leftrightarrow \text{BuLi-1} \tag{6.2}$$

BuLi-6 是缔合的引发剂，6 是电离度；BuLi-1 是解缔合的引发剂。

6.2.5.2　链引发反应(CHAIN-INI)

Aspen Polymers 中的离子聚合模型采用与 Ziegler-Natta 多位点动力学模型相同的动力学框架。在离子聚合模型中，每个活性位点指的是一种独特的活性物种，它可以对应于解缔合形式的引发剂。例如，为了模拟一种引发剂的三种链增长物种，模型考虑了三种活性位点或三种活性物种(***活性位点或活性物种 1-自由离子、2-离子对和 3-休眠酯***)，每种活性位点或活性物种对应于一种独特的链增长活性物种类型。我们考虑了以下三种类型的链引发反应。

CHAIN-IN-1 解缔合形式的引发剂是一种链长为 0 的活性物质，即 $P_0[1]$，它可以与单体发生反应，形成具有一个链节长度的链增长物种，$P_1[1，Sty\text{-}Seg]$或$P_1[1，But\text{-}Seg]$，

附着一个 Sty-Seg 或 But-Seg 的活性链段。

这里"1"指的是活性位点或活性物种 1，对应于游离的离子。因此，该链引发反应涉及***一个单体和一个活性物种***。

$$P_o[1]+Styrene \rightarrow P_1[1, Sty\text{-}Seg] \quad (6.3)$$

$$P_o[1]+Butadiene \rightarrow P_1[1, But\text{-}Seg] \quad (6.4)$$

CHAIN-INI-2 这种链引发反应涉及***一个单体和一个解缔合的引发剂***，可能会产生一个 C-ion(此时化学计量系数 d 不为 0)。C-ion 代表了一种平衡离子，它将伴随一个离子物种以保持电中性。例如，在氯化钠中，钠离子就是氯离子的平衡离子，反之亦然。我们通常将平衡离子称为***阴离子或阳离子***，这取决于它是带负电还是带正电。

我们注意到，就苯乙烯和丁二烯的阴离子共聚而言，被引发的离子对(第 2 类活性物种或活性位点)比被引发的自由离子(第 1 类活性物种或活性位点)要多[21]。

$$BuLi\text{-}1+Styrene \rightarrow P_1[1, Sty\text{-}Seg]+d \cdot C\text{-}ion \quad (6.5)$$

$$BuLi\text{-}1+Butadiene \rightarrow P_1[1, But\text{-}Seg]+d \cdot C\text{-}ion \quad (6.6)$$

CHAIN-INI-T 第三种链引发涉及***一个单体和一种转移来的活性物种*** $P_{To}[1]$ 的反应，$P_{To}[1]$ 是由不断增长的聚合物活性链(见下文第 6.2.5.5 节)的链转移反应产生的，一种具有一个单位链节长度的链增长物种，其上附有一个活性链段(Sty-Seg 或 But-Seg)。

$$P_{To}[1]+Styrene \rightarrow P_1[1, Sty\text{-}Seg] \quad (6.7)$$

$$P_{To}[1]+Butadiene \rightarrow P_1[1, But\text{-}Seg] \quad (6.8)$$

6.2.5.3 链增长(PROPAGATION)

聚合物链通过链增长的方式生成。生长的聚合物链在其末端含有活性物种，通过单体加成反应来产生更长的聚合物链。系统中单体数量的增加会产生更长的聚合物链。

链增长：

$$P_n[1, Sty\text{-}Seg]+Styrene \rightarrow P_{n+1}[1, Sty\text{-}Seg] \quad (6.9)$$

$$P_n[1, Sty\text{-}Seg]+Butadiene \rightarrow P_{n+1}[1, But\text{-}Seg] \quad (6.10)$$

$$P_n[1, But\text{-}Seg]+Styrene \rightarrow P_{n+1}[1, Sty\text{-}Seg] \quad (6.11)$$

$$P_n[1, But\text{-}Seg]+Butadiene \rightarrow P_{n+1}[1, But\text{-}Seg] \quad (6.12)$$

聚合物的总产量取决于链增长反应。我们发现，速率常数的增加会导致聚合物分子量的线性增加。

6.2.5.4 缔合或团簇(ASSOCIATION)

在使用烷基锂型引发剂进行阴离子聚合的过程中，链增长也会像引发剂一样表现出缔合现象。活性聚合物链的缔合通常是二聚的，并产生缔合聚合物 $Q_{n+m}[1, Sty\text{-}Seg]$ 和 $Q_{n+m}[1, But\text{-}Seg]$，缔合聚合物不参与任何其他反应。

缔合反应：

$$P_n[1, Sty\text{-}Seg]+P_m[1, Sty\text{-}Seg] \leftrightarrow Q_{n+m}[1, Sty\text{-}Seg] \quad (6.13)$$

$$P_n[1, But\text{-}Seg]+P_m[1, But\text{-}Seg] \leftrightarrow Q_{n+m}[1, But\text{-}Seg] \quad (6.14)$$

6.2.5.5 链转移(CHAT)

链转移会导致聚合物死链(D_n)的形成。这一过程限制了聚合物分子量变大。我们还可以对链转移速率常数进行微调以匹配分子量。具体来说，我们考虑了三种类型的链转移反应。我们考虑的第一种反应是与活化剂或链转移剂(***CHAT-AGENT***)的反应。对于苯乙烯和丁二烯的阴离子共聚，我们的活化剂(Activato)或链转移剂是四氢呋喃(THF)。

我们还考虑了自发链转移(***CHAT-SPON***)和向单体的链转移反应(***CHAT-MONOMER***)。我们忽略了导致生成休眠聚合物的链转移反应(***CHAT-DORM-P***)[17]。

CHAT-AGENT 生长中的聚合物链 P_n[1，Sty-Seg]或 P_n[1，But-Seg]可以转移到活化剂或链转移剂上，从而形成链节数为 n 的死聚合物链 D_n 和同类型的转移活性物质 P_{To}[1]。然后，P_{To}[1]可以参与新的链引发反应 CHAIN-INI-T。见式(6.7)和式(6.8)。

$$P_n[1,\ Sty\text{-}Seg]+Activato\hat{}order \rightarrow D_n[1]+P_{To}[1] \quad (6.15)$$

$$P_n[1,\ But\text{-}Seg]+Activato\hat{}order \rightarrow D_n[1]+P_{To}[1] \quad (6.16)$$

与活化剂或链转移剂有关的反应顺序“order”由用户设定。

CHAT-SPON 是我们模型中的第三种链转移反应。该反应通过夺氢反应(质子损失)生成死聚合物链 D_n[1]和聚合物活性物种 P_o[1]。

$$P_n[1,\ Sty\text{-}Seg] \rightarrow D_n[1]+P_o[1] \quad (6.17)$$

$$P_n[1,\ But\text{-}Seg] \rightarrow D_n[1]+P_o[1] \quad (6.18)$$

CHAT-MONOMER 的结果是生成一条死聚合物链 D_n[1]和一个具有单个链节长的增长物种，该增长物种上附有一个活性段(Sty-Seg 或 But-Seg)，即 P_1[1，Sty-Seg]或 P_1[1，But-Seg]。

$$P_n[1,\ Sty\text{-}Seg]+Styrene \rightarrow D_n[1]+P_1[1,\ Sty\text{-}Seg] \quad (6.19)$$

$$P_n[1,\ Sty\text{-}Seg]+Butadiene \rightarrow D_n[1]+P_1[1,\ Sty\text{-}Seg] \quad (6.20)$$

$$P_n[1,\ But\text{-}Seg]+Styrene \rightarrow D_n[1]+P_1[1,\ But\text{-}Seg] \quad (6.21)$$

$$P_n[1,\ But\text{-}Seg]+Butadiene \rightarrow D_n[1]+P_1[1,\ But\text{-}Seg] \quad (6.22)$$

6.2.5.6 链终止反应(TERM-AGENT)

在阴离子聚合反应中，链终止反应非常罕见，它可以发生在过程的最后阶段，以阻止聚合物的进一步生长。可以用水作为终止剂，终止正在成长的聚合物 P_n[1，Sty-Seg]或 P_n[1，But-Seg]，从而生成一条死聚合物链 D_n[1]。

$$P_n[1,\ Sty\text{-}Seg]+T_m \rightarrow D_n[1] \quad (6.23)$$

$$P_n[1,\ But\text{-}Seg]+T_m \rightarrow D_n[1] \quad (6.24)$$

T_m是终止剂，在例题中是水。由于引发剂的数量远远超过系统中的水量，我们在模型中忽略了这一反应。进入系统的引发剂有 369 μg/g，而系统中的水只有 30 μg/g。我们假设引发速率与终止速率具有相同的数量级。

6.2.5.7 反离子或可逆电离平衡(EQUILIB-CION)

以下反应代表了自由离子(类型 1 的活性位点或活性物种)和离子对(类型 2 的活性位点或活性物种)之间的平衡，因此被称为带反离子的平衡。

$$P_n[2,\ Sty\text{-}Seg] \leftrightarrow P_n[1,\ Sty\text{-}Seg]+C\text{-}ion \quad (6.25)$$

$$P_n[2,\ But\text{-}Seg] \leftrightarrow P_n[1,\ But\text{-}Seg]+C\text{-}ion \quad (6.26)$$

表 6.9 总结了苯乙烯和丁二烯阴离子共聚的反应。

表 6.9　苯乙烯和丁二烯阴离子共聚的反应

反应序号	说　明	公式
1	INIT-DISSOC：引发剂解缔合反应	(6.2)
2	CHAIN-INI-1：活性物种-苯乙烯链引发	(6.3)
3	CHAIN-INI-1：活性物种-丁二烯链引发	(6.4)
4	CHAIN-INI-2：引发剂-苯乙烯链引发	(6.5)
5	CHAIN-INI-2：引发剂-丁二烯链引发	(6.6)
6	CHAIN-INI-T：转移的活性物种-苯乙烯链引发	(6.7)
7	CHAIN-INI-T：转移的活性物种-丁二烯链引发	(6.8)
8	PROPAGATION：苯乙烯-苯乙烯链增长	(6.9)
9	PROPAGATION：苯乙烯-丁二烯链增长	(6.10)
10	PROPAGATION：丁二烯-苯乙烯链增长	(6.11)
11	PROPAGATION：丁二烯-丁二烯链增长	(6.12)
12	ASSOCIATION：苯乙烯链段偶合	(6.13)
13	ASSOCIATION：丁二烯链段偶合	(6.14)
14	CHAT-AGENT：苯乙烯链段活性位点向四氢呋喃链转移	(6.15)
15	CHAT-AGENT：丁二烯链段活性位点向四氢呋喃链转移	(6.16)
16	TERM-AGENT：苯乙烯链段被水链终止	(6.23)
17	TERM-AGENT：丁二烯链段被水链终止	(6.24)
18	EQUILIB-CION：自由离子和离子对之间的平衡(苯乙烯链段)	(6.25)
19	EQUILIB-CION：自由离子和离子对之间的平衡(丁二烯链段)	(6.26)

图 6.61 和图 6.62 显示了如何在 Aspen Polymers 中实现这些反应，以及在下面的例题中，选择反应模拟苯乙烯-丁二烯共聚过程。根据我们的进料和反应器类型，可能会添加或删除以下示例中的某些反应。

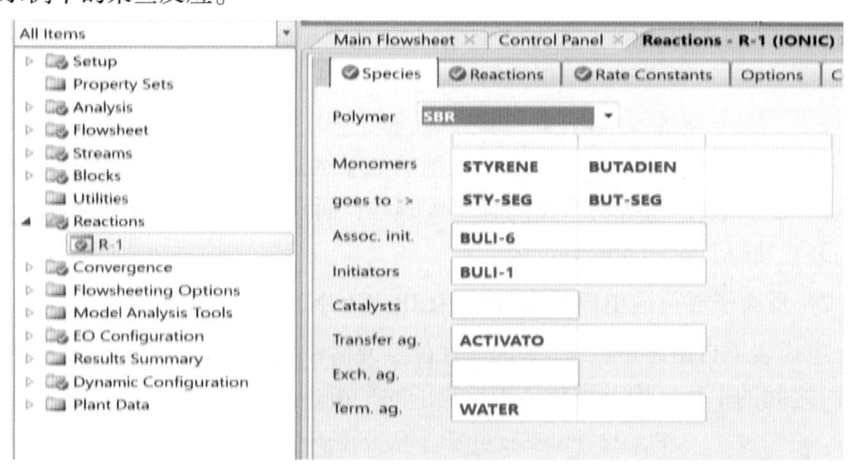

图 6.61　苯乙烯和丁二烯阴离子共聚合的离子反应集 R-1 涉及的物种规定

Main Flowsheet × | Control Panel × | Reactions - R1 (IONIC) × | +

Species | Reactions | Rate Constants | Options | Comments

New | Edit Reaction | Edit Rate Constants

Reaction	Reactants		Products	Active
1) Init-Dissoc	Buli-6	<->	n. Buli-1	☑
2) Chain-Ini-1	Po[1] + Styrene	->	P1[1,Sty-Seg]	☑
3) Chain-Ini-1	Po[1] + Butdiene	->	P1[1,But-Seg]	☑
4) Chain-Ini-2	Buli-1 + Styrene	->	P1[1,Sty-Seg] + d.C-Ion	☑
5) Chain-Ini-2	Buli-1 + Butdiene	->	P1[1,But-Seg] + d.C-Ion	☑
6) Chain-Ini-T	PTo[1] + Butdiene	->	P1[1,But-Seg]	☑
7) Chain-Ini-T	PTo[1] + Styrene	->	P1[1,Sty-Seg]	☑
8) Propagation	Pn[1,Sty-Seg] + Butdiene	->	Pn+1[1,But-Seg]	☑
9) Propagation	Pn[1,Sty-Seg] + Styrene	->	Pn+1[1,Sty-Seg]	☑
10) Propagation	Pn[1,But-Seg] + Butdiene	->	Pn+1[1,But-Seg]	☑
11) Propagation	Pn[1,But-Seg] + Styrene	->	Pn+1[1,Sty-Seg]	☑
12) Association	Pn[1,Sty-Seg] + Pm[1,Sty-Seg]	<->	Qn+m[1,Sty-Seg]	☑
13) Association	Pn[1,But-Seg] + Pm[1,But-Seg]	<->	Qn+m[1,But-Seg]	☑
14) Chat-Agent	Pn[1,Sty-Seg] + Activato^order	->	Dn [1] + PTo[1]	☑
15) Chat-Agent	Pn[1,But-Seg] + Activato^order	->	Dn [1] + PTo[1]	☑
16) Term-Agent	Pn[1,Sty-Seg] + Water^order	->	Dn[1]	☑
17) Term-Agent	Pn[1,But-Seg] + Water^order	->	Dn[1]	☑
18) Equilib-Cion	Pn[1,Sty-Seg]	<->	Pn[1,Sty-Seg] + C-Ion	☑
19) Equilib-Cion	Pn[1,But-Seg]	<->	Pn[1,But-Seg] + C-Ion	☑

图 6.62 按照表 6.9 的苯乙烯和丁二烯阴离子共聚合的反应集，
省略了 CHAT-SPON、CHAT-MONOMER 和 TERM-AGENT 等反应

图 6.63 显示了反应速率常数的指前因子和活化能的初始值[16]。

ain Flowsheet × | Control Panel × | Reactions - R1 (IONIC) × | +

Species | Reactions | Rate Constants | Options | Comments

Type	Site 1	Comp 1	Site 2	Comp 2	Site 3	Pre Exp (f) 1/sec	Act-Energ (f) cal/mol	Pre Exp (r) 1/hr	Act Energ (r) cal/mol	Ref. Temp. C	Order	Asso. No.	Coeff. b	Coeff. d
INIT-DISSOC		BULI-6		BULI-1		1	0	2.715e+10	0	1e+35		6		
CHAIN-INI-1	1	STYRENE				2	0			1e+35				
CHAIN-INI-1	1	BUTDIENE				2	0			1e+35				
CHAIN-INI-2	1	BULI-1		STYRENE		0.01	0			1e+35				
CHAIN-INI-2	1	BULI-1		BUTDIENE		2.5	0			1e+35				
CHAIN-INI-T	1	BUTDIENE				2	0			1e+35				
CHAIN-INI-T	1	STYRENE				2	0			1e+35				
PROPAGATION	1	STY-SEG		BUTDIENE		10	0			1e+35				
PROPAGATION	1	STY-SEG		STYRENE		5	0			1e+35				
PROPAGATION	1	BUT-SEG		BUTDIENE		2.5	0			1e+35				
PROPAGATION	1	BUT-SEG		STYRENE		0.1389	0			1e+35				
ASSOCIATION	1	STY-SEG				1	0	0.01	0	1e+35				
ASSOCIATION	1	BUT-SEG				1	0	0.01	0	1e+35				
CHAT-AGENT	1	STY-SEG		ACTIVATO		0.01	0			1e+35				
CHAT-AGENT	1	BUT-SEG		ACTIVATO		0.01	0			1e+35				
TERM-AGENT	1	STY-SEG		WATER		0	0			1e+35	0			
TERM-AGENT	1	BUT-SEG		WATER		0	0			1e+35	0			
EQUILIB-CION	1	STY-SEG	1			3e-07	0	0.0003		1e+35				1
EQUILIB-CION	1	BUT-SEG	1			3e-07	0	0.0003		1e+35				1

图 6.63 指前因子和活化能的初始值

研究[17]表明，苯乙烯和丁二烯阴离子聚合反应(图 6.63 中的反应 8-11)的链增长反应速率常数的大小顺序如下：k_{SB}(***Sty-Seg-Butadiene***)>k_{SS}(***Sty-Seg-Styrene***)>k_{BB}(***But-Seg-Butadiene***)>k_{BS}(***But-Seg-Styrene***)，即 10>5>2.5>0.1389。在图中，我们特意将与 TERM-AGENT 反应的指前因子设置为 0。水是该批次反应的终止剂；但是，由于引发剂的数量远远超过系统中的水量，我们可以不考虑模型中的两个终止反应。如前所述，有 369 μg/g(ppm)的引发剂进入我们的工业流程，而只有 30 μg/g(ppm)的水进入工业流程。

6.2.5.8 生产梯度嵌段共聚物的批式或间歇反应器

6.2.5.8.1 反应器流程图、进料及操作条件

图 6.64 显示了生产梯度嵌段聚合物的简单间歇反应器流程图。我们将模拟文件保存为“***WS6.2_SBC Batch.bkp***”。

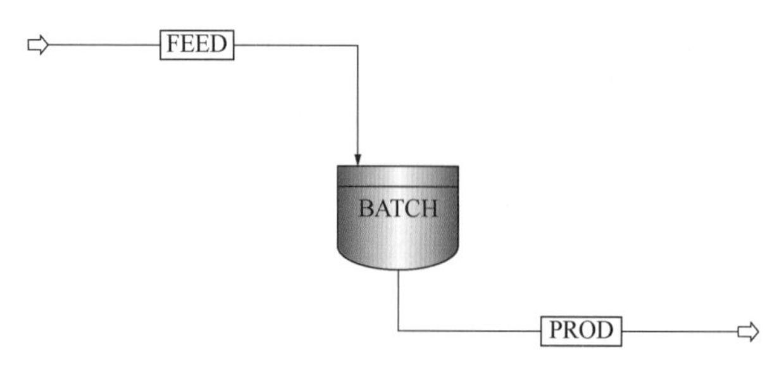

图 6.64 生产梯度嵌段共聚物的间歇反应器流程图

我们使用 METCBAR 单位集，图 6.65 详细说明了进料条件。我们指定反应器在 50℃的恒定温度下操作，有效相为反应器中的液相。我们将反应器压力设定为 0 bar(无压降)。催化剂负载量为 0 kg。我们将反应组设定为 R-1(见图 6.61 和图 6.62)。对于间歇反应器的操作，我们对反应终止的判据和操作时间的规定见图 6.66 和图 6.67。

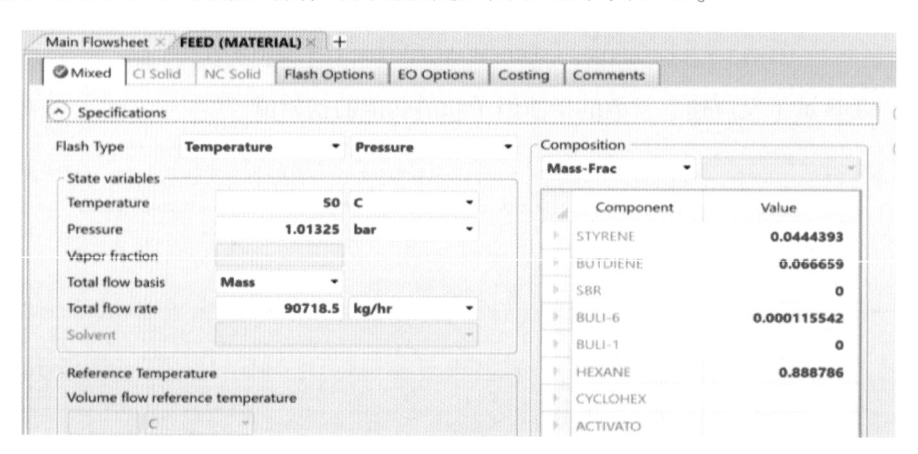

图 6.65 进料规定要求

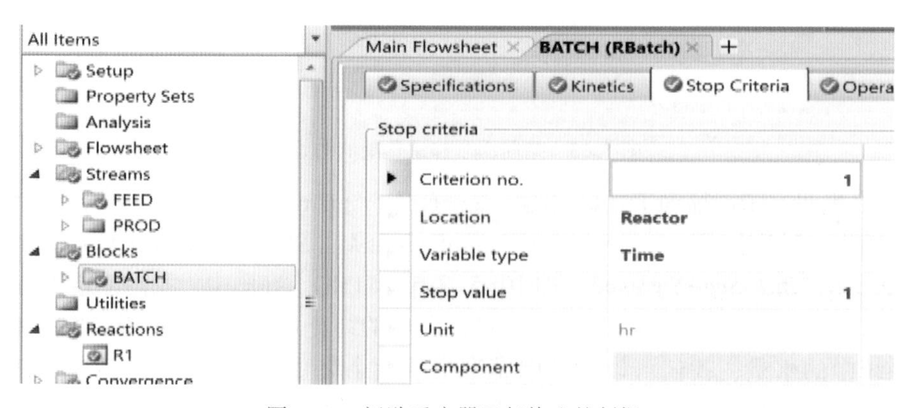

图 6.66 间歇反应器运行终止的判据

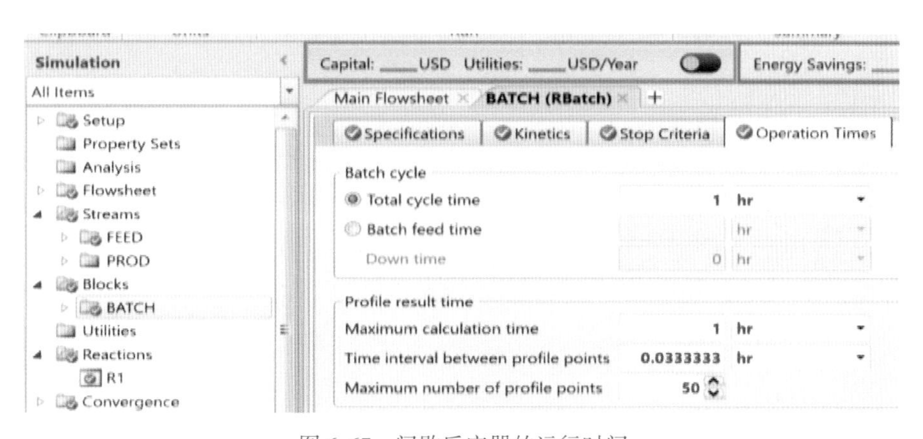

图 6.67 间歇反应器的运行时间

6.2.5.8.2 模拟结果

图 6.68 显示了根据图 6.61～图 6.63 中的聚合反应和动力学，计算出的质量平衡和聚合物分子量。

	Units	FEED	PROD
Molar Density	mol/cc	0.00963198	0.00969401
Mass Density	gm/cc	0.771856	0.795784
Enthalpy Flow	cal/sec	-1.27574e+06	-1.82686e+06
Average MW		80.1348	82.0903
− Mass Flows	**kg/hr**	**90718.5**	**90722.9**
STYRENE	kg/hr	4031.47	1329.42
BUTDIENE	kg/hr	6047.2	14.3193
SBR	kg/hr	0	8749.88
BULI-6	kg/hr	10.4818	0
BULI-1	kg/hr	0	0
HEXANE	kg/hr	80629.3	80629.3
CYCLOHEX	kg/hr	0	0
ACTIVATO	kg/hr	0	0
I2	kg/hr	0	0
STARCOUP	kg/hr	0	0
WATER	kg/hr	0	0
+ LSSFRAC			
+ LSSMOM			
MWN		0	89982.6
MWW		0	108580
PDI		0	1.20668

图 6.68 使用间歇反应器生产星形 SBR 嵌段聚合物的模拟结果

由图 6.68 我们可以看到，86.8%的单体(苯乙烯和丁二烯)转化为 SBR 聚合物，其 *MWN* 为 89982.6，*MWW* 为 108580，*PDI* 为 1.20668。在下一个示例中，我们将使用半间歇反应器，依次加入各类单体，以生产三嵌段共聚物。我们还将微调反应动力以拟合装置数据。

图 6.69 显示了苯乙烯、丁二烯和 SBR 嵌段聚合物的组成分布与间歇反应时间的关系。图 6.70 显示了 SBR 嵌段聚合物的 *MWW* 和 *PDI* 随间歇反应时间的变化情况。

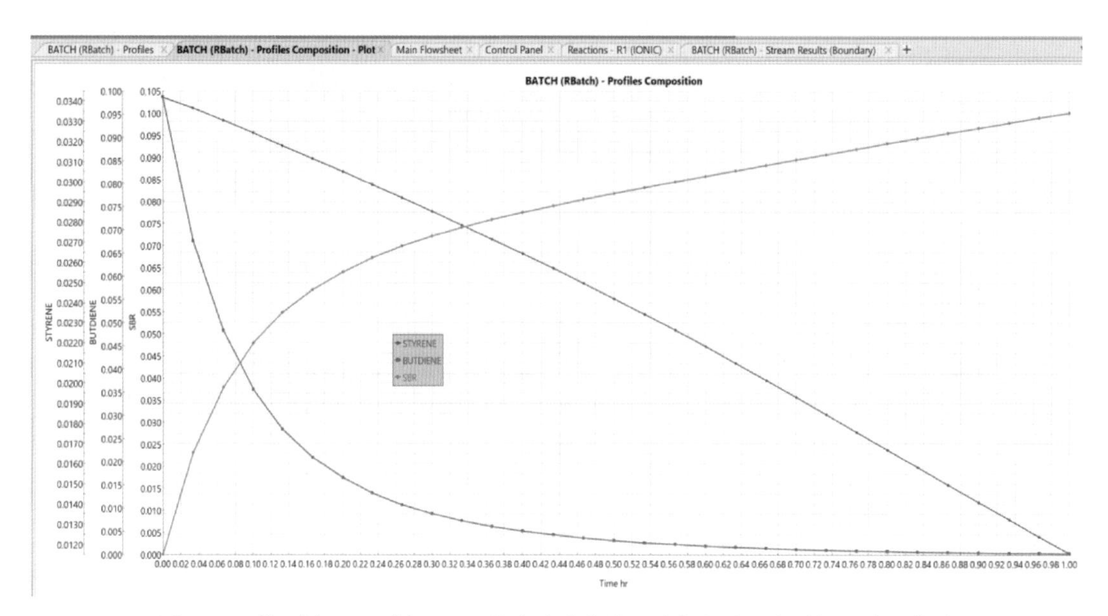

图 6.69　苯乙烯、丁二烯和 SBR 嵌段聚合物的组成与间歇反应时间的关系曲线

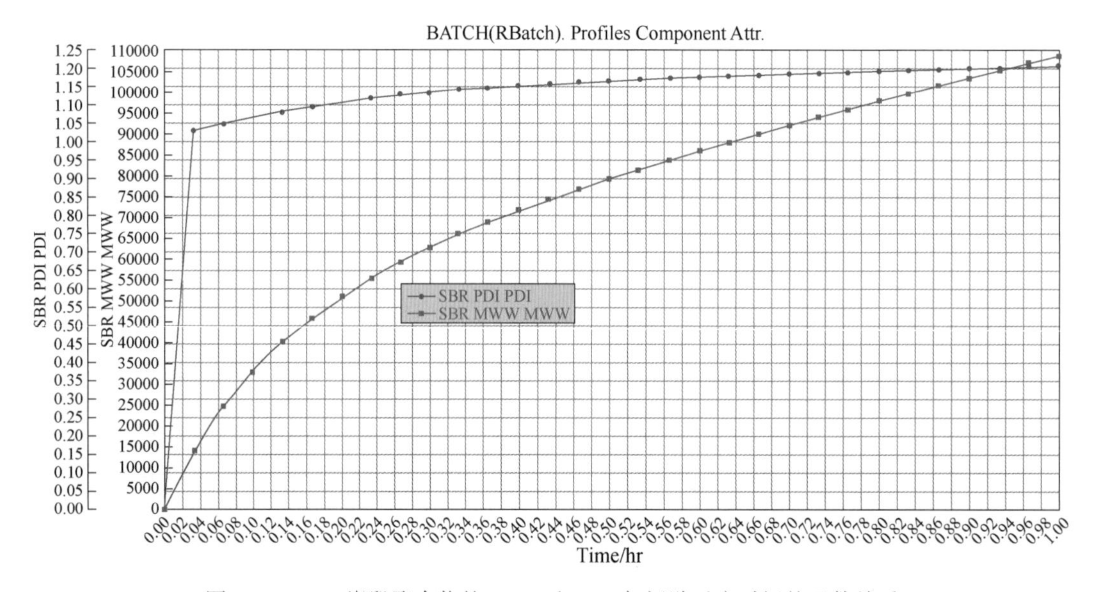

图 6.70　SBR 嵌段聚合物的 *MWW* 和 *PDI* 与间歇反应时间的函数关系

6.2.5.9　按照批量-顺序的工业配方生产三嵌段 SBS 共聚物的半间歇反应器

6.2.5.9.1　反应器流程图、进料及操作条件

图 6.71 显示了生产三嵌段 SBS 共聚物的半间歇反应器简化流程图。我们将模拟文件保存为“***WS6.2 SBC_Semi-Batch.bkp***”。

图 6.72 将溶剂混合物设置为半间歇反应器的初始装料。

表 6.10 列出了连续进料的规定。

图 6.73(a)显示了半间歇反应器的规定。切记要将有效相设置为反应器相，即液体相。指定反应集 R-1(见图 6.62)。

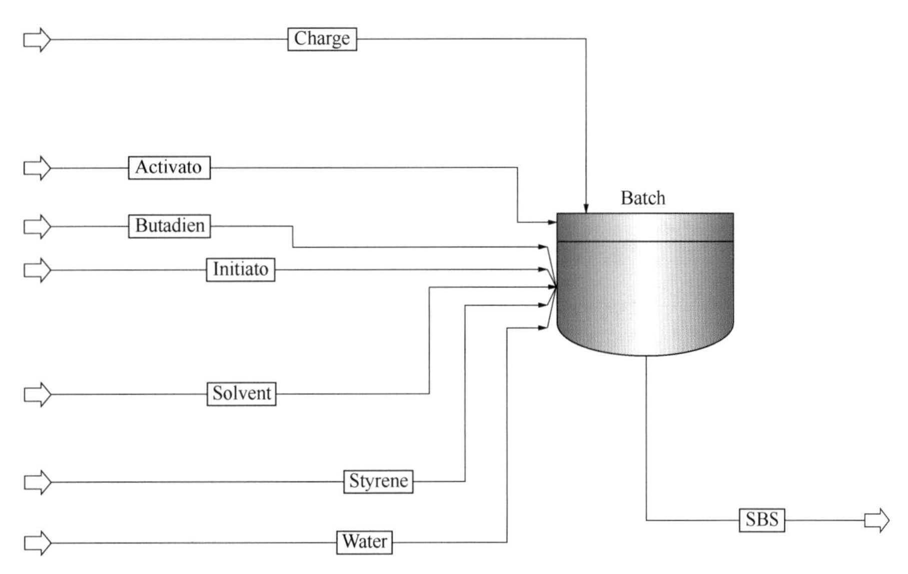

图 6.71　用于生产三嵌段 SBS 共聚物的半间歇反应器流程图

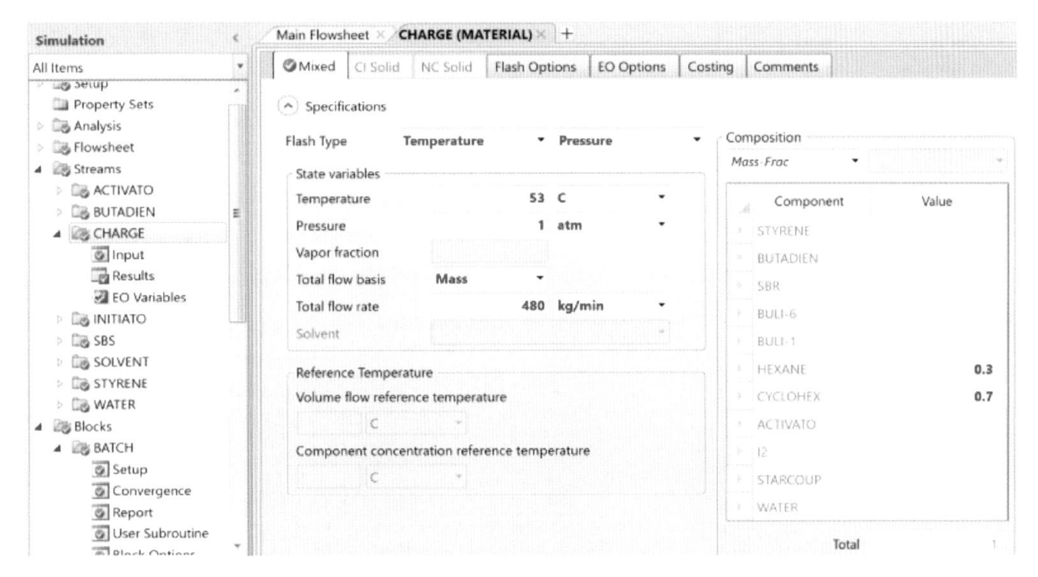

图 6.72　初始加料流股 CHARGE 的规定要求

表 6.10　连续进料的规定

流股	温度/℃	压力/atm	质量流量/(kg/min)	成分(质量分数)
苯乙烯	10	1	12.667	苯乙烯=0.99998，水=2×10^{5}
丁二烯	10	1	19	丁二烯=0.999988，水=1.2×10^{5}
引发剂	15	1	2.06	BuLi-6=1
溶剂	53	1	0.667	正己烷=0.3，环己烷=0.7
活化剂	25	1	1.2	活化剂=0.99997，水=3×10^{5}
水	25	1	0.38	水=1

图 6.73(b)显示了间歇反应器模拟的操作终止判据和运行时间。

图 6.73(c)显示了顺序添加的连续进料流量与运行时间的函数关系。

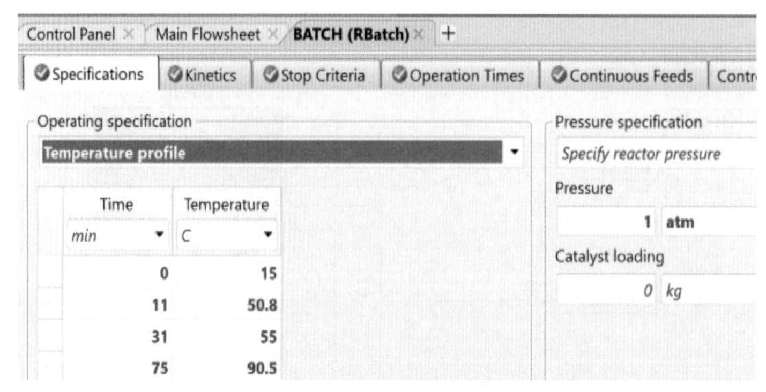

图 6.73(a) 半间歇反应器的规定

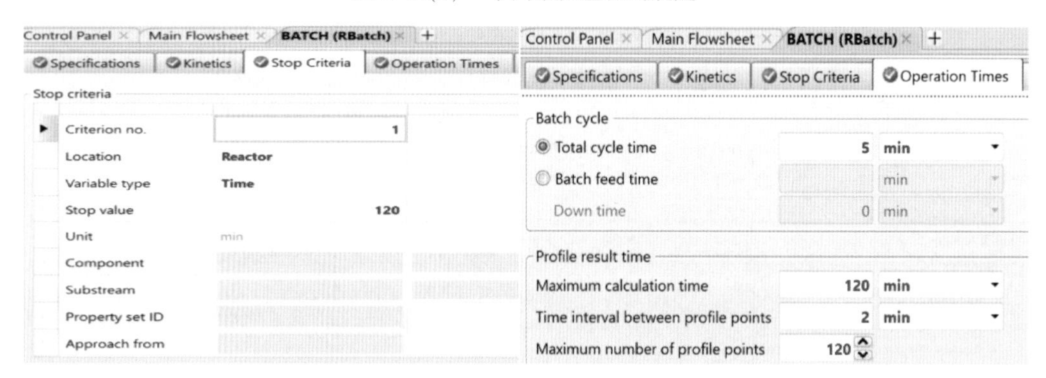

图 6.73(b) 间歇反应器模拟的操作终止判据和运行时间

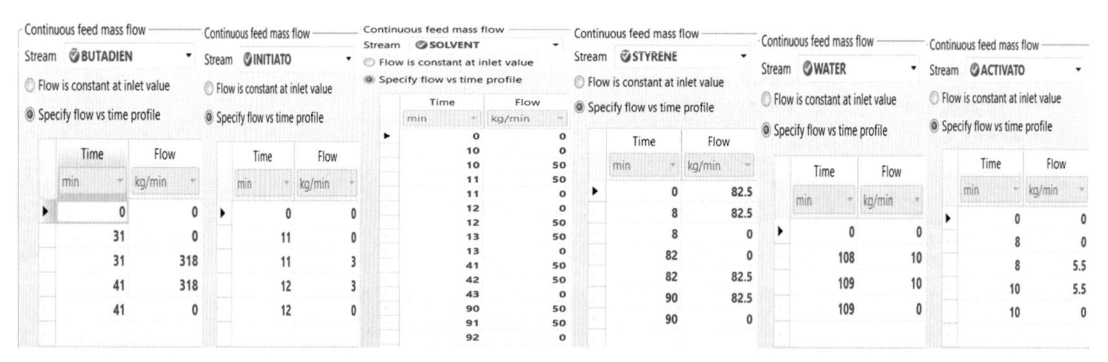

图 6.73(c) 顺序添加的连续进料流量与运行时间的函数关系

表 6.11 列出了工业案例中该装置的批量-顺序的配方。由于连续进料是按顺序添加的，因此图 6.73(c)所示的主要进料组分的质量流量代表了不同时间进入半间歇反应器的实际质量流量。这些值优先于初始加料流股(见图 6.72)或表 6.11 中指定的质量流量。

6.2.5.9.2 模拟结果

我们希望对模型的动力学参数进行微调，使其与 SBS 的装置数据的平均值相匹配，即 **910 kg/min 的生产率、*MWN* 为 104310、*MWW* 为 108800**。图 6.74 说明了我们对苯乙烯和丁二烯阴离子聚合生产 SBS 嵌段共聚物的动力学参数的估算方法。

按照这种方法对动力学参数进行微调后，我们得到了模拟结果，并与装置数据做了比较，见表 6.12。图 6.75 显示了获得的最终动力学参数集。我们注意到，微调动力学参数以精确匹配 *MWW* 和 *MWN* 是一项具有挑战性的任务。我们可以很容易地找到与 *MWW* 或 *MWN* 完全匹配的动力学参数集，但很难找到同时与 *MWW* 和 *MWN* 完全匹配的动力学参数集。

表 6.11　批量-顺序配方

顺序编号	工艺步骤	时间/min	添加速率/(kg/min)	控制温度/℃
1	添加苯乙烯	8	82.5	
2	添加活化剂(THF)	2	5.5	
3	添加洗涤溶剂	1	30	
4	添加引发剂(BuLi-6)	1	3	50.8
5	添加洗涤溶剂	1	50	
6	步骤 1：生成 SLi	18		<57.2
7	添加丁二烯	10	318	55.2
8	添加洗涤溶剂	1	50	
9	步骤 2：生成 SB-Li	40		<91.5
10	添加苯乙烯	8	82.5	90.5
11	添加洗涤溶剂	1	50	
12	步骤 3：生成 SBS-Li+	18		<90.5
13	添加水	1	10	

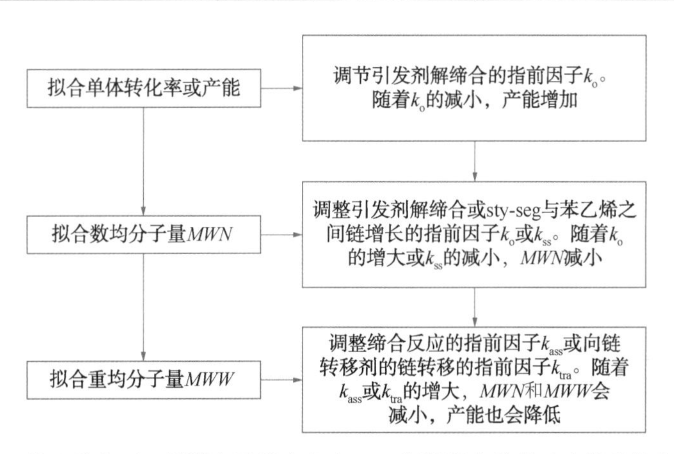

图 6.74　苯乙烯和丁二烯阴离子聚合生产 SBS 嵌段聚合物的动力学参数估算方法

表 6.12　模拟结果与装置数据的比较

模拟目标	装置数据	模拟结果	误差
MWW/(g/mol)	108800	116461	6.96%
MWN/(g/mol)	104310	99507	4.6%
SBS 生产率/(kg/min)	910	900.95	0.99%

Main Flowsheet | Reactions - R-1 (IONIC)

Species | Reactions | Rate Constants | Options | Comments

Type	Site 1	Comp 1	Site 2	Comp 2	Site 3	Pre-Exp (f) 1/sec	Act-Energ (f) cal/mol	Pre-Exp (r) 1/sec	Act-Energ (r) cal/mol	Ref. Temp. C	Order	Asso. No.
INIT-DISSOC		BULI-6		BULI-1		0.925	0	2.715e+10	0	1e+35		6
CHAIN-INI-1	1	STYRENE				2	0			1e+35		
CHAIN-INI-1	1	BUTADIEN				2	0			1e+35		
CHAIN-INI-2	1	BULI-1		STYRENE		2	0			1e+35		
CHAIN-INI-2	1	BULI-1		BUTADIEN		1.5	0			1e+35		
CHAIN-INI-T	1	BUTADIEN				2	0			1e+35		
CHAIN-INI-T	1	STYRENE				2	0			1e+35		
PROPAGATION	1	STY-SEG		BUTADIEN		5	0			1e+35		
PROPAGATION	1	STY-SEG		STYRENE		20	0			1e+35		
PROPAGATION	1	BUT-SEG		BUTADIEN		1.5	0			1e+35		
PROPAGATION	1	BUT-SEG		STYRENE		0.15	0			1e+35		
ASSOCIATION	1	STY-SEG				1	0	0.01	0	1e+35		
ASSOCIATION	1	BUT-SEG				1	0	0.01	0	1e+35		
CHAT-AGENT	1	STY-SEG		ACTIVATO		0.0018	0			1e+35		
CHAT-AGENT	1	BUT-SEG		ACTIVATO		0.0018	0			1e+35		
TERM-AGENT	1	STY-SEG		WATER		0	0			1e+35	1	
TERM-AGENT	1	BUT-SEG		WATER		0	0			1e+35	1	

图 6.75　合成三嵌段 SBS 共聚物的最终动力学参数集

通过绘制 RBATCH 分布结果中的选定项目，我们可以在图 6.76(a)～图 6.76(d)中看到：①苯乙烯和丁二烯的进料质量流量曲线；②所生成共聚物的 *MWW* 和 *MWN*；③反应器内各单体和 SBS 共聚物的摩尔组成随反应时间的变化；④反应器内各单体和 SBS 共聚物的累积质量随反应时间的变化。我们将完成的模拟计算保存为"***WS6.2 SBC_Semi-Batch_Good.bkp***"。

6.2.5.9.3　模型应用

如果我们改变图 6.73(c)中，即某批次的第 11～12 min 的引发剂添加量，会发生什么情况？表 6.13 比较了所得结果。

增加引发剂的添加量可显著降低 SBS 共聚物的分子量，但对共聚物的质量流量只有轻微的影响。

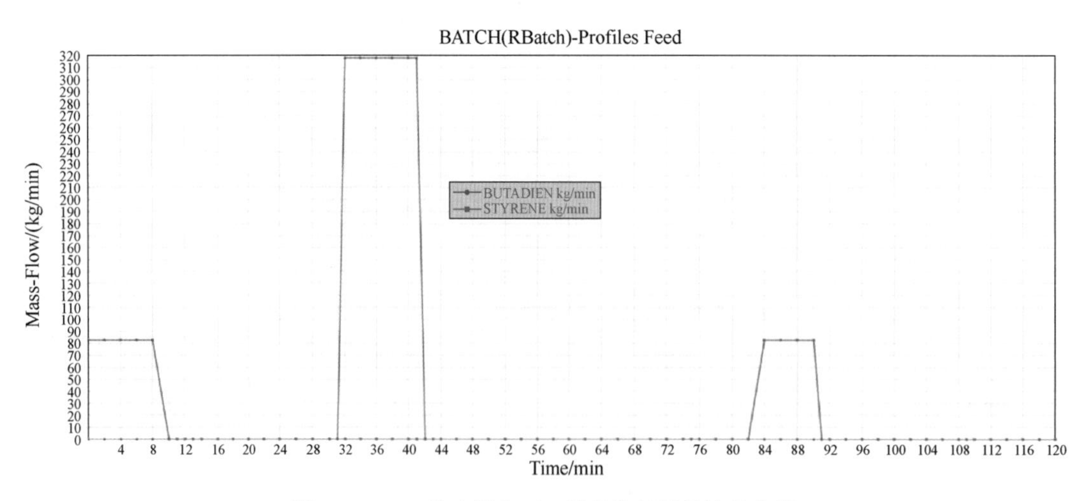

图 6.76(a)　苯乙烯和丁二烯的进料质量流量曲线

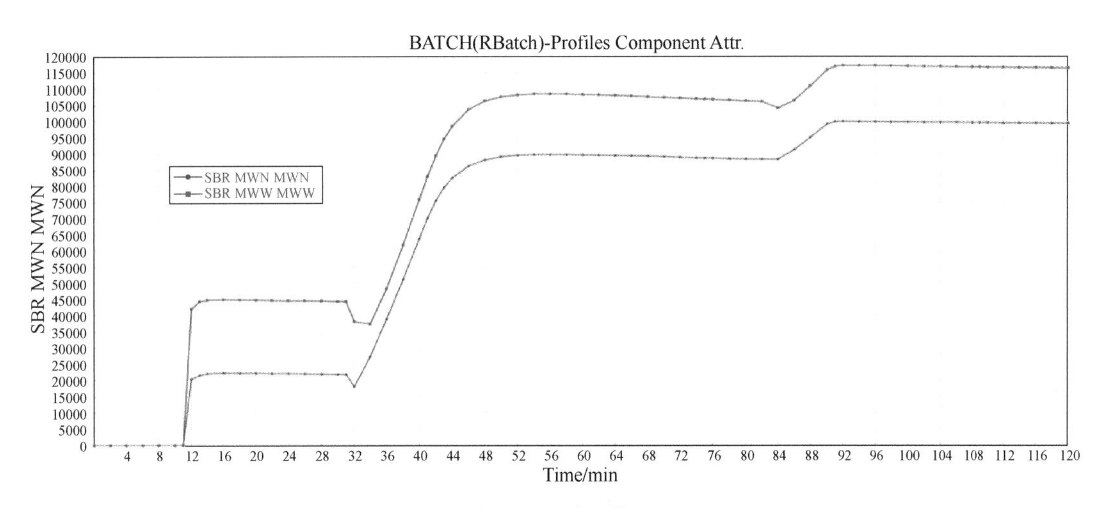

图 6.76(b)　三嵌段 SBS 共聚物的 *MWW* 和 *MWN*

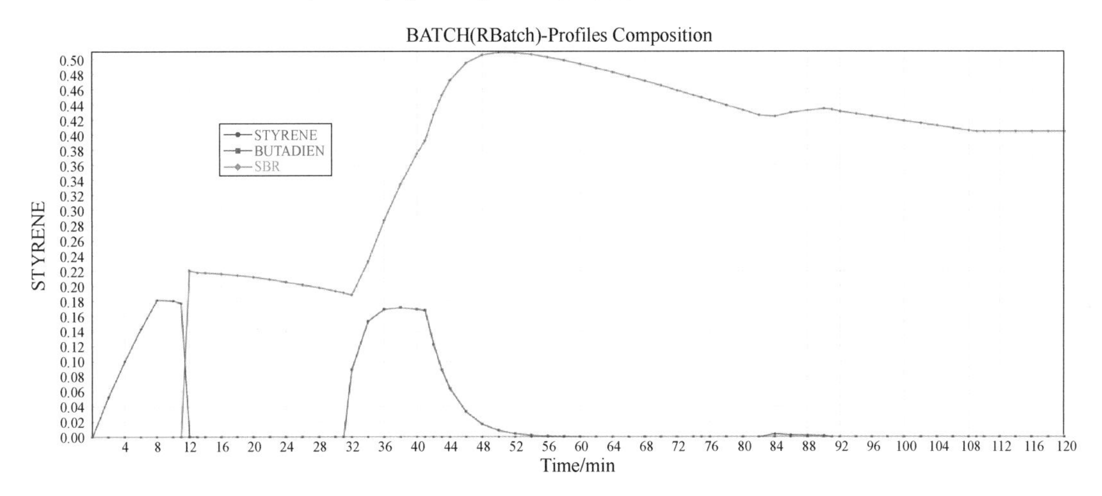

图 6.76(c)　反应器内各单体和 SBS 共聚物的摩尔组成随反应时间的变化

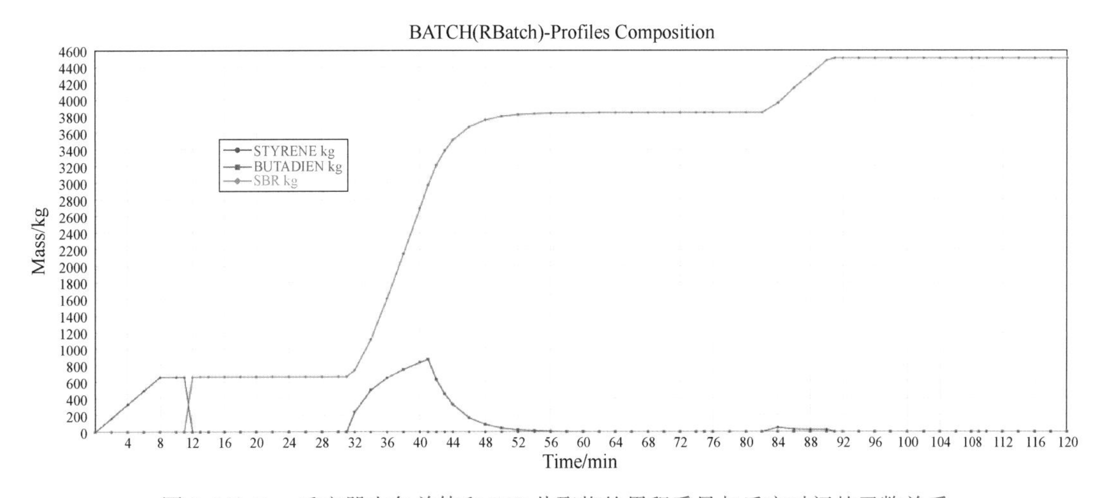

图 6.76(d)　反应器内各单体和 SBS 共聚物的累积质量与反应时间的函数关系

表 6.13　引发剂 BuLi-6 添加量对模拟结果的影响

第 11~12min 引发剂 BuLi-6 的添加量/kg	3	6	9
MWW/(g/mol)	116461	61977	43667
MWN/(g/mol)	99507	49671	34460
SBS 共聚物产量/(kg/min)	900.95	901.818	902.795

6.2.5.10　采用文献的批次-序列配方生产三嵌段 SBS 共聚物的半间歇反应器

Sirohi 和 Ravindranath[18] 模拟了 Hsieh[17,24] 的批次-序列配方以生产由以下批次-顺序配方组成的三嵌段 SBS 共聚物：①在间歇反应器中加入苯乙烯和溶剂；②加入 BuLi 引发剂，让苯乙烯聚合 1 h；③加入丁二烯，使其也聚合 1 h；④加入偶联剂(COUPLING)，如碘，使之偶联 40 min；⑤加入终止剂或速止剂(S-STOP)，如水，以杀死剩余的引发剂和活性聚合物链。下面我们将模拟这种半间歇反应器的操作。

关于组分清单、反应器流程图、进料和操作条件可打开文件“***WS6.2 SBC_Semi-Batch_Good.bkp***”，并将其另存为“***WS6.2 SBC_Semi-Batch_Hsieh.bkp***”，我们对流程图稍做修改，如图 6.77 所示。

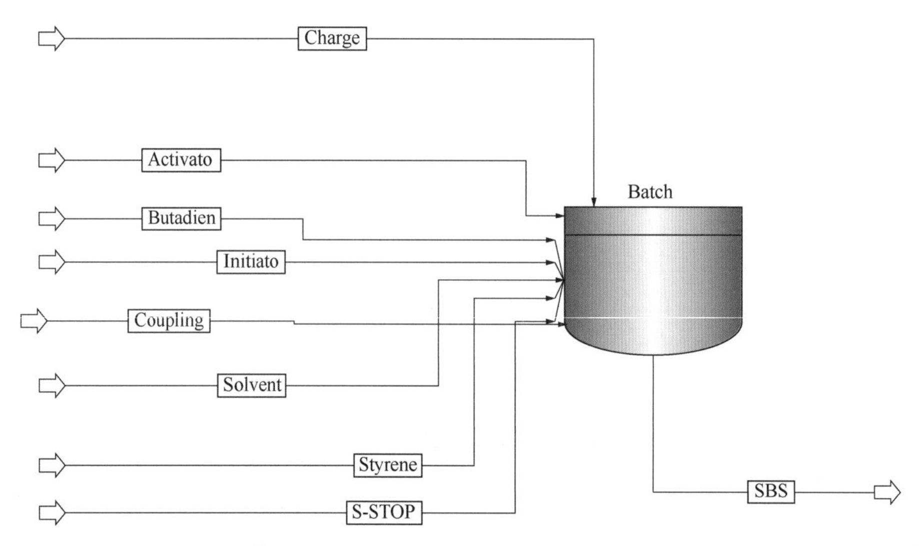

图 6.77　增加进料流股，COUPLING 和 S-STOP 修改后的流程图

图 6.78 显示了修改后的组分清单。注意偶合剂(COUPLING)碘和终止剂或速止剂(S-STOP)水。我们使用 METCATM 单位集，温度为℃，压力为 atm。

表 6.14 列出了间歇反应器的初始装料和连续进料规定。

图 6.79(a)~图 6.79(c)具体定义了半间歇反应器。有效的反应相为液相。反应集为 R-1，如图 6.80(a)、图 6.80(b)所示。

运行模拟软件后，我们可以通过半间歇反应器 BATCH 的“profiles”栏目绘制进料流股和 SBS 共聚物产品随时间变化的分布图。图 6.81(a)、图 6.81(b)展示了进料组分的质量流量曲线。

图 6.82 显示了反应器累积质量随时间变化的情况，图 6.83 显示了 SBS 共聚物产品的 *MWN* 和 *MWW*。

本次案例到此结束。我们将模拟保存为“*WS7. 2 SBC_Semi-Batch_Hsieh. bkp*”。

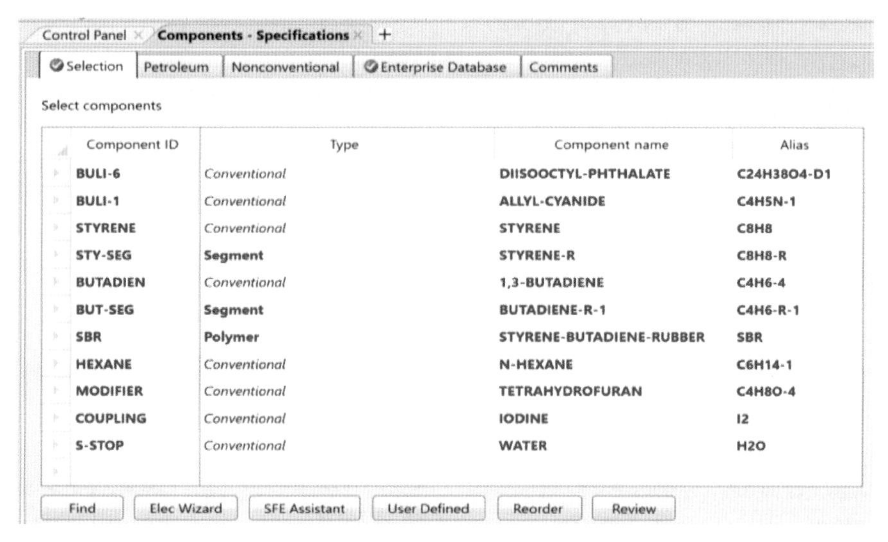

图 6. 78　**WS6. 2 SBC_Semi-Batch_Hsieh** 的修改后的组分列表

表 6. 14　流股规定数据

流股	温度/℃	压力/atm	质量流量/(kg/h)	成分(质量分数)
装料	50	5	25000	苯乙烯=0. 04762，溶剂=0. 95238
苯乙烯	50	5	760. 02	苯乙烯=0. 99998，S-STOP=2×10^{-5}
丁二烯	50	5	1136	丁二烯=0. 995，S-STOP=0. 005
引发剂	50	5	13. 75	BuLi-6=1
溶剂	50	5	40. 02	己烷=1
偶联剂	50	5	22. 264	偶联剂=1
活化剂	50	5	72	改性剂=0. 99997，S-STOP=3×10^{-5}
S-Stop	50	5	500	S-STOP=1

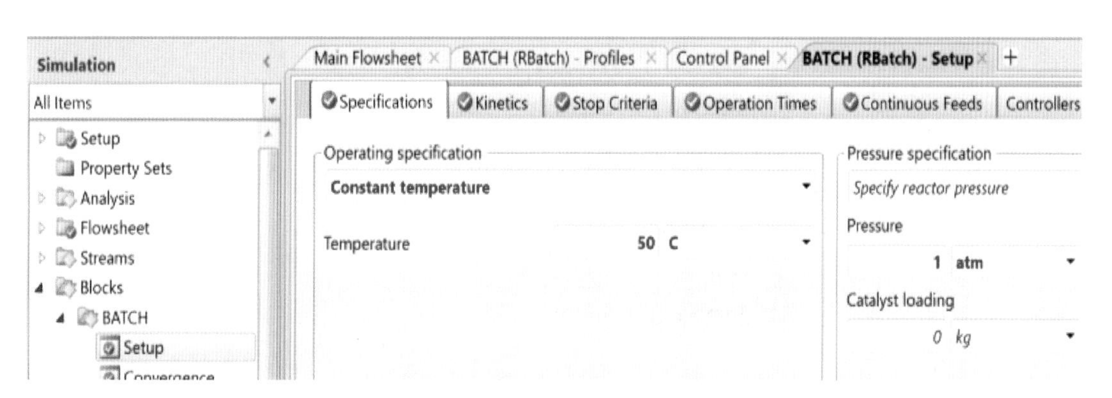

图 6. 79(a)　半间歇反应器的规定

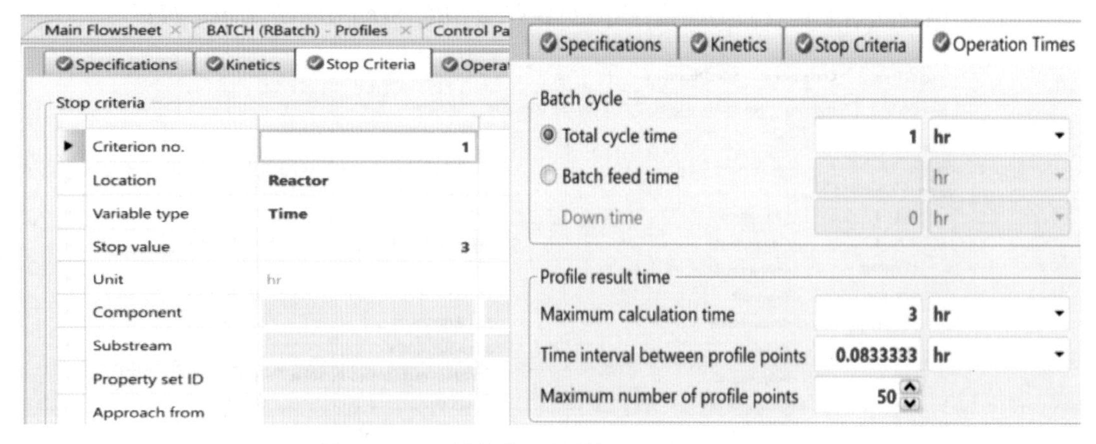

图 6. 79(b)　计算终止的判据和运行时间说明

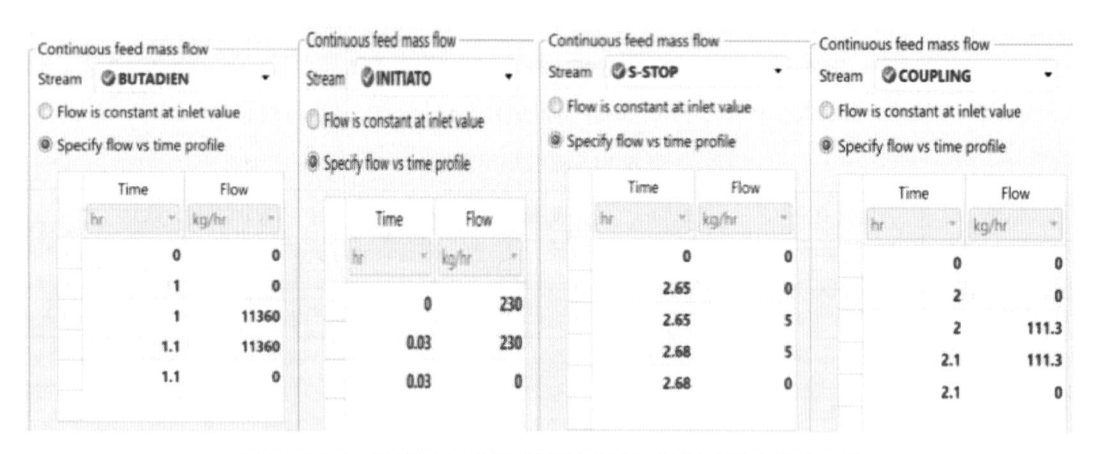

图 6. 79(c)　顺序添加的连续进料流量与运行时间的函数关系

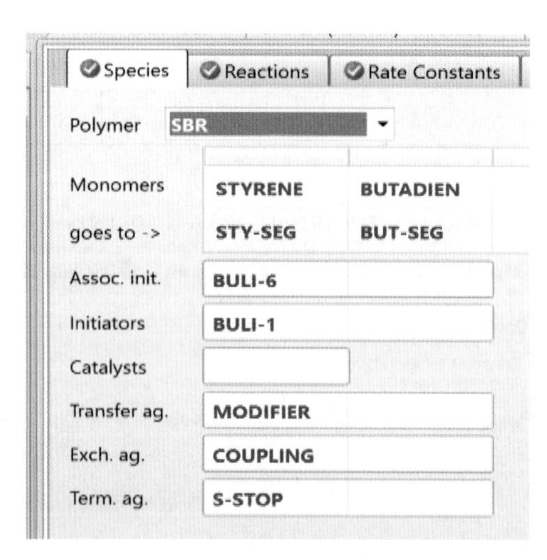

图 6. 80(a)　反应集涉及物种的规定说明

Main Flowsheet | BATCH (RBatch) - Profiles | Control Panel | BATCH (RBatch) - Setup | Reactions - R-1 (IONIC) | +

Species | Reactions | Rate Constants | Options | Comments

Type	Site 1	Comp 1	Site 2	Comp 2	Site 3	Pre-Exp (f) 1/sec	Act Energ (f) cal/mol	Pre Exp (r) 1/hr	Act Energ (r) cal/mol	Ref. Temp. C	Order	Asso. No.	Coeff. b	Coeff. d	Tag
INIT-DISSOC		BULI-6		BULI-1		0.001	0	2e+26	0	1e+35		6			
CHAIN-INI-1	1	STYRENE				2	0			1e+35					
CHAIN-INI-1	1	BUTADIEN				2	0			1e+35					
CHAIN-INI-2	1	BULI-1		STYRENE		10	0			1e+35					
CHAIN-INI-2	1	BULI-1		BUTADIEN		10	0			1e+35					
CHAIN-INI-T	1	BUTADIEN				2	0			1e+35					
CHAIN-INI-T	1	STYRENE				2	0			1e+35					
PROPAGATION	1	STY-SEG		BUTADIEN		24	0			1e+35					
PROPAGATION	1	STY-SEG		STYRENE		6	0			1e+35					
PROPAGATION	1	BUT-SEG		BUTADIEN		2.7	0			1e+35					
PROPAGATION	1	BUT-SEG		STYRENE		0.1788	0			1e+35					
ASSOCIATION	1	STY-SEG				10	0	36	0	1e+35					
ASSOCIATION	1	BUT-SEG				10	0	36	0	1e+35					
EXCH-AGENT	1	STY-SEG	3	COUPLING		2	0			1e+35					3
EXCH-AGENT	2	BUT-SEG	3	COUPLING		2	0			1e+35					3
TERM-AGENT	1	STY-SEG		S-STOP		10	0			1e+35	1				
TERM-AGENT	1	BUT-SEG		S-STOP		10	0			1e+35	1				

图 6.80(b)　反应速率常数的规定说明

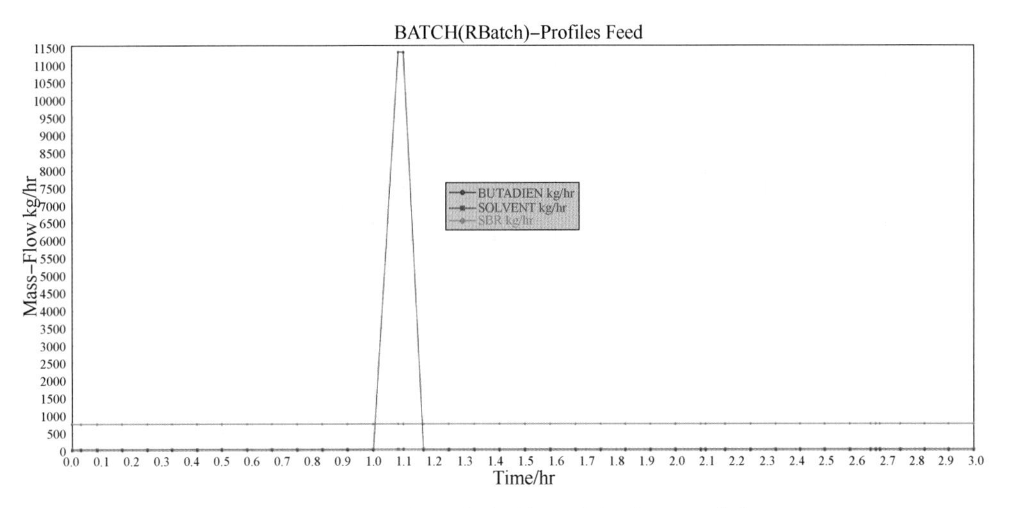

图 6.81(a)　进料组分随时间变化的质量流量曲线

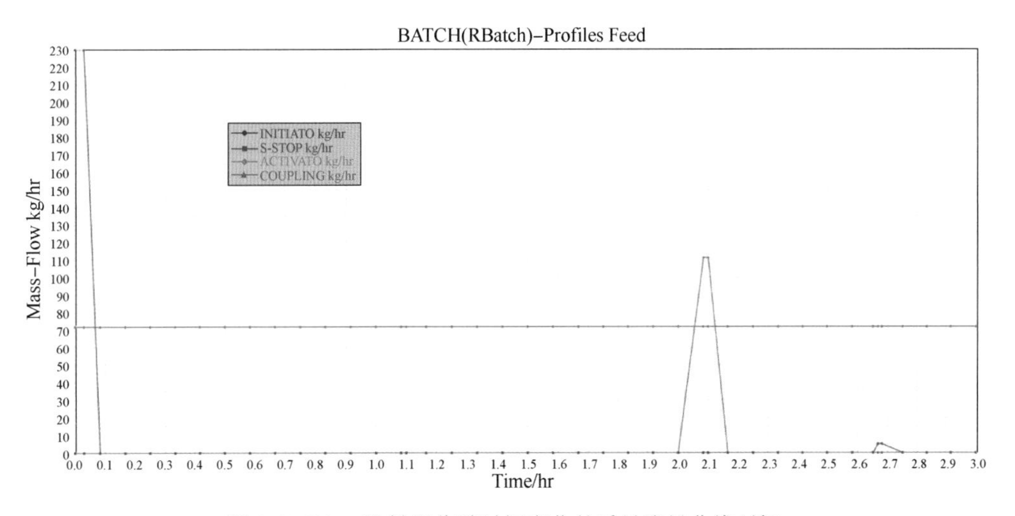

图 6.81(b)　进料组分随时间变化的质量流量曲线(续)

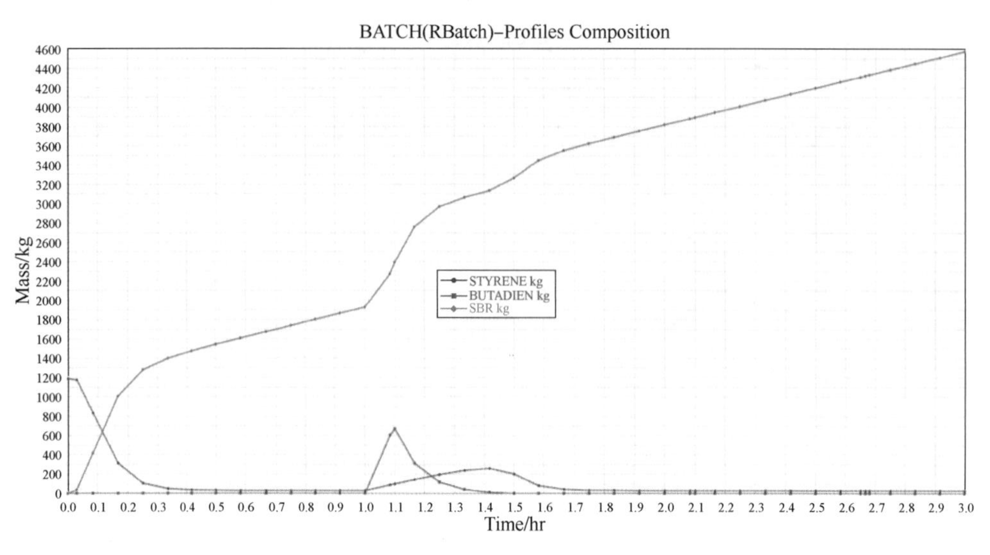

图 6.82　随时间变化的反应器累积质量

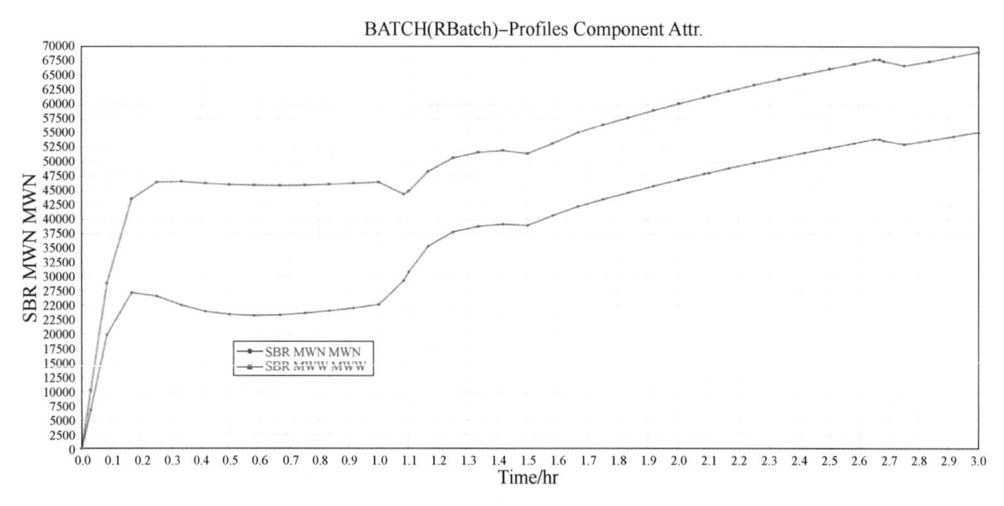

图 6.83　SBS 共聚物产品的 *MWN* 和 *MWW*。注意到 1~1.1 h 添加丁二烯和 2.65~2.68 h 添加终止剂(S-Stop)产生的明显效果。但在 2~2.1 h 添加偶联剂(COUPLING)的效果不明显

参　考　文　献

[1] Soares, J. B. P., McKenna, T. F. L. (2012). *Polyolefin Reaction Engineering*. Weinheim: Wiley-VCH.

[2] Odian, G. (2004). *Principles of Polymerization*, 4e. New York: Wiley.

[3] Schaller, C. (2021). Synthetic Methods in Polymer Chemistry. https://employees.csbsju.edu/cschaller/Advanced/Polymers/SAanionic.htML(accessed 4 June 2021).

[4] Lohse, D. J. (2000). Polyolefins. In: *Applied Polymer Science: 21st Century*, Chapter 6(ed. C. Craver and C. Carraher), 73-91. New York: Elsevier.

[5] Carraher, C. (2017). *Carraher's Polymer Chemistry*, 10e. Boca Raton, FL: CRC Press.

[6] Stevens, M. (1998). *Polymer Chemistry*. Oxford: Oxford University Press.

[7] Lodge, T. P., Hiemenz, P. C. (2020). *Polymer Chemistry*, 3e. London: Taylor & Francis.

[8] Seavey, K. C., Liu, Y. A. (2009). *Step-Growth Polymerization Process Modeling and Product Design*. New York: Wiley.

[9] Hui, A. W., Hamielec, A. E. (1972). Thermal polymerization of styrene at high conversions and temperatures: an experimental study. *Journal of Applied Polymer Science* 16: 749.

[10] Kirchner, K., Riederle, K. (1983). Thermal polymerization of styrene-the formation of oligomers and intermediates, 1. Discontinuous polymerization up to high conversions. *Die Angewandte Makromolekulare Chemie* 111: 1-16.

[11] Reintelen, T., Riederle, K., Kirchner, K. (1983). Transfer of kinetics models from batch to continuous reactors with special regard to the formation of oligomers and the effect of retards during styrene polymerization. In: *Polymer Reaction Engineering: Influence of Reaction Engineering on Polymer Properties* (ed. K. H. Reinchert and W. Geisseler), 271-286. New York: Hanser Publishers.

[12] Aspen Technology, Inc. (2017). Application B1-Polystyrene Bulk Polymerization by Thermal Initiation. Aspen Polymers V8. 4: Examples and Applications, pp. 97-108.

[13] Bokis, C. P., Orbey, H., Chen, C. C. (1999). Properly model polymer processes. *Chemical Engineering Progress* 95(4): 39.

[14] Aspen Technology, Inc. (2021). Initiator Decomposition Rate Parameters. Aspen Polymers V12. 1.

[15] Chang, C. C., Miller, J. W., Schorr, G. R. (1990). Fundamental modeling in anionic polymerization processes. *Journal of Applied Polymer Science* 39: 2395-2417.

[16] Chang, C. C., Halasa, A. F., Miller, J. W., et al. (1994). Modeling studies of the controlled anionic copolymerization of butadiene and styrene. *Polymer International* 33: 151-159.

[17] Hsieh, H. L., Quirk, R. P. (1996). *Anionic Polymerization-Principles and Practical Applications*. New York: Marcel Dekker, Inc.

[18] Sirohi, A., Ravindranath, K. (1999). *Modeling of Ionic Polymerization Processes: Styrene and Butadiene*. Houston, TX: AIChE Spring Meeting.

[19] Design Institute for Physical Property Research(DIPPR), American Institute of Chemical Engineer(2003). *Evaluated Process Design Data, DIPPR Project 801*. New York: AIChE.

[20] Caruthers, J. M., Choa, L. C., Venkatasubramanian, V., et al. (1998). *Handbook of Diffusion and Thermal Properties of Polymers and Polymer Solutions*. New York: American Institute of Chemical Engineers.

[21] Aspen Technology, Inc. (2017). Application B6-Styrene Butadiene Ionic Polymerization Processes. Aspen Polymers V8. 4: Examples and Applications, pp. 159-166.

[22] Aspen Technology, Inc. (2021). Aspen Polymers V12. 1, Reaction Kinetic Scheme(Ionic), online help.

[23] Brandup, J., Immergut, E. H., Grulke, E. A. (ed.)(1999). *Polymer Handbook*. New York: Wiley.

[24] Hsieh, H. H. (1976). Synthesis of radial thermoplastic elastomers. *Rubber Chemistry and Technology* 49: 1305-1310.

7 通过稳态和动态模拟模型改进聚合过程的可操作性和控制

本章介绍了使用 Aspen Plus 和 Aspen Plus Dynamics 进行动态聚合物过程模拟。从在 Aspen Plus 中开发的聚合物过程稳态(与时间无关)模拟模型开始，我们可以使用 Aspen Plus Dynamics 将稳态模型切换为动态(与时间有关)模拟模型。这使用户能够创建有效的动态聚合物过程模拟，以便更好地分析过程的可操控性。

第 7.1 节介绍使用 Aspen Plus 和 Aspen Plus Dynamics 进行动态过程建模的四步操作流程。为了方便起见，在本章中我们使用简称 Aspen Dynamics 或 AD 来指代 Aspen Plus Dynamics。第 7.2 节介绍如何在 AD 中运行动态模拟，涵盖了动态模拟的类型(流量驱动和压力驱动)，AD 的图形界面，模拟运行模式和运行控制，使用预定义表格和绘图查看模拟结果，规定状态和分析，创建新的表格和图形，以及在 AD 中查找变量。第 7.3 节讨论 AD 中的过程控制，包括添加和配置 PID 控制器。第 7.4 节讲解快照管理和对模拟输入及结果进行快照。第 7.5 节介绍定义离散事件序列的任务，这对于模拟聚烯烃生产中的牌号切换非常有用。第 7.6 节展示一个例题，动态模拟淤浆高密度聚乙烯(HDPE)生产工艺的牌号切换，并演示了任务在模拟牌号切换中的使用。第 7.7 节讨论如何在商业淤浆法生产 HDPE 工艺中实施各种控制方案。第 7.8 节演示在第 5.8 节中介绍的冷凝态操作下气相流化床 LLDPE 过程的控制器设计，并引入了分程(SR)控制器的概念。第 7.9 节介绍了淤浆法生产 HDPE 过程的推理控制器。最后，本章以参考文献部分结束。

已经有几篇使用 Aspen Plus 和 Aspen Plus Dynamics 进行聚烯烃过程动态模拟和控制的研究论文被发表[1-5]，然而，这些发表的研究论文没有提供足够的细节让读者能够使用软件工具进行这些应用，本章的目标是通过具有说明性例题的工作流程和细节来帮助读者进行动态聚合物过程模拟。

7.1 例题 7.1：使用 Aspen Plus 和 Aspen Plus Dynamics 进行动态流程建模的操作流程

我们首先通过一个例题来演示操作流程中的以下步骤：

步骤 1. 在 Aspen Plus（包括 Aspen Polymers）中创建稳态模拟流程，生成**稳态模拟文件 *.bkp**。

步骤 2. 输入动态模拟流程计算所需的数据，特别是计算容器容积所需的容器类型和几何形状；启动储罐保持所需的储罐初始填充百分比；工艺传热选项、设备传热选项和环境传热方法，这些是热传递计算所需的，然后运行这个稳态模拟并保存结果。

步骤 3. 将模拟导出到 Aspen Plus Dynamics，生成**动态模拟文件 *.dynf** 和 **Aspen 物性数据文件 *.appdf**。

步骤 4. 在 AD 中打开动态模拟文件；施加工艺扰动；更改默认液位、压力和温度控制器；添加新控制器；在运行动态模拟之前添加用于显示模拟结果的表格或图表。

对于步骤 1，我们新建一个稳态模拟文件 ***WS7.1.bkp***。图 7.1 显示了其流程，表 7.1 列出了输入数据。

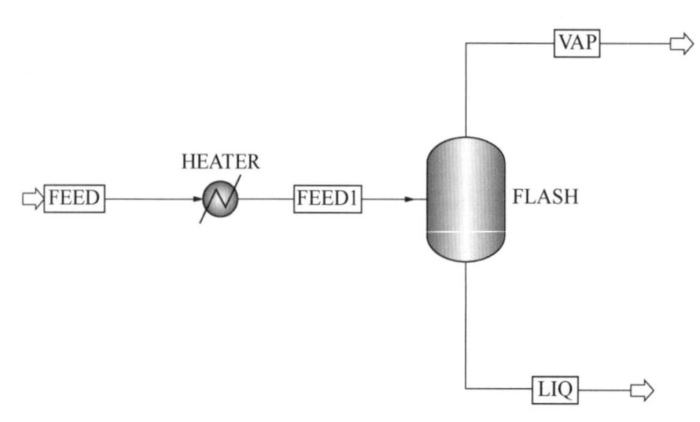

图 7.1 **WS7.1** 流程图

表 7.1 稳态模拟的规定（WS7.1）

组分	氮（N_2），正己烷（NC6），水（WATER）
物性方法	NRTL（热力学方法含亨利组分 N_2）
进料物流	Feed：20℃，1.1 bar，摩尔流量（kmol/h）：N2-2，NC6-20 和 WATER-70
模块	Heater：0 bar（无压降），出口气相分率=0.4；Flash：1 bar，0 kcal/h（绝热）

对于步骤 2，我们单击功能区上的动态选项卡，然后单击动态模式按钮激活动态输入表单。对于换热器的输入，请参考图 7.2，其中包括***动态***加热器类型（而非瞬时加热器类型），以及加热器体积规格。

对于换热器的热传递选项，我们选择默认的***恒定负荷***。其他选项包括：① ***恒定介质温***

度，其热负荷取决于工艺物流和加热/冷却介质之间的温差；②工艺物流与加热/冷却介质之间的 ***LMTD（对数平均温差）***。

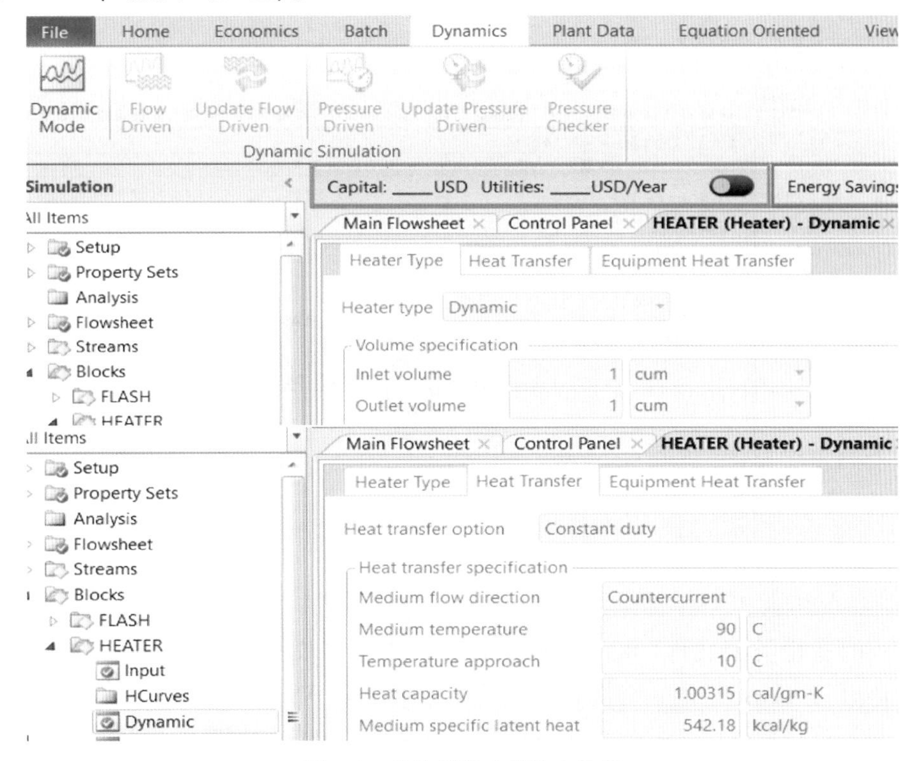

图 7.2 换热器的动态输入数据

本例中我们不考虑 ***换热器设备传热***。当设备温度发生较大变化时(包括启动、停机或泄压)，设备传热变得非常重要，我们需要输入设备的 ***质量***和 ***比热容***、***总体传热系数***以及 ***环境温度***，以便模拟设备比热容以及与环境的热传递。

闪蒸器是一个带有椭圆封头的垂直容器，长度为 4.5 m，直径为 1.5 m。我们规定热传递采用 ***恒定负荷***，并指定初始条件下的 ***液相体积分数为0.3***。我们不考虑设备热传递和容器壁热传递。在 AD 在线帮助中搜索"Vessel Geometry"，可以看到不同容器方向和头部类型的图片，并显示了如何计算体积和高度，以及确定液位的方法。

在将稳态模拟模型切换为动态模拟模型时，AD 会根据以下规则自动添加默认 ***控制器***：①如果容器(如闪蒸器)中有液体，则添加液位控制器(LC)；②如果容器中有气相，则添加压力控制器(PC)；③如果容器是使用动力学原理的反应器，则添加温度控制器(TC)。根据规则①和②，我们为液位和压力添加默认控制器。然后运行稳态模拟，并将生成的文件以"***WS7.1.bkp***"保存在 AD 工作文件夹中，完成步骤 2。

对于步骤 3，我们单击功能区上的"Dynamic(动态)"选项卡，然后点击"Flow Driven(流量驱动)"按钮将模拟从 Aspen Plus 导出到 AD，并将动态模拟文件保存在 AD 工作文件夹中，文件名称设为"***WS7.1.dynf***"。这将自动在 AD 中打开模拟流程图，且自动在 AD 模拟窗口顶部设置默认液位和压力控制器，请参见图 7.3。

检查 AD 工作文件夹后，我们可以看到示例中的三个模拟文件：①稳态模拟文件：

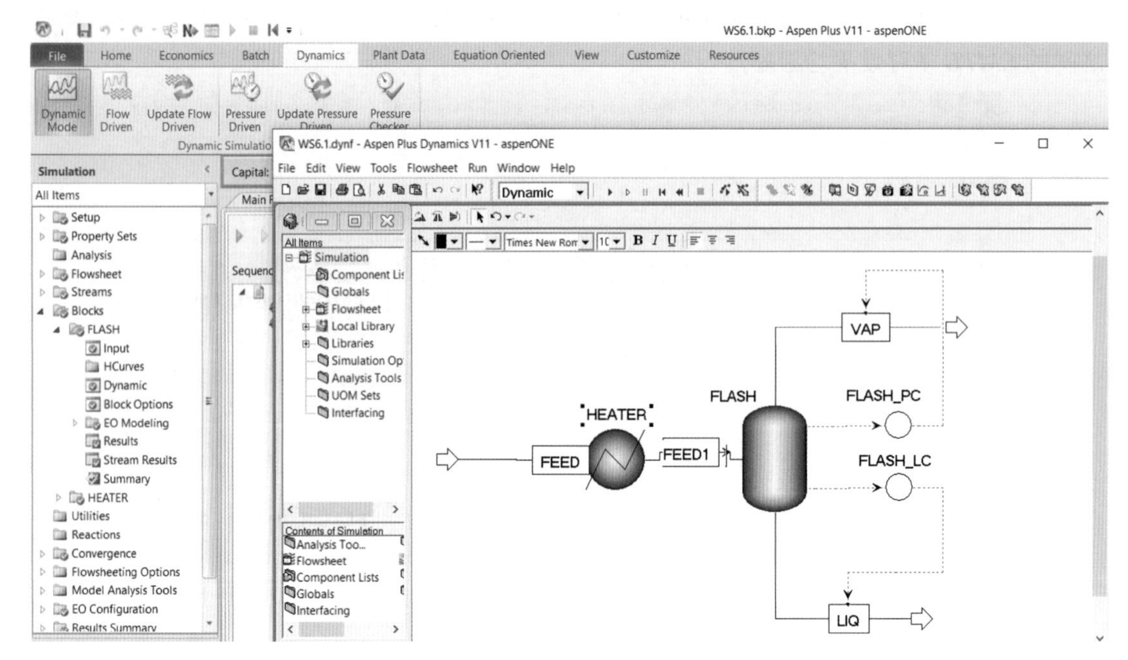

图 7.3　单击 Aspen Plus 动态选项卡中的“Flow Driven”按钮，导出流程在 Aspen Plus Dynamics 中的显示

Aspen Plus 的备份类型文件“***WS7. 1. bkp***”；②动态模拟文件：Aspen Dynamics 语言文件“***WS7. 1. dynf***”；③Aspen Plus 物性数据或问题定义文件“***WS7. 1dyn. appdf***”。要使动态模拟文件和物性数据得到运行，***我们必须将动态模拟文件和物性数据文件放在同一个工作文件夹中***。

对于步骤 4，在 AD 中打开动态模拟文件“***WS7. 1. dynf***”。我们将在下一节介绍 AD 运行模拟的操作。

7.2 在 Aspen Plus Dynamics 中运行模拟

7.2.1　动态模拟的类型：流量驱动和压力驱动

在图 7.3 中，我们选择了流量驱动模拟类型，而不是压力驱动模拟类型。表 7.2 比较了这两种类型的动态模拟。对于大多数液相聚合物过程，我们选择流量驱动模拟。

7.2.2　Aspen Plus Dynamics 的图形界面

图 7.4 展示了 AD 的图形界面。该界面显示了几个区域：①工艺流程图大窗口，在该窗口中我们可以看到工艺流程图；②模拟资源管理器，是包括标有(2)、(3)、(4)、(6)的区域；③模型库，用于在流程中添加物流和模块，是标记为(5)的区域；④消息窗口，是标有(7)的区域。

要显示消息窗口，我们点击左上角的“View”，然后点击“Messages”。要显示模拟资源管理器，我们点击标记为(8)的图形按钮，它是顶部标记为(1)的水平工具栏上的一个按钮；我们也可以点击左上角的“Tools”，再点击“Explorer”。然后我们会看到标记为(2)或“Exploring Simulation”的区域。在模拟浏览器中，我们可以看到标记为(3)的“Flowsheet”文件夹，其中包括“Blocks”(FLASH、FLASH_LC、FLASH_PC 和 HEATER)和“Streams”(FEED、FEED1、ISO、IS1、IS2、IS3、LIQ 和 VAP)等。

表 7.2　流量驱动和压力驱动动态模拟的比较

项目	流量驱动	压力驱动
规定	规定进料流量和压力	所有进料和产物的压力已规定；进料流量未规定
流股流量和压差	流量不受压差控制	流量由压差驱动
模块的出口流量	由质量平衡确定，不受下游压力影响	由压力和上下游压力之间的压力/流量关系确定
流量和压力控制	假设液体过程完全控制，因为液体的压力/流量动态响应非常快	需要适当的控制
应用的简单或复杂	易于设置；对于初步学习动态液体过程非常有用	更严格设置，更复杂(需在 Aspen Plus 中使用阀门、泵等平衡压力)

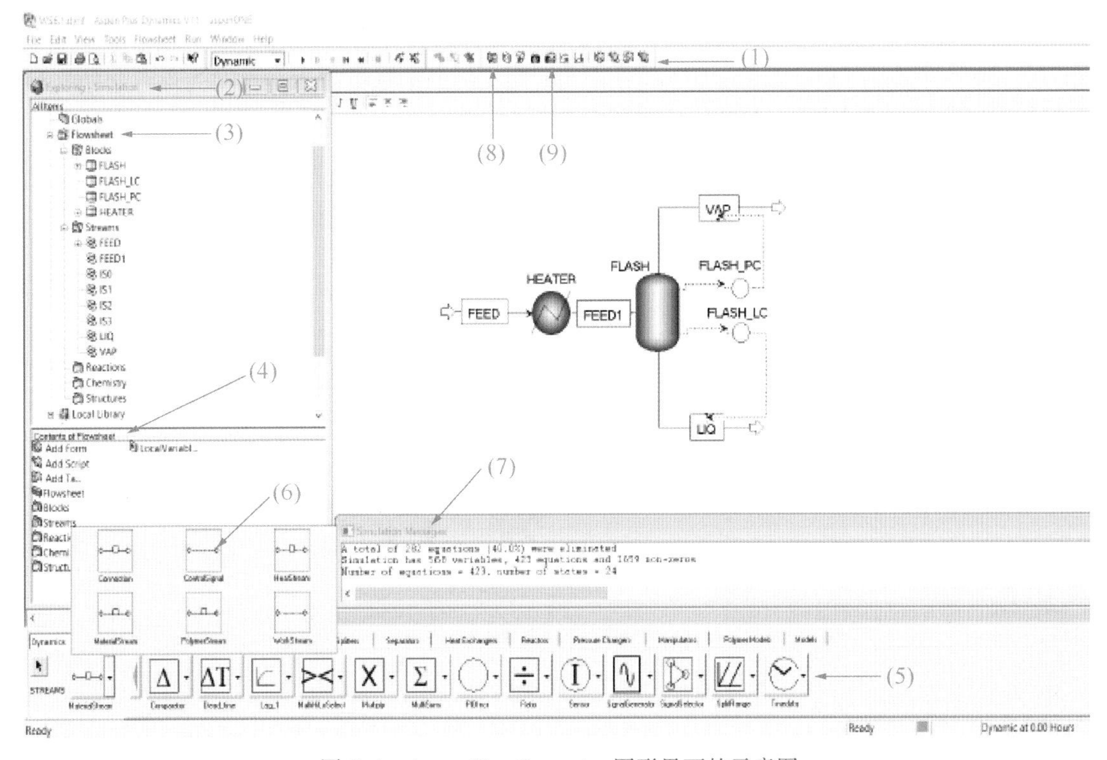

图 7.4　Aspen Plus Dynamics 图形界面的示意图

IS 表示控制信号，在图中标号为(6)，是标号为(5)的模型库中六种流股之一。在流程窗口中，我们可以看到液位控制器(LC)和压力控制器(PC)的虚线控制信号线。

图 7.5 显示了模拟资源管理器中模拟文件夹的内容，其中显示的模拟文件夹包括以下内容：①组分列表(Component Lists)：组分和物理特性；②全局变量(Globals)：模拟的全

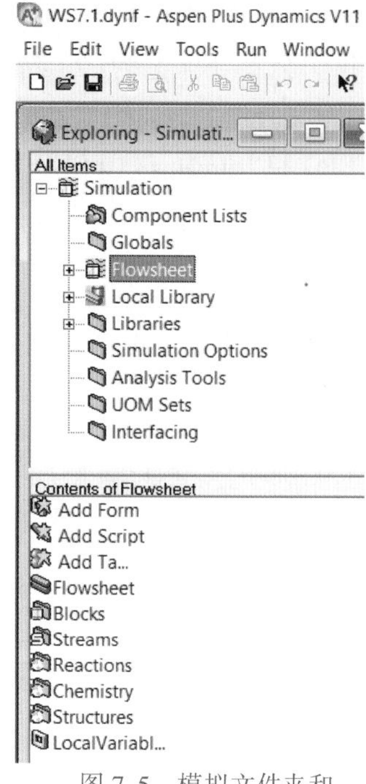

图 7.5 模拟文件夹和流程文件夹的目录

局变量的详细信息，如环境温度、理想气体定律常数 R 和数值常数 P_i(π=3.1416)(稍后详述)；③流程图(Flowsheet)：流程图中的物流和模块；④本地库(Local Library)：自定义模型；⑤库(Libraries)：模型库；⑥模拟选项(Simulation Options)；⑦分析工具(Analysis Tools)；⑧测量单位集(UOM Sets)；⑨介面(Interfacing)。

7.2.3 运行模式和运行控制

AD 包括初始化和动态运行模式。模拟时，我们首先进行***初始化***。该过程通过求解零时刻的方程以给自变量或未赋值变量赋值。要进行***动态运行***，我们首先要在零时刻进行初始化运行，然后逐步积分表示过程的方程组，AD 会在每个指定的***通信间隔***内报告模拟结果。

在进行动态模拟之前，我们**必须**将给定问题的原始 AD 动态模拟文件(如"***WS7.1.dynf***")保存为一个新名称，如"***WS7.1-1.dynf***"，然后使用新保存的文件进行动态模拟。这一步非常重要，因为 AD 中与时间相关的动态模拟不会自动为保存起始文件的规定，我们必须保存原始起始文件以备将来使用。

为了验证从 Aspen Plus 导出的动态模拟文件是否正确指定了所需输入并已准备好进行模拟运行，我们可以在图 7.6 的右下角看到"Ready(准备就绪)"字样和绿色状态指示灯。表 7.3列出了变量规定的类型，表 7.4 总结了 AD 的运行模式类型。

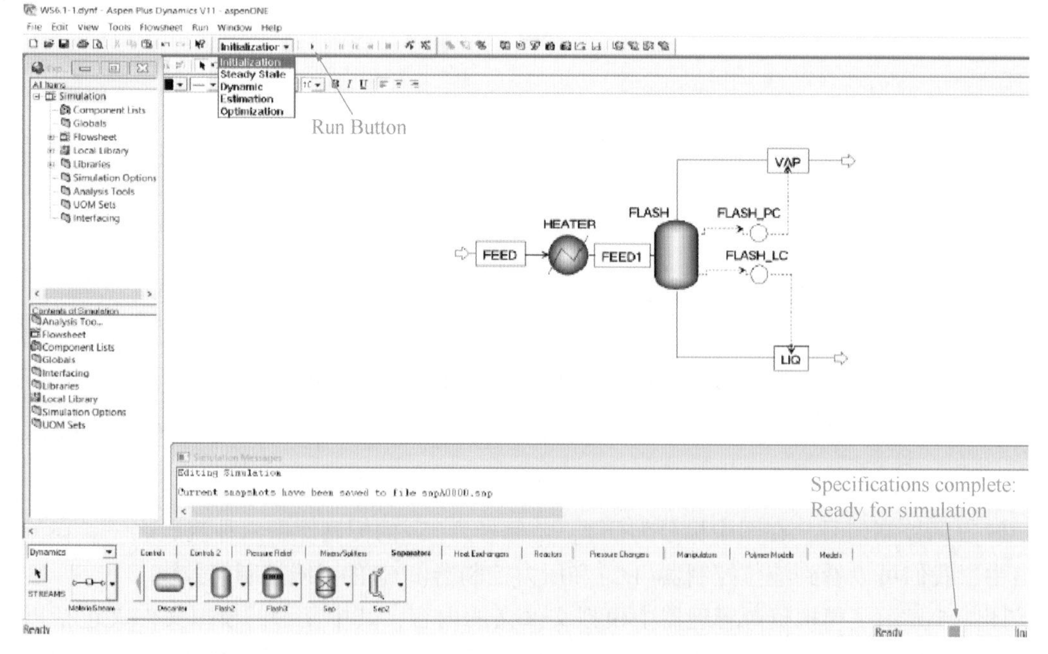

图 7.6 规定完成时，初始化运行模式、运行按钮和绿色的就绪状态指示灯的示意图

表 7.3 Aspen Plus Dynamics 中的变量的规定类型

规定类型	描　述
固定	用户指定的变量值，无须模拟求解
自由	通过模拟求解变量
初始	初始化或动态运行时在零时刻已知的变量值
初始速率	变量在零时刻的时间微分，用于初始化或动态运行

表 7.4 Aspen Plus Dynamics 中的运行模式

运行模式	说　明
初始化运行	为后续动态运行指定初始条件，可以是初始化过程变量、过程变量的时间导数或两者的组合
稳态运行	运行一个动态模拟的时间导数等于零的模拟
动态运行	运行一个变量随时间变化的模拟
估计运行	将模型参数拟合到实验或过程数据(参数估计)，或将稳态过程表现与模型预测进行比较(数据调谐)
优化运行	使用目标函数和提供的约束条件优化稳态或动态解决方案

7.2.4 使用预定义的表格和趋势图查看模拟结果

我们首先运行初始化。接下来，我们为动态运行设置一些由 AD 预定义的表格和图。具体地，我们右键单击“Feed”流股打开表格“Forms”，然后设置预定义的“Manipulate(操作)”表和“TPFplot(温度-压力-摩尔流量趋势图)”，详情见图 7.7。

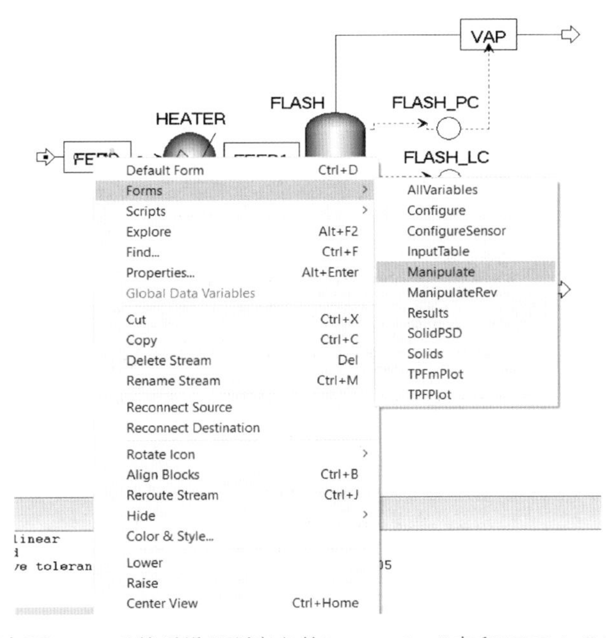

图 7.7 右键单击“Feed”打开“Forms”然后设置预定义的“Manipulate”表和“TPFplot”(温度-压力-摩尔流量图)

以同样的方式，我们为换热器的 Feed1 流股以及闪蒸器的 VAP 和 LIQ 流股设置预定义的“TPF”趋势图。我们在流程图窗口中恰当地排列生成的表格和趋势图，如图 7.8 所示。我们注意到，在“Feed. Manipulate Table”中，温度和压力都是固定的，但总摩尔流量是可变的。

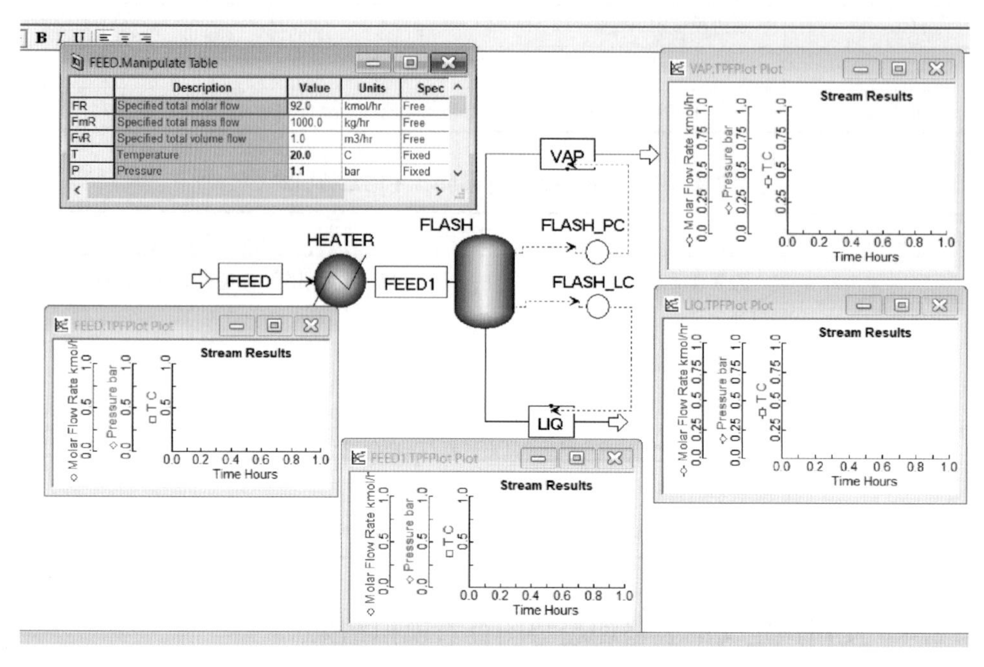

图 7.8 设置预定义的表格和趋势图

接下来，我们将运行模式从“初始化”更改为“动态”，并从运行菜单中选择“Run Options”，根据图 7.9 输入所需的参数，请注意，我们在 1 h 处暂停了动态模拟。

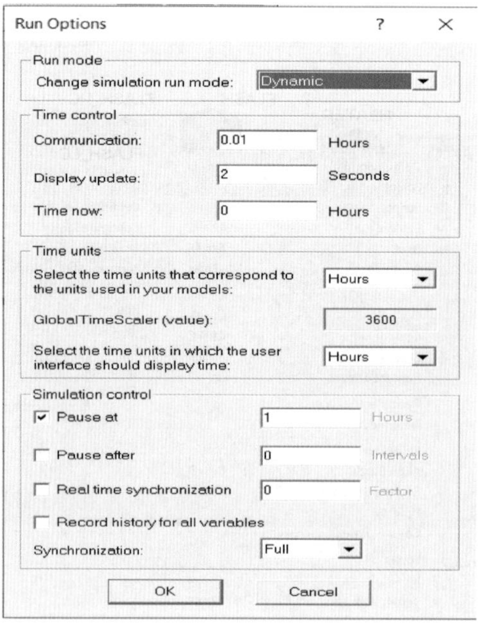

Run Options
Run mode
Change simulation run mode: Dynamic
Time control
Communication: 0.01 Hours
Display update: 2 Seconds
Time now: 0 Hours
Time units
Select the time units that correspond to the units used in your models: Hours
GlobalTimeScaler (value): 3600
Select the time units in which the user interface should display time: Hours
Simulation control
Pause at 1 Hours
Pause after 0 Intervals
Real time synchronization 0 Factor
Record history for all variables
Synchronization: Full
OK Cancel

图 7.9 运行选项显示暂停时间为 1h 处，其他输入为默认值

运行动态模拟直到它在 1 h 处暂停，此时，我们将“Feed. Manipulate Table”中的摩尔流量(FR)从 92 kmol/h 更改为 115 kmol/h，并将其变量类型从“自由”更改为“固定”。然后，我们看到规定状态按钮(之前在图 7.6 中说明的)从绿色变为红色，表示系统过度规定。请参见图 7.10。

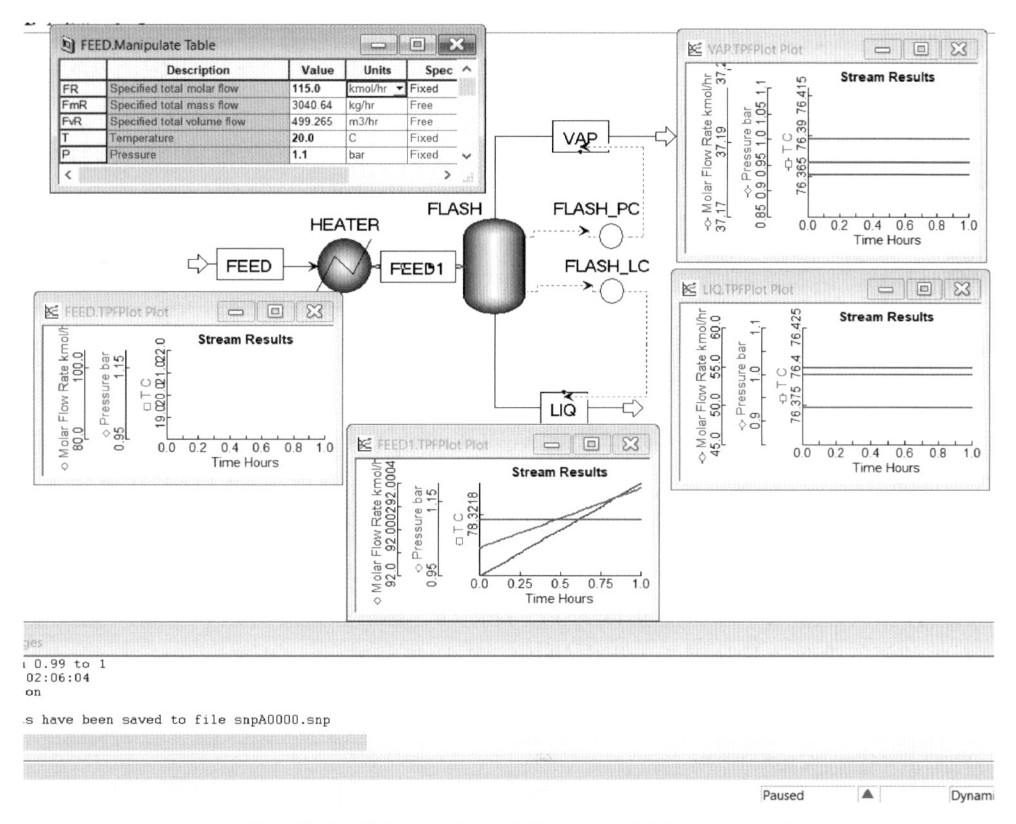

图 7.10　将进料物流在 1 h 处从 92 kmol/h 更改为 115 kmol/h，
并将其从自由变量更改为固定变量，规范状态按钮从绿色(完成)变为红色(过度规定)

7.2.5　规定状态和分析

表 7.5 总结了我们在运行 AD 时经常遇到的几种规定状态。基本上要解决一个模拟问题，方程的数量必须等于需要计算的变量(或未知数)的数量。换句话说，必须满足自由度的总数。如果有必要，我们可以通过取消和固定相等数量的变量来调整规定。

表 7.5　AD 中的规定状态按钮

规定状态按钮	意　　义	解　　释	建议的解决方案
	规定不足	方程的数量少于要计算的变量的数量	固定更多的变量或添加更多的方程
	过度规定	方程的数量多于要计算的变量的数量	减少固定变量数或删除冗余的方程式

续表

规定状态按钮	意　义	解　释	建议的解决方案
	完成	方程的数量等于要计算的变量的数量	运行模拟就绪
	未确定	无法确定流程的状态	检查模拟消息以查找可能的原因。可能模拟为空或使用的类型与流程图连接性不一致
	初始变量规定不足	初始变量的数量少于过程变量的数量	初始化更多的过程变量或者初始化更多的时间微分变量
	过度规定初始变量	初始变量的数量多于过程变量的数量	取消初始化一些过程变量，或取消初始化一些时间微分变量

对于表中未列出的更复杂的规定状态，我们建议读者在 AD 在线帮助中搜索“overview of specification status(规定状态概述)”。

根据表 7.5 和图 7.11，当进料流量从 92 kmol/h 变为 115 kmol/h，自由变量变为固定变量时，模拟例题出现了过度规定。要了解有关过度规定的详细信息，我们双击红色状态按钮，打开 AD 的规定分析工具，然后单击分析按钮，显示“Recommended changes to specifications(建议更改规定)”，即把进料中氮气的摩尔流量从固定变量改为自由变量，见图 7.11。也就是说，将进料流量从 92 kmol/h 更改为 115 kmol/h，然后模拟计算进料中新的氮气摩尔流量(进料中的氮气摩尔流量从表 7.1 规定的 2 kmol/h 变为 25 kmol/h)。

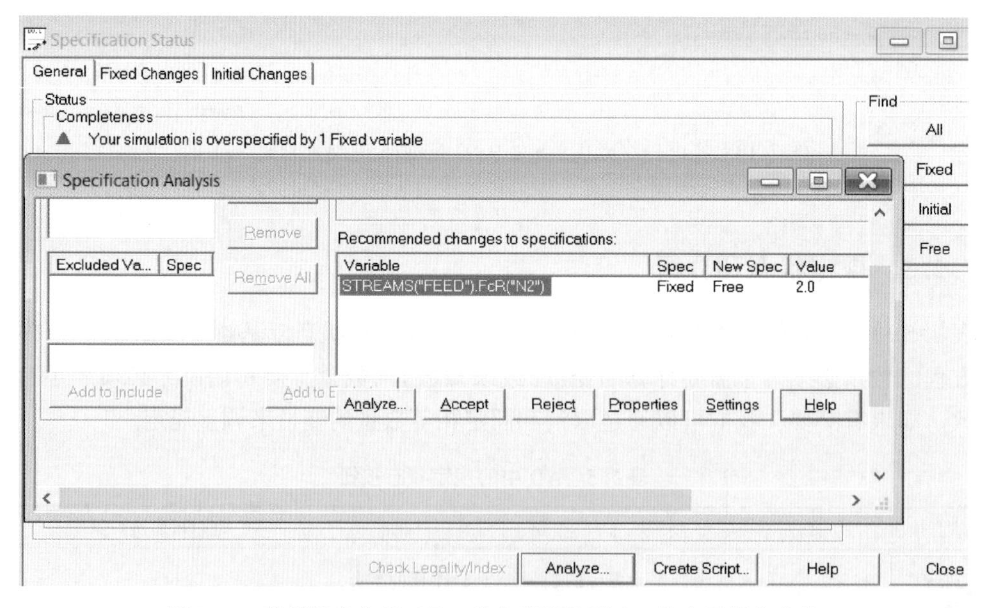

图 7.11　使用规定分析工具，确定建议的更改，使变量规定完整

我们应该经常思考规定分析提出的修改建议是否合理，而不是盲目接受所有的修改建议。在当前示例中，我们选择接受建议的修改，并点击“Accept”按钮。我们看到状态按钮

再次从红色变为绿色。然后，我们按照图 7.9 所示，从 1 h 到 5 h 运行动态模拟，并要求 AD 在 5 h 处暂停模拟，结果如图 7.12 所示。在显示趋势图结果时，我们需要双击各图的 x 轴“Time Hours”，打开“Plot Axis Scale Setting(绘图轴刻度设置)”，并将其“Axis Range(轴范围)”从 0 h 改为 5 h。我们可以看到，VAP 和 LIQ 中的摩尔流量、温度和压力在 5h 时达到新的稳态值。

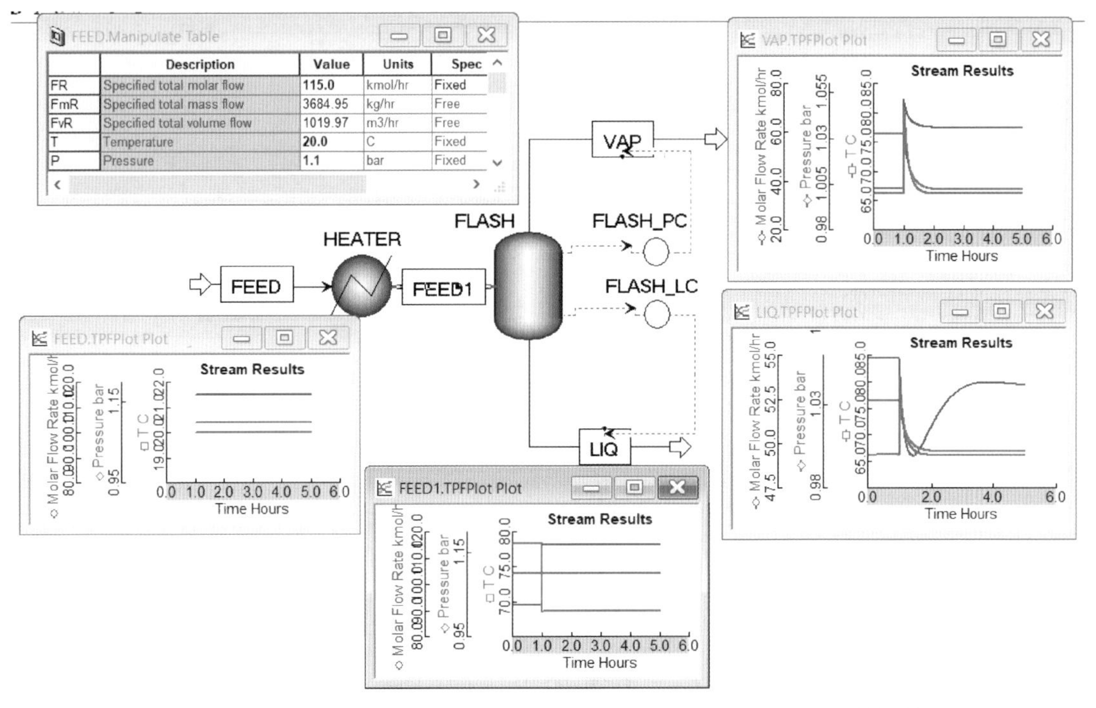

图 7.12 将进料摩尔流量从 92 kmol/h 加到 115 kmol/h 后的 1~5 h 的模拟结果

7.2.6 创建新的表格和图

若不使用 AD 预定义的表格和趋势图(见图 7.7)，那么我们将介绍如何在 AD 中创建自己的表格和趋势图。首先，我们打开原始的模拟文件“***WS7. 1. dynf***”，并将其另存为“***WS7. 1-2. dynf***”。按照图 7.9 中的运行选项，我们运行 1 h 的动态模拟并暂停。然后，按照图 7.10 的步骤，将进料流量从 92 kmol/h 更改为 138 kmol/h，并将其从自由变量更改为固定变量。根据图 7.11 所示，我们还将进料中氮的摩尔流量从固定变量更改为自由变量。然后，我们运行动态模拟，使其在 10 h 处暂停。

为了创建趋势图或表格，我们可以单击顶部水平工具栏中的新建表单“New Form”按钮(图 7.13 中的红圈所示区域)，打开新建流程表单。对于趋势图，我们选择类型为“Plot”，输入名称“Flash”，然后点击“OK”按钮生成一个初始为空的“Flash Plot”。对于表格，我们选择类型为“Table”，输入名称“FlashResult”，然后点击“OK”按钮生成一个初始为空的“FlashResult Table”。

参考图 7.14，我们双击闪蒸模块，打开大的闪蒸结果表格“FLASH. Results Table”。我

们选择变量 T(温度)，将其拖放到刚才创建的小型新表格“FlashResult Table”中，具体操作为，我们单击变量 T 并按住，直到出现一个带有斜杠图标的圆圈，然后再将其拖放到创建的闪蒸结果表中。

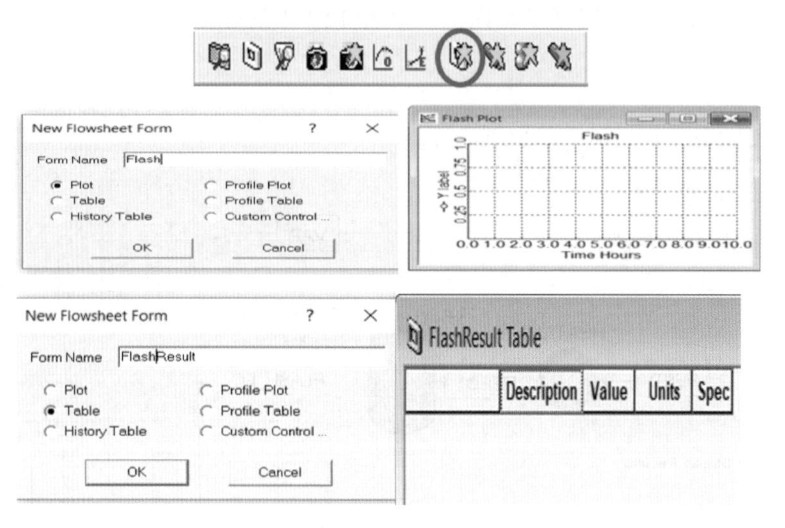

图 7.13　通过红色圈出的新建表单按钮创建趋势图或表格

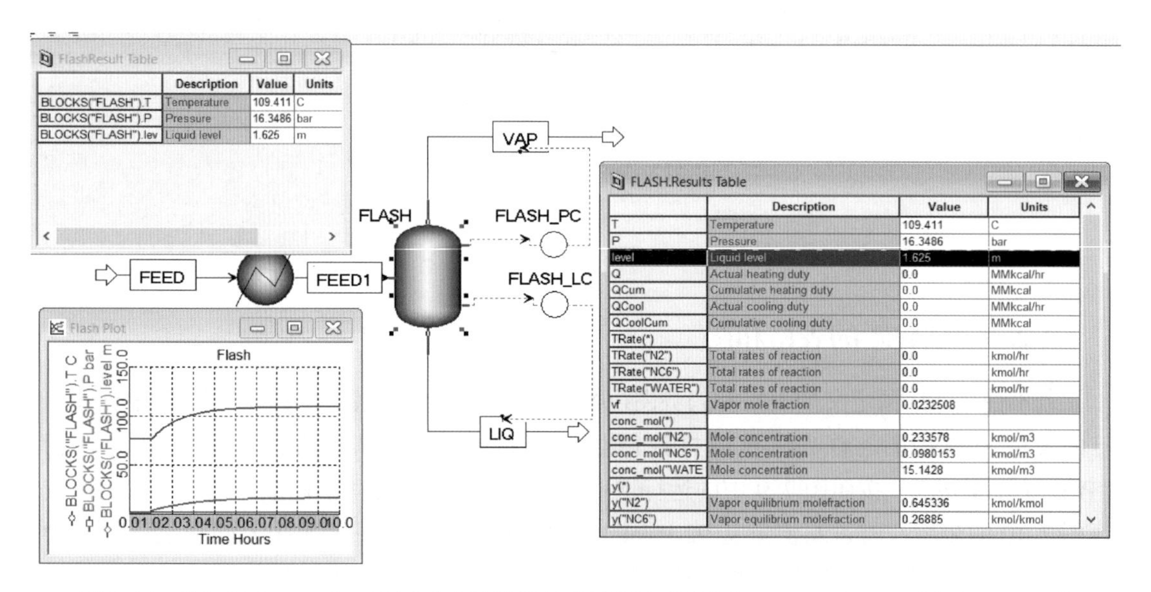

图 7.14　从“FLASH.Results Table”中拖放选定的变量到新创建的“Flash.Result Table”和“Flash Plot”

对于变量 P(压力)和 level(液位)，重复相同的操作，这样就得到了一个闪蒸结果表，其中温度为 109.411℃，压力为 16.3486 bar，10 h 时的液位为 1.625 m。接下来，为了在 Flash 图表中显示这三个变量随时间从 0 到 10 h 的变化，我们将同样的变量从“FLASH. Results Table”拖放到“Flash plot”图表中。

我们注意到刚创建的图表 Flash 和创建的表格 FlashResult 的名称出现在流程所属的目录“Contents of Flowsheet”中，如图 7.4 中标记为(4)的区域所示。

7.2.7 Aspen Plus Dynamics 中的变量查找

我们可以使用变量查找来创建一个我们指定的变量列表。从这个列表中，我们可以创建一个表格或趋势图，或者更改变量的属性。要使用变量查找，我们点击左上角的“Tools”，然后点击“Variable Find”，或者点击图 7.15 中顶部水平工具栏上用红色圈出的“Variable Find”按钮来打开变量查找表单。

如同第 7.2.6 节中所述，首先打开原始的模拟文件“***WS7.1.dynf***”，并将其另存为“***WS7.1-3.dynf***”。按照图 7.9 中的运行选项，运行 1 h 的动态模拟并暂停。然后，按照图 7.10 的步骤，将进料流量从 92 kmol/h 更改为 138 kmol/h，并在 1 h 时将其从自由变量更改为固定变量。根据图 7.11 所示，我们还将进料中的氮气摩尔流量从固定变量更改为自由变量。

在运行动态模拟并在 10 h 时暂停之前，先演示如何使用变量查找来设置一个在 Feed 流股中的自由氮气摩尔流量的图表。我们按照图 7.15 和图 7.16 中的步骤来完成这个过程。

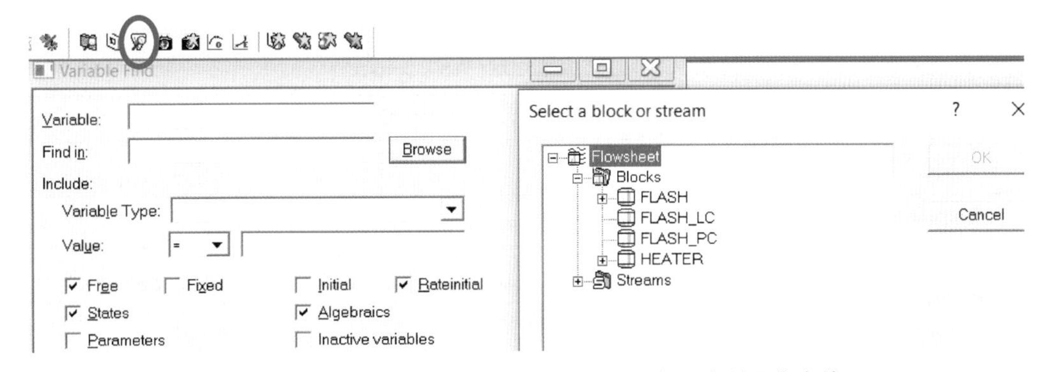

图 7.15　点击变量查找按钮(用红圈圈出的)打开变量查找表单，
选择自由变量、代数变量和状态变量，然后点击浏览，在闪蒸模块中查找自由变量

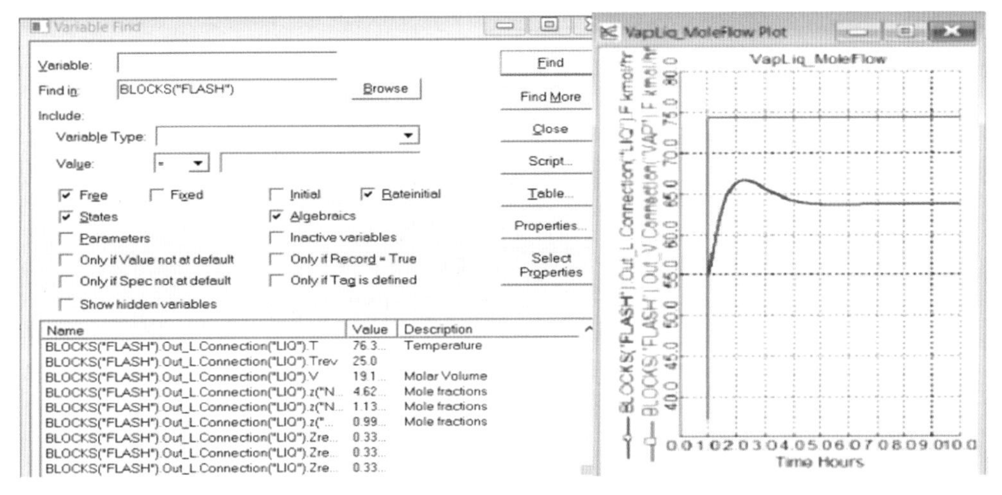

图 7.16　在变量查找中点击“Find”按钮以识别 Flash 模块中的自由变量；
根据图 7.14 所示的方法设置一个名为“VapLiq_MoleFlow”的趋势图；
将自由变量 Flash Vap 和 Liq 摩尔流量拖放到趋势图中

最后，我们从运行菜单中选择运行选项，并要求动态模拟在 10 h 时暂停。图 7.16 显示了从闪蒸模块中产生的 Vap 和 Liq 摩尔流量。

7.3 Aspen Plus Dynamics 中的过程控制

7.3.1 例题 7.2：添加 PID 控制器

首先，我们新建一个 Aspen Plus 模拟文件“***WS7. 2. bkp***”。单击功能区上的动态选项卡，然后单击动态模式按钮激活动态输入表单。根据表 7.6 填入相关动态数据。运行稳态模拟后，我们将模拟从 Aspen Plus 导出到 AD，并保存生成的动态模拟文件“***WS7. 2. dynf***”以及 Aspen 属性问题定义文件“***WS7. 2. appdf***”。图 7.17 显示了添加液位和压力控制器后的流程图。

表 7.6 稳态模拟规定(WS7. 2. bkp)

组分	氮气(N_2)，正己烷(NC6)，水(WATER)
物性方法	NRTL(热力学方法含亨利组分 N_2)
物流	Feed：20℃，1.1 bar，摩尔流量(kmol/h)：N2-2，NC6-20，WATER-70
Heater 模块	0 bar(无压降)，出口气相分率 = 0.4；动态换热器入口体积 = 1 m^3，出口体积 = 1 m^3；介质流向为逆流；介质温度 = 60℃；温差 = 10℃
Flash 模块	75℃，1 bar；垂直容器；椭圆形；长度 = 4.5 m；直径 = 1.5 m；初始条件-液相体积分率 = 0.4；默认控制器为压力和液位

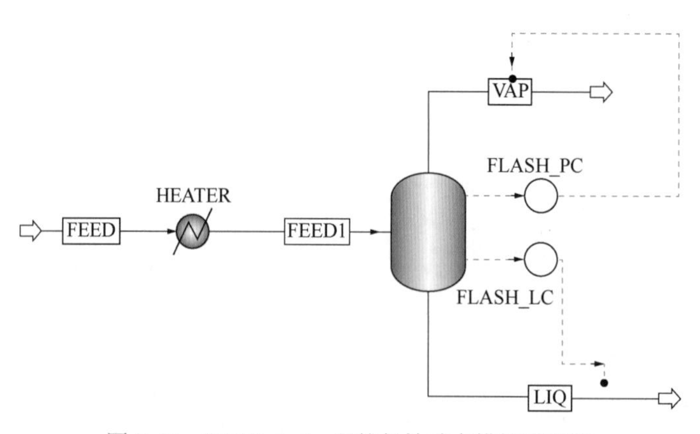

图 7.17 “***WS7. 2. dynf***”的起始动态模拟流程图

在 AD 中打开导出的动态模拟后，我们首先进行初始化运行，然后将运行模式更改为“动态”。下面我们将演示如何在流股 FEED1(向闪蒸模块进料的流股)中添加一个比例积分微分(PID)温度控制器，并操纵 HEATER 模块的换热器热负荷。

步骤 1：参见图 7.18，转到视图(View)菜单以显示模型库(Model Library)。

单击模型库中的 PIDIncr 图标(图中红圈处)，再单击流程图以放置新控制器 B1。右键单击控制器模块，看到“Rename Block(重命名模块)”，将控制器名称从 B1 更改为 TC。

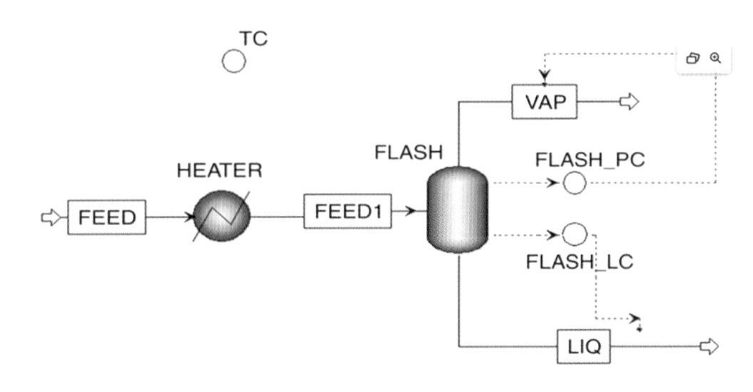

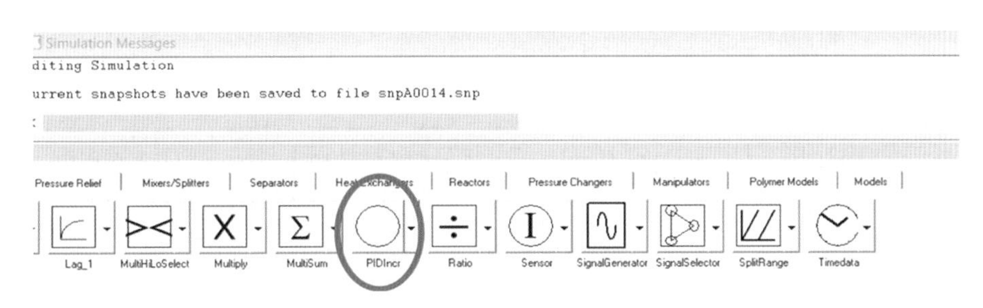

图 7.18　将 PID 温度控制器添加到流程图中

步骤 2.(1)：参见图 7.19(a)，在流股类型模型库中点击控制信号，在 TC 控制器模块上，我们可以看到左侧有一个输入信号箭头(用于过程变量或控制变量，FEED1 的温度)，右侧有一个输出信号箭头(用于操纵变量或控制器输出，即换热器 HEATER 的热负荷)。

步骤 2.(2)：参见图 7.19(b)，将左侧的控制信号连接到 FEED1 的输出信号箭头，并选择 FEED1 温度作为过程变量或控制变量。图 7.19(c)显示了左侧控制器输入信号连接到过程变量或控制变量——FEED1 温度的结果。

步骤 3.(1)：参见图 7.19(d)，在流股类型模型库中点击控制信号，在 TC 控制器模块上，我们可以看到右侧有一个输出信号箭头(用于操纵变量或控制器输出，即换热器 HEATER 热负荷)。

步骤 3.(2)：参见图 7.19(e)，将 TC 的右侧控制信号连接到换热器的输入信号箭头处，并选择热负荷 HEATER 作为 TC 操纵变量或控制器输出。

图 7.19(f)显示了右侧控制器输出信号连接到操纵变量或控制器输出——换热器 HEATER 热负荷的结果。

7.3.2　配置 PID 控制器

在添加控制器之后，我们将当前的动态模拟文件另存为一个新的文件名“***WS7.2-1.dynf***”，并开始进行第一个控制器案例的研究。我们将当前的动态模拟文件“***WS7.2.dynf***”保存为备份起始文件，以便进行其他案例研究。

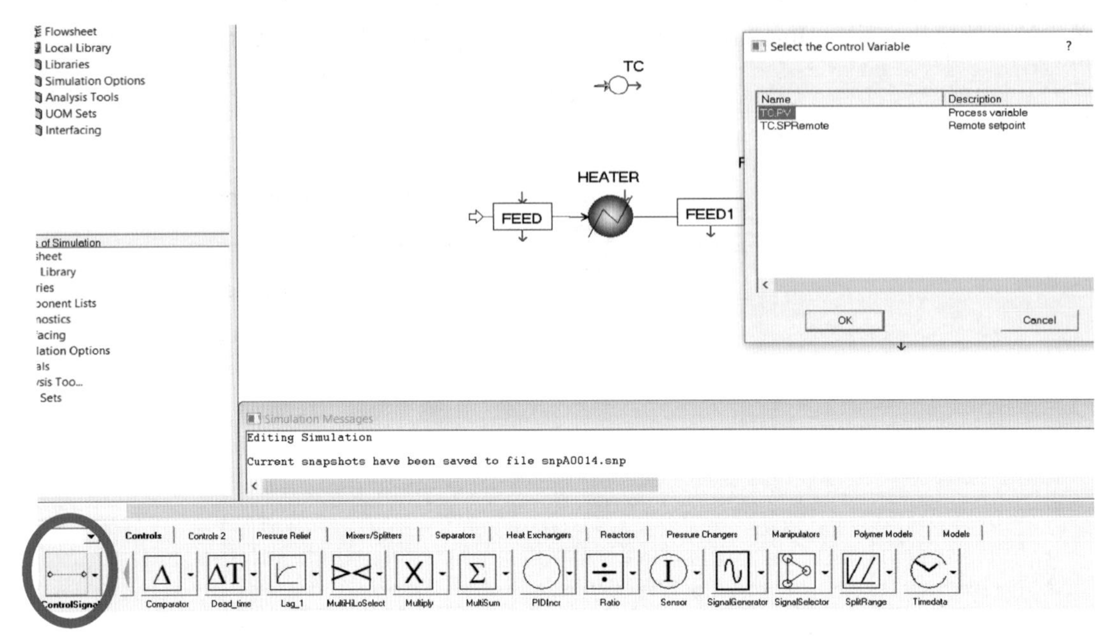

图 7.19(a)　选择连接到 TC 左侧输入信号的 TC 过程变量或控制变量

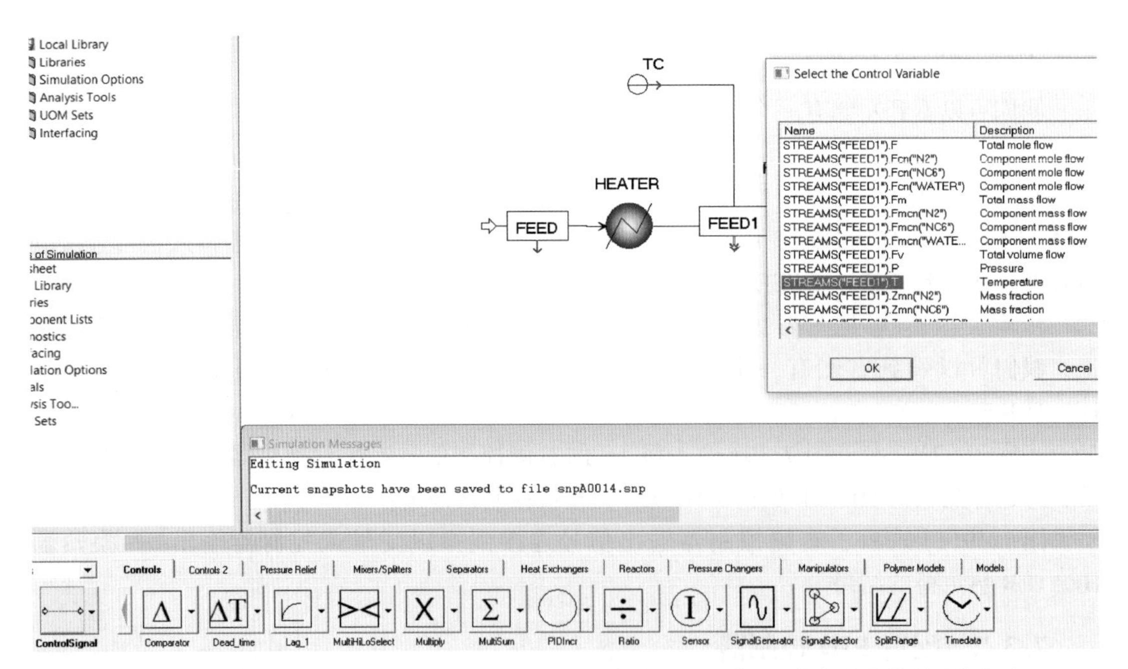

图 7.19(b)　选择 FEED1 温度作为 TC 过程变量或控制变量，将 TC 的右输出信号连接起来

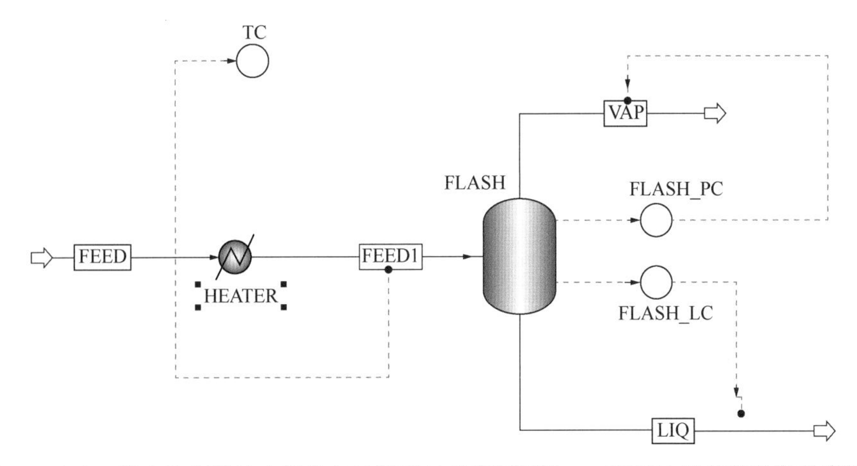

图 7-19(c) 将左控制器输入信号与过程变量或控制变量——FEED1 流股的温度连接起来

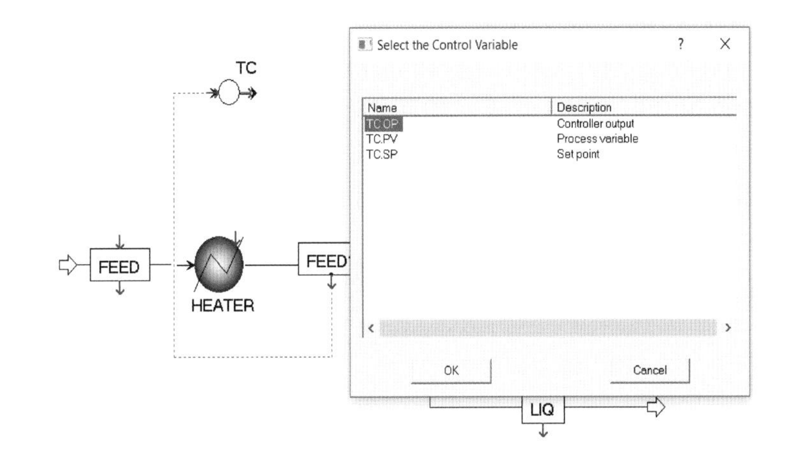

图 7-19(d) 选择 TC 操纵变量或控制器输出连接至 TC 的右输出信号

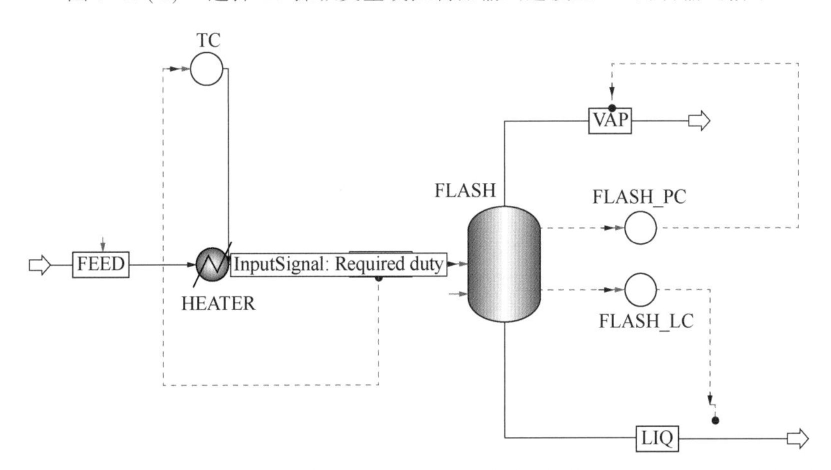

图 7-19(e) 选择 HEATER 热负荷作为 TC 操纵变量或控制器输出，连接到 TC 右侧输出信号

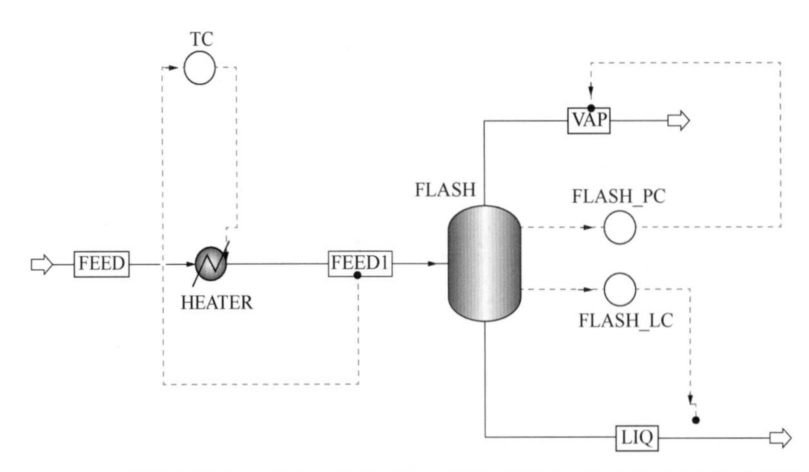

图 7-19(f) 右侧控制器输出信号与操纵变量或控制器输出(换热器热负荷)之间的连接

双击控制器 TC 以显示控制器面板，参见图 7.20。

在面板上，顶层从左到右的前三个按钮可分别在***自动***、***手动***和***串级***模式之间切换，第四个按钮(%)允许我们在工艺***单位***或***范围百分比***之间切换查看数值。要查看工艺单位，我们可以将鼠标悬停在标签 SP(设定值)、PV(测量值)或 OP(控制器输出)上。第五到第七个按钮分别是***配置表单***、***绘图表单***和***调谐表单***，我们将在下面进一步介绍。

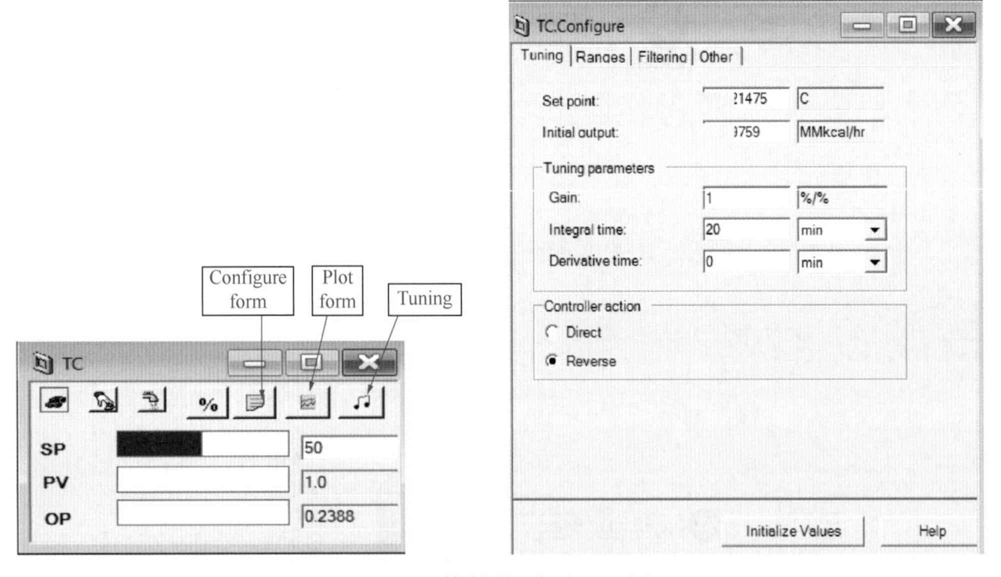

图 7.20 控制器面板和配置图

首先，我们点击配置表单按钮，再点击**初始化数值按钮(Initialize Values)**，这将使用默认值配置控制器：①SP 是当前的控制变量(流股 FEED1 温度在 78.3214℃)；②OP 被设置为当前控制器的输出或操作变量(换热器热负荷为 0.259759 MMkcal/h)。PV 和 OP 的范围分别被指定为 0 和当前变量值的两倍。

单击图 7.21 配置表中的“Other”选项卡显示出 AD 可用的 PID 控制器算法类型。表 7.7

介绍了理想算法、串联算法和并联算法。关于这些提供的算法，请参见 AD 在线帮助。另外，我们为当前的例子选择了理想算法。

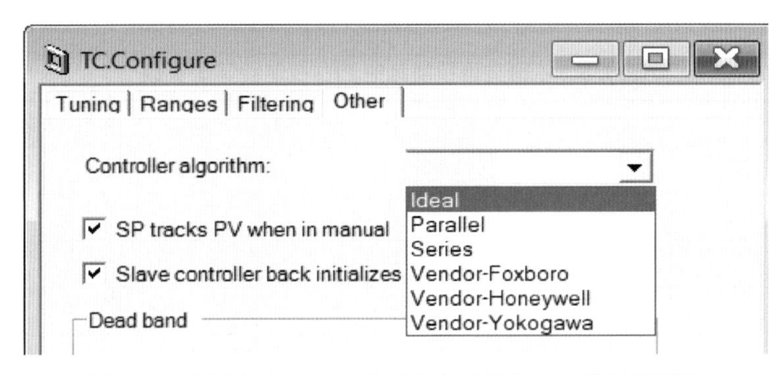

图 7.21 配置表中“Other”文件夹内显示的 PID 控制器算法

表 7.7 典型的 PID 控制器算法

PID 算法	模型方程
理想	$OP=Bias+K_c\times\{E_p+(1/T_I)\int E_I dt+T_D dE_D/dt\}$
串联(交互形式)	$OP=Bias+K_c\times\{E_p+(1/T_I)\int E_I dt\}\times\{1+T_D dE_D/dt\}$
并联(标准、ISA 或非交互形式)	$OP=Bias+K_c\times E_p+(1/T_I)\int E_I dt+T_D dE_D/dt$

注：OP=控制器输出；Bias=过程处于稳态时控制变量的值；Gain(增益)=比例增益 K_c；E=误差=SP-PV；E_p=比例模式误差；E_I=积分模式误差；E_D=微分模式误差；T_I=积分时间；T_D=微分时间。

我们在下面给出了关于 PID 控制器调谐参数的一些说明[6,7]：

(1) 比例增益 K_c 通常表示为 100/(比例范围 PB)。PB 是将控制阀(最终控制元件)从完全关闭到完全打开相对的误差(以测量变量的范围百分比表示)。PB 的值通常介于 30 和 300 之间。

(2) 比例增益 K_c 越大，设定值与测量值在稳态运行时的差异(称为稳态误差或偏移量)越小。P(比例)控制纠正了***当前***SP 与 PV 之间的误差。

(3) 积分时间或复位时间 T_I 是控制器在误差发生阶跃变化后，给出输出值达到比例控制器输出值两倍所需的时间。换句话说，积分时间是控制器“重复”比例控制器动作所需的时间。

(4)积分控制器的作用是消除仅应用比例控制器作用时存在的稳态误差(偏移量)。较大的积分或复位时间本质上最小化了积分控制器的作用。PI(比例积分)控制校正了 SP 和 PV 之间的***过去和现在***的误差。

(5) 微分作用增加控制系统的稳定性，且允许使用更高的控制器增益 K_c 或更低的积分时间或复位时间 T_I，而更低的积分时间加快了受控系统的动态响应。如果微分时间 T_D 足够大，控制系统在所有控制器增益下理论上是稳定的。PID 控制通过考虑输出变量中误差的正或负变化率对未来误差的影响，来校正设定点与过程变量之间的***过去、现在和未来***的误差。

表 7.8 给出了不同类型控制器的 PID 控制器参考调谐参数[1,2]。

如图 7.20 所示，我们的温度控制器将遵循这些初始值。我们还为该温度控制的控制器作用选择了“**Reverse(反作用)**”，因为当温度升高时，我们需要降低换热器热负荷。

表 7.8　不同类型控制器的 PID 控制器调谐参数

控制器类型	比例增益 K_c	积分时间 T_I/min	微分时间 T_D/min
流量	0.1	0.2	0
液位	2	10	0
压力	2	2	0
温度	1	20	0
组成	0.1	0.2	0

表 7.9 概述了控制器作用的其他选项。最后我们要提到的是，AD 会根据表 7.10 的指导原则自动生成默认的压力、液位和温度控制器。

表 7.9　PID 控制器作用

当作用为	测量变量(控制变量或过程变量)	受控变量
正作用	增加	增加
正作用	减少	减少
反作用	增加	减少
反作用	减少	增加

表 7.10　AD 默认控制器指南

添加的控制器	当	测量变量(控制变量或过程变量)	操纵变量	PID 调谐参数
压力	模型考虑气体滞留量	容器内的压力	气相出口流量	$K_c=0.2$，$T_I=12$ min
液位	模型考虑持液量	液位	液相出口流量	$K_c=0.2$
温度	搅拌床反应器模块	容器温度	热负荷	$K_c=0.2$，$T_I=12$ min

现在我们从运行菜单中打开运行选项(Run Options)，接受默认参数，并要求模拟在 5 h 时处暂停。我们在控制器面板上单击“Plot form(绘图形式)”，以显示控制变量或过程变量(FEED1 温度)和控制器输出或操作变量(换热器热负荷)，见图 7.22，然后我们再运行模拟，直到 5 h 时暂停。然后我们按照图 7.12 将进料流量从 92 kmol/h 更改为 138 kmol/h，并在 1 h 时将其从自由变量变为固定变量，我们还根据图 7.12 将进料流股中氮气的摩尔流量从固定变量改为自由变量。接下来，我们就开始运行动态模拟直到 15 h 时暂停。我们在图 7.22 中可以看到控制器的响应。

我们在表 7.11 中显示了 AD 中可用的控制相关模型。读者可以参考 AD 在线帮助以获取特定模型的使用说明和示例。在第 7.7 节中，我们将说明在 HDPE 案例中分程控制器的使用。

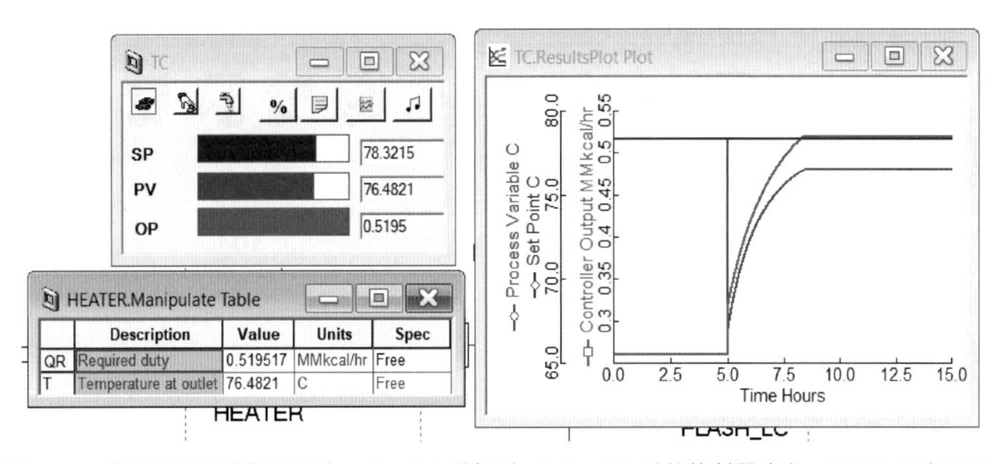

图 7.22 将进料流股摩尔流量从 92 kmol/h 增加到 138 kmol/h 后的控制器响应：FEED1 温度(PV)从 78.3215℃变化到 76.4821℃，而换热器负荷从 0.2598 MMkcal/h 增加到 0.5195 MMkcal/h

表 7.11 在 AD 中提供的与控制相关的模型

模　型	说　明	模　型	说　明
Comparator	计算两个输入信号之间的差值	Multiply	计算两个输入信号的乘积
Dead time	将信号延迟指定的时间长度	PIDIncr	三模式比例-积分-微分控制器
DMCplus	DMCplus 在线控制界面	PRBS	生成伪随机二进制信号
Discretize	将信号离散化	Ratio	计算两个输入信号的比值
HiLoSelect	从两个输入信号中选择较高或较低的信号	Scale	缩放输入信号
		SplitRange	模拟分程控制器
IAE	计算误差绝对值的积分	Sum	计算两个输入信号之和
ISE	计算平方差的积分	Transform	执行对数、平方、平方根或指数等转化运算
Lag_1	模拟输入和输出之间的一阶时滞		
Lead_Lag	模拟一个超前-滞后环节	Valve-Dyn	阀门执行机构动态模型

7.4 快照

快照是为模拟中的所有变量保存的一组值和规定，它对于回到模拟收敛时的某个点非常有用。快照在除动态模式之外的每种运行模式之后自动创建，我们还可以在需要时手动拍摄快照。

参考图 7.23，我们看到顶部水平工具栏上有“Snapshot management(快照管理)”和“Take a Snapshot(拍摄快照)”按钮。单击“快照管理”并选择“Create(创建)”选项卡，我们也可以在指定条件下要求 AD 自动拍摄快照。

参考图 7.24，我们还可以要求 AD 在所需的模拟时间拍摄快照。点击“拍摄快照”按钮，输入“End_of_5_hr_run”，再点击确定，然后我们可在“快照管理”的 General 文件夹下看到以此名称命名的快照，并将其作为一个新列表。

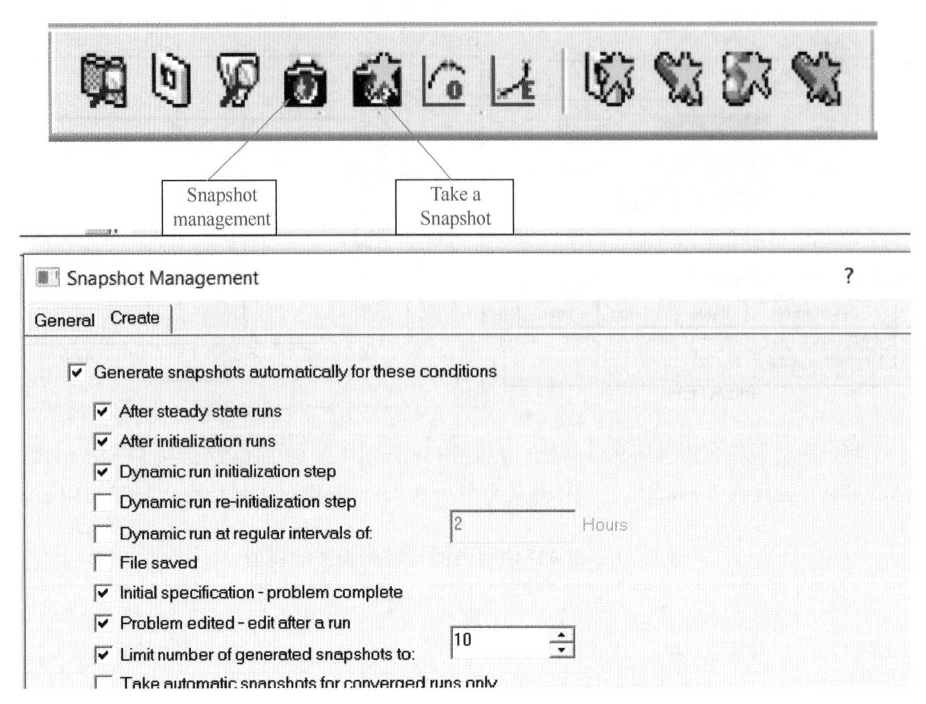

图 7.23 “快照管理”和“拍摄快照”按钮，并在“快照管理”中的“创建”选项卡下选择何时进行自动快照

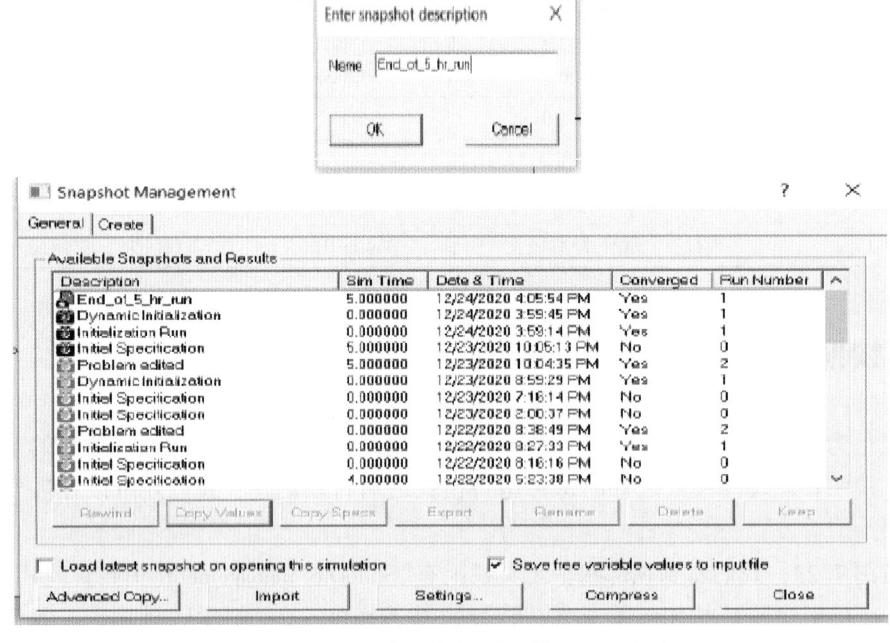

图 7.24 拍摄快照并在“快照管理”下列出

我们可以将任何快照或结果的值复制到当前模拟中，当快照或结果中的变量名称与当前模拟中的变量名称匹配时，就能复制这些值。如果有快照可用，可以将模拟返回之前的时间点，如果没有快照，返回操作将使模拟回到零时间点。

7.5 例题 7.3：执行离散事件的任务

一个任务(task)是一组指令，定义了一系列离散动作的顺序，例如对进料条件的干扰或控制器设定值的改变。当预定义条件为真时，任务可以触发某种事件或动作，例如，当液位超过或低于某一值时关闭或打开阀门。所有任务语句会按顺序执行。

AD 中有两种类型的任务：① ***事件驱动任务***。它需要一个条件表达式来确定任务何时开始，这些事件可以是显式事件，即始终发生且通常与时间相关；也可以是隐式事件，即根据其他事件或条件可能发生或不发生。② ***可调用任务***。它们由其他任务调用而不是由事件触发。你可以选择使用参数调用列表定义可调用任务，调用任务传递参数值。你可以在模型内部调用任务，也可以在任务文件夹或者流程中的其他任务里调用任务。

图 7.25 展示了一个任务管理器的结构。一个事件驱动的任务必须在动态模拟期间被激活，才能被任务管理器考虑。我们通过创建一个稳态模拟文件“***WS7.3.bkp***”来说明任务。图 7.26 显示了 ***WS7.3*** 的稳态模拟流程图，表 7.12 给出了该文件的稳态模拟规定。

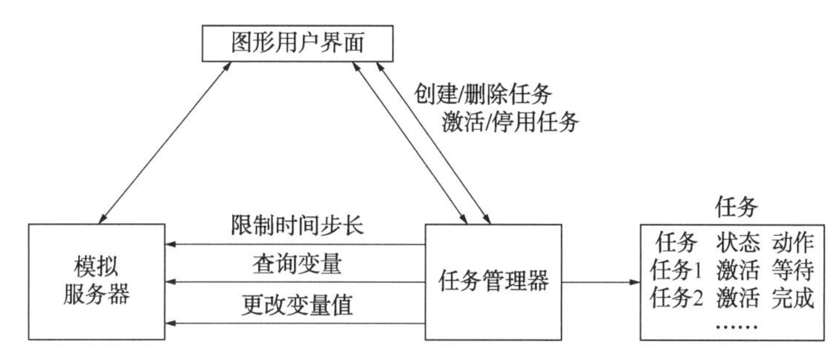

图 7.25 任务管理器的结构

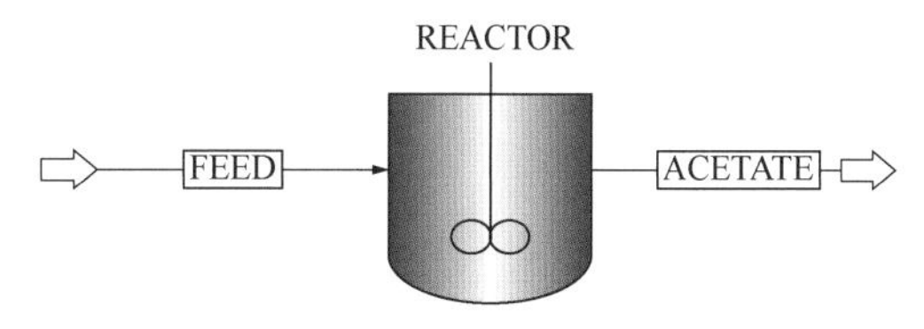

图 7.26 WS7.3 的稳态模拟流程图

表 7.12 WS7.3.bkp 的稳态模拟规定

组分	醋酸(HOAc)，乙醇(EtOH)，乙酸乙酯(EtOAc)，水(WATER)
热力学方法	NRTL
物流	Feed：70℃，1 atm；质量流量(kg/h)：2300(HOAc)，1600(EtOH)，100(WATER)
反应器模块	反应器：1 atm，70℃，仅液相操作，反应器体积=2.5m^3；动态数据：垂直容器，椭圆形，长度=2m，传热选项-恒温，介质温度=20℃，初始条件-液相体积分数=0.5
反应	HOAc+EtOH→EtOAc+H_2O；$k=1.9\times10^8$，$E=5.95$ J/kmol

运行稳态模拟，然后将模拟导出到 AD，得到一个动态模拟文件“***WS7. 3. dynf***”和一个 Aspen 属性数据文件“***WS7. 3dyn. appdf***”。在图 7. 27 的动态模拟流程图中，我们删除了自动生成的 LC 和相关的控制信号连接。我们将运行模式更改为初始化，并进行初始化运行。

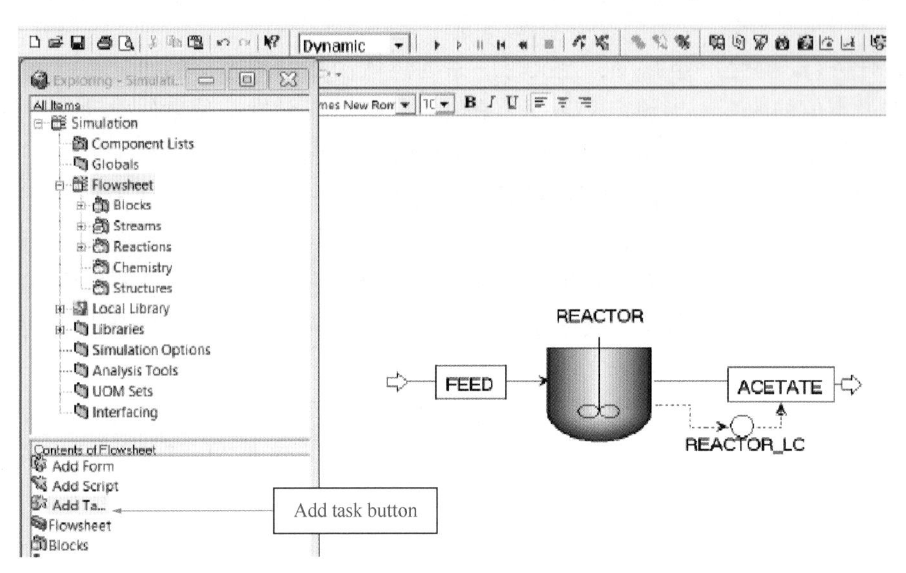

图 7. 27　导出的动态模拟流程与自动生成的液位控制器，以及流程文件夹中的“Add task button(添加任务按钮)”

我们还在图 7. 27 的 Flowsheet 文件夹中标识了添加任务按钮。我们以下面的任务为例进行演示：

任务 A：在 0. 01 h 时启动序列。

任务 B：关闭进料口。

任务 C：以 60 kg/h 的速度排出容器中的产品，直至反应器液面降至 0. 1 m 以下。

任务 D：关闭乙酸乙酯液相产品。

任务 E：以 4000 kg/h 的流量向反应器进料，持续 0. 7 h。在开始的 0. 1 h 内将进料流量提升至 4000 kg/h。

任务 F：关闭进料。

任务 G：等待反应器中的乙酸乙酯浓度大于 7 $kmol/m^3$。

任务 H：设置一个任务来调用所有前面的子任务。

(1) 任务 A：进行动态模拟，并要求在 0. 01 h 时暂停。

(2) 任务 B：根据图 7. 27，在流程内容窗口中点击添加任务按钮，从流程图窗口的流程目录中创建任务“ShutOffFeed(关闭进料)”。如图 7. 28(b)所示，我们可以看到 AD 在消息窗口中打印出任务已开始的信息；将进料摩尔流量(FmR)即[STREAMS(“FEED”). FmR]设为零，并打印出任务已结束的信息。在定义任务关闭进料或 AD 中的任何任务结束时，我们都要编译任务脚本以检测是否有错误，根据图 7. 28(b)，我们可以通过在任务窗口内右键单击鼠标打开“Compile”选项卡来进行编译任务脚本。点击选项卡以编译任务脚本。请注意，在图 7. 28(b)中，第 1 行给出了任务名称，第 2 行至第 9 行给出了 AD 中任务的标准指令。为了节省图表空间，我们将不会在图 7. 29～图 7. 33 中显示定义任务 C～H 的第 1 行至第 9 行。

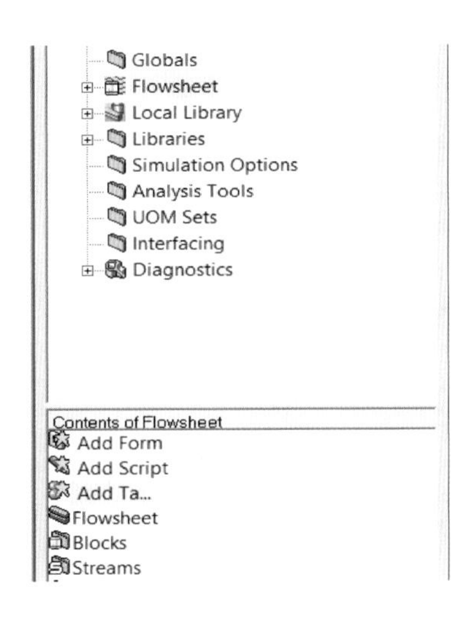

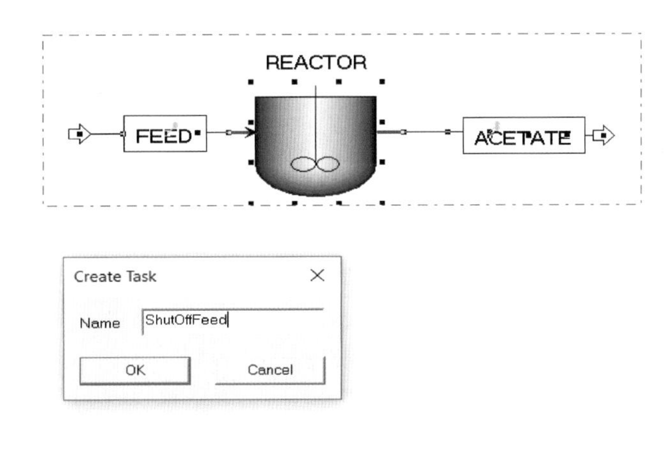

(a)

```
Task - ShutOffFeed *
1   Task ShutOffFeed // <Trigger>
2     // For event driven tasks, <Trigger> can be one of:
3     //    Runs At <time>              e.g. Runs At 2.5 or
4     //    Runs When <condition>       e.g. Runs When b1.y >= 0.6 or
5     //    Runs Once When <condition> e.g. Runs Once When b1.y >= 0.6
6     // Ramp (<variable>, <final value>, <duration>, <type>);
7     // SRamp(<variable>, <final value>, <duration>, <type>);
8     // Wait For <condition> e.g. when b1.y < 0.6;
9     // (Use Wait For to stop the task firing again once trigger condition has been met)
10
11    Print " ";
12    Print "Begin Task ShutOffFeed";
13    Print " ";
14
15    STREAMS("FEED").FmR: 0.0;
16
17    Print " ";
18    Print "End of Task BatchSequence";
19    Print  " ";
20
21    End
22
```

(b)

图 7.28 (a)流程图的内容中点击添加任务按钮，创建任务“关闭进料”；(b)任务“关闭进料”的内容

(3) 任务 C：从流程图窗口创建任务“DrainVessel(排出容器)”；在任务开始时打印出消息；将乙酸质量流量，即[Streams(“Acetate”).FR]设为 60 kg/h；等待反应器液位[Blocks(“Reactor”).Level]达到小于或等于 0.1 m；任务结束时打印消息，详情参见图 7.29。

(4) 任务 D：从流程图窗口中创建名为“ShutOffProduct”的任务；当任务开始时，打印消息；在 0.1 个时间单位内，使用 RAMP 的方式将醋酸乙酯(Acetate)的质量流量(FR)，即[Streams(“Acetate”).FR]线性减少到 0；当任务结束时，打印出“End of Task ShutOffProduct”。参见图 7.30。

RAMP 是一个简单的线性斜坡函数。其函数语法为 RAMP(Variable, Target, Period, and Ramp type)，函数中四个传入参数 Variable(变量)、Target(目标值)、Period(周期)和 Ramp type(斜坡类型)的具体说明如下：

```
10
11      Print " ";
12      Print "Begin Task DrainVessel";
13      Print " ";
14
15      Streams("Acetate").FR:60 ;
16      Wait for Blocks("Reactor").Level<=0.1;
17
18      Print " ";
19      Print "End of Task DrainVessel";
20      Print " ";
21
22      End
23
```

图 7.29　任务“DrainVessel”的内容

```
10
11      Print " ";
12      Print "Begin Task ShutOffProduct";
13      Print " ";
14
15      RAMP(Streams("Acetate").FR, 0.0, 0.1);
16
17      Print " ";
18      Print "End of Task ShutOffProduct";
19      Print " ";
20      End
21
```

图 7.30　“ShutOffProduct”任务的内容

① **变量**：指定要进行斜坡变化的变量的名称，且变量必须具有要更改的变量值。

② **目标值**：斜坡函数变化所要达到的目标值。

③ **周期**：斜坡函数发生的总时间或周期。

④ **斜坡类型**：可以是 DISCRETE(离散)的或 CONTINUOUS(连续)的。连续斜坡类型会在积分器移动其时间时重新计算，而离散斜坡类型仅在通信点(如模拟或计算的步长点)重新计算。如果省略 Ramp type，那么默认情况下将使用连续斜坡类型。

(5) 任务 E 和任务 F：从流程图窗口创建任务“ChargeReactor”；在任务开始时打印消息；将“Time_next”定义为实数参数(Time_next as RealParameter)；设置“Time_next”为“TIME+0.7 (Time_next：TIME+0.7)”；使用正弦曲线形状的 SRAMP 将进料流量[Streams(“Feed”).FmR]在 0.1 个时间单位间隔内更改为 4000 kg/h；等待“Time”大于或等于“Time_next”；“Shut off the Feed Stream Flow(关闭进料流)”(任务 F)；任务结束时打印消息，详细编译参见图 7.31。SRAMP 是一个正弦斜坡函数，为斜坡变量提供了一个更平滑的 S 形曲线。使用 SRAMP 时，如果斜坡减小了一个变量的值，那么斜坡将在 0 和 π(3.1416)之间的正弦曲线形状上进行，如果目标是一个增加的值，则曲线将在 π 和 2π 之间的正弦曲线形状上进行。SRAMP 的函数语法与上述 RAMP 相同。

(6) 任务 G：在流程图窗口中创建任务“AgeReactor”；任务开始时打印消息；等待反应器乙酸的摩尔浓度，即 Blocks(“Reactor”).conc_mol(“acetate”)达到 7.0 kmol/h；任务结束时打印消息。详细编译参见图 7.32。

```
10
11      Print " ";
12      Print "Begin Task ChargeReactor";
13      Print " ";
14
15      Time_next as RealParameter;
16      Time_next: TIME + 0.7;
17      SRAMP(Streams("Feed").FmR,4000,0.1);
18      Wait for Time >= Time_next;
19      Streams("Feed").FmR:0.0;
20
21      Print " ";
22      Print "End of ChargeReactor";
23      Print " ";
24
25      End
26
```

图 7.31　任务“ChargeReactor”和“ShutoffFeed”的内容

```
10
11      Print " ";
12      Print "Begin Task AgeReactor";
13      Print " ";
14
15      Wait For Blocks("Reactor").conc_mol("ETOAc") >= 7.0;
16
17      Print " ";
18      Print "End of Task AgeReactor";
19      Print " ";
20      End
21
```

图 7.32　“AgeReactor”任务的内容

(7) 任务 H：在流程窗口中创建任务“BatchSequence-Runs(批量序列运行)”，以调用刚刚创建的子任务，参见图 7.33。接下来，我们创建三个图表来观察：①反应器液体体积、液位和温度；②反应器中的反应物和产物浓度，使用一个坐标轴表示浓度；③进料和产品质量流量，使用一个坐标轴表示这两个变量。

```
10
11    Runs At 0.01;
12    Call ShutOffFeed;
13    Call DrainVessel;
14    Call ShutOffProduct;
15    Call ChargeReactor;
16    Call ShutOffFeed;
17    Call AgeReactor;
18    END
19
```

图 7.33　任务“BatchSequenceRuns”的内容

打开乙酸流股的所有变量表“AllVariables”，将摩尔流量 FR 的变量类型更改为固定，将质量流量 FmR 的变量类型更改为自由。先进行初始化和稳态运行，然后进行动态模拟，设置模拟暂停在 10 h。

在运行动态模拟之前，我们必须通过右键单击流程目录中的任务名称来激活“BatchSequenceRuns”任务，该任务控制所有定义的序列任务，图 7.34 显示了结果。请注意，为了看到“DrainVessel”步骤中明显的液位下降和“ChargeReactor”步骤中的液位上升，我们必须重新调整 *X* 坐标轴，以更小的时间步长来显示。

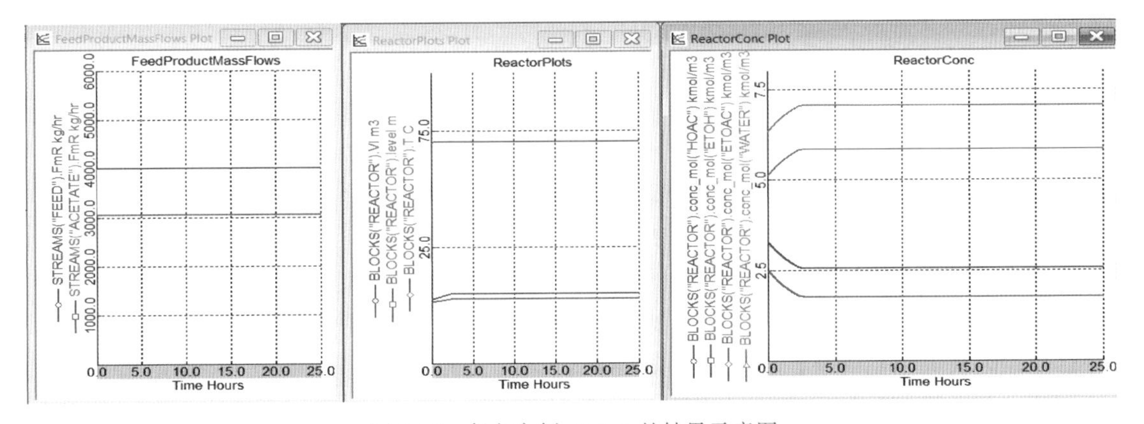

图 7.34　任务案例 WS7.3 的结果示意图

7.6 例题 7.4： 淤浆法 HDPE 生产过程的动态模拟和牌号切换

7.6.1 目的

我们希望展示如何将稳态模拟模型切换为动态模拟模型，并说明动态模型的初始调整和默认控制方案的有效性测试。然后，我们将展示如何使用任务程序来实现适用于 HDPE 生产的牌号切换操作。

7.6.2 开发 Aspen Plus Dynamics(AD)模拟模型的步骤

从第 5 章开始，我们使用 Aspen Plus(包括 Aspen Polymers)开发的商业淤浆法 HDPE 工艺的稳态模拟模型，并在 AD 中逐步进行动态模拟，添加各种控制器并进行牌号切换。参考文献[2]包含了该应用的一些简要细节。

第一步，将稳态模拟模型准备好以切换为动态模拟模型。

我们打开一个稳态模拟文件“***WS7.4.bkp***”。这是一个基于多活性中心 Z-N 动力学[3]的串联淤浆法高密度聚乙烯工艺，包括反应器和分离器。图 7.35 显示了稳态模拟流程图，其中 M1 和 M2 为混合器，R1 和 R2 为反应器，F1 和 F2 为闪蒸单元，C1 和 C2 为压缩机，E1 和 E2 为换热器，S1 和 S2 为分离器。读者可在 Aspen Plus 模拟文件中查看稳态模拟的输入。

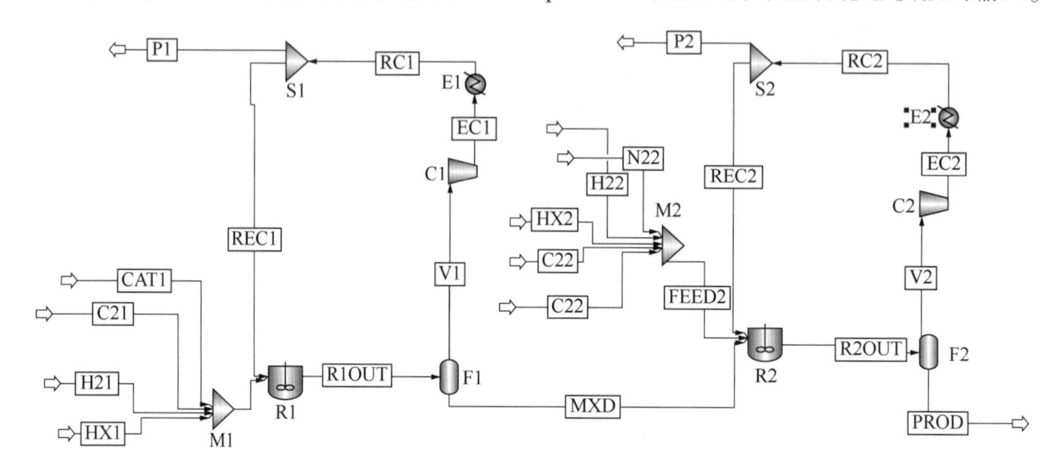

图 7.35　***WS7.4*** 的稳态模拟流程图

对于连续搅拌釜式反应器 R1 和 R2，我们可以使用带有一个气相产品流股和一个液相产品流股的 RCSTR 模型(如图 3.1 中的 RCSTR2)。对于使用早期版本的 Aspen Plus 过程模拟模型的读者来说，RCSTR 模型可能只有一个出口产品流股，在这种情况下，我们可以使用另一种方法来表示反应器中的气相和液相产品物流。具体来说，我们在反应器 R1 和 R2 之后使用闪蒸单元 F1 和 F2 来生成气相产品(V1 和 V2)和液体产品(MXD 和 PROD)，同时，分别将 CSTR 和闪蒸单元规定为相同的温度和压力，图 7.35 展示了这种方法。

在本文中，读者将再次看到这种通过将单一产品物流的 RCSTR 模型与两相闪蒸模型相结合的替代表示方法。

在将 Aspen Plus 模型切换为动态模型时，我们的首要任务是尽量减少不必要的计算量。不必要的计算出现在三个地方：① ***不必要的组分***；② ***多余的相态计算***；③ ***多余的单元操作模型***[1]。

不必要的组分是指以微量形式存在且不影响主要模拟结果的成分。当 AD 对这些变量进行扰动时，即使流量为零的组分也可能进入系统，如果系统对它们的存在很敏感，可能会引发一些问题，通过检查稳态模拟结果的流股摘要中各组分质量流量和质量分数，我们在当前稳态模型中没有找到这样的组分。

对于多余的相态计算，我们检查稳态模型中每个进料流股的气相分率(VFRAC)。如果一个进料流股只有一个相，我们在流股的闪蒸选项中将该流股指定为单相，这样可以避免由于闪蒸单相流股而产生的异常。我们还需检查每个单元操作的出口流股，如果有一个流股是单相的，则需要修改该模块的闪蒸选项，以跳过气液平衡检查。

多余的单元操作模型是那些我们可以比较容易地合并到其他单元操作中的模型，在当前的稳态模拟中，没有这样冗余的模型。

下一步是完成反应器和其他单元操作模块的动态模拟规定，所以我们输入表 7.13 中的数据。

表 7.13　WS7.4 的动态模拟规定

模　块	规　定
F1 和 F2	瞬时闪蒸，没有动态效果
C1 和 C2	瞬时压缩
R1 和 R2	垂直容器，椭圆形，长度=6.678 m，传热选项：恒定负荷，初始条件：液体体积分数=0.5
E1 和 E2	瞬时传热，传热选项：恒定负荷
M1 和 M2	瞬时混合

第二步，切换为动态模拟模型。

我们在功能区中点击动态选项卡，点击流量驱动按钮将模拟从 Aspen Plus 导出到 AD，将动态模拟模型保存为“***WS7.4.dynf***”，且把相应的属性文件“***WS7.4dyn.appdf***”保存到 AD 工作文件夹中。图 7.36 显示了 AD 中生成的动态模拟流程图。

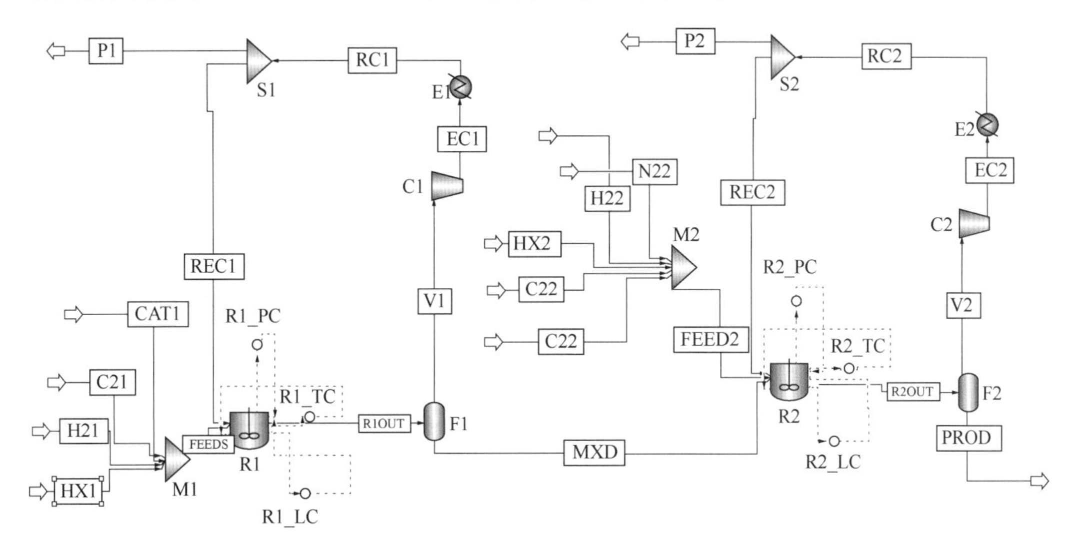

图 7.36　***WS7.4*** 的动态模拟流程图

第三步，对 AD 模型进行初始调整。

我们的下一步是对 AD 模型进行初步调整，其重点是①严格的物性选择；②聚合物流股和模块的属性；③热负荷和温度；④计算衍生聚合物属性；⑤修改控制方案设置。

（1）**严格的物性选择**：使用严格的物性通常比使用局部物性运算更慢，但在处理聚合物系统时更加稳定。按照以下路径更改物性选择：Explorer（资源管理器）→Global（全局）→Dynamics Options（动态选项）→①Global Property Mode（全局物性模式）：严格（Rigorous）；②Global Flash Basis（全局闪蒸基础）：方程（Equation），参见图 7.37。

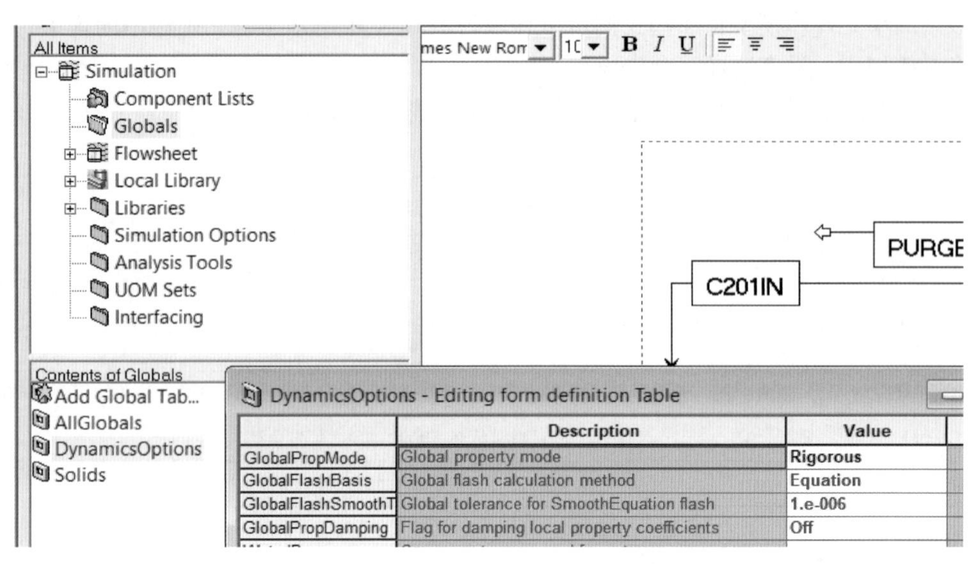

图 7.37　指定全局物性模式和闪蒸基础

(2) **聚合物流股和模块的属性**：如果塔顶物流中存在微量催化剂或聚合物，AD 将使该物流成为聚合物流股，这意味着涉及组分属性的方程被包括在内，这是一个数值上的假象。图 7.38 显示了我们如何更改流股类型以消除这个问题(闪蒸器 F→顶部流 V1→右键单击表单"Forms"→"PolymerInputs Table(聚合物输入表)"，最后将"Catalyst_in_Stream"的值从"Yes"更改为"No")。我们注意到，顶部气相流股 V1 进入的压缩机 C1 不支持聚合物。在从稳态切换为动态模拟文件时，AD 会自动删除催化剂属性。我们重复相同的步骤来处理离开闪蒸单元 F2 的顶部流股 V2。

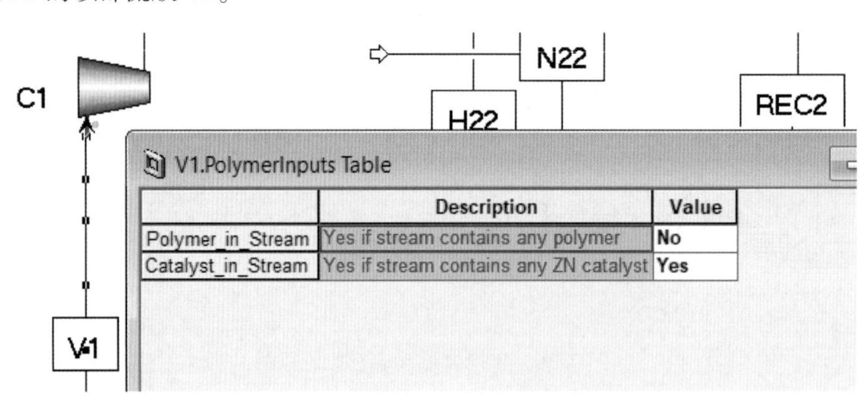

图 7.38　将流股 V1 中 Catalyst_in_Stream 的值从"Yes"改为"No"

一旦我们对不包含催化剂或聚合物的所有流股进行这些调整，模型应该是"square"，这意味着固定变量和自由变量的数量与模型中的方程数量相对应。我们先运行初始化模式，然后再运行稳态模式，将每个模式保存为快照以备将来使用。

在每次对动态模拟模型更改后进行稳态运行并保存快照是非常重要的。如果我们一次性进行多种更改，系统可能无法收敛。

(3) **热负荷和温度**：我们必须检查每个单元操作的运行情况，查看 AD 是否固定了热负荷(Q_r)，并在必要时进行调整。我们不应固定换热器的热负荷，因为我们不知道它的值，相反，应该固定温度，将热负荷作为一个自由变量。

(4) **计算衍生聚合物属性**：对于从反应器 R2 流出的聚合物产品物流，我们必须要求 AD 计算相关的聚合物属性，如 *MWW* 和 *PDI*。为此，请右键单击流股名"R2OUT"，选择"Forms(表格)"，然后选择"Polymer Results(聚合物结果)"。将"Calculate derived polymer attributes(计算衍生聚合物属性)"从"No"更改为"Yes"。

(5) **修改控制方案设置**：在继续修改模拟文件"***WS7. 4. dynf***"中的控制方案之前，我们将当前的动态模拟文件保存为"***WS7. 4. Original. dynf***"作为备份。如表 7. 10 所示，该表包括压力、液位和温度的三个默认控制器，这些默认控制器不一定是有效的，我们必须添加或删除控制器，以与实际工艺流程中的控制方案相匹配。表 7. 14 给出了 WS7. 4. dynf 默认控制器的初始规格。表格中的这些数值与图 7. 39 中初始控制器面板上的数值一致。

表 7. 14　WS7. 4. dynf 默认控制器的初始规格

控制器	测量变量(过程变量或控制变量)	操纵变量(控制器输出 OP)
R1_PC 和 R2_PC	反应器压力： R1，7. 55 bar；R2，3. 5 bar	气相流量：R1，19. 1579 kmol/h(与图 7. 37 中的 V1 流量相同)；R2，628. 3473 kmol/h(与 V2 流量相同)
R1_TC 和 R2_TC	反应器温度： R1，85℃；R2，80℃	热负荷规定：R1，19. 8786 GJ/h；R，16. 8558 GJ/h
R1_LC 和 R2_LC	反应器液位： R1，4. 8287 m；R2，4. 8287 m	指定液相质量流量：R1，20921. 4 kg/h(与图 7. 37 中的 MXD 流量相同)；R2，26222. 8 kg/h(与 PROD 流量相同)

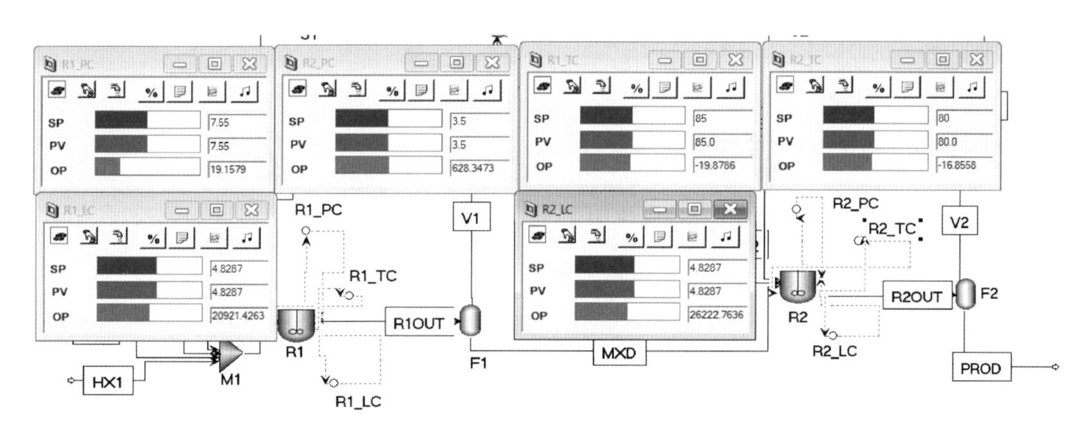

图 7. 39　初始控制器面板

反应器 R1 和 R2 上的默认压力控制器是无效的。每个控制器通过增加反应器外的气相流股流量(图 7. 36 中 V1 和 V2 流股的气体流量)来维持反应器的压力，这只会增加可循环进入反应器的组分的流量，从而导致反应器压力的增加。此外，工厂中实际反应器不包含压力控制器，因此，我们同时删除压力控制器及其控制信号。

我们按照图 7. 21 的步骤初始化控制器的值，并根据表 7. 8 修正温度控制器和液位控制器的比例增益和积分时间。我们将带有控制器的结果流程保存为"***WS7. 4a. dynf***"。

接下来，我们测试以上得到的温度控制器和液位控制器对乙烯质量流量增加的响应。

具体来说，我们将“***WS7. 4a. dynf***”另存为“***WS7. 4b. dynf***”，并使用后者文件进行控制器测试。我们对“***WS7. 4b. dynf***”进行初始化、稳态和动态运行，使其在 10 h 处暂停，然后将乙烯质量流量增加到反应器 R1 和 R2：流股 C21→右键单击表单(Forms)→操作(Manipulate)→将 FmR(指定的总质量流量)从 5700 kg/h 更改为 7000 kg/h；对流股 C22 执行相同的操作，将质量流量从 5400 kg/h 更改为 7000 kg/h。再次运行动态模拟，直到 30 h。按照图 7. 21 的步骤显示温度控制器和液位控制器的结果图。

图 7. 40 显示，在 10 h 增加了乙烯进料质量流量后，两个反应器的温度控制器和液位控制器迅速响应并返回到设定值。

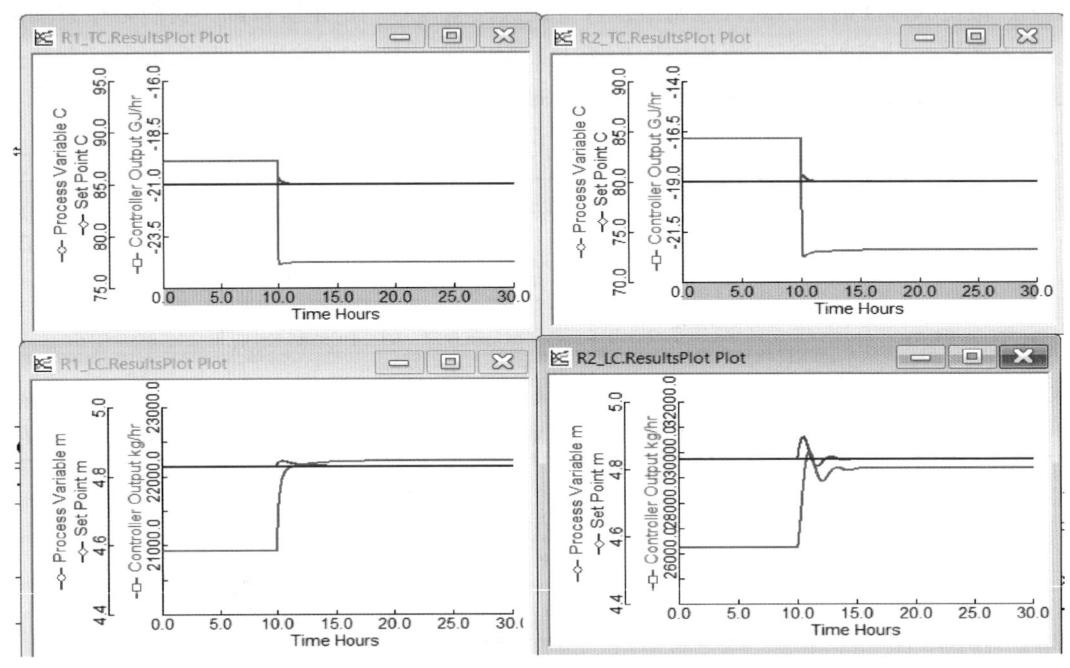

图 7. 40　在 10 h 增加乙烯质量流量后，反应器 R1 和 R2 的温度控制器和液位控制器迅速响应，回到设定值

我们可以通过以下启发式方法来微调控制器参数：

(1) 当我们对特定控制器的过程变量对应的设定值进行小步长变化时，如果动态运行接近设定值但不在设定值上变平缓，我们就增加控制器的积分时间。

(2) 如果动态运行达到设定值但花费的时间过长，我们增加控制器的比例增益。如果控制器显示不稳定的行为(不能稳定到一个稳定状态)，我们减小增益。

(3) 在这两个调整之间进行迭代，直到过程变量得到足够严格控制。

(4) 请注意，一个控制器的性能不佳可能会影响其他控制器的性能。在调整单个控制器的参数时，我们应同时监视所有控制器。

7. 6. 3　牌号切换操作的模拟

表 7. 15 概述了 ***WS7. 4*** 的关键过程和质量变量。

表 7. 16 总结了我们希望生产的四种牌号 HDPE 的操作细节。

表 7.15 WS7.4 的关键过程和质量变量

过程变量	描 述	过程变量	描 述
C21	第一反应器进料中的乙烯单体流量(kg/h)	H22	第二反应器的氢气流量(kg/h)
H21	第一反应器进料中的氢气流量(kg/h)	HX2	第二反应器的溶剂(正己烷)流量(kg/h)
CAT	第一反应器中催化剂的流量(kg/h)	质量变量	描 述
HX1	第一反应器中溶剂(正己烷)的流量(kg/h)	MWW	出口物流中聚合物的重均分子量
C42	第二反应器中1-丁烯共聚物的流量(kg/h)	SFRAC	出口聚合物中的共聚单体分数
C22	第二反应器中乙烯单体的流量(kg/h)	Rate pol	出口物流中的聚合物流量

表 7.16 牌号 1 至牌号 4 的过程变量值

项目	当前	牌号 1	牌号 2	牌号 3	牌号 4
任务 G1 到 G4	0 h	5 h	40 h	80 h	120 h
H21/(kg/h)	8	4	4	10	10
H22/(kg/h)	1	0.5	0.5	0.75	0.75
C42/(kg/h)	1000	1000	750	750	900

为了演示这种情况下的牌号切换，我们只在这里改变氢气流股(H21，H22)和共聚物流股(C42)，保持其他变量不变。根据图 7.27 到图 7.34 的说明，我们在路径“Flowsheet→Contents of Flowsheet→Add Task”下定义了任务 G1 到 G4。图 7.41 显示了任务 G1 的详细信息，在这里，我们使用了之前在图 7.31 中讲解的 SRAMP 函数。基本上，SRAMP[Streams(“H21”).FmR，4，4]根据正弦曲线的形状将流股 H21 的质量流量在 4 个时间单位间隔内改变为 4 kg/h。

根据图 7.41 和表 7.16，我们以相同的方式完成了任务 G2～G4 的规定。另外，我们编译了所有四个任务且没有发现错误。

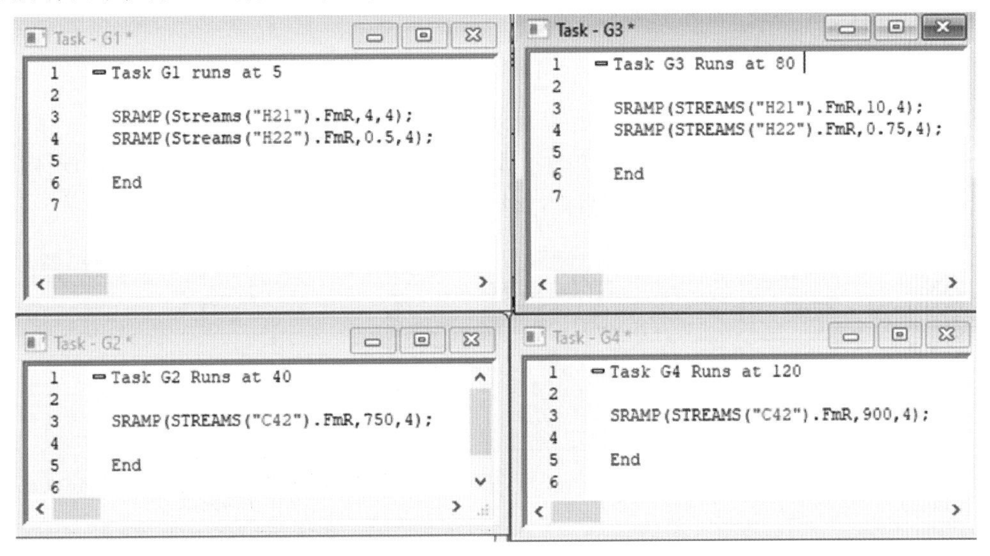

图 7.41 在 24 h 运行 G1 任务的规定

我们根据在方程(5.16)和方程(5.17)中使用的 Sinclair[8] 建议的经验相关性等式，创建了计算过程质量变量(如熔融指数和共聚物密度)的图表，具体来说，我们将工厂的 MI 数据与 HDPE 产品的 MWW 函数相关联：

$$MI = A\_MI\left(\frac{MWW}{C\_MI}\right)^{B\_MI} \tag{7.1}$$

为便于说明，我们设 A_MI = 901，B_MI = −5，C_MI = 1×10^5。

当 MI 的工厂数据可用时，读者可以回归出新的 A_MI 值和 B_MI 值。此外，我们将共聚物密度(单位为 kg/m^3)通过以下公式联系起来：

$$DENSITY/1000 = 0.996 - A\_DN(SFRAC\_Comonomer)^{B\_DN} \tag{7.2}$$

其中，SFRAC_Comonomer 是共聚单体丁烯的摩尔分数，假定相关参数 A_DN = 0.02386，B_DN = 0.514。

为了在模拟中实现这些相关性，我们右键单击流程目录中的“Flowsheet(流程)”，选择“Edit(编辑)”打开“Constrains-Flowsheet(约束条件-流程)”窗口，然后按照图 7.42 输入相关性。请务必按照图 7.28(b)的示例对输入的方程进行编译，以确保没有编码错误。

```
Constraints - Flowsheet *
1   CONSTRAINTS
2     // Flowsheet variables and equations...
3
4
5   A_MI as realparameter(901);
6   B_MI as realparameter(-5.14);
7   C_MI as realparameter(1e5);
8
9   Melt_Index as positive;
10
11
12  A_DN as realparameter(0.02386);
13  B_DN as realparameter(0.514);
14
15  Density as dens_mass (Description:"copolymer density");
16
17
18  Melt_Index = A_MI*(STREAMS("R2OUT").mww/C_MI)^B_MI;
19  |
20  Density = 0.966 - A_DN*((STREAMS("R2OUT").sfrac("R-C4H8")*100))^B_DN;
21
22  END
23
```

图 7.42　流程约束条件、熔融指数和共聚物密度相关性的规定

编译流程约束方程后，右键单击流程目录中的“Local Variables(局部变量)”，即可在“局部变量”列表中看到共聚物密度和熔融指数的初始计算值。我们按照图 7.14 的示例设置一个名为“MI_Density”的趋势图，参见图 7.43。

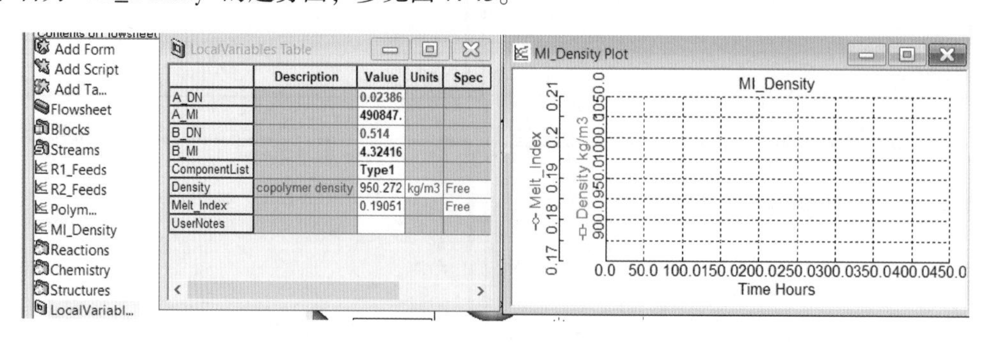

图 7.43　设置计算出的熔融指数和共聚物密度的图

接下来，我们创建三个图表来显示：①R1_Feeds：反应器 R1 的 H21 进料的质量流量(FmR)，单位为 kg/h；②R2_Feeds：反应器 R2 的 C42 和 H22 进料的质量流量(FmR)，单位为 kg/h；③Polymer：聚合物的生产速率(Rate_pol)，单位为 kg/h；*MWW*，单位为 kg/kmol；为了在每个 *Y* 轴上显示各自的变量，我们将鼠标放在图表的中间位置，右键单击显示“Properties(属性)”然后选择“AxisMap”，接着选择“One for Each”为每个变量显示一个 *Y* 轴刻度，见图 7.44。

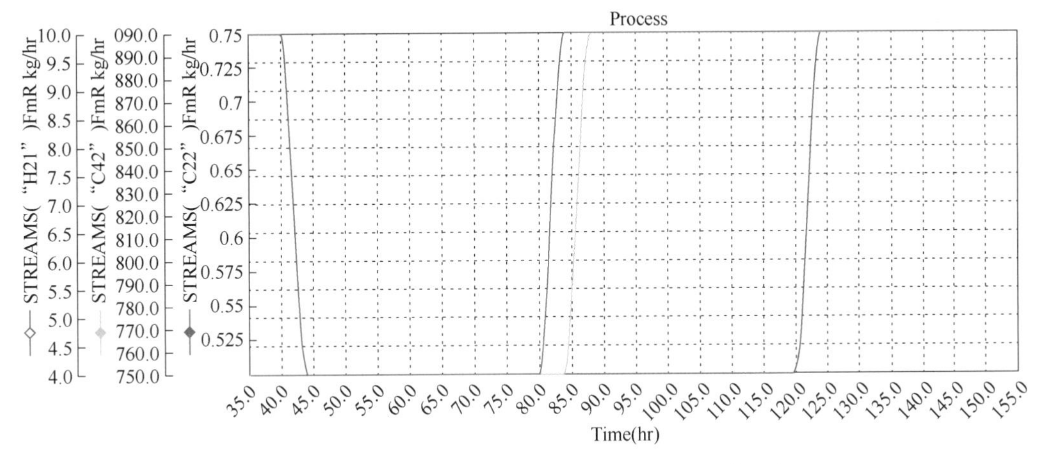

图 7.44　生产 G1 ~ G4 牌号时，进料质量流量的演变

然后，我们进行初始化和稳态运行，然后再进行动态模拟，暂停在 150 h。图 7.44 显示了 R1_Feeds、R2_Feeds 和 Polymer 的结果。在运行动态模拟之前，通过右键单击流程目录中的任务名称来激活所有任务(G1 ~ G4)，这是关键的一步。在 150 h 结束时，如果没有看到结果图表跨越 0 ~ 150 h 的时间范围，请右键单击流程目录中的图表名称(如 R1_Feeds)，并选择“Show as Plot(显示为图表)”。然后将在图 7.44 中看到完整的结果。还可以在图 7.45 中看到计算的熔融指数和共聚物密度的演变情况。

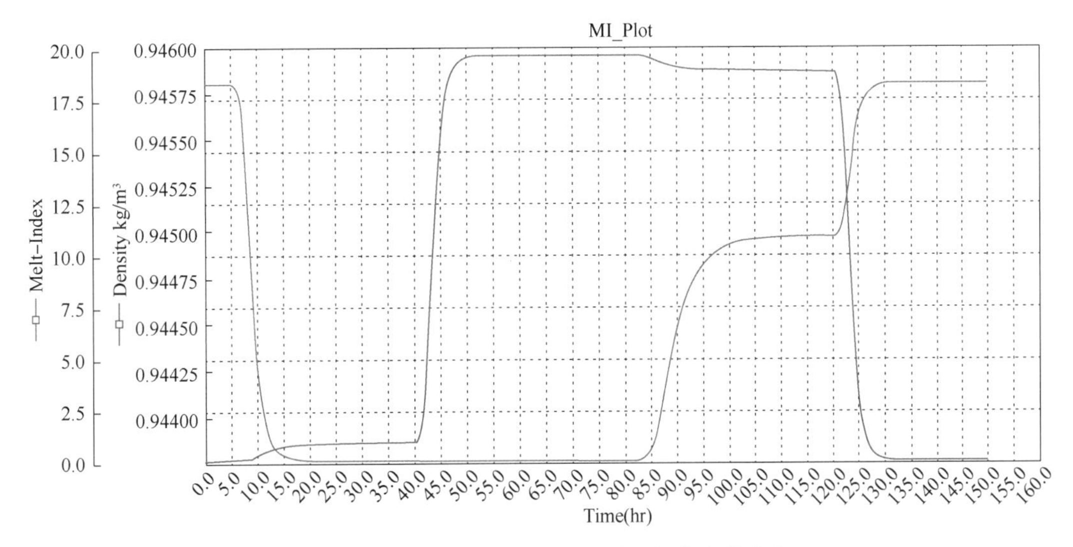

图 7.45　计算出的熔融指数和共聚物密度的演变

7.7 例题 7.5： 商业化淤浆法 HDPE 工艺的动态模拟和控制

7.7.1 目的

我们希望演示如何在商业化淤浆法高密度聚乙烯工艺过程中实施各种控制方案，将介绍如何使用流程变量和约束条件，以及在商业化工艺中实施实际控制器配置的比例模块。

7.7.2 将稳态模拟模型切换为动态模拟模型

我们打开一个稳态模拟模型“***WS7. 5. bkp***”，该模型包括并联淤浆法 HDPE 工艺中的一组反应器和分离器。

为简化操作，在本例中，我们在开发稳态模拟文件时采用了单活性中心反应动力学假设，这一假设并不影响我们的动态模拟和控制程序。图 7. 46 显示了 WS7. 5 的稳态模拟流程图，其中 M1 是混合器，D201 是反应器，201F 和 D205 是闪蒸单元，C201 是压缩机，E201 是换热器，P202 是泵，S1 和 S2 是分流器。读者可以在 Aspen Plus 模拟文件中看到稳态模拟的输入。

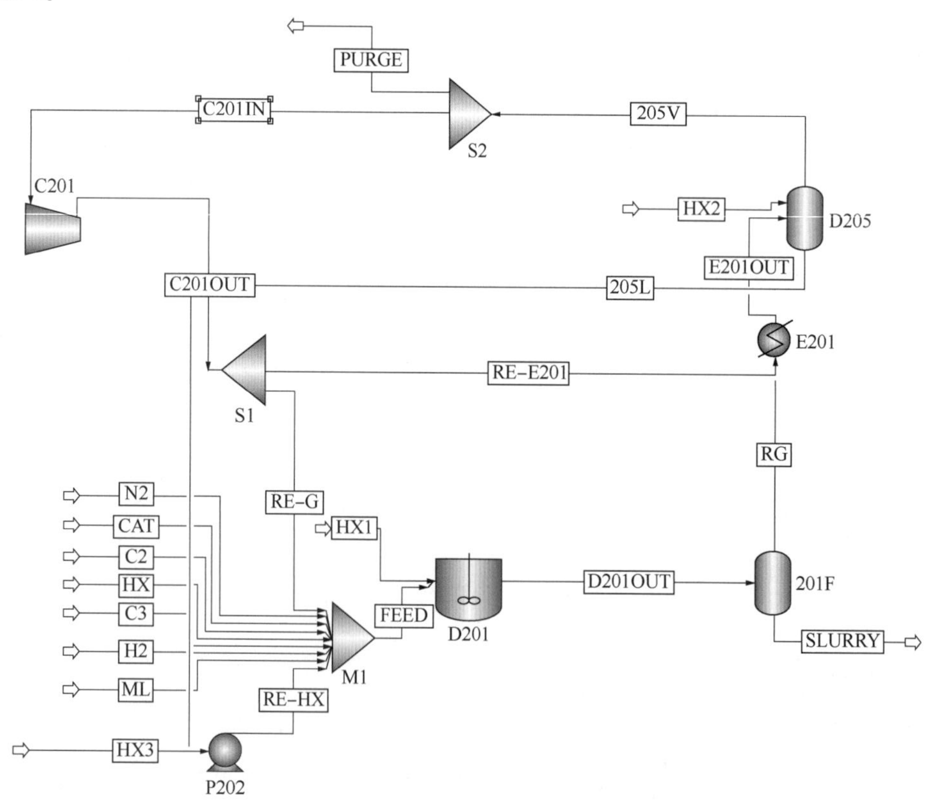

图 7. 46 ***WS7. 5*** 的稳态模拟流程图

表 7.17 显示了“*WS7.5*”的动态模拟数据。

我们根据表 7.17 完成动态数据输入。运行稳态模拟后，我们将模拟从 Aspen Plus 导出到 AD，并保存生成的动态模拟文件“*WS7.5.dynf*”以及 Aspen 属性问题定义文件“*WS7.5 dyn.appdf*”。图 7.47 显示添加默认控制器的流程图。

表 7.17　WS7.5 的动态模拟规定

模　块	规　定
201F	瞬时闪蒸，没有动态效果
D205	垂直容器，椭圆形，长度=4.85 m，直径=2.5 m，传热选项：恒定负荷，初始条件：液体体积分数=0.5
C201	瞬时压缩
D201	垂直容器，椭圆形，长度=6.678 m，传热选项：恒定负荷，初始条件：液体体积分数=0.5
E201 和 E2	瞬时传热，传热选项：恒定负荷
M1	瞬时混合

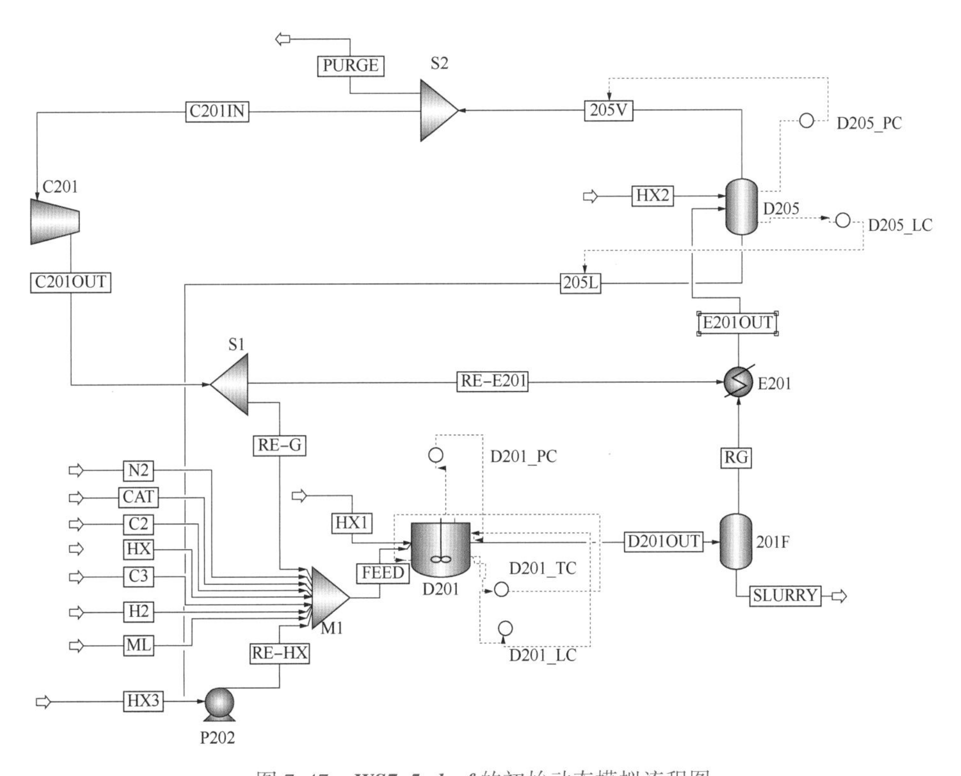

图 7.47　*WS7.5.dynf* 的初始动态模拟流程图

7.7.3　AD 模型的初步调整

7.7.3.1　流股和模块的聚合物属性

我们按照以下路径进行操作：闪蒸单元 201F→顶部物流 RG→右键点击表单，我们没有看到“PolymerInputs Table”，这表明流股 RG 不包含聚合物组分。

7.7.3.2　利用机械堰实现反应器液位控制

反应器 D201 没有液位控制器，但有一个堰。我们删除默认控制器 D201_LC 和两个相关控制信号。如图 7.48 所示，在流程中输入堰的方程，具体步骤为：Exploring-Simulation→Flowsheet→Contents of Flowsheet→Flowsheet→Right-click Edit→Constraints→Flowsheet variables and equations。我们注意到，堰流常数 K_weir 取决于：①当前液相流股质量流量，流量为 18254.9 kg/h 的流股“SLURRY”。②D201 液位，即模块“D201”，液位为 4.82869 m；③堰高 h_weir 为 4.8 m；堰流常数 K_weir = 18254.9 kg/h/(4.82869-4.8) m = 636238 kg/(h · m)。我们将在图 7.48 中用阀门流量常数 Cv_E201 来解释压力/流量方程。当我们在添加堰流方程后编写流程表时，发现模型被一个变量过度规定，把堰流常数(K_weir)的变量类型更改为自由变量，并运行模拟，K_weir 的计算值显示在流程目录中的本地变量表，见图 7.49。

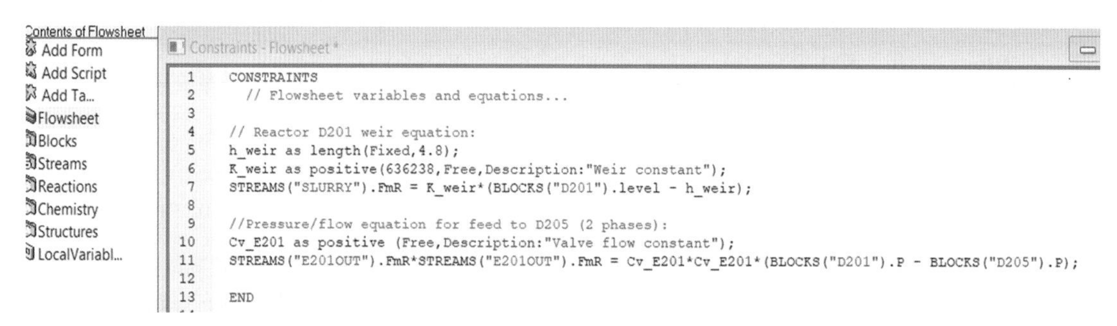

图 7.48　使用流程约束来定义堰变量和方程式

	Description	Value	Units	Spec
ComponentList		Type1		
Cv_E201	Valve flow constant	204.647		Free
h_weir		4.8	m	Fixed
K_weir	Weir constant	5105.32		Free
UserNotes				

图 7.49　访问流程约束变量和方程中堰流常数的本地变量表

7.7.3.3　反应器温度控制器的改进

反应器有一个温度控制器，用于调节从压缩机顶部气体流股排出的量(流股 C201OUT)，该气相流股部分循环到反应器入口(RE-G 流股)，剩余气相流股 RE-E201 与反应器的气相出口流股 RG 一起进入冷却器 E201。我们将温度控制器 D201_TC 与流股分离器 S1 重新连接，并选择流股 RE-G 的分离分率作为操纵变量。双击温度控制器，单击“Configure(配置)”按钮，根据表 7.8 输入温度控制器参数。我们将控制器设置为“Direct(正作用)”，因为反应器温度升高会导致通过 RE-G 流股送回反应器的气体量增加。我们初始化控制器，再进行稳态运行，然后保存快照。

在我们添加一个流程约束到图 7.48 来计算换热器 E201 出口的压力之前，温度控制器是无法正常运行的。流程约束里的方程使用以下关系式计算换热器上的压降：

$$FLOW_{E201OUT} = C_V\sqrt{\Delta P} \tag{7.3}$$

其中，C_V 是阀门流量常数，ΔP 是换热器的压降，见图 7.50。当我们编制流程图表单时，模型是被一个变量过度规定的。

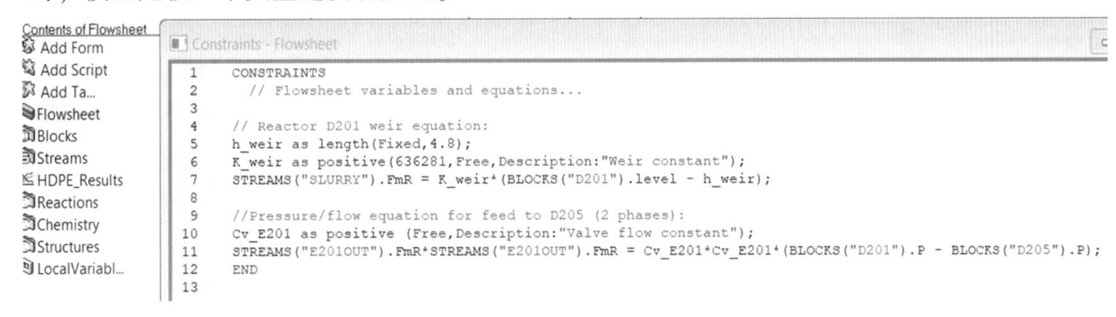

图 7.50 添加流程约束，计算 E201 换热器的压降

我们使阀门常数作为自由变量，并进行稳态运行，这样就可以得到计算出的阀门常数，然后再将其固定，并使 RG 流股中的质量流量自由，保存稳态运行的快照。

7.7.3.4 删除压力控制器

我们删除了压力控制器 D201_PC 和 D205_PC 以及相关的控制信号，因为实际上在工厂中并没有这些控制器。

7.7.3.5 向循环气中添加一个氢气-乙烯比例控制器

有一个控制器可以控制氢气的进料速度和来自容器 D205 的吹扫速率，以维持循环气中的氢气-乙烯比例。该控制器的 PV 是循环气体流股中的氢气-乙烯比例。在使用该控制器时我们必须向动态模型引入三个模块，参见图 7.51。

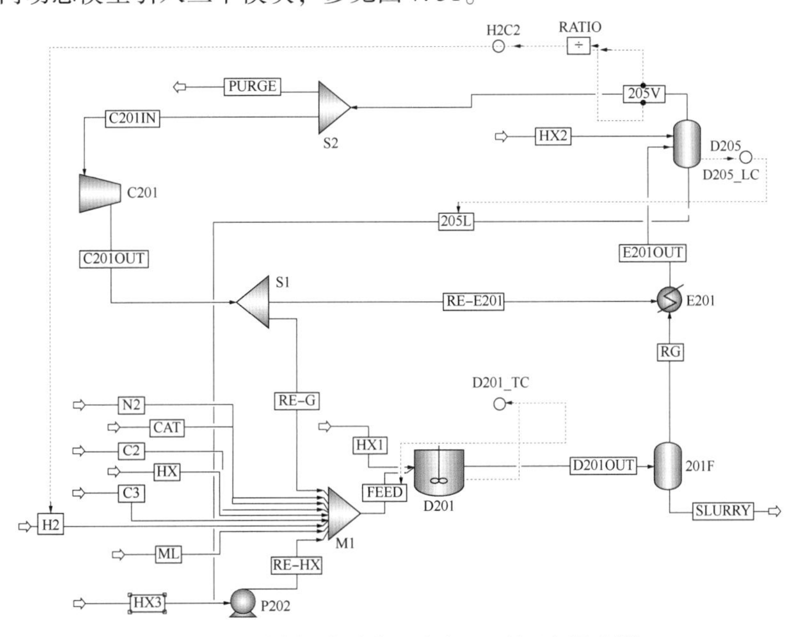

图 7.51 在循环气中加入氢气-乙烯比例控制器

第一个模块是比率模块，它计算的是氢气摩尔流量与乙烯摩尔流量的比率。其中，输入 1 是循环气体流股 205V 中的氢气摩尔流量，即 STREAMS（“205V”）. Fcn（“H2”）；输入 2 是流股 205V 中的乙烯摩尔流量，即 STREAMS（“205V”）. Fcn（“C2H4”）。控制器的输出是计算得到的氢气与乙烯的摩尔比率。

第二个模块是一个 PID 控制器，它接受来自比例模块的氢气-乙烯比例。我们将控制器命名为 H2C2，并将其控制作用规定为反作用。我们根据表 7. 8 中的组成控制器相应的内容来设置比例增益和积分时间。PID 输出信号指定了流股分离器 S2 的出口流股“PURGE”的质量分离比例，即 BLOCKS（“S2”）. sf（“PURGE”）。

打开 H2C2、D205_LC 和 D201_TC 控制器的面板和绘图，进行初始化和稳态运行，然后进行动态运行，暂停在 10 h。图 7. 52 表示当前控制器似乎可以正常工作。

在 10 h 时，我们增加：指定的乙烯质量流量从 5950 kg/h 增加到 7500 kg/h（流股C2→右键单击“Forms”→“AllVariables”→“FmR”，指定总质量流量），然后运行动态模拟，暂停在 20 h。图 7. 53 显示了三个控制器的表现，这表明控制器的表现是可接受的。

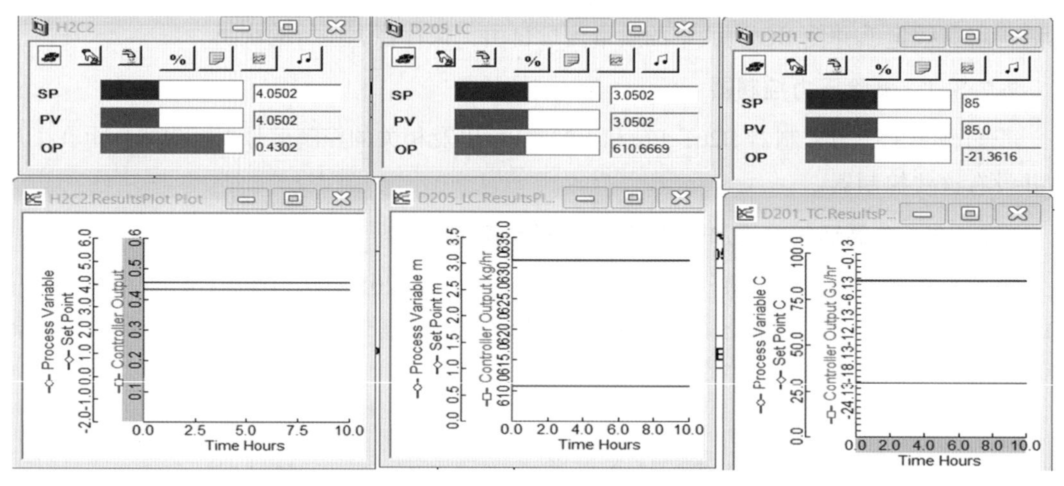

图 7. 52　当前比例、液位和温度控制器的表现

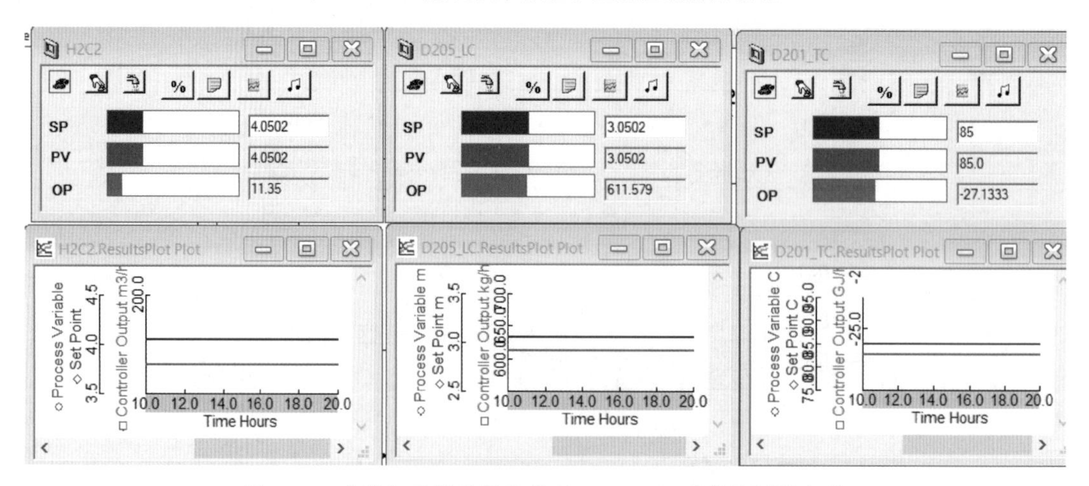

图 7. 53　在增加乙烯质量流量至 7500 kg/h 后的控制器表现

现在我们特别测试关键的 PID-H2/C2 控制器对输入乙烯的流量(流股 C2)变化的反应:①乙烯流量从 7500 kg/h 增加到 9000 kg/h;②指定的催化剂总质量流量从 49.206 kg/h 增加到 60 kg/h(STREAM CAT→Right-Click Forms→AllVariables→FmR,指定总质量流量)。③将丙烯总质量流量从 85 kg/h 增加到 100 kg/h(STREAM C3→Right-Click Forms→AllVariables→FmR,指定总质量流量)。我们运行控制器在 40 h 暂停。图 7.54 显示了控制器的表现,过程输出曲线与设定值非常匹配。

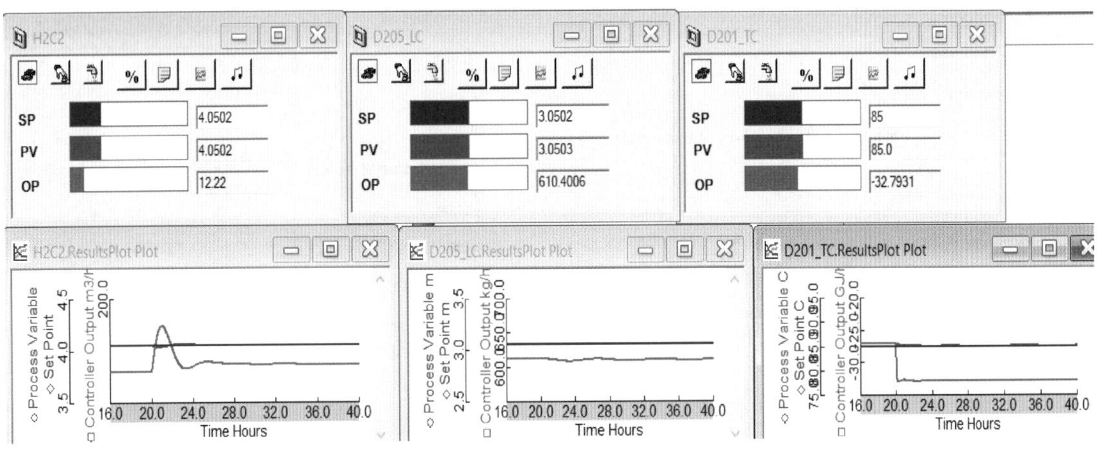

图 7.54 将乙烯质量流量增加到 9000 kg/h,
催化剂总质量流量增加到 60 kg/h,C3 总质量流量增加到 100 kg/h 后,控制器的表现

对于 H2C2 控制器,我们发现当前的调谐参数中:增益为 35.11231%/%,积分时间为 74.76604 min(见图 7.55)。接下来,我们要了解如何使用 PID 控制器内的调谐工具,并检查这些调谐参数是否最佳。首先将模拟文件保存为"***WS7.5-Final-2.dynf***",接着,我们按照表 7.8 中给出的组成控制器的参考增益和积分时间,将图 7.55 中显示的增益更改为 0.1%/%,积分时间更改为 0.2 min,并初始化值,然后我们按照以下步骤调整控制器参数。

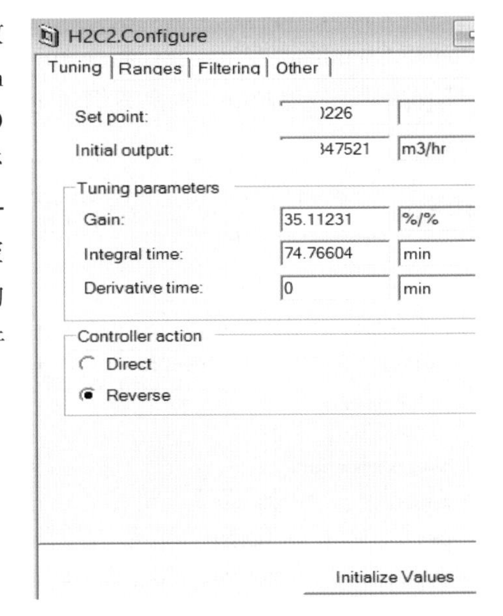

图 7.55 H2C2 控制器的增益和积分时间

(1) 在动态运行模式下运行几步模拟。

(2) 暂停模拟。

(3) 打开控制器面板。

(4) 显示结果图。

(5) 点击调谐按钮,如图 7.56 所示。

(6) 点击"Start test"按钮,如图 7.56 所示。

(7) 运行模拟,观察到控制器的输出 OP 被逐步提升,以及 PV 的比例增加。当达到稳定状态时,暂停模拟。在控制器调谐表单上点击完成测试。

(8) 点击调谐参数选项卡。

(9) 选择调节方案(PI 控制器和 Cohen-Coon 调节规则), 点击“Calculate”按钮, 参见图 7.57, 读者可以在 Aspen Dynamics 在线帮助中搜索“Crhen-Coon”, 了解不同调谐规则的解释。

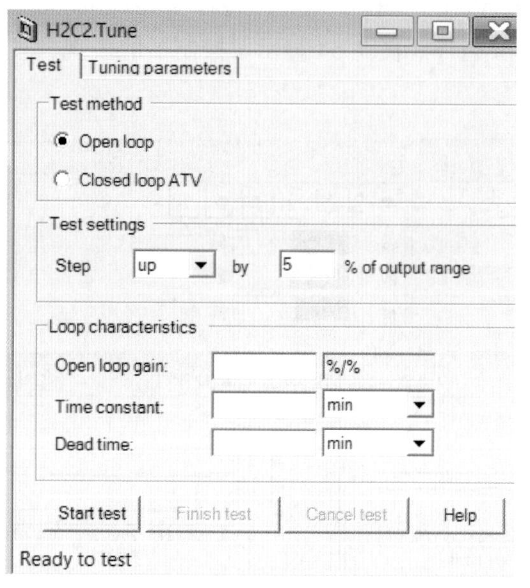

图 7.56 控制器“Tune(调谐)”界面

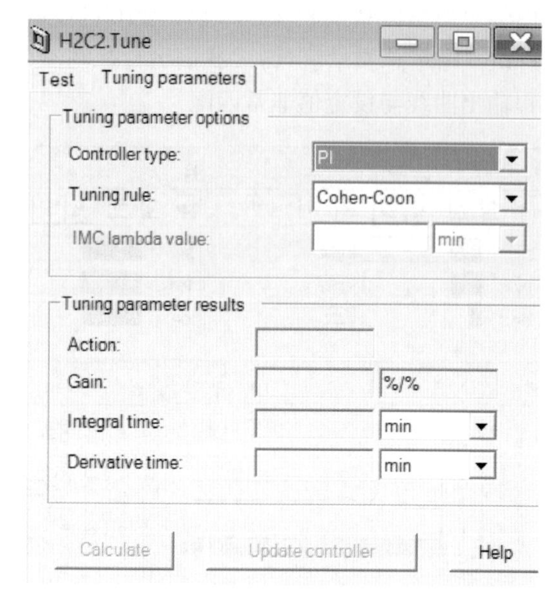

图 7.57 选择调谐规则

(10) 点击“Update Controller”, 新设置将被应用。重新启动模拟, 点击更新控制器“Update Controller”按钮, 我们将在图 7.58 中看到更新后的调谐参数, 并在图 7.59 中看到持续衰减的控制器响应。本次案例讨论到此结束, 我们将模拟文件保存为“***WS7.5-Final-3.dynf***”。

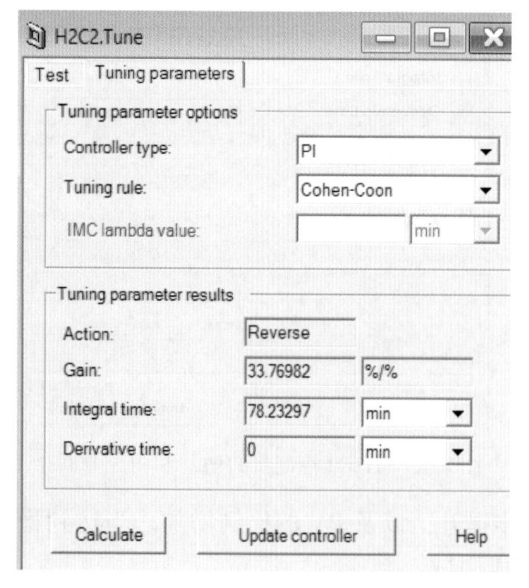

图 7.58 更新后的调谐参数

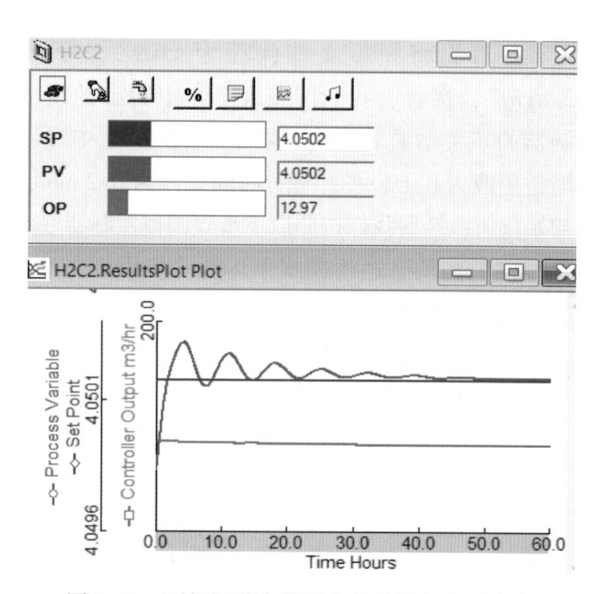

图 7.59 更新调谐参数后产生的持续衰减响应

7.8 例题 7.6：冷凝态下的气相流化床工艺生产 LLDPE 的动态模拟和控制

7.8.1 目的

我们希望展示如何在气相流化床工艺中实施各种控制方案，以便在第 5.8 节所述的冷凝态下生产 LLDPE。我们将使用分程控制器演示反应器压力控制。

7.8.2 将稳态模拟模型切换为动态模拟模型

参照图 5.71，我们打开模拟文件“***WS7. 6_LLDPE. bkp***”。图 7.60 显示了得到的流程图。

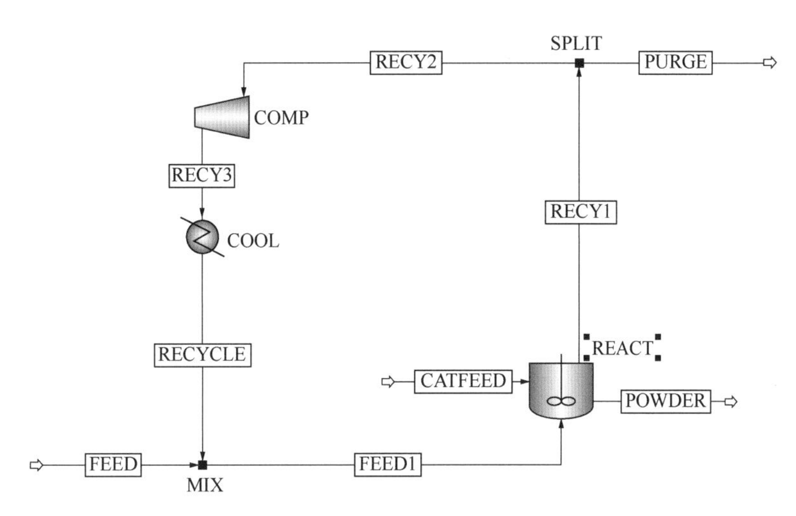

图 7.60 WS7. 6_LLDPE 的工艺流程图

表 7.18 给出了当前案例的动态模拟规定，根据表 7.18 完成动态数据。表 7.19 给出了默认控制器的规格。运行稳态模拟后，我们将模拟从 Aspen Plus 导出到 AD 并保存生成的动态模拟文件“***WS7. 6. dynf***”以及 Aspen 属性问题定义文件“***WS7. 6. dyn. appdf***”。图 7.61 展示了添加默认控制器的动态模拟流程图。

表 7.18 WS7. 6 的动态模拟规定

模 块	规 定
COMP	瞬时压缩
REACT	立式容器，椭圆形封头，长度=3.5 m，恒定负荷
COOL	瞬时传热，传热选项：恒定负荷
MIX1，MIX2	瞬时混合

表 7.19 默认控制器规格

控制器	操纵变量	控制变量
REACT_LC	POWDER 液相质量流量	REACT 液位
REACT_TC	REACT 热负荷	REACT 温度
REACT_PC	RECY1 气相摩尔流量	REACT 压力

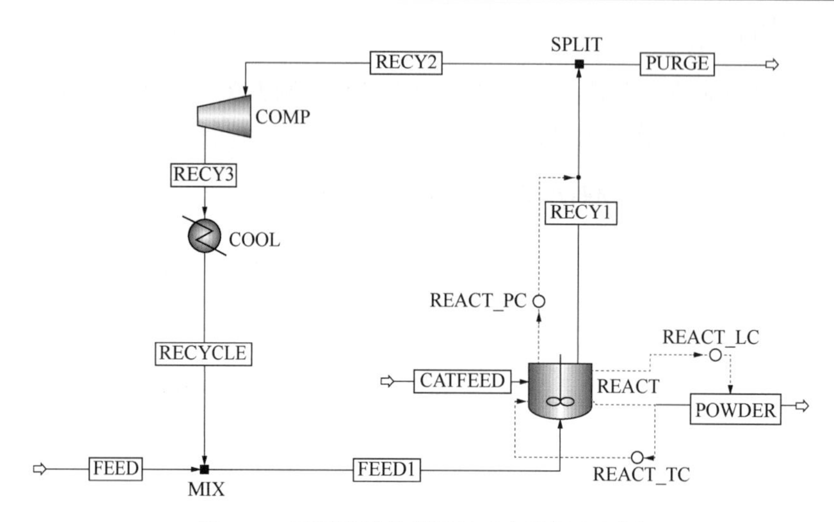

图 7.61 配置默认控制器的动态模拟流程图

随着循环气相流股 RECY1 摩尔流量的增加，反应器压力也增加，我们需要一个更好的反应器压力控制方案。我们希望引入一个 SR(split-range)控制器来控制反应器压力，参考图 7.62，我们可以看到当控制器输出从 0 增加到 50%时，阀门 A 打开，当控制器输出从 51%增加到 100%时，阀门 B 打开。

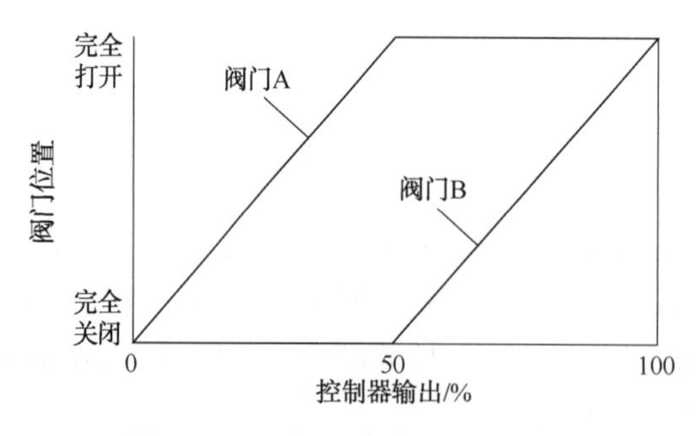

图 7.62 一个 SR 控制器的示意图

图 7.63 显示了修改后的流程图，我们在其中添加了一个 SR 控制器，并且 PC 控制器的输出成为 SR 控制器的输入。当 PC 控制器的输出在 0 到 50%之间时，PC 控制器的操纵变量是 FEED 流股中氮气的质量流量，其值在 0~100 kg/h。当 PC 控制器的输出在 51%到 100%之间时，压力控制器 PC 的操纵变量是 PURGE 流股在模块 SPLIT 的分流分率，其值在 1×10^{-6}~0.1。我们按照以下路径操作：控制器“SplitRange”→右键单击“Forms”→“Configure”，具体配置见图 7.64。

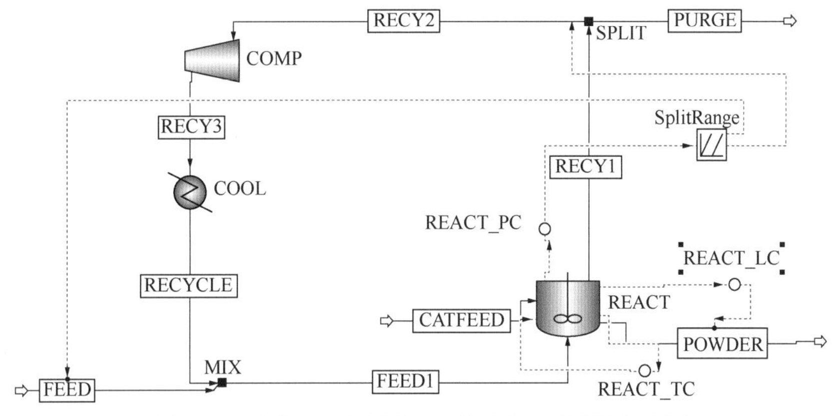

图 7.63　采用 SR 控制器改进的动态过程模拟流程图

SplitRange.Configure Table

	Description	Value	Units
Output1Action	Action for Output 1	Reverse	
Output1Min	Minimum value of Output 1	0.0	kg/hr
Output1Max	Maximum value of Output 1	100.0	kg/hr
Output1InMin	Value of input above which Output 1 starts to change	0.0	
Output1InMax	Value of input above which Output 1 stops changing	50.0	
Output2Action	Action for Output 2	Direct	
Output2Min	Minimum value of Output 2	1.e-006	
Output2Max	Maximum value of Output 2	0.1	
Output2InMin	Value of input above which Output 2 starts to change	50.0	
Output2InMax	Value of input above which Output 2 stops changing	100.0	

图 7.64　SR 控制器的配置规定

运行动态模拟，使其在 5 h 处暂停。我们发现控制器的表现正常。

我们将收敛的模拟文件保存为“***WS7.6-1_LLDPE.dynf***”，以备将来使用。然后我们将模拟文件重新保存为“***WS7.6-2_LLDPE.dynf***”，再将 FEED 流股压力从 30 bar 调整为 25 bar，此时运行动态模拟，使其在 15 h 处暂停。图 7.65 显示了 FEED 流股压力从 30 bar 降低到 25 bar 的响应，压力控制器正确执行。由于控制器输出 OP 为 12.75%，SR 控制器激活氮气质量流量从 25 kg/h 增加到 46.4267 kg/h，同时保持 PURGE 流股在分离器中的分离分率不变，反应器压力保持在 21.6975 bar 这个设定值。

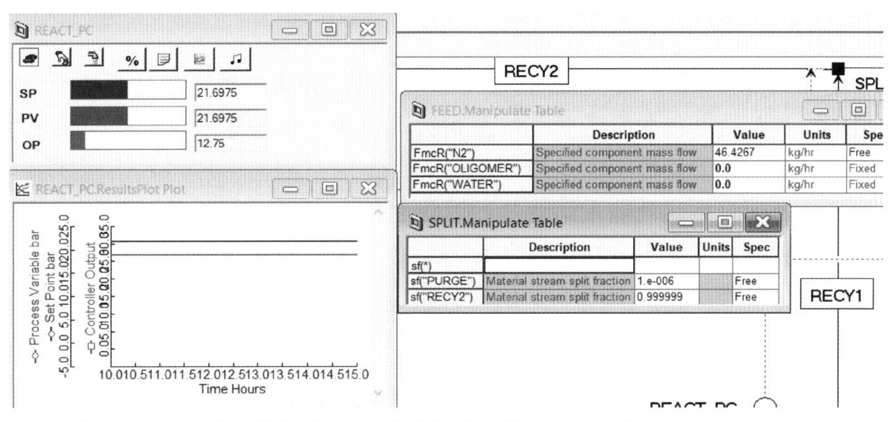

图 7.65　通过分程控制器将 N_2 的质量流量从 25 kg/h 增加到 46.4267 kg/h，使反应器的压力保持在 21.6975 bar

当前的案例讨论到此结束，将模拟文件保存为“*WS7.6-2_LLDPE.dynf*”。

7.9 例题 7.7：使用推理控制器对淤浆法 HDPE 工艺进行动态模拟和控制

7.9.1 目的

本次案例讨论的目的在于为高密度聚乙烯生产过程中的熔融指数测量开发一种推理控制。该控制器可控制熔融指数达到目标值，并在牌号切换期间将目标值与熔融指数测量值之间的差值降至最低。我们使用推理控制器对不同熔融指数的聚合物进行牌号切换，并尝试改进控制器，以尽量减少不合规产品。

7.9.2 推理控制理论及最新应用

在许多工业生产过程中，很难测量某些产品的质量指标，在这种情况下我们测量一些次级过程输出，将产品质量与主要输出进行关联，从而进行质量控制。

通过对次级输出的额外测量，可推断出关键的未测量变量，这通常被称为推理控制[9-12]。

推理控制器使用简单的模型，利用工厂测量值(如原料进料流量和反应器温度)来预测控制变量。一旦测量值可用于控制变量，我们就会将测量值与模型预测值进行比较，从而调整模型，然后模型就能推荐新的控制措施。

在推理控制器的首批应用中，Joseph 和 Brosilow[13]将推理控制用于调节石油工艺中的塔温，他们建立了稳态和动态推理控制系统[14]。Parrish 和 Brosilow[15]展示了推理控制器应用于换热器和工业反应器控制时比串级 PID 控制器表现更好。

在最近的一项应用中，Wang 等人[16]利用推理控制对隔壁精馏塔进行温度和组分同步控制。Behrooz[17]利用随机优化将推理控制用于控制原油蒸馏的产品质量。Choi 等人[18]将推理控制用于控制制浆过程中的牌号切换。Dürr 等人[19]利用推理控制来控制流化床工艺中生产的颗粒质量。Pachauri 等人[20]利用推理控制来控制发酵过程，保证产品乙醇浓度。

在聚合物加工过程中，产品质量测量(如熔融指数)较少，也不是非常精确，因此，要达到质量目标，控制就变得非常重要。熔融指数取决于氢气流量，这使得氢气流量变成重要的控制变量。然而，使用传统的反馈控制器效率不高，因为工厂每六小时才会测量一次产品的熔融指数，而且从氢气输入熔融指数测量之间存在较长的时间延迟。这就是我们需要熔融指数推理控制器的原因。Ogawa 等人[9]是最早一批应用推理控制于聚合物工艺中的研究者，他们使用推理控制对 HDPE 工艺进行质量控制。Oshima 和 Tanigaki[12]应用推理控制来优化牌号切换。

7.9.3 高密度聚乙烯工艺简述和稳态模型的经验相关性

我们考虑使用单个 CSTR 来建模 HDPE 过程。在产量 5 t/h HDPE 和熔融指数为 1~20 的产品牌号下，我们希望在最小化不合格产品数量的同时优化牌号切换过程。HDPE 工艺还包括离心机和挤出机，我们不对其进行建模，这是因为我们可以通过考虑时间延迟，将下游过程中的产品的 *MI* 近似为反应器出口处的 *MI*。

我们首先使用单个 CSTR 建立稳态 HDPE 模型。图 7.66 显示了一个简化的 HDPE 生产过程流程图，其中包括一个反应器和一个闪蒸器。我们将模拟文件保存为“***WS7.7.bkp***”。*MI* 取决于氢气进料流量，这代表了一个推断变量。我们使用该模型在保持其他变量不变的情况下模拟不同氢气流量的数据，并计算产品的 *MI*，以此来确定 *MI* 与氢气进料流量之间的经验关联式。

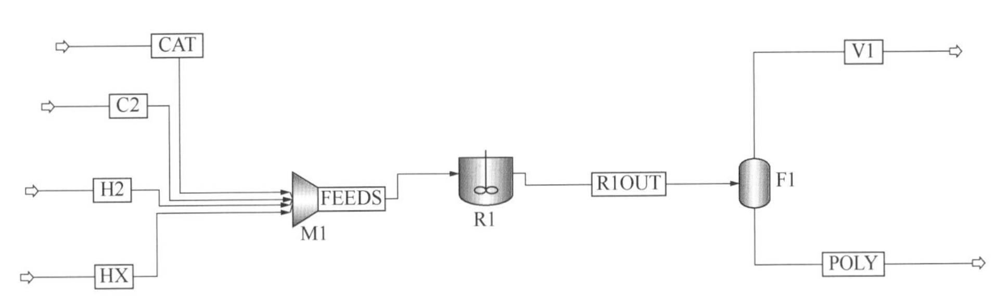

图 7.66　淤浆法 HDPE 工艺的简化稳态流程图

我们通过适用于当前问题以下经验方程近似“***WS7.7.xlsx***”中给出的稳态 *MI* 数据：

$$\ln(MI_i) = 3.266\ \ln(H_2) - 3.215 \tag{7.4}$$

我们将这个稳态的 MI_i 称为瞬时 *MI*，它是氢气进料流量的函数。根据稳态模拟模型，我们可以计算特定 *MI* 的氢气进料流量值。

我们将稳态模拟模型切换为动态模拟模型，如图 7.67 所示。将动态模拟文件保存为“***WS7.7.dynf***”，将属性文件保存为“***WS7.7.dyn.appdf***”。保留温度（R1_TC）和液位（R1_LC）的默认控制器设置，但删除压力控制器，因为对于液相反应器来说它不是关键的。

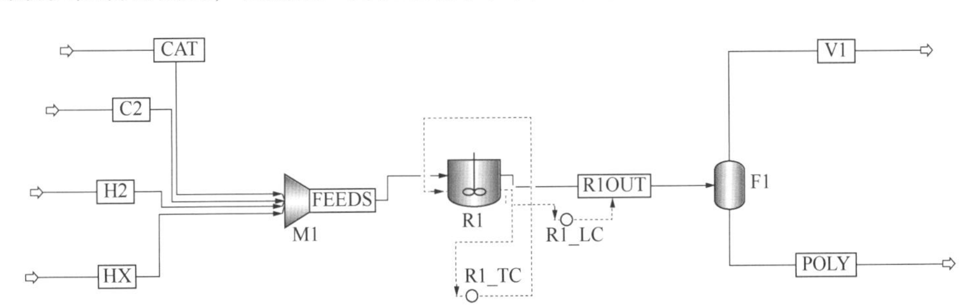

图 7.67　动态模拟 HDPE 生产工艺流程图

我们将 *MI* 的工业关联式[21]作为 *MWW* 反应器出口 *MI* 的函数，并假设其为工厂数据。

$$\text{Melt Index} = (11152.5/MWW)^{3.472} \tag{7.5}$$

根据 ***WS7.4*** 和图 7.41，我们将 *MI* 关联式作为流程约束输入 AD 中，如下所示：

```
# Plant model(industrial MI correlation)
A_MI as realparameter(11152.5);
B_MI as realparameter(3.472);
```

```
Plant_MI as positive;
Melt_Index = (A_MI/(STREAMS("R1OUT").MWW)) ∧ B_MI;
```

其中，A_MI 和 B_MI 是参数，STREAMS(“R1OUT”). MWW 是反应器出口处聚合物的重均分子量。

7.9.4 使用基于 H_2 的基本控制器实现牌号切换

改变牌号的基本传统方法是改变氢气进料流量。根据稳态模拟模型，我们计算出生产特定聚合物 *MI* 的氢气进料流量值。要将 *MI* 从 10 改为 20，我们需要将氢气流量从 5.41 kg/h 提高到 6.68 kg/h，利用从模型中获得的稳态值来达到相应的 *MI* 值。根据第 7.5 节中对 AD 任务的讨论和图 7.28~图 7.33 以及图 7.41 中的任务示例，我们定义了以下任务，以在最短时间(0.1 h)内增加氢气流量。

```
#Task for grade change using basic control using H2 feed
flow rate
Task M1 runs at 5
SRamp(STREAMS("H2").FmR,6.68,0.1);
End
```

这种控制过程会导致牌号切换，但如果采用基于 H_2 设定值的恒定控制，则切换速度会更慢，从而导致更多的不合格产品。如图 7.68 所示，对于上述牌号切换，15 h 内的不合格物料约为 75 t，而引入推理控制将有助于减少不合格物料，因为它会根据累计 *MI* 与目标 *MI* 之间的控制器误差不断更新氢气设定值。

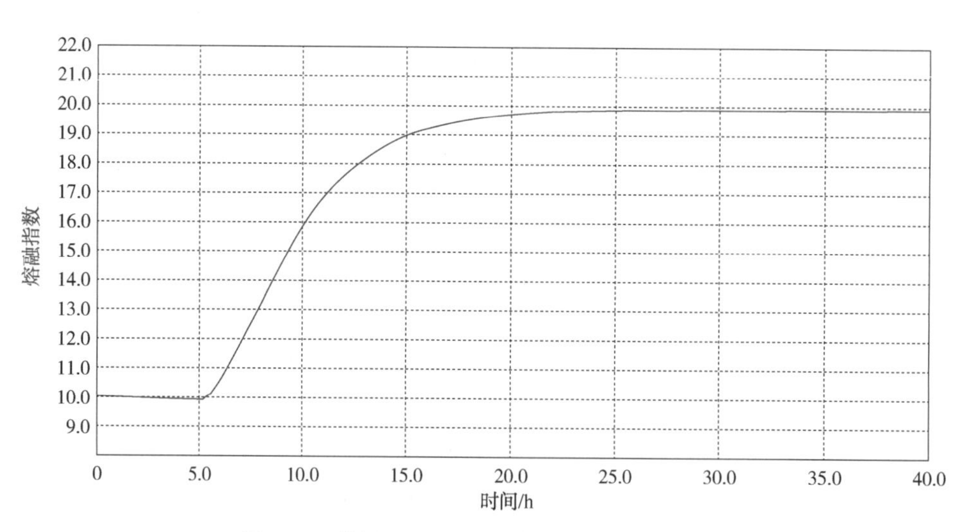

图 7.68 使用基于 H_2 设定值的控制器切换牌号

7.9.5 使用动态模拟模型的开环推理控制器

为了找到动态推理控制关系，我们采用了 Ogawa 等人[9]展示的方法来计算从反应器出

口聚合物的累积 *MI*。他们利用质量平衡推导出常微分方程（ODE），量化了反应器出口处形成的瞬时 *MI* 与累积 *MI* 之间的关系，如下：

$$\frac{\mathrm{dln}[MI_c(t)]}{\mathrm{d}t}=\frac{1}{\tau_1}\log[MI_i(t)]-\frac{1}{\tau_1}\log[MI_c(t)] \tag{7.6}$$

其中，MI_i 为瞬时 *MI*，MI_c 为反应器出口处的累积 *MI*。我们将等式(7.4)代入方程(7.6)来计算累积 *MI*，然后使用动态模型来调整时间常数(τ_1)，并建立推理控制器。

我们通过模拟动态微分方程(7.6)对推理控制器进行建模，并尝试迭代合适的时间常数值，使推理模型与工厂 *MI* 关联式(7.5)匹配，误差小于工业相关性所描述的5%。我们发现，当时间常数值为4.077 h时，工厂值与模型值可以很好地匹配，如图7.69所示。将等式(7.4)代入等式(7.5)，并考虑时间常数的值，我们发现推理模型 ODE 为等式(7.7)：

$$\frac{\mathrm{dln}[MI_c(t)]}{\mathrm{d}t}=\frac{1}{4.077}[3.266\ln(H_2)-3.215-\ln(MI_c)] \tag{7.7}$$

MI_c 表示反应器出口处的累积 *MI* 值，其对数在 AD 任务中定义为“log_mi”。氢气进料流量(H_2)在 AD 模型中用 STREAMS(“H2”).FmR 表示，这样定义是因为 AD 不允许使用微分的对数。

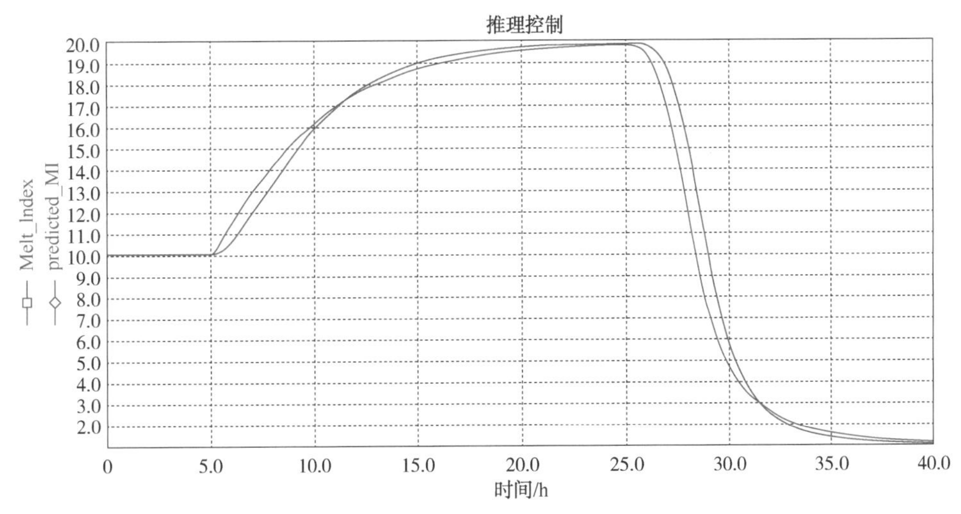

图7.69 开环推理控制 *MI* 值(predicted_MI)与
基于实际的相关性的 *MI* 值(Melt_Index)的比较(时间常数为4.07 h)

模拟微分方程模型的流程约束命令如下：

```
#Open Loop Inferential Model ODE
log_mi as realvariable;
$log_mi=(1/4.0775)*((3.266*LOGe(STREAMS("H2").FmR))
-3.2157-log_mi);
predicted_mi as realvariable;
predicted_mi=EXP(log_mi);
```

为了比较 MI 值并迭代开环推理控制器的时间常数值，我们通过创建任务改变 MI 的 1、10 和 20 对应的氢气进料流量来进行牌号切换。如前所述，我们在 2 h 和 25 h 分别将氢气流量改为 5.46 kg/h 和 2.67 kg/h，从而改变 MI。在执行任务之前，我们将氢气的流量设为固定变量。

图 7.69 比较了时间常数为 4.07 h 时开环推理控制的 MI 和基于相关性的实际 MI，得到最小误差 3%。

7.9.6 闭环推理控制器

为了实现推理控制器的自动化，并为开环推理控制器的时间常数迭代该值。这样我们就可以输入目标 MI，而使推理模型能够计算出相应的控制动作。为了形成闭环推理模型，我们需要使用欧拉法将推理控制 ODE 离散化，然后化简得到式(7.8)：

$$[\ln(MI_{target})-\ln(MI_c)]/\Delta t=(1/4.07)\times[3.266\ln(H_{2\,setpoint})-3.215-\ln(MI_c)] \quad (7.8)$$

其中，MI_{target} 是控制器需要达到的固定目标 MI，MI_c 是反应器出口处的累积 MI。我们在闭环离散 ODE 中使用相同的开环时间常数 4.07 h。因此，式(7.8)闭合该循环，因为输入一个给定的目标 MI，它连续地反向计算氢气的设定值，其可等同于氢气的流量，从而产生推理控制动作。时间间隔 Δt 是一个固定参数，可用于调整控制器和减少超调。

根据 ***WS7.4*** 和图 7.42，我们将闭环推理控制作为流程约束输入 AD 中，如下所示：

```
#Closed Loop Inferential Control
target_mi as realvariable(fixed,1);
delta_t as realvariable(fixed,1);
h2_setpoint as realvariable(free);
(LOGe(target_mi)-log_mi)/delta_t=(1/4.0775)*((3.2667*
LOGe(h2_setpoint))-3.2157-log_mi);
h2_setpoint=STREAMS("H2").FmR;
```

在约束中我们定义变量 MI_{target} 为 target_mi，Log(MI_C)为 log_mi，Δt 为 delta_t。我们创建了一个名为“target_mi”的新变量，还将其设置为一个固定变量，使用 log_mi 作为离散 ODE 的初始变量条件，也使 Streams(“H2”).FmR 作为一个自由变量，因为它等于 H_2 的设定值。

图 7.70 显示了当前例子中的所有三个流程约束条件。我们使用 AD 任务模拟了从 10 到 20 MI 的变化，变化在 5 h 内完成，只有 25 t 的不合格物料。

图 7.71 展示了牌号切换的推理控制模型预测，y 坐标轴表示推理控制器预测的 MI，因此我们可以将由推理控制熔融指数引起的牌号切换与基于基本恒定氢流量控制进行比较，结果是推理控制的牌号切换速度(5 h)比基本控制更快(15 h)。图 7.72 说明了推理控制将不合格产品减少了 50 t，且达到新的熔融指数目标用时减少了 10 h。综上所述，我们展示了推理控制在聚合物牌号切换中的实用性。

以上总结了当前例题中应用于淤浆法 HDPE 生产过程的牌号切换操作的推理控制。

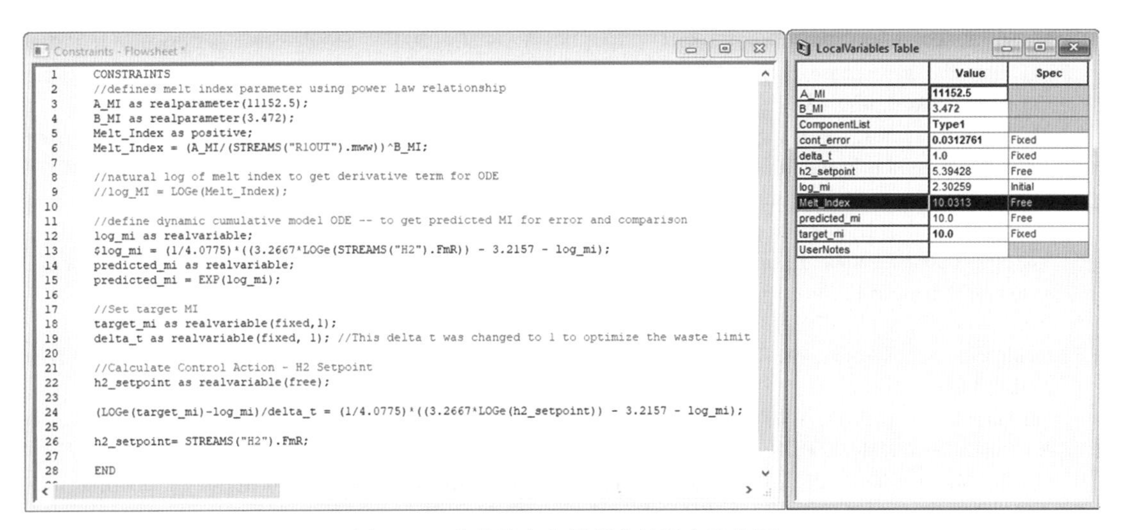

图 7.70 总体约束和局部变量规定的快照

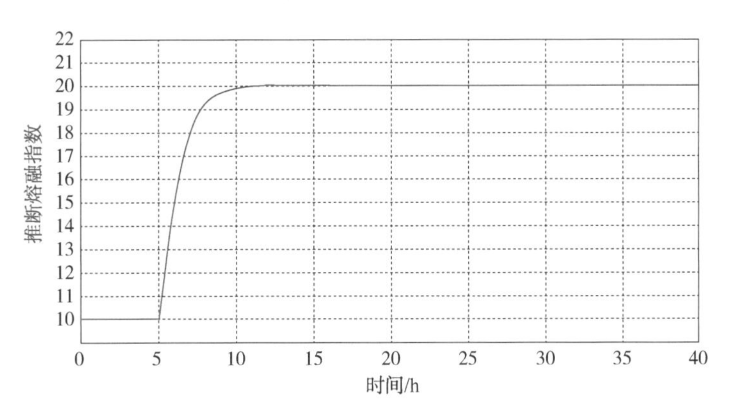

图 7.71 使用推理控制将 *MI* 从 10 改为 20

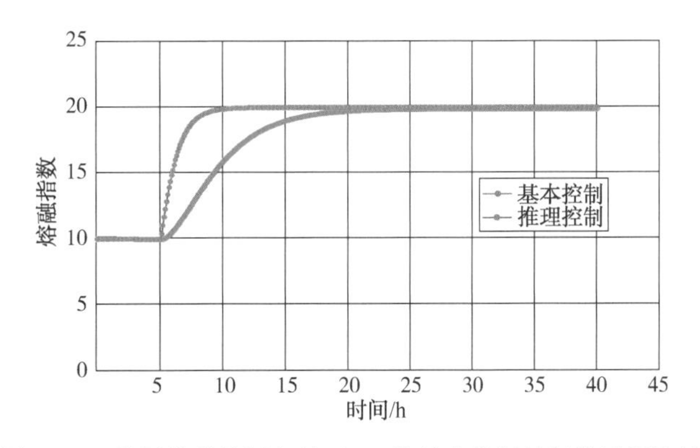

图 7.72 使用推理控制和基于 H_2 的基本控制的切换过程比较

参 考 文 献

[1] Khare, N. P., Seavey, K. C., Liu, Y. A., et al. (2002). Steady-state and dynamic modeling of commercial slurry high-density polyethylene (HDPE) processes. *Industrial and Engineering Chemistry Research* 41: 5601.

[2] Khare, N. P., Lucas, B., Seavey, K. C., Liu, Y. A. et al. (2004). Steady-state and dynamic modeling of commercial gas-phase polypropylene processes using stirred-bed reactors. *Industrial and Engineering Chemistry Research* 43: 884.

[3] Zheng, Z. W., Shi, D. P., Su, P. L., et al. (2011). Steady-state and dynamic modeling of the basell multireactor olefin polymerization process. *Industrial and Engineering Chemistry Research* 50: 322.

[4] Luo, Z. H., Su, P. L., Shi, D. P., Zhang, Z. W. (2009). Steady-state and dynamic modeling of commercial bulk polypropylene process of hypol technology. *Chemical Engineering Journal* 149: 370.

[5] You, C. (2006). Modeling and analysis of polypropylene process in steady and dynamic states. MS thesis. College of Chemical Engineering, Tianjin University.

[6] Aspen Technology, Inc. (2020). *Aspen Plus Dynamics Online Help*, V11. Troubleshooting Aspen Plus Dynamics.

[7] Smith, C. A., Corripio, A. B. (1997). *Principles and Practice of Automatic Process Control*, 2e. New York: Wiley.

[8] Sinclair, K. B. (1983). Characteristics of Linear LPPE and Description of UCC Gas Phase Process. *Process Economics Report*. Menlo Park, CA: SRI International.

[9] Ogawa, M., Ohshima, M., Morinaga, K., et al. (1999). Quality inferential control of an industrial high density polyethylene process. *Journal of Process Control* 9: 51.

[10] Lou, H. C., Su, H. Y., Xie, L., et al. (2012). Inferential model for industrial polypropylene melt index prediction with embedded priori knowledge and delay estimation. *Industrial and Engineering Chemistry Research* 51: 8510.

[11] Marlin, T. A. (2004). *Process Control: Designing Processes and Control Systems for Dynamic Performance*, 555-580. McGraw-Hill Inc.

[12] Ohshima, M., Tanigaki, M. (2000). Quality control of polymer production processes. *Journal of Process Control* 10: 135.

[13] Joseph, B., Brosilow, C. B. (1978). Inferential control of processes: Part Ⅰ. Steady state analysis and design. *AIChE Journal* 24: 485.

[14] Joseph, B., Brosilow, C. (1978). Inferential control of processes: Part Ⅲ. Construction of optimal and suboptimal dynamic estimators. *AIChE Journal* 24: 500.

[15] Parrish, J., Brosilow, C. (1985). Inferential control applications. *Automatica* 21: 527.

[16] Wang, J., Yu, N., Chen, M., et al. (2018). Composition control and temperature inferential control of dividing wall column based on model predictive control and PI strategies. *Chinese Journal of Chemical Engineering* 26: 1087.

[17] Behrooz, H. A. (2019). Robust set-point optimization of inferential control system of crude oil distillation units. *ISA Transactions* 95: 93.

[18] Choi, H. -K., Son, S. H., Sang-Ⅱ Kwon, J. (2021). Inferential model predictive control of continuous pulping under grade transition. *Industrial and Engineering Chemistry Research* 60: 3699.

[19] Dürr, R., Neugebauer, C., Palis, S., et al. (2020). Inferential control of product properties for fluidized bed spray granulation layering. *IFAC-Papers OnLine* 53: 11410.

[20] Pachauri, N., Singh, V., Rani, A. (2017). Two degree-of-freedom PID-based inferential control of continuous bioreactor for ethanol production. *ISA Transactions* 68: 235.

[21] Mattos Neto, A. G., Freitas, M. F., Nele, M., Pinto, J. C. (2005). Modeling ethylene/1-butene copolymerizations in industrial slurry reactors. *Industrial and Engineering Chemistry Research* 44: 2697.

集成过程模拟、先进控制和大数据分析优化聚烯烃生产

（下册）

［美］刘裔安（Y. A. Liu）
［美］尼克特·夏尔马（Niket Sharma） 著
冯新国　阳永荣　罗正鸿　等译

中国石化出版社
·北京·

内 容 提 要

聚烯烃制造是一个庞大而重要的行业，占商用聚合物生产的60%。2030年预计市场规模从四千亿美元到六千亿美元不等，具体取决于所使用的年复合增长率。聚烯烃装置的设计和运行中的优化可以产生巨大的经济回报。本书详细介绍了应用过程模拟、先进控制、大数据分析和机器学习来优化聚烯烃生产的动机、内容和方法，是涉及几个领域的独一无二的创新教科书。全书第一部分(第1~7章)阐述了过程模拟的基础；第二部分(第8章)介绍了先进过程控制的重要作用；第三部分(第9~11章)展示了大数据分析与机器学习如何对聚合物过程产生积极影响的演变和应用。

全书根据作者多年来收集的聚烯烃装置的实际数据，提供了可供读者动手应用的最新商用软件、从事可持续设计和生产优化的42个工业应用实践例题。本书适合高等院校相关专业的本科生、研究生作为教材使用，也可供相关领域的工程人员和技术人员学习参考。

图书在版编目(CIP)数据

集成过程模拟、先进控制和大数据分析优化聚烯烃生产 / (美) 刘裔安(Y. A. Liu), (美) 尼克特·夏尔马(Niket Sharma) 著 ; 冯新国等译. — 北京 : 中国石化出版社, 2024. 10. — ISBN 978-7-5114-7679-1

Ⅰ. TQ325. 1

中国国家版本馆 CIP 数据核字第 2024XT5994 号

中国石化出版社出版发行

地址：北京市东城区安定门外大街58号

邮编：100011　电话：(010)57512500

发行部电话：(010)57512575

http://www.sinopec-press.com

E-mail:press@sinopec.com

北京科信印刷有限公司印刷

全国各地新华书店经销

*

787毫米×1092毫米 16开本 47.5印张 1118千字

2024年10月第1版　2024年10月第1次印刷

定价：358.00元(上下册)

编译工作组

总策划： 曹湘洪

组　长： 冯新国　阳永荣　罗正鸿

总校对： 刘裔安

成　员： 王建平　陈玉石　赵恒平　杨彩娟

宋登舟　郑冬梅　王　赓　范小强

蒋斌波　廖祖维　陈锡忠　朱礼涛

欧阳博　杨亚楠　阮诗想　高　希

中文版序言

我和美国弗吉尼亚理工学院暨州立大学(英文简称 Virginia Tech)刘裔安(Y. A. Liu)教授相识于1992年暑期。当时刘教授应中国科学院郭慕孙院士邀请回国讲学，经过郭慕孙院士的介绍，我很荣幸认识了著名的华裔学者刘裔安教授。1993年，我在北京燕山石化公司主管科技和生产，为优化各个生产装置操作运行，由我决策、购买了全公司生产装置均可以使用的 Aspen Tech 网络版的流程模拟软件，成为 Aspen Tech 在中国石化企业的首批用户，但是流程模拟软件只是提供了一种先进的工具，必须让装置的工艺工程师学会使用软件才能发挥作用。

经 Aspen Tech 公司有关人员的推荐，燕山石化和刘裔安教授合作开办软件应用培训班，利用他每年的大学假期到燕山石化，给来自各个车间的负责人及工艺工程师授课，讲解如何使用 Aspen Tech 软件。鉴于培训对象的英文水平有限，刘教授把教材写成中文，用中文授课。

为了充分利用暑假、寒假时间，学校一放假他就来到燕山石化，每天授课和对学员辅导都会超过8小时。虽然我专门交代要为他的食、宿提供优质的服务，但讲了一天课，回到燕山石化招待所，他经常是只要一碗面条。因为太累，他吃完后回房间稍事休息就睡觉，睡到凌晨就起来准备当天的教案。他的敬业精神、对每个学员高度负责的态度给我留下极为深刻的印象。

就这样，刘教授为燕山石化培训了一批又一批装置工程师，让他们学会了使用软件进行所在装置的流程模拟，并能根据模拟结果完善生产装置的操作决策。在提高产量、质量和节能降耗上都取得了好效果。有些装置的工程师还通过流程模拟的结果，发现了装置原设计存在的不合理问题，提出了技术改造的方案，实施后成效明显。燕山石化的做法和取得的效果受到了中国石化的重视。

1997年，中国石化与Aspen Tech商定在燕山石化成立中国石化-Aspen Tech-Virginia Tech北京培训中心，将培训对象扩大到中国石化系统内各企业石化装置的工程师和工程设计及研究单位的工程师。刘教授出色的培训工作受到了广大学员的一致好评。由中国石化支持与提名，刘教授于2000年获得了国务院颁给在华国外专家的最高奖项——中国政府友谊奖，感谢他对企业的可持续开发和工程培训的贡献。

2004年，北京培训中心移址新建的石油化工管理干部学院，办学条件和教学设施得到明显改善，到中心接受培训的工程师除了中国石化系统内的，还有系统外的。2015年，刘教授结束了在中国石油化工股份公司担任总裁办公室顾问的任期。2015年至2018年，刘教授持续每年回国帮助中国石油天然气股份公司开展技术开发与工程培训。从1992年起到2018年为止，刘教授得到其夫人的全力支持，每年不辞辛苦、远渡重洋，来国内为中国石油化工行业培训了至少7500位工程师，使他们掌握了基于Aspen Tech软件的流程模拟及先进控制技术，在各自的工作岗位上为中国石油化工工业的发展作出了贡献。

在中国石化，刘教授培训的学员应用流程模拟和先进控制技术优化生产运行，根据我们信息和数字化管理部的统计，每年产生的效益超过1.1亿美元。他还为专门应用流程模拟和先进控制技术为企业提供技术服务的团队，即中国石化控股的石化盈科公司上海分公司，培训了一批高水平的技术骨干。长达30多年的工作交往也使我和刘教授建立了深厚的友谊。

聚烯烃是以乙烯为龙头的石化企业的主要终端产品，其应用领域十分广泛，是使用量最大的高分子材料。2023年，全球聚烯烃的产量和消费量已分别达到2.09亿t和2.01亿t。面向未来，为满足人类对粮食、洁净水、健康、医疗等的基本需求，各行各业节能减碳的需求，开发利用零碳能源实现能源低碳化转型的需求，聚烯烃仍将是不可或缺并会产生新的应用场景的材料，只是更多的应用场景对聚烯烃材料的结构与性能会有新的要求。

从20世纪80年代起，中国聚烯烃的产量及消费量一直保持快速增长的态势，增长过程中陆续引进了世界上各种聚烯烃技术。进入新世纪，跟随世界聚烯烃装置大型化的步伐，我国聚烯烃生产装置的规模也在扩大。我服务的中国石化还通过自主创新开发出了具有技术特色的聚乙烯、聚丙烯生产技术，并实现了产业化和推广应用。2023年，中国聚烯烃的年产量达到6158万t，年消费量为7700万t，年产量和年消费量分别占世界的30.13%和38.86%，是世界上最大的聚烯烃生产国和消费国。如此庞大的产量，无论是采用引进技术生产的，还是采用自主技术生产的，提高聚烯烃生产装置的效率和效益，已成为中国聚烯烃生产企业十分重要的追求和目标。中国石化是中国国内及国际上最大的聚烯烃生产商，2023年的产能及产量分别达到2301万t和2065万t，而且产能、产量还在快速增长中。

2024年初，我和中国石化具体负责信息与数字化工作的王子宗副总工程师在一起讨论中国石化的聚烯烃装置如何提高管理和技术水平，共同认为利用生产数据，进行全过程建模、集成先进控制技术，努力实现装置的数字化和智能化，优化装置运行是重要举措，但是，目前我们的装置运行工程师对聚烯烃装置过程建模与先进控制技术缺少深入了解，对大数据、人工智能技术在聚烯烃装置的应用了解得更少，要尽快安排技术培训。我向他推荐刘教授，他是最好的培训老师。他让我尽快联系刘教授，刘教授在电话中告诉我，这两年来和研究生们一起在塑料回收工艺的开发和可持续设计方面的研究和著作需要花费大量的时间，目前回到中国石化为聚烯烃装置的运行工程师们开设培训课程比较困难。

刘教授向我推荐了在新冠肺炎疫情期间他和他的学生Niket Sharma专心学习、研究和写作完成，在2023年7月出版的上下两册的英文教科书《集成过程模拟、先进控制和大数据分析优化聚烯烃生产》，支持中国石化出版社从Wiley出版公司购买版权将该书翻译成中文版出版发行。不仅可以让中国石化还可以让中国聚合物领域的从业工程师、大学高年级学生和老师们方便地从书中学习掌握集成过程模拟、先进控制、大数据分析和机器学习技术，以此弥补他不能亲自来北京为中国石化新一代聚烯烃工艺工程师授课的缺憾。

我很快收到了刘教授寄来的上下册计857页的教科书。看了该书的目录、各章节的标题和部分内容，尤其认真阅读了在化工过程模拟、先进控制、大数据分析和机器学习领域从事学术研究和产业应用，并且业有所成的学术界和产业界的6位专家为该书写的序言。序言中他们从不同视角对该教科书做了高度赞扬和评价。

美国化学工程师学会前任主席、美国国家工程院院士、Aspen Tech(艾斯本技术公司)创始人 Lawrence B. Evans 博士评价:“Y. A. 和他的学生通过两本教科书作出的贡献是独一无二的，奠定了可持续设计教育和聚合物制造实践的基石。”Aspen Tech 的首席技术官 Willie K. Chan 先生说:“据我所知，没有任何类似的书籍能够涵盖如此广泛的范围、高质量的内容，同时提供现实世界的应用例题。”美国国家工程院院士、聚合物工艺链段建模技术发明者 Chau-Chyun Chen(陈超群)博士说:“这本书代表了聚合物工艺的集成过程模拟、先进控制、大数据分析和机器学习等方面的一个重要里程碑。”美国陶氏化学公司人工智能和数据科学核心研发高级研发院士、美国国家工程院院士 Leo H. Chiang(蒋浩天)博士评价:“本书解释了工业聚合物的过程模拟、先进控制、人工智能和数据分析的动机、内容和方法，它将在未来几十年影响化学工程界。”

美国化学工程师学会化学工程计算奖(2015)、美国化学工程师学会可持续工程研究奖(2020)和英国化学工程师学会萨金特奖章(2021)获得者，丹麦技术大学化学工程教授 Rafiqul Gani 评价:“这本书本身非常独特，我们找不出任何类似的教材。它全面介绍了集成过程模拟、先进控制和大数据分析的基础知识，并在42个实践例题中利用来自聚烯烃行业的真实工厂数据说明了它们的应用。”美国陶氏化学公司包装和特种塑料技术中心全球流程自动化总监 Kevin C. Seavey 博士评价:“我毫不怀疑，通过理解和应用本书概述的技术，可以实现重大价值，特别是对于工业从业者而言。”上述专家们的序言和他们对该书的评价，让我更深刻地感到了该书对中国聚烯烃产业发展和聚合物领域各层次人才培养的重要价值。

在征求刘教授的意见后，我组织了石化盈科上海分公司冯新国经理团队、上海交通大学化学化工学院罗正鸿教授团队、浙江大学化学工程与生物工程学院阳永荣教授团队组成翻译组，召开了翻译工作启动会，确定了按章分工翻译、译稿交叉审核、终审集成全书、确保书稿质量的工作原则。会后三个组的翻译工作很快启动，刘教授考虑到翻译组可能会受专业局限，很难避免误译、错译，要求每章翻译的中文稿都要送他校对。我看了他收到中文译稿后的校对稿，他逐页、逐行校对，提出修改意见。他严谨治学的精神再一次让我十分敬佩，值得我学习。

翻译团队认真工作，刘教授亲自校对，中国石化出版社有力协调和严把出版质量，《集成过程模拟、先进控制和大数据分析优化聚烯烃生产》的中文版教科书终于出版了。

该教科书有上下二册共11章，可分为三个部分。第一部分(第1~7章)系统介绍了建立聚烯烃装置稳态和动态模拟模型的基础知识和方法，包括：聚合物分子的表征方法和聚合物属性的概念；建模需要的热力学参数的获取、缺失参数的估算与验证方法；生产LDPE/EVA、PS的自由基(游离基)聚合工艺，生产HDPE、LLDPE、PP、EPDM的齐格勒-纳塔催化聚合工艺，生产丁二烯-苯乙烯热塑性弹性体SBS的阴离子聚合工艺等不同聚合工艺的基于工厂数据的反应动力学参数估算方法；建立不同聚合工艺的稳态和动态模拟模型的方法。展示了利用模型指导改善操作决策、优化牌号切换等方面的效果。

第二部分(第8章)详细介绍了DMC3(第三代动态矩阵控制)和聚烯烃过程的非线性模型预测控制的基本概念，对线性和非线性模型识别、稳态经济优化和动态控制中的关键参数做了清晰解释，讨论了先进控制器调整和模型预测控制在优化工业聚合物生产中的应用。

第三部分(第9~11章)介绍了围绕大数据和机器学习技术在聚合物生产中的应用，介绍了多种多元统计和机器学习技术，包括简单回归、降维和聚类方法、集成方法和深度神经网络；开发模型的说明性示例和选择最合适技术的思路。第11章介绍了混合建模技术，基于第一性原理的基础模型和基于大数据的机器学习模型相结合，可以实现基础模型和经验模型两者的互补，混合建模技术有望开发出高性能的制造过程模型。

该书还有一个独特之处，包括了42个应用实例，使读者易于结合实际的工厂数据，使用商业软件工具和Python机器学习代码开发优化聚合物生产的定量模型，用于工程设计、生产控制与优化。

该书是聚合物工艺与工程的从业人员，包括大学高年级学生和他们的老师、研究人员、工程设计工程师和工厂的执业工程师，非常有价值的培训学习参考资料。中文版的出版将使中国的上述从业人员更容易、更方便地学习。这是刘教授对祖国的科技发展和人才培养的又一大贡献。我特别向本书作者和翻译团队以及出版社衷心致谢。

我相信，依靠一批熟练掌握流程模拟、先进控制、大数据分析和机器学习技术的高素质人才，不断开发、优化聚烯烃的工艺和工程技术以及优化聚烯烃生产，我国的聚烯烃产业一定会实现高质量可持续发展。

希望大家欢迎和接受这本书。

中国工程院院士

美国工程院外籍院士

中国化工学会前任主席

中国石油化工股份公司前任高级副总裁暨总工程师

曹湘洪

2024 年 8 月 15 日

序言1

Willie K. Chan
Aspen Tech 首席技术官

聚烯烃是使用最广泛的商品和特种聚合物之一，可用于薄膜和包装、医疗、日用消费品和工业用品以及汽车工业。聚烯烃具有广泛的应用，需要具有不同分子量分布和支化分布的不同性能。随着世界人口的增加和消费阶层的不断壮大，对聚烯烃的高需求给化学工业带来了双重挑战，即生产更多的聚烯烃以满足这些不断增长的需求，同时最大限度地减少对环境的负面影响。聚烯烃工艺的建模和优化将使工程师能够应对这一重要挑战；然而，聚烯烃工艺的复杂性需要采取更传统的化学工艺通常不需要的方式来理解和应用相关热力学、聚合反应动力学、反应器设计、产品分离和工艺控制的独特组合。这本教科书是一本全面而实用的指南，用于解决工程从业者在稳态和动态操作中建模和优化工业聚烯烃工艺时将面临的技术复杂性。

几十年来，刘裔安(Y. A. Liu)教授一直是应用计算机辅助建模和仿真解决实际工业问题的孜孜不倦的、热情的倡导者和教育家。刘教授曾与世界各地的许多领先公司合作，培训了数千名工程师，将过程模拟、优化和先进的过程控制应用于石油炼制、工业节水、碳捕获和聚合物生产等各种行业。本书是刘教授及其学生撰写的一系列优秀教科书中的最新一本，提供了解决实际问题的详细技术和实用工程方法。

刘教授和Sharma博士编写的这本教科书通过易于理解的分步示例详细介绍了工业聚合物过程的全面建模。这本教科书涵盖了聚合物过程建模不同领域的进展，例如聚合物热力学、反应动力学、反应器建模和过程控制。本书介绍了一种经过工业验证的方法，使用商用计算机辅助工程工具对复杂的工业聚烯烃工艺进行建模和优化。

本教材从聚合物组分表征和热力学性质计算的基础知识开始，介绍了基于聚合物分子的表征方法和聚合物属性的概念，热力学模型的评估和选择，以及参数估计和数据回归。借鉴工业经验的知识，讨论了选择适当的聚合物性方法来模拟特定聚烯烃过程的具体指南。作者开发了一种根据工厂数据估算反应动力学参数的有效方法，这一点至关重要，因为催化聚烯烃过程需要估算大量反应动力学参数。他们还展示了动态过程模型在聚合物牌号切换等应用中的优势，这些应用能很显著地降低生产成本。本教科书涵盖了先进过程控制和模型预测控制在优化工业聚合物过程中的应用，包括对控制器调整以优化控制性能的讨论。

此外，这本教科书还很详尽地介绍了大数据分析和机器学习应用的最新进展。作者以易于理解的方式介绍了这些概念，并展示了如何将这些技术应用于流程工业。对于聚合物加工来说，尤其重要的是应用大数据分析来预测聚合物的质量测量值，例如聚合物熔融指数和分子量。作者还强调了将第一性原理工程模型与机器学习相结合(混合科学指导的机器学习)以开发混合模型的重要性和方法，该模型可以在符合物理约束的情况下提供更准确和一致的预测。

我认为，这本教科书对高年级学生、研究生、大学教师以及希望学习集成过程模拟、先进控制、大数据分析和机器学习的基础知识和应用的实践工程师和工业科学家，从事可持续设计、操作和优化聚烯烃制造工艺，应该非常有益。据我所知，没有任何类似的书籍能够涵盖如此广泛的范围、高质量的内容，同时提供现实世界的应用例题。

序言2

陈超群(Chau-Chyun Chen)博士
得克萨斯理工大学霍德杰出教授和杰克·马多克斯杰出讲座教授
聚合物工艺链段建模技术的发明者
美国国家工程院院士

刘裔安(Y. A. Liu)教授在过程设计教学、撰写过程设计和模拟教科书以及可持续工程领域具有独创性和影响力的学术研究方面有着四十多年的非凡专业生涯。作为与刘教授合作并受益于他在计算机辅助化学工程领域二十五年多来的善意建议和支持的人，我钦佩并祝贺刘教授在《集成过程模拟、先进控制和大数据分析优化聚烯烃生产》教科书上取得的又一项杰出成就。

考虑到聚烯烃约占商业聚合物生产的60%，这本关于应用于聚烯烃生产的过程模拟、先进控制和大数据分析的教科书对大学生和教师、工业从业者和科学家来说是特别有益的贡献。要真正理解这本关于优化聚烯烃生产教科书的重要性，我们必须认识到这本教科书是刘教授多年来创作一系列涵盖化学过程可持续设计和优化的教科书的又一个里程碑。在化学工艺设计和优化课程方面，我想重点介绍近年来刘教授出版的四本教科书：①*Step-Growth Polymerization Process Modeling and Product Design*《逐步增长聚合过程建模和产品设计》，Wiley(2008)；②*Refining Engineering：Integrated Process Modeling and Optimization*《炼油工程：集成过程模拟与优化》，Wiley-VCH(2012)；③*Petroleum Refinery Process Modeling：Integrated Optimization Tools and Applications*《石油炼制过程模拟：集成优化工具及应用》，Wiley-VCH(2018)；④*Design，Simulation and Optimization of Adsorptive and Chromatographic Separations*《吸附和色谱分离的设计、模拟和优化》，Wiley-VCH(2018)。所有这些教科书都涵盖了这些极其重要且复杂的化学制造过程的化学工程基础知识、商业过程模拟软件中实施的现代过程建模和模拟技术，以及致力于设计、控制和优化的专业工程师的工业实践。这四本教科书都得到了学术专家、行业从业者和我所在的得克萨斯理工大学的学生的高度评价。我毫不怀疑目前这本关于聚烯烃工艺的新教科书将再次取得巨大成功。

就我个人而言，我深入参与了现代过程模拟软件技术的发明、实施、测试、商业化和应用，用于对包括聚烯烃过程在内的各种化学过程进行建模和模拟。我知道开发建模和仿真技术面临的挑战，以及许多顶尖软件开发人员和工业合作者需要付出巨大的努力来克服这些挑战，我特别感谢刘教授和他的博士生基于他们最新的研究结果和该领域其他人的研究和进展投入时间和精力来撰写教科书。他和他的学生撰写详细，提供了可供读者们动手实践的详细例题，以供当前和未来的工程人员如何使用商业软件工具应用流程系统工程和计算机辅助进行设计。此外，刘教授和他的合著者在神经网络、工业用水回用夹点技术、石油精炼过程、吸附和色谱分离、工业聚合物制造等多个领域都取得了非常出色和有效的成果。

本教科书分为三个部分。第一部分(第 1~7 章)通过 24 个例题介绍了聚烯烃工艺的稳态和动态模拟与控制的基础知识和实践，并通过实际工厂数据逐步说明应用于工业聚烯烃工艺。第二部分(第 8 章)介绍了第三代动态矩阵控制(DMC3)和聚烯烃过程非线性先进控制的关键概念和软件实现，包括先进控制共聚和聚丙烯过程的两个详细的实践例题。第三部分(第 9~11 章)通过 16 个实践应用例题展示了多元统计和机器学习如何在优化聚烯烃制造方面发挥着越来越重要的作用。作者们表示，他们写作这一部分的目的是为大学生和教师、刚接触该领域的执业工程师和科学家，以及那些知识渊博但希望有所了解的人准备多元统计和机器学习的概述，以及化学和聚合物工艺的新发展和应用文献。对这些章节详细研读，会发现作者们做得非常出色。

本书对初学者有益，为许多不同的应用程序提供了详细的教程和指南，而且还描述了更多对高级从业者有用的技术细节。这本书代表了聚合物工艺的集成过程模拟、先进控制、大数据分析和机器学习等方面的一个重要里程碑，我迫不及待地想知道刘教授对他的下一本教科书的想法。

序言3

蒋浩天(Leo H. Chiang)博士
陶氏化学公司人工智能和数据科学核心研发高级研发院士
美国国家工程院院士

刘奋安(Y. A. Liu)教授数十年来在教授聚合物制造过程建模基础知识和实践方面的热情、使命和奉献精神在化学工程界享有盛誉。他与 Kevin C. Seavey 于 2008 年合著的教科书《逐步增长聚合过程建模和产品设计》对于学生和工业从业者来说是一笔宝贵的资产，有助于他们了解如何在工业聚合物过程中应用过程建模和产品设计概念。

自 2008 年以来，大数据的可用性、机器学习算法的进步以及计算资源的可负担性推动了化学和材料行业的数字化转型。Y. A. 是一位世界级的研究人员，致力于将人工智能、机器学习和数据分析相结合，以增强聚合物工艺的建模、控制和优化；他也是一位鼓舞人心的老师，致力于传授他的知识。本教科书在第一部分(第 1~7 章)中阐述了过程模拟的基础，在第二部分(第 8 章)中介绍了先进过程控制的重要作用，并在第三部分(第 9~11 章)中展示了大数据分析如何对聚合物过程产生积极影响的演变。第 9 章解释了为什么多元统计(主成分分析和偏最小二乘法)仍然是分析聚合物工艺制造数据的“黄金标准”。第 10 章重点介绍了机器学习算法的最新进展(从有监督学习到强化学习，从逻辑回归到变压器深度神经网络)；第 11 章概述了混合科学指导的机器学习(也称为混合建模或物理信息机器学习)的大有前景的研究方向。

第三部分的内容与我在人工智能、机器学习和数据分析方面长达二十年的行业研究和实施经验产生了共鸣。事实上，在最近我与同事们合著的于 *AIChE Journal* 上发表的文章《迈向化学工业大规模人工智能》中，我们将人工智能定位为一系列支持技术，需要在特定环境中应用这些技术来满足特定的业务需求。

成功的工业人工智能应用有一个共同的属性，即根据领域过程知识和数据特征选择正确的人工智能方法。Y. A. 大约在我阅读他的发表在 *AIChE Journal* 上的文章《化学过程建模的科学指导机器学习方法：综述》的同时阅读了我的论文。我很高兴我们有共同的愿景，这本教科书是人工智能如何在聚合物制造领域成功应用的见证。

我很感激 Y. A. Liu 和 Niket Sharma 编写了这本教科书，其中包含大量具有工业相关性的实践示例和动手应用的例题。本书解释了工业聚合物的过程模拟、先进控制、人工智能和数据分析的动机、内容和方法，它将在未来几十年影响化学工程界。

序言4

Lawrence B. Evans 博士
麻省理工学院化学工程名誉教授
Aspen Tech 创始人
美国国家工程院院士
美国化学工程师学会前任主席

聚烯烃制造是一个庞大而重要的行业。2021 年世界市场规模为 2780 亿美元，2030 年预计市场规模从 4380 亿美元到 6040 亿美元不等，具体取决于所使用的复合年增长率(CAGR)。聚烯烃装置的设计和运行中的微小改进可以产生巨大的经济回报。

在我职业生涯的大部分时间里，我都致力于化学过程计算机模型的开发。从我在麻省理工学院的先进过程工程系统(ASPEN)项目开始，我的团队后来成立了 Aspen Tech，开发了化学行业第一个基于计算机的建模和仿真技术。在过去的 40 年里，我对 Aspen Tech 的同事开发的许多变革性解决方案留下了美好的回忆，这些解决方案一直帮助各个行业以安全、盈利和可持续的方式运营业务。特别是在 1997 年，我以前在麻省理工学院的两名博士生(后来在 Aspen Tech 的研发人员)陈超群和 Michael Barrera(Michael 是在弗吉尼亚理工大学选修本书作者刘教授的本科生四年级设计课程和研究课程的学生)等人，将基于聚合物链段建模的一项突破性专利方法和开发的相关软件工具 Polymers Plus(现称为 Aspen Polymers)用于聚合过程。在过去 25 年多的时间里，这种方法已成为聚合工艺建模和产品设计的基础。

1999 年初，刘教授和他的研究生与 Aspen Tech 的聚合物工艺建模团队密切合作，开始了一项为期多年的工业推广工作，以促进大公司商业聚合物生产工艺的可持续设计、操作和优化，例如霍尼韦尔特种材料公司和中国石化(SIN-

OPEC)。除了给公司带来显著回报外，这一努力还促使2002年至2007年在工业和工程化学研究领域发表了许多Aspen Tech-Virginia Tech联名文章。其中两篇论文(在第1章中被引用为文献[3]和文献[9])提出了聚烯烃工艺可持续设计和优化方法，并成为文献中报道的聚烯烃工艺建模(例如聚丙烯和高密度聚乙烯)后续论文的标准参考文献。刘教授和他的学生Kevin Seavey将他们在逐步增长聚合物方面的研究成果，出版了教科书《逐步增长聚合过程建模和产品设计》(Wiley，2008)。

1997年，Y. A. 与中国石化合作，与Aspen Tech共同在北京建立了培训中心。在接下来的20多年里，Y. A. 利用大学的暑假和寒假，与他培训过的老师一起，教会了数千名执业工程师使用基础过程建模和先进过程控制，通过最新的软件工具来促进可持续工程。他们还带领工程团队开发了石化过程的稳态和动态模拟模型，几乎涵盖了中国石化的所有聚烯烃生产装置。我曾多次参观培训中心，并得到了中国石化资深领导们的反馈，认为培训对中国石化来说是非常宝贵的。

在过去的三年里，新冠肺炎疫情导致Y. A. 无法利用大学假期到中国培训执业工程师。我赞扬Y. A. 和他的研究生Niket Sharma做出的明智决定，他们投入大量的时间研究文献、动手设计运行例题和进行演算，为当前这本教科书撰写手稿。他们通过与下一代学生、工程师和科学家分享弗吉尼亚理工大学团队在聚烯烃工艺建模和先进控制的创造性研究和工业培训中积累的多年知识和见解，提供了出色的专业服务(参见第1~8章)。我还赞扬他们的努力，在书稿中添加了多元统计和机器学习的最新发展，以及它们在化学和聚合物工艺(特别是聚烯烃制造)中的应用。Y. A. 和Niket在第9~11章中很好地实现了他们的目的，即为大学生和教师、刚进入该领域的实践工程师和科学家介绍了大数据分析和机器学习，并为那些知识渊博、希望了解化学和聚合物工艺方面新发展的专业人士，提供了综述和相关资料。

本书的独特优势在于它包括42个让读者动手练习的工业应用实践例题，教读者如何基于实际工厂数据，应用易于使用的商业软件工具和Python机器学习代码来开发可持续设计、控制和优化的定量模型。这些例题讨论了非常实际的问题，包括如何使用真实数据、如何为正在解决的问题和拥有的数据开发适当的细节级别的模型，以及如何根据工厂数据调整模型。本书包含截至2022年的大量文献参考资料，希望为聚烯烃工艺的可持续设计和操作的开发作出贡献，探索新方向的个人可能会发现对现有工作的回顾很有价值。

总体而言，Y. A. 和 Niket 编写的这本书代表了一项重大进展，让非专家的学生和工程师能够开发和使用最先进的计算机模型来模拟和优化聚烯烃工艺，使其更安全、更有利可图、更可持续。逐步增长聚合物(例如尼龙、PET 等)和聚烯烃(PE、LDPE、HDPE、PP 等)合计约占商业聚合物产量的 80%。Y. A. 和他的学生通过这本教科书作出的贡献是独一无二的，奠定了可持续设计教育和聚合物制造实践的基石。

序言5

Rafiqul Gani 博士
丹麦技术大学化学工程教授(1985—2017 年)
泰国曼谷 SPEED PSE 联合创始人兼总裁(自 2018 年起)
美国化学工程师学会化学工程计算奖获得者(2015 年)
美国化学工程师学会可持续工程研究奖获得者(2020 年)
英国化学工程师学会萨金特奖章获得者(2021 年)

我很高兴为一本及时而重要的教科书《集成过程模拟、先进控制和大数据分析优化聚烯烃生产》撰写序言，该教科书由刘裔安(Y. A. Liu)教授和他的研究生 Niket Sharma 撰写。

就我撰写本序言的专业知识和背景而言，从 1985 年到 2017 年，我作为丹麦技术大学的一名教授，活跃在教学、研究和工业推广领域长达 33 年。2018 年，我开始了自己的过程系统工程相关咨询工作，并继续在美国和亚洲的几所大学担任兼职教授。我有幸担任 *Computers and Chemical Engineering* 主编(2009—2015 年)和欧洲化学工程联合会主席(2015—2018 年)，这两个职位让我对学术成就和研究趋势有了全球视野，并有了深入了解我们专业的工业机会。多年来我的研究兴趣包括计算机辅助建模方法和工具的开发和应用，包括热力学建模和物性估计、稳态和动态过程模拟以及机器学习和大数据分析。在此背景下，我发现这本教科书特别及时和重要，涵盖了集成过程模拟、先进控制、多元统计和机器学习以优化聚烯烃制造的基础研究和工业应用的最新进展。

2010 年，在我访问弗吉尼亚理工大学作专题演讲之后，我在丹麦技术大学的团队与 Y. A. 在弗吉尼亚理工大学的团队合作，并于 2011 年发表了一篇关于选择用于生物柴油过程建模和产品设计的热力学性质预测方法的文章。通过这次合作，我清楚地认识到 Y. A. 自 1997 年以来一直致力于将大学假期用于培训美国和亚洲的企业工程师和科学家，以促进可持续设计和实践。Y. A. 和他培训的教师带领项目团队开发了中国石化几乎所有聚烯烃生产装置的稳态和动态模拟模型。这些模型经过工厂数据验证，使工程师能够定量研究新操作条件对产品产量、能耗、废物产生和聚合物质量（例如熔融指数和分子量）的影响，并确定所需的操作条件生产新的聚合物牌号，同时最大限度地减少不合格废物的产生。在本书中，Y. A. 和他的弗吉尼亚理工大学团队分享了他们多年来从聚烯烃工艺建模和先进控制的创造性研究和工业培训中获得的知识和经验。

回顾第1~7章中的过程建模，您会发现，除其他主题外，还包括：详细介绍了基于聚合物链段的过程建模方法；开发稳态和动态仿真模型的工作流程；适用于聚烯烃工艺的先进状态方程和活度系数模型的说明，以及如何选择合适的热力学模型并从常规测量中估计相关参数；详细回顾了聚合动力学文献，推荐了不同聚烯烃生产的适当动力学模型，以及使用高效软件工具从工厂数据估计反应动力学参数的方法；加速大型商业聚烯烃工艺模拟与产品分离和回收循环的演算收敛的指南；如何将稳态仿真模型转换为动态仿真模型，并结合适当的PID控制器来提高过程的可操作性和安全性；根据实际工厂数据让读者动手操作的应用例题，教读者如何设计和优化聚烯烃工艺，提高安全性、利润和可持续性。

据我所知，第8章是目前对DMC3（第三代动态矩阵控制）和应用于聚合物过程的非线性模型预测控制的基本概念和软件实现最详细的介绍。作者解释了线性和非线性模型识别、稳态经济优化和动态控制器模拟这三个关键步骤，并逐步说明了共聚反应器和聚丙烯反应器的软件实现。特别是，本章对模型辨识、经济优化和动态控制中的所有关键参数进行了清晰明确的解释，以便先进过程控制的初学者能够开发和微调先进过程控制器。

关于第9~11章，我热烈支持作者的观点，即任何有关过程建模和先进控制的新教科书都不能忽视两个重要趋势：①过去20年人工智能的巨大进步，特别是机器学习和大数据领域的巨大进步。②在化学和聚合物过程建模的混合科学指导机器学习（SGML）方法中，将科学指导的基础模型与基于数据的机器学习相结合变得越来越重要。事实上，在2021年，我和我的同事发表了一篇关于多尺度材料和工艺设计的混合数据驱动和机械建模方法的论文，我充分认识到SGML方法对化学和聚合物工艺建模的重要性，正如第11章所述。在这些章节中，Y. A. 和Niket出色地介绍了多元统计和机器学习的基础知识和实践，以及优化聚烯烃制造的实践应用例题。这些章节对于刚接触该领域的学生、教师、工程师和科学家以及那些知识渊博但希望了解化学和聚合物工艺的新发展和应用文献的人来说都是有益的。

我相信，这本书本身非常独特，我们找不出任何类似的教材。它全面介绍了集成过程模拟、先进控制和大数据分析的基础知识，并在42个实践例题中利用来自聚烯烃行业的真实工厂数据说明了它们的应用。最重要的是，阅读本书是一种乐趣，我祝贺Y. A. 和Niket完成了这本精彩的教科书。

序言6

Kevin C. Seavey 博士
陶氏化学公司包装和特种塑料技术中心
全球流程自动化总监

我很高兴为 Y. A. Liu 和 Niket Sharma 所写的这本重要的新教科书《集成过程模拟、先进控制和大数据分析优化聚烯烃生产》撰写序言。本书远远超出了文献中大部分零散的孤立基础知识，介绍了量化复杂工业制造过程的稳态和动态模拟，先进控制、大数据分析以及它们生产的聚合物产品的性能所需的所有相关基础和经验建模、控制和优化技术。

20 多年前，我在弗吉尼亚理工大学踏上了探索和学习高分子化学与工程的迷人世界的旅程。1999 年，我有幸作为化学工程博士生加入 Y. A. 的研究小组，研究先进的聚合过程建模。我们与 Aspen Tech 以及霍尼韦尔、中国石化、台塑、中国石油等制造商合作，巩固和推进了基础过程建模技术，并将其应用于开发整个聚合序列的详细稳态和动态工程模型。我们成功地利用这些模型来识别创造新价值的流程改进，并培训了许多专业工程师根据基础知识开发和使用自己的流程模型。Y. A. 和我在逐步增长聚合过程建模和企业应用的成果最终形成了《逐步增长聚合过程建模和产品设计》(Wiley，2008)这本教科书。

2007 年，我加入了全球领先的聚乙烯生产企业陶氏化学公司。我很高兴有机会在公司工程师队伍中担任建模和仿真小组的专家，在一家生产大量商品聚乙烯和特种聚烯烃的聚烯烃工厂担任运营工程师，以及负责全球聚乙烯加工技术的先进控制工程师。我目前担任包装和特种塑料技术中心的全球流程自动化总监。我的经验和当前的职责使我和我的同事处于独特的位置，可以从 Y. A. 数十年工作的成果中受益。

Y. A. 和 Niket 的新教科书从创建聚烯烃制造工艺流程模型所需的科学和工

程基础知识开始。它们广泛涵盖了用于模拟单一组分和混合物属性的物理属性框架。他们对基于聚合物链段的表征方法的描述使工程师能够跟踪后来聚合过程中分子的发展，例如聚合物活度系数模型和状态方程以及聚合机制和反应动力学模型的发展。它们还涵盖了构建聚合物产品特性模型的技术。正如前述的介绍逐步增长聚合的教科书一样，Y. A. 和 Niket 说明了如何在 Aspen Plus 中应用这些基本原理，向用户展示了如何选择正确的物理性质模型、如何回归物理性质参数以及如何构建反应机制和表征动力学。当与传统的单元操作模型(例如连续搅拌釜反应器、活塞流反应器和相平衡分离器)相结合时，用户可以构建自己的工艺生产流程模型。接下来的几章展示如何将这些基本原理应用于低密度聚乙烯、乙烯醋酸乙烯酯、高密度聚乙烯、聚丙烯、线型低密度聚乙烯、三元乙丙橡胶、聚苯乙烯、丁苯橡胶等(第 1~6 章)。

在向读者讲授聚合过程建模的基础知识并将其应用于稳态和动态模型后，Y. A. 和 Niket 继续演示如何使用这些模型来改善稳态操作条件以及优化牌号切换(第 7 章)。然后，他们将注意力转向先进的过程控制，演示如何使用动态矩阵控制和非线性控制，并使用溶液共聚反应器和聚丙烯反应器的例题对这两个主题进行了深入探讨(第 8 章)。

也许 Y. A. 和 Niket 的教科书中对数字化生产计划最有贡献的，是第 9~11 章中关于应用多元统计和机器学习在聚合物生产过程中创造价值的部分。作者向读者介绍了许多多元统计和机器学习技术，包括简单回归、降维和聚类方法、集成方法和深度神经网络。它们还包括开发模型的说明性示例，并指导用户如何选择最合适的技术。最后，第 11 章介绍混合建模，其中 Y. A. 和 Niket 将基于第一性原理的基本模型和根据数据的机器学习模型相结合，以实现基础模型和经验模型两者的互补。该技术有望开发高性能的制造过程模型。

我强烈推荐本书给应用研究和开发专家以及从事工程或自动化工作的制造工程师。我还热情地向高年级学生、研究生以及希望学习应用于聚烯烃的聚合物过程建模、控制和机器学习的基础知识和实践的大学教师推荐本书。本书教授基础知识，并展示了如何使用清晰、循序渐进的指导将其应用于现实案例研究。我毫不怀疑，通过理解和应用本书概述的技术，可以实现重大价值，特别是对于工业从业者而言。我衷心感谢 Y. A. 和 Niket 所做的出色努力，不仅汇总和记录了对聚烯烃制造过程的计算机辅助设计、模拟和控制领域的关键贡献，而且还汇总和记录了他们自己在过去的工作和十年来推进理论和实践方面的贡献。

前言

加成聚合和逐步增长聚合是生产商业聚合物的两种主要机制。大多数商业聚合物是加成聚合物，其中最重要的是聚烯烃。聚烯烃的例子有：低密度聚乙烯(LDPE)、高密度聚乙烯(HDPE)、聚丙烯(PP)及其共聚物，例如乙烯-醋酸乙烯酯(EVA)、乙烯-丙烯共聚物(EPM)、乙烯-丙烯-二烯三元共聚物(EPDM)。此外，有充分的理由将聚苯乙烯(PS)及其共聚物，例如聚(苯乙烯-丁二烯-苯乙烯)或SBS橡胶，作为聚烯烃(参见第6.1节)。聚烯烃合计约占商业聚合物产量的60%。逐步增长聚合物，例如尼龙6、尼龙66、聚对苯二甲酸乙二醇酯(PET)、聚氨酯和聚丙交酯，约占商业聚合物产量的20%。本书重点介绍聚烯烃。几十年来，工业聚合物生产商一直在模拟聚合过程。通过实验和工厂数据验证的稳态和动态过程模型有助于：①评估各种设计修改的影响，而无须在中试或工厂规模上进行；②研究改变进料、催化剂、反应和分离条件对聚合物收率和性能的影响；③分析已运行的工厂，寻找更好的条件以实现工艺可持续运行，且能耗和废物产生最少；④确定生产具有所需性能(例如聚合物密度和熔体流动速率或熔体指数)的新产品等级的操作条件；⑤动态研究不同的控制方案并选择最安全和适合操作的方案。

在我们(Kevin C. Seavey和Y. A. Liu)于2008年在Wiley出版的教科书《逐步增长聚合过程建模和产品设计》中，我们证明了工业聚合物生产过程的成功建模需要对物理性质和热力学建模、聚合进行综合、定量地考虑反应动力学、传递现象、计算机辅助设计以及过程动力学和控制。本书还提供了用于实施这种集成定量方法的用户友好型实用软件工具的示例和分步教程，例如 Aspen Polymers、Aspen Plus Dynamics 和 Aspen DMC3。这些工具对于学术界的教师和学生以及工业界的实践工程师和科学家非常有用。

自 2000 年以来，我们致力于开发可持续聚烯烃工艺的模拟和优化模型，这得益于对有关该主题的仅有的两本明显可用的书籍的研究：①NA Dobson、R. Galvan、RL Lawrence 和 M. Tirrell，***《聚合过程建模》***，VCH(1996)；②JBP Soares 和 TFL McKenna，***《聚烯烃反应工程》***，Wiley-VCH(2012)。前一本书在描述聚合动力学机理方面做得很好，但它只包含了 13 页的聚烯烃非均相配位(齐格勒-纳塔)聚合；后者对聚烯烃反应工程进行了精彩的描述，但只有 13 页的工业反应器开发模型。然而，令人鼓舞的是，在 Soares 和 McKenna 的《聚烯烃反应工程》第 323 页上了解到他们对我们的***集成定量方法应用于聚烯烃过程建模的两篇论文的积极看法***："Khare 等人的两篇文章(2002，2004)(在第 1 章中引用为文献[3，9])提供了一种简化方法的精彩概述，该方法可用于对 HDPE 淤浆法的整个工艺进行建模，以及商业化的气相 PP 工艺模拟。它们证明了所需信息的类型，以及使用定义明确但可管理的反应器和单元操作模型可以获得一定程度的工艺改进的事实。"

在过去的 20 年里，已有数百篇论文描述了物理性能建模和预测、聚合物热力学模型、聚烯烃反应动力学、动力学参数估计、多相反应器建模以及应用于聚烯烃过程的模型预测控制方面的进展。不幸的是，我们找不到一本涵盖聚烯烃工艺建模、优化和控制方面进展的教科书，也找不到一本介绍这些重要进展的教科书，以造福大学教师和学生、工业从业者和科学家。缺乏潜在的有价值的资源促使我们编写当前的教科书。

然而，当今任何关于过程建模和高级控制的新教科书都不能忽视两个重要趋势：①过去 20 年来人工智能(AI)特别是机器学习(ML)和大数据分析领域的巨大进步；②在化学和聚合物过程建模的科学指导机器学习(SGML)方法中，将科学引导的基础模型与基于数据的机器学习相结合变得越来越重要。

美国化学工程师学会的学术期刊(*AIChE Journal*)上发表的一篇深思熟虑的文章中，V. Venkatasubramanian(在第 10 章中引用为文献[6])给出了化学工程中人工智能演变的精彩视角。他将迄今为止的历史发展分为三个阶段：第一阶段——专家系统时代(约 1983—1995 年);第二阶段——神经网络时代(约 1990—2008 年);第三阶段——数据科学和深度学习时代(约 2005 年至今)。过去 20 年来机器学习的新发展已经触及化学工业的各个方面,这确实令人惊讶。在同一期刊的 2022 年 6 月的文章中,Leo Chiang 和他在陶氏化学公司的同事(在第 10 章中引用为文献[23])提供了令人信服的证据,表明人工智能(尤其是机器学习)在化学工业中广泛应用的时代终于到来了。此外,在同一期刊的 2022 年 5 月发表的一篇评论中(在第 10 章中引用为文献[22]),我们提出了混合过程建模的广阔前景,将生物加工和化学工程中的科学知识和数据分析与科学指导机器学习(SGML)的方法相结合。我们还提供了示例,证明 SGML 模型对于聚烯烃制造过程的预测精度有所提高,外推能力也大有增强。

因此,本教科书第 9~11 章还介绍了大数据分析(特别是多元统计和机器学习)在优化聚烯烃制造方面的应用。

本书的简要大纲如下:

第一部分:聚烯烃制造过程的稳态和动态建模

1. 聚烯烃制造优化中的集成过程模拟、先进控制和大数据分析简介
2. 用于聚合过程模拟的物性方法选择和物性估算
3. 反应器建模、收敛技巧和数据拟合工具
4. 自由基聚合:LDPE 和 EVA
5. 齐格勒-纳塔聚合:HDPE、PP、LLDPE 和 EPDM
6. 自由基和离子聚合:PS 和 SBS 橡胶
7. 通过稳态和动态模拟模型改进聚合过程的可操作性和控制

第二部分:聚烯烃制造的先进过程控制

8. 聚烯烃工艺的模型预测控制

第三部分:大数据分析应用于聚烯烃制造过程

9. 多元统计在优化聚烯烃制造中的应用
10. 机器学习在聚烯烃制造优化中的应用
11. 化学和聚合物过程建模的混合科学指导机器学习方法

在这些章节中,我们包括了 42 个工业应用实践例题,教读者如何应用易于使用的商业软件工具和 Python 机器学习代码来开发聚烯烃制造可持续设计、操作、控制和优化的定量模型流程。我们在补充材料中提供了例题的所有模拟文件。我们的书中还包括两个附录:附录 A,多元数据分析和模型预测控制中的

矩阵代数；附录B，面向化学工程师的Python简介。

从1992年到2020年COVID-19大流行，本书的资深作者将大学假期投入全球三大化工企业(中国石化、台塑和中国石油)进行工业推广。他和他培训的讲师已经教会了数千名工程师应用他们的方法，将基本原理、工业应用和实践例题相结合，使用用户友好型商业软件工具来开发和实施可持续设计、操作和控制聚烯烃工艺模型。根据2014年2月在中国化学工业与工程学会的学术期刊*CIESC Journal*上发表的中国石化报告，由资深作者培训的团队完成了建模项目，从2002年开始到2012年为止，总投资不到1000万美元，每年的投资回报超过1.155亿美元。这个在中国持续了28年的工程师培训涵盖了本书的许多聚烯烃主题。我们的学员发现，我们的教材，尤其是动手操作用脑思考的实践例题，易于学习，对他们的工业实践非常有用。

我们仔细查阅当前已出版的书籍和参考资料，未能找到任何涵盖广泛的过程建模、高级控制和大数据分析的相关资料，也无法找到类似我们强调基本原理、工业应用和实践例题的教科书，我们希望本书对本科生、研究生、大学教师、企业工程师和工业科学家有所帮助。

刘裔安(Y. A. Liu)
美国弗吉尼亚理工学院
暨州立大学校友会杰出教授
Frank C. Vilbrandt讲座教授

Niket Sharma
美国弗吉尼亚理工学院
暨州立大学化工博士
美国Aspen Tech资深工程师

致　谢

我很高兴感谢一些非常特别的个人和单位，他们为本书的编写作出了贡献。

我们谨向以下学术界和工业界的专家们抽出时间审阅我们的稿件并撰写序言表示诚挚的谢意：Willie K. Chan 先生，艾斯本技术公司(Aspen Tech)首席技术官；陈超群(Chau-Chyun Chen)教授，得克萨斯理工大学霍德杰出教授和聚合物工艺链段建模技术的发明者；蒋浩天(Leo H. Chiang)博士，陶氏化学公司人工智能和数据科学核心研发高级研发院士，美国国家工程院院士；麻省理工学院化学工程名誉教授劳伦斯·B. 埃文斯(Lawrence B. Evans)，艾斯本技术公司创始人；丹麦技术大学 Rafiqul Gani 教授，泰国曼谷 SPEED PSE 联合创始人兼总裁；陶氏化学公司包装和特种塑料技术中心全球流程自动化总监 Kevin C. Seavey 博士。

感谢中国石化和艾斯本技术公司，使我们接受挑战进入聚合过程的模拟、优化和可持续设计这一领域，通过托付给我们的过程开发和培训的任务，从 1998 年开始指导企业工程师们的聚合过程建模计划。

特别感谢中国石油化工股份公司前任高级副总裁兼总工程师曹湘洪院士和中国石化过去 30 年来的大力支持。我们很感激台塑石化股份有限公司董事长王文潮先生，在 2008 年至 2013 年合作期间的大力支持。我们也感谢中国石油炼化公司总工程师、高级副总经理何盛宝先生，感谢他近年来的大力支持。

特别感谢艾斯本技术公司从 2002 年开始，大力支持在弗吉尼亚理工大学化学工程系成立的艾斯本技术公司过程系统工程卓越中心。我们感谢创始人兼前任首席执行官 Lawrence B. Evans 博士，现任首席执行官 Antonio Pietri 先生，首席技术官 Willie K. Chan 先生，客户成功高级副总裁 Steven Qi 博士，客户支持和培训高级总监 David Reumuth 先生，大学项目负责主管 Daniel Clenzi 先生，感谢他们的大力支持。

我们感谢得克萨斯理工大学的陈超群(Chau-Chyun Chen)教授，石化盈科信息技术有限责任公司的杨彩娟女士和宋登舟先生，多年来与我们分享他们在聚合物工艺建模方面的专业知识。我们感谢威斯康星大学 W. Harmon Ray 教授，因其在聚烯烃反应工程方面发表了许多鼓舞人心的论文。

对艾斯本技术公司的流程建模、先进控制以及机器学习和混合建模专家们给予我们的帮助表示诚挚的谢意，特别是：Yuhua Song、Lorie Roth、David Trembley、Paul Turner、Alex Kalafatis、Krishnan Lakshminarayan、Ashok Rao、Ron Beck 和 Gerardo Munoz。

最后，我们要感谢弗吉尼亚理工大学执行副校长兼教务长西里尔·克拉克(Cyril Clark)博士，感谢他过去三年对这本教科书写作的大力支持和鼓励。

感谢我们的研究生 Aman Agarwal、James Nguyen 和 Adam McNeeley 在本书的编写过程中提供的宝贵帮助。

年轻作者 Niket Sharma 要感谢他的父母 Rekha Sharma 和 Raj Kumar Sharma 以及他的其他家人和朋友在他的研究生学习期间提供的支持。资深作者要感谢他的妻子刘庆霞(Hing-Har Lo Liu)在本书写作和修改的艰辛过程中给予的支持。

版权声明

本书配套网站

本书所有的示例与例题相关的文档可从下面网站下载：Downloads－＞Example and workshop files

https：//www. wiley. com/enus/Integrated+Process+Modeling%2C+Advanced+Control+and+Data+ Analytics + for + Optimizing + Polyolefin + Manufacturing% 2C + 2 + Volume + Set － p －9783527843824#downloadstab-section

作者简介

刘裔安(Y. A. Liu)是弗吉尼亚理工大学的校友会杰出教授和Frank C. Vilbrandt化学工程讲座教授，分别在台湾大学、塔夫茨大学和普林斯顿大学获得学士、硕士和博士学位。他目前在教学、研究和工业推广方面的兴趣包括塑料回收、可持续设计、流程建模、大数据分析以及节能节水。

自1974年以来，刘教授一直为化学工程专业大四学生教授定点设计课程，重点关注可持续设计和实践以及工业可持续设计项目。美国工程教育协会授予其乔治·威斯汀豪斯工程教育卓越奖和弗雷德·梅里菲尔德可持续设计教学和研究卓越奖。化学制造商协会授予其国家催化剂化学教育卓越奖。美国化学工程师学会(AIChE)授予其杰出学生分会顾问奖，该奖项从57个国家的412个学生分会中选出，以表彰他自1995年以来在培养领导力和专业精神以及激发本科生公共服务热情方面所作出的卓越贡献。

AIChE授予其在可持续设计和实践方面的研究和工业推广奖与工艺开发研究卓越成就奖，表彰其在绿色工艺工程创新专业的成就和工艺开发研究的卓越成就。他特别努力在九本开创性的教科书中发表了大量关于其研究的工业应用的知识和见解。这些书介绍了以下内容：①工业节水；②聚合物、炼油、吸附和色谱分离过程的可持续设计；③生物加工和化学工程中人工智能和神经计算的智能设计。他的教科书包括200个实践例题，教授大四学生、研究生和执业工程师如何应用软件工具进行可持续设计和优化。

他曾获得塔夫茨大学杰出校友奖和杰出职业成就奖。他是美国化学工程师学会会士和美国科学促进会会士，因其"在设计教学、开创性教科书和可持续工程方面的创造性学术研究以及在实施节能/节水和二氧化碳捕获方面的全球领导地位"而受到表彰。

从1992年到2020年全球新冠肺炎疫情暴发，他利用大学假期帮助发展中国家的石化行业和弗吉尼亚州的化学行业进行技术开发和工程培训。他在亚太地区和美国教授过计算机辅助设计、先进过程控制、节能节水以及炼油和聚合过程建模方面的强化培训课程。刘教授和他培训的教师在由艾斯本技术公司、中国石化、中国石油、台塑集团、霍尼韦尔等公司赞助的课程中为超过7500名执业工程师授课。

由于有效地将可持续设计教育、研究和工业推广相结合，他获得了弗吉尼亚州州长颁发的杰出教授奖、中国国务院总理颁发的中国政府友谊奖以及卡内基教学促进基金会和教育促进与支持委员会颁发的美国年度教授奖。

Niket Sharma于2021年获得弗吉尼亚理工大学化学工程博士学位和计算机科学硕士学位，专攻机器学习。他目前是波士顿艾斯本技术公司的高级工程师，致力于开发结合化学工程和数据科学原理的机器学习和混合建模应用程序。他的博士论文重点研究了用于优化聚烯烃制造的集成过程建模和大数据分析。在攻读博士学位期间，他致力于开发一种有效的动力学参数估计方法，用于根据工厂数据对商业聚烯烃工艺进行建模，并因此获得了美国化学工程师学会颁发的2020年工艺开发学生论文奖。

在加入弗吉尼亚理工大学研究生院之前，他拥有五年的工业经验。他曾在SABIC担任研究工程师四年，从事工艺开发、放大、工艺建模以及测量反应动力学和聚合的实验。他还曾在印度石油公司炼油厂担任生产工程师一年。Niket还于2013年获得了印度科学研究所的工程硕士学位(化学)。

Niket热衷于化学工程以及数据科学在不同领域的应用，并希望为行业从业者提供高质量的参考文献。

CONTENTS

上　册

下　册

8 聚烯烃工艺的模型预测控制

本章介绍聚烯烃工艺的模型预测控制(MPC)或先进过程控制(APC)的基本原理和实践。第1章第1.4.2节讨论了APC在优化聚烯烃生产过程中的工业应用和潜在应用。

我们首先在第8.1节中介绍APC的基本概念和工具。具体来说，第8.1.1节给出一些基本定义，包括操作变量(MV)、前馈/干扰变量(FF/DV)、被控变量(CV)、单位阶跃响应曲线和积分(ramp)变量。第8.1.2节介绍多变量动态模型以及传统的比例-积分-微分(PID)控制与APC的关键区别。本小节描述APC的效益来自哪里，包括CV预测模型与在线测量的协同，用于确定MV和CV的稳态经济优化目标，以及实现MV和CV目标的动态控制执行。本小节也介绍Aspen DMCplus的控制结构，说明了APC的三个效益来源，以及Aspen DMC3(第三代动态矩阵控制)控制结构。第8.1.3节介绍DMC的线性建模、阶跃响应模型和有限脉冲响应(FIR)模型。第8.1.4节介绍模型评估和实用工具，包括相对增益阵列(RGA)，以及病态模型矩阵和共线性系统。第8.1.5节讨论开环预测、预测误差过滤和预测更新。第8.1.6节介绍稳态经济优化和动态控制器仿真中的概念和参数。这是APC初学者应该充分理解从事开发和微调先进过程控制器的关键小节。

第8.2节介绍使用Aspen DMC3 Builder软件来开发一个共聚过程的动态矩阵控制器模型的例题。

第8.3节介绍非线性过程的MPC。具体来说，第8.3.1节讨论建立聚烯烃过程控制的非线性预测模型面临的挑战。第8.3.2节介绍用于开发聚烯烃过程非线性控制器模型的状态空间有限微分网络(SS-BDN)。

第8.4节介绍了开发聚丙烯过程非线性模型预测控制(NMPC)的例题。第8.5节讨论了带有嵌入式AI的MPC的新发展趋势。本章最后部分是参考文献。

8.1 先进过程控制（APC）简介

8.1.1 基本概念

8.1.1.1 自变量和因变量

我们首先介绍 APC 的基本概念[1-4]。图 8.1 展示了溶液共聚过程的简化流程。有两种单体，甲基丙烯酸甲酯（MMA）和醋酸乙烯酯（VA），引发剂（INITIATO），链转移剂（TRANSFER）。反应器有一个用冷却水作为冷却剂的冷却夹套。

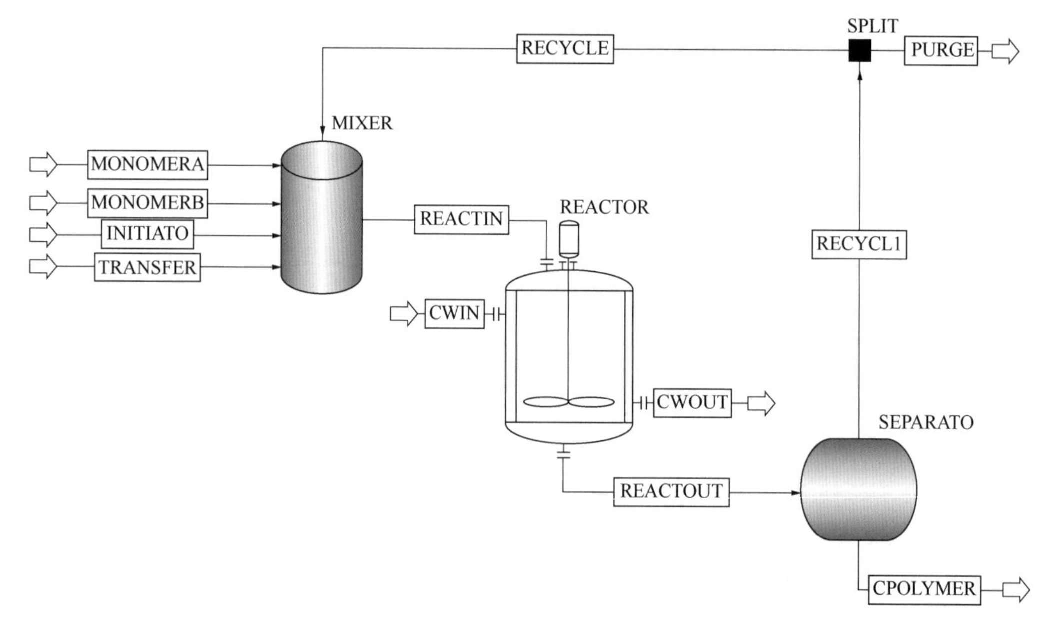

图 8.1　溶液共聚过程的简化流程图

我们将***自变量***定义为那些其值不受过程中任何其他变量影响，或独立于任何其他变量的变量。我们将自变量分为两类：

（1）操作变量（MV）：操作者可以改变的变量，特别是：

① 控制器的***设定值***，用 *.SP 标记。如 FMMA.SP，是单体 MMA 的质量流量 FMMA 的设定值。

② 调节阀的***阀位***（开度，%），用 *.VP 标记。如 FVA.VP 是单体质量流量 FVA 的控制阀的阀位。

（2）前馈/干扰变量（FF/DV）：影响过程但不能直接调整的变量，例如：

① 流过反应器冷却夹套的冷却水的温度取决于上游冷却塔系统，并随季节和天气发生变化。

② 未被测量的进料温度，充当干扰变量。

我们将***因变量***定义为其动态行为完全跟着自变量随时间变化的变量，特别是标有 *.PV 的***被控变量(CV)***，如聚合物产率 Polymer.PV，通常其保持在恒定值或在上限和下限之间。我们注意到在一个生产过程中，有许多因变量，但我们只选择重要的变量作为 CV。

对于图 8.1 的共聚例子，我们考虑下列变量。

(1) MV：单体 MMA 和 VA、引发剂和链转移剂的质量流速(kg/h)(分别用 Flow_MMA.SP，Flow_VA.SP.Init.SP 和 Transf.SP 表示)和冷却夹套的温度 T_Jkt.SP。

(2) CV：聚合物生产率(kg/h)、聚合物分子量、反应器出口温度(℃)和聚合物产物中单体 MMA 的摩尔分率(分别用 Polymer.PV，Mol_Wt.PV，T_Rx.PV 和 Conc_MMA.PV 表示)。

(3) 本例中没有 FF/DV。

8.1.1.2 单位阶跃响应曲线：达到稳态的时间和稳态增益

图 8.2 显示 2MV-1CV 过程的阶跃响应曲线，其中 CV_1 随着 MV_1 单位的阶跃变化而变化。在时间 $t=12$ h，CV_1 不再变化并达到其 1.25 单位的稳态值。我们将 12 h 的时间称为***达到稳态的时间(T_{ss})***，稳态时 CV_1 与 MV_1 的值变化之比，即 $\Delta CV_{1,ss}/\Delta MV_{1,ss}$ 为 1.25/1.0，称为***稳态增益*(SS gain)**。

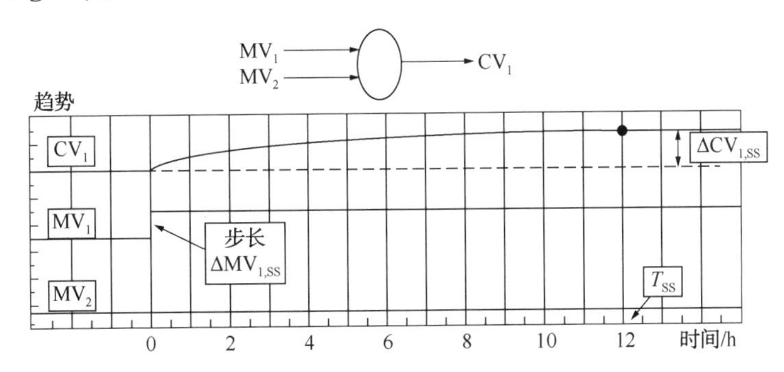

图 8.2 2MV-1CV 过程中 CV_1 的阶跃响应曲线，MV_1 有阶跃变化

8.1.1.3 积分变量(斜坡变量)

具有稳定的流入和流出流量的储罐中的液位是典型的斜坡变量或积分变量。让我们考虑一个圆柱形储罐，其入口和出口液体体积流速分别为 F_i m^3/h 和 F_o m^3/h，横截面积为 A m^2，液体高度为 h m，液体体积为 V m^3。参见图 8.3。

注意稳态增益($\Delta CV_{1,ss}/\Delta MV_{1,ss}$)和达到稳态的时间($T_{ss}$)。

由简单的体积平衡可得：

$$dV/dt = A dh/dt = F_i - F_o \tag{8.1}$$

$$h = \left(\frac{1}{A}\right)\int_0^t [F_i - F_o]\,dt \tag{8.2}$$

基于式(8.2)，我们将液位 h 称为***积分变量***或***斜坡变量***。

如果进入容器的流量 F_i 增加并且出口流量 F_o 保持固定，则容器中的液位增加。流出容器的流量必须增加相同的量以“平衡液位”。因此，液位对入口流量的变化表现出积分或斜坡响应。

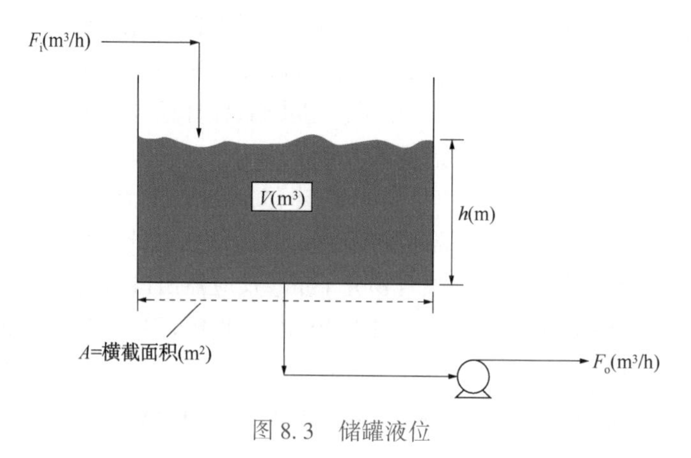

图 8.3　储罐液位

图 8.4 说明对于积分或斜坡变量，阶跃响应曲线具有***恒定的稳态变化率***或斜率$\Delta(CV_1)/\Delta(MV_1)$，而不是如图 8.2 所示的***恒定稳态值***，并且“传统”的稳定状态时间 T_{ss} 不存在。

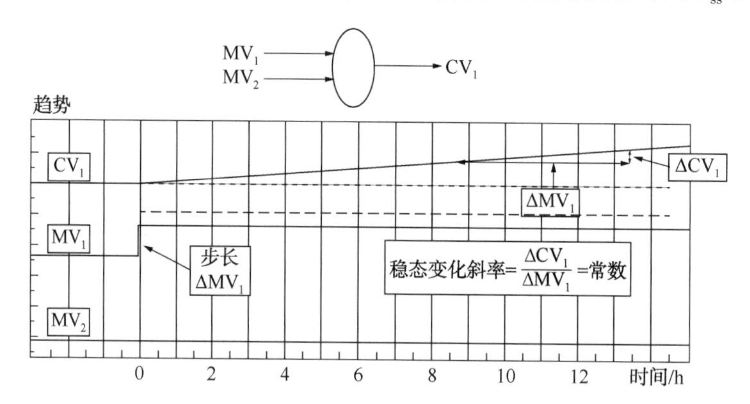

图 8.4　1MV-1CV 积分过程中 CV_1 的阶跃响应曲线(MV_1 发生阶跃变化)

除了液位以外，我们还可以举出其他压力和温度积分变量的例子。一个例子是代表加氢处理反应器中压力的物料不平衡斜坡，其中氢气压力是氢气消耗量的度量[5]。如果补充氢气流量不等于反应器中消耗的氢气量，则压力将上升或下降。在这种情况下，压力是氢物质平衡的度量。此外，能量不平衡斜坡的一个例子是当装置在部分燃烧模式下运行时流化催化裂化(FCC)再生器中的密相床层温度[6]。当反应器温度控制器以自动模式运行并不断改变催化剂上的碳平衡时，就会发生这种情况。在这种情况下，断开反应器温度控制器将消除斜坡行为。

8.1.2　APC 的效益从何而来？

我们在本节中描述 APC 效益的三个来源。

8.1.2.1　对测量值进行基于模型预测的在线调校，为多变量动态阶跃响应模型提供鲁棒性

多变量动态模型将图 8.2 的阶跃响应模型扩展到多个自变量和因变量的系统，我们可以开发一个多变量阶跃响应模型，来表示被控变量(CV)对 MV 和 FF/DV 变化的时间相关变化。第 8.2 节中的例题 8.1 详细介绍了图 8.1 共聚过程的多变量预测控制器模型的开发。

图 8.5 显示了共聚过程的多变量阶跃响应模型。在图中，每列代表因变量或 CV，每行

代表自变量、MV 或 FF/DV。如果有 FF/DV，我们将其安排为底行。对于共聚示例，4 列都是 CV，5 行都是 MV，并且没有 FF/DV。请注意，在图中，MV Flow_MMA 对 CV T_Rx 的影响可以忽略不计，并且模型没有显示 MV-CV 对的任何阶跃响应曲线，因为相应的稳态增益可以忽略不计。对于其他三个没有阶跃响应曲线的 MV-CV 对来说也是如此。

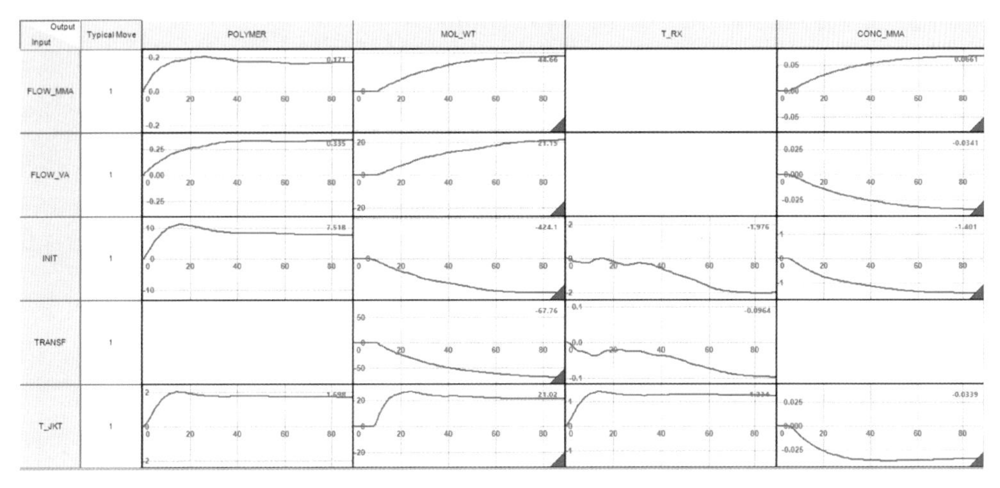

图 8.5　共聚过程的多变量阶跃响应模型

在图 8.5 中，每个阶跃响应曲线块右上角的数字代表图 8.2 中讨论的稳态增益值。我们可以将所有阶跃响应曲线块的显示稳态增益值组织在一个稳态增益矩阵中，见式(8.3)：

	Polymer	Mol_Wt	T_Rx	Conc_MMA
Flow_MMA	0.1715	44.6648	0	0.0661
Flow_VA	0.3353	21.1498	0	-0.3413
Init	7.5180	-424.1330	-1.9756	-1.4009
Transf	-67.7570	-0.0964	0	0
T_Jkt	1.6980	21.0177	1.2344	0.0339

(8.3)

该矩阵表示了式(8.4)中的关系，我们将在下面介绍稳态优化以获得 MV 和 CV 目标值，使运营成本最小化和产品利润最大化：

$$\begin{matrix} \frac{\Delta(Polymer)}{\Delta(Flow\_MMA)} & \frac{\Delta(Mol\_Wt)}{\Delta(Flow\_MMA)} & \frac{\Delta(T\_Rx)}{\Delta(Flow\_MMA)} & \frac{\Delta(Conc\_MMA)}{\Delta(Flow\_MMA)} \\ \frac{\Delta(Polymer)}{\Delta(Flow\_VA)} & \frac{\Delta(Mol\_Wt)}{\Delta(Flow\_VA)} & \frac{\Delta(T\_Rx)}{\Delta(Flow\_VA)} & \frac{\Delta(Conc\_MMA)}{\Delta(Flow\_VA)} \\ \frac{\Delta(Polymer)}{\Delta(Init)} & \frac{\Delta(Mol\_Wt)}{\Delta(Init)} & \frac{\Delta(T\_Rx)}{\Delta(Init)} & \frac{\Delta(Conc\_MMA)}{\Delta(Init)} \\ \frac{\Delta(Polymer)}{\Delta(Transf)} & \frac{\Delta(Mol\_Wt)}{\Delta(Transf)} & \frac{\Delta(T\_Rx)}{\Delta(Transf)} & \frac{\Delta(Conc\_MMA)}{\Delta(Transf)} \\ \frac{\Delta(Polymer)}{\Delta(T\_Jkt)} & \frac{\Delta(Mol\_Wt)}{\Delta(T\_Jkt)} & \frac{\Delta(T\_Rx)}{\Delta(T\_Jkt)} & \frac{\Delta(Conc\_MMA)}{\Delta(T\_Jkt)} \end{matrix} \tag{8.4}$$

图 8.6 比较了传统 PID 控制和 APC 之间的主要区别。两者之间的主要区别在于，传统 PID

控制旨在将 CV 保持在其设定值，而 APC 则将 CV 保持在其指定的下限和上限之间。因此，APC 系统的操作员应指定 CV 的下限和上限，而不是其设定值。

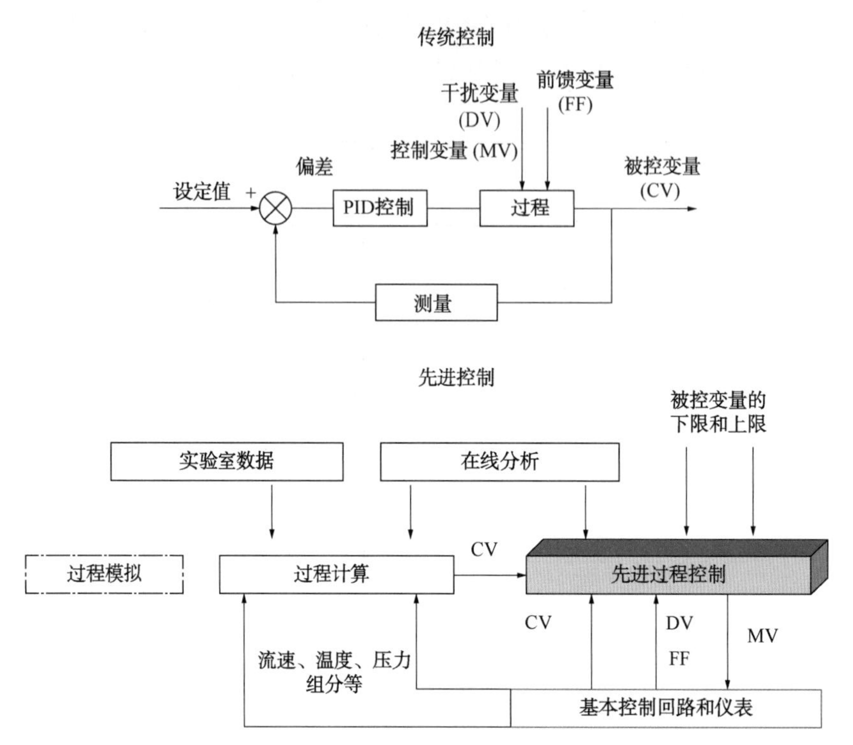

图 8.6 传统 PID 控制(上)和 APC(下)的比较

从控制的角度来看，只要 MV 在其下限和上限之内，并且动态过程模型的 CV 预测值也在其下限和上限之内，则无须改变 CV 值以及影响该 CV 的相应 MV 值。这最大限度地减少了影响所选 CV 的 MV 调整频率，从而极大地减少了 CV 的波动，并增强了控制系统的运行稳定性。

图 8.7 说明了两个事实：①APC 通常可以将 CV 的波动减少 30%或更多；②通过在下面进一步讨论的稳态优化步骤，APC 通常在 CV 下限或上限附近运行，从而使稳态运营成本最小化并使产品利润最大化，称为***最优经济变量目标***。

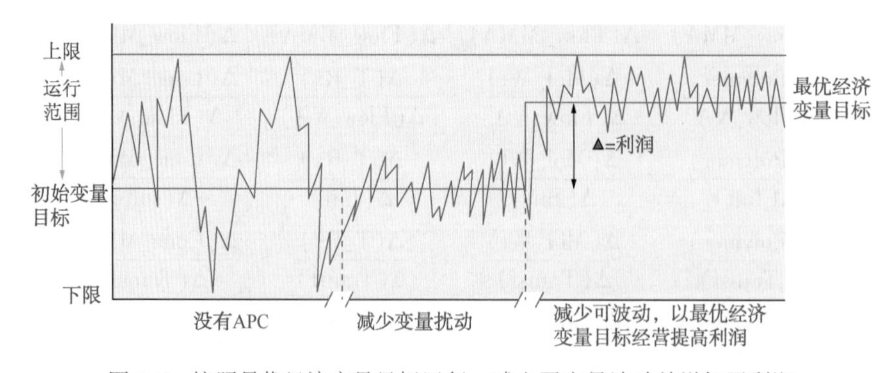

图 8.7 按照最优经济变量目标运行，减少了变量波动并增加了利润

持续调节基于模型的过程测量预测和反馈校正以更新对未来的模型预测值。我们说明了 APC 预测建模的一个关键方面，该方面使其对建模误差不太敏感，并且在预测未来 CV 响应方面更加准确[2]。具体来说，我们考虑图 8.8 中的一个简化的加热炉示例，该示例是根据参考文献[7]修改的。

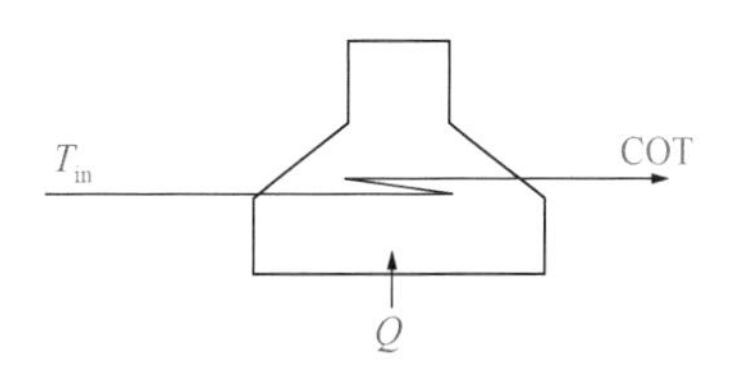

图 8.8 具有两个 MV(流入口温度 T_{in} 和输入热负荷 Q)和一个 CV(加热炉输出温度，COT)的简化加热炉

图 8.9 显示了点火加热炉的阶跃响应曲线。

图 8.10 和图 8.11 展示了根据测量的 CV 值对预测的 CV 值响应进行的持续反馈修正，以尽量减小每分钟采样周期结束时的 CV 预测值的误差。

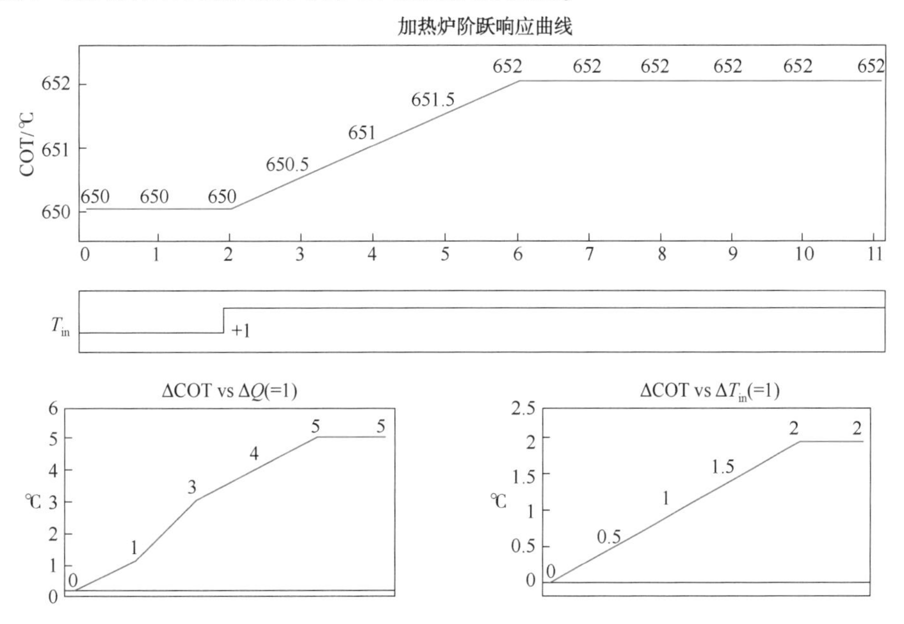

图 8.9 点火加热炉阶跃响应曲线

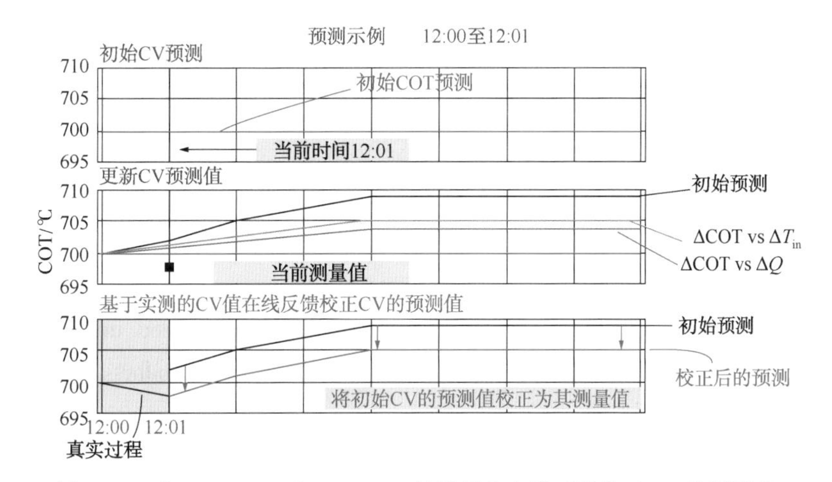

图 8.10 基于 12：00 至 12：01CV 的测量值在线反馈修正 CV 的预测值

在图8.10的中间图中，我们可以看到初始CV预测值(深黑色曲线)偏离了12：01时的测量值(深色正方形)。在线反馈校正使CV预测曲线向下移动，以符合图8.11中12：01时的CV测量值。图8.11中黑色的"真实过程"还显示，初始CV预测值的偏差仅存在于一分钟的采样周期内。在一分钟采样周期结束时，即12：01时，基于CV测量值的在线反馈修正完全消除了偏差。

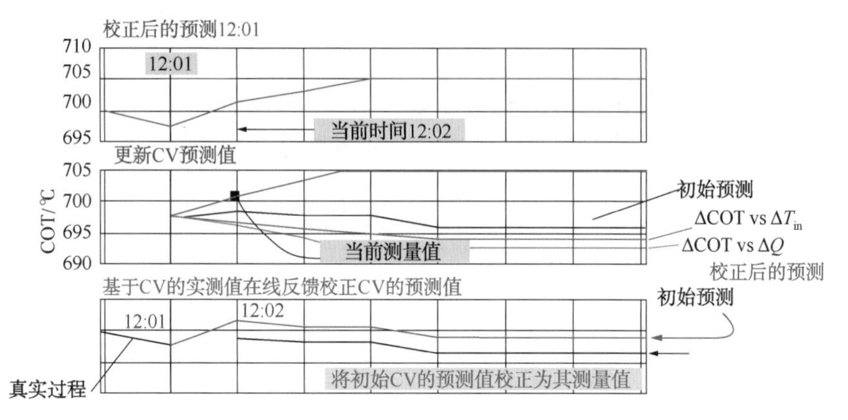

图8.11　重复了相同的在线反馈修正过程，使12：02时校正后的CV预测值等于CV测量值

由于基于阶跃响应测试的多变量动态模型是数据驱动的，并非100%准确，因此APC策略包括根据CV测量值对初始CV预测值进行在线反馈修正，以消除每个采样周期结束时的CV预测误差。这种方法对基于模型的预测与过程测量进行协调，然后将信息反馈到未来，更新模型预测[2]。这使得多变量动态模型在准确预测CV对MV变化的响应方面具有鲁棒性，这种准确的模型预测能力代表了APC效益的第一个来源。

8.1.2.2　确定MV和CV目标的稳态经济优化目标，来决定MV的目标值，实现成本最小化和效益最大化

APC的第二个效益源于稳态优化，以确定MV和CV目标值，从而使成本最小化并使利润最大化。在所有MV和CV的下限和上限的约束下，DMC策略通常以实现下列形式的线性目标函数最小化呈现[7]：

$$\text{Min } \varphi=\text{Cost}_1\times\Delta\text{MV}_1+\text{Cost}_2\times\Delta\text{MV}_2+\cdots+\text{Cost}_i\times\Delta\text{MV}_i \tag{8.5}$$

其中Cost_i本质上是稳态增益：

$$\text{Cost}_i=\left(\frac{\Delta\phi}{\Delta\text{MV}_i}\right)_{\Delta\text{MV}_i}(j\neq i) \tag{8.6}$$

为了使成本最小化并使利润最大化，我们可以将目标函数写成：

$$\begin{aligned}\varphi &=\text{Cost-Profit}\\ &=+(\text{steady-state change in feed/utilities})*(\$\ \text{cost of feed/utilities})\\ &\quad-(\text{steady-state change in production})*(\$\ \text{value of products})\end{aligned} \tag{8.7}$$

对于共聚情况，我们写成：

$$\varphi=\text{Cost-Profit}=\{\Delta\text{Flow\_MMA}\times(\text{cost of Flow\_MMA})+\Delta\text{Flow\_VA}\times(\text{cost of Flow\_VA})$$
$$+\Delta\text{Init}\times(\text{cost of Init})+\Delta\text{Transf}\times(\text{cost of Transf})$$

$$
\begin{aligned}
&+\Delta \mathrm{T\_Jkt}\times(\text{cost of T\_Jkt})\}\\
&-\left\{\left(\frac{\Delta(\text{Polymer})}{\Delta(\text{Flow\_MMA})}\right)(\Delta\text{Flow\_MMA})+\left(\frac{\Delta(\text{Polymer})}{\Delta(\text{Flow\_VA})}\right)(\Delta\text{Flow\_VA})\right.\\
&+\left(\frac{\Delta(\text{Polymer})}{\Delta(\text{Init})}\right)(\Delta\text{Flow\_Init})+\left(\frac{\Delta(\text{Polymer})}{\Delta(\text{Transf})}\right)(\Delta\text{Transf})\\
&\left.+\left(\frac{\Delta(\text{Polymer})}{\Delta(\text{T\_Jkt})}\right)(\Delta\text{T\_Jkt})\right\}*(\$\ \text{value of polymer})\\
=&\left\{\text{cost of Flow\_MMA})-\left(\frac{\Delta(\text{Polymer})}{\Delta(\text{Flow\_MMA})}\right)*(\$\ \text{value of polymer})\right\}*\Delta\text{Flow\_MMA}+\\
&\left\{(\text{cost of Flow\_VA})-\left(\frac{\Delta(\text{Polymer})}{\Delta(\text{Flow\_VA})}\right)*(\$\ \text{value of polymer})\right\}*\Delta\text{Flow\_VA}+\\
&\left\{(\text{cost of Flow\_Init})-\left(\frac{\Delta(\text{Polymer})}{\Delta(\text{Flow\_Init})}\right)*(\$\ \text{value of polymer})\right\}*\Delta\text{Flow\_Init}+\\
&\left\{(\text{cost of Transf})-\left(\frac{\Delta(\text{Polymer})}{\Delta\text{Transf})}\right)*(\$\ \text{value of polymer})\right\}*\Delta\text{Transf}+\\
&\left\{(\text{cost of T\_Jkt})-\left(\frac{\Delta(\text{Polymer})}{\Delta(\text{Flow\_VA})}\right)*(\$\ \text{value of polymer})\right\}*\Delta\text{Flow\_VA}\\
=&\sum_{i=1}^{i=5}\left[(\text{cost of }\mathrm{MV}_{i,\mathrm{SS}})-\frac{\Delta(\text{Polymer})}{\Delta(\mathrm{MV}_i)}*(\$\ \text{value of polymer})\right]*(\Delta\mathrm{MV}_{i,\mathrm{SS}})\\
=&\sum_{i=1}^{i=5}\mathrm{cost}_i*\Delta\mathrm{MV}_{i,\mathrm{SS}}
\end{aligned}
\tag{8.8}
$$

其中下标 SS 表示稳态，以及：

$$
\mathrm{Cost}_i=\left(\frac{\Delta\phi}{\Delta\mathrm{MV}_i}\right)\Delta\mathrm{MV}_j(j\neq i)*(\text{cost of }\mathrm{MV}_{i,\mathrm{SS}})-\frac{\Delta(\text{Polymer})}{\Delta(\mathrm{MV}_i)}*(\$\ \text{value of polymer})
\tag{8.9}
$$

我们将 Cost_i 称为 ***稳态 LP 成本***，它通过线性规划(LP)最小化目标函数 ϕ(成本−利润)，此最小化受所有 MV 和 CV 的下限和上限的约束。

图 8.12 说明了基于式(8.3)中稳态增益的稳态 LP 成本(LP_Cost)的 Excel 计算。假设 $\mathrm{MV}_{i,\mathrm{ss}}$($i$=1~5)的成本与聚合物产品的利润相比微不足道(如果这不是真的，我们可以在电子表格中输入 $\mathrm{MV}_{i,\mathrm{ss}}$，$i$=1~5)。我们还假设 1 kg/h 聚合物产品的利润为 1 美元。图 8.13 显示了 LP_Cost 的计算公式。

	A	B	C	D	E	F	G	H
1				Copolymer LP Cost Calculation				
2	Economics		CVj	Polymer	Mol_Wt	T_Rx	Conc_MMA	LP_Cost
3	MVi	Cost (+) or profit (-)		-$1	$0	$0	$0	
4	Flow_MMA			-$0.1715	$0	$0	$0	-0.1715
5	Flow_VA			-$0.3353	$0	$0	$0	-0.3353
6	Init			-$7.5180	$0	$0	$0	-7.5180
7	Transf			$67.7570	$0	$0	$0	67.7570
8	T_jkt			-$1.6980	$0	$0	$0	-1.6980
9								
10	SS Gains	(ΔCVj/ΔMVi)ss						
11	Flow_MMA			0.1715	44.6648	0.0000	0.0661	
12	Flow_VA			0.3353	21.1498	0.0000	-0.3413	
13	Init			7.5180	-424.1330	-1.9756	-1.4009	
14	Transf			-67.7570	-0.0964	0.0000	0.0000	
15	T_jkt			1.6980	21.0177	1.2344	-0.0339	
16								
17	Assume a value of 1 for the polymer flow							
18								
19	The resulting "relative" LP costs reduce to just the steady-state gains times minus one.							
20								

图 8.12 Excel 计算稳态 LP 成本

	A	B	C	D	E	F	G	H
1				Copolymer LP Cost Calculation				
2	Economics		CVj	Polymer	Mol_Wt	T_Rx	Conc_MMA	LP_Cost
3	MVi	Cost (+) or profit (-)		-1	0	0	0	
4	Flow_MMA			=D11*D$3	=E11*E$3	=F11*F$3	=G11*G$3	=SUM(C4:F4)
5	Flow_VA			=D12*D$3	=E12*E$3	=F12*F$3	=G12*G$3	=SUM(C5:F5)
6	Init			=D13*D$3	=E13*E$3	=F13*F$3	=G13*G$3	=SUM(C6:F6)
7	Transf			=D14*D$3	=E14*E$3	=F14*F$3	=G14*G$3	=SUM(C7:F7)
8	T_jkt			=D15*D$3	=E15*E$3	=F15*F$3	=G15*G$3	=SUM(C8:F8)
9								
10	SS Gains	(ΔCVj/ΔMVi)ss						
11	Flow_MMA			0.171458	44.6648	0	0.066125	
12	Flow_VA			0.33528	21.14978	0	-0.34125	
13	Init			7.51802	-424.133	-1.97563	-1.40089	
14	Transf			-67.757	-0.0964	0	0	
15	T_jkt			1.69798	21.0177	1.23442	-0.0339115	
16								

图 8.13　Excel 计算稳态 LP 成本的公式

我们希望根据式(8.8)使目标函数 ϕ(cost-profit)最小化。根据计算出的稳态 LP 成本 $Cost_i$，如图 8.12 所示，我们应该将特定的 MV_i 移向其下限还是上限呢？换句话说，基于成本最小化和利润最大化的稳态优化的 MV_i 目标值是多少？得到的 MV_i 目标值见表 8.1。我们注意到，CV_j 目标值是在给定的下限和上限内最大化聚合物产量。

表 8.1　以成本最小化、利润最大化为目标，基于稳态优化的 MV_i 推荐目标值

MV_i	$Cost_i$	$\Delta MV_{i,ss}$
MV_1：Flow_MMA	-0.1716	向上限小幅正增长
MV_2：Flow_VA	-0.3353	向上限小幅正增长
MV_3：Flow_Init	-7.7518	向上限大幅正增长
MV_4：Transf	+67.760	向下限大幅负下降
MV_5：T_jkt	-1.1980	中等正增长接近上限

该示例说明了 DMC 如何使用稳态优化来确定最佳经济状态的稳态 MV 和 CV 目标值，以使成本最小化并使利润最大化，这是 APC 的第二个效益来源。

8.1.2.3　确定未来的 MV 移动步幅以使 CV 最优经济目标的预测值与期望值之间的误差最小

在确定了经济最佳稳态 MV 和 CV 目标值后，DMC 的控制策略将确定一组未来的 MV 调整值，在不违反 MV 和 CV 下限和上限的情况下，将 CV 推至所需的经济最佳运行点。图 8.14显示了开环 CV 预测值，反映了过去 MV 变化的影响，以及 CV 预测值与其设定值或最佳经济目标值之间的误差[7]。每个 CV 的预期未来响应是使其达到设定值或经济最佳稳态目标值。图 8.15 展示了未来所期望的 CV 响应曲线，该响应曲线由 CV 预测值的镜像所决定，CV 的预测值是关于设定值或经济最佳稳态目标值的[2]。图 8.16 展示了 MV 移动步幅的变化，来使 CV 的预测值和期望值之间的最小二乘误差最小。

我们会在下面的第 8.2.12 节中定量演示这一步骤，根据达到稳定状态的时间、采样周期和控制器执行周期，DMC 控制策略会计算出每个 MV 的 8 至 14 次未来移动，将达到稳定状态的时间延长约一半(参见第 8.2.7 节)。实现经济优化的稳态 MV 和 CV 目标值的这一动态控制执行步骤是 APC 的第三大效益来源。

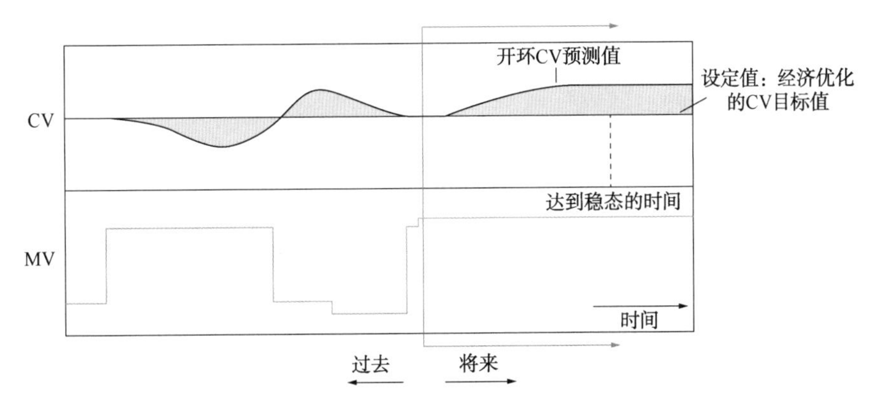

图 8.14　反映过去 MV 的变化对开环 CV 预测值的影响，
以及 CV 预测值与其设定值或最佳经济目标值之间的误差(阴影区域)

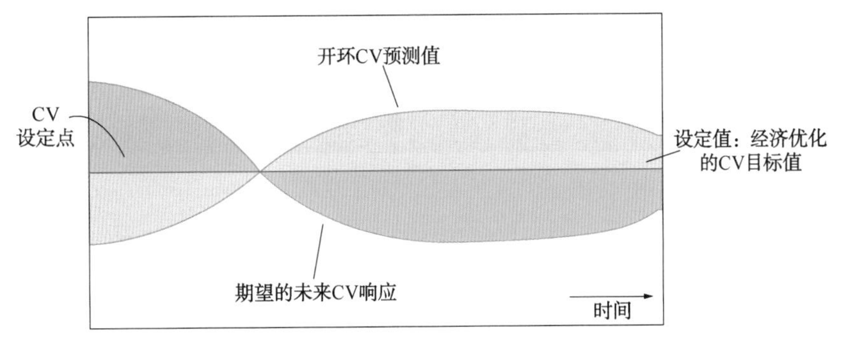

图 8.15　最符合设定点 CV 预测镜像的理想未来 CV 响应示意图(阴影区域表示 CV 误差)

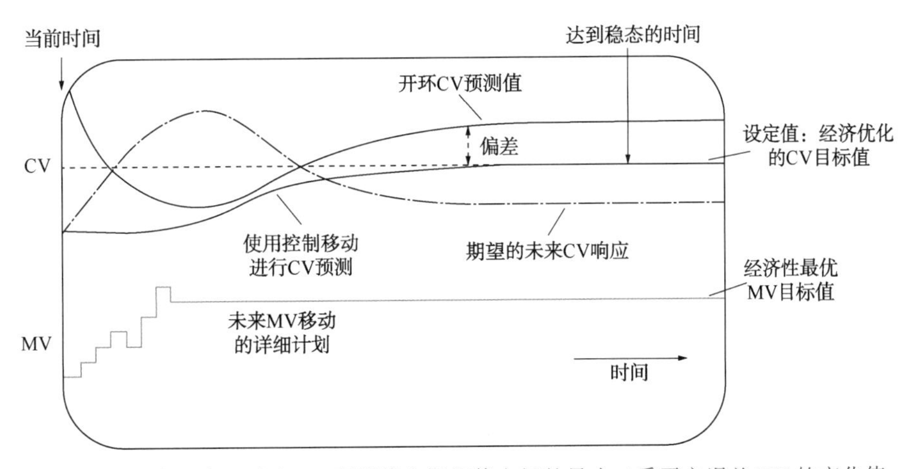

图 8.16　最大限度地减少 CV 预测值和期望值之间的最小二乘平方误差 MV 的变化值

综上，在第 8.1.2.1 至第 8.1.2.3 节中，我们介绍了 DMC 控制策略的三个方面，它们代表了 APC 的效益来源：①模型 CV 预测值和在线测量值的调节。基于模型的预测值与过程测量值的持续调谐和反馈校正，以更新模型对未来的预测值。②稳态经济优化。确定 MV 和 CV 目标值，以实现成本最小化和利润最大化。③执行动态控制以实现 MV 和 CV 目标值。确定未来的 MV 移动步幅，以最小化 CV 预测值和预期经济最佳目标值之间的最小二乘误差。

在图 8.17 中，我们修改了参考文献[7]中的图表，以说明在 Aspen DMCplus 控制结构中 APC 的这三个优势的来源。

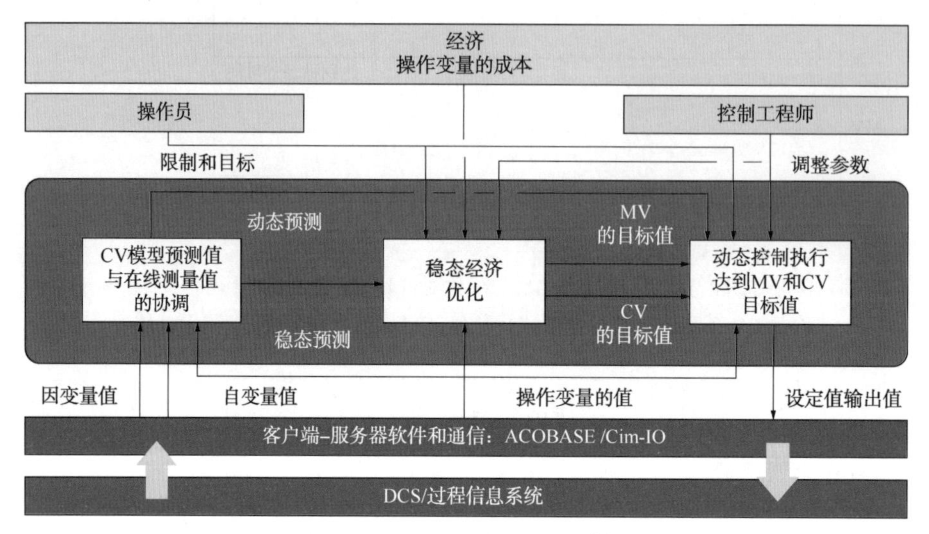

图 8.17　Aspen DMCplus 控制器结构表明 APC 三个效益的来源[7]（Aspen Technology，Inc. 授权使用）

图 8.18 显示了 Aspen DMC3 控制器结构，该结构摘自 DMC3 软件的在线帮助文档，它扩展了 DMC 的控制结构，以提供更稳健的动态控制。我们注意到图中的五个关键模块或控制器应用。下面我们将根据 DMC3 联机帮助来简要介绍这些模块或控制器应用。

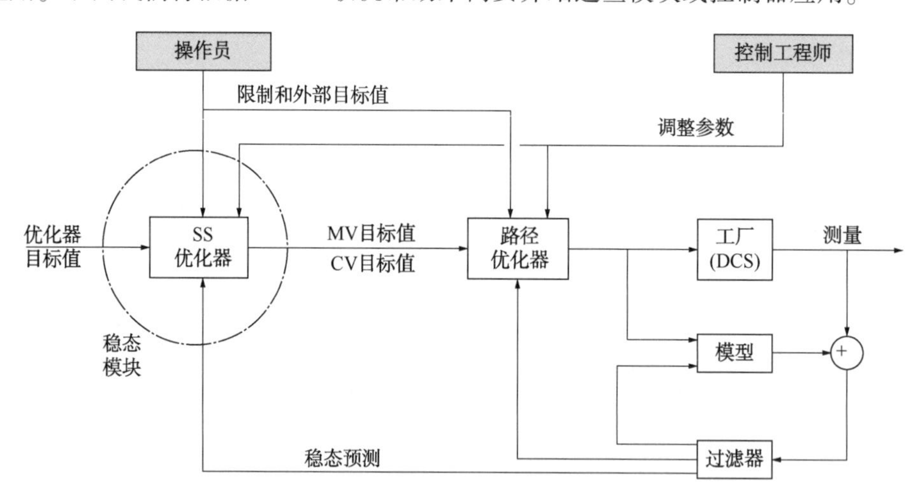

图 8.18　Aspen DMC3 控制器结构[7]（Aspen Technology，Inc. 授权使用）

（1）“工厂”（“过程”）模块或控制器应用：应用程序开发的“工厂”阶段发生在控制器部署阶段，我们在此指定输入/输出（或 MV/CV）连接参数，为控制器的在线运行做好准备。

（2）“模型”模块或控制器应用程序：它代表“控制器模型”，我们将从第 8.1.3 节开始详细讨论。

（3）“SS（稳态）优化器”模块或控制器应用程序：它执行“稳态经济优化”以找到 MV 和

CV 目标，如我们在第 8.1.2.2 一节中所示。换句话说，SS 优化器根据 MV 和 CV 的约束条件确定工厂的最佳稳态运行点。

(4)“控制器或路径优化器”模块或控制器应用：它代表“动态控制执行”，以达到 MV 和 CV 目标，或外部指定的 MV 和 CV 目标，我们将在第 8.1.6.4 节中详细讨论。该应用程序开发移动计划，使工厂从当前运行点达到经济最佳稳态目标或具有最小的最小二乘误差的外部指定目标，同时遵守 MV 和 CV 约束。

(5)“过滤”模块或控制器应用：它将模型预测的 CV 值与每次执行时实际测量的 CV 值进行比较。过滤器应用程序通过估算进入工厂的未测量干扰的大小，帮助我们了解当前的预测误差。通过比较，我们可以了解工艺流程目前的运行状态，以及如果 MV 保持不变，CV 将向哪个方向变化。然后，过滤器得出的干扰和动态状态估计值将传递给优化器。

8.1.3 动态矩阵控制(DMC)的线性建模

8.1.3.1 阶跃响应模型

我们利用图 8.19 中的简单阶跃响应曲线，来建立一个基于线性矩阵的动态过程模型。图中，MV 在零点时有一个单位阶跃变化，即 $\Delta MV_0=1$。根据图 8.19，我们可以写出以下关系式：

$$\begin{aligned}\Delta CV_1=CV_1-CV_0=1*\Delta MV_0=a_1*\Delta MV_0\\ \Delta CV_2=CV_2-CV_0=3*\Delta MV_0=a_2*\Delta MV_0\\ \Delta CV_3=CV_3-CV_0=4.3*\Delta MV_0=a_3*\Delta MV_0\\ \Delta CV_4=CV_4-CV_0=5*\Delta MV_0=a_4*\Delta MV_0\\ \Delta CV_5=CV_5-CV_0=5*\Delta MV_0=a_5*\Delta MV_0\end{aligned} \tag{8.10}$$

在图 8.20 和图 8.21 中，我们展示了过程模型的线性特征。

第一个特征是量程保护，这表明如果我们将零时 MV 的阶跃变化增加四倍，即从 $\Delta MV_0=1$ 到 $\Delta MV_0=4$，$\Delta CV_i(i=1\sim5)$也将增加四倍。

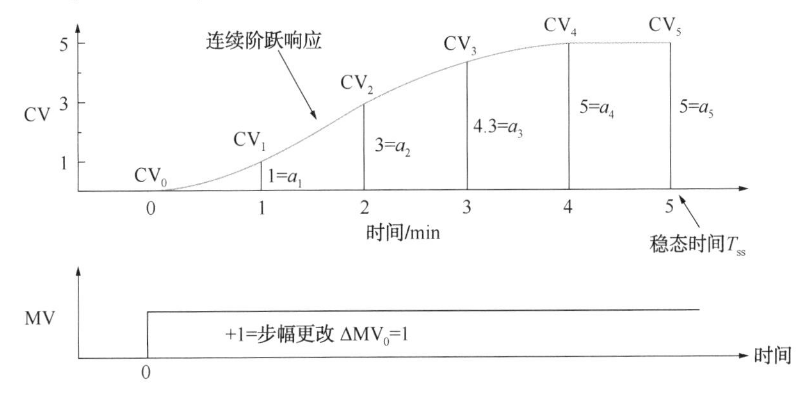

图 8.19 以一系列离散值 CV_0，CV_1，CV_2，…表示连续阶跃响应曲线，时间 $t=1$ min，2 min，3 min，…时的单位阶跃 MV 变化为零，$\Delta MV_0=1$

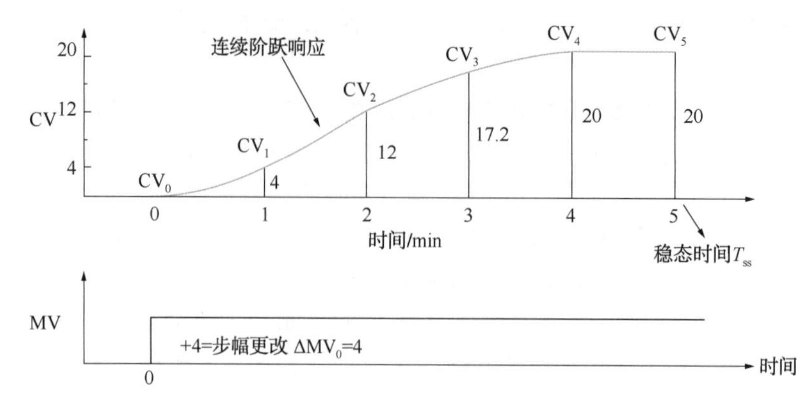

图 8.20　参照图 8.19 说明模型的线性，即保持变量变化比例

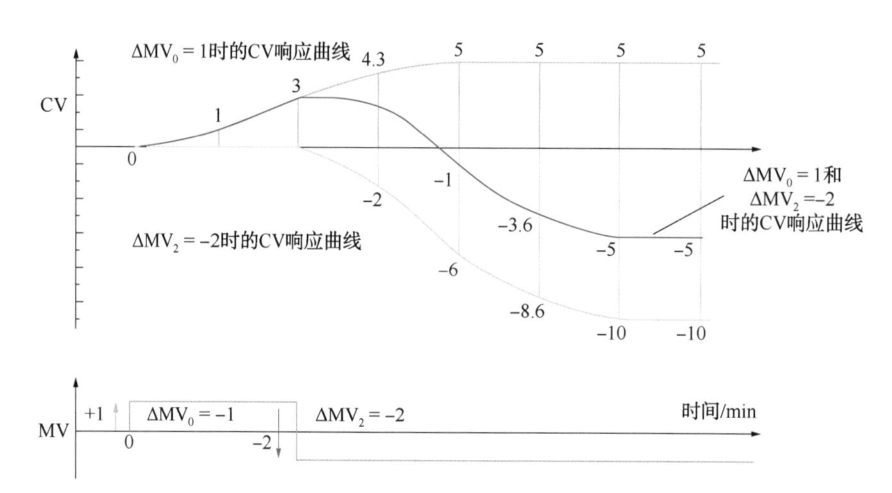

图 8.21　模型的线性叠加原理图，将 ΔMV_2的 CV 响应曲线添加到 ΔMV_0的 CV 响应曲线中

图 8.20 和图 8.21 说明了过程模型线性的两个特征。第一个特征是保持变量变化的比例，这表明如果我们将零时 MV 的阶跃变化增加四倍，即从 $\Delta MV_0=1$ 到 $\Delta MV_0=4$，ΔCV_i $(i=1\sim5)$也将增加四倍，如图 8.20 所示。第二个特征是叠加原理；在图 8.21 中，我们将 ΔMV_2的 CV 响应曲线与 ΔMV_0的 CV 响应曲线相加。扩展式(8.11)，图 8.21 表示的关系如下：

$$\Delta CV_1=CV_1-CV_0=1*\Delta MV_0=a_1*\Delta MV_0=(1)*(1)=1 \tag{8.11a}$$

$$\begin{aligned}\Delta CV_2&=CV_2-CV_0=3*\Delta MV_0+1*\Delta MV_1=a_2*\Delta MV_0+a_1*\Delta MV_1\\&=3*(1)+1*(0)=3\end{aligned} \tag{8.11b}$$

$$\begin{aligned}\Delta CV_3&=CV_3-CV_0=4.3*\Delta MV_0+3*\Delta MV_1+1*\Delta MV_2\\&=a_3*\Delta MV_0+a_2*\Delta MV_1+a_1*\Delta MV_2\\&=4.3*(1)+3*(0)+1*(-2)=2.3\end{aligned} \tag{8.11c}$$

$$\begin{aligned}\Delta CV_4&=CV_4-CV_0=5*\Delta MV_0+4.3*\Delta MV_1+3*\Delta MV_2\\&=a_4*\Delta MV_0+a_3*\Delta MV_1+a_2*\Delta MV_2\\&=5*(1)+4.3*(0)+3*(-2)=-1\end{aligned} \tag{8.11d}$$

$$\Delta CV_5 = CV_5 - CV_0 = 5 * \Delta MV_0 + 5 * \Delta MV_1 + 4.3 * \Delta MV_2$$
$$= a_5 * \Delta MV_0 + a_4 * \Delta MV_1 + a_3 * \Delta MV_2$$
$$= 5 * (1) + 5 * (0) + 4.3 * (-2) = -3.6 \qquad (8.11e)$$

$$\Delta CV_6 = CV_6 - CV_0 = 5 * \Delta MV_0 + 5 * \Delta MV_1 + 4.3 * \Delta MV_2$$
$$= a_6 * \Delta MV_0 + a_5 * \Delta MV_1 + a_4 * \Delta MV_2$$
$$= 5 * (1) + 5 * (0) + 5 * (-2) = -5 \qquad (8.11f)$$

$$\Delta CV_7 = CV_7 - CV_0 = 5 * \Delta MV_0 + 5 * \Delta MV_1 + 5 * \Delta MV_2$$
$$= a_7 * \Delta MV_0 + a_6 * \Delta MV_1 + a_5 * \Delta MV_2$$
$$= 5 * (1) + 5 * (0) + 5 * (-2) = -5 \qquad (8.11g)$$

我们可以将公式 8. 11(a)~公式 8. 11(g)改写为矩阵形式：

$$\begin{bmatrix} \Delta CV_1 \\ \Delta CV_2 \\ \Delta CV_3 \\ \Delta CV_4 \\ \Delta CV_5 \\ \Delta CV_6 \\ \Delta CV_7 \end{bmatrix} = \begin{bmatrix} 1 & 0 & 0 \\ 3 & 1 & 0 \\ 4.3 & 3 & 1 \\ 5 & 4.3 & 3 \\ 5 & 5 & 4.3 \\ 5 & 5 & 5 \\ 5 & 5 & 5 \end{bmatrix} \begin{bmatrix} \Delta MV_1 \\ \Delta MV_2 \\ \Delta MV_2 \end{bmatrix} = \begin{bmatrix} a_1 & 0 & 0 \\ a_2 & a_1 & 0 \\ a_3 & a_2 & a_1 \\ a_4 & a_3 & a_2 \\ a_5 & a_4 & a_3 \\ a_6 & a_5 & a_4 \\ a_7 & a_6 & a_5 \end{bmatrix} \begin{bmatrix} \Delta MV_1 \\ \Delta MV_2 \\ \Delta MV_2 \end{bmatrix} \qquad (8.12)$$

在本例中，$a_4 = a_5 = a_6 = a_7$，意味着当时间 $t = 5$ min 时，过程达到稳定状态。此外，$\Delta MV_4 = \Delta MV_5 = \Delta MV_6 = \Delta MV_7 = 0$。我们以表示阶跃响应模型的一般矩阵形式写出随时间变化的或动态的线性矩阵方程，即式(8. 13)：

$$\mathbf{\Delta CV} = \boldsymbol{A} * \mathbf{\Delta MV} \qquad (8.13)$$

方程(8. 13)是 DMC 的基础模型。它代表了三类问题。

(1) 预测： 已知模型矩阵 ***A*** 和 **MV** 移动向量 **ΔMV**，计算得出 **CV** 变化向量 **ΔCV**。

(2) 控制： 了解控制变化向量 **ΔCV** 和模型矩阵 ***A***，找出所需的 **MV** 移动向量 **ΔMV**。

(3) 辨识或建模： 知道 **MV** 移动向量和由此产生的 **CV** 变化向量，找到相应的模型矩阵 ***A***。

8. 1. 3. 2 有限脉冲响应(FIR)模型

图 8. 22 说明在实际操作中，可能会出现某一时间段的 MV 输入数据缺失，以及 CV 仪器故障导致 CV 响应曲线不连续的情况。图 8. 22 中只显示了三条有效的 MV-CV 响应曲线。我们把确定无任何仪器故障或数据缺失情况下、良好连续 MV-CV 响应曲线切片的过程称为“***数据切片***”。下面我们将展示如何修改建模方程 8. 11(a)~方程 8. 11(g)，以表示不连续的 MV-CV 响应曲线。

首先，我们写出式 8. 11(b)和式 8. 11(a)如下：

$$CV_2 - CV_0 = a_2 * \Delta MV_0 + a_1 * \Delta MV_1 \qquad (8.11b)$$

$$CV_1 - CV_0 = a_1 * \Delta MV_0 \qquad (8.11a)$$

用式 8. 11(b)减式 8. 11(a)，去除 CV_0，我们得到：

$$CV_2 - CV_1 = a_1 * \Delta MV_1 + (a_2 - a_1) * \Delta MV_2 \tag{8.14a}$$

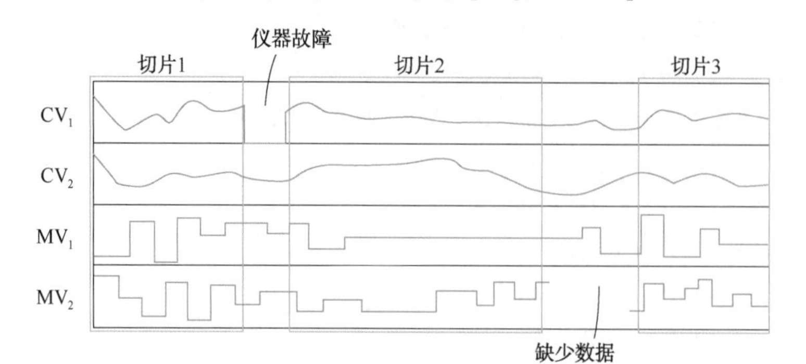

图 8.22　MV-CV 响应曲线不连续，缺失 MV 输入数据和 CV 仪器故障，导致三个有效 MV-CV 响应曲线的切片

然后，我们将式 8.11(c)和式 8.11(b)写成如下形式：

$$CV_3 - CV_0 = a_3 * \Delta MV_0 + a_2 * \Delta MV_1 + a_1 * \Delta MV_2 \tag{8.11c}$$

$$CV_2 - CV_0 = a_2 * \Delta MV_0 + a_1 * \Delta MV_1 \tag{8.11b}$$

用式 8.11(c)减去式 8.11(b)即可得出：

$$CV_3 - CV_2 = a_1 * \Delta MV_2 + (a_2 - a_1) * \Delta MV_1 + (a_3 - a_2) * \Delta MV_0 \tag{8.14b}$$

用同样的步骤，我们可以得到：

$$CV_4 - CV_3 = a_1 * \Delta MV_3 + (a_2 - a_1) * \Delta MV_2 + (a_3 - a_2) * \Delta MV_1 \tag{8.14c}$$

$$CV_5 - CV_4 = a_1 * \Delta MV_4 + (a_2 - a_1) * \Delta MV_3 + (a_3 - a_2) * \Delta MV_2 + (a_4 - a_3) * \Delta MV_1 + (a_5 - a_4) * \Delta MV_0 \tag{8.14d}$$

为方便起见，让我们定义一组新的模型系数 b_i 如下：

$$b_1 = a_1 \quad b_2 = a_2 - a_1 \quad b_3 = a_3 - a_2 \quad b_4 = a_4 - a_3 \quad b_5 = a_5 - a_4 \tag{8.15}$$

我们也定义：

$$\partial CV_i = CV_i - CV_{i-1} \tag{8.16}$$

该公式适用于具有两个相邻的 CV 值(CV_i 和 CV_{i-1})的连续 CV 响应曲线的任何切片。式(8.16)与式(8.11)不同。

$$\Delta CV_i = CV_i - CV_0 \tag{8.11}$$

假设从 CV_0 到 CV_i 是一条连续的 CV 响应曲线。

将式(8.15)和式(8.16)应用于式 8.11(a)、式 8.14(a)~式 8.14(d)，可得到式(8.17)的“脉冲形式”的动态矩阵模型：

$$\begin{aligned}
\partial CV_1 &= b_1 * \Delta MV_0 \\
\partial CV_2 &= b_1 * \Delta MV_1 + b_2 * \Delta MV_0 \\
\partial CV_3 &= b_1 * \Delta MV_2 + b_2 * \Delta MV_1 + b_3 * \Delta MV_0 \\
\partial CV_4 &= b_1 * \Delta MV_3 + b_2 * \Delta MV_2 + b_3 * \Delta MV_1 + b_4 * \Delta MV_0 \\
\partial CV_5 &= b_1 * \Delta MV_4 + b_2 * \Delta MV_3 + b_3 * \Delta MV_2 + b_4 * \Delta MV_1 + b_5 * \Delta MV_0
\end{aligned} \tag{8.17}$$

我们将动态矩阵模型方程的“脉冲形式”写成如下形式：

$$\begin{bmatrix} \partial CV_1 \\ \partial CV_2 \\ \partial CV_3 \\ \partial CV_4 \\ \partial CV_5 \end{bmatrix} = \begin{bmatrix} b_1 & 0 & 0 & 0 & 0 \\ b_2 & b_1 & 0 & 0 & 0 \\ b_3 & b_2 & b_1 & 0 & 0 \\ b_4 & b_3 & b_2 & b_1 & 0 \\ b_5 & b_4 & b_3 & b_2 & b_1 \end{bmatrix} \begin{bmatrix} \Delta MV_0 \\ \Delta MV_1 \\ \Delta MV_2 \\ \Delta MV_3 \\ \Delta MV_4 \end{bmatrix} \tag{8.18}$$

矩阵形式的公式(8.18)变为

$$\boldsymbol{\partial CV} = \boldsymbol{B} * \boldsymbol{\Delta MV} \tag{8.19}$$

式(8.19)表示 DMC 线性模型方程的 FIR 形式。我们可以扩展式(8.19)，允许多个 MV 同时变化，从而得到式(8.20)：

$$\begin{bmatrix} \partial CV_1 \\ \partial CV_2 \\ \partial CV_3 \\ \partial CV_4 \\ \partial CV_5 \end{bmatrix} = \begin{bmatrix} \Delta MV_{1,1} & 0 & 0 & 0 & 0 & \Delta MV_{2,1} & 0 & 0 & 0 & 0 \\ \Delta MV_{1,2} & \Delta MV_{1,1} & 0 & 0 & 0 & \Delta MV_{2,2} & \Delta MV_{2,1} & 0 & 0 & 0 \\ \Delta MV_{1,3} & \Delta MV_{1,2} & \Delta MV_{1,1} & 0 & 0 & \Delta MV_{2,3} & \Delta MV_{2,2} & \Delta MV_{2,1} & 0 & 0 \\ \Delta MV_{1,4} & \Delta MV_{1,3} & \Delta MV_{1,2} & \Delta MV_{1,1} & 0 & \Delta MV_{2,4} & \Delta MV_{2,3} & \Delta MV_{2,2} & \Delta MV_{2,1} & 0 \\ \Delta MV_{1,5} & \Delta MV_{1,4} & \Delta MV_{1,3} & \Delta MV_{1,2} & \Delta MV_{1,1} & \Delta MV_{2,5} & \Delta MV_{2,4} & \Delta MV_{2,3} & \Delta MV_{2,2} & \Delta MV_{2,1} \end{bmatrix} \begin{bmatrix} b_{1,1} \\ b_{1,2} \\ b_{1,3} \\ b_{1,4} \\ b_{1,5} \\ b_{2,1} \\ b_{2,2} \\ b_{2,3} \\ b_{2,4} \\ b_{2,5} \end{bmatrix} \tag{8.20}$$

为了确定模型系数 $b_{i,j}$或矩阵 $\boldsymbol{B}$，我们将式(8.20)转换为涉及误差残差 $r_{i,j}$的残差形式：

$$\begin{bmatrix} \partial CV_1 \\ \partial CV_2 \\ \partial CV_3 \\ \partial CV_4 \\ \partial CV_5 \end{bmatrix} - \begin{bmatrix} \Delta MV_{1,1} & 0 & 0 & 0 & 0 & \Delta MV_{2,1} & 0 & 0 & 0 & 0 \\ \Delta MV_{1,2} & \Delta MV_{1,1} & 0 & 0 & 0 & \Delta MV_{2,2} & \Delta MV_{2,1} & 0 & 0 & 0 \\ \Delta MV_{1,2} & \Delta MV_{1,2} & \Delta MV_{1,1} & 0 & 0 & \Delta MV_{2,3} & \Delta MV_{2,2} & \Delta MV_{2,1} & 0 & 0 \\ \Delta MV_{1,4} & \Delta MV_{1,3} & \Delta MV_{1,2} & \Delta MV_{1,1} & 0 & \Delta MV_{2,4} & \Delta MV_{2,3} & \Delta MV_{2,2} & \Delta MV_{2,1} & 0 \\ \Delta MV_{1,5} & \Delta MV_{1,4} & \Delta MV_{1,3} & \Delta MV_{1,2} & \Delta MV_{1,3} & \Delta MV_{2,5} & \Delta MV_{2,4} & \Delta MV_{2,3} & \Delta MV_{2,2} & \Delta MV_{2,1} \end{bmatrix} \begin{bmatrix} b_{1,1} \\ b_{1,2} \\ b_{1,2} \\ b_{1,4} \\ b_{1,5} \\ b_{2,1} \\ b_{2,2} \\ b_{2,3} \\ b_{2,4} \\ b_{2,5} \end{bmatrix} = \begin{bmatrix} r_{1,1} \\ r_{1,2} \\ r_{1,3} \\ r_{1,4} \\ r_{1,5} \\ r_{2,1} \\ r_{2,2} \\ r_{2,3} \\ r_{2,4} \\ r_{2,5} \end{bmatrix} \tag{8.21}$$

我们通常通过最小化残差误差项的平方和来找到模型系数 $b_{i,j}$或矩阵 B 的值：

$$\text{Min} \sum r_{i,j}^2 = \text{Min}(r_{1,1}^2 + r_{1,2}^2 + r_{1,3}^2 + r_{1,4}^2 + r_{1,5}^2 + r_{2,1}^2 + r_{2,2}^2 + r_{2,3}^2 + r_{2,4}^2 + r_{2,5}^2) \tag{8.22}$$

综上，迄今为止讨论的 FIR 模型辨识程序，采用了有效的方法来处理现实世界中 MPC

的几个实际问题：①数据切片允许在 MV 输入数据缺失和 CV 仪器故障的情况下使用不连续的 MV-CV 响应曲线；②该程序适用于增量或"Δ"（∂CV_i或 ΔCV_i），因此不要求过程处于稳定状态；③该方法允许在同时修改多个 MV 时持续更新模型系数。这些特点代表了 FIR 模型与阶跃响应建模方法相比的重大进步。

8.1.4 模型评估和实用工具

在第 8.2 节例题 WS8.1 中，我们将详细介绍如何应用几种工具来评估模型预测的准确性以及模型对干扰的鲁棒性。第 8.2.9 节演示模型的不确定性和相关性分析，第 8.2.11 节说明模型共线性分析的五个步骤。在本节中，我们将介绍与共线性分析有关的一些基本概念和工具。

8.1.4.1 相对增益阵列(RGA)

我们通过图 8.23 所示的储罐液位来引入 RGA[8-10] 的概念。

在这里，我们通过控制冷水入口流量 m_c(GPM，加仑/分钟)和热水 m_h(GPM)来控制水箱温度 T 和总水箱液体流量 m_t(GPM)。

我们假设液位设定点对应于 50%罐满液位，$m_t=11.6$ GPM，温度设定点为 $T=24.4$℃。稳态流速为 $m_c=9.61$ GPM，$m_h=1.99$ GPM。

我们希望找到两个控制变量(T 和 m_t)与两个 MV(m_c和 m_h)的正确配对。换句话说，我们感兴趣的是一个简单过程与两个控制变量 CV(T 和 m_t)和两个 MV(m_c和 m_h)的正确配对。当前示例的简单表示请参见图 8.24。

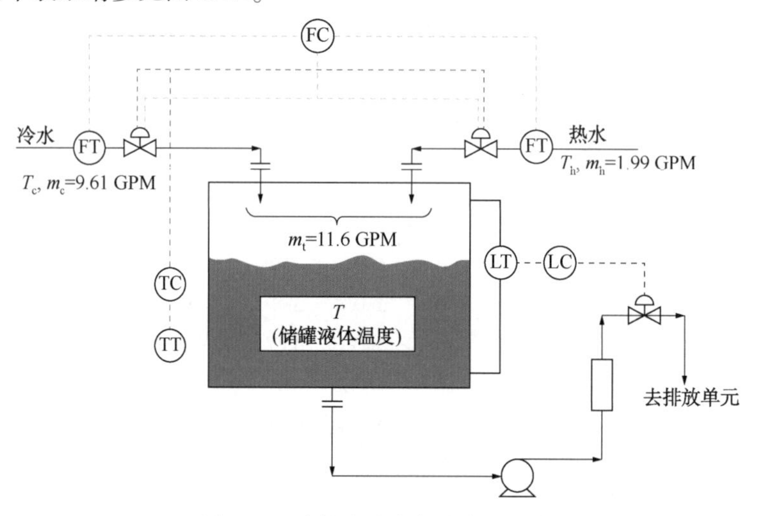

图 8.23 水箱中热水与冷水的混合

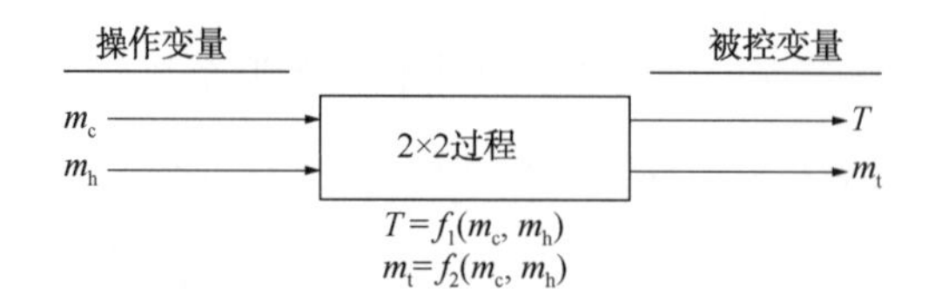

图 8.24 2×2 水混合过程的简化示意图

相应的平衡方程为：

$$T=f_1(m_c,\ m_h)=\frac{m_c T_c+m_h T_h}{m_c+m_h} \tag{8.23}$$

$$m_t=f_2(m_c,\ m_h)=m_c+m_h \tag{8.24}$$

在稳态附近，我们用开环增益 K_{ij}来表示 ΔT 和 Δm_t：

$$\Delta T=\left(\frac{\partial T}{\partial m_c}\right)_{m_h}\Delta m_c+\left(\frac{\partial T}{\partial m_h}\right)_{m_c}\Delta m_h=K_{11}\Delta m_c+K_{12}\Delta m_h \tag{8.25}$$

$$\Delta m_t=\left(\frac{\partial m_t}{\partial m_c}\right)_{m_h}\Delta m_c+\left(\frac{\partial m_t}{\partial m_h}\right)_{m_c}\Delta m_h=K_{21}\Delta m_c+K_{22}\Delta m_h \tag{8.26}$$

通过将式(8.23)和式(8.24)代入式(8.25)和式(8.26)，我们发现：

$$K_{11}=[m_h(T_c-T_h)]/m_t^2 \quad K_{12}=[m_c(T_h-T_c)]/m_t^2 \quad K_{21}=K_{22}=1 \tag{8.27}$$

除了开环增益外，我们还引入了闭环增益 K'_{ij}，定义为：

$$K'_{11}=\left(\frac{\partial T}{\partial m_c}\right)_{m_h} \quad K'_{12}=\left(\frac{\partial T}{\partial m_h}\right)_{m_c}$$

$$K'_{21}=\left(\frac{\partial m_t}{\partial m_c}\right)_{m_h} \quad K'_{22}=\left(\frac{\partial m_t}{\partial m_h}\right)_{m_c} \tag{8.28}$$

基本上，K'_{11}表示在闭环控制下，当 CV m_t保持不变($\Delta m_t=0$)时，MV m_c对 CV T 的影响程度。具体来说，当 $\Delta m_t=0$ 时，由式(8.26)得出：

$$0=K_{21}m_c+K_{22}m_h\rightarrow\Delta m_h=-\frac{K_{21}}{K_{22}}\Delta m_c \tag{8.29}$$

将式(8.29)代入式(8.25)即可得出：

$$\Delta T=\left(K_{11}-\frac{K_{11}K_{22}-K_{12}K_{21}}{K_{22}}\right)\Delta m_c \tag{8.30}$$

当控制变量 m_t保持不变时($\Delta m_t=0$)，式(8.30)给出了闭环增益 K'_{11}的关系：

$$K'_{11}=\left(\frac{\partial T}{\partial m_c}\right)_{m_h}=K_{11}-\frac{K_{11}K_{22}-K_{12}K_{21}}{K_{22}} \tag{8.31}$$

同样，我们也可以得出以下表达式(参考文献[10]，第 554~556 页)：

$$K'_{12}=\left(\frac{\partial T}{\partial m_h}\right)_{m_c}=\frac{K_{12}K_{21}-K_{11}K_{22}}{K_{21}} \tag{8.32}$$

$$K'_{21}=\left(\frac{\partial m_t}{\partial m_c}\right)_{m_h}=\frac{K_{12}K_{21}-K_{11}K_{22}}{K_{11}} \tag{8.33}$$

$$K'_{22}=\left(\frac{\partial m_t}{\partial m_h}\right)_{m_c}=\frac{K_{11}K_{22}-K_{12}K_{21}}{K_{12}} \tag{8.34}$$

K_{ij}与 K'_{ij}的比值称为***相对增益值***，用 λ_{ij}表示：

$$\lambda_{ij}=\frac{K_{ij}}{K'_{ij}} \tag{8.35}$$

根据式(8.27)和式(8.31)~式(8.34)的定义关系，我们可以写出 RGA 如下($m_h=1.99$

GPM，$m_c=9.61$ GPM，$m_t=11.6$ GPM)：

$$\lambda=\begin{bmatrix}\lambda_{11} & \lambda_{12}\\ \lambda_{21} & \lambda_{22}\end{bmatrix}=\begin{bmatrix}m_h/m_t & m_c/m_t\\ m_c/m_t & m_h/m_t\end{bmatrix}=\begin{matrix} & m_c & m_h\\ T & 0.172 & 0.828\\ m_t & 0.828 & 0.172\end{matrix} \tag{8.36}$$

RGA 拥有几个有用的特性[8-10]，用于帮助我们选择对 CV 影响最大的那个 MV。

特性 1：RGA 的行和列的总和为 1.0。

特性 2：始终将最接近 1.0 的正 RGA 元素上的 MV 和 CV 配对。

特性 3：负 RGA 元素上的配对导致不稳定系统或反向响应系统(当输入改变时，系统最初的响应方向与最终的稳态响应方向相反)。

在式(8.36)中，配对 T 和 m_h 以及配对 m_t 和 m_c 的相对增益元素 0.828 接近 1.0。特性 2 表明，T(水箱液体温度)应由 m_h(热水流速)控制，而 m_t(水箱液体总流速，最初为 11.6 GPM)应由 m_c(冷水流速，9.61 GPM)控制。这种配对符合物理直觉，因为热水的温差越大，意味着热水流改变水箱液体温度的速度比冷水流越快，而较大的冷水流改变水箱液位的速度比较小的热水流快。

接下来，我们希望扩展 RGA 的概念，将其应用于稳态增益矩阵，如式(8.3)和式(8.4)。在实际应用中，稳态增益矩阵通常不是自变量(操作变量和前馈/扰动变量)与因变量(控制变量)数量相等的正方形矩阵。为了处理这种情况，DMC3 会计算模型中所有 2×2 子矩阵的 RGA，并指出存在的问题。

Bristol[8]、McAvoy([9]，第 31-33 页)和 Smith and Corripio ([10]，第 561，562 页)解释如何根据以 $\boldsymbol{K}$ 表示的 $n\times n$ 稳态增益矩阵，基于矩阵运算建立 RGA。具体来说，我们通过求取稳态增益矩阵逆矩阵的转置[即$(\boldsymbol{K}^{-1})^T$]，并将得到的矩阵中的每个项乘以原始矩阵 $\boldsymbol{K}$ 中的相应项，从而得到 RGA。让我们以 McAvoy 的一个例子([9]，第 31~33 页)来说明这一计算过程。我们考虑以下稳态增益矩阵关系：

$$\mathbf{CV}=\boldsymbol{K}*\mathbf{MV} \tag{8.37}$$

$$\begin{bmatrix}CV_1\\ CV_2\\ CV_3\end{bmatrix}=\begin{bmatrix}2.662 & 8.351 & 8.351\\ 0.3816 & -0.5586 & -0.5586\\ 0 & 11.896 & -0.3511\end{bmatrix}*\begin{bmatrix}MV_1\\ MV_2\\ MV_3\end{bmatrix} \tag{8.38}$$

有许多在线矩阵计算器(如 https：//matrixcalc. org/en/)可以计算逆矩阵和转置矩阵。我们发现：

$$\boldsymbol{K}^{-1}=\begin{bmatrix}0.1195 & 1.787 & 0\\ 2.341\times10^{-3} & -0.01633 & 0.08165\\ 0.07931 & -0.5532 & -0.08165\end{bmatrix} \tag{8.39}$$

$$(\boldsymbol{K}^{-1})^T=\begin{bmatrix}0.1195 & 2.341\times10^{-3} & 0.07931\\ 1.787 & -0.01633 & 0.05532\\ 0 & -0.08165 & -0.08165\end{bmatrix} \tag{8.40}$$

将式(8.40)中得到的矩阵$(\boldsymbol{K}^{-1})^T$的每项乘以式(8.38)中原始矩阵 $\boldsymbol{K}$ 的相应项，是一种称为 ***Hadamard 乘积*** 的矩阵运算，可使用在线计算器进行计算(例如 https：//keisan. casio. com/exec/system/15157205321124)。得出的 RGA 为：

$$\boldsymbol{\lambda}=[(\boldsymbol{K}^{-1})^{T}*\boldsymbol{K}]_{\text{Hadamard}}=\begin{bmatrix}0.318 & 0.0195 & 0.663\\ 0.682 & 0.00913 & 0.309\\ 0 & 0.971 & 0.0287\end{bmatrix}$$

我们注意到 *Hadamard* 乘积矩阵元素是由式(8.40)的每个项乘以式(8.38)中原始 $\boldsymbol{K}$ 矩阵中的相应项得到的；例如，

$$\lambda_{11}=2.662\times 0.1195=0.318 \quad \lambda_{12}=8.351\times 2.341\times 10^{-3}=0.0195$$

8.1.4.2 病态模型矩阵和共线性系统

作为模型评估的一部分，*DMC*3 应用了一个共线性分析工具来识别和修复病态模型矩阵[11]。本节将介绍***条件数***和***共线性系统***的概念，并将它们与 RGA 联系起来。

对于 $n\times n$ 的稳态增益矩阵 $\boldsymbol{K}$，我们可以将其分解为三个矩阵的乘积：

$$\boldsymbol{K}=\boldsymbol{U}*\boldsymbol{\lambda}*\boldsymbol{V}^{\mathrm{T}} \tag{8.41}$$

$\boldsymbol{U}$ 是 $n\times k$，$\boldsymbol{\lambda}$ 是 $k\times k$，$\boldsymbol{V}$ 是 $n\times k$ 的矩阵，其中元素 λ_1，λ_2，…，λ_k是 $\boldsymbol{K}^{\mathrm{T}}*\boldsymbol{K}$ 或 $\boldsymbol{K}*\boldsymbol{K}^{\mathrm{T}}$的非零特征值 $\lambda_1{}^2$，$\lambda_2{}^2$，$\lambda_3{}^2$…的正平方根。λ_1，λ_2，…，λ_k称为矩阵 K 的***奇异值***。这种矩阵分解过程称为***奇异值分解***(***SVD***)。附录 *A* 第 *A*.2.5.3 节“多变量数据分析和模型预测控制中的矩阵代数”给出了 *SVD* 的详细信息，包括矩阵 $\boldsymbol{U}$ 和 $\boldsymbol{V}$ 的含义。

让我们用三个简单矩阵的 SVD 来说明条件数和无条件系统的概念。我们使用在线 SVD 计算器获取数值结果(如 https://keisan.casio.com/exec/system/15076953160460)。

(1) $\boldsymbol{K}=\begin{bmatrix}1 & 0\\ 0 & 1\end{bmatrix}=\boldsymbol{U}*\boldsymbol{\lambda}*\boldsymbol{V}^{\mathrm{T}}=\begin{bmatrix}-1 & 0\\ 0 & -1\end{bmatrix}*\begin{bmatrix}1 & 0\\ 0 & 1\end{bmatrix}*\begin{bmatrix}-1 & 0\\ 0 & -1\end{bmatrix}$

λ 矩阵是对角矩阵，其对角元素(λ_1，λ_2，…，λ_k)是奇异数。条件数是最大对角线元素与最小对角线元素之比。对于情况(1)，条件数为(1/1)或 1.0。

(2) $\boldsymbol{K}=\begin{bmatrix}1 & 0.96\\ 0.96 & 1\end{bmatrix}=\boldsymbol{U}*\boldsymbol{\lambda}*\boldsymbol{V}^{\mathrm{T}}$

$$=\begin{bmatrix}-0.7071 & -0.7071\\ 0.7071 & -0.7071\end{bmatrix}*\begin{bmatrix}0.041 & 0\\ 0 & 1.96\end{bmatrix}*\begin{bmatrix}-0.7071 & 0.7071\\ -0.7071 & -0.7071\end{bmatrix}$$

对于情况(2)，条件数为(1.96/0.04)或 49。

(3) $\boldsymbol{K}=\begin{bmatrix}1 & 0.96\\ 0.96 & 1\end{bmatrix}=\boldsymbol{U}*\boldsymbol{\lambda}*\boldsymbol{V}^{\mathrm{T}}$

$$=\begin{bmatrix}0.7071 & -0.7071\\ -0.7071 & -0.7071\end{bmatrix}*\begin{bmatrix}0 & 0\\ 0 & 2\end{bmatrix}*\begin{bmatrix}0.7071 & 0.7071\\ -0.7071 & -0.7071\end{bmatrix}$$

对于情况(3)，条件数为(2/0)或∞。

McAvoy[9,第181页]认为，条件数接近、大于或等于 50 的增益矩阵表明系统接近奇异或条件不良。这包括上述(2)和(3)两种情况。

在授予 Aspen Tech 的一项专利中，Zhang 等人[11]通过观察增益矩阵 SVD 产生的最大和最小奇异值，定义了具有 $n\times m$ 稳态增益矩阵的过程模型是否具有共线性。具体而言，我们考虑增益矩阵的正方形($n=m$)子矩阵，并定义两个术语：①***不共线***：如果子矩阵的秩为 m(秩参见第 A.2.1 节，附录 A)，则给定系统具有全秩，增益矩阵为“非共线”；②***共线或完***

全共线：如果子矩阵的秩小于 m，且奇异值 $\lambda_m=0$，则系统为“***共线或完全共线***”。

DMC3 中的共线性分析工具可以识别和修复条件不佳的模型矩阵[11]。在处理共线性问题时，我们可以把重点放在正方形子矩阵上，因为如果 $n\times m$ 矩阵是共线的(当 $n>m$ 时)，那么它的所有 $m\times m$ 子矩阵也一定是共线的[11]。特别是，该工具可以计算模型中所有 2×2 子矩阵的 RGA，并突出显示可能存在的问题。

DMC3 建议每个 MV-CV 对的 RGA 临界值如下：

(1) RGA=1：理想性能，完全相关；

(2) RGA<5：MV-CV 对之间具有良好的相关性；

(3) RGA<8：MV-CV 对之间的相关性合理且可接受；

(4) RGA>8：可能是不连续的增益，共线性问题；

(5) RGA>20：接近共线性系统，需要检查并修复。

第 8.2.1 节提供了一个例题，通过共线性分析来进行模型评估。

8.1.5 稳态变量的开环预测、预测误差过滤和预测更新

在第 8.1.2.1 节中，我们介绍了一个加热炉模型的开环预测示例，并介绍了基于模型的预测与过程测量的持续协调以及反馈修正的概念，以更新模型对未来的预测，这是 APC 的三大效益来源之一。在第 8.2.12 节中，我们将在一个例题中演示这种开环预测。在此，我们将介绍 DMC3 控制器每次执行时计算出的三种预测误差，我们已将其应用于实际工业项目中。

8.1.5.1 预测误差(PREDER)

预测误差(Prediction error)又称模型偏差(Model bias)，是每次执行控制器时模型预测值与实际测量 CV 值之间的差值：

$$\text{Prediction error(Model bias)}=\text{CV}_{\text{pred}}-\text{CV}_{\text{actual}} \tag{8.42}$$

如图 8.10 和图 8.11 所示，根据测量值对 CV 预测进行在线反馈修正时，我们会使用该误差值来向上或向下移动未来的 CV 预测向量，以匹配当前的 CV 值。

8.1.5.2 累积预测误差(ACPRER)

参考图 8.25，我们将累积预测误差(Accumulated prediction error)定义为从上次预测初始化到当前时间的、随时间变化的误差 $E(t)$ 的积分：

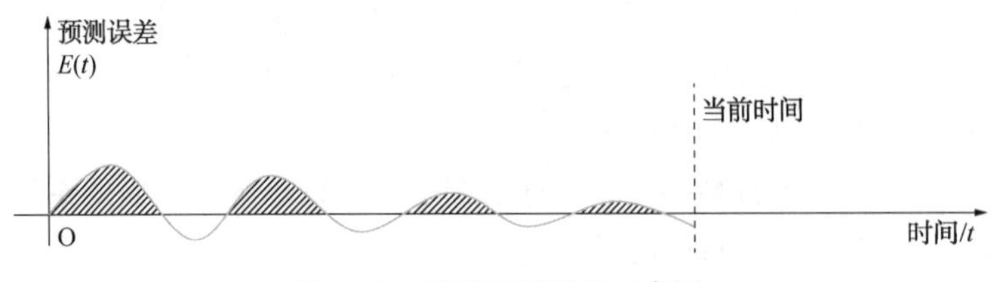

图 8.25 累积预测误差示意图

$$\text{Accumulated prediction error}=\int_{t}^{t_0}E(t)\,\mathrm{d}t \tag{8.43}$$

这种积分的预测误差代表了因变量的模型预测值必须加上最终偏差，才能与其过程响

应相匹配。一般来说，我们更倾向于监控累积预测误差，而不是预测误差，以便更好地了解时间相关误差。

8.1.5.3 平均预测误差(AVPRER)和预测误差过滤

平均预测误差的概念与对控制器产生负面影响的噪声或模型-设备不匹配有关。

与CV测量噪声带数量级相同的平均预测误差值表明，预测误差主要由测量噪声引起，这可能导致MV移动过大，并可能造成阀门磨损。平均预测误差值超出噪声带宽范围表明可能存在模型-工厂不匹配，而模型-工厂不匹配可能导致受控变量(CV)响应出现循环或不稳定。此外，未测量的干扰可能会导致意想不到的MV移动。为了减轻这些影响，我们通常会对预测误差进行过滤或平滑处理。

平均预测误差是预测误差或模型偏差绝对值的“过滤”值。典型的过滤器是一阶指数过滤器，过滤器系数为0.8~0.99(DMC3使用的过滤器系数为0.965)，过滤器初始化时设置为0.0。关于指数过滤器的介绍，读者可参考文献[12]。我们注意到指数过滤器也被称为“指数加权移动平均过滤器[exponentially weighted moving average(EWMA) filter]”或“指数移动平均过滤器[exponential moving average(EMA) filter]”。

DMC3中的非线性控制器使用扩展卡尔曼过滤算法[13]进行预测误差或模型偏差滤波。

8.1.5.4 被控变量数值的预测更新

在第8.1.2.1节图8.9~图8.11中，我们说明了被控变量值预测更新的“前置”过程：①根据MV的变化更新上一个控制器执行周期的CV预测值；②计算CV的预测误差；③根据预测误差移动CV预测值，使当前CV预测值与当前CV测量值相匹配；④在每个控制器执行周期开始时对每个CV进行在线修正。

8.1.6 稳态经济优化和动态控制器仿真中的概念和参数

在第8.1.2.2节中，我们介绍了稳态(SS)经济优化，以确定MV和CV目标，从而实现共聚问题的成本最小化和利润最大化。在本节中，我们将介绍与SS优化和后续动态控制器模拟步骤相关的其他概念和参数。这些概念和参数是使用Aspen DMCplus和Aspen DMC3开发和微调线性和非线性多变量模型预测控制器的关键。同样的概念和参数对于聚烯烃应用的Aspen非线性控制器同样重要。

8.1.6.1 变量上下限和可行解

图8.26说明了变量上下限的概念。以MV为例，***操作上下限***(简称上下限)定义了控制器可移动MV的控制范围。***有效上下限***规定了MV可用于预测的预测范围。如果***操作上下限***值超出有效限值，则MV将降级为FF(前馈)状态。

工程上限和工程下限定义了调试范围，如果操作限值设置在工程上下限值之外，但在有效上下限值之内，则用于钳位操作限值。如果工程限值超出有效限值，则会在有效限值处收紧，而不会将MV降级为FF状态。

SS(稳态)优化器使用当前测量值、限制和调整参数执行有效性检查，并向路径优化器提供最优的经济MV和CV目标，以进行动态控制器仿真。***可行解***是指所有CV稳态目标都处于或在其运行限制范围内。我们注意到，MV 稳态目标始终保持在其运行上下限内。

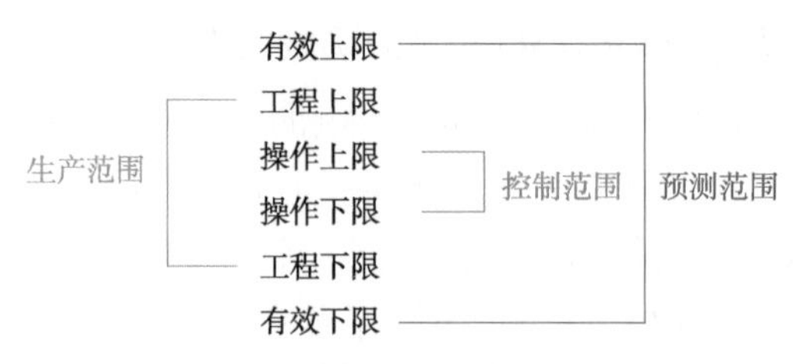

图 8.26　变量上下限示意图[7]（经 Aspen Technology 公司许可使用）

SS 优化器如何知道哪些 CV 运行限值是最不重要的，以及哪些可以在必要时稍做更改，以找到可行解呢？SS 优化器使用两组参数允许控制工程师指定 CV 操作限值的相对重要性：①***CV 限值重要性排序***；②***稳态相等权重误差（等效因子）***（SS ECE）。这两组参数将在下文讨论。

8.1.6.2　处理稳态可行解的 CV 上下限排序法

Aspen DMC3 Builder 为每个 CV 上下限分配一个相对等级，以描述该上下限的优先顺序，稳态经济优化按上下限的优先等级顺序满足 CV 限值。软件会按照***等级递增的顺序***检查限值的可行性。具体来说，优先排序较小的 CV 限值比优先排序较大的另一个 CV 限值更重要，例如，排序为 1 的 CV 限值比排序为 999 的另一个 CV 限值更重要；不得违反前一个 CV 限值，而后一个 CV 限值可酌情放宽。

DMC3 Builder 识别以下可能的等级：①等级 0：所有 CV 具有相同的优先等级，即等级 0，我们考虑与 MV 约束进行权衡（在实践中不推荐使用）；②等级 1～999（详见下文）：所有 CV 限制都要经过标准的可行性检查；③等级 1000：特殊的“软目标”限值，只在经济优化中解决（不在可行性计算中）；④等级 9999：CV 限值不用于稳态经济优化。

CV 限值的优先排序是在咨询了经验丰富的操作员和工程师后得出的，他们通常知道每个 CV 限值的相对重要性。

当无法明确定义 CV 限值的相对等级时，我们可以考虑将 CV 限值分配到 1～999 的以下建议等级[7]：

（1）安全和环境限值（如烟囱氮氧化物排放量、安全阀控制器输出、加热管表面温度等）：1～99 级；

（2）积分或斜坡变量（第 8.1.1.3 节）：100～199 级；

（3）模型有效性要求（如控制阀输出、塔液泛限值等）：200～299 级；

（4）产品质量规格（分馏器沸点、产品杂质规格等）：300～399 级；

（5）无法唯一定义的经济优化软目标：1000 级。

图 8.27 展示了处理不同等级 CV 限值的稳态可行性的***CV 等级法***。

我们首先满足较重要的约束条件（数值等级较低），同时放宽较不重要的约束条件（数值等级较高），以找到可行解。在图中，B 线［CV2U，代表 CV2 运行上限（UPL），等级为 100］和 C 线［CV1L，代表 CV1 运行下限（LPL），等级为 200］都满足要求，并相交于 F 点。

如果将A线(CV3U，代表CV3UPL，等级为300)的约束条件放宽，将A线移至A′线，就可以找到可行解，A′线满足F点的可行解。线A和A′之间的距离代表使约束可行所需的放松量，我们称之为约束放弃(ε)。

图8.28展示了当CV限值等级相等时放弃约束条件的另一个例子。在图中，直线B(CV2U，代表CV2UPL)和直线C(CV3U，代表CV3UPL)都满足要求并相交于F点。我们将直线A的约束条件(CV1L，代表CV1LPL)移至直线A′，它满足F点的可行解。直线A和A′之间的距离代表使约束条件CV1L可行所需的放松量。这就是CV1L的约束放弃(ε)。

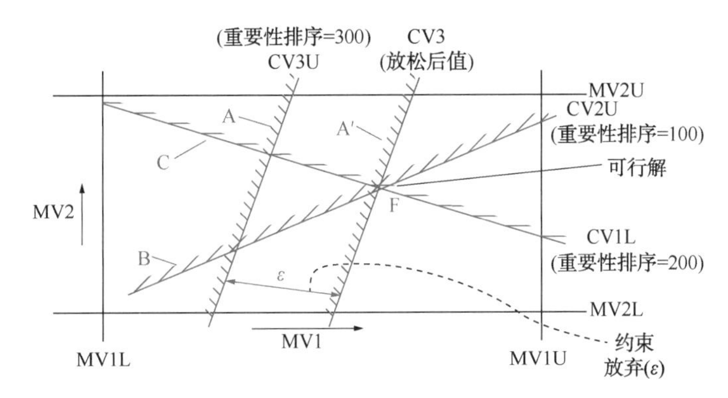

图8.27 通过满足约束CV2U(CV_2，等级100的运行上限；线B)和CV1L(CV_1，等级200的运行下限；线C)，实现不同等级CV限值的稳态可行性，同时放宽CV3U约束(将等级300的CV_3运行上限从A线移至A′线)

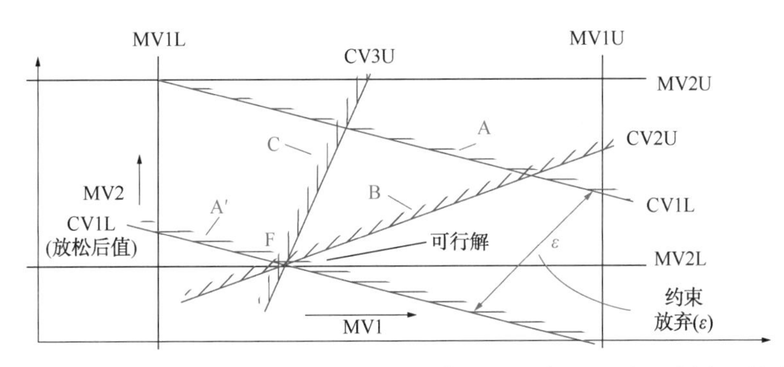

图8.28 通过满足约束CV2U和CV3U，同时放宽约束CV1L(将CV_1运行下限从A线移至A′线)，实现同等级CV限值的稳态可行性

8.1.6.3 处理稳态可行性的稳态等效误差(SS ECE)

对于共聚问题，假定CV限值的优先顺序等级相同，那么控制工程师应同等重视或关注每个CV的误差大小是多少。让我们看一下表8.2，在该表中，我们量化了操作上限和下限之差10 %的CV误差。

从工程单位的角度看，对于每个CV，如果误差高于上限值或低于下限值，且误差幅度大于表8.2最后一列显示的值，则控制工程师应给予优先顺序同等程度的关注或关切，以采取适当的纠正措施。

DMC3 Builder 包含一个名为 ***SS ECE 的稳态参数***，用于处理可能违反多个等级 CV 限值的不可行性。通过 SS ECE 因子，控制工程师可指定给定 CV 的“标准”或“参考”误差量。然后使用这些参数来平衡一个 CV 中的运动(误差)与另一个 CV 中的运动(误差)。一个 CV 的 SS ECE 较小，意味着该 CV 对任何偏离其操作上限或下限的容忍阈值较小，控制工程师必须对由此产生的潜在不可行性给予足够的重视或关注。例如，如果 CV_1 的 SS ECE 小于 CV_2 的 SS ECE，且两者的工程单位相同，则满足 CV_1 的极限约束比满足 CV_2 的极限约束更重要。

表 8.2　各项标准检验的误差幅度

CV	测量值(当前值)	操作下限(LPL)	操作上限(UPL)	(UPL-LPL)×10%偏差
聚合物/(kg/h)	23.3	0	30	3
分子量	35000	34500	35500	100
T_Rx/℃	85	70	100	3.0
Conc_MMA 摩尔分率	0.56	0.55	0.60	0.005

图 8.29 给出了一个使用 SS ECE 解决一组不可行 CV 限值的示例。在图中，A 线($CV1L$，代表 CV_1 的操作下限)的稳态 ECE 较小，为 0.01 的 SS 低关注度，必须满足。B 线(CV2U，代表 CV_2 的操作上限)的 SS 高关注稳态 ECE 较大，为 1，可以放松。我们将 B 线不太重要的约束条件移至 B′线，该线满足 F 点的可行解。B 线和 B′线之间的距离代表使约束 CV2U 可行所需的放松量。这就是 CV2L 的约束放弃(ε)。

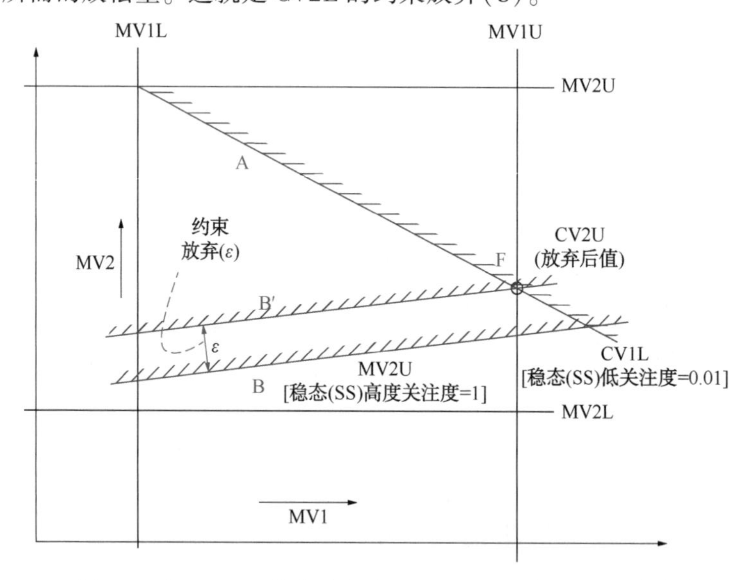

图 8.29　把 CV1L 的 SS ECE 设为较小的 0.01，CV2U 的 SS ECE 设为较大的 1，并将 CV_2 的操作上限从 B 线挪到 B′线，以得到同级别 CV 的稳态可行解

为了解决一组等阶的不可行 CV 限制，DMC3 Builder 提供了两种算法：①LP(线性规划)解法；②QP(二次规划)解法。这里我们只考虑 LP 解法。具体来说，假设 ε_1，ε_2，ε_3，…是使 CV 极限可行的约束条件放松量，如图 8.27 和图 8.28 所示。我们限制放松量 ε_i 为正或零(零表示存在可行解)。对于每个约束条件的放弃，我们都赋予一个权重或加权因子

W_i，表示满足第 i 个 CV 限制的相对重要性。LP 解决方案包括以下线性最小化目标函数和线性 CV 限制约束：

$$\mathrm{Min}\varphi = \varepsilon_1 * W_1 + \varepsilon_2 * W_2 + \cdots \tag{8.44}$$

受以下向量形式的 CV 极限约束：

$$\mathbf{CV} \leqslant \mathbf{CV}_{\max} + \boldsymbol{\varepsilon}_1 \tag{8.45}$$

$$\mathbf{CV} \geqslant \mathbf{CV}_{\min} - \boldsymbol{\varepsilon}_2 \tag{8.46}$$

权重或加权系数 W_i 是一个正数，通常从 1 到 10^6；其值越大，满足 CV_i 上限或下限约束就越重要。

在应用 LP 算法解决不可行的 CV 限值时，DMC3 Builder 通过以下关系将权重系数 W_i（从 1 到 10^6 不等）与相应的 SS ECE_i（从 1 到 10^{-6} 不等）联系起来：

$$\mathrm{SS\ ECE}_i = 1/W_i \tag{8.47}$$

假设通过将权重系数 W_i 设为 10^6 来满足第 i 个 CV 限值非常重要，公式(8.47)表明第 i 个 CV 限值的相应 SS ECE(SS ECE_i)为 10^{-6}。我们注意到，在进行 SS 优化计算(模拟)时，我们只需要所有 CV 的相对 ECE 值(低关注度和高关注度)，而不需要以工程单位表示的具体数值。因此，我们可以将 CV 限值的 ECE 规定为 1，0.1，0.01，0.001，…较小的 ECE 值(较高的权重系数)表示满足相应的 CV 上限或下限更为重要。

对于稳态经济优化(SS 优化器)，我们需要指定限值等级和 ECE。

其中包括：***①每个 CV 的稳态低限关注度(SS Low Concern)、稳态低限等级(SS Low Rank)、稳态高限关注度(SS High Concern)和稳态高限等级(SS High Rank)；②每个 MV 和每个 CV 的有效性(Validity)、工程(Engineering)和操作上下限(低限和高限)[Opertor limits(Low and High)]***。

8.1.6.4 动态控制器仿真中 CV 限值的动态相等权重误差

通过 SS 优化器完成稳态经济优化并确定最优经济 MV 和 CV 目标后，DMC3 Builder(DMC3 建模程序)继续进行动态控制器仿真，以确定一系列 MV 移动，从而通过路径优化器将 MV 和 CV 推至目标值。在这一步中，一个关键调整参数是动态相等权重误差或动态 ECE。基本上，动态 ECE 表示控制工程师对动态偏离稳态 CV 目标值的关注程度。与稳态 ECE 一样，是动态 ECE 的相对值决定了 CV 与其稳态目标的紧密程度，而不是动态 ECE 本身的值。我们可以通过减小动态 ECE 来尽量减小 CV 与稳态目标值的偏差。这样做的代价是其他 CV 产生更多误差，MV 产生更多运动。

图 8.30 展示了三个不同区域的动态 ECE 概念：低于 LPL、高于 UPL 以及介于 LPL 和 UPL 之间。

首先，DMC3 Builder 为低于“操作员下限”的 CV 值指定了名为“***动态低关注***”的动态 ECE，为高于“操作员上限”的 CV 值指定了名为“***动态高关注***”的动态 ECE。其次，我们在图中看到操作员下限值右侧有一个狭窄的过渡区，称为下过渡区或“***动态低区***”，在该区中，权重(虚线)下降，动态低关注度(实线)上升；我们还看到操作员上限值左侧有一个狭窄的过渡区，称为上过渡区或“***动态高区***”，在该区中，权重(虚线)上升，动态高关注度(实线)下降。当上述三个不同区域的 ECE 不同时，过渡区有助于避免“振颤”。最后，我们在图中看到，在下过渡区或“动态低区”的右边界线和上过渡区或“动态高区”的左边界线之间有一个中间区域。虽然我们在中间区域看到了“动态中关注度”标签，但该ECE没有实际意义，在DMC3动态控制器模拟中被忽略。这是因为在中间区域内，CV值始终处于LPL和UPL之间，控制工程师认为CV没有机会偏离其极限。

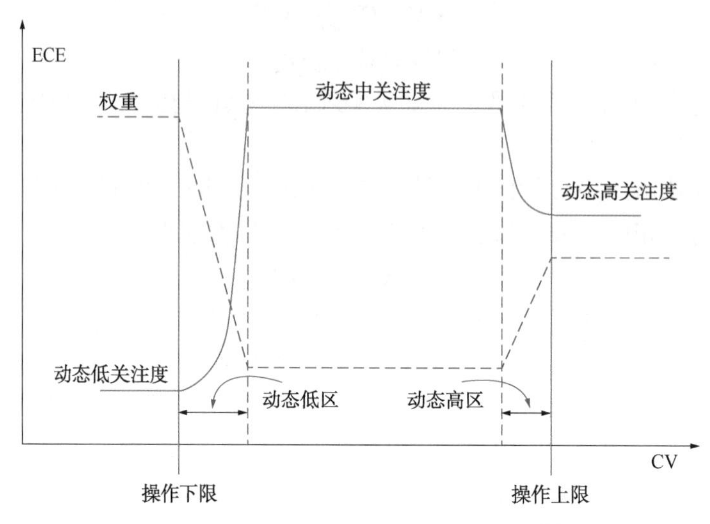

图8.30　CV限制的动态等关注度误差[7]
(经Aspen Technology公司许可使用)

在图8.18的DMC3控制结构中，我们可以看到路径优化器可以确定一系列CV移动，以将MV和CV推向SS优化器获得的经济最佳稳态目标值。此外，图中还显示，路径优化器还可以确定一系列MV移动，以驱动特定CV达到***控制工程师指定的外部目标值***(而不是SS优化器确定的目标值，即经济最佳稳态目标)。DMC3将CV的外部目标与CV约束同等对待，并将其纳入SS优化器的可行性检查中。此外，在通过路径优化器进行动态控制器仿真时，DMC3 Builder还包括外部目标的动态ECE，称为“***动态目标关注***”。这是与CV的动态移动计划目标相关的关注点。它定义了输出与稳态目标之间的动态漂移距离。该值增大将允许输出更自由地动态偏离稳态目标。减小则会使输出动态地更接近稳态目标值。

综上，对于动态控制器仿真，我们需要指定上下限的等级和ECE。其中包括：***①每个CV的SS Low Concern、Dynamic Low Concern、SS High Concern、Dynamic High Concern和SS Low Rank、SS High Rank、Dynamic Low Zone和Dynamic High Zone；②每个MV和每个CV的Validity、Engineering和Operator Limits(Low和High)；③Dynamic Target Concern(如果特定CV有外部目标)***。

8.1.6.5　MV步幅抑制因子

通过路径优化器进行动态控制器仿真的一个关键参数是***MV步幅抑制因子***。步幅抑制因子影响控制器为实现控制目标而积极移动的MV的程度。数值越大，抑制越多，即MV步幅越小。

图8.31说明了以下两者之间的权衡：①通过指定较小的步幅抑制，积极移动MV，使

CV 与稳态经济最佳目标的误差最小；②通过指定较大的移动抑制来最小化 MV 移动量，从而导致与稳态经济优化目标的 CV 误差增大。图 8.32 比较了在 CV 设定点从 310℃变为 350℃时，小步幅抑制因子参数和大步幅抑制因子参数对 MV 移动量的影响。

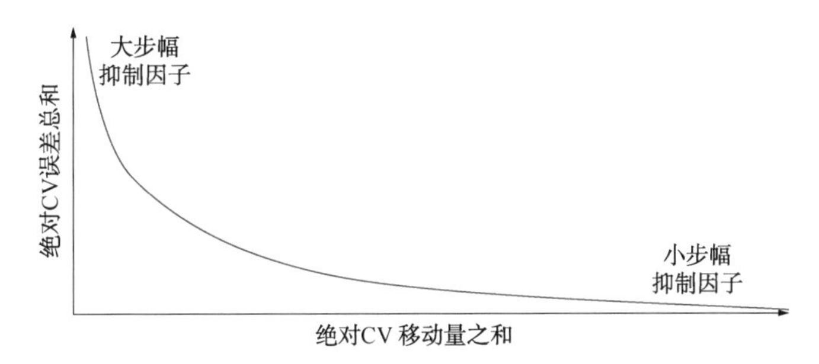

图 8.31 通过设置一个较小的移动抑制(因子参数)来实现一个较为剧烈的 MV 动作，可以使 CV 稳态优化目标的偏差最小化，以此来平衡由于设置了一个较大的移动抑制(因子参数)而产生的 MV 移动步幅最小化

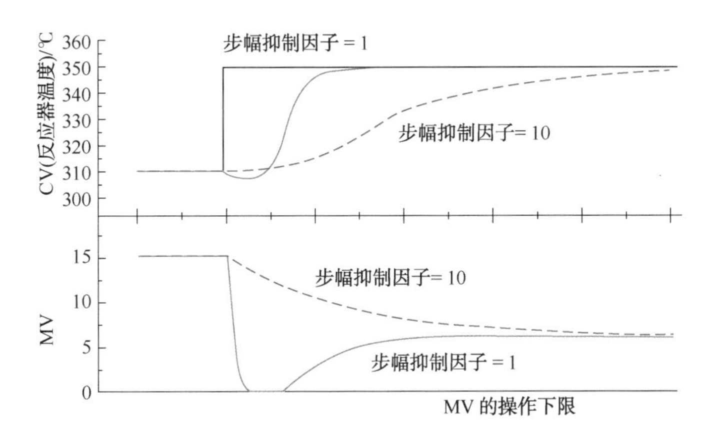

图 8.32 在 CV 设定点从 310℃变为 350℃的情况下，比较大小步幅抑制因子对 MV 移动量的影响

有几个定性信息来源可以帮助控制工程师确定动态控制器仿真中使用的适当步幅抑制因子：①开发控制器模型的步骤测试经验；②控制工程师认为的 MV 移动速度的舒适度；③退出 PID 环路跟踪 CV 设定点变化的能力；④MV 必须补偿的干扰类型；⑤已证明成功的类似控制器的设置。

此外，我们还可以采用多级策略来初始化步幅抑制因子。首先，我们为流量设定点 MV 设定一个 x 的移动抑制值(例如 0.1)。其次，为温度设定点 MV 指定 2 倍(例如 0.2)的步幅抑制值，为压力设定点 MV 和进给量设定点 MV 指定 4 倍(例如 0.4)的步幅抑制值。压力设定点 MV 和进给量设定点 MV 的步幅抑制值越大，越意味着我们不希望压力设定点和进给量设定点都快速移动。最后，我们注意到，步幅抑制是控制动态控制器性能的最直接方法。ECE 调整对动态控制器性能的影响范围相对较窄，而且有时会对同时影响多个 CV 的干扰产生不可预知的结果。

在下一节中，我们将介绍一个例题，以说明迄今为止介绍的所有概念和参数。我们还将演示将 DMC3 Builder 应用于共聚过程 MPC 的实用技巧。

8.2 例题 8.1： 共聚过程的预测控制器模型的开发与应用

8.2.1 目的

本例题的目的是向读者介绍如何使用 DMC3 Builder 来建立多变量 DMC 项目，特别是根据工厂阶跃测试数据为溶液共聚反应器开发和应用预测控制器模型。我们的重点是利用 DMC3 Builder 中的建模工具确定动态工艺模型，并利用生成的预测控制器模型来优化聚合物生产率。

8.2.2 共聚反应器

图 8.33 显示了溶液共聚反应器系统的简化流程。

反应器中有两种单体 MMA 和 VA、一种引发剂(INITIATO)和一种链转移剂(TRANSFER)。图 8.33 显示了五个操作变量(自变量)和四个控制变量(因变量)。

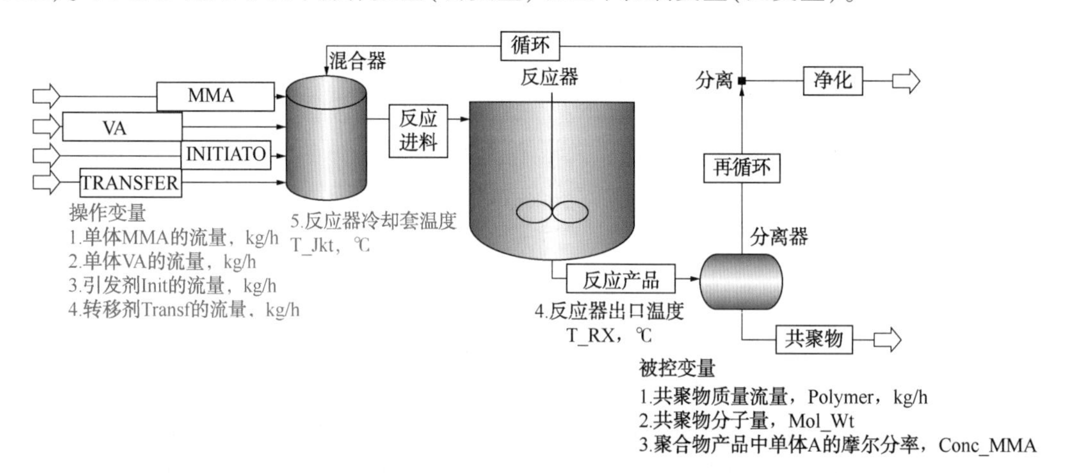

图 8.33 溶液共聚反应器系统的简化流程图

8.2.3 启动 DMC3 生成器程序：创建新项目

启动 Aspen DMC3 Builder 并选择"New(新建)"。图 8.34 显示了从两种项目类型中选择一种的界面：①**DMC 项目**，包括 DMC3 控制器、用于控制器性能监控的 Aspen Watch 和一套完整的自适应控制工具；②**APC 项目**，包括 DMCplus 控制器和非线性控制器、Aspen Watch 和一些自适应控制工具(如果获得许可)。

要控制聚烯烃的生产率、产品浓度和质量(如聚合物密度和熔融指数)，我们建议选择 APC 项目并使用***非线性***控制器，因为聚合物密度和熔融指数都与关键 MV 存在非线性关系。

要控制聚合物产率、分子量和聚合物中单体的浓度，我们可以使用***线性***多变量 MPC，如 APC 项目下的 DMCplus 控制器或其新版本 DMC3 项目下的 DMC3 控制器。

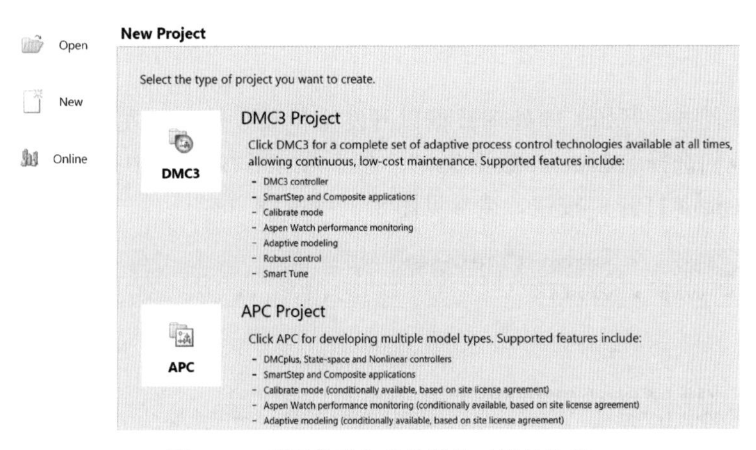

图 8.34 项目类型和相关软件工具的选择

现在，我们选择 DMC3 项目并填写项目名称和工作文件夹位置，如图 8.35 所示。单击“OK”后，我们将看到如图 8.36 所示的界面布局。

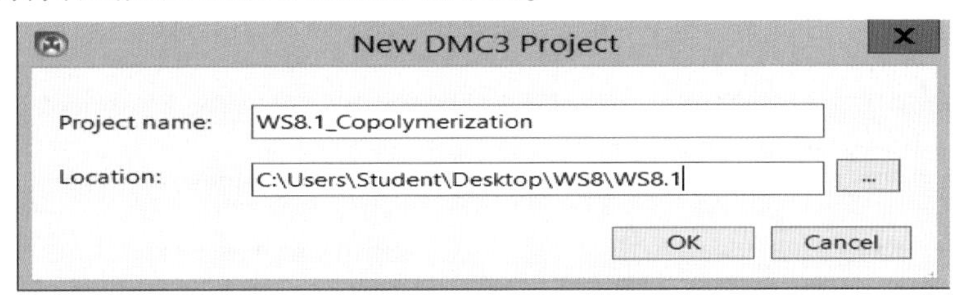

图 8.35 指定项目名称和工作文件夹位置

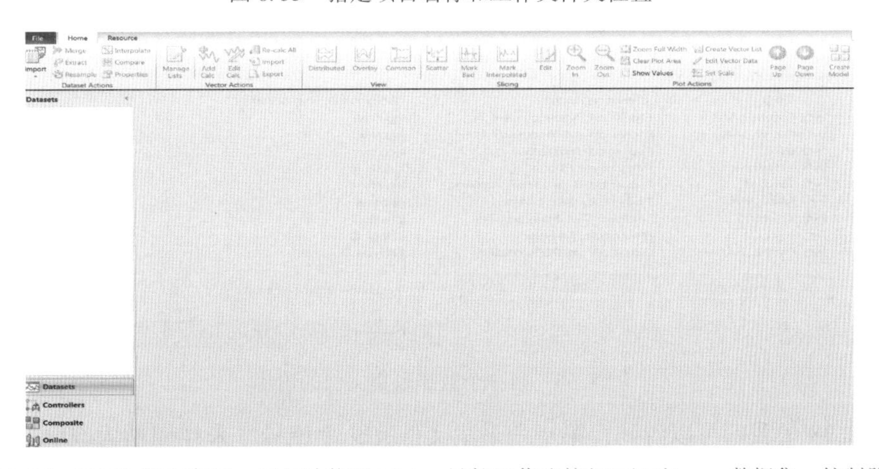

图 8.36 DMC3 界面布局：工具功能区(上)，导航工作流按钮(左下)——数据集、控制器、组合控制度与在线应用；导航树区域(左侧“白色”列)和工作区(中间)

8.2.4 DMC3 生成器任务 1：开发主模型的数据处理——导入处理数据、合并数据集以及标记和删除不良数据片段

DMC3 Builder 可执行六项关键任务：①**主模型**：数据处理和模型识别(ID)；②**配置**：配置稳态优化器和动态控制器；③**优化**：执行稳态优化；④**仿真**：包括五种类型的仿真，

即控制器、优化器、滤波器、模型和动态预览；⑤**计算**：执行在线计算和转换；⑥**部署**：执行控制器部署。

下面我们从任务一开始，即处理数据以开发主模型。从界面左上角的“Import(导入)”工具功能区，我们选择“Datatest(数据集)”。然后在工作文件夹中选择收集文件“***WS8.1-1.clc***”，点击“Open(打开)”按钮。请参见图 8.37 和图 8.38。

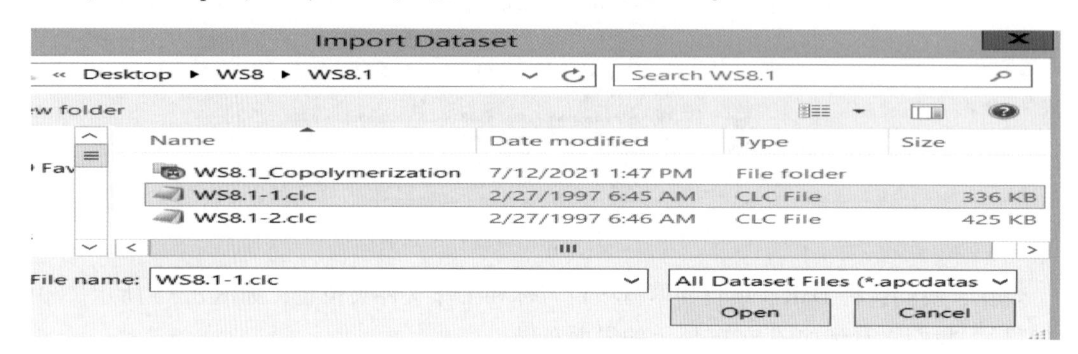

图 8.37　重要数据集，数据采集文件“WS8.1-1.clc”

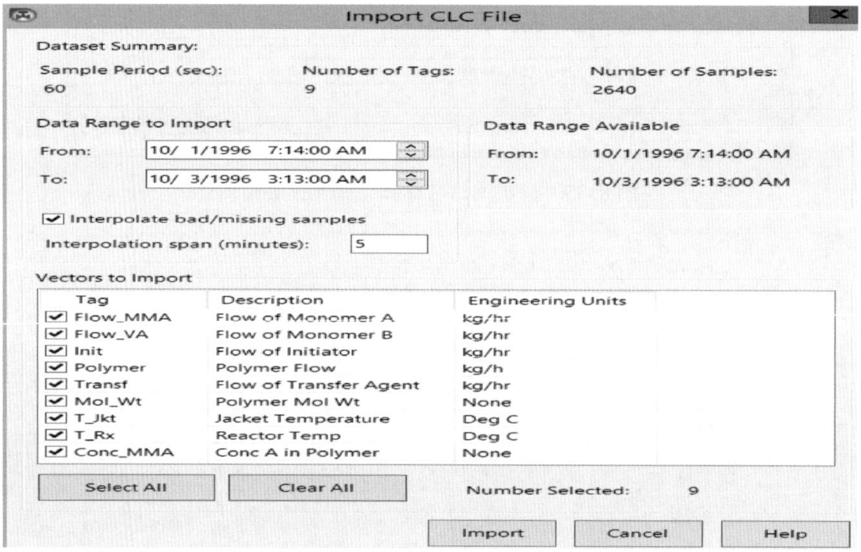

图 8.38　第一个数据采集文件的内容

从图 8.38 中我们可以看到，第一个采集文件有 9 个位号，采样周期为 60 s，插值跨度为 5 min，总共采集了 2640 个样本，采集时间为 1996 年 1 月 10 日 07：14：00 至 1996 年 3 月 10 日 03：13：00。我们点击“Import”，将数据上传到项目中。一般来说，5~10 min 的插值跨度足以解决大多数问题。

在软件将数据导入项目之前，会出现一个“Interpolate Dataset(插值数据集)”窗口。我们点击“Start(开始)”按钮，对超过 5 min 的不良和缺失数据片段进行插值。然后点击“Close(关闭)”按钮，结束插值分析。分析结果显示“9 个向量(变量)中有 0 个已经插值”。我们不显示这一直接步骤的屏幕图像。

图 8.39 显示了数据集视图中的第一个数据集和趋势图。软件会自动在视图中显示前三个数据集(恰好是所有 MV、Flow_MMA、Flow_VA 和 Init)，但我们选择添加显示其余两个 MV(Transf 和 T_Jkt)。在显示的曲线图中，特别重要的是所有五个 MV 在阶跃测试中总的持续时间内的阶跃变化。

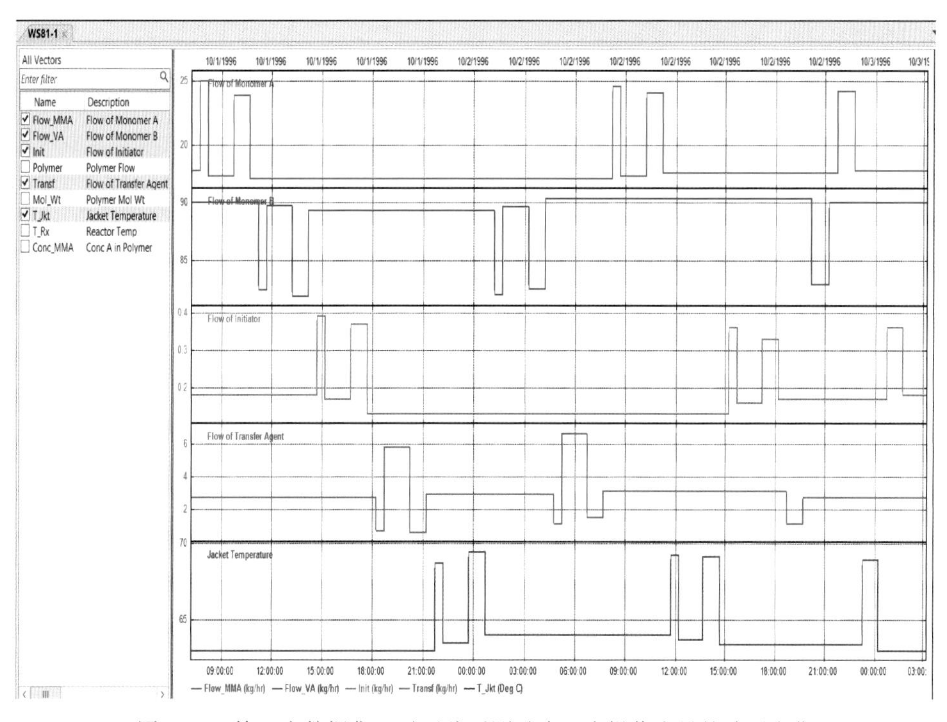

图 8.39　第一个数据集显示了阶跃测试中五个操作变量的阶跃变化

我们重复同样的过程，导入第二个数据采集文件“***WS8. 1-2. clc***”。图 8.40 展示了第二个数据采集文件的主要特征。要导入的向量列表与图 8.38 相同。五个 MV 的显示与图 8.39 类似。图 8.41显示了***所有四个被控(因变量)变量在阶跃测试期间的连续变化***。

Import CLC File

Dataset Summary:

Sample Period (sec):	Number of Tags:	Number of Samples:
60	9	3340

Data Range to Import
From: 10/17/1996 9:53:00 AM
To: 10/19/1996 5:32:00 PM

Data Range Available
From: 10/17/1996 9:53:00 AM
To: 10/19/1996 5:32:00 PM

☑ Interpolate bad/missing samples
Interpolation span (minutes): 5

图 8.40　第二个数据采集文件的主要特征

接下来，我们按照以下路径操作：tool ribbons(工具功能区)→dataset actions(数据集操作)→merge(合并)→create new dataset：name(创建新数据集)：名称-WS8_1→OK(确定)。见图 8.42。

图 8.43 展示了合并后的数据集。我们注意到，软件已自动将数据集持续时间内包含错误/遗漏值的日期和时间部分以灰色高亮显示。当我们选择用鼠标点击高亮灰色部分时，它将变为绿色，并激活顶部功能区按钮上的数据切片工具。见图 8.44。

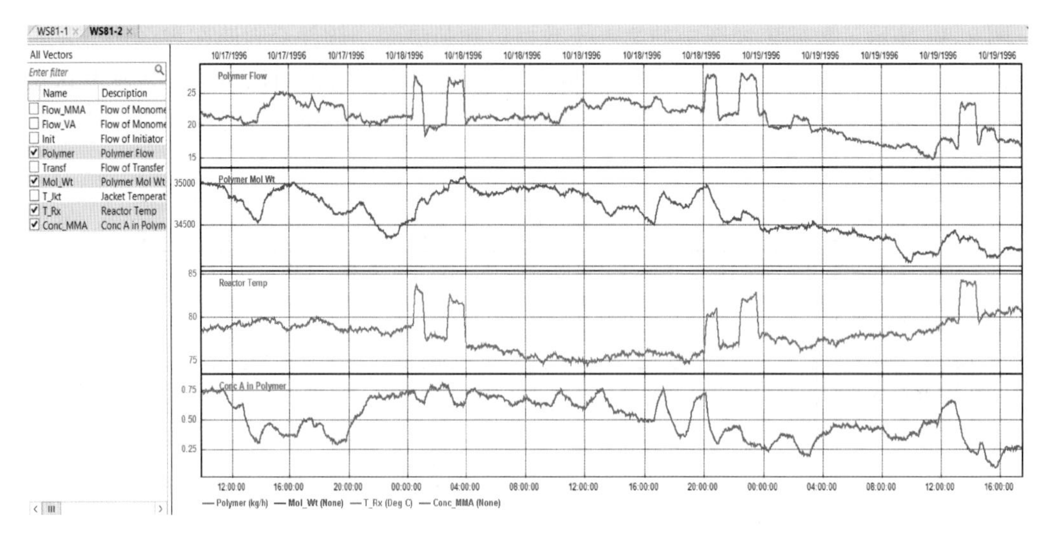

图 8.41　阶跃测试期间四个被控变量连续变化的第二个数据集显示

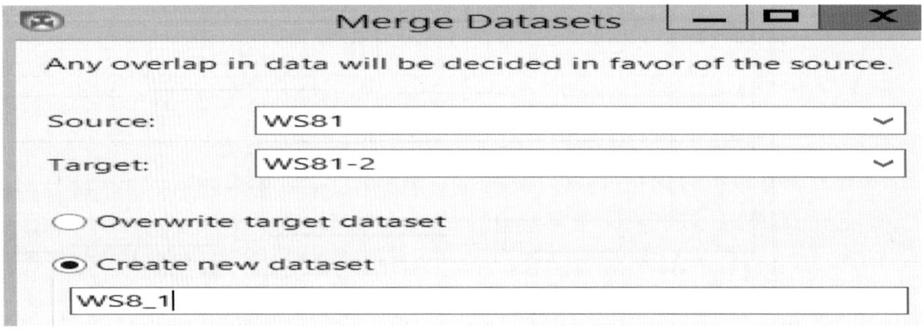

Merge Datasets

Any overlap in data will be decided in favor of the source.

Source: WS81

Target: WS81-2

○ Overwrite target dataset

◉ Create new dataset

WS8_1

图 8.42　两个合并为一个新数据集 WS8_1

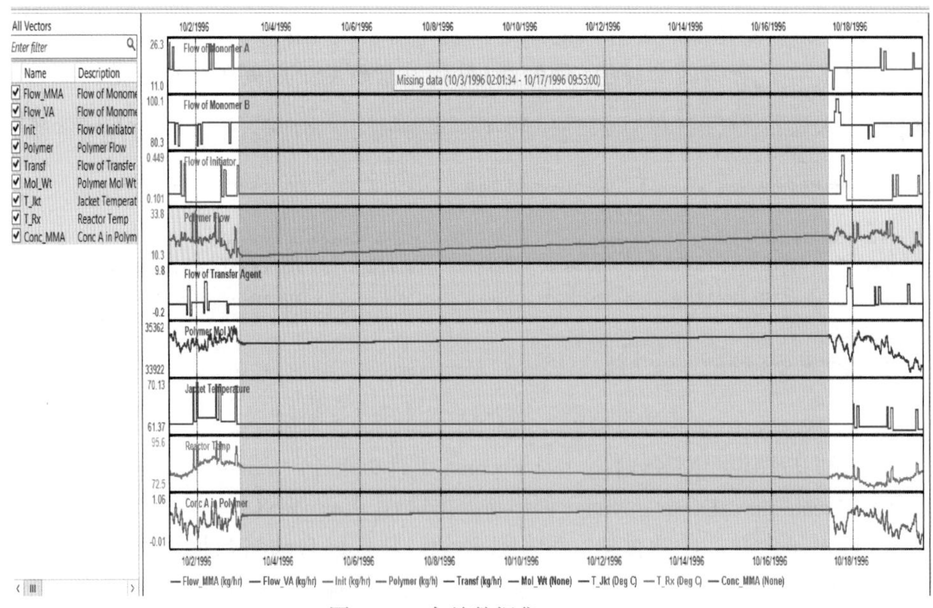

图 8.43　合并数据集 WS8_1

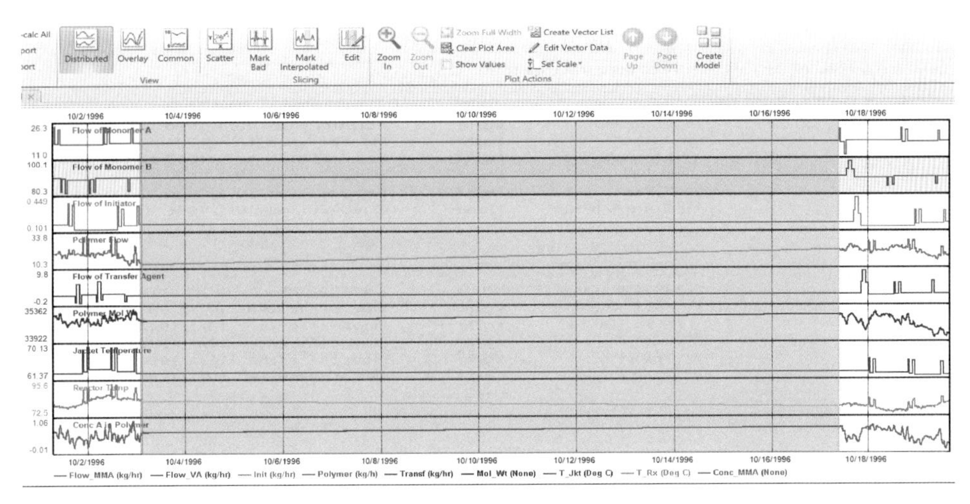

图 8.44　使用鼠标突出显示坏数据/缺失数据部分，以激活功能区按钮中的数据切片工具

然后我们点击“Mark Bad(标记坏值)”功能区按钮，就会看到如图 8.45 所示的输入窗口，在该窗口中我们应用全局切片工具移除所有数据缺失向量(变量)的坏数据集部分，然后点击“OK”按钮。

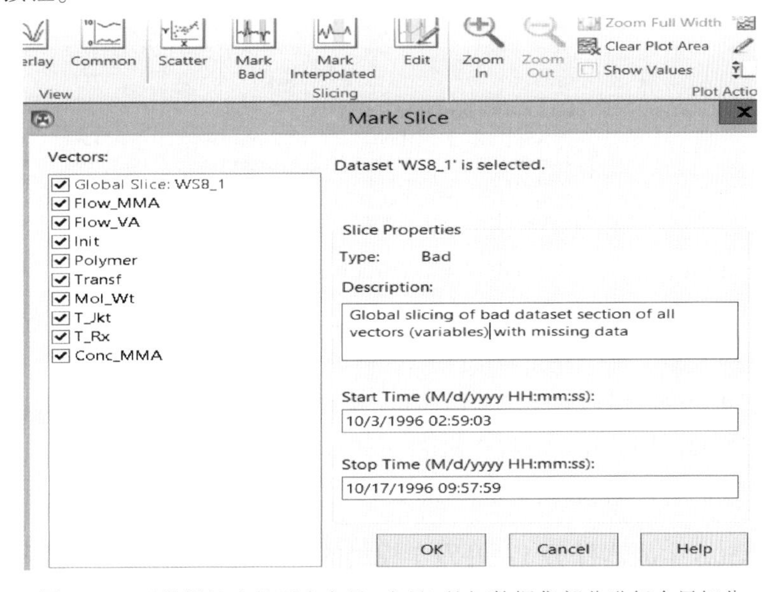

图 8.45　对数据缺失的所有向量(变量)的坏数据集部分进行全局切分

8.2.5　创建操作变量(MV)和被控变量(CV)列表

在顶部工具功能区，我们选择“Manage Lists(管理列表)”来创建：①MV(操作变量)列表：Flow_MMA、Flow_VA、Init、Transf 和 T_Jkt；②CV(被控变量)列表：Polymer、Mol_Wt、T_Rx 和 Conc_MMA。使用添加(+)和删除(-)按钮可分别创建新列表或删除现有列表。创建列表后，从右上角列表中选择所需的变量(向量)，然后使用箭头键将其移动到右键部分的列表中。MV 和 CV 列表见图 8.46 和图 8.47。

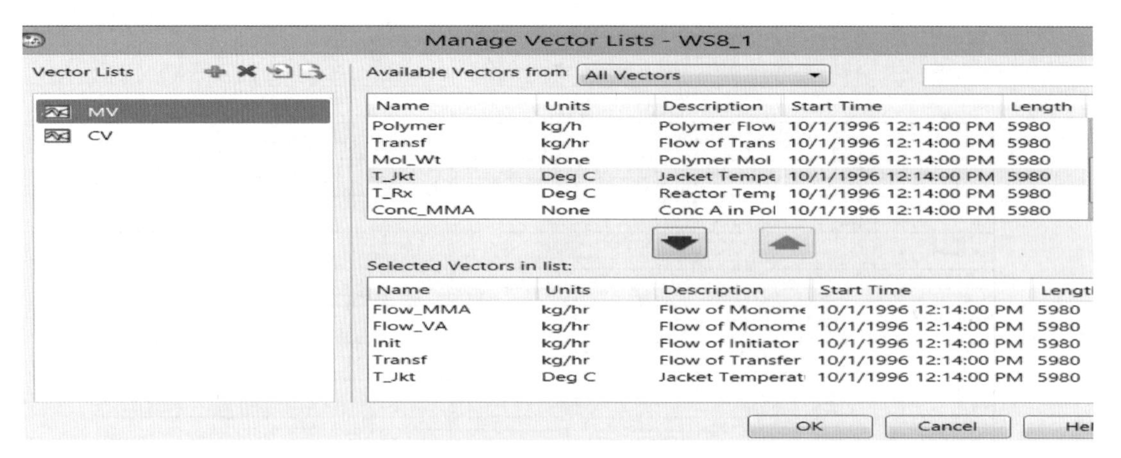

图 8.46　MV(操作变量)列表

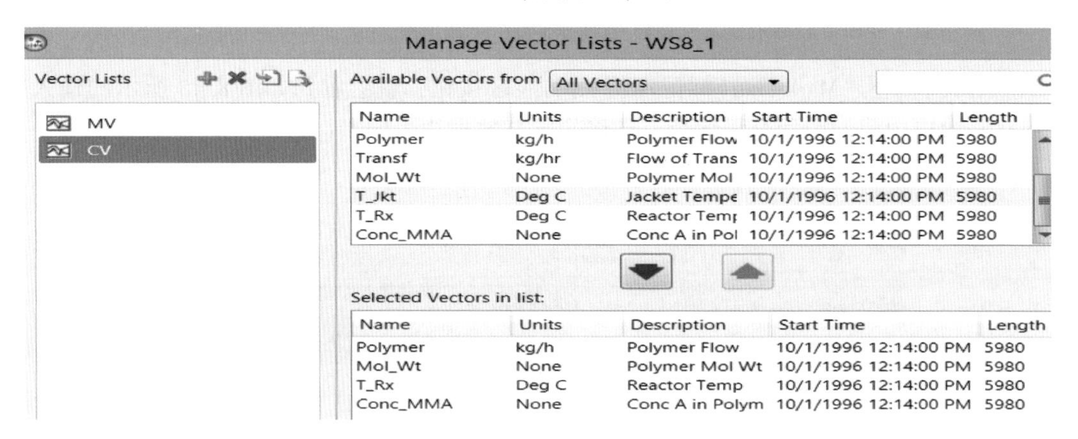

图 8.47　CV(被控变量)列表

我们在此提出一个重要说明。MV 是操作员可以改变的独立变量。控制问题可能包括影响过程的其他独立变量，称为前馈变量(FF)，但操作员无法直接改变它们。如果我们的工厂步骤测试数据集包含随时间变化的前馈向量(变量)，则应将这些前馈向量列入自变量列表的末尾。对于当前问题，我们应将任何 FF 变量列入图 8.46 中的 MV 列表末尾，并将这些 FF 变量置于反应器冷却套温度变量 T_Jkt 之后。

8.2.6　DMC3 生成器任务 1：开发主模型的模型辨识(ID)——设置模型 ID

我们点击工具栏最右侧的创建模型按钮，开始使用数据集“***WS8.1_1***”建立动态控制器模型。在“Identify Model-Specify Structure(辨识模型-指定结构)”输入表单中，我们输入了模型名称、共聚、指定 90 min 的到达稳态时间，并选择 5 个 MV 作为输入变量，4 个 CV 作为输出变量，见图 8.48。单击“OK”后会出现图 8.49 的“Case Editor(例题编辑器)”屏幕。

如图 8.50 所示，在共聚控制器导航树的左侧栏中，我们点击主模型中的所有变量，以查看数据集和输入输出变量列表。

接下来，我们点击工具栏上例题视图的参数试验(见图 8.50)，开始指定试验例题，重点是表 8.3 所列参数的 FIR 试验(模拟运行)。

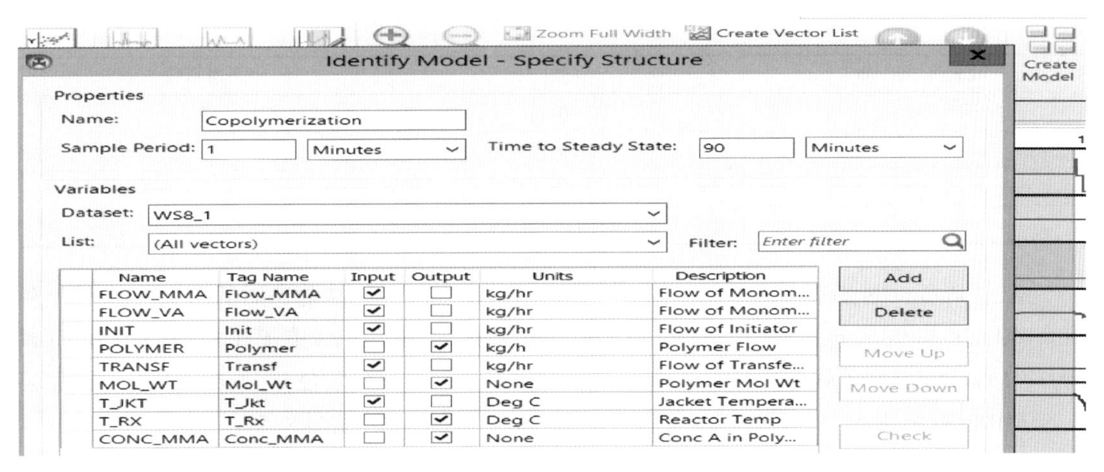

图 8.48 控制器模型规格

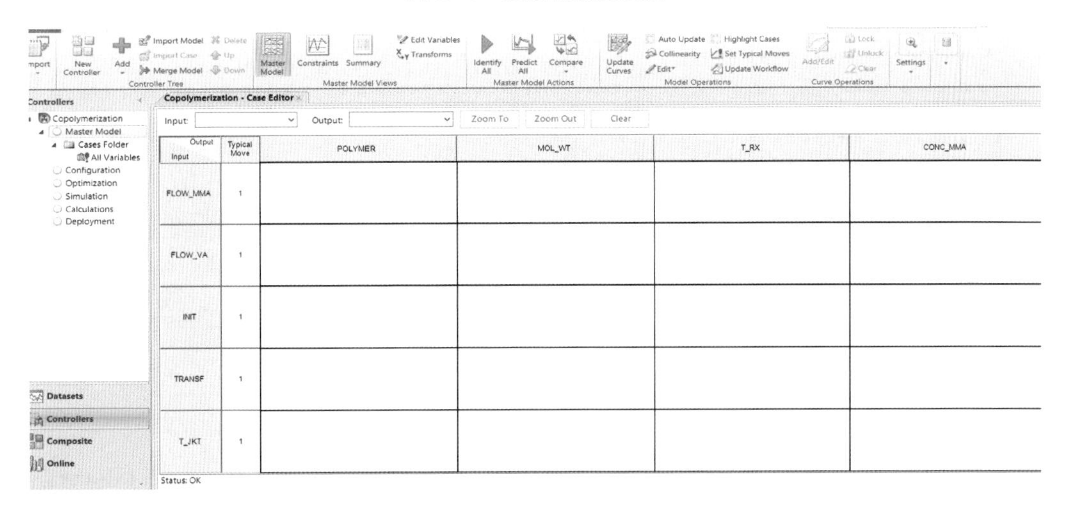

图 8.49 例题编辑器屏幕

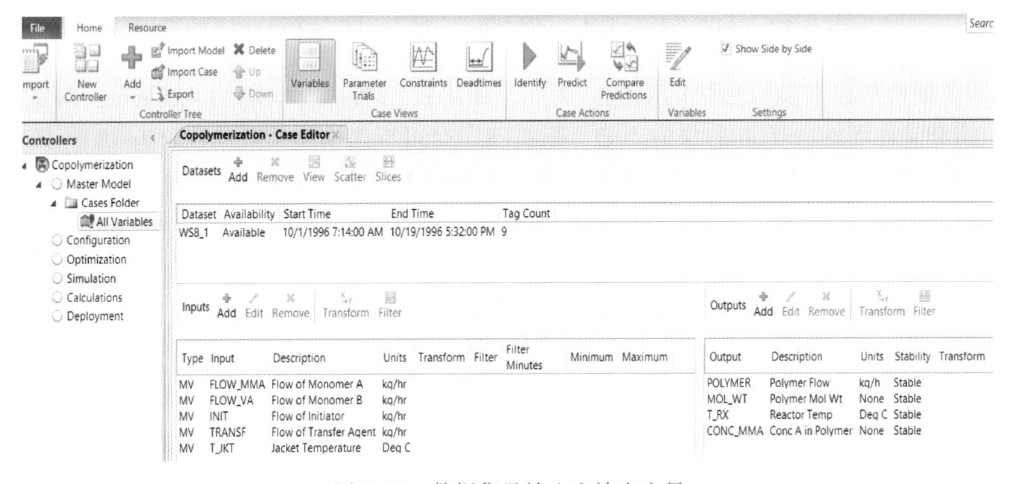

图 8.50 数据集及输入和输出变量

表 8.3　例题 WS8.1 中的 FIR 试验案例数

稳态时间/min	系数	平滑系数
30	30	5
60	60	5
90	90	5
120	120	5

点击“Parameter Trials(参数试验)”后，软件会自动创建“**到达稳态时间(T_{SS})**”分别为 30 min、60 min 和 90 min 的例题。确保选中 90 min 例题的 ***“Master(主模式)”“Prediction(预测)”“Uncertainty(不确定性)”和“Time Uncertainty(时间不确定性)”***复选框。我们还需要点击 FIR 试验旁边的“+”按钮，添加 T_{SS}为 120 min 的新例题。见图 8.51。

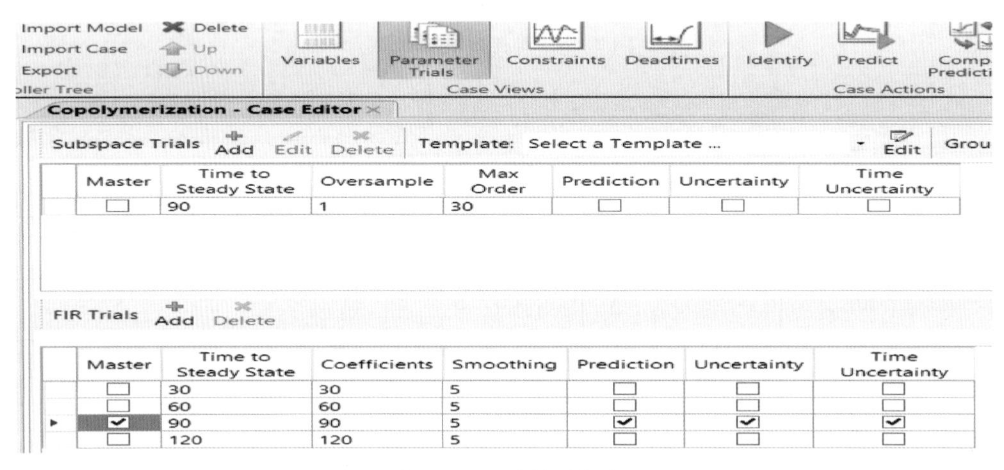

图 8.51　试验例题名单

由于我们的采样周期(数据收集间隔)为 1 min(见图 8.48)，因此软件假定控制器的执行间隔为 1 min，并根据式(8.48)给出与 T_{SS}相等的模型系数：

$$[\text{控制器执行时间间隔, min}] = \frac{\text{到达稳态时间, min}}{\text{模型系数的数量}} \times [\text{采样周期, min}] \quad (8.48)$$

需要模型系数来模拟更快的响应。例如，如果控制器执行间隔为 0.5 min，而 T_{SS}(=90 min)和采样周期(=1 min)保持不变，则式(8.48)可算出模型系数的数量为 180。模型系数的数量也决定了 DMC3 生成器计算的***未来控制动作的数量***，见表 8.4。我们注意到，模型系数数量越多，控制器的执行间隔就越小，计算出的控制动作数量也就越多。了解这一关系是应用控制来应对系统中快速变化的独立干扰的关键。

表 8.4　模型系数数量与计算的控制步幅数量之间的关系

模型系数数量	30	45	60	75	90	105	120
计算的控制步幅数量	8	9	10	11	12	13	14

第三个参数“**Smoothing Factor(平滑系数)**”用于平滑数据，并对连续 FIR 模型系数之间的变化进行惩罚。默认值 5 在大多数情况下都是可以接受的。

现在我们移动到工具按钮中的“Case Actions(案例操作)”，点击“Identify(辨识)”按钮运行模型辨识(ID)。图 8.52 显示了 FIR 模型识别的进度窗口。

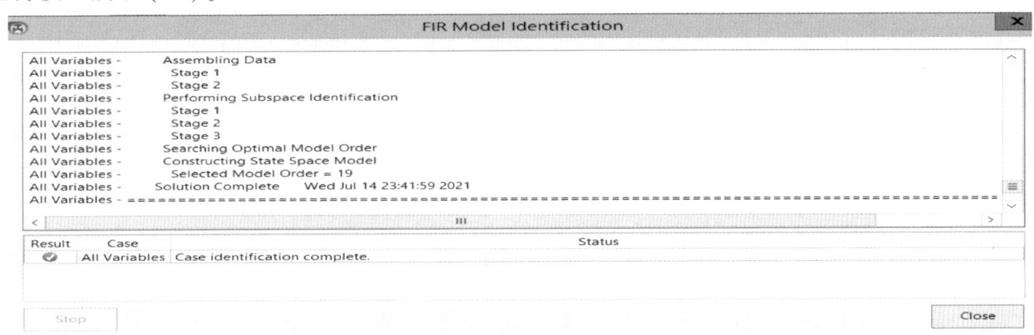

图 8.52　窗口显示 FIR 模型辨识的进度

当看到“Solution Complete(解决方案完成)”信息时，我们点击“Close(关闭)”。图 8.53 显示了每个 T_{SS} 的已辨识平滑和未平滑模型响应曲线。

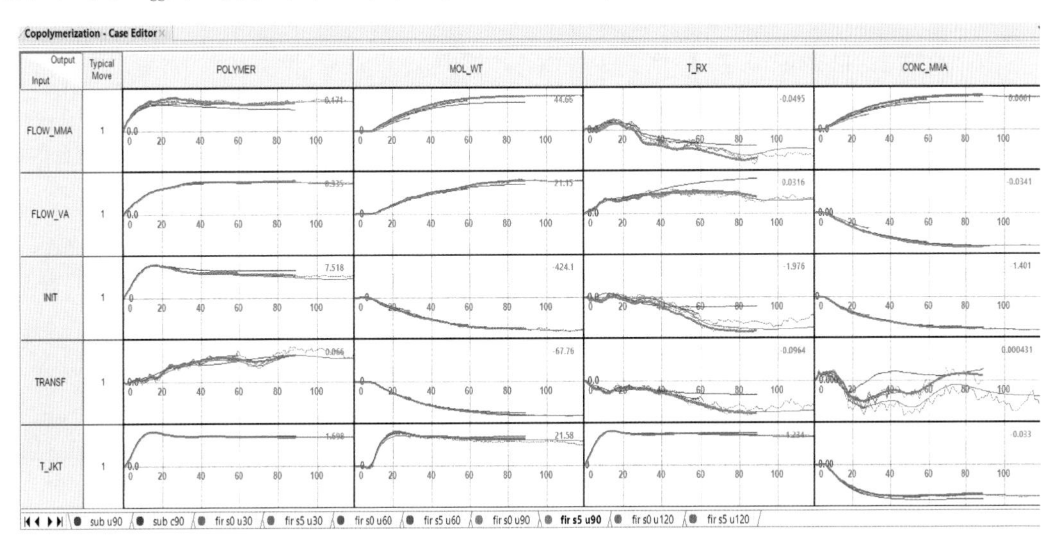

图 8.53　已辨识的平滑和未平滑模型响应曲线：“firS5, U90”表示有限脉冲响应，平滑系数 = 5，T_{SS} = 90 min

8.2.7　选择模型参数的指导

在第 8.2.6 节中，我们讨论了与式(8.48)相关的模型系数数量、采样周期和控制器执行时间间隔。我们指出，平滑系数选取 5 始终是一种好的做法。那么如何选择第三个参数 T_{SS} 呢?

我们根据模型中最慢的响应来选择 T_{SS}，所有模型响应都应在选定的 T_{SS} 达到稳定状态。我们扩展较快的响应曲线，使其与选定的 T_{SS} 一致。

图 8.54 比较了 T_{SS} = 30 min、60 min、90 min 和 120 min 时的 FIR 曲线，平滑系数为 5。比较结果证明，我们选择的主模式在所有控制变量(Polymer、Mol_Wt、T_Rx 和 Conc_MA)达到稳态值时的 T_{SS} 为 90 min。

一般来说，如果所选的 T_{SS} 值过短，控制变量将继续变化；如果 T_{SS} 值过大，则会导致控制变量的平滑响应曲线和非平滑响应曲线在末端渐行渐远。

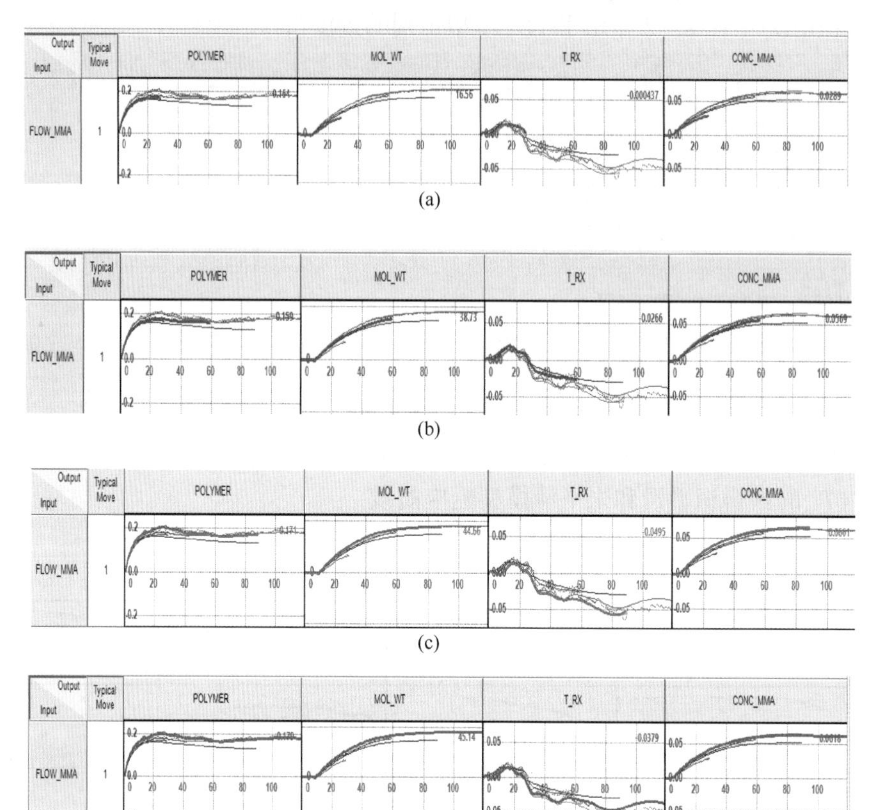

(a) (b) (c) (d)

图 8.54 (a)~(d)对稳态时间(T_{SS})选择的评估

(a) fir S5 U30：非线性脉冲响应，S5 表示平滑系数为 5，U30=T_{SS}为 30 min。

Mol_Wt 和 Conc_MMA(y 轴)在超过 30 min(T_{SS})(x 轴)后继续增加。

过了 30 min(T_{SS})后，T_Rx 继续下降。请注意在 30 min 时结束的红色曲线。

(b) fir S5 U60：T_{SS}为 60 min。Mol_Wt 和 Conc_MMA 在 60 min(T_{SS})后继续上升。T_Rx 在 60 min(T_{SS})后继续下降。

(c) fir S5 U90：T_{SS}为 90 min。Polymer、Mol_Wt、T_Rx 和 Conc_MMA 似乎达到了稳定值，在 90 min(T_{SS})后变化不大。

(d) fir S5 U120：由于所有因变量都已在 90 min(T_{SS})左右达到稳态值，因此 120 min(T_{SS})似乎过长。

8.2.8 主模型的不确定性和关联图

我们按照导航树上的路径显示 T_{SS}为 90 min 的主模式：Copolymerization Model(共聚模型)→Master Model(主模型)→Cases Folder(例题文件夹)→All Variables(所有变量)，然后点击工具栏上的“Frequency Uncertainty(频率不确定性)”按钮。图 8.55 显示了生成的***频域不确定性图***。在每个响应曲线图中，深色平均响应曲线上下的阴影区域表示包含 95.4 %的所有数据点的两个西格玛置信区间。阴影区域越窄，平均响应曲线越精确。例如，Mol_Wt 和 Conc_MMA 对 Flow_MMA 变化的模型响应图包含非常窄的双西格玛置信区间，这些模型响应图的质量被评为“优”或“A”。相比之下，T_Rx 对 Flow_MMA 和 Transf 变化的模型响应图的双西格玛区域阴影较宽，表明图的质量较差，等级为“C”。在聚合物对 Transf 变化的模型响应图中，我们可以看到质量很差的图，双西格玛阴影区域很大，等级为“D”。

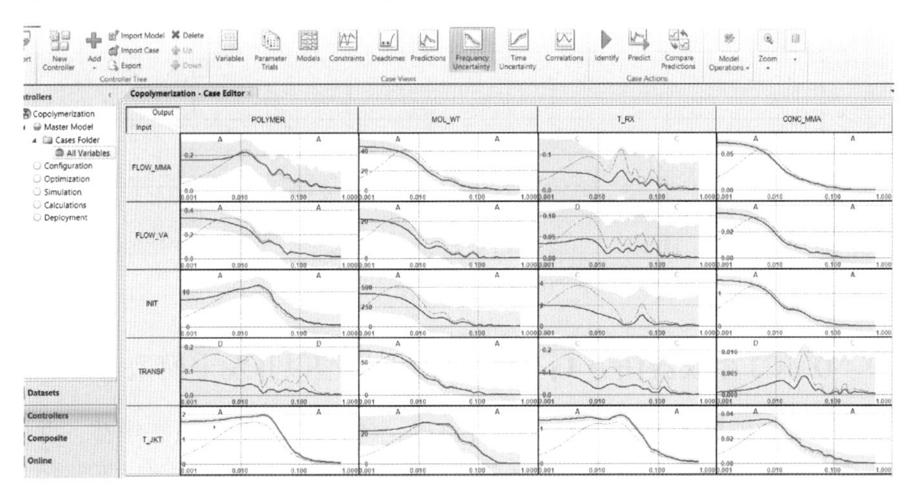

图 8.55　T_{SS}为 90 min 时主模式的频域不确定性图

同样，图 8.56 显示了时域不确定性图。对于每一对输入/输出变量，我们可以看到阴影部分的双西格玛置信区间，以及从“A”到“D”的相应模型等级。频域和时域不确定性图得出的模型等级基本相同。

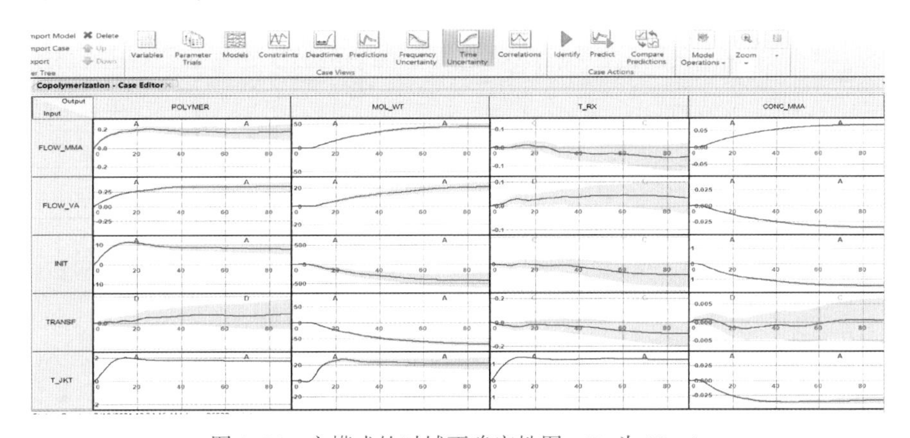

图 8.56　主模式的时域不确定性图，T_{SS}为 90 min

图 8.57 的相关图显示了一个输入变量或 MV 与另一个输入变量的相关程度。*相关系数*是衡量两个变量相对移动之间关系强度的统计量。相关系数的取值范围为-1.0~1.0。相关系数为-1.0 表示完全负相关，而相关系数为 1.0 表示完全正相关。

在图 8.57 中，X 轴和 Y 轴均表示输入变量或 MV。我们可以在每幅图的右上角看到两个输入变量之间的相关系数值，其值为 0~0.28，表示相对较小的正相关。

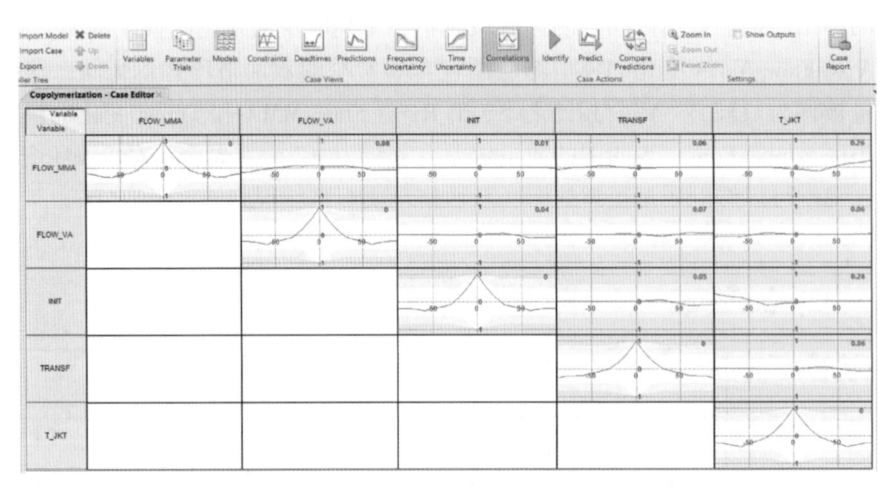

图 8.57　T_{SS}为 90 min 时主模式的相关系数图

8.2.9　DMC3 生成器任务 1：建立控制器模型以开发主模型

在创建最终控制器模型之前，我们需要检查每个输入输出对的稳态增益，并研究输入变量的哪些变化会对特定输出变量产生显著影响。具体来说，我们按照以下路径复制所有输入输出对的稳态增益值：Controllers(控制器)→Copolymerization(共聚)→Master Model(主模型)→Case Folder(案例文件夹)→All Variables(所有变量)(在模型响应曲线工作区内单击右键)，复制增益。见图 8.58 和图 8.59。

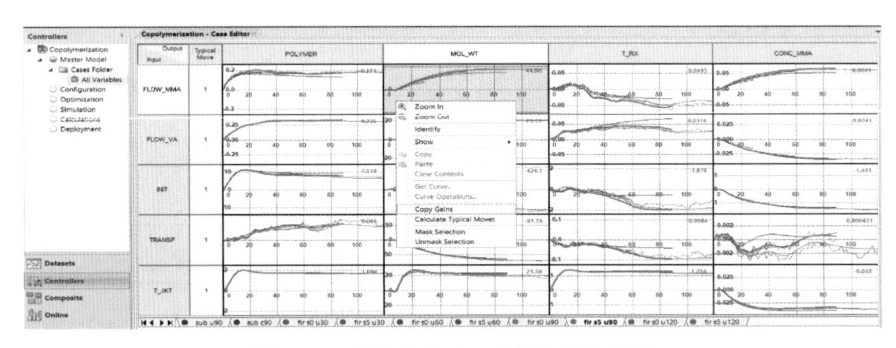

图 8.58　复制模型响应曲线的稳态增益

	Polymer	Mol_Wt	T_Rx	Conc_MMA
Flow_MMA	0.17934	45.14481	-0.03789	0.06183
Flow_VA	0.30703	20.66526	0.02761	-0.03299
Init	6.4882	-449.30365	-1.79204	-1.48661
Transf	0.057621	-69.59745	-0.08827	-0.001382
T_Jkt	1.68508	19.29814	1.14019	-0.03625

图 8.59　T_{SS}为 90 min 时模型响应曲线的稳态增益

图 8. 60 给出了图 8. 23 中稳态增益矩阵的具体比值算法。

$\frac{\Delta(\text{Polymer})}{\Delta(\text{Flow\_MMA})}$	$\frac{\Delta(\text{Mol\_Wt})}{\Delta(\text{Flow\_MMA})}$	$\frac{\Delta(\text{T\_Rx})}{\Delta(\text{Flow\_MMA})}$	$\frac{\Delta(\text{Conc\_MMA})}{\Delta(\text{Flow\_MMA})}$
$\frac{\Delta(\text{Polymer})}{\Delta(\text{Flow\_VA})}$	$\frac{\Delta(\text{Mol\_Wt})}{\Delta(\text{Flow\_VA})}$	$\frac{\Delta(\text{T\_Rx})}{\Delta(\text{Flow\_VA})}$	$\frac{\Delta(\text{Conc\_MMA})}{\Delta(\text{Flow\_VA})}$
$\frac{\Delta(\text{Polymer})}{\Delta(\text{Init})}$	$\frac{\Delta(\text{Mol\_Wt})}{\Delta(\text{Init})}$	$\frac{\Delta(\text{T\_Rx})}{\Delta(\text{Init})}$	$\frac{\Delta(\text{Conc\_MMA})}{\Delta(\text{Init})}$
$\frac{\Delta(\text{Polymer})}{\Delta(\text{Transf})}$	$\frac{\Delta(\text{Mol\_Wt})}{\Delta(\text{Transf})}$	$\frac{\Delta(\text{T\_Rx})}{\Delta(\text{Transf})}$	$\frac{\Delta(\text{Conc\_MMA})}{\Delta(\text{Transf})}$
$\frac{\Delta(\text{Polymer})}{\Delta(\text{T\_Jkt})}$	$\frac{\Delta(\text{Mol\_Wt})}{\Delta(\text{T\_Jkt})}$	$\frac{\Delta(\text{T\_Rx})}{\Delta(\text{T\_Jkt})}$	$\frac{\Delta(\text{Conc\_MMA})}{\Delta(\text{T\_Jkt})}$

图 8. 60　稳态增益矩阵的具体比值算法

比较各 CV 列的稳态增益值大小后，我们得出的结论是所有输入变量或 MV 行对“聚合物分子量”列都有显著影响。此外，我们还注意到以下几点：

（1）链转移剂（Transf）的质量流速对聚合物质量流量（Polymer）的影响最小，增益为 0. 057621。

（2）MMA 和 VA 的质量流速，即 Flow_MMA 和 Flow_VA，对反应器出口温度 T_Rx 的影响最小，增益分别为-0. 03789 和 0. 02761。

（3）Transf 的质量流速对聚合物产物 Conc_MMA 中单体 MMA 的浓度或摩尔分率的影响最小，增益为-0. 001382。

我们消除了那些对具有最小稳态增益值的特定 CV 影响最小的 MV 后单击“Mask Selection（隐藏所选）”使得这些响应曲线无法复制到最终主模型中。比如，我们通过标记对应的响应曲线，右键唤出选择菜单然后单击“Mask Selection”，以此将 Transf 的质量流速隐藏，将其作为 MV 用于控制聚合物产品中 MMA 的摩尔分率（Conc_MMA）。详见图 8. 61、图 8. 62。

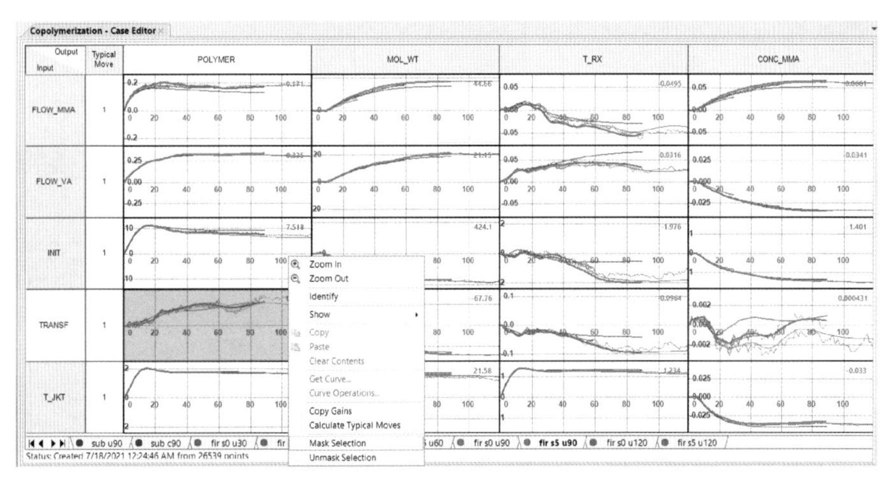

图 8. 61　通过标记所选从最终主模型中消除选定输入输出对的模型响应曲线

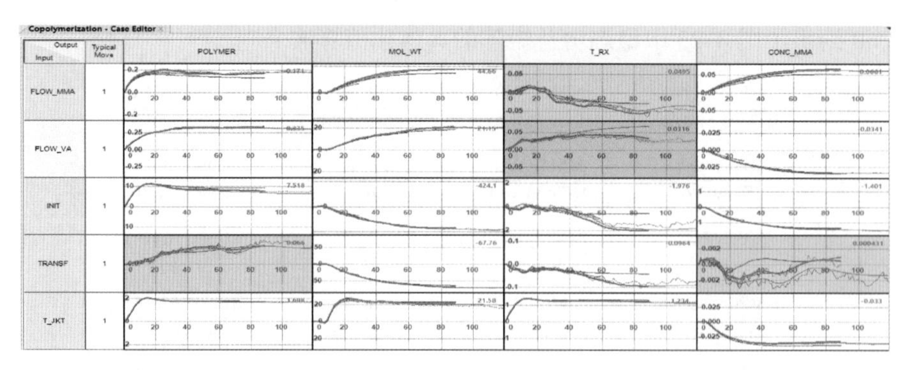

图 8.62　在“隐藏所选”后从最终主模型抹除的四条被标记曲线画面

8.2.10　DMC3 生成器任务 1：创建控制器模型

创建控制器模型的第一步是将各初步测试定义为主要测试。此处重复之前的选择，见图 8.53。单击导航树中的主模型后可在工具栏中看到模型视图，见图 8.63。在点击“Update Curve(更新曲线)”后，将看到模型更新报告。请确认勾选“Allow overwrite of all null models in the master(允许覆盖主模型中的所有空模型)”和“Overwrite all curve operations(覆盖所有曲线操作)”(见图 8.64)。单击“OK”将生成图 8.65 所示的主模型响应曲线。

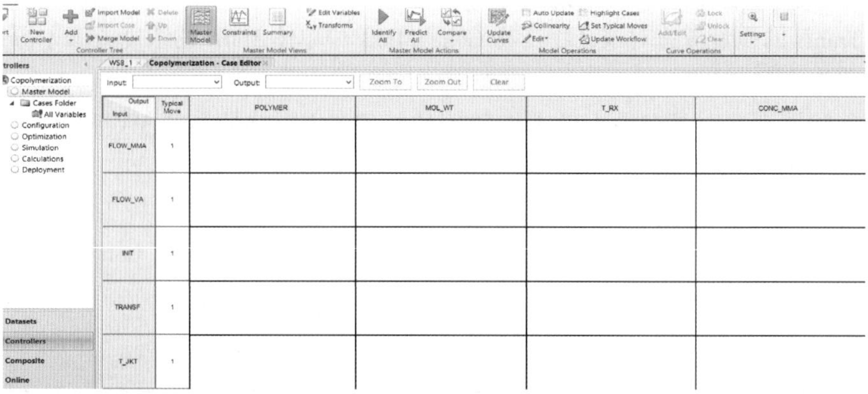

图 8.63　等待更新曲线将 T_{SS} 为 90 min 的主案例响应曲线复制到空模型面板的主模型视图

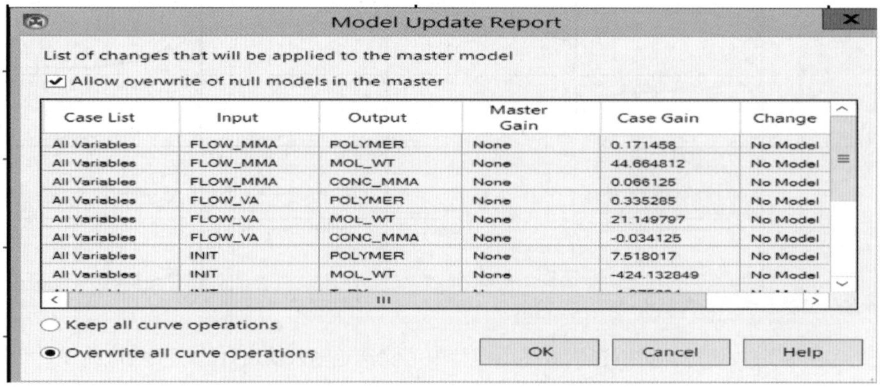

Model Update Report

List of changes that will be applied to the master model

☑ Allow overwrite of null models in the master

Case List	Input	Output	Master Gain	Case Gain	Change
All Variables	FLOW_MMA	POLYMER	None	0.171458	No Model
All Variables	FLOW_MMA	MOL_WT	None	44.664812	No Model
All Variables	FLOW_MMA	CONC_MMA	None	0.066125	No Model
All Variables	FLOW_VA	POLYMER	None	0.335285	No Model
All Variables	FLOW_VA	MOL_WT	None	21.149797	No Model
All Variables	FLOW_VA	CONC_MMA	None	-0.034125	No Model
All Variables	INIT	POLYMER	None	7.518017	No Model
All Variables	INIT	MOL_WT	None	-424.132849	No Model

○ Keep all curve operations

◉ Overwrite all curve operations

OK　Cancel　Help

图 8.64　点击“更新曲线”后的模型更新报告

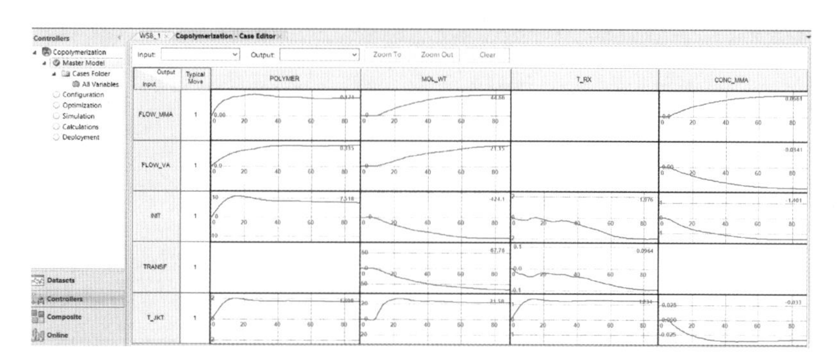

图 8.65 更新了 T_{SS} 为 90 min 的主模型

8.2.11 模型响应曲线中滞后时间的识别

我们通过双击曲线来放大Flow_VA和 Mol_Wt 之间的模型响应曲线。放大的曲线显示在 Flow_VA 改变之后 Mol_Wt 开始改变之前约 9 min 的滞后时间。我们通过以下路径识别滞后时间：标记显示模型曲线→右键单击打开曲线操作菜单→点击“曲线操作”(见图 8.66)→将曲线移动-9 min 并更新图表(见图 8.67)→将曲线移动+9 min 并更新图表(见图 8.68)→更新曲线。

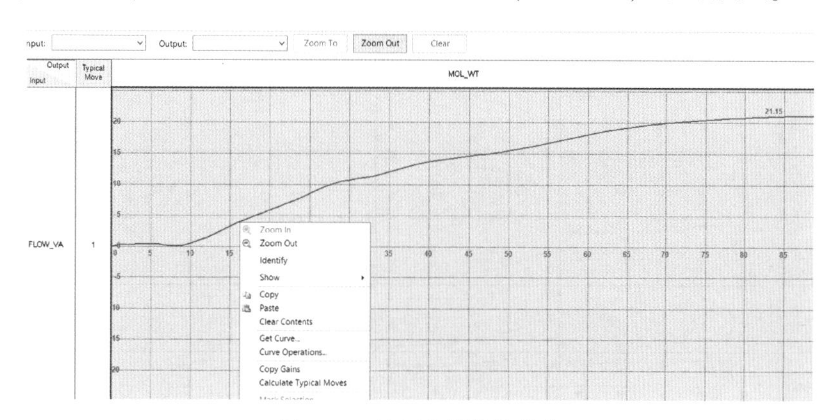

图 8.66 访问曲线操作菜单

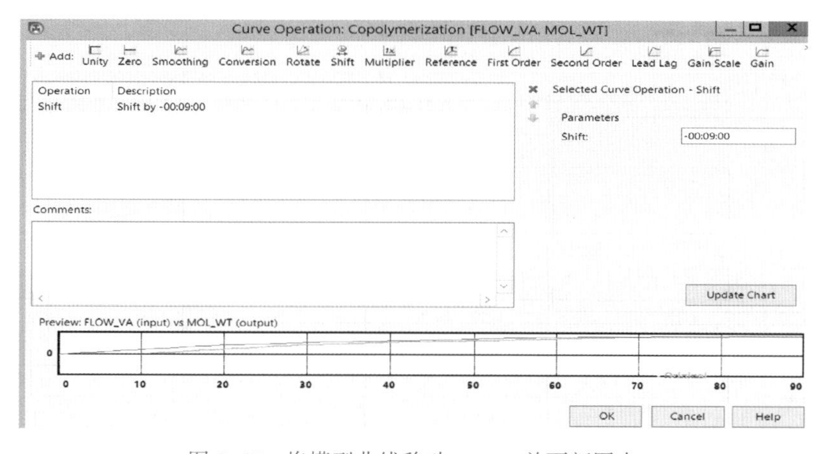

图 8.67 将模型曲线移动-9 min 并更新图表

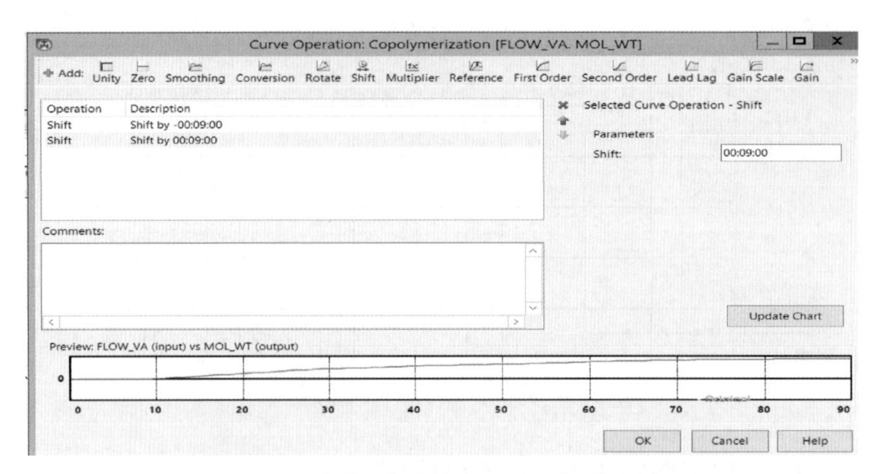

图 8.68　将模型曲线移动+9 min 并更新图表

图 8.69 显示了该曲线操作产生的模型响应曲线用以确定输出变量 Mol_Wt 和输入变量 Flow_VA 之间的滞后时间。注意这些变量的关系曲线图右下角的深蓝色三角标。

按照相同的步骤，我们把其他的输入-输出对的死区时间也辨识出来。图 8.70 是辨识后的模型响应曲线。

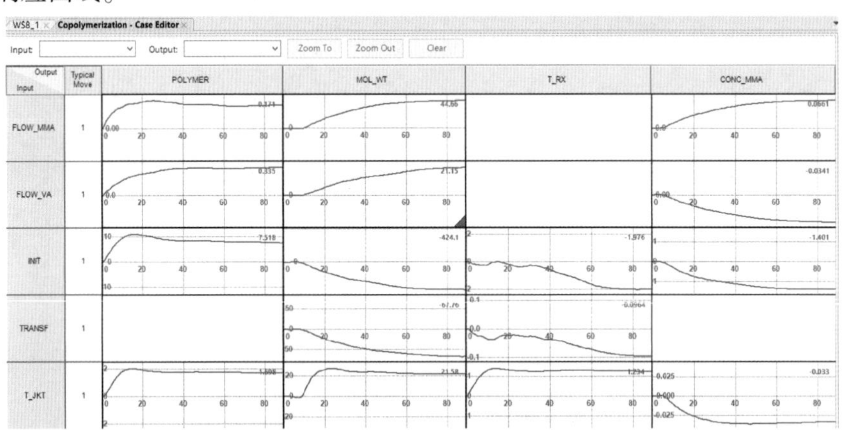

图 8.69　模型响应曲线右下角有一个表示已完成曲线操作的蓝色三角标

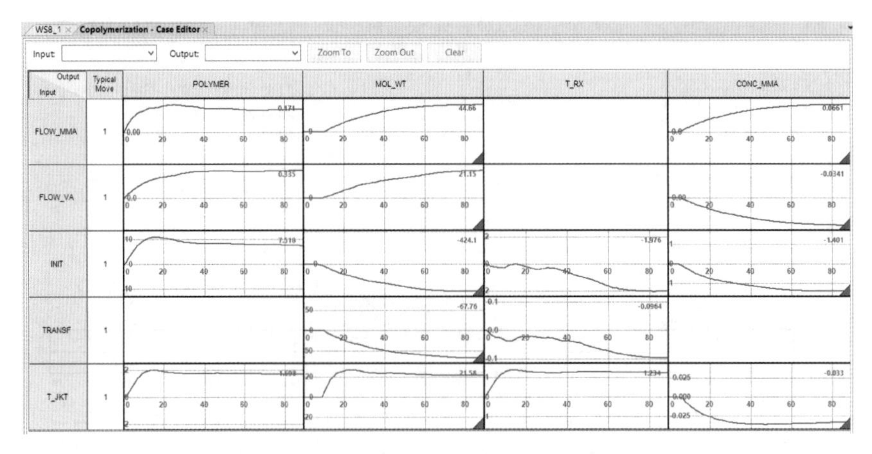

图 8.70　处理滞后时间后的模型响应曲线

8.2.12 共线性分析

务必要在主模型部署之前对其进行共线性分析(在第 8.1.4.1 节和第 8.1.4.2 节中已讨论)。共线性分析能识别和修复病态模型矩阵，可以从模型矩阵中识别出几乎共线或高度非线性的子模型。共线分析包括以下五个步骤：

步骤 1. 选择变量并指定选项：选择要分析的 MV 和 CV，并指定增益分析项，如 RGA (相对增益分析)阈值、奇异值分析和允许的增益变化。

步骤 2. 分析和确定关系：分析模型，确定哪些 CV-MV 对存在共线问题，并指定单个模型响应曲线增益的置信区间。

步骤 3. 创建组：使用没有平方关系(2×2、3×3 等)的 MV-CV 曲线创建组。

步骤 4. 修复组和更新模型：通过共线或不共线组来修复平方和非平方组的增益。

步骤 5. 检查收益并保存到主模型。

下面会解释和演示每个步骤的细节。

步骤 1. 选择变量并指定选项

如图 8.71 所示首先进入控制器导航树并选择“共聚”→“主模型”。在顶部的工具按钮上，我们点击“Model Operations(模型操作)”中的“Collinearity(共线)”。随后看到一个对话框：“Do you want to use the collinearity repair wizard(你想使用共线修复向导吗)?”选择“No”以使用共线修复对话框，见图 8.72。

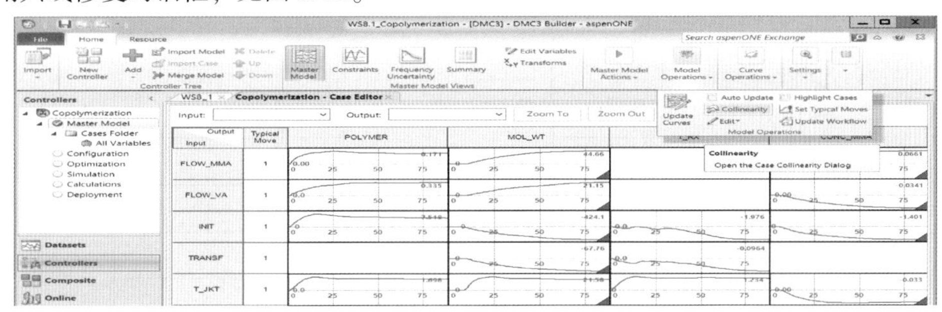

图 8.71 激活模型操作中的共线性分析

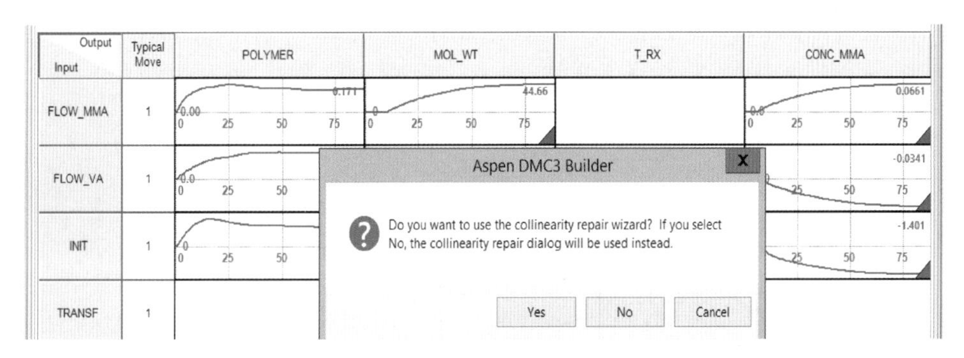

图 8.72 点击“No”以选择共线修复对话框

然后可以看到“Select Variables-Copolymerization(选择变量-共聚)”，并选择所有 MV 和 CV 进行分析。单击“OK”进入“Collinearity Analysis(共线分析)”窗口，见图 8.73。请注意，如果 MV

列表包括前馈变量，则不会在共线分析中选择它们。

Select Variables - Copolymerization

☑ Select All

Select	Name	Units	Description
☑	FLOW_MMA	kg/hr	Flow of Mon...
☑	FLOW_VA	kg/hr	Flow of Mon...
☑	INIT	kg/hr	Flow of Initi...
☑	TRANSF	kg/hr	Flow of Tran...
☑	T_JKT	Deg C	Jacket Temp...

☑ Select All

Select	Name	Units	Description
☑	POLYMER	kg/h	Polymer Flow
☑	MOL_WT	None	Polymer Mol ...
☑	T_RX	Deg C	Reactor Temp
☑	CONC_MMA	None	Conc A in Poly...

图 8.73　选择用于共线性分析的变量

接下来，请参见“Collinearity Analysis-Copolymerization(共线分析-共聚)”窗口，其中显示了共线分析按钮的顶部工具栏。点击“Options(选项)”，弹出“Collinearity Options(共线选项)”窗口，如图 8.74 所示。请注意，默认设置指定使用相对增益阈值为 10、大阈值为 50 和小阈值为 1 的 RGA。这些默认设置对我们的模型来说就足够了。在“共线选项”窗口中单击“OK”以接受这些设置，然后弹出如图 8.75 所示的共线分析结果。在图中，可以发现子矩阵的总数为 1。这是因为有 5 个 MV 和 4 个 CV，以及 5×4 的增益矩阵，并且 RGA 仅适用于 5×4 增益矩阵的单个 4×4 平方子矩阵。

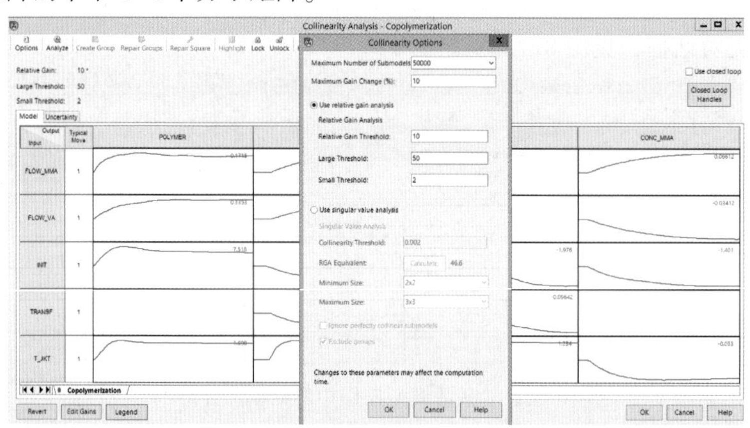

图 8.74　具有默认设置的共线分析选项：相对增益组(RGA)或特殊值分析(SVA)

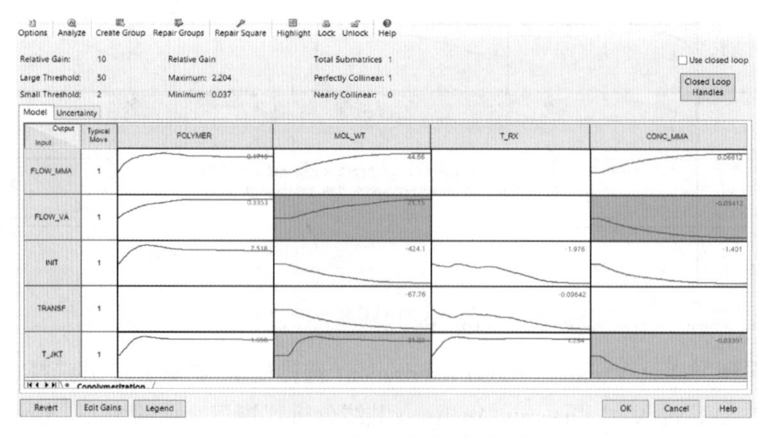

图 8.75　共线分析结果截屏

步骤 2. 分析和确定关系

图 8.75 显示了两个共线系统，如阴影部分 MV-CV 对所示：(FLOW_VA)-(MOL-WT)增益为 21.15，(T_JKT)-(MOL_WT)增益为 21.03，(FLOW_VA)-(CONC_MMA)增益为-0.03412，(T_JKT)-(CONC_MMA)增益为-0.03391。

步骤 3. 创建组

接下来，点击名为 MOL_WT 和 CONC_MMA 的 CV 以及名为 FLOW_VA 和 T_JKT 的 MV，从“Parallel Groups(平行组)”中选中这些变量。这将导致在所选变量名称的右上角产生一个红色三角形，见图 8.76。

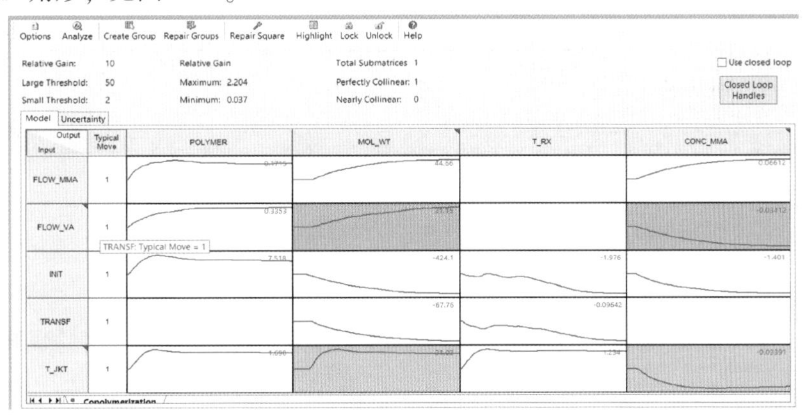

图 8.76　选择 MV 和 CV 以形成平行组，导致在变量名称的右上角形成红色三角形

然后，我们点击顶部工具栏上的“Create Group(创建组)”按钮进行共线分析，并看到如图 8.77 所示的“Edit Parallel Groups(编辑平行)”画面。点击图 8.77 中显示的“Edit(编辑)”按钮将显示图 8.78 的画面。

步骤 4. 修复组和更新模型

在图 8.78 中的“Create Parallel Group(创建平行组)”文件夹中单击“OK”，然后单击顶部工具栏中的“Repair Square(修复方阵)”进行共线分析，以固定剩余平方子矩阵组和上一任务中定义的对应组的增益矩阵。结果如图 8.79 和图 8.80 所示，这两张图分别显示了相对增益和(模型)增益。

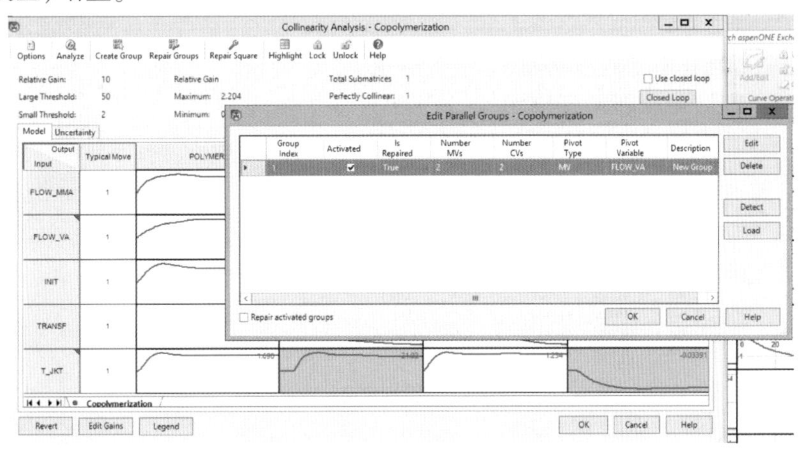

图 8.77　“编辑平行组”画面演示

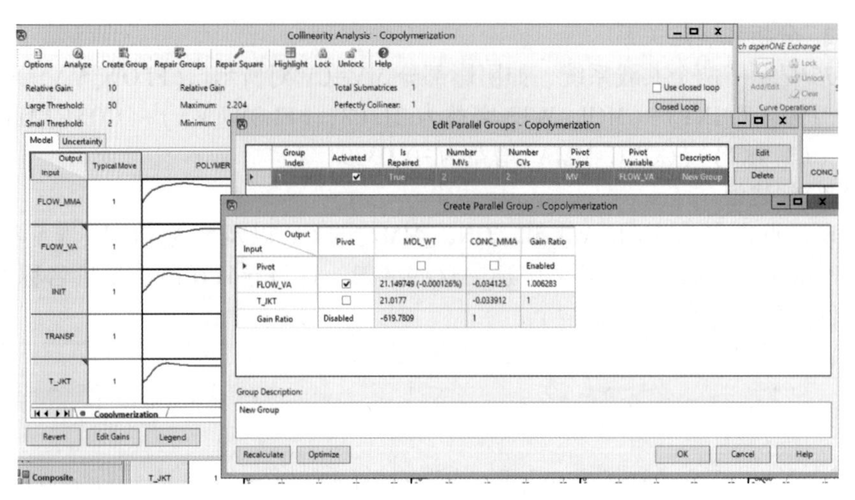

图 8.78　创建平行组，选择默认值 FLOW_VA 作为轴，
然后单击“Recalculate(重新计算)”以确定共线 MV 所需的增益变化

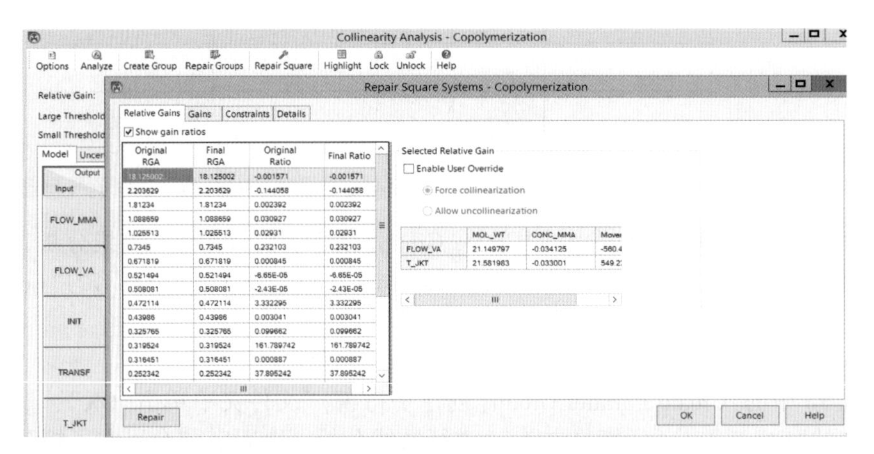

图 8.79　点击“Repair Square(修复方阵)”后的相对增益展示

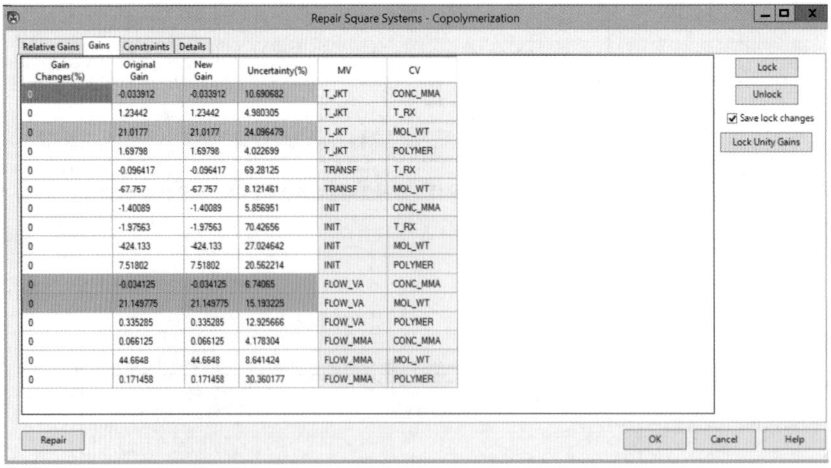

Repair Square Systems - Copolymerization

Relative Gains | Gains | Constraints | Details

Gain Changes(%)	Original Gain	New Gain	Uncertainty(%)	MV	CV
0	-0.033912	-0.033912	10.690682	T_JKT	CONC_MMA
0	1.23442	1.23442	4.980305	T_JKT	T_RX
0	21.0177	21.0177	24.096479	T_JKT	MOL_WT
0	1.69798	1.69798	4.022699	T_JKT	POLYMER
0	-0.096417	-0.096417	69.28125	TRANSF	T_RX
0	-67.757	-67.757	8.121461	TRANSF	MOL_WT
0	-1.40089	-1.40089	5.856951	INIT	CONC_MMA
0	-1.97563	-1.97563	70.42656	INIT	T_RX
0	-424.133	-424.133	27.024642	INIT	MOL_WT
0	7.51802	7.51802	20.562214	INIT	POLYMER
0	-0.034125	-0.034125	6.74065	FLOW_VA	CONC_MMA
0	21.149775	21.149775	15.193225	FLOW_VA	MOL_WT
0	0.335285	0.335285	12.925666	FLOW_VA	POLYMER
0	0.066125	0.066125	4.178304	FLOW_MMA	CONC_MMA
0	44.6648	44.6648	8.641424	FLOW_MMA	MOL_WT
0	0.171458	0.171458	30.360177	FLOW_MMA	POLYMER

Lock　Unlock　Save lock changes　Lock Unity Gains

Repair　OK　Cancel　Help

图 8.80　点击“修复方阵”后的(模型)增益展示

之后请点击“Repair(修复)”，再点击“Start(开始)”。图 8.81 演示了 RGA(相对增益阵列)修复的开始和结束。

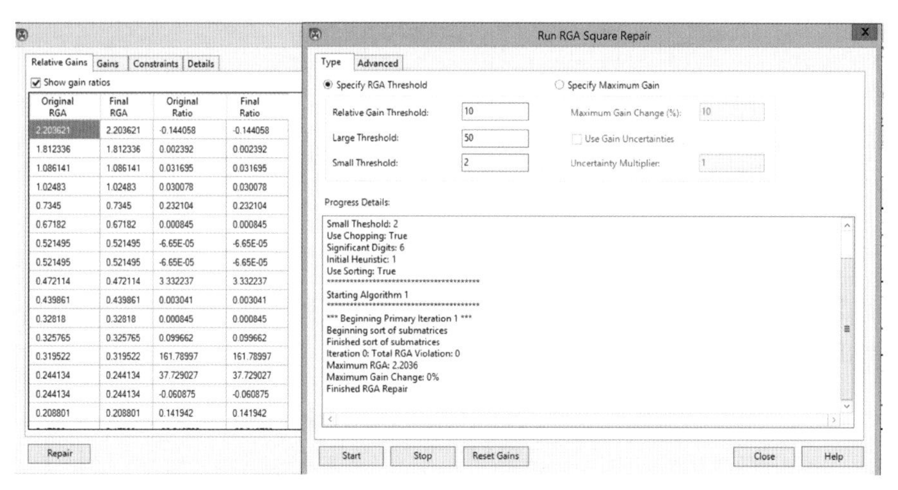

图 8.81 运行 RGA 方阵修复

步骤 5. 检查收益并保存到主模型

图 8.82 要求我们应用推荐的更改。单击“OK”，结果如图 8.83 所示。我们将鼠标放在图形内，右键单击以打开选项，然后选择“Copy Gains(复制增益)”。

最终模型增益如下：

	Polymer	Mol_Wt	T_Rx	Conc_MMA
Flow_MMA	0.171458	44.6648	0	0.066125
Flow_VA	0.335285	21.14978	0	-0.034125
Init	7.51802	-424.133	-1.97563	-1.40089
Transf	0	-67.757	0.096417	0
T_Jkt	1.69798	21.0177	1.23442	-0.033912

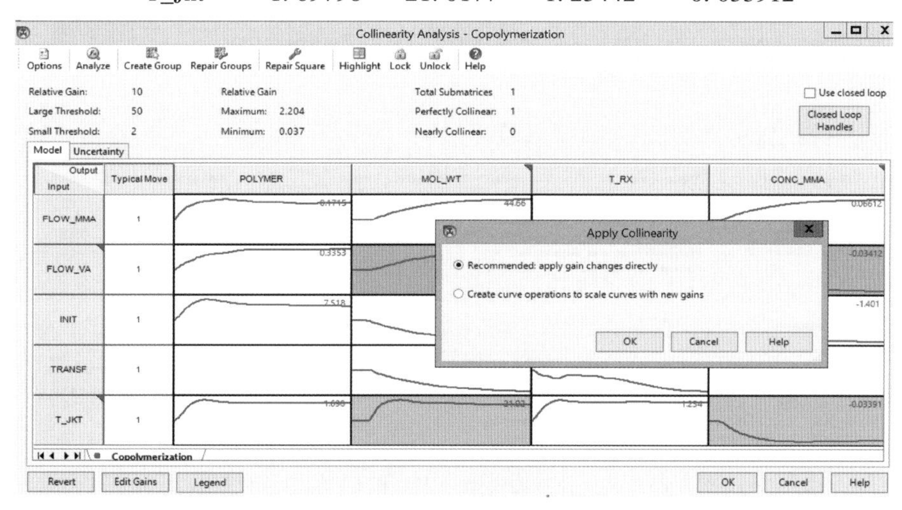

图 8.82 “Apply Collinearity(应用共线性)”并立即应用增益修改演示

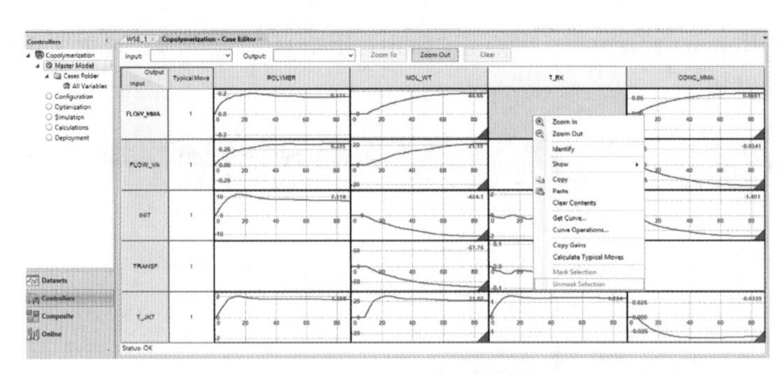

图 8.83　共线性分析后模型的“复制增益”

在进行下一步之前，导出当前控制器应用程序，并按照以下路径保存：控制器→共聚→右键单击导出→另存为**“*WS8. 1a. dmc3application*”**(见图 8. 84)。

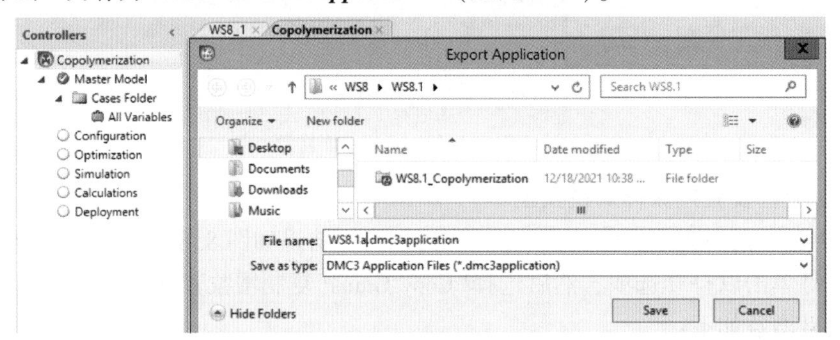

图 8.84　将控制器模型导出并保存为“*WS8. 1a. dmc3application*”

8. 2. 13　开环预测和预测误差(模型偏差)

在继续进行开环预测之前，我们首先确定数据集中 MV 和 CV 的单位和范围。通过路径：控制器→共聚→主模型→案例文件夹→所有变量，可以查看 MV 和 CV 的单位和范围，如图 8. 85 所示。

Dataset	Availability	Start Time	End Time	Tag Count
WS8_1	Available	10/1/1996 7:14:00 AM	10/19/1996 5:32:00 PM	9

Inputs　Add　Edit　Remove　Transform　Filter

Type	Input	Description	Units	Transform	Filter	Filter Minutes	Minimum	Maximum
MV	FLOW_MMA	Flow of Monomer A	kg/hr				12.3	25
MV	FLOW_VA	Flow of Monomer B	kg/hr				81.9	98.4
MV	INIT	Flow of Initiator	kg/hr				0.13	0.42
MV	TRANSF	Flow of Transfer Agent	kg/hr				0.6	9
MV	T_JKT	Jacket Temperature	Deg C				62.1	69.4

Outputs　Add　Edit　Remove　Transform　Filter

Output	Description	Units	Stability	Transform	Filter	Filter Minutes	Minimum	Maximum
POLYMER	Polymer Flow	kg/h	Stable				12.297	31.843
MOL_WT	Polymer Mol Wt	None	Stable				34041.7344	35241.6289
T_RX	Reactor Temp	Deg C	Stable				74.3974	93.6391
CONC_MMA	Conc A in Polymer	None	Stable				0.0823	0.9722

图 8. 85　共聚控制器模型中 MV 和 CV 的单位和范围

为了进行预测，按以下顺序逐步点击：控制器→共聚→主模型→顶部功能区：主模型动作→Compare(比较)→Compare predictions(比较预测)→见图 8.86→生成预测→Close(关)→顶部功能区：放大显示→见图 8.87。从数据集中的图 8.85 中注意到，聚合物的生产速率 POLYMER 在 12.297~31.843 kg/h 之间变化。这是图 8.87 中 POLYMER 的范围。为了理解图 8.87，请注意到预测(蓝色)和测量(红色)之间的差异产生了预测误差(粉红色)。在图中，应该从 20 kg/h 的零预测误差基线开始读取预测误差的正值和负值。全部 4 个 CV 的预测如图 8.88 所示。

图 8.86　预测运行的设置

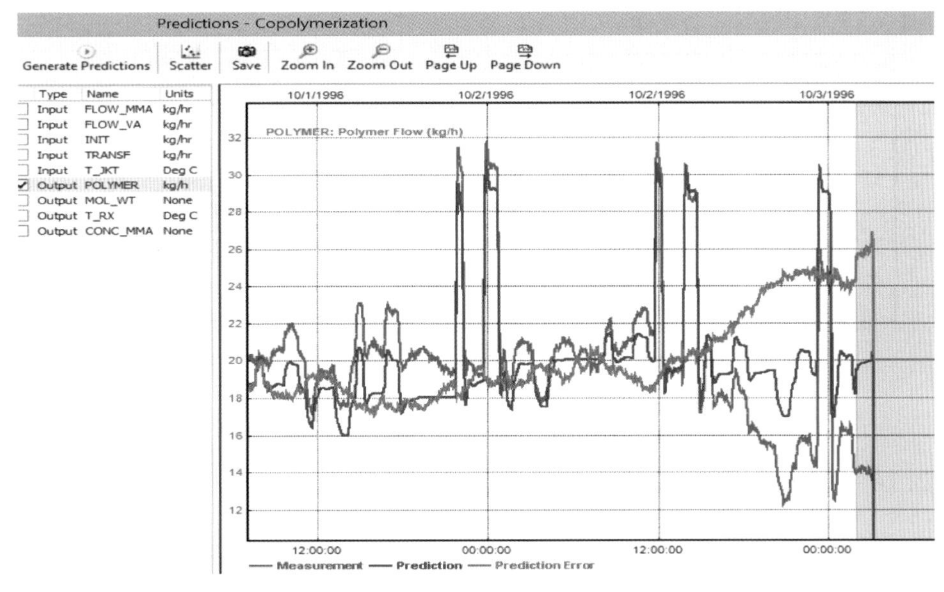

图 8.87　CV 预测值和测量值的比较以及误差分析

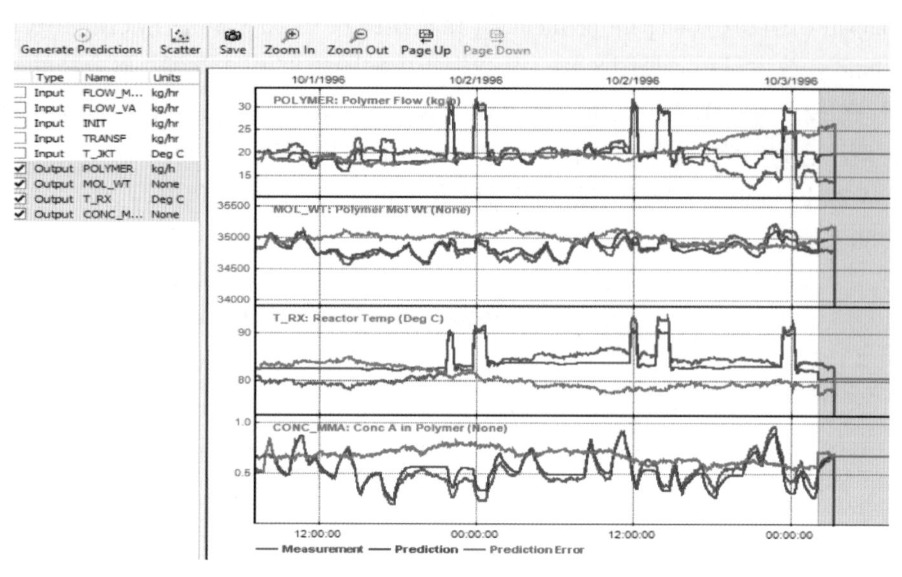

图 8.88　全部 4 个 CV 的预测图

预测分析的重要结果之一是散点图。预测应在整个数据集范围内保持公正。查看散点图非常重要。图 8.89 说明了我们的共聚物化控制器中所有 4 个 CV 的散点图似乎是可接受的。

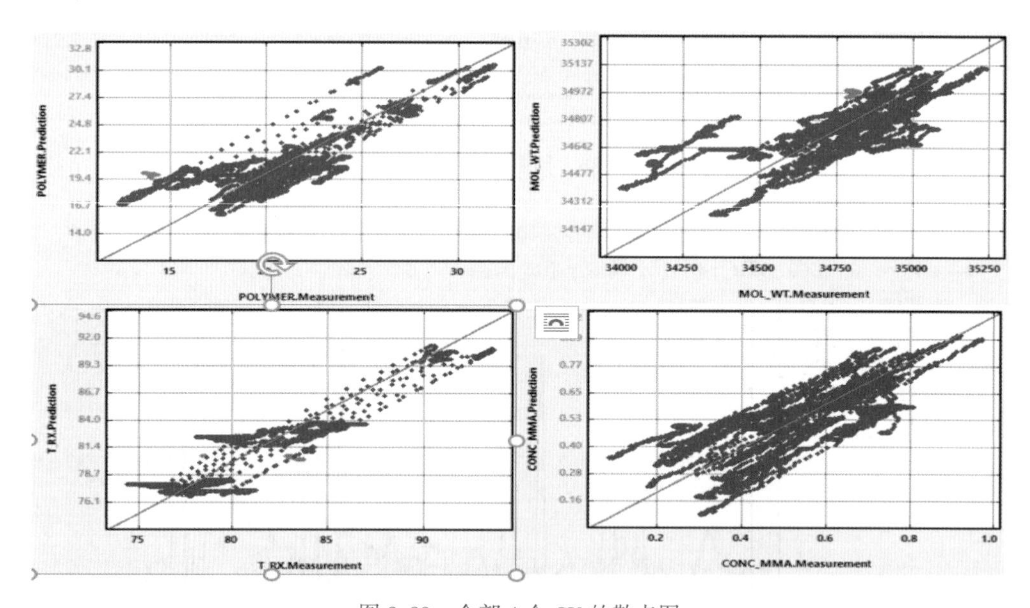

图 8.89　全部 4 个 CV 的散点图

8.2.14　DMC3 生成器任务 2：配置——模型配置

模型配置任务涉及以下规范：①预测误差的反馈滤波器（之前在第 8.1.5 节中讨论了预测误差滤波）；②子控制器；③测试组；④复合应用。见图 8.90。

Aspen DMC3 能将控制器细分为多个 MV 和 CV 单元，以便于同时打开或关闭多个变量。

这些单元被称为***子控制器***。例如，我们可以将乙烯生产线的大型 DMC3 控制器分为以下子控制器：①乙烯裂解气压缩机和急冷；②冷箱和脱甲烷塔、制冷压缩机；③脱乙烷塔和 C_2 分离器。如果使用子控制器，那么对控制器中的每个 MV，有且仅有一个自控制器与其对应。而每个 CV 至少出现在 1 个子控制器中，却可以有多个子控制器与其对应。FF 不属于子控制器。我们目前探讨处理的是一个小型控制器，没有子控制器。

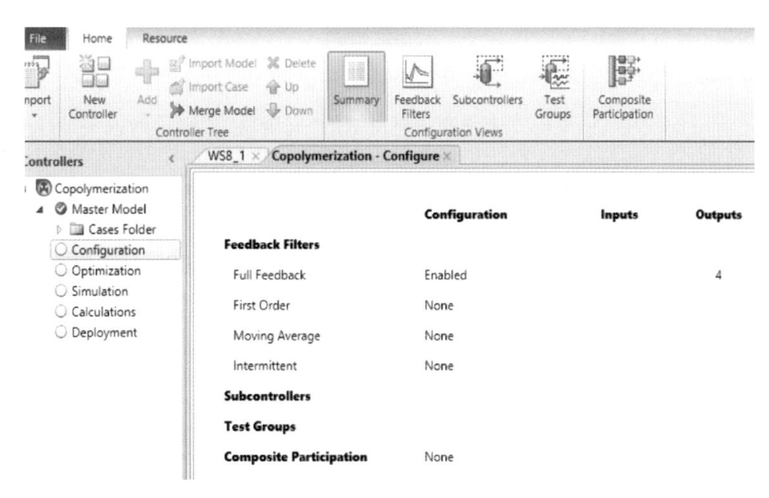

图 8.90　DMC3 中的模型配置任务

Aspen DMC3 SmartStep 应用程序使用原始流程模型来预测测试流程的表现。当测试器应用程序自动修改自变量时，它也会将因变量保持在规定的限度内。结果是满足了所有所受约束的步骤测试。

SmartStep 应用程序使用测试组的概念来最大限度地提高测试效率。测试组由执行步骤测试的 MV 和 CV 组成。当前探讨不涉及带有测试组的 SmartStep 程序。

DMC3 模型配置应用最后一项是关于***复合控制器***的。Aspen DMC3 支持多个 DMC3 控制器应用程序的协作。它通过向参与的控制器提供一致计算的稳态 MV 和 CV 目标值来工作。复合控制程序通常用于以下工况：①多个控制器同时干预的较大流程；②稳态的时间明显不同的独立流程的控制器，通过共同的约束联系在一起。DMC3 复合应用程序使用与 FIR 控制器应用程序中嵌入的稳态优化技术相同的技术。复合套件变量集是参与控制器中所有 MV、FF 和 CV 的超集合。因此，从 DMC3 复合应用程序获得的稳态解符合约束条件，并运用到控制器中的所有 MV。我们目前的探讨不包括复合应用程序。

图 8.91 演示了指定预测误差(模型偏差)的"Full Feedback(完全反馈)"默认选项，在该选项中，我们计算当前测量值和当前预测值之间的差，以计算每个预测误差的误差值。这正是之前在图 8.9~图 8.11(第 8.1.2.1 节)中展示的内容。图 8.91 还显示了"First Order(一阶)"和"Moving Average(移动平均)"滤波器的选项，这些选项之前在第 8.1.5 节中解释过用于预测误差滤波。最后，图 8.91 中"Intermittent(间歇)"选项中的复选框指的是在每个控制器执行周期中没有新测量值的 CV。这通常是离散采样变量的情况，例如，流体分析器的成分。

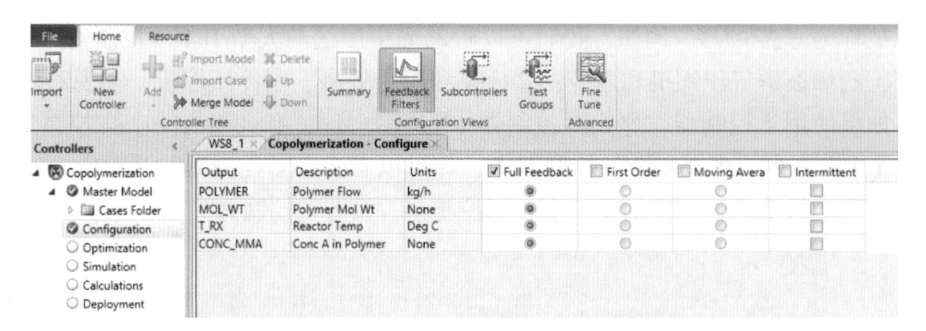

图 8.91　模型配置中预测误差反馈的“完全反馈”选项的说明

8.2.15　DMC3 生成器任务 2：配置——配置稳态优化

按照第 8.1.6.1 节和第 8.1.6.2 节配置稳态优化器。图 8.92 显示了配置稳态优化器的界面。图 8.93(a)、(b)分别演示了稳态模拟器的 MV 和 CV 的输入项。

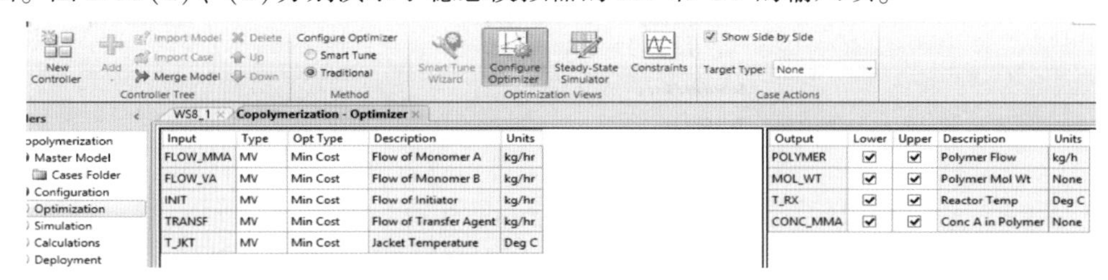

图 8.92　稳态优化器的配置

Inputs	Combined Status	Service Request	Measurement	Validity Low Limit	Engineering Low Limit	Operator Low Limit	Steady State Value	Ideal Steady State	Ideal Constraint	SS Current Move	Operator High Limit	Engineering High Limit	Validity High Limit	LP Cost	Critical
FLOW_MMA	High Limit	On	18	0	16	17	23	0	Normal	▲ 5	50	50	50	-0.1715	No
FLOW_VA	High Limit	On	90	0	84	85	90	0	Normal	0	200	200	200	-0.3353	No
INIT	High Limit	On	0.16	0	0.1	0.13	0.33	0	Normal	▲ 0.17	0.4	0.4	5	-0.7518	No
TRANSF	High Limit	On	2.7	0	1.8	2.3	5.8	0	Normal	▲ 3.1	5	5	10	-1.698	No
T_JKT	Low Limit	On	65	0	62	62	65	0	Normal	▼ -1	69	69	100	67.76	No

Critical	Use Limit Tracking	Anti Windup Status	Reverse Acting	Engineer Request	SS Move Limit	Cost Rank	MinMove Criterion	Shadow Price	Active Constraint Indicator
No	No	Free	No	On	1	9999	No	0	6
No	No	Free	No	On	1	9999	No	0	6
No	No	Free	No	On	1	9999	No	0	6
No	No	Free	No	On	1	9999	No	0	6
No	No	Free	No	On	1	9999	No	0	6

图 8.93(a)　稳态仿真的 MV 输入项

Outputs	ombined atus	Service Request	Measurement	Validity Low Limit	Engineering Low Limit	Operator Low Limit	Steady State Value	Ideal Steady State	Ideal Constraint	SS Current Move	Operator High Limit	Engineering High Limit	Validity High Limit	LP Cost	SS Low Concern
POLYMER	Normal	On	23.3	0	20	20	21.44	0	Normal	▲ 0.4374	50	50	50	0	1
MOL_WT	Normal	On	35000	0	34800	34800	34920.2	0	Normal	▼ -79.84	35200	35200	50000	0	0.1
T_RX	Normal	On	85	0	75	75	351.1	0	Normal	▼ -1.869	95	95	500	0	1
CONC_MMA	Normal	On	0.5	0	0.17	0.25	0.6264	0	Normal	▲ 0.1264	0.76	0.84	1	0	0.1

SS Low Rank	SS High Concern	SS High Rank	Critical	Use Limit Tracking	Active Constraint Indicator	Engineer Request	Shadow Price	ECEs Using EngUnits	Cost Rank	Max SteadyState Step
20	1	20	No	No	0	On	0	No	1100	20
20	0.1	20	No	No	0	On	0	No	1100	10000
20	1	20	No	No	0	On	0	No	1100	100
20	0.1	20	No	No	0	On	0	No	1100	1

图 8.93(b)　稳态仿真的 CV 输入项

8.2.16 DMC3 生成器任务 3：优化——执行稳态优化

通过点击“Initialize Tuning(初始化调整)”按钮来开启稳态优化器调整。我们选择数据集“***WS8_1***”，取消选中“Initialize dynamic tuning(初始化动态调整)”，然后单击“OK”，再点击“Calculate”按钮(见图 8.94)。稳态优化的 MV 和 CV 目标结果如图 8.95 和图 8.96 所示。

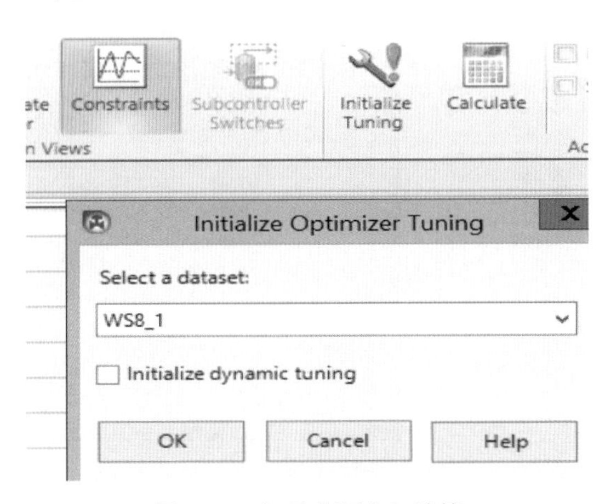

图 8.94 初始化调整与计算

WS8_1 × Copolymerization - Optimizer ×

Inputs	Combined Status	Service Request	Measurement	Validity Low Limit	Engineering Low Limit	Operator Low Limit	Steady State Value	Ideal Steady State	Ideal Constraint	SS Current Move	Operator High Limit	Engineering High Limit	Validity High Limit	LP Cost
FLOW_MMA	High Limit	On	18	0	16	17	23	0	Normal	▲ 5	23	24	50	-0.1715
FLOW_VA	High Limit	On	90	0	84	85	90	0	Normal	0	90	91	200	-0.3353
INIT	High Limit	On	0.16	0	0.1	0.13	0.33	0	Normal	▲ 0.17	0.33	0.36	5	-0.7518
TRANSF	High Limit	On	2.7	0	1.8	2.3	5.8	0	Normal	▲ 3.1	5.8	6.3	10	-1.698
T_JKT	Low Limit	On	63	0	61	62	62	0	Normal	▼ -1	66	67	500	67.76

Critical	Use Limit Tracking	Anti Windup Status	Reverse Acting	Engineer Request	SS Move Limit	Cost Rank	MinMove Criterion	Shadow Price	Active Constraint Indicator
No	No	Free	No	On	6	9999	No	0.1715	1
No	No	Free	No	On	5	9999	No	0.3353	1
No	No	Free	No	On	0.2	9999	No	0.7518	1
No	No	Free	No	On	3.5	9999	No	1.698	1
No	No	Free	No	On	4	9999	No	67.76	2

图 8.95 使用当前配置和调整的稳态优化的 MV 结果

Outputs	Measurement	Validity Low Limit	Engineering Low Limit	Operator Low Limit	Steady State Value	Ideal Steady State	Ideal Constraint	SS Current Move	Operator High Limit	Engineering High Limit	Validity High Limit	LP Cost	SS Low Concern	SS Low Rank	SS High Concern
POLYMER	21	0	13	15	21	0	Normal	▲ 0.4374	27	29	50	0	0.12	20	0.12
MOL_WT	35000	0	34000	34000	35000	0	Normal	▼ -79.84	35000	35000	50000	0	10	20	10
T_RX	79	0	73	75	79	0	Normal	▼ -1.869	87	89	500	0	0.12	20	0.12
CONC_MMA	0.5	0	0.17	0.25	0.5	0	Normal	▲ 0.1264	0.76	0.84	1	0	0.0051	20	0.0051

SS High Rank	Critical	Use Limit Tracking	Active Constraint Indicator	Engineer Request	Shadow Price	ECEs Using EngUnits	Cost Rank	Max SteadyState Step
20	No	No	0	On	0	No	1100	20
20	No	No	0	On	0	No	1100	10000
20	No	No	0	On	0	No	1100	100
20	No	No	0	On	0	No	1100	1

图 8.96 使用当前配置和调整的稳态优化的 CV 结果

8.2.17 DMC3 生成器任务 4：仿真——配置和模拟动态控制器

我们按照第 8.1.6.1~第 8.1.6.5 节配置动态控制器。图 8.97 显示了怎样初始化控制器仿真进程。图 8.98(a)、(b)显示了 MV 和 CV 的输入项，包括操作值和调整值。完成图 8.97 中显示的步骤后，我们将仿真文件保存为“***WS8.1_BaseCase.dmc3application***”。

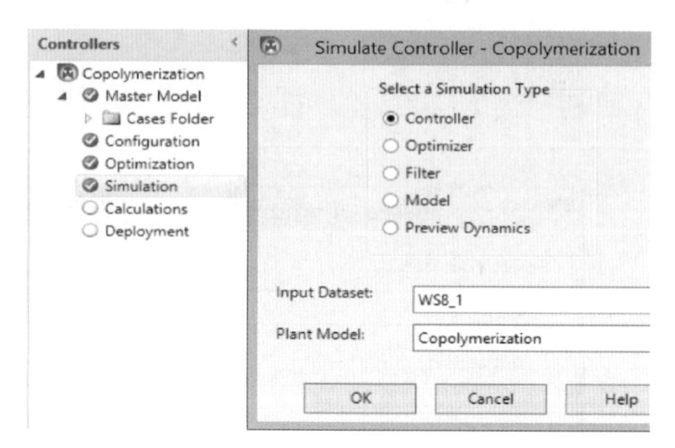

图 8.97(a)　将控制器仿真进程初始化

Inputs	Combined Status	Service Request	Service Status	Measurement	Validity Low Limit	Engineering Low Limit	Operator Low Limit	Steady State Value	Current Move	Operator High Limit	Engineering High Limit	Validity High Limit
FLOW_MMA	High Limit	On	On	18	0	16	17	18	0	23	24	50
FLOW_VA	High Limit	On	On	90	0	84	85	90	0	90	91	200
INIT	High Limit	On	On	0.16	0	0.1	0.13	0.16	0	0.33	0.36	5
TRANSF	High Limit	On	On	2.7	0	1.8	2.3	2.7	0	5.8	6.3	10
T_JKT	Low Limit	On	On	65	0	63	63	65	0	69	69	100

Outputs	Combined Status	Service Request	Service Status	Measurement	Validity Low Limit	Engineering Low Limit	Operator Low Limit	Steady State Value	Operator High Limit	Engineering High Limit	Validity High Limit	Prediction
POLYMER	Normal	On	On	21	0	13	15	21	27	29	50	0
MOL_WT	Normal	On	On	35000	0	34500	34500	35000	35500	35500	50000	0
T_RX	Normal	On	On	85	0	73	75	79	95	95	500	0
CONC_MMA	Normal	On	On	0.5	0	0.17	0.25	0.5	0.76	0.84	1	0

图 8.97(b)　控制器仿真的输入步骤一

Inputs	LP Cost	Critical	Use Limit Tracking	Setpoint	Loop Status	Anti Windup Status	Reverse Acting	Plot Low	Plot High	Shed Option	Limit Check Tol	Plot Auto Scale	Calculated Step Size
FLOW_MMA	-0.1715	No	No	0	On	Free	No	16.4	23.6	Shed Controller	0	Yes	0
FLOW_VA	-0.3353	No	No	0	On	Free	No	84.5	90.5	Shed Controller	0	Yes	0
INIT	-0.7518	No	No	0	On	Free	No	0.11	0.35	Shed Controller	0	Yes	0
TRANSF	-1.698	No	No	0	On	Free	No	1.95	6.15	Shed Controller	0	Yes	0
T_JKT	67.76	No	No	0	On	Free	No	61.6	66.4	Shed Controller	0	Yes	0

Outputs	LP Cost	SS Low Concern	SS Low Rank	SS High Concern	SS High Rank	Control Weight	Dynamic Low Concern	Dynamic High Concern	Dynamic Target Concern	Critical	Use Limit Tracking	Plot Low	Plot High	Plot Auto Scale	Model Predic
POLYMER	0	0.12	20	0.12	20	0	0.12	0.12	1.2	No	No	13.8	28.2	Yes	0
MOL_WT	0	10	20	10	20	0	10	10	100	No	No	33900	35100	Yes	0
T_RX	0	0.12	20	0.12	20	0	0.12	0.12	1.2	No	No	73.8	88.2	Yes	0
CONC_MMA	0	0.0051	20	0.0051	20	0	0.0051	0.0051	0.051	No	No	0.199	0.811	Yes	0

图 8.97(c)　控制器仿真的输入步骤二

Inputs	Engineer Request	SS Move Limit	Cost Rank	MinMove Criterion	Shadow Price	Active Constraint Indicator	Error Status	Move Accumulation	Move Suppression	Move Suppression Increase	Move Resolution	Maximum Move	Trans Targ
FLOW_MMA	On	1	9999	No	0.1715	1	0	0	5	2	0	0.6	0
FLOW_VA	On	1	9999	No	0.3353	1	0	0	5	2	0	0.5	0
INIT	On	1	9999	No	0.7518	1	0	0	5	2	0	0.02	0
TRANSF	On	1	9999	No	1.698	1	0	0	5	2	0	0.35	0
T_JKT	On	1	9999	No	67.76	2	0	0	5	2	0	0.4	0

Outputs	Initialize Predictions	Pred Error Filter Type	Is Intermittent Signal	Acc Pred Error	Average Prediction Error	Active Constraint Indicator	Engineer Request	Shadow Price	ECEs Using EngUnits	Cost Rank	Max SteadyState Step	SS Constraint Violation	Error Status
POLYMER	No	Full Bias	No	0	0	0	On	0	No	1100	20	0	0
MOL_WT	No	Full Bias	No	0	0	0	On	0	No	1100	10000	0	0
T_RX	No	Full Bias	No	0	0	0	On	0	No	1100	100	0	0
CONC_MMA	No	Full Bias	No	0	0	0	On	0	No	1100	1	0	0

图 8.97(d) 控制器仿真的输入步骤三

Inputs	Service Request	Service Status	Measurement	Validity Low Limit	Engineering Low Limit	Operator Low Limit	Steady State Value	Current Move	Operator High Limit	Engineering High Limit	Validity High Limit
FLOW_MMA	On	On	41.76	0	15	15	41.76	2.006E-06	50	50	50
FLOW_VA	On	On	86.24	0	84	85	86.24	4.167E-06	200	200	200
INIT	On	On	1.5	0	0.1	0.13	1.5	2.151E-08	1.5	1.5	5
TRANSF	On	On	6	0	1.8	2.3	6	-5.604E-08	6	6	10
T_JKT	On	On	68.6	0	63	63	68.6	-3.903E-06	69	69	100

Outputs	Combined Status	Service Request	Service Status	Measurement	Validity Low Limit	Engineering Low Limit	Operator Low Limit	Steady State Value	Operator High Limit	Engineering High Limit	Validity High Limit
POLYMER	Low Limit	On	On	40	0	40	40	40	50	50	50
MOL_WT	High Limit	On	On	35250	0	34500	34800	35250	35250	35250	50000
T_RX	Normal	On	On	86.47	0	86	86	86.47	95	95	500
CONC_MMA	Low Limit	On	On	0.2	0	0.17	0.2	0.2	0.76	0.84	1

图 8.98(a) 利用控制器仿真输入项将聚合物产量提高到 40kg/h 步骤一

Inputs	LP Cost	Critical	Use Limit Tracking	Setpoint	Loop Status	Anti Windup Status	Reverse Acting	Plot Low	Plot High	Shed Option	Limit Check Tol	Plot Auto Scale
FLOW_MMA	-0.1715	No	No	41.76	On	Free	No	16.4	23.6	Shed Controller	0	Yes
FLOW_VA	-0.3353	No	No	86.24	On	Free	No	84.5	90.5	Shed Controller	0	Yes
INIT	-0.7518	No	No	1.5	On	Free	No	0.11	0.35	Shed Controller	0	Yes
TRANSF	-1.698	No	No	6	On	Free	No	1.95	6.15	Shed Controller	0	Yes
T_JKT	67.76	No	No	68.6	On	Free	No	61.6	66.4	Shed Controller	0	Yes

Outputs	Prediction	Prediction Error	LP Cost	SS Low Concern	SS Low Rank	SS High Concern	SS High Rank	Control Weight	Dynamic Low Concern	Dynamic High Concern	Dynamic Target Concern	Critical
POLYMER	40	-6.555E-07	0	0.12	20	0.12	20	5.471	0.12	0.12	1.2	No
MOL_WT	35250	0.0002353	0	10	20	10	20	0.0471	10	10	100	No
T_RX	86.47	-2.614E-06	0	0.12	20	0.12	20	0.8333	0.12	0.12	1.2	No
CONC_MMA	0.2	-3.748E-09	0	0.0051	20	0.0051	20	89.66	0.0051	0.0051	0.0051	No

图 8.98(b) 利用控制器仿真输入项将聚合物产量提高到 40kg/h 步骤二

在进行控制器仿真之前，将此仿真文件保存为"***WS8.1_BaseCase.dmc3application***"。保存基础状态的输入是至关重要的，因为这样可以稍后在必要时返回到这些初始状态。请注意，随着控制器仿真的运行，DMC Builder 没有让控制器在时间上倒退到其初始状态的功能。

有了这个控制器模型，我们可以对控制器进行微调，以优化聚合物生产、提高产品质量、补偿干扰和设定值变化等。

8.2.18 DMC3 生成器任务 4：仿真——动态控制器在聚合物生产和设定值更改中的应用

为了增加聚合物产量，将基本情况保存为新文件"***WS8.1-1.dmc3application***"。有很多从聚合物当前值增加产量的方法。在图 8.98 中介绍了一种通过微调控制器输入项将聚合物产量提高到 40 kg/h 同时还满足所有约束条件的方法。这包括将引发剂质量流量 INIT 的工程上限和有效性限值设置为 1.5 kg/h，将链转移剂质量流量 TRANSF 的工程上限与有效性限值设置为 6 kg/h，以及将聚合物质量流量 POLYMER 的工程下限与有效期限设置为 40 kg/h。

我们将聚合模拟文件保存为“***WS8. 1-2. dmc3application***”。

接下来，我们希望将聚合物分子量提高到 36000，同时将聚合物产量保持在 40 kg/h，并将聚合物产品中 MMA 的浓度控制在 0.2。可以通过参考图 8.98(a)的输入项，将聚合物分子量 MOL_WT 的操作上限和有效性上限提高到 36000，同时保持其他输入项不变，以此完成设定值的修改。运行仿真很快达到 36000 的新聚合物分子量目标值，见图 8.99。将生成的模拟文件保存为“***WS8. 1-3. dmc3application***”。

Inputs	Measurement	Validity Low Limit	Engineering Low Limit	Operator Low Limit	Steady State Value	Current Move	Operator High Limit	Engineering High Limit	Validity High Limit	LP Cost	Critical
FLOW_MMA	42.76	0	15	15	42.76	-5.654E-06	50	50	50	-0.1715	No
FLOW_VA	107.5	0	84	85	107.5	2.65E-05	200	200	200	-0.3353	No
INIT	0.8485	0	0.1	0.13	0.8485	-9.492E-07	1.5	1.5	5	-0.7518	No
TRANSF	6	0	1.8	2.3	6	-3.64E-07	6	6	10	-1.698	No
T_JKT	67.18	0	63	63	67.18	-8.881E-07	69	69	100	67.76	No

Outputs	Measurement	Validity Low Limit	Engineering Low Limit	Operator Low Limit	Steady State Value	Operator High Limit	Engineering High Limit	Validity High Limit	Prediction	Prediction Error	LP Cc
POLYMER	40	0	40	40	40	50	50	50	40	1.137E-06	0
MOL_WT	36000	0	34500	34800	36000	36000	36000	50000	36000	0.0007063	0
T_RX	86	0	86	86	86	95	95	500	86	1.881E-06	0
CONC_MMA	0.2	0	0.17	0.2	0.2	0.76	0.84	1	0.2	-6.568E-10	0

图 8.99　将聚合物分子量 MOL_WT 提高到 36000，
同时将产品 CONC_MMA 中的 MMA 浓度保持在 0.2 的控制器模拟输入项

本次“漫长”的 DMC3 共聚问题的例题就到此结束了。我们介绍了 DMC3 的任务：①主模型；②配置；③优化；④仿真。有兴趣的读者可以参考 Aspen Technology 公司提供的培训课程，了解“⑤计算(演示在线计算和变量转换)”和“⑥部署(演示控制器部署)”等附加任务的说明。

8.3 非线性聚烯烃过程的模型预测控制

8.3.1 建立聚烯烃过程控制的非线性预测模型面临的挑战

在第 1.4.2 节中，我们回顾了 Turner 及其同事[14,15]在将传统神经网络应用于聚合物工艺的 MPC 时发现的重大缺陷，尤其是在牌号变化时。具体而言，我们提到：①传统的神经网络结构本身包含一些区域，在这些区域中，因变量(过程变量，PV)相对于自变量(操作变量，MV)的偏微分为零，由此产生的零模型增益将导致控制器增益无限大；②传统的神经网络模型无法满足聚合物牌号转换期间预测控制的外推要求。这两个缺陷只是 Turner 及其同事[14,15]反对将传统神经网络模型应用于聚合物过程 MPC 的十个理由中的两个。在

2020年的一篇文章中，Bindlish[16]演示了在DOW化学过程的非线性MPC中，控制器输出变量稳态增益会反转(从正到负或从负到正的符号变化)。

Bausa[17]在分析基于模型控制的聚合物进程必须有什么时指出，聚合物过程中的非线性主要发生在牌号变化期间。当考虑到熔融指数等其他聚合物质量指标时，为某一特定状态确定的模型往往无法正确预测稳态增益，而熔融指数通常随工艺自变量呈非线性变化。

Bausa[17]认为根据非线性模型特征逐步扩展线性MPC算法是一个合乎逻辑的步骤。图8.100展示了实现这一目标的两种方法。维纳(Wiener)方法将线性动态模型输出与非线性稳态函数或模型相乘，从而得出输出预测结果；海默斯坦因(Hammerstein)方法将非线性稳态函数或模型的输出与线性动态模型相连，从而得出输出预测结果。Jeong等人[18]使用维纳模型为实验性连续MMA聚合反应器演示了一种非线性模型预测控制器。我们注意到，在应用维纳模型时，线性动态模型通常是多输入多输出(MIMO)模型，而非线性稳态函数或模型通常是多输入单输出(MISO)模型。例如，单输出可以是聚烯烃产品的熔融指数，而多输入可以是氢气质量流量、乙烯与氢气的流量比、丁烷与氢气的流量比等。

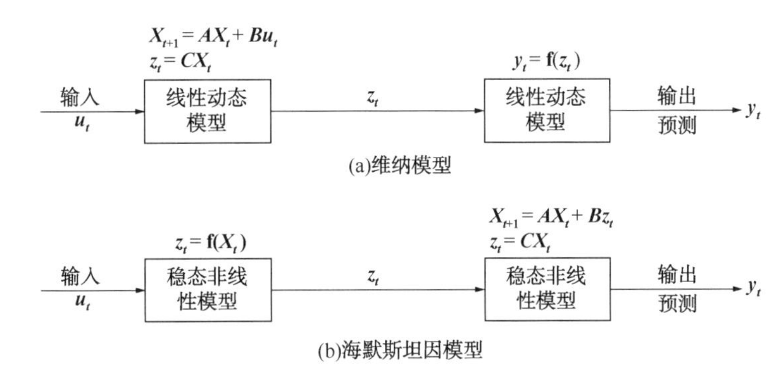

图8.100 维纳模型和海默斯坦因模型

8.3.2 利用状态空间有限微分网络(SS-BDN)进行非线性稳态模型

8.3.2.1 传统神经网络的增益反转可能和非单调性

我们建议读者参阅参考文献[19]和许多有关传统神经网络的在线教程，本文将不再重复这些现成的基本资料。我们将简要应用传统神经网络的相关特征，这些特征对于证明其在聚合物过程控制应用中的不足至关重要。

图8.101展示了神经网络的基础——神经元或节点(有时也称为处理元件)。我们将第j个节点的输入表示为输入向量a，其分量为$a_i(i=1\sim n)$。节点对这些输入或活动进行处理，以产生输出b_j，然后将其作为其他节点输入的一部分。在图中，我们可以看到第j个节点通过权重因子w_{ij}和转换函数$f(x_j)$将第i个输入a_i传递给第j个输出b_j。

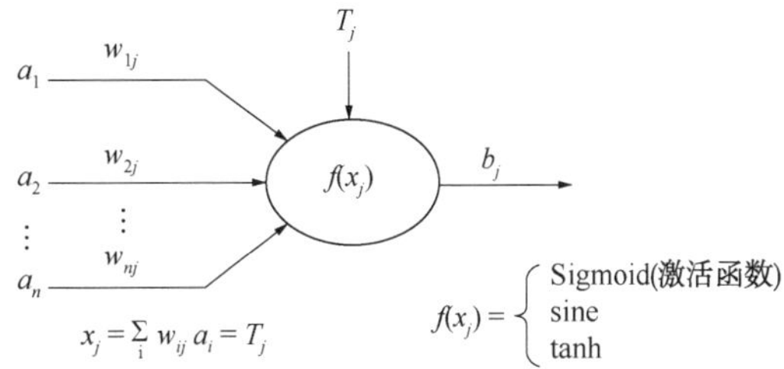

图8.101 神经网络的处理元件

(神经元或节点)

T_j是节点 j 的内部阈值。

在使用神经网络模型进行聚合物过程控制时，输入分量 a_i 可代表自变量，如氢气质量流量、乙烯与氢气的流量比、丁烷与氢气的流量比等；而输出 b_j 可代表因变量，如聚合物熔融指数。根据所使用的转换函数 $f(x_j)$ 的类型，我们可能会发现输出或因变量 b_j 相对于输入分量或自变量 a_i 的偏微分从正变负，或从负变正。根据式(8.3)和式(8.4)，这些偏微分代表稳态增益矩阵的元素。我们将这种符号变化称为***稳态增益反转***。

试想，双曲正切函数 $f(x_j)=\tanh(x_j)$ 是一种常用的转换函数。我们在此回顾双曲正切函数的一些基本微积分。

定义：

$$\cosh x=\frac{e^{x}+e^{-x}}{2} \qquad \sinh x=\frac{e^{x}-e^{-x}}{2}$$

$$\tanh x=\frac{\sinh x}{\cosh x}=\frac{e^{x}-e^{-x}}{e^{x}+e^{-x}} \qquad \operatorname{sech} x=\frac{1}{\cosh x}=\frac{2}{e^{x}+e^{-x}}$$

$$\operatorname{csch} x=\frac{1}{\sinh x}=\frac{2}{e^{x}-e^{-x}}$$

假设 $u=f(x)$，我们可将微分变为：

$$\frac{d}{dx}(\sinh u)=\cosh u\frac{du}{dx} \quad \frac{d}{dx}(\cosh u)=\sinh u\frac{du}{dx} \quad \frac{d}{dx}(\tanh u)=(\operatorname{sech} u)^{2}\frac{du}{dx} \tag{8.49}$$

图 8.102 展示了双曲正切函数及其微分。虽然双曲正切函数随 x_j 的增大而单调增大，但其微分值却从 x_j 为负时的单调正值变为 x_j 为正时的单调负值。因此，使用双曲正切转换函数可能会导致因变量 b_j 相对于自变量 x_j 的偏微分符号发生变化，从而导致增益反转。

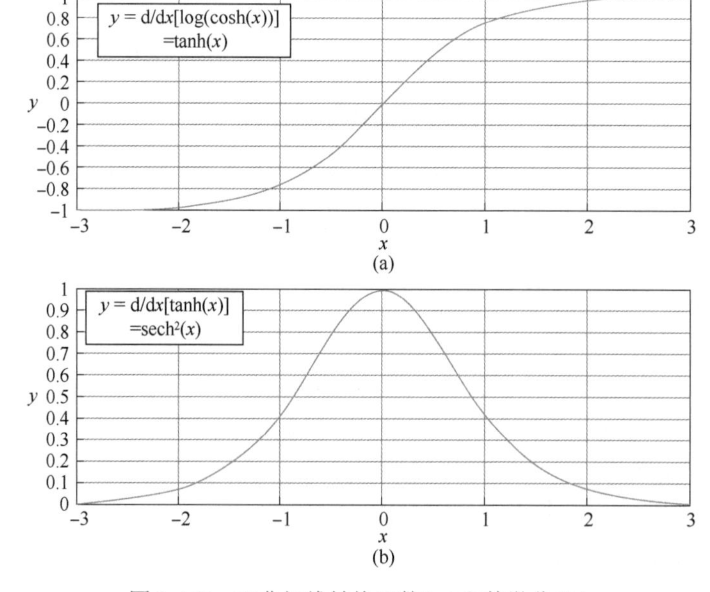

图 8.102　双曲切线转换函数(a)和其微分(b)

我们需要哪种类型的转换函数来避免可能出现的增益反转？当选择微分单调变化的转换函数时，例如，将标准双曲正切转换函数的解析积分作为我们的新转换函数[14,15]：

$$\int \tanh(ax)\,\mathrm{d}x = \frac{1}{a}\ln[\cosh(ax)] + c \Rightarrow (\text{非线性变换函数})\ln(\cosh u) \tag{8.50}$$

$$\frac{\mathrm{d}}{\mathrm{d}x}[\ln(\cosh u)] = \frac{1}{\cosh u}\sinh u\,\frac{\mathrm{d}u}{\mathrm{d}x} = \tanh u\,\frac{\mathrm{d}u}{\mathrm{d}x} \tag{8.51}$$

图 8.103 展示了转换函数 log(cosh$u$)[式(8.50)]及其微分[式(8.51)]。虽然函数本身的值始终为正，但其微分随着自变量 x_j 的增加而单调增加。因此，无须担心可能出现的增益反转。

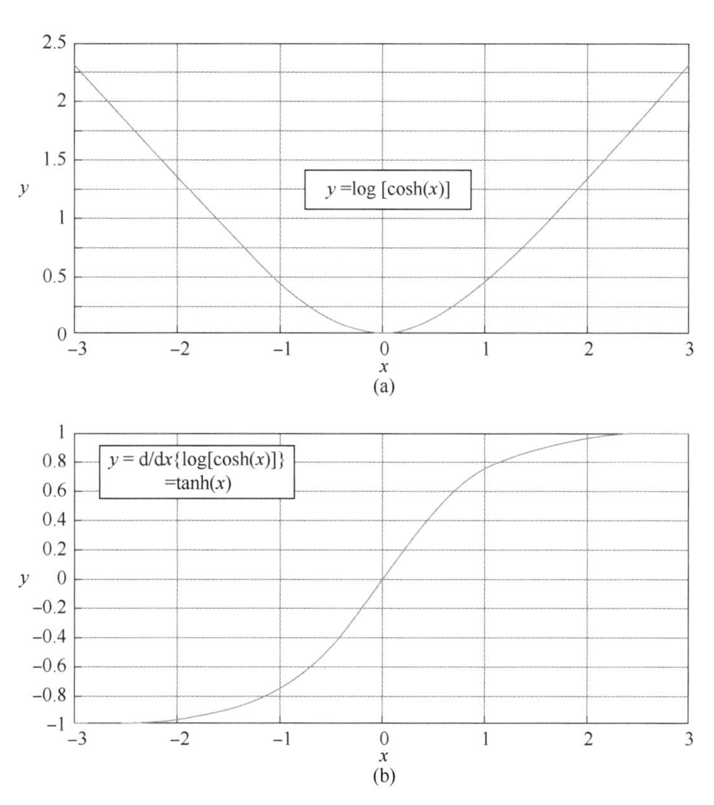

图 8.103 转换函数 log(cosh$u$)及其微分，随着自变量 x_j 的增加而单调增加，不存在增益反转的可能

8.3.2.2 状态空间有限微分网络(SS-BDN)

如文献[15，20]所述，SS-BDN 本质上是神经网络的解析积分。根据式(8.50)~式(8.51)，我们以基于双曲正切转换函数的神经网络解析积分为基础，说明 SS-BDN 的一般模型结构。图 8.104 显示了模型结构。

我们希望利用这一结构来说明因变量 y 相对于自变量 x_k 的偏微分总是有上下限值的(因此称为有限微分网络)。根据图 8.104，我们可写出：

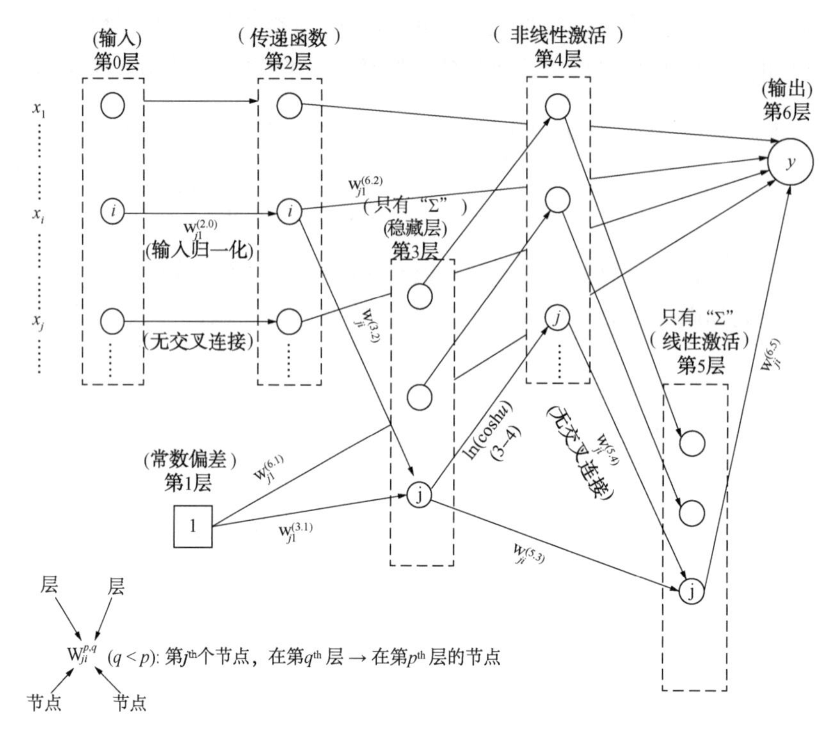

图 8.104　状态空间有限微分网络架构图

应用$\frac{d}{dx}\ln[\cosh(ax)]a\tanh(ax)$，再假设 $i=k$，我们可写：

$$\frac{\partial y}{\partial x_k}=\underset{(0\to2\to6)}{w_{k1}^{(6,2)}\cdot w_{kk}^{(2,0)}}$$

$$+\underset{(0\to2)}{w_{kk}^{(2,0)}}\sum_j\underset{(5\to6)}{w_{j1}^{(6,5)}}\cdot\underset{(4\to5)}{w_{jj}^{(5,4)}}\cdot\underset{(2\to3)}{w_{jk}^{(3,2)}}\underbrace{\underset{(3\to4)}{\tanh}\left(\underset{(1\to3)}{w_{j1}^{(3,1)}}+\sum_i\underset{(2\to3)}{w_{ji}^{(3,1)}}\underset{(0\to2)}{w_{ii}^{(2,0)}}x_i\right)}_{-1\leqslant\tanh u\leqslant1}$$

$$+\underset{(0\to2)}{w_{kk}^{(2,0)}}\sum_j\underset{(5\to6)}{w_{j1}^{(6,5)}}\cdot\underset{(3\to5)}{w_{jj}^{(5,4)}}\cdot\underset{(2\to3)}{w_{jk}^{(3,2)}}$$

$$\frac{\partial y}{\partial x_k}=\underset{(0\to2)}{w_{kk}^{(2,0)}}\Bigg[\sum_j\underset{(5\to6)}{w_{j1}^{(6,5)}}\cdot\underset{(3\to5)}{w_{jj}^{(5,3)}}\cdot\underset{(2\to3)}{w_{jk}^{(3.2)}}$$

$$+\sum_j\underset{(5\to6)}{w_{j1}^{(6,5)}}\cdot\underset{(4\to5)}{w_{jj}^{(5,4)}}\cdot\underset{(2\to3)}{w_{jk}^{(3,2)}}\cdot\underset{(3\to4)}{\tanh}\left(\underset{(1\to3)}{w_{ji}^{(3,1)}}+\sum_i\underset{(2\to3)}{w_{ji}^{(3,2)}}\underset{(0\to2)}{w_{ii}^{(2,0)}}x_i\right)+\underset{(2\to6)}{w_{k1}^{(6,2)}}\Bigg]$$

$$=\begin{cases}w_{kk}^{(2,0)}\left[\sum_j w_{j1}^{(6,5)}\cdot w_{jj}^{(5,3)}\cdot w_{jk}^{(3,2)}-\sum_j\left|w_{j1}^{(6,5)}\cdot w_{jj}^{(5,4)}\cdot w_{jk}^{(3,2)}\right|+w_{k1}^{(6,2)}\right]\left(\text{当}\tanh u=-1\text{时的低限值}\right) & (8.51)\\ w_{kk}^{(2,0)}\left[\sum_j w_{j1}^{(6,5)}\cdot w_{jj}^{(5,3)}\cdot w_{jk}^{(3,2)}+\sum_j\left|w_{j1}^{(6,5)}\cdot w_{jj}^{(5,4)}\cdot w_{jk}^{(3,2)}\right|+w_{k1}^{(6,2)}\right]\left(\text{当}\tanh u=1\text{时的高限值}\right) & (8.52)\end{cases}$$

式(8.51)和式(8.52)表明了非线性稳态映射的SS-BDN的主要特征，以确保因变量与自变量的偏微分的数值为有限。而且，如图8.103所示，在网络内选择转换函数，使得偏微分随着自变量的增加而增加。这两个特征对于在聚烯烃过程控制中[15,20]成功应用维纳(Wiener)模型至关重要，见图8.100(a)。

8.4 例题8.2：创建一个聚丙烯非线性预测控制器模型

8.4.1 目的

这个例题的目的是展示如何利用DMC3 Builder来创建一个聚丙烯工艺的非线性模型预测控制器，该控制器基于维纳(Wiener)模型，如图8.100(a)所示。这个模型包括一个状态空间动态模型，该模型与一个非线性SS-BDN集成，以便用于聚合物的质量控制。控制器的目的是控制聚合物的熔融指数和密度，同时我们还要模拟一个当密度为920 kg/m^3时、熔融指数从1变化到10的过渡过程，来观察该控制器的性能。

8.4.2 创建一个APC工程并选择非线性控制器和数据处理选项

如图8.105所示，选择了一个APC项目、DMCplus控制器、状态空间和非线性控制器。将项目保存为"***PP Quality Control***"文件名。从屏幕顶端左侧的"Import"工具条中，选择"dataset(数据集)"，然后选择"text file(文本文件)"，文件名"***WS8.2.txt***"，该文本文件在我们的工作文件夹中。然后点击"Open"按钮，如图8.106和图8.107所示。

在图8.107中，有下列变量：①CV：MI_Lab，MI_Inst，Density_Lab，Density_Inst；②MV：H2_C2，C4_C2；③DV：Temp和C2_Partial_Pressure。点击图8.107中的"Import"，出现了"Interpolate Dataset"窗口。然后点击"Start"按钮，来内插处理任何坏的和在5 min之内丢失的数据切片。随后点击"Close"按钮完成内插分析。我们能够看到出现了这些信息"总共8个向量(变量)中的0个已经被内插"。在这里我们并未截取这些简单步骤的截图。

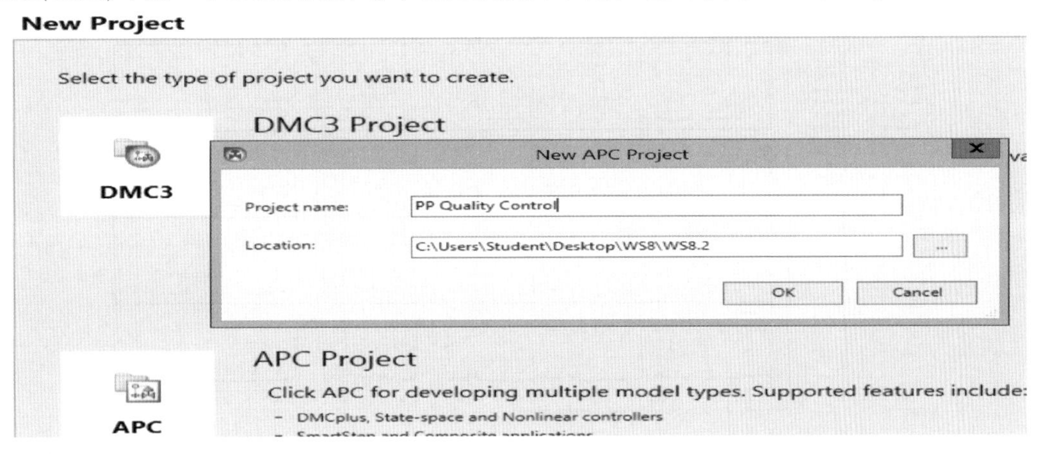

图8.105 选择APC项目、DMCplus控制器、状态空间和非线性控制器

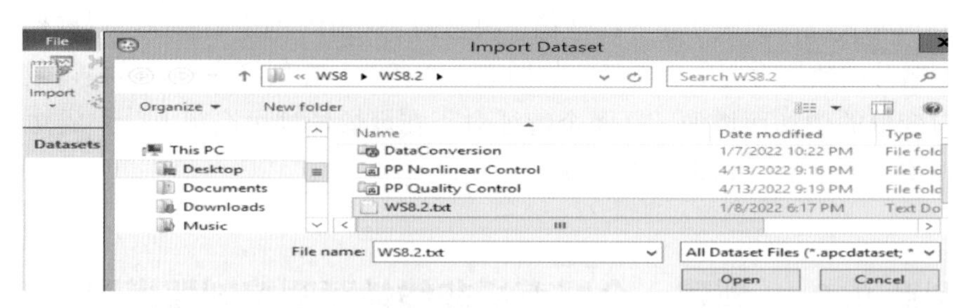

图 8.106　导入数据集，WS8.2.txt 文件

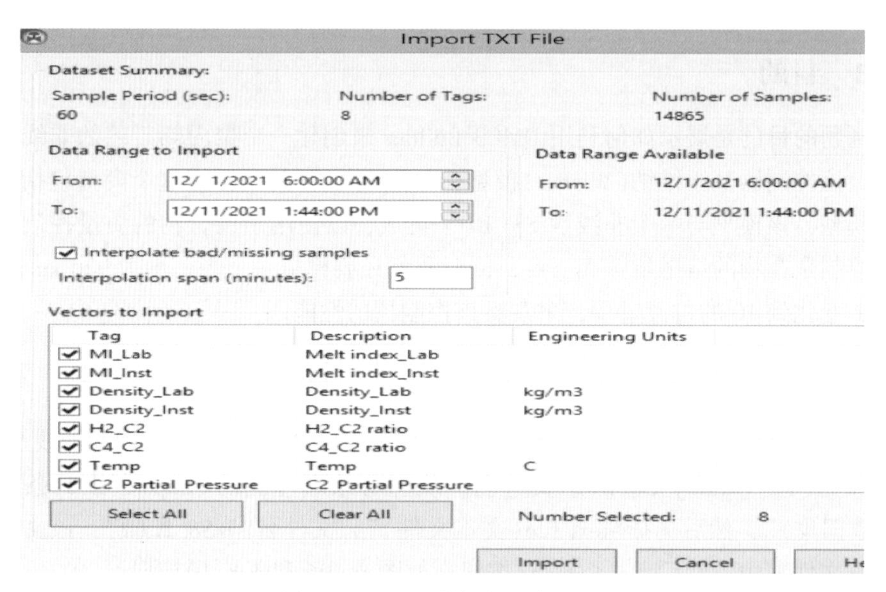

图 8.107　导入数据集的常数项

接下来的内插步骤，我们能看到向量(变量)的概要信息和相应的趋势图。软件自动显示前三个 CV 变量(MI_Lab，MI_Inst 和 Density_Lab)，我们可以选择第 4 个 CV(Density_Inst)，如图 8.108 所示。还可以显示 MV 变量(H2_C2 和 C4_C2)和 DV 变量(Temp 和 C2_Partial_Pressure)，如图 8.109 所示。

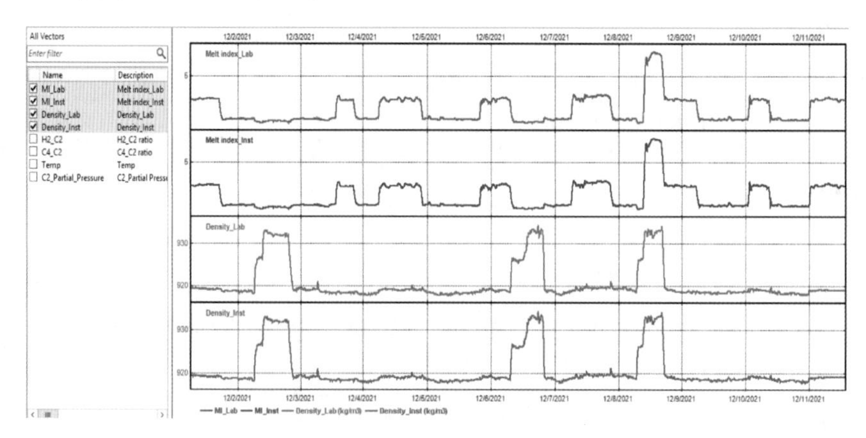

图 8.108　CV 变量画面

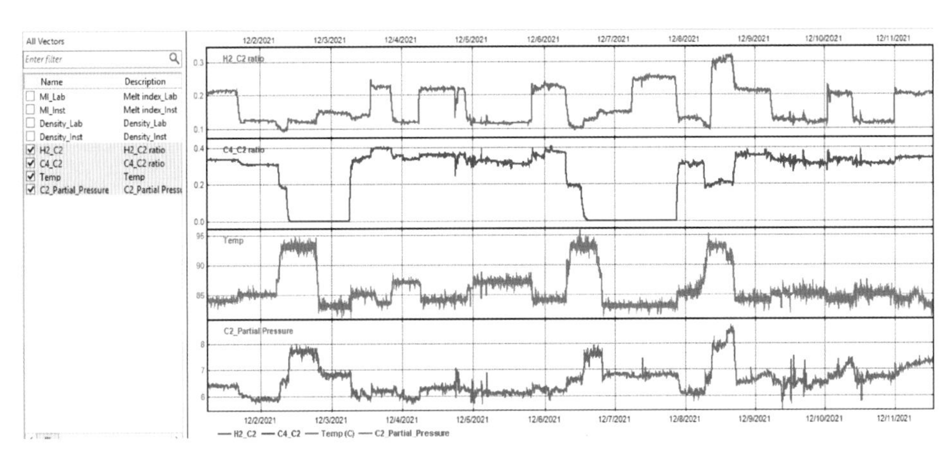

图 8.109　MV 和 DV 变量画面

查看图 8.108 和图 8.109 的趋势图，我们发现因没有坏数据，所以没必要做数据切片。

接下来，点击顶部工具条中的“Manage Lists(管理列表)”按钮，出现如图 8.46 和图 8.47中的创建 MV 和 CV 的列表。见图 8.110 和图 8.111。

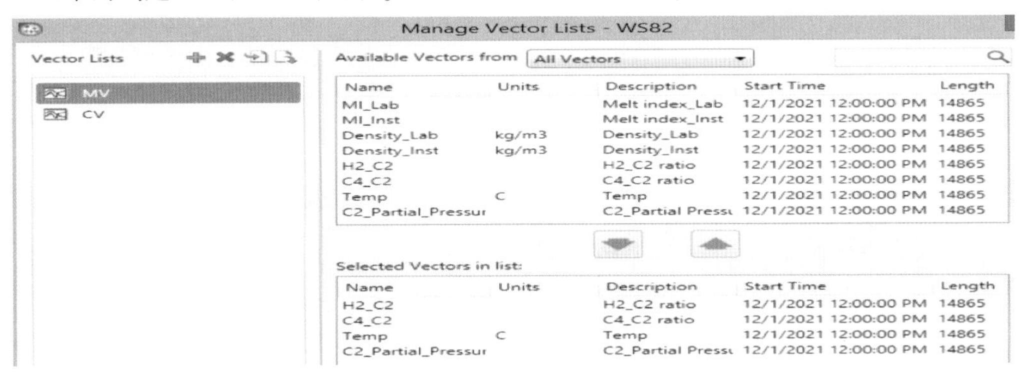

图 8.110　操作变量 MV

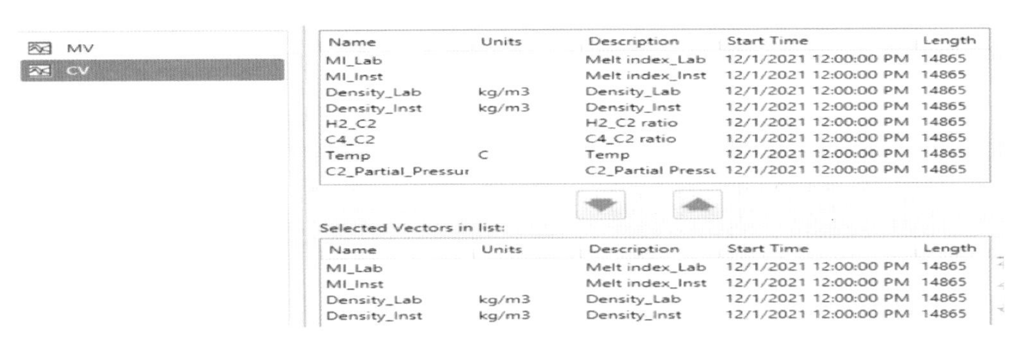

图 8.111　被控变量 CV

8.4.3　Aspen 非线性控制器任务 1：模型辨识

8.4.3.1　阶跃响应图

在工具条的靠右侧，找到并点击“Create Model(创建模型)”按钮，随后选择“Nonlinear

(非线性)”，如图 8.112 所示。点击“OK”进入“Identify Model(辨识模型)”选择输入页面，如图 8.113 所示。

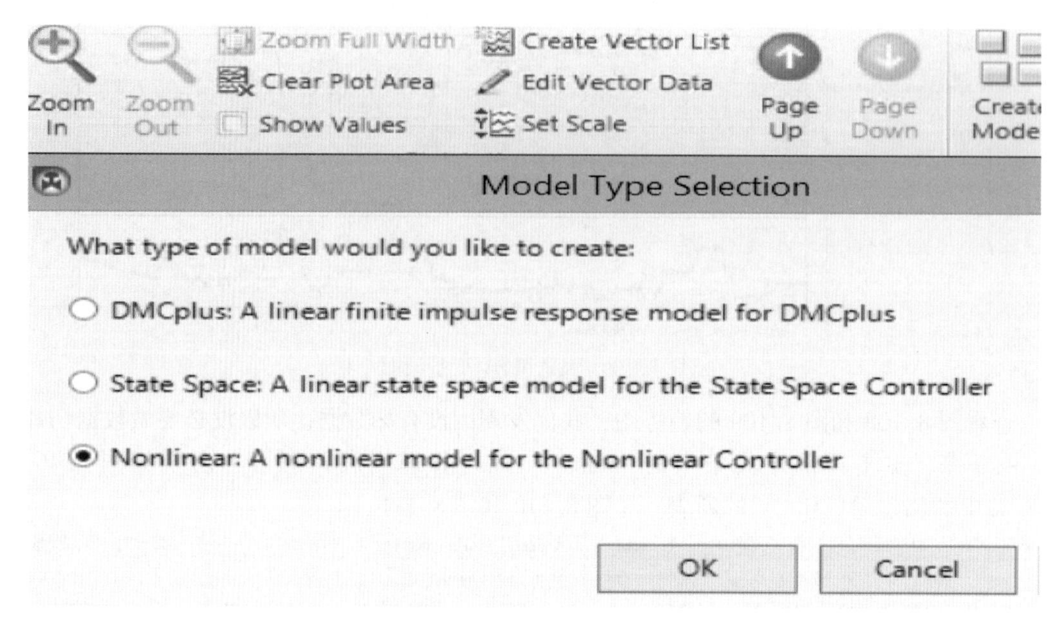

图 8.112　模型类型的选择画面

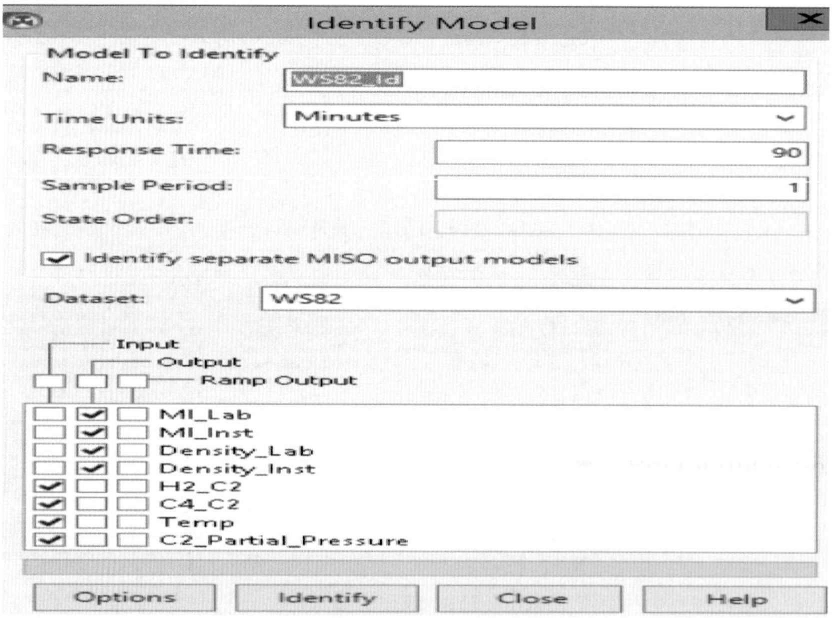

图 8.113　“辨识模型”输入

点击“Options”出现图 8.113 所示的画面，出现缺省规格参数，如图 8.114 所示，我们点击“OK”接受这些缺省值。然后点击“Identify(辨识)”如图 8.113 所示，出现了阶跃响应的结果画面。

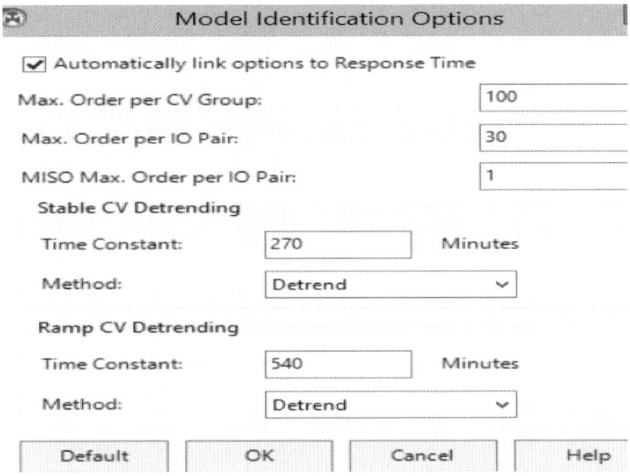

Model Identification Options

☑ Automatically link options to Response Time

Max. Order per CV Group: 100

Max. Order per IO Pair: 30

MISO Max. Order per IO Pair: 1

Stable CV Detrending

Time Constant: 270 Minutes

Method: Detrend

Ramp CV Detrending

Time Constant: 540 Minutes

Method: Detrend

Default　OK　Cancel　Help

图 8.114　模型辨识选项

当选择了顶部工具条上的“Model Views(模型视图)”按钮，出现了如图 8.115 所示的第一种类型的图形画面。

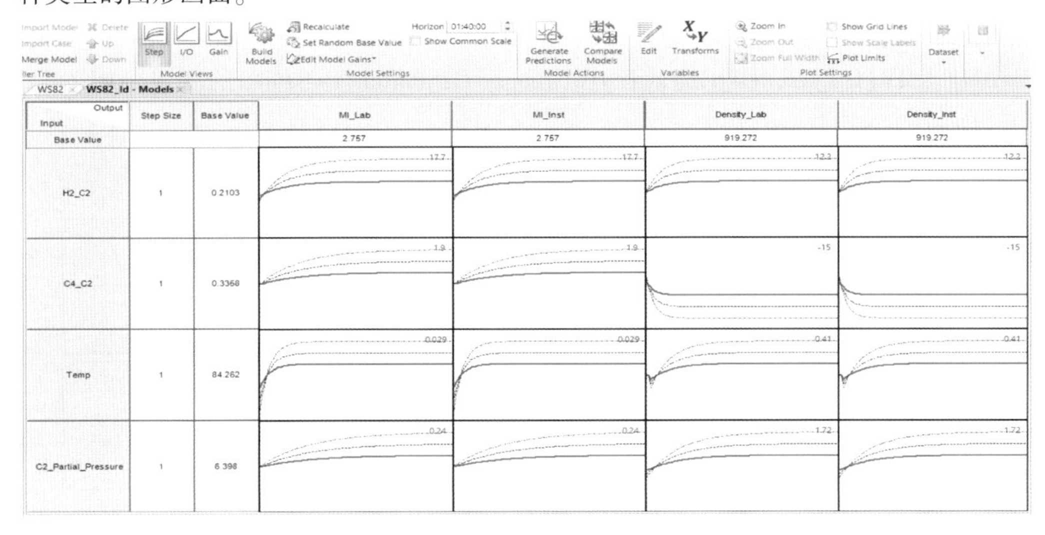

图 8.115　非线型聚烯烃过程的阶跃响应曲线

一个非线性聚合物过程的阶跃响应曲线，与一个线性过程的响应曲线(比如图 8.53)有很大不同，举例：H2_C2，一个 MV 的值增加，受到影响的一个 CV 的值 MI_Lab 同样也增加，但是，显示了 3 个数值增加的响应曲线，从红色曲线到蓝色曲线再到绿色曲线。相反地，当 MV C4_C2 的值增加时，受影响的 CV 的值 Density_Lab and Density_Inst，显示 3 条数值减少的曲线，从红色曲线到蓝色再到绿色曲线，响应依赖于 MV 操作点的值、方向和变化量，以及 MV 的变化步幅。特别是，图中的 3 条响应曲线代表了一个 CV 与一个所选 MV 随时间变化的关系，红色曲线表示 MV 的变化量等于所选步幅，蓝色曲线代表 MV 变化量是 2 倍步幅，绿色曲线表示等于 3 倍缺省步幅。另外，把鼠标放在曲线框里时，可以选择一对 CV-MV。

鼠标右键打开菜单，选择“details(细目)”，可以看到 MI_Lab-H2_C2 的详细画面图，如图 8.116 所示。

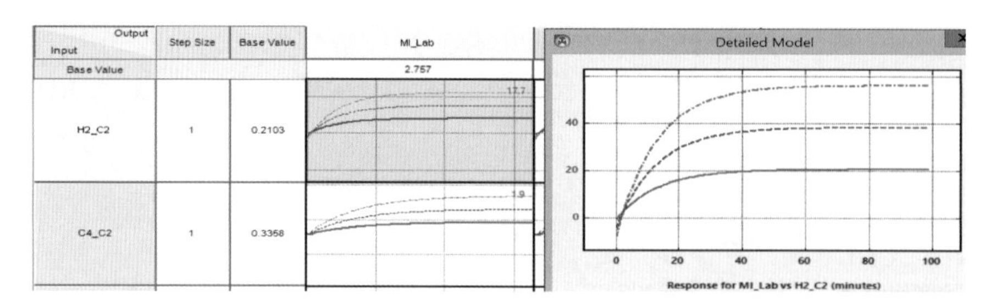

图 8.116　MI_Lab-H2_C2 阶跃响应曲线的细目图

8.4.3.2　输入/输出响应图

接下来，点击顶端工具条上的“I/O”按钮，生成一个 I/O 图，代表每个输出相对于每个输入从低限移动到高限的过程。图 8.117 是结果图，图 8.118 是 MI_Lab-H2_C2 这个变量的详细 I/O 图，上下限既可以是有效上下限，也可以是该输入点的最大值和最小值。在图 8.117中，C4_C2 增加时，Density_Lab 和 Density_Inst 这两个变量全是减少的。表 8.5对所有的正负号情况进行了汇总，包括 CV(MI_Lab，MI_Inst，Density_Lab，Density_Inst)的 ΔCV/ΔMV，MV(H2_C2，C4_C2)或者 DV(Temp，C2_Partial_Pressure)的 ΔCV/ΔDV。

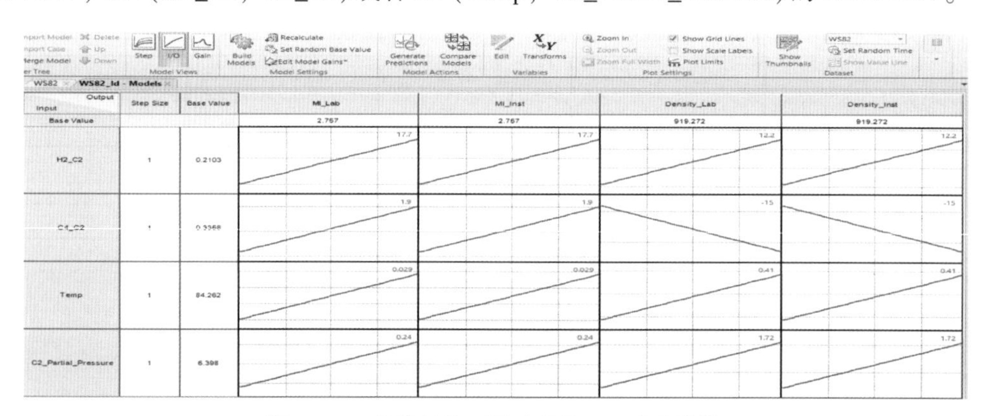

图 8.117　非线性聚丙烯过程的 I/O 响应曲线

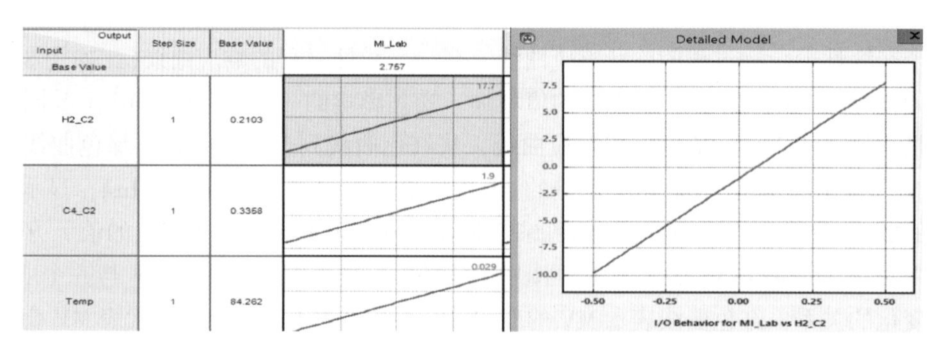

图 8.118　MI_Lab-H2_C2 I/O 响应曲线的详细内容

8.4.3.3 增益图

最后，我们点击顶部工具条上的“Gain(增益)”按钮，来生成一个增益图，如图 8.119 所示，展示了输入从低限到高限的过程中每一对输入/输出的增益变化值。图 8.120 表示的是 MI_Lab-H2_C2 输入/输出的详细增益图。

表 8.5 ΔCV/ΔMV 或 ΔCV/ΔDV 的正负号

MV/DV	CV-1. MI	CV-2. Density
H2_C2	ΔCV/ΔMV>0	ΔCV/ΔMV>0
H2_C4	ΔCV/ΔMV>0	ΔCV/ΔMV<0
Temp	ΔCV/ΔMV>0	ΔCV/ΔMV>0
C2_Partial_Pressure	ΔCV/ΔMV>0	ΔCV/ΔMV>0

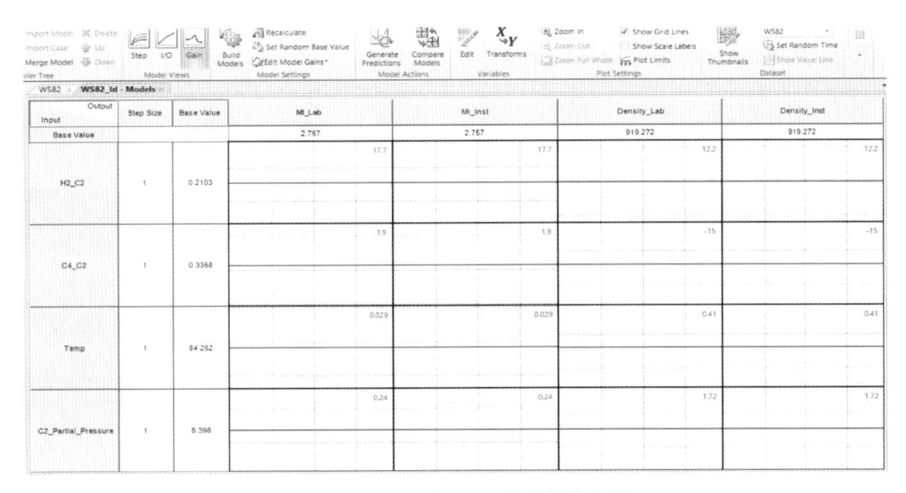

图 8.119 非线型聚丙烯的增益图

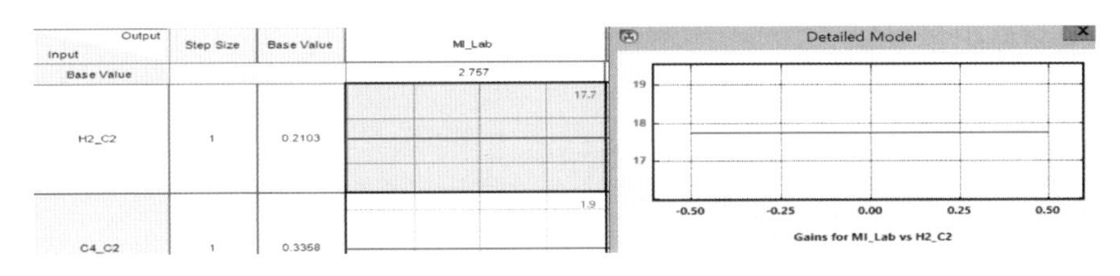

图 8.120 MI_Lab-H2_C 的详细增益图

8.4.4 Aspen 非线性控制器任务 1：模型辨识，建立一个非线性的状态空间有限微分网络

8.4.4.1 设置动态特性和输出状态参数

我们点击顶端工具条的“Build Models(建模)”按钮，弹出了一个窗口“Edit MISO Models(编辑 MISO 模型)”，点击“Configuration(组态)”后，结果如图 8.121 所示，显示了缺省的模型类型，“Model Identified(模型已辨识)”。我们通过下拉菜单把输出变量 CV 的模型类型

变为 BDN，随后生产结果如图 8.122 所示。点击图 8.122 的“Inputs(输入)”按钮，定义每一个影响输出的输入项，具体见图 8.123。接下来，点击“Deadtimes(滞后时间)”，定义初始滞后时间，以样本周期数为单位指定初始滞后时间。这些滞后时间用于模拟变化过程中初始过程响应的非线性，见图 8.124。我们点击每个输出变量，然后点击“Identify Deadtimes(识别滞后时间)”按钮并保留默认参数，然后点击“Identify(识别)”来识别滞后时间，见图 8.125。对所有 4 个输出变量(MI_Lab、MI_Inst、Density_Lab 和 Density_Inst)重复此步骤。

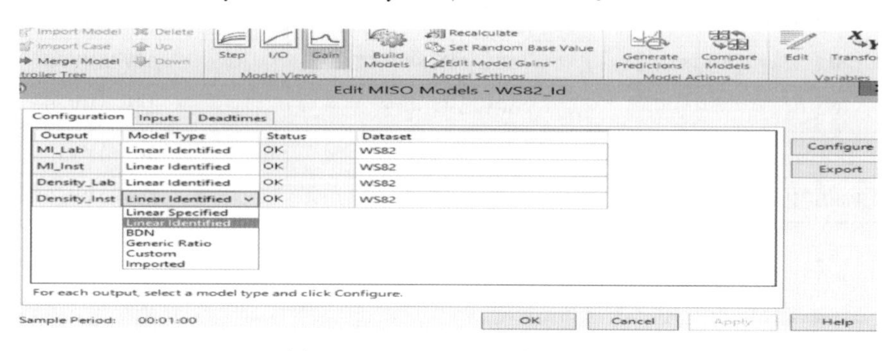

图 8.121　显示可用的模型类型

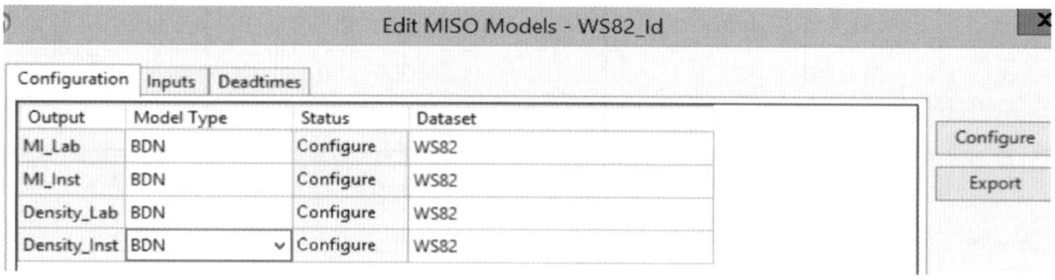

Edit MISO Models - WS82_Id

Output	Model Type	Status	Dataset
MI_Lab	BDN	Configure	WS82
MI_Inst	BDN	Configure	WS82
Density_Lab	BDN	Configure	WS82
Density_Inst	BDN	Configure	WS82

图 8.122　选择 BDN 下的模型类型

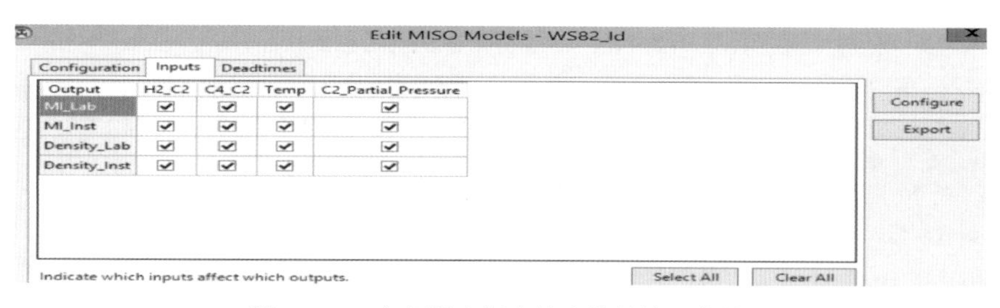

图 8.123　定义影响每个输出值的输入变量

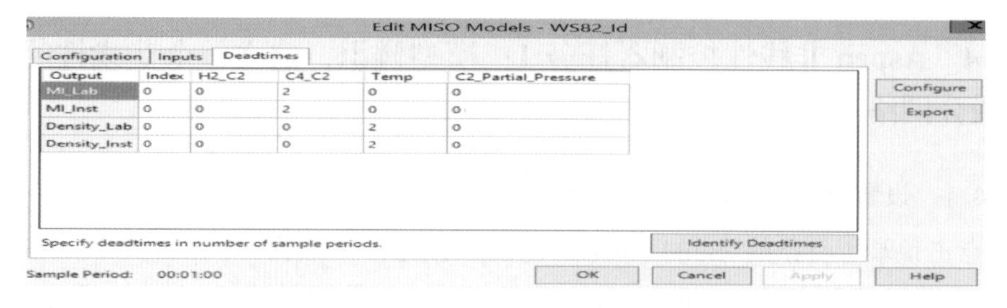

图 8.124　定义滞后时间：“2”代表以样本周期为单位的滞后时间(被称为指数值)

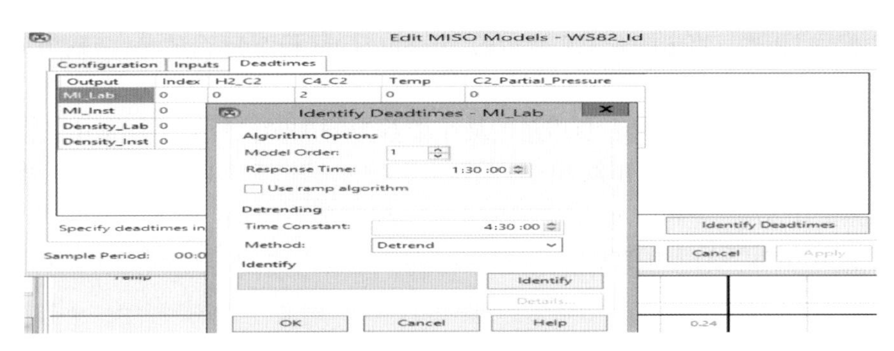

图 8.125　辨识 MI_Lab 的滞后时间，对所有 4 个输出变量重复此步骤

确定滞后时间后，我们点击图 8.121～图 8.125 中的“Configure（配置）”按钮。在图 8.126中，我们在“Dynamics（动态）”选项卡中为输出变量 MI_Lab 配置输入变量（H2_C2、C4_C2、Temp 和 C2_Partial_Pressure）的过滤时间常数。接下来，我们切换到“配置”步骤中的“Output States（输出状态）”选项卡，为输出变量 MI_Inst、Density_Lab 和 Density_Inst 各配置一个输出状态。

如图 8.127 所示，我们对输出变量 MI_Inst、Density_Lab 和 Density_Inst 重复这一步骤。

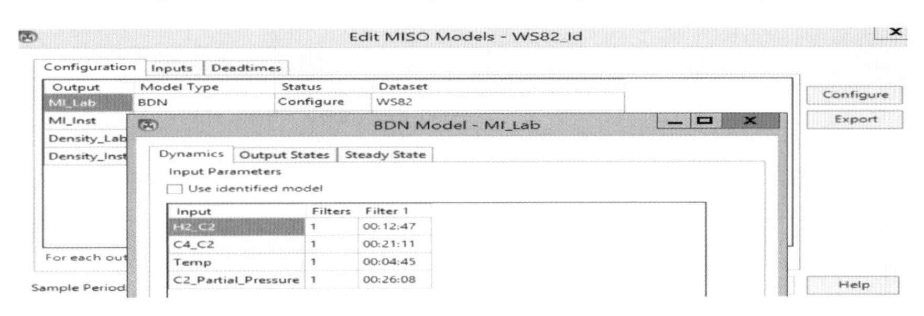

图 8.126　为输出变量 MI_Lab 对应的输入变量

（H2_C2、C4_C2、Temp、C2_Partial_Pressure）配置滤波时间常数

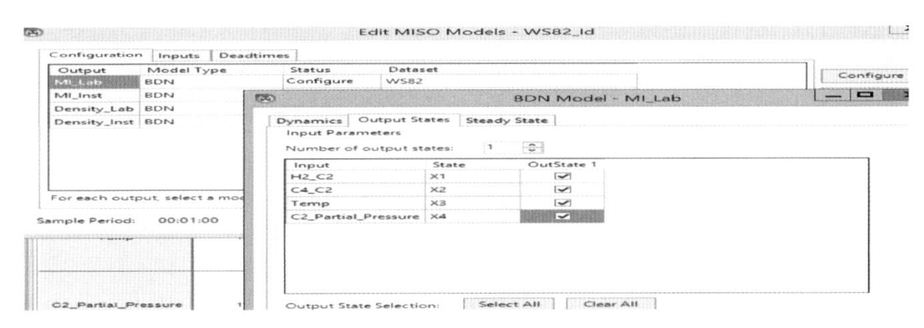

图 8.127　为输出变量 MI_Lab 的输入变量

（H2_C2、C4_C2、Temp、C2_Partial_Pressure）确定每个滤波器的输出状态

8.4.4.2　用增益常数约束条件构建模型

这一步的特点是 BDN 能够根据指定的增益约束条件建立模型，以避免第 8.3.2.1 节中讨论的错误增益反向。根据图 8.117 和第 8.4.3.2 节中的表 8.5，我们可以指定相应的增益约束。

继续“配置”步骤，点击图 8.127 所示的“Steady State(稳态)”选项卡(与输出或 CV MI_Lab 对应)，指定稳态增益约束。在所得的图 8.128 中，我们根据表 8.5 指定了正增益的最小增益为 0，最大增益为 10000；负增益的最小增益为-10000，最大增益为 0。然后，我们选择“识别”，为 MI-Lab 建立 BDN 模型。图 8.129 显示了非线性 BDN 模型预测结果与 MI-Lab 工厂数据的比较。当 MI_Lab 平均值为 4 时，模型预测与工厂数据之间的均方根误差(*RMSE*)仅为 0.0221，约为 0.55%。

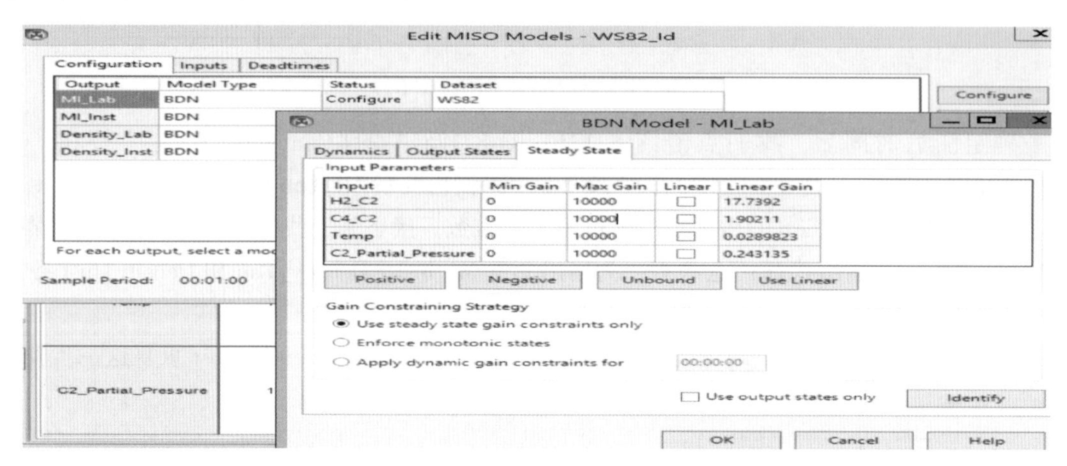

图 8.128　按照表 8.5 为 MI-Lab 配置稳态增益约束

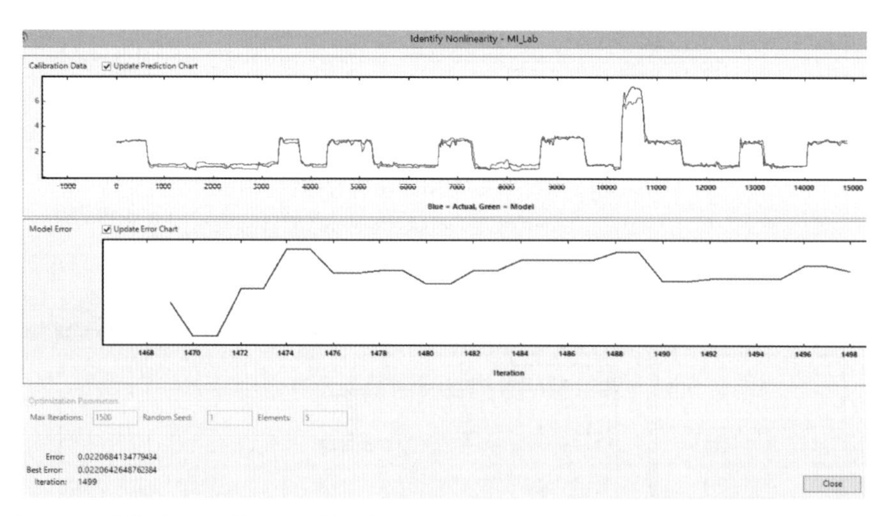

图 8.129　非线性 BDN 模型预测结果与 MI_Lab 的工厂数据(“最大增益”为 10000)的比较

图 8.130 显示了 Density_Lab 的稳态增益约束规范，如表 8.5 所示，图 8.131 比较了非线性 BDN 模型预测的 Density_Lab 值和工厂数据。当 Density_Lab 平均值为 918 时，模型预测值与工厂数据之间的均方根误差仅为 0.007485，约为 0.008154%。

根据表 8.5 中的稳态增益约束条件，重复同样的步骤来确定 MI_Inst 和 Density_Inst 的模型，我们可以得到基本相同的比较曲线，如图 8.129 中的 MI 曲线和图 8.131 中的 Density 曲线。

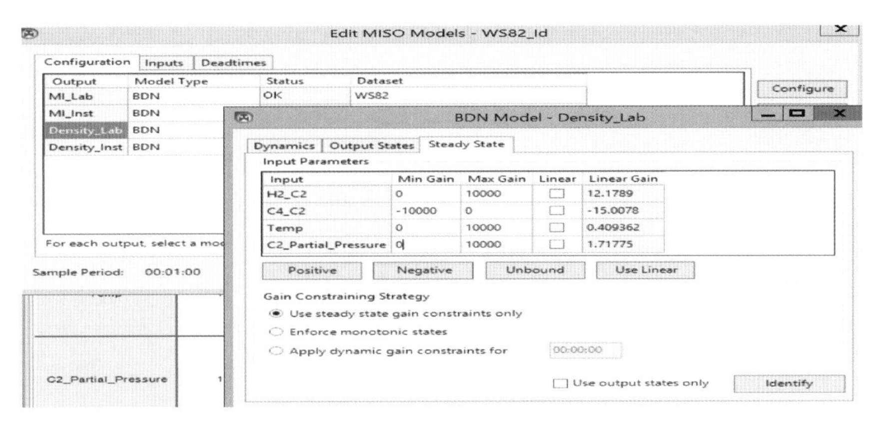

图 8.130　按照表 8.5 为 Density_Lab 指定稳态增益约束

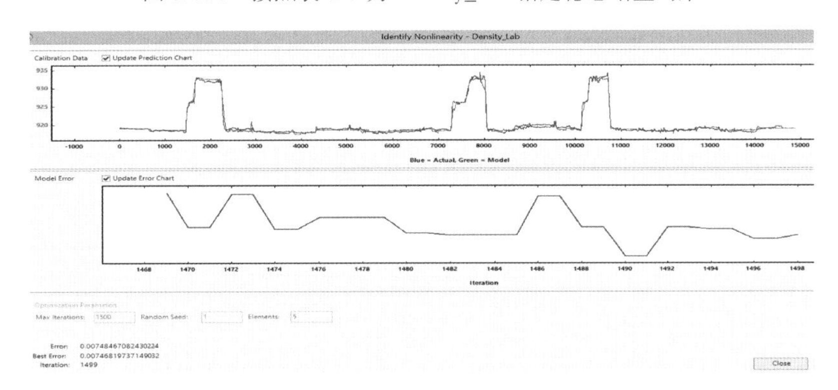

图 8.131　在 C4_C2 的最小增益为-10000 和其余输入的最大增益为 10000 的情况下，对 Density_Lab 的非线性 BDN 模型预测与工厂数据的比较

8.4.4.3　细调稳态 BDN 增益

参照图 8.128，我们将所有 4 个输入的最大增益从 10000 降至 100，从而缩小稳态 BDN 增益的范围，并再次运行 BDN 回归。结果如图 8.132 所示，模型预测值与 MI_Lab 工厂数据之间的误差从 0.022068413 降至 0.010037448。同样，参照图 8.130 中的 Density_Lab，我们将 C4_C2 的最小增益改为-100，将其余 3 个输入的最大增益改为 100，然后运行 BDN 回归。我们发现，Density_Lab 的模型预测结果与工厂数据之间的误差没有得到改善。

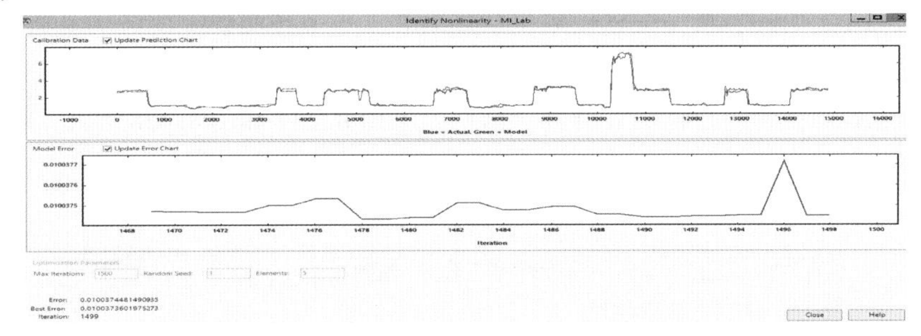

图 8.132　最大增益为 100 时 MI_Lab 的非线性 BDN 模型预测结果与工厂数据的比较

如图 8.133 所示，在配置和识别 SS-BDN 模型后，我们可以看到模型识别的“OK”状态。我们还可以看到图 8.134 所示的稳态增益图。

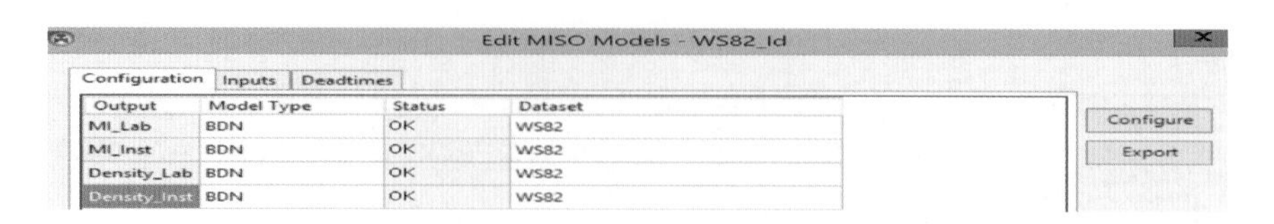

图 8.133　状态“OK”表示 SS-BDN 模型辨识完成

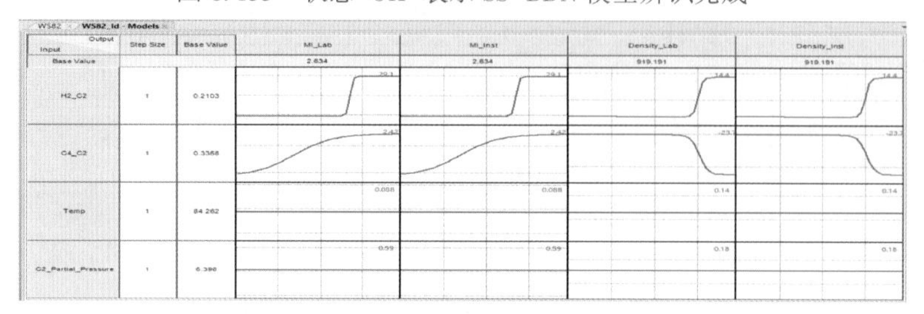

图 8.134　SS-BDN 模型的稳态增益

表 8.6 显示了 SS-BDN 模型的稳态增益结果。实际上，我们只需注意 MI_Lab 和 Density_Lab 两列。我们不需要为 MI_Inst 和 Density_Inst 建立模型。

表 8.6　SS-BDN 模型的稳态增益

MV/DV	CV			
	MI_Lab	MI_Inst	Density_Lab	Density_Inst
H2_C2	29.1	29.1	14.4	14.4
C4_C2	2.42	2.42	-23.7	-23.7
Temp	0.088	0.088	0.44	0.44
C2_Partial_Pressure	0.59	0.59	0.18	0.18

8.4.4.4　生成模型预测

接下来，我们应用 SS-BDN 模型预测 MI_Lab 和 Density_Lab，并将预测结果与工厂数据进行比对。我们点击顶部的“Generate Predictions(生成预测)”。

工具栏和选择数据集“***WS8.2***”，见图 8.135。对比结果如图 8.136 所示。

8.4.5　Aspen 非线性控制器任务 2：配置——模型配置

如第 8.2.14 节所述，模型配置任务包括在第 8.1.5 节预测误差滤波的基础上指定预测误差反馈滤波器。我们点击顶部工具栏中的“Feedback Filter(反馈滤波器)”按钮，然后点击“Fine Tune(微调)”按钮对反馈滤波器进行微调，见图 8.137 和图 8.138。

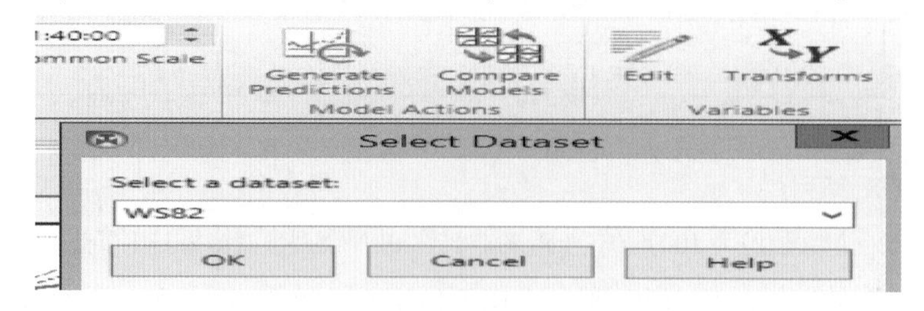

图 8.135　选择数据集与模型预测对比

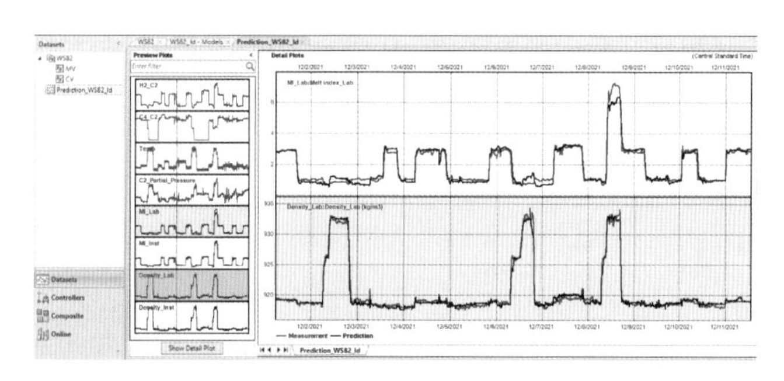

图 8.136　生成 MI_Lab 和 Density_Lab 的模型预测值

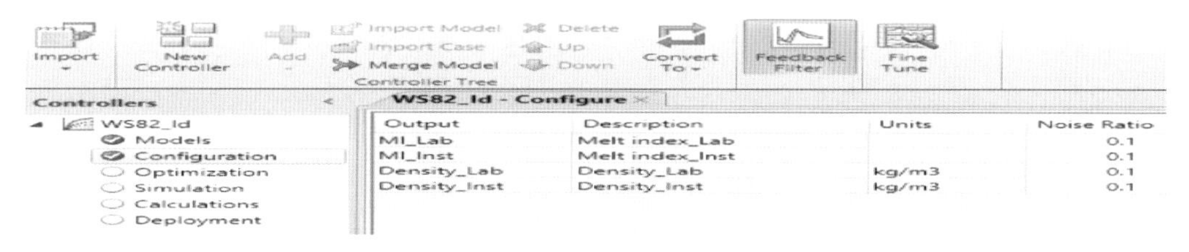

图 8.137　选择缺省的反馈滤波器

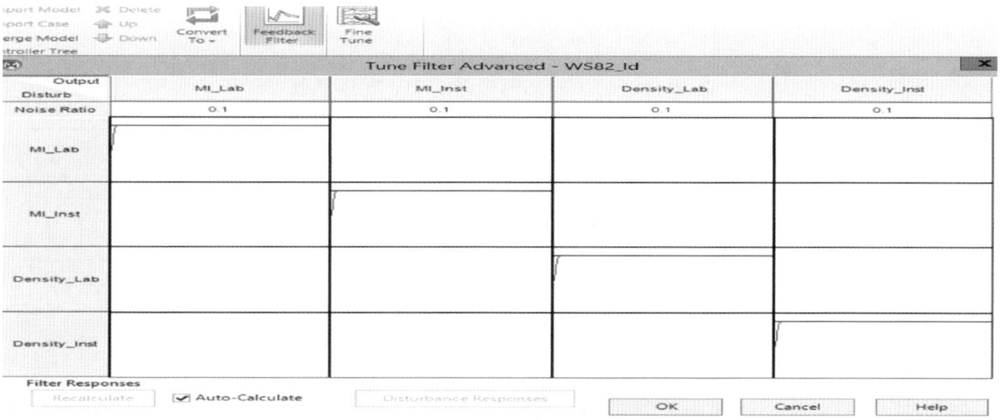

图 8.138　对反馈滤波器进行微调

8.4.6　Aspen 非线性控制器任务 2：配置和运行稳态优化

我们按照图 8.92 配置稳态优化器。图 8.139 规定了配置优化器的输入和输出。图 8.140(a)、(b)分别显示了稳态模拟器中 MV 和 CV 的规格参数。在图 8.140(a)中，我们根据表 8.6 中的稳态增益负值来设置 MV 的初始 LP cost(成本)。我们按照图 8.12 和表 8.1 中的示例进行计算。我们注意到，在表 8.6 的 MI_Lab 一栏中，所有增益均为正值；而在 Density_Lab 一栏中，增益 Δ(Density_Lab)/Δ(C4_C2)为负值。在下文中，我们选择表 8.6 中稳态增益的负值作为初始 LP 成本，除非我们将表 8.6 中 Density_Lab 一栏的稳态增益值作为初始 LP 成本，只是将 Δ(Density_Lab)/Δ(C4_C2)的增益值从-23.7 改为-5[因此，图 8.140(a)中 MV 或输入 C4_C2 的 LP 成本变为+5]。如第 8.1.2.2 节和表 8.1 所述，LP 成本为正值的输入或 MV 意味着，为了实现成本最小化和利润最大化，我们倾向于将 MV 向其工作下限移动。与此相反，我们倾向于将 LP 成本为负值的 MV 向其运行上限移动。我们将探讨不同的初始 LP 成本对 MV 和 CV 稳态目标的影响。

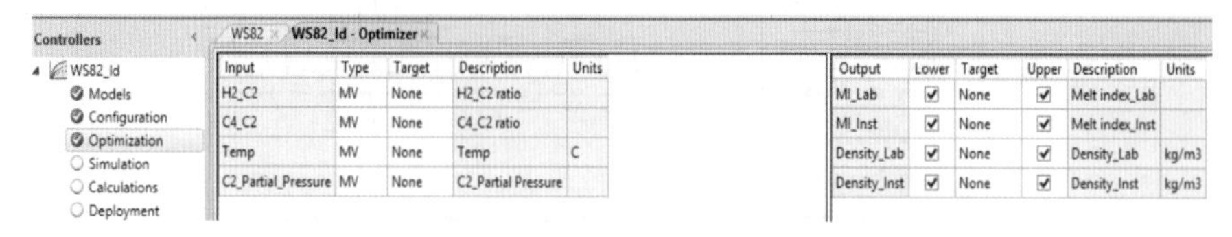

Input	Type	Target	Description	Units
H2_C2	MV	None	H2_C2 ratio	
C4_C2	MV	None	C4_C2 ratio	
Temp	MV	None	Temp	C
C2_Partial_Pressure	MV	None	C2_Partial Pressure	

Output	Lower	Target	Upper	Description	Units
MI_Lab	☑	None	☑	Melt index_Lab	
MI_Inst	☑	None	☑	Melt index_Inst	
Density_Lab	☑	None	☑	Density_Lab	kg/m3
Density_Inst	☑	None	☑	Density_Inst	kg/m3

图 8.139　稳态优化的输入和输出

Inputs	Service Status	Measurement	Validity Low Limit	Engineering Low Limit	Operator Low Limit	Steady State Value	Operator High Limit	Engineering High Limit	Validity High Limit	LP Cost
H2_C2	On	0.2	0.1	0.1	0.1	0.2	1	1	1	-14.4
C4_C2	On	0.35	0.1	0.1	0.1	0.35	1	1	1	5
Temp	On	85	75	75	75	85	100	100	100	-0.44
C2_Partial_Pressure	On	6.52	5	5	5	6.52	9	9	9	-0.18

Critical	Use Limit Tracking	Validated Measurement	Loop Status	Anti Windup Status	Reverse Acting	Plot Low	Plot High	OutOfService Value	OutOfService Switch	Plot Auto Scale
No	No	0	On	Free	No	0.01	1.09	0	No	Yes
No	No	0	On	Free	No	0.01	1.09	0	No	Yes
No	No	0	On	Free	No	72.5	102.5	0	No	Yes
No	No	0	On	Free	No	4.6	9.4	0	No	Yes

图 8.140(a)　稳态模拟器的 MV 规格参数

Outputs	Measurement	Validity Low Limit	Engineering Low Limit	Operator Low Limit	Steady State Value	Operator High Limit	Engineering High Limit	Validity High Limit	Prediction	LP Cost	SS Low Concern
MI_Lab	2.701	0.2	0.2	0.2	0	20	20	20	0	0	0.2
MI_Inst	2.687	0.2	0.2	0.2	0	20	20	20	0	0	20
Density_Lab	919	840	840	840	0	940	940	940	0	0	1
Density_Inst	919	840	840	840	0	940	940	940	0	0	40

SS Low Rank	SS High Concern	SS High Rank	Critical	Use Limit Tracking	Validated Measurement	Plot Low	Plot High	Plot Auto Scale	Deadtime Index	OutOfService Value	OutOfService Switch
20	0.2	20	No	No	0	-1.78	21.98	Yes	0	0	No
20	20	20	No	No	0	-1.78	21.98	Yes	0	0	No
20	1	20	No	No	0	830	950	Yes	0	0	No
20	1	20	No	No	0	830	950	Yes	0	0	No

图 8.140(b)　稳态模拟器的 CV 规格参数

接下来，我们点击“Constraints(约束条件)”按钮，看到图 8.141 的显示。我们将计算 CV 和 MV 的稳态目标。

Import Model　Delete　Import Case　Up　Merge Model　Down　ller Tree
Configure Optimizer　Steady-State Simulator　Constraints　Disable calculations
Optimization Views　Actions
WS82_Id - Optimizer

Order	Type	Variable	Rank	Constraint Type	SS Concern	Current Target
5	CV	MI_Lab	20	Upper Limit	0.2	0
5	CV	MI_Lab	20	Lower Limit	0.2	0
6	CV	MI_Inst	20	Upper Limit	20	0
6	CV	MI_Inst	20	Lower Limit	20	0
7	CV	Density_Lab	20	Upper Limit	1	0
7	CV	Density_Lab	20	Lower Limit	1	0
8	CV	Density_Inst	20	Upper Limit	40	0
8	CV	Density_Inst	20	Lower Limit	40	0

图 8.141　稳态优化下 MV 和 CV 的当前约束

我们通过指定数据集 ***WS8.2*** 来初始化稳态优化计算，并取消动态调整的初始化，见图 8.142。

现在我们来探讨将表 8.6 MI_Lab 列中稳态增益的负值作为初始 LP 成本时的影响。图 8.140(a)显示了稳态模拟器的 MV 规格参数。CV 的规格参数如图 8.140(b)所示。按照图 8.141 和图 8.144 的同样步骤，我们得到稳态优化器的优化结果，如图 8.147 所示，其稳态结果数值和图 8.143 所示的不同。这个对比说明：LP 成本的初值将对 MV 和 CV 的稳态目标值产生影响。

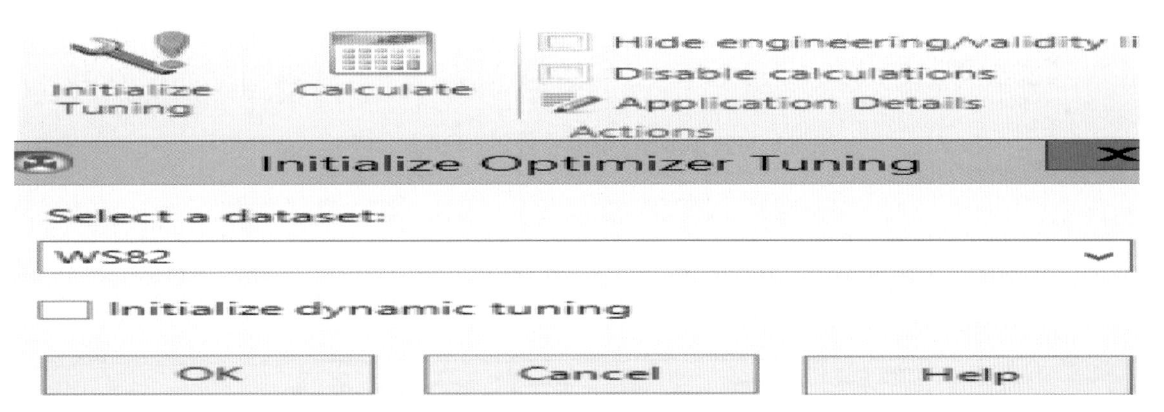

图 8.142 通过指定数据集来对稳态优化器进行初始化

Inputs	Measurement	Validity Low Limit	Engineering Low Limit	Operator Low Limit	Steady State Value	Operator High Limit	Engineering High Limit	Validity High Limit	LP Cost	Critical
H2_C2	0.2	0.1	0.1	0.1	0.2	1	1	1	-14.4	No
C4_C2	0.35	0.1	0.1	0.1	0.35	1	1	1	5	No
Temp	85	75	75	75	85	100	100	100	-0.44	No
C2_Partial_Pressure	6.52	5	5	5	6.52	9	9	9	-0.18	No

Outputs	Measurement	Validity Low Limit	Engineering Low Limit	Operator Low Limit	Steady State Value	Operator High Limit	Engineering High Limit	Validity High Limit	Prediction	LP Cost	SS Low Concern
MI_Lab	2.701	0.2	0.2	0.2	0	20	20	20	0	0	0.2
MI_Inst	2.687	0.2	0.2	0.2	0	20	20	20	0	0	20
Density_Lab	919	840	840	840	0	940	940	940	0	0	1
Density_Inst	919	840	840	840	0	940	940	940	0	0	40

图 8.143 通过稳态优化器得到的稳态优化值

Inputs	Measurement	Validity Low Limit	Engineering Low Limit	Operator Low Limit	Steady State Value	SS Current Move	Operator High Limit	Engineering High Limit	Validity High Limit	LP Cost	Critical	Use Limit Tracking	Anti Windup Status	Reverse Acting
H2_C2	0.2	0	0	0	0.2	0	1	1	1	-29.1	No	No	Free	No
C4_C2	0.35	0	0	0	0.35	0	1	1	1	-2.42	No	No	Free	No
Temp	85	75	75	75	85	0	100	100	100	-0.088	No	No	Free	No
C2_Partial_Pressure	6.52	5	5	5	6.52	0	9	9	9	-0.59	No	No	Free	No

Allow Ramping	Use Equal Percentage	Engineer Request	IRV Type	SS Move Limit	Active Constraint Indicator
No	No	On	None	1	0
No	No	On	None	1	0
No	No	On	None	1	0
No	No	On	None	1	0

图 8.144 稳态模拟器的 MV 规格参数

表 8.6 中，在 Density_Lab 列和 MI_Lab 列的负值之间，我们应该使用哪一组值作为图 8.145和图 8.147 中的 LP 成本的初值呢？我们建议选择能使 CV 稳态目标值接近预期控制器运行的那套 LP 成本初值。

Inputs	Service Status	Measurement	Validity Low Limit	Engineering Low Limit	Operator Low Limit	Steady State Value	Operator High Limit	Engineering High Limit	Validity High Limit	LP Cost	Critical
H2_C2	On	0.2049	0	0	0	0.7139	1	1	1	-29.1	No
C4_C2	On	0.341	0	0	0	1	1	1	1	-2.42	No
Temp	On	84.07	75	75	75	83.67	100	100	100	-0.088	No
C2_Partial_Pressure	On	7.111	5	5	5	8.111	9	9	9	-0.59	No

Outputs	Measurement	Validity Low Limit	Engineering Low Limit	Operator Low Limit	Steady State Value	Operator High Limit	Engineering High Limit	Validity High Limit	Prediction	LP Cost	SS Low Concern	SS Low Rank
MI_Lab	2.778	0.2	0.2	0.2	20	20	20	20	2.778	0	0.2	20
MI_Inst	2.778	0.2	0.2	0.2	20	20	20	20	2.778	0	20	20
Density_Lab	919.1	840	840	840	918.2	940	940	940	919.1	0	1	20
Density_Inst	919.1	840	840	840	918.2	940	940	940	919.1	0	40	20

图 8.145　通过稳态优化器得到的稳态优化值

Inputs	Measurement	Validity Low Limit	Engineering Low Limit	Operator Low Limit	Steady State Value	Current Move	Operator High Limit	Engineering High Limit	Validity High Limit	LP Cost
H2_C2	0.2	0.1	0.1	0.1	0.2	0	1	1	1	-29.1
C4_C2	0.35	0.1	0.1	0.1	0.35	0	1	1	1	-2.42
Temp	85	75	75	75	85	0	100	100	100	-0.088
C2_Partial_Pressure	6.52	5	5	5	6.52	0	9	9	9	-0.58

Dynamic Target Concern	Move Down Limit	Move Up Limit	Critical	Use Limit Tracking	Validated Measurement	Setpoint	Loop Status	Anti Windup Status	Reverse Acting	Plot Low	Plot High
1	1	1	No	No	0	0	On	Free	No	0.01	1.09
1	1	1	No	No	0	0	On	Free	No	0.01	1.09
1	1	1	No	No	0	0	On	Free	No	72.5	102.5
1	1	1	No	No	0	0	On	Free	No	4.6	9.4

OutOfService Value	OutOfService Switch	Plot Auto Scale	Step Constraint Flag	Model Bias	Allow Ramping	Use Equal Percentage	Engineer Request	IRV Type	SS Move Limit	Active Constraint Indicator
0	No	Yes	0	0	No	No	On	None	1	0
0	No	Yes	0	0	No	No	On	None	1	0
0	No	Yes	0	0	No	No	On	None	1	0
0	No	Yes	0	0	No	No	On	None	1	0

Horizon Length	Num Moves	Move Accumulation	Move Suppression	Move Suppression Increase	Move Resolution	Trajectory Factor	Transformed Measurement
60	10	0	0.2	2	0	0	0
60	10	0	0.2	2	0	0	0
60	10	0	5	2	0	0	0
60	10	0	1	2	0	0	0

图 146(a)　控制器模拟的初始 MV 规格

Outputs	Measurement	Validity Low Limit	Engineering Low Limit	Operator Low Limit	Steady State Value	Operator High Limit	Engineering High Limit	Validity High Limit	Prediction	LP Cost	SS Low Concern
MI_Lab	2.701	0.2	0.2	1.4	0	1.5	20	20	0	0	0.2
MI_Inst	2.687	0.2	0.2	1.4	0	1.5	20	20	0	0	20
Density_Lab	919	840	840	938	0	940	940	940	0	0	1
Density_Inst	919	840	840	938	0	940	940	940	0	0	40

SS High Concern	SS High Rank	Dynamic Low Concern	Dynamic High Concern	Dynamic Target Concern	Critical	Use Limit Tracking	Validated Measurement	Plot Low	Plot High	Plot Auto Scale	Deadtime Index	OutOfServ Value
0.2	20	1	1	1	No	No	0	-1.78	21.98	Yes	0	0
20	20	1	1	1	No	No	0	-1.78	21.98	Yes	0	0
1	20	1	1	1	No	No	0	830	950	Yes	0	0
40	20	1	1	1	No	No	0	830	950	Yes	0	0

OutOfService Switch	Model Prediction	Initialize Predictions	Time Constant Multiplier	Noise Ratio	Model Bias	Internal Bias Reset	Active Constraint Indicator	Engineer Request	Infeasible Limit Handling	Limit Straddle Handling	SS IRV Type
No	0	No	1	0.1	0	Off	0	On	No	No	None
No	0	No	1	0.1	0	Off	0	On	No	No	None
No	0	No	1	0.1	0	Off	0	On	No	No	None
No	0	No	1	0.1	0	Off	0	On	No	No	None

Use Equal Percentage	Horizon Length	Num Coincident Points	Coincident Point DeadZone	Trajectory Factor	Transformed Measurement	Simulation Noise	Prediction Next Cycle
No	120	20	0	0	0	0	0
No	120	20	0	0	0	0	0
No	120	20	0	0	0	0	0
No	120	20	0	0	0	0	0

图 146(b)　控制器模拟的初始 CV 规格

Inputs	Measurement	Validity Low Limit	Engineering Low Limit	Operator Low Limit	Steady State Value	Current Move	Operator High Limit	Engineering High Limit	Validity High Limit	LP Cost
H2_C2	0.2	0.1	0.1	0.1	0.2	0	1	1	1	-29.1
C4_C2	0.35	0.1	0.1	0.1	0.35	0	1	1	1	-10
Temp	85	75	75	75	85	0	100	100	100	-0.088
C2 Partial Pressure	6.52	5	5	5	6.52	0	9	9	9	-0.58

Outputs	Measurement	Validity Low Limit	Engineering Low Limit	Operator Low Limit	Steady State Value	Operator High Limit	Engineering High Limit	Validity High Limit	Prediction	LP Cost	SS Low Concern
MI_Lab	2.701	0.2	0.2	1.4	0	1.5	20	20	0	0	0.2
MI_Inst	2.687	0.2	0.2	1.4	0	1.5	20	20	0	0	20
Density_Lab	919	840	840	938	0	940	940	940	0	0	1
Density_Inst	919	840	840	938	0	940	940	940	0	0	40

图 8.147　用于 MI 和密度过渡控制的选定 MV 和 CV 调整参数的变化情况

8.4.7　Aspen 非线性控制器任务 3：配置和模拟设定点变化的动态控制器

我们按照图 8.97(a)初始化控制器模拟。图 8.146(a)、(b)显示了 MV 和 CV 的输入，包括运行值和调整值。我们将生成的仿真文件保存为“***WS8.2_BaseCase_BDN.dmc3application***”。

我们希望模拟 MI_Lab 和 MI_Inst 的 CV 值从 2.7 到 1.5 的过渡控制，同时将 Density_Lab 和 Density_Inst 保持在 938 kg/m^3 的工作下限和 940 kg/m^3 的工作上限之间。根据图 8.134 和表 8.6，我们预计 MV 会有以下变化：C2_H2 和 C4_C2 值将向其上限值增加，而 Temp 和 C2_Partial_Pressure 值基本保持不变。

我们将 C2_H2 和 C4_C2 这两个 MV 的初始移动压缩值从 1 降到 0.2，以加快这两个 MV 的增加速度。我们还将 MV Temp 的初始移动压缩值从 1 提高到 5，以减缓 Temp 的变化。

图 8.147 显示了我们的 MV 和 CV 规格的变化。

图 8.148 显示了 CV 稳态值达到运行极限后的结果，即 MI_Lab 值为 1.5，Density_Lab 值为 925 kg/m^3。我们注意到，在模拟过程中，控制器以真正的闭环方式运行，测量数据接收情况如下：①对于 MV，控制器计算出的设定点为 1.5。②对于 CV，下一周期的预测值会转移到测量值中。因此，所有变量的测量值都不会过时。

Inputs	easurement	Validity Low Limit	Engineering Low Limit	Operator Low Limit	Steady State Value	Current Move	Operator High Limit	Engineering High Limit	Validity High Limit	LP Cost
H2_C2	0.2164	0.1	0.1	0.1	0.1627	-0.0189	1	1	1	-29.1
C4_C2	0.3554	0.1	0.1	0.1	0.1	-0.1247	1	1	1	-10
Temp	84.15	75	75	75	85.15	0.6518	100	100	100	-0.088
C2_Partial_Pressure	6.344	5	5	5	7.344	-0.1064	9	9	9	-0.58

Outputs	e	Measurement	Validity Low Limit	Engineering Low Limit	Operator Low Limit	Steady State Value	Operator High Limit	Engineering High Limit	Validity High Limit	Prediction	LP Cost
MI_Lab		2.95	0.2	0.2	1.4	1.5	1.5	20	20	2.949	0
MI_Inst		2.95	0.2	0.2	1.4	1.5	1.5	20	20	2.949	0
Density_Lab		919	840	840	925	925	930	940	940	919	0
Density_Inst		919	840	840	925	925	930	940	940	919	0

图 8.148　当 CV 稳态值达到运行极限后的结果

图 8.149 中的上图显示，闭环 MI_Lab 预测值(红色)继续向下减小，并接近 1.5(绿色)的计算稳态目标值(UPL)；图 8.149 中的下图显示，闭环 Density_Lab 预测值(红色)继续向上增大，并接近 925 kg/m^3的计算稳态目标值(运行下限)。我们将不显示闭环预测值与计算

的稳态目标值相匹配的剩余模拟周期。

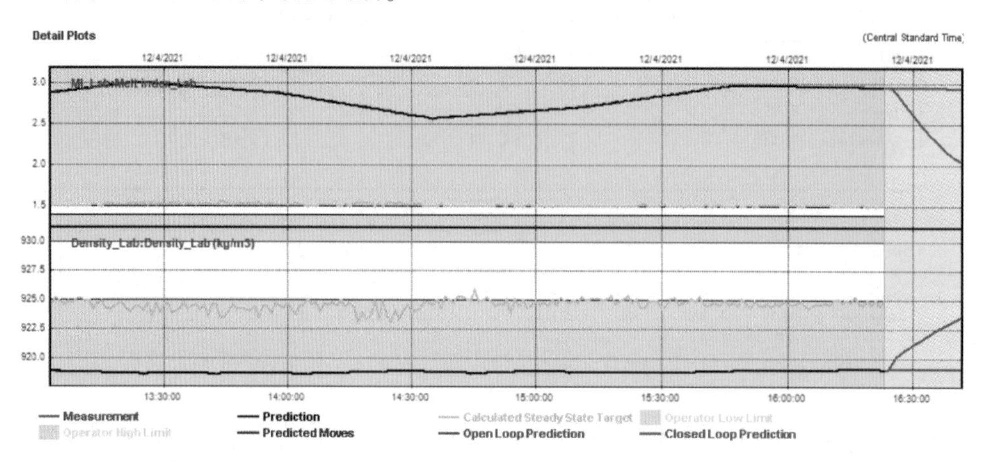

图 8.149 控制器模拟图显示闭环预测值(红色)接近计算出的 CV 稳态目标值(绿色)

本例题到此结束。我们将项目保存为“***PP Density and MI Control_Final***”。

8.5 Aspen Maestro 实现建模流程的自动化

Aspen DMC3 V12 版本增加了一个功能强大的工具，用于自动化 MPC 的模型建立过程。我们建议读者花时间观看 Kalafatis[21] 的点播网络研讨会，了解将人工智能嵌入 DMC3 如何大大加快模型构建过程并提高模型预测精度。不过，我们要强调的是，要真正理解自动建模过程中每个步骤背后的概念和诀窍，读者应首先熟悉我们在第 8.1 节和第 8.2 节中介绍的基础知识和实践。

图 8.150[22] 显示了使用 Aspen Maestro 自动建模过程中 4 个步骤的屏幕图像，Aspen Maestro 是 DMC3 V12 及以后版本的集成部分。请注意，我们特意去掉了图中右侧的部分阶跃响应曲线，以清晰显示 Aspen Maestro 的工作流程步骤。

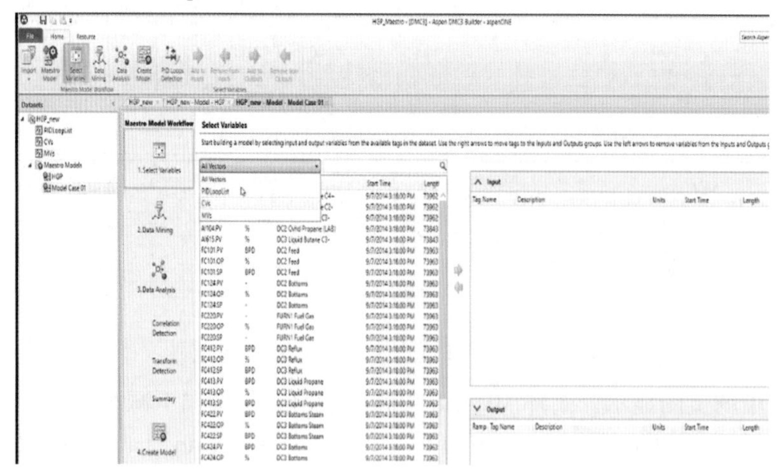

图 8.150(a) 步骤 1 DMC3Aspen Maestro 建模流程——选择变量

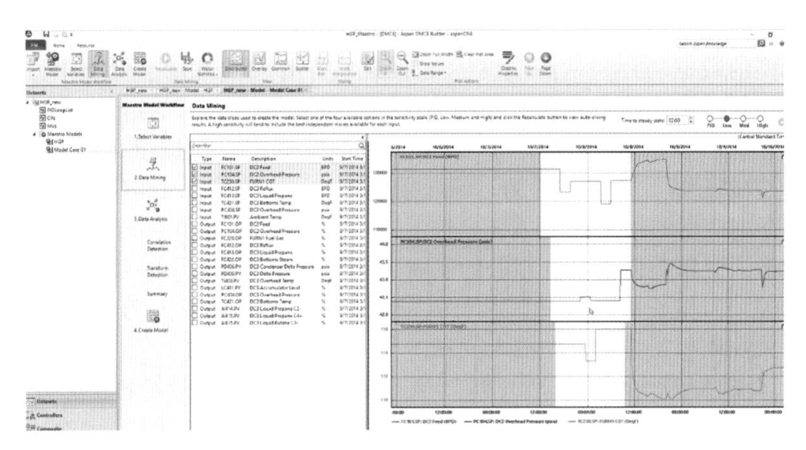

图 8.150(b) 步骤 2 DMC3Aspen Maestro 建模流程——数据挖掘

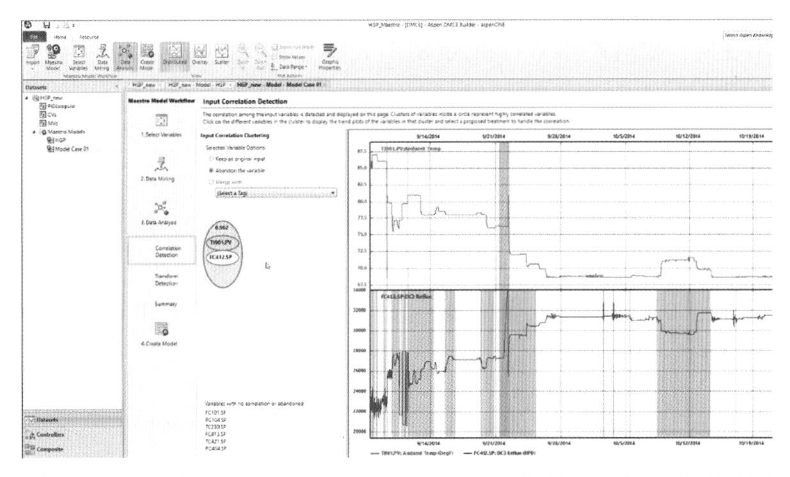

图 8.150(c) 步骤 3(a)DMC3Aspen Maestro 建模流程——输入相关性检测

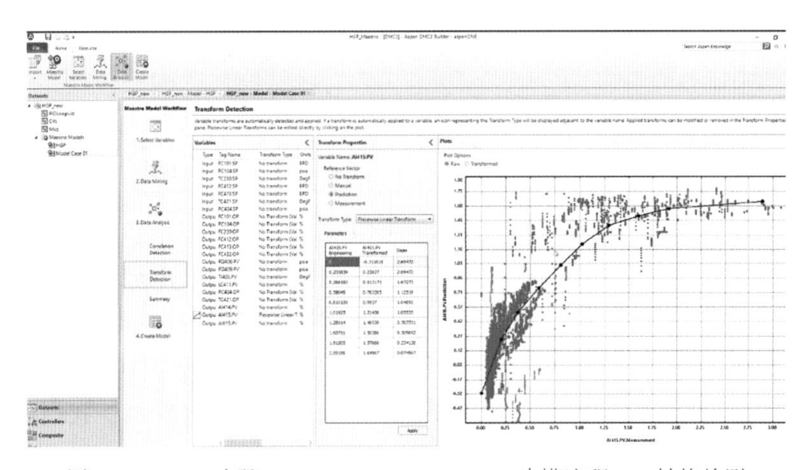

图 8.150(d) 步骤 3(b)DMC3Aspen Maestro 建模流程——转换检测

步骤 1：***选择变量***，见图 8.150(a)，遵循第 8.2.2~第 8.2.4 节。注意 DMC3 V12 顶部工具按钮左侧的“Select Variables(选择变量)”按钮旁新增了“Maestro Model(Maestro 模型)”按钮。

步骤 2：***数据挖掘***，见图 8.150(b)，自动执行第 8.2.5 节，数据切片——该步骤将探索用于创建模型的数据切片。从灵敏度标度的四个可用选项(PID、低、中、高)中选择一个，查看数据切片结果。高灵敏度标度往往包括每个输入或 MV 的最佳独立移动。请注意 DMC3 V12 在顶部工具按钮左侧新增的“Data Mining(数据挖掘)”按钮。

步骤 3a：***数据分析，相关性检测***。输入相关性检测，见图 8.150(c)，此步骤量化输入变量或 MV 与下列变量的相关程度。

圆圈内的输入变量群代表高度相关的变量，相关系数接近-1.0~1.0。相关系数为-1.0 表示完全负相关，而相关系数为 1.0 则表示完全正相关。参见第 8.2.8 节和图 8.57。该图还可识别无相关性或相关性最小的输入变量。

步骤 3b：***转换检测***，见图 8.150(d)。该图显示了将因变量测量转换为分段线性表示法的示例，也就是将测量数据关联为具有不同斜率的多条相连直线段。Aspen Maestro 可在 DMC3 中自动开发变换，以处理非线性因变量测量并配置变换以重新缩放数据。例如，Aspen Maestro 包括 Perry 的《化学工程师手册》(第 5 版)中介绍的著名线性阀门输出变换和抛物线阀门输出变换，根据式(8.53)和式(8.54)，将最大流速 Q 与阀杆行程 L 与阀门变换参数 $\alpha(0<\alpha\leqslant 1)$ 相关联：

$$Q=\frac{L}{\sqrt{\alpha+(1-\alpha)L^2}}（线性）\tag{8.53}$$

$$Q=\frac{L^2}{\sqrt{\alpha+(1-\alpha)L^4}}（抛物线）\tag{8.54}$$

图 8.151 显示了阀门输出转换的曲线图，同时显示了线性和抛物线的，公式为式(8.53)和式(8.54)。

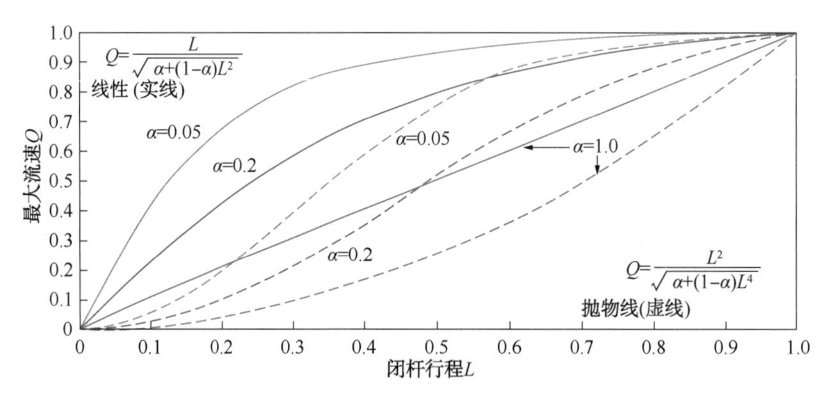

图 8.151　Aspen Maestro 中包含的线性和抛物线阀门输出转换示意图
(经 Aspen Technology. Inc. 授权使用)

步骤 4：***创建模型***。图 8.152 显示了根据之前的数据挖掘(数据切片)和数据分析选择的模型结果。Aspen Maestro 会自动选择最佳模型曲线来生成最终模型，我们可以将生成的模型传输到控制器视图。

至此，我们对 Aspen Maestro 自动构建模型过程的说明就结束了。在第 10 章中，我们将通过使用深度学习神经网络[如 LSTM(长短期记忆)]循环网络(见第 10.4.2.2 节)和 GRU (门控循环网络)(见第 10.4.2.3 节)，进一步说明如何将人工智能嵌入 DMC3，从而为不经常测量的过程和产品质量变量开发软测量仪表或IQ推断计算公式。

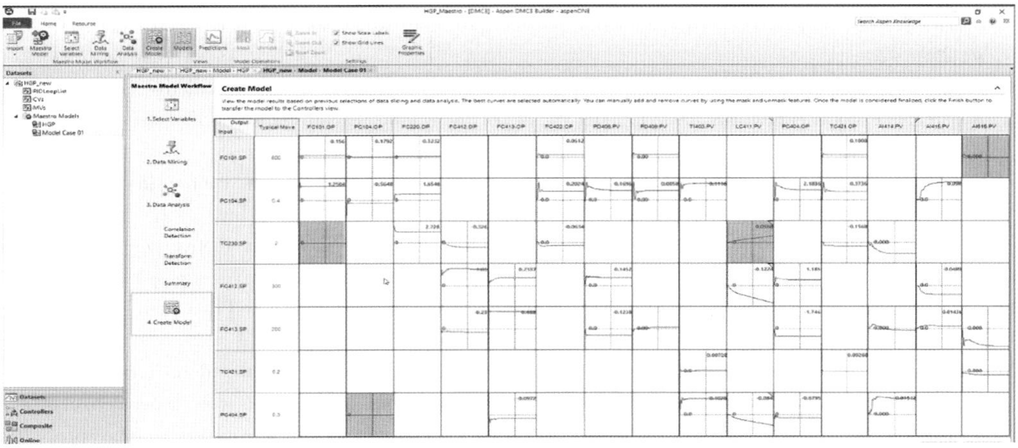

图 8.152 步骤4 DMC3Aspen Maestro 中的建模流程-创建模型

参考文献

[1] Camacho, E. F. and Bordons, C. (2007). *Model-predictive Control*, 2e. London, United Kingdom: Springer-Verlag.

[2] Lahiri, S. K. (2017). *Multivariable Predictive Control: Applications in Industry*. New York: Wiley.

[3] Stephanopoulos, G. (1983). *Chemical Process Control: An Introduction to Theory and Practice*. Englewood Cliffs, New Jersey: Prentice-Hall.

[4] Cutler, C. R. and Ramaker, B. L. (1979). Dynamic Matrix Control-A Computer Control Algorithm. *AIChE National Meeting*, Houston, Texas.

[5] Liu, Y. A., Chang, A. F., and Pashikanti, K. (2018). *Petroleum Refinery Process Modeling: Integrated Optimization Tools and Applications*. Weinheim, Germany: Wiley-VCH.

[6] Sadeghbeigi, R. (2000). *Fluid Catalytic Cracking Handbook: Design, Operation and Troubleshooting of FCC Facilities*, 2e. Houston, TX: Gulf Publishing Company.

[7] Aspen Technology, Inc. (2016), Training course APC125, "Introduction to Aspen DMC3 Builder: Modeling and Building Controllers for Industrial Processes".

[8] Bristol, E. (1966). On a measure of interaction for multivariable process control. *IEEE Transactions on Automatic Control* AC-11: 133.

[9] McAvoy, T. J. (1983). *Interaction Analysis*. Research Triangle Park, NC: Instrument Society of America.

[10] Smith, C. A. and Corripio, A. B. (1997). *Principles and Practice of Automatic Process Control*, 2e. New York, NY: Wiley.

[11] Zhang, Q., Harmse, M. J., Rasmussen, K., and McIntyre, B. (2007). Methods and Articles for Detecting, Verifying, and Repairing Collinearity in a Model or Subsets of a Model. U. S. patent no. 7, 231, 264 B2, assigned to Aspen Technology, Cambridge, MA.

[12] Stanley, G. (2020) Exponential Filter. Greg Stanley and Associates. https://gregstanleyandassociates.com/whitepapers/FaultDiagnosis/Filtering/Exponential-Filter/exponential-filter.htm (accessed 16 December 2021).

[13] Becker, A. (2023) Kalman Filter Tutorial. https://www.kalmanfilter.net/default.aspx (accessed 25 March 2023).

[14] Turner, P., Guiver, J., and Lines, B. (2003). Introducing the bounded derivative network for commercial transition control. *Proceedings of American Control Conference*, *Denver*, Colorado, June 4-6, p. 5400.

[15] Turner, P. and Guiver, J. (2005). Introducing the bounded derivative network-superceding the application of neural networks in control. *International Journal of Control* 15: 407.

[16] Bindlish, R. (2020). Nonlinear Model-predictive control of an Industrial Pro-cess with Steady-State Gain Inversion. *Computers & Chemical Engineering* 135: 106739.

[17] Bausa, J. (2007). Model-based operation of polymer processes-what has to be done? *Macromolecular Symposia* 259: 42.

[18] Jeong, B. -G., Yoo, Y. -K., and Rhee, H. -K. (2001). Nonlinear model-predictive con- trol using a wiener model for a continuous methyl methacrylate polymerization reactor. *Industrial & Engineering Chemistry Research* 40: 5968.

[19] Baughman, D. R. and Liu, Y. A. (1995). Chapter 5-Forecasting, modeling and control. In: *Neural Networks in Bioprocessing and Chemical Engineering*. San Diego, CA: Academic Press, Inc.

[20] Donat, J. S., Bhat, N., and McAvoy (1991). Neural-net based model-predictive control. *International Journal of Control* 54: 1453.

[21] Kalafatis, A. (2021). Embedding AI in APC-Current Capabilities, Direction and Roadmap. AspenTech Optimize Conference 21 (Virtual)-The Future Starts with Industrial AI. May 21.

[22] Kalafatis, A. and Reis, L. (2020). Revolutionize APC Model Building and Make More Accurate Predictions with Embedded AI. AspenTech on-Demand Webinar, December 10. https://www.aspentech.com/en/resources/on-demand-webinars/ revolutionize-apc-model-building-and-make-more-accurate-predictions-with-embedded-ai(accessed 22 May 2022).

9 多元统计在优化聚烯烃制造中的应用

本书第9~11章涵盖了大数据分析的应用，包括多元统计和机器学习，以优化聚烯烃制造。第9章重点介绍多元统计的应用。第9.1节介绍工艺数据分析中一个重要的多元统计工具，即主成分分析(PCA)。第9.2节介绍应用PCA分析影响两区管式反应器LDPE产品质量和转化率的工艺变量的例题。我们介绍了Aspen ProMV软件工具在多元统计应用中的使用。该工具以低成本提供给各大学使用。第9.3节介绍隐式结构投影，或称偏最小二乘法(PLS)。PCA与PLS之间的一个关键区别是：PCA只涉及工艺变量(X)的数据集或处理X空间，PLS涉及工艺变量(X)和产品质量变量(Y)的数据集，即同时处理X空间和Y空间。第9.4节介绍了将PLS应用于第9.2节的LDPE问题以及HDPE制造过程的熔融指数预测和因果分析等两个例题。第9.5节介绍具有测量时间滞后的工艺数据分析的PLS，包括一个用于熔融指数预测和因果分析的HDPE过程的PLS例题，考虑时间滞后对熔融指数测量的影响。第9.6节涵盖间歇聚合工艺的工艺数据分析，并通过一个例题，以演示多路PCA和PLS方法，特别是分批展开(batch-wise unfolding，BWU)方法，用于数据分析。第9.7节描述了多元统计模型的实现。第9.8节给出了结论和提供了进一步阅读的参考资料。本章以参考文献结束。

9.1 主成分分析(PCA)简介

从 20 世纪 80 年代末到 90 年代初，化学工程师越来越关注人工智能、神经计算、多元统计、机器学习和大数据分析等新兴课题及其在生物加工和化学工程中的应用[1-5]。MacGregor 等人展示了多元统计和大数据分析在优化 LDPE、HDPE、尼龙 6 和其他聚合物制造中的重要应用[6-10]。多元统计分析[11-13]及 Python 和 R 等语言或 Aspen ProMV、SAS 和 JMP 等软件在聚合物制造中得到越来越多的应用。其中包括：①数据质量偏差分析；②单位产量分析；③产能退化分析；④离线生产优化(关键变量的发现与优化)；⑤在线过程监控与故障排除；⑥批量工艺变量分析。

本节介绍主成分分析，参考 Johnson 与 Wichern[11] 及 Rencher 与 Christensen[12] 的多元统计分析教科书和 Dunn[13] 的优秀和不断更新的在线教材。只要读者承认“本作品的部分版权归 Kevin Dunn 所有”，在线读者就可以“自由下载、共享、改编、商业化和归属”他的教材。这正是我们所希望并在这里承认的，因为我们将使用参考文献[13]中的一些解释和数据。

两本教科书[11,12]都包含了与多元统计分析相关的矩阵代数章节。因此，我们在本书的末尾包含了 ***附录A，多元数据分析和模型预测控制中的矩阵代数和MATLAB 、Python 的应用***。本附录还包括相关矩阵运算和 PCA 在 MATLAB 和 Python 中的基本应用。

9.1.1 参考主成分介绍

我们参考文献[14]来说明主成分的概念。图 9.1 显示一些工艺数据的 3D 图像。在图 9.2 中将相同的数据投影到 2D 平面上时，我们无法观察到相同的 3D 关系。然而，如果我们能够识别工艺变量 x、y 和 z 的两个线性组合，以捕捉这三个工艺变量中的大部分变化，我们就可以在二维中观察到原始 3D 图像的足够特征，见图 9.3。

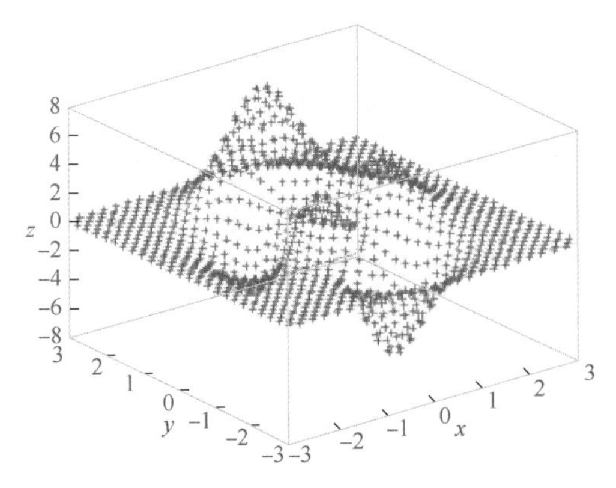

图 9.1 工艺数据的原始 3D 图像 (经 Aspen Technology，Inc. 许可使用)

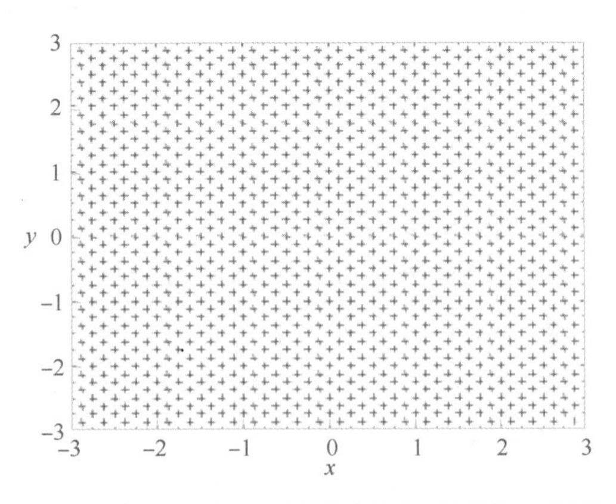

图 9.2 在 x-y 平面上投影时失去了原始 3D 图像的特征(经 Aspen Technology，Inc. 许可使用)

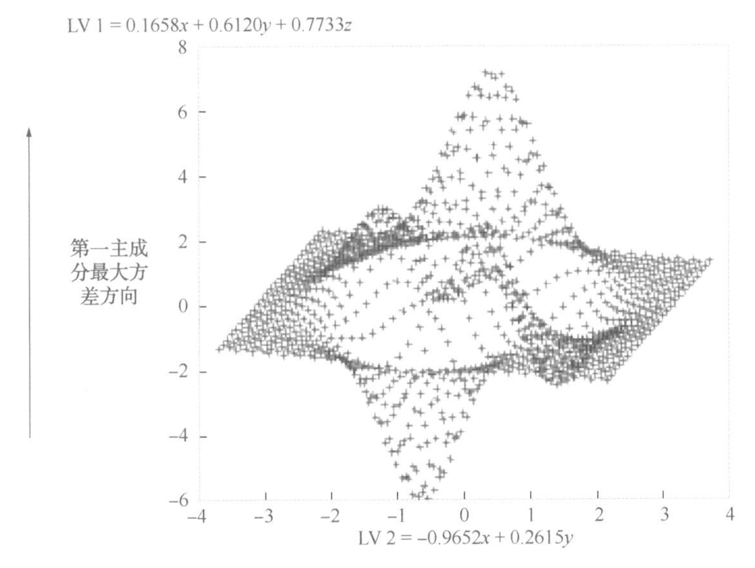

图 9.3 在潜在变量 LV1 和 LV2(或主成分 1 和主成分 2)的 2D 平面上显示时，保留了原始 3D 图像的特征(经 Aspen Technology，Inc. 许可使用)

在图 9.3 中，我们可以看到在工艺变量(x、y、z)的两个线性组合(LV1 和 LV2)的 2D 平面上具有原始 3D 图像的特征：

$$LV1 = 0.1658x + 0.6120y + 0.7733z \quad (9.1a)$$

$$LV2 = -0.9652x + 0.2615y \quad (9.1b)$$

我们把这些线性组合称为工艺变量的***潜在变量***或***主成分***。

PCA 是一种数据转换方法，它旋转数据，使数据的主轴在最大变化的方向上，见图 9.4。这里我们参考文献[15]的解释。由式(9.1a)给出的工艺数据或观测值作为第一潜在变量或第一主成分表示原始工艺变量的线性组合，其***样本方差***(见附录 A，第 A.1.6 节)在所有可能的线性组合中是最大的。第二潜在变量或第二主成分表示原始工艺变量的线性组合，占剩余方差的最大比例，但须与第一主成分不相关。我们可以类似地定义后续主成分。

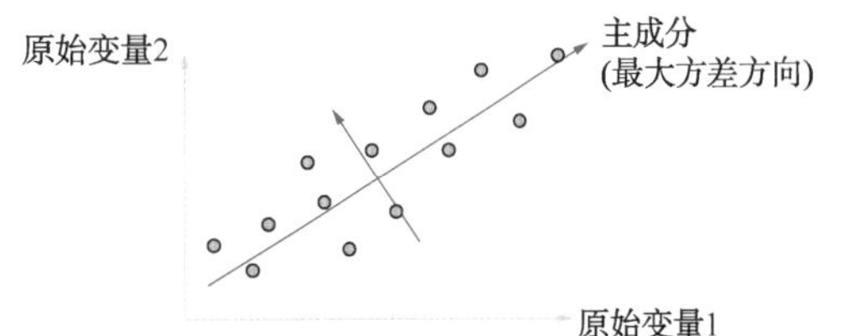

图 9.4 显示工艺数据最大变化方向的主成分示意图

我们可以在新的主轴(成分)上查看旋转后的数据。我们把数据在这个新坐标系中的坐标称为***主成分分数***。它们本质上是数据在主轴上的投影。如图 9.4 所示，主成分本质上是原始变量中的向量空间，这些向量被称为***主成分载荷***。在下一节中，我们量化了主成分分数和载荷以及它们与原始工艺数据矩阵的关系。

9.1.2 数据预处理：均值中心和缩放工艺数据矩阵 *X*、主成分分数矩阵 *T* 和主成分载荷矩阵 *P*

我们参考文献[13]来开发 PCA 模型。让我们考虑一个 $J \times K$ ***工艺数据矩阵*** $\boldsymbol{X}$，其中有 K

列工艺变量 x_k(k=1，2，…，K)，并且每个变量 x_k 都具有 J 个观测值或测量值[x_{1k}，x_{2k}，x_{3k}，…，x_{Jk}(或 x_{jk}，j=1，2，…，J)]。在附录第 A. 1. 7 节中，我们介绍***标准化数据矩阵***，即***均值中心***和***缩放数据矩阵X_s***，以及工艺数据矩阵 $\boldsymbol{X}$ 的***相关系数矩阵R***。

为了正确地进行 PCA，我们首先对数据进行预处理。具体来说，我们从***数据标准化***步骤开始，将工艺数据矩阵 $\boldsymbol{X}$ 转换为以均值为中心并按标准差缩放的标准化数据矩阵 $\boldsymbol{X}_s$[11,13]。为了方便从以均值为中心和缩放的数据矩阵 $\boldsymbol{X}_s$ 中消除字母"**s**"，我们假设在接下来的讨论中，***工艺数据矩阵 X 已经经过了***附录 A 第 A. 1. 5~第 A. 1. 7 节中描述的***标准化过程***。正如我们在附录 A 中演示的那样，它只需要使用 Matlab [zscore(X)] 或 Python [stats. zscore()] 的单个命令来标准化工艺数据矩阵 $\boldsymbol{X}$。

9. 1. 3　PCA 模型的开发

我们将标准化的数据矩阵 $\boldsymbol{X}$ 写成 K 个工艺变量向量的矩阵：

$$\boldsymbol{X}=[\boldsymbol{x}_1 \quad \boldsymbol{x}_2 \quad \cdots \quad \boldsymbol{x}_K]=\begin{bmatrix} x_{11} & \cdots & x_{1k} \\ \vdots & \ddots & \vdots \\ x_{j1} & \cdots & x_{jk} \end{bmatrix} \tag{9.2}$$

在这个矩阵中，第 k 个工艺变量向量 $\boldsymbol{x}_K$ 是一个(J×1)列向量[x_{1k}，x_{2k}，x_{3k}，…，x_{Jk}]′，其中 J 是样本或测量值的数量。$\boldsymbol{x}_K$ 的转置 $\boldsymbol{x}_K'$是一个(1×J)观测向量。

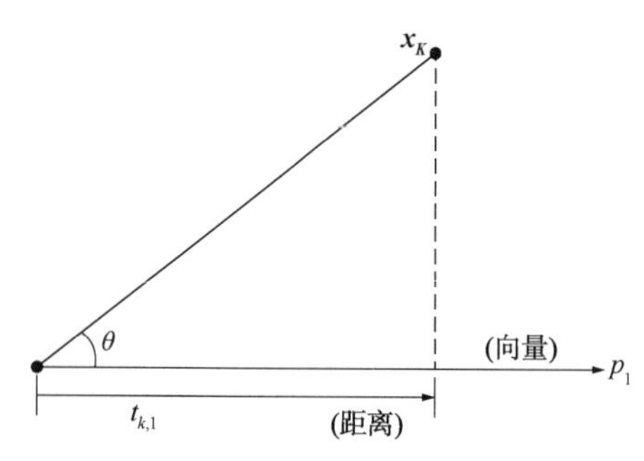

图 9. 5　第 k 个工艺变量向量 $\boldsymbol{x}_K$ 在第一个主成分载荷向量 $\boldsymbol{p}_1$ 上的投影，$t_{k,1}$是 $\boldsymbol{x}_K$ 在 $\boldsymbol{p}_1$ 上的分数

图 9. 5 说明了向量 $\boldsymbol{x}_K$ 在第一主成分向量 $\boldsymbol{p}_1$ 上的投影。这个观测向量的分数值 $t_{k,1}$是沿主成分载荷向量 $\boldsymbol{p}_1$ 从原点到 $\boldsymbol{p}_1$ 上的垂直投影点的距离。

我们可以从几何上证明：①直角三角形中一个角的余弦值是邻边与斜边的比值；②这个角的余弦值定义了两个向量的点积。见式(9. 3)和式(9. 4)：

$$\cos\theta(\text{邻边})/(\text{斜边})=t_{k,1}/\|\boldsymbol{x}_K\| \tag{9.3}$$

$$\cos\theta=\boldsymbol{x}_K'\boldsymbol{p}_1/\|\boldsymbol{x}_K\|\,\|\boldsymbol{p}_1\| \tag{9.4}$$

其中，‖·‖表示封闭矢量的长度，主成分载荷矢量的长度‖$\boldsymbol{p}_1$‖为 1.0。因此，我们发现：

$$t_{k,1}=\boldsymbol{x}_K'\boldsymbol{p}_1=x_{k,1}p_{1.1}+x_{k,2}p_{2,1}+\cdots+x_{k,j}p_{j,1}\cdots+x_{k,J}p_{J,1} \tag{9.5}$$

同样，我们得到：

$$t_{k,2}=\boldsymbol{x}_K'\boldsymbol{p}_2=x_{k,1}p_{1,2}+x_{k,2}p_{2,2}+\cdots+x_{k,j}p_{j,2}\cdots+x_{k,J}p_{J,2} \tag{9.6}$$

推广式(9. 5)和式(9. 6)，我们写出主成分分数向量 $\boldsymbol{t}_K$，该向量是将工艺数据向量 $\boldsymbol{x}_K$ 投影到一个主成分载荷向量得到的，由(K×A)载荷矩阵 $\boldsymbol{P}$ 表示：

$$\boldsymbol{t}_K'=\boldsymbol{x}_K'\boldsymbol{P}$$
$$(1\times A)=(1\times K)(K\times A) \tag{9.7}$$

最后，我们可以用一个主成分分数矩阵 $\boldsymbol{T}$ 和一个主成分载荷矩阵 $\boldsymbol{P}$ 来表示整个工艺数据矩阵 $\boldsymbol{X}$ 的投影：

$$\boldsymbol{T}=\boldsymbol{XP}$$
$$(J\times A)=(J\times K)(K\times A) \tag{9.8}$$

其中，J 是样本或测量值的个数，A 是主成分的个数，K 是工艺变量的个数。

9.1.4 PCA 模型的预测误差

图 9.6 展示原始数据向量 $\boldsymbol{x}_K$ 在第一主成分向量 $\boldsymbol{p}_1$ 上的投影。对 $\boldsymbol{x}_K$ 的最佳估计是沿第一主成分载荷向量 $\boldsymbol{p}_1$ 的向量 $\widehat{\boldsymbol{x}}_{K,1}$，其中原始向量被投影。我们称这个数据向量的估计为 $\widehat{\boldsymbol{x}}_{K,1}$。我们注意到沿第一个主成分载荷向量 $\boldsymbol{p}_1$ 的距离是主成分分数 $\boldsymbol{t}_{K,1}$。基于矢量几何，我们将 $\boldsymbol{x}_K$ 和 $\widehat{\boldsymbol{x}}_{K,1}$ 之间的误差表示为误差向量 $\boldsymbol{e}_{K,1}$。

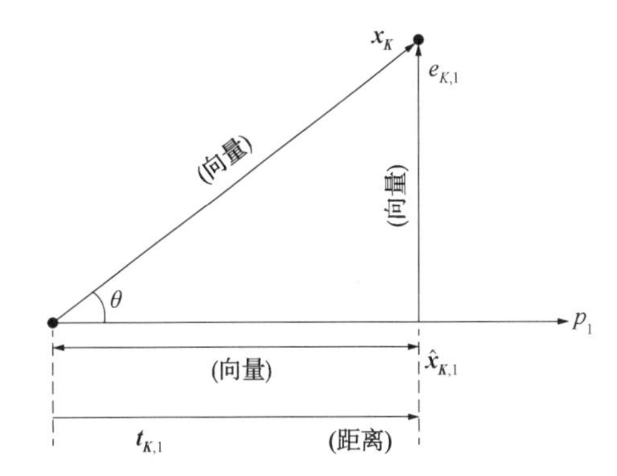

图 9.6　第 k 个工艺变量向量 $\boldsymbol{x}_K$ 在第一个主成分向量 $\boldsymbol{p}_1$ 上的投影，表示对数据向量的估计 $\boldsymbol{x}_K$，以及误差向量 $\boldsymbol{e}_{K,1}$。$t_{k,1}$ 是 $\boldsymbol{x}_K$ 在 $\boldsymbol{p}_1$ 上的分数

我们将预测向量写成：

$$\widehat{\boldsymbol{x}}'_{K,1}=t_{k,1}\boldsymbol{p}'_1$$
$$(1\times K)=(1\times 1)(1\times K) \tag{9.9}$$

而对应的预测误差向量为：

$$\boldsymbol{e}'_{K,1}=\boldsymbol{x}'_K-\widehat{\boldsymbol{x}}'_{K,1}$$
$$(1\times K)=(1\times K)(1\times K) \tag{9.10}$$

加上第二个主成分向量 $\boldsymbol{p}_2$，我们将式(9.9)的预测向量推广为：

$$\widehat{\boldsymbol{x}}'_{K,2}=t_{k,1}\boldsymbol{p}'_1+t_{k,2}\boldsymbol{p}'_2$$
$$(1\times K)=(1\times K)(1\times K) \tag{9.11}$$

其中，$t_{k,1}$ 和 $t_{k,2}$ 分别是 $\boldsymbol{x}_{K,2}$ 在 $\boldsymbol{p}_1$ 和 $\boldsymbol{p}_2$ 上的得分值。

将式(9.11)推广到 A 个主成分向量上，将原始数据向量 $\boldsymbol{x}_K$ 的投影向量写在 A 个主成分载荷向量 $[\boldsymbol{p}_1\quad \boldsymbol{p}_2\quad \cdots\quad \boldsymbol{p}_A]$ 或主成分载荷矩阵 $\boldsymbol{P}$ 上，以 $\boldsymbol{t}_K$ 为分数向量：

$$\widehat{\boldsymbol{x}}'_{K,A}=(t_{k,1}\quad t_{k,2}\quad \cdots\quad t_{k,A})\boldsymbol{P}'=\boldsymbol{t}'_K\boldsymbol{P}'$$
$$(1\times A)=(1\times A)(A\times K) \tag{9.12}$$

我们推广式(9.12)，用分数矩阵 $\boldsymbol{T}$ 和主成分载荷矩阵 $\boldsymbol{P}$ 来表示整个数据预测矩阵 $\widehat{\boldsymbol{X}}$：

$$\widehat{\boldsymbol{X}}=TP'$$
$$(J\times K)=(J\times A)(A\times K) \tag{9.13}$$

我们使用 A 个主成分在实际观测值和预测值之间的差值，定义第 k 个工艺变量的残差向量 $\boldsymbol{e}_{K,A}$：

$$\boldsymbol{e}'_{K,A}=\boldsymbol{x}'_K-\widehat{\boldsymbol{x}}_{K,A}=\boldsymbol{x}'_K-\boldsymbol{t}'_K\boldsymbol{P}'$$
$$(1\times A)=(1\times A)-(1\times A) \tag{9.14}$$

参考图 9.7，我们将第 k 个工艺变量的***行残差***或***平方预测误差(SPE)***定义为：

$$\text{SPE}_k=(\boldsymbol{e}'_{K,A}\cdot\boldsymbol{e}_{K,A})^{1/2}=[(x_{k,1}-\widehat{x}'_{k,1})^2+(x_{k,2}-\widehat{x}'_{k,2})^2+\cdots+(x_{k,A}-\widehat{x}'_{k,A})]^{1/2} \tag{9.15}$$

所有 K 个工艺变量的所有 SPE_k($k=1$，2，…，K)的对应向量表示为：

$$\mathbf{SPE}=[\mathrm{SPE}_1 \quad \mathrm{SPE}_2 \quad \cdots \quad \mathrm{SPE}_k]' \tag{9.16}$$

我们将式(9.14)写为所有 K 个工艺变量的预测误差或残差矩阵 $\boldsymbol{E}$，每个变量 J 个观测值，以及 A 个主成分载荷向量$[\boldsymbol{p}_1 \quad \boldsymbol{p}_2 \quad \cdots \quad \boldsymbol{p}_A]$或主成分加载矩阵 $\boldsymbol{P}$，如下所示：

$$\boldsymbol{E}=\boldsymbol{X}-\widehat{\boldsymbol{X}}=\boldsymbol{X}-\boldsymbol{TP}' \quad 或 \quad \boldsymbol{X}=\boldsymbol{TP}'+\boldsymbol{E} \tag{9.17}$$

图 9.7 说明了 $\boldsymbol{E}$、$\boldsymbol{X}$、$\widehat{\boldsymbol{X}}$和 $\boldsymbol{SPE}$ 之间的关系。

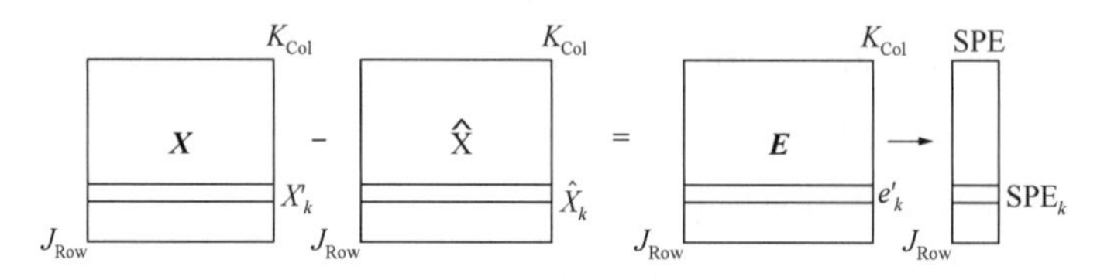

图 9.7　预测误差矩阵 $\boldsymbol{E}$、工艺变量矩阵 $\boldsymbol{X}$、被预测工艺变量矩阵$\widehat{X}$、预测误差平方矩阵 $\boldsymbol{SPE}$ 关系示意图

在图 9.7 中，$\boldsymbol{E}$ 的每一行都包含所有 K 个工艺变量的第 j 个观测值($j=1, 2, \cdots, J$) ***行残差***或 ***预测误差***。

图 9.8 显示了一个类似的图，重点关注 ***列残差***，或表示残差矩阵 $\boldsymbol{E}$ 中第 k 个工艺变量($k=1, 2, \cdots, K$)每列的 ***预测误差***。

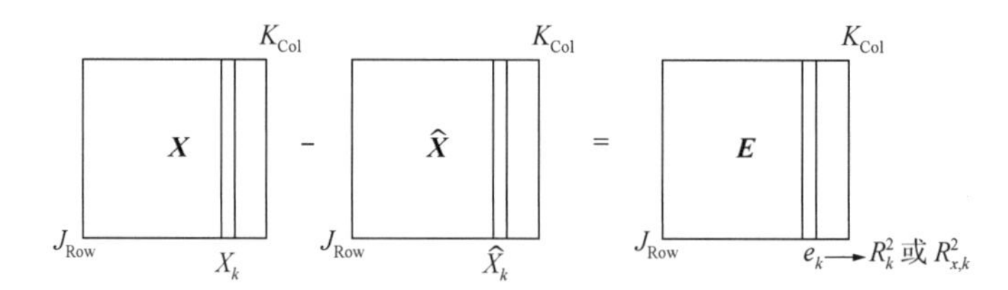

图 9.8　预测误差矩阵 $\boldsymbol{E}$、工艺变量矩阵 $\boldsymbol{X}$、被预测工艺变量矩阵$\widehat{\boldsymbol{X}}$与列之间的关系示意图，或第 k 个工艺变量(列)的预测误差

$\boldsymbol{E}$ 的每一列包含一个变量的预测误差。由参考文献[13]中第 165-168 页关于最小二乘模型分析的讨论，我们可以发现第 k 个工艺变量(列)的 R^2 值为：

$$R_k^2=R_{X,k}^2=1-\frac{\mathrm{Var}(x_k-\widehat{x_k})}{\mathrm{Var}(x_k)}=\frac{\mathrm{Var}(e_k)}{\mathrm{Var}(x_k)} \tag{9.18}$$

每个工艺变量的 R_k^2 值会随着模型中主成分数目增加而增加。当没有主成分和$\widehat{x_k}=0$ 时，最小值为 0.0，当添加了最大数目的主成分，并且 $x_k=\widehat{x_k}$ 和 $e_k=0$ 时，最大值为 1.0。

我们可以将前面的行残差和列残差概念扩展到整个工艺数据矩阵 $\boldsymbol{X}$，并计算整个矩阵的 R^2 值[13]。***这个值是我们可以用 PCA 模型解释的 X 的方差与 X 中最初存在的方差的比值。***

$$R^2=1-\frac{\mathrm{Var}(\boldsymbol{X}-\widehat{\boldsymbol{X}})}{Var(\boldsymbol{X})}=1-\frac{\mathrm{Var}(\boldsymbol{E})}{\mathrm{Var}(\boldsymbol{X})} \tag{9.19}$$

通过使用 ML、Python(参见附录 A)或 Aspen Technology 的软件 Aspen ProMV，我们可以评估 R^2 值并确定若需解释 $\boldsymbol{X}$ 中的数据可变性所需的主成分数量。我们在附录 A 中演示了这方面，并将在例题 WS9.1 中说明，其中 Aspen ProMV 将 R^2 值显示为不同数量主成分的 $R2$。

最后，Dunn[13]在书中第 380 页解释了 Wold[16]最初提出的基于交叉验证(Cross Validation，CV)的确定模型中所需使用主成分数量的概念。下面我们参考 Dunn 的阐述。

总体思路是将工艺数据矩阵 $\boldsymbol{X}$ 划分为 $\boldsymbol{G}$ 组行。这些行应该是随机选择的，但它们通常是按顺序选择的：第 1 行进入第 1 组，第 2 行进入第 2 组，以此类推。我们可以将属于第一组的行收集到一个新的矩阵中，称为 $\boldsymbol{X}_{(1)}$，而将所有其他组的其他行都留下，我们将其称为组 $\boldsymbol{X}_{(-1)}$。所以一般来说，对于第 g 组，我们可以将矩阵 $\boldsymbol{X}$ 拆分为 $\boldsymbol{X}_{(g)}$ 和 $\boldsymbol{X}_{(-g)}$。Wold 的交叉验证过程要求使用 A 组成在 $\boldsymbol{X}_{(-1)}$ 中的数据上构建 PCA 模型。然后使用 $\boldsymbol{X}_{(1)}$ 中的数据作为新的测试数据。换句话说，我们对 $\boldsymbol{X}_{(1)}$ 行进行预处理，计算它们的分数 $\boldsymbol{T}_{(1)}=\boldsymbol{X}_{(1)}\boldsymbol{P}$，计算它们的预测值 $\widehat{\boldsymbol{X}}_{(1)}=\boldsymbol{T}_{(1)}\boldsymbol{P}'$ 和它们的残差 $\boldsymbol{E}_{(1)}=\boldsymbol{X}_{(1)}-\widehat{\boldsymbol{X}}$。我们重复这个过程，在 $\boldsymbol{X}_{(-2)}$ 上构建模型并用 $\boldsymbol{X}_{(2)}$ 对其进行测试，最终得到 $\boldsymbol{E}_{(2)}$。在 $\boldsymbol{G}$ 组上重复此操作后，我们收集 $\boldsymbol{E}_1$，$\boldsymbol{E}_2$，…，$\boldsymbol{E}_G$ 并合并为一组残差矩阵 $\boldsymbol{E}_{A,\mathrm{CV}}$，其中 A 表示每个 PCA 模型中使用的成分数量。CV 下标表示这不是通常的误差矩阵 $\boldsymbol{E}$，由此，我们可以计算出一类 $\boldsymbol{R}2$ 值。我们不称它为 $\boldsymbol{R}2$，但它遵循 $\boldsymbol{R}2$ 值的相同定义。我们将其称为 $\boldsymbol{Q}2_A$，其中 $\boldsymbol{A}$ 是用于拟合 $\boldsymbol{G}$ 模型的成分数。

$$\boldsymbol{Q2}_A=1-\mathrm{Var}(\boldsymbol{E}_{A,\mathbf{CV}})/Var(\boldsymbol{X}) \tag{9.20}$$

本质上，$\boldsymbol{Q2}_A$ 是通过交叉验证计算所得新数据对工艺变量的预测效果的度量。在例题 WS9.1 中，Aspen ProMV 将不同数量的经过交叉验证主成分的 Q^2 值显示为 $Q2$。

9.1.5 PCA 模型的 Hotelling 的 T^2 值

在图 9.6 中，我们说明了工艺变量向量 $\boldsymbol{x}_k$ 在第一主成分 $\boldsymbol{p}_1$ 上的分数 $\boldsymbol{t}_{k,1}$。设 $t_{k,a}(k=1, 2, \cdots, K;\ a=1, 2, \cdots, A)$ 为第 k 个工艺变量 $\boldsymbol{x}_k$ 在第 a 主成分上的分数，$s_a(a=1, 2, \cdots, A)$ 为第 a 主成分的方差。则第 k 个工艺变量的 Hotelling 的 T^2 值为：

$$T^2=\sum(t_{k,a}/s_a)^2 \tag{9.21}$$

T^2 值是一个正的标量，概括了所有的分数。它表示从工艺变量的超平面中心到样本在超平面上的投影的距离。接近样本均值的样本其 T^2 值为零[15]。

图 9.9 以两个主成分($A=2$)为例，说明了 Hotelling 的 T^2 值的概念：

$$T^2=\frac{t_1^2}{S_1^2}+\frac{t_2^2}{S_2^2} \tag{9.22}$$

在图中，T^2 的方程式(9.21)为椭圆方程。T^2 表示一个观测点在平面上离模型中心有多远。椭圆上的所有点都有相同的 T^2 值。

我们注意到，文献[11，15]已经给出了详细的说明，表明主成分 $s_a(a=1, 2, \cdots, A)$ 的方差实际上是基于标准化数据矩阵 $\boldsymbol{x}_s$ 的相关系数矩阵 $\boldsymbol{R}$ 的特征值，相关系数矩阵 $\boldsymbol{R}$ 在附录 A 第 A.1.7 节和式(A.24)中介绍。此外，$\boldsymbol{R}$ 的特征向量对应于主成分载荷向量 $\boldsymbol{p}_a(a=1, 2, \cdots, A)$。提取主成分作为 $\boldsymbol{R}$ 的特征向量相当于在每个被标准化为零均值和单位方差后的原始变量中计算主成分[13]，正如我们在附录第 A.1.5～第 A.1.7 节中讨论的那样。

在本书的附录 B 中，代码 B.8 和表 B.1 的最后给出了 PCA 算法的 Python 实现，以及常用参数及其建议值的列表。

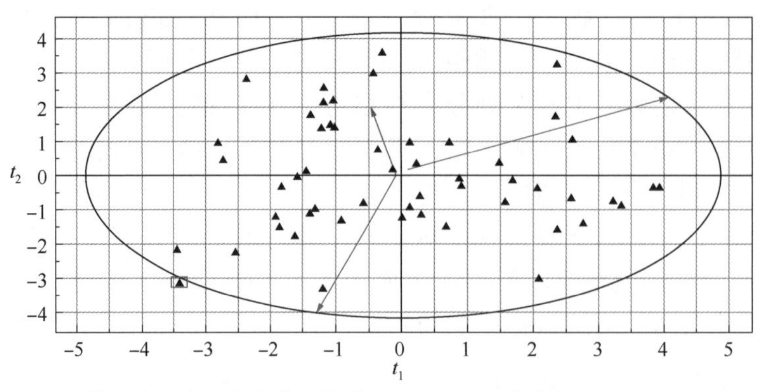

图 9.9　两潜在变量或两主成分空间中 Hotelling 和 T^2 值概念图示，t_2 相对于 t_1

9.2 例题 9.1：影响两区管式反应器 LDPE 产品质量和转化率的工艺变量的 PCA

我们展示一个 PCA 模型的建立过程，用于分析生产 LDPE 的两区管式反应器的质量和转化率。问题来自文献[6，17]，LDPE 工艺数据参见文献[17]。

例题 9.1 使用艾斯本技术公司的多元统计分析软件 Aspen ProMV。图 9.10 为两区管式反应器示意图，表 9.1 定义了 14 个***工艺或过程变量***(X)和 5 个产品***质量变量***(Y)。

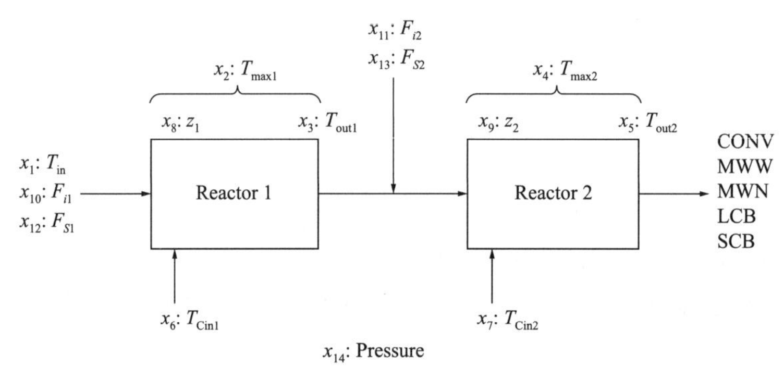

图 9.10　用于生产 LDPE 的两区管式反应器示意图

步骤 1：启动 Aspen ProMV。选择新项目。参见图 9.11。

步骤 2：加载工艺数据文件，保存项目文件。

点击添加(编辑)数据，从文件导入“***LDPE.xls***”，只选择“Process Variables”。参见图 9.12。图 9.13 显示了导入的工艺变量数据的一部分。单击两次“OK”，我们就看到了“Standard Data Specification”，见图 9.14。然后单击“OK”，看到图 9.15 中的“Observation Summary(观察总结)”。突出显示观测 ID 列以包含所有观测值，并且包含观测值按钮变为绿色，表示已包含所有观测数据，如图 9.16 所示。单击“OK”。将项目保存为“***WS9.1_PCA-X.pmvx***”，如图 9.17 所示。

表 9.1　实践 9.1 中的工艺和质量变量

	工艺变量(X)		质量变量(Y)
T_{max1}，T_{max2}	反应混合物的最高温度(K)(下标 1 和 2 指 1 区和 2 区)	Conv	单体的累计转化率
T_{out1}，T_{out2}	反应混合物出口温度(K)	MWN	数均分子量
T_{cin1}，T_{cin2}	冷却剂入口温度(K)[a]	MWW	重均分子量
Z_1，Z_2	轴向反应器长度 T_{max1} 和 T_{max2} 占反应器长度的百分比	LCB	每 1000 个碳原子的长链分支
F_{i1}，F_{i2}	引发剂流量(g/s)	SCB	每 1000 个碳原子的短链分支
F_{s1}，F_{s2}	溶剂在进口进料和中间进料中的流量(占乙烯流量的百分比)		
T_{in}	反应混合物入口温度(K)		
Press	反应器压力(atm)		

[a]表示两区冷却液出口温度固定。

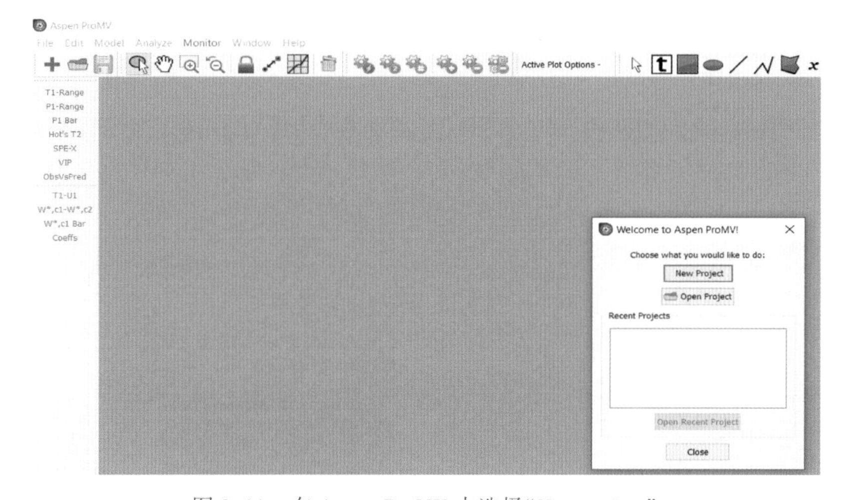

图 9.11　在 Aspen ProMV 中选择“New project”

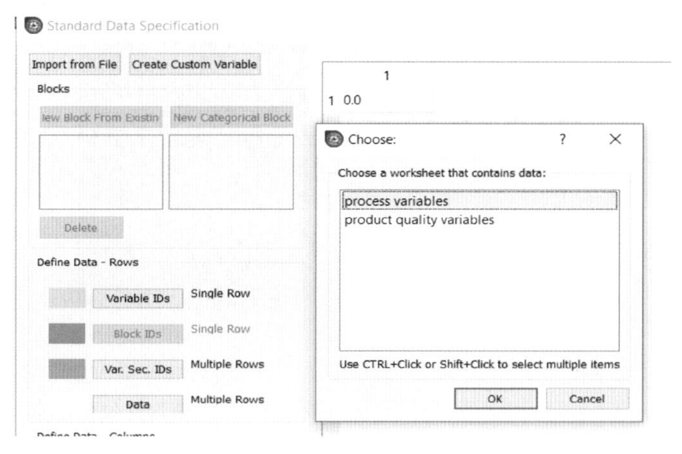

图 9.12　从“**LDPE. xls**”文件中导入工艺数据，只选择“Process Variables(工艺变量)”工作表

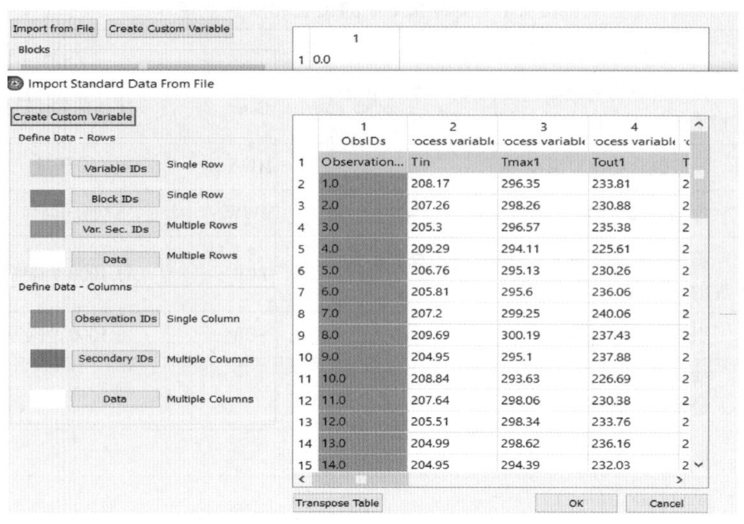

图 9.13　导入工艺变量数据的显示

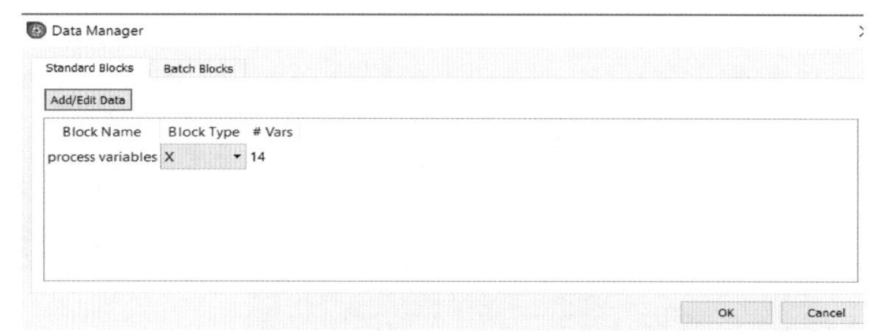

图 9.14　指定进程变量的块类型 X

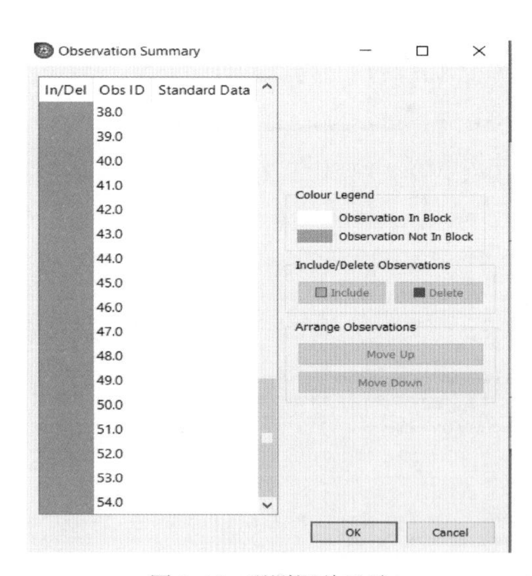

图 9.15　观测汇总显示

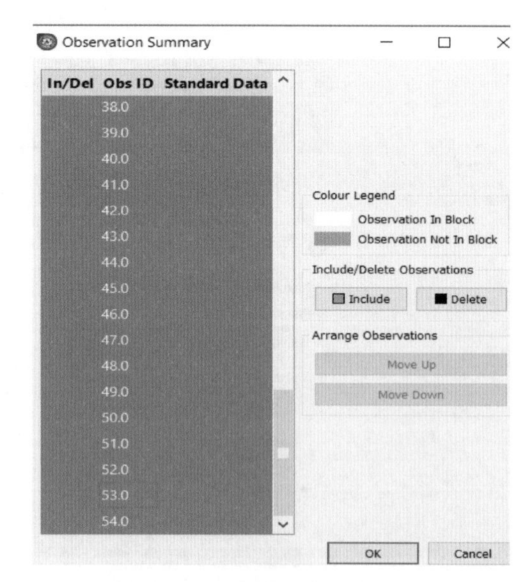

图 9.16　突出显示所有观测值，以便将其包含在模型开发中

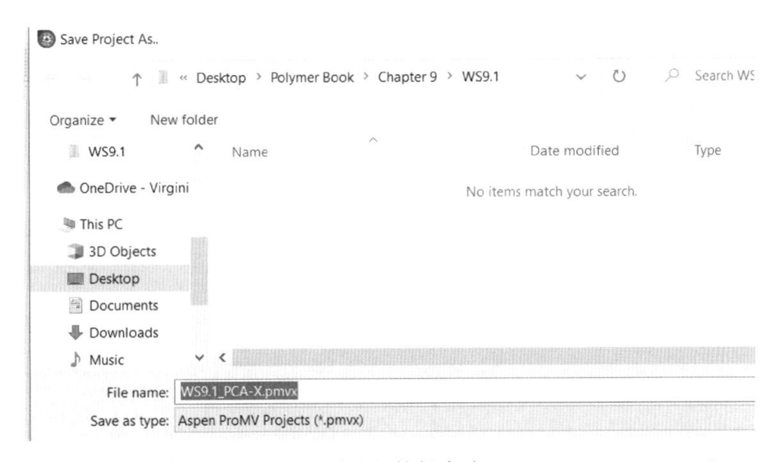

图 9.17　将 Aspen ProMV 项目文件保存为“WS9.1_PCA-X.pmvx”

步骤 3：为工艺变量 X 建立 PCA 模型。

保存项目文件之后，我们会看到“New Model”对话框。我们点击块/变量名称“Process Variables(工艺变量)”，以显示 14 个工艺变量。Block 名称和 Variable 名称都是绿色的，参见图 9.18。在图中，“MC”和“UV”表示数据的预处理，使其以单位方差(Unit Variance, UV)缩放为以平均值为中心(Mean-Centered, MC)，我们在附录 A 的第 A.1.5 节和第 A.1.7 节中讨论。

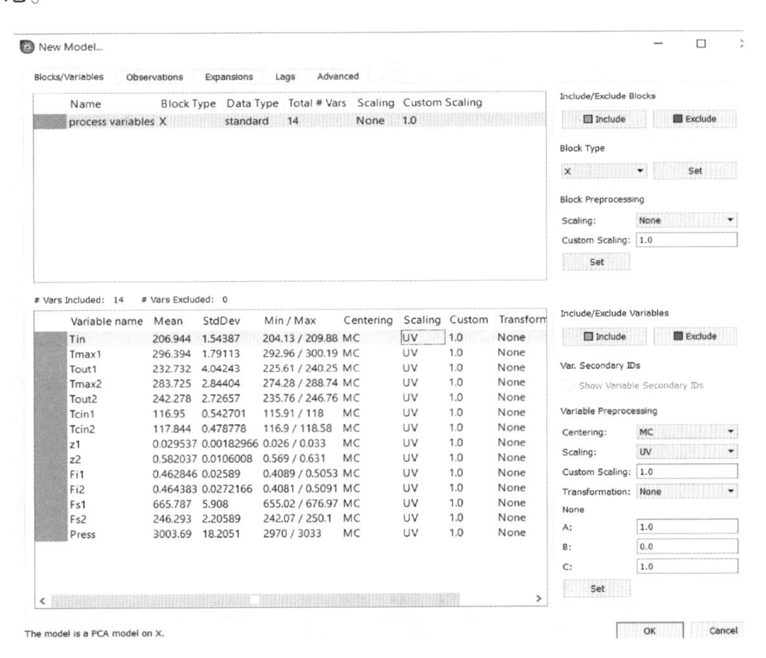

Variable name	Mean	StdDev	Min / Max	Centering	Scaling	Custom	Transform
Tin	206.944	1.54387	204.13 / 209.88	MC	UV	1.0	None
Tmax1	296.394	1.79113	292.96 / 300.19	MC	UV	1.0	None
Tout1	232.732	4.04243	225.61 / 240.25	MC	UV	1.0	None
Tmax2	283.725	2.84404	274.28 / 288.74	MC	UV	1.0	None
Tout2	242.278	2.72657	235.76 / 246.76	MC	UV	1.0	None
Tcin1	116.95	0.542701	115.91 / 118	MC	UV	1.0	None
Tcin2	117.844	0.478778	116.9 / 118.58	MC	UV	1.0	None
z1	0.029537	0.00182966	0.026 / 0.033	MC	UV	1.0	None
z2	0.582037	0.0106008	0.569 / 0.631	MC	UV	1.0	None
Fi1	0.462846	0.02589	0.4089 / 0.5053	MC	UV	1.0	None
Fi2	0.464383	0.0272166	0.4081 / 0.5091	MC	UV	1.0	None
Fs1	665.787	5.908	655.02 / 676.97	MC	UV	1.0	None
Fs2	246.293	2.20589	242.07 / 250.1	MC	UV	1.0	None
Press	3003.69	18.2051	2970 / 3033	MC	UV	1.0	None

图 9.18　在 X 上建立 PCA 模型的工艺变量(X)

标准数据矩阵。图中的“Custom”是指自定义缩放(Custom Scaling)，即我们应用数据集中和缩放后，将变量乘以这个自定义值。

然后单击“OK”并填充模型名称“***WS9.1_PCA-X.pmvx***”，参见图 9.19。选择“Model→

Active Model→Auto Fit(模型→主动模型→自动拟合)”，见图 9.20。图 9.21 显示了得到的 $R2$ 和 $Q2$ 值，式(9.18)~式(9.20)，相对于主成分的数量。我们可以在图上右键单击，选择“Create Table(创建表)”，可以看到图中 $R2$ 和 $Q2$ 值的表，如图 9.21 右侧所示。

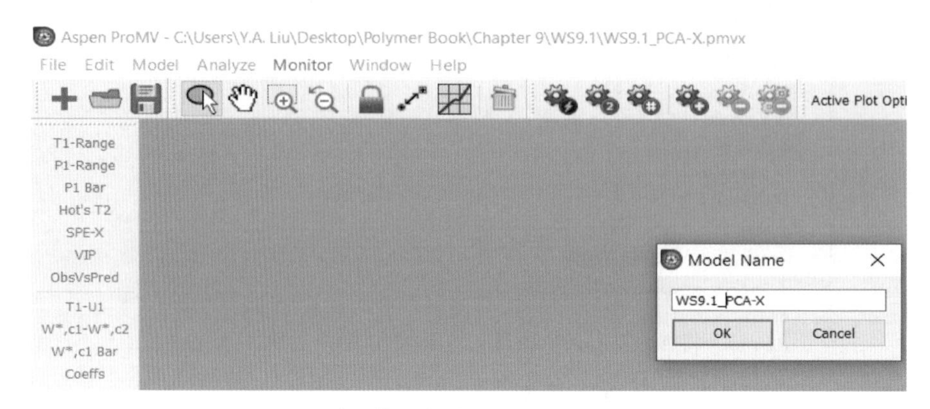

图 9.19　填写模型名称“WS9.1_PCA-X.pmvx”

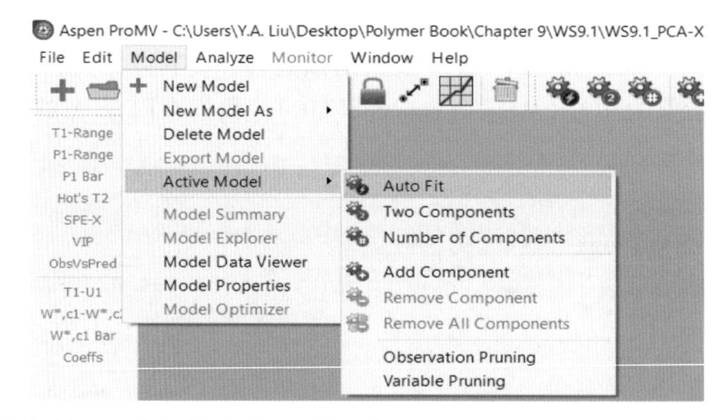

图 9.20　主成分数量(A)等于过程变量数量的一半($N=14$)，$A=14/2=7$ 的 PCA 模型的自动拟合

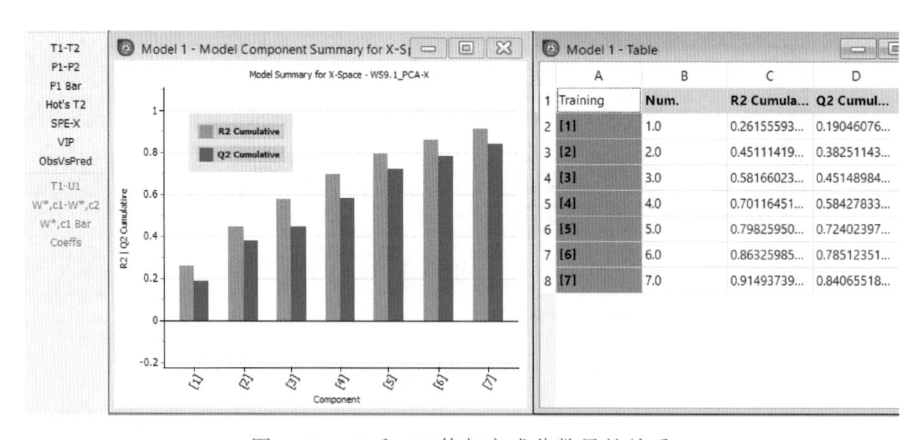

	A	B	C	D
1	Training	Num.	R2 Cumula...	Q2 Cumul...
2	[1]	1.0	0.26155593...	0.19046076...
3	[2]	2.0	0.45111419...	0.38251143...
4	[3]	3.0	0.58166023...	0.45148984...
5	[4]	4.0	0.70116451...	0.58427833...
6	[5]	5.0	0.79825950...	0.72402397...
7	[6]	6.0	0.86325985...	0.78512351...
8	[7]	7.0	0.91493739...	0.84065518...

图 9.21　$R2$ 和 $Q2$ 值与主成分数量的关系

图 9.21 显示了每个模型组件的累积 $R2$ 和 $Q2$ 值。最终成分的 $R2$ 值是模型所解释的数据集内可变性的总量，最终成分的 $Q2$ 值可衡量交叉验证中未见数据对数据集的预测效果。

如果 $R2$ 和 $Q2$ 值较低，则可能意味着数据中存在明显的噪声，存在显著的异常值，或者数据中没有足够的信息来拟合可接受的模型。该图表明，增加主成分或潜在变量的数量会增加 $R2$ 值，如前面第 9.1.4 节所解释的那样。有 7 个主成分，$R2$ 值为 0.9149。

PCA 模型可以解释 91.49%的工艺变量数据集的可变性(X)。同样，通过交叉验证，$Q2$ 值为 0.8406 表示该模型可以解释 84.07%的工艺变量数据集的可变性。

步骤 4：生成 PCA 图及其解释。

我们按照 Aspen ProMV 在线帮助部分的解释图来演示一些有用的图及对其进行解释。

1）最大数量主成分的模型总结($R2$ 和 $Q2$)图

选择屏幕顶部中间的“#”按钮，并填写四个主成分的最大数量，我们得到图 9.22 的 $R2$-$Q2$ 图。

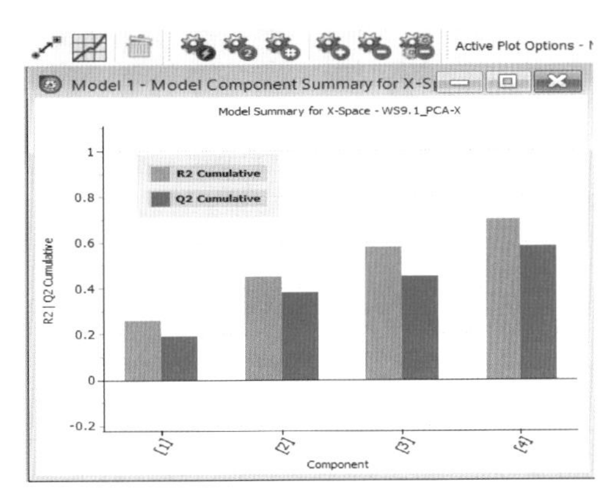

图 9.22 最大数量为四个主成分的 $R2$-$Q2$ 图

2）变量汇总图

我们按照路径：分析→模型→变量总结→模块：选择“X-space”和“Component”(成分)；选择 7，见图 9.23。在该图上单击鼠标右键，选择“Create Table(创建表)”，可以看到图中 $R2$ 和 $Q2$ 值的表，如图 9.23 右侧所示。这个数字显示了 PCA 模型中每个 X 变量的总 $R2$ 和 $Q2$ 值。

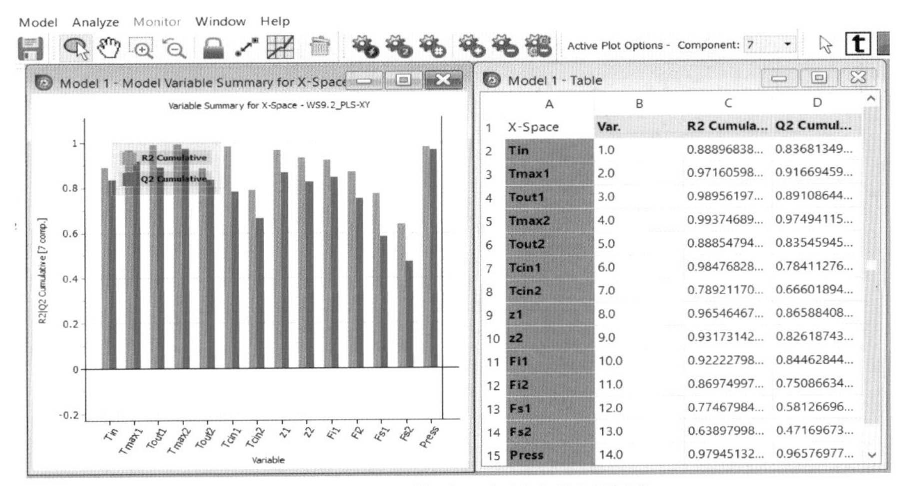

	A	B	C	D
1	X-Space	Var.	R2 Cumula...	Q2 Cumul...
2	Tin	1.0	0.88896838...	0.83681349...
3	Tmax1	2.0	0.97160598...	0.91669459...
4	Tout1	3.0	0.98956197...	0.89108644...
5	Tmax2	4.0	0.99374689...	0.97494115...
6	Tout2	5.0	0.88854794...	0.83545945...
7	Tcin1	6.0	0.98476828...	0.78411276...
8	Tcin2	7.0	0.78921170...	0.66601894...
9	z1	8.0	0.96546467...	0.86588408...
10	z2	9.0	0.93173142...	0.82618743...
11	Fi1	10.0	0.92222798...	0.84462844...
12	Fi2	11.0	0.86974997...	0.75086634...
13	Fs1	12.0	0.77467984...	0.58126696...
14	Fs2	13.0	0.63897998...	0.47169673...
15	Press	14.0	0.97945132...	0.96576977...

图 9.23 PCA 模型 X 空间变量汇总图

正如图 9.21 所解释的，如果有很多变量和一些变量不能很好地预测，这可能意味着数据集中没有可以很好地解释这些变量的信息，变量的变化不够，噪声太多，或者有显著的异常值。

3）“变量组成”图

我们按照如下路径显示图 9.24：分析→模块→变量组件→模块，选择工艺变量，变量；选择“Tin”(如图 9.10 所示，反应混合物入口温度)。该图显示了特定 X 或 Y 变量的所有组

件的 *R*2 和 *Q*2 值。在这种情况下，它是 *X* 变量，入口温度为 Tin。

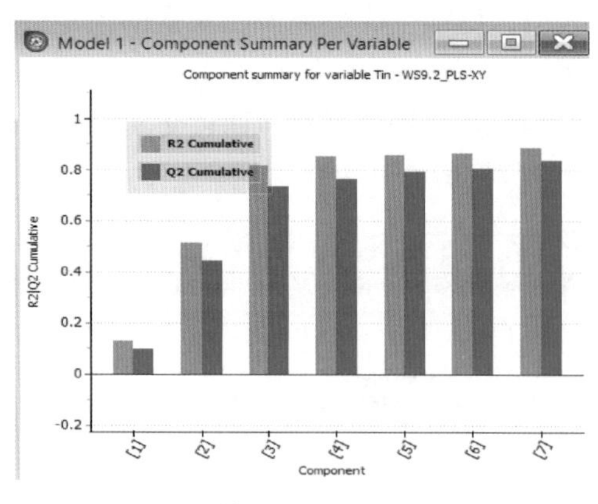

图 9.24　特定 *X* 或 *Y* 变量下所有分量的 *R*2 和 *Q*2 值

4）T1-T2 分数和 P1-P2 载荷曲线图

我们在第 9.1.4 节中讨论了分数矩阵 ***T*** 和载荷矩阵 ***P***。在附录 A 第 A.10 节中，我们演示了使用 Python 来生成这些矩阵。通过选择左侧窗格的 T1-T2 和 P1-P2 按钮，我们生成了如图 9.25 所示的分数曲线图和载荷曲线图。这些图显示第二主成分分数 T[2]、载荷 P[2] 相对于第一主成分 T[1]、P[1] 的值。分数是潜在变量，是原始工艺变量 X 的加权平均值。分数图使我们能够找到聚类(如图 9.25 中左侧分数图的中间)和异常值(如观测值 54)。在分数图上，内部虚线椭圆表示 95%置信区间，外部实线椭圆表示 99%置信区间。在 95%或 99%置信区间之外的观测值可能是异常值；然而，预计分别有 5%和 1%的观测值自然落在 95%和 99%的置信区间之外。该图显示了同时存在数据聚类和异常值的 PCA 模型的分数。

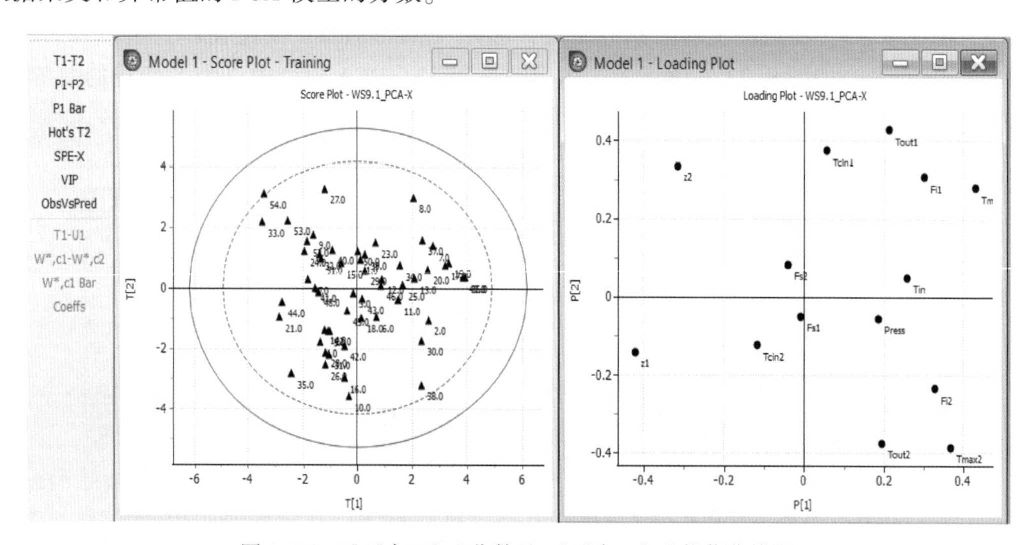

图 9.25　T[2]与 T[1]分数及 P[2]与 P[1]载荷曲线图

载荷是解释 PCA 中的 *X* 变量(或 PLS 中的 *X* 和 *Y* 变量，在第 9.3 节和第 9.4 节中讨论)与潜在变量(分数)之间关系的模型变量。在图 9.25 的右侧加载图中，靠近图中心的变量对于解释所绘制分量的变化不显著。相比之下，远离中心的变量对于解释数据集中的变化很重要。在载荷图上靠近的变量是正相关的，而在相反两侧的变量是负相关的。

5）Hotelling 的 T^2 图

选择左侧窗格上的 Hotelling 的 T^2 按钮。我们在图 9.26 中看到 Hotelling 的 T^2 图。该图测量的是观测值与原点的偏差，从平均操作点开始。请注意，两条水平线分别标记为 0.99 和 0.95，分别表示 99%和 95%的置信限。我们看到第 54 号观测值位于 95%置信限之上。这是可以接受的，因为一般来说，平均 100 个观测值中会有 5 个超出 95%的置信区间。

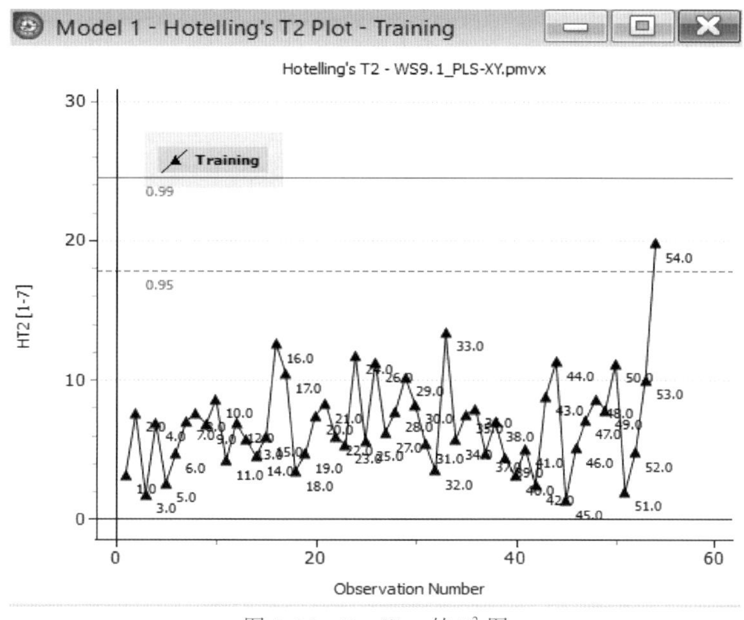

图 9.26　Hotelling 的 T^2 图

6）行残差或平方预测误差 SPE-X 图

我们在式(9.15)和式(9.16)以及图 9.7 中讨论了 SPE(平方预测误差)。选择左侧窗格上的“SPE-X”按钮可得到图 9.27 中的 SPE-X 图。在图中，我们看到观测点 54 具有最大的 SPE 值。

7) VIP(Variable importance to projection)图

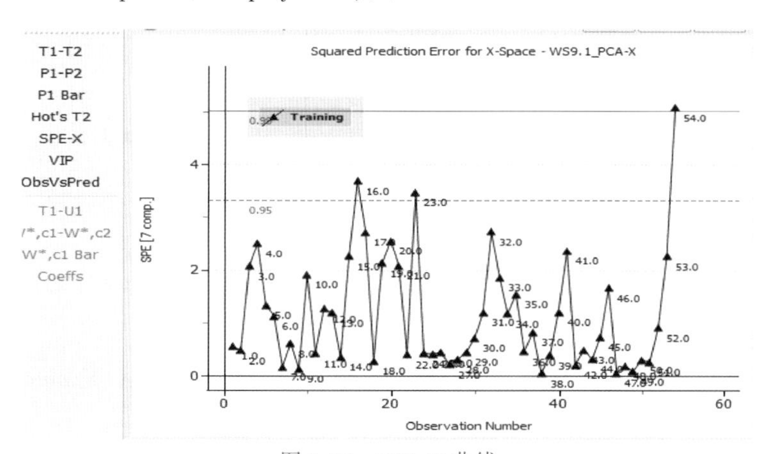

图 9.27　SPE-X 曲线

选择左侧窗格上的 VIP(变量对投影的重要性)按钮，就会得到如图 9.28 所示的 VIP 图。VIP 图给出了变量对 PCA 模型的相对重要性的定量度量。根据经验，VIP 值接近或大于 1 的变量很重要。参考图 9.10 和表 9.1 的工艺变量定义，我们可以看到 T_{out1}、T_{max2}、T_{cin1} 和 T_{cin2}是 PCA 模型中最重要的四个工艺变量。

8）贡献图

当在分数图或 Hotelling 的 T^2 图上选择单个观测值时，贡献图显示该观测值与平均观测值之间的差异。路径如下：Analyze→Contributions(分析→贡献)。这将打开贡献图窗口。在此窗口中，我们使用图 9.29 左侧所示的规范指定表观异常值(观测值 54)与平均观测值之间的分析。这些输入产生了图 9.29 右侧的点对平均值贡献图。我们看到 Z_2(反应混合物在 Zone 2 最高温度 T_{max2}下的轴向反应器长度，见图 9.10)高于平均值，T_{max2}低于平均值。

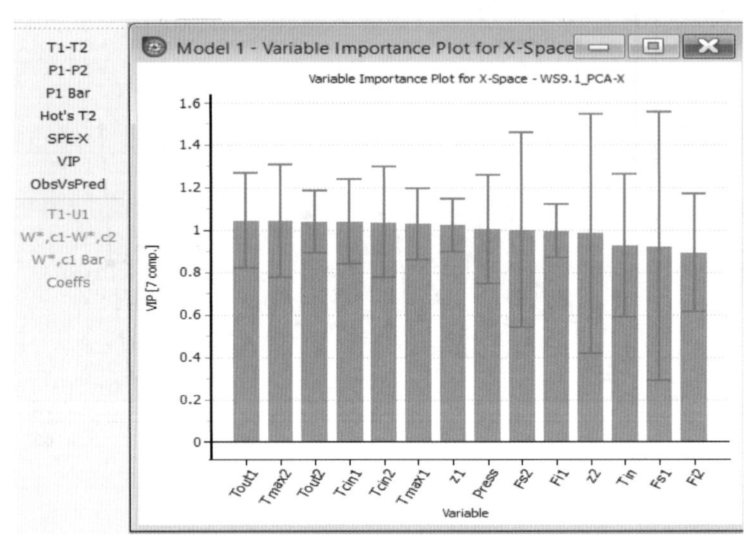

图 9.28　变量的重要性图

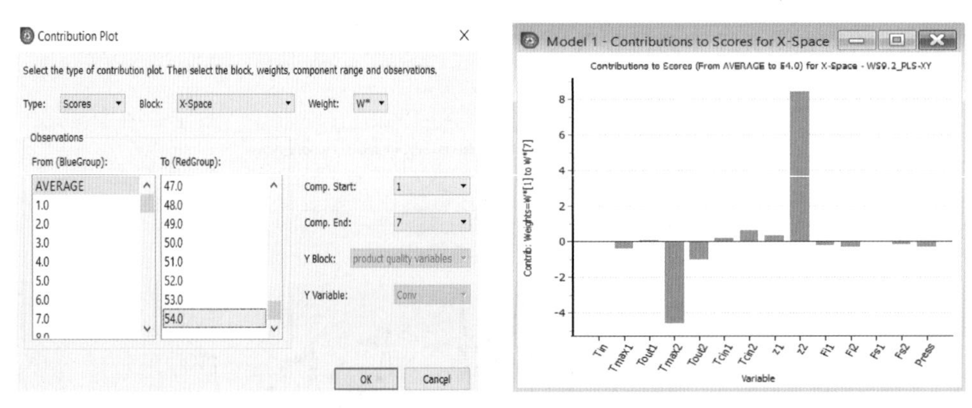

图 9.29　点对平均值贡献点

例题 ***WS9.1_PCA-X*** 就此结束，我们将文件保存为“***WS9.1_PCA_X.pmvx***”。

9.3 偏最小二乘法或隐式结构投影法(PLS)

9.3.1 PLS 简介

当将数据分析应用于化学过程时，我们通常不仅要处理工艺变量及其测量，还要关注质量或生产率变量。设 $\boldsymbol{X}$ 是一个 $J \times K$ 工艺变量矩阵，有 K 列工艺变量($k=1$, …, K)，每

个变量有 J 行测量值($j=1$, …, J), $\boldsymbol{Y}$ 是一个 $J\times M$ 工艺质量变量矩阵, 有 M 列质量变量($m=1$, …, M), 每个变量有 J 行测量值($j=1$, …, J)。

如第 9.1.1 节所讨论的, PCA 旋转工艺数据, 使数据的主轴代表最大变化的方向。数据在 A 主成分的新坐标系中的投影称为主成分或潜在变量分数, 其由 $J\times A$ 分数矩阵 $\boldsymbol{T}$ 表示, 其中 J 表示每个变量的测量值个数, A 表示主成分的数量。此外, 主成分是原始变量空间中的向量, 我们将这些向量称为主成分或潜在变量载荷, 它们由($K\times A$)主载荷矩阵 $\boldsymbol{P}$ 表示, 其中 K 表示工艺变量的数量, A 表示主成分的数量。

由于 PCA 仅使用 $\boldsymbol{X}$ 数据来查找主成分分数矩阵 $\boldsymbol{T}$, 因此这些成分解释了 $\boldsymbol{X}$ 数据的变化, 但不一定是 $\boldsymbol{Y}$ 数据的最佳预测。在本节中, 我们希望同时使用 $\boldsymbol{X}$ 数据和 $\boldsymbol{Y}$ 数据来识别能解释 X 的变化并能预测 Y 的潜在变量。

在图 9.30 中, 我们将标准化的 $J\times K$ 工艺变量矩阵 $\boldsymbol{X}$ 和 $J\times M$ 产品质量矩阵 $\boldsymbol{Y}$ 分解为它们的主成分载荷向量($\boldsymbol{p}_a$ 和 $\boldsymbol{c}_a$, $a=1$, 2, …, A)以及主成分分数向量($\boldsymbol{t}_a$ 和 $\boldsymbol{u}_a$, $a=1$, 2, …, A)。或者, 我们也可以将整个工艺变量矩阵 $\boldsymbol{X}$ 表示为主成分载荷矩阵 $\boldsymbol{P}$、主成分分数矩阵 $\boldsymbol{T}$ 和预测误差或残差矩阵 $\boldsymbol{E}$, 如式(9.17)所示。同样地, 我们用主成分载荷矩阵 $\boldsymbol{C}$、主成分分数矩阵 $\boldsymbol{U}$ 和预测误差或残差矩阵 $\boldsymbol{F}$ 来表示整个产品质量矩阵 $\boldsymbol{Y}$, 参见式(9.23)。

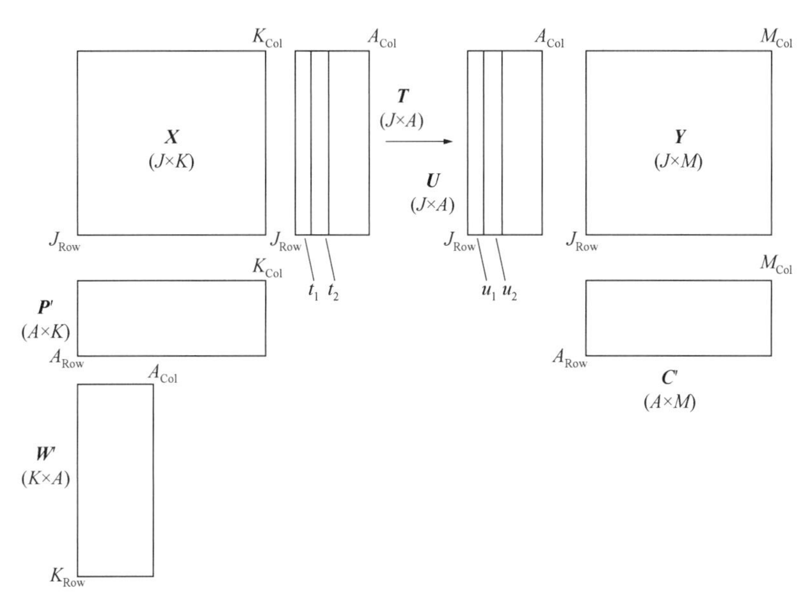

图 9.30　工艺变量矩阵 $\boldsymbol{X}$ 和产品质量矩阵 $\boldsymbol{Y}$、它们的主成分载荷矩阵 $\boldsymbol{P}$ 和 $\boldsymbol{C}$、分数矩阵 $\boldsymbol{T}$ 和 $\boldsymbol{U}$, 以及分数矩阵 $\boldsymbol{T}$ 与工艺变量矩阵 $\boldsymbol{X}$ 之间的权重矩阵 $\boldsymbol{W}'$ 的偏最小二乘法(PLS)回归图(资料来源: Dunn)[13]

$$\boldsymbol{X}=\boldsymbol{T}\boldsymbol{P}'+\boldsymbol{E}=\widehat{\boldsymbol{X}}+E$$
$$(J\times K)=(J\times A)(A\times K) \tag{9.17}$$
$$\boldsymbol{Y}=\boldsymbol{U}\boldsymbol{C}'+\boldsymbol{F}=\widehat{\boldsymbol{Y}}+F$$
$$(J\times M)=(J\times A)(A\times M) \tag{9.23}$$

我们可以将 X 分数(即主成分分数向量 $\boldsymbol{t}_a$'s 或主成分分数矩阵 $\boldsymbol{T}$)估计为原始工艺变量

向量 $\boldsymbol{x}_k$($k=1$, 2…, K)与系数权重 $\boldsymbol{w}$ 的线性组合。

$$t_{ja}=\sum x_{jk}w_{ka} \quad 或 \quad \boldsymbol{T}=\boldsymbol{XW} \tag{9.24}$$

9.3.2 非线性迭代偏最小二乘(NIPALS)算法

我们参照图 9.31[13] 中的步骤，参考文献[13，18，19]说明如何依次计算主成分并处理缺失数据。

步骤 1：参见图 9.31 中的数字或编号箭头方向阐释步骤。从 $J \times K$ 工艺变量矩阵 $\boldsymbol{X}$ 和 $J \times M$ 工艺质量矩阵 $\boldsymbol{Y}$ 开始，$\boldsymbol{X}_a$ 和 $\boldsymbol{Y}_a$ 都是主成分($\boldsymbol{a}$)个数等于 1 时原始数据的预处理版本。选择质量矩阵 $\boldsymbol{Y}$ 中的一列 $\boldsymbol{Y}_a$ 作为我们对分数向量 $\boldsymbol{u}_a$ 的初始估计。将数据矩阵 $\boldsymbol{X}$ 中的数据列 $\boldsymbol{X}_a$ 回归到分数矩阵 $\boldsymbol{U}$ 中的分数向量 $\boldsymbol{u}_a$ 上。将回归得到的斜率系数储存在权重向量 $\boldsymbol{w}_a$ 中。较大的权重系数反映出 $\boldsymbol{X}_a$ 中的列与 $\boldsymbol{U}_a$ 较强的相关性。回归方法如下：

$$\boldsymbol{w}_a=(1/\boldsymbol{u}_a'\boldsymbol{u}_a)\boldsymbol{X}_a'\boldsymbol{u}_a \tag{9.25}$$

步骤 2：将权重向量归一化为单位长度。

$$\boldsymbol{w}_a=\boldsymbol{w}_a/(\boldsymbol{w}_a'\boldsymbol{w}_a)^{1/2} \tag{9.26}$$

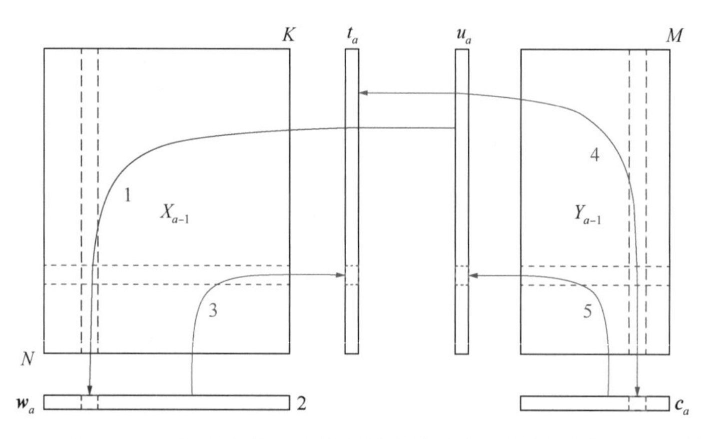

图 9.31 用 NIPALS 算法计算主成分所涉及的步骤示意图(来源：Dunn[13])

步骤 3：将 $\boldsymbol{X}_a$ 中的每一行回归到权重向量 $\boldsymbol{w}_a$ 上。将回归后的斜率系数储存在分数向量 $\boldsymbol{t}_a$ 中。对所有 J 行观测值重复此操作：

$$\boldsymbol{t}_a=(1/\boldsymbol{w}_a'\boldsymbol{w}_a)\boldsymbol{X}_a'\boldsymbol{w}_a \tag{9.27}$$

步骤 4：将 $\boldsymbol{Y}_a$ 中的每一列回归到向量 $\boldsymbol{t}_a$ 上。将回归后的斜率系数存储在载荷向量 $\boldsymbol{c}_a$ 中。对质量变量的所有 M 列重复这样做：

$$\boldsymbol{c}_a=(1/\boldsymbol{c}_a'\boldsymbol{c}_a)\boldsymbol{Y}_a'\boldsymbol{c}_a \tag{9.28}$$

步骤 5：将质量矩阵 $\boldsymbol{Y}_a$ 中的每行回归到权重向量 $\boldsymbol{c}_a$ 上。较大的权重系数表明 $\boldsymbol{Y}_a$ 中的行与 $\boldsymbol{c}_a$ 较强的相关性。

$$\boldsymbol{u}_a=(1/\boldsymbol{c}_a'\boldsymbol{c}_a)\boldsymbol{Y}_a'\boldsymbol{c}_a \tag{9.29}$$

然后，NIPALS 算法继续执行一个称为“紧缩”的过程，以消除已经在 $\boldsymbol{X}_a$ 和 $\boldsymbol{Y}_a$ 中已解释过的可变性。这涉及两个步骤。

紧缩第一步：计算 X 空间的载荷向量

使用 X 空间分数计算一个载荷向量 $\boldsymbol{P}_a$，遵循式(9.7)~式(9.8)：

$$\boldsymbol{p}_a=(1/\boldsymbol{t}_a'\boldsymbol{t}_a)\boldsymbol{X}_a'\boldsymbol{t}_a \tag{9.30}$$

这里，分数向量 $\boldsymbol{t}_a$ 被归一化。这个载荷向量 $\boldsymbol{P}_a$ 包含了 $\boldsymbol{X}_a$ 中每一列对分数向量 $\boldsymbol{t}_a$ 的回归斜率。在这个回归中，分数向量 $\boldsymbol{t}_a$ 是 x 变量，来自 $\boldsymbol{X}_a$ 的列是 y 变量。

紧缩第二步：去除 X 和 Y 的预测可变性

利用分数向量 $\boldsymbol{t}_a$ 和载荷向量 $\boldsymbol{p}_a$，根据式(9.19)计算出 $\boldsymbol{X}_a$ 的预测值，用$\widehat{\boldsymbol{X}}_a$ 表示：

$$\widehat{\boldsymbol{X}}_a=\boldsymbol{t}_a\boldsymbol{p}'_a \tag{9.31}$$

然后，从 $\boldsymbol{X}_a$ 中删除这个最佳预测$\widehat{\boldsymbol{X}}_a$，也就是说，我们去除了从原始数据矩阵 $\boldsymbol{X}_a$ 中已经解释得很好的可变性。

$$\boldsymbol{E}_a=\boldsymbol{X}_a-\widehat{\boldsymbol{X}}_a=\boldsymbol{X}_a-\boldsymbol{t}_a\boldsymbol{p}'_a \tag{9.32}$$

将剩余的数据矩阵定义为$\widehat{\boldsymbol{X}}_{a+1}$：

$$\widehat{\boldsymbol{X}}_{a+1}=\boldsymbol{E}_a \tag{9.33}$$

以同样的方式，使用分数向量 $\boldsymbol{t}_a$ 和领先向量 $\boldsymbol{c}_a$ 从质量数据矩阵 $\boldsymbol{Y}$ 中去除可变性。

$$\widehat{\boldsymbol{Y}}_a=\boldsymbol{t}_a\boldsymbol{c}'_a \tag{9.34}$$

$$\boldsymbol{F}_a=\boldsymbol{Y}_a-\widehat{\boldsymbol{Y}}_a=\boldsymbol{Y}_a-\boldsymbol{t}_a\boldsymbol{c}'_a \tag{9.35}$$

$$\boldsymbol{Y}_{a+1}=\boldsymbol{F}_a \tag{9.36}$$

NIPALS 算法不断重复，在随后的迭代中使用紧缩矩阵。在本书的附录 B 中，代码 B.5 和最后的表 B.1 给出了 PLS 算法的 Python 实现，以及常用参数及其建议值的列表。

9.4 LDPE 和 HDPE 工艺的 PLS 例题

9.4.1 例题 9.2：影响两区管式反应器 LDPE 产品质量和转化率的工艺和质量变量的 PLS

本例题的程序类似于第 9.2 节中的例题 ***WS9.1_PCA-X***。在考虑 X 和 Y 空间(即工艺和质量变量)时，我们只强调对上一个例题的更改。

我们按照图 9.11 启动一个新项目，并按照图 9.12 从文件 ***LDPE.xls*** 导入数据，但选择同时导入工艺变量和产品质量变量。我们将图 9.14 更改为图 9.32。

在导入数据文件 ***LDPE.xls*** 后，我们注意到，原始参考文献[17]表明，一些观测值，如观测值 51~54，反映了管式反应器的两个区域的进料乙烯中杂质水平逐渐增加，并且超出可接受范围。

此外，对于 15 个工艺变量中的大多数，观测值 51~54 的值不会改变。参见图 9.33，其中右侧的数据图是我们在左侧突出显示的工艺变量 3 的结果。接下来，我们在图 9.34 中看到一个观测总结(类似于图 9.15)，其中我们删除了观测值 51~54。

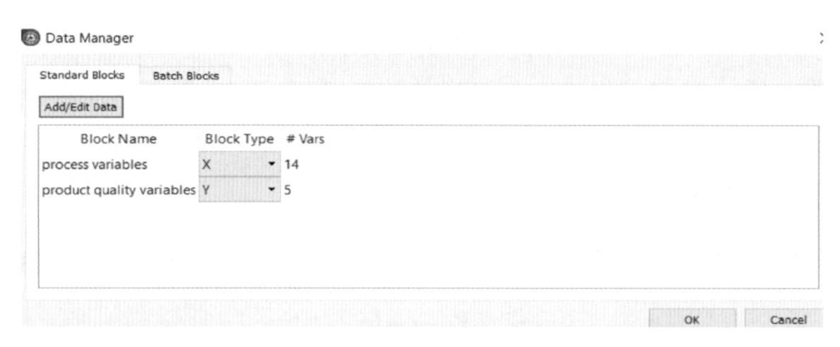

图 9.32　为工艺变量 X 和产品质量变量 Y 指定块类型

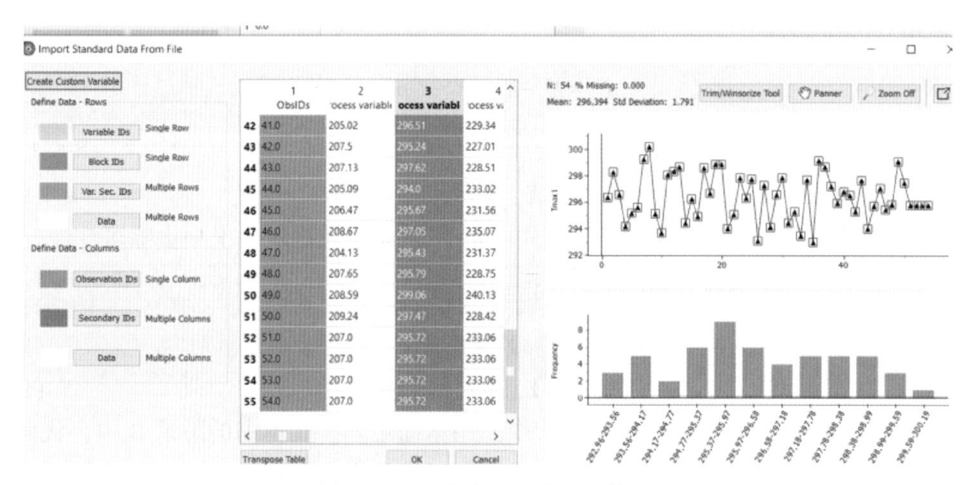

图 9.33　工艺变量 3 的观测值显示

我们将项目文件保存为“***WS9.2_PLS-XY.pmvx***”。在下文中，我们演示了质量变量(Y-space)的 PLS 模型图，重点关注那些我们在第 9.2 节 ***Workshop 9.1*** 中没有用 PCA 模型说明的新图。

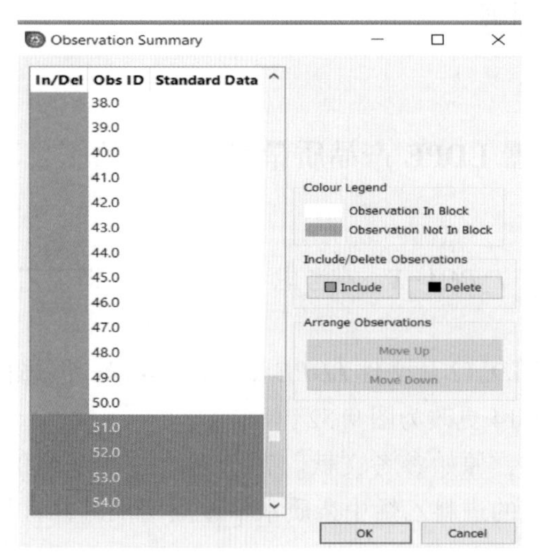

图 9.34　删除观测值 51~54

1) Y-space PLS 模型

我们按照以下路径进行操作：模型→激活模型→自动拟合(见图 9.20)，并在图 9.35 中看到结果模型，显示 $R2$ 和 $Q2$ 值，即式(9.19)和式(9.20)，与主成分的数量相关。如图 9.21 所示，我们可以在 $R2-Q2$ 图上右键单击，并选择“创建表格”以查看图中的 $R2$ 和 $Q2$ 值。$R2$ 值为 0.9654 表示使用 6 个主成分，Y-space 的 PLS 模型将解释数据集中产品质量变量的 96.54% 的可变性。$Q2$ 值为 0.9474 表示通过交叉验证，该模型可以解释数据集中产品质量变量的94.74%的可变性。根据图9.19中的说明，在屏幕顶部选择“#”按钮，并填写最大主成分数为7，我们得到图9.36中的*R*2-*Q*2曲线图。从图中可以看出，添加一个主成分会将*R*2值从0.9654增加到0.9712，将*Q*2值从0.9473增加到0.9566。在下面的示例中，我们将使用7个主成分。

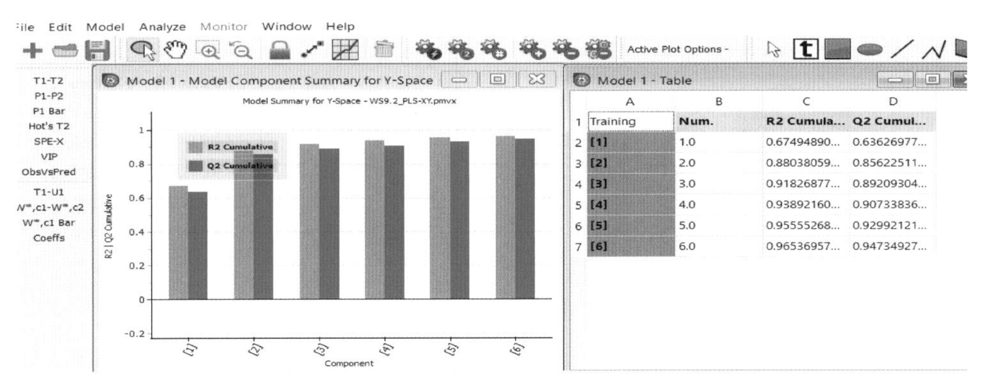

图9.35 自动拟合产生的6个主成分Y-space PLS的*R*2和*Q*2值

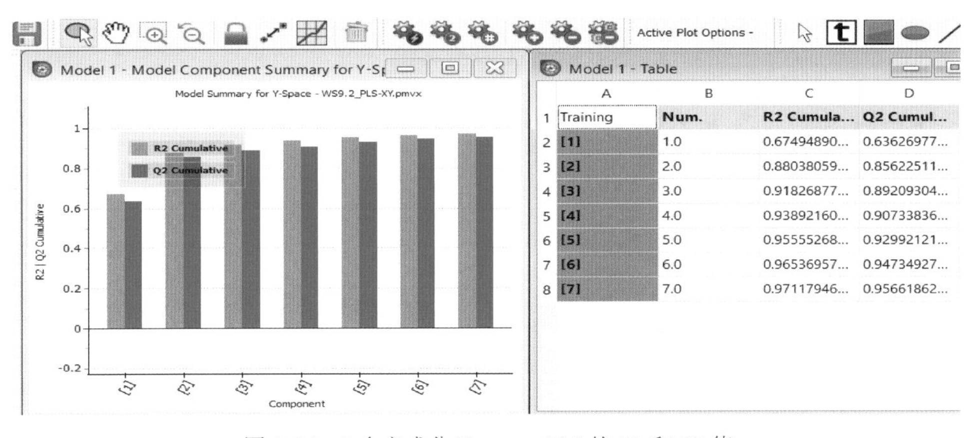

图9.36 7个主成分Y-space PLS的*R*2和*Q*2值

2）Y-space的模型变量总结

接下来，我们按照路径：分析→建模→变量总结→选择模块：Y-space以及成分数→7。从图9.37中我们可以看到，除了Mw(或MWW)，Y-space的PLS模型能够以高于0.9842的*R*2值来预测CONV、Mn(或MWN)、LCB和SCB这些可靠的变量。

3）T1-T2分数图和W*C[1]对W*C[2]的载荷图

用于识别聚类和异常值的T1-T2分数图(见图9.25)应用于X-space的PCA模型和X-space和Y-space的PLS模型。对于PLS模型，最好使用W*C[1]对W*C[2]的载荷图，因为它还能解释*X*和*Y*变量之间的关系。

通过在左侧窗格上选择“W*，c1-W*，c2”按钮，我们在图9.38的右侧生成了首选的PLS载荷图。在该图中，我们可以看到5个质量变量(*Y*变量)以红色表示，14个工艺变量(*X*变量)以黑色表示。参考表9.1和第9.2节中的变量定义，我们可以看出红色的质量变量SCB与工艺变量Fi1和Tmax1呈正相关；质量变量Mw(或MWW)、CONV和LCB与黑色的工艺变量 Fi2、Tout2 和 Tmax2 呈负相关；红色的质量变量 Mn(或 MWN)与黑色的工艺变量 z1 和 Tcin2 也呈负相关。

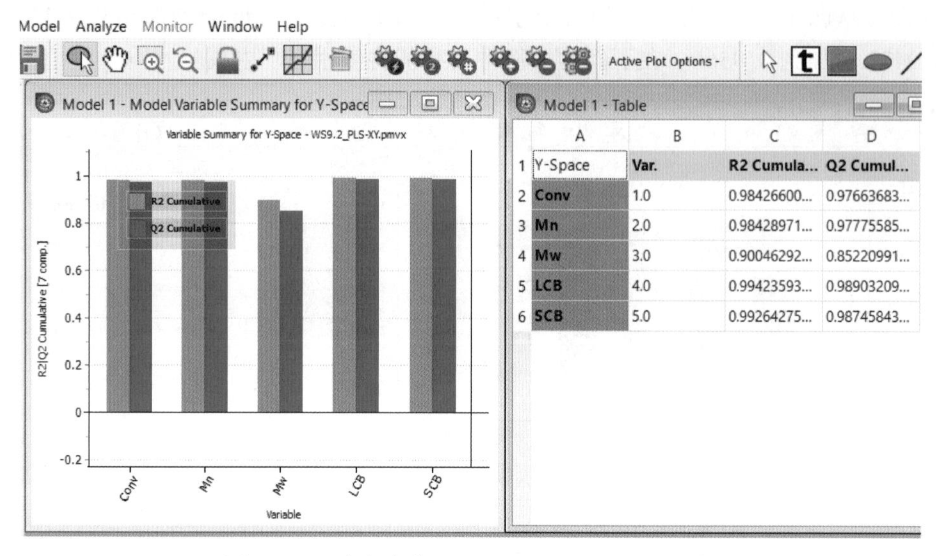

	A	B	C	D
1	Y-Space	Var.	R2 Cumula...	Q2 Cumul...
2	Conv	1.0	0.98426600...	0.97663683...
3	Mn	2.0	0.98428971...	0.97775585...
4	Mw	3.0	0.90046292...	0.85220991...
5	LCB	4.0	0.99423593...	0.98903209...
6	SCB	5.0	0.99264275...	0.98745843...

图 9.37　7 个主成分 Y-space PLS 的 $R2$ 和 $Q2$ 值

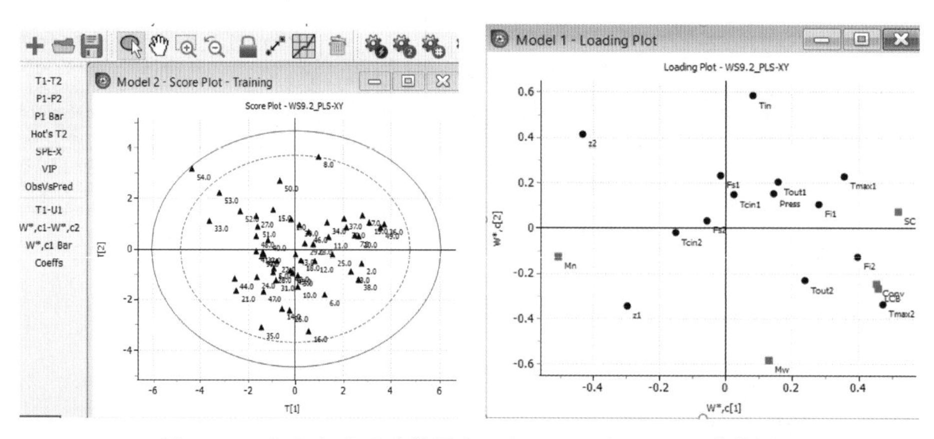

图 9.38　T[2]对 T[1]分数图和 W * C[1]s 对 W * C[2]载荷图

4）载荷双标图

载荷双标图将载荷和分数叠加在一起，如图 9.38(左右两侧)所示，以便更容易解释变量和观测值之间的关系。按照路径：分析→Loading bi-plot(加载双标图)→Worksets：training，Block(工作集：训练，块)：X-space；X 轴：组件 1；Y 轴：组件 2，我们生成了如图 9.39 所示的载荷双标图。

5）观测值与预测值图

通过在左侧窗格上选择 Obs versus Pred，并指定以下选项：工作集——训练；观察值 1；块——产品质量变量；变量——Mn；组件——7；原始单位。我们生成了如图 9.40 所示的观测值与预测值图。均方根误差(*RMSE*)为 35.5144，仅为 27400 的平均观测值的 0.013%。

例题“***WS9. 2_PLS-XY***”就此结束，我们将文件保存为“***WS9. 2_PLS-XY. pmvx***”。

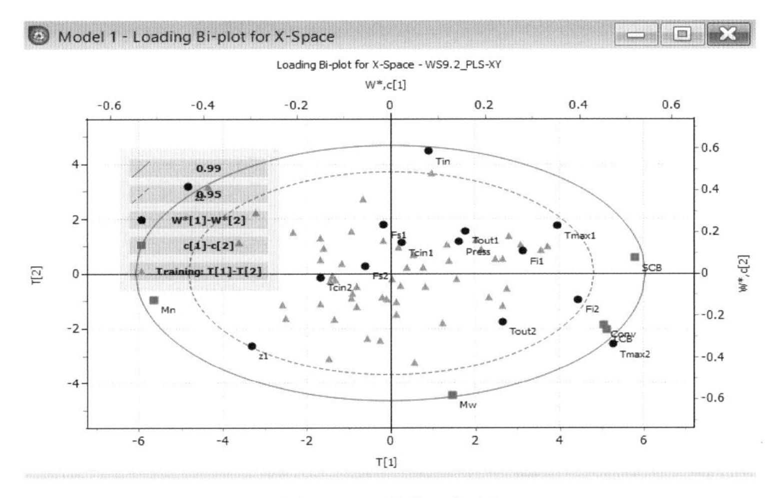

图 9.39　载荷双标图

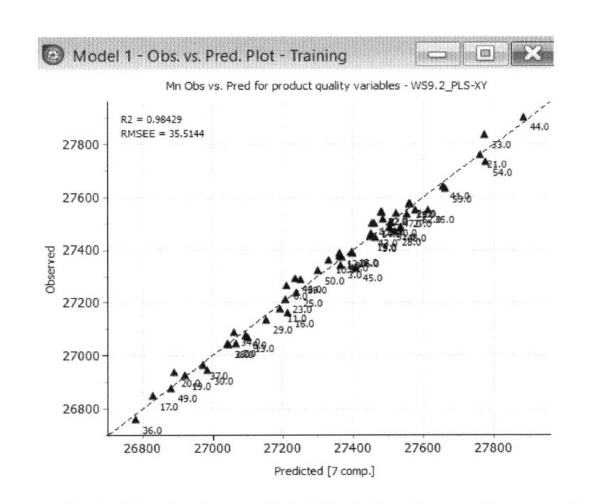

图 9.40　产品质量变量 Mn(数均分子量)的 Obs 与 Pred 关系图

9.4.2　例题 9.3：使用 PLS 预测聚合物熔融指数和因果分析

本例题的目的是展示 PLS 模型在预测 HDPE 制造过程的 *MI* 和因果分析方面的应用。我们使用韩国 LG 石化公司的工厂数据[20]，考虑采用两个反应器并行的工业淤浆法 HDPE 工艺。见图 9.41。

我们将基于 Aspen Plus 的稳态仿真模型转换为使用 Aspen Plus Dynamics 的动态(时间相关)仿真模型。得到的动态仿真模型具有与前文所述的类似的自变量。稳态和动态仿真模型都是从相平衡计算和质量、能量平衡等第一性原理发展而来的。因此，它们是在科学上一致的模型。

Park 等人[20]通过考虑表 9.2 所示的自变量来关联 *MI* 数据。该数据集由 5000 个观测值、9 个主要工艺自变量和 1 个作为质量目标的因变量 *MI* 组成。我们首先确保数据是 Excel 格式，并且工艺变量(*X*)和(*Y*)数据位于“***HDPE_XY Data. xlsx***”中的不同工作表中。

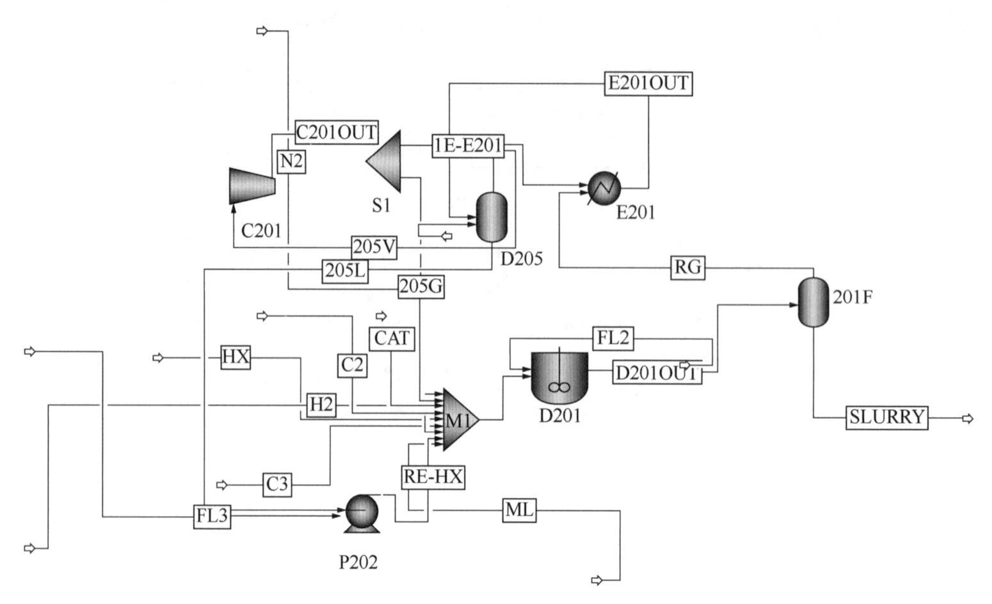

图 9.41 工业平行淤浆法 HDPE 工艺模拟流程图

表 9.2 平行淤浆法 HDPE 工艺及质量变量

工艺和质量变量	描　述	工艺和质量变量	描　述
C2	乙烯进气流量	T	反应器的温度
H2	氢气进气流量	P	反应器的压力
CAT	催化剂进料流量	H2/C2	乙烯与氢气反应器中进料浓度比
HX	己烷溶剂进料流量	C3/C4	丙烯与丁烯单体的进料浓度比
C3	共聚物进料流量	MI(质量变量)	聚合物熔融指数

我们在 Aspen ProMV 建立了一个新项目。按照例题 9.2 中的图 9.27，我们将工艺(X)和质量(Y)变量数据集“***HDPE_XY Data. xlsx***”导入 Aspen ProMV。在数据管理器上，我们选择 X 块并突出显示 X 变量的所有“Obs ID”以包含所有 X 观测值(见图 9.42)。在“Observation Summary”中点击“OK”进入“New Model”界面，选择 X 块生成 9 个工艺变量的详细信息，包括它们的均值、标准差和最小/最大值(见图 9.43)。同样，选择 Y 块会显示单个质量变量 MI 的详细信息(见图 9.44)。然后我们将新模型命名为“***WS9. 3_PLS-XY. pmvx***”。

1) Y-spare PLS 模型

我们遵循路径：建模→激活模型→自动拟合(见图 9.20)，并在图 9.45 中看到结果模型的 $R2$ 和 $Q2$ 值。由图可知，在 4 个主成分下，$R2$ 值为 0.9534 时，PLS 模型可以解释 95.34%的产品质量变量熔融指数(MI)的可变性；$Q2$ 值为 0.9533，即通过交叉验证，PLS 模型可以解释 95.33%的数据变异。

2) 观测值相对预测值的图像

在图 9.40 之后，我们生成了图 9.46 中的观测值对预测值的图像。$RMSEE$(估计的均方根误差)为 1.08266。

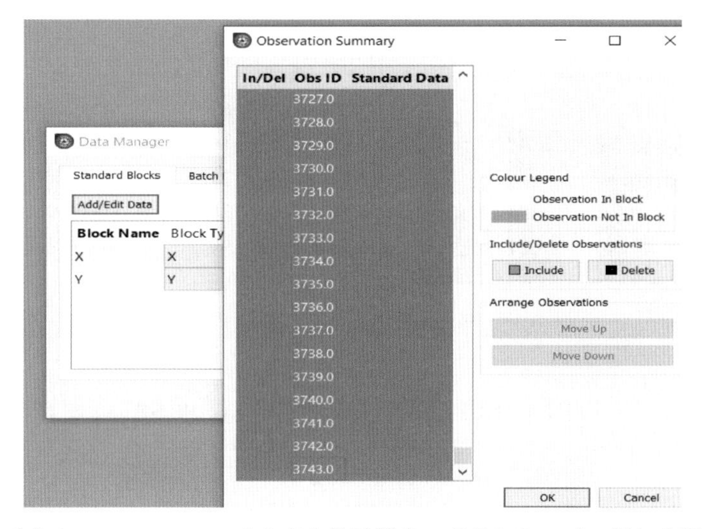

图 9.42 在"Observation Summary"中突出显示所有 *X* 变量"Obs ID"，以包含所有观测值

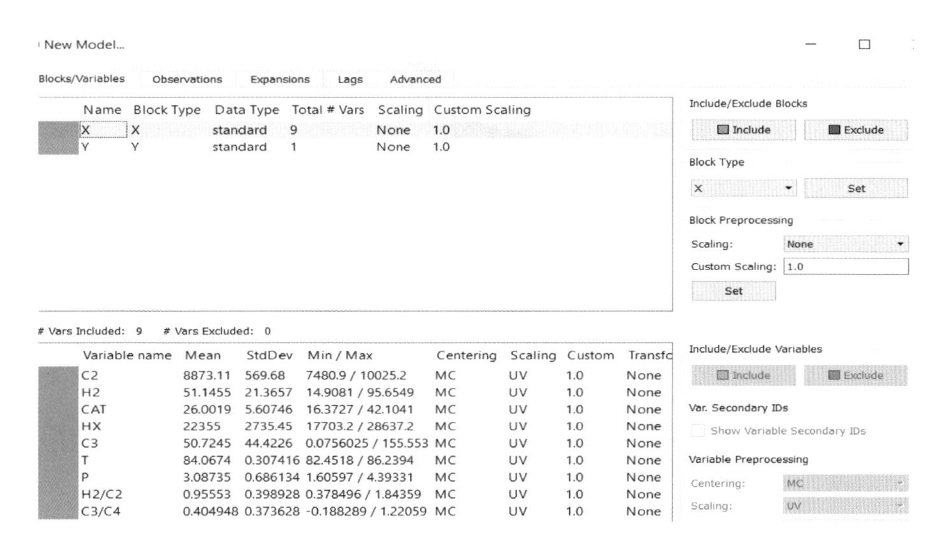

图 9.43 在新模型中处理变量细节

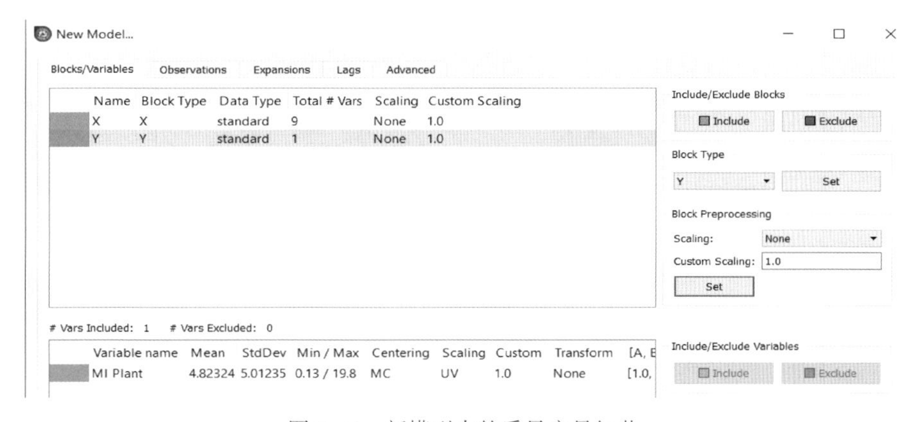

图 9.44 新模型中的质量变量细节

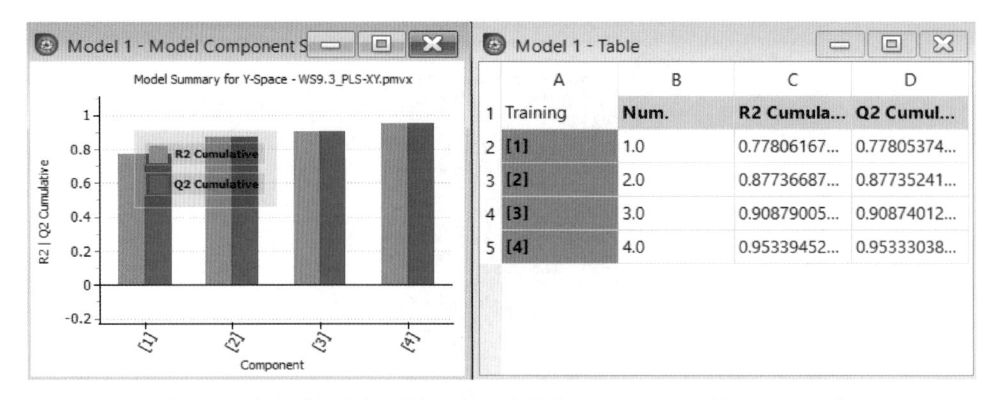

	A	B	C	D
1	Training	Num.	R2 Cumula...	Q2 Cumul...
2	[1]	1.0	0.77806167...	0.77805374...
3	[2]	2.0	0.87736687...	0.87735241...
4	[3]	3.0	0.90879005...	0.90874012...
5	[4]	4.0	0.95339452...	0.95333038...

图 9.45　由自动拟合得到的 4 个主成分的 Y-space PLS 的 $R2$ 和 $Q2$ 值

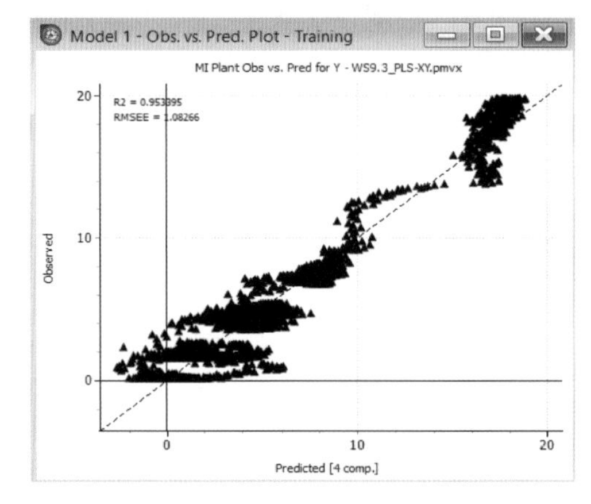

图 9.46　Obs 与 Pred 的四主成分图

3）载荷双标图和变量的重要性图

在图 9.39 之后，我们展示了一个载荷双标图，在图 9.47 中绘制了 T[2]对 T[1]分数图和 W*c[1]对 W*c[2]图。

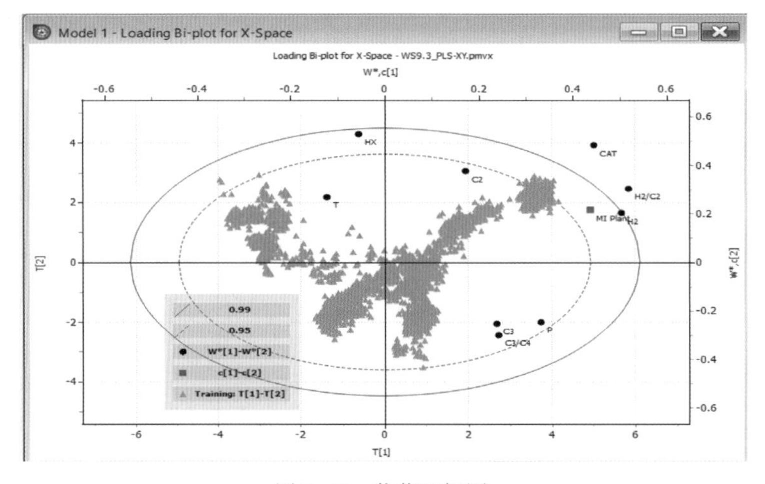

图 9.47　载荷双标图

我们从分数 T[2]与 T[1]的对比可以看出，黑色的工艺变量 CAT 和 H2/C2 都在 99%的置信区间之外，并且是潜在的异常值。

此外，质量变量 MI Plant(红色)与工艺变量 H2、H2/C2 和 CAT(黑色)呈正相关(因为它们彼此更接近)。我们可以通过选择左侧窗格上的 VIP 按钮来确认这种强相关性，以生成图 9.48 中的可变重要性投影图(VIP)。

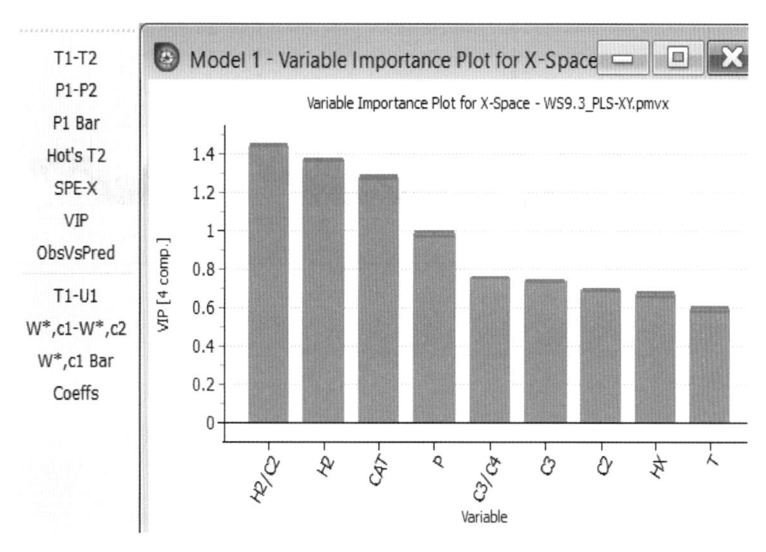

图 9.48 变量对投影的不同重要性，VIP 图

4) Hotelling 的 T^2 图

在图 9.26 中，我们展示了图 9.49 中的 Hotelling 的 T^2 图，并希望展示新的工具来识别数据集中选定的异常值的成因。我们在图中单击右键以显示菜单来显示观测值的数值。我们点击“Display Point Tooltips”，然后把鼠标放在一个离群值上。我们在图 9.50 中看到观测值为 2697。

如何识别数据号 2697 为离群值的成因？我们使用下面的贡献图，见图 9.51。

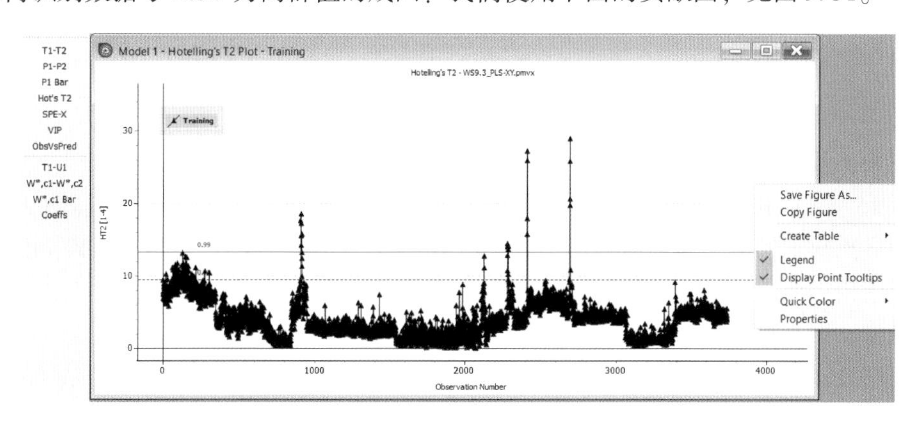

图 9.49 Hotelling 的 T^2 图和显示观测数值的菜单“Display Point Tooltips”，红圈内的数据点代表 95%置信限外的潜在异常值

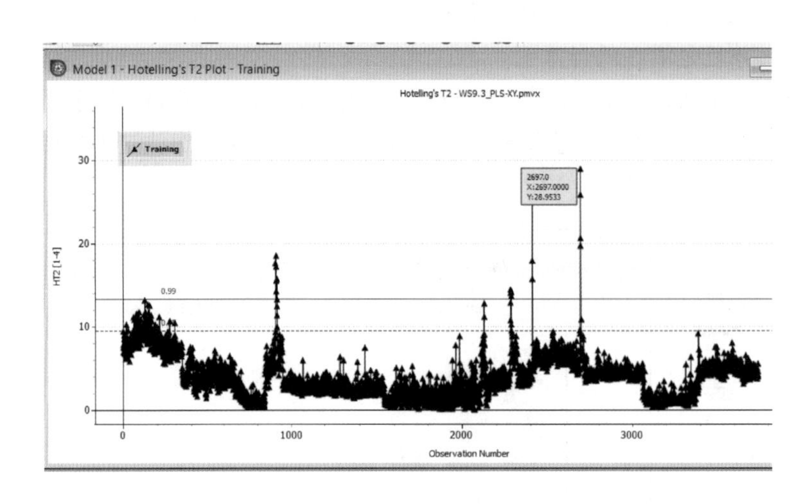

图 9.50　显示位于最右边，顶部数据点的离群值的数据编号 2697

5）贡献图

我们遵循路径：分析→贡献→根据图 9.51 指定→图 9.52 贡献图。

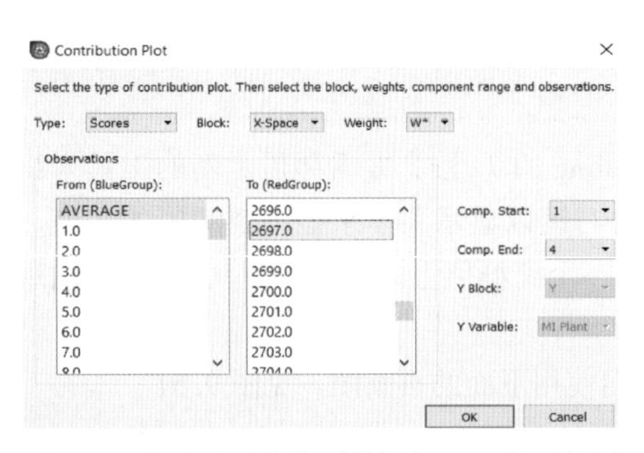

图 9.51　指定从平均值到数据点 2697 的贡献图

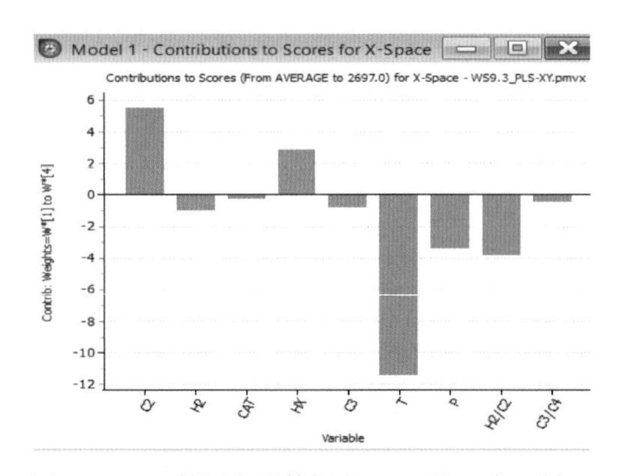

图 9.52　贡献图表明数据点 2697 的温度远低于平均值，导致 Hotelling 的 T^2 图出现离群值

接下来，我们启动一个新项目，再次导入数据文件“***HDPX_XY_Data. xlsx***”。然后我们按照图 9.15～图 9.16 和图 9.34 去除观测 ID 为 2412～2415 和 2695～2698 的值(图 9.49 中红色圆圈中突出显示的潜在异常值)，并将结果模型文件保存为“***WS9. 3_PLS-XY. pmvx***”。

按照建模→激活模型→自动拟合的路径，生成去除观测 ID 为 2412～2415 和 2695～2698 值后的模型。图 9.53 显示了相应的 *R2-Q2* 图和观测值相对预测值的图。

对比图 9.46 和图 9.53，我们发现 *R2* 从 0.953395 变到 0.9534，*RMSEE* 从 1.08266 变化到 1.08267，这种变化并不显著。因此，我们可以将其与原始模型一起保留。例题 WS9.2_PLS-XY 就此结束，我们将文件保存为“***WS9. 2_PLS-XY. pmvx***”。

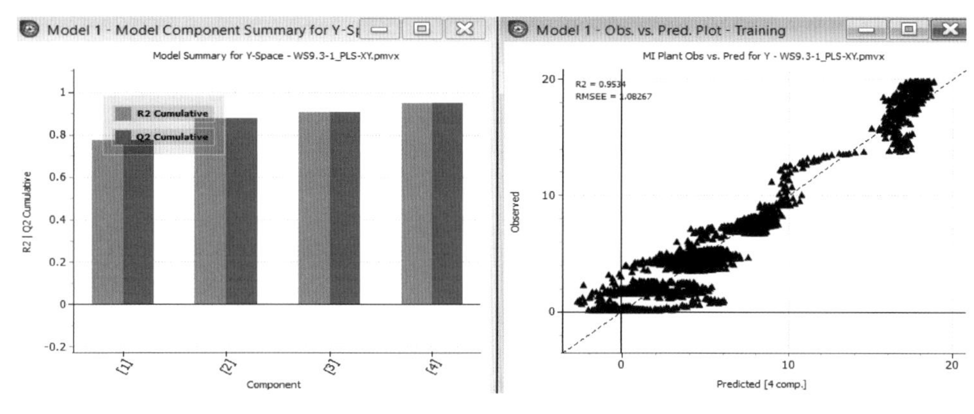

图 9.53 去除潜在异常值后的 $R2-Q2$ 图和 Obs 与 Pred 图

9.5 例题 4：使用 PLS 进行带有测量时间滞后的聚合物熔融指数预测和因果分析

9.5.1 测量时间滞后的 PLS 介绍

在许多化学过程中，在工艺出口测量的质量变量(如 *MI*)和工艺变量测量的时间之间存在一些滞后。动态过程的输出也与过去的工艺变量输入和输出有关。为了处理自相关数据，我们模仿自回归移动平均外生(Auto－Regressive Moving Average Exogenous, ARMAE)时间序列模型的概念，在每个观测向量中形成具有先前观测值的数据矩阵。时间序列模型将当前的质量(因变量)变量 y 与过去的质量变量 y's 和工艺(自变量)变量 x's 联系起来。

模型方程如下所示：

$$y_t = \beta_1 y_{t-1} + \beta_2 y_{t-2} + \cdots + \gamma_1 x_{t-1} + \gamma_2 x_{t-2} + e_t \tag{9.37}$$

这意味着最终我们需要使用质量变量的滞后值来解释时间滞后(时滞)。因此，我们通过引入变阶滞后来考虑 Aspen ProMV 中数据的自相关。这种时间序列建模技术也被称为***具有观测时间滞后的 PLS***。当将该技术应用于具有时间滞后的批处理过程时，Chen 和 Liu[21] 将该方法称为***批动态偏最小二乘法(Batch Dynamic Partial Least Squares, BDPLS)***。

当 PLS 模型中的质量(*Y*)变量包含测量时间滞后时，我们将滞后的质量变量引入它所属的 *Y* 数据块中。根据 Aspen ProMV 在线帮助，我们在图 9.54 中展示了一个 *Y* 数据块的示例，该数据块具有滞后 3 个时间单位的单个质量变量。在图中，我们添加了 3 个滞后的质量变量。由于时间滞后，产生的质量数据块(称为 Lags Y 块)现在多了 3 个变量，但减少了 3 个观测值。我们定义了一个滞后变量，其原始名称带有后缀“_L#”，其中“#”表示该特定值的滞后值。

在下文中，我们将演示如何使用 Aspen ProMV 来应用具有观测时间滞后的 PLS。

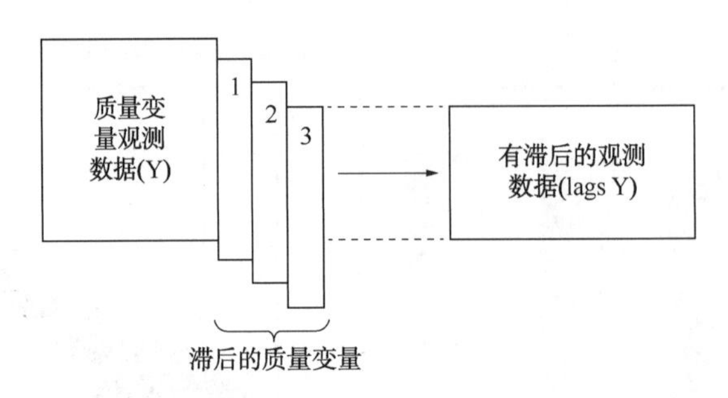

图 9.54　滞后 3 个时间单位的单个质量变量的说明

9.5.2　例题 9.4：Aspen ProMV 在 PLS 测量时间滞后下聚合物熔融指数预测和因果分析中的应用

我们使用与第 9.4.2 节例题 9.3 中相同的工业淤浆法 HDPE 工艺和相同的工艺数据集"***HDPE_XY_Data. xlsx***"。

我们使用相同的过程加载数据。在这种情况下，我们在输入工艺变量和工艺输出 *MI* 中都引入了 1 阶的滞后，因此当前时间的 *MI* 是工艺变量的历史值和过去 *MI* 的函数。

我们遵循图 9.12～图 9.18 中的步骤，此外导入工艺和质量变量数据(X-space 和 Y-space)，如图 9.32 所示，并将文件保存为"***WS9. 4_PLS-X and LagsY. pmvx***"。在新模型界面的屏幕上，我们注意到"Lags"按钮，见图 9.55。

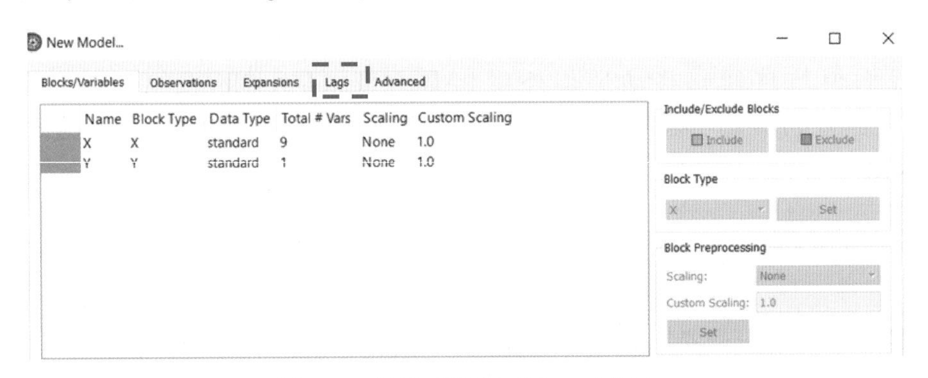

图 9.55　新模型界面中的"Lags"按钮

参照图 9.56，我们选择质量变量 MI Plant，指定滞后 1 个时间单位，并使用箭头键将数据移动到右侧的 Lags Y 块。然后我们将模型文件保存为"***WS9. 4_PLS-X and LagsY. pmvx***"。

我们按照以下路径建立 PLS 模型：建模→激活模型→自动拟合(见图 9.20)，在图 9.57 中看到带有时滞的 PLS 模型。当 *R*2 值为 0.9938 时，具有时滞的 PLS 模型可以解释质量变量 MI Plant 的 99.38%的数据可变性；*Q*2 值为 0.9938，表示通过交叉验证该模型可以解释 99.38%的数据可变性。从图 9.45 中我们可以看到，在没有时滞的情况下，对应的 *R*2 和 *Q*2 值分别为 0.9534 和 0.9533。对比表明，通过引入时滞，*R*2 和 *Q*2 值与没有时滞时相比都有了明显的提高。

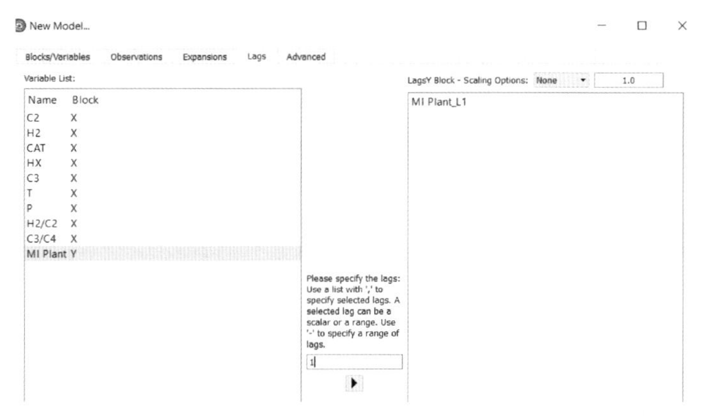

图 9.56　为质量变量 MI Plant 指定 1 个时间单位的滞后新变量命名为 MI Plant_L1

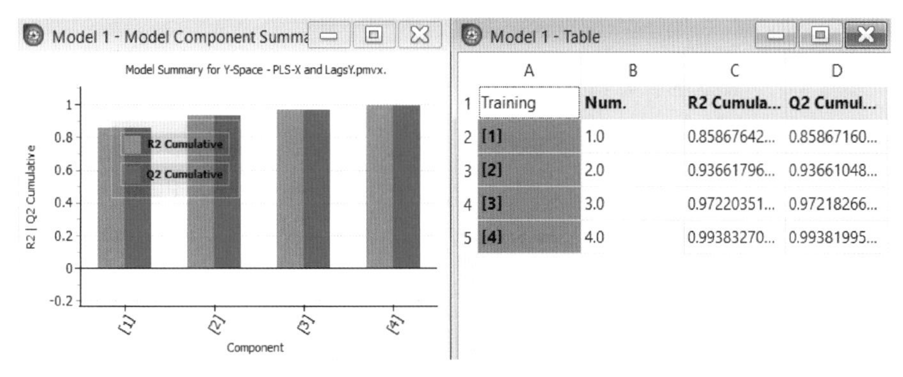

	A	B	C	D
1	Training	Num.	R2 Cumula...	Q2 Cumul...
2	[1]	1.0	0.85867642...	0.85867160...
3	[2]	2.0	0.93661796...	0.93661048...
4	[3]	3.0	0.97220351...	0.97218266...
5	[4]	4.0	0.99383270...	0.99381995...

图 9.57　自拟合产生的 4 个主成分的 Y-space PLS 随时间滞后的 $R2$ 和 $Q2$ 值

参考图 9.40 和图 9.46，我们在图 9.58 中生成观测值相对预测值的图。值得注意的是，通过添加时滞，PLS 模型显著降低了 *RMSEE* 值，从无滞后的 1.08266(见图 9.46)到有滞后的 0.393567(见图 9.58)。

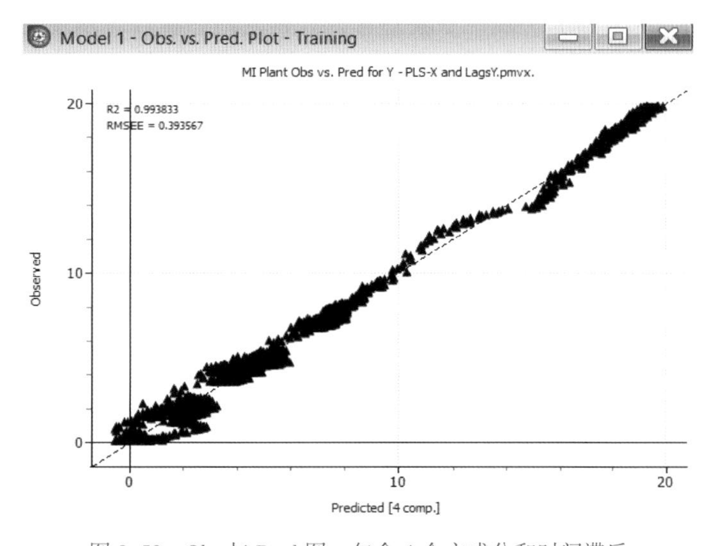

图 9.58　Obs 与 Pred 图，包含 4 个主成分和时间滞后

图 9.59 显示了具有时滞的 PLS 模型的 VIP 图。通过将该图与相应的无滞后 VIP 图(见图 9.48)进行比较，我们可以看到滞后的质量变量 MI Plant 成为有滞后 PLS 模型最重要的变量。

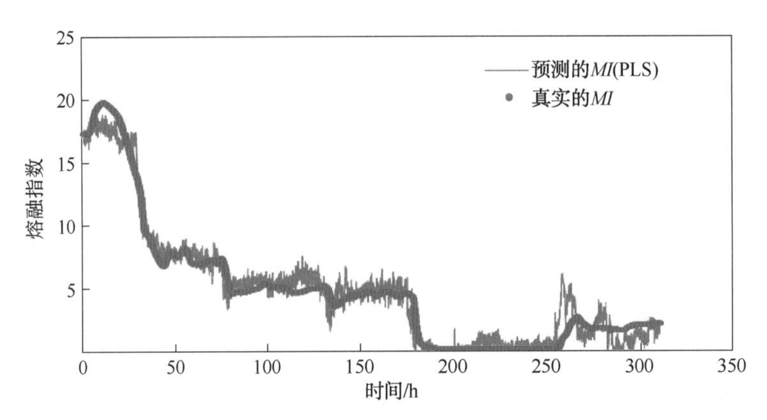

图 9.59　基于因果 PLS 模型的熔融指数软传感器的开发

因此，我们实际上可以使用 PLS 模型的数据，并将结果与实际工厂数据分开绘制。图 9.59表明，具有测量滞后的 PLS 模型的预测结果与时间相关的 MI Plant 数据比较相符。

例题 9.4 到此结束，将生成的仿真文件保存为“***WS9.4_PLSX and LagsY.pmvx***”。

9.6 批处理的多路 PCA 和 PLS

9.6.1　多路 PLS 的逐批展开和逐观测展开方法

在前几节中对数据分析的讨论主要是关于连续过程的。对于批处理的数据分析，我们需要一种不同的方法。多批处理的工艺数据具有三维结构，具有三个数据维度，即工艺变量、时间和批处理数。Wold 等人[22]和 Nomikos、MacGregor[23]以***多元数据分析的多路方法***为例解释了这三个数据维度，他们特别展示了应用于 PCA 或 PLS 的两种方法。

第一种方法是***逐批展开(Batch-Wise Unfolding，BWU)方法***，它以时间顺序水平提取批次轨迹观测，如图 9.60 所示。每个批次都变成一行数据。在图中，我们有一个三向轨迹数据组($\boldsymbol{X}$)，其中 $i=1\sim I$(批次数)，$j=1\sim J$(过程变量数)，$k=1\sim K$(数据观测的时间步长)。我们还分别在时间 $k=0$(开始时间)和 $k=K$(结束时间)附加初始条件矩阵 $\boldsymbol{Z}$ 和产品质量矩阵 $\boldsymbol{Y}$。在 BWU 中，数据被展开成一个二维数组 $\boldsymbol{X}(I\times J)$行和 k 列的二维数组，其中展开矩阵的行代表批次。每个批次在模型中成为一行数据。

我们开发了基于展开数据矩阵的 PLS 模型。BWU 主成分分数基于该批处理到当前时间的所有历史时间来预测每个批处理的最终状态。得到的主成分分数显示了批处理之间的差异。BWU 方法对于预测最终产品质量和监控、控制和优化批处理过程非常有用。

参考我们在第 9.3.1 节中对 PLS 的讨论，特别是式(9.17)、式(9.23)和式(9.24)，以及图 9.30。我们在图 9.61 中展示了 PLS 结构图到 BWU 的扩展。图中：$\boldsymbol{Z}$ 为初始条件向量；$\boldsymbol{X}$ 为工艺数据矩阵；$\boldsymbol{Y}$ 为质量数据矩阵；$\boldsymbol{T}$ 为主成分分数矩阵；$\boldsymbol{V}^{\mathrm{T}}$ 为初始条件向量；$\boldsymbol{W}$ 为权重矩阵；$\boldsymbol{C}^{\mathrm{T}}$ 为主成分加载矩阵。基于图 9.30 和式(9.24)，我们写出主成分分数矩阵 $\boldsymbol{T}$ 和预测的产品质量矩阵$\widehat{\boldsymbol{Y}}$：

$$\boldsymbol{T}=\boldsymbol{XW} \tag{9.24}$$

$$\widehat{\boldsymbol{Y}}=\boldsymbol{TC}^{\mathrm{T}}=[\boldsymbol{XW}]\boldsymbol{C}^{\mathrm{T}}=\boldsymbol{X}[\boldsymbol{WC}^{\mathrm{T}}]=\boldsymbol{X\beta} \tag{9.38}$$

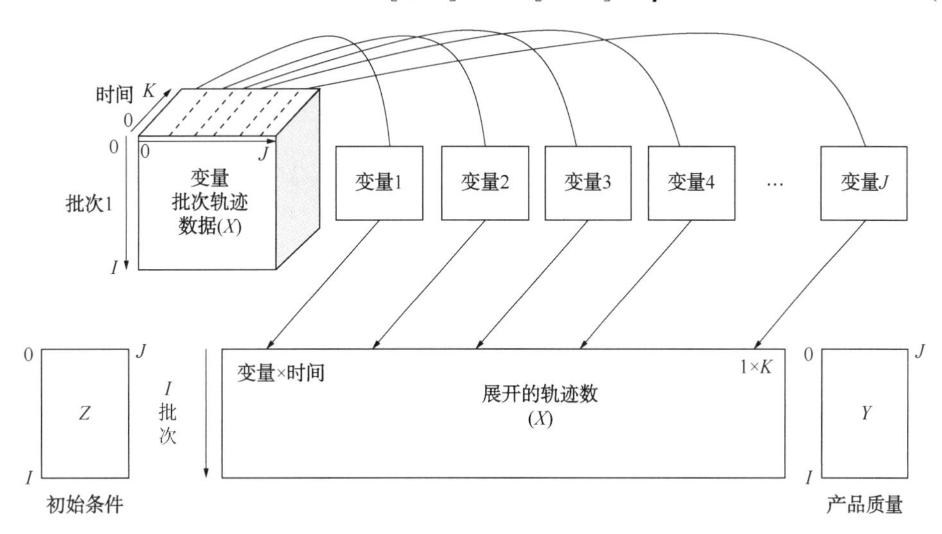

图 9.60　$i=1\sim I$(批数)，$j=1\sim J$(过程变量数)，$k=1\sim K$(数据观测时间步长)的轨迹数据(X)的三向($I\times J\times K$)数组的逐批展开(BWU)示意图

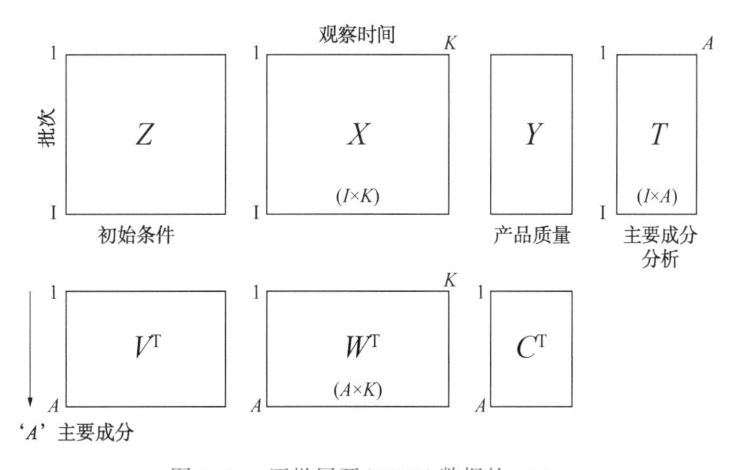

图 9.61　逐批展开(BWU)数据的 PLS

其中 $\boldsymbol{\beta}$ 为 PLS 的回归系数矩阵，每个 $\boldsymbol{Y}$ 变量都有一行系数。这些系数显示了 $\boldsymbol{X}$ 对每个 $\boldsymbol{Y}$ 变量的相对重要性。

第二种方法是***逐观测展开方法(Observation-Wide Unfolding，OWU)***，按照我们通常读取批处理数据的方式，将每个批处理的工艺数据堆叠在一起。使用当前时间的测量值总结每个批处理的瞬时状态。图 9.62 说明了 OWU 方法，它有助于减少批量收集的数据的维数。

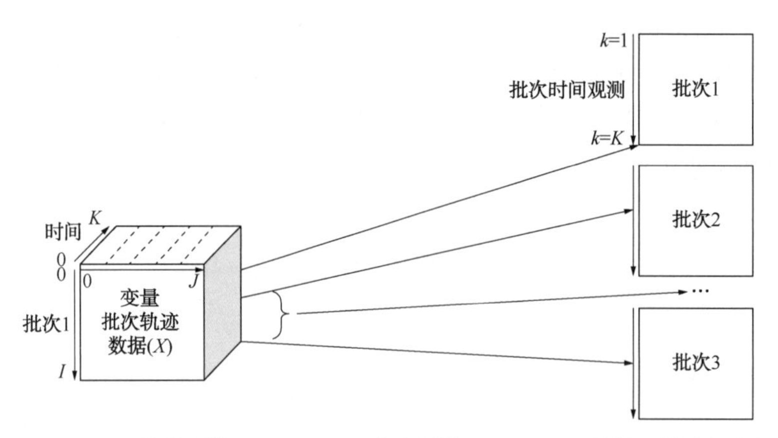

图 9.62　$i=1\sim I$(批处理数)，$j=1\sim J$(工艺变量数)，$k=1\sim K$(数据观测时间步长)的轨迹数据(X)的三向($I\times J\times K$)数组的逐观测展开(OWU)示意图

9.6.2　例题 9.5：Aspen ProMV 在批量聚合数据多路 PCA 逐批展开方法中的应用

我们考虑由 Dunn[17] 提供的聚合物批量数据集(***polymer. xls***)，该数据集由 55 批处理($j=1\sim55$)中的 10 个工艺变量 X($j=1\sim10$)组成。在每个批处理中，有 100 个数据观测值时间步长($k=1\sim100$)。在 Aspen ProMV 中使用 PCA 和 BWU 分析，来识别异常批处理。首先按如下方式加载 ***polymer. xls***。启动 Aspen ProMV，并选择"New Project"。在数据管理器中，选择"Batch Blocks"，然后点击"Import Batch Block"将 ***polymer. xls*** 上传到软件中。图 9.63 显示的是不同批处理中 10 个工艺变量的部分导入数据。

Import Batch Data From File

Create Custom Variable

Define Data - Rows: Variable IDs (Single Row); Var. Sec. IDs (Multiple Rows); Data (Multiple Rows)

Define Data - Columns: Observation IDs (Single Column); Secondary IDs (Multiple Columns); Phase IDs (Single Column)

	1 BWU	2 BWU	3 BWU	4 BWU	5 BWU	6 BWU	7 BWU	8 BWU	9 BWU	10 BWU	11 BWU
1	Batch Num...	X1	X2	X3	X4	X5	X6	X7	X8	X9	X10
2	1.0	0.57039	0.887247	0.546655	0.98417	0.5202	0.989112	0.933139	0.954723	0.727997	1.387073
3	1.0	0.576384	0.862227	0.552975	0.979343	0.7248	0.989199	0.93337	0.956171	0.72632	1.44286
4	1.0	0.582171	0.823841	0.559798	0.975297	0.7837	0.989719	0.933601	0.956344	0.728416	1.487092
5	1.0	0.589163	0.795793	0.566655	0.976823	0.8186	0.989834	0.933804	0.95481	0.734842	1.511825
6	1.0	0.597086	0.779892	0.573479	0.975901	0.7854	0.988592	0.934498	0.954781	0.740011	1.523741
7	1.0	0.605835	0.770938	0.581277	0.975901	0.8064	0.988477	0.935511	0.955707	0.739033	1.538545
8	1.0	0.614619	0.76567	0.589345	0.977285	0.8139	0.989574	0.936524	0.956257	0.740011	1.537281
9	1.0	0.622714	0.761555	0.597076	0.975581	0.7811	0.990239	0.93716	0.957039	0.74518	1.515797
10	1.0	0.630671	0.759415	0.604807	0.974942	0.7909	0.990556	0.937536	0.959008	0.748952	1.490522
11	1.0	0.639454	0.758625	0.612538	0.976149	0.7979	0.990874	0.937912	0.960252	0.751746	1.462719

图 9.63　导入的逐批聚合数据集的一部分

然后选择批号列(第 1 列)，点击左侧窗格上的"Observation IDs"按钮，指定第 1 列包含观测 ID。对于批数据集，一个"observation"代表一批数据。参考图 9.64，我们可以说明三路数据库是如何显示的。首先，我们看到列左边的观测 ID(即批号)从 2 到 5501(目前图中显示列 2~3、100~103 和 5498~5501)，代表一共 5500 时间步的数据观测值，观测 ID 或每个批号包含 100 时间步(即 $k=1\sim100$)从 2 到 101 为第一批，102 到 201 为第二批，202 到 301 为第三批，……，从 5402 到 5501 为第 55 批。

	1 ObsIDs	2 BWU	3 BWU	4 BWU	5 BWU	6 BWU	7 BWU	8 BWU	9 BWU	10 BWU	11 BWU
1	Batch Num...	X1	X2	X3	X4	X5	X6	X7	X8	X9	X10
2	1.0	0.57039	0.887247	0.546655	0.98417	0.5202	0.989112	0.933139	0.954723	0.727997	1.387073
3	1.0	0.576384	0.862227	0.552975	0.979343	0.7248	0.989199	0.93337	0.956171	0.72632	1.44286
100	1.0	0.946678	0.969153	0.925244	0.411393	0.0	0.86282	0.684238	0.858061	0.437273	0.0
101	1.0	0.952396	0.969384	0.926992	0.415084	0.0	0.860972	0.678943	0.857308	0.433641	0.0
102	2.0	0.561848	0.885173	0.537042	0.941331	0.1247	0.988564	0.932068	0.954694	0.723945	1.29536
103	2.0	0.568978	0.891526	0.541479	0.984845	0.4529	0.988332	0.9323	0.954578	0.722688	1.369561
5498	55.0	0.939995	0.954471	0.919361	0.403691	0.0	0.869607	0.83017	0.844947	0.387119	0.0
5499	55.0	0.940305	0.955261	0.919899	0.407631	0.0	0.867585	0.827682	0.843181	0.385303	0.0
5500	55.0	0.940546	0.955359	0.920874	0.406247	0.0	0.865563	0.82502	0.841386	0.38656	0.0
5501	55.0	0.940822	0.954866	0.92195	0.412067	0.0	0.863397	0.822387	0.839562	0.378737	0.0

图 9.64 已展开数据集的部分显示

接下来，我们看到第 1 列(ObsID)，“Batch Number”在 1~55 变化(即 $i=1\sim55$)。最后，我们看到 $X1\sim X10$ 的 2~11 列，表示 10 个工艺变量(即 $j=1\sim10$)。

在与图 9.63 和图 9.64 相同的窗口上，我们点击“OK”，然后选择“No”来对齐批处理轨迹，参见图 9.65。然后我们进入“View/Edit Batch Block”窗口，突出显示第 1 列，看到变量 $X1$ 在第 1 批内 100 个时间步长的时间依赖性变化，参见图 9.66，点击“Save”。

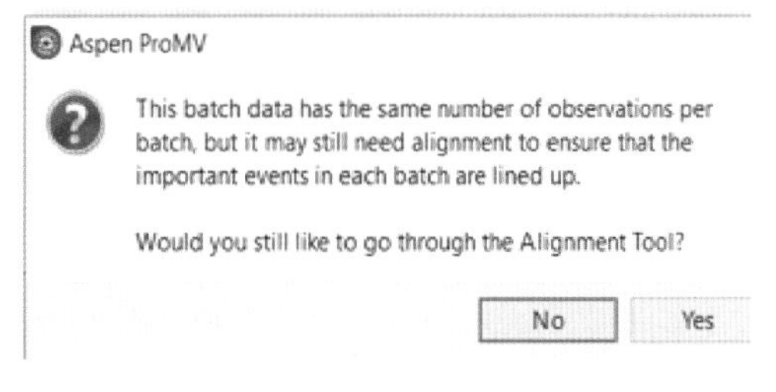

图 9.65 调整批处理轨迹的选项

在图 9.67 的屏幕上点击“OK”，看到观察总结(如前文图 9.15 所示)，然后点击“OK”。我们将结果文件保存为“***WS9. 5_PCA_BWU-X. pmvx***”。

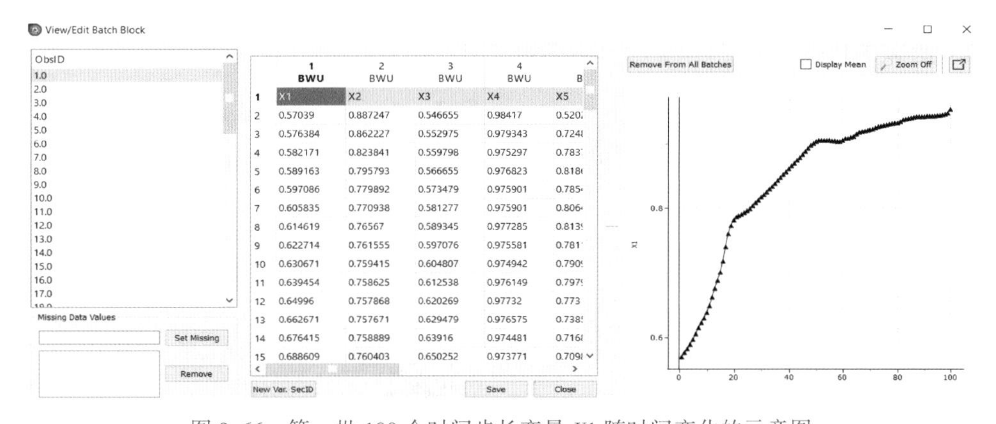

图 9.66 第一批 100 个时间步长变量 $X1$ 随时间变化的示意图

如图 9.20 所示，我们开发了具有 10 个主成分($A=10$)的逐批展开数据集的 PCA 模型。图 9.68 展示了得到的 $R2$ 和 $Q2$ 值与主成分数量的关系。我们注意到，$R2$ 和 $Q2$ 都随着主成分数量的增加而增加。如果我们选择使用图 9.20 所示的自动拟合工具，则主成分(A)的数量等于工艺变量总数($j=1\sim10$)的一半，即 $A=5$。对应的 $R2$ 值为 0.7049，$Q2$ 值为 0.6096。

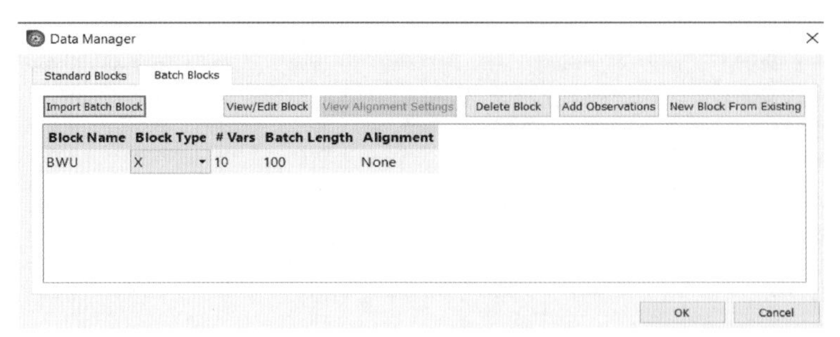

图 9.67　导入数据集汇总

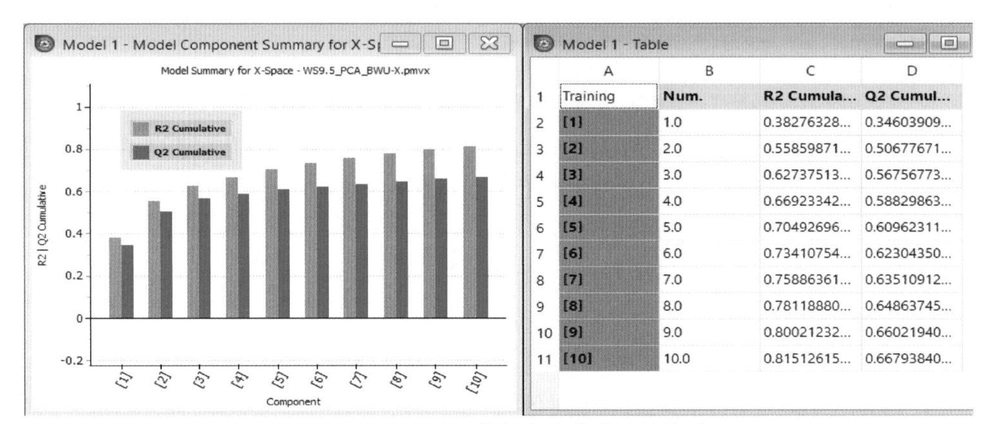

	A	B	C	D
1	Training	Num.	R2 Cumula...	Q2 Cumul...
2	[1]	1.0	0.38276328...	0.34603909...
3	[2]	2.0	0.55859871...	0.50677671...
4	[3]	3.0	0.62737513...	0.56756773...
5	[4]	4.0	0.66923342...	0.58829863...
6	[5]	5.0	0.70492696...	0.60962311...
7	[6]	6.0	0.73410754...	0.62304350...
8	[7]	7.0	0.75886361...	0.63510912...
9	[8]	8.0	0.78118880...	0.64863745...
10	[9]	9.0	0.80021232...	0.66021940...
11	[10]	10.0	0.81512615...	0.66793840...

图 9.68　*R*2 和 *Q*2 值与主成分数量的关系

图 9.25 之后，我们在图 9.69 中展示了具有 5 个主成分的情况下的分数图：T[2]对 T[1]。在该图中，我们使用顶部功能区上箭头高亮的按钮来选择接近 95%置信限(虚线椭圆)的点，批处理为 51；位于 95%和 99%置信限之间的点(虚线和实线椭圆)，批处理为 50、52、53 和 55；以及 99%置信限之外的点，批处理为 54。这些是 55 个批处理($i=1\sim55$)中明显异常批处理的代表。

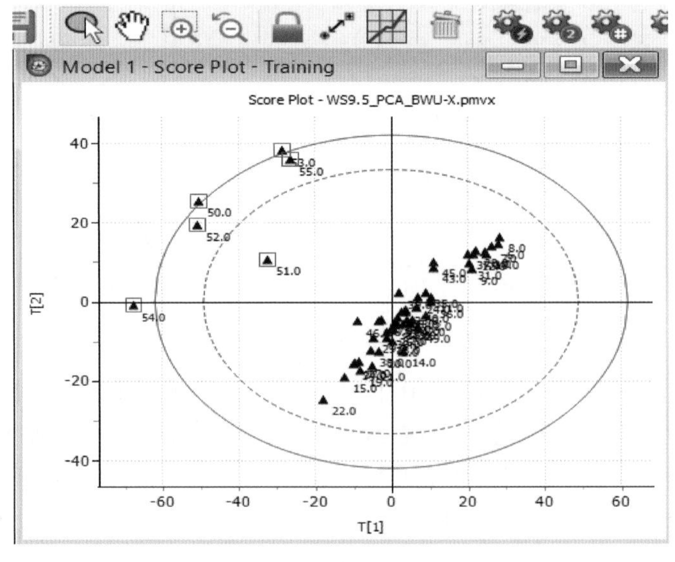

图 9.69　分数图，T[2]对 T[1]

我们根据图 9.26 确认批处理 50~55 出现异常，绘制图 9.70 中的 Hotelling 的 T^2 图。值得注意的是，该图显示了另一个在图 9.69 中不明显的异常批处理 49。

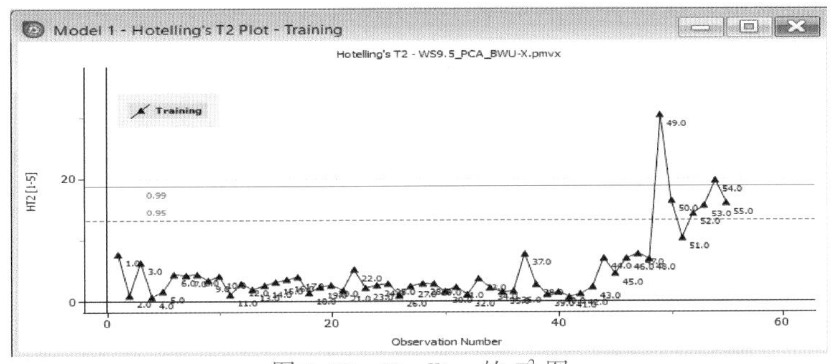

图 9.70 Hotelling 的 T^2 图

图 9.27 之后，我们在图 9.71 中显示了预测误差的平方 SPE-X 图，从中可以看出第 51 批的 SPE-X 最大。

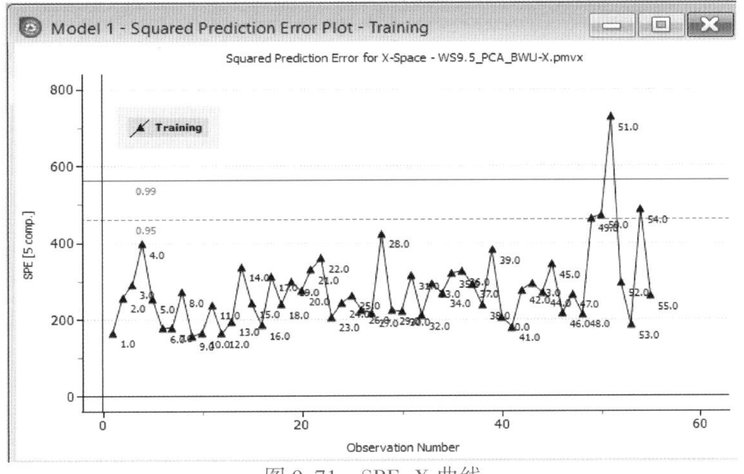

图 9.71 SPE-X 曲线

我们通过找出将 OWU 方法应用于相同聚合物数据集时会发生什么这个问题来总结本次例题。我们首先按如下方式加载 ***polymer. xls***。启动 Aspen ProMV，选择“New Project”。为了在相同的数据集上使用 OWU，我们需要在 Data Manager 中使用“Standard Blocks”导入批处理数据，而不是“Batch Block”(见图 9.14)。

由于数据集(***polymer. xls***)包含 55 个批处理，每个批处理包含 100 个时间步长，遵循与 BWU 方法相同的程序将导致“重复的观测 ID”错误(见图 9.72)。我们需要对数据集做一些处理来防止错误的发生。使用 Python 中的 Pandas 包(参见附录 9.1)删除 Excel 表中的“Batch Number”列，并添加 1~5500 观察实例的索引列。这一列作为“Observation IDs”，用于通过“Standard Blocks”导入数据。将数据处理后的 Excel 文件保存为“***Polymer_OWU_No duplicate ObsIDs. xls***”。

现在按照图 9.11 ~ 图 9.21，在修改后的数据集“***Polymer _ OWU _ No duplicate ObsIDs. xls***”中使用标准块建立一个 PCA 模型。图 9.73 显示了部分导入的数据集，我们没有看到有重复的观测 ID 的错误。我们将得到的 PCA 模型保存为“***WS9. 5 _OWS _PCA -***

X. pmvx”。图 9.73 显示了得到的 *R*2 和 *Q*2 与主成分数量的关系，图 9.74 给出了相应的分数图和载荷图。不幸的是，图 9.74(左)中的分数图没有显示出 OWU 方法的可解释性，也没有可观察到的异常值。这与异常值形成了对比(批处理 50~55)，如图 9.69 的分数图所示，这是应用 BWU 方法得到的结果。图 9.74 右侧的载荷图显示了一些紧靠在一起的相关变量，而另一些位于图相反位置的变量是负相关的。

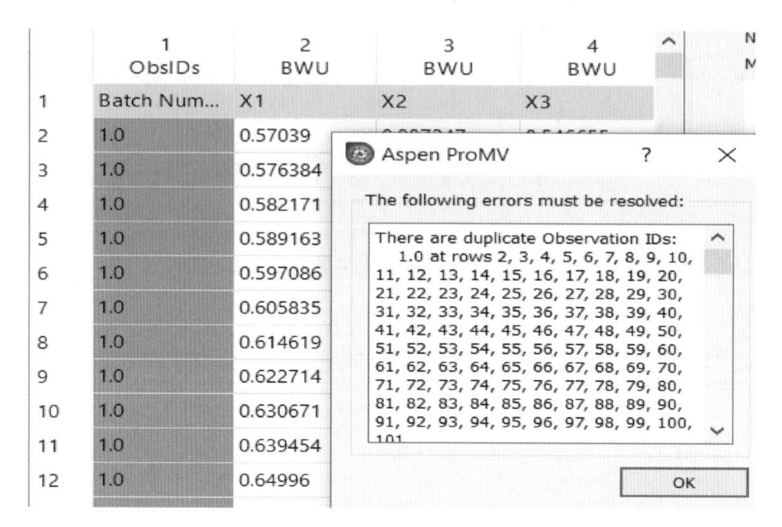

图 9.72 观测 ID 重复的错误

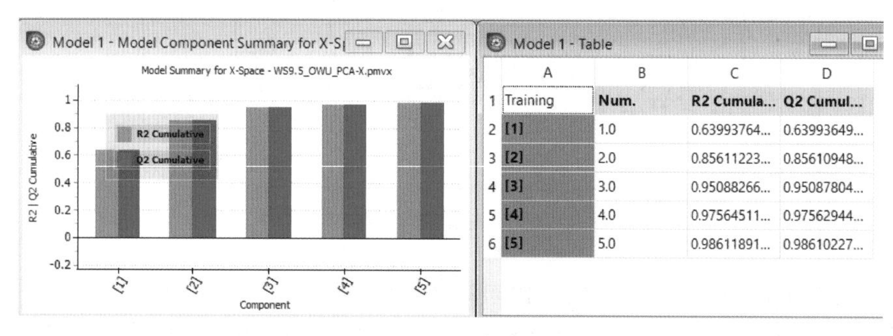

图 9.73 *R*2 和 *Q*2 值与主成分数量的关系

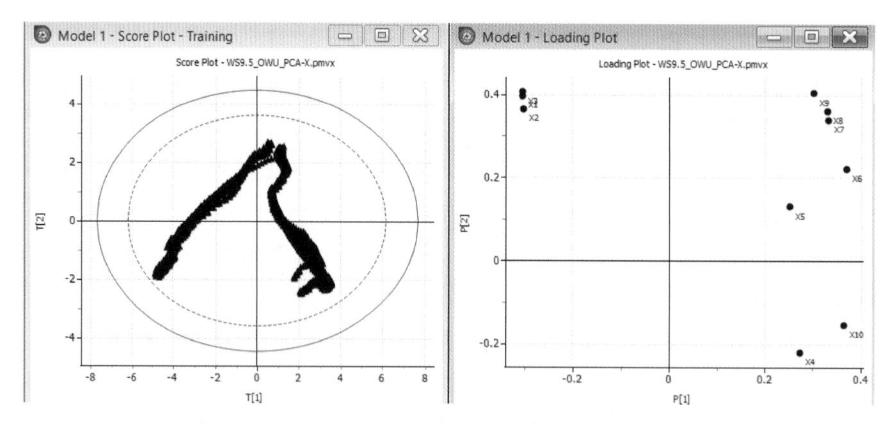

图 9.74 T[2]与 T[1]分数图和 P[2]与 P[1]载荷图

由此我们得出结论，对于批量数据分析，BWU 方法比观测展开(OWU)更有效。

9.7 多元统计模型的实现

如果读者希望从 Aspen ProMV 中建立的 PCA 和 PLS 模型中提取方程和系数以在其他地方应用，请遵循以下路径：模型→导出模型→模型列表→模型 1→导出→训练，批处理，监控和校准数据→Excel，例如“***WS9. 2_PLS-XY. xlsx***”。图 9. 75 显示了该模型的信息摘要。

Aspen ProMV - Model Parameters				
模型类型	PLS			
模块数	2			
模块名称	过程变量	产品质量变量		
数量滞后/模块	14	5		
模块宽度	14	5		
模块尺度	None	None		
成分数	7			
观测数(N)	54			
预测变量数(K)	14			
响应变量数量(M)	5			
模型名称	WS9.2_PLS-XY			
日期/时间	2022/02/23-01:37:04			
注意				

图 9. 75 导出模型的信息汇总

例如，我们看到导出模型的 Excel 文件夹如下。

(1) 分数(T)和载荷(P)：见式(9. 8)和式(9. 17)，图 9. 25 和图 9. 38。

(2) 权值(W)：参见式(9. 24)。

(3) 权重(WStar；W^*)：见图 9. 38。

(4) 回归系数 β_Conv、β_Mn、β_Mw、β_LCB、β_SCB：见式(9. 38)。

(5) Y-Weights：见图 9. 76。

如果您没有用于异常值或异常检测的 Aspen ProMV，请考虑使用我们在附录 B“化学工程师 Python 入门”中介绍的 Python，并参考第 10. 1. 3 节“机器入门推荐资源”。采用开源 Scikit-Learn PLS 库进行模型构建和模型系数获取：https：//scikitlearn. org/stable/modules/generated/sklearn. cross_decomposition. PLSRegression. html。

此外，在第 10 章的第 10. 2. 3 节和表 10. 5 中，我们介绍了用于异常值或异常检测的其他基于机器学习的方法，这些方法可以通过 Python 实现。其中两种流行的方法是基于密度的带噪声应用空间聚类(DBSCAN)(第 10. 2. 3. 4 节)和高斯混合模型(GMM)(第 10. 2. 3. 6 节)。

本章中的大多数多元统计模型和第 10 章、第 11 章中的机器学习模型都使用了历史数据。对于在线实现，我们需要一个实时的工厂操作历史数据系统，比如 Aspen InfoPlus. 21

和 Aspen Process Explorer，以演示在线模型部署过程。举例来说，Aspen Technology Inc. 有几个软件工具如 Aspen Process Pulse™和 Aspen Scrambler™，可以通过所有类型的过程和光谱数据的实时可见性来监视、控制和优化过程。感兴趣的读者可以参考 Sharmin 等人[24]关于基于 PCA 的工业高压聚乙烯反应器故障检测方案，该方案使用 Aspen Process Explorer。

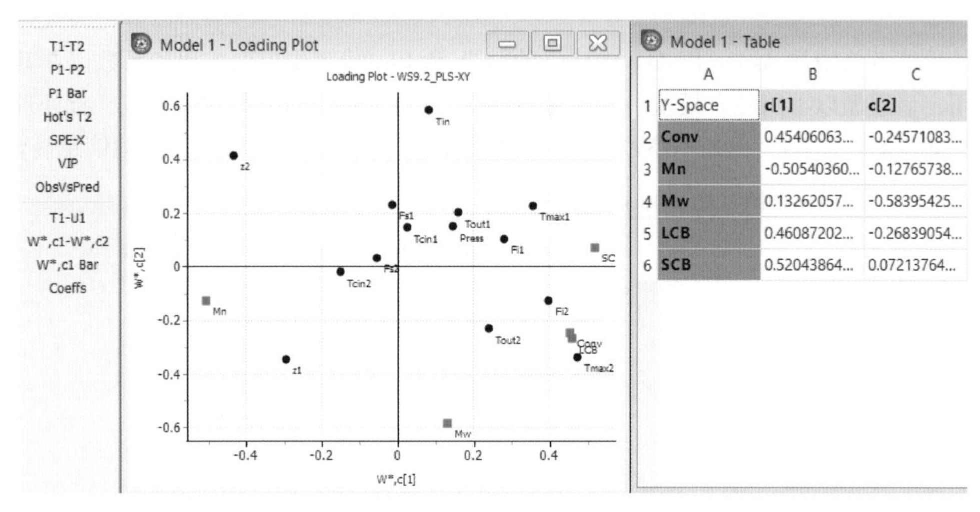

图 9.76　Y-space 的权重

9.8 结论和进一步研究的建议资源

在本章中，我们展示了潜在变量模型(如 PCA 和 PLS)在因果分析中的应用，以确定聚合物工艺应用的输入和输出之间的正确相关性。通过考虑测量滞后，我们确定了动态 PCA (DPCA)和 PLS 模型在动态时间序列工艺数据中的作用。我们还演示了批量数据的 BWU 和 OWU 分析的方法。

若需进一步的研究，我们推荐文献[21，25，26，27]。下面讨论了一些主题，以及它们的相关参考文献。

Gracia-Munoz 等人[25]讨论了批处理过程中的时间校正问题。具体而言，在许多批处理过程中，批处理可以在某些阶段或整个批评估中具有不同的持续时间。Aspen ProMV 在线帮助给出了校准工具及其在批处理过程中的实现的细节和示例。

Park 等人[20]和 Han 等人[26]提出了应用 PLS 和机器学习工具(支持向量机和人工神经网络)对韩国高密度聚乙烯(HDPE)、苯乙烯-丙烯腈(SAN)和聚丙烯(PP)工艺的熔融指数建模的有趣案例研究。

Chen 和 Lu[21]将 ARMAX 时间序列模型与 PCA 模型相结合，称之为 DPCA。该方法涉及时间滞后的使用，我们在第 9.5.1 节和第 9.5.2 节中讨论过。他们还将三向 OWU PLS(第 9.6.1 节)与时滞窗口相结合，并将其称为批处理 DPLS(BDPLS)。他们将这两种方法应用于工业间歇聚合数据集。Nguyen 等人[27]详细地展示了本章第 9.5 节和第 9.6 节多元数据分析的多路方法应用于批量工艺的实例。

参 考 文 献

[1] Quantrille, T. E. and Liu, Y. A. (1991). *Artificial Intelligence in Chemical Engineering*. San Diego, CA(now Elsevier, New York): Academic Press, Inc.

[2] Baughman, D. R. and Liu, Y. A. (1995). *Neural Networks in Bioprocessing and Chemical Engineering*. San Diego, CA(now Elsevier, New York): Academic Press, Inc.

[3] Qin, S. J. (2014). Process data analytics in the era of big data. *AIChE Journal* 60: 3092-3100.

[4] Chiang, L., Lu, B., and Castillo, I. (2017). Big data analytics in chemical engineering. *Annual Review of Chemical and Biomolecular Engineering* 8: 63.

[5] Ge, Z., Song, Z., Ding, S. X., and Huang, B. (2017). Data mining and analytics in the process industry: the role of machine learning. *IEEE Access* 5: 20590.

[6] Skagerberg, B., MacGregor, J. F., and Kiparissides, C. (1992). Multivariate data analysis applied to low-density polyethylene reactors. *Chemometrics and Intelligent Laboratory Systems* 14: 341.

[7] Kourti, T. and MacGregor, J. F. (1995). Process analysis, monitoring and diagnosis using multivaraite projection methods. *Chemometrics and Intelligent Laboratory Systems* 28: 3.

[8] MacGregor, J. F. and Kourti, T. (1995). Statistical process control of multivariate processes. *Control Engineering Practice* 3: 403.

[9] MacGregor, J. F. (1997). Using on-line process data to improve quality: challenges for statisticians. *International Statistical Review* 65: 309.

[10] MacGregir, J. F. and Bruwer, M. -J. (2017). Optimization of processes and products using historical data. *Foundations of Computer Aided Process Operations /Chemical Process Control Conference*, St. Antonio, Texas, January 2017. https://docplayer.net/42981979-Optimization-of-processes-products-using-historical-data.htML(accessed 15 January 2022).

[11] Johnson, R. A. and Wichern, D. W. (2013). *Applied Multivariate Statistical Analysis*, 6e. New York: Pearson Education, Inc.

[12] Rencher, A. C. and Christiansen, W. F. (2012). *Methods of Multivariate Analysis*, 3e. New York: Wiley.

[13] Dunn, K. (2023). Process improvement using data. Creative Commons Attribution-ShareAlike. https://learnche.org/pid/(accessed 25 March 2023).

[14] Aspen Technology, Inc. (2003). Training Course on Inferential Property Development and Control with Aspen IQ and DMCplus: Multivariate Statistics.

[15] Everett, B. and Hothorn, T. (2011). *An Introduction to Applied Multivariate Analysis with R*. New York: Springer.

[16] Wold, S. (1978). Cross-validatory estimation of the number of components in factor and principal component models. *Technometrics* 20: 397.

[17] Dunn, K. (2023). LDPE Dataset. All OpenMV.net Databases. https://openmv.net/(accessed 25 March 2023).

[18] Wold, S., Sjostrom, M., and Erikson, L. (2001). PLS-regression: a basic tool for chemometrics. *Chemometrics and Intelligent Laboratory Systems* 58: 109.

[19] Geladi, P. and Kowalski, B. R. (1986). Partial least-squares regression: a tutorial. *Analytica Chimica Acta* 185: 1.

[20] Park, T. C., Kim, T. Y., and Yeo, Y. K. (2010). Prediction of the melt flow index using partial least squares and support vector regression in high-density polyethylene (HDPE) process. *Korean Journal of Chemical Engineering* 27: 1662.

[21] Chen, J. and Liu, K. C. (2002). On-line batch process monitoring using dynamic PCA and dynamic PLS models. *Chemical Engineering Science* 57: 63.

[22] Wold, S., Geladi, P., Esbensen, K., and Ohman, J. (1987). Multiway principal components and PLS analysis. *Journal of Chemometrics* 1: 41.

[23] Nomikos, P. and MacGregor, J. F. (1994). Monitoring batch processes using multiway principal component

analysis. *AIChE Journal* 40: 1361.
[24] Sharmin, R., Shah, S. L., and Sundararaj, U. (2008). A PCA based fault detection scheme for an industrial high pressure polyethylene reactor. *Macromolecular Reaction Engineering* 2: 12.
[25] Garcia-Munoz, S., Khouri, T., MacGregor, J. F. et al. (2003). Troubleshooting of an industrial batch process using multivariate methods. *Industrial and Engineering Chemistry Research* 42: 3592.
[26] Han, I. -S., Han, C., and Chung, C. -B. (2005). Melt index modeling with support vector machines, partial least squares, and artificial networks. *Journal of Applied Polymer Science* 95: 967.
[27] Nguyen, X. D. James, Sharma, N., Liu Y. A., Lee, Y., McDowell, C. C. (2023). Analyzing the occurrence of foaming in batch fermentation processes using multiuray partial least squdrcs. AICRE Journal. DOI: 10. 1002/aic. 18250.

10 机器学习在聚烯烃制造优化中的应用

本章探讨机器学习(ML)在优化聚合物及化工过程中的应用，重点关注聚烯烃制造领域。旨在为大学生、教职人员、工程师以及科学家提供机器学习方面的概述。特别是针对刚接触该领域的研究者以及已具备基础知识，但希望了解化工和聚合物过程中新发展和应用领域相关文献的读者。

第10.1节作简要介绍：首先，第10.1.1节介绍人工智能(AI)和机器学习在化工过程工业(CPIs)中的历史发展，并指出目前采用AI和ML在CPIs应用中的积极时机已到来。第10.1.2节继续介绍ML应用的三个关键组成部分，即数据、表征和学习，并解释有监督学习、半监督学习、无监督学习和强化学习的概念。第10.1.3节提供读者入门机器学习的资源，包括参考书籍、免费在线Python培训课程列表、Python参考库以及涵盖机器学习原理和编码示例的书籍。本书附录B为化学工程师介绍了Python入门知识。

第10.2节概述典型机器学习方法及其在回归和分类问题中的应用。第10.2.1节涵盖用于回归应用的有监督学习方法，讨论线性回归、多项式回归、欠拟合、过拟合和正则化、岭回归和套索回归、偏差-方差权衡以及用于回归问题的性能评估指标。第10.2.2节讨论用于分类应用有监督学习方法，涵盖逻辑回归(分类)、径向基函数网络、K均值聚类算法、P最近邻算法、支持向量机(SVM)分类与回归、决策树分类和回归，以及分类问题的性能评估指标。第10.2.3节介绍无监督学习用于降维、异常检测和聚类应用。本书在第9章已介绍了主成分分析(PCA)，本节介绍核主成分分析、K 均值聚类、层次聚类、具有噪声的基于密度的空间聚类(DBSCAN)、高斯混合模型(GMM)，并分析上述模型的相似性与差异性。

第 10.3 节介绍了集成方法(Ensemble methods)，包括装袋法(Bagging)、提升法(Boosting)和堆叠法(Stacking)，并介绍了随机森林(Random Forest)、自适应提升(AdaBoost)和极限梯度提升(eXtreme Gradient Boosting，XGBoost)等主流方法。

第 10.4 节讨论深度神经网络(DNNs)。首先，第 10.4.1 节回顾多层感知器(MLP)的核心概念、参数和训练，重点介绍将其应用于 DNNs 时的局限性以及所需的改变。此外，解释主流梯度下降训练算法中的梯度消失和梯度爆炸问题，并讨论改善 DNNs 性能的技术，包括批量归一化(BN)、权重衰减和随机失活的正则化，以及快速优化器。第 10.4.2 节介绍深度学习中用于建模时间相关过程的循环神经网络(RNNs)，包括时间反向传播、长短期记忆(LSTM) RNNs、门控循环单元(GRUs)以及双向 RNNs。第 10.4.3 节介绍了卷积神经网络(CNNs)，而第 10.4.4 节则探讨转换神经网络(Transformer network)在化学、药物发现以及化工过程中的日益广泛应用。第 10.5 节讨论了选择适用于特定应用的机器学习算法的一般准则。

第 10.6 节给出了采用随机森林(Random Forest)和极限梯度提升(XGBoost)集成学习模型来预测 HDPE 熔融指数的例题。第 10.7 节中进一步给出了使用 DNN 预测 HDPE 熔融指数的例题。第 10.8 节介绍了采用时间依赖的 LSTM 和 GRU 模型来预测动态操作中 HDPE 熔融指数的例题。进一步地，第 10.9 节中提出了基于分子结构的转换器网络和卷积神经网络来进行聚合物性能预测的例题。第 10.10 节探讨采用自动化机器学习进行熔融指数预测的例题。最后，第 10.11 节通过一个示例揭示了纯数据驱动型的机器学习模型的局限性，进而引出了第 11 章，重点介绍了通过结合第一性原理和纯数据驱动的机器学习模型，从而提高模型的插值和外推准确性方面的内容。本章也为读者提供进一步研究和软件操作的详细参考资料。

总体而言，本章全面介绍了将机器学习技术应用于化工和聚合物过程(特别是聚烯烃制造)方面的文献。据我们所知，尚未有类似报道给出如此全面的参考文献。

目前，发展趋势之一是将科学引导的基础模型与纯数据驱动型的机器学习相结合，采用混合的科学指导机器学习(Science-Guided Machine Learning，SGML)方法进行化工过程建模。建议读者进一步阅读第 11 章，了解混合 SGML 方法及其在化工过程建模和优化聚烯烃制造方面的应用。

10.1 引言

10.1.1 AI时代，特别是机器学习在化工行业的时代终于到来

机器学习是人工智能领域中至关重要的分支，专注于计算机编程，使其能够通过数据进行学习[1,第2页]。Turing 和 Haugeland[2]首次提出了人工智能的概念，并解释了计算机或机器如何学习。20 世纪 80 年代中期至 90 年代初，当化学工程师开始参与人工智能研究和实践时，“机器学习”这一术语尚未在大多数教科书[3,4]和研究专著[5]中出现。当时的研究重点主要集中在基于规则的专家系统[3]和神经网络[4]。

Venkatasubramanian[6]提供了化学工程领域人工智能发展的优秀视角，将其分为三个关键历史阶段：***第一阶段为专家系统时代***(约 1983 年至约 1995 年)；***第二阶段为神经网络时代***(约 1990 年至约 2008 年)；***第三阶段为数据科学和深度学习时代***(约 2005 年至今)。其认为在第一阶段和第二阶段中人工智能的影响有限，主要原因包括：①当时所面对的问题即使在当今依然具有挑战性；②缺乏强大的计算、存储、通信和编程环境支持；③缺乏用于机器学习模型开发的足够数据；④缺乏廉价和免费资源的支持。

令人惊叹的是，过去 20 年里，机器学习的新发展已经渗透到化学工业各个领域。实际上，本章篇幅有限，无法全面审视机器学习在化学工业中已报道和潜在的广泛应用。然而，相信读者通过阅读 2003 年至 2022 年间已发表的代表性综述文献(参见文献[6-23])，知晓人工智能(尤其是机器学习)在化学工业中的时代已经到来。

除 Venkatasubramanian[6]外，建议读者研究 Dobbelaere 等人[17]提出的化学工程中关于机器学习的 SWOT(优势、劣势、机会和挑战)分析；Sharma 和 Liu[22]关于一种基于混合的 SGML 的化工过程建模方法；以及 Chiang 等人[23]对化工行业如何朝着大规模人工智能数字化转型的全面视角。

10.1.2 数据、表征和学习

10.1.2.1 数据

数据是机器学习应用的第一个核心组成部分，其形式多样，包括数值、文本、图像等[17]。本章将重点关注数值型数据。Qin[8]讨论了 CPIs 中大数据的“4V”特征：

(1) **容量(Volume)**：由于数字控制系统的运用，工艺操作数据库中积累了大量的过程数据。

(2) **速度(Velocity)**：大多数工艺数据对时间十分敏感，因此利用大数据分析进行动态过程监控和故障诊断越发重要。

(3) **多样性(Variety)**：根据制造过程的不同，可以获得各种类型的工艺数据，包括数值和非数值数据，如文本、图像、音频和视频。

(4) **真实性(Veracity)**：数据的准确性、可信度、正确性以及可靠性等方面至关重要。

工业过程中，建立对大数据及基于其结论的信任是一项持续性挑战。

机器学习的任务是从数据集中构建出优质的模型。通常数据集由***特征向量***组成，每个特征向量描述了一个对象(如聚合物产品质量)，使用一系列特征(如熔融指数 ***MI***、密度 ***RHO***、重均分子量 ***MWW***、数均分子量 ***MWN***、聚合物分散指数 ***PDI*** 等)。上述特征向量也被称为***实例***，而数据集则通常被称为***样本***。将包含输入数据(自变量，记为 $\boldsymbol{X}$)和输出数据(因变量，记为 $\boldsymbol{Y}$)的数据集称为***标记数据集***，而将仅包含输入数据($\boldsymbol{X}$)的数据集称为***未标记数据集***。

准备机器学习数据集有两种基本方法：归一化方法和标准化方法。***归一化***是指将数值特征(自变量)的实际取值范围转换为标准取值范围，通常在-1～+1 或 0～1 之间。本书第 10.4.1 节神经网络例题中展示了归一化应用。***标准化***(也称为 z 分数标准化)则将给定数据转换为零均值，并按照其标准偏差进行缩放。本书附录 A 的 A.1.7 节详细介绍了标准化方法。

10.1.2.2 表征

设计出适合构建机器学习模型数据输入的恰当表示方式，是机器学习应用的第二个组成部分，其很大程度上取决于应用领域[17]。我们认为该环节是机器学习模型开发中最具挑战性部分。

第 10.4 节将更详细地讨论深度神经网络在预测物理性质、化学反应、催化剂合成、药物设计等领域日益增多的应用[13,14,16,24]。

上述应用中，开发有效分子表征作为深度神经网络的输入受到广泛关注。例如，基于分子图理论的 SMILES(简化分子输入行条形码系统)[25]，采用一系列字符来表示原子、键、支链、环结构、非连通结构和芳香性，且符合编码规则。而 RInChI(反应国际化学标识符)[26]则提供一种基于 InChI(IUPAC 国际化学标识符)算法的机器可读字符串，适用于数据存储和索引。SMILES2Vec[27]则是一种深度神经网络，其能从 SMILES 中自动学习特征(即自变量)，以预测化学性质，而无须额外地显式特征工程。然而，上面报道中的表征[25-27]虽考虑了除原子类型和连接性之外的少量化学信息，但忽略了一些重要分子特性，例如极性和非共价相互作用。

Maginn 及其团队 2022 年报道了将分子电荷密度概率分布(σ-profiles)作为 DNNs 中的分子描述符，成功克服了先前工作中的一些不足[28]。该机器学习模型可准确关联并预测分子电荷密度概率分布数据库 VT-2005[29]中 1432 种化学组分的不同热物理性质。通过开源数据库，研究者无须烦琐的溶剂热力学计算和量子力学计算，即可利用 σ-profiles 来预测热力学性质。此外，Maginn 及其合作者[28]进一步展示了其所开发的 DNN 模型能够将热力学条件(如温度)作为 DNN 模型额外输入，从而拓展了模型适用范围。

建议读者阅读不同应用中描述数据表示作为机器学习模型输入的文章，例如：催化剂设计与发现[12,14]，发酵与生化工程[20,21,30]，聚合过程中的质量预测[31-37]，药物发现[38,39]，空气污染预测[40]，溶解度预测[41]，化学产品工程[19]，故障诊断[42-45]，过程监控[46]，分类应用[47-49]，过程控制[50-54]，软传感器开发[55-57]，质量结构-性能关系(QSPR)[58,59]，复合材料制造[24,60,61]，以及图像分类[62]。

10.1.2.3 学习

学习(训练)是从数据生成模型的过程。学习算法是用于执行学习的计算方法。学习者是一个经过学习或训练的模型。

通常基于可用数据来训练、验证和测试机器学习模型，例如回归(预测)模型。为实现此目的，通常将可用的自变量(特征数据)和因变量(标记数据)数据集划分为训练集、验证集和测试集。

(1) **训练集**是指用来建立模型并找到模型参数值的数据。

(2) **验证集**代表用来检查已开发模型在预测因变量数值(标记数据)准确性方面的新数据，该数据是模型在训练期间未见过的。采用验证集来选择适当的学习算法，并找到超参数的最优值。在训练前须设置的学习算法中的属性或参数称为***超参数***。例如在训练神经网络时，反向传播算法中的学习率[见第 10.4.1.1 节的式(10.51)]即为超参数。超参数不同于算法训练时学习的***参数***，例如，神经网络模型中的权重和偏差(见图 10.23)为待学习的参数，不属于超参数。

(3) **测试集**是在将已验证的模型交付给客户或投入生产之前用来评估该模型的新数据。

根据经验，可将数据集的 70%进行训练，15%用于验证，15%用于测试(以 70 : 15 : 15 的比例)。此外，一些用户选择 80 : 10 : 10 的比例。大数据时代，数据集可能多达数百万个；此种情况下，采用 95 : 2.5 : 2.5 的比例可能更为合理[63,第49页]。

学习可以分为有监督学习、半监督学习、无监督学习以及强化学习。

10.1.2.3.1 有监督学习

数据分析过程中，机器学习大多采用有监督学习技术。这意味着数据中包含***独立变量***或***特征***(称为特征向量 $\boldsymbol{X}$)，以及***因变量***或***标签***(称为标签向量 $\boldsymbol{Y}$)。本书将标签向量 $\boldsymbol{Y}$ 中的每个标签限制为实数或有限类别集合中的一个。对于过程应用而言，自变量($\boldsymbol{X}$)代表了过程的输入变量和操作条件，如进料流量、温度、压力等。因变量($\boldsymbol{Y}$)是过程输出和产品质量测量变量，如浓度、分子量、密度等。将 x_i 和 y_i 分别表示特征向量 $\boldsymbol{X}$ 和标签向量 $\boldsymbol{Y}$ 的第 i 个标量分量。有监督学习的任务是[1,第653页]：给定 N 个样本输入-输出对(Input-output pairs)的训练集，(x_1, y_1)，(x_2, y_2)，…，(x_N, y_N)，其中每个数据对由未知函数 $y=f(x)$ 生成，寻找函数 $h(x)$ 来近似真实函数 f。

得到的函数，即***学得模型***，通常称之为***假设***。学得模型的性能优劣取决于其对训练过程中未见过的数据集(即新数据集)的预测能力。对于测试集的输出，若学习得到的函数 $h(x)$ 能做出准确预测，则称其泛化能力好。

偏差指学得模型或假设对不同训练数据取平均时与期望值偏离的倾向。方差代表了由于训练数据波动而导致学得模型或假设发生变化的程度。

经常存在着一种***偏差-方差的权衡关系***，即在更复杂、低偏差的假设与更简单、低方差的假设之间做出选择。前者能够较好地拟合训练数据，而后者则可能具有更好的泛化能力。图 10.2 和第 10.2.1.4.3 节“偏差、方差和噪声(不可减少的误差)：偏差-方差的权衡关系”中将更详细地阐述偏差-方差的权衡。

有监督学习应用中，如过程监控和控制以及软传感器，采用***回归模型***来建立过程输出/

产品质量与过程输入之间的经验模型。某些情况下，可能还需要运用***分类模型***，通过产品数据标签将某些产品批次分类到不同的类别中。

对处理过程数据进行分析的大多数有监督学习算法可归为两大类别：***预测模型***和***因果模型***。主流机器学习模型以预测建模为主。神经网络(NN)是其中最受欢迎的算法之一，以其优异的预测准确度而著称。神经网络由相互连接的节点(神经元或处理单元)组成，通过其对外部输入的动态状态处理信息。这些模型通常被视为***黑盒模型***，无须进行过多的特征工程，并且能够以高精度预测输出。除了神经网络外，在预测建模中还有其他传统算法，如岭回归[64]、支持向量机[31-35,38,47,55,65-67]、决策树[68-73]等，这些将在第10.2节中进行讨论。

10.1.2.3.2　无监督学习

当只有自变量或特征($\boldsymbol{X}$)的数据可供输入，而缺乏因变量或标签($\boldsymbol{Y}$)作为输出时，无监督学习方法便显示出其价值。这些算法创造了一种模型，它接受输入向量$\boldsymbol{X}$并将其转换为另一个向量或者一种可用于解决实际问题的数值。例如，在***聚类***学习中，该模型能够产生数据集中每个特征向量所属的簇的标识符。在***降维***过程中，模型的输出是一个特征向量，其特征数量比输入$\boldsymbol{X}$更少。***异常检测***中，输出是一个实数，指示特征向量的一个标量分量与数据集中典型样本的差异程度[63]。

例如，第9.1节和第9.2节中讨论了主成分分析，其是一种著名的无监督学习方法，常用于降维和异常检测。接下来第10.2.3节中，将提供无监督学习算法的示例。

10.1.2.3.3　半监督学习

半监督学习中，数据集包含已标记的示例(具有$\boldsymbol{X}$和$\boldsymbol{Y}$)和未标记的示例(仅具有$\boldsymbol{X}$)。通常情况下，未标记示例的数量要远远多于已标记示例。利用有限数量的已标记示例来从大量未标记示例中挖掘更多信息。这种情况在聚合物制造中较为常见，因为与输入过程变量($\boldsymbol{X}$)相比，输出质量测量($\boldsymbol{Y}$)的频率较低。

半监督学习算法的目的与有监督学习算法相同，都是采用大量未标记的示例，目标是促使学习算法生成比仅依赖有标记示例更为优秀的模型。

10.1.2.3.4　强化学习

本段描述参考文献[63，74]。强化学习是机器学习的一个分支，其学习系统被称为***代理***，如算法或决策者。这些代理“生活”在一个预先设定的环境中，比如过程工厂，能够观察环境的各种“状态”，如温度、压力等，这些状态可以被表示为自变量或特征向量。在每个状态下，代理可以执行不同的动作，比如控制器操作。每个动作都会产生不同的奖励，如产品产量，同时可能也会导致代理移动到环境的另一个状态。一些动作可能会受到惩罚，表现为负面奖励。强化学习算法的目的是学习一种“策略”，如控制行动，类似于有监督学习中的学得模型或假设$f(x)$。具体来说，策略将状态的特征向量作为输入，并输出在该状态下执行的最佳动作。如果这个动作能够最大化预期平均奖励或累积奖励，那么这个动作就是最优的。需要注意的是，在强化学习中，决策是序列化的，并且目标是长期的。

根据Geron的观点[74]，许多机器人采用强化学习算法来学习行走技巧。DeepMind的AlphaGo程序就是强化学习的一个典型案例。2017年5月AlphaGo在围棋比赛中战胜了世界冠军柯洁。其通过分析数百万场比赛来学习获胜策略，然后通过自我对弈进行训练。在比赛期间，学习功能被关闭；AlphaGo 仅仅执行已经学会的“策略”来进行对局。

本书专注于短期或一次性决策。在这些决策中，输入示例相互独立，且预测是在做出决策之前完成的。因此，我们不会深入探讨强化学习。

1992 年，Hoskins 和 Himmelblau 发表了关于利用神经网络和强化学习进行过程控制的里程碑式文章[50]。这篇文章激发了一系列后续研究，涉及强化学习在聚合反应器过程控制中的应用[52-54]。如果对过程控制中涉及强化学习的研究有兴趣，可参考相关综述文献[51，75]。

10.1.3 机器学习入门推荐资源

10.1.3.1 人工智能和机器学习参考书籍

建议阅读 Russel 和 Norvig[1]的著作，可作为了解现代人工智能和机器学习的参考书籍，尽管该书有 1115 页之多。Turning 和 Haugeland[2]的著作是早期人工智能的重要资料。教材[3,4]以及 Stephanopoulos 和 Han 的著作[5]，涵盖了智能系统发展过程，包括专家系统和神经网络，在第一阶段——专家系统时代(约 1983 年到约 1995 年)和第二阶段——神经网络时代(约 1990 年到约 2008 年)。Haykin[76]写了一本涵盖神经网络和机器学习的综合性书籍，尽管该书不涵盖自 2009 年以来深度学习方面的最新进展。我们推荐 Burkov 的《百页机器学习书》[63]，该书简介了大部分现代机器学习概念。

10.1.3.2 Python 的基础培训

假设读者具备一定 Python 编程经验。若不具备，可从 http：//learnpython. org 开始学习。建议尝试 Python 官方教程(https：//docs. python. org/3/tutorial)，以及本书附录 B“面向化学工程师的 Python 简介”。

此处推荐若干 Python 免费在线培训课程：①Python 免费培训课程前 10 名：https：//www. bestcolleges. com/bootcamps/guides/learn-python-free；②2022 年 Python 最佳在线课程前 10 名：https：//www. intelligent. com/best-online-courses/python-classes；③2022 年学习 Python 编程的前 10 个网站：https：//medium. com/javarevisited/10-free-python-tutorials-and-courses-from-google-microsoft-and-coursera-for-beginners-96b9ad20b4e6；④14 个学习 Python 优秀免费在线课程：https：//www. onlinecoursereport. com/free/learning-python。

读者应熟悉 Python 的主要科学库，尤其是 NumPy(https：//numpy. org)、pandas(https：//pandas. pydata. org)以及用于 Python 可视化的 Matplotlib(https：//matplotlib. org)。

10.1.3.3 具有机器学习原理和编码示例的专著

我们强烈推荐以下书籍：Geron[74]2022 年出版的书籍，涵盖了使用 Scikit-learn、Keras 以及 TensorFlow 构建机器学习模型的概念、工具和技术；Marsland[77]2022 年出版的书，很好地介绍了机器学习概念，涵盖主题广泛，并提供了编码示例；Grus[78]的书涵盖了机器学习的基本原理，并提供了 Python 示例；Chollet[79]的书较实用，是 Keras 库的优秀著作，很好地解释了众多数学概念，且提供了编码示例；Raschka 和 Mirjalili[80]的书也很好介绍了机器学习，并利用了 Python 开源库。最后推荐参考文献[81，82]，其描述了 Scikit-learn 和 TensorFlow 库。

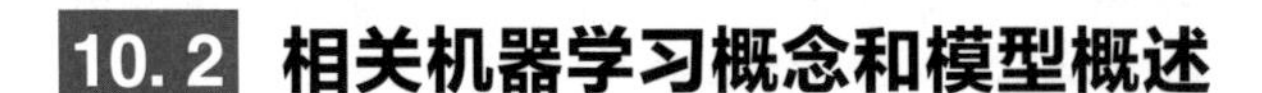

10.2 相关机器学习概念和模型概述

本节概述常见机器学习算法的基本概念及应用。我们的目的是覆盖基础知识，帮助读者理解文献并选择适用于特定应用的算法。按照有监督学习和无监督学习的分类，介绍了常见的机器学习方法，并说明其在回归(预测)、分类、聚类、降维及异常检测等问题上的应用，与之前第10.1.2.3节中讨论的内容一致(不包括半监督学习和强化学习)。

虽然神经网络是回归、预测和分类应用中重要的有监督学习方法，我们将神经网络近期进展放到第10.4节，通过深度神经网络增强学习加以说明。

本节将讨论将神经网络范围限制在径向基函数网络(RBFNs)，其是分类和聚类应用中最主流的神经网络。因其关键概念，如聚类、最近邻和决策边界等，对于其他分类和聚类应用的有监督学习和无监督学习方法十分重要，如支持向量机、K最近邻和K均值聚类等。

10.2.1 有监督学习方法在回归中的应用

10.2.1.1 线性回归

本节参考文献[1，第679-680页]，通过以下方程表示线性回归：

$$y_{\mathrm{p}}=a_0+a_1x_1+a_2x_2+\cdots a_nx_n=\begin{bmatrix}a_0 & a_1 & a_2 & \cdots & a_n\end{bmatrix}*\begin{bmatrix}x_0\\x_1\\x_2\\\vdots\\x_n\end{bmatrix}=\boldsymbol{a}^{\mathrm{T}}\boldsymbol{x}=f_{\mathrm{a}}(\boldsymbol{x}) \qquad (10.1)$$

此方程中，y_{p}、a_0、a_n、x_0、x_n 分别代表因变量的预测值、偏置项、第 n 个模型参数、虚拟自变量以及第 n 个自变量，其中 x_0 始终等于1。$\boldsymbol{a}$ 是模型参数向量，包括偏置项 a_0 加上权重因子 $a_1 \sim a_n$(模型参数也称为***权重因子***)。$\boldsymbol{x}$ 是自变量向量。$f_{\mathrm{a}}(\boldsymbol{x})$ 代表获得的回归模型或假设。

将方程(10.1)扩展为 m 维的因变量预测值向量 $\boldsymbol{y}_{\mathbf{p}}$，$m\times(n+1)$ 维的数据矩阵 $\boldsymbol{X}$，即每行一个 $(n+1)$ 维示例，其中包含偏差项(x_0)和 n 个自变量(x_1、$x_2\cdots x_{\mathrm{n}}$)，以及一个 $(n+1)$ 维的模型参数向量 $\boldsymbol{a}$，包含偏差项 a_0 以及特征参数或权重因子 $a_1 \sim a_{\mathrm{n}}$。将其表示为：

$$\boldsymbol{y}_{\mathbf{p}}=\begin{bmatrix}y_{\mathrm{p},1} & y_{\mathrm{p},2} & \cdots & y_{\mathrm{p},m}\end{bmatrix}^{T}=\begin{bmatrix}x_{10} & \cdots & x_{1n}\\\vdots & \ddots & \vdots\\x_{m0} & \cdots & x_{mn}\end{bmatrix}*\begin{bmatrix}a_0\\a_1\\a_2\\\vdots\\a_n\end{bmatrix}=\boldsymbol{X}\boldsymbol{a} \qquad (10.2)$$

将训练示例的输出向量表示为 $\boldsymbol{y}=\begin{bmatrix}y_1 & y_2 & \cdots & y_m\end{bmatrix}^{\mathrm{T}}$。尝试通过最小化均方误差

(MSE)或损失函数来确定模型参数向量 $\boldsymbol{a}$，表示为 $\boldsymbol{a}^*$，即 $\boldsymbol{a}^*$ 使损失函数 $L(\boldsymbol{a})$ 最小化：

$$\mathrm{Min}L(\boldsymbol{a}) = \mathrm{Min}\ \mathrm{MSE}(\boldsymbol{a}) = \mathrm{Min}\ \|\boldsymbol{y}_\mathrm{p} - \boldsymbol{y}\|^2 = \mathrm{Min}\ \|\boldsymbol{X}\boldsymbol{a} - \boldsymbol{y}\|^2 \tag{10.3}$$

将损失函数 $L(\boldsymbol{a})$ 对 $\boldsymbol{a}$ 的梯度设为零，可得：

$$\nabla_{\boldsymbol{a}} L(\boldsymbol{a}) = \nabla_{\boldsymbol{a}} \mathrm{MSE}(\boldsymbol{a}) = 2\boldsymbol{X}^\mathrm{T}(\boldsymbol{X}\boldsymbol{a} - \boldsymbol{y}) = 0 \tag{10.4}$$

重新排列后，最小损失权重因子向量 $\boldsymbol{a}^*$ 表示如下：

$$\boldsymbol{a}^* = (\boldsymbol{X}^\mathrm{T}\boldsymbol{X})^{-1}\boldsymbol{X}^\mathrm{T}\boldsymbol{y} \tag{10.5}$$

将方程(10.5)称为***规范化方程***。将$(\boldsymbol{X}^\mathrm{T}\boldsymbol{X})^{-1}\boldsymbol{X}^\mathrm{T}$ 称为数据矩阵 $\boldsymbol{X}$ 的***伪逆***。我们注意到并非每个矩阵都有逆矩阵，但每个矩阵均有伪逆，即便非方阵矩阵也如此。采用奇异值分解(SVD)易计算伪逆。请参阅本书附录 A 中的第 A.2.6.3 节。参考文献[74，第 113 页]给出了如何在 Python 中实现。此外，本书附录 B，代码 B.1 给出了如何基于 Python 实现线性回归模型。

有关多元线性回归的更完整讨论，请参阅 Dunn 的免费在线书籍[83]中第 4 章内容，或任何关于多元统计分析的其他教材，如 Johnson 和 Wichern[84]书中的第 7 章内容。

10.2.1.2 性能评估指标：回归模型

回归应用主要基于以下指标评估机器学习模型性能：

(1) **均方误差(*MSE*)**：其衡量了预测值与实际目标值(标记值)之间的接近程度。设 y_i 为原始观察值，y_p 为模型预测值，n 为观测数量，则：

$$MSE = \frac{1}{n}\sum_{i=1}^{n}(y_i - y_\mathrm{p})^2 \tag{10.6}$$

(2) **均方根误差(*RMSE*)**：其创建单一值总结模型误差。该指标忽略了过度预测和不足预测之间的差异。

$$RMSE = \sqrt{MSE} \tag{10.7}$$

(3) **标准化均方根误差(*Normalized RMSE*)**：设 y_m 为观测值的平均值，则有：

$$y_\mathrm{m} = \frac{1}{n}\sum_{1}^{n} y_i \qquad nRMSE = \frac{RMSE}{y_\mathrm{m}} \times 100 \tag{10.8}$$

(4) **决定系数(R^2)**：回归模型的拟合优度指标。该统计量表示自变量对因变量方差的解释程度，以百分比形式呈现。$\boldsymbol{R}^2$衡量模型与因变量之间相关强度，采用 0~1 比例尺。

10.2.1.3 多项式回归、欠拟合、过拟合和正则化

图 10.1 改编自文献[74，第 130 页]，以阐述欠拟合、过拟合和正则化的概念。图中简单的线性模型(直线)对训练数据出现欠拟合，导致模型预测线与训练数据(由二次代数方程生成：$y=0.3x^2-0.3x+0.3+$噪声)之间存在较大的偏差。

二次方程模型通过最小化偏差实现最佳拟合训练数据，而六次多项式方程模型(表示为 $y=a_6x^6+a_5x^5+\cdots a_2x^2+a_1x+a_0$)则存在严重过拟合，即过度追求对训练数据的完美拟合。所谓***过拟合***是指模型在训练数据上表现良好，但无法准确预测未见过的验证和测试数据，换言之，其***泛化能力***表现不佳。当模型过于专注于特定训练数据集时，导致在未见数据上表现

不佳，称其为过拟合[1,第655页]。为降低泛化误差并改善模型泛化能力，应增加训练数据，直至验证误差达到训练误差水平[74,第133页]。

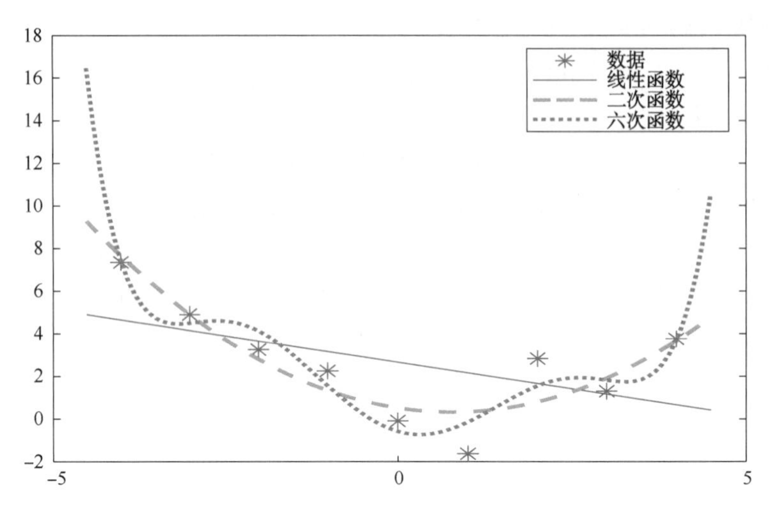

图 10.1　比较线性方程(直线)模型的欠拟合、二次方程模型的拟合良好，以及六次多项式方程模型的过拟合

对模型进行约束以减少过拟合的风险称为***正则化***[1,第671页;74,第27页]。正则化旨在限制模型的复杂性，以确保在完美拟合数据和足够简单以较好泛化到新验证和测试数据之间找到适当平衡。

10.2.1.4　正则化线性回归模型：岭(Ridge)回归和套索(Lasso)回归

正则化是一种有效的方法，通过对模型施加约束，从而减少过拟合发生。其通过限制模型复杂度，使其难以过度拟合数据。例如，对于多项式回归模型，一种正则化方法是减少多项式的阶数[74,第134-135页]。

线性回归模型一般通过正则化来约束模型参数或权重因子。知名的正则化线性回归模型包括岭回归[74,第135页;64]和套索回归(Least Absolute Shrinkage and Selection Operator，最小绝对值收缩和选择算子)[74,第137页;85,86]。

10.2.1.4.1　岭回归

岭回归也称为 Tikhonov 正则化，岭回归在成本函数式(10.3)中添加了一个正则化项，$\alpha\sum_{i=1}^{n}a_i^2$。

$$\mathrm{Min}L(\boldsymbol{a},\ \alpha)=\mathrm{Min\ MSE}(\boldsymbol{a},\ \alpha)=\mathrm{Min}\ \|\boldsymbol{y}_{\mathbf{p}}-\boldsymbol{y}\|^2=\mathrm{Min}\{\ \|\boldsymbol{Xa}-\boldsymbol{y}\|^2+\alpha\left(\frac{1}{2}\right)\sum_{i=1}^{n}a_i^2\} \tag{10.9}$$

其中，α 为超参数。式(10.9)中最后一项不包括偏差项 a_0，且求和从 $i=1$ 开始，而不是从 $i=0$ 开始。也可采用欧几里得范数或 $L2$ 范数符号表示最后一项，即 $\|\boldsymbol{a}\|_2$，则有：

$$\mathrm{Min}\ L2(\boldsymbol{a},\ \alpha)=\mathrm{Min\ MSE}(\boldsymbol{a},\ \alpha)=\mathrm{Min}\left\{\ \|\boldsymbol{Xa}-\boldsymbol{y}\|^2+\alpha\left(\frac{1}{2}\right)[\ \|\boldsymbol{a}\|_2]^2\right\} \tag{10.10}$$

文献[63，第53页]将其称为岭回归的 $L2$ 正则化。岭回归闭合形式解为[74,第136页]：

$$a^* = (X^T X + \alpha I)^{-1} X^T y \tag{10.11}$$

其中，I 代表 $(n+1)\times(n+1)$ 单位矩阵，顶部左侧的单元格为0，对应偏差项。文献[63]展示了如何在Python中实现该解决方案。

10.2.1.4.2　套索回归

套索回归将损失函数[式(10.10)]中的欧几里得范数或 $L2$ 范数替换为简单向量或 $L1$ 范数：

$$\text{Min } L1(a,\ \alpha) = \text{Min MSE}(a,\ \alpha) = \text{Min}\left\{ \| Xa - y \|^2 + \alpha \sum_{i=1}^{n} |a_i| \right\} \tag{10.12}$$

文献[63，第53页]将其称为Lasso回归的 $L1$ 正则化。Lasso回归的超参数 α 通常介于0~1。该正则化方法倾向于消除那些最不重要的特征或自变量 x_i 的模型参数或权重因子 a_i，即将 a_i 设置为零[74,第137页]。从而得到稀疏回归模型，其中仅有少数非零模型参数或权重因子。文献[74，第139页]给出了如何在Python中实现该解决方案。

10.2.1.4.3　偏差、方差和噪声(不可减少的误差)：偏差-方差的权衡关系

通常，将机器学习模型应用于先前未见过的新验证数据而导致的模型泛化误差表示为三部分总和，即偏差、方差和噪声(不可减少的误差)[74,第133页]：

(1) **偏差**：此类误差通常源自错误的模型假设，例如，使用线性模型拟合实际由二次方程模型生成的数据。模型对数据拟合不足将导致显著的高偏差。

(2) **方差**：该类误差通常源于模型对训练数据微小变化的过度敏感。高自由度模型，比如具有偏差项 a_0 和六个模型参数 $a_1 \sim a_6$ 的六阶多项式模型，可能导致过高方差和过拟合。

(3) **噪声(不可减少的误差)**：这类误差源自数据本身的嘈杂性。为减少此类误差，需要对数据进行清理，如剔除异常值、修复受损传感器等。

增加模型复杂性(例如，从线性回归模型转换为六阶多项式回归模型)通常会增加模型的方差并减少其偏差。相反，降低模型的复杂性会增加其偏差并减少其方差。这对应于众所周知的偏差-方差的权衡，详见图10.2。

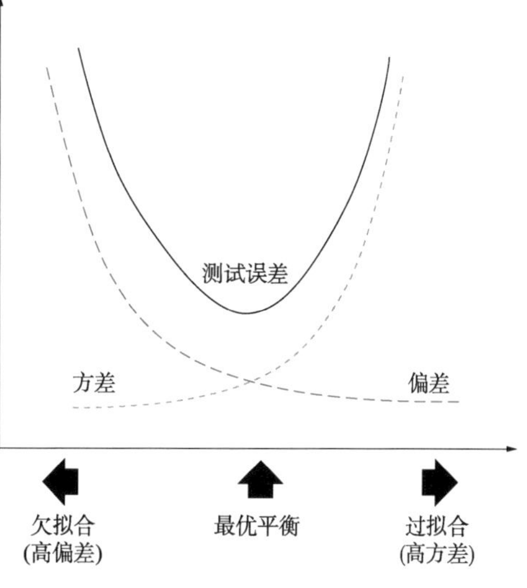

图10.2　机器学习模型中偏差-方差的权衡关系示意图

10.2.1.4.4　岭回归正则化对线性和多项式回归模型的影响

以文献[74，第136页]中的例子来说明采用不同水平Ridge正则化进行线性和多项式回归，并解释机器学习模型中偏差-方差的权衡的概念。图10.3中，对线性回归模型(a)和多项式回归模型(b)施加不同水平的岭回归正则化，研究其对方差和偏差的影响。可观察到，通过增加超参数 α 的值来提高线性回归模型的岭回归正则化水平(从 $\alpha=0$ 到 $\alpha=1$ 再到 $\alpha=10$ 和 $\alpha=100$)，使预测结果更加合理，降低了模型对数据的方差，并增加了偏差[74,第136页]。同

样，增加多项式回归模型的岭回归正则化水平也产生类似效果。

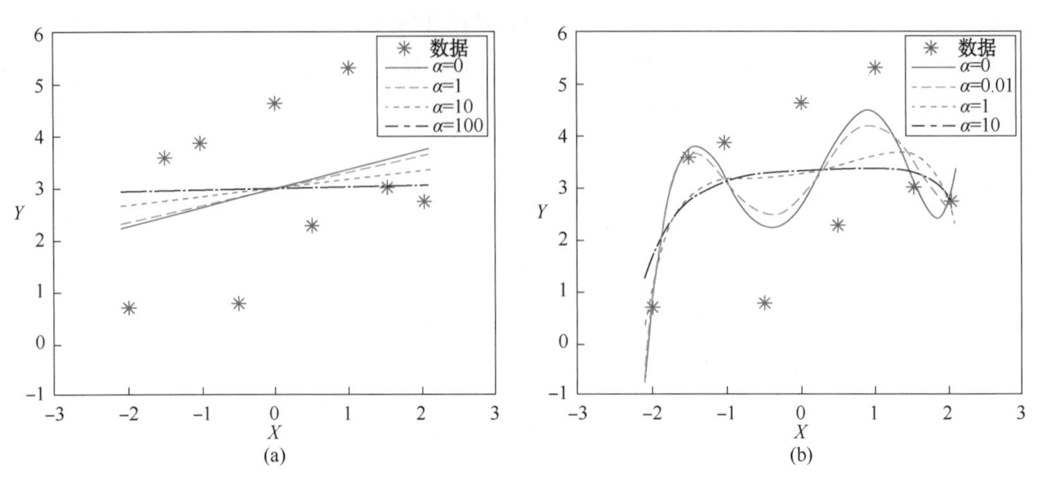

图 10.3　线性回归模型(a)和岭回归正则化的多项式回归模型(b)随超参数 α 值增加而增加：增加 α 值导致方差减小而偏差增大

10.2.2　分类应用的有监督学习方法

10.2.2.1　逻辑回归

为何我们在“分类”模型部分中包含“回归”模型？逻辑回归通常用于分类任务，因其能输出与属于某一类概率相对应的值(例如，10%垃圾邮件概率)。

采用与式(10.1)~式(10.3)中相同符号，将估计的概率表示为 $\hat{p}$：

$$\hat{p}=f_a(\boldsymbol{x})=\sigma(\boldsymbol{a}^{\mathrm{T}}\cdot\boldsymbol{x}) \tag{10.13}$$

其中，σ 代表 Sigmoid 激活函数：

$$\sigma(x_i)=\frac{1}{1+\mathrm{e}^{-x_i}} \tag{10.14}$$

请参考表 10.6 和图 10.24，了解更多关于 Sigmoid 函数信息。将该函数输出值限制在 0~1。需注意式(10.13)和式(10.14)类似于神经网络中节点或神经元的基本操作，类似于第 8.3.2.1 节的图 8.101。下文第 10.4.1.1 节中，将详细介绍神经网络的操作。

基于式(10.13)，若估计的概率($\hat{p}$)大于 50%，则模型预测该实例属于标记为“1”的正类。否则，模型预测该实例属于标记为“0”的负类[74,第142页]。一旦模型将式(10.13)和式(10.14)应用于估计实例，$\boldsymbol{x}$ 属于正类概率，则可写出输出 y_{p} 的预测值：

$$y_{\mathrm{p}}=0,\ (\hat{p}<0.5),\ y_{\mathrm{p}}=1(\hat{p}\geqslant 0.5) \tag{10.15}$$

图 10.4 显示了逻辑回归从负类域($y_{\mathrm{p}}=0$)移动到正类域($y_{\mathrm{p}}=1$)的预测过程，从而产生***决策边界***和***过渡域***。理解决策边界对下文讨论分类模型十分重要。

我们如何训练逻辑回归模型以确定模型参数或权重因子，即$[a_0\quad a_1\quad a_2\quad \cdots\quad a_n]$或 $\boldsymbol{a}^{\mathrm{T}}$，使模型估计正实例($y_{\mathrm{p}}=1$)的概率高，负实例($y_{\mathrm{p}}=0$)的概率低？此处针对单一训练实例，定义成本函数 $C(\boldsymbol{a})$ 为[74,第144页]：

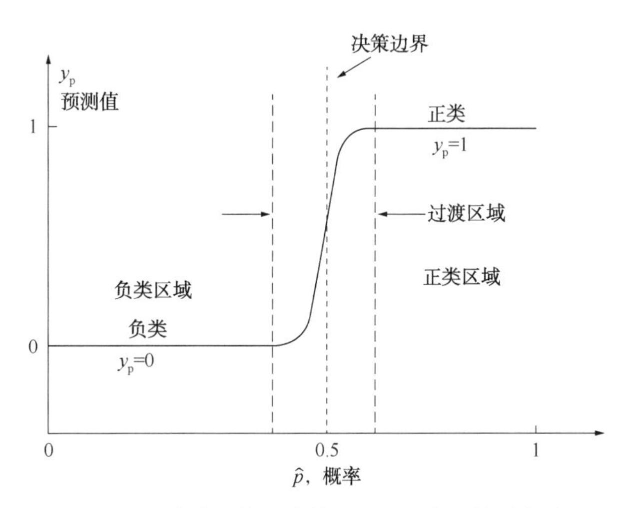

图 10.4 分类区域、决策边界及过渡区域示意图

$$
\begin{aligned}
C(\boldsymbol{a}) &= -\log(\hat{p}) \quad (y_p = 1) \\
&= -\log(1-\hat{p}) \quad (y_p = 0)
\end{aligned} \tag{10.16}
$$

将所有训练实例的平均成本视为整个训练集的成本函数，则有[74,第144页]：

$$
\text{Min } L(\boldsymbol{a}) = -\frac{1}{m}\sum_{i=1}^{m}\left[y_{p,i}\log(\hat{p}_i) + (1 - y_{p,i})\log(1 - \hat{p}_i)\right] \tag{10.17}
$$

不同于线性回归问题，逻辑回归不存在由式(10.17)定义的封闭形式解，通常采用基于梯度下降优化的数值程序。该损失函数相对于模型参数或权重因子 a_j 的梯度或偏导数为：

$$
\nabla_a L(\boldsymbol{a}) = \frac{\partial}{\partial a_j}L(\boldsymbol{a}) = \frac{1}{m}\sum_{i=1}^{m}\left[\sigma(a^{\mathrm{T}}x_i) - y_{p,i}\right]x_{j,i} \tag{10.18}
$$

该方程用于计算预测误差，将其乘以第 j 个特征或自变量值 $x_{j,i}$，然后计算所有训练实例的平均误差。一旦获得包含所有偏导数的梯度向量，即可采用梯度下降算法。文献[74，第 145 页]展示了如何在 Python 中实现这个解决方案。

自 1990 年以来，随着神经计算进步，神经网络基本上已取代了逻辑回归用于分类应用。第 10.4.1.1 节提供了一个多层感知器网络应用于分类问题的详细示例。

10.2.2.2 径向基函数网络(RBFN)

RBFN 是 2022 年初学者应了解的十大 ML 算法在线列表之一[87-89]。其包括一些关键的聚类、最近邻和决策边界的概念，也常见于回归和分类应用的其他几种算法中。我们在下面更新了之前关于 RBFN 的讨论[4,第115-120页]。

10.2.2.2.1 RBFN 架构

图 10.5 给出了 RBFN 结构[4]，其中输入层包含 N 个节点(或神经元)，隐藏层包含 L 个节点，输出层包含 M 个节点。

输入层采用直接转换函数，因此，对于具有元素 $x_i(i=1-N)$ 的输入向量 $\boldsymbol{x}$，其输出向量仍为同一向量 $\boldsymbol{x}$。

RBFN 中最重要的处理步骤为***隐藏层***。其有 L 个节点($k=1-L$)，且***径向对称***。每个隐藏节点有三个关键组成部分：

（1）***质心***[74,第240页]或输入空间中的***聚类中心向量$\boldsymbol{c}_k$***，由元素 $c_{ik}(i=1\sim N)$组成，这些元素作为输入层和隐藏层之间的权重因子进行存储（见图 10.5）。图 10.7 展示了二维输入空间中三个聚类中心 $\boldsymbol{c}_k(k=1\sim3)$，我们将在后文进一步讨论。

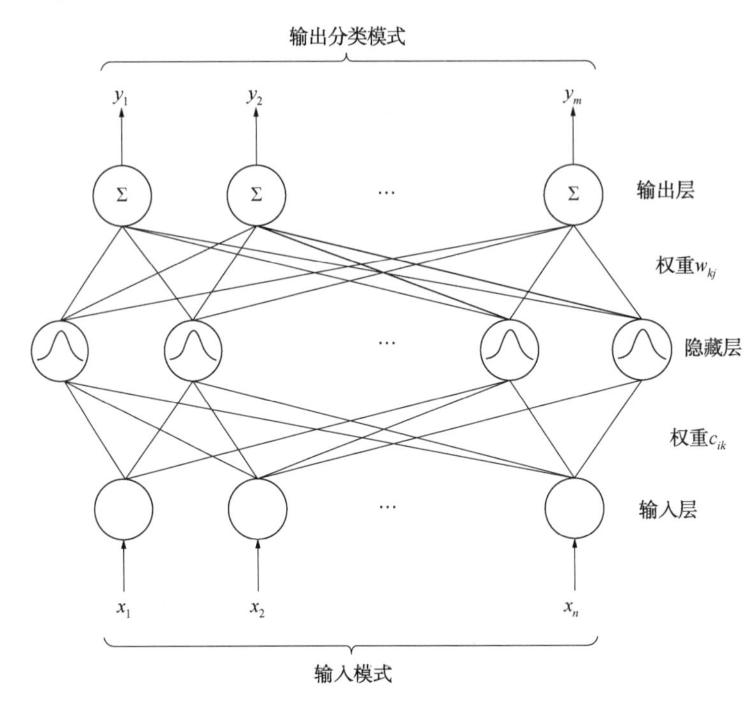

图 10.5　径向基函数网络（RBFN）架构（来源：改编自 Baughman 和 Liu[4]，Elsevier，Inc）

（2）***距离度量***来确定输入向量 $\boldsymbol{x}$（元素为 x_i，$i=1\sim N$）与假定聚类中心向量 $\boldsymbol{c}_k$ 之间的距离，通过其欧几里得范数或 *L*2 范数来量化向量 $\boldsymbol{x}$ 和 $\boldsymbol{c}_k$ 之间的距离 $I_k(k=1-L)$：

$$I_k = \|\boldsymbol{x} - \boldsymbol{c}_k\| = \left[\sum_1^N (x_i - c_{ik})^2\right]^{1/2} \tag{10.19}$$

（3）***转换函数***，其将欧氏范数［式（10.19）］转换为每个节点输出。常见选择包括高斯转换函数，如图 10.6 所示，将 $I_k(k=1-L)$转换为第 k 个节点的输出 $v_k(k=1-L)$，假设宽度为 $\sigma_k(k=1-L)$：

$$v_k=\exp(-I_k^2/\sigma_k^2) \tag{10.20}$$

可以看到，隐藏层通过距离计算［式（10.19）］和转换函数［式（10.20）］处理输入层的输出。为构建 RBFN，假设初始值为聚类中心向量 $\boldsymbol{c}_k$ 和高斯转换函数宽度 σ_k，并利用训练数据对其进行更新，后文将讨论具体细节。

现在讨论 RBFN ***输出层***。图 10.5 中，隐藏层第 k 个节点与输出层的第 j 个节点之间的权重因子 $w_{kj}(k=1-L,\ j=1-M)$，采用标准转换函数从输出层找到输出 y_i，如之前图 8.101 所示，下文第 10.4.1.1 节将详细说明。

10.2.2.2.2　K 均值聚类算法用于搜寻聚类中心向量 $\boldsymbol{c}_k$

K 均值聚类算法始于***初始化步骤***。假设隐藏层中具有 L 个节点的一组聚类中心（或质心）向量 $\boldsymbol{c}_k(k=1-L)$，其中将元素 $c_{ik}(i=1-N,\ k=1-L)$ 存储为输入层和隐藏层之间的权重因子。并假设输入层有 T 个训练示例，N 个节点，并将其表示为 T 个训练向量 $\boldsymbol{x}(t)$，含有元素 $\boldsymbol{x}_{it}(i=1-N,\ t=1-T)$。

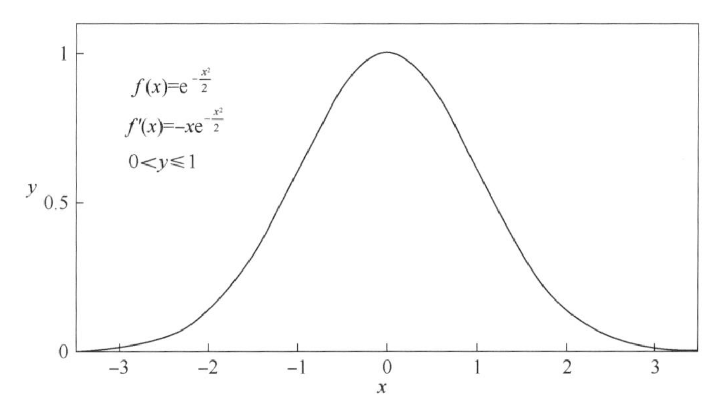

图 10.6　高斯转换函数

该算法随后进行迭代步骤，以找寻一组期望的 L 个中心向量 $\boldsymbol{c}_k(k=1-L)$，使 T 个训练向量 $\boldsymbol{x}(t)$ 与其最近的 L 个中心 $\boldsymbol{c}_k(k=1-L)$ 之间的距离平方和最小化。

图 10.7 表明具有三个隐藏层节点（$L=3$）网络的二维输入空间中的三个聚类中心（或质心）$\boldsymbol{c}_1 \sim \boldsymbol{c}_3$。图中可以看到输入值 x_{1t} 具有适度的输出响应 v_3，但其不会激活节点 1 和节点 2（各自缺少 v_1 和 v_2）。观察聚类中心 $\boldsymbol{c}_3$，其输入值 x_{1t} 激活节点 3，生成输出响应 v_3，在中心点达最大值，随着输入值 x_{1t} 与聚类中心 $\boldsymbol{c}_3$ 之间距离增加，其逐渐减小。此外，输入值 x_{2t} 不属于任何三个聚类组，且不会激活与之关联的任何输出响应。

有了这些背景信息，K 均值聚类算法涉及以下迭代步骤：

（1）从 1 到 T 逐渐增加过程中读取下一个具有元素 $x_{it}(i=1-N)$ 的训练向量 $\boldsymbol{x}(t)$ 进入输入层。

（2）仅修改欧几里得距离中最接近具有元素 $x_{it}(i=1-N)$ 的训练向量 $\boldsymbol{x}(t)$ 的第 k 个聚类中心 $\boldsymbol{c}_k(k=1-L)$。

$$\boldsymbol{c}_{\boldsymbol{k}}^{\text{new}}=\boldsymbol{c}_{\boldsymbol{k}}^{\text{old}}+\alpha[\boldsymbol{x}(t)-\boldsymbol{c}_{\boldsymbol{k}}^{\text{old}}] \tag{10.21}$$

该方程中，α 为超参数，即学习率。当 t 从 1 增加到 T 时，α 值逐渐减小。

（3）一定次数下重复该过程进行迭代。

10.2.2.2.3　P 最近邻算法用于搜寻高斯转换函数宽度 $\boldsymbol{\sigma}_{\boldsymbol{k}}$

现在介绍 P 最近邻算法[1,第691页;4,第117页;74,第21页]，用于搜索高斯转换函数宽度值，即方程 10.20 中 $\boldsymbol{\sigma}_k$，如图 10.7 所示。考虑给定的聚类中心向量 $\boldsymbol{c}_k(k=1-L)$，假设 c_{k1}，c_{k2}，⋯，c_{kp}（$1\leqslant k_1,\ k_2,\ \cdots,\ k_p\leqslant L$）是 P 个最近的相邻中心。将高斯转换函数的宽度 $\boldsymbol{\sigma}_k$ 确定为给定聚类中心向量 $\boldsymbol{c}_k$ 到 P 个最近相邻中心的均方根（RMS）距离：

$$\boldsymbol{\sigma}_k=\left[\frac{1}{P}\sum_{p=1}^{P}\|c_k-c_{kp}\|^2\right]^{1/2} \tag{10.22}$$

本书附录 B 中，代码 B.2 和表 B.1 给出了如何实现 P 最近邻算法的 Python，以及常见参数及其建议值列表。

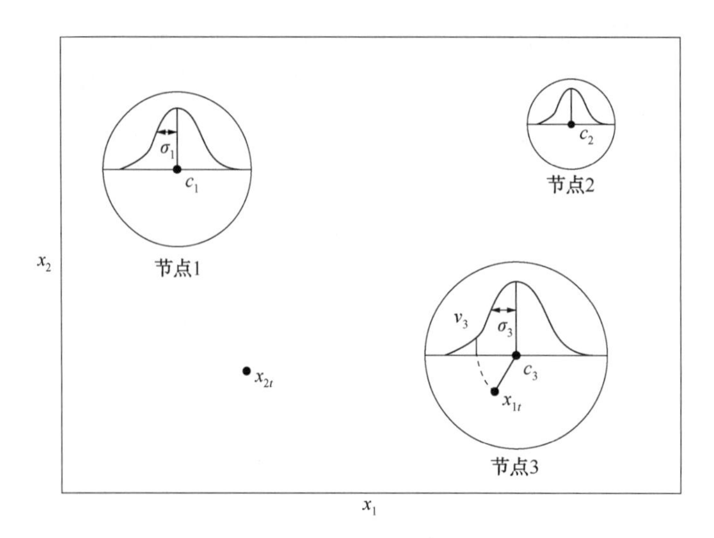

图 10.7　在具有三个隐藏层节点(L=3)的 RBFN 中，二维输入空间中三个聚类中心(质心)$\boldsymbol{c}_1$~$\boldsymbol{c}_3$ 示意图。其中，σ_k(k=1–3)为高斯函数的宽度，X_{1t}和 X_{2t}为两个训练样本

（来源：改编自 Baughman 和 Liu[4]，Elsevier，Inc.）

10.2.2.2.4　隐藏层与输出层之间的权重因子 w_{kj}

图 10.5 中，隐藏层有 L 个节点，输出层有 M 个节点，两层之间权重因子为 w_{kj}(其中 k=1–L，j=1–M)。第 10.4.1.1 节将说明用于训练多层神经网络的***反向传播算法***，并描述其限制以及训练深度神经网络所需的改变。完成 K 均值聚类过程后，采用反向传播算法训练 RBFN 以搜索权重因子 w_{kj}(k=1–L，j=1–M)，然后使用表 10.6 中 Sigmoid 转换或激活函数 f( )计算网络输出 y_j(j=1–M)，如图 10.24 所示：

$$y_j = f\left(\sum_{k=1}^{L} w_{kj}v_k - T_j\right) = f\left(\sum_{k=0}^{L} w_{kj}v_k\right) \tag{10.23}$$

其中，T_j 为输出层节点 j 的内部阈值。详见第 10.4.1.1 节，特别是关于内部阈值及其由偏差节点和相应的权重因子(v_0=1，w_{0j}=T_j)的替代表示方式，如图 10.20 和图 10.23 所示。

10.2.2.2.5　训练 RBFN 和使用 K 均值聚类算法的见解与经验

本节总结了一些训练 RBFN[4,第118–120、129、130页] 和应用 K 均值聚类算法[74,第247–249页] 的见解与经验。

K 均值聚类和 P 最近邻算法训练 RBFN 具有两个重要特点。首先，无须使用任何期望输出来训练隐藏层的输入连接。其次，对于任何训练样本，由第 t 个训练向量 $\boldsymbol{x}(t)$ 表示，其元素为 x_{it}(i=1–N)，仅迭代修改欧几里得距离中最接近第 t 个训练向量的聚类中心 $\boldsymbol{c}_k$(k=1–L)。也即仅改变那些存储的权重因子 c_{ik}(i=1–N，k=1–L)，其所选择的聚类中心向量 $\boldsymbol{c}_k$(k=1–L)的元素，位于输入和隐藏层之间。因此，网络训练期间，仅评估与训练输入非常接近的一小部分输入节点。该局部化训练大大加快了网络训练速度。

通常前 2000 次迭代中采用 K 均值聚类确定输入层和隐藏层间的权重因子 c_{ik}(i=1–N，k=1–L)。同时间段内，将学习率[见第 10.4.1.1 节中，式(10.51)]和动量系数[见第 10.4.1.2 节中，式(10.56)]均设置为零，不训练隐藏层和输出层之间的权重因子 w_{kj}(k=1–

L；$j=1-M$）。将其称为***数据聚类阶段***。该初始训练给出了继续训练隐藏层和输出层间的权重因子 w_{kj}（$k=1-L$；$j=1-M$）时固定的输入层和隐藏层间的权重因子，c_{ik}（$i=1-N$，$k=1-L$）。

运行K均值之前，***须对输入特征进行缩放***（即对数据集进行预处理，如均值居中和按标准偏差缩放，如附录A中A.1.5~A.1.7节中所述），否则聚类可能非常松散，导致K均值性能变差。缩放不能保证所有聚类均具有良好的球形，但通常可改善其性能表现[74,第249页]。

此外，当应用K均值聚类算法时，需指定聚类数量，这可能有挑战性。因此，需以不同聚类数量将算法多次运行，以避免次优解。当聚类具有不同大小、密度和非球形形状时，K均值算法表现不佳[74,第247页]。文献[74，第239-252页]展示了如何在Python中实现K均值聚类算法。谷歌搜索也可提供多种Python编码示例实现RBFN。

10.2.2.3 支持向量机(SVM)分类与回归

21世纪初期，SVM是最受欢迎的有监督学习算法，特别适用于某领域缺少专业知识者。目前，其已被强化学习的集成方法（见第10.3节）和深度神经网络（见第10.4节）所取代。SVM在软测量建模[55]和过程故障诊断[47]、聚烯烃制造中聚合物密度和熔融指数预测[31-35]，以及新药发现[38]方面有着重要应用。SVM被选在许多在线总结的初学者应了解的10个机器学习算法的列表中[87-89]。两篇教程文章可供读者参考[65,66]。

10.2.2.3.1 线性支持向量机分类器

我们参考文献[1，第692-696页；63，第3-7页，第30-34页；74，第153-172页]讨论支持向量机(SVM)的基础和实例。从图形示例开始，给出支持向量机的关键概念。掌握了图10.4中决策边界的概念后，图10.8中展示了三个潜在线性分类器的决策边界（线条1~3）。线条1和线条3将数据集分成两个类别，但实际上存在一个最小的分隔间隔，导致这些分类器不够实用。线条2的决策边界表现不佳，甚至不能准确区分两个类别。

图10.9给出了一个更好的线性分类器，其特点是决策边界明确，能够以足够的间隔数据集中将两个类别有效区分。

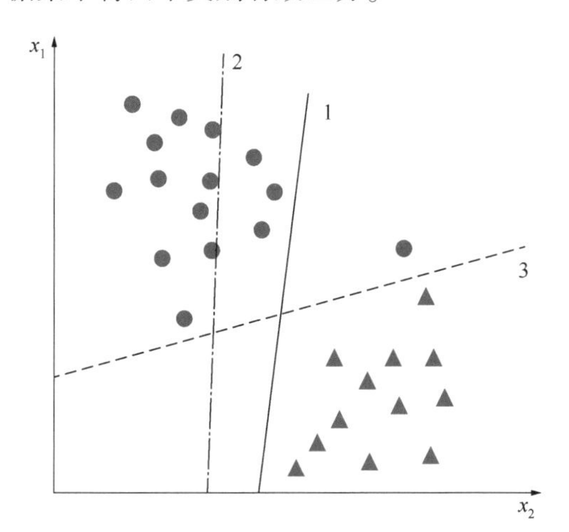

图10.8 三种潜在线性分类器的决策边界（线条1~3）

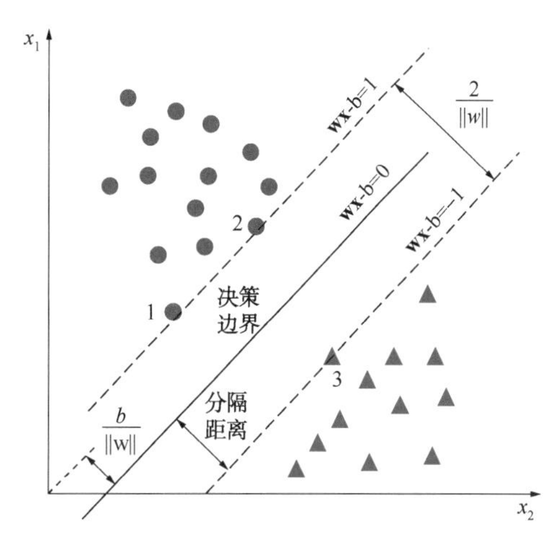

图10.9 具有二维特征向量的支持向量机模型，包括决策边界（$w^T * x-b=0$）、约束条件、分隔间隔及支持向量1~3

给定输入特征(自变量)向量 $\boldsymbol{x}=[x_1 \quad x_2 \quad \cdots \quad x_D]^{\mathrm{T}}$，其中 D 为特征向量维数，支持向量机算法将所有特征向量放于 D 维“线”上，即***超平面***，该线将带有正标签示例与带有负标签示例分开。用实值权重因子向量 $\boldsymbol{w}=[w_1 \quad w_2 \quad \cdots \quad w_D]^{\mathrm{T}}$ 和实值“截距 b”来定义决策边界：

$$\boldsymbol{w}^{\mathrm{T}}\boldsymbol{x}-b=0 \tag{10.24}$$

假设每个特征或自变量 x_i，存在对应标签或因变量 y_i，其取值为-1 或+1，取决于以下约束条件[63,第5页]：

$$\begin{aligned} \boldsymbol{w}^{\mathrm{T}}\boldsymbol{x}-b \geqslant +1 \qquad (y_i=+1) \\ \boldsymbol{w}^{\mathrm{T}}\boldsymbol{x}-b < -1 \qquad (y_i=-1) \end{aligned} \tag{10.25}$$

图 10.9 给出了两个约束“线”(超平面)并显示了其之间的***分隔间隔***。该超平面由决策边界定义，两边界确定了两种类别之间最接近示例的距离。更大的间隔有助于更好地泛化，即模型在将来对新示例进行分类时的表现。几何上，约束方程 $\boldsymbol{w}^{\mathrm{T}}\boldsymbol{x}-b=1$ 和 $\boldsymbol{w}^{\mathrm{T}}\boldsymbol{x}-b=-1$ 表示两个平行的超平面。

图 10.9 中，线性支持向量机(SVM)可被视为适用于两个类别之间可能的最宽“街道”，由两个约束“线”(超平面)定义，称为***大间隔分类***。街道的宽度完全由边缘上的实例或示例(如图 10.9 中的 1、2 和 3)决定，其位于两个约束线上。将实例 1~3 称为***支持向量***，因为它支持着分隔平面。

正如图 10.9 所示，上述超平面之间的距离是 $2/\|\boldsymbol{w}\|$，表明 $\|\boldsymbol{w}\|$ 越小，超平面间距离越大。因此，为实现大间隔分类，需最小化 $\boldsymbol{w}$ 的欧几里得范数，由 $[\sum_{i=1}^{D} w_i^2]^{1/2}$ 定义。最小化 $\boldsymbol{w}$ 相当于最小化 $\frac{1}{2}\boldsymbol{w}^{\mathrm{T}}\boldsymbol{w}$ 或 $\frac{1}{2}\|\boldsymbol{w}\|^2$。注意到 $\frac{1}{2}\|\boldsymbol{w}\|^2$ 的导数简洁明了，即 $\boldsymbol{w}$。相比而言，当 $\boldsymbol{w}=0$ 时，$\|\boldsymbol{w}\|$ 的微分不存在。平方范数形式可应用于下文所讨论的二次规划优化[63,第31页;74,第166页]。

总结开发线性 SVM 分类器的问题如下[63,第31页]：

$$\mathrm{Min}\left\{\frac{1}{2}\|\boldsymbol{w}\|^2\right\} \text{使得 } y_i(\boldsymbol{w}^{\mathrm{T}}\boldsymbol{x}-b)-1 \geqslant 0 \quad (i=1,\ 2,\ \cdots,\ D) \tag{10.26}$$

图 10.9 中，要求所有实例严格远离“街道”，并位于两类约束“线”(超平面)的右侧，称为***硬间隔分类***。硬间隔分类无法适用于如下情形：①数据不是线性可分的，即没有超平面可完全将正例与负例分开；②数据存在噪声，如异常值或标签错误的示例。下文将探讨如何扩展支持向量机来处理此类情况，从而引出***软间隔分类***概念。

10.2.2.3.2 SVM 实现软间隔分类

通过参考式(10.10)和式(10.12)，可观察到岭回归和套索回归均在最小化目标函数(损失函数)时引入惩罚项，以约束机器学习模型自由度。采用类似方法，将约束条件表示为“线”(超平面)，即式(10.25)，并将其嵌入损失函数中。为实现此目标，需了解***铰链损失函数***，详情可参考图 10.10。

当 $z=1$ 时，铰链损失函数不可取微分，然而正如套索回归一样，仍可使用梯度下降算法，通过在 $t=1$ 时采用介于 0 到 1 之间的任意值的“次梯度”进行优化。

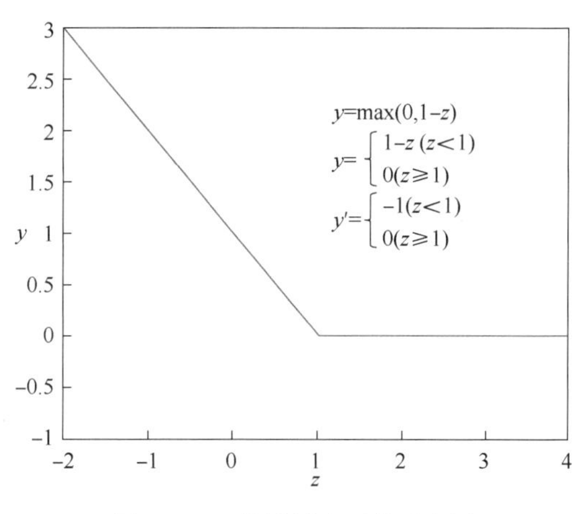

图 10.10　铰链损失函数示意图

以下讨论中将参考文献[63，第31页]。首先，将约束方程(10.24)嵌入铰链损失函数中：$\max[0,\ 1-y_i(\boldsymbol{w}^{\mathrm{T}}\boldsymbol{w}-b)]$。易发现当满足方程(10.25)约束时，铰链损失函数值为零，即$\boldsymbol{w}^{\mathrm{T}}\boldsymbol{w}$位于决策边界的正确一侧。对于位于错误一侧的数据，该函数值与其到决策边界距离成正比例。下面通过最小化问题方程(10.26)中引入基于铰链损失函数的惩罚项来进行修正[63,第31页]：

$$\mathrm{Min}\left\{C\|\boldsymbol{w}\|^2+\frac{1}{D}\sum_{i=1}^{D}\max[0,\ 1-y_i(\boldsymbol{w}^{\mathrm{T}}x-b)]\right\}\quad(i=1,\ 2,\ \cdots,\ D)\quad(10.27)$$

该方程中超参数 C 代表在增加决策边界宽度与确保每个输入特征 x_i 时，均位于决策边界正确一侧之间的权衡。通常通过多次试验来确定最佳 C 值。方程(10.27)致力于最小化铰链损失，称其为***软间隔支持向量机分类***；而方程(10.26)则定义为***硬间隔支持向量机分类***。

C 值足够大时，可忽略方程(10.27)中第二项，即支持向量机算法将尝试通过完全忽略分类错误来搜索最大间隔。当 C 值减小并且分类错误的成本增加时，支持向量机算法会选择减少分类错误，即通过牺牲正负类最近示例之间的间隔(或距离)来实现。更大间隔有助于更好泛化，即模型对将来新示例进行分类时的性能。因此，超参数 C 在训练数据上分类能力(最小化经验风险)与将来对新示例的泛化能力(改善泛化)之间进行权衡的调节。

亦可采用其他方式定义软间隔支持向量机分类问题，即引入***松弛变量*** $\boldsymbol{s_i}$ 来描述每个实例情况。简言之，s_i 表示第 i 个实例允许违反间隔的程度。需找到参数 $\boldsymbol{w}$、b 以及对应的 s_i $(i=1,\ 2,\ \cdots,\ D)$，以实现最小化[74,第166页]。

$$\mathrm{Min}\left\{\frac{1}{2}\|\boldsymbol{w}\|^2+C\sum_{i=1}^{D}s_i\right\}\qquad \text{使得}\quad y_i(\boldsymbol{w}^{\mathrm{T}}\boldsymbol{x}-b)\geqslant 1-s_i$$

$$s_i\geqslant 0\qquad(i=1,\ 2,\ \cdots,\ D)\qquad(10.28)$$

此处期望松弛变量尽可能小，以减少边界违规，并使$\frac{1}{2}\|\boldsymbol{w}\|^2$尽可能小，以采用超参数 C 来量化该折中以增加边界。

10.2.2.3.3　处理固有非线性与核心技巧

我们参考文献[1，第693-696页；63，第31-34页；74，第153-172页]，介绍用于处理原本非线性数据集的“核心技巧”，该数据集在原始空间中无法通过超平面分开。基本上，若将二维非可分数据集转换为三维空间，则可期望数据集在高维空间中变成线性可分(见图 10.11)。

支持向量机中，利用函数在损失函数优化过程中可隐式地将原空间转换为高维空间，称为核心技巧。例如，图 10.11 左侧展示的二维训练数据，可通过二次多项式变换函数 $\varphi(x)$ 将二维特征向量 $\boldsymbol{x}$ 转换为三维空间[1,第694页;63,第31页;74,第169页]：

$$\varphi(\boldsymbol{x})=\varphi\left[\begin{pmatrix}x_1\\x_2\end{pmatrix}\right]=\begin{pmatrix}x_1^2\\\sqrt{2}x_1x_2\\x_2^2\end{pmatrix} \tag{10.29}$$

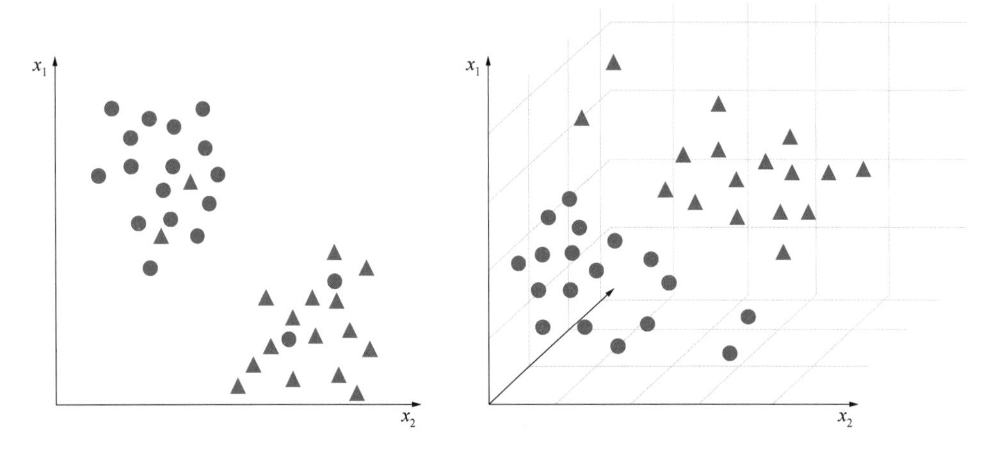

图 10.11　三维空间中将线性二维非可分案例转化为线性可分案例的示意图

下面将此变换应用于训练实例中的两个二维向量 $\boldsymbol{a}$ 和 $\boldsymbol{b}$ 上：

$$K(\boldsymbol{a},\ \boldsymbol{b})=\varphi(\boldsymbol{a})^{\mathrm{T}}\varphi(\boldsymbol{b})=(a_1^2\ \sqrt{2}a_1a_2a_2^2)\begin{pmatrix}b_1^2\\\sqrt{2}b_1b_2\\b_2^2\end{pmatrix}=a_1^2b_1^2+2a_1b_1a_2b_2+a_2^2b_2^2=(a_1b_1+a_2b_2)^2$$

$$=[(a_1a_2)^{\mathrm{T}}(b_1b_2)]=(\boldsymbol{a}^{\mathrm{T}}\boldsymbol{b})^2 \tag{10.30}$$

该结果(或“技巧”)至关重要，其表明无须对训练实例 $\boldsymbol{a}$ 和 $\boldsymbol{b}$ 转换，仅需简单采用 $(\boldsymbol{a}^{\mathrm{T}}\boldsymbol{b})^2$ 替换转换后向量的点积 $\varphi(\boldsymbol{a})^{\mathrm{T}}\varphi(\boldsymbol{b})$。即便经过烦琐的训练实例转换，然后拟合线性 SVM 算法，结果也完全相同。该技巧使整个计算过程更高效[74,第169页]。

函数 $K(\boldsymbol{a},\ \boldsymbol{b})=(\boldsymbol{a}^{\mathrm{T}}\boldsymbol{b})^2$ 代表二次多项式核心函数。机器学习中，若函数 φ 仅基于训练实例 $\boldsymbol{a}$ 和 $\boldsymbol{b}$ 的原始向量计算点积 $\varphi(\boldsymbol{a})^{\mathrm{T}}\varphi(\boldsymbol{b})$，而无须计算(甚至知晓)变换函数 φ，则将其称为核心。表 10.1 列出了几种常用 SVM 核心函数[74,第171页]：

根据默瑟(Mercer)定理[74,第171页;33,55,67]，若函数 $K(\boldsymbol{a},\ \boldsymbol{b})$ 符合一定数学条件，称为默瑟条件[例如，K 须在其参数中连续对称，即 $K(\boldsymbol{a},\ \boldsymbol{b})=K(\boldsymbol{b},\ \boldsymbol{a})$ 等]，则存在函数 φ，将训练实例 $\boldsymbol{a}$ 和 $\boldsymbol{b}$ 的向量映射到另一空间(可能更高维度空间)，使得 $K(\boldsymbol{a},\ \boldsymbol{b})=\varphi(\boldsymbol{a})^{\mathrm{T}}\varphi(\boldsymbol{b})$，参考表 10.1。尽管未必知晓 φ 的具体形式，但其确实存在。对于高斯径向基函数 RBF 核心，研究表明 φ 将每个训练实例映射到无限维空间，因此，真正重要的是核心技巧说明实际上

无须执行映射。

表 10.1 常见的支持向量机常用核心函数

核心函数名字	核心函数形式：$K(\boldsymbol{a},\ \boldsymbol{b})$
线性	$\boldsymbol{a}^{\mathrm{T}}\boldsymbol{b}$
多项式	$(\gamma\boldsymbol{a}^{\mathrm{T}}\boldsymbol{b}+r)^{d}$
高斯径向基核心函数	$\exp(-\gamma\ \lVert\boldsymbol{a}-\boldsymbol{b}\rVert^{2})$

10.2.2.3.4 二次规划与软间隔支持向量机分类的原始和对偶问题的解析

软间隔支持向量机分类问题，正如前文方程(10.27)中所定义，即搜索 $\boldsymbol{w}$、b 和松弛变量 $s_i(i=1,\ 2,\ \cdots,\ D)$ 以最小化：

$$\mathrm{Min}\left\{\frac{1}{2}\lVert\boldsymbol{w}\rVert^{2}+C\sum_{i=1}^{D}s_i\right\}\text{ 使得 }y_i(\boldsymbol{w}^{\mathrm{T}}\boldsymbol{x}-b)\geqslant 1-s_i\text{，并且 }s_i\geqslant 0\quad(i=1,\ 2,\ \cdots,\ D)\tag{10.31}$$

定义松弛变量向量 $\boldsymbol{s}=[s_1,\ s_2,\ \cdots,\ s_D]^{\mathrm{T}}$，可通过引入拉格朗日乘数 $\boldsymbol{\alpha}=[\alpha_1,\ \alpha_2,\ \cdots,\ \alpha_D]^{\mathrm{T}}$ 和 $\boldsymbol{\beta}=[\beta_1,\ \beta_2,\ \cdots,\ \beta_D]^{\mathrm{T}}$，将该最小化问题修改为在最小化损失函数时考虑该双线性约束条件，即：

$$\mathrm{Min}\ L(\boldsymbol{w},\ b,\ \boldsymbol{s},\ \boldsymbol{\alpha},\ \boldsymbol{\beta})=\mathrm{Min}\left\{\frac{1}{2}\lVert\boldsymbol{w}\rVert^{2}+C\sum_{i=1}^{D}s_i+\sum_{i=1}^{D}\alpha_i[y_i(\boldsymbol{w}^{\mathrm{T}}\boldsymbol{x}-b)-1+s_i]-\sum_{i=1}^{D}\beta_i s_i\right\}\tag{10.32}$$

其为具有双线性约束的优化问题，称为***二次规划***，有多种现成求解器可用。优化文献，对于给定此约束优化问题，称为***原始问题***。此问题略有不同但密切相关的版本被称为***对偶问题***。对偶问题的解通常给出原始问题的下界。某些条件下，对偶问题可与原始问题有相同解。幸运的是，当前支持向量机最小化问题恰好满足上述条件，可选择解决原始问题或对偶问题以搜索相同解。

针对方程(10.32)定义的原始问题，感兴趣的读者可参考文献[74，第761-764页；67]中开发对偶问题的详细内容。此处仅给出对偶问题定义如下：

$$\mathrm{Min}\left\{\frac{1}{2}\sum_{i=1}^{D}\sum_{j=1}^{D}y_iy_j\alpha_i\alpha_jx_i^{T}x_j-\sum_{i=1}^{D}\alpha_i\right\},\quad\sum_{i=1}^{D}y_i\alpha_i=0\text{，并且 }0\leqslant\alpha_i\leqslant C\tag{10.33}$$

10.2.2.3.5 支持向量机用于回归和异常检测

参考图 10.9，如何将支持向量机用于分类的现有概念应用于回归？答案很简单。SVM 回归(即 SVR)不是在不违反边界的情况下，寻找两个数别之间最大分离边界或最大可能的“街道”，而是试图将尽可能多的类例***放到街道上***，即约束线(超平面)之间，同时限制边界违规(街道外的实例)。所谓街道即约束线(超平面)，同时限制边界违规，即将实例限制在街道内。SVR 背后的基本思想是搜索最佳拟合线，该最佳拟合“线”为具有最多特征点的超平面。与其他回归模型不同，SVR 试图在阈值内拟合最佳“线”(超平面)。该阈值是超平面与边界“线”(超平面)之间的距离。之前对支持向量机已经提供足够讨论，读者可理解关于 SVR 原理及其实现的在线资源。本书附录 B 中，代码 B.7 和表 B.1 给出支持向量机算法的

Python 实现方式，以及常见参数及其建议值。此外，支持向量机也可用于异常检测，详细信息请参阅在线 Scikit-learn 文档。

10.2.2.4 用于分类和回归问题的决策树

10.2.2.4.1 决策树简介

决策树的结构类似于传统的流程图，它使用分支来说明每个决策的所有可能结果。树中的每个节点代表对特定变量的测试，每个分支使用该测试的结果。决策树是用于分类和回归应用的多功能机器学习算法，也是用于增强学习的集成方法的基本组成部分，例如，我们将在第 10.4 节中讨论的随机森林[74,第175-186页;70]。决策树的众多优点之一是它们需要的数据准备工作非常少。事实上，它们根本不需要对数据进行特征归一化或缩放[74,第176页]。

图 10.12 展示了与表 10.2 中的数据集相对应的决策树。这个示例首次出现在 Quinlan[69]的著作中，并出现在许多论文和在线教程中[70-73]。然而，这些文献都没有提供足够的细节来开发决策树，正如我们在下面所做的那样。

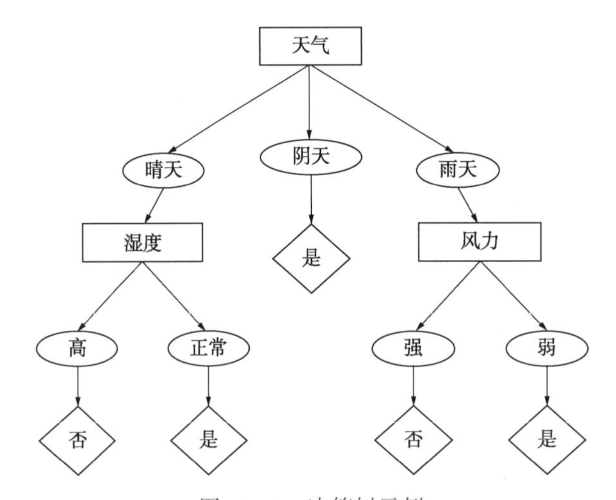

图 10.12 决策树示例

在图中，我们用矩形表示每个属性名称，用椭圆表示每个属性值，用菱形表示每个决策(类)，其中“否”或“N”表示负类，而“是”或“P”表示正类。“天气”代表整个数据集，它是一个***根节点***(或***父节点***)，决策树从这里开始；它被分成三个***分支***或***子树***，即标记为椭圆形的晴天、阴天和雨天。通过计算一些我们稍后会介绍的分裂标准，“晴天”被进一步分裂成基于湿度为高或正常的两个分支(或***子树***)；类似地，“雨天”也被进一步分裂成基于风力为强或弱的两个分支(或***子树***)。最后，我们看到正常湿度导致一个***叶节点***或***最终输出节点***，在菱形内标记为“是”；而高湿度导致一个在菱形内标记为“否”的叶节点。对于从标记为“风力”的矩形分裂出来的分支(或子树)，即弱风标记为“是”和强风标记为“否”，具有相同的解释。我们可以将从根节点(或父节点)分裂出来的不同分支中的后续节点称为***子节点***。

有三种基本算法可用于决策树的开发：①由 Breiman 等人提出的 CART(Classification and Regression Trees，分类和回归树)算法[68]；②由 Quinlan 提出的 ID3(Iterative Dichotomiser 3，迭代二分法 3)算法[69]；③由 Quinlan 提出的 C4.5 算法[70]。CART 算法仅生成具有两个

非叶节点的二叉决策树(即问题的答案只有"是"或"否")。其他算法，如 ID3，可以生成具有超过两个子节点的决策树。在接下来的内容中，我们首先定义了一些术语，这些术语被用作分裂树的准则，然后演示了它们在 ID3 和 C4.5 算法下如何应用于图 10.12 和表 10.2 所指定的问题。

表 10.2 图 10.12 中决策树示例的训练数据集

天数	属性				类别
	天气	温度	湿度	风力	N(负) P(正)
1	晴天	热	高	弱	N
2	晴天	热	高	强	N
3	阴天	热	高	弱	P
4	雨天	温和	高	弱	P
5	雨天	凉爽	正常	弱	P
6	雨天	凉爽	正常	强	N
7	阴天	凉爽	正常	强	P
8	晴天	温和	高	弱	N
9	晴天	凉爽	正常	弱	P
10	雨天	温和	正常	弱	P
11	晴天	温和	正常	强	P
12	阴天	温和	高	强	P
13	阴天	热	正常	弱	P
14	雨天	温和	高	强	N

10.2.2.4.2 树分裂准则的相关术语

所有决策树算法都需要分裂准则来分裂节点以形成树。在许多情况下，内部节点基于单个属性的值进行分裂，而算法会搜索最佳的分裂属性。分裂的主要目标是降低节点的不纯度。节点不纯度是对节点处标签同质性的度量。当前的实例提供了两种用于分类的不纯度度量(熵和 Gini 系数)，以及一种用于回归的不纯度度量(方差)。

1) 熵

这个术语源自 Shannon 的信息熵[https://en.wikipedia.org/wiki/Entropy_(information_theory)]。对于数据集 S，任何正确的决策树都会将对象分类成与它们在 S 中出现的比例相同的比例。任意对象被确定为属于类别 P(正或是)的概率是 $p/(p+n)$，而属于类别 N(负或否)的概率是 $n/(p+n)$。决策树是一个生成消息"P"或"N"的源，生成此消息所需的期望信息为[69]：

$$熵\ I(p,\ n)=-\left(\frac{p}{p+n}\right)\log_2\left(\frac{p}{p+n}\right)-\left(\frac{n}{p+n}\right)\log_2\left(\frac{n}{p+n}\right) \tag{10.34}$$

为了将这个表达式推广到一个具有多个样本的给定节点 t 处，我们将其写成[72,73]：

$$熵\ I(p,\ n)=-\sum_{i=1}^{n}p\left(\frac{i}{t}\right)\log_2\left(\frac{i}{t}\right) \tag{10.35}$$

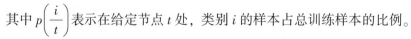

其中 $p\left(\frac{i}{t}\right)$ 表示在给定节点 t 处，类别 i 的样本占总训练样本的比例。

2）Gini 系数[74,第177页;72]

Gini 系数是一个用于确定决策树的分裂效果的函数。它有助于我们确定最佳的分裂器，以便构建纯净的决策树。Gini 系数的最大值为 0.5，表示最糟糕的情况；最小值为 0，表示最佳情况。

$$G_i = 1 - \sum_{i=1}^{n}\left[p\left(\frac{i}{t}\right)\right]^2 \tag{10.36}$$

3）信息增益[69,72,73]

$$\begin{aligned}\text{信息增益 } G(S,\ A) &= \text{父节点的熵}-\text{子节点的熵}\\ &= S - \sum[p(S \mid A) \times (S \mid A)]\end{aligned} \tag{10.37}$$

对于一个分裂成子节点$\{C_1,\ C_2,\ \cdots,\ C_v\}$的子集 A，假设 C_i 包含 p_i 个类别为 P(正或是)的对象和 n_i 个类别为 N(负或否)的对象，C_i 的子树所需的期望信息为 $I(p_i,\ n_i)$。我们可以将以 A 为根的树所需的期望信息表示为加权平均值[69]。

$$E(A) = \sum_{i=1}^{v}\left(\frac{p_i + n_i}{p + n}\right)I(p_i,\ n_i) \tag{10.38}$$

将式(10.35)和式(10.38)代入式(10.37)，得到：

$$\text{信息增益}(A) = I(p,\ n) - E(A) \tag{10.39}$$

ID3 算法会检查所有候选属性，并选择使信息增益(A)最大化的属性 A，构建如上所述的树，然后递归使用相同的过程为剩余的子集 C_1，C_2，…，C_v 构建树[69]。

4）增益率[72]

C4.5 算法使用增益率作为分裂标准，其定义为：

$$\text{增益率} = \frac{\text{信息增益}(A)}{\text{熵 } I(p,\ n)} \tag{10.40}$$

10.2.2.4.3　将 ID3 和 C4.5 算法应用于训练数据集

步骤如下：

第一步：计算数据集的熵。

第二步：对于每个属性/特征，使用式(10.35)计算其所有分类值的熵。通过式(10.39)计算该特征的信息增益。通过式(10.40)计算该特征的增益率。

第三步：对于 ID3 算法，找到具有最大信息增益的特征；对于 C4.5 算法，找到具有最大增益率的特征。

第四步：重复以上步骤，直到获得所需的树。

步骤 1：对于表 10.2 中的 14 天数据，我们有 9 个 P(正或是)类和 5 个 N(负或否)类。取 $p=9$，$n=5$，并且 $p+n=14$，使用式(10.34)计算整个数据集的熵：

$$\begin{aligned}S = I(p,\ n) &= -\left(\frac{p}{p+n}\right)\log_2\left(\frac{p}{p+n}\right) - \left(\frac{n}{p+n}\right)\log_2\left(\frac{n}{p+n}\right)\\ &= -\left(\frac{9}{14}\right)\times\log_2\left(\frac{9}{14}\right) - \left(\frac{5}{14}\right)\times\log_2\left(\frac{5}{14}\right) = 0.94\end{aligned}$$

在步骤 2~步骤 5 中，我们评估了数据集的四个属性，包括天气(Outlook)、温度(Temperature)、湿度(Humidity)和风力(Wind)。

步骤 2：第一个属性——天气(Outlook)，分类值为晴天(Sunny)($p_1=2$，$n_1=3$)、阴天(Overcast)($p_2=4$，$n_2=0$)和雨天(Rain)($p_3=3$，$n_3=2$)。

$$\text{Entropy(Outlook=Sunny)} = -\left(\frac{2}{5}\right)\times\log_2\left(\frac{2}{5}\right)-\left(\frac{3}{5}\right)\times\log_2\left(\frac{3}{5}\right)=0.971$$

$$\text{Entropy(Outlook=Overcast)} = -\left(\frac{4}{4}\right)\times\log_2\left(\frac{4}{4}\right)-\left(\frac{0}{4}\right)\times\log_2\left(\frac{0}{4}\right)=0$$

$$\text{Entropy(Outlook=Rain)} = -\left(\frac{3}{5}\right)\times\log_2\left(\frac{3}{5}\right)-\left(\frac{2}{5}\right)\times\log_2\left(\frac{2}{5}\right)=0.971$$

根据式(10.34)，天气的加权平均熵为：

$$\begin{aligned}E(\text{Outlook}) &= p(\text{Sunny})\times\text{entropy}(\text{Outlook=Sunny})+p(\text{Overcast})\times\\ &\quad \text{entropy}(\text{Outlook=Overcast})+p(\text{Rain})\times\text{entropy}(\text{Outlook=Rain})\\ &=\left(\frac{5}{14}\right)\times0.971+\left(\frac{4}{14}\right)\times0+\left(\frac{5}{14}\right)\times0.971=0.694\end{aligned}$$

根据式(10.39)，信息增益为：

$$\text{Entropy}(S)-E(\text{Outlook})=0.94-0.694=0.246$$

根据式(10.40)，增益率为：

$$\text{增益率}=\frac{0.246}{0.94}=0.262$$

步骤 3：第二个属性——温度(Temperature)，分类值为热(hot)($p_1=2$，$n_1=2$)、温和(mild)($p_3=4$，$n_3=2$)和凉爽(cool)($p_2=3$，$n_2=1$)。

$$\text{Entropy(Temperature=hot)} = -\left(\frac{2}{4}\right)\times\log_2\left(\frac{2}{4}\right)-\left(\frac{2}{4}\right)\times\log_2\left(\frac{2}{4}\right)=1$$

$$\text{Entropy(Temperature=mild)} = -\left(\frac{4}{6}\right)\times\log_2\left(\frac{4}{6}\right)-\left(\frac{2}{6}\right)\times\log_2\left(\frac{2}{6}\right)=0.9179$$

$$\text{Entropy(Temperature=cool)} = -\left(\frac{3}{4}\right)\times\log_2\left(\frac{3}{4}\right)-\left(\frac{1}{4}\right)\times\log_2\left(\frac{1}{4}\right)=0.811$$

根据式(10.34)，温度的加权平均熵为：

$$\begin{aligned}E(\text{Temperature}) &= p(\text{hot})\times\text{entropy}(\text{Temperature=hot})+p(\text{cool})\times\\ &\quad \text{entropy}(\text{Temperature=cool})+p(\text{mild})\times\text{entropy}(\text{Temperature=mild})\\ &=\left(\frac{4}{14}\right)\times1+\left(\frac{4}{14}\right)\times0.811+\left(\frac{6}{14}\right)\times0.9179=0.9108\end{aligned}$$

根据式(10.39)，信息增益为：

$$\text{Entropy}(S)-E(\text{Temperature})=0.94-0.9108=0.0292$$

根据式(10.40)，增益率为：

$$\text{增益率}=\frac{0.0292}{0.94}=0.031$$

步骤4：第三个属性——湿度(Humidity)，分类值为高(high)($p_1=3$，$n_1=4$)和正常(normal)($p_2=6$，$n_2=1$)。

$$\text{Entropy(Humidity=high)}=-\left(\frac{3}{7}\right)\times\log_2\left(\frac{3}{7}\right)-\left(\frac{4}{7}\right)\times\log_2\left(\frac{4}{7}\right)=0.983$$

$$\text{Entropy(Humidity=normal)}=-\left(\frac{6}{7}\right)\times\log_2\left(\frac{6}{7}\right)-\left(\frac{1}{7}\right)\times\log_2\left(\frac{1}{7}\right)=0.591$$

根据式(10.34)，湿度的加权平均熵为：

$$\begin{aligned}E(\text{Humidity})&=p(\text{High})\times\text{entropy(Humidity=high)}+p(\text{normal})\times\text{entropy(Humidity=normal)}\\&=\left(\frac{7}{14}\right)\times0.983+\left(\frac{7}{14}\right)\times0.591=0.787\end{aligned}$$

根据式(10.39)，信息增益为；

$$\text{Entropy}(S)-E(\text{Humidity})=0.94-0.787=0.153$$

根据式(10.40)，增益率为：

$$增益率=\frac{0.153}{0.787}=0.1944$$

步骤5：第四个属性——风力(Wind)，分类值为强(strong)($p_1=3$，$n_1=3$)和弱(weak)($p_2=6$，$n_2=2$)。

$$\text{Entropy(Wind=strong)}=-\left(\frac{3}{6}\right)\times\log_2\left(\frac{3}{6}\right)-\left(\frac{3}{6}\right)\times\log_2\left(\frac{3}{6}\right)=1$$

$$\text{Entropy(Wind=weak)}=-\left(\frac{6}{8}\right)\times\log_2\left(\frac{6}{8}\right)-\left(\frac{2}{8}\right)\times\log_2\left(\frac{2}{8}\right)=0.811$$

根据式(10.34)，风力的加权平均熵为：

$$\begin{aligned}E(\text{Wind})&=p(\text{strong})\times\text{entropy(Wind=strong)}+p(\text{weak})\times\text{entropy(Wind=weak)}\\&=\left(\frac{6}{14}\right)\times1+\left(\frac{8}{14}\right)\times0.811=0.892\end{aligned}$$

根据式(10.39)，信息增益为：

$$\text{Entropy}(S)-E(\text{Wind})=0.94-0.892=0.048$$

根据式(10.40)，增益率为：

$$增益率=\frac{0.048}{0.892}=0.0538$$

到目前为止，具有最大信息增益0.246(对于ID3算法)和最大增益率0.262(对于C4.5算法)的属性是天气(步骤2)。图10.13显示了到目前为止构建的决策树。

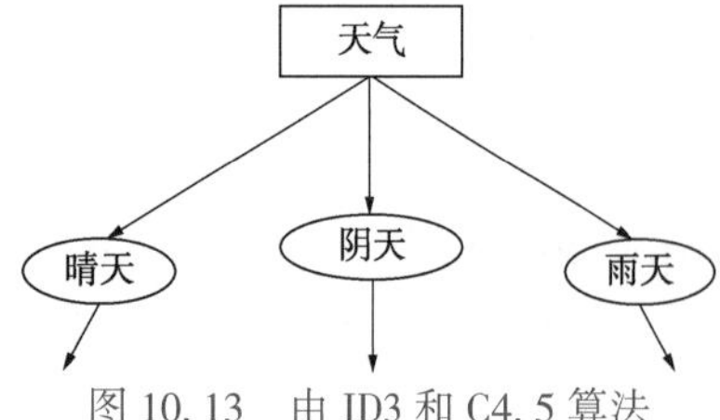

图10.13 由ID3和C4.5算法步骤1~步骤5得到的初始决策树

接下来，我们找到分裂数据的最佳属性：①对于天气为晴天的值(第1、2、8、9和11天)；②对于天气为阴天的值(第3、7、12和13天)；③对于天气为雨天的值(第4、5、6、10和14天)。我们注意到天气为阴天的四个样本(第3、7、12和13天)都导致了类别P(是)，无须进一步分析。我们可以将这些天气为阴天的样本直接指向标记为是的叶节点或最终输出节点。我们可以将与步骤2~步骤5中相同的过程应用于天气为晴天和天气为雨天的样本，以进一步构建决策树。

在步骤2中，我们看到：Entropy(Outlook=Sunny)=0.971。

在步骤6~步骤8中，我们分析了晴朗天气下的三个属性(温度、湿度和风力)。

步骤6：第一个属性——温度，分类值为热($p_1=0$，$n_1=2$)、温和($p_2=1$，$n_2=1$)和凉爽($p_3=1$，$n_3=0$)。

$$\text{Entropy(Sunny-Temperature=hot)}=-\left(\frac{0}{2}\right)\times\log_2\left(\frac{0}{2}\right)-\left(\frac{2}{2}\right)\times\log_2\left(\frac{2}{2}\right)=0$$

$$\text{Entropy(Sunny-Temperature=mild)}=-\left(\frac{1}{2}\right)\times\log_2\left(\frac{1}{2}\right)-\left(\frac{1}{2}\right)\times\log_2\left(\frac{1}{2}\right)=1$$

$$\text{Entropy(Sunny-Temperature=cool)}=-\left(\frac{1}{1}\right)\times\log_2\left(\frac{1}{1}\right)-\left(\frac{0}{1}\right)\times\log_2\left(\frac{0}{1}\right)=0$$

根据式(10.34)，温度的加权平均熵为：

$$\begin{aligned}E(\text{Sunny-Temperature})=&\ p(\text{Sunny-Temperature=hot})\times\text{entropy(Sunny-Temperature=hot)}+\\&\ p(\text{Sunny-Temperature=mild})\times\text{entropy(Sunny-Temperature=mild)}+\\&\ p(\text{Sunny-Temperature=cool})\times\text{entropy(Sunny-Temperature=cool)}\\=&\left(\frac{2}{5}\right)\times0+\left(\frac{2}{5}\right)\times1+\left(\frac{1}{5}\right)\times0=0.4\end{aligned}$$

根据式(10.39)，信息增益为：

$$\text{Entropy(Outlook-Sunny)}-E(\text{Sunny-Temperature})=0.971-0.4=0.571$$

根据式(10.40)，增益率为：

$$\text{增益率}=\frac{0.571}{0.971}=0.588$$

步骤7：第二个属性——湿度，分类值为高($p_1=0$，$n_1=3$)和正常($p_2=2$，$n_2=0$)。

$$\text{Entropy(Sunny-Humidity=high)}=-\left(\frac{0}{3}\right)\times\log_2\left(\frac{0}{3}\right)-\left(\frac{3}{3}\right)\times\log_2\left(\frac{3}{3}\right)=0$$

$$\text{Entropy(Sunny-Humidity=normal)}=-\left(\frac{2}{2}\right)\times\log_2\left(\frac{2}{2}\right)-\left(\frac{0}{2}\right)\times\log_2\left(\frac{0}{2}\right)=0$$

根据式(10.34)，湿度的加权平均熵为：

$$\begin{aligned}E(\text{Sunny-Humidity})=&\ p(\text{Sunny-Humidity=high})\times\text{entropy(Sunny-Humidity=high)}+\\&\ p(\text{Sunny-Humidity=normal})\times\text{entropy(Sunny-Humidity=normal)}\\=&\left(\frac{3}{5}\right)\times0+\left(\frac{2}{5}\right)\times0=0\end{aligned}$$

根据式(10.39)，信息增益为：

$$\text{Entropy(Outlook-Sunny)}-E(\text{Sunny-Humidity})=0.971-0=0.971$$

根据式(10.40)，增益率为：

$$增益率=\frac{0.971}{0.971}=1.0$$

步骤 8：第三个属性——风力，分类值为强($p_1=1$，$n_1=1$)和弱($p_2=1$，$n_2=2$)。

$$\text{Entropy(Sunny-Wind=strong)}=-\left(\frac{1}{2}\right)\times\log_2\left(\frac{1}{2}\right)-\left(\frac{1}{2}\right)\times\log_2\left(\frac{1}{2}\right)=1$$

$$\text{Entropy(Sunny-Wind=weak)}=-\left(\frac{1}{3}\right)\times\log_2\left(\frac{1}{3}\right)-\left(\frac{2}{3}\right)\times\log_2\left(\frac{2}{3}\right)=0.918$$

根据式(10.34)，风力的加权平均熵为：

$$\begin{aligned}E(\text{Sunny-Wind})&=p(\text{Sunny-Wind=strong})\times\text{entropy(Sunny-Wind=strong)}+\\&\quad p(\text{Sunny-Wind=weak})\times\text{entropy(Sunny-Wind=weak)}\\&=\left(\frac{2}{5}\right)\times1+\left(\frac{3}{5}\right)\times0.918=0.9508\end{aligned}$$

根据式(10.39)，信息增益为：

$$\text{Entropy(Outlook-Sunny)}-E(\text{Sunny-Wind})=0.971-0.9508=0.0202$$

根据式(10.40)，增益率为：

$$增益率=\frac{0.0202}{0.971}=0.0208$$

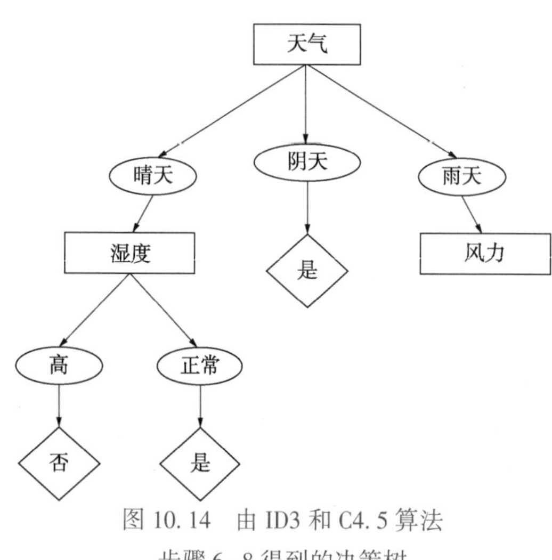

图 10.14　由 ID3 和 C4.5 算法步骤 6~8 得到的决策树

步骤 6~步骤 8，具有最大信息增益为 0.971(对于 ID3 算法)和最大增益率为 1.0(对于 C4.5 算法)的属性是湿度(步骤 7)。图 10.14 展示了到目前为止构建的决策树。

读者应该能够分析雨天的两个属性(温度和风力)，并得到最终的如图 10.12 所示的决策树。

10.2.2.4.4　决策树的其他方面

首先，我们注意到 ID3 算法仅处理类别型特征值(例如高和正常)，而 C4.5 算法可以处理类别型和数值型特征值。要了解如何将 C4.5 算法应用于处理图 10.12 中湿度的数值型特征值的决策树，请参考文献[73]。

决策树剪枝可以抑制过拟合。剪枝通过删除不明确相关的节点来实现。例如，其子节点都是叶节点或最终输出节点的节点可能是不必要的[74,第181页]。我们可以应用统计显著性检验来检查这些节点是否只有叶节点作为后代。有关更多信息，请参阅文献[1，第 663 页]。

有关 CART(分类与回归树)算法的更多详细信息，请参阅文献[68]和文献[74，第 178-179 页]。Scikit-learn 使用 CART 算法，该算法仅生成二叉决策树，这意味着非叶节点始终有两个子节点(即问题的答案只有是或否)。其他算法，如 ID3，可以生成具有两个以上子节点的决策树[74,第177页]。

决策树还能够执行回归任务。有关更多详细信息和 Python 实现，请参阅文献[74，第

182-185 页]。本书附录 B 中的代码 B. 3 和末尾的表 B. 1 给出了决策树算法的 Python 实现，以及一组常见参数及其建议值。

最后，我们推荐读者转至第 10. 3 节，即增强学习的集成方法，这些方法是基于树的算法的(另见第 10. 5. 2 节的表 10. 10)。

10. 2. 2. 5 分类模型的性能评估指标

我们参考文献[63，第 54-58 页；30]来介绍常见的评估指标。

10. 2. 2. 5. 1 混淆矩阵

我们采用文献[63，第 55 页]中的一个例子。表 10. 3 给出了一个 2×2 的混淆矩阵，总结了分类模型在预测样本是属于垃圾邮件还是非垃圾邮件的性能。实际为垃圾邮件的 20 个样本中，模型将 18 个样本正确地分类为真正样本，TP(True Positive) = 18；有两个样本被错误地分类为非垃圾邮件，即有两个假负样本，FN(False Negative) = 2。类似地，有 356 个样本是非垃圾邮件或真负样本，TN(True Negative) = 356；有 9 个样本被错误地分类，即假正样本，FP(False Positive) = 9。

混淆矩阵的行数和列数与类别数量相同。它有助于在某些应用中识别错误模式。

表 10. 3 由分类模型预测的类别为垃圾和非垃圾邮件的混淆矩阵

项　　目	垃圾邮件(预测)	非垃圾邮件(预测)
垃圾邮件(实际)	18(真正，TP)	2(假负，FN)
非垃圾邮件(实际)	9(假正，FP)	356(真负，TN)

10. 2. 2. 5. 2 精确度(Precision)和召回率(Recall)

精确度是被分类器预测为真正样本(TP)的数量与预测为真正样本(TP)和假正样本(FP)的总数的比例：

$$\text{Precision} = \text{TP}/(\text{TP}+\text{FP}) \tag{10.41}$$

召回率是被分类器预测为真正样本(TP)的数量与预测为真正样本(TP)和假负样本(FN)的总数的比例：

$$\text{Recall} = \text{TP}/(\text{TP}+\text{FN}) \tag{10.42}$$

10. 2. 2. 5. 3 F1 分数

F1 分数使用如下定义的调和平均值来组合精确度和召回率：

$$\text{F1} = 2\times1/[(1/\text{Precision})+(1/\text{Recall})] \tag{10.43}$$

感兴趣的读者可以参考我们关于这些度量应用于工业分类问题的论文[30]。

10. 2. 3 用于降维和聚类应用的无监督学习

10. 2. 3. 1 概述

我们首先引用 Geron[74，第235页]的话：“尽管今天大多数机器学习的应用都基于有监督学习(因此，这也是大多数投资的方向)，但绝大多数可用的数据都没有标签：我们有输入特征 $\boldsymbol{X}$，但没有标签 $\boldsymbol{y}$。计算机科学家 Yann LeCun 曾经说过，‘如果智能是一块蛋糕，无监督学习将是蛋糕本身，有监督学习将是蛋糕上的糖衣，而强化学习将是蛋糕上的樱桃’。换句话说，无监督学习有巨大的潜力，我们才刚刚开始探索。”

在第 9 章中，我们研究了两种最常见的无监督学习任务：通过主成分分析(PCA)进行降维和异常检测。对于分类应用，我们在第 10.2.2.2 节介绍了 K 均值聚类和 P 最近邻的概念。我们还讨论了用于处理固有非线性的核心技巧。

在本节中，我们首先将核心技巧与 PCA 集成，并提出核 PCA(Kernel Principal Component Analysis，KPCA)以实现复杂的非线性投影，以用于降维和异常检测。然后，我们介绍几种无监督学习方法来识别簇(cluster)和检测异常值。表 10.4 参考文献[91]，总结了这些方法。

表 10.4　用于识别簇和检测异常值的几种无监督学习方法

方法	依据	模型输入	是否需要簇的数量	簇的形状	适用于异常值检测
K 均值聚类	数据与质心之间的距离	实际观察结果	是	球形；具有相等的对角协方差	否
层次聚类	数据之间的距离	观察结果之间的成对距离	否	任意	否
具有噪声的基于密度的空间聚类(DBSCAN)	数据区域的密度	实际观察结果或观察结果之间的成对距离	否	任意	是
高斯混合模型	数据的高斯分布	实际观察结果	是	具有不同协方差结构的球形簇	是

10.2.3.2　核主成分分析

我们参考文献[74，第 226-229 页]。首先，在第 10.2.2.3 节中，我们介绍了“核心技巧”，用于处理在原始空间中不能通过超平面分离的固有非线性数据集。其次，在第 10.2.2.3 节中，我们解释了“核心技巧”，使用了表 10.1 中的核心函数将样本隐式映射到一个称为特征空间的更高维度空间，并使用支持向量机实现非线性分类和回归。图 10.11 显示了将线性二维不可分问题转换为三维空间中的线性可分问题的示例。

我们还可以通过应用核心函数将核心技巧用于 PCA，从而在非线性投影后保留样本的簇。这称为 KPCA，是降维和异常检测的有效工具。

表 10.1 列出了典型的核心函数。对于流行的核心函数——对应于两个样本 $\boldsymbol{a}$ 和 $\boldsymbol{b}$ 的向量的高斯径向基核心函数(RBF)，即 $\exp(-\gamma\|\boldsymbol{a}-\boldsymbol{b}\|^2)$，有一个重要的超参数 γ。由于 KPCA 是一种无监督学习算法，因此没有特定的性能度量来帮助我们选择最佳的核心函数和超参数值。通常，我们通过网格搜索进行重复试验来找到核心函数和超参数。参考文献[74，第 277-281 页]给出了该核心函数和超参数优化的 Python 实现示例。

对于分类应用，我们可以使用 KPCA 将维度降低到二维，并通过网格搜索找到最佳的核心函数和超参数，然后应用第 10.2.2.1 节的“逻辑回归”(实际上是一种分类算法)。

10.2.3.3　K 均值聚类

在第 10.2.2.2 节中，我们讨论了在 RBFN 有监督学习背景下的 K 均值聚类。之前提出的大多数概念也适用于 K 均值聚类的无监督学习。对于无监督学习，当我们既没有因变量的标签，也没有特征或自变量的簇中心(或质心)时，我们该如何进行呢？我们参考文献[63，第 110-114 页；74，第 240-248 页]来进行讨论。

首先，我们提到在运行 K 均值聚类之前，***有必要对输入特征进行缩放***。否则，簇可能会非常分散，K 均值聚类的表现也会很差。

基本上，我们首先随机放置簇中心或质心，即随机选择 k 个样本并使用它们的位置作为质心。然后，我们标记样本，更新质心，并重复标记样本和更新质心的任务，直到质心停止移动。值得注意的是，计算经验表明该算法保证在有限次迭代(通常是相当少的)内收敛，并且不会永远震荡[74,第240页]。

这种聚类方案的效率取决于质心位置的初始化和簇的数量。我们可以使用不同的随机初始化的质心位置运行 10 次算法，并保留最优解[74,第242页]。

对于 K 均值聚类方法来说，找到适当的簇数量 k 是最重要的问题。Geron[74,第246-248页]介绍了一种称为***轮廓分数***(silhouette score)的有效工具，其可以很容易地在 Python 库中实现。轮廓分数是所有样本的轮廓系数的平均值。一个样本的轮廓系数等于$(b-a)/\mathrm{Max}(a, b)$，其中 a 是该样本与同一簇中其他所有样本的平均距离，即平均类内距离；b 是该样本与下一个最近簇中其他所有样本的平均距离，即到下一个最近簇(不包括样本自身的簇)的样本的平均距离。轮廓系数的变化范围在-1 和+1 之间。接近+1 的系数意味着该样本很好地位于其自己的簇中，并且远离其他簇；接近 0 的系数意味着它接近较近的边界；接近-1 的系数意味着该样本可能已被分配到错误的簇中。图 10.15 展示了采用不同簇数量的轮廓分数的一个示例[74,第246页]。该图表明，簇数量 $k=4$ 是一个非常好的选择；$k=5$ 也相当不错，比 $k=6$ 或 $k=7$ 要好得多。幸运的是，现有的 Python 库有代码使我们能够找到不同 k 值下的轮廓分数。

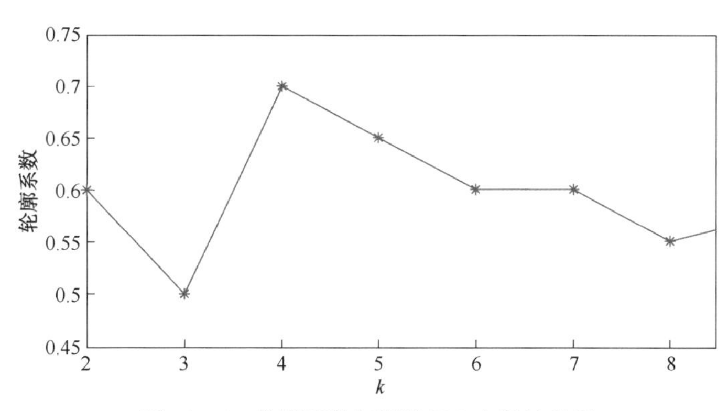

图 10.15　轮廓系数与簇数量 k 之间的关系

最后，我们注意到当簇具有不同大小、不同密度或非球形形状时，K 均值聚类的表现并不是很好。对于具有椭圆形簇的情况，第 10.2.3.6 节介绍的高斯混合模型(GMM)效果更好[74,第248页]。

10.2.3.4　层次聚类

Johnson[92]首先提出了层次聚类的概念。其基本思路是在不同尺度上对数据进行分组，并创建一系列嵌套的簇或簇树，也称为***树状图***(dendrogram)。簇树不是一组单一的簇，而是一个多级层次结构，其中一个级别的簇组合形成下一个级别的簇。这种多级层次结构使我们能够选择最适合的聚类层次或尺度[92]。图 10.16 给出了一组嵌套簇及相应的树状图示例。

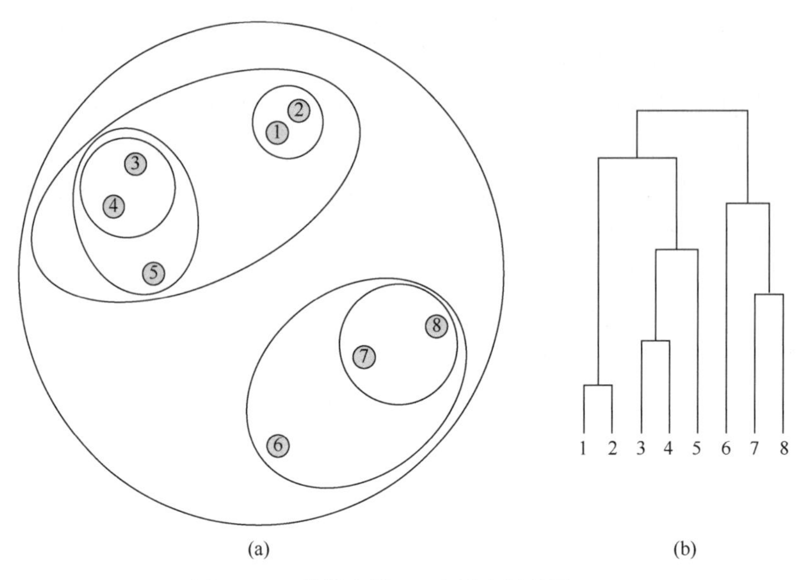

图 10.16　将嵌套簇(a)表示为树状图(b)

图 10.17 说明了两种类型的层次聚类。图 10.17(a)说明了一组嵌套簇被分解的顺序。这代表了层次聚类自上而下的视角，称为分裂式层次聚类(Divisive Hierarchical Clustering, DHC)。具体来说，我们将所有数据点视为单个簇；在每次迭代中，我们将不能相互比较的数据点与簇分开。这最终会导致多个簇。图 10.17(a)说明了 DHC 的概念。当我们有较少但较大的簇时，DHC 效果最好，但它的计算成本很高，因此很少被使用。

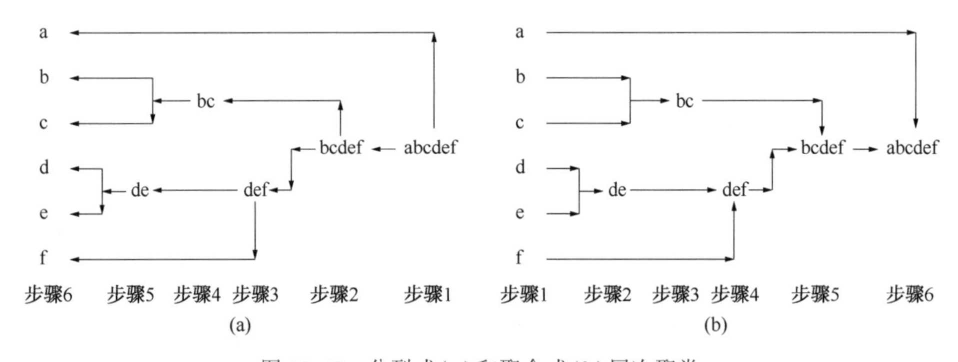

图 10.17　分裂式(a)和聚合式(b)层次聚类

相比之下，图 10.17(b)说明了层次聚类自下而上的视角，称为聚合式层次聚类(Agglomerative Hierarchical Clustering，AHC)。在这种情况下，我们最初将每个数据点视为一个独立的实体或簇。在每次迭代中，我们将这些簇与不同的簇合并，直到最终形成一个单一的大的簇。当我们有许多较小的簇时，AHC 很有用。它的计算简单，更易于使用，使用频率很高。

需要注意的是，层次聚类可能会导致错误的树状图。除非我们对数据了如指掌，否则我们无法避免这种错误，但这在处理大型数据集时是不可能的。这是因为我们创建簇的方式可能会导致截然不同的树状图，而我们可能无法确定哪种方式的结果最合适。

层次聚类即使在看似不相关的数据中也能工作，这既是优点也是缺点。举个例子，在2001年，医学研究人员已经应用层次聚类来识别乳腺癌基因表达模式，以区分具有临床意义的肿瘤亚型[93]。感兴趣的读者可以参考其他关于使用Python实现聚合式和分裂式层次聚类的在线示例。

10.2.3.5 DBSCAN

Easter等人[94]在1996年首次提出了一种基于密度的空间聚类算法，称为DBSCAN(Density-Based Spatial Clustering of Applications with Noise)。该算法克服了K均值聚类和层次聚类算法无法创建任意形状的簇和无法基于不同密度形成簇的局限性。此外，与K均值聚类相比，DBSCAN不需要事先告知簇的数量。

我们参考文献[63，第112页]来描述DBSCAN的基本概念。我们在DBSCAN中定义了两个超参数，即限制距离ε和限制数量n，ε是要围绕每个数据点创建的簇的半径，n是将该数据点定义为核心点时簇内所需的最小样本(数据点)数。

我们首先随机选择数据集中的一个样本$\boldsymbol{x}$，并将其分配给簇1。然后，我们计算与$\boldsymbol{x}$距离小于或等于ε的样本(数据点)的数量。如果此数量大于或等于n，则将所有ε-邻居放入相同的簇1中。然后，我们检查簇1的每个成员并找到它们各自的ε-邻居。如果簇1的某个成员具有n个或更多的ε-邻居，则通过将这些ε-邻居添加到簇中来扩展簇1。我们继续扩展簇1，直到没有更多的样本可以放入其中为止。然后，我们从不属于任何簇的数据集中选择另一个样本并将其分配给簇2。如此继续，直到所有样本要么属于某些簇，要么被标记为异常值。异常值是其ε-邻域内样本数少于n的样本。

假设每个簇中所需的最小样本数$n=3$，图10.18说明了围绕每个数据点的半径为ε的圆。我们在中间的圆中至少看到3个样本或数据点作为核心点(红色)。在左上角的圆内，有个数据点周围没有其他数据点，我们将该数据点称为噪声(蓝色)。

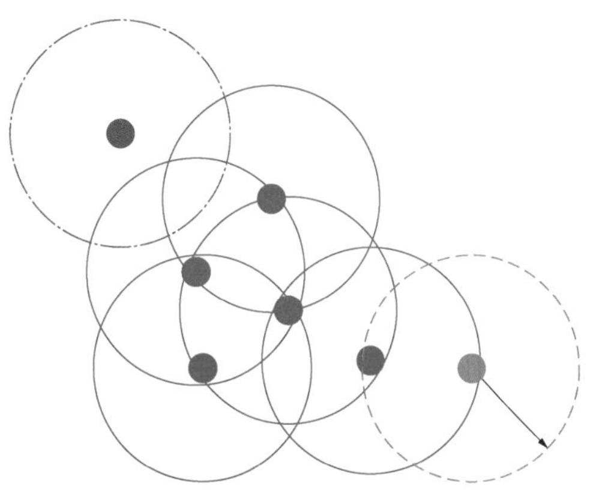

图10.18 DBSCAN算法中核心点(红色)、噪声(蓝色)和半径(ε)的示意图

DBSCAN相对于K均值聚类的优势在于它可以构建具有任意形状的簇。然而，为DBSCAN指定两个必需的超参数的良好值可能具有挑战性，而且当指定了ε时，该算法无法有效处理密度不同的簇[63,第111页]。我们建议感兴趣的读者参考关于DBSCAN的在线教程和Python实现示例。

10.2.3.6 高斯混合模型

当簇具有不同大小和内部具有不同相关结构时，K 均值聚类算法将无法有效地工作。一种替代方法是使用高斯混合模型(Gaussian Mixture Model，GMM)。在这里，我们参考文献[1，第 738-741 页；63，第 114-118 页；74，第 259-274 页]。GMM 将簇构造为多元正态密度(高斯分布)组分的混合。对于给定的观测值，GMM 会为每个组分密度(簇)指定后验概率。此概率表示观测值可能属于该簇的概率。通过选择使后验概率最大化的组分作为已分配的簇，GMM 可以执行硬聚类；通过根据观测值对于簇的得分或后验概率将观测值分配给多个簇，GMM 还可以执行软聚类。

GMM 有几个变体，在这里我们考虑最简单的一个。要应用该算法，我们必须事先知道 k 高斯分布的数量。具有均值 μ 和标准差 σ 的标准高斯或正态概率分布函数为：

$$f(x)=\frac{1}{\sigma\sqrt{2\pi}}\exp\left[-\frac{1}{2}\left(\frac{x-\mu}{\sigma}\right)^2\right] \tag{10.44}$$

本书附录 A 的 A.1 节中，我们展示了一个 $J\times K$ 的数据矩阵 $\boldsymbol{X}$，其中 K 是特征或自变量的数量，J 是观测或测量的数量。我们还讨论了每个 K 特征的 $1\times K$ 样本均值 $\bar{x}_k$，以及样本标准差 s_k 和样本协方差 s_{jk}。

图 10.19[74,第260页]说明了 GMM 算法的基本结构，其中包含特征向量 x_i 和相应的标签 y_i ($i=1-m$)。如果 $y_i=j$，则意味着第 i 个样本已被分配给第 j 个簇，使得相应的簇的标签为 j。第 j 个簇内的特征向量遵循均值为 μ_j 和协方差矩阵为 $\Sigma_j(j=1-k)$ 的高斯(正态)概率分布，表示为 $N(\mu_j,\ \Sigma_j)$。

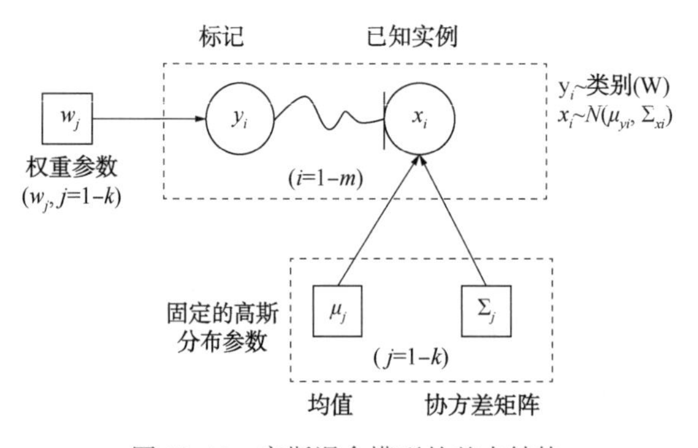

图 10.19 高斯混合模型的基本结构

图中，圆圈代表随机变量，方块代表固定值。在两个大矩形中，我们要从 $i=1-m$ 重复样本以及从 $j=1-k$ 重复簇。

给定数据集 $\boldsymbol{X}$，我们首先估计具有分量 $w_j(j=1-k)$ 的权重因子向量 $\boldsymbol{w}$，以及所有高斯概率分布参数均值 μ_j 和协方差矩阵 $\Sigma_j(j=1-k)$。根据文献[74，第 261-263 页]，这个过程的 Python 实现是“超级简单”的，该书给出了 Gaussian Mixture 代码的详细说明。

具体来说，该算法包括两个步骤：首先将样本分配到簇中(称为期望步骤，Expectation step)，然后更新簇(称为最大化步骤，Maximization step)。因此，GMM 算法的核心也被称为 EM 算法。在期望步骤中，该算法根据当前的簇的参数估计每个样本属于每个簇的概率。然后，在最大化步骤中，该算法使用数据集中的所有样本更新每个簇，每个样本被赋予一个权重，该权重是它属于这个簇的估计概率。我们将这些概率称为簇对样本的责任，因为簇的更新受到其最负责的样本的影响最显著。

最后，当使用 GMM 算法时，我们不能使用之前在图 10.15 中所述的轮廓分数来选择合适的簇数量，因为 GMM 模型中的簇不是球形的或具有不同的大小。文献[74，第 267-269 页]给出了使用不同准则选择合适的簇数量的详细信息和 Python 示例。

10.3 强化学习的集成方法

10.3.1 概述

传统的学习方法试图从训练数据中开发出一个单一的学习器。相比之下，***集成方法***[30,36,40,41,95-106]训练多个学习器来解决同一个问题。具体来说，一个集成包含多个学习器(训练模型)，这些学习器被称为***基础学习器***(base learner)，是通过基础学习算法从训练数据中生成的。我们注意到一些参考文献将学得模型称为***假设***[1,第696页;95,第2页]。集成的***泛化***能力指的是学习器或训练模型在训练过程中预测或分类未使用的新数据时的精确度。

我们通常在项目接近尾声时应用集成方法，此时我们已经构建了一些优秀的预测器作为基础学习器，并将它们组合成一个更好的预测器[74,第189页]。

我们关注集成方法的原因如下：①梯度提升(Gradient Boosting)是一种我们将讨论的集成方法，它在流行的 XGBoost(极限梯度提升)包中实现，用于处理具有数十亿个样本的问题，并且被数据科学竞赛的获胜者广泛采用[1,第702页]。特别地，在过去的 15 年里，集成方法在 KDD-Cup 中获得了最多的关注和胜利次数，KDD-Cup 是由计算机协会知识发现和数据挖掘专业兴趣小组赞助的年度数据挖掘和知识发现竞赛[95,第17页]。②机器学习竞赛中的获胜解决方案往往涉及集成方法(最著名的如 Netflix Prize 竞赛)[74,第189页]。③根据 ***Ensemble Methods: Foundations and Algorithms*** 一书的作者周志华的经验，目前最好的现成机器学习技术就是集成方法[95,第21页]。

集成方法吸引人的主要原因是它们能够将***弱或基础学习器***(通常仅略优于随机猜测)提升为强学习器，后者能够做出非常准确的预测，并且表现近乎完美。Schapire[96]证明弱学习器可以被提升为强学习器。由于从训练数据中获得基础学习器或弱学习器很容易，但在实践中生成强学习器却很困难，集成方法为生成强学习器提供了一个有前途的途径。

此外，当我们尝试使用任何机器学习技术预测目标变量时，导致实际值与预测值之间差异的原因包括***噪声***、***方差***和***偏差***。集成方法无法降低噪声，因为噪声是一个不可降解的误差。根据所使用的集成学习算法的类型，集成模型可能比其组件学习器具有更低的偏差，或者比其组件学习器具有更低的方差。与组件学习器相比，集成模型很难同时具有更低的偏差和方差，这归因于在图 10.3 中已经说明的偏差-方差权衡关系。

一般来说，我们通过两个步骤来开发一个集成模型，首先生成基础学习器，这些基础学习器应该准确且多样化，然后适当地组合它们以形成强学习器。在本节中，我们将在机器学习实践中应用装袋(bagging)、提升(boosting)和堆叠(stacking)方法。

10.3.2 装袋：随机森林算法

我们首先应用的方法是装袋(bagging)，这来自自助或引导聚合(bootstrap aggregating)的缩写，暗示了“自助”和“聚合”这两个关键要素[99]。在统计学中，从原始数据集中进行有放回抽样称为***自助***(bootstrap)[1,第697页]。自助包括从数据集中随机抽取一个小的子数据集。当进行有放回抽样时，这种方法就被称为装袋。当进行不放回抽样时，称为***粘贴***(pasting)[74,第192页]，该方法使得选择数据集中所有样本的概率相等。假设我们有一个包含 N 个样本和 M 个特征的数据集。装袋开始时随机选择一个样本和一个特征子集来创建一个模型。

大多数情况下，我们使用单个基础学习算法，以便我们具有使用不同方法训练的同质基础学习器。然后算法从子集中选择能够在训练数据上给出最佳分裂的特征，并重复相同的过程以创建多个模型，***每个模型都是平行且独立训练的***。最后，聚合所有模型的预测以给出最终预测。

一个流行的装袋算法是***随机森林算法***[1,101,第697-698页;74,第197-199页;95,第57-60页]，它将随机特征选择结合到传统的装袋方法中，用于决策树的构建。在构建基础决策树时，在每一步的分裂选择过程中，该算法随机选择部分特征，然后在选定的特征中进行传统的分裂选择过程[95]。为了获得低偏差的决策树，每棵树都会生长到最大尺寸，且不会进行剪枝。随机森林产生了一组不稳定的个体学习器，因为它们的结构在输入发生微小变化时可能会发生戏剧性的变化。总的来说，***将弱学习器聚合在一起可以得到一个具有更低方差的集成模型，且偏差也可能被降低***。该算法可以处理多维数据集和多类别分类，并且在处理噪声数据时表现良好[101]。

使用装袋时，某些样本可能会被任何给定的预测器多次抽样，而其他样本则可能根本不会被抽样。默认情况下，预测器以有放回抽样的方式从数据集抽取 m 个训练样本，其中 m 是训练集的大小。这意味着平均每个预测器只会抽到大约 63.2%的训练样本，这可以通过以下方式计算：随着 m 的增长，这个比例接近于 $1-e^{-1}=63.2\%$[5,第212页]。剩余未被抽样的 36.8%的训练样本称为***袋外***(Out-Of-Bag，OOB)样本。请注意，并不是所有预测器都是 36.8%。装袋集成可以使用袋外样本进行评估，无须单独地验证数据集[74,第192-193页]。

有兴趣的读者可以参考许多在线和文献[74，第 192-198 页]中随机森林算法的 Python 实现。在本书的附录 B 中，代码 B.4 和表 B.1 提供了随机森林算法的 Python 实现，以及常见参数及其建议值的列表。

第 10.6 节的例题 10.1 演示了随机森林算法用于预测高密度聚乙烯工艺中的熔融指数的过程。在这个应用和其他应用中，常见的步骤如下[30]：

(1) 使用现有库如 Scikit-learn 导入 Random Forest Regressor。

(2) 加载所需的数据集，并按照数据清理、集成和转换的步骤对数据进行预处理。

(3) 将数据集划分成测试、验证和训练集。

(4) 训练模型并进行基准预测。

(5) 使用 Grid Search(若高级计算资源可用)或者迭代方法调整超参数，以最大化精确度、加速处理并最小化过拟合。对于随机森林，优选 Grid Search 以选择正确的超参数。

(6) 使用 k-fold 交叉验证或 OOB 样本等技术评价模型，并使用诸如 RMSE 之类的指标来评估精度。

我们最近的文章[30]解释了更多基础知识，并给出了应用于工业发酵过程的详细过程。

10.3.3 提升：AdaBoost 和 XGBoost 算法

最流行的集成方法称为***提升***(最初称为***假设提升***，Hypothesis Boosting)，它指的是一类能够将弱学习器转化为强学习器的算法。简言之，提升首先从训练数据中构建一个学习器，然后创建第二个学习器来尝试纠正第一个学习器的错误。我们按顺序添加学习器，后续学习器更专注于先前学习器的错误。当训练数据集被近乎完美预测时或者达到预先指定的最大学习器数量时，我们停止添加学习器。概括地说，将弱学习器一起***提升可以得到一个比其基础学习器具有更低偏差的集成模型***，且方差也可能降低。

我们注意到，提升是团队合作的体现。每个运行的模型将决定下一个模型将关注的特征。它利用加权平均将弱学习器转化为强学习器。相比之下，装袋让每个模型独立运行，最后聚合所有输出，并不偏好任何模型。

一个著名的早期提升算法是***自适应提升***(Adaptive Boosting，AdaBoost)算法，由 Freund 和 Schapire[103]于 1995 年提出，最初用于对数据集进行分类。这篇论文在 2003 年被授予了由欧洲理论计算机科学协会(EATCS)和计算机协会的算法与计算理论专业兴趣小组(ACM SIGACT)联合赞助的哥德尔奖，该奖旨在表彰理论计算科学领域的杰出论文。

在训练 AdaBoost 分类器时，算法首先训练一个基础分类器，比如决策树，并使用它在训练集上进行预测。然后算法增加被错误分类的训练样本的相对权重，并再次在训练集上进行预测，更新样本的权重，依此类推。一般而言，第一个分类器会错误分类很多样本，所以它们的权重会提升。因此，第二个分类器在这些样本上会表现更好，以此类推[74,第199-200页]。

给定一个包含 N 个样本(特征加类别标签)的训练集，以及一个基础学习模型(如决策树)，AdaBoost 在训练集(D)上定义了 T 个不同的抽样分布，训练一系列 T 个基模型或弱学习器。算法通过修改 t-1 步的样本分布 D_{t-1} 来构建模型 t 的样本分布 D_t。特别是，在先前步骤中被错误分类的样本在新数据中会获得更高的权重，试图覆盖被错误分类的样本。实质上，AdaBoost 由重复修改的训练数据集拟合一系列弱学习器，然后通过加权求和组合所有弱学习器的预测，从而得到更准确的最终预测。

另一个流行的提升算法是由 Friedman 提出的***梯度提升***算法[104]，他将提升算法转化为统计框架中的数值优化问题。与 AdaBoost 类似，梯度提升通过将预测器依次添加到集合中，每个预测器都纠正其前者的错误。然而，与 AdaBoost 在每次迭代时调整样本的权重不同，梯度提升试图将新的预测器拟合到先前预测器产生的残差(residual errors)上[74,第203页]。

在该算法中，每次添加一个弱学习器，模型中的现有学习器被冻结并保持不变。其目标是通过使用类似于梯度下降的过程，向模型中添加弱学习器来最小化模型的损失函数。该算法很诱人，因为它允许使用任意可微分的损失函数，从而将提升技术扩展到传统的二分类问题之外，如支持回归、多类别分类等。

XGBoost(eXtreme Gradient Boosting，极限梯度提升)是一种优化的梯度提升，可在流行的 Python 库中使用。它最初由 Chen 和 Guestrin[105]开发。XGBoost 的进步包括正则化、灵活性、并行处理、更好的剪枝以及在提升过程的每次迭代中进行交叉验证。XGBoost 非常适合处理稀疏数据，并且经常是机器学习竞赛中获奖作品的重要组成部分[74,第207页]。

读者可以参考文献[74，第 202-207 页]和许多在线资源，了解 AdaBoost 和 XGBoost 算法的 Python 实现示例。

实现 XGBoost 的常见步骤类似于实现随机森林算法。具体如下[30]：

(1) 安装 XGBoost 以在 Python 中使用。

(2) 加载所需的数据集，并按照数据清理、集成和转换的步骤对数据进行预处理。

(3) 将数据集划分成测试、验证和训练集。

(4) 训练模型并进行基准预测。

(5) 使用迭代方法或 GridSearch 调整超参数，以最大化精度、加速处理并最小化过拟合。对于 XGBoost，仅需较低的学习速度和较高的提升轮数即可完成任务。

(6) 使用诸如 k-fold 交叉验证等技术评价模型，并使用诸如 RMSE 之类的指标评估精度。

我们最近的文章[30]解释了更多基础知识，并详细说明了应用于工业发酵过程的详细过程。

我们建议读者参考第 10.5.3 节的例题 10.1 以及使用随机森林和 XGBoost 集成学习方法进行高密度聚乙烯熔融指数预测的部分。

10.3.4 堆叠：堆叠回归

我们应用的第三种方法是堆叠[97,98]，该方法训练其中一个学习器来组合个体学习器。我们称个体学习器为第一级学习器(first-level learner)，并将组合学习器称为第二级学习器(second-level learner)或元学习器(meta learner)。为了进行堆叠，我们首先使用原始训练数据集训练第一级学习器，然后为训练第二级学习器生成一个新数据集[100]。特别地，我们将第一级学习器的输出特征指定为第二级学习器的输入特征，并保留原始标签作为新训练数据集的标签。

将堆叠应用于回归问题或称为堆叠回归(stack regression)[98]的方法之一是构建不同预测器的线性组合以提高预测精度。具体来说，我们使用不同的学习算法，并使用完整的训练数据集来构建第一级学习器。然后，使用学习算法基于第一级输出来训练第二级学习器或元回归器。该步骤利用交叉验证和最小二乘法，在所有回归系数都是非负值的约束下确定组合中的系数。该非负约束保证了堆叠集成的性能会比选择最佳个体学习器要好[98]。在介绍超级学习器(super learner)概念的工作中，van der Lann[106]在理论上证明了可以使用交叉验证来加权组合多个候选学习器以创建最优学习器。我们可以使用开源机器学习库和机器学习扩展来开发堆叠回归模型，同时使用 Scikit-learn 库进行数据分析。

感兴趣的读者可以参阅文献[74，第 211 页]和许多在线资源，了解 Python 实现堆叠算法的示例。

10.4 基于深度神经网络的增强学习

10.4.1 用于深度学习的传统神经网络的相关概念

10.4.1.1 多层感知器的基本概念和参数

在第 8.3.2.1 节和图 8.101 中，我们介绍了神经网络的基本处理单元(节点或神经元)。我们这样做是为了引入非线性状态空间有限微分网络(State-Space-Bounded Derivative Network，SSBDN)，以用于聚烯烃过程的非线性模型预测控制。在接下来的内容中，我们将更新文献[4]中的讨论，以回顾传统神经网络中的关键概念和参数，重点介绍用于深度神经网络(Deep Neural Network，DNN)时的局限性和所需的更改。在深度学习中，“***深度***”一词指的是隐藏层的数量，即神经网络的深度。基本上，***每个具有输入层、输出层和两个或更多隐藏层的神经网络都可以称为深度神经网络***。除了将隐藏层的数量称为“深度”外，我们还将每层中的节点或神经元的数量称为“***宽度***”。

图 10.20 显示了一个三层感知器。感知器(Perceptron)被定义为仅具有前向层间连接的神经网络。如图 10.21 中的连接选项所示，它没有层间或循环连接。

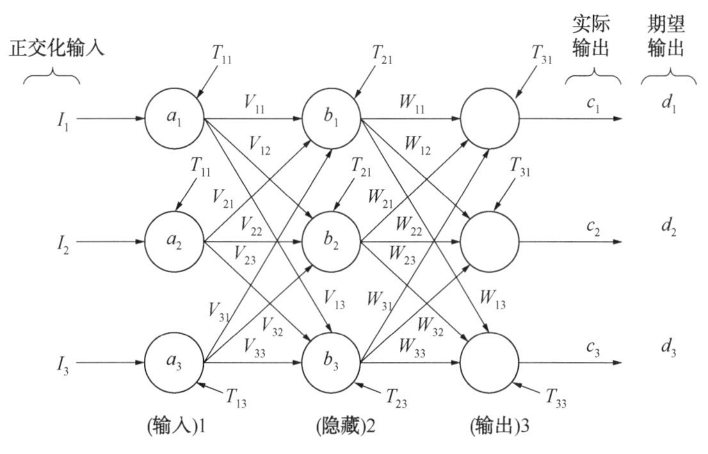

图 10.20　三层感知器

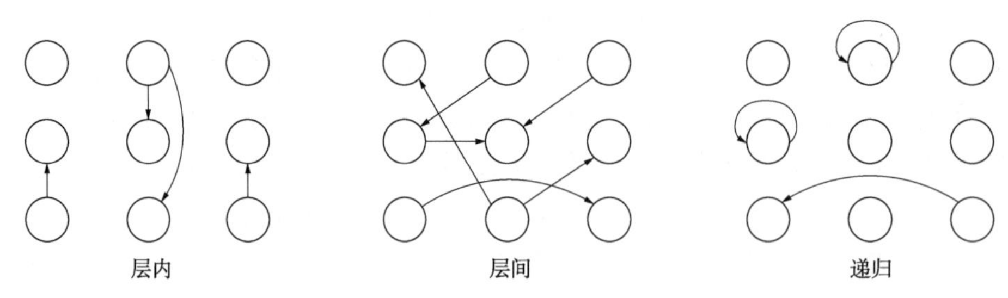

图 10.21　神经网络中的连接选项

我们考虑使用图 10.20 中的神经网络来进行化学反应器工艺数据的故障诊断。表 10.5 列出了网络的输入变量(特征)和输出变量(标签)。对于输入，我们通过将实际输入变量值除以其最大值来对输入值进行归一化，从而将每个输入值限制在有限范围内，即[0，1]。如图 10.20 所示，网络的期望输出 d 是布尔值，其中 0 表示未检测到操作故障，1 表示在给定输入变量条件下检测到操作故障。

表 10.5　图 10.20 中三层感知器的输入和输出变量

输入变量(特征)	输出变量(标签)
I_1：反应器入口温度(℉)	c_1：低转化率
I_2：反应器入口压力(psia)	c_2：低催化剂选择性
I_3：进料流量(lb/min)	c_3：催化剂烧结

反向传播算法包括前向激活流和后向误差传播，以选择最优的网络参数，如神经元之间的权重因子和神经元的内部阈值。

我们希望训练图 10.20 中的网络来识别以下指定条件：$I_1=300/1000=0.3$ ℉，$I_2=100/1000=0.1$psia，$I_3=200/1000=0.2$lb/min；$c_1=1$(低转化率)，$c_2=0$(无问题)，$c_3=0$(无问题)。

10.4.1.1.1　前向激活流：前向输出预测

步骤 1：假设权重因子$[v_{ij}]$和$[w_{ij}]$以及内部阈值$[T_{ij}]$的初始值在范围[−1，+1]内。

$$[v_{ij}]=\begin{bmatrix}-1 & -0.5 & 0.5\\ 1 & 0 & -0.5\\ 0.5 & -0.5 & 0.5\end{bmatrix}\quad [w_{ij}]=\begin{bmatrix}-1 & -0.5 & 0.5\\ 1 & 0 & 0.5\\ 0.5 & -0.5 & 0.5\end{bmatrix}\quad [T_{ij}]=\begin{bmatrix}0 & 0 & 0\\ 0.5 & 0 & -0.5\\ 0 & 0.5 & -0.5\end{bmatrix}$$

步骤 2：将输入向量 $\boldsymbol{I}$ 引入图 10.20 中的网络。使用 Sigmoid 激活函数从输入层计算输出：

$$x_i=I_i-T_{1i}\qquad a_i=f(x_i)=\frac{1}{1+e^{-x_i}}\tag{10.45}$$

将 $I_1=0.3$、$I_2=0.1$、$I_3=0.2$、$T_{11}=T_{12}=T_{13}=0$ 的值代入，我们得到 $a_1=0.57444$，$a_2=0.52498$，$a_3=0.54983$。

步骤 3：给定来自输入层的输出，找到隐藏层的输出：

$$b_j=f\left[\sum_{i=1}^{3}(v_{ij}a_i)-T_{2j}\right]\tag{10.46}$$

其中$f(\quad)$是 Sigmoid 激活函数。请注意，括号内的项表示总激活；当输入的加权和大于内部阈值 T_{2j}时，我们有一个节点被激活，从而生成隐藏层的非零输出。根据该方程：

$$b_1=f(v_{11}a_1+v_{21}a_2+v_{31}a_3-T_{21})$$
$$=f[(-1)(0.57444)+(1)(0.52498)+(0.5)(0.54983)-0.5]$$
$$=f(-0.27455)=0.43179$$
$$b_2=f(v_{12}a_1+v_{22}a_2+v_{32}a_3-T_{22})=f(-0.56214)=0.36305$$
$$b_3=f(v_{13}a_1+v_{23}a_2+v_{33}a_3-T_{23})=f(0.79965)=0.68990$$

步骤 4：给定来自隐藏层的输出，计算输出层的输出：

$$c_k=f[\sum_{j=1}^{3}(w_{jk}b_j)-T_{3k}] \tag{10.47}$$

得到：

$c_1=f(w_{11}b_1+w_{21}b_2+w_{31}b_3-T_{31})=f(0.27621)=0.56862$（实际值，$d_1=1$）

$c_2=f(w_{12}b_1+w_{22}b_2+w_{32}b_3-T_{32})=f(-1.06085)=0.25715$（实际值，$d_2=0$）

$c_3=f(w_{13}b_1+w_{23}b_2+w_{33}b_3-T_{33})=f(1.24237)=0.77598$（实际值，$d_3=0$）

10.4.1.1.2 反向误差传播

步骤 5：通过最小化均方误差[MSE，通常称为神经网络训练中的损失函数(Loss function)]，找到改进的网络参数($[v_{ij}]$、$[w_{ij}]$和$[T_{ij}]$)：

$$\text{Loss function}=\text{MSE}=\sum_k \varepsilon_k{}^2=\sum_k(d_k-c_k)^2 \tag{10.48}$$

在实践中，我们通过引入传递函数的梯度下降项来稍微修改 MSE 方程。具体来说，我们将输出误差(d_k-c_k)乘以 $c_k(1-c_k)$，下面是对 Sigmoid 激活函数取微分得到的结果：

$$f(x_k)=\frac{1}{1+e^{-x_k}}=c_k$$

其偏导数是：

$$\frac{\partial f}{\partial x_k}=\frac{e^{-x_k}}{(1+e^{-x_k})^2}=\frac{1}{1+e^{-x_k}}\left(1-\frac{1}{1+e^{-x_k}}\right)=c_k(1-c_k) \tag{10.49}$$

例如，当我们向后传播输出误差或从输出层反向传播输出误差时，误差项为：

$$\varepsilon_1=c_1(1-c_1)(d_1-c_1)=0.10581$$
$$\varepsilon_2=c_2(1-c_2)(d_2-c_2)=-0.04912$$
$$\varepsilon_3=c_3(1-c_3)(d_3-c_3)=-0.13489$$

步骤 6：继续从输出层向隐藏层进行反向传播。我们使用以下方程找到每个 ε_k 对应的隐藏层中误差向量的第 j 个分量 ε_j：

$$\varepsilon_j=b_j(1-b_j)[\sum_{k=1}^{3}(w_{jk}\varepsilon_k)] \tag{10.50}$$

这个方程应用了梯度项，即 $b_j(1-b_j)$来计算相对误差。根据该方程得到隐藏层的相对误差：

$$\varepsilon_1=b_1(1-b_1)(w_{11}\varepsilon_1+w_{12}\varepsilon_2+w_{13}\varepsilon_3)=-0.03648$$
$$\varepsilon_2=b_2(1-b_2)(w_{21}\varepsilon_1+w_{22}\varepsilon_2+w_{23}\varepsilon_3)=0.008872$$

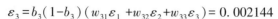

$$\varepsilon_3 = b_3(1-b_3)(w_{31}\varepsilon_1 + w_{32}\varepsilon_2 + w_{33}\varepsilon_3) = 0.002144$$

步骤 7：根据以下公式调整权重因子：

$$[\text{新权重因子}] = [\text{旧权重因子}] + [\text{学习率}] \times [\text{输入项}] \times [\text{梯度下降修正项}] \quad (10.51)$$

或

$$w_{jk,\text{new}} = w_{jk} + \eta_3 b_j \varepsilon_k = w_{jk} + \eta_3 b_j [c_k(1-c_k)(d_k - c_k)] \quad (10.52)$$

其中 η_3 是输出层的学习率，$0<\eta_3 \leq 1$；输入项为 b_j，括号内的项是梯度下降修正项。假设学习率 $\eta=0.7$。我们按如下方式调整权重因子：

$$w_{11,\text{new}} = w_{11} + \eta b_1 \varepsilon_1 = -0.9680$$

$$w_{12,\text{new}} = w_{12} + \eta b_1 \varepsilon_2 = -0.5149$$

$$w_{13,\text{new}} = w_{13} + \eta b_1 \varepsilon_3 = 0.4953$$

继续这些调整，我们得到如下改进后的权重因子：

$$[w_{jk}] = \begin{bmatrix} -1 & -0.5 & 0.5 \\ 1 & 0 & 0.5 \\ 0.5 & -0.5 & 0.5 \end{bmatrix} \quad [w_{jk,\text{new}}] = \begin{bmatrix} -0.9680 & -0.5149 & 0.4593 \\ 1.0269 & -0.0125 & 0.4657 \\ 0.5511 & -0.5237 & 0.4349 \end{bmatrix}$$

步骤 8：调整输出层的内部阈值。

$$T_{3k,\text{new}} = T_{3k} + \eta_3 \varepsilon_k \quad (10.53)$$

由 $[T_{31} \quad T_{32} \quad T_{33}]^{\mathrm{T}} = [0 \quad 0.5 \quad -0.5]$ 和一个固定的学习率 $\eta_3 = 0.7$ 以及从步骤 5 得到的 ε_k 值，我们得到：

$$[T_{31,\text{new}} \quad T_{32,\text{new}} \quad T_{33,\text{new}}]^{\mathrm{T}} = [0.0741 \quad 0.04656 \quad -0.5944]$$

步骤 9：根据以下规则调整连接输入层和隐藏层的权重因子 v_{ij}：

$$v_{ij,\text{new}} = v_{ij} + \eta_2 a_j \varepsilon_j \quad (10.54)$$

由 $\eta_2 = 0.7$，我们得到：

$$[v_{ij}] = \begin{bmatrix} -1 & -0.5 & 0.5 \\ 1 & 0 & -0.5 \\ 0.5 & -0.5 & 0.5 \end{bmatrix} \quad [v_{ij,\text{new}}] = \begin{bmatrix} -1.0147 & -0.4964 & 0.5009 \\ 0.9866 & 0.0033 & -0.4992 \\ 0.4860 & -0.4966 & 0.5008 \end{bmatrix}$$

步骤 10：根据以下方程调整隐藏层中的阈值 T_{2j}：

$$T_{2j,\text{new}} = T_{2j} + \eta_2 \varepsilon_j \quad (10.55)$$

得到：

$$T_{21,\text{new}} = T_{21} + \eta_2 \varepsilon_1 = 0.4745$$

$$T_{22,\text{new}} = T_{22} + \eta_2 \varepsilon_2 = 0.0062$$

$$T_{23,\text{new}} = T_{23} + \eta_2 \varepsilon_3 = -0.4985$$

步骤 11：重复步骤 2 至步骤 10，直到 MSE 或输出误差向量 ε 为零或足够小。需要 3860 步才能使实际输出与期望输出 d_k 的偏差小于 2%。我们得到：

期望输出：$[d_1 d_2 d_3] = [1 \quad 0 \quad 0]$；

实际输出：$[c_1 c_2 c_3] = [0.9900 \quad 0.0156 \quad 0.0098]$；

百分比误差：$[\varepsilon_1 \varepsilon_2 \varepsilon_3] = [1.00\% \quad 1.56\% \quad 0.98\%]$。

10.4.1.2 动量系数的引入

在示例 10.1 中所展示的对基础反向传播算法的改进是使用一种称为动量的技术来加速训练。***动量***是在调整权重因子时添加的额外权重因子。通过加速权重因子的变化，我们提高了训练速度。图 10.22 说明了动量的概念[4]。假设我们希望到达代表全局最小值的山底 B。在图 10.22 的左侧图中，我们在向下路径上遇到了一个上升，我们可能无法继续下山并被困在局部最小值 A 处。克服这一点的一种方法是引入外部动量来帮助我们越过上升，最终到达全局最小值 B，如图 10.22 的右侧图所示。为了实现这个概念，我们将动量项添加到式(10.51)中，如下所示：

$$[新权重因子]=[旧权重因子]+[学习率]\times[输入项]\times [梯度下降修正项]+[动量系数\ \alpha]\times[前次权重更新] \quad (10.56)$$

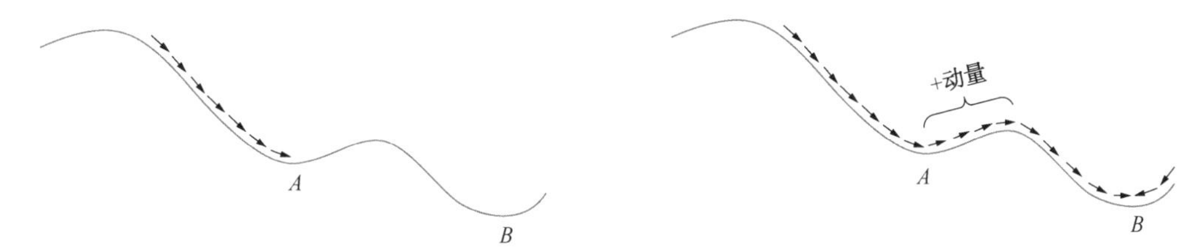

(a)目标向下达到局部最小值A　　(b)添加动量以驱动目标越过局部极大值，然后达到全局最小值B

图 10.22 添加动量以帮助达到全局最小值的概念示意图

学习率 η 和动量系数 α 都是大于 0 且小于等于 1 的常数，***常使用的优选值为***：$\eta=0.4\sim0.7$，$\alpha=0.4$[4]。我们在这里介绍它们的概念，因为它们是在训练 DNN 时重要的“超参数”。请注意，我们将在训练之前必须设置的学习算法中的属性称为***超参数***，如反向传播算法中的学习率。超参数与算法在训练过程中试图学习和优化的参数(例如，神经网络模型中的权重和偏差)不同。事实上，Geron[74,第325页]声称，学习率可以说是训练多层感知器(Multilayer Perceptron，MLP)最重要的超参数。

10.4.1.3 替代基本网络配置：使用偏置输入而非内部阈值

式(10.46)和式(10.47)中，从每个节点或神经元的加权输入总和中减去内部阈值 $T_{ij}(i,\ j=1\sim3)$，作为传递函数输入，以生成每个节点输出。图 10.23 显示了一种备选的基本网络配置，该配置具有额外“偏置”输入，来自一个固定为+1 的“偏置”节点，且有从该节点到隐藏层和输出层节点的权重因子(v_{01}、v_{02}、v_{03}、w_{01}、w_{02}、w_{03})。进而可将式(10.46) $b_j=f[\sum_1^3(v_{ij}a_i)-T_{2j}]$ 重写为如下形式：

$$b_j=f[\sum_1^3(v_{ij}a_i)+v_{0j}a_0] \quad (10.57)$$

$$b_j=f[\sum_0^3(v_{ij}a_i)] \qquad (a_0=1,\ T_{2j}=-v_{oj}) \quad (10.58)$$

根据式(10.58)，可类似重新书写式(10.47)。相比采用内部阈值，使用偏置输入有什么优势呢？通过将初始权重因子(v_{01}、v_{02}、v_{03}、w_{01}、w_{02}、w_{03})设置为非零，每个节点输入总加权和也为非零，即使前一层输出均为零[1,第752页]。

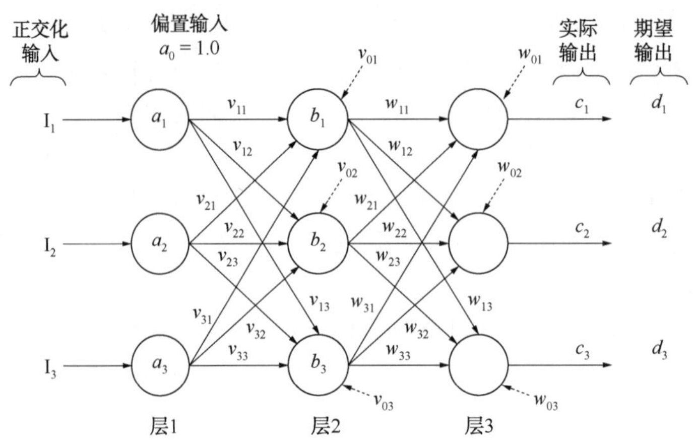

图 10.23　使用偏置输入代替内部阈值的另一种基本网络配置

权重因子(v_{01}、v_{02}、v_{03}、w_{01}、w_{02}、w_{03})连接偏置节点和由虚线箭头指向的节点

基于式(10.57)和式(10.58)，可用向量-矩阵形式写出全连接层的输出：

$$h_{W,b}(\boldsymbol{X})=\varphi(\boldsymbol{XW}+\boldsymbol{b}) \tag{10.59}$$

式中　$\boldsymbol{X}$——输入的特征矩阵，其每个实例一行，每个特征(自变量)一列；

$\boldsymbol{W}$——权重矩阵，包含所有连接权重，除偏置节点(神经元)权重，其每个输入神经元一行，每个层中人工神经元一列；

$\boldsymbol{b}$——偏置向量，包含偏置神经元和人工神经元之间所有连接权重，其每个人工神经元有一个偏置项；

φ——层中神经元的激活函数。

下文讨论循环神经网络(RNN)结构时，式(10.59)将十分有用。

10.4.1.4　激活函数的选择、梯度消失和梯度爆炸问题

表 10.6 总结了在传统网络和深度神经网络中常用的四种激活函数。图 10.24 说明了这些函数及其导数。注意到 Sigmoid 激活函数，当输入(x)变得很大(负或正)，输出(y)将变为常数 0 或 1，这种类型的激活函数被称为饱和激活函数。相反，线性整流单元(ReLU)激活函数是一种非饱和激活函数。这一点与下面讨论的与对抗 DNN 训练中的梯度不稳定问题有关。

表 10.6　激活函数及其导数

激活函数	函数，$y=f(x)$	导数，$y'(x)=f'(x)$
逻辑函数(Sigmoid)	$\frac{1}{1+e^{-x}}$	$f(x)[1-f(x)]=e^{-x}/(1-e^{-x})^2$
双曲正切函数(tanh)	$\frac{e^x-e^{-x}}{e^x+e^{-x}}$	$1-[f(x)]^2$
线性整流单元(ReLU)	$f(x)=0$，当 $x<0$ 时；$f(x)=x$，当 $x\geqslant 0$ 时	$f'(x)=0$，当 $x<0$ 时；$f'(x)=1$，当 $x\geqslant 0$ 时
软正则化(Softplus)	$\ln(1+e^x)$	$\frac{1}{1+e^{-x}}$(Sigmoid)

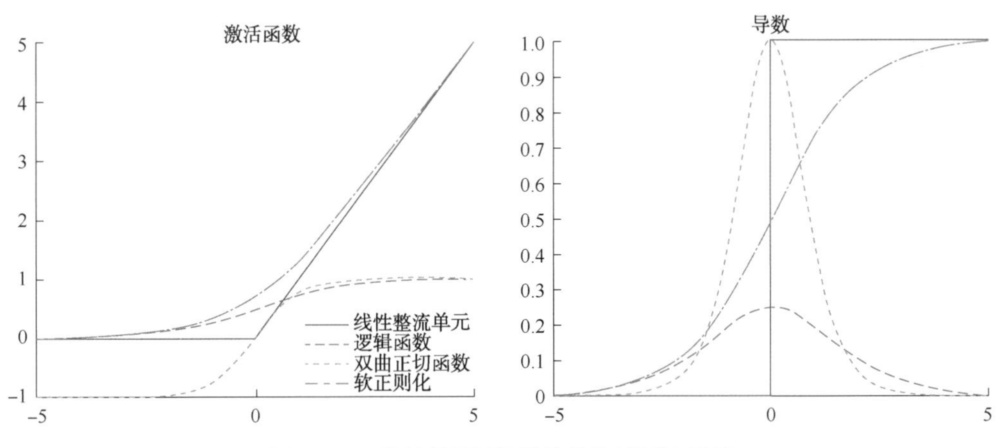

图 10.24 常见激活函数及其导数(微分)示例

在多层神经网络研究的最初 25 年(大约 1985 年至 2010 年),隐藏层神经元几乎全部使用 Sigmoid 和双曲正切(tanh)激活函数。从 2010 年左右开始,ReLU 和 Softplus 激活函数变得更受欢迎,特别是因为它们具有更好的微分性质,可以避免使用梯度下降方法训练网络时的梯度消失或爆炸问题[1,第759页]。

如示例所示,误差梯度从输出层到输入层方向传播。算法计算出神经网络中每个参数(权重因子、内部阈值和偏置输入)关于损失函数(均方误差)的梯度,然后使用梯度下降步骤更新每个参数,见式(10.4)。然而,随着算法的进行,在接近较低层(输入层)时,梯度往往会变得越来越小。梯度下降更新法几乎不改变较低层的参数,导致训练永远不会收敛到一个良好的值。这被称为梯度消失[74,第331页]。反之,当大量误差梯度累积时会发生梯度爆炸,导致在训练过程中神经网络模型权重的更新非常大。致使模型不稳定,无法从训练数据中学习。

表 10.7 和图 10.24 显示,当使用函数值和导数值均为正数的 ReLU 激活函数及其平滑变体 Softplus 激活函数时,神经元的输出将始终为正。将它们作为激活函数有助于避免梯度消失问题。因此,从 2010 年开始,ReLU 是训练神经网络,特别是具有两个或更多隐藏层的深度神经网络(DNN)时最常用的激活函数。许多软件库和硬件加速器提供 ReLU 特定优化。如果首要目标是训练速度,ReLU 应该是最佳激活函数[74,第338页]。

表 10.7 深度学习应用中用于回归的多层感知器(MLP)的典型架构

类　别	典型值或选择
输入神经元的#	每个特征一个(自变量)
隐藏层的#	通常 2~5
每个隐藏层的神经元的#	通常为 10~100
输出神经元的#	每个标签一个(因变量)
激活功能,隐藏层	线性整流单元(ReLU)或软正则化(Softplus)
输出激活功能	无

续表

类　别	典型值或选择
损失函数	MSE(均方误差)
超参数优化算法	Random Search(随机搜索)，Bayesian 优化，Hyperband(超带)
超参数	动量系数、学习率、权重衰减、脱落(dropout)、批量归一化

10.4.1.5　批量归一化(Batch Normalization，BN)

Ioffe 和 Szegedy[107]提出的批量归一化(BN)可以用来改善神经网络训练。虽然使用 ReLU 激活函数及其平滑变体 Softplus 可以显著减少训练开始时的梯度消失或爆炸，但这并不保证它们在训练过程中不会再次出现。BN 通过在每个隐藏层的激活函数之前或之后添加一个操作来帮助避免这些问题。

这个操作简单地将每个输入进行零中心化和标准化(本书附录 A 的 A.1.7 节中讨论了均值中心化和标准差缩放)。然后，BN 使用每层两个新的参数向量进行缩放和移位：一个用于缩放，另一个用于移位。本质上，该操作让模型学习每个层输入的最优范围和均值。在许多情况下，可以通过将 BN 层添加为神经网络的第一层来实现 BN，而无须标准化训练集(例如，通过使用 Python 代码中的 StandardScaler，见第 10.6.3.3 节的图 10.45)。

Ioffe 和 Szegedy[107]的研究表明，BN 显著改善了他们采用的所有深度神经网络，大大提高了图像分类网络的性能，并显著缓解了梯度消失问题。BN 还可以降低过拟合的风险，在第 10.2.1.1 节中已经讨论过。另一种通过将模型简化以降低过拟合风险的方法叫作正则化[74,第27页]，对此将在下文中更详细地讨论。

10.4.1.6　正则化防止过拟合：权重衰减和随机失活

正则化旨在限制模型的复杂性，因为用户希望在完美拟合训练数据和保持模型足够简单以确保其在验证数据上具有良好泛化能力之间找到平衡。有一种正则化方法名为权重衰减(weight decay)，它在损失函数(均方误差)中添加一个惩罚项 $\lambda[\sum_{i,j}(v_{i,j}^2+w_{i,j}^2)]$。其中 $v_{i,j}$和 $w_{i,j}$是在式(10.46)和式(10.47)中定义的权重因子。λ 是 ML 训练算法的超参数，控制惩罚的强度，惩罚项是对网络中所有权重的平方求和。使用 $\lambda=0$ 相当于不使用权重衰减，而使用较大的 λ 值则倾向权重变小。文献建议 λ 可以取值 10^{-4}[1,第771页]。

另一种流行的正则化技术是使用随机失活(dropout)，这是一个相当简单的算法。在每个训练步骤中，每个神经元(包括输入神经元但总是不包括输出神经元)有概率 p 被暂时“丢弃”，意味着在这个训练步骤中它将被完全忽略，但在下一步中可能会激活。超参数 p 被称为失活率，建议使用的值在 10%~50%。对于下面讨论的 RNN，p 大约是 20%~30%；对于下面讨论的 CNN，p 大约是 40%~50%。训练结束后，神经元不再失活。已经证明随机失活可以将最先进的神经网络的准确性提高 1%~2%。在实践中，这是有效的，因为如果一个模型已经达到 95%的准确率，那么增大 2%的准确度提升意味着将错误率几乎降低了 40%(从 5%的错误率降到大约 3%)[74,第365页]。

最后，Zhou 等人[109]对制药领域的吸收、分布、代谢和排泄(ADME)性质的深度神经网络(DNN)进行了详细的超参数优化研究。他们测试了以下超参数：学习率(0.01、0.1 和 1)、权重衰减(0、10^{-6}、1^{-5}、1^{-4}和1^{-3})、失活率(0、0.2、0.4和0.6)、激活函数(ReLU和Sigmoid)以及BN(有和没有)。已经将他们的研究结果与之前的讨论结合起来，并提出了超参数取值建议。

10.4.1.7 使用更快的优化器

训练深度神经网络可能会非常缓慢，有一些方法可以加快训练速度。建议读者参考文献[74，第350-359页]，对这些方法进行详细讨论。本文已经讨论了其中一些方法，比如使用良好的激活函数ReLU，并应用BN。训练速度的另一个提升来自使用更快的优化器，而不是常规的梯度下降算法。特别是，推荐读者浏览一篇经典论文，由Kingma和Ba[110]撰写，介绍了Adam(Adaptive Moment Estimation自适应矩估计)，这是一种用于基于梯度的随机目标函数或损失函数的一阶优化算法。

Adam优化器是训练深度神经网络的推荐方案。在不详细讨论该算法具体方程的情况下(请参阅文献[74]，第356页)，注意到该算法中三个超参数的默认值分别为：学习率lr或$\eta=0.001$；动量衰减参数$\beta_1=0.9$；缩放衰减超参数$\beta_2=0.999$。在Python中使用Keras实现这些参数是很简单的：

```
Optimizer = keras.optimizer.Adam(lr = 0.001,
beta_1 = 0.9, beta_2 = 0.999)
```

在第10.7.3节中演示了如何在Python平台上使用Keras库中的Adam优化器来预测DNN的HDPE *MI*。

10.4.1.8 深度学习应用的推荐多层感知器(MLP)架构

采纳并扩展了参考文献[74，第292页]的建议，并呈现表10.7以总结深度学习中典型的MLP架构。在本书附录B中，代码B.6和最后的表B.1给出了DNN算法的Python实现，以及常见参数及其建议值列表。建议读者查阅第10.7节的例题10.2，以及使用DNN预测HDPE *MI*。最后，分享了关于深度学习中选择层数和神经元数量的重要经验[1,第769页]。当比较两个具有相似权重因子数量的网络时，通常具有更深层数的网络具有更好的泛化性能，在对预测训练中未见过的数据进行验证时，展示出更高的准确性。

10.4.2 深度学习中的循环神经网络(RNN)

10.4.2.1 时间序列相关建模中使用的循环神经网络

循环神经网络(RNN)主要用于处理具有序列属性或与时间相关的数据类型，如时间序列数据。先前的书籍[4，第228-364页]详细介绍了将RNN应用于化学工程中的过程预测、建模和控制。参考文献[45，48，50-54，57，75，87，111-117]提出了使用RNN进行深度学习，并应用于化学工业。在第10.8节中，展示了例题10.3，演示了使用深度RNN预测时间相关的HDPE *MI*。

图10.25(a)显示了在循环连接中，神经元的输出会反馈给自身。在图10.25(b)的最右侧部分，可以看到循环神经元接收输入向量$\boldsymbol{x}(t)$和自前一个时间步的输出向量$\boldsymbol{y}(t-1)$。值得注意的是，在初始时间步时，没有前一个输出可用，因此通常被设定为零。图10.25(b)进

一步说明了这个循环神经元随时间的演变过程。

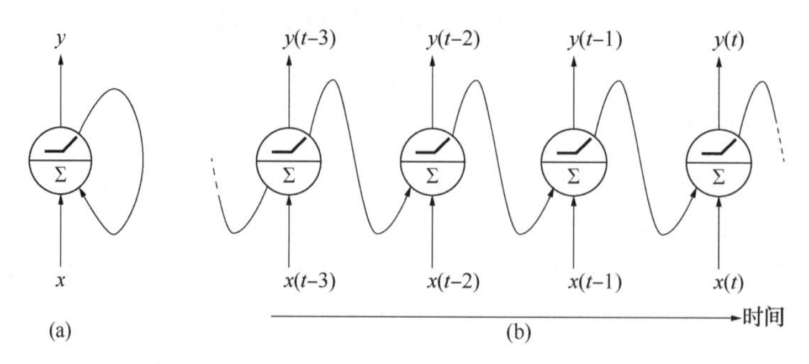

图 10.25　随时间演变的递归连接(a)和递归神经元(b)

每个循环神经元有两组权重因子(例如，$\boldsymbol{w}_x$ 和 $\boldsymbol{w}_y$)：一组用于输入向量 $\boldsymbol{x}(t)$，另一组用于前一个时间步的输出向量 $\boldsymbol{y}(t-1)$。当考虑整个循环层而不仅是一个循环神经元时，可以将所有的权重因子放在两个权重矩阵 $\boldsymbol{W}_x$ 和 $\boldsymbol{W}_y$ 中。根据式(10.57)~式(10.59)，可以表示整个循环层在单个实例(即一个样本)上的输出向量如下所示：

$$\boldsymbol{y}(t)=\varphi[\boldsymbol{W}_x^{\mathrm{T}}\boldsymbol{x}(t)+\boldsymbol{W}_y^{\mathrm{T}}\boldsymbol{y}(t-1)+\boldsymbol{b}] \tag{10.60}$$

在这个方程中，φ 是激活函数，$\boldsymbol{b}$ 是偏置向量，包括循环层中所有神经元的偏置输入。

可以进一步将这种表示方式扩展到一个小批量中所有样本的循环神经层中，方法是将不同样本在时间步 t 的所有输入向量放在输入矩阵 $\boldsymbol{X}(t)$ 中，在时间步($t-1$)的所有输出向量放在输出矩阵 $\boldsymbol{Y}(t-1)$ 中。因此，可以如下表示一个小批量中所有样本的循环神经层的输出：

$$\begin{aligned}\boldsymbol{Y}(t)&=\varphi[\boldsymbol{W}_x^{\mathrm{T}}\boldsymbol{X}(t)+\boldsymbol{W}_y^{\mathrm{T}}\boldsymbol{Y}(t-1)+\boldsymbol{b}]=\varphi[\boldsymbol{X}(t)\boldsymbol{W}_x+\boldsymbol{Y}(t-1)\boldsymbol{W}_y+\boldsymbol{b}]\\&=\varphi[\boldsymbol{X}(t)\boldsymbol{Y}(t-1)\boldsymbol{W}+\boldsymbol{b}]\end{aligned} \tag{10.61}$$

其中，$\boldsymbol{W}=[\boldsymbol{W}_x\boldsymbol{W}_y]^T$。假设 m 是小批量中样本的数量，n_{neurons}是神经元的数量，n_{inputs}是输入特征的数量。在式(10.61)中：

$\boldsymbol{Y}(t)$为一个 $m\times n_{\text{neurons}}$的矩阵，包含了在小批量中每个样本在时间步 t 的循环层的输出。

$\boldsymbol{X}(t)$为一个 $m\times n_{\text{inputs}}$的矩阵，包含了在小批量中所有样本在时间步 t 的循环层的输入。

$\boldsymbol{W}_x$ 为一个 $n_{\text{inputs}}\times n_{\text{neurons}}$矩阵，包含了当前时间步输入的权重因子。

$\boldsymbol{W}_y$ 为一个 $n_{\text{neurons}}\times n_{\text{neurons}}$矩阵，包含了前一个时间步输出的权重因子。

$\boldsymbol{b}$ 为一个大小为 n_{neurons}的向量，包含每个神经元的偏置输入。

$\boldsymbol{W}=[\boldsymbol{W}_x\times\boldsymbol{W}_y]^{\mathrm{T}}$。权重矩阵 $\boldsymbol{W}_x$ 和 $\boldsymbol{W}_y$ 在垂直方向上连接，形成一个维度为($n_{\text{inputs}}+n_{\text{neurons}})\times n_{\text{neurons}}$的单一矩阵 $\boldsymbol{W}$。

$[\boldsymbol{X}(t)\boldsymbol{Y}(t-1)]$=矩阵 $\boldsymbol{X}(t)$和 $\boldsymbol{Y}(t-1)$的水平连接。注意，$\boldsymbol{Y}(t)$取决于 $\boldsymbol{X}(t)$和 $\boldsymbol{Y}(t-1)$，它们是 $\boldsymbol{X}(t-1)$和 $\boldsymbol{Y}(t-2)$的函数，而它们又是 $\boldsymbol{X}(t-2)$和 $\boldsymbol{Y}(t-3)$的函数，依此类推。因此，$\boldsymbol{Y}(t)$取决于时间为 0 以来的所有输入，即 $\boldsymbol{X}(0)$，$\boldsymbol{X}(1)$，$\boldsymbol{X}(2)$，…，$\boldsymbol{X}(t)$。在时间为 0 时，没有前一个时刻的输出，因此设定它们都为零。

将第 10.4.1 节中讨论的反向传播算法扩展到依赖于时间的循环神经网络(RNN)。图 10.26展示了通过时间进行反向传播以训练 RNN 的概念。

从左到右的网络进行前向传递由虚线箭头表示。使用成本或损失函数 $C[\boldsymbol{Y}(0)$，$\boldsymbol{Y}(1)$，

$\boldsymbol{Y}(2)$，⋯，$\boldsymbol{Y}(T)$]对输出序列进行评估，其中，T 是最大时间步长。接下来，进行反向误差传播。成本函数的梯度通过网络向后传播(由实线箭头表示)，使用时间反向传播期间计算得到的梯度来更新模型参数。

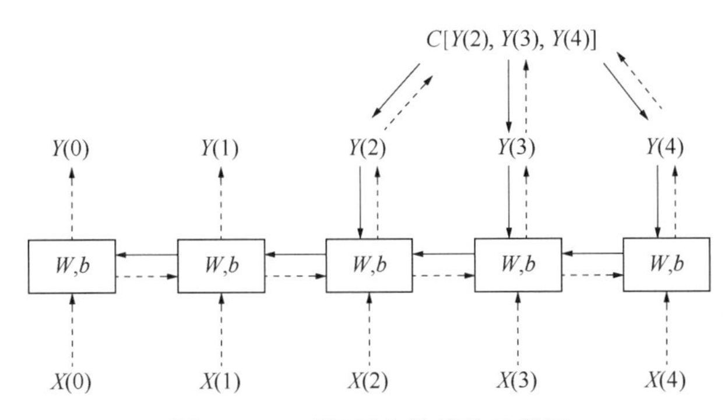

图 10.26　时间反向传播的示意图

虽然最终使用网络的最后三个输出 $\boldsymbol{Y}(2)$，$\boldsymbol{Y}(3)$ 和 $\boldsymbol{Y}(4)$ 计算代价函数，但是所有输出通过梯度流影响成本函数，而不仅仅是最终输出。最后，由于权重矩阵 $\boldsymbol{W}$ 和偏置向量 $\boldsymbol{b}$ 在每个时间步都被使用，反向传播应该对所有时间步求和。

在第 10.4.1.4~第 10.4.1.8 节中讨论的深度神经网络的建议应用训练循环神经网络(RNN)时存在几个问题[74,第511-512页]。在长序列上训练具有许多时间步的 RNN 往往会使网络[见图 10.27(b)]变得非常深。这意味着训练 RNN 可能会遇到与讨论过的 DNN 相同的不稳定(梯度消失或爆炸)问题。

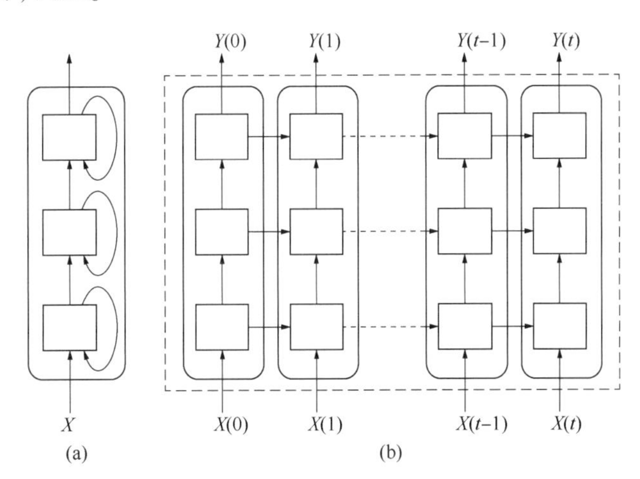

图 10.27　一个深度的 RNN(a)随着时间的演化(b)

在第 10.4.1.4~第 10.4.1.8 节中讨论的许多用于克服梯度不稳定问题的技术对于 RNN 仍然适用，但需要注意一些事项和例外情况。首先，仍然可以应用更快的优化器(见第 10.4.1.7 节)和随机失活(见第 10.4.1.6 节)。但是，只能在循环层之间(图 10.27 中垂直部分)应用 BN(见第 10.4.1.5 节)，而不能在时间步之间(图 10.27 中水平部分)。换句话说，可以在每个循环层之前添加一个 BN 层，但不要期望太大，因为研究[112]表明，当应用于当前时间步的输入时，BN 仅略有作用，而对上一个时间步的输出则用处不大。

对于开发深度 RNN，在第 10.4.1.4 节和图 10.24 中讨论的非饱和激活函数如 ReLU，可能并不能在缓解梯度不稳定问题方面提供太多帮助。事实上，在训练过程中，它们实际上可能导致 RNN 更不稳定。为什么呢？假设梯度下降更新权重因子时略微增加了第一个时间步的输出，而算法在每个时间步都使用相同的权重因子，因此第二个时间步的输出也会略微增大。同理，后续每个时间步都会增大，最终可能会"爆炸"。***可以通过使用较小的学习率和使用类似双曲正切(tanh)这样的饱和激活函数来降低这种风险，双曲正切被推荐作为深度 RNN 的默认激活函数***[74,第511页]。

Glorot 和 Bengio[108]建议，更合适的初始化权重因子也可以帮助缓解 RNN 中的梯度不稳定问题。为了使前向激活函数流和反向误差传播能够正确进行，作者认为每个层的输出方差应该等于其输入方差，而且在反向传输经过神经层时，梯度方差不变。在实践中，除非神经层具有相等数量的输入和神经元(这些数字被称为*层的fan-in* 和 *fan-out*)，否则无法满足此要求。Glorot 和 Bengio 提出了一个性能良好的权重因子初始化方案，在 Python 中的 Keras 库中名为 *Glorot* ***初始化***，能在实践中表现良好。具体地，权重因子初始化时设置均值为 0，方差为 $\sigma^2=1/\mathrm{fan}_{\mathrm{avg}}=2/(\mathrm{fan}_{\mathrm{in}}+\mathrm{fan}_{\mathrm{out}})$ 的正态分布[74,第333页]。

Bengio 及其同事[112]提出了"***梯度缩放***"或"***梯度裁剪***"的概念，以解决梯度消失或爆炸的问题。如果梯度值小于负阈值或大于正阈值，梯度裁剪将损失函数(如均方误差)的导数剪切到一个给定的值。例如，可以指定范数为 0.5，这意味着如果梯度值小于-0.5，则将其设置为-0.5；如果大于 0.5，则将其设置为 0.5。

设 $\|\boldsymbol{g}\|$ 为梯度向量的范数，将 $c(\boldsymbol{g}/\|\boldsymbol{g}\|)$ 替换为 $\boldsymbol{g}$，其中 c 是一个被称为阈值的超参数，$\boldsymbol{g}$ 是梯度，$\boldsymbol{g}/\|\boldsymbol{g}\|$ 是一个单位向量。经过 r-缩放后，新的梯度将满足 $\|\boldsymbol{g}\|=c$。如果 $\|\boldsymbol{g}\|<c$，则不需要做任何处理。

或者，可以将梯度裁剪视为在梯度超出预期范围时，强制梯度值达到特定的最小或最大值。当传统的梯度下降方法倾向于较大步长时，梯度裁剪介入以减小步长，使其足够小，以减小可能超出梯度指示大致最陡下降方向的区域的可能性。

除了遇到梯度不稳定问题之外，深度 RNN 还面临着短期记忆问题，在第 10.4.2.2 节中做进一步解释。

10.4.2.2 长短期记忆(LSTM)RNN

本节介绍了 LSTM 的概念，建议读者阅读文献[45，48，57，118]，这些文献报道了 LSTM 在化学过程中的几个应用，并在第 10.8 节以及例题 10.3 中介绍了在 HDPE 中预测 *MI* 的方法。

由于输入数据通过 RNN 时经过传递函数的转换，在每个时间步往往会丢失一些信息。过一段时间后，RNN 可能几乎不包含第一个输入的痕迹。为了解决这个问题，对传统 RNN 的架构进行了改变，使得数据信息能够在许多时间步中被保留下来。

我们参考文献[1，第 775 页；74，第 514-517 页；114]，引入了一种带有记忆单元的特殊 RNN，名为***长短期记忆(LSTM)单元***，如图 10.28 所示。本质上，这个单元包括三个特殊的门：一个用于选择记忆或遗忘先前状态中的不相关部分的***遗忘门***；一个用于更新记忆或有选择地更新单元状态值的***输入门***；以及一个用于选择输出或输出单元状态的***输出门***。

一个单元状态向量 $\boldsymbol{c}(t-1)$ 经过这三个门控操作，剩余的记忆将变成一个状态向量 $\boldsymbol{c}(t)$，称为 ***长期状态向量***。

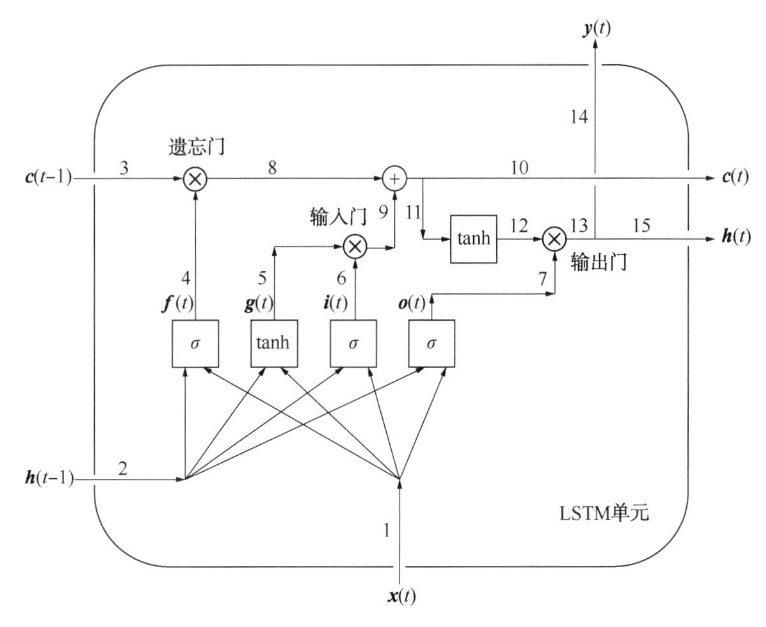

图 10.28 LSTM 单元示意图

可以发现在时间 t 时的输入向量 $\boldsymbol{x}(t)$(图中标记为向量 1)和上一个时间步骤的输出向量 $\boldsymbol{h}(t-1)$(标记为向量 2)都进入具有 Sigmoid 激活函数的滤波单元，得到一个输出向量 $\boldsymbol{f}(t)$(标记为向量 4)，该向量作为输入向量进入遗忘门。根据式(10.60)，将 $\boldsymbol{f}(t)$ 表示为：

$$\boldsymbol{f}(t)=\sigma[\boldsymbol{W}_{xf}^{\mathrm{T}}\boldsymbol{x}(t)+\boldsymbol{W}_{hf}^{\mathrm{T}}\boldsymbol{h}(t-1)+\boldsymbol{b}_f] \tag{10.62}$$

在式(10.62)及随后的式(10.63)~式(10.66)中：σ 是 Sigmoid 激活函数，其输出向量的模被限制在 0~1(见图 10.24)。

$\boldsymbol{W}_{xj}$、$\boldsymbol{W}_{xf}$、$\boldsymbol{W}_{xo}$、$\boldsymbol{W}_{xg}$ 是输入门、遗忘门、输出门和它们连接到输入向量 $\boldsymbol{x}(t)$ 的门控单元的权重因子矩阵。

$\boldsymbol{W}_{hi}$、$\boldsymbol{W}_{hf}$、$\boldsymbol{W}_{ho}$、$\boldsymbol{W}_{hg}$ 是输入门、遗忘门、输出门和它们连接到上一个短期状态或上一个时间步长的输出向量 $\boldsymbol{h}(t-1)$ 的门控单元的权重因子矩阵。

$\boldsymbol{b}_i$、$\boldsymbol{b}_f$、$\boldsymbol{b}_o$、$\boldsymbol{b}_g$ 是输入门、遗忘门、输出门和门控单元的偏置项。

接下来，类似过滤操作生成一个输出向量 $\boldsymbol{i}(t)$，作为输入门的输入向量(标记为向量 6)：

$$\boldsymbol{i}(t)=\sigma[\boldsymbol{W}_{xi}^{\mathrm{T}}\boldsymbol{x}(t)+\boldsymbol{W}_{hi}^{\mathrm{T}}\boldsymbol{h}(t-1)+\boldsymbol{b}_i] \tag{10.63}$$

采用类似的操作生成输出向量 $\boldsymbol{o}(t)$，作为输出门的输入向量(标记为向量 7)：

$$\boldsymbol{o}(t)=\sigma[\boldsymbol{W}_{xo}^{\mathrm{T}}\boldsymbol{x}(t)+\boldsymbol{W}_{ho}^{\mathrm{T}}\boldsymbol{h}(t-1)+\boldsymbol{b}_o] \tag{10.64}$$

$\boldsymbol{x}(t)$ 和 $\boldsymbol{h}(t-1)$ 也进入一个带有 tanh 激活函数的门控单元，产生向量 $\boldsymbol{g}(t)$(标记为向量 5)，作为输入门的输入向量，表示为：

$$\boldsymbol{g}(t)=\tanh[\boldsymbol{W}_{xg}^{\mathrm{T}}\boldsymbol{x}(t)+\boldsymbol{W}_{hg}^{\mathrm{T}}\boldsymbol{h}(t-1)+\boldsymbol{b}_g] \tag{10.65}$$

其中，tanh 是双曲正切激活函数(见图 10.24)，它的输出分量在-1~1。

关键在于，当长期状态 $\boldsymbol{c}(t-1)$(标记为向量 3)在网络中从左向右传递时，首先经过遗忘门 $\boldsymbol{f}$。这个门将前一个单元状态 $\boldsymbol{c}(t-1)$(标记为向量 3)与由过滤单元(标记为向量 4)生成的输出向量 $\boldsymbol{f}(t)$ 组合，从而确定需要丢弃的信息。过滤单元的输出向量 $\boldsymbol{f}(t)$ 由上文中的式(10.62)定义。这种组合通过逐元素乘法进行，如图 10.28 中在遗忘门下方标注的⊗符号所示，计算得到输出向量 8。值得注意的是，在第 8.1.4.1 节的式(8.40)中讨论了逐元素乘法，通常被称为 *Hadamard 积*。

接下来的操作用于忘记某些记忆，并添加由输入门 $\boldsymbol{i}$ 选择的新记忆。具体来说，对由式(10.65)定义的输出向量 $\boldsymbol{g}(t)$(标记为向量 5)和由式(10.63)定义的输出向量 $\boldsymbol{i}(t)$(标记为向量 6)进行逐元素乘法，得到来自输入门的输出向量，标记为向量 9。然后，将来自遗忘门的输出向量 8 和来自输入门的输出向量 9 合并，表示为长期状态向量 $\boldsymbol{c}(t)$(标记为向量 10)，表示为：

$$\boldsymbol{c}(t)=\boldsymbol{f}(t)\otimes\boldsymbol{c}(t-1)+\boldsymbol{i}(t)\otimes\boldsymbol{g}(t) \tag{10.66}$$

同时将信息传递给长期状态向量 $\boldsymbol{c}(t)$ 以进行处理，并在图中将该向量标记为向量 11。

然后，向量 11 经过一个 tanh 激活函数，限制其输出向量的标量分量在 -1 ~ 1(见图 10.24)，产生一个标记为向量 12 的输出向量。随后，这个向量与来自输出门的向量 5 相乘，得到向量 13，分配给时间步 t 的输出向量 $\boldsymbol{y}(t)$ 和短期状态向量 $\boldsymbol{h}(t)$。$\boldsymbol{h}(t)$ 作为输入向量继续到下一个时间步(t+1)，与输入向量 $\boldsymbol{x}(t+1)$ 一起作用。它们同样将经过上述用于选择记忆的遗忘门，用于更新记忆的输入门以及用于选择输出的输出门。

10.4.2.3 门控循环单元(GRU)

本部分介绍了门控循环单元(GRU)的概念，它是 LSTM 记忆单元的简化。Burkov[63,第74页] 认为 *GRU 是实践使用中最有效的循环神经网络*。在第 10.8 节例题 10.3 中，展示了在 HDPE 预测中，GRU 比其他深度 RNN 能更准确地预测时间相关的互信息(指熔融指数)。

Cho 等人[119]在他们 2014 年的论文中介绍了编码器-解码器网络的概念，首次展示了 GRU，这将在第 10.4.4.1 节中讨论。

参考图 10.29，时间 t 时的输入向量 $\boldsymbol{x}(t)$(图中标记为向量 1)和前一个时间步的输出向量 $\boldsymbol{h}(t-1)$(标记为向量 2)一起进入一个被称为***重置门***的过滤单元，其具有 Sigmoid 激活函数，产生一个输出向量 $\boldsymbol{r}(t)$(标记为向量 3)。根据式(10.62)，表示 $\boldsymbol{r}(t)$ 为[74,第520页]：

$$\boldsymbol{r}(t)=\sigma[\boldsymbol{W}_{xr}^{\mathrm{T}}\boldsymbol{x}(t)+\boldsymbol{W}_{hr}^{\mathrm{T}}\boldsymbol{h}(t-1)+\boldsymbol{b}_r] \tag{10.67}$$

σ 是 Sigmoid 激活函数，其标量分量处于 0 到 1 之间(见图 10.24)。重置门决定是否忽略来自上一个时间步的输出向量 $\boldsymbol{h}(t-1)$。具体来说，当重置门接近 0 时，$\boldsymbol{r}(t)$ 主要取决于 $\boldsymbol{x}(t)$[114]。读者可以以与式(10.62)~式(10.64)中相同的方式解释式(10.67)、式(10.68)、式(10.69)中的相关权重因子矩阵和偏差项。

时间 t 输入向量 $\boldsymbol{x}(t)$ 和上一个时间步的输出向量 $\boldsymbol{h}(t-1)$ 一起进入另一个名为***更新门***过滤单元。更新门的激活函数为 Sigmoid 函数，产生输出向量 $\boldsymbol{z}(t)$(标记为向量 4)。根据式(10.67)，$\boldsymbol{z}(t)$ 表示为[74,第520页]：

$$\boldsymbol{z}(t)=[(\boldsymbol{W}_{xz}^{\mathrm{T}}\boldsymbol{x}(t)+\boldsymbol{W}_{hz}^{\mathrm{T}}\boldsymbol{h}(t-1)+\boldsymbol{b}_z] \tag{10.68}$$

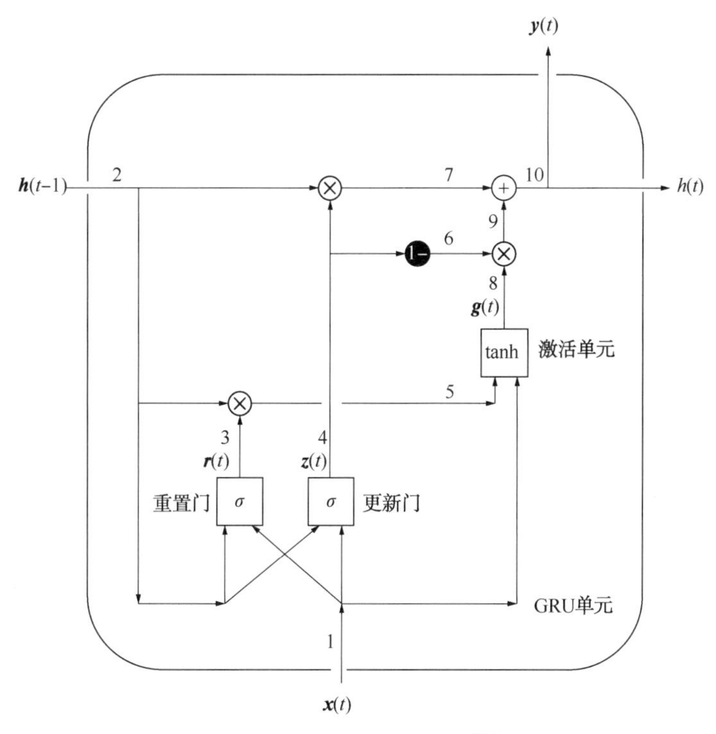

图 10.29 GRU 记忆单元[74]

更新门控制着从上一个时间步的输出向量 $\boldsymbol{h}(t-1)$ 中有多少信息将传递到当前时间步，从而产生更新的输出向量 $\boldsymbol{h}(t)$。这与 LSTM 网络中的记忆单元类似，有助于 RNN 记住长期信息。

在图 10.28 中，激活单元有两个输入：第一个是输入向量 $\boldsymbol{c}(t)$（标记为向量 1），第二个是向量 5，它是重置门 $\boldsymbol{r}(t)$（标记为向量 3）与上一个时间步的输出向量 $\boldsymbol{h}(t-1)$ 进行逐元素乘法得到的，即 $\boldsymbol{r}(t)\otimes\boldsymbol{h}(t-1)$。向量 1 和向量 5 通过 tanh 激活函数进入激活单元，根据等式(10.67)，将这个激活单元的输出向量表示为 $\boldsymbol{g}(t)$（标记为向量 8），$\boldsymbol{g}(t)$ 的分量标量被限制在-1～1(见图 10.24)[74,第520页]：

$$\boldsymbol{g}(t)=\tanh\{\boldsymbol{x}(t)+\boldsymbol{W}_{hg}^{\mathrm{T}}[\boldsymbol{r}(t)\otimes\boldsymbol{h}(t-1)]+\boldsymbol{b}_{\mathrm{g}}\} \tag{10.69}$$

图 10.28 中，注意 $\boldsymbol{g}(t)$（标记为向量 8）和向量 6 之间的逐元素乘法，其中向量 6 是通过更新门的输出向量 $\boldsymbol{z}(t)$（标记为向量 4）运用运算“1-”后得到的。“1-”定义为 $[1-\boldsymbol{z}(t)]$。因此，向量 9 可表示为 $[1-\boldsymbol{z}(t)]\otimes\boldsymbol{g}(t)$。

接下来，更新门的输出向量 $\boldsymbol{z}(t)$（标记为向量 4）与上一个时间步的输出向量 $\boldsymbol{h}(t-1)$（标记为向量 2）进行逐元素乘法，即 $\boldsymbol{z}(t)\otimes\boldsymbol{h}(t-1)$，结果为图中的向量 7。

最后，向量 7 和向量 9 逐元素相加得到向量 10，表示时间步 t 处的 GRU 输出向量 $\boldsymbol{y}(t)$，它也被发送到下一个 GRU 单元，与下一个时间步的输入向量 $\boldsymbol{x}(t+1)$ 一起作为以下 GRU 记忆单元的输入，表示为图中的 $\boldsymbol{h}(t)$，标记为向量 10。$\boldsymbol{y}(t)$ 或 $\boldsymbol{h}(t)$ 表示为：

$$\boldsymbol{y}(t)=\boldsymbol{h}(t)=\boldsymbol{z}(t)\otimes\boldsymbol{h}(t-1)+[1-\boldsymbol{z}(t)]\otimes\boldsymbol{g}(t) \tag{10.70}$$

与 LSTM 记忆单元中的式(10.66)相似。

建议读者暂停一下，花时间学习 Phi[120] 的 LSTM 和 GRU 逐步图解指南。LSTM 和 GRU 是 RNN 成功的主要原因之一。它们比简单的 RNN 能够更好地处理长度更长(大约 100 个时间步)的动态数据。

10.4.2.4 双向 RNN

Schuster 和 Paliwal[115] 介绍了双向 RNN 的概念，如图 10.30 所示。可以看到网络中有两个隐藏层，一个前向层和一个后向层。每个层可以由 LSTM 或 GRU 组成。该网络本质上由两个单独的子网络组成，它们分别作为针对网络训练的特定问题的独立“专家”。有一种合并前向专家和后向专家的观点的方法是：假设这些观点是独立的，求取回归任务中的算术平均或分类任务中的几何平均(或对数域中的算术平均)[115]。

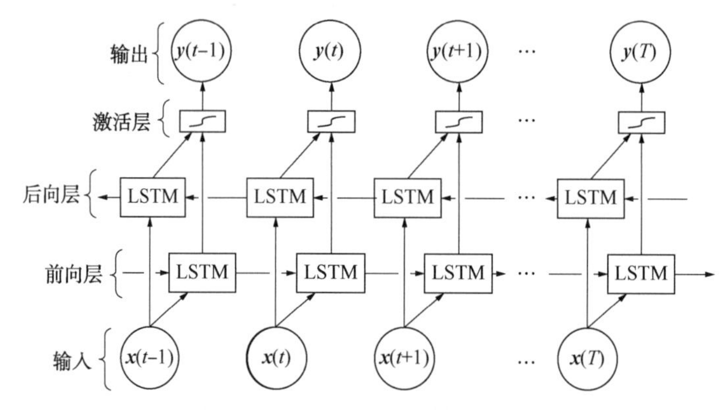

图 10.30 双向 RNN 的示意图

Zhang 等人[116] 将双向 LSTM 和 GRU 应用于著名的 Tennessee Eastman 过程中的数据驱动故障检测和诊断问题[4,第269-291页;117,121]。他们给出了应用的细节，并证明双向 LSTM 和 GRU 在化工过程故障检测和诊断方面表现出明显先进性。通过额外的后向 RNN，双向 RNN 有助于在所有时间点检测变量偏差，特别是当故障刚刚发生时。然而，与所有数据驱动方法一样，有方向的 RNN 需要充足的历史数据。

建议读者参考双向 RNN 的详细资料[115]，以及训练双向 RNN 的在线教程。在 10.8 节例题 10.3 中，比较了两种类型的深度 RNN(LSTM 和 GRU)在工业 HDPE 过程中预测时间相关的 MI 的性能。

10.4.3 卷积神经网络(CNN)

自 1990 年被 LeCun 等人[122] 开发以来，卷积神经网络(CNN)已成为识别卫星图像、处理医学图像、预测时间序列、检测数据异常以及识别邮政编码和数字等任务的关键工具。在化工行业中，可以看到 CNN 越来越多地应用于以下领域：从化学结构预测聚合物性质[123]，对 LC-MS 光谱峰进行分类[49]，从化学分子电荷密度分布(Sigma 曲线)预测热物理性质[28,29]，用于香料分子的计算机辅助分子设计和筛选[124]，预测蛋白质交换膜燃料电池的性能[125]，用于工业催化剂托盘的图像分析[62]，以及在热食品加工中识别颜色变化[126]，等等。

在第 10.9 节中，介绍了使用 CNN 从分子结构预测聚合物性质的例题 10.4。

我们参考文献[1，第 760-764 页；127，128]的方法解释了 CNN 的一些关键概念。目标是为读者提供足够的背景知识，使读者能够理解文献中的应用细节。首先，众所周知相机能扫描图案将图像编码成像素。为了表示图像，不能使用简单的像素值向量，因为像素之间的相邻关系非常重要。尤其是，必须考虑图像的一个重要特性，***局部空间不变性***。具体来说，在图像的一个小区域中可检测到的任何东西(如眼睛)，如果出现在图像的另一个小区域中，看起来都是相同的。可以通过对连接局部区域和隐层单元的权重因子进行限制，使每个隐层单元的权重因子相同，来实现这种局部空间不变性。因此，CNN 包含空间不变的局部连接，至少在前几层是如此，而且这种模式在每一层的单元中都会复制。应用这种局部空间不变性特性，可显著减少具有许多单元的 DNN 中的参数数量，而不会对模型质量造成太大影响[63]。

采自参考文献[1，第 761 页]的图 10.31 展示了在描述卷积层特性时非常重要的***卷积核***和***步幅概念***。简单起见，仅讨论一维卷积计算，多维示例可参考文献[74，第 446-460 页]。首先，***卷积核***(也称滤波器)是在多个局部区域复制的权重因子模式。卷积是将卷积核应用于图像像素或后续层中的空间组织单元的过程。

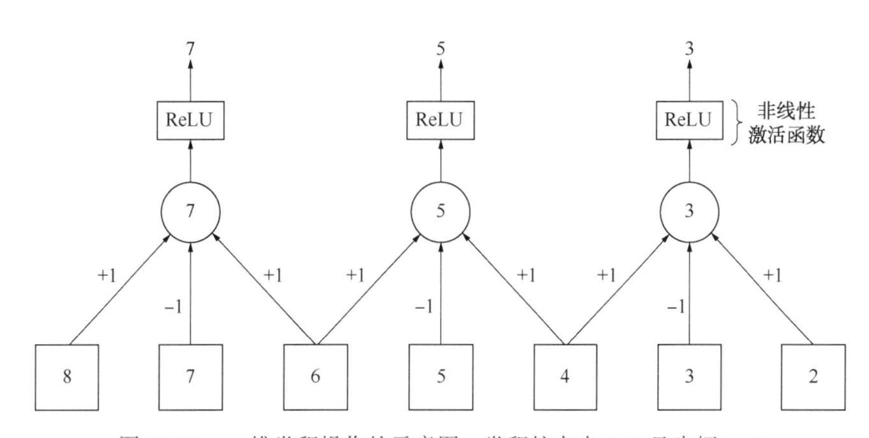

图 10.31　一维卷积操作的示意图，卷积核大小 $i=3$ 且步幅 $s=2$

图中，核向量 $\boldsymbol{k}=[+1\quad -1\quad +1]$，并且该向量被复制了三次。我们称这个核的大小 $i=3$。在这个例子中，核 $\boldsymbol{k}=[+1\quad -1\quad +1]$进入两个相隔的像素称为***核的步幅*** $s=2$。可以通过使用单个矩阵操作来更容易地理解这一点：

$$\begin{bmatrix} +1 & -1 & +1 & 0 & 0 & 0 & 0 \\ 0 & 0 & +1 & -1 & +1 & 0 & 0 \\ 0 & 0 & 0 & 0 & +1 & -1 & +1 \end{bmatrix} \begin{pmatrix} 8 \\ 7 \\ 6 \\ 5 \\ 4 \\ 3 \\ 2 \end{pmatrix} = \begin{pmatrix} 7 \\ 5 \\ 3 \end{pmatrix}$$

在这个矩阵中，卷积核($i=3$)出现在每一行中，并且相对于前一行按步幅($s=2$)向右移动两个位置。

图 10.32 说明了***填充***的概念[1,第762页]。在这个例子中，有一个卷积核大小 $i=3$，步幅 $s=1$。在隐藏层的左右两端添加零输入以保持隐藏层与输入大小相同。

也可以从神经科学中视觉皮层模型的角度来看待核和步幅的概念。具体而言，神经元的***感受野***是指能够影响神经元激活的那部分感觉输入。在 CNN 中，***第一个隐藏层中单元的感受野就是核的大小，即 i 个像素***。通过调整感受野或核之间的间隔，可以将一个大的输入层连接到一个小的层。将从一个感受野移动到下一个感受野的过程称为***步幅***，就像当前例子中的 $s=2$ 一样。

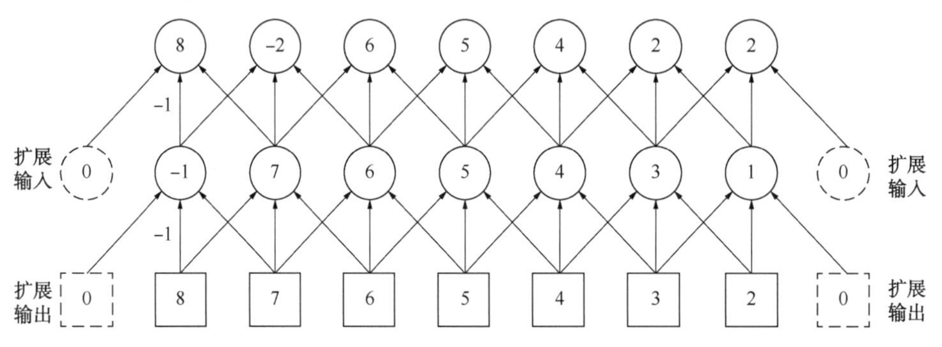

图 10.32　在隐藏层的左右两端填充零输入的示意图，在图中，所有斜箭头的核值均为+1

图 10.31 显示了经过 ReLU 激活后的输出为[7　5　3]。称这个输出为***修正特征图***，然后将其发送到一个新的层，称为***池化层***。池化的目标是减少计算负载、内存使用量和参数数量(从而降低过拟合的风险)。本质上，池化层是将前一层的一组相邻单元汇总为一个值。这个层的工作方式类似于具有相同的核大小 l 和步幅 s 的卷积层，但没有激活函数来处理该层的输出。池化操作有两种类型：(1)平均池化，计算其 l 个输入的平均值。这相当于使用均匀核向量进行卷积，即 $\boldsymbol{k}=[1/l,\ 1/l,\ \cdots,\ 1/l]$。此操作的效果是将图像的分辨率降低(即"降采样"或"缩小")l 倍。(2)最大池化，计算其 l 个输入的最大值。对于图 10.31 中 ReLU 的输出，可以看到平均池化给出的输出为$(7+5+3)/3=5$；最大池化给出的输出为 Max[7　5　3]=7。

根据文献[118]，在图 10.33 中给出了另一个池化和展平的例子。

最后，当池化层的展平后矩阵作为输入时，就会形成***全连接层***(也称为***密集层***)，对图像进行分类和识别。

目前为止，已经解释过的所有概念，在图 10.34 中展示了一个 CNN 的框图，Abranches 与 Maginn 等人[28]在他们的工作中使用该框图来预测 Sigma 曲线[29]的物理化学性质，在前面的第 10.1.2.2 节中讨论过。

请读者参考第 10.9 节的例题 10.4，以及使用 CNN 基于分子结构预测聚合物性能，以及第 10.4.4 节介绍的变换器网络(transformer network)。

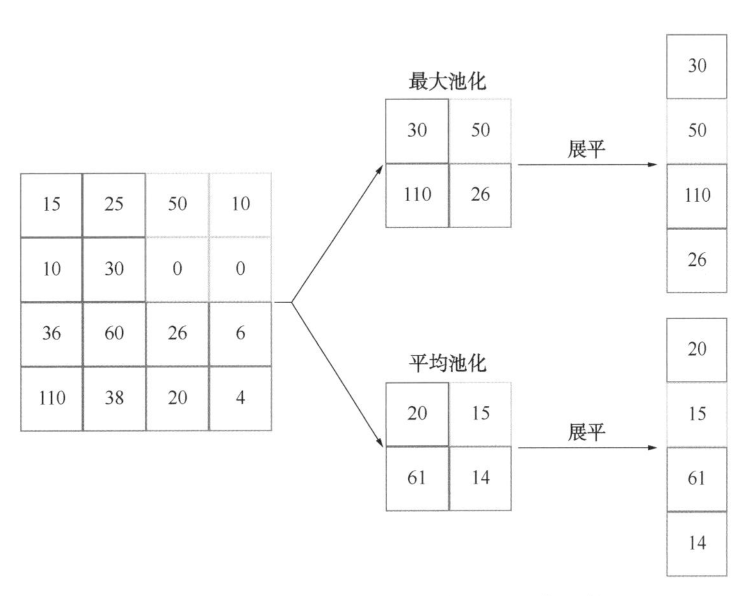

图 10.33　最大池化、平均池化和展平化示例

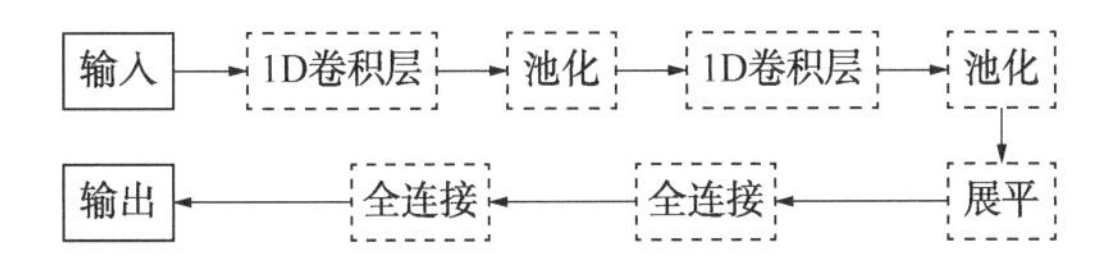

图 10.34　根据 Sigma 曲线预测理化特性的 CNN 框图

10.4.4　注意力就是一切：变换器模型(transformer model)

Ashish Vaswani 等人[129]在 2017 年发表的题为《注意力就是你所需要的一切》(Attention Is All You Need)的开创性论文中提出了转换器架构。这是一种神经网络，它通过跟踪句子中单词等***序列数据***的关系(类似于动态化学过程中与***时间相关的过程变量值***)来学习上下文，进而学习句子表达的意义。变换器模型应用一套不断发展的数学技术(称为***注意机制***)来检测序列中的远距离数据元素之间相互影响和依赖的微妙方式[130]。

据 Merritt[130]所述，变换器模型在很多情况下正在取代 RNN 和 CNN，而就在 5 年前，RNN 和 CNN 还是序列到序列(“seq2seq”)学习领域最流行的 DNN 类型。变换器模型克服了 RNN 和 CNN 的序列性所带来的一个重大缺陷，***即无法进行并行处理***。推荐一些关于变换器模型的在线教程文章[131-133]。变换器模型在 CPI 中的应用发展迅速，其中一些例子包括新发现的药物分子优化[39,134]、计算化学[135]、高通量溶剂筛选中的 COSMO-SAC Sigma 曲线建模[136]，以及聚丙烯 *MI* 预测的动态软传感器建模[137]。

参考 Grechishnikova[39]报告的蛋白质靶点新药发现过程来介绍变换器模型。以前，大多数蛋白质特异性新药生成方法都需要事先了解蛋白质结合剂、其理化特性以及蛋白质的三维结构。通过采用转换器模型，所提出的方法仅依靠氨基酸序列就能生成具有预测结合靶蛋白能力的新分子。Grechishnikova 认为靶标特异性新药设计是氨基酸“语言”与分子的 SMILES 表示之间的“转换”问题[25]。在第 10.1.2.2 节中，简要介绍了 SMILES 及其扩

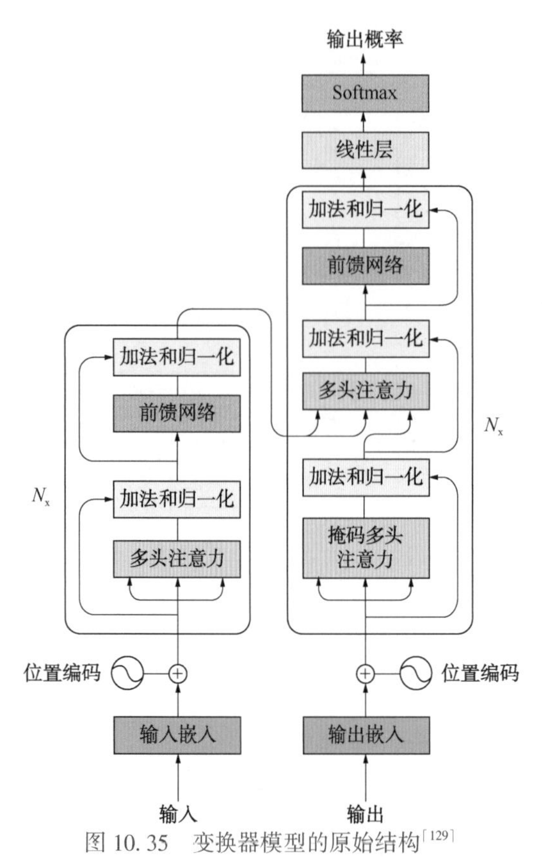

图 10.35　变换器模型的原始结构[129]

展[25-27]作为 DNN 输入的分子表示法，SMILES 使用字符串来表示原子、键、分支、环状结构、断开结构和带有编码规则的芳香度。在第 10.9 节的例题 10.4 中，展示了一个基于 SMILES 表示法[25]使用 CNN 预测聚合物特性[123]的例题。

文献[63，第 541-547 页；74，第 541-562 页；129-133]，介绍了变换器模型的基本概念。图 10.35 显示了变换器模型的原始结构[129]，下面将讨论其中的关键概念。从图中可以看到，模型的左右两部分都使用了 N 层（通常为 6 层，图中用 N_x 表示）相同的编码器层和 N 层相同的解码器层。由于编码器和解码器的输入序列是分别并行处理的，因此与同时处理两个序列的模型相比，变换器模型减少了所需的计算量。

10.4.4.1　编码器-解码器堆栈

我们按照[63，第 87-92 页]介绍变换器模型所采用的编码器-解码器结构。图 10.35 的左边部分表示编码器，右边部分表示解码器。简言之，编码器读取输入并生成某种状态（类似于在图 10.27 中讨论过的循环神经网络中的状态），该状态可以视作机器能处理的输入含义的数值表示，机器可以处理这种数字表示。在 ML 中，将某个实体（无论是图像、文本还是视频）的意义称为***包含实数的向量或矩阵***。称这个向量或矩阵为输入的嵌入，如在图 10.35 左侧看到的***输入嵌入***（input embedding）一词。

由于变换器编码器既没有循环也没有卷积，为了让变换器模型利用序列的顺序，必须在输入嵌入中添加一些位置信息。如图 10.35 底部的***位置嵌入***（position encoding），可以通过位置编码来实现。Vaswani 等人[129]提出使用不同频率的正弦和余弦函数来描述位置嵌入（PE）：

$$\mathrm{PE}(\mathrm{pos},\ 2i)=\sin(\mathrm{pos}/10000^{2i/d_{\mathrm{model}}}) \tag{10.71}$$

$$\mathrm{PE}(\mathrm{pos},\ 2i+1)=\cos(\mathrm{pos}/10000^{2i/d_{\mathrm{model}}}) \tag{10.72}$$

其中，正弦值对应所有偶数索引，余弦值代表所有奇数索引。

从概念上说，解码器接收序列起始输入特征向量 $\boldsymbol{x}(0)$，产生第一个输出 $\boldsymbol{y}(1)$，并通过将嵌入的输入 $\boldsymbol{x}(0)$ 与输出 $\boldsymbol{y}(1)$ 相结合来更新其状态，从而产生下一个输入 $\boldsymbol{x}(l)$，这与之前图 10.24 中 RNN 的结构相似。由此产生的向量或矩阵嵌入输出，即为图 10.35 右侧看到的输出嵌入。

对于新药开发问题[39]，编码器将氨基酸序列（x_1，x_2，…，x_n）映射为连续表示序列 $\boldsymbol{z}=(z_1,\ z_2,\ \cdots,\ z_n)$。给定 $\boldsymbol{z}$ 后，解码器每次生成一个元素的输出序列（y_1，y_2，…，y_n），输出序列为 SMILES 字符串[25]。

参考图 10.35 左侧单个编码器层（作为 6 个相同编码器层堆栈的一部分）的表示，可以看到两个子层，即① ***多头注意子层***；② ***完全连接的前馈网络子层***。变换器模型在两个子层的每一层都使用了一个 ***剩余连接***[37]，这意味着编码器为数据提供了一条跳过一个子层到达网络后面部分的替代路径。此外，编码器采用 ***层归一化***(layer normalization)[138]。与第 10.4.1.5 节讨论的 BN 不同，层归一化直接从隐藏层内神经元的求和输入估计归一化量，因此归一化不会在训练案例之间引入任何新的依赖关系。

现在来看图 10.35 的右侧部分，可以看到在单个解码器层(作为 6 个相同解码器层堆栈的一部分)中，解码器实际上有一个 ***"掩码"的多头注意子层***，它接收来自编码器堆栈的输出。此外还有一个 ***多头注意子层***，它接收来自编码器、解码器和前馈网络的输入。解码器堆栈还在每个子层周围设置了剩余连接，然后进行层归一化。之前在图 10.32 中解释过兜底的概念。在这里，解码器层通过"掩码"多头注意子层进行屏蔽，试图将输入序列中存在兜底现象的注意子层输出归零，以确保兜底现象不会对自我注意层产生影响。下面将讨论注意力机制。

10.4.4.2 编码器-解码器堆栈内的自我注意和注意机制

正如在图 10.35 的底部所看到的，变换器模型使用位置编码来标记进出网络的数据元素。注意力单元遵循这些标记，计算元素相互关联生成一幅代数地图。这就是所谓 ***多头注意力***，在图 10.35 中看到了这个术语[130]。这实际上是一种 ***自我注意机制***。

什么是自我注意，它是如何发现输入中的意义？自我注意，有时也称为内部注意，是一种注意机制，它将单个句子的不同部分联系起来，以表征序列[129]。例如，请看这样一个句子"大卫把水从壶里倒进杯子里，直到它满"。我们知道"它"指的是杯子，能够将"它"识别为杯子就是自我注意机制发挥作用的一个例子[130]。如上所述，编码器读取输入并生成某种状态，这种状态可以被视为 ***输入含义的数字表示***，机器可以处理这种意义。

注意力层的输入有三个参数，分别是 ***查询(Q)***、***关键(K)*** 和 ***值(V)***。在涉及句子中单词等序列数据的转换器模型的原始表述中，可以将查询参数解释为正在量化影响力的单词，而将关键参数解释为正在关注的单词，即相关关系中的另一个单词，将值参数解释为 Q 与 K 之间的关联程度[131]。对于顺序数据，通常将 Q、K 和 V 值按顺序表示为矩阵的行或列。

在转换器模型中，注意力模块会并行多次重复计算，每一个计算路径被称为一个注意力头。注意力模块以多种方式分割其参数，并将每个参数独立地传递给一个单独的计算头。然后，所有这些类似的计算通过适当的基于概率的加权因子进行组合，得出注意力得分，即 ***多头注意力***[131]。

10.4.4.3 Softmax 函数和基于概率的加权因子

Softmax 函数可以将具有 J 个实值的向量转换为元素总和为 1 的向量。输入值可以是正、零、负或大于 1 的值，Softmax 函数将它们转换为介于 0 和 1 之间的值。具体来说，Softmax 函数是：

$$\sigma(\boldsymbol{z})_i = \frac{e^{z_i}}{\sum_{j=1}^{J} e^{z_i}} \tag{10.73}$$

Softmax 函数应用于转换器模型哪些方面呢？让我们看看基于注意力机制的学习系统应用于序列数据处理的三个步骤，例如将英语句子翻译成西班牙语。

(1) 如果要处理输入的单词序列，首先将输入序列输入编码器，编码器将输出序列中每个元素的向量。

（2）注意力机制将利用这些向量的列表以及解码器之前的隐藏状态，动态地突出哪些输入信息将用于生成输出。

（3）在每个时间步，注意力机制都会获取解码器之前的隐藏状态和编码向量列表，并利用它们生成未归一化的分数值，以显示输入序列的元素与当前输出的匹配程度。由于生成的分值具有相对性，因此通过 Softmax 函数对分值进行归一化处理，生成权重，权重值介于 0~1，和为 1。可以将权重解释为概率。最后，编码向量通过计算出的权重进行缩放，生成一个名为***上下文向量***的向量，然后将其输入解码器，生成翻译。

10.4.4.4　编码器-解码器堆栈中的注意力机制

在图 10.35 中，可以看到三个注意力机制，它们是[131]：

（1）编码器中的自我注意，称为***多头关注***：编码器的输入序列关注自身。

（2）解码器中的自我注意，称为***掩码式多头注意***：解码器的输入序列注意自身。

（3）解码器中的编码器-解码器注意，称为***多头注意***：目标序列注意来自编码器和解码器的输入序列。

如图 10.36 所示，Vaswani 等人[129]提出了多头注意力机制，并在右侧更详细展示了缩放点积注意力机制。

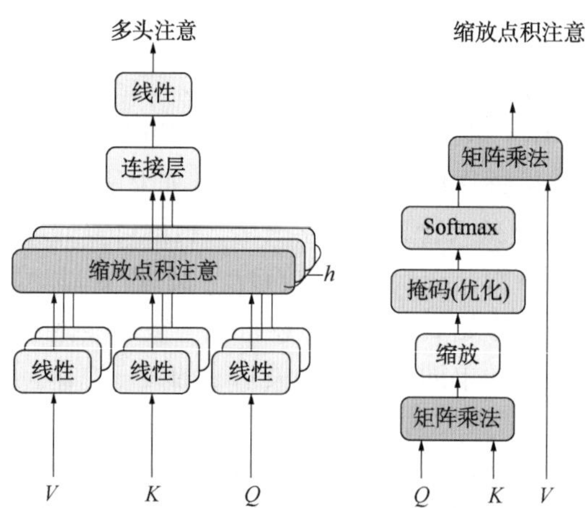

图 10.36　多头注意力机制和缩放点积注意力机制（来源：Vaswani et al.[129]/arXiv/CC BY 4.0）

建议读者暂时停下来，仔细阅读 Doshi[131]著作的第 3 和第 4 部分，利用简单的向量矩阵运算图形演示，揭示了图 10.36 中两种注意机制"黑盒"，以及 Vaswani 等人[129]对两种注意机制的简要描述。

根据 Vaswani 等人[129]的研究，缩放点积注意力机制的输入由查询和关键字向量（维度为 d_k）以及值向量（维度为 d_v）组成。该机制计算查询与所有关键字有关的点积，通过将每个点积除以 $\sqrt{d_k}$ 来缩放，然后使用 Softmax 函数来计算值的权重。在这里，将每个点积除以 $\sqrt{d_k}$，使计算更加稳定，因为乘以大值可能会产生爆炸效应。

在实践中，注意力机制会同时计算一组查询的注意力得分，这些查询被打包成一个矩阵 $\boldsymbol{Q}$，关键和值也被打包成矩阵 $\boldsymbol{K}$ 和 $\boldsymbol{V}$。然后，通过以下操作计算注意力分数矩阵：

$$\text{Attention}(\boldsymbol{Q},\ \boldsymbol{K},\ \boldsymbol{V}) = \text{Softmax}\left(\frac{QK^{\mathrm{T}}}{\sqrt{d_k}}\right)\times V \tag{10.74}$$

读者可参阅 Doshi 的著作[131]，以了解这一图形向量矩阵计算。

参照图 10.36 的左侧部分，Vaswani 等人[129]提出了多头注意力机制的以下步骤。注意力机制不是用查询、关键和值的单维向量来执行一个单独的注意函数的，而是将查询、关键和值 h(例如 8)分别线性投影到 d_k、d_k 和 d_v 维上(如 $d_k=d_v=d_{model}/h=512/8=64$)。在每一个查询、关键和值的投影版本上，注意力机制都会并行计算注意力函数，从而得到一个 d_v 维度的值。然后将这些值连接起来，再次线性投影，得到最终值，如图 10.36 左侧所示。

多头注意力机制会产生 h 个不同的 Q、K 和 V 值的表达，并为每个表达计算一个注意力函数：

$$\text{Head}_i=\text{Attention}(QW_i^Q,\ KW_i^K,\ VW_i^V) \qquad (i=1-h) \tag{10.75}$$

将输出结果再投影一次，得出最终值：

$$\text{Multi-Head}(Q,\ K,\ V)=(\text{head}_1,\ \text{head}_2,\ \cdots,\ \text{head}_h)\times W^o \tag{10.76}$$

其中，W_i^Q 和 W_i^K 的维度都是 $d_{model}\times d_k$；W_i^V 的维度为 $d_{model}\times d_v$；W_i^o 的维度为 $hd_v\times d_{model}$[39]。

关于所有计算步骤的详细图解，读者可再次参阅 Doshi 的著作[131]。

10.4.4.5 位置感知前馈网络(Position-Wise Feedforward Networks)

从图 10.35 中可以看到，编码器和解码器中的每一层都包含一个全连接的前馈网络，它分别对每个位置进行相同的处理，包括两个线性变换，中间有一个 ReLU 激活函数。根据表 10.6 和图 10.24，将 ReLU 激活函数写成 $f(x)=\max(0,\ x)$。前馈网络的输出可以表示为：

$$\text{FNN}(x)=\max(0,\ x\boldsymbol{W}_1+\boldsymbol{b}_1)\boldsymbol{W}_2+\boldsymbol{b}_2 \tag{10.77}$$

$\boldsymbol{W}_1$ 是所有神经元的第一个前馈网络的权重向量，$\boldsymbol{b}_1$ 是其偏置向量。然后，第一前馈网络的输出经过 ReLU 变换，再与第二层的权重向量 $\boldsymbol{W}_2$ 相乘并加上偏置向量 $\boldsymbol{b}_2$，得出输出结果。

10.5 选择适当 ML 算法的一般准则

10.5.1 选择合适的 ML 算法时应考虑的因素

总结了文献[139-142]和许多其余在线文献中的要点，即在选择合适的 ML 算法时应考虑的关键因素。

(1) **可解释性**：可解释性是指从人工智能模型中确定因果关系的能力。如果一个模型可以接受输入，并经常得到相同的输出，那么这个模型就是可解释的。如果研究的问题需要了解模型结果背后的原因，就需要选择一种可解释的方法(如线性回归模型)，而不是黑盒子模型(如 DNN)。

(2) **准确性**：对于回归或预测问题，需要审查性能评估指标，如均方误差(MSE)、$RMSE$ 和决定系数(R^2)，这些指标在第 10.2.1.2 节中有定义。理解图 10.2 所示的偏差-方差权衡关系。对于分类问题，需要审查性能指标，如精确度、召回率和 F1 分数，这些指标在第 10.2.2.5 节中有定义。图 10.37 采用自文献[168]，给出了 ML 算法准确度与可解释性的经验图。高准确度的 ML 模型通常具有非线性或非平滑关系，需要较长的训练时间；而高可解释性的 ML 模型通常具有线性、平滑和定义明确的关系，易于训练。决策树是一种独特的 ML 模型，它既有很好的准确度，又有很高的可解释性。还注意到，对于表格数据，一些集合方法(如 XGBoost)可以提供与 DNN 相媲美的准确度。

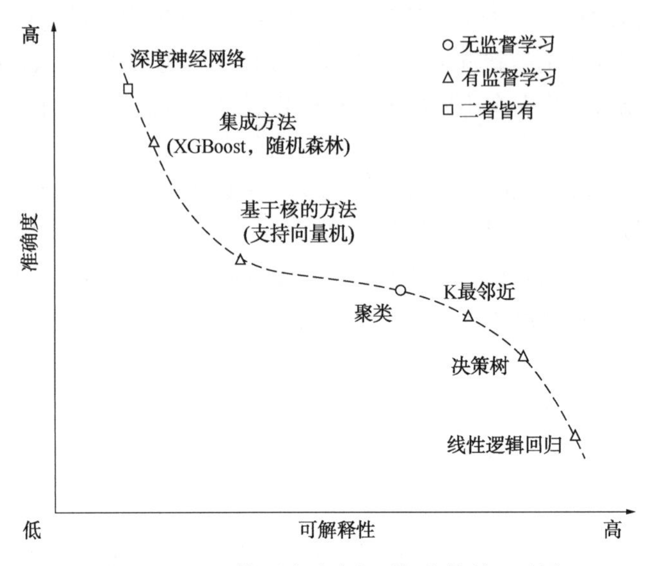

图 10.37　ML 模型准确度与可解释性的经验图

(3) **训练时间**：ML 算法学习和创建模型所需的时间。它取决于是否希望连续更新生成的模型，比如在股票价格预测中。

增强学习方法，如集成方法和 DNN，通常需要更长的训练时间，同时具有最佳准确性。相比之下，线性回归及其变体的训练时间较短，但准确率较低。图 10.38 给出了 ML 模型的训练时间与准确度的经验图。

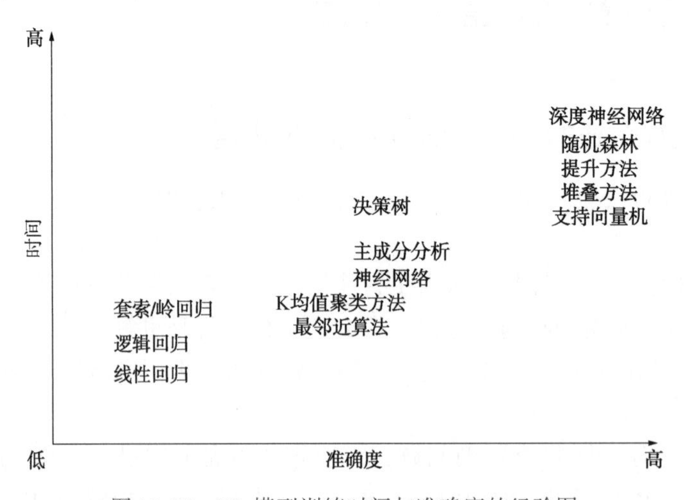

图 10.38　ML 模型训练时间与准确度的经验图

表 10.8 总结了其他主要考虑因素。

表 10.8　选择合适的 ML 算法时应考虑的因素

因　素	特　征	建议算法
输入类型	1. 带标签数据	有监督学习
	2. 无标签数据	无监督学习
	3. 有标签和无标签数据	半监督学习
	4. 通过与环境互动来优化目标函数	强化学习
输出类型	1. 数值型与分类型	回归/预测与分类
	2. 一组输入组	聚类
	3. 异常值或异常点	异常值或异常检测
	4. 特征降维	降维
数据集大小	1. 小	偏好高偏差/低方差模型
	2. 大	偏好低偏差/高方差模型
数据集特征种类	1. 数值	回归模型
	2. 分类	分类模型
数据集特征和样本数量	1. 小/适当	支持向量机
	2. 大	神经网络；集合方法
数据集线性特性	1. 线性	线性回归、逻辑回归、SVM
	2. 非线性	集合模型；深度神经网络
数据集预处理（平均居中和特征缩放）	1. 首选预处理	大多数模型
	2. 不需要预处理	决策树
参数	1. 有参数	参数模型
	(a)训练前设定	超参数
	(a)训练中设定	参数
	2. 无参数	非参数模型(如决策树)
制约因素	1. 必须不断更新模型(如股票预测)	所需训练时间短
	2. 准确性比训练时间更重要(例如检测癌细胞)	需要高精度模型
准确度-可解释性	见图 10.37	
训练时间-准确度	见图 10.38	

（4）**数据集**：大小、特征的类型、特征和数据的数量、线性特征、预处理(平均居中和特征缩放)。

（5）**参数**。

（6）**约束条件**。

（7）**准确性——可解释性**。

（8）**训练时间——准确性**。

10.5.2　选择算法总结

为了帮助读者选择合适的 ML 算法，在表 10.9~表 10.11 中参考了 DataCamp[168] 对 ML

算法的总结，根据算法名称描述、优缺点总结了线性回归算法、树模型和聚类算法。还在表 10.12 中对几种 DNN 进行了比较，包括 MLP、RNN、CNN 和变换器网络。

表 10.9　选择线性回归算法概述

算　法	说　明	优　点	缺　点
线性回归（第 10.2.1.1 节）	一种简单的算法，用于对输入和连续数值输出变量之间的线性关系进行建模	可解释的方法可通过其输出系数解释结果；训练速度快	假设输入和输出之间存在线性关系；对异常值敏感；可能对小型高维数据进行欠拟合
逻辑回归（第 10.2.1.3 节）	一种简单的算法，用于对输入和分类输出(1 或 0)之间的线性关系进行建模	可解释和可说明；通过正则化不易过度拟合	适用于多类预测假设输入和输出之间存在线性关系；可能对小型高维数据进行过度拟合
岭回归（第 10.2.1.4 节）	一种回归方法，通过将系数缩小到接近零来惩罚具有低预测结果的特征；可用于分类或回归	可解释和可说明；通过正则化不易过度拟合；最适合数据存在共线性的情况	所有预测因子都保留在最终模型中；不执行特征选择
套索回归（第 10.2.1.4 节）	梯度提升算法高效灵活，可用于分类和回归任务	提供精确结果；捕捉非线性关系	超参数调整可能很复杂；在稀疏数据集上表现不佳

表 10.10　选择树模型概述

算　法	说　明	优　点	缺　点
决策树	决策树模型基于特征制定决策规则以产生预测，可用于分类或回归任务	可解释性强；能够处理缺失值	容易过拟合；对离群值敏感
随机森林	一个将多个决策树的输出结合的集成学习算法	减少过拟合；与其他模型相比具有更高的准确性	训练复杂度较高；不容易解释
梯度提升回归	梯度提升回归利用提升技术，从弱学习器的集合预测中建立预测模型	与其他回归模型相比，精度更高；可处理多重共线性；可处理非线性关系	对异常值敏感，因此可能导致过度拟合；计算成本高，复杂度高
极端梯度提升（XGBoost）	梯度提升算法高效灵活，可用于分类和回归任务	提供精确结果；捕捉非线性关系	超参数调整可能很复杂；在稀疏数据集上表现不佳

数据来源：Rane[90]。

表 10.11　选择聚类算法概述

算　法	说　明	优　点	缺　点
K 均值聚类	K 均值聚类是应用最广泛的聚类方法。它根据欧氏距离确定 K 个聚类	可扩展至大型数据集；实施和解释简单；聚类结果形成紧密的簇	从一开始就要求达到预期的集群数量；在处理不同的集群大小和密度时会遇到困难
分层聚类	一种“自上而下”的方法，将每个数据点视为自己的聚类，然后将最接近的两个聚类反复合并在一起	无须指定聚类的数量；生成的树枝图信息丰富	并不总能得到最佳聚类结果；由于复杂性高，不适合大型数据集

续表

算法	说明	优点	缺点
基于密度的带噪声应用空间聚类(DBSCAN)	根据数据中的区域密度识别群组的方法	识别任意形状的群集；无须初始群集数；可识别异常值	指定超参数——每个数据点周围的聚类半径和聚类的极限数量，具有挑战性
高斯混合模型	用于对数据集中的正态分布聚类进行建模的概率模型	计算观测值属于一个簇的概率；能够识别重叠簇和异常值；与K均值聚类相比，结果更准确	需要复杂的调整；需要设置预期混合成分或聚类的数量

表 10.12　选择深度神经网络概述

DNN类型	说明	输入数据	优点	缺点
多层感知器(MLP)	第10.4.1.1节	表格数据	能够学习任何非线性函数	(1)在使用MLP解决图像分类问题时，必须在模型失去图像的空间特征之前将二维图像转换为一维向量 (2)梯度消失和爆炸(第10.4.1.4节)
循环神经网络(RNN)：长短期记忆网络(LSTM)，门控循环单元(GRU)，双向循环神经网络	第10.4.2节。具有到隐藏状态的循环连接。这种循环约束确保了输入数据中的序列信息被捕获	序列数据(文本、音频、时间序列)(不是表格和图像数据)	(1)捕获了输入数据中存在的序列信息 (2)可以在不同的时间步共享参数，从而减少了需要训练的参数数量，并降低了计算成本	(1)处理长序列不高效。往往会忘记远处位置的内容，并混淆相邻位置的内容 (2)梯度消失和梯度爆炸
卷积神经网络(CNN)	第10.4.3节。由滤波器(即卷积核)组成，利用卷积操作从输入数据中提取相关特征	图像数据	(1)能够从图像中捕获空间特征，有助于识别对象的位置，以及它与图像中其他对象的关系 (2)实现参数共享，使用单个滤波器应用于输入的不同部分以产生特征图	梯度消失和梯度爆炸
变换器网络	第10.4.4节。同时感知整个输入序列。它采用了注意力机制	允许处理多种形式的数据(如图像、视频、文本和音频)，使用类似的处理模块	(1)能够并行处理整个序列，增加了顺序深度学习模型的速度和容量 (2)"注意力机制"可以跟踪文本序列中单词之间的关系，包括正向和逆向方向上的长序列	理解编码器-解码器堆栈需要花时间

10.5.3　选择适当ML算法的决策图

读者在谷歌上搜索"Machine learning algorithm selection cheat sheets-images"，就能找到

几十张分步骤、问答式的决策图表，用于选择合适的 ML 算法。这些图表大多在算法选择的基本准则上达成了一致，但在某些应用的具体建议上存在差异。四种常用的算法选择图表是：

（1）Microsoft Azure：https：//docs. microsoft. com/en－us/azure/machine－learning/algorithm-cheat-sheet

（2）Scikit－learn：https：//scikit－learn. org/stable/tutorial/machine_learning_map/index. htML

（3）SAS-The Power to Know：https：//blogs. sas. com/content/subconsciousmusings/2020/12/09/machine-learning-algorithm-use

或 https：//www. reddit. com/r/learnmachinelearning/comments/r5l17z/brief_overview_which_machine_learning_algorithm

（4）Accel. AI：https：//www. accel. ai/anthology/2022/1/24/machine-learningalgorithms-cheat-sheet

图 10. 39 是参考(4)Accel. AI 的决策图。

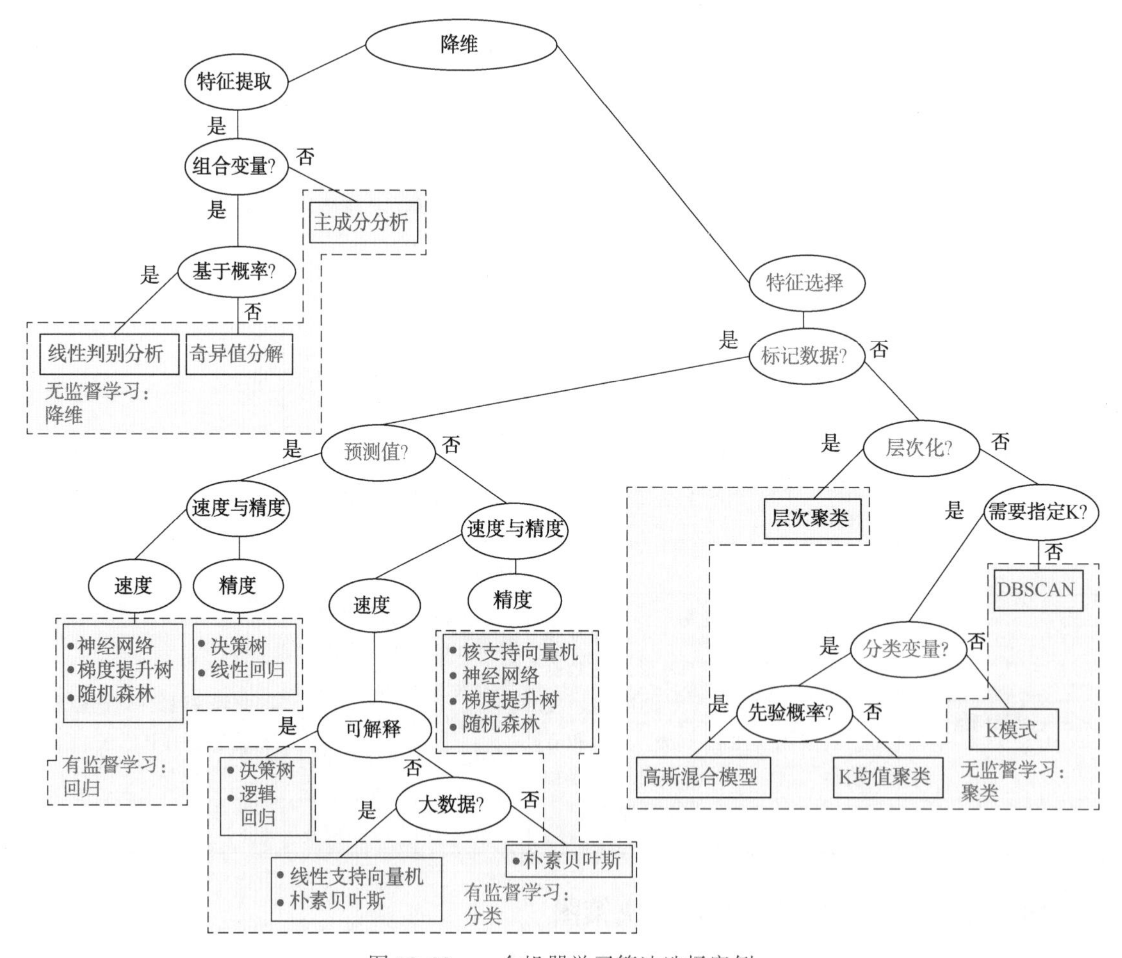

图 10. 39　一个机器学习算法选择案例

10.6 例题 10.1：使用随机森林和极端梯度提升(XGBoost)集合学习模型预测高密度聚乙烯熔融指数

10.6.1 目的和高密度聚乙烯(HDPE)工艺

本例题的目的是利用随机森林集合学习模型，展示 HDPE *MI* 预测模型的开发和应用。

在图 1.44 中展示了韩国 LG 石化公司[69]的淤浆法 HDPE 工艺，该工艺有两个并联反应器。在图 9.42 中展示了该工艺中两个反应器之一的模拟流程图。

10.6.2 数据收集和可视化

Park 等人[34]将 *MI* 数据与表 10.13 中列出的 9 个自变量进行了相关性分析。我们要感谢 Y. K. Yeo 教授[34]的共同作者，为本例题提供了原始数据。该数据集包含 5000 个观测值，14 个主要自变量(*X*)和一个因变量(*Y*)，即聚合物 *MI*。完整数据出现在一个 Excel 文件中，被命名为“HDPE_LG_Plant_Data. csv”，在例题 10.1 中。仅选择了表 10.13 中列出的 8 个自变量进行当前的例题。

表 10.13 例题 10.1 的 9 个自变量(C2 至 C3/V4)和因变量(*MI*)

流程变量	说明
C2(自变量)	单体乙烯进料流量
H2	链转移剂，氢进料流量
CAT	催化剂进料流量
HX	己烷溶剂进料流量
C3	共聚单体丙烯进料流量
T	反应器温度
P	反应器压力
H2/C2	乙烯与氢的进料浓度比率
C3/C4	丙烯与 1-丁烯的进料浓度比率
MI(因变量或质量变量)	聚合物的熔融指数

使用 Python 中的 Pandas 库加载 CSV 数据并将其转换为数据帧。然后，使用 Pandas Data Frame 定义独立特征/自变量(*X*)和因变量(*Y*)。请注意，Pandas DataFrame 是一个二维的，可变大小的，可能是异构的，带有标记轴(行和列)的表格数据结构。图 10.40 显示了代码。

还可以使用 Python 中的 Matplotlib 库对数据进行可视化和绘图。请参见图 10.41 中的代码。

```
import pandas as pd
df = pd.read_excel('HDPE_LG_Plant_Data.xlsx')
df.head()

#Features
X = df.iloc[:, 1:10]
X.head()

#Dependent Variable
y = df.iloc[:,10]
y.head()
```

图 10.40　定义自变量(特征)和因变量

```
#Data Visualization
p = df.iloc[:,1:11]
p.head()
plt.style.use('fivethirtyeight')
p.plot(subplots=True,
        layout=(6, 3),
        figsize=(22,22),
        fontsize=10,
        linewidth=2,
        sharex=False,
        title='Visualization of the HDPE plant data')
plt.show()
```

图 10.41　图 10.39 中显示的过程数据的可视化

10.6.3　数据清理和预处理

为了处理缺失的数据，我们可以使用 Pandas 库中的一些函数，如“df.dropna( )”删除缺失数据的观测值。

10.6.3.1　特征选择

```
#Feature Selection
corr =X.corr()
import seaborn as sns
sns.heatmap(corr)
```

图 10.42　查找数据集的相关性并绘制相关图

我们可以删除高度相关的变量，使模型更有效，并捕捉数据中正确的因果关系。我们可以首先计算相关矩阵并绘制它们。我们可以使用 Seaborn 库来绘制相关映射图。Seaborn 是一个构建在 Matplotlib 之上的数据可视化库，并与 Python 中的 Pandas 数据结构紧密集成。代码见图 10.42，所有变量之间的相关映射见图 10.43。

在图 10.43 的右侧，可以看到两个特征(自变量)之间的相关系数范围为-0.50~1.00。从图中可以看出，H2 与 C2 高度相关，相关系数接近+1。我们还可以通过删除相关系数大于 0.95 的特征来确认这一点。请参见图 10.44 中的代码。

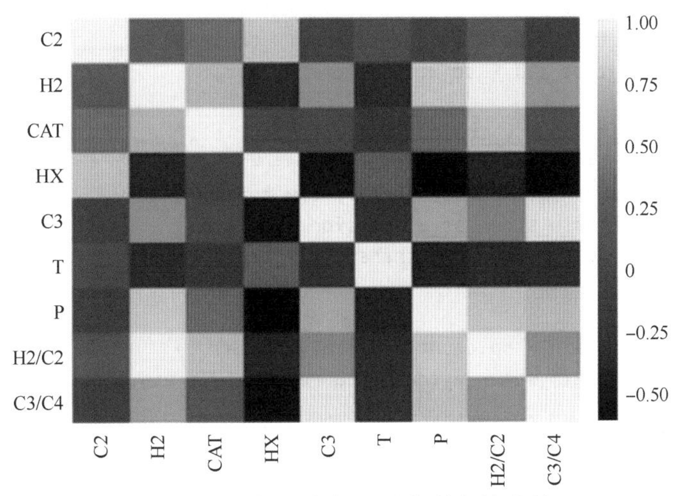

图 10.43 特征(自变量)之间的相关映射

```
#Droppping Highly correlated variables
correlation_matrix = X.corr().abs()
correlated_features = set()

for i in range(len(correlation_matrix .columns)):
    for j in range(i):
        if abs(correlation_matrix.iloc[i, j]) > 0.95:
            colname = correlation_matrix.columns[i]
            correlated_features.add(colname)

print(correlated_features)
```

图 10.44 删除相关系数大于 0.95 的特征(自变量)

在更大的数据集中，我们可以放弃高度相关的特征，以提高预测的精确度；而在本例题中，我们保留了所有特征(自变量)。

10.6.3.2 定义训练和评估数据集

使用 Python 中的 Scikit-learn(简称“sklearn”)测试训练分割库来分割数据集。库中默认的测试拆分是 0.25，这意味着 Python 将 75%的数据集用于训练和交叉验证，将剩余 25%的数据集用于测试和评估。读者可以在互联网上搜索有关 train_test_split 的教程：

```
Optimizer = keras.optimizer.Adam(lr = 0.001,
beta_1 = 0.9, beta_2 = 0.999)
```

10.6.3.3 标准化

然后，我们使用 sklearn standard-scaler(标准标度)库对每个训练和测试数据集进行标准化处理，使特征和输出在同一范围内，并且预测和模型相关性更加准确。特征的标准化通过去除平均值并缩放至单位方差完成(见附录A第A.1.7节)。代码见图10.45。

```
from sklearn.preprocessing import StandardScaler
sc_x = StandardScaler().fit(X_train)
X_train_std = sc_x.transform(X_train)
X_test_std = sc_x.transform(X_test)

y_train = y_train.values.reshape(-1,1)
y_test = y_test.values.reshape(-1,1)
sc_y = StandardScaler().fit(y_train)
y_train_std = sc_y.transform(y_train)
y_test_std = sc_y.transform(y_test)


n_train = np.count_nonzero(y_train)
y_train_std = y_train_std.reshape(n_train,)
```

图10.45 使用标准标度库将数据集标准化为零均值和单位方差

10.6.4 构建机器学习模型

使用标准化的训练集来训练ML模型。在这种情况下，考虑使用集成学习随机森林模型进行预测。使用sklearn随机森林回归器库进行模型训练。使用交叉验证来找出训练RMSE。保留默认的超参数(见附录B表B.1)。Python代码见图10.46。

```
#Model Training
from sklearn.ensemble import RandomForestRegressor
rf = RandomForestRegressor(n_estimators=100)


rf.fit(X_train_std, y_train_std)

cv = cross_val_score(rf, X_train_std, y_train_std, cv = 10,scoring='neg_mean_squared_error')
cv_score = cv.mean()

rmse_train = np.sqrt(abs(cv_score))
print(rmse_train)

y_rf_train_std = rf.predict(X_train_std)
y_rf_train_std = y_rf_train_std.reshape(-1,1)
y_rf_train = sc_y.inverse_transform(y_rf_train_std)

rmse_train = np.sqrt(mean_squared_error(y_train, y_rf_train))
print(rmse_train)
```

图10.46 用于集成学习随机森林回归器的Python代码

训练结果为$R2=0.99$，$RMSE=0.09734$。质量变量y的标准差为5。

在这种情况下，默认超参数已经表现良好，但我们仍然会在下面展示超参数调整的过程。我们还可以使用交叉验证精确度来防止过拟合，找到验证集上精确度最高的最佳超参数。

随机森林模型是一种基于树的模型，其超参数如下(另见附录 B 表 B.1)。

(1) n_estimators = 森林中树的数量；

(2) max_features = 分裂节点时考虑的最大特征数；

(3) max_depth = 每棵决策树的最大层级数；

(4) min_samples_split = 分裂节点前节点中数据点的最小数量；

(5) min_samples_leaf = 叶节点允许的最小数据点数；

(6) bootstrap = 数据点抽样方法(带或不带替换)。

使用网格搜索和五倍交叉验证 sklearn 库来获得最佳超参数。五倍交叉验证是指将数据集随机分成大小大致相同的五组(褶皱)。第一组作为测试集，剩余四组用于拟合模型。改变其中一个超参数 n_estimators，它代表森林中树的数量，以交叉验证的准确率作为衡量标准，找到最佳超参数。图 10.47 显示了 Python 代码。

```
from sklearn.ensemble import RandomForestRegressor
from sklearn.model_selection import GridSearchCV

# Create the parameter grid based on the results of random search
param_grid = {
    'bootstrap': [True],
    'max_depth': [80, 90, 100, 110],
    'max_features': [2, 3],
    'min_samples_leaf': [3, 4, 5],
    'min_samples_split': [8, 10, 12],
    'n_estimators': [100, 200, 300, 1000]
}
# Create a Random Forest model
rf = RandomForestRegressor()
# Instantiate the grid search model

grid_search = GridSearchCV(estimator = rf, param_grid = param_grid,
cv = 3, n_jobs = -1, verbose = 2)

#Find optimum hyperparameters
best_grid = grid_search.best_estimator_

Y_train_best = best_grid.predict(X_train)
rmse_train = np.sqrt(mean_squared_error(y_test, Y_best))
print(rmse_train)
```

图 10.47 使用网格搜索找出最佳超参数

10.6.5 ML 模型结果分析

图 10.48 显示了评估模型结果的代码。有标准差的测试数据集的 *RMSE* 为 0.16，R_2 为 0.99，对于标准差为 5 的数据来说，这是一个非常好的预测结果。随机森林 ML 模型还决定了不同操作变量在减少“节点杂质”平均降幅方面的相对重要性，这是衡量每个自变量(特征)对模型中方差减少程度的指标。图 10.49 显示了查找和绘制节点杂质平均减少量(mean decrease in node impurity，MDI)的 Python 代码。图 10.50 显示了生成的 MDI 图，显示了使

用随机森林回归模型预测 *MI* 时最重要的自变量(特征)。它表明氢气进料流量(自变量或特征)对得出的 *MI*(质量变量)值的影响最为显著。

```
#Evaluate the results
Y_test_best = best_grid.predict(X_test)
rmse_test = np.sqrt(mean_squared_error(y_test, y_test_best))
print(rmse_test)
```

图 10.48 评估模型结果的 Python 代码

```
import time
import numpy as np

start_time = time.time()
importances = rf.feature_importances_
std = np.std([
    tree.feature_importances_ for tree in rf.estimators_], axis=0)
elapsed_time = time.time() - start_time

print(f"Elapsed time to compute the importances: "
      f"{elapsed_time:.3f} seconds")

feature_names = [f'feature {i}' for i in range(X.shape[1])]

import pandas as pd
forest_importances = pd.Series(importances, index=feature_names)

fig, ax = plt.subplots()
forest_importances.plot.bar(yerr=std, ax=ax)
ax.set_title("Feature importances using MDI")
ax.set_ylabel("Mean decrease in impurity")
fig.tight_layout()
```

图 10.49 用于模型评估和计算节点杂质平均减少量(MDI)的 Python 代码

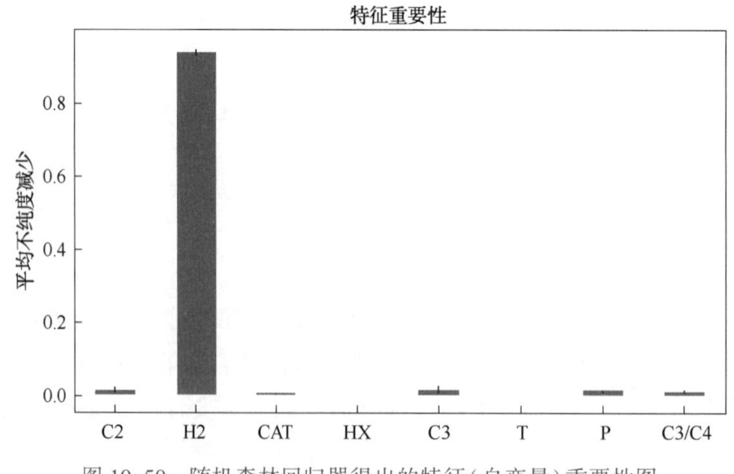

图 10.50 随机森林回归器得出的特征(自变量)重要性图

最后，绘制出熔融指数随时间变化的最终预测图，并将预测图与工厂数据进行比较。图 10. 51是绘制该图的 Python 代码，图 10. 52 是绘制的对比图。该图验证了随机森林回归器对结果的准确预测。

```
t = df.iloc[:,0]
import matplotlib.pyplot as plt
plt.style.use('default')
plt.scatter(t,y.iloc[:,1] ,c='green', label = 'Actual' )
plt.plot(t,Y_p[:,1] ,c = 'red', label = 'ML Predicted MI')
plt.xlabel('time')
plt.ylabel('Melt Index')

plt.legend()
plt.show()
```

图 10. 51　用于比较熔融指数模型预测值与工厂数据的 Python 代码

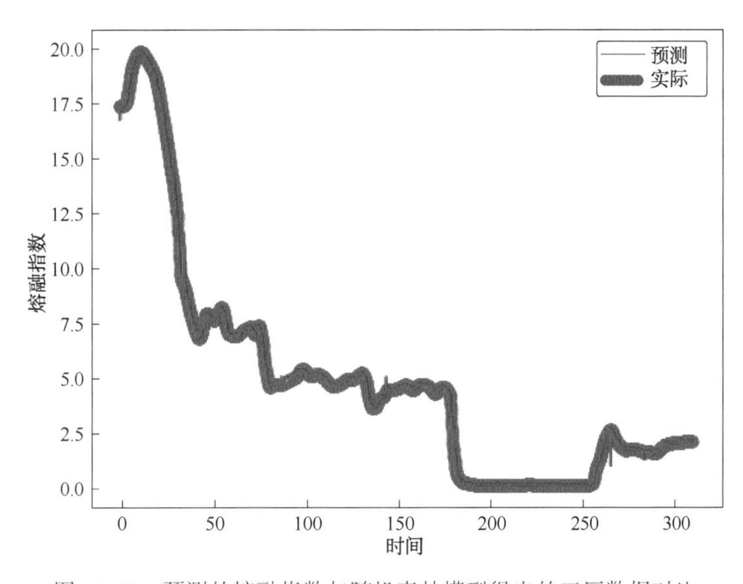

图 10. 52　预测的熔融指数与随机森林模型得出的工厂数据对比

10. 6. 6　使用 XGBoost 预测熔融指数

同一数据集下，使用 XGBoost 预测熔融指数，采用与随机森林相同的数据预处理和特征工程步骤，并使用 XGBoost 机器学习模型进行训练和预测。XGBoost 也是一种基于决策树的梯度提升模型，它有三种超参数：

(1) 一般参数与我们使用哪种助推器进行助推有关，通常是决策树模型或线性模型。

(2) 助推器参数取决于所选择的助推器类型。

(3) 学习任务参数取决于学习场景。例如，回归任务与排序任务可能使用不同的参数。

对于该模型，我们只使用默认的超参数(见图 10. 53)。

独立 XGBoost 模型的 *RMSE* 预测约为 0. 25，略低于随机森林对该数据集的预测。

与随机森林类似，XGBoost 也可以给出特征重要性，且同样预测 H_2 是最重要的特征。

请参见图 10.54 中的 Python 代码和图 10.55 中的特征重要性图。

本例题到此结束。

```
#Model Training
import xgboost as xgb
xgr =xgb.XGBRFRegressor()
xgr.fit(X_train_std,y_train_std)

#Model Prediction
y_xgr_std = xgr.predict(X_test_std)
y_xgr_std = y_xgr_std.reshape(-1,1)
y_xgr = sc_y.inverse_transform(y_xgr_std)
y_xgr = xgr.predict(X_test)
rmse = np.sqrt(mean_squared_error(y_test, y_xgr))
print(rmse)
```

图 10.53　XGBoost 用于 *MI* 预测的 Python 代码

```
xgb.plot_importance(xg_reg)
plt.rcParams['figure.figsize'] = [5, 5]
plt.show()
```

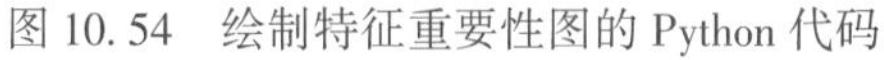

图 10.54　绘制特征重要性图的 Python 代码

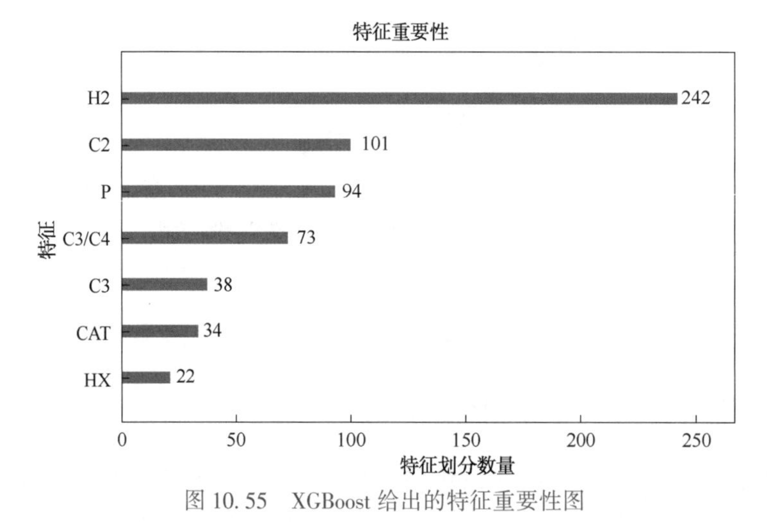

图 10.55　XGBoost 给出的特征重要性图

10.7　例题 10.2：　使用深度神经网络预测高密度聚乙烯熔融指数

10.7.1　目的

本例题的目的是演示使用深度神经网络(DNN)为高密度聚乙烯熔融指数开发和应用预测模型的过程。

我们考虑的是韩国 LG 石化公司的淤浆法高密度聚乙烯工艺[34]，如图 1.44 所示，该工艺有两个并联反应器。我们还在图 9.42 中展示了该工艺中两个反应器之一的模拟流程图。下面我们将演示如何使用谷歌 TensorFlow 框架和 Keras 深度学习库，通过深度神经网络完成第 10.6 节中的例题 10.1。

10.7.2 深度神经网络配置

我们的 DNN 与图 10.56 所示的 DNN 类似，它有一个包含 9 个节点的输入层，3 个各包含 64 个节点的隐含层和 1 个包含 1 个节点的输出层。

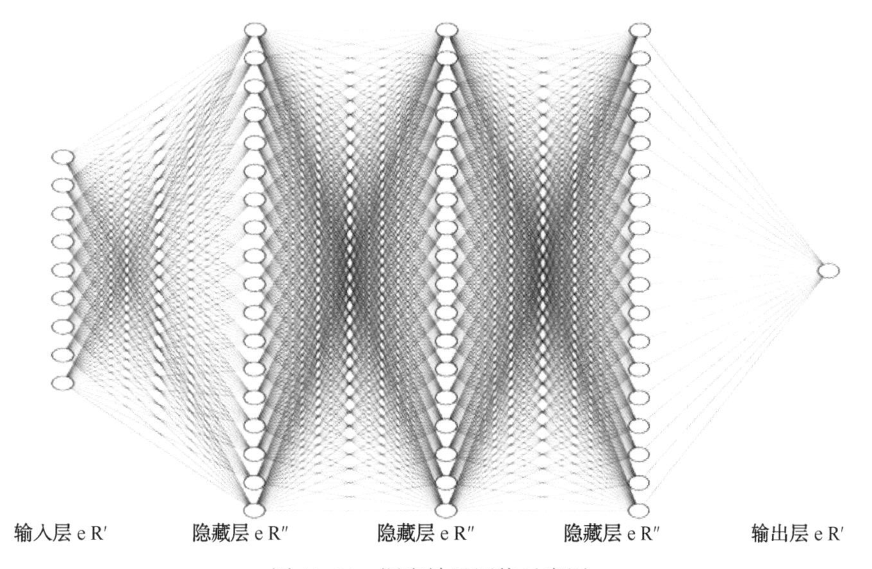

图 10.56 深度神经网络示意图

我们注意到，图 9.42 中显示了高密度聚乙烯工艺流程表；数据文件 HDPE_LG_Plant_Data.csv 可在例题 10.1 的文件中找到；表 10.13 列出了 9 个自变量(特征)的列表，这些变量对应于单一的质量变量——熔融指数(*MI*)。我们使用第 10.6.3 节所述的相同数据预处理步骤。图 10.57 显示了数据归一化的 Python 代码。

```
#Data Normalization

sc_x = StandardScaler().fit(X_train)
X_train_std = sc_x.transform(X_train)
X_test_std = sc_x.transform(X_test)

y_train = y_train.values.reshape(-1,1)
y_test = y_test.values.reshape(-1,1)
sc_y = StandardScaler().fit(y_train)
y_train_std = sc_y.transform(y_train)
y_test_std = sc_y.transform(y_test)
```

图 10.57 用于数据归一化的 Python 代码

对于隐含层，我们使用表 10.6 和图 10.24 中的 ReLU 激活函数，对于输出层则使用线性激活函数。我们采用密集层(dense layer)类型，这意味着密集层中的每个神经元都会接收来自其前一层所有神经元的输入。图 10.58 展示了使用 Keras 定义深度神经网络的 Python 代码。同时，我们使用了 0.25 的概率进行随机失活(dropout)(第 10.4.1.6 节)，以避免过拟合。

```
model = Sequential()
model.add(Dense(64, input_dim=9, kernel_initializer='normal', activation='relu'))
model.add(Dropout(0.25))
model.add(Dense(64, activation='relu'))
model.add(Dropout(0.25))
model.add(Dense(64, activation='relu'))
model.add(Dropout(0.25))
model.add(Dense(1, activation='linear'))
model.summary()
```

图 10.58　在 Keras 中实现深度神经网络的代码

10.7.3　神经网络配置预测

我们使用第 10.4.1.7 节中的 Adam 优化来训练神经网络。由于这是一个回归问题，我们选择 MSE[式(10.6)]作为损失函数来量化模型预测与数据之间的误差。然后，我们将 DNN 与训练数据拟合，并检查历史输出结果。图 10.59 展示了实现该模型计算的 Python 代码。

```
#Compiling Model and Prediction
model.compile(loss='mse', optimizer='adam', metrics=['mse','mae'])
history=model.fit(X_train_std,y_train_std, epochs=50, batch_size=150, verbose=1, validation_split=0.2)

#Loss history curve
print(history.history.keys())
# "Loss"
plt.plot(history.history['loss'])
plt.plot(history.history['val_loss'])
plt.title('model loss')
plt.ylabel('loss')
plt.xlabel('epoch')
plt.legend(['train', 'validation'], loc='upper left')
plt.show()
```

图 10.59　模型预测和损失曲线的代码

图 10.60 显示了 Python 代码，用于将模型预测与未用于开发预测模型的测试数据进行比较。

我们使用逆变换将预测值缩放到原始比例，然后评估预测结果。对于标准差为 0.5 的数据集，熔融指数(*MI*)预测值对应的 RMSE[式(10.7)]为 0.42。

```
#Model prediction on test data

y_pred_test_std = model.predict(X_test_std)
y_pred_test = sc_y.inverse_transform(y_pred_test_std)
r2_score(y_test, y_pred_test)
```

图 10.60　比较模型预测与测试数据的代码

图 10.61 显示了训练和验证的损失函数值(即 MSE)与迭代次数(epoch)的关系。

在第 10.6 节的例题 10.1 中，我们演示了使用随机森林集成学习来提高 *MI* 预测的准确性并

最小化 *RMSE*。在本例题中，我们可以利用随机森林学习(第 10.6.5 节)将 *RMSE* 从 DNN 的 0.42 降低到 0.16。读者会发现，通过应用集成学习方法，一般都能降低 ML 模型的 *RMSE*，这在之前的研究中已有报道[30,36,40,41]。

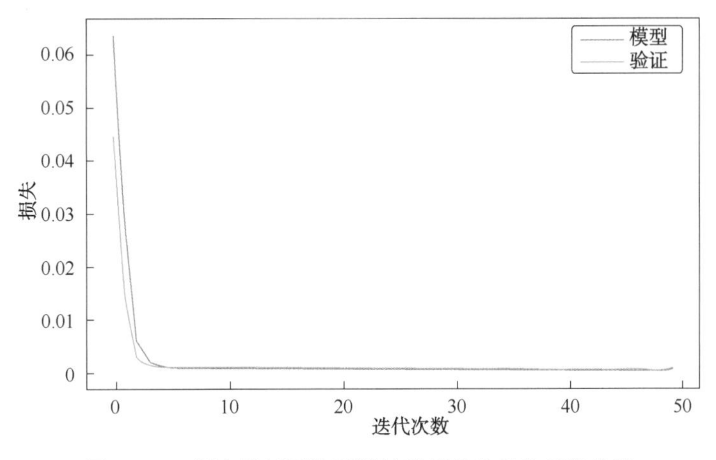

图 10.61　深度神经网络预测熔融指数的损失函数曲线

10.8 例题 10.3：利用动态深度循环神经网络预测随时间变化的高密度聚乙烯熔融指数

10.8.1 目的

我们的目的是构建两种不同类型的深度 RNN 结构，以预测动态过程的 *MI*：①LSTM；②GRU(见第 10.4.2.2 和第 10.4.2.3 节)。

使用的高密度聚乙烯数据集与之前例题中使用的数据集相同。这里的想法是，我们对模型过去一段时间的数据进行训练，并对未来一段时间的数据进行预测(见第 10.4.2.2 和 10.4.2.3 节)。

10.8.2 长短期记忆(LSTM)循环神经网络

我们将以下步骤作为逐步构建网络架构的工作流程。使用与之前例题相同的预处理步骤，对数据集进行标准化和归一化处理。唯一不同的是定义训练集、验证集和测试集的方式。使用前 1500min 的数据作为训练集，接下来的 500min 作为验证集，再接下来的 500min 作为测试集。训练和验证步骤定义如下：由于这是一个没有周期性的连续过程数据集，我们不需要任何额外的数据准备步骤。TensorFlow LSTM 模型的输入需要重塑为三维格式——[样本数、时间步长、特征数]。对于训练数据集，样本数为 1500，特征数为 9，而时间步长为 1(等于每个观测值)。图 10.62 显示了数据预处理的 Python 代码。

我们使用一个具有两个堆叠层，分别为 64 个单元和 32 个单元的 LSTM 模型，以及一个具有 1 个单元的密集层用于输出。我们还添加了随机失活来检查过拟合情况。图 10.63 显示了 LSTM 模型的 Python 代码。使用 Adam 优化器，并在之后使用逆变换对测试数据集进行重塑和预测。图 10.64 显示了使用 LSTM 模型进行预测的 Python 代码。如图 10.65 所示，绘制了 LSTM 测试预测图，然后与实际工厂数据以及 *MI* 的实际预测进行比较，预测的 *RMSE* 为 1.2。

```
sc_x = StandardScaler().fit(X)
X = sc_x.transform(X)
y = y.values.reshape(-1,1)
sc_y = StandardScaler().fit(y)
y = sc_y.transform(y)

# Defining Test, Train and Validation dataset
X_train = X[:1500]
y_train = y[:1500]
X_val = X[1500:1800]
y_val = y[1500:1800]
X_test = X[1800:2400]
y_test = X[1800:2400]

# Reshape into 3D for LSTM input
X_train = X_train.reshape(( X_train.shape[0], 1, X_train.shape[1]))
X_val = X_val.reshape(( X_val.shape[0], 1, X_val.shape[1]))
X_test = X_test.reshape((X_test.shape[0], 1, X_test.shape[1]))
```

图 10.62 LSTM/GRU 模型预测时间序列时的数据预处理以及将数据分成训练集、验证集和测试集

```
#LSTM Model
model = Sequential()
model.add(LSTM(units = 64,return_sequences = True,input_shape = (1,9)))
model.add(Dropout(0.25))
model.add(LSTM(units = 32,return_sequences = True))
model.add(Dropout(0.25))
model.add(Dense(1))
```

图 10.63 LSTM 模型的 Python 代码

```
model.compile(loss=MeanSquaredError(), optimizer=Adam(learning_rate=0.0001), metrics=[RootMeanSquaredError()])
history = model.fit(X_train, y_train, validation_data=(X_val, y_val), epochs=10)

#Model predciton
y_pred_std = model.predict(Xest)
y_pred = sc_y.inverse_transform(y_pred_std)
test_predictions = y_pred.flatten()
y_test = sc_y.inverse_transform(y_test)
y_test = y_test.flatten()

test_results = pd.DataFrame(data={'Test Predictions':test_predictions, 'Actuals':y_test})
test_results

import matplotlib.pyplot as plt
plt.plot(test_results['Test Predictions'][1800:2400],c ='green',label = 'LSTM prediction')
plt.plot(test_results['Actuals'][1800:2400],c ='red', label = 'Actual')
plt.xlabel('Time')
plt.ylabel('Melt Index')
plt.legend()
```

图 10.64 使用 LSTM 模型进行预测的 Python 代码

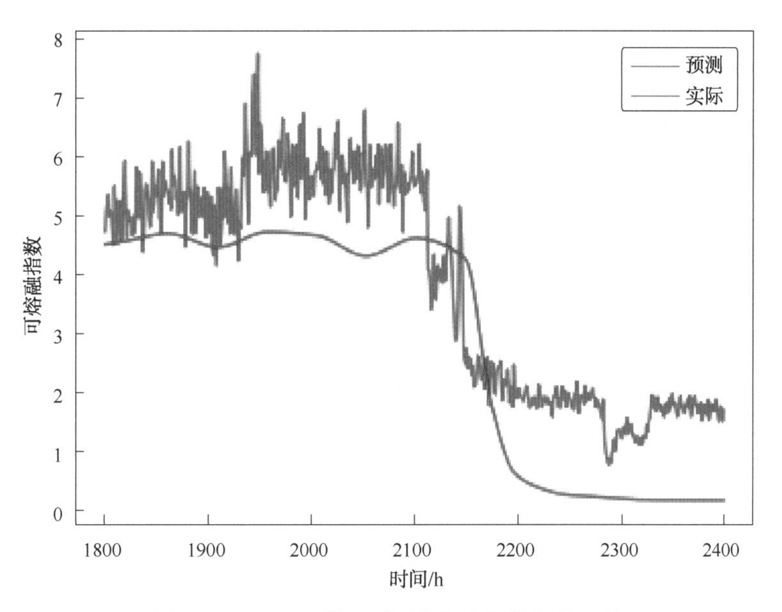

图 10.65 LSTM 模型预测值与实际数据的比较

10.8.3 门控循环单元(GRU)

使用 TensorFlow 中的 GRU 模型，并重复与图 10.66 和图 10.67 中所示的相似配置的 64 个和 32 个单元的过程。

```
#GRU Model
model = Sequential()
model.add(GRU(units = 64,return_sequences = True,input_shape = (1,9)))
model.add(Dropout(0.25))
model.add(GRU(units = 32,return_sequences = True))
model.add(Dropout(0.25))
model.add(Dense(1))
```

图 10.66 指定 GRU 模型的 Python 代码

```
import matplotlib.pyplot as plt
plt.plot(test_results['Test Predictions'][1800:2400],c ='green',label = 'LSTM prediction')
plt.plot(test_results['Actuals'][1800:2400],c ='red', label = 'Actual')
plt.xlabel('Time')
plt.ylabel('Melt Index')
plt.legend()
```

图 10.67 用于绘制 GRU 预测值与实际数据对比图的 Python 代码

图 10.68 比较了 GRU 模型的预测结果和实际数据。GRU 模型对 *MI* 预测的 *RMSE* 为 0.9，正如预期的那样优于 LSTM 预测的 *RMSE* 值 1.2。这一结果证实了 Burkov[63,第74页] 的说法，即 ***GRU 是实际应用中最有效的 RNN*** 。

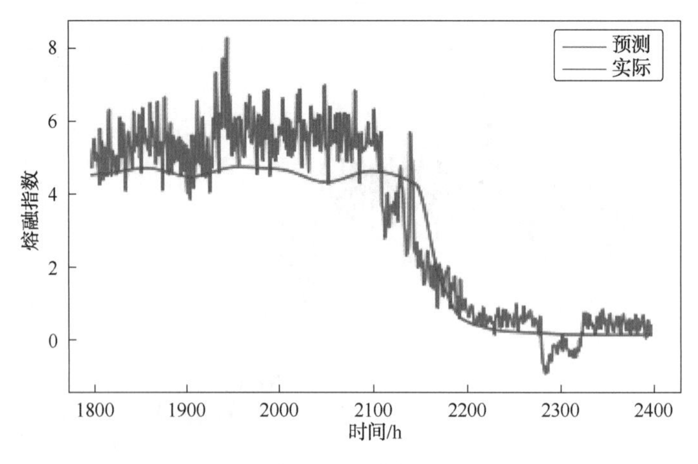

图 10.68　GRU 模型预测值与实际数据的比较

10.9　例题 10.4：　利用卷积神经网络基于分子结构预测聚合物性质

10.9.1　目的

本例题的目标是演示如何基于分子结构，利用变换器网络(第 10.4.4 节)和卷积神经网络(CNN)(第 10.4.3 节)的组合来预测聚合物的性质，特别是聚合物的玻璃化转变温度。我们注意到 CNN 或 RNN(第 10.4.2 节)模型很少单独使用。这些网络通常作为较大模型中的层使用，该模型还具有一个或多个多层感知器，从而形成一种混合类型的 DNN。在本例题中，我们将阐述变换器网络和 CNN 的集成。

10.9.2　基于深度学习的化学图像识别变换器网络(DECIMER)将分子结构图像转换为 SMILES 表示法

我们可以将化合物的分子结构转换为被称为***简化分子线性输入规范***(*Simplified Molecular Input Line Entry System*，*SMILES*)[25]的线性字符串编码形式，然后根据其结构对分子特性进行分析和预测。在第 10.1.2.1 节中，我们简要介绍了 SMILES 及其扩展形式[25-27]作为 DNN 输入的有效分子表示法，SMILES 使用字符串来表示原子、键、支链、环状结构、断开结构和芳香性，并遵循特定的编码规则。

Rajan 等人[143]展示了一种用于从结构图像中预测 SMILES 符号的化学图像识别(DECIMER)的深度学习方法。DECIMER 使用图 10.35 中的标准变换器网络将化学结构描述的位图转换为计算机可读格式。他们使用 CNN 模型将图像解析为提取的特征，然后将其输入变换器网络中。他们使用 4 个编码器-解码器堆栈和 8 个并行注意力头。

这里，我们使用 Rajan 等人开发的 DECIMER Python 库[143]，展示如何将结构图像转换为 SMILES 结构。使用图 10.69 中的 Python 代码将分子结构图像转换为 SMILES 结构。

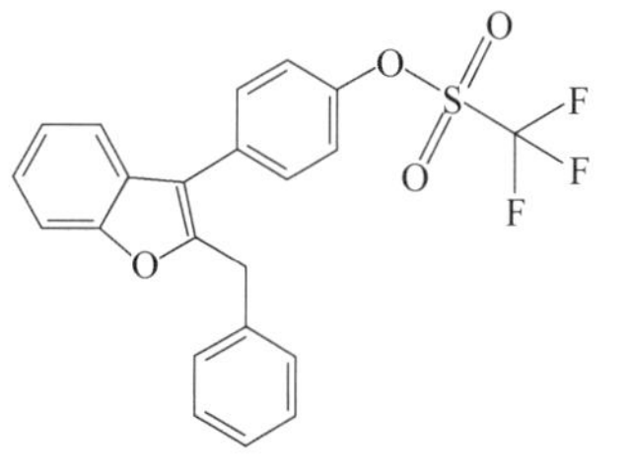

```
from DECIMER import predict_SMILES
image_path = "/content/drive/MyDrive/PolyData/DECIMER_test_0.png"
SMILES = predict_SMILES(image_path)
print(SMILES)

Downloading trained model to /root/.data/DECIMER-V2
/root/.data/DECIMER-V2/models.zip
... done downloading trained model!
C1=CC=C(C=C1)CC2=C(C3=CC=CC=C3O2)C4=CC=C(C=C4)OS(=O)(=O)C(F)(F)F
```

图 10.69 使用 DECIMER 方法将分子结构图像转换为 SMILES 结构的 Python 代码

根据文献[144]，DECIMER 的 Python 代码和训练好的模型可在网址 https：//github. comKohulan/DECIMER-TPU 和 https：//doi. org/10. 5281zenodo. 4730515 上获得。以 SMILES 格式提供的数据可在网址 https：//doi. org/10. 5281/zenodo. 4766251 上获得。

因此，利用这个变换器网络，我们可以为聚合物 SMILES 编码结构生成一个数据库。

10.9.3 利用 SMILES 表示法预测聚合物性质的卷积神经网络

接下来，我们将展示 Miccio 和 Schwartz[123] 提出的方法，该方法利用化学结构，通过 CNN 预测聚合物特性。作者使用了分子的 SMILES 表示法[25]。文章的补充材料中提供了数据集(参见：https：//doi. org/10. 1016/j. polymer. 2020. 122341)。这些数据集中包括 218 种聚合物，它们的 SMILES 表示代码以及相应的玻璃化转变温度(以 K 为单位)。

在 Python 中，独热编码(one-hot encoding)是指将分类变量表示为二进制向量的方法。这些分类值首先被映射为整数值。然后，每个整数值被表示为一个二进制向量，该向量全为 0(除了整数值的索引位置为 1)。通过独热编码，我们可以将 SMILES 字符串转换为由 0 和 1 组成的二进制数值数据矩阵。然后，我们将这些矩阵转换为二进制图像，这些图像随后可通过卷积神经网络进行分析和预测。图 10.70、图 10.71 展示了将 SMILES 代码转换为编码二进制图像的方法。

我们首先使用 Python 中的 Pandas 库加载数据集。图 10.72 展示了数据集的快照，其中包含聚合物的 SMILES 结构和相应的玻璃化转变温度 T_g。

接下来，我们使用独热编码库将 SMILES 数据集转换为数值矩阵表示形式，将结构中的每个元素以字典形式考虑。独热编码将其转换为包含 0 和 1 的矩阵形式，也可以将其转换为二进制形式。数据被转换为 numpy 输入形式，相应的 T_g 作为预测目标。然后，我们将数据集划分为训练集和测试集。

图 10.71 展示了这些操作的 Python 代码，图 10.72 则展示了生成的二进制图像。

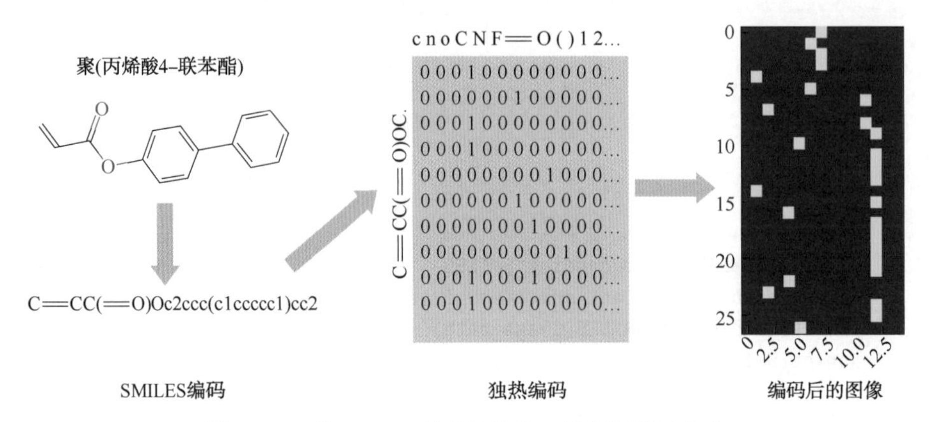

图 10.70　将 SMILES 编码转换为二进制图像的方法

```
#One Hot encoding of SMILES data
d=[]
n=[['c'], ['n'], ['o'], ['C'], ['N'], ['F'], ['='], ['O'],
              ['('], [')'], ['1'],['2'],['#'],['Cl'],['/'],['S'],['Br']]
e = OneHotEncoder(handle_unknown='ignore')
e.fit(n)
e.categories_
df1=df["SMILES Structure"].apply(lambda x: pd.Series(list(x)))
for i in range(df1.shape[0]):
    x=e.transform(pd.DataFrame(df1.iloc[i,:]).dropna(how="all").values).toarray()
    y=np.zeros(((df1.shape[1]-x.shape[0]),len(n)))
    d.append(np.vstack((x,y)))


# COnverting encoded SMILES to binary images
  plt.figure(figsize=(20,100))
  for i in range(len(d)):
    plt.subplot(len(d),5,i+1)
    plt.imshow(d[i])

#Dataset
X = np.array(d)
Y=df["Tg"].values

from sklearn.model_selection import train_test_split
X_train, X_test, y_train, y_test = train_test_split(X, Y, test_size=0.15, random_state=0)
```

图 10.71　将 SMILES 代码转换为二进制图像的 Python 代码

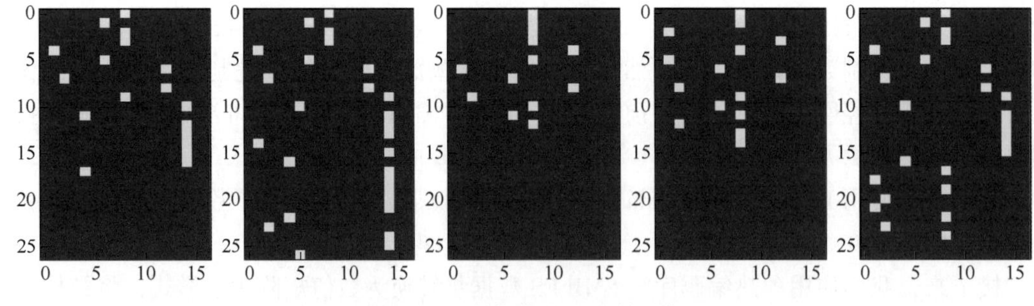

图 10.72　数据集的二进制图像

图 10.73 展示了 Miccio 和 Schwartz[123] 原创工作中所使用的 CNN 示意图。读者可以参考我们关于 DNN 的讨论，了解 ReLU 激活函数（第 10.4.1.4 节）、BN（第 10.4.1.5 节）、

dropout(第 10.4.1.6 节)、Adam 优化器(第 10.4.1.7 节)、核大小和步幅(图 10.31)、零填充(图 10.32)、最大池化和展平(图 10.33)、密集层或全连接(FC)层(图 10.34)以及 CNN 框图(图 10.34)。

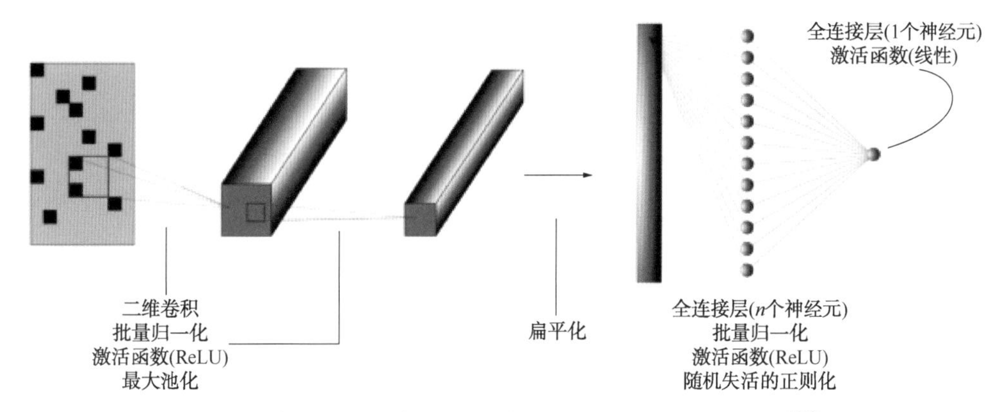

图 10.73 Miccio 和 Schwartz 使用的卷积神经网络示意图(来源：Miccio 和 Schwartz[123]，经 Elsevier 许可)

使用 CNN 来分析二进制图像。所使用的 CNN 架构包含两个卷积层、两个全连接层以及一个输出层。第一个二维卷积层具有 128 个滤波器，卷积核大小为(3，3)。由于这是一个单通道的二进制图像数据，因此数据集的输入 numpy 形状为(65，17，1)。所有层都使用 ReLU 作为激活函数。该层后面是一个大小为(3，3)的最大池化层，用于减小输入尺寸，加快计算速度。接着是 BN 层，它可以使训练过程更稳定、更快。我们添加了一个类似的包含 64 个滤波器的卷积层，后面是最大池化和 BN 层。输入通过一个展平层进行展平，接着是两个分别有 128 个和 64 个神经元的密集层以及一个输出密集层。我们还使用了 dropout 工具来防止过拟合。图 10.74 展示了该 CNN 实现的 Python 代码。

```
model=Sequential()
model.add(Conv2D(128,(3,3), activation="relu",input_shape=(65,17,1)))
model.add(MaxPool2D(pool_size=(2,2)))
model.add(BatchNormalization()),
model.add(Conv2D(64,(3,3), activation="relu"))
model.add(MaxPool2D(pool_size=(2,2)))
model.add(BatchNormalization()),
model.add(Flatten())
model.add(Dense(128,activation="relu"))
model.add(Dropout(0.1))
model.add(Dense(64,activation="relu"))
model.add(Dropout(0.1))
model.add(Dense(1))
```

图 10.74 实现卷积神经网络的 Python 代码

然后，我们使用 Adam 优化器编译模型、训练模型并进行预测。请参见图 10.75 中的 Python 代码。在给定的 CNN 配置下，使用结构图像进行预测的模型准确率约为 82%。如图 10.76所示，预测的损失曲线显示了良好的预测准确性。

因此，有了相当准确的预测，我们就可以利用聚合物结构，使用 CNN 来预测其性质，如玻璃化转变温度。

```
model.compile(loss='mse', optimizer='adam', metrics=['mse','mae'])
history=model.fit(x=X_train,y=y_train,epochs=500,batch_size=16,validation_split=0.1)

y_predtrain=model.predict(X_train)
y_predtest=model.predict(X_test)
rmse_test = np.sqrt(mean_squared_error(y_test, y_predtest.reshape(y_test.shape)))
print(rmse_test)

r2_score(y_test, y_predtest.reshape(y_test.shape))
```

图 10.75　进行模型优化和预测的 Python 代码

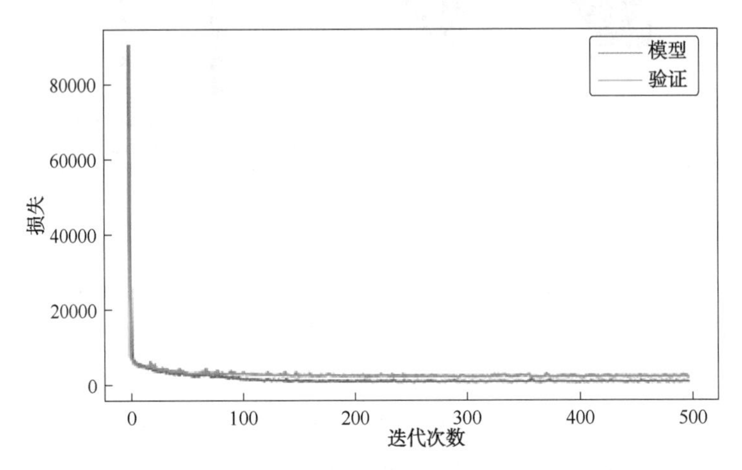

图 10.76　CNN 训练和验证的损失曲线

10.10　例题 10.5：　利用自动化机器学习预测熔融指数

本例题的目标是演示使用自动化机器学习工具来指导开发一个预测模型，该预测模型用于解决与例题 10.1 中相同的 *MI* 预测问题。我们考虑与例题 10.1 中相同的过程数据集，并执行相同的数据预处理步骤。

AutoML 是自动化机器学习模型开发任务的过程，包括特征选择和模型选择。它使模型更具可扩展性和效率，对于机器学习知识有限的人来说更容易上手。在本例题中，我们使用 Python 中的 H_2O AutoML 库，该库可以自动化机器学习工作流程，包括机器学习模型的自动训练和调优[145,146]。模型训练可以在用户自定义的时间停止。

我们使用 Python 将数据集导入 H_2O DataFrame 中，并将其划分为测试集和训练集。Data Frame 是一个二维、大小可变、可能具有异构性的表格数据。数据结构还包含带标签的轴(行和列)。算术运算在行和列标签上对齐。相关的 Python 代码如图 10.77 所示。

我们选择由 H_2O 评估的模型数量。H_2O AutoML 的当前版本对以下算法进行训练和交叉验证：三个预先指定的 XGBoost GBM(Gradient Boosting Machine，梯度提升机)模型、一个固定网格的 GLM(Generalized Linear Models，广义线性模型)、一个默认随机森林(Default Random Forest，DRF)、五个预先指定的 H_2O GBM、一个接近默认的深度神经网络、一个极端随机森林(Extremely Randomized Forest，XRT)、一个 XGBoost GBM 的随机网格，一个 H_2O GBM 的随机网格，以及一个深度神经网络的随机网格。感兴趣的读者可以参考文档 H_2O. ai[87]，了解这些算法的详细信息。图 10.78 展示了指定最大测试模型数目为 25 的 Python 代码。

```
#Data loading in H2O
h2o.init()

df = h2o.import_file(path = '/content/drive/MyDrive/PolyData/HDPE_LG_Plant_Data.csv')

df.describe(chunk_summary=True)

train, test = df.split_frame(ratios=[0.8], seed = 1)
```

图 10.77　将数据集导入 H_2O DataFrame 的 Python 代码

```
#Train AutoML
aml = H2OAutoML(max_models =25,
                balance_classes=True,
        seed =1)

train.head()

aml.train(training_frame = train, y = 'MI_Plant')


preds = aml.predict(test)
preds = aml.leader.predict(test)
```

图 10.78　指定要测试的模型最大数目为 25 的 Python 代码

AutoML 对象包括在此过程中训练的模型的"排行榜(1b)"，其中包括五倍交叉验证的模型性能。图 10.79 展示了显示所测试的具体算法的 Python 代码，图 10.80 展示了结果。

```
lb = h2o.automl.get_leaderboard(aml, extra_columns = "ALL")
lb

# Get the best model using the metric
m = aml.leader
# this is equivalent to
m = aml.get_best_model()
```

图 10.79　Python 代码用于显示模型开发过程中测试过的具体 ML 算法

model_id	rmse	mse	mae	rmsle	mean_residual_deviance	training_time_ms	predict_time_per_row_ms	algo
StackedEnsemble_BestOfFamily_1_AutoML_1_20220522_183810	0.102337	0.0104728	0.0540606	0.0200499	0.0104728	2064	0.13802	StackedEnsemble
StackedEnsemble_AllModels_1_AutoML_1_20220522_183810	0.104057	0.010828	0.0556452	0.0203781	0.010828	4460	0.699585	StackedEnsemble
GBM_5_AutoML_1_20220522_183810	0.108873	0.0118534	0.0615105	0.0240461	0.0118534	764	0.047608	GBM
GBM_2_AutoML_1_20220522_183810	0.117893	0.0138986	0.0663535	0.0226625	0.0138986	1239	0.044936	GBM
XRT_1_AutoML_1_20220522_183810	0.119005	0.0141621	0.0611941	0.0223284	0.0141621	1973	0.03827	DRF
GBM_3_AutoML_1_20220522_183810	0.120173	0.0144416	0.0656911	0.0246946	0.0144416	1342	0.048857	GBM
XGBoost_grid_1_AutoML_1_20220522_183810_model_14	0.121767	0.0148272	0.0563099	0.0222907	0.0148272	604	0.008824	XGBoost
DRF_1_AutoML_1_20220522_183810	0.129768	0.0168396	0.0619152	0.0228055	0.0168396	3032	0.031713	DRF
GBM_4_AutoML_1_20220522_183810	0.131085	0.0171834	0.0672527	0.0246612	0.0171834	1447	0.055435	GBM
XGBoost_grid_1_AutoML_1_20220522_183810_model_4	0.135872	0.0184611	0.0654633	0.0263721	0.0184611	480	0.007541	XGBoost

图 10.80　AutoML 的结果

在图 10.80 中，RMSE 代表均方根误差；MSE 是均方误差；MAE 是平均绝对误差；RMSLE 是均方根对数误差。该图展示了所使用的算法及其在测试数据集上的 RMSE。结果表明，正如预期的那样，所有提及的模型的堆叠集成模型给出了最准确的预测。

我们还可以使用 H_2O AutoML 工具来帮助解释模型。我们应用了 Lundberg 和 Lee[147] 提出的 SHAP(Shapley Additive Explanations，夏普利加法解释)工具。图 10.81 展示了一个 SHAP 摘要图。在图中，y 轴代表自变量(特征)，其中最重要的变量位于顶部，最不重要的变量位于底部。

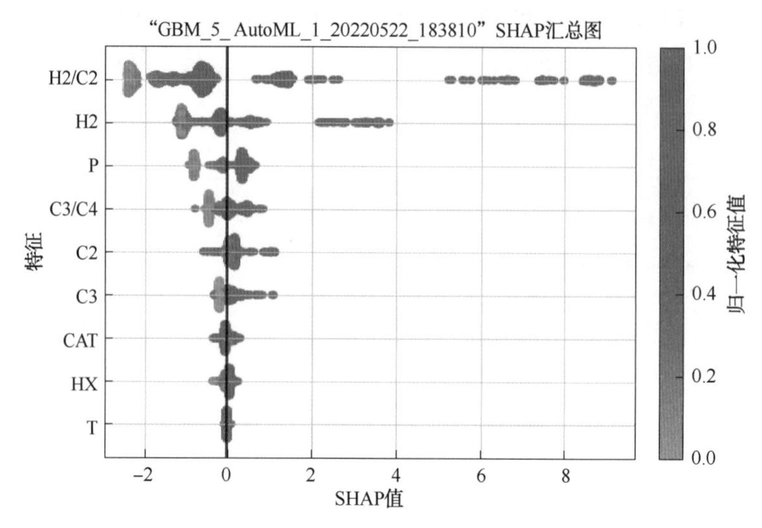

图 10.81　H_2O AutoML 预测的 SHAP 汇总图

对于每个特征，我们可以看到该特征(自变量)的正负 SHAP 值。例如，对于 H2/C2 流量比，SHAP 值在 1 到 9 之间，大多为正值，表明 H2/C2 对因变量 *MI* 有正向影响。同样，H2 流率的 SHAP 值在 2 和 4 之间，大多为正值，表明 H2 主要对 *MI* 有正向影响。

与传统的重要性图相比，基于 SHAP 的绘图法有一些优势[148]：(1)基于 SHAP 的绘图法既能突出自变量(特征)的重要性，也能突出自变量与因变量之间的正负关系；(2)基于 SHAP 的绘图包括图中的每个点所表示的每个单独的观察值；(3)基于 SHAP 的绘图法适用于稀疏数据集。传统的基于偏最小二乘法(PLS)的重要性绘图只在广义基础上显示趋势，而不能考虑个别情况。

最后，我们要提到的是，越来越多的自动化机器学习算法可以帮助用户确定合适的机器学习工具，以处理特征选择、预处理、模型开发、超参数调整等问题。这很重要，因为可用的机器学习算法数量正在急剧增加，几乎是无所不包。有兴趣的读者可以参考我们最近的文章[148]，其中应用了一个名为 TPOT(基于树的管道优化工具)的自动化机器学习算法来处理工业发酵操作。

10.11 基于数据的独立模型的局限性

预测性机器学习模型通常不能正确识别重要的特征，因此通常不能准确量化模型的敏感性。根据对聚烯烃反应动力学的了解，我们知道 *MI* 高度依赖于氢气流量，氢气流量的微小变化会导致 *MI* 的显著变化。

表 10.14 比较了基于第一性原理的模型、基于因果最小二乘法(PLS)模型以及数据驱动的 ML 模型在不同氢气流量下的工厂实际 *MI* 值。虽然 ML 对基本情况($MI=4.7$ 和 4.9)的预测值接近于工厂的实际值 5，但当氢气流量增加到 90 m^3/h 时，ML 模型并不能准确预测 *MI*

值。与基于第一性原理的模型相比，增加氢气流量时，机器学习模型的预测变化要小得多。我们发现，基于第一性原理的模型能够更好地预测变化，因为它建立在准确的反应动力学基础上。

表 10.14 基于不同氢气流量下 *MI* 值的模型比较

模型	*MI*(H_2 流量=60 m^3/h)	*MI*(H_2 流量=90 m^3/h)	*MI*(H_2 流量=180 m^3/h)
工厂实际值	5	17.5	—
基于第一性原理的模型预测	5.3	56	N
基于因果最小二乘法(PLS)的数据驱动模型预测	4.7	12	33
基于集合机器学习的数据驱动的模型预测	4.9	10	19

我们还在氢气流量为 180 m^3/h 的情况下测试了超出操作范围后的数据，对于这种情况，实际工厂数据不可用。我们发现，与预测性机器学习模型相比，基于第一性原理的模型和因果模型在原始工厂数据氢气流量范围之外的外推预测中更准确。

在第 11 章中，我们将探讨一种混合科学指导机器学习(Science－Guide Machine Learning，SGML)方法，通过将基于第一性原理的模型与数据驱动的机器学习模型相结合，对化学过程进行建模。我们展示了集成方法可以显著提高所得模型的内插和外推精确度。

参考文献和进一步阅读，见下文。

参 考 文 献

[1] Russell，S. and Norvig，P. (2021). *Artificial Intelligence：A Modern Approach*，4e，1115 pages. Hoboken，NJ：Pearson.

[2] Turning，A. M. and Haugeland，J. (1950). *Computing Machinery and Intelligence*. Cambridge，MA：MIT Press.

[3] Quantrille，T. E. and Liu，Y. A. (1991). *Artificial Intelligence in Chemical Engineering*. Atlanta，GA：Elsevier，Inc.

[4] Baughman，D. R. and Liu，Y. A. (1995). *Neural Networks in Bioprocessing and Chemical Engineering*. Atlanta，GA：Elsevier，Inc.

[5] Stephanopoulos，G. and Han，C. (ed.) (1996). *Intelligent Systems in Process Engineering：Paradigms from Design and Operations*. Atlanta，GA；Elsevier，Inc.

[6] Venkatasubramanian，V. (2019). The promise of artificial intelligence in chemical engineering：is it here，finally? *AIChE Journal* 65：466.

[7] Qin，S. L. (2003). Statistical process monitoring：basics and beyond. *Journal of Chemometrics* 17：480.

[8] Qin，S. J. (2014). Process data analytics in the era of big data. *AIChE Journal* 60：3092.

[9] Chemical Engineering Progress (2016). Special Section on Big Data Analytics，March，27-50.

[10] Chiang，L. H.，Lu，B.，and Castillo，I. (2017). Big data analytics in chemical engineering. *Annual Review of Chemical and Biomolecular Engineering* 8：63.

[11] Ge，Z.，Song，Z.，Ding，S. X.，and Huang，B. (2017). Data mining and analytics in the process industry：the role of machine learning. *IEEE Access* 5：20590.

[12] Goldsmith，B. R.，Esterhuizen，J.，Liu，J. X. et al. (2018). Machine learning for heterogeneous catalyst design and discovery. *AIChE Journal* 64：2311.

[13] Zendehboudi，S.，Rezael，N.，and Lohi，A. (2018). Applications of hybrid models in chemical，petroleum，

and energy systems: a systematic review. *Applied Energy* 228: 2539.
[14] Lamoureux, P. S., Winther, K. T., Torres, J. A. G. et al. (2019). Machine learning for computational heterogeneous catalysis. *ChemCatChem* 11: 3581.
[15] Qin, S. J. and Chiang, L. H. (2019). Advances and opportunities in machine learning for process data analytics. *Computers and Chemical Engineering* 126: 465.
[16] Mater, A. C. and Coote, M. L. (2019). Deep learning in chemistry. *Journal of Chemical Information and Modeling* 59: 245.
[17] Dobbelaere, M. R., Plehiers, P. P., Van de Vijver, R., and Stevens, C. V. (2021). Machine learning in chemical engineering: strengths, weaknesses, opportunities and threats. *Engineering* 7: 2101.
[18] Qin, S. J., Guo, S., Li, Z. et al. (2021). Integration of process knowledge and statistical learning for the Dow data challenge problem. *Computers and Chemical Engineering* 153: 10741.
[19] Trinh, X., Maimaroglou, D., and Hoppe, S. (2021). Machine learning in chemical product engineering: the state of the art and a guide for newcomers. *Processes* 9: 1456.
[20] Khaleghi, M. K., Savizi, I. S. P., Lewis, N. E., and Shojaosadati, S. A. (2021). Synergisms of machine learning and constraint-based modeling of metabolism for analysis and optimization of fermentation parameters. *Biotechnology Journal* 16: 2100212.
[21] Mowbray, M., Savage, T., Wu, C. et al. (2021). Machine learning for biochemical engineering: a review. *Biochemical Engineering Journal* 172: 108054.
[22] Sharma, N. and Liu, Y. A. (2022). A hybrid science-guided machine learning approach for modeling chemical processes: a review. *AIChE Journal* 68: e17609.
[23] Chiang, L. H., Braun, B., Wang, Z., and Castillo, I. (2022). Towards artificial intelligence at scale in the chemical industry. *AIChE Journal* 68: e17644.
[24] KouMLeh, S. M., Hassanpour, H., Esmaeili, M., and Gholmi, A. (2021). Various deep learning techniques for the applications in polymer, polymer composite chemistry, structures and processing. *Journal of Chemistry Letters* 2: 157.
[25] Weininger, D. (1988). SMILES, a chemical language and information system. 1. Introduction to methodology and encoding rules. *Journal of Chemical Information and Computer Sciences* 28: 31.
[26] Grethe, G., Blanke, G., and Kraut, H. (2018). International chemical identifier for reactions (RINChi). *Journal of Cheminformatics* 10: 22.
[27] Goh, G. B., Hodas, N. O., Siegel, C., and Vishnu, A. (2017). SMILES2Vec: an interpretable general-purpose deep neural network for predicting chemical properties. https://doi.org/10.48550/arXiv.1712.02034.
[28] Abranches, D. O., Zhang, Y., Maginn, E. J., and Colo'n, Y. J. (2022). Sigma profiles in deep learning: towards a universal molecular descriptor. *Royal Society of Chemistry ChemComm* 58: 5630.
[29] Mullins, E., Oldland, R. J., Liu, Y. A. et al. (2006). Sigma-profile database and application guidelines for COSMO-based thermodynamic models. *Industrial and Engineering Chemistry Research* 45: 3973.
[30] Agarwal, A., Liu, Y. A., and McDowell, C. (2019). 110th anniversary: ensemble-based machine learning for industrial fermenter classification and foaming control. *Industrial and Engineering Chemistry Research* 58: 16170.
[31] Lee, D. E., Song, J.-H., Song, S.-O., and Yoon, E. S. (2005). Weighted support vector machine for quality estimation in the polymerization process. *Industrial and Engineering Chemistry Research* 44: 2101.
[32] Han, I. S., Han, C., and Chung, C. B. (2005). Melt index modeling with support vector machines, partial least squares, and artificial neural networks. *Journal of Applied Polymer Science* 95: 967.
[33] Shi, J. and Liu, X. (2006). Melt index prediction by weighted least squares support vector machines. *Journal of Applied Polymer Science* 101: 285.
[34] Park, T. C., Kim, T. Y., and Yeo, Y. K. (2010). Prediction of the melt flow index using partial least squares and support vector regression in high-density polyethylene (HDPE) process. *Korean Journal of Chemical Engineering* 27: 1662.
[35] Liu, Y. and Chen, J. (2013). Integrated soft sensor using just-in-time support vector regression and probabilistic analysis for quality prediction of multi-grade processes. *Journal of Process Control* 23: 793.

[36] Liu, Y., Liang, Y., and Gao, Z. (2017). Industrial polyethylene melt index prediction using ensemble manifold learning - based local model. *Journal of Applied Polymer Science* https://doi.org/10.1002/APP.45094.

[37] He, K., Zhang, X., Ren, S., and Sun, J. (2016). Deep residual learning for image recognition. *Proceedings of the IEEE Conference on Computer Vision and Pattern Recognition*, 770.

[38] Maltarollo, C. C., Kroenberger, T., Espinoza, G. Z. et al. (2019). Advances with support vector machines for novel drug discovery. *Expert Opinion on Drug Discovery* 14: 23.

[39] Grechushnikova, D. (2021). Transformer neural network for protein-specific de novo drug generation as a machine learning problem. *Scientific Reports* 11: 321.

[40] Chang, Y. S., Abimannn, S., Chiao, H. -T. et al. (2020). An ensemble learning based hybrid model and framework for air pollution forecasting. *Environmental Science and Pollution Research* 27: 38155.

[41] Hu, P., Jiao, Z., Zhang, Z., and Wang, Q. (2021). Development of solubility prediction models with ensemble learning. *Industrial and Engineering Chemistry Research* 60: 11627.

[42] Lee, H., Kim, C., Lim, S., and Lee, J. M. (2020). Data-driven fault diagnosis for chemical processes using transfer entropy and graphical lasso. *Computers and Chemical Engineering* 142: 107064.

[43] Thomas, M. C., Zhu, W., and Romagnoli, J. A. (2018). Data mining and clustering in chemical process databases for monitoring and knowledge discovery. *Journal of Process Control* 67: 160.

[44] Monroy, I., Benitez, R., Escudero, G., and Graells, M. (2010). A semi-supervised approach to fault diagnosis for chemical processes. *Computers and Chemical Engineering* 34: 631.

[45] Madhu PK, R., Subbaiah, J., and Krithivasan, K. (2021). RF-LSTM-based method for prediction and diagnosis of fouling in heat exchanger. *Asia-Pacific Journal of Chemical Engineering* 16: e2684.

[46] Zhou, L., Chen, J., and Song, Z. (2015). Recursive Gaussian process regression model for adaptive quality monitoring in batch processes. *Mathematical Problems in Engineering* https://doi.org/10.1155/2015/761280.

[47] Chiang, L. H., Kotanchek, M. E., and Kordon, A. K. (2004). Fault diagnosis based on Fisher discriminant analysis and support vector machines. *Computers and Chemical Engineering* 28: 1389.

[48] Agarwal, P. and Budman, H. (2019). Classification of profit-based operating regions for the tennessee eastman process using deep learning methods. *IFAC-PapersOnLine* 52: 556.

[49] Kantz, E. D., Tiwari, S., Watrous, J. D. et al. (2019). Deep neural networks for classification of LC-MS spectral peaks. *Analytical Chemistry* 91: 12407.

[50] Hoskins, J. and Himmelblau, D. (1992). Process control via artificial neural networks and reinforcement learning. *Computers and Chemical Engineering* 16: 241.

[51] Shin, J., Badgwell, T. A., Liu, K. H., and Lee, J. H. (2019). Reinforcement leaning: overview of recent progress and implications for process control. *Computers and Chemical Engineering*. 127: 282.

[52] Bao, Y., Zhu, Y., and Qian, F. (2021). A deep reinforcement learning approach to improve the learning performance in process control. *Industrial and Engineering Chemistry Research* 60: 5504.

[53] Zhu, W., Castillo, I., Wang, Z. et al. (2021). Benchmark study of reinforcement learning in controlling and optimizing batch processes. *Journal of Manufacturing Processes* 4: e10113.

[54] Singh, V. and Kodamana, H. (2020). Reinforcement learning based control of batch polymerisation processes. *IFAC PapersOnLine* 53: 667.

[55] Yan, W., Shao, H., and Wang, X. (2003). Soft sensing modeling based on support vector machine and Bayesian model selection. *Computers and Chemical Engineering* 28: 1489.

[56] Yao, L. and Ge, Z. (2018). Deep learning of semi-supervised process data with hierarchical extreme learning machine and soft sensor application. *IEEE Transactions on Industrial Electronics* 65: 1490.

[57] Ke, W., Huang, D., Yang, F., and Jiang, Y. (2017). Soft sensor development and applications based on LSTM in deep neural networks. 2017 *IEEE Symposium Series on Computational Intelligence (SSCI)*. https://ieeexplore.ieee.org/abstract/document/8280954 (accessed 2 June 2022).

[58] Xu, Y., Ma, J., Liaw, A. et al. (2017). Demystifying multitask deep neural networks for quantitative structure-activity relationships. *Journal of Chemical Information and Modeling* 57: 2490.

[59] Wu, J., Wang, S., Zhou, L. et al. (2020). Deep-learning architecture in QSPR modeling for the predic-

tion of energy conversion efficiency of solar cells. *Industrial and Engineering Chemistry Research* 59: 18991.

[60] Goli, E., Vyas, S., Koric, S. et al. (2020). ChemNet: a deep neural network for advanced composites manufacturing. *Journal of Physical Chemistry B* 124: 9428.

[61] Goh, E., Siegel, C. M., Vishnu, A. and Hodas, N. O., (2017). Chemnet: A transferable and generalizable deep neural network for small-molecule property prediction. Conference: Machine Learning for Molecules and Materials (NIPS 2017 Workshop), December 8, 2017, Long Beach, California.

[62] Rendall, R., Xastillo, I., Lu, B. et al. (2018). Image-based manufacturing analytics: improving the accuracy of an industrial pellet classification system using deep neural networks. *Chemometrics and Intelligent Laboratory Systems* 180: 26.

[63] Burkov, A. (2019). *The Hundred-Page Machine Learning Book.* Andriy Burkov Publishers. (The author states that this book is distributed on the "read first, buy later" principle. It means that you can freely download the book, read it and share it with your friends and colleagues. If you liked the book, only then you have to buy it). See: http://order-papers.com/sites/default/files/tmp/webform/order_download/pdf-the-hundred-page-machine-learning-book-andriy-burkov-pdf-download-free-book-d835289.pdf.

[64] Arashi, M., Saleh, A. K. M. E., and Kibria, B. M. G. (2019). *Theory of Ridge Regression with Applications.* New York: Wiley.

[65] Smola, A. J. and Schölkopf, B. (2004). A tutorial on support vector regression. *Statistics and Computing* 14: 199.

[66] Xu, Y., Zomer, S., and Bereton, R. G. (2006). Support vector machines: a recent method for classification in chemometrics. *Critical Revews in Analytical Chemistry* 37: 177.

[67] Jemwa, G. T. and Aldrich, C. (2005). Improving process operations using support vector machines and decision trees. *AIChE Journal* 51: 526.

[68] Breiman, L., Friedman, J., Stone, C. J., and Olshen, R. A. (1984). *Classification and Regression Trees.* Monterey, CA: Wadsworth; expanded version (2009) by Chapman and Hall/CRC Press, Boca Raton, FL.

[69] Quinlan, J. R. (1986). Induction of decision trees. *Machine Learning* 1: 81.

[70] Quinlan, J. R. (1993). *C4.5: Programs for Machine Learning.* San Mateo, CA: Morgan Kaufmann Publishers.

[71] Myles, A. J., Feudale, R. N., Liu, Y. et al. (2004). An introduction to decision tree modeling. *Journal of Chemometrics* 18: 275.

[72] Singh, S. and Gupta, P. (2014). Comparative study ID3, cart and C4.5 decision tree algorithm: a survey. *International Journal of Advanced Information Science and Technology* 27: 97.

[73] Hssina, B., Merbouha, A., Ezzikouri, H., and Erritali, M. (2014). A comparative study of decision tree ID3 and C4.5. *International Journal of Advanced Information Science and Technology* 27: 13.

[74] Geron, A. (2022). *Hands-On Machine Learning with Scikit-Learn, Keras, and Tensor Flow: Concepts, Tools and Techniques to Build Intelligent Systems*, 3e. Sebastopol, CA: O'Reilly.

[75] Kaelbling, L. P., Littman, M. L., and Moore, A. W. (1996). Reinforcement learning: a survey. *Journal of Artificial Intelligence Research* 4: 237.

[76] Haykin, S. (2009). *Neural Networks and Learning Machines*, 3e. Upper Saddle River, NJ: Pearson Education, Inc.

[77] Marsland, S. (2022). *Machine Learning: An Algorithmic Perspective*, 2e. Boca Raton, FL: Chapman & Hill/CRC Press.

[78] Grus, J. (2019). *Data Science from Scratch: First Principles with Python*, 2e. Sebastopol, CA: O'Reilly.

[79] Chollet, F. (2021). *Deep Learning with Python.* New York: Simon and Schuster.

[80] Raschka, S. and Mirjalili, V. (2019). *Python Machine Learning: Machine Learning and Deep Learning with Python, Scikit-Learn and Tensor Flow2*, 3e. Birmingham: Packt Publishing.

[81] Pedregosa, F., Varoquaux, G., Gramfort, A. et al. (2011). Scikit-learn: machine learning in python. *Journal of Machine Learning Research* 12: 2825.

[82] Abadi, M., Barham, P., Chen, J. et al. (2016). TensorFlow: a system for large-scale machine learning. 12*th* {*USENIX*} *Symposium on Operating Systems Design and Implementation* ({*OSDI*}), 265-283.

[83] Dunn, K. (2023) Process improvement using data. Creative Commons Attribution-ShareAlike. https://

learnche. org/pid (accessed 30 March 2023).
[84] Johnson, R. A. and Wichern, D. W. (2013). *Applied Multivariate Statistical Analysis*, 6e. Pearson Education, Inc.
[85] Tibshirani, R. (1996). Regression shrinkage and selection via the lasso. *Journal of the Royal Statistical Society: Series B (Methodological)* 58: 267.
[86] Rasmussen, M. A. and Bro, R. (2012). A tutorial on the Lasso approach to sparse modeling. *Chemometrics and Intelligent Laboratory Systems* 119: 21.
[87] Biswal, A. (2022). Top 10 Deep Learning Algorithms You Should Know in 2022. https://www. simplilearn. com/tutorials/deep-learning-tutorial/deep-learning-algorithm (accessed 10 March 2023).
[88] Analytics Insight (2022). Top 10 Deep Learning Algorithms Beginners Should Know in 2022. https://www. analyticsinsight. net/top-10-deep-learning-algorithms-beginners-should-know-in-2022 (accessed 11 March 2023).
[89] Data Camp (2022). Machine Learning Cheat Sheet. https://www. datacamp. com/ cheat-sheet/machine-learning-cheat-sheet (accessed 11 March 2023).
[90] Rane, S. (2018). The balance: accuracy vs interpretability. https://towardsdatascience. com/the-balance-accuracy-vs-interpretability-1b3861408062 (accessed 11 March 2023).
[91] MathWorks, Inc. (2022). Choose cluster analysis method. https://www. mathworks. com/help/stats/choose-cluster-analysis-method. html (accessed 10 March 2023).
[92] Johnson, S. C. (1967). Hierarchical clustering schemes. *Psychometrika* 32: 241.
[93] Sorlie, T., Perou, C. M., Tibshirani, R. et al. (2001). Gene expression patterns of breast carcinomas distinguish tumor subclasses with clinical implications. *Proceedings of the National Academy of Sciences of the United States of America* 98: 10869.
[94] Easter, M., Kriegel, H. P., Sander, J., and Xu, X. (1996). Density-based spatial clustering of applications with noise. *Proceedings of the 2nd International Conference on Knowledge Discovery and Data Mining (KDD-96)*.
[95] Zhou, Z. (2012). *Ensemble Methods: Foundations and Algorithms*. Chapman & Hall/CRC Machine Learning.
[96] Schapire, R. E. (1990). The strength of weak learnability. *Machine Learning* 5: 197.
[97] Wolpert, D. H. (1992). Stacked generalization. *Neural Networks* 5: 241.
[98] Breiman, L. (1996). Stacked regressions. *Machine Learning* 24: 49.
[99] Breiman, L. (1996). Bagging predictors. *Machine Learning* 24: 123.
[100] Breiman, L. (1999). Pasting small votes for classification in large databases and on-line. *Machine Learning* 36: 85.
[101] Breiman, L. (2001). Random forests. *Machine Learning* 45: 5.
[102] Druker, H. (1997). Improving regressors using boosting techniques. In: *Proceedings of the 14th International Conference on Machine Learning* (ed. D. H. Fisher Jr.,), 107-115. Burlington, MA: Morgan Kaufmann.
[103] Freund, Y. and Schapire, R. E. (1995). A decision-theoretic generalization of on-line learning and an application to boosting. *Journal of Computer and System Sciences* 55: 119.
[104] Friedman, J. H. (2001). Greedy function approximation: a gradient boosting machine. *Annals of Statistics* 29: 1189.
[105] Chen, T. and Guestrin, C. (2016). XGBoost: a scalable tree boosting system. *Proceedings of the 22nd ACM SIGKDD International Conference on Knowledge Discovery and Data Mining*, KDD 16, San Francisco, CA (13-17 August 2016).
[106] van der Lann, M. J., Polley, E. C., and Hunnard, A. E. (2007). Super learner. *Statistical Applications in Genetics and Molecular Biology* https://doi. org/10. 2202/1544-6115. 1309.
[107] Ioffe, S. and Szegedy, C. (2015). Batch normalization: accelerating deep network training by reducing internal covariate shift. *Proceedings of the 32nd International Conference on Machine Learning*, *PMLR*, Volume 37, 448.
[108] Glorot, X. and Bengio, Y. (2010). Understanding the difficulty of training deep feedforward neural networks. *Proceedings of the 13th International Conference on Artificial Intelligence and Statistics*, *PMLR*, Volume

9, p. 249. http: // proceedings. MLr. press/v9/glorot10a (accessed 10 March 2023).

[109] Zhou, Y., Cahya, S., Combs, S. A. et al. (2018). Exploring tunable hyperparameters for deep neural networks with industrial ADME data sets. *Journal of Chemical Information and Modeling* 59: 1005.

[110] Kingma, D. P. and Ba, J. (2014). Adam: a method for stochastic optimization. https: //doi. org/10. 48550/arXiv. 1412. 6980.

[111] Wang, K., Gopaluni, R. B., Chen, J., and Song, Z. (2018). Deep learning of complex batch process data and its application on quality prediction. *IEEE Transactions on Industrial Informatics* 16: 7233.

[112] Pascanu, R., Mikolov, T., and Bengio, Y. (2013). On the difficulty of training recurrent neural networks. *Proceedings of Machine Learning Research* 28: 1310.

[113] Laurent, C., Pereyra, G., Brakel, P. et al. (2016). Batch normalized recurrent neural networks. *Proceedings of the IEEE International Conference on Acoustics, Speech and Signal Processing*, 2657. https: //ieeexplore. ieee. org/stamp/stamp. jsp? tp=&arnumber=7472159 (accessed 10 March 2023).

[114] Hochreiter, S. and Schmidhuber, J. (1997). Long short-term memory. *Neural Computation* 9: 1735.

[115] Schuster, M. and Paliwal, K. K. (1997). Bidirectional recurrent neural networks. *IEEE Transactions on Signal Processing* 45: 2673.

[116] Zhang, S., Bi, K., and Qiu, T. (2020). Bidirectional recurrent neural network-based chemical process fault diagnosis. *Industrial and Engineering Chemistry Research* 59: 824.

[117] Downs, J. J. and Vogel, E. F. (1993). A plant-wide industrial process control problem. *Computers and Chemical Engineering* 17: 245.

[118] Munshi, J., Chen, W., Chien, T. Y., and Balasubramanian, G. (2021). Transfer learned designer polymers for organic solar cells. *Journal of Chemical Information and Modeling* 61: 134.

[119] Cho, K., Van Merrienboer, B., and Gulcehre, C. (2014). Learning phrase representations using RNN encoder-decoder for statistical machine translation. *Proceedings of the* 2014 *Conference on Empirical Methods in Natural Language Processing*, 1724.

[120] Phi, M. (2018). Illustrated guide to LSTM's and GRU's: a step by step explanation. https: //towardsdatascience. com/illustrated-guide-to-lstms-and-gru-s-a-step-by-step-explanation-44e9eb85bf21 (accessed 10 March 2023).

[121] Bathelt, A., Ricker, N. L., and Jelali, M. (2015). Revision of the Tennessee East-man process model. *IFAC-Papers Online* 48: 309.

[122] LeCun, Y., Boser, B., Denker, J. et al. (1990). Handwritten digit recognition in a backpropagation network. In: *Advances in Neural Information Processing Systems*, vol. 2 (ed. D. Touretzky), 396. San Mateo, CA: Morgan Kaufmann.

[123] Miccio, L. A. and Schwartz, G. A. (2020). From chemical structure to quantitative polymer properties prediction through convolutional neural networks. *Polymer* 193: 122341.

[124] Zhang, L., Liu, L., Du, J., and Gani, R. (2018). A machine learning based molecular design/screening methodology for fragrance molecules. *Computers and Chemical Engineering* 114: 295.

[125] Huo, W., Li, W., Zhang, Z. et al. (2021). Performance prediction of proton-exchange membrane fuel cell based on convolutional neural network and random Forest feature selection. *Energy Conversion and Management* 243: 114367.

[126] Cotrim, W. S. S., Felix, L. B., Minim, V. P. R. et al. (2021). Development of a hybrid system based on convolutional neural networks and support vector machines for recognition and tracking color changes in food during thermal processing. *Chemical Engineering Science* 240: 116679.

[127] Zhou, Z., Li, X., and Zare, R. N. (2017). Optimizing chemical reactions with deep reinforcement learning. *ACS Central Science* 3: 1337.

[128] Saha, S. (2018). A comprehensive guide to convolutional neural networks. https: //towardsdatascience. com/a-comprehensive-guide-to-convolutional-neural-networks-the-eli5-way-3bd2b1164a53 (accessed 11 March 2023).

[129] Vaswani, A., Shazeer, N., Parmar, N. et al. (2017). Attention is all you need. 31*st Conference on Natural Information Processing Systems* (*NIPS* 2017), Long Beach, CA, 5998-6008. arXiv: 1706. 03762v5 [cs. CL] 6 December 2017.

[130] Merritt, R. (2022). What is a transformer model. https://blogs.nvidia.com/blog/2022/03/25/what-is-a-transformer-model (accessed 11 March 2023).

[131] Doshi, K. (2021). Transformers Explained Visually (a four-part series). https://towardsdatascience.com/transformers-explained-visually-part-1-overview-of-functionality-95a6dd460452; https://towardsdatascience.com/transformers-explained-visually-part-2-how-it-works-step-by-step-b49fa4a64f34; https://towardsdatascience.com/transformers-explained-visually-part-3-multi-head-attention-deep-dive-1c1ff1024853; https://towardsdatascience.com/transformers-explained-visually-not-just-how-but-why-they-work-so-well-d840bd61a9d3 (accessed 11 March 2023).

[132] Cristina, S. (2021). The Transformer Model (a four-part series). https://machinelearningmastery.com/the-transformer-model; https://machinelearningmastery.com/what-is-attention; https://machinelearningmastery.com/the-attention-mechanism-from-scratch; https://machinelearningmastery.com/the-transformer-attention-mechanism (accessed 11 March 2023).

[133] Phi, M. (2020). Illustrated guide to transformer: step-by-step explanation. https://towardsdatascience.com/illustrated-guide-to-transformers-step-by-step-explanation-f74876522bc0 (accessed 11 March 2023).

[134] Cai, C., Wang, S., Xu, Y. et al. (2020). Transfer learning for drug discovery. *Journal of Medicinal Chemistry* 63: 8683.

[135] Irwin, R., Dimitriadis, S., He, J., and Bjierrum, E. J. (2022). Chemformer: a pre-trained transformer for computational chemistry. *Machine Learning: Science and Technology* 3: 015022.

[136] Chen, G., Song, Z., and Qi, Z. (2021). Transformer-convolutional neural network for surface charge density profile prediction: Enabling high-throughput solvent screening with COSMO-SAC. *Chemical Engineering Science* 246: 117002.

[137] Geng, Z., Chen, Z., Meng, Q., and Han, Y. (2022). Novel transformer based on gated convolutional neural network for dynamic soft sensor modeling of industrial processes. *IEEE Transactions on Industrial Informatics* 18: 1521-1529.

[138] Ba, J. L., Kiros, J. R., and Hinton, G. E. (2016). Layer normalization. arXiv preprint, arXiv: 1607.06450.

[139] Li, H. (2020). Which machine learning algorithm should I use? The SAS Data Science Blog https://blogs.sas.com/content/subconsciousmusings/2020/12/09/machine-learning-algorithm-use (accessed 10 March 2023).

[140] Metwali, S. A. (2020). How to choose the right machine learning algorithm for your application. https://towardsdatascience.com/how-to-choose-the-right-machine-learning-algorithm-for-your-application-1e36c32400b9 (accessed 10 March 2023).

[141] Breton, D. (2021). A full guide to choosing the right machine learning algorithm. https://medium.com/@ davidbreton03/a-full-guide-on-choosing-the-right-machine-learning-algorithm-5fa282a0b2a1 (accessed 10 March 2023).

[142] MathWorks (2022). Machine Learning in MathLab. https://www.mathworks.com/help/stats/machine-learning-in-ML.htML (accessed 10 March 2023).

[143] Rajan, K., Zielesny, A., and Steinbeck, C. (2020). DECIMER: towards deep learning for chemical image recognition. *Journal of Cheminformatics* 12: 65.

[144] Goodfellow, I., Pouget-Abadie, J., Mirza, M. et al. (2014). Generative adversarial nets. In: *Advances in Neural Information Processing Systems*, 27. https://proceedings.neurips.cc/paper/2014/hash/5ca3e9b122f61f8f06494c97b1afccf3-Abstract.htML.

[145] LeDell, E. and Poirier, S. (2020). H_2O AutoML: scalable automatic machine learning. *Proceedings of the AutoML Workshop at ICML.* https://www.autoML.org/wp-content/uploads/2020/07/AutoML_2020_paper_61.pdf (accessed 11 March 2023).

[146] H_2O.AI (2022). AutoML: Automatic Machine Learning—H_2O 3.36.1.2 Documentation. https://docs.h2o.ai/h2o/latest-stable/h2o-docs/autoML.html (accessed 11 March 2023).

[147] Lundberg, S. M. and Lee, S. I. (2017). A unified approach to interpreting model predictions. 31*st Conference on Neural Information Processing Systems*, 4768.

[148] Agarwal, A., Liu, Y. A., Dooley, L. et al. (2022). Large-scale industrial fermenter foaming control: automated machine learning for antifoam prediction and defoaming process implementation. *Industrial and Engineering Chemistry Research* 61: 5227.

[149] Tera, J. (2022). Keras vs TensorFlow vs Pytorch: Key Differences Among the Deep Learning Framework. https://www.simplilearn.com/keras-vs-tensorflow-vs-pytorch-article#:~:text=TensorFlow%20is%20an%20open%2Dsourced, because%20it%27s%20built%2Din%20Python (accessed 10 March 2023).

[150] Sheela, K. G. and Deepa, S. N. (2013). Review on methods to fix number of hidden neurons in neural networks. *Mathematical Problems in Engineering* https://doi.org/10.1155/2013/425740.

[151] Shinike, K. (2010). A two-phase method for determining the number of neurons in the hidden layer of a 3-layer neural network. *Proceedings of SICE Annual Conference* 2010. https://ieeexplore.ieee.org/stamp/stamp.jsp? tp=& arnumber=5603258 (accessed 10 March 2023).

[152] Srivastava, N., Hinton, G., Krizhevsky, A. et al. (2014). Dropout: a simple way to present neural networks from overfitting. *Journal of Machine Learning Research* 14: 1929.

[153] Sheridan, R. P. (2013). Time-split cross-validation as a method for estimating the goodness of prospective prediction. *Journal of Chemical Information and Modeling* 53: 783.

[154] LeCun, Y., Bengio, Y., and Hinton, G. (2015). Deep learning. *Nature* 521: 436.

[155] Gers, F. and Schmidhuber, J. (2000). Recurrent nets that time and count. *Proceedings of the IEEE-INNS-ENNS International Joint Conference on Neural Networks*, 189.

[156] Ma, Y., Zhu, W., Benton, M. G., and Romagnoli, J. (2019). Continuous control of a polymerization system with deep reinforcement learning. *Journal of Process Control* 75: 40.

[157] Agarwal, P., Tamer, M., Sahraei, M. H., and Budman, H. (2019). Deep learning for classification of profit-based operating regions in industrial processes. *Industrial and Engineering Chemistry Research* 59: 2378.

[158] Sun, Q. and Ge, Z. (2021). A survey on deep learning for data-driven software sensors. *IEEE Transactions on Industrial Informatics* 17: 5853.

[159] Olson, R. S., Urbanowicz, R. J., Andrews, P. C. et al. (2016). Automating biomedical data science through tree-based pipeline optimization. In: *Applications of Evolutionary Computation*, 123. https://link.springer.com/chapter/10.1007/978-3-319-31204-0_9.

[160] Gaulton, A., Aersey, A., Nowotka, M. et al. (2017). The ChEMBL database in 2017. *Nucleic Acids Research* 45: D945.

[161] Spyridon, P. and Boutalis, Y. S. (2018). Generative adversarial networks for unsupervised fault diagnosis. *Proceedings of 2018 European Control Conference*, Limassol, Cyprus (12-15 June 2018). https://ieeexplore.ieee.org/abstract/document/8550560 (accessed 11 March 2023).

[162] He, R., Li, X., Chen, G. et al. (2020). Generative adversarial network-based semi-supervised learning for real-time risk warning of process industries. *Expert Systems with Applications* 150: 113244.

[163] Zhu, C.-H. and Zhang, J. (2020). Developing soft sensors for polymer melt index in an Industrial polymerization process using deep belief networks. *International Journal of Automation and Computing* 17: 44.

[164] Gao, X., Shang, C., Jiang, Y. et al. (2014). Refinery scheduling with varying crude: a deep belief network classification and multimodel approach. *AIChE Journal* 60: 2525.

[165] Li, F., Zhang, J., Shang, C. et al. (2018). Modelling of a post-combustion CO_2 capture process using deep belief network. *Applied Thermal Engineering* 130: 997.

[166] Zhang, Z. and Zhao, J. (2017). A deep belief network based fault diagnosis model for complex chemical processes. *Computers and Chemical Engineering* 107: 395.

[167] ProjectPro (2022). Top 10 Deep Learning Algorithms in Machine Learning [2022]. https://www.projectpro.io/article/deep-learning-algorithms/443#mcetoc_1g5it6rql20 (accessed 11 March 2023).

11 化学和聚合物过程建模的混合科学指导机器学习方法

本章从混合建模的广泛视角，将化学和聚合物过程中的科学知识和数据分析与科学指导的机器学习(Science-Guided Machine Learning，SGML)方法相结合。第11.1节介绍混合SGML方法，并阐述撰写本章的动机。第11.2节回顾混合SGML方法在化学工程中的广泛应用。由于涉及该方法及其应用的文献数量显著增加，对于不熟悉此领域的人而言，难以为特定的应用确定恰当的方法。这引发了在第11.3节至第11.5节中探讨的重点，从第11.3节中对混合SGML方法的系统分类阐述开始。我们将该方法分为两大类：机器学习互补科学、科学互补机器学习。第11.4节解释应用机器学习互补基于科学的模型的不同类别，并展示直接串行和并联混合建模及其组合、逆建模、降阶建模、量化过程中的不确定性，甚至探索过程模型的控制方程。本节讨论了它们的要求、优势和局限性，提出潜在的应用领域，并展示了聚烯烃制造的示范例题。第11.5节侧重于应用科学原理来互补机器学习模型的不同类别，讨论以科学为导向的设计、学习和改进方法，以及它们的要求、优势和局限性，以及它们在聚烯烃制造中的潜在应用。第11.6节介绍使用Aspen Multi-Case和Aspen AI Model Builder两种软件工具的聚苯乙烯工艺的降阶模型(Reduced-Order Model，ROM)例题。第11.7节描述了用于化学和聚合物过程建模的混合SGML方法的挑战和机遇。第11.8节总结了我们的结论，本章还提供了参考文献。在本章中，我们在几个例题中使用Python程序，建议感兴趣的读者可参阅本书的附录B，附录B为化学工程师们提供了Python的入门介绍。

我们对Wiley出版社表示衷心的感谢，允许我们根据我们于2022年发表的论文[1]，扩展混合SGML方法的介绍，并添加了应用于聚烯烃生产的详细例题。

11.1 引言

许多物理化学系统的建模需要详细系统的科学知识，这对于复杂的过程并不总是可行的。在应用第一性原理对系统建模时做了一些假设，最终导致在描述原始系统时出现了一些知识上的差距。即便对于那些科学知识充足、足以建模的系统，也面临着有限的数据来估计第一性原理模型多个参数的问题。我们经常应用基于数据的模型来研究有科学数据的系统，因为它们的预测更准确。基于数据/机器学习的模型是***黑盒模型***，可能会过度拟合数据，并产生与科学原理不符的结果。为了达到更高的准确度，机器学习模型还需要更多的数据，而这对于许多问题而言并不总是可行的。因此，将基于科学的知识和基于数据的知识相结合，以获得既准确又科学一致的预测是非常重要的，本文将其称为***混合 SGML*** 方法。

在不同的科学领域中，最流行的混合 SGML 方法是将基于数据的机器学习模型与基于科学的第一性原理模型相结合。然而，将科学知识与基于数据的知识相结合的方法更多。在这项工作中，我们关注科学互补机器学习和机器学习互补科学这两个方面。

在开发混合 SGML 方法的过程中，我们得益于两篇最新的参考文献。Karpatne 等[2]在 2017 年的论文中建议理论指导的数据科学作为从数据中进行科学探索的新范式。他们将理论指导的数据科学方法分为不同的类别，例如理论指导的模型设计、初始化、数据科学输出的理论指导细化、数据科学理论的混合模型以及使用数据科学增强基于理论的模型。Willard 等[3]在 2020 年的论文中根据建模目标对基于物理的建模与机器学习方法的集成进行了分类。例如，后者包括改进物理模型之外的预测、降低基于物理的模型的复杂性、生成数据、量化不确定性以及探索基于数据的模型的控制方程。

本章的目的是回顾和阐述与混合 SGML 方法相关的科学和工程文献，并提出混合 SGML 模型的系统分类，重点关注科学互补机器学习模型和机器学习互补科学的模型。本章通过以下贡献区别于近期关于生物加工和化学工程中混合建模的几篇综述：①提出了一种更广泛的混合 SGML 方法，该方法集成了科学指导和基于数据的模型，而不仅仅是第一性原理和机器学习模型的直接组合；②根据混合模型应用的方法和目标，而不是参考应用领域对混合模型的应用进行分类；③确定在生物加工和化学工程应用中尚未进行太多探索的主题和方法，如使用科学知识来帮助改进机器学习模型架构和学习过程，以获得更科学一致的解决方案；④阐明这些混合 SGML 方法在工业聚合物过程中的应用，如逆向建模和科学引导的损失，这些方法在此类应用中尚属首次。

11.2 混合 SGML 方法在化学工程中的应用

基于科学的模型与基于数据的模型的集成已经出现在流体力学[4]、湍流建模[5]、量子物理学[6]、气候科学[7]、地质学[8]和生物科学等各个领域[9]。

本研究重点关注混合 SGML 方法在生物加工和化学工程中的应用。最早的应用是***直接混合建模***，涉及第一性原理模型与基于数据的神经网络的集成[10]。Psichogios 和 Unger[11]将基于先验过程知识的第一性原理模型与神经网络相结合，用于估计难以直接从第一性原理模拟的未测过程参数。他们将混合模型应用于一个分批补料生物反应器上，其研究表明该集成模型相较于传统的“黑盒”神经网络模型展现出更优的性能。***集成模型能够更准确地插值和外推，更容易分析和解释，并且需要的训练样本明显更少。***Thompson 和 Kramer[12]随后展示了如何集成简单的过程模型和第一性原理方程，以提升在稀疏且含噪声的过程数据上训练所得的神经网络在预测分批补料青霉素发酵反应器中的细胞生物量和次生代谢物方面的准确度。

Agarwal[13]开发了一个通用的定性框架，用于识别将神经网络与嵌入可用第一性原理模型中的先验知识和经验相结合的可能方法，并讨论了如何通过***串联或并联配置直接混合建模***，以结合基于科学的模型和机器学习模型的输出。Asprion 等[14]提出了用于优化化学过程的***灰盒建模***这一术语，他们考虑了较大工艺流程图中的工艺单元缺少预测模型的情况，并使用测量的操作数据来建立结合物理知识和工艺数据的混合模型，并展示了使用不同的灰盒模型对应用于异丙苯工艺的工艺模拟器进行优化的结果。实际上，在早期的一些研究中，Bohlin 和他的同事详细探讨了用于过程控制和优化的灰盒识别的概念，并且出版了一本优秀的参考书，很好地总结了灰盒混合建模的概念、工具和应用[15]。

多年来，作为智能制造进步的一部分，我们见证了混合建模在生物加工和化学工程中的应用越来越多[16-18]。

Sansana 等[17]在 2021 年的论文中讨论了机械建模、基于数据的建模、混合建模结构、系统识别方法和应用。他们将混合模型分为并联、串联、代理模型(这是更复杂模型的更简单的数学表示，类似于我们下面讨论的 ROM)和替代结构(涵盖了前文提到的灰盒建模)。在替代结构中，它们指的是半机械模型结构的一些应用，其中使用优化概念选择最佳混合模型。除了前文提及的过程控制、监控和优化等应用，他们还根据一些化学工业应用将混合模型分类为模型-工厂不匹配分析[18]、模型迁移、可行性分析和预测维护。

Von Stosch 等[19]在 2014 年的综述论文中使用了“***混合半参数建模***”这一术语，并总结了生物加工中监测、控制、优化、放大和模型缩减的应用。他们指出虽然混合半参数建模技术的应用不会自动带来更好的结果，但合理的知识集成有可能显著改进基于模型的流程设计和操作。

Qin 和 Chiang[20]回顾了统计机器学习和过程数据分析的进展，这些方法可为开发未来的混合模型提供有效的工具。最近，Qin 等[21]提出了一种与过程知识集成的统计学习方法，以解决根据工业蒸馏系统中 40 多个过程变量开发工艺杂质水平预测模型的挑战性问题。这两项研究都强调了统计机器学习在开发未来混合流程模型方面的潜力。

通过文献的调研表明了混合建模在生物过程[22-28]、化学和石油与天然气加工工业[29-33]以及聚合物过程[34,35]中的应用，以实现更准确和科学一致的预测。此外，还展示生物加工和化学工程应用的许多热点，包括过程控制[36-39]、实验设计(DOE)[40,41]、过程开发和放大设计[42,43]、过程设计[44]和优化[14,45,46]。

在近期研究中，Zhou 等[47]提出一种***集成材料和工艺设计的混合方法***，该方法在工艺和产品设计中大有前景。Cardillo 等[48]证明混合模型在加速疫苗制造过程中的重要性。Chopda 等[24]应用集成过程分析技术以及建模和控制策略来实现单克隆抗体的连续生产。McBride 等[49]对化学工业中不同分离过程中的混合建模应用进行了分类，即蒸馏[50-52]、结晶[53,54]、萃取[55-57]、浮选[58,59]、过滤[60,61]和干燥[62]。Venkatasubramanian[63]对人工智能在化学工程中的发展和应用现状进行了精彩的阐述，并强调开发混合模型概念框架、基于机理的因果解释、特定领域知识探索引擎和涌现分析理论的智力挑战和回报，并提供优化材料设计和工艺操作的示例。

Glassey 和 Von Stosch[64]在一本出色的编辑参考书中，讨论了化学过程中混合建模的一些关键优势，特别是在预测实验测试过程条件之外的科学一致结果方面，这对于过程开发、放大、控制和优化至关重要。他们还指出一些挑战，例如，基于科学的模型中不正确的基础知识可能会给预测带来偏差。因此，底层模型中使用的假设对于分析十分重要。此外，在决定混合建模策略时，参数估计的时间和准确性至关重要。Kahrs 和 Marquardt[65]讨论将复杂混合模型简化为一系列更简单问题的方法，如数据预处理、求解非线性方程、参数估计以及使用机器学习构建经验模型。

Herwing 和 Portner 在最近出版的书中展示了混合建模技术在智能生物制造数字孪生领域中的应用[66]。

Chan 等[67]最近的一项专利介绍了艾斯本技术公司使用集成建模、优化和人工智能进行资产优化的方法。随后，Beck 和 Munoz[68]在一份白皮书中详述了该公司目前对混合建模的重视，结合人工智能和领域专业知识来优化资产。特别是根据其在化工行业的应用经验，该公司将混合模型分为三类：人工智能驱动、第一性原理驱动和降阶模型（ROM）[68]。他们将***人工智能驱动的混合模型***定义为基于工厂或实验数据的经验模型，并使用第一性原理、通过添加约束和领域知识来创建更准确的模型。人工智能驱动模型的示例是推理传感器或在线设备模型。他们将***第一性原理驱动的混合模型***定义为现有的第一性原理模型，通过数据和人工智能进行增强，以提高模型的准确性和预测能力，该模型在生物加工和化学工程中得到广泛应用。最后定义一个 ***ROM*** 并在其中使用机器学习创建基于经验数据的模型，该模型基于第一性原理过程模拟运行的数据，并通过约束和领域专业知识进行增强，以便构建符合目标的低维快速模型。借助 ROM 可以将建模规模从单元扩展到可以更快部署的全工厂模型。

11.3 混合 SGML 模型的分类与阐述

正如我们迄今所见，生物加工和化学工程领域内混合模型应用的大部分工作都集中在基于科学和基于数据模型的直接组合。在本章中，受到物理学及其他领域中一些应用的启发[2,3]，我们以广阔的视角探讨在生物加工和化学工程中科学知识与数据分析结合的不同方式，将化学加工行业中的这些混合 SGML 应用分为两大类：机器学习互补科学和科学互补机器学习。如图 11.1 所示，我们还根据混合 SGML 方法对生物加工和化学工程中的应用进行分类，并介绍几个领域内的 SGML 应用示例。尽管 SGML 在这些应用示例领域中尚未被深入探索，但其在流程改进和优化方面具有巨大潜力。

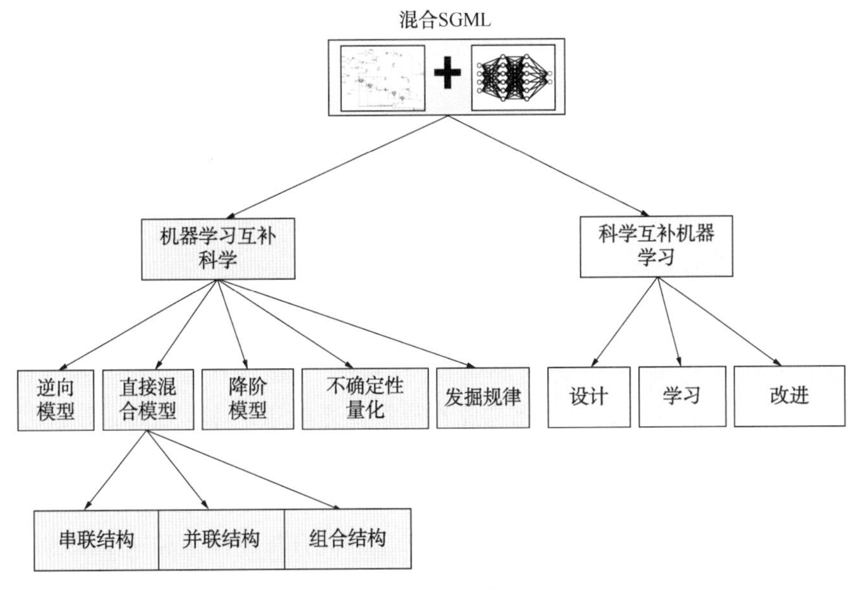

图 11.1　混合 SGML 模型的分类

11.4 机器学习互补科学

我们可以将第一性原理科学模型与基于数据的模型相结合，以提高模型的准确性和一致性。在下面将介绍直接混合模型、逆向建模、降阶模型、不确定性量化的混合 SGML 建模以及探索控制方程等类别。

11.4.1　直接混合模型

直接混合模型将第一性原理或基于科学的模型的输出与基于数据的机器学习模型的输出相结合，以提高因变量的预测准确性。这些组合以串联结构、并联结构或串联-并联结构的形式出现。直接混合建模策略是生物加工和化学工程混合建模中使用最广泛的方法。

11.4.1.1　并联直接混合模型

图 11.2 展示了并联直接混合模型。基于科学的模型可以将初始和边界条件作为输入来进行预测(Y_m)，而机器学习模型使用动态、随时间变化的数据来进行预测(Y_{ml})。我们随后直接结合两个输出或与指定的权重(w_1 和 w_2)的组合，以实现更高的预测精度。我们可以通过最小二乘优化来确定权重，以最小化对象模型和混合模型之间差异的误差总平方和。

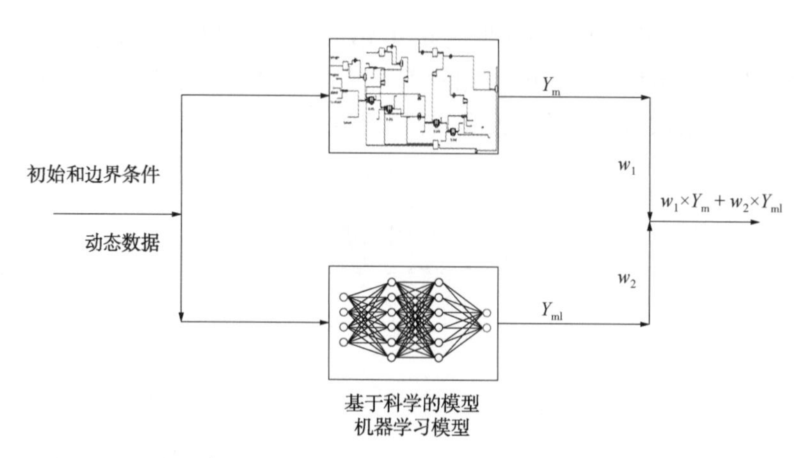

图 11.2 并联直接混合模型：Y_m 和 Y_{ml} 为模型预测，w_1 和 w_2 为权重

Galvanauskas 等[69]将用于动力学和黏度预测的基于数据的神经网络与第一性原理质量平衡常微分方程直接结合起来，以优化工业青霉素工艺的生产率。Chang 等[34]展示了一种用于甲基丙烯酸甲酯间歇自由基聚合动态模拟的并联混合模型。他们将不可测量的引发剂浓度的一个近似速率函数与一个代表聚合反应釜质量和动量平衡方程的因变量的黑盒时变或循环神经网络(RNN)模型[10]相结合，使用由此产生的混合神经网络和速率函数(HNNRF)模型来优化间歇聚合系统，确定间歇聚合系统的最佳配方或操作条件。

混合残差建模或***并联直接混合残差模型***是一类并联直接混合模型，我们使用第一性原理或基于科学的过程模型来量化工厂数据 $Y(t)$ 和基于科学的模型预测 Y_m 作为过程变量的函数[42,70-72]。图 11.3 展示了并联直接混合残差模型的概念。对模型输出的校正，考虑混合残差结构中机器学习模型的预测误差或残差，与图 11.2 的非残差结构相比，提高了模型精度。

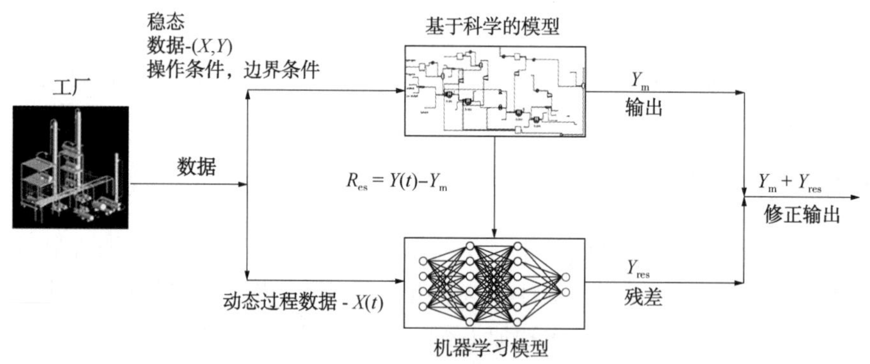

图 11.3 并联直接混合残差模型：Y_m 为模型输出，R_{es} 为工厂数据 $Y(t)$ 和基于科学的模型输出 Y_m 之间的时间相关预测误差或残差，$Y_m + Y_{res}$ 为校正后的模型输出

对于流程开发等应用程序，我们建议使用混合模型，该模型通常会比独立的机器学习模型表现更优。这是因为混合模型更擅长外推，而独立的机器学习模型适合在稳定运行的工厂中进行预测。

Tian 等[70]开发一种用于间歇聚合反应器的混合残余模型。首先，他们开发一个基于聚合动力学和质量与能量平衡的简化过程模型，以预测单体转化率、数均分子量(MWN)和重均分子量(MWW)。

这种第一性原理工艺模型由于忽略了高单体转化率下的凝胶效应等因素，无法准确预测这些产品质量目标。接下来，作者开发了三个基于数据的、时间相关的或循环神经网络[10]的并联结构，这些神经网络通过过程数据进行训练，以预测简化的第一性原理过程模型的单体转化率、MWN 和 MWW 的残差，将预测残差 Y_{res} 添加到简化过程模型的预测 Y_m 中，以形成最终的混合模型预测 Y_m+Y_{res}。由于批量过程控制的重点是批量结束的产品质量目标，因此使用时间相关或循环神经网络通常可以提供良好的长期预测，所得的混合残差模型在许多批处理控制和优化应用中表现良好[42,44,70-72]。

Simutis 和 Lübbert[37]展示直接混合建模方法在生物过程控制状态估计中的另一种应用。这项工作结合了基于生物质、基质和产物的质量平衡的第一性原理状态卡尔曼滤波器，以及基于机器学习的观察模型，用于量化不太确定的变量和测量之间的关系。Ghosh 等[73,74]将并联混合建模框架应用于过程控制，他们将第一性原理模型与通过应用子空间识别建立的基于数据的模型相结合，以更好地预测批量聚合物制造和种子结晶系统。Hanachi 等[75]展示了直接混合建模方法在预测性维护中的应用，他们将基于物理的模型与基于数据的推理模型以迭代、并联的方式结合起来，以预测制造工具的磨损。

11.4.1.2 串联直接混合模型

图 11.4 展示了串联直接混合模型。基于科学的过程模型有助于增强机器学习模型的数据需求，而机器学习模型可以帮助估计基于科学模型的参数。Babanezhad 等[76]在化工反应器中的两相流中使用计算流体动力学(CFD)，并将基于科学的 CFD 结果与基于自适应网络模糊推理系统(Adaptive Network-based Fuzzy Inference System，ANFIS)的机器学习模型相结合。一旦机器学习模型捕获了 CFD 结果的模式，他们就会使用混合模型进行过程模拟和优化。根据基于科学的 CFD 模型计算出的一些特征可以***将数据增强***为机器学习模型的输入。Chan 等[67]讨论通过结合模拟和工厂数据来生成更准确的基于数据分析的数据增强的优势。在石油精炼中的原油蒸馏应用中，Mahalec 和 Sanchez[52]使用基于科学的模型来计算内部回流，以增加其他工厂数据作为机器学习模型的输入，从而计算与产品真实沸点的关系用于质量分析的曲线。当原始数据中缺少某些特征测量时，串联混合模型中的数据增强更为相关，因此我们使用第一性原理模型来计算这些特征，然后将这些计算数据增强到机器学习模型中以研究组合的多元效应。我们的目标更多的是增加科学模型特征的因果效应，而不是提高准确性。如果我们发现某些缺失的特征测量导致基于科学的模型与实际工厂之间不匹配，则数据增强可能会提高混合模型的训练性能。

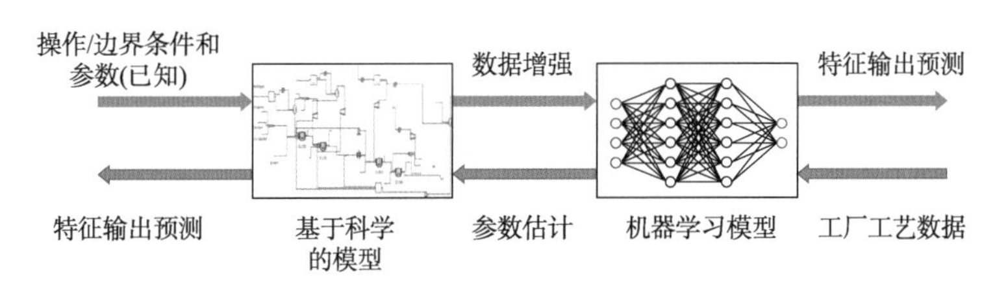

图 11.4 串联直接混合模型

Krippl 等[77]提出超滤过程的混合建模，他们使用机器学习模型计算通量，作为基于科学的模型的输入。类似地，Luo 等[30]开发一种用于乙烯氧化的固定床反应器的混合模型，将第一性原理反应动力学和反应器模型与机器学习催化剂失活模型相结合。后者是通过运行数据的支持向量回归开发的，假设失活特性随时间单调下降。利用混合模型，对工业反应堆的预测误差小于 5%。该方法可以更准确地预测产量并具有更可靠的外推能力。

图 11.4 展示机器学习模型还可以***帮助估计基于科学的模型的参数***。Mantovanelli 等[78]开发了一种工业酒精发酵过程的混合模型，将一系列五个发酵罐的第一性原理质量和能量平衡方程与基于数据的功能链接网络[76]相结合，以确定由工厂数据训练的发酵反应器中发酵过程的动力学参数。该混合模型考虑温度对发酵动力学的影响，表现出良好的非线性逼近能力。Sharma 和 Liu[79]研究如何使用工厂数据来估计工业聚烯烃过程的第一性原理模型的动力学参数。在近期的研究中，Bangi 和 Kwong[80]使用深度神经网络(DNN)估计水力压裂过程中的过程参数，并将其输入第一性原理模型中。最后，我们注意到，如图 11.4所示，我们可以首先在混合框架中互换使用基于科学的模型或机器学习模型，具体取决于我们是否需要添加更多特征来增强数据集或估计模型参数。

11.4.1.3 串联-并联或组合直接混合模型

图 11.5 展示了组合直接混合模型，其中我们使用来自工厂的稳态数据来估计基于科学的过程模型的未知参数，随后使用图 11.3 的混合残差建模策略进行预测。该串联-并联组合或反馈系统可以根据应用改进模型预测。

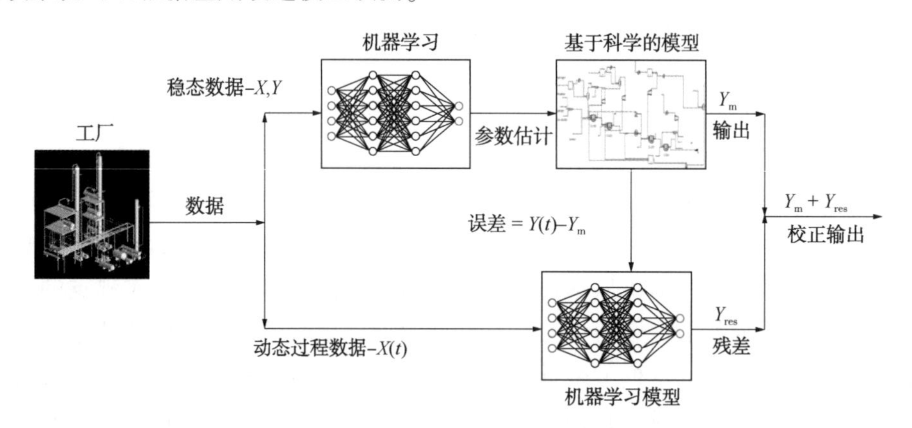

图 11.5 组合直接混合模型：Y_m 为输出，Y_{res} 为残差，Y_m+T_{res} 为校正输出

Bhutani 等[81]提出一项明确的研究，比较应用于工业加氢裂化过程的第一性原理、基于数据的模型和混合模型。特别是他们将基于虚拟组分的第一性原理加氢裂化模型与图 11.3~图 11.5 中不同配置的基于数据的神经网络模型结合起来，量化操作条件、进料质量和催化剂失活的变化。混合模型的神经网络组件可以提供串联连接的第一性原理过程模型中的更新模型参数，也可以纠正第一性原理过程模型的预测。混合模型能够代表工业加氢裂化装置的行为，以便在存在工艺变化和不断变化的操作场景的情况下提供准确且一致的预测。

Song 等[82]将图 11.3~图 11.5 的直接混合模型配置应用于工业加氢裂化过程，并分析这些配置的优点和缺点。如果模型的输出准确性主要由用于开发模型的可用理论知识决定，则将模型称为***机理主导模型***；如果开发模型的输出准确性主要由训练数据的质量和所得的基于数据的模型的性能决定，则将模型称为***数据主导模型***，他们将第一性原理模型和图11.4的串联直接混合模型作为机理主导模型的示例，并将基于数据的模型和图11.3的并联直接混合残差模型和图11.5的组合直接混合模型作为数据主导模型的示例。

在Song等[82]的研究中，他们将一个机理主导型模型与一个数据主导型模型结合为图11.2中的混合直接模型，其中两个单独模型输出的加权因子以自适应方式确定。对于该模型的应用，Song等使用基于集成总动力学的工业加氢裂化过程的机理主导型模型[81,82]，以及基于自组织映射(self-organizing map，SOM)和卷积神经网络(CNN)构建以数据为主导的模型，通过基于Aspen HYSYS的模拟过程数据进行训练[82]。他们评估了混合模型在生产不同产品方案的加氢裂化过程的运行优化中的性能。尽管这项研究包括新的概念，但需要对其相对复杂的方法进行大量简化，以便数据科学家和实践工程师能够轻松应用。

在近期的一项研究中，Chen和Ierapetritou[18]展示如何利用多元统计中的偏相关分析和信息论中的互信息分析来识别和改进使用直接组合混合模型进行制药生产过程中的工厂模型不匹配。正如作者所述，实施这种工厂模型不匹配策略需要在线激励变量以捕获工厂的相应响应数据，这在制造工厂和实验设置中通常难以实现，并且可以从计算和信息技术的新发展中受益。

Lima等[83]提出一个基于选择性和局部模型扩展的半机理建模框架。他们使用了一组第一性原理模型方程的符号重构，以推导出混合机理-经验模型。符号重构允许有选择性地和局部地向模型添加经验元素。他们将这种方法应用于非理想反应器的识别以及Otto-Williams基准反应器的优化。

这种综合策略通常在科学模型具有未知参数的情况下更为有效，可以利用机器学习确定这些未知参数，然后应用混合残差机器学习方法。通过这样的操作可以提高模型预测的准确性。

11.4.1.4 例题11.1：组合直接混合建模在聚合物制造中的应用

本例题的目的是利用组合直接混合建模方法来预测聚合物熔融指数(MI)，以建立一个更准确且科学一致的质量传感器。我们将组合直接建模策略应用于工业聚乙烯工艺，以预测熔融指数。我们按照第5章附录5.1b中呈现的方法和动力学参数，构建了三井淤浆法高密度聚乙烯(HDPE)工艺的第一性原理稳态模型。

对于这个应用，首先使用稳态生产目标(第5.5节)估计复杂的多位点Ziegler-Natta聚合动力学参数，随后将基于Aspen Plus的稳态模拟模型转换为动态模拟模型，使用Aspen Plus Dynamics(第7.7节和第7.8节)。由此产生的动态模拟模型具有类似的独立过程变量结果，包括进料流量和组成以及反应器操作条件。对于较简单的应用，可以使用动态数据进行参数估计。以下方程式将残差(Res)或工厂和模型值之间的MI差值($MI_{\text{Plant}}-MI_{\text{Model}}$)作为独立过程变量$f(X_{\text{Process}})$的函数。此外，我们希望混合模型$MI_{\text{Hybrid}}$预测的$MI$值与工厂值$MI_{\text{Plant}}$相匹配。

$$MI_{\text{Plant}}-MI_{\text{Model}}=Res=f(X_{\text{Process}}) \tag{11.1}$$

$$MI_{\text{Hybrid}} = MI_{\text{Model}} + Res \tag{11.2}$$

本文考虑的是一个类似于例题 9.3 的第 9.4.2 节的工业淤浆法 HDPE 工艺，使用来自韩国 LG 石化公司的实际工厂数据。我们按照第 7 章和第 9 章描述的步骤建立动态模型。我们使用 Aspen Plus Dynamics 中的任务(第 7.5 节)来模拟牌号变更(第 7.6 节)，并模拟类似于工业过程的工厂数据。在 Aspen 动态模型(***Plant_HDPE_Hybrid.dynf***)中，使用物流 R1OUT 中的 Melt_Index 值来计算 *MI* 模型，将模型数据复制到包含工厂数据的 csv 文件中。

利用提供的 csv 文件(***Data_Hybrid2.xlsx***)，计算工厂 *MI* 和模型 *MI* 之间的差异，并将差异标记为新列中的 *Res MI*。接下来，采用机器学习模型，具体而言是随机森林回归器，根据输入的过程变量来预测该残差。按照第 10 章的第 10.3.2 节和第 10.6 节中概述的程序，加载数据并将其分成训练和测试子集。由于使用的是类似随机森林的集成模型，数据归一化不是强制性的。随后，在训练数据上训练随机森林回归模型，并在测试数据上使用它来预测 *Res MI*。预测的残差(*yt*)可以输出到一个 csv 文件中，然后复制到一个合并的数据文件(***hybrid_result.xlsx***)中。

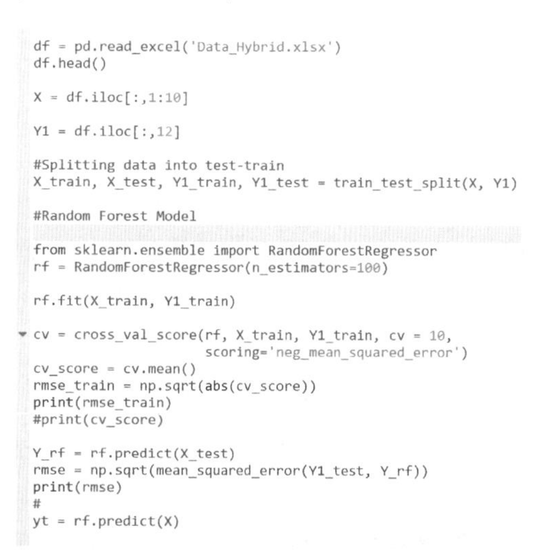

```
df = pd.read_excel('Data_Hybrid.xlsx')
df.head()

X = df.iloc[:,1:10]

Y1 = df.iloc[:,12]

#Splitting data into test-train
X_train, X_test, Y1_train, Y1_test = train_test_split(X, Y1)

#Random Forest Model

from sklearn.ensemble import RandomForestRegressor
rf = RandomForestRegressor(n_estimators=100)

rf.fit(X_train, Y1_train)

cv = cross_val_score(rf, X_train, Y1_train, cv = 10,
                     scoring='neg_mean_squared_error')
cv_score = cv.mean()
rmse_train = np.sqrt(abs(cv_score))
print(rmse_train)
#print(cv_score)

Y_rf = rf.predict(X_test)
rmse = np.sqrt(mean_squared_error(Y1_test, Y_rf))
print(rmse)
#
yt = rf.predict(X)
```

图 11.6　部分机器学习模型的 Python 代码，***Hybrid_Direct_HPDE.ipynb***

图 11.6 展示了一部分代码，即 ***Hybrid_Direct_HPDE.ipynb***，在例题 11.1 的补充资料中可用，可以使用 Pandas 数据框对工厂数据进行最终计算。由于数据集并不是很大，我们只是在例题 11.1 的补充材料中的 Excel 文件 ***Hybrid_results.xlsx*** 中解释 csv 的详细信息。机器学习预测被标记为 ML 预测的 *Res MI*。然后，将 ML 预测的 *Res* 添加到 *MI* 模型中，得到预测的混合 *MI*。

Hybrid Predicted *MI*=Model *MI*+ML *Res*

随后，可以计算“混合预测 *MI*”与“工厂 *MI*”之间的差异，并称之为混合 *Res*。计算预测的最终均方根误差(*RMSE*)，混合模型的 *RMSE* 为 0.17，而独立模型 *MI* 的 *RMSE* 为 1.74。

图 11.7 对比了第一性原理动态模拟模型的预测(红色)与带有牌号转换的工厂数据(绿色)。由图可知模型预测与工厂数据之间存在很大偏差，将模型中的 *MI* 值与工厂数据进行比较，并计算误差残差。模型残差的均方根误差(*RMSE*)值为 1.7，实际 *MI* 数据的标准差为 5.1。

图 11.7 显示，混合模型的预测(*RMSE* 值为 0.17)与工厂数据的匹配程度要比仅使用第一性原理动态模拟模型好得多。注意仅使用基于数据的模型具有类似的准确性，但对于超出模型使用的过程操作数据范围的预测，可能会产生科学上不一致的结果。因此，混合模型不仅准确，而且在当前操作范围之外还能提供科学上一致的结果。

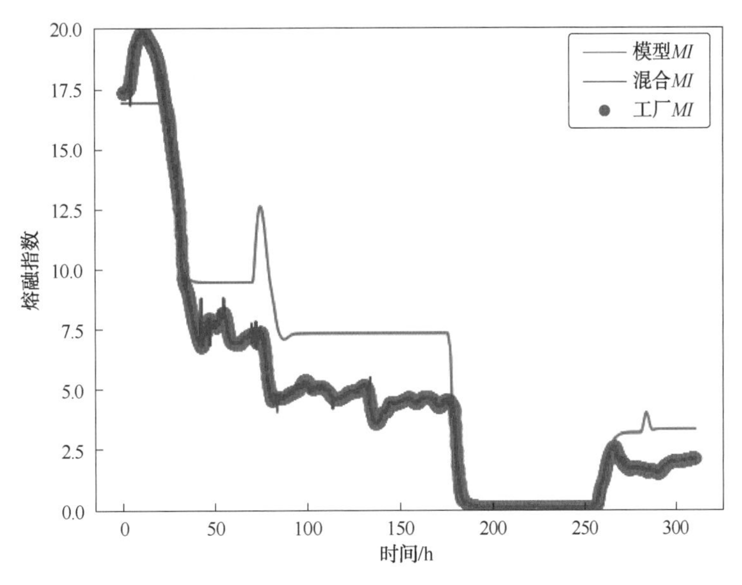

图 11.7　综合直接混合模型的熔融指数预测与第一性原理模型和工厂数据的比较

11.4.2　逆向建模

在逆向建模中，我们使用系统的输出来推断其相应的输入或自变量；这与正向建模不同，正向建模中我们使用已知的自变量来预测系统的输出。图 11.8 说明了逆向建模框架，可以看到在传统的基于数据的方法中，使用过程变量数据(X)和质量目标数据(Y)来训练和测试一个机器学习模型。由于工厂没有对大多数质量目标进行连续测量，可以应用基于科学原理开发并通过工厂数据验证的工艺模型，来预测和增强给定过程变量(X)的质量目标数据(Y)。

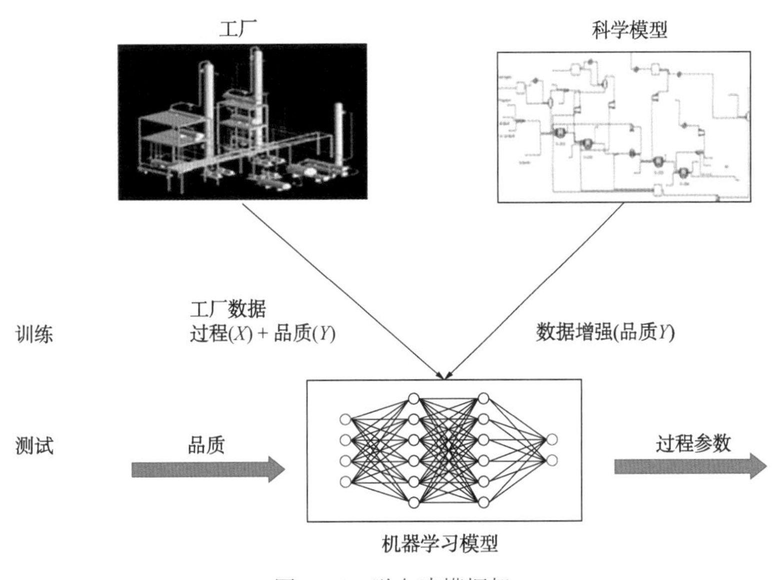

图 11.8　逆向建模框架

化学过程中逆向建模的最早应用之一是由 Savkovic-Stevanovic 等进行的[85]。他们使用神经网络控制器来控制蒸馏装置的产品组成，基于将产品组成与回流流量相关联的过程逆动态模型。结果说明了使用神经网络从工厂输入-输出数据中学习蒸馏塔非线性动态模型的可行性。他们的研究结果还阐明了考虑工厂时间延迟的重要性。

制药产品设计和开发通常使用实验设计(design of experiments，DOE)和响应面建模(response surface modeling，RSM)进行稳态过程建模，而忽略了过程动态和时间延迟。Tomba 等[86]演示了如何利用逆向建模概念生成动态过程模型的过程理解，量化时间偏差和生产动态的影响。具体而言，他们执行基于数据的潜变量回归模型反演，以找到达到期望质量目标的最佳原材料和过程变量组合。作者建议将实验设计研究与混合建模相结合，用于过程表征。

Bayer 等[87]将逆向建模方法应用于大肠杆菌分批培养，评估了三个关键过程变量的影响。他们比较了混合模型与纯数据驱动模型以及广泛采用的过程端点的响应面建模在性能上的差异，并展示了混合模型相对于纯黑盒方法在过程表征方面的优越性。逆向建模方法使制药产品开发中的决策过程更快，同时最大限度地减少了实验数量和原材料消耗。

Raccuglia 等[88]使用反应数据训练机器学习模型，用以预测模板化的硒酸钒晶化的反应结果，其研究展示了使用机器学习来辅助材料发现，利用了先前不成功或失败的材料合成实验数据。最终的机器学习模型优于传统的人工策略，并成功预测了新的有机模板、无机产物形成的条件，成功率接近 90%。值得注意的是，他们的研究表明逆向机器学习模型揭示了关于成功产物形成条件的新假设。对于材料设计的逆向建模方法越来越受到关注，即使用期望的目标属性作为输入，来识别具有这些属性的原子身份、组成和结构(ACS)。Liao 和 Li[89]提出了一种元启发式方法来进行材料设计，其中包括逆向建模框架。

Venkatasubramanian[63]也提到人工智能在化工工程过程中解决逆向问题的重要性。需要注意的是，逆向建模方法可能导致非唯一解，可以在操作范围内给出输入参数的预测范围，通过向输入参数添加额外约束(如其操作范围)，来获得唯一解。

11.4.3 例题 11.2：逆向建模在聚合物制造中的应用

本例题展示逆向建模方法的应用，该方法集成了三井淤浆法 HDPE 工艺的稳态和动态模拟模型，该模型根据第一性原理开发并通过工厂数据进行验证，并具有基于数据的 ML 模型。目的是在给定所需的产品质量指标[如 *MI*、聚合物密度(*RHO*)、多分散指数(*PDI*)和聚合物生产率(*P*)]的情况下，预测生产新聚合物牌号的操作条件。稳态仿真模型的详细信息可参见第 5 章的附录 5.1b。

首先根据第 5.7 节中的方法，使用 Aspen Polymers 在稳态模型中估计工厂生产目标的聚合动力学参数。这产生了经过验证的 Aspen Polymers 稳态模拟模型。接下来，按照第 7.7 节和第 7.8 节的内容，使用 Aspen Plus Dynamics 将稳态模型转换为动态模型。我们使用动态模型来模拟不同工艺操作条件下的产品质量数据，其中包括表征聚合物牌号转换的数据。

随后，使用基于 Python 的集成机器学习回归模型[90](第 10.3 节)对模拟数据进行回归，以模拟的产品质量数据作为输入，以过程操作条件(所有输入流的流量)作为输出。考虑到一种新的聚合物牌号所需的质量目标，应用经过训练的机器学习模型来预测新聚合物牌号的操作条件。在反向建模中加载数据时，将质量变量作为输入(X)，将过程变量作为输出(Y_1)，使用堆叠集成回归模型进行预测，使用集合回归模型的组合，使用叠加技术来预测操作条件(第10.3.4节)。此外，还将树回归模型，如梯度增强、AdaBoost(自适应增强)、随机森林和XGBoost(极端梯度增强)回归模型作为堆叠回归算法。通过首先单独拟合回归模型来选择回归模型的组合，然后选择表现最好的回归器作为元回归器，而选择其他三个回归器作为初始回归器。

图11.9显示了堆叠模型代码 ***inverse_HDPE.py***。图中的变量 ***stregr*** 为堆叠回归模型，***Y_stregr***为模型的预测，***predc*** 为反向建模的 *RMSE*。

```
df = pd.read_excel('inverse_HDPE_feature.xlsx')

X = df.iloc[:,14:18]
Y1 = df.iloc[:,1]

X_train, X_test, Y1_train, Y1_test = train_test_split(X, Y1)


from mlxtend.regressor import StackingRegressor
from sklearn.ensemble import AdaBoostRegressor
from sklearn.ensemble import GradientBoostingRegressor
from sklearn.ensemble import RandomForestRegressor
import xgboost as xgb

gb = GradientBoostingRegressor()
adb = AdaBoostRegressor()
xgr = xgb.XGBRegressor()
rf = RandomForestRegressor(n_estimators=100)

stregr = StackingRegressor(regressors=[adb,gb,xgr],
                           meta_regressor=rf)

cv = cross_val_score(stregr, X_train, Y1_train, cv = 5,scoring='r2')
cv_score = cv.mean()
print(cv_score)

stregr.fit(X_train,Y1_train)
Y_stegr = stregr.predict(X_test)
print (stregr.score(X_test,Y1_test))
print(np.sqrt(mean_squared_error(Y1_test, Y_stegr)))
```

图11.9　例题11.2的机器学习Python代码 **inverse_HDPE.py**

与标准差为20的实际工厂数据相比，堆叠机器学习模型预测的 *RMSE* 较低，为0.9。使用表11.1中列出的堆叠回归模型预测并联HDPE工艺的所有工艺变量。该表包含每个过程变量与实际数据的平均值和标准差以及 *RMSE* 和 *nRMSE* 预测，详见式(10.6)和式(10.8)。

表11.1　使用逆向建模的并联HDPE工艺的工艺变量预测

预测变量/(kg/h)	数据平均值/(kg/h)	数据标准差/(kg/h)	均方根误差(测试)/(kg/h)	归一化均方根误差 *nRMSE*/%
H2	52	21	1.04	2
C2	8873	569	68.5	0.772005
CAT	26	5.6	1.03	3.961538
HX	22356	2734	219	0.979603
C3	51	44	2.83	5.54902

续表

预测变量/(kg/h)	数据平均值/(kg/h)	数据标准差/(kg/h)	均方根误差(测试)/(kg/h)	归一化均方根误差 nRMSE/%
T	84	0.3	0.11	0.130952
P	3.1	0.7	0.2	6.451613
H2/C2	0.95	0.4	0.01	1.052632
C3/C4	0.4	0.37	0.014	3.5

图 11.10 表明，与标准偏差为 20 的实际工厂数据相比，逆向建模方法可以高精度(低 *RMSE*=0.9)预测氢气的进料流量。因此，如果想要生产一种新牌号的聚合物，考虑到其质量目标可以使用逆向建模方法预测生产该聚合物牌号所需的操作条件。

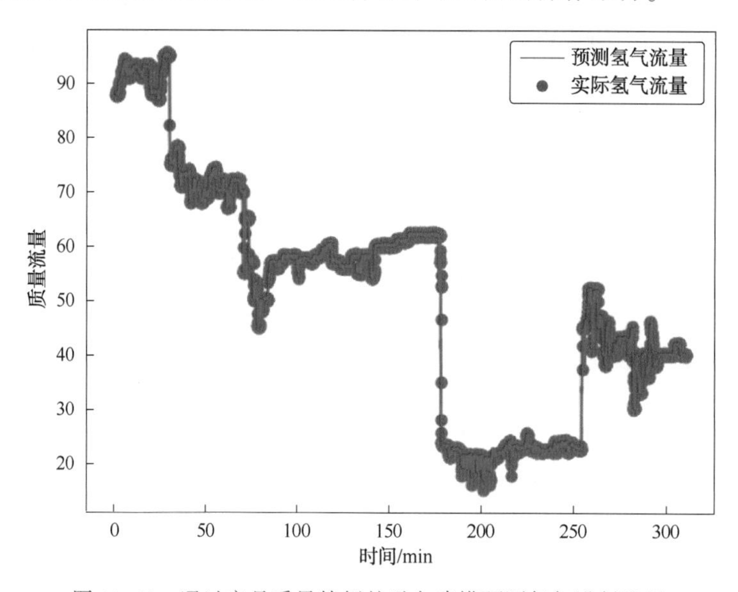

图 11.10 通过产品质量特征的逆向建模预测氢气进料流量

11.4.4 降阶模型(ROM)

ROM 是简化的模型，不仅能以计算成本低廉的方式表示复杂的过程，而且在模拟过程中可保持高水平的预测准确性。在生物加工和化学工程中，可以应用 ROM 方法来模拟复杂的过程，然后使用机器学习模型来优化过程，参见图 11.11。我们可以使用 ROM 来模拟不同的工况和灵敏度，以生成过程数据，而过程数据又可以与机器学习模型相结合，构建精确的软传感器来预测质量变量。这种方法有助于确保机器学习模型接受具有多种变化的过程数据的训练，这在稳定的工厂运行中是不可能的。因此，基于数据的传感器对于未来的任何流程优化、放大等都将是准确的，并且在线部署此类模型也更容易。

在 ROM 最早的应用之一中，MacGregor 等[91]使用从过程模型模拟的过程数据应用聚乙烯的偏最小二乘法(PLS)机器学习模型来开发聚合物性能的推理预测模型。该应用涉及生产低密度聚乙烯的高压管式反应器系统，其中所有基本的聚合物特性都极难测量且通常不可用，而一些在线测量(如反应器的温度分布和溶剂流速)经常可用。PLS 的降维方面促进了多变量统计控制图的发展，以监测反应器的运行性能。

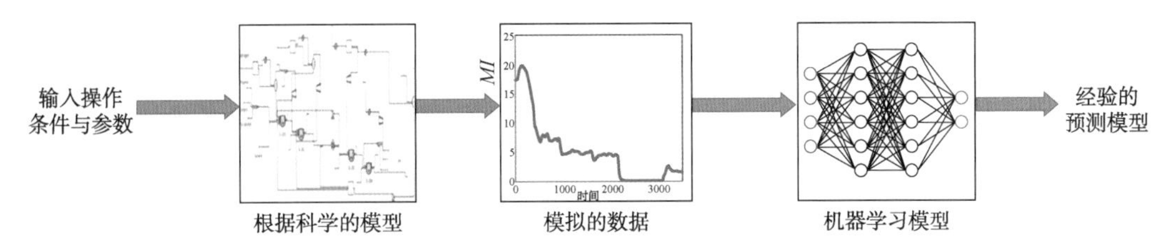

图 11.11　降价模型建模框架

模型的简化可以通过主成分分析等降维方法来实现。另一种方法是将残差组合与机器学习模型应用于 ROM 模型，或者为全阶模型构建基于机器学习的代理模型。在灰盒建模技术的背景下，降阶模型被称为***代理模型***，其中第一性原理模型与基于数据的优化技术相结合。Rogers 和 Ierapetritou[92,93]建议使用替代模型作为近似过程可行性函数的 ROM，以评估基于科学的过程模型的灵活性和可操作性，因为由于黑盒约束，难以直接评估可行性。

在最近的一项研究中，Abdullah 等[94]展示了一种基于数据的非线性过程降阶建模方法，该模型具有时间尺度多重性，可以识别可用于动态模型的慢过程状态变量。Agarwal 等[95]使用 ROM 来模拟变压吸附过程，并使用动态偏微分方程模型的低维近似，计算效率更高。在另一项研究中，Kumar 等[46]采用降阶蒸汽甲烷重整器模型来优化炉膛温度分布。Schafer 等[96]采用降维动态模型对空气分离装置进行最优控制。该模型将分区化减少微分方程的数量与人工神经网络相结合，量化了分区内的非线性输入输出关系。这项工作将微分方程组的大小减少了 90%，同时与全阶逐级模型相比，将产品纯度的额外误差限制在 1×10^{-6}以下。

Kumari 等[97]使用基于数据的降阶方法进行计算流体动力学建模，应用于超临界二氧化碳小概率事件的案例研究。他们提出一种基于 k 近邻(kNN)的参数 ROM(PROM)用于小概率事件的序列估计，以增强参数变化的数值鲁棒性。近年来，许多算子理论建模识别和模型简化方法(如 Koopman 算子)被用于将第一性原理知识整合到寻找化学过程中多个过程变量之间的关系中。Koopman 算子在非线性高维系统的数据驱动分析和控制中具有重要的应用价值。Narasingam 和 Kwon[98]开发了一种新的局部动态模式分解(DMD)方法来更好地捕获局部动态，该方法使用混合整数非线性规划对快照数据进行时间聚类，建立的模型随后用于计算原始高维系统的近似解，并设计水力压裂过程的反馈控制系统，用于计算最优泵送计划。

11.4.5　例题 11.3：降阶建模在聚合物制造中的应用

本例题的目的是说明 ROM 方法在低氯聚丙烯生产过程开发中的应用。

稳态仿真模型的详细信息见第 5 章补充材料 5.1a。HYPOL 工艺是复杂的，包括一系列的反应器、分离器和循环回路。该工艺有许多操作变量，如丙烯和氢气到每个反应器的进料流量以及每个反应器的温度和压力。为了设计或优化工艺，量化操作变量对聚合物质量指标的影响是至关重要的，特别是 *MI*。为了实现该目标，需要多变量过程数据，而这在稳定运行的工厂中通常是不可用的。因此，本文使用 ROM 方法。

按照第 5.5 节的方法论对 HYPOL 聚丙烯生产过程进行建模，然后运行多个稳态模拟以生成具有不同操作变量和相应 *MI* 预测的多变量数据。在 Aspen 稳态模型中，使用敏感性分析工具通过改变过程条件来生成过程数据，在操作范围内变化每个反应器的温度、压力以及输入进料流量，以生成敏感性数据。表 11.2 列出了过程和质量变量。

表 11.2　HYPOL 工艺的过程和质量变量

过程变量和质量变量	描　述
C31，C32，C33，C34	每个反应器中的丙烯单体流量(R1，R2，R3，R4)(kg/h)
H21，H22，H23，H24	每个反应器中的氢气流量(R1，R2，R3，R4)(kg/h)
CAT	第一反应器中的催化剂流量(kg/h)
HX1	第一反应器中的溶剂流量(kg/h)
C24	第四反应器中乙烯共聚单体流量(kg/h)
T1，T2，T3，T4	每个反应器的温度(R1，R2，R3，R4)(℃)
P1，P2，P3，P4	每个反应器的压力(R1，R2，R3，R4)(Bar)
MI(质量变量)	熔融指数

将数据编制成一个电子表格(***ROM_data.xlsx***)，随后使用相同的程序来拟合随机森林机器学习模型[90]，该程序与之前的案例和第 10 章中描述的过程相同。

我们使用随机森林机器学习模型来训练模拟数据，以预测 *MI* 作为过程变量的函数，并理解影响聚合物质量的重要特征的因果关系。经验机器学习模型可以作为一个近似质量传感器，用于预测不同过程变量下的 *MI*，如图 11.12(a)所示。

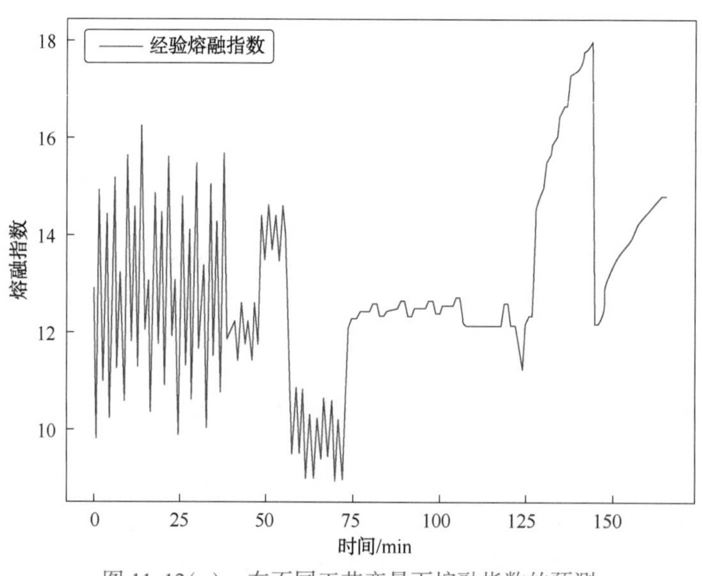

图 11.12(a)　在不同工艺变量下熔融指数的预测

对于工艺开发，研究变量在预测输出中的相对重要性也是有效的。随机森林机器学习模型还决定了不同操作变量在减少“节点杂质”平均减少量上的相对重要性，这是衡量每个操作变量特征减少模型方差的指标。图 11.12(b)说明了 ROM 计算出的重要特征，如氢气流量(H24)和第4反应器的温度(R4T)是影响 *MI* 最重要的变量，随后可以使用这些特征来找到生产指定 *MI* 值的聚合物的最佳条件，并改进新工艺的工艺设计。

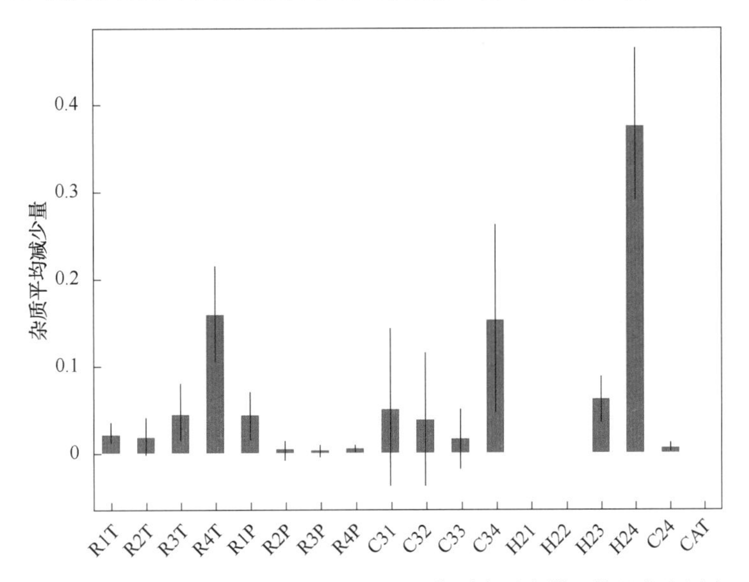

图 11.12(b) 特征对熔融指数预测的重要性：RxT 和 RxP 分别为反应器 x 的温度和压力；C3x 和 H2x 表示丙烯和氢气到反应器 x 的质量流量；C24 为乙烯到第4反应器的质量流量；CAT 为催化剂的质量流量

图 11.13 展示了用于对特性重要性排序的机器学习 Python 代码，示例的完整代码可以在补充材料 ***ROM_Hypol_PP. ipynb*** 中获得。

```
import time
import numpy as np

start_time = time.time()
importances = rf.feature_importances_
std = np.std([
    tree.feature_importances_ for tree in rf.estimators_], axis=0)
elapsed_time = time.time() - start_time

print(f"Elapsed time to compute the importances: "
      f"{elapsed_time:.3f} seconds")

feature_names = [f'feature {i}' for i in range(X.shape[1])]
feature_names = X.columns

import pandas as pd
forest_importances = pd.Series(importances, index=feature_names)

fig, ax = plt.subplots()
forest_importances.plot.bar(yerr=std, ax=ax)
ax.set_title("Feature Importance for Melt Index Prediction")
ax.set_ylabel("Mean decrease in impurity")
fig.tight_layout()
```

图 11.13 用于对特性重要性排序的机器学习 Python 代码

11.4.6 不确定性量化的混合 SGML 建模

基于科学的模型可以产生一些不确定性的结果，这些不确定性可以通过基于机器学习的技术进行量化。科学模型的不确定性主要源于模型参数、边界条件和初始条件的不确定性。在某些情况下，模型偏差和假设也可能是不确定性的来源，我们可以使用校准模型的预测来量化不确定性。基于数据的机器学习模型(如高斯过程和神经网络)用于帮助构建替代模型，该模型定义了模型输入和输出之间的关系，随后可用于量化不确定性。

由于化学过程模型中过程输入和过程状态的不确定性，这种不确定性也会传播到过程输出。基于科学的模型中由任何参数或任何先验知识引起的不确定性都可以被机器学习模型用于量化化学过程中的不确定性，如图 11.14 所示。

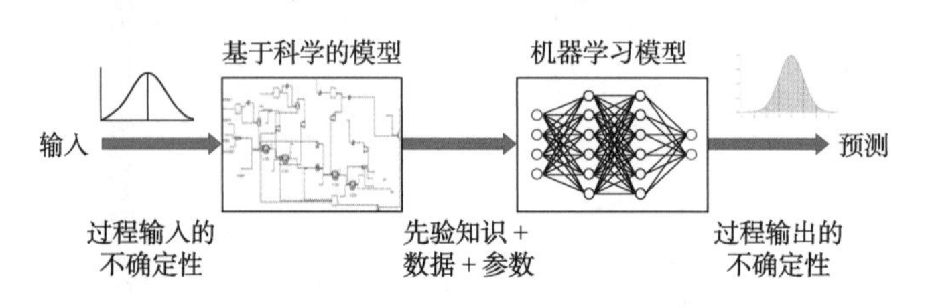

图 11.14　不确定性量化的建模框架

这种基于代理数据的机器学习建模减少了传统上用于不确定性量化(uncertainty quantification，UQ)的蒙特卡罗方法的计算费用[99]。

Duong 等[100]利用多项式混沌理论将 UQ 用于复杂化工过程的工艺设计和灵敏度分析。Francis-Xavier 等[101]利用 UQ 进行电化学合成，计算混合模型的模拟不确定性和全局参数灵敏度。UQ 也被应用于理解复杂的反应机制。Proppe 等[102]展示了离散时间空间的动力学模拟，考虑了自由能中的不确定性，并检测了反应网络中的不确定性区域。UQ 技术在催化和材料科学领域很受欢迎，因为它们可以被用于量化基于密度泛函理论模型的不确定性[103,104]。在另一项研究中，Boukouvala 和 Ierapetritou[105]展示了在多元因素空间上基于科学的过程模型的可行性分析，他们使用基于随机数据的模型进行可行性评估，称其为 Kriging，并开发了一种自适应采样策略，以实现采样成本最小化，同时保持可行性。

11.4.7　例题 11.4：SGML 建模在聚合物制造不确定度量化中的应用

本例题的目的是量化化学过程模型在预测工业 HDPE 过程 *MI* 中的不确定性。

这种预测的不确定性可能来自估计的过程动力学参数，这些参数也会传播到质量输出。我们使用类似于第 7.6 节和第 7.7 节所述的 Aspen Plus Dynamics 模型来模拟数据。随后，利用第一性原理模型的模拟数据，拟合机器学习模型来预测 *MI*，并利用预测区间的概念来展示预测中的不确定性。

在这种情况下，我们使用梯度增强机器学习模型[90]计算预测区间(第 10.3.3 节)，并使用预测区间的概念来确定模型预测的范围。使用梯度增强模型的分位数回归损失来预测预测区间[106]，根据期望的预测区间定义了下分位数和上分位数。考虑由 90%预测区间的范围给出的机器学习预测中的不确定性，这意味着机器学习模型预测有 90%的可能性位于给定的范围内。

模拟数据在电子表格中编译，并遵循相同的方法加载数据。随后在 Python sklearn 库的帮助下计算预测区间，Python 代码如图 11.15 所示。在代码中，定义了上分位、下分位数值，然后定义了三个梯度增强模型，上下模型由分位数损失定义，而中间模型具有默认的均方损失。

```
from sklearn.ensemble import GradientBoostingRegressor
# Set lower and upper quantile
LOWER_ALPHA = 0.1
UPPER_ALPHA = 0.9
# Each model has to be separate
lower_model = GradientBoostingRegressor(loss="quantile",
                                        alpha=LOWER_ALPHA)
# The mid model will use the default loss
mid_model = GradientBoostingRegressor(loss="ls")
upper_model = GradientBoostingRegressor(loss="quantile",
                                        alpha=UPPER_ALPHA)

# Fit models
lower_model.fit(X_train, y_train)
mid_model.fit(X_train, y_train)
upper_model.fit(X_train, y_train)
```

图 11.15 Python sklearn 机器学习代码计算预测间隔

图 11.16 展示了不确定性量化示例的一部分机器学习 Python 代码。完整的代码可在本章的补充材料 ***UQ_HDPE. ipynb*** 中找到。

我们随后预测每个模型的结果，并使用 matplotlib 库绘制它们。

```
# Record actual values on test set
predictions = pd.DataFrame(y_test)
# Predict
predictions['lower'] = lower_model.predict(X_test)
predictions['mid'] = mid_model.predict(X_test)
predictions['upper'] = upper_model.predict(X_test)

y_lower = predictions['lower']
y_mid = predictions['mid']
y_upper = predictions['upper']

y_l = lower_model.predict(X_test)

#print (rf.score(X_test,Y1_test))
rmse_l = np.sqrt(mean_squared_error(y_test, y_l))
print(rmse_l)

y_m = mid_model.predict(X_test)

#print (rf.score(X_test,Y1_test))
rmse_m = np.sqrt(mean_squared_error(y_m, y_l))
print(rmse_m)


fig = plt.figure()
#plt.plot(xx, f(xx), 'g:', label=r'$f(x) = x\,\sin(x)$')
plt.plot(t, y, 'g.', markersize=10, label=u'Observations')
plt.plot(t, y_mid, 'r-', label=u'Prediction')
plt.plot(t, y_upper, 'k-')
plt.plot(t, y_lower, 'k-')
plt.fill(np.concatenate([t, t[::-1]]),
         np.concatenate([y_upper, y_lower[::-1]]),
         alpha=.5, fc='b', ec='None', label='prediction interval')
plt.xlabel('Time')
plt.ylabel('Melt Index')
plt.ylim(-10, 20)
plt.legend(loc='upper right')
plt.show()
```

图 11.16 不确定性量化示例的一部分机器学习 Python 代码

图 11.17 展示了由 95%预测区间范围给出的机器学习预测的不确定性，这意味着机器学习模型预测有 95%的可能性位于给定的范围内，得到的 RMSE 值在 1.2~1.5，*MI* 数据的标准差为 5.1。在该图中，可以看到预测区间是两条黑线之间的面积，由上分位数(第 95 百分位)和下分位数(第 5 百分位)表示。从该图中我们可以看到一个更大的预测区间，这意味着与后期相比，在不到 100 h 的时间内预测的不确定性更高，因为在该区间内 *MI* 的变化更明显。因此，在知道模型的误差估计后，UQ 有助于做出更好的流程决策。

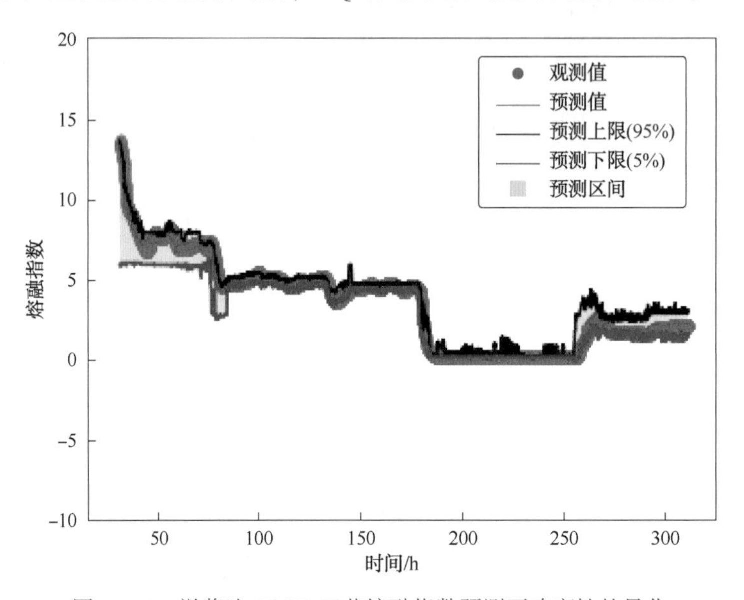

图 11.17 淤浆法 HDPE 工艺熔融指数预测不确定性的量化

11.4.8 混合 SGML 建模有助于使用机器学习发现科学定律

机器学习可以帮助基于科学的建模的一种方式是发现控制系统的新的科学定律。机器学习在物理学中的应用越来越多，主要是通过数据驱动的偏微分方程的发现来重新发现或发现物理定律。机器学习可以用来建立经验相关性，它可以作为基于科学的模型中的科学定律，或者机器学习可以用来求解定义科学定律的偏微分方程，如图 11.18 所示。

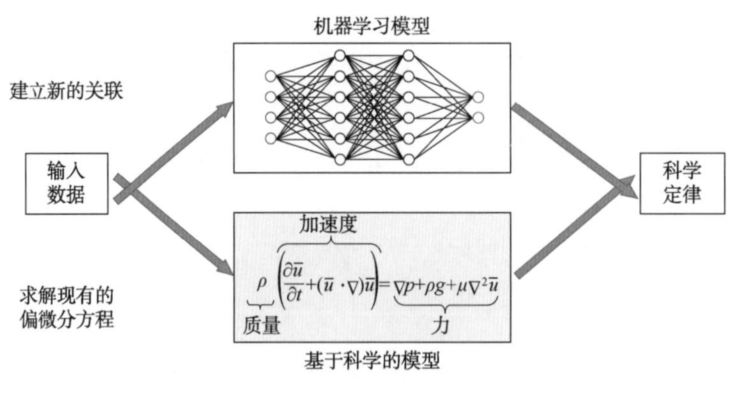

图 11.18 发现科学定律

Rudy 等[107]展示了使用稀疏回归方法通过使用时间序列测量系统来发现物理定律，如 Navier-Stokes 方程和化学过程中的反应扩散方程。Langley 等[108]介绍了机器学习在重新发现一些化学定律方面的应用，如定比定律、体积结合定律、原子量的测定等。

机器学习的另一个重要应用是发现一些热力学定律，这些定律对于定义相平衡非常重要，并且对于准确的基于科学的过程模型至关重要。

Nentwich 和 Engell[109]使用基于数据的混合自适应采样策略来计算相组成，而不是使用复杂的状态方程模型。因此，机器学习应用在发现更准确的物理和化学定律方面具有广阔的应用前景。这种方法可以用于获取科学定律的函数形式以及现有定律参数的估计。Brunton 等[110]展示了一种新颖的框架，利用稀疏技术和机器学习的进展，可以仅通过数据测量来发现动态系统的控制方程。这些由基于机器学习的模型计算得出的科学定律可以应用于第一性原理的模型，从而提高准确性并降低模型复杂性。

11.5 科学互补机器学习

参考图 11.1，我们还可以使用科学知识改进机器学习模型。利用科学知识设计机器学习模型，可以提高机器学习模型的***泛化或外推能力***，并减少机器学习模型在科学上的不一致性。科学知识还可以帮助改进基于数据的机器学习模型的体系结构或机器学习模型的学习过程，甚至可以帮助改进机器学习模型结果的最终后处理。

11.5.1 科学指导设计

在科学指导设计中，模型架构是基于科学知识进行选择的。在使用神经网络时，我们可以根据对系统的科学理解确定表示为隐藏层的中间变量。这种方法增强了模型的可解释性。图 11.19 展示了一个神经网络模型，其中的架构(包括神经元数量、隐藏层和激活层)可以根据先前的科学知识来确定。

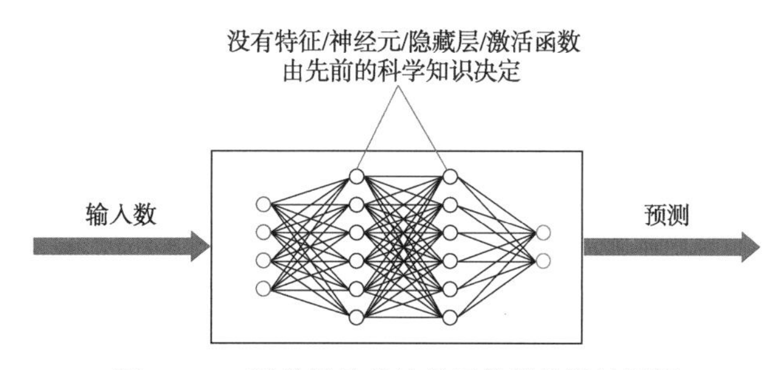

图 11.19 科学指导的神经网络架构设计框架

在生物过程应用中，Rodriguez-Granrose 等[40]使用实验设计(DOE)来创建和评估神经网络架构。他们使用 DOE 来评估每层的激活函数和神经元，以优化神经网络。Wang 等[111]基于吸附能原理设计了注入理论的神经网络，用于可解释反应性预测。使用新的神经微分方程[112]来求解第一性原理动态系统代表了一种混合 SGML 方法，其中 ML 模型的架构受到系统的影响，并在连续时间序列模型和可扩展的归一化流中得到应用。他们使用神经网络对隐藏状态的导数进行参数化，并用微分方程求解器计算网络的输出。De Jaegher 等[113]利用神经微分方程预测了不同工艺条件下电渗析污垢的动态行为。在最近将该主题应用于化学过程的模型预测控制中，Wu 等[114]使用先验过程知识设计循环神经网络(RNN)结构[10]。他们展示了一种利用系统的先验科学知识来设计 RNN 结构的方法，并在 RNN 训练过程的优化问题中使用了权重约束。Reis 等[115]讨论了结合流程特定结构的概念，以改进流程故障检测和诊断。

模糊人工神经网络(ANN)是一类神经网络，它利用系统的先前科学知识来制定映射到 ANN 结构上的规则[10,116]。将过程输入与输出相连接的人工神经网络的权值可以与物理过程变量相关联[64]。除了使模型更科学地与先验知识一致外，它们还降低了计算复杂性并提供了可解释的结果。先验知识的使用也使它们适合外推。模糊人工神经网络在过程控制中的应用尤为有效[117]。Simutis 等将模糊人工神经网络系统用于工业生物过程监测与控制[118,119]。他们还说明了模糊人工神经网络过程控制的应用，根据过程趋势执行适当的控制动作，以进行生物过程优化和控制[120]。

非线性动力学稀疏识别(SINDy)是另一种基于数据的建模方法，它利用科学知识通过算法提高模型性能[110]。Bhadriraju 等[121]使用 SINDy 算法来识别化学过程系统连续性搅拌釜式反应器(CSTR)的非线性动力学。他们将稀疏回归与特征选择相结合，在自适应模型识别方法中识别准确的模型，这比当前方法需要的数据少得多。在一项类似的研究中，Bhadriraju 等[122]提出了一种改进的自适应 SINDy 方法，该方法在工厂模型不匹配的情况下很有帮助，不需要再额外训练，因此计算成本更低。

11.5.2 科学指导学习

我们利用科学原理通过修改机器学习过程来改进基于数据模型的科学一致性。通过修改损失函数、约束条件，甚至是基于科学定律的机器学习模型的初始化来实现这一点。具体而言，为了使机器学习模型在物理上保持一致，我们让神经网络模型的损失函数包含物理约束[3]。损失函数在机器学习中用于衡量估计值与真实值之间的差距，它将决策映射到相关的成本上。损失函数不是固定的，它们根据现有的任务和目标而变化。我们可以定义一个基于均方误差(MSE)回归机器学习模型的损失函数($\mathrm{Loss}_{\mathrm{M}}$)用于计算真实值($Y_{\mathrm{true}}$)与模型预测值($Y_{\mathrm{pred}}$)之间的差值。同样地，可以为基于科学的模型定义一个损失函数($\mathrm{Loss}_{\mathrm{SC}}$)，这是模型预测值($Y_{\mathrm{pred}}$)与基于科学的损失相一致的函数。引入一个权重因子 λ 来表示两个损失项之间的相对重要性，将整体损失函数(Loss)表示为：

$$\mathrm{Loss}=\mathrm{Loss}_{\mathrm{M}}(Y_{\mathrm{true}}-Y_{\mathrm{pred}})+\lambda\mathrm{Loss}_{\mathrm{SC}}(Y_{\mathrm{pred}}) \tag{11.3}$$

图 11.20 展示了科学指导损失函数的表示方法。

科学指导的初始化有助于在模型训练之前导出参数的初始选择，从而改进模型训练，并防止达到局部最小值，这就是迁移学习的概念。因此，可以根据初始化的概念，使用基于科学模型的数据来预训练机器学习模型[2,3,8]。

这一概念已通过过程相似性的形式应用于化学过程建模，并通过迁移开发新的过程模型。

特别是，Lu 等[123]引入流程相似性的概念，并将其分类为基于属性的相似性和基于模型的相似性。他们提出一种模型迁移策略，通过利用现有的基础模型和流程属性信息来开发新的流程模型，调整现有的流程模型可以使用更少的实验来开发新的流程模型，从而节省时间、成本和精力。他们应用该概念来预测注塑成型中的熔体流动长度，并获得令人满意的结果。

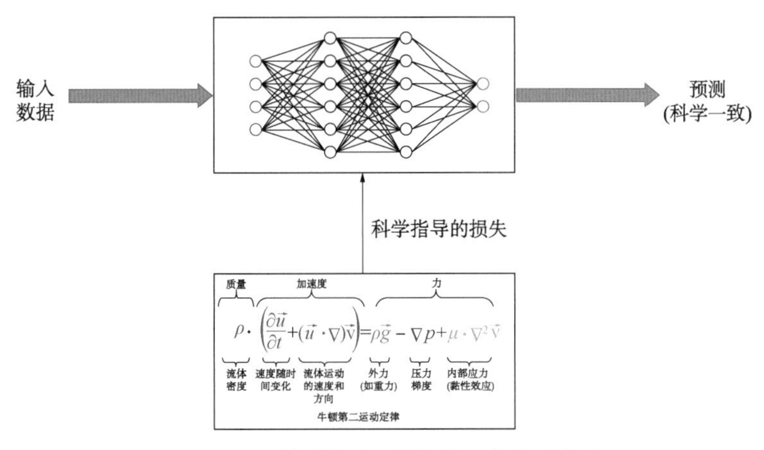

图 11.20　科学指导下的损失函数表示方法

在另一个类似概念的研究中，Yan 等[124]使用贝叶斯(Bayesian)方法迁移机器学习高斯过程回归模型，他们展示了一种环氧催化反应过程的迭代模型迁移和过程优化方法。

Kumar 等[125]尝试使用基于物理的损失函数进行剪切应力计算，以优化原油运输等工业过程中非牛顿流体流动，实现更准确的流量预测。在另一个类似原理的研究中，Pun 等[126]应用物理信息神经网络来对材料进行更准确和可转移的原子建模。

11.5.3　例题 11.5：科学引导学习的说明性例题

本例题的目的是说明科学指导的损失函数在第 2.1.4 节中描述的工业 HDPE 过程的淤浆法于 HDPE 工艺中的应用。

目标是预测聚合物的熔融指数。工厂仅测量聚合物熔融指数作为质量输出，但我们也希望基于数据的机器学习模型能够预测科学一致的聚合物密度值。

我们使用一些经验相关性将聚合物密度表示为 *MI* 的函数，并修改损失函数(基于 *MSE*)以考虑密度，参见式(11.4)。随后我们训练 DNN 模型来预测聚合物的 *MI*。

$$\text{Loss}=\text{Loss}_{\text{M}}(MI_{\text{true}}-MI_{\text{pred}})+\lambda\,\text{Loss}_{\text{SC}}[\rho(MI_{\text{true}})-\rho(MI_{\text{pred}})] \tag{11.4}$$

Python 加载数据的过程是类似的，我们也对数据进行了归一化/预处理。

我们使用张量流框架来训练多层神经网络模型，如图 11.21 的 Python 代码所示。DNN(深度神经网络)有两个隐藏层，分别有 64 个和 32 个神经元，它使用线性整流单元(ReLU)转换函数(见表 10.6)。

为了修改损失函数，我们使用图 11.22 所示的机器学习 Python 代码定义了一个自定义损失函数。然后，我们训练和优化神经网络，并利用图 11.23 所示的机器学习 Python 代码输出 *RMSE* 和预测值。

```
import tensorflow as tf
from tensorflow import keras
from tensorflow.keras import layers
from tensorflow.keras.layers.experimental import preprocessing


model = tf.keras.models.Sequential([
   tf.keras.layers.Dense(64, activation='relu',input_shape=(n_features,)),
  tf.keras.layers.Dropout(0.2),
  tf.keras.layers.Dense(32, activation='relu'),
  tf.keras.layers.Dense(1)
])
```

图 11.21　用于预测熔融指数的深度神经网络的机器学习 Python 代码

```
def custom_loss_function(y_pred,y_true):
    k1 = 0.001

    #y_pred = tf.convert_to_tensor_v2(y_pred)
    y_true = tf.cast(y_true, y_pred.dtype)
    #loss = tf.reduce_mean(tf.square(y_pred - y_true), axis=-1)
    loss = tf.reduce_mean((tf.square(y_pred - y_true)) +
                   k1*(tf.math.log(abs(y_pred)) - tf.math.log(abs(y_true))))
    return loss
```

图 11.22　定义式(11.4)损失函数的机器学习 Python 代码

```
model.compile(optimizer='adam',loss= custom_loss_function)
history = model.fit(X_train,Y1_train, epochs=500)


Y_p = model.predict(X)
df1 = pd.DataFrame(Y_p)
df1.to_excel("SGloss.xlsx")
```

图 11.23　用于优化熔融指数深度神经网络模型的机器学习 Python 代码

图 11.24 说明了 SGML 混合模型计算的 *MI*，计算得到的 *MI* 的 *RMSE* 比独立机器学习模型稍高(*RMSE*=0.8)(数据标准差为 5)。除了预测 *MI* 值之外，混合 SGML 模型还可以同时在 0.94~0.97 g/cm^3 的物理一致范围内正确预测聚合物密度。相比之下，仅通过机器学习模型进行的密度估计会导致密度值大于 1，这在物理上是不一致的。

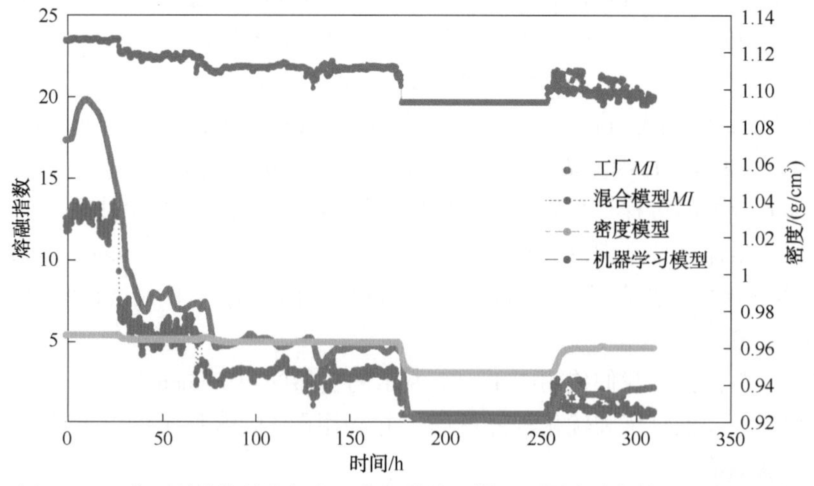

图 11.24　使用科学指导的损失函数机器学习模型预测熔融指数和聚合物密度

11.5.4 科学指导的细化

科学指导的细化是指基于科学原理对机器学习模型的结果进行后处理。使用基于科学的模型对机器学习模型结果进行后处理对于材料结构的设计和预测非常有效[117]。因此，材料的发现构成了化学工艺开发的基础，从中可以设计任何化合物的制造工艺。这与第11.4.1.2节中讨论的串联直接混合模型不同。特别是，我们使用基于科学的模型只是为了测试机器学习模型结果的科学一致性。Hautier等[118]使用基于密度泛函模型的第一性原理模型来改进概率机器学习模型的结果，以发现三元氧化物。图11.25展示了科学指导的细化框架。

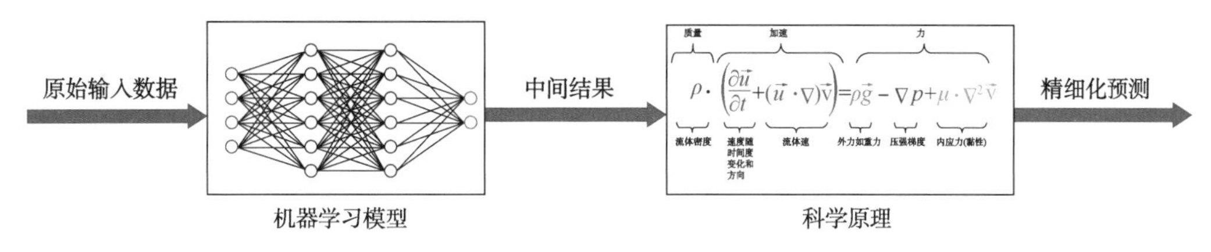

图 11.25 科学指导的细化框架

科学引导学习的另一个应用是数据生成。广义对抗网络(Generalized Adversarial Networks，GANs)等机器学习技术对于在无监督学习中生成的数据非常有效。GANs确实存在高样本复杂性的问题[3]，这可以通过结合一些基于科学的约束和先验知识来降低产生问题的概率。Cang等人[119]应用机器学习模型预测材料的结构和性能，并利用从头计算的结果完善机器学习模型结果。

他们使用CNN生成更多用于性质预测的成像数据，并从科学原理中引入形态学约束，同时训练生成模型，从而提高结构-性质模型的预测。

因此，其中一些用科学辅助机器学习的方法在未来应用于化学和聚合物过程方面具有很大的潜力。

11.6 例题11.6：使用Aspen Multi-Case和Aspen AI Model Builder的聚苯乙烯工艺降阶模型

在第11.4.4和第11.4.5节中，我们讨论了降价模型(ROM)的原理，并提供了一个关于开发用于聚烯烃制造的ROM的例题。

本例题的目的是说明两种有效的AspenTech软件工具，用于开发聚烯烃和其他化学过程的混合SGML模型。

11.6.1 Aspen Multi-Case和Aspen AI Model Builder简介

在第11.4.5节中，使用HYPOL聚丙烯工艺的Aspen Plus模拟模型，并运行多个稳态模拟模型以生成具有不同操作变量和相应*MI*预测的多元工艺数据。我们可以将软件

Aspen Multi-Case 与 Aspen Plus 结合使用，快速并联模拟替代流程工况，并利用高性能计算、机器学习、数据分析和可视化工具，从而加快流程数据生成速度。我们建议读者参阅 Mofar 和 Baker[127]举办的在线需求网络研讨会，该研讨会解释了使用 Aspen Multi-Case 的原理并介绍了一些实践。本次网络研讨会演示了 Aspen Multi-Case 对于以下三个方面如何帮助：①利用可用的计算能力在短时间内运行 Aspen Plus 和 Aspen HYSYS 的例题；②利用可视化分析多个案例并评估质量、经济、安全和可持续性之间的权衡；③与其他工程师和利益相关者无缝共享仿真文件和结果。我们将在下面展示一个应用实例。

构建混合 SGML 模型的另一个有效工具是 Aspen AI Model Builder。这是一种 SaaS(软件即服务)产品，它是一种软件分发模型，云提供商在其中托管应用程序并通过互联网将其提供给最终用户。根据参考文献[128]，可以看到自 2020 年 8 月 1 日起，AspenTech 继续定期更新 Aspen AI Model Builder 的新功能和建模工具，并立即向所有的有效用户开放。例如，其中包括创建降阶传感器、规划、设备或生产优化模型，以及创建人工智能驱动的混合模型。下面我们将说明其在开发聚苯乙烯工艺混合 ROM 中的应用。

11.6.2 开发聚苯乙烯工艺的混合降阶模型

我们考虑采用三个串联反应器和三个用于分离的蒸馏塔的聚苯乙烯生产工艺，计划为整个过程构建一个混合 ROM 模型。

将流程简化为一个层次结构，仅包含主输入和输出流。为此，我们选择整个流程，随后右键单击以移至层次结构。确保将输入和输出流正确添加到流程中，图 11.26 展示了聚苯乙烯原始工艺流程图。

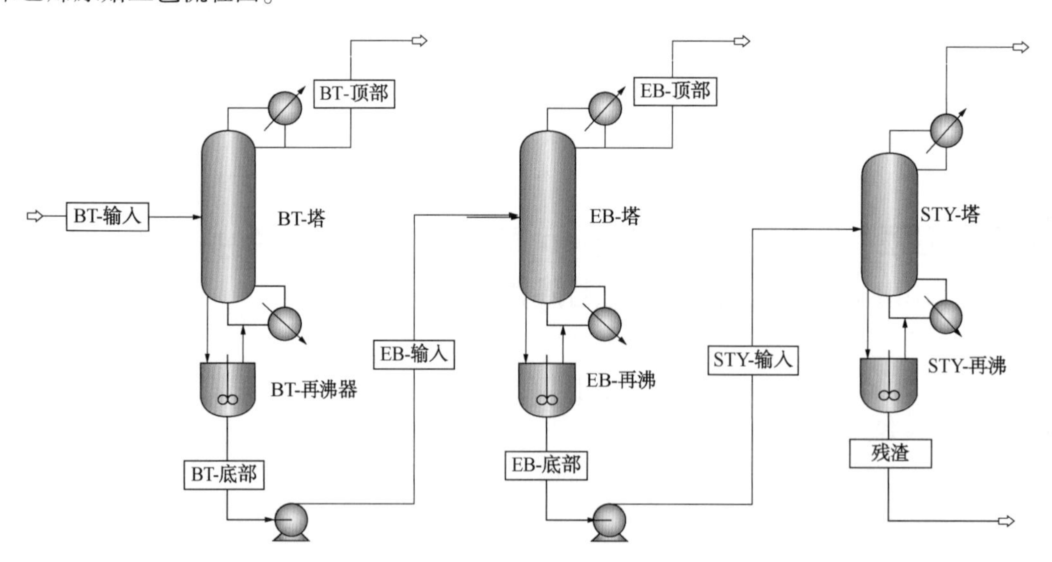

图 11.26 聚苯乙烯原始工艺流程图

我们使用 Aspen Multi-Case 从流程模型生成数据集，图 11.27 展示了针对该问题的 Aspen Multi-Case 界面。

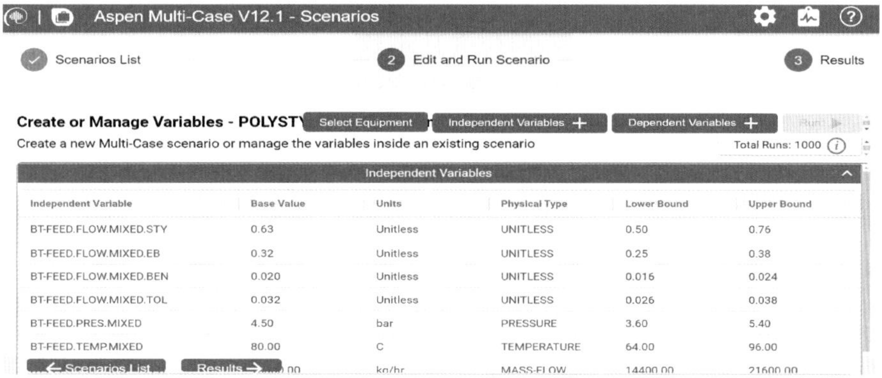

图 11.27　用于为 ROM 生成数据的 Aspen Multi-Case 接口

该软件通过对自变量和因变量进行采样来生成数据集。通过选择整个过程的层次结构来选择运行场景，生成默认的独立和相关流变量，它们是输入和输出流的温度、压力、质量流量和质量分数。我们可以根据混合 ROM 模型的需要添加更多自变量，还可以根据需要添加更多的设备变量，如反应器温度和压力。

根据需要设置自变量的下限和上限，随后定义例题中的运行次数。模型运行后可以下载 *.**json** 形式的模型文件数据集。

随后使用 Aspen AI Model Builder 来构建数据库模型。图 11.28 展示了 Aspen AI Model Builder 的变量接口。注意工作流程如界面图顶部所示：导入数据→管理变量→清理数据→构建模型→验证模型。

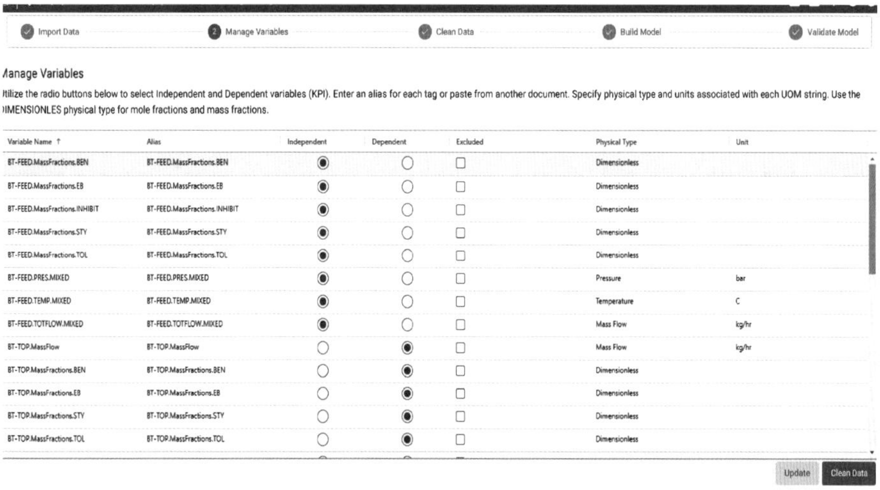

图 11.28　Aspen AI Model Builder 的变量接口

首先“导入数据”，即来自 Aspen Plus Multi-Case 的 *.**json** 模型文件。该模型通过自动识别独立和相关流变量来“管理变量”。随后，软件以模型构建所需的数据形式“清理数据”。为了“构建模型”，可以添加工程约束，其中包括总体质量平衡和物理约束(例如质量分数等于 1)。

图 11.29 展示了 Aspen AI Model Builder 中模型构建的界面。在图的右侧选择“Lasso CV”作为机器学习方法。“Lasso”一词代表最小绝对收缩和选择运算符(Least Absolute Shrinkage and Selection Operator),“CV”一词表示交叉验证(cross-validation)。套索回归是一种使用收缩的线性回归,其中数据值向中心点(如均值)收缩。它是一种统计公式,用于数据模型的正则化和特征选择,以避免数据的过拟合,特别是当训练数据和测试数据变化很大时。

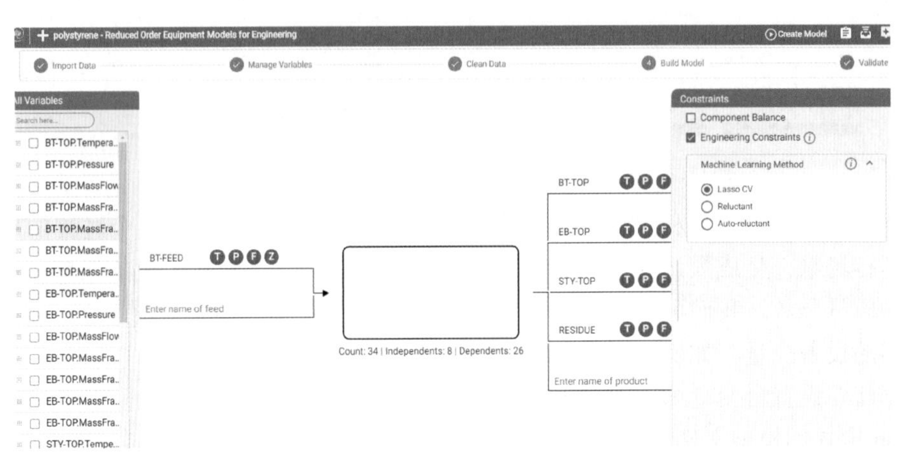

图 11.29　在 Aspen AI Model Builder 中构建模型

具体而言,正则化(参考第 10.2.1.4 节)向从训练数据导出的最佳拟合添加“惩罚”项,以实现与测试数据的较小方差,并且还通过压缩预测变量的系数来限制预测变量对输出变量的影响。交叉验证是一种评估机器学习模型的技术,该方法是在可用输入数据的子集上训练多个机器学习模型,并在数据的补充子集上评估它们。使用交叉验证来检测过度拟合,即未能概括一种模式。

在图 11.30 中,可以看到输入和输出流的名称。图 11.30 显示了 Aspen AI Model Builder 中的模型验证结果,其中显示了 $R2$ 值。$R2$ 值是一个常用评估指标,用于衡量模型对观察数据的拟合程度,越接近 1 表示拟合程度越好。

图 11.29 显示的 $R2$ 值高于 0.96656,交叉验证后的 $Q2$ 值高于 0.9961。注意到之前的公式中定义了 $R2$ 和 $V2$ 值,参见第 9.14 节中的式(9.19)和式(9.20)。在该图中,还可以看到 $RMSE$ 值,这些结果表明模型预测效果非常好。

接下来,从侧面选项卡以 AspenTech 混合模型文件 **∗.athm** 的格式下载混合模型结果。按照以下路径在 Aspen Plus 中部署基于数据的 ROM:自定义→管理混合模型→浏览可用模型,**∗.ahtm**→打开。图 11.31 展示了聚苯乙烯混合 ROM 的最终工艺流程图。

当在 Aspen Plus 上运行混合 ROM 时,可以发现混合 ROM 的运行速度比原始进程模型快得多。甚至可以使用 ROM 模型设置优化问题来测试模型更快、更容易地收敛。对于这种情况,设置一个小的优化问题,通过改变进料流量来最大化底部残留物中的聚苯乙烯聚合物流量,该模型收敛得非常快,结果如图 11.32 所示。

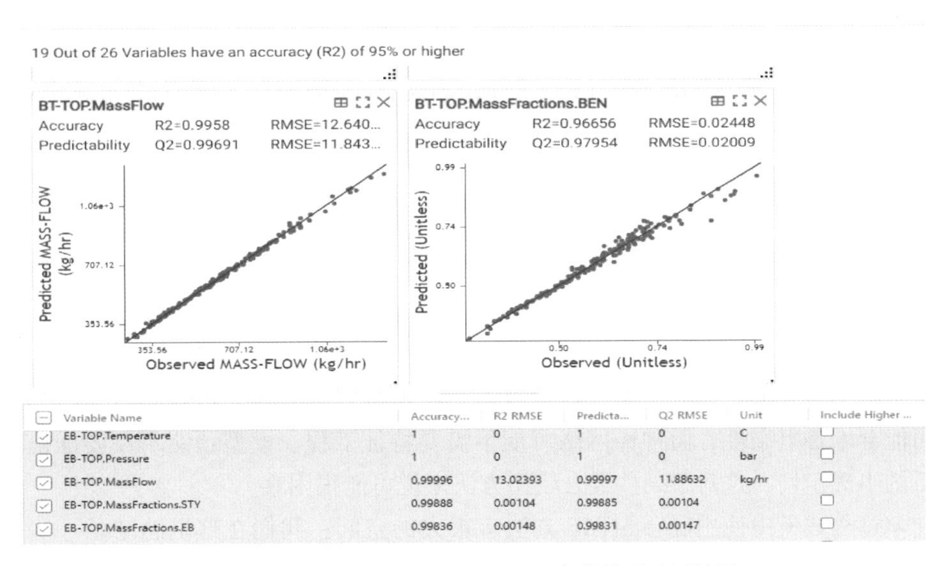

图 11.30　Aspen AI Model Builder 中的模型验证结果

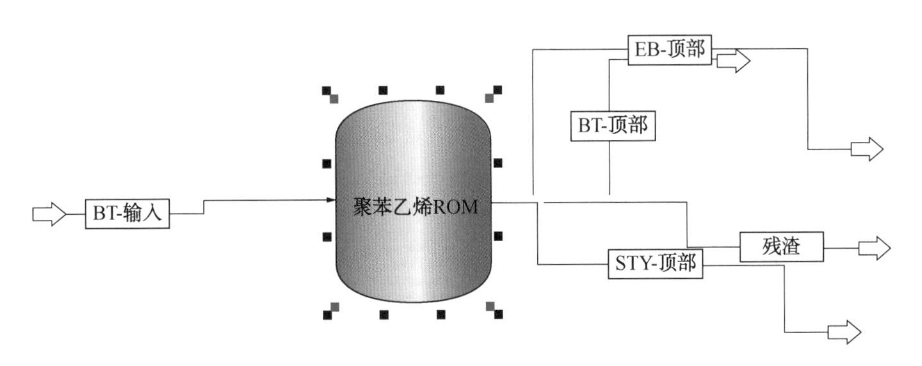

Objective function value	54.6353103

Iteration count

Number of iterations on last outer loop	2
Total number of flowsheet passes	7
Number of flowsheet passes on last outer loop	7

Sampled variable	Initial value	Final value	Units
STYPROD	45.5525	54.6353	KG/HR

图 11.32　使用混合降阶模型(ROM)的优化研究结果

对于更复杂的工厂流程图可以重复此过程，以便使用混合 ROM 轻松分析和优化复杂的过程。我们总结了本次研讨会，并介绍了用于化学和聚合物过程建模的混合 SGML 方法的挑战和机遇。

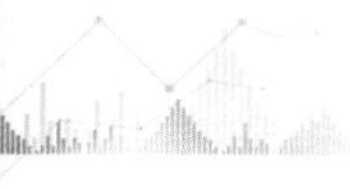

11.7 用于化学和聚合物过程建模的混合 SGML 方法的挑战和机遇

混合 SGML 方法除了具有上述优点之外，也存在一些挑战。首先，不正确的基础知识和基于科学的第一性原理模型的假设将导致混合模型不准确，因此科学模型必须非常准确。我们必须注意，在特定领域和机器学习方面还缺乏拥有专业知识的工程师/科学家。此外，在诸如逆向建模等建模方法中存在计算不可行性。

数据清理、预处理和特征工程在某些情况下可能很困难，但在基于科学的模型参数估计中可能是必不可少的；因此，在这些情况下，与神经网络等独立机器学习模型相比，混合模型可能会增加复杂性，而神经网络可能不需要特征工程。模型预测不仅要准确，还要具有较低的不确定性，这对于某些混合模型方法来说可能很困难。

在化学过程建模中使用混合 SGML 方法有很大的空间；我们在这里总结了一些机会和它们可以带来益处的领域。正如我们所看到的，混合 SGML 模型对于超出工作范围的外推和预测非常有效。因此，它们对于工艺开发特别有效。过程故障诊断和异常检测是广泛使用基于数据的方法的领域之一，因此也有机会结合科学知识，使异常检测过程更加科学一致。

表 11.3 总结了所有混合 SGML 模型及其要求、优势、局限性和潜在应用。

表 11.3　化学和聚合物过程建模的 SGML 方法总结

混合 SGML 建模		基于科学的模型/知识	机器学习模型	优势	局限性	潜在应用
机器学习互补科学(基础模型基于科学)						
直接混合建模	序列	基于科学的模型(SBM)	回归	外推法；参数估计；数据增强	受参数估计、插值数据限制，以科学知识为主	动力学估计[78,79] 软传感器[87] 流程优化[76] 过程设计[52] 过程建模[27,30]
	平行	SBM	回归	提高预测、插值的准确性	科学一致性取决于 SBM，外推数据主导	工艺放大[42] 流程优化[34,49] 过程控制[37,72,73] 软传感器[34] 过程监控[49] 预测性维护[57,67]
	序列-平行	SBM	回归	更高的精度、差值	增加模型复杂性，数据主导	过程优化[81,82] 过程监控和控制[59] 工厂模型不匹配[18]

续表

混合 SGML 建模	基于科学的模型/知识	机器学习模型	优势	局限性	潜在应用
逆向建模	SBM	概率、回归	计算成本更低的逆问题	模型的通用性较低	产品设计与开发[86] 聚合物牌号转换 材质设计[83]
降阶模型	SBM	回归	线上快速布局，减少模型复杂性	较高偏差，准确性受限于 SBM	工厂规模的工艺优化[46,95] 动态建模[94,96] 软传感器[91] 可行性分析[92,93]
不确定性量化	SBM	概率	给出真实的误差估计和解空间	受限于 SBM 的假设，参数	工艺设计与开发[100] 反应动力学[100] 可行性分析[105]
揭示科学规律	SBM	概率、回归	系统稳定性、可解释性	受数据大小/可用性的限制	物理化学[108] 流体力学[107] 热力学相平衡[109]
科学互补机器学习(基于 ML)					
科学引导设计	定律或 SBM	深度神经网络；神经微分方程	科学一致性、可解释性	需要深厚的系统科学知识	动力学系统[113] 过程控制[113,119] 过程监控[115]
科学指导学习			科学一致性、可解释性	预测精度可能较低	工艺设计以及开发[123,124] 过程监控 工艺流程[125]
科学引导细化	SBM	概率	减少特征选择的工作量	受限于 SBM 的假设，参数	工艺设计 发现材料[119,126,129,130]

11.8 结论

我们介绍了采用混合 SGML 方法建模的广阔前景及其在生物加工和化学工程中的应用。我们对混合 SGML 建模方法及其应用进行了详细的回顾和阐述，并将该方法分为两类。第一类是基于数据的机器学习模型互补，并使得基于第一性原理的科学模型在预测上更加准确，第二类对应的是科学知识互补机器学习模型在科学上更加一致的情况。

我们指出了混合 SGML 的一些领域，这些领域在化学过程建模中尚未得到太多探索，并且具有进一步应用的潜力，例如，科学可以通过改进模型设计、学习和细化来帮助改进基于数据模型的领域。我们还说明了混合 SGML 方法在工业聚合物/化学工艺改进中的一些应用。

因此，基于我们的评述，建议对于流程开发等应用，使用混合模型将比独立机器学习模型表现更好，因为它们比独立机器学习模型更擅长外推，这足以在稳定运行的工厂中进行预测。

参 考 文 献

[1] Sharma, N. and Liu, Y. A. (2022). A hybrid science-guided machine learning approach for modeling chemical processes: a review. *AIChE Journal* 68(5): e17609.

[2] Karpatne, A., Atluri, G., Faghmous, J. H. et al. (2017). Theory-guided data science: a new paradigm for scientific discovery from data. *IEEE Transactions on Knowledge and Data Engineering* 29: 2318.

[3] Willard, J., Jia, X., Xu, S. et al. (2003). Integrating physics-based modeling with machine learning: a survey. arXiv preprint arXiv: 2003.04919. 2020.

[4] Muralidhar, N., Bu, J., Cao, Z. et al. (2020). PhyNet: physics guided neural networks for particle drag force prediction in assembly. *Proceedings of the* 2020 *SIAM International Conference on Data Mining. Society for Industrial and Applied Mathematics*, 559-567.

[5] Bode, M., Gauding, M., Lian, Z. et al. (2019). Using physics-informed super-resolution generative adversarial networks for subgrid modeling in turbulent reactive flows. arXiv preprint arXiv: 1911.11380.

[6] Schütt, K. T., Kindermans, P. J., Sauceda, H. E. et al. (2017). A continuous-filter convolutional neural network for modeling quantum interactions. arXiv preprint arXiv: 1706.08566.

[7] Faghmous, J. H. and Kumar, V. (2014). A big data guide to understanding climate change: the case for theory-guided data science. *Big Data* 2: 155.

[8] Karpatne, A., Watkins, W., Read, J., and Kumar, V. (2017). Physics-guided neural networks (PGNN): an application in Lake temperature modeling. arXiv preprint arXiv: 1710.11431.

[9] Lee, D., Jayaraman, A., and Kwon, J. S. (2020). Development of a hybrid model for a partially known intracellular signaling pathway through correction term estimation and neural network modeling. *PLoS Computational Biology* 16: e1008472.

[10] Baughman, D. R. and Liu, Y. A. (1995). *Neural Networks in Bioprocessing and Chemical Engineering*. San Diego, CA: Academic Press.

[11] Psichogios, D. C. and Ungar, L. H. (1992). A hybrid neural network-first principles approach to process modeling. *AIChE Journal* 38: 1499.

[12] Thompson, M. L. and Kramer, M. A. (1994). Modeling chemical process using prior knowledge and neural networks. *AIChE Journal* 40: 1328.

[13] Agarwal, M. (1997). Combining neural and conventional paradigms for modelling, prediction and control. *International Journal of Systems Science* 28: 65.

[14] Asprion, N., Böttcher, R., Pack, R. et al. (2019). Gray-box modeling for the optimization of chemical processes. *Chemie Ingenieur Technik* 91: 305.

[15] Bohlin, T. P. (2006). *Practical Grey-Box Process Identification: Theory and Applications*. Springer Science & Business Media.

[16] Yang, S., Navarathna, P., Ghosh, S., and Bequette, B. W. (2020). Hybrid modeling in the era of smart manufacturing. *Computers and Chemical Engineering* 140: 106.

[17] Sansana, J., Joswiak, M. N., Castillo, I. et al. (2021). Recent trends on hybrid modeling for industry 4.0. *Computers and Chemical Engineering* 11: 107.

[18] Chen, Y. and Ierapetritou, M. (2020). A framework of hybrid model development with identification of plant-model mismatch. *AIChE Journal* 66: e16996.

[19] Von Stosch, M., Oliveira, R., Peres, J., and de Azevedo, S. F. (2014). Hybrid semi-parametric modeling in process systems engineering: past, present and future. *Computers and Chemical Engineering* 60: 86.

[20] Qin, S. J. and Chiang, L. H. (2019). Advances and opportunities in machine learning for process data analytics. *Computers and Chemical Engineering* 126: 465.

[21] Qin, S. J., Guo, S., Li, Z. et al. (2021). Integration of process knowledge and statistical learning for the dow data challenge problem. *Computers and Chemical Engineering* 153: 107451.

[22] O'Brien, C. M., Zhang, Q., Daoutidis, P., and Hu, W. S. (2021). A hybrid mechanistic-empirical model for in silico mammalian cell bioprocess simulation. *Metabolic Engineering* 66: 31.
[23] Pinto, J., de Azevedo, C. R., Oliveira, R., and von Stosch, M. (2019). A bootstrap-aggregated hybrid semi-parametric modeling framework for bioprocess development. *Bioprocess and Biosystems Engineering* 42: 1853.
[24] Chopda, V., Gyorgypal, A., Yang, O. et al. (2021). Recent advances in integrated process analytical techniques, modeling, and control strategies to enable continuous biomanufacturing of monoclonal antibodies. *Journal of Chemical Technology & Biotechnology* https://doi.org/10.1002/jctb.6765.
[25] Zhang, D., Del Rio-Chanona, E. A., Petsagkourakis, P., and Wagner, J. (2019). Hybrid physics-based and data-driven modeling for bioprocess online simulation and optimization. *Biotechnology and Bioengineering* 116: 2919.
[26] Al-Yemni, M. and Yang, R. Y. (2005). Hybrid neural-networks modeling of an enzymatic membrane reactor. *Journal of the Chinese Institute of Engineers* 28: 1061.
[27] Chabbi, C., Taibi, M., and Khier, B. (2008). Neural and hybrid neural modeling of a yeast fermentation process. *International Journal of Computational Cognition* 6: 42.
[28] Corazza, F., Calsavara, L. P., Moraes, F. F. et al. (2005). Determination of inhibition in the enzymatic hydrolysis of cellobiose using hybrid neural modeling. *Brazilian Journal of Chemical Engineering* 22: 19.
[29] Azarpour, A., Borhani, T. N., Alwi, S. R. et al. (2017). A generic hybrid model development for process analysis of industrial fixed-bed catalytic reactors. *Chemical Engineering Research and Design* 117: 149.
[30] Luo, N., Du, W., Ye, Z., and Qian, F. (2012). Development of a hybrid model for industrial ethylene oxide reactor. *Industrial and Engineering Chemistry Research* 51: 6926.
[31] Zahedi, G., Lohi, A., and Mahdi, K. A. (2011). Hybrid modeling of ethylene to ethylene oxide heterogeneous reactor. *Fuel Processing Technology* 92: 1725.
[32] Simon, L. L., Fischer, U., and Hungerbühler, K. (2006). Modeling of a three-phase industrial batch reactor using a hybrid first-principle neural-network model. *Industrial and Engineering Chemistry Research* 45: 7336.
[33] Bellos, G. D., Kallinikos, L. E., Gounaris, C. E., and Papayannakos, N. G. (2005). Modelling of the performance of industrial HDS reactors using a hybrid neural network approach. *Chemical Engineering and Processing Process Intensification* 44: 505.
[34] Chang, J. S., Lu, S. C., and Chiu, Y. L. (2007). Dynamic modeling of batch polymerization reactors via the hybrid neural-network rate-function approach. *Chemical Engineering Journal* 130: 19.
[35] Hinchliffe, M., Montague, G., Willis, M., and Burke, A. (2003). Hybrid approach to modeling an industrial polyethylene process. *AIChE Journal* 49: 3127.
[36] Madar, J., Abonyi, J., and Szeifert, F. (2005). Feedback linearizing control using hybrid neural networks identified by sensitivity approach. *Engineering Applications of Artificial Intelligence* 36: 343.
[37] Simutis, R. and Lübbert, A. (2017). Hybrid approach to state estimation for bioprocess control. *Bioengineering* 4: 21.
[38] Cubillos, F., Callejas, H., Lima, E. L., and Vega, M. P. (2001). Adaptive control using a hybrid-neural model: application to a polymerization reactor. *Brazilian Journal of Chemical Engineering* 18: 113.
[39] Doyle, F. J. III, Harrison, C. A., and Crowley, T. J. (2003). Hybrid model-based approach to batch-to-batch control of particle size distribution in emulsion polymerization. *Computers and Chemical Engineering* 27: 1153.
[40] Rodriguez-Granrose, D., Jones, A., Loftus, H. et al. (2021). Design of experiment (DOE) applied to artificial neural network architecture enables rapid bioprocess improvement. *Bioprocess and Biosystems Engineering* 44: 1301.
[41] Brendel, M. and Marquardt, W. (2008). Experimental design for theidentification of hybrid reaction models from transient data. *Chemical Engineering Journal* 141: 264.
[42] Bollas, G. M., Papadokonstadakis, S., Michalopoulos, J. et al. (2003). Using hybrid neural networks in scaling up an FCC model from a pilot plant to an industrial unit. *Chemical Engineering and Processing Process Intensification* 42: 697.

[43] Von Stosch, M., Hamelink, J. M., and Oliveira, R. (2016). Hybrid modeling as a QbD/PAT tool in process development: an industrial *E. coli* case study. *Bioprocess and Biosystems Engineering* 39: 773.

[44] Iwama, R. and Kaneko, H. (2021). Design of ethylene oxide production process based on adaptive design of experiments and Bayesian optimization. *Journal of Advanced Manufacturing and Processing*. 3: e10085.

[45] Zhang, S., Wang, F., He, D., and Jia, R. (2012). Batch-to-batch control of particle size distribution in cobalt oxalate synthesis process based on hybrid model. *Powder Technology* 224: 253.

[46] Kumar, A., Baldea, M., and Edgar, T. F. (2016). Real-time optimization of an industrial steam-methane reformer under distributed sensing. *Control Engineering Practice* 54: 140.

[47] Zhou, T., Gani, R., and Sundmacher, K. (2021). Hybrid data-driven and mechanistic modeling approaches for multiscale material and process design. *Engineering* 7: 1231.

[48] Cardillo, A. G., Castellanos, M. M., Desailly, B. et al. (2021). Towards in silico process modeling for vaccines. *Trends in Biotechnology* 39: 1120.

[49] McBride, K., Sanchez Medina, E. I., and Sundmacher, K. (2020). Hybrid semi-parametric modeling in separation processes: a review. *Chemie Ingenieur Technik* 92: 842.

[50] Safavi, A. A., Nooraii, A., and Romagnoli, J. A. (1999). A hybrid model formulation for a distillation column and the on-line optimisation study. *Journal of Process Control* 9: 125.

[51] Mahalec, V. (2018). Hybrid modeling of petrochemical processes. In: *Hybrid Modeling in Process Industries* (ed. J. Glassey and M. Von Stosch), 129-165. CRC Press.

[52] Mahalec, V. and Sanchez, Y. (2012). Inferential monitoring and optimization of crude separation units via hybrid models. *Computers and Chemical Engineering* 45: 15.

[53] Peroni, C. V., Parisi, M., and Chianese, A. (2010). A hybrid modelling and self-learning system for dextrose crystallization process. *Chemical Engineering Research and Design* 88: 1653.

[54] Xiong, Z. and Zhang, J. (2005). A batch-to-batch iterative optimal control strategy based on recurrent neural network models. *Journal of Process Control* 15: 11.

[55] Zhang, S., Chu, F., Deng, G., and Wang, F. (2019). Soft sensor model development for cobalt oxalate synthesis process based on adaptive Gaussian mixture regression. *IEEE Access* 7: 118749.

[56] Nentwich, C., Winz, J., and Engell, S. (2019). Surrogate modeling of fugacity coefficients using adaptive sampling. *Industrial and Engineering Chemistry Research* 58: 18703.

[57] Kunde, C., Keßler, T., Linke, S. et al. (2019). Surrogate modeling for liquid-liquid equilibria using a parameterization of the binodal curve. *Processes* 7: 753.

[58] Côte, M., Grandjean, B. P., Lessard, P., and Thibault, J. (1995). Dynamic modelling of the activated sludge process: improving prediction using neural networks. *Water Research* 29: 995.

[59] Hwang, T. M., Oh, H., Choi, Y. J. et al. (2009). Development of a statistical and mathematical hybrid model to predict membrane fouling and performance. *Desalination* 247: 210.

[60] Piron, E., Latrille, E., and Rene, F. (1997). Application of artificial neural networks for crossflow microfiltration modelling: "black-box" and semi-physical approaches. *Computers and Chemical Engineering* 21: 1021.

[61] Zbiciński, I., Strumiłło, P., and Kamiński, W. (1996). Hybrid neural model of thermal drying in a fluidized bed. *Computers and Chemical Engineering* 20: S695.

[62] Cubillos, F. A., Alvarez, P. I., Pinto, J. C., and Lima, E. L. (1996). Hybrid-neural modeling for particulate solid drying processes. *Powder Technology* 87: 153.

[63] Venkatasubramanian, V. (2019). The promise of artificial in telligence in chemical engineering: is it here, finally. *AIChE Journal* 65: 466.

[64] Glassey, J. and Von Stosch, M. (ed.) (2018). *Hybrid Modeling in Process Industries*. Boca Raton, FL: CRC Press.

[65] Kahrs, O. and Marquardt, W. (2008). Incremental identification of hybrid process models. *Computers and Chemical Engineering* 32: 694.

[66] Herwig, C., Porter, R., and Moller, J. (ed.) (2021). *Digital Twins: Tools and Concepts for Smart Biomanufacturing*. New York: Springer.

[67] Chan, W. K., Fischer, B., Varvarezos, D. et al. Inventors; Aspen Technology Inc., Assignee (2020).

Asset optimization using integrated modeling, optimization, and artificial intelligence. United States Patent Application 16/434, 793.

[68] Beck, R. and Munoz, G. (2020). Hybrid Modeling: AI and Domain Expertise Combine to Optimize Assets. https://www.aspentech.com/en/resources/white-papers/hybrid-modeling-ai-and-domain-expertise-combine-to-optimize-assets/? src=blog-global-wpt(accessed 25 February 2023).

[69] Galvanauskas, V., Simutis, R., and Lübbert, A. (2004). Hybrid process models for process optimization, monitoring and control. *Bioprocess and Biosystems Engineering* 26: 393.

[70] Tian, Y., Zhang, J., and Morris, J. (2001). Modeling and optimal control of a batch polymerization reactor using a hybrid stacked recurrent neural network model. *Industrial and Engineering Chemistry Research* 40: 4525.

[71] Su, H. T., McAvoy, T. J., and Werbos, P. (1992). Long-term predictions of chemical processes using recurrent neural networks: a parallel training approach. *Industrial and Engineering Chemistry Research* 31: 1338.

[72] Hermanto, M. W., Braatz, R. D., and Chiu, M. S. (2011). Integrated batch-to-batch and nonlinear model predictive control for polymorphic transformation in pharmaceutical crystallization. *AIChE Journal* 57: 1008.

[73] Ghosh, D., Hermonat, E., Mhaskar, P. et al. (2019). Hybrid modeling approach integrating first-principle models with subspace identification. *Industrial and Engineering Chemistry Research* 58: 13533.

[74] Ghosh, D., Moreira, J., and Mhaskar, P. (2021). Model predictive control embedding a parallel hybrid modeling strategy. *Industrial and Engineering Chemistry Research* 60: 2547.

[75] Hanachi, H., Yu, W., Kim, I. Y. et al. (2019). Hybrid data-driven physics-based model fusion framework for tool wear prediction. *The International Journal of Advanced Manufacturing Technology* 101: 2861.

[76] Babanezhad, M., Behroyan, I., Nakhjiri, A. T. et al. (2020). High-performance hybrid modeling chemical reactors using differential evolution based fuzzy inference system. *Scientific Reports* 10: 1-1.

[77] Krippl, M., Dürauer, A., and Duerkop, M. (2020). Hybrid modeling of cross-flow filtration: predicting the flux evolution and duration of ultrafiltration processes. *Separation and Purification Technology* 248: 117064.

[78] Mantovanelli, I. C., Rivera, E. C., Da Costa, A. C., and Maciel, F. R. (2007). Hybrid neural network model of an industrial ethanol fermentation process considering the effect of temperature. *Applied Biochemistry and Biotechnology* 137: 817.

[79] Sharma, N. and Liu, Y. A. (2019). 110th anniversary: an effective methodology for kinetic parameter estimation for modeling commercial polyolefin processes from plant data using efficient simulation software tools. *Industrial and Engineering Chemistry Research* 58: 14209.

[80] Bangi, M. S. and Kwon, J. S. (2020). Deep hybrid modeling of chemical process: application to hydraulic fracturing. *Computers and Chemical Engineering* 134: 106696.

[81] Bhutani, N., Rangaiah, G. P., and Ray, A. K. (2006). First-principle, data-based, and hybrid modeling and optimization of an industrial hydrocracking unit. *Industrial and Engineering Chemistry Research* 45: 7807.

[82] Song, W., Du, W., Fan, C. et al. (2021). Adaptive weighted hybrid modeling of hydrocracking process and its operational optimization. *Industrial and Engineering Chemistry Research* 60: 3617.

[83] Lima, P. V., Saraiva, P. M., and GEPSI-PSE Group(2007). A semi-mechanistic model building framework based on selective and localized model extensions. *Computers and Chemical Engineering* 31: 361.

[84] Breiman, L. (2001). Random forests. *Machine Learning* 45: 5.

[85] Savkovic-Stevanovic, J. (1996). Neural net controller by inverse modeling for a distillation plant. *Computers and Chemical Engineering* 20: S925.

[86] Tomba, E., Barolo, M., and García-Muñoz, S. (2014). In-silico product formulation design through latent variable model inversion. *Chemical Engineering Research and Design* 92: 534.

[87] Bayer, B., von Stosch, M., Striedner, G., and Duerkop, M. (2020). Comparison of modeling methods for DoE-based holistic upstream process characterization. *Biotechnology Journal* 15: 1900551.

[88] Raccuglia, P., Elbert, K. C., Adler, P. D. et al. (2016). Machine-learning-assisted materials discovery

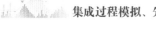

using failed experiments. *Nature* 533：73.

[89] Liao，T. W. and Li，G.（2020）. Metaheuristic-based inverse design of materials-asurvey. *Journal of Materiomics* 6：414.

[90] Zhou，Z. H.（2012）. *Ensemble Methods：Foundations and Algorithms*. Chapman & Hall/CRC Machine Learning.

[91] MacGregor，J. F.，Skagerberg，B.，and Kiparissides，C.（1992）. Multivariate statistical process control and property inference applied to low density polyethylene reactors. *Advanced Control of Chemical Processes. IFAC Symposia Series*，155-159.

[92] Rogers，A. and Ierapetritou，M.（2015）. Feasibility and flexibility analysis of black-box processes. Part 1：Surrogate-based feasibility analysis. *Chemical Engineering Science* 137：986.

[93] Rogers，A. and Ierapetritou，M.（2015）. Feasibility and flexibility analysis of black-box processes. Part 2：Surrogate-based flexibility analysis. *Chemical Engineering Science* 137：1005.

[94] Abdullah，F.，Wu，Z.，and Christofides，P. D.（2021）. Data-based reduced-order modeling of nonlinear two-time-scale processes. *Chemical Engineering Research and Design* 166：1.

[95] Agarwal，A.，Biegler，L. T.，and Zitney，S. E.（2009）. Simulation and optimization of pressure swing adsorption systems using reduced-order modeling. *Industrial and Engineering Chemistry Research* 48：2327.

[96] Schäfer，P.，Caspari，A.，Kleinhans，K. et al.（2019）. Reduced dynamic modeling approach for rectification columns based on compartment alization and artificial neural networks. *AIChE Journal* 65：e16568.

[97] Kumari，P.，Bhadriraju，B.，Wang，Q.，and Kwon，J. S.（2021）. Development of parametric reduced-order model for consequence estimation of rare events. *Chemical Engineering Research and Design* 169：142.

[98] Narasingam，A. and Kwon，J. S.（2017）. Development of local dynamic mode decomposition with control：application to model predictive control of hydraulic fracturing. *Computers and Chemical Engineering* 106：501.

[99] Zhang，J.，Yin，J.，and Wang，R.（2020）. Basic framework and main methods of uncertainty quantification. *Mathematical Problems in Engineering*. https：//doi. org/10. 1155/2020/6068203.

[100] Duong，P. L.，Ali，W.，Kwok，E.，and Lee，M.（2016）. Uncertainty quantification and global sensitivity analysis of complex chemical process using a generalized polynomial chaos approach. *Computers and Chemical Engineering* 90：23.

[101] Francis-Xavier，F.，Kubannek，F.，and Schenkendorf，R.（2021）. Hybrid process models in electrochemical syntheses under deep uncertainty. *Processes* 9：704.

[102] Proppe，J.，Husch，T.，Simm，G. N.，and Reiher，M.（2017）. Uncertainty quantification for quantum chemical models of complex reaction networks. *Faraday Discussions* 195：497.

[103] Parks，H. L.，McGaughey，A. J.，and Viswanathan，V.（2019）. Uncertainty quantification in first-principle predictions of harmonic vibrational frequencies of molecules and molecular complexes. *Journal of Physical Chemistry C* 123：4072.

[104] Wang，S.，Pillai，H. S.，and Xin，H.（2020）. Bayesian learning of chemisorption for bridging the complexity of electronic descriptors. *Nature Communications* 11：6132.

[105] Boukouvala，F. and Ierapetritou，M. G.（2012）. Feasibility analysis of black-box processes using an adaptive sampling kriging-based method. *Computers and Chemical Engineering* 36：358.

[106] Ghenis，M.（2018）. Quantile regression，from linear regression to deep learning. https：//towardsdatascience. com/quantile-regression-from-linear-models-to-trees-to-deep-learning-af3738b527c3（accessed 5 August 2021）.

[107] Rudy，S. H.，Brunton，S. L.，Proctor，J. L.，and Kutz，J. N.（2017）. Data-driven discovery of partial differential equations. *Science Advances* 3：e1602614.

[108] Langley，P.，Bradshaw，G. L.，and Simon，H. A.（1983）. Rediscovering chemistry with the BACON system. In：*Machine Learning. Symbolic Computation*（ed. R. S. Michalski，J. G. Carbonell，and T. M. Mitchell），307-329. Berlin，Heidelberg：Springer-Verlag. https：//doi. org/10. 1007/978-3-662-12405-5_10.

[109] Nentwich，C. and Engell，S.（2019）. Surrogate modeling of phase equilibrium calculations using adaptive sampling. *Computers and Chemical Engineering* 126：204.

[110] Brunton，S. L.，Proctor，J. L.，and Kutz，J. N.（2016）. Discovering governing equations from data by sparse identification of nonlinear dynamical systems. *Proceedings of the National Academy of Sciences of the United States of America* 113：3932.

[111] Wang, S. H., Pillai, H. S., Wang, S. et al. (2021). Infusing theory into machine learning for interpretable reactivity prediction. arXiv preprint arXiv: 2103.15210.

[112] Chen, R. T., Rubanova, Y., Bettencourt, J., and Duvenaud, D. (2018). Neural ordinary differential equations. arXiv preprint arXiv: 1806.07366.

[113] De Jaegher, B., Larumbe, E., De Schepper, W. et al. (2020). Colloidal fouling in electrodialysis: a neural differential equations model. *Separation and Purification Technology* 249: 116939.

[114] Wu, Z., Rincon, D., and Christofides, P. D. (2020). Process structure-based recurrent neural network modeling for model predictive control of nonlinear processes. *Journal of Process Control* 89: 74.

[115] Reis, M. S., Gins, G., and Rato, T. J. (2019). Incorporation of process-specific structure in statistical process monitoring: a review. *Journal of Quality Technology* 51: 407.

[116] Hayashi, Y., Buckley, J. J., and Czogala, E. (1993). Fuzzy neural network with fuzzy signals and weights. *International Journal of Intelligent Systems* 8: 527.

[117] Brown, M. and Harris, C. J. (1994). *Neurofuzzy Adaptive Modelling and Control*. Hoboken, NJ: Prentice Hall.

[118] Hautier, G., Jain, A., Ong, S. P. et al. (2011). Phosphates as lithium-ion battery cathodes: an evaluation based on high-throughput ab initio calculations. *Chemistry of Materials* 23: 3495.

[119] Cang, R., Li, H., Yao, H. et al. (2018). Improving direct physical properties prediction of heterogeneous materials from imaging data via convolutional neural network and a morphology-aware generative model. *Computational Materials Science* 150: 212.

[120] Schubert, J., Simutis, R., Dors, M. et al. (1994). Bioprocess optimization and control: application of hybrid modelling. *Journal of Biotechnology* 35: 51.

[121] Bhadriraju, B., Narasingam, A., and Kwon, J. S. (2019). Machine learning-based adaptive model identification of systems: application to a chemical process. *Chemical Engineering Research and Design* 152: 372.

[122] Bhadriraju, B., Bangi, M. S., Narasingam, A., and Kwon, J. S. (2020). Operable adaptive sparse identification of systems: application to chemical processes. *AIChE Journal* 66: e16980.

[123] Lu, J., Yao, K., and Gao, F. (2009). Process similarity and developing new process models through migration. *AIChE Journal* 55: 2318.

[124] Yan, W., Hu, S., Yang, Y. et al. (2011). Bayesian migration of Gaussian process regression for rapid process modeling and optimization. *Chemical Engineering Journal* 166: 1095.

[125] Kumar, A., Ridha, S., Narahari, M., and Ilyas, S. U. (2021). Physics-guided deep neural network to characterize non-Newtonian fluid flow for optimal use of energy resources. *Expert Systems with Applications* 19: 115409.

[126] Pun, G. P., Batra, R., Ramprasad, R., and Mishin, Y. (2019). Physically informed artificial neural networks for atomistic modeling of materials. *Nature Communications* 10: 1.

[127] Mofar, W. and Baker, L. (2021). Aspen technology on-demand seminar: StreaMLine concurrent simulation scenarios to solve problems faster using Aspen multi-case. https://www.aspentech.com/en/resources/on-demand-webinars/streaMLine-concurrent-simulation-scenarios-to-solve-problems-faster (accessed 14 May 2022).

[128] Aspen Technology, Inc. (2022). *What Is New in AI Model Builder*. AspenTech online help. https://aimodelbuilder.aspentech.ai/assets/AspenAIModelBuilderHelp/HybridModelingApplication.htm#htML/whatsnew.htm? TocPath=2 (accessed 14 May 2022).

[129] Fischer, C. C., Tibbetts, K. J., Morgan, D., and Ceder, G. (2006). Predicting crystal structure by merging data mining with quantum mechanics. *Nature Materials* 5: 641.

[130] Hautier, G., Fischer, C. C., Jain, A. et al. (2010). Finding nature's missing ternary oxide compounds using machine learning and density functional theory. *Chemistry of Materials* 22: 3762.

附录A

多元数据分析和模型预测控制中的矩阵代数

本附录讨论了在多元数据分析和模型预测控制中使用的矩阵代数的基本要素。它本质上是对所需矩阵工具的回顾，并不包括完整的推导。即附录从一般的矩阵代数教材中提取了大部分已知的理论结果，而没有进行证明，重点是提供足够的矩阵代数背景，以便通过软件工具(包括 MATLAB 和 Python)来实现它。

A.1 多元数据分析中的重要矩阵

A.1.1 数据矩阵 X

对于任何统计过程而言，最重要的矩阵是数据矩阵。考虑 $J \times K$ 的过程数据矩阵 $\boldsymbol{X}$，其中有 K 列过程变量 $x_k(k=1, 2, \cdots, K)$，每个变量 x_k 具有 J 个观测值或测量值，分别为 x_{1k}，x_{2k}，x_{3k}，…，$x_{Jk}(x_{jk}, j=1, 2, \cdots, J)$。使用大写粗体字母表示矩阵，小写粗体字母表示向量。例如，5×3 的数据矩阵 $\boldsymbol{X}$ 包含三个过程变量向量 $\boldsymbol{x}_1$、$\boldsymbol{x}_2$ 和 $\boldsymbol{x}_3$：

$$\boldsymbol{X}=[\boldsymbol{x}_1\ \boldsymbol{x}_2\ \boldsymbol{x}_3]=\begin{bmatrix}5 & 1 & 8\\3 & 2 & 5\\2 & 2 & 5\\4 & 3 & 7\\1 & 4 & 3\end{bmatrix} \tag{A.1}$$

A.1.2 样本平均值 $\overline{X}$

对于 K 个变量中的每个变量，通过 J 次测量找到样本平均值：

$$\bar{x}_k=\frac{1}{j}*\sum x_{kj} \tag{A.2}$$

生成的 1×K 样本平均值矩阵或行向量是：

$$\bar{\boldsymbol{x}}=[\bar{x}_1\quad \bar{x}_2\quad \cdots\quad \bar{x}_k] \tag{A.3}$$

对于第 A.1.1 节中的例子，其 1×3 样本平均值矩阵或行向量为：

$$\bar{\boldsymbol{x}}=[3\quad 2.4\quad 5.6] \tag{A.4}$$

A.1.3 样本方差，s_{kk} 或 s_k^2 和样本标准偏差 s_k

将样本方差 s_{11} 或 s_1^2 定义为对第一个变量的 J 次测量与其样本平均值 $\bar{x}_1$ 的离散程度的度量。

$$s_1^2=s_{11}=\sum_{j=1}^{J}(x_{j1}-\bar{x}_1)^2 \tag{A.5}$$

其中 $\bar{x}_1$ 是 $x_{j1}(j=1, 2, \cdots, J)$ 的样本平均值：

$$\bar{x}_1=\frac{1}{j}*\sum x_{j1} \tag{A.6}$$

一般来说，对于第 K 个变量，将样本方差写成：

$$s_k^2=s_{kk}=\sum_{j=1}^{J}(x_{jk}-\bar{x}_k)^2\qquad (k=1, 2, \cdots, K) \tag{A.7}$$

注意到，一些作者将样本方差的除数定义为 J 而不是 $J-1$。本附录遵循文献［1,2］中的定义以及 MATLAB 中的定义。当 J 很小时，使用除数为 J 或 $J-1$ 会得到略有不同的结果。

在使用任何软件工具来计算样本方差时，都应该注意所使用的除数。

将样本方差的平方根 $\mathrm{sqrt}(s_{kk})$，称为第 k 个过程变量的样本标准偏差 s_k。

$$s_k = \sqrt{s_{kk}} = \sqrt{s_k^2} \tag{A.8}$$

A.1.4 样本协方差 s_{ik}

这里，我们遵循参考文献[3]中的解释。考虑每个过程变量 1 和 2 的 J 对测量值：

$$\begin{bmatrix} x_{11} \\ x_{12} \end{bmatrix},\ \begin{bmatrix} x_{21} \\ x_{22} \end{bmatrix},\ \cdots,\ \begin{bmatrix} x_{J1} \\ x_{J2} \end{bmatrix}$$

第 j 个实验项上的过程变量 1 和 2 的采样值分别为 x_{j1} 和 x_{j2}。将样本协方差 s_{12} 定义为衡量过程变量 1 和 2 的测量之间的线性关联性，或者是它们与各自均值偏差乘积的平均值。

$$s_{12} = \frac{1}{J-1} * \sum_{j=1}^{J} (x_{j1} - \bar{x}_1) \times (x_{j2} - \bar{x}_2) \tag{A.9}$$

如果变量 1 的采样值很大，而变量 2 的采样值也很大，则 s_{12} 将为正。同样，如果变量 1 和 2 的采样值都很小，则 s_{12} 将为正。如果变量 1 的采样值很大，但变量 2 的采样值很小，则 s_{12} 为负。如果两个变量的值之间没有特定的关联，那么 s_{12} 将近似为零。对于 K 个变量，将样本协方差写为：

$$s_{jk} = \frac{1}{J-1} * \sum_{j=1}^{J} (x_{ji} - \bar{x}_i) \times (x_{jk} - \bar{x}_k) \qquad (i = 1,\ 2,\ \cdots,\ k) \quad (j = 1,\ 2,\ \cdots,\ K) \tag{A.10}$$

A.1.5 样本相关系数 r_{ik}

为了量化两个变量之间的线性关联，使其不受尺度变化的影响，可以通过将协方差标准化为两个变量的标准偏差之比来实现。将这种标准化的协方差称为第 i 和第 k 个变量的样本相关系数。

$$r_{ik} = \frac{s_{ik}}{\sqrt{s_{ii}}\ \sqrt{s_{kk}}} = \frac{\sum_{j=1}^{J} (x_{ji} - \bar{x}_i)(x_{jk} - \bar{x}_k)}{\sqrt{\sum_{j=1}^{J} (x_{ji} - \bar{x}_i)^2} * \sqrt{\sum_{j=1}^{J} (x_{jk} - \bar{x}_k)^2}} \tag{A.11}$$

其中 $i=1,\ 2,\ \cdots,\ K$，$k=1,\ 2,\ \cdots,\ K$。注意，对于所有的 i 和 k，$r_{ik}=r_{ki}$。

注意到，样本相关系数是样本协方差的标准化版本，其中样本方差的平方根的乘积提供了标准化。此外，样本方差 s_{ii}，s_{kk}，s_{ik} 的公共除数为 J 或 $J-1$ 时，r_{ik} 的值相同。

对于 A.1.1 中的例子，方程(A.4)给出了样本平均值：

$$\bar{x}_1 = 3 \qquad \bar{x}_2 = 2.4 \qquad \bar{x}_3 = 5.6$$

其样本方差和样本协方差分别如下：

$$s_{11} = 2.5 \qquad s_{22} = 1.3 \qquad s_{33} = 3.8$$

$$s_{12} = s_{21} = -1.25 \qquad s_{13} = s_{31} = 3 \qquad s_{23} = s_{32} = -1.55$$

其样本方差和协方差矩阵 $\boldsymbol{S}$ 如下：

$$S=\begin{bmatrix} s_{11} & s_{12} & s_{13} \\ s_{21} & s_{22} & s_{23} \\ s_{31} & s_{32} & s_{33} \end{bmatrix}=\begin{bmatrix} 2.5 & -1.25 & 3 \\ -1.25 & 1.3 & -1.55 \\ 3 & -1.55 & 3.8 \end{bmatrix} \tag{A.12}$$

其样本相关系数为：

$$r_{12}=r_{21}=\frac{s_{12}}{\sqrt{s_{11}}\sqrt{s_{22}}}=-\frac{1.25}{\sqrt{2.5}\sqrt{1.3}}=-0.6934$$

$$r_{13}=r_{31}=\frac{s_{13}}{\sqrt{s_{11}}\sqrt{s_{33}}}=\frac{3}{\sqrt{2.5}\sqrt{3.8}}=0.9733$$

$$r_{23}=r_{32}=\frac{s_{23}}{\sqrt{s_{22}}\sqrt{s_{33}}}=-\frac{1.55}{\sqrt{1.3}\sqrt{3.8}}=-0.6974$$

$$r_{11}=r_{22}=r_{33}=1$$

由此，样本相关系数矩阵 $\boldsymbol{R}$ 为：

$$R=\begin{bmatrix} r_{11} & r_{12} & r_{13} \\ r_{21} & r_{22} & r_{23} \\ r_{31} & r_{32} & r_{33} \end{bmatrix}=\begin{bmatrix} 1.0 & -0.6934 & 0.9733 \\ -0.6934 & 1.0 & -0.6974 \\ 0.9733 & -0.6974 & 1.0 \end{bmatrix} \tag{A.13}$$

A.1.6 平均值中心化数据矩阵或偏差矩阵 X_d，以及标准偏差倒数的对角矩阵 D_s

可以通过一系列涉及偏差矩阵 X_d 和标准偏差倒数的对角矩阵 D_s 的矩阵运算来生成所有过程变量的样本方差和协方差。

通过从数据矩阵的每个元素中减去相应的样本平均值来定义 $J\times K$ 的偏差矩阵 X_d。

$$X_d=X-\bar{X} \tag{A.14}$$

这里 $J\times K$ 的样本平均值矩阵 $\bar{X}$ 的列是具有相同列元素 $X_k(k=1, 2, \cdots, K)$ 的 $K\times 1$ 列向量。对于第 A.1.1 节中的例子，X_d 为：

$$X_d=\begin{bmatrix} 5 & 1 & 8 \\ 3 & 2 & 5 \\ 2 & 2 & 5 \\ 4 & 3 & 7 \\ 1 & 4 & 3 \end{bmatrix}-\begin{bmatrix} 3 & 2.4 & 5.6 \\ 3 & 2.4 & 5.6 \\ 3 & 2.4 & 5.6 \\ 3 & 2.4 & 5.6 \\ 3 & 2.4 & 5.6 \end{bmatrix}=\begin{bmatrix} 2 & -1.4 & 2.4 \\ 0 & -0.4 & -0.6 \\ -1 & -0.4 & -0.6 \\ 1 & 0.6 & 1.4 \\ -2 & 1.6 & -2.6 \end{bmatrix} \tag{A.15}$$

定义对角矩阵 D_s，其中第 k 个对角元素是第 k 个过程变量的标准偏差或样本方差平方根的倒数，而矩阵的所有其他非对角元素均为零。

$$D_s=\begin{bmatrix} \frac{1}{\sqrt{s_{11}}} & \cdots & 0 \\ \vdots & \ddots & \vdots \\ 0 & \cdots & \frac{1}{\sqrt{s_{kk}}} \end{bmatrix} \tag{A.16}$$

对于第 A. 1. 1 节中的例子，有 3 个过程变量，其对角矩阵 $\boldsymbol{D}_{\mathrm{s}}$ 为：

$$\boldsymbol{D}_{\mathrm{s}}=\begin{bmatrix}\frac{1}{\sqrt{s_{11}}} & 0 & 0\\ 0 & \frac{1}{\sqrt{s_{22}}} & 0\\ 0 & 0 & \frac{1}{\sqrt{s_{33}}}\end{bmatrix}=\begin{bmatrix}\frac{1}{\sqrt{2.5}} & 0 & 0\\ 0 & \frac{1}{\sqrt{1.3}} & 0\\ 0 & 0 & \frac{1}{\sqrt{3.8}}\end{bmatrix}=\begin{bmatrix}0.6325 & 0 & 0\\ 0 & 0.8771 & 0\\ 0 & 0 & 0.5130\end{bmatrix} \quad (A.17)$$

A. 1. 7 平方和与交叉积(*SCCP*)以及样本标准偏差和协方差矩阵 *S*

与平均值偏差的平方和以及偏差乘积的和在多元数据分析中非常有用，这些量的定义分别为：

$$w_{kk}=\sum_{j=1}^{J}(x_{jk}-\bar{x}_k)^2 \qquad (k=1,\ 2,\ \cdots,\ K) \quad (A.18)$$

$$w_{ik}=\sum_{j=1}^{J}(x_{ji}-\bar{x}_i)\times(x_{ji}-\bar{x}_k) \qquad (i=1,\ 2,\ \cdots,\ k)\quad (j=1,\ 2,\ \cdots,\ K) \quad (A.19)$$

可以通过将偏差矩阵 $\boldsymbol{X}_{\mathrm{d}}$ 的转置 $\boldsymbol{X}_{\mathrm{d}}^{\mathrm{T}}$ 与偏差矩阵 $\boldsymbol{X}_{\mathrm{d}}$ 相乘来获得平方和与交叉积（*SSCP*）[2, 3]。

$$\boldsymbol{SSCP}=\boldsymbol{X}_{\mathrm{d}}^{\mathrm{T}}\boldsymbol{X}_{\mathrm{d}} \quad (A.20)$$

对于第 *A*. 1. 1 节中的例子，其 ***SCCP*** 为：

$$\boldsymbol{SSCP}=\begin{bmatrix}2 & 0 & -1 & 1 & -2\\ -1.4 & -0.4 & -0.4 & 0.6 & 1.6\\ 2.4 & -0.6 & -0.6 & 1.4 & -2.6\end{bmatrix}*\begin{bmatrix}2 & -1.4 & 2.4\\ 0 & -0.4 & -0.6\\ -1 & -0.4 & -0.6\\ 1 & 0.6 & 1.4\\ -2 & 1.6 & -2.6\end{bmatrix}=\begin{bmatrix}10 & -5 & 12\\ -5 & 5.2 & -6.2\\ 12 & -6.2 & 15.2\end{bmatrix}$$

由 ***SCCP*** 可得到样本标准偏差和协方差矩阵 ***S***：

$$\boldsymbol{S}=\frac{1}{J-1}*\boldsymbol{SSCP}=\frac{1}{J-1}*\boldsymbol{X}_{\mathrm{d}}^{\mathrm{T}}\boldsymbol{X}_{\mathrm{d}} \quad (A.21)$$

对于第 *A*. 1. 1 节中的例子，其标准偏差和协方差矩阵 ***S*** 为：

$$\boldsymbol{S}=\frac{1}{5-1}*\boldsymbol{SSCP}=\frac{1}{4}*\begin{bmatrix}10 & -5 & 12\\ -5 & 5.2 & -6.2\\ 12 & -6.2 & 15.2\end{bmatrix}=\begin{bmatrix}2.5 & -1.25 & 3\\ -1.25 & 1.3 & -1.55\\ 3 & -1.55 & 3.8\end{bmatrix} \quad (A.22)$$

这与式(A. 12)所得结果相同。

A. 1. 8 标准化数据矩阵或以平均值为中心且经过缩放的数据矩阵 $\boldsymbol{X}_{\mathrm{s}}$，以及样本相关系数矩阵 *R*

标准化数据矩阵 $\boldsymbol{X}_{\mathrm{s}}$是通过缩放以平均值为中心的矩阵或以标准偏差单位表示的偏差矩阵 $\boldsymbol{X}_{\mathrm{d}}$ 得到的。

定量地，再次考虑第 i 个和第 k 个变量的样本相关系数，即式（A. 11）。

$$r_{ik}=\frac{s_{ik}}{\sqrt{s_{ii}}\ \sqrt{s_{kk}}}=\frac{\sum_{j=1}^{J}(x_{ji}-\bar{x}_i)(x_{jk}-\bar{x}_k)}{\sqrt{\sum_{j=1}^{J}(x_{ji}-\bar{x}_i)^2}\times\sqrt{\sum_{j=1}^{J}(x_{jk}-\bar{x}_k)^2}} \tag{A.11}$$

假设用它们的标准化值$(x_{ji}-\bar{x}_i)/s_{ii}$和$(x_{jk}-\bar{x}_k)/s_{kk}$替换原始值$x_{ji}$和$x_{jk}$。这些$x_{ji}$和$x_{jk}$的标准化值可用相同的标准进行测量，因为两组数据都是平均值居中(以零为中心)并以标准偏差单位表示。样本相关系数仅仅是标准化观测的样本协方差[3]。

通过简单地将偏差矩阵$\boldsymbol{X}_{\mathbf{d}}$[式(A.14)]乘以对角矩阵$\boldsymbol{D}_{\mathrm{s}}$[式(A.16)]，得到标准化数据矩阵$\boldsymbol{X}_{\mathbf{s}}$。

$$\boldsymbol{X}_{\mathbf{s}}=\boldsymbol{X}_{\mathbf{d}}\boldsymbol{D}_{\mathbf{s}} \tag{A.23}$$

相应地，样本相关系数矩阵$\boldsymbol{R}$为：

$$\boldsymbol{R}=\left[\frac{1}{J-1}\right]\boldsymbol{X}_{\mathbf{s}}^{\mathrm{T}}\boldsymbol{X}_{\mathbf{s}} \tag{A.24}$$

对于第A.1.1节中的例子，其标准化数据矩阵$\boldsymbol{X}_{\mathrm{s}}$和相关系数矩阵$\boldsymbol{R}$分别为：

$$\boldsymbol{X}_{\mathrm{s}}=\boldsymbol{X}_{\mathrm{d}}\boldsymbol{D}_{\mathrm{s}}=\begin{bmatrix}2&-1.4&2.4\\0&-0.4&-0.6\\-1&-0.4&-0.6\\1&0.6&1.4\\-2&1.6&-2.6\end{bmatrix}*\begin{bmatrix}0.6325&0&0\\0&0.8771&0\\0&0&0.5130\end{bmatrix}=\begin{bmatrix}1.2650&-1.2279&1.2312\\0&-0.3508&-0.3078\\-0.6325&-0.3508&-0.3078\\0.6325&0.5263&0.7182\\-1.2650&1.4034&-1.338\end{bmatrix}$$

$$\boldsymbol{R}=\frac{1}{4}*\boldsymbol{X}_{\mathrm{s}}^{\mathrm{T}}\boldsymbol{X}_{\mathrm{s}}=\begin{bmatrix}1&-0.6934&0.9734\\-0.6934&1&-0.6974\\0.9734&-0.6974&1\end{bmatrix}$$

这与式(A.13)所得的样本相关系数矩阵$\boldsymbol{R}$的结果相同。

A.1.9 总结：多元数据分析中三个重要矩阵

Carey[4]对迄今为止讨论过的多元数据分析中的三个重要矩阵提供了一些有用的见解，这三个重要矩阵为：①样本平均值矩阵$\bar{\boldsymbol{X}}$；②样本标准偏差的对角矩阵$\boldsymbol{D}_{\mathrm{s}}$；③样本相关系数矩阵$\boldsymbol{R}$。

样本平均值矩阵$\bar{\boldsymbol{X}}$展示了变量在多维空间中沿着数轴的位置。例如，由两个均值组成的向量确定散点图(scatter plot)中的“点”位于何处，而由三个平均值组成的向量则确定三维空间中的“点”位于何处。

样本标准偏差的对角矩阵$\boldsymbol{D}_{\mathrm{s}}$是衡量空间中的点在其中心周围分散程度的一种度量。可以将标准偏差想象成变量的“scaling factor(缩放因子)”，类似于货币转换。例如，如果变量x_1的标准偏差为3，而变量x_2的标准偏差为1.5，则x_1的一个单位“价值”等于x_2的2个单位，而x_2的一个单位“价值”等于x_1的0.5个单位。

最后，样本相关系数矩阵(或简称相关矩阵)$\boldsymbol{R}$表达了在每个变量以相同标度(即每个变量的标准偏差为1.0)测量时，多维空间中点的几何形状。

具体而言，相关矩阵$\boldsymbol{R}$用于确定点在各个维度上是球形还是椭圆形的程度。例如，两个变量的相关矩阵用于确定散点图中的点是圆形的(当相关性接近0时)，椭圆形的(当相关性大于0，但不接近1.0或-1.0)，还是趋向于形成一条直线的(当相关性接近1.0或-1.0)。相关矩阵还指示了点的方向。例如，两个变量的正相关意味着点的方向是从“西南向东北”，而负相关表示点的方向是从“西北向东南”。

总而言之，使用三个概括统计量来量化多维空间中数据点的三个属性：第一个属性是位置，由平均值来概括。第二个属性是分布或标度，由标准偏差来概括。第三个属性是形状，由相关系数来概括。

A.2 选定矩阵概念回顾

A.2.1 数据矩阵的秩

如果存在常数 c_1，c_2，…，c_k(不全为零)，满足式(A.25)，则称数据向量 $\boldsymbol{x}_1$，$\boldsymbol{x}_2$，…，$\boldsymbol{x}_k$ ***线性相关***。

$$c_1\boldsymbol{x}_1+c_2\boldsymbol{x}_2+\cdots+c_k\boldsymbol{x}_k=0 \tag{A.25}$$

如果找不到任何常数 c_1，c_2，…，c_k 来满足式(A.25)，则称数据向量 $\boldsymbol{x}_1$，$\boldsymbol{x}_2$，…，$\boldsymbol{x}_k$ ***线性无关***。

任意数据矩阵 $\boldsymbol{X}$ 的**秩，*rank*($\boldsymbol{X}$)**，指的是 $\boldsymbol{X}$ 的线性无关行(或列)的数量。可以证明矩阵的线性无关行数总是等于线性无关列数[2]。式(A.1)中所列 5×3 数据矩阵 $\boldsymbol{X}$ 的秩为：

$$\text{rank}(\boldsymbol{X})=3$$

一般来说，对于 $J\times K$ 的过程数据矩阵 $\boldsymbol{X}$，$\boldsymbol{X}$ 的秩最可能是 J 和 K 中较小的一个，此时，$\boldsymbol{X}$ 被称为具有***满秩***(有时也称为***满行秩***或***满列秩***)。

A.2.2 矩阵的逆

如果矩阵 $\boldsymbol{A}$ 是方阵(即行数和列数相等)且具有满秩，则 $\boldsymbol{A}$ 被称为***非奇异的***，并且 $\boldsymbol{A}$ 有唯一的***逆矩阵***，表示为 $\boldsymbol{A}^{-1}$。逆矩阵满足以下关系：

$$\boldsymbol{A}\boldsymbol{A}^{-1}=\boldsymbol{A}^{-1}\boldsymbol{A}=\boldsymbol{I} \tag{A.26}$$

其中，$\boldsymbol{I}$ 是对角元素为1，非对角元素为0的***单位矩阵***。

A.2.3 矩阵的行列式

$n\times n$ 矩阵 $\boldsymbol{A}$ 的行列式，表示为 $|\boldsymbol{A}|$，定义为 n 个元素 $n!$ 个可能乘积的标量和，满足：①每个乘积包含来自每行和每列的一个元素；②按照列下标的大小顺序在每个乘积中写入元素，并根据行下标中的逆序数是偶数还是奇数，在每个乘积之前加上正号或负号。每当较大的数位于较小的数之前时，就会发生逆序。

这个定义对于求取 2×2 或 3×3 矩阵以外的矩阵标量值 $|\boldsymbol{A}|$ 并不适用，2×2 和 3×3 矩阵标量值的求取示例如下：

$$|\boldsymbol{A}| = \begin{vmatrix} a_{11} & a_{12} \\ a_{21} & a_{22} \end{vmatrix} = a_{11}a_{22} - a_{21}a_{22} \quad (A.27)$$

$$|\boldsymbol{A}| = \begin{vmatrix} a_{11} & a_{12} & a_{13} \\ a_{21} & a_{22} & a_{23} \\ a_{31} & a_{32} & a_{33} \end{vmatrix} = a_{11}a_{22}a_{33} + a_{12}a_{23}a_{31} + a_{13}a_{21}a_{32} - a_{31}a_{22}a_{13} - a_{32}a_{23}a_{11} - a_{33}a_{21}a_{12} \quad (A.28)$$

对于更大的矩阵，需要软件工具来求取行列式的值，将在第 A. 3 节进行讨论。

A. 2. 4　正交向量和矩阵

定义两个向量 $\boldsymbol{a}$ 和 $\boldsymbol{b}$，其元素为 a_i和 $b_i(i = 1, 2, \cdots, n)$：

$$\boldsymbol{a} = [a_1\ a_2 \cdots a_n]' \qquad \boldsymbol{b} = [b_1\ b_2 \cdots b_n]'$$

在这里，使用上标“T”或撇号(′)来表示向量或矩阵的***转置***。

如果满足式(A. 29)，则向量 $\boldsymbol{a}$ 和 $\boldsymbol{b}$ ***正交***。

$$\boldsymbol{a}'\boldsymbol{b} = a_1b_1 + a_2b_2 + \cdots + a_nb_n = 0 \quad (A.29)$$

从几何角度来看，两个正交向量是彼此垂直的。

此外，如果 $\boldsymbol{a}'\boldsymbol{a} = 1$，称向量 $\boldsymbol{a}$ 为***归一化***的。可以通过除以其范数或长度 $\sqrt{\boldsymbol{a}'\boldsymbol{a}}$ 来使向量 $\boldsymbol{a}$ 归一化。由此，如果 $\boldsymbol{c}'\boldsymbol{c} = 1$ 或满足式(A. 30)，则向量 $\boldsymbol{c}$ 是归一化的。

$$\boldsymbol{c} = \boldsymbol{a}/\sqrt{\boldsymbol{a}'\boldsymbol{a}} = \boldsymbol{a}/\mathbf{norm}(\boldsymbol{a}) \quad (A.30)$$

将正交和归一化的概念扩展到矩阵上。如果矩阵的列向量 $\boldsymbol{c}_1\ \boldsymbol{c}_2 \cdots \boldsymbol{c}_n$是归一化的并且彼此正交，那么矩阵 $\boldsymbol{C} = [c_1\ c_2 \cdots c_n]$被称为***正交的***，这意味着：

$$\boldsymbol{C}'\boldsymbol{C} = \boldsymbol{I} \quad (A.31)$$

其中，$\boldsymbol{I}$ 是 $n \times n$ 的单位矩阵，其所有对角元素为 1，非对角元素为零。

A. 2. 5　特征值和特征向量

特征值和特征向量的概念在多元数据分析中非常重要，例如主成分分析(PCA)。

对于每个矩阵 $\boldsymbol{A}$，可以找到标量 λ 和非零向量 $\boldsymbol{x}$，使得：

$$\boldsymbol{A}\boldsymbol{x} = \lambda\boldsymbol{x} \quad (A.32)$$

λ 称为 $\boldsymbol{A}$ 的***特征值***，$\boldsymbol{x}$ 称为***特征向量***。为了找到 λ 和 $\boldsymbol{x}$，将式(A. 32) 写成：

$$(\boldsymbol{A} - \lambda\boldsymbol{I})\boldsymbol{x} = 0 \quad (A.33)$$

式(A. 33)称为矩阵 $\boldsymbol{A}$ 的***特征方程***。

例如，矩阵 $\boldsymbol{A} = \begin{bmatrix} 7 & 3 \\ 3 & -1 \end{bmatrix}$的特征方程为：

$$|\boldsymbol{A} - \lambda\boldsymbol{I}| = \begin{bmatrix} 7-\lambda & 3 \\ 3 & -1-\lambda \end{bmatrix} = (7-\lambda)(-1-\lambda) - 9 = \lambda^2 - 6\lambda - 16 = 0$$

由此，求得特征值 $\lambda_1 = 8$，$\lambda_2 = -2$。

要找到相应的特征向量，将式 (A. 33) 写成：

$$(\boldsymbol{A} - \lambda\boldsymbol{I})\boldsymbol{x} = \begin{bmatrix} 7-\lambda & 3 \\ 3 & -1-\lambda \end{bmatrix} \begin{bmatrix} x_{11} \\ x_{21} \end{bmatrix} = \begin{bmatrix} 0 \\ 0 \end{bmatrix}$$

对于 $\lambda_1 = 8$，特征向量为：

$$x_1 = \begin{bmatrix} 1 \\ 3 \end{bmatrix}$$

对于 $\lambda_2 = -2$，特征向量为：

$$x_2 = \begin{bmatrix} 1 \\ -3 \end{bmatrix}$$

对于 3×3 或更高阶的矩阵，需要软件工具来找到特征值和特征向量，这将在第 A.5 节中讨论。

A.2.6 矩阵的因式分解或分解

矩阵的因式分解或分解试图将给定的矩阵 $\boldsymbol{A}$ 表示为两个或三个其他矩阵的乘积，例如 $\boldsymbol{BC}$ 或 $\boldsymbol{BCD}$。许多这样的分解，如奇异值分解(SVD)，在多元数据分析的主成分分析(PCA)[2, 3]和多变量预测控制操作和控制变量的配对[5-7, 10]中非常有用。下面介绍几种。

A.2.6.1 LU 因式分解

LU 因式分解将行数和列数相等的矩阵 $\boldsymbol{A}$ 转换为对角线以上元素为零的下三角矩阵 $\boldsymbol{L}$ 与对角线以下元素为零的上三角矩阵 $\boldsymbol{U}$ 的乘积：

$$\boldsymbol{A} = \boldsymbol{LU} \tag{A.34}$$

对于 3×3 的矩阵 $\boldsymbol{A}$：

$$\boldsymbol{A} = \begin{bmatrix} 8 & 1 & 6 \\ 3 & 5 & 7 \\ 4 & 9 & 2 \end{bmatrix} \tag{A.35}$$

可以写成：

$$\begin{bmatrix} 8 & 1 & 6 \\ 3 & 5 & 7 \\ 4 & 9 & 2 \end{bmatrix} = \boldsymbol{LU} = \begin{bmatrix} 1 & 0 & 0 \\ 0.375 & 1 & 1 \\ 0.5 & 1.8378 & 1 \end{bmatrix} * \begin{bmatrix} 8 & 1 & 0 \\ 0 & 4.625 & 4.75 \\ 0 & 0 & -9.7297 \end{bmatrix}$$

A.2.6.2 乔列斯基(Cholesky)因式分解

$I \times J$ 的矩阵 $\boldsymbol{A}$ 如果它的元素 a_{ij} 等于 a_{ji}，那么它就是对称的。例如：

$$\boldsymbol{A} = \begin{bmatrix} 3 & 0 & -3 \\ 0 & 6 & 3 \\ -3 & 3 & 6 \end{bmatrix} \tag{A.36}$$

对称矩阵如果对于所有可能的非零向量 $\boldsymbol{x}$ 都满足 $\boldsymbol{x}'\boldsymbol{A}\boldsymbol{x}>0$，那么它就是***正定的***。可以将正定矩阵 $\boldsymbol{A}$ 分解成：

$$\boldsymbol{A} = \boldsymbol{T}'\boldsymbol{T} \tag{A.37}$$

其中，矩阵 $\boldsymbol{T}$ 是***上三角矩阵***，其行列式不为零(即"***非奇异***")。

设 $\boldsymbol{A}=(a_{ij})$ 和 $\boldsymbol{T}=(t_{ij})$，其中 i 和 $j=1, 2, \cdots, n$。可以按照以下方式找到矩阵 $\boldsymbol{T}$ 的元素[2]：

$$t_{11} = \sqrt{a_{11}} \quad t_{1j} = \frac{a_{ij}}{t_{11}} \quad (2 \leqslant j \leqslant n)$$

$$t_{i1} = \sqrt{a_{ii} - \sum_{j=1}^{i-1} t_{ki}^2} \qquad (2 \leqslant i \leqslant n)$$

$$t_{ij} = \frac{a_{ij} - \sum_{k=1}^{i-1} t_{ki} t_{kj}}{t_{ii}} \qquad (2 \leqslant i \leqslant j \leqslant n)$$

$$(t_{ij}=0 \quad i \leqslant j < i \leqslant n) \tag{A.38}$$

方便起见，可以使用软件工具来找到矩阵 $\boldsymbol{T}$。对于式(A.36)对应的例题，可以得到：

$$\boldsymbol{A}=\boldsymbol{TT}'=\begin{bmatrix} 3 & 0 & -3 \\ 0 & 6 & 3 \\ -3 & 3 & 6 \end{bmatrix}=\begin{bmatrix} 1.732 & 0 & 0 \\ 0 & 2.449 & 0 \\ -1.732 & 1.225 & 1.225 \end{bmatrix} * \begin{bmatrix} 1.732 & 0 & -1.732 \\ 0 & 2.449 & 1.225 \\ 0 & & 1.225 \end{bmatrix}$$

A.2.6.3 奇异值分解(SVD)

可以用矩阵 $\boldsymbol{A}'\boldsymbol{A}$ 和 $\boldsymbol{AA}'$ 的特征值和特征向量来表示任意矩阵 $\boldsymbol{A}$。设 $\boldsymbol{A}$ 是一个 $n \times p$ 秩为 k 的矩阵。那么，矩阵 $\boldsymbol{A}$ 的奇异值分解是：

$$\boldsymbol{A}=\boldsymbol{UDV}' \tag{A.39}$$

其中，$\boldsymbol{U}$ 是 $n \times k$ 矩阵，$\boldsymbol{D}$ 是 $k \times k$ 矩阵，$\boldsymbol{V}$ 是 $p \times k$ 矩阵。矩阵 $\boldsymbol{D}$ 是对角矩阵，其元素 λ_1，λ_2，…，λ_k是矩阵 $\boldsymbol{A}'\boldsymbol{A}$ 或 $\boldsymbol{AA}'$的非零特征值。值 λ_1，λ_2，…，λ_k被称为矩阵 $\boldsymbol{A}$ 的奇异值。由于矩阵 $\boldsymbol{U}$ 和 $\boldsymbol{V}$ 的列是对称矩阵的归一化特征向量［参见关于归一化向量的式（A.30)］，它们彼此正交，即，$\boldsymbol{U}'\boldsymbol{U}=\boldsymbol{V}'\boldsymbol{V}=\boldsymbol{I}$(单位矩阵)。

须使用软件工具来执行奇异值分解的复杂运算。在应用软件工具时，式(A.37) 会有微小的变化，这取决于矩阵 $\boldsymbol{A}$ 的行数 n 和列数 p。考虑两种情况。

(1) 如果 $n<p$，则奇异值分解的结果是：$\boldsymbol{U}$：$n \times n$，$\boldsymbol{U}'\boldsymbol{U}=\boldsymbol{I}(n \times n)$；$\boldsymbol{D}$：$n \times p$，$\boldsymbol{D}=[\boldsymbol{D}_1 : \boldsymbol{0}]$，其中 $\boldsymbol{D}_1$ 是 $n \times n$ 的对角矩阵，$\boldsymbol{0}$ 是 $n \times 1$ 的零矩阵；$\boldsymbol{V}$：$p \times p$。对于式(A.1)的示例矩阵 $\boldsymbol{X}$：

$$\boldsymbol{X}'(3\times5)=\boldsymbol{UDV}=\begin{bmatrix} 5 & 3 & 2 & 4 & 1 \\ 1 & 2 & 2 & 3 & 4 \\ 8 & 5 & 5 & 7 & 3 \end{bmatrix}$$

$$\boldsymbol{U}(3\times3)=\begin{bmatrix} -0.4634 & -0.3425 & 0.8173 \\ -0.3046 & 0.9276 & 0.2161 \\ -0.8322 & -0.1488 & -0.5342 \end{bmatrix}$$

$$\boldsymbol{D}(3\times5)=[\boldsymbol{D}_1(3\times3) : \boldsymbol{0}(3\times2)]=\begin{bmatrix} 15.7412 & 0 & 0 & 0 & 0 \\ 0 & 3.5728 & 0 & 0 & 0 \\ 0 & 0 & 0.6703 & 0 & 0 \end{bmatrix}$$

$$\boldsymbol{V}(5\times5)=\begin{bmatrix} -0.5895 & -0.5530 & 0.0433 & -0.3069 & 0.5006 \\ -0.3913 & 0.0233 & 0.3179 & -0.4486 & -0.5375 \\ -0.3619 & 0.1192 & -0.9014 & 0.0194 & -0.2046 \\ -0.5459 & 0.1038 & 0.2657 & 0.7847 & -0.0694 \\ -0.2654 & 0.8177 & 0.1179 & -0.2972 & 0.3983 \end{bmatrix}$$

(2) 如果 $n>p$，则奇异值分解的结果为：$\boldsymbol{U}$：$n\times n$，$\boldsymbol{U}'\boldsymbol{U}=\boldsymbol{I}(n\times n)$；$\boldsymbol{D}$：$n\times p$，$\boldsymbol{D}=[\boldsymbol{D}_1:\boldsymbol{0}]^{\mathrm{T}}$，其中 $\boldsymbol{D}_1$ 是 $p\times p$ 的对角矩阵，$\boldsymbol{0}$ 是 $1\times n$ 的零矩阵；$\boldsymbol{V}$：$p\times p$。示例如下：

$$\boldsymbol{X}(5\times3)=\boldsymbol{U}_1\boldsymbol{D}_1\boldsymbol{V}_1=\begin{bmatrix}5&1&8\\3&2&5\\2&2&5\\4&3&7\\1&4&3\end{bmatrix}$$

$$\boldsymbol{U}_1(5\times5)=\begin{bmatrix}-0.5895&-0.5530&0.0433&-0.3069&0.5006\\-0.3913&0.0233&0.3179&-0.4486&-0.5375\\-0.3619&0.1192&-0.9014&0.0194&-0.2046\\-0.5459&0.1038&0.2657&0.7847&-0.0694\\-0.2654&0.8177&0.1179&-0.2972&0.3983\end{bmatrix}$$

$$\boldsymbol{D}_1(5\times3)=[\boldsymbol{D}_1(3\times3):\boldsymbol{0}(2\times3)]=\begin{bmatrix}15.7412&0&0\\0&3.5728&0\\0&0&0.6703\\0&0&0\\0&0&0\end{bmatrix}$$

$$\boldsymbol{V}_1(3\times3)=\begin{bmatrix}-0.4634&-0.3425&0.8173\\-0.3046&0.9276&0.2161\\-0.8322&-0.1488&-0.5342\end{bmatrix}$$

注意到在两个例子中，$\boldsymbol{U}=\boldsymbol{V}_1$，而 $\boldsymbol{V}=\boldsymbol{U}_1$。

A.2.6.4 谱分解或特征值分解

考虑式(A.24)中的相关系数矩阵 $\boldsymbol{R}$：

$$\boldsymbol{R}=\begin{bmatrix}1&-0.6934&0.9734\\-0.6934&1&-0.6974\\0.9734&-0.6974&1\end{bmatrix}\tag{A.24}$$

$\boldsymbol{R}$ 是*对称矩阵*，可以通过式(A.40)表示 $\boldsymbol{R}$：

$$\boldsymbol{R}=\boldsymbol{P}\boldsymbol{\lambda}\boldsymbol{P}^{\mathrm{T}}\tag{A.40}$$

其中，$\boldsymbol{\lambda}$ 是对角矩阵，diag $(\lambda_1,\lambda_2,\cdots,\lambda_K)$，而 K 是过程变量的数量。对于式(A.24)给出的 $\boldsymbol{R}$，得到：

$$\boldsymbol{P}=\begin{bmatrix}-0.7050&0.3777&0.6003\\0.0059&0.8496&-0.5275\\0.7092&0.3683&0.6012\end{bmatrix}\qquad\boldsymbol{\lambda}=\begin{bmatrix}0.0266&0&0\\0&0.3894&0\\0&0&2.5840\end{bmatrix}$$

A.3 在 MATLAB 中实现基本矩阵运算

这一节参考文献[9]。按照 MATLAB 编码提示“≫”，从式(A.1)开始编码。

$$\gg \mathbf{X}=[518;\ 325;\ 225;\ 437;\ 143] \tag{A.41}$$

按下回车键，MATLAB 将给出输出：

$$\mathbf{X}=\begin{bmatrix}5 & 1 & 8\\ 3 & 2 & 5\\ 2 & 2 & 5\\ 4 & 3 & 7\\ 1 & 4 & 3\end{bmatrix}$$

MATLAB 使用“;”作为行分隔符。方括号用于定义矩阵，而括号用于使用矩阵。对于如下编码：

$$\gg \mathbf{size}(\mathbf{X}) \tag{A.42}$$

MATLAB 给出的结果为：

$$\text{ans}=5\quad 3$$

这表示 X 是 5×3 的矩阵，有 5 行和 3 列。在 MATLAB 中，始终是先行后列。

MATLAB 使用“撇号(′)”来表示矩阵的转置：

$$\gg \mathbf{X}' \tag{A.43}$$

MATLAB 给出矩阵的转置：

$$ans=\begin{bmatrix}5 & 3 & 2 & 4 & 1\\ 1 & 2 & 2 & 3 & 4\\ 8 & 5 & 5 & 7 & 3\end{bmatrix}$$

sum 函数输出矩阵所有行元素的和：

$$\gg \mathbf{sum}(\mathbf{X})$$

$$\text{ans}=15\quad 12\quad 28$$

如需求取矩阵所有列元素的和，可对矩阵的转置应用 **sum** 函数：

$$\gg \mathbf{sum}(\mathbf{X}')$$

$$\text{ans}=14\quad 10\quad 9\quad 14\quad 18$$

命令 $X(1:2,\ :)$ 输出矩阵 X 的前两行：

$$\gg \mathbf{X}(1:2,\ :)$$

$$\begin{matrix}\text{ans}=5 & 1 & 8\\ 3 & 2 & 5\end{matrix}$$

同样，命令 $X(:,\ 1:2)$ 给出矩阵 X 的前两列：

$$\gg \mathbf{X}(:,\ 1:2)$$

$$\begin{matrix}\text{ans}=5 & 1\\ 3 & 2\\ 2 & 2\\ 4 & 3\\ 1 & 4\end{matrix}$$

为方便起见，再次展示矩阵 X：

$$\mathbf{X}=\begin{bmatrix}5 & 1 & 8\\3 & 2 & 5\\2 & 2 & 5\\4 & 3 & 7\\1 & 4 & 3\end{bmatrix}$$

可以按如下方式输出由矩阵的前两行和第二至第三列组成的***子矩阵***：

$$\gg \mathbf{X}(1:2,\ 2:3)$$

$$\text{ans}=\begin{matrix}1 & 8\\2 & 5\end{matrix}$$

引入***对角矩阵***，它是行数和列数相等的矩阵。

$$\gg \mathbf{D}=[1:4];$$

$$\gg \mathbf{A}=\mathbf{diag}(\mathbf{D}) \tag{A.44}$$

在这里，使用符号"："表示从1到4的一组值。函数 **diag** 创建方形对角矩阵，对角线元素从1到4。

MATLAB 返回以下内容：

$$\mathbf{A}=\begin{matrix}1 & 0 & 0 & 0\\0 & 2 & 0 & 0\\0 & 0 & 3 & 0\\0 & 0 & 0 & 4\end{matrix}$$

diag 函数还可以从矩阵中提取对角元素。

$$\gg \mathbf{X}=\mathbf{diag}(\mathbf{A}) \tag{A.45}$$

MATLAB 给出：

$$\mathbf{X}=\begin{matrix}1\\2\\3\\4\end{matrix}$$

eye 函数创建一个特殊的对角矩阵，该矩阵除了左上角开始第一个元素是1外，其余元素全为0。

$$\gg \mathbf{eye}(\mathbf{4}) \tag{A.46}$$

MATLAB 返回：

$$\text{ans}=\begin{matrix}1 & 0 & 0 & 0\\0 & 0 & 0 & 0\\0 & 0 & 0 & 0\\0 & 0 & 0 & 0\end{matrix}$$

函数 **inv** 给出了先前由式(A.26)定义的方阵的***逆矩阵***。

$$\gg \mathbf{A}=[2\quad 1\quad -1;\ 3\quad -1\quad 2;\ -2\quad 1\quad 2]$$

```
A =    2    1   -1
      -3   -1    2
      -2    1    2
≫inv(A)
ans =  4    3   -1
      -2   -2    1
       5    4   -1
```

在式(A. 27)和式(A. 28)中讨论了矩阵的行列式。函数 **det** 给出了行列式的值。

```
≫det(A)
ans =   -1
```

A. 4 在 MATLAB 中实现基本的多元数据分析

再次考虑式(A. 41)给出的 5×3 数据矩阵 $\boldsymbol{X}$:

```
≫X=[5  1  8; 3  2  5; 2  2  5; 4  3  7; 1  4  3]
```

MATLAB 输出矩阵 $\boldsymbol{X}$:

```
X =  5  1  8
     3  2  5
     2  2  5
     4  3  7
     1  4  3
```

这个矩阵表示了三列过程变量，每个变量有 5 个样本或行值。使用函数 **mean** 来实现式(A. 2)，以求得 5×3 数据矩阵 $\boldsymbol{X}$ 的样本均值，这将给出 1×3 的样本均值矩阵，或者说是行向量：

```
≫mean(X)
ans = 3.0000   2.4000   5.6000
```

函数 **std** 将给出每个过程变量的标准差，如式(A. 8)定义的那样。

```
≫std(X)
ans = 1.5811   1.1402   1.9494
```

使用函数 **cov** 来计算样本方差和协方差矩阵 $\boldsymbol{S}$，其定义如式(A. 10)和式(A. 12)所示。

```
≫S = cov(X)
S =   2.5000   -1.2500    3.0000
     -1.2500    1.3000   -1.5500
      3.0000   -1.5500    3.8000
```

在第 A. 1. 5 节中，讨论了均值中心化的数据矩阵或偏差矩阵 $\boldsymbol{X}_{\mathrm{d}}$，其定义由式(A. 14)给出。

$$\boldsymbol{X}_{\mathrm{d}} = \boldsymbol{X} - \overline{\boldsymbol{X}} \tag{A. 14}$$

通过以下语句在 MATLAB 中实现偏差矩阵的计算：

≫Xd＝X－mean(X)

Xd＝			
	2.0000	－1.4000	2.4000
	0	－0.4000	－0.6000
	－1.0000	－0.4000	－0.6000
	1.0000	0.6000	1.4000
	－2.0000	1.6000	－2.6000

这与式(A.15)结果相同。

继续按照式(A.20)求得 **SSCP** 矩阵：

≫SSCP＝Xd′ ∗ Xd

SSCP＝			
	10.0000	－5.0000	12.0000
	－5.0000	5.2000	－6.2000
	12.0000	－6.2000	15.2000

然后，根据式(A.21)从 **SSCP** 求得样本方差和协方差矩阵 ***S***，对于每个过程变量，有 5 个样本，样本数量减 1，(J－1)为 4。

≫S＝(1/4) ∗ SSCP

S＝			
	2.5000	－1.2500	3.0000
	－1.2500	1.3000	－1.5500
	3.0000	－1.5500	3.8000

这与式(A.22)完全相同。实际上，MATLAB 中的函数 **cov**，可以直接从原始数据矩阵 ***X*** 求得样本方差和协方差矩阵 ***S***。

≫S＝cov(X)

S＝			
	2.5000	－1.2500	3.0000
	－1.2500	1.3000	－1.5500
	3.0000	－1.5500	3.8000

在第 A.1.7 节中展示了如何将原始数据矩阵 ***X*** 转换为标准化的数据矩阵，即均值中心化和标准化的数据矩阵 $\boldsymbol{X}_s$。在 MATLAB 中，可以通过函数 **zscore** 来轻松地进行这种转换。

≫Xs＝zscore(X)

Xs＝			
	1.2649	－1.2279	1.2312
	0	－0.3508	－0.3078
	－0.6325	－0.3508	－0.3078
	0.6325	0.5262	0.7182
	－1.2649	1.4033	－1.3338

按照式(A.24)可以从标准化的数据矩阵 $\boldsymbol{X}_s$ 求得样本相关系数矩阵 ***R***。幸运的是，在 MATLAB 中，可以直接使用函数 **corr** 来完成这个求解。

≫R＝corr(Xs)

$$\mathbf{R} = \begin{matrix} 1.0000 & -0.6934 & 0.9733 \\ -0.6934 & 1.0000 & -0.6974 \\ 0.9733 & -0.6974 & 1.0000 \end{matrix}$$

使用函数 **zscore** 和 **corr** 使得在第 A. 6 节中实现主成分分析更加容易。

A. 5 特征值、特征向量和矩阵的因式分解

第 A. 2. 5 节回顾了方阵的特征向量和特征值的概念。在 MATLAB 中，使用函数 **eig** 来求取诸如相关系数矩阵 $\boldsymbol{R}$ 的特征向量和特征值。

≫[Eigenvectors，Eigenvalues] = **eig**(**R**)

$$\text{Eigenvectors} = \begin{matrix} -0.7050 & 0.3777 & 0.6003 \\ 0.0059 & 0.8495 & -0.5275 \\ 0.7092 & 0.3683 & 0.6011 \end{matrix}$$

$$\text{Eigenvalues} = \begin{matrix} 0.0267 & 0 & 0 \\ 0 & 0.3894 & 0 \\ 0 & 0 & 2.5839 \end{matrix}$$

特征向量矩阵的列表示特征向量 $\boldsymbol{x}_1$、$\boldsymbol{x}_2$ 和 $\boldsymbol{x}_3$。它们遵循式(A. 30)，即 $\boldsymbol{R} * \boldsymbol{x}_1 = \lambda_1 * \boldsymbol{x}_1$。对于 $\boldsymbol{x}_1$ 和 λ_1，关系为：

$$\begin{matrix} 1.0000 & -0.6934 & 0.9733 \\ -0.6934 & 1.0000 & -0.6974 \\ 0.9733 & -0.6974 & 1.0000 \end{matrix} \quad \begin{matrix} -0.7050 \\ 0.0059 \\ 0.7092 \end{matrix} = (0.0267) \begin{matrix} -0.7050 \\ 0.0059 \\ 0.7092 \end{matrix}$$

对于($J \times K$)标准化数据矩阵 $\boldsymbol{X}_s$，其中 K 列是标准化的过程变量，J 行是每个变量的样本或测量值，并且秩为 $\boldsymbol{P}$，通常是 K 和 J 中较小的数。根据第 A. 2. 6. 3 节，考虑 $\boldsymbol{X}_s$ 奇异值分解的两种情况。

(1) ***完全奇异值分解***：这涉及将 $J \times K$ 矩阵 $\boldsymbol{X}_s$ 分解成 $J \times J$ 的 $\boldsymbol{U}_1$，$J \times K$ 的 $\boldsymbol{D}_1$ 和 $K \times K$ 的 $\boldsymbol{V}_1$。换句话说，$\boldsymbol{U}_1$ 和 $\boldsymbol{V}_1$ 都是方阵，而 $\boldsymbol{D}_1$ 的大小与 $\boldsymbol{X}_s$ 相同。

$$\boldsymbol{X}_s = \boldsymbol{U}_1 * \boldsymbol{D}_1 * \boldsymbol{V}_1' \tag{A. 47}$$

在 MATLAB 中，使用函数 **svd** 来实现这个分解。

≫[**U1**，**D1**，**V1**] = **svd**(**Xs**)，应用于第 A. 4 节末用 **zscore**(**X**)取得的 $\boldsymbol{X}_s$ 矩阵：

$$\mathbf{U1} = \begin{matrix} -0.6679 & 0.0897 & 0.0792 & -0.1686 & 0.7150 \\ -0.0000 & 0.3296 & 0.6749 & 0.6590 & 0.0393 \\ 0.1181 & 0.5210 & -0.6906 & 0.4333 & 0.2236 \\ -0.1661 & -0.7615 & -0.2040 & 0.5838 & 0.1007 \\ 0.7158 & -0.1789 & 0.1405 & -0.0934 & 0.6536 \end{matrix}$$

$$\mathbf{D1} = \begin{matrix} 3.2149 & 0 & 0 \\ 0 & 1.2481 & 0 \\ 0 & 0 & 0.3265 \\ 0 & 0 & 0 \\ 0 & 0 & 0 \end{matrix}$$

V1 =	−0.6003	−0.3777	0.7050
	0.5275	−0.8495	−0.0059
	−0.6011	−0.3683	−0.7092

值得注意的是，矩阵 $\boldsymbol{V}_1$ 与第 A.6 节主成分分析中讨论的主成分载荷矩阵 $\boldsymbol{P}$ 是相同的。矩阵 $\boldsymbol{V}_1$ 中的三个列向量对应于三个主成分载荷向量 $\boldsymbol{p}_1$、$\boldsymbol{p}_2$ 和 $\boldsymbol{p}_3$。此外，可以使用式(A.48)获得主成分得分矩阵($\boldsymbol{T}$)。

$$\boldsymbol{T}=\boldsymbol{X}_s\boldsymbol{P}=\boldsymbol{X}_s\boldsymbol{V}_1 \tag{A.48}$$

按照以下步骤进行计算：

≫**P = V1**

P =	−0.6003	−0.3777	0.7050
	0.5275	−0.8495	−0.0059
	−0.6011	−0.3683	−0.7092

≫**T = Xs * P**

T =	−2.1472	0.1120	0.0259
	−0.0000	0.4114	0.2204
	0.3797	0.6503	−0.2255
	−0.5338	−0.9504	−0.0666
	2.3014	−0.2232	0.0459

(2) ***经济型奇异值分解***：对于($J\times K$)标准化数据矩阵 $\boldsymbol{X}_s$，通常情况下，变量样本数 J 比过程变量数 K 要多(即行数多于列数)，因此由 SVD 产生的矩阵 $\boldsymbol{U}$ 可能会非常大。此时，可以应用经济型奇异值分解，根据式(A.39)产生 $J\times K$ 的 $\boldsymbol{U}$，$K\times K$ 的 $\boldsymbol{D}$ 和 $K\times K$ 的 $\boldsymbol{V}$。

$$\boldsymbol{X}_s=\boldsymbol{U}*\boldsymbol{D}*\boldsymbol{V}' \tag{A.39}$$

在 MATLAB 中，仍然使用函数 **svd** 来实现分解，但是需要将函数参数从($\boldsymbol{X}_s$)更改为($\boldsymbol{X}_s$，0)。

≫[**U**，**D**，**V**] = **svd**(**Xs**，0)

U =	−0.6679	0.0897	0.0792
	−0.0000	0.3296	0.6749
	0.1181	0.5210	−0.6906
	−0.1661	−0.7615	−0.2040
	0.7158	−0.1789	0.1405

D =	3.2149	0	0
	0	1.2481	0
	0	0	0.3265

V =	−0.6003	−0.3777	0.7050
	0.5275	−0.8495	−0.0059
	−0.6011	−0.3683	−0.7092

A. 6 主成分分析

这节将介绍如何通过 MATLAB[9] 实现第 9. 1 节讨论的主成分分析。

机器学习默认使用标准化数据矩阵 X_s 的奇异值分解作为实现主成分分析的方案。本节通过使用食品分析的示例来说明如何在 MATLAB 中实现主成分分析，这个示例来自一个生产糕点产品的食品制造商[8]。原始的处理数据文件 ***food-texture. csv*** 可以从与文献[8]相关的有价值的数据集网站 https：//openmv. net/获取。这个数据集可以形成一个 50×5 的矩阵，其中包含 5 列过程变量(油、密度、脆度、断裂度和硬度)，以及 50 行样本或每个变量的测量值。在数据集中，额外的样本标签列(第一列)与本研究无关，因此在形成数据矩阵时将删除该列。

首先，将数据文件放入机器学习工作文件夹中，并将数据集导入机器学习中，形成 (50×6) 的矩阵 X_1。其次，读取前 8 行样本的 5 列变量(从第 2 列到第 6 列)，并将得到的 (8×5) 数据矩阵命名为 X：

≫**X1** = readmatrix('food-texture. CSV') ;

X = **X1**(1 : 8, 2 : 6)

$$
\mathbf{X} = 1000\times \begin{matrix}
0.0165 & 2.9550 & 0.0100 & 0.0230 & 0.0970 \\
0.0177 & 2.6600 & 0.0140 & 0.0090 & 0.1390 \\
0.0162 & 2.8700 & 0.0120 & 0.0170 & 0.1430 \\
0.0167 & 2.9200 & 0.0100 & 0.0310 & 0.0950 \\
0.0163 & 2.9750 & 0.0110 & 0.0260 & 0.1430 \\
0.0191 & 2.7900 & 0.0130 & 0.0160 & 0.1890 \\
0.0184 & 2.7500 & 0.0130 & 0.0170 & 0.1140 \\
0.0175 & 2.7700 & 0.0100 & 0.0260 & 0.0630
\end{matrix} \tag{A.49}
$$

选择每个变量的较小样本集，即 8 个样本，进行说明。

首先对数据集 X 进行标准化或归一化处理，得到 X_s(8×5)：

≫**Xs** = **zscore**(**X**)

$$
\mathbf{Xs} = \begin{matrix}
-0.7550 & 1.0680 & -1.0169 & 0.3340 & -0.6664 \\
0.3775 & -1.5852 & 1.4862 & -1.6350 & 0.4153 \\
-1.0381 & 0.3035 & 0.2347 & -0.5098 & 0.5183 \\
-0.5662 & 0.7532 & -1.0169 & 1.4592 & -0.7179 \\
-0.9437 & 1.2479 & -0.3911 & 0.7560 & 0.5183 \\
1.6987 & -0.4160 & 0.8605 & -0.6505 & 0.7031 \\
1.0381 & -0.7757 & 0.8605 & -0.5098 & -0.2286 \\
0.1887 & -0.5958 & -1.0169 & 0.7560 & -1.5421
\end{matrix} \tag{A.50}
$$

基于 X_s 应用 PCA 命令后得到如下结果：

≫[**coeff**, **score**, **latent**, **tsquared**, **explained**, **mu**] = **pca**(**Xs**)

下面讨论以上命令括号内列出的 6 个结果。

(1) ***主成分载荷矩阵，coeff 或P(5×5)***：

$$\textbf{coeff}=\begin{matrix} 0.4092 & -0.3479 & 0.7220 & -0.3071 & 0.1455 \\ -0.4414 & 0.5457 & 0.2043 & -0.4495 & 0.5134 \\ 0.5226 & 0.1505 & -0.1842 & 0.4011 & 0.7137 \\ -0.4964 & -0.1008 & 0.4788 & 0.7085 & 0.1102 \\ 0.3437 & 0.7405 & 0.3147 & 0.2019 & -0.4400 \end{matrix} \tag{A.51}$$

载荷矩阵 $\boldsymbol{P}$ 的列代表主成分载荷向量 $\boldsymbol{p}_a(a=1,2,\cdots,A)$，即 $\boldsymbol{p}_1$、$\boldsymbol{p}_2$、$\boldsymbol{p}_3$、$\boldsymbol{p}_4$和 $\boldsymbol{p}_5$(见第 A.2.6.2 节)，而 $\boldsymbol{P}$ 的行对应于标准化过程变量 x_{s1}、x_{s2}、x_{s3}、x_{s4}和 x_{s5}的系数。***机器学习默认假设主成分数A 与过程变量数K 相同***，在当前示例中均为 5。

(2) ***主成分得分矩阵，score 或T(8×5)***：

$$\textbf{score}=\begin{matrix} -1.7067 & 0.1652 & -0.2272 & -0.5539 & 0.0427 \\ 2.5853 & -0.3003 & -0.9582 & 0.1181 & -0.0610 \\ -0.0049 & 0.9973 & 0.8636 & -0.0199 & -0.1119 \\ -2.0668 & -0.2238 & 0.3767 & 0.3164 & 0.0552 \\ -1.3385 & 1.2580 & 0.1235 & 0.2124 & 0.0794 \\ 2.2367 & 0.6384 & 1.2926 & -0.1066 & -0.1733 \\ 1.3914 & -0.7728 & 0.1684 & -0.0324 & 0.4113 \\ -1.0965 & -1.7620 & 0.0879 & 0.0262 & -0.2424 \end{matrix} \tag{A.52}$$

得分矩阵 $\boldsymbol{T}$ 的列代表主成分得分向量 $\boldsymbol{t}_a(k=1,2,\cdots,A$，主成分数 A 等于过程变量数 $K)$，即 $\boldsymbol{t}_1$、$\boldsymbol{t}_2$、$\boldsymbol{t}_3$、$\boldsymbol{t}_4$和 $\boldsymbol{t}_5$(见第 A.2.6.2 节)。$\boldsymbol{T}$ 的行对应于投影到第 a 个主成分向量上$(a=1,2,\cdots,5)$第 k 个样本或观测的得分 $t_{ka}(k=1,2,\cdots,8)$。

图 A.1 中绘制了前两个主成分的得分。

```
≫plot(score(:, 1), score(:, 2),'+')
≫xlable('1st principal component')
≫ylable('2nd principal component')
```

使用函数 **biplot** 来绘制主成分得分矩阵 **score** 或 $\boldsymbol{T}$ 的前两列，与主成分载荷矩阵 **coeff** 或 $\boldsymbol{P}$ 的前两列之间的关系(图 A.2)：

```
≫biplot(coeff(:, 1:2)'scores', score(:, 1:2),'varlabels,
{'PC1','PC2','PC3','PC4','PC5'})
```

可以单独提取出 5 个主成分载荷向量中的任何一个。对于第一个主成分 PC1，有：

```
≫T=score;
PC1=T(:, 1)
PC1=-1.7067
     2.5853
   - 0.0049
   - 2.0668
```

$$
\begin{matrix}
-1.3385 \\
2.2367 \\
1.3914 \\
1.0965
\end{matrix}
$$

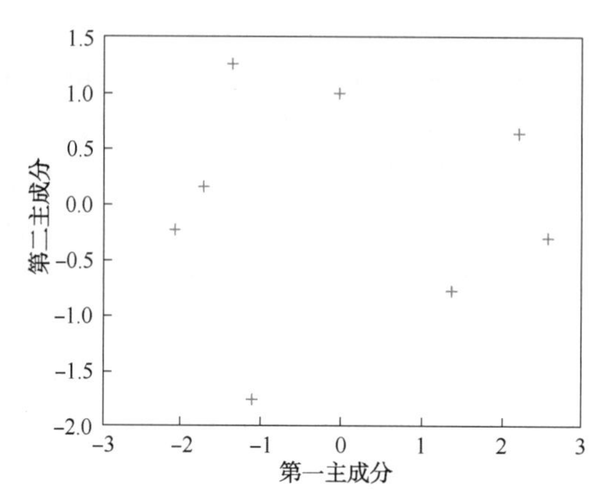

图 A.1　每个过程变量 8 个样本的第一主成分得分与第二主成分得分对比。参见式(A.49)中的前两列得分值

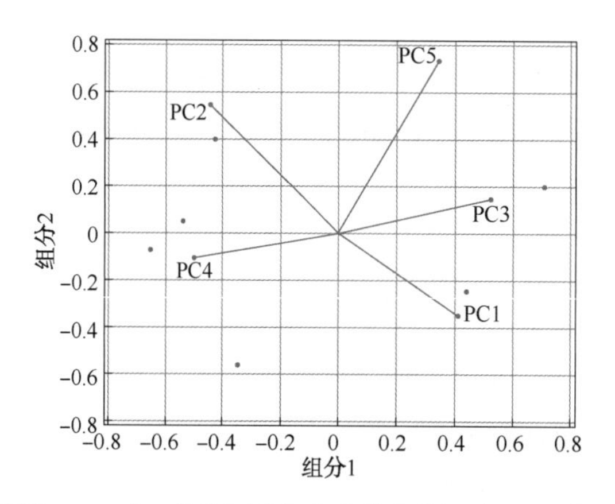

图 A.2　主成分得分矩阵 score 或 T 的前两列与主成分载荷矩阵 coeff 或 P 的前两列之间的关系

（3）***主成分方差，列向量latent***：

$$
\textbf{latent} = \begin{matrix} 3.4002 \\ 0.9792 \\ 0.5114 \\ 0.0685 \\ 0.0408 \end{matrix} \tag{A.53}
$$

如在第 A.2.6.4 节中所讨论的，主成分方差是标准化数据矩阵 $X_s[3, 8]$ 相关系数矩阵 R 的特征值。可以应用 MATLAB 来证实这一结果，如下所示：

$$
\gg \mathbf{R} = \mathbf{corr}(\mathbf{Xs}); \tag{A.54}
$$

$$
\mathbf{R}=\begin{matrix}
1.0000 & -0.7069 & 0.5990 & -0.4816 & 0.3434\\
-0.7069 & 1.0000 & -0.7206 & 0.7217 & -0.1027\\
0.5990 & -0.7206 & 1.0000 & -0.9194 & 0.6830\\
-0.4816 & 0.7217 & -0.9194 & 1.0000 & -0.5684\\
0.3434 & -0.1027 & 0.6830 & -0.5684 & 1.0000
\end{matrix}
$$

≫[Eigenvectors, Eigenvalues] = **eig**(**Rf**)

$$
\text{Eigenvectors}=\begin{matrix}
-0.4092 & 0.3479 & -0.7720 & -0.3071 & -0.1455\\
0.4414 & -0.5457 & -0.2043 & -0.4495 & -0.5134\\
-0.5226 & -0.1505 & 0.1842 & 0.4011 & -0.7137\\
0.4964 & 0.1008 & -0.4788 & 0.7085 & -0.1102\\
-0.3437 & -0.7405 & -0.3147 & 0.2019 & 0.4400
\end{matrix} \tag{A.55}
$$

$$
\text{Eigenvalues}=\begin{matrix}
3.4002 & 0 & 0 & 0 & 0\\
0 & 0.9792 & 0 & 0 & 0\\
0 & 0 & 0.5114 & 0 & 0\\
0 & 0 & 0 & 0.0685 & 0\\
0 & 0 & 0 & 0 & 0.0408
\end{matrix} \tag{A.56}
$$

值得注意的是：①相关系数矩阵 $\boldsymbol{R}$ 的特征向量与通过 **pca**($\boldsymbol{X}_s$) 获得的主成分载荷矩阵 **coeff** 或 $\boldsymbol{P}$ 相同；②相关系数矩阵 $\boldsymbol{R}$ 的对角线特征值与通过 **pca**($\boldsymbol{X}_s$)获得的主成分方差向量 **latent** 的元素值相同。

（4） ***霍特林(Hotelling) 的 $\boldsymbol{T}^2$ 统计列向量，tsquared***：

$$
\textbf{tsquared}=\begin{matrix}
5.5099\\
4.1481\\
2.7874\\
3.1211\\
2.9861\\
6.0571\\
5.3994\\
4.9909
\end{matrix} \tag{A.57}
$$

第 9.1.5 节式(9.21)中定义了霍特林的 $\boldsymbol{T}^2$。

（5） ***由主成分解释的数据可变性百分比，向量explained***：

$$
\textbf{explained}=\begin{matrix}
68.0034\\
19.5835\\
10.2276\\
1.3700\\
0.8156
\end{matrix} \tag{A.58}
$$

图 A.3 在帕累托(pareto)图中绘制了由前三个主成分解释的方差结果，这代表了总数据方差的 97.8145%。

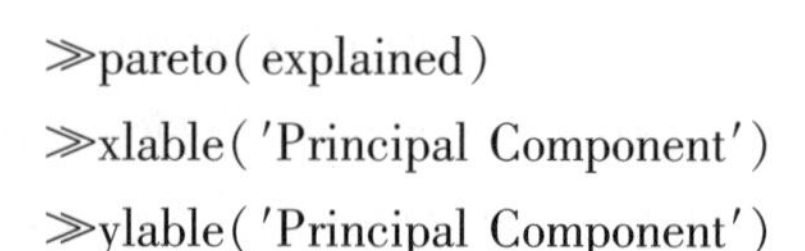

≫pareto(explained)
≫xlable('Principal Component')
≫ylable('Principal Component')

(6) X_s *中变量的均值估计*，***mu***：

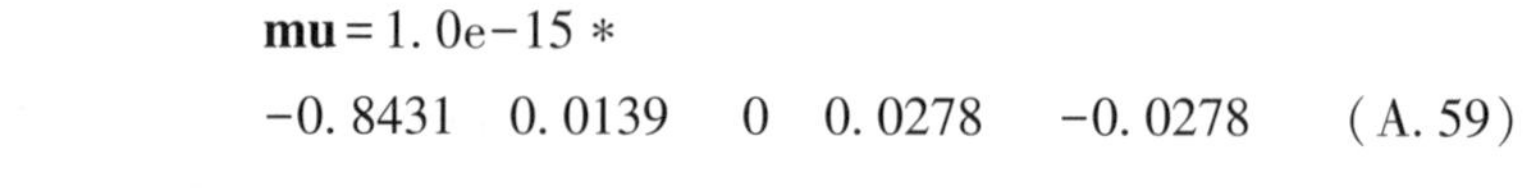

mu=1.0e−15 *
−0.8431　0.0139　0　0.0278　−0.0278　(A.59)

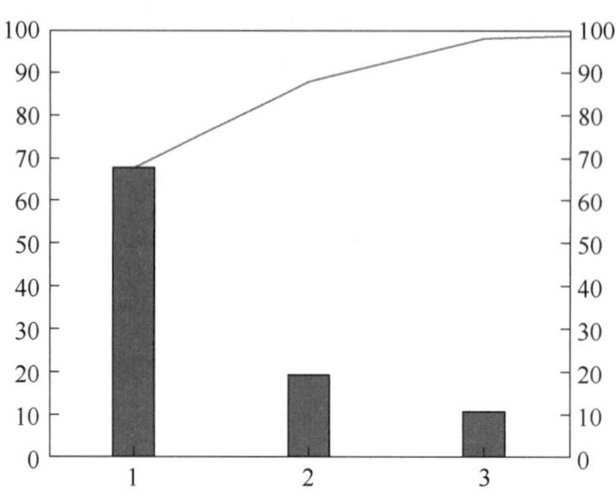

图 A.3　前三个主成分解释的总数据方差的百分比

A.7 在 Python 中实现基本矩阵运算

要学习在 Python 中实现矩阵操作的基础知识，可以使用大多数 Python 编辑软件工具。本节使用 Jupyter Notebook(https://jupyter.org/)进行 Python 编辑，使用名为 **numpy** 的方法包，该包提供了几种用于矩阵操作的方法。要使用这个包，首先输入并运行以下命令导入包：

import **numpy**　(A.60)

这行代码导入了 numpy 包。通过在 Python 中输入并运行式(A.1)来创建矩阵。

X=**numpy.array**([[5, 1, 8], [3, 2, 5], [2, 2, 5], [4, 3, 7], [1, 4, 3]])　(A.61)

这行代码创建了以下矩阵：

$$\mathbf{X}=\begin{matrix} 5 & 1 & 8 \\ 3 & 2 & 5 \\ 2 & 2 & 5 \\ 4 & 3 & 7 \\ 1 & 4 & 3 \end{matrix}$$

Numpy 方法“**numpy.array**()”创建了一个矩阵。矩阵的每一行都包含在单独的方括号“[]”中，行之间用逗号分隔在外部方括号中。要确定任何给定矩阵的形状，在 Python 中输入以下代码并运行。

X. shape　　(A. 62)

这行代码得到以下结果：

(5, 3)

这个输出是一种称为元组(tuple)的数据类型。这个元组有两个条目，即行数和列数。第一个条目是行数，第二个条目是列数。因此，以上元组表示 ***X*** 是五行三列的矩阵。

要表示矩阵的***转置***，可以运行下面的代码：

X. transpose()　　(A. 63)

这将导致矩阵的***转置***，结果如下：

```
ans =  5  3  2  4  1
       1  2  2  3  4
       8  5  5  7  3
```

函数 **X. sum**()依据输入输出矩阵所有列或行元素的总和。在括号中间添加 0 将按列对所有元素求和，而在括号中间添加 1 将按行对所有元素求和。首先演示按列对元素求和。

X. sum(0)

[15, 12, 28]

下面是按行对矩阵元素求和：

X. sum(1)

[14, 10, 9, 14, 8]

使用称为***子集***的技术，输出矩阵的特定行。由于 Python 从 0 开始计数，列表中第一个条目的索引为 0，第二个条目的索引为 1。要获取矩阵 ***X*** 的前两行，使用以下代码：

X[0 : 2]

以上代码意味着 Python 输出从第 0 行开始至第 2 行结束，但不包括第 2 行的代码行。上述代码的输出如下所示：

```
5  1  8
3  2  5
```

类似地，下面的方法将给出矩阵 ***X*** 的前两列。使用“ : ”意味着 Python 打印列而不是行，指示计算机从每一行打印数据。

X[: , 0 : 2]

```
5  1
3  2
2  2
4  3
1  4
```

为方便起见，再次展示式(A. 1)中的矩阵 ***X*** 如下：

```
X =  5  1  8
     3  2  5
     2  2  5
```

$$\begin{matrix} 4 & 3 & 7 \\ 1 & 4 & 3 \end{matrix}$$

可以通过以下代码输出包含前两行及第二列到第三列元素的***子矩阵***：

X[0:2, 1:3]

$$\begin{matrix} 1 & 8 \\ 2 & 5 \end{matrix}$$

引入行数和列数相等的***对角方阵***：

D=[1, 2, 3, 4]

Diagonal Matrix=**numpy. diagflat(D)** (A. 64)

函数 **numpy. diagflat**()创建了一个对角线元素从 1 到 4 的对角方阵。

Python 返回以下结果：

$$\begin{matrix} 1 & 0 & 0 & 0 \\ 0 & 2 & 0 & 0 \\ 0 & 0 & 3 & 0 \\ 0 & 0 & 0 & 4 \end{matrix}$$

diagonal()函数从矩阵中检索对角线元素：

X=Diagonal_Matrix. diagonal() (A. 65)

得到 X 的值如下：

X=[1, 2, 3, 4]

在某些情况下，可能需要创建单位矩阵，即方阵，除了从左上角开始向下的对角线元素为 1 外，其余所有元素都是零。可以使用 numpy 方法中的 **numpy. identity()** 函数来达到此目的。下面是使用示例，需要在括号中放置一个数字来指示单位矩阵的行数和列数。

X=numpy. identity(4) (A. 66)

得到的 X 的值如下：

$$\mathbf{X}= \begin{matrix} 1 & 0 & 0 & 0 \\ 0 & 1 & 0 & 0 \\ 0 & 0 & 1 & 0 \\ 0 & 0 & 0 & 1 \end{matrix}$$

numpy. linalg. inv()函数遵循式(A. 26)将给出方阵的***逆矩阵***。

X=numpy. array([[2, 1, -1], [-3, -1, 2], [-2, 1, 2]])

$$\mathbf{X}= \begin{matrix} 2 & 1 & -1 \\ -3 & -1 & 2 \\ -2 & 1 & 2 \end{matrix}$$

Inv=numpy. linalg. inv(**X**)

$$\mathbf{Inv}= \begin{matrix} 4 & 3 & -1 \\ -2 & -2 & 1 \\ 5 & 4 & -1 \end{matrix}$$

式(A.27)和式(A.28)中讨论了方阵的行列式。函数 **numpy.linalg.det( )** 给出了行列式。

numpy.linalg.det(**X**)

-1.0000

A.8 在 Python 中实现基本的多元数据分析

再次考虑由式(A.41)给出的 5×3 数据矩阵 X。

≫**X**=**numpy.array**([[5, 1, 8], [3, 2, 5], [2, 2, 5], [4, 3, 7], [1, 4, 3]])

则矩阵 X 为:

$$\mathbf{X}= \begin{matrix} 5 & 1 & 8 \\ 3 & 2 & 5 \\ 2 & 2 & 5 \\ 4 & 3 & 7 \\ 1 & 4 & 3 \end{matrix}$$

该矩阵有 3 列过程变量，每个变量有 5 个样本(行值)。使用函数 **numpy.mean( )** 可执行式(A.2)的计算，找到 5×3 数据矩阵 X 的样本均值，得到 1×3 的样本均值矩阵，或者行向量。括号中为"0"Python 将计算每列的均值，括号中为"1"Python 将计算每行的均值。

numpy.mean(**X**, **0**)

[3, 2.4, 5.6]

函数 **numpy.std( )** 可给出如式(A.8)所定义每个过程变量的标准差。为了按照式(A.8)中预期的方式使用该方法，自由度必须设置为 1。可以通过在函数参数中添加"ddof = 1"来实现。

numpy.std(**X**, 0, ddof = 1)

[1.5811, 1.1402, 1.9494]

通过使用函数 **numpy.cov( )** 可求得如式(A.10)和式(A.12)中定义的样本方差和协方差矩阵 S。对矩阵 X 的转置执行该函数，可得到协方差矩阵。

S=**numpy.cov**(**X.transpose**( ))

$$\mathbf{S}= \begin{matrix} 2.5000 & -1.2500 & 3.0000 \\ -1.2500 & 1.3000 & -1.5500 \\ 3.0000 & -1.5500 & 3.8000 \end{matrix}$$

在第 A.1.5 节中，讨论了均值中心化的数据矩阵或偏差矩阵 X_d，其定义由式(A.14)给出。

$$X_d = X - \overline{X} \tag{A.14}$$

通过以下语句在 Python 中可求得偏差矩阵:

Xd=**X**-**numpy.mean**(**X**, 0)

Xd =	2.0000	−1.4000	2.4000
	0	−0.4000	−0.6000
	−1.0000	−0.4000	−0.6000
	1.0000	0.6000	1.4000
	−2.0000	1.6000	−2.6000

这与式(A.15)所得结果相同。

继续按照式(A.20)来求 **SSCP** 矩阵，方法 **dot( )** 被用于计算方法前的矩阵与括号内的矩阵之间的点积。使用下面的代码来计算 **SSCP**。

```
SSCP=Xd.transpose().dot(Xd)
```

SSCP =	10.0000	−5.0000	12.0000
	−5.0000	5.2000	−6.2000
	12.0000	−6.2000	15.2000

然后，根据式(A.21)从 **SSCP** 求得样本方差和协方差矩阵 $\boldsymbol{S}$，对于每个过程变量，有 5 个样本，样本数量减 1，$(J-1)$ 为 4。

```
S=0.25*SSCP
```

S =	2.5000	−1.2500	3.0000
	−1.2500	1.3000	−1.5500
	3.0000	−1.5500	3.8000

在第 A.1.7 节中，展示了如何将原始数据矩阵 $\boldsymbol{X}$ 转换为标准化的数据矩阵，即均值中心化和标准化的数据矩阵 $\boldsymbol{X}_s$。在 Python 中，可以通过使用 scipy 库中的简单函数轻松地进行这种转换。Scipy(https://www.scipy.org/)中有一个名为 stats 的包，其中包含我们希望使用的方法。要使用该包中的方法，必须导入它。下面的代码行用于从 scipy 库(https://scipy.org/scipylib/)中导入 stats 包：

```
from scipy import stats
```

这个 stats 包含有一个名为 **stats.zscore( )** 的方法。这个方法需要额外的参数作为自由度，应该将自由度设置为 1。

```
Xs=stats.zscore(X, ddof=1)
```

Xs =	1.2649	−1.2279	1.2312
	0	−0.3508	−0.3078
	−0.6325	−0.3508	−0.3078
	0.6325	0.5262	0.7182
	−1.2649	1.4033	−1.3338

可以按照式(A.24)从标准化的数据矩阵 $\boldsymbol{X}_s$ 求得样本相关系数矩阵 $\boldsymbol{R}$。幸运的是，在 Python 中，可以使用 numpy 库中的 **numpy.corrcoef( )** 函数来实现。这个函数接受额外的参数 rowvar，且应当设置为 False。

```
R=numpy.corrcoef(Xs, rowvar=False)
```

$$\mathbf{R}=\begin{matrix} 1.0000 & 0.6934 & 0.9733 \\ 0.6934 & 1.0000 & 0.6974 \\ 0.9733 & 0.6974 & 1.0000 \end{matrix}$$

使用这些函数使得在第 A. 10 节中实现主成分分析更加容易。

A. 9 特征值、特征向量和矩阵的因式分解(用 Python 计算)

第 A. 2. 3 节回顾了方阵的特征向量和特征值的概念。在 Python 中,使用函数 **numpy. linalg. eig( )** 来求取诸如相关系数矩阵 $\boldsymbol{R}$ 的特征向量和特征值。使用以下代码可同时求得特征向量和特征值。

(Eigenvectors, Eigenvalues) = **numpy. linalg. eig(R)**

$$\text{Eigenvectors}=\begin{matrix} -0.7050 & 0.3777 & 0.6003 \\ 0.0059 & 0.8495 & -0.5275 \\ 0.7092 & 0.3683 & 0.6011 \end{matrix}$$

Eigenvalues = [0. 0267, 0. 3894, 2. 5839]

“特征向量”矩阵的列表示特征向量 $\boldsymbol{x}_1$、$\boldsymbol{x}_2$ 和 $\boldsymbol{x}_3$。它们遵循式(A. 30),即 $\boldsymbol{R}*\boldsymbol{x}_1=\lambda_1*\boldsymbol{x}_1$。对于 $\boldsymbol{x}_1$ 和 λ_1,关系为:

$$\begin{matrix} 1.0000 & -0.6934 & 0.9733 \\ -0.6934 & 1.0000 & -0.6974 \\ 0.9733 & -0.6974 & 1.0000 \end{matrix} \quad \begin{matrix} -0.7050 \\ 0.0059 \\ 0.7092 \end{matrix} = (0.0267) \begin{matrix} -0.7050 \\ 0.0059 \\ 0.7092 \end{matrix}$$

对于 $(J\times K)$ 标准化数据矩阵 $\boldsymbol{X}_s$,其中 K 列是标准化的过程变量,J 行是每个变量的样本或测量值,并且秩为 $\boldsymbol{P}$,通常是 K 和 J 中较小的数。根据第 A. 2. 6. 3 节,考虑 $\boldsymbol{X}_s$ 奇异值分解的两种情况。

完全奇异值分解:这涉及将 $J\times K$ 矩阵 $\boldsymbol{X}_s$ 分解成 $J\times J$ 的 $\boldsymbol{U}_1$,$J\times K$ 的 $\boldsymbol{D}_1$ 和 $K\times K$ 的 $\boldsymbol{V}_1$。换句话说,$\boldsymbol{U}_1$ 和 $\boldsymbol{V}_1$ 都是方阵,而 $\boldsymbol{D}_1$ 的大小与 $\boldsymbol{X}_s$ 相同。

$$\boldsymbol{X}_s=\boldsymbol{U}_1\boldsymbol{D}_1\boldsymbol{V}_1' \tag{A. 39}$$

在 Python 中,使用函数 **numpy. linalg. svd( )** 来实现这个分解,$\boldsymbol{V}_1$ 需要被转置以符合预期的形式。

U1, D1, V1 = numpy. linalg. svd(Xs)

$$\mathbf{U1}=\begin{matrix} -0.6679 & 0.0897 & 0.0792 & -0.1686 & 0.7150 \\ -0.0000 & 0.3296 & 0.6749 & 0.6590 & 0.0393 \\ 0.1181 & 0.5210 & -0.6906 & 0.4333 & 0.2236 \\ -0.1661 & -0.7615 & -0.2040 & 0.5838 & 0.1007 \\ 0.7158 & -0.1789 & 0.1405 & -0.0934 & 0.6536 \end{matrix}$$

D1 =	3.2149	0	0
	0	1.2481	0
	0	0	0.3265
	0	0	0
	0	0	0

V1 = V. transpose( )

V1 =	−0.6003	−0.3777	0.7050
	0.5275	−0.8495	−0.0059
	−0.6011	−0.3683	−0.7092

值得注意的是，矩阵 $\boldsymbol{V}_1$ 与第 A.6 节主成分分析中讨论的主要载荷矩阵 $\boldsymbol{P}$ 是相同的。矩阵 $\boldsymbol{V}_1$ 中的三个列向量对应于三个主成分载荷向量 $\boldsymbol{p}_1$、$\boldsymbol{p}_2$ 和 $\boldsymbol{p}_3$。此外，可以使用式(A.67)获得主成分得分矩阵 $\boldsymbol{T}$。

$$\boldsymbol{T}=\boldsymbol{X}_s\boldsymbol{P}=\boldsymbol{X}_s\boldsymbol{V}_1 \tag{A.67}$$

按照以下步骤进行：

P = V1

P =	−0.6003	−0.3777	0.7050
	0.5275	−0.8495	−0.0059
	−0.6011	−0.3683	−0.7092

T = Xs. dot(P)

T =	−2.1472	0.1120	0.0259
	−0.0000	0.4114	0.2204
	0.3797	0.6503	−0.2255
	−0.5338	−0.9504	−0.0666
	2.3014	−0.2232	0.0459

经济型奇异值分解：对于($J\times K$)标准化数据矩阵 $\boldsymbol{X}_s$，通常情况下，变量样本数 J 比过程变量数 K 要多(即行数多于列数)，由 SVD 产生的矩阵 $\boldsymbol{U}$ 可能会非常大。此时，可以应用经济型奇异值分解，根据式(A.39)产生 $J\times K$ 的 $\boldsymbol{U}$，$K\times K$ 的 $\boldsymbol{D}$ 和 $K\times K$ 的 $\boldsymbol{V}$。

$$\boldsymbol{X}_s=\boldsymbol{U}\boldsymbol{D}\boldsymbol{V}' \tag{A.39}$$

在 Python 中，仍然使用函数 **svd** 来实现分解，但是需要向函数添加“**full_matrices = False**”参数。同样，为了使($\boldsymbol{V}$)到达最终形式，需要对其进行转置。

U, D, V = numpy. linalg. svd(Xs, fullmatrices = False)

U =	−0.6679	0.0897	0.0792
	−0.0000	0.3296	0.6749
	0.1181	0.5210	−0.6906
	−0.1661	−0.7615	−0.2040
	0.7158	−0.1789	0.1405

$$\mathbf{D}= \begin{matrix} 3.2149 & 0 & 0 \\ 0 & 1.2481 & 0 \\ 0 & 0 & 0.3265 \end{matrix}$$

V1 = V. transpose( )

$$\mathbf{V1} = \begin{matrix} -0.6003 & -0.3777 & 0.7050 \\ 0.5275 & -0.8495 & -0.0059 \\ -0.6011 & -0.3683 & -0.7092 \end{matrix}$$

A. 10 主成分分析(用 Python 计算)

之前，在第 A. 6 节中，MATLAB 使用标准化数据矩阵 $\boldsymbol{X}_s$ 的奇异值分解作为默认方案进行主成分分析(PCA)。本节通过使用食品质量分析的示例来说明如何在 Python 中实现主成分分析，这个示例来自一个生产糕点产品的食品制造商[8]。原始的数据处理文件 food-texture. csv 可以从与文献[8]相关的有价值的数据集网站 https：//openmv. net/获取。这个数据集可以形成一个 50×5 的矩阵，其中包含 5 列过程变量(油、密度、脆度、断裂度和硬度)，以及 50 行样本或每个变量的测量值。在数据集中，额外的样本标签列(第一列)与本次的研究无关，因此在形成数据矩阵时将删除该列。

首先，将数据文件放入机器学习工作文件夹中，并将数据集导入机器学习中，形成(50×6)的矩阵 $\boldsymbol{X}_1$。然后，读取前 8 行样本的 5 列变量(从第 2 列到第 6 列)，并将得到的(8×5)数据矩阵命名为 $\boldsymbol{X}$：

```
import pandas
X1 = pandas. readcsv('food-texture. csv'). drop(column = 'unnamed : 0). to_numpy( )
X = X1[0 : 8, 1 : 6]
```

$$\mathbf{X} = 1000 * \begin{matrix} 0.0165 & 2.9550 & 0.0100 & 0.0230 & 0.0970 \\ 0.0177 & 2.6600 & 0.0140 & 0.0090 & 0.1390 \\ 0.0162 & 2.8700 & 0.0120 & 0.0170 & 0.1430 \\ 0.0167 & 2.9200 & 0.0100 & 0.0310 & 0.0950 \\ 0.0163 & 2.9750 & 0.0110 & 0.0260 & 0.1430 \\ 0.0191 & 2.7900 & 0.0130 & 0.0160 & 0.1890 \\ 0.0184 & 2.7500 & 0.0130 & 0.0170 & 0.1140 \\ 0.0175 & 2.7700 & 0.0100 & 0.0260 & 0.0630 \end{matrix} \tag{A.68}$$

选择每个变量的较小样本集，即 8 个样本，进行说明。

首先对数据集 $\boldsymbol{X}$ 进行标准化或归一化处理，得到 $\boldsymbol{X}_s$(8×5)：

Xs = stats. zscore(X)

$$
\mathbf{Xs}=\begin{matrix}
-0.7550 & 1.0680 & -1.0169 & 0.3340 & -0.6664\\
0.3775 & -1.5852 & 1.4862 & -1.6350 & 0.4153\\
-1.0381 & 0.3035 & 0.2347 & -0.5098 & 0.5183\\
-0.5662 & 0.7532 & -1.0169 & 1.4592 & -0.7179\\
-0.9437 & 1.2479 & -0.3911 & 0.7560 & 0.5183\\
1.6987 & -0.4160 & 0.8605 & -0.6505 & 0.7031\\
1.0381 & -0.7757 & 0.8605 & -0.5098 & -0.2286\\
0.1887 & -0.5958 & -1.0169 & 0.7560 & -1.5421
\end{matrix} \tag{A.69}
$$

使用以下 Python 代码执行主成分分析(PCA)。

```
from sklearn.decomposition import PCA
pca = PCA()
pca.fit(Xs)
```

以下讨论如何获得相关结果。

A.10.1 主成分载荷矩阵，coeff 或 *P*(5×5)

coeff = pca.components_.transpose()

$$
\mathbf{coeff}=\begin{matrix}
0.4092 & -0.3479 & 0.7220 & -0.3071 & 0.1455\\
-0.4414 & 0.5457 & 0.2043 & -0.4495 & 0.5134\\
0.5226 & 0.1505 & -0.1842 & 0.4011 & 0.7137\\
-0.4964 & -0.1008 & 0.4788 & 0.7085 & 0.1102\\
0.3437 & 0.7405 & 0.3147 & 0.2019 & -0.4400
\end{matrix} \tag{A.70}
$$

载荷矩阵 $\boldsymbol{P}$ 的列代表主成分载荷向量 $\boldsymbol{p}_a(a=1, 2, \cdots, A)$，即 $\boldsymbol{p}_1$、$\boldsymbol{p}_2$、$\boldsymbol{p}_3$、$\boldsymbol{p}_4$和 $\boldsymbol{p}_5$(见第 A.2.6.2 节)，而 $\boldsymbol{P}$ 的行对应于标准化过程变量 x_{s1}、x_{s2}、x_{s3}、x_{s4}和 x_{s5}的系数。Python 默认假设主成分数 A 与过程变量数 K 相同，在当前示例中均为 5。

A.10.2 主成分得分矩阵，score 或 *T*(8×5)

主成分得分矩阵通过简单地计算 $\boldsymbol{X}_s$ 矩阵和主成分载荷矩阵之间的点积得到。

score = Xs.dot(coeff)

$$
\mathbf{score}=\begin{matrix}
-1.7067 & 0.1652 & -0.2272 & -0.5539 & 0.0427\\
2.5853 & -0.3003 & -0.9582 & 0.1181 & -0.0610\\
-0.0049 & 0.9973 & -0.8636 & 0.0199 & -0.1119\\
-2.0668 & -0.2238 & 0.3767 & 0.3164 & 0.0552\\
-1.3385 & 1.2580 & 0.1235 & 0.2124 & 0.0794\\
2.2367 & 0.6384 & 1.2926 & -0.1066 & -0.1733\\
1.3914 & -0.7728 & 0.1684 & -0.0324 & 0.4113\\
-1.0965 & -1.7620 & 0.0879 & 0.0262 & -0.2424
\end{matrix} \tag{A.71}
$$

得分矩阵 $\boldsymbol{T}$ 的列代表主成分得分向量 $\boldsymbol{t}_a$($k=1, 2, \cdots, A$，主成分数 A 等于过程变量数 K)，即 $\boldsymbol{t}_1$、$\boldsymbol{t}_2$、$\boldsymbol{t}_3$、$\boldsymbol{t}_4$和 $\boldsymbol{t}_5$(见第 A.2.6.2 节)。T 的行对应于投影到第 a 个主成分向量上($a=1, 2, \cdots, 5$)第 k 个样本或观测的得分 t_{ka}($k=1, 2, \cdots, 8$)。

图 A.4 中绘制了前两个主成分的得分。

```
from matplotlib import pyplot
pyplot.scatter(score[ : , 0], score[ : , 1])
pyplot.xlabel('1st Principal Component')
pyplot.ylabel('2nd Principal Component')
pyplot.grid()
```

将载荷矩阵的前两列相加，可得到如图 A.5 所示的结果。

```
pyplot.scatter(coeff[ : , 0], coeff[ : , 1])
```

可以单独提取出 5 个主成分载荷向量中的任何一个。对于第一个主成分 PC1，有：

```
≫T = score;
PC1 = T( : , 0)
PC1 =   -1.7067
         2.5853
        -0.0049
        -2.0668
        -1.3385
         2.2367
         1.3914
         1.0965
```

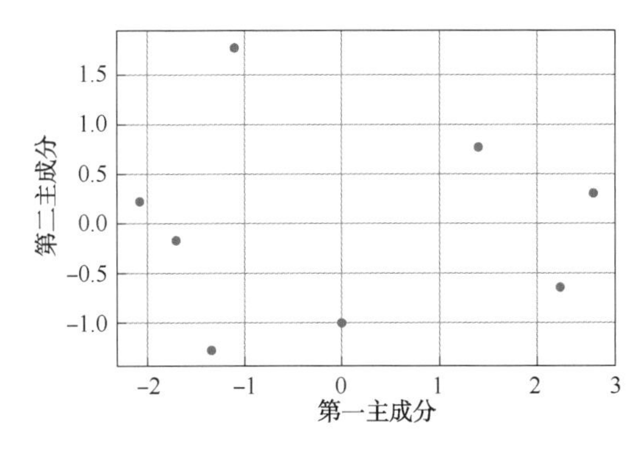

图 A.4　每个过程变量 8 个样本的第一主成分得分与第二主成分得分对比，参见式(A.70)中的前两列得分值

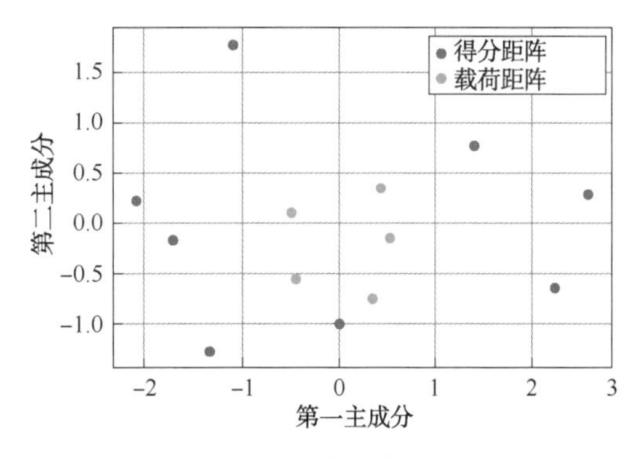

图 A.5　主成分得分矩阵 **score** 或 $\boldsymbol{T}$ 的前两列八行与主成分载荷矩阵 **coeff** 或 $\boldsymbol{P}$ 的前两列八行之间的关系

A.10.3　主成分方差，列向量 latent

列向量 latent 通过以下代码求取：

latent = pca. explained_variance

$$\textbf{latent} = \begin{matrix} 3.4002 \\ 0.9792 \\ 0.5114 \\ 0.0685 \\ 0.0408 \end{matrix} \tag{A.72}$$

如在第 A. 2. 6. 4 节中所讨论的，主成分方差是标准化数据矩阵 $\boldsymbol{X}_s[3,\ 8]$ 相关系数矩阵 $\boldsymbol{R}$ 的特征值。可以应用 Python 来证实这一结果，如下所示：

R = numpy. corrcoef(**Xs**, rowyar = False)

$$\textbf{R} = \begin{matrix} 1.0000 & -0.7069 & 0.5990 & -0.4816 & 0.3434 \\ 0.7069 & 1.0000 & -0.7206 & 0.7217 & -0.1027 \\ 0.5990 & -0.7206 & 1.0000 & -0.9194 & 0.6830 \\ -0.4816 & 0.7217 & -0.9194 & 1.0000 & -0.5684 \\ 0.3434 & -0.1027 & 0.6830 & -0.5684 & 1.0000 \end{matrix} \tag{A.73}$$

Eigenvectors, Eigenvalues = **numpy. linalg. eig**(**R**)

$$\text{Eigenvectors} = \begin{matrix} -0.4092 & 0.3479 & -0.7720 & -0.3071 & -0.1455 \\ 0.4414 & -0.5457 & -0.2043 & -0.4495 & -0.5134 \\ -0.5226 & -0.1505 & 0.1842 & 0.4011 & -0.7137 \\ 0.4964 & 0.1008 & -0.4788 & 0.7085 & -0.1102 \\ -0.3437 & -0.7405 & -0.3147 & 0.2019 & 0.4400 \end{matrix} \tag{A.74}$$

Eigenvalue = [3. 4002, 0. 9792, 0. 5114, 0. 0685, 0. 0408]

A. 10. 4 Hotelling 的 T^2 统计列向量，tsquared

在 Python 中推导 Hotelling 的 T^2 统计列向量稍微复杂一些。以下为执行此操作的代码：

tsquared = numpy. array ([(s * (pca. explained_variance_ ** - 1)). dot (s. T) for s in score])

$$\text{tsquared} = \begin{matrix} 5.5099 \\ 4.1481 \\ 2.7874 \\ 3.1211 \\ 2.9861 \\ 6.0571 \\ 5.3994 \\ 4.9909 \end{matrix} \tag{A.75}$$

第 9. 1. 5 节式(9. 21)中定义了 Hotelling 的 T^2。

A. 10. 5 由主成分解释的数据可变性百分比，向量 explained

找到比值相当简单。以下为执行此操作的代码：

$$explained = pca.explained\_variance\_ratio$$

$$explained = \begin{matrix} 68.0034 \\ 19.5835 \\ 10.2276 \\ 1.3700 \\ 0.8156 \end{matrix} \tag{A.76}$$

在以上案例中，前三个主成分解释的数据方差占总数据方差的 97.8145%。

参 考 文 献

[1] Box, G. E. P., Hunter, W. G., Hunter, J. S. (1987). *Statistics for Experimenters. New York, NY: Wiley.*

[2] Rancher, A. C., Christensen, W. F. (2012). *Methods of Multivariate Analysis*, 3e. New York, NY: Wiley.

[3] Johnson, R. A., Wichern, D. W. (2007). *Applied Multivariate Statistical Analysis*, 6e. Upper Saddle River, NJ: Pearson.

[4] Carey, G. (1998). Important Matrices in Multivariate Analysis. psych. colorado. edu/ ~ carey/Courses/PSYC7291/handouts/important. matrices. pdf.

[5] Morari, M., Zafiriou, E. (1989). Robust Process Control, 212-215. Englewood Cliffs, NJ: Prentice-Hall, and 337.

[6] Seborg, D. E., Edgar, T. F., Mellichamp, D. A., et al (2017). *Process Dynamics and Control*, 4e, 338-340. New York, NY: Wiley.

[7] Aspen Technology Inc. (2003). Training Course on Inferential Property Development and Control with Aspen IQ and DMCplus: Multivariate Statistics.

[8] Dunn, K. (2019). Process Improvements Using Data, version: Release 485-524d, https: //learnche. org/pid/PID. pdf.

[9] Lockhart, S., Tilleson, E. (2017). *An Engineer's Introduction to Programming with MATLAB* 2017. Mission, KS: SDC Publications.

[10] McAvoy, T. J. (1983). *Interaction Analysis: Principles and Applications.* Instrument Society of America Monograph No. 6, Research Triangle Park, NC, 181-184.

附录B

面向化学工程师的Python简介

阿曼·阿加瓦尔(Aman Agarwal)

B.1 简介

Python 是由吉多·范罗苏姆(Guido van Rossum)在 20 世纪 80 年代设计的高级通用编程语言，因其简单易懂、多功能、跨平台、开源、免费、庞大的独特库以及异常的处理能力等特性，使 Python 成为非常受欢迎的编程语言。

简单性：由于 Python 的用户友好性、与英语语言的相似性和适应性，其在 2021 年和 2022 年被美国电气电子工程学会频谱杂志(IEEE Spectrum)评为最受欢迎的编程语言之一。Python 帮助新手程序员以简单的方式掌握编程概念，对于刚开始学习编程的工程师来说，他们可以轻松学习该语言的语法，而不必学习像 C++、Java 和 PHP 等的复杂语法。

多功能性：在过去的几十年里，Python 已经成为最多样化的编程语言之一，可以用于软件开发、运维、可视化、数据分析、金融、设计、机器学习、人工智能等领域。

在化学工程领域，Python 具有广泛的应用，如软传感器开发、数据分析与可视化、运营、工艺优化、模拟、工艺设计、自动计算和异常检测。

跨平台：Python 程序可以在不同的操作系统上运行，如 Windows、Mac 和 Linux。一些操作系统，如 Mac 和 Linux，附带 Python 的预装版本。而对于像 Windows 这样的操作系统，如果需要，可以轻松安装 Python 和图形界面。

开源：Python 是以开放源代码许可证公开访问的。任何人都可以查看、修改和分发代码，甚至可以用于商业用途。

免费软件：所有版本的 Python，包括最新版本，都可以在多台设备上免费安装，适用于所有操作系统(Windows、Mac、Linux 以及其他)。

庞大的独特库：Python 之所以受欢迎的原因之一是其庞大的库集合，其简单性吸引了成千上万的开发者开发新的库，这个集合呈指数级增长。一些流行的库包括 Numpy、Scikit-Learn、TensorFlow、Pandas、Keras 等。

异常处理能力：Python 中的错误有两种类型：语法错误和异常。错误是程序中的问题，出现这些问题，程序将停止执行。语法错误是由于字符或字符串错误地放置在命令或指令中而导致执行失败的错误。

异常是在发生某些内部事件时引发的，这些事件改变了程序的正常流程。Python 提供了几种异常处理机制，以便很好地处理错误，而不干扰大多数代码的工作流程并解决问题，有时还可以加快脚本的速度。

B.2 安装 Python

为了安装和使用 Python，推荐使用 Spyder，这是一个开源的跨平台集成开发环境(IDE)，用于 Python 语言的科学编程。

安装 Spyder 和获取其他有用的编程工具包的最佳方式是安装名为 Anaconda 的组包。**Anaconda** 是用于数据科学和机器学习的 Python 和 R 编程语言的免费开源发行版。Anaconda 拥有超过 1500 个软件包(包括软件包管理系统 **Conda**)和名为 **Anaconda Navigator** 的图形用户界面(GUI)。Anaconda Navigator 还允许用户默认安装一些应用程序，例如 Jupyter Notebook、Spyder IDE 和 Rstudio(用于 R)。

安装 Anaconda Navigator 的分步指南如下：

(1) 前往网址：anaconda. com。

(2) 在产品类别中，选择个人版。

(3) 点击下载。

(4) 选择适合操作系统的版本，对于性能较高的计算机系统(理想情况下内存大于 4 GB)，选择 64 位处理器，对于较旧的系统，选择 32 位处理器。

(5) 点击“可执行”文件，然后点击“下一步”，阅读许可协议并点击“同意”条款。

(6) 选择“仅自己安装”，除非要为所有用户安装(这需要 Windows 管理员权限)，然后点击“下一步”。

(7) 选择安装位置。

(8) 选择是否将 Anaconda 添加到 PATH 环境变量中。建议不要将 Anaconda 添加到 PATH 环境变量中，因为这可能会干扰其他软件。而是通过“开始”菜单打开 Anaconda Navigator 或 Anaconda Prompt 使用 Anaconda 软件。

(9) 选择是否将 Anaconda 注册为默认的 Python。建议选择此选项。

(10) 点击“安装”，然后点击“下一步”，最后点击“完成”以完成安装。

有关更多信息和特定操作系统的指南，请用户访问：https://docs. anaconda. com/anaconda/install/。

B. 3 Python 基础

1. 打开 Python

要使用 Python，将使用 Spyder IDE 作为图形界面。可以通过搜索 Spyder 或使用 Anaconda Navigator 来打开 Spyder。

2. 创建新文件

可以通过点击“新建文件”或按下“Ctrl+N”来创建新文件；每个新文件都将被创建为 Python 脚本，并且其目录位置可以选择，在变量浏览器窗口上方可见。

在执行脚本之前，将脚本保存在正确的位置非常重要。

3. 编写脚本

在命令窗口中编写脚本，执行脚本的输出可以在 Spyder 的 Python 控制台窗口中看到。存储的函数、变量和基本数学运算可以直接在控制台窗口中调用。

4. 将 Python 用作计算器

可以将 Python 用作计算器来执行基本的数学运算。例如，可以直接在控制台窗口进行如下计算：

```
In [1]: 12/1.9926
Out[1]: 6.022282445046673
```

这样的计算非常基础，为了进行一些复杂的计算，需要学习如何将值存储在变量以及一些数学库中，这些内容将在接下来的部分进行探讨。

5. 将值存储在变量中

在 Python 中，可以使用等号将值赋给变量。例如，可以存储阿伏伽德罗常数：

```
In [2]: Avogadro_number=12/(1.9926*pow(10,-23))
```

使用内置的幂函数(pow)来处理指数。结果变量被存储为阿伏伽德罗常数，并可以在变量浏览器窗口中看到，见图 B.1。

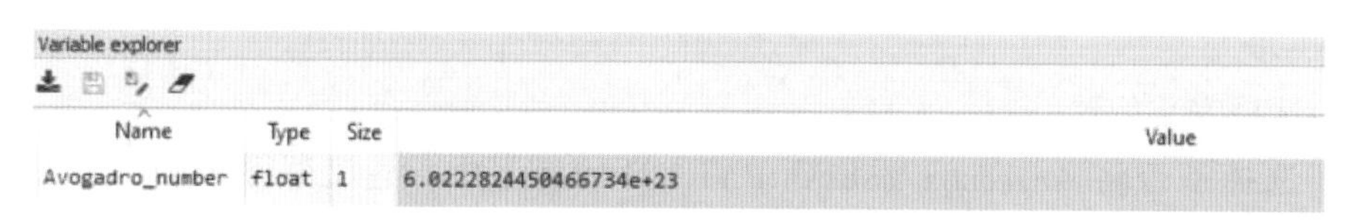

图 B.1　变量浏览器显示了变量的存储值

B.4 Python 中的不同数据类型

变量可以存储不同类型的数据；Python 默认内置了以下数据类型：

1. 文本类型(“str”)

要创建字符串，可以在文本周围使用单引号或双引号，例如：

```
In [3]: closing_salutation='CHEers'
```

2. 数值类型(“int, float, complex”)

图 B.2 显示了 x、y 和 z 分别存储为整数、浮点数和复数。

Name	Type	Size	Value
x	int	1	5
y	float	1	4.63
z	complex	1	(2+5j)

图 B.2　存储的数值类型

3. 序列类型(“list, tuple, range”)

List：使用列表在单个变量中存储多个项目，使用方括号创建列表。列表是有序的、可变的，并且允许重复的值。列表项目是有索引的，第一个项目的索引是[0]，第二个项目的索引是[1]，依此类推。例如：

```
In [10]: George_Davis=['UK','Father_of_chemical_engineering',1850, 1906]
```

Tuple：使用元组在单个变量中存储多个项目，就像列表一样，元组使用圆括号创建。它们是有序的、不可变的，并且允许重复的值。元组项目也是有索引的，第一个项目的索引是[0]，第二个项目的索引是[1]，依此类推。例如：

```
In [11]: George_Davis=('UK','Father_of_chemical_engineering',1850, 1906)
```

在讨论 range 之前，先来了解一下列表和元组之间的区别：

a. 语法差异：如上文所示，列表使用方括号创建，而元组使用圆括号创建。

b. 可变性：可以根据索引轻松更改或修改列表的值，而元组则无法更改。由于列表是可变的，不能将列表用作字典中的键。这是因为只有不可变对象才能用作字典中的键。因此，如果需要，可以使用元组作为字典的键。图 B. 3 显示了代码和变更后的结果。

```
In [13]: George_Davis[0]='Birmingham, UK'
```

Variable explorer

Name	Type	Size	Value
George_Davis	list	4	['Birmingham, UK', 'Father_of_chemical_engineering', 1850, 1906]

图 B. 3　更改字典中键的代码以及更改后的列表的结果

c. 复制和重复使用：由于元组是不可变的，它们可以在不复制的情况下简单地被重复使用。而列表可以被复制，如图 B. 4 所示。

```
In [14]: copy_George_Davis=list(George_Davis)
```

copy_George_Davis	list	4	['Birmingham, UK', 'Father_of_chemical_engineering', 1850, 1906]

图 B. 4　复制列表和结果显示

复制的列表中的元素与原始列表中的元素相同。然而，列表本身是不同的，如下所示：

```
In [15]: print(copy_George_Davis is George_Davis)
False
```

d. 内存差异：Python 为元组分配内存时，采用了较大的块，并且由于元组是不可变的，所以内存开销较低。此外，对于列表，Python 分配小的内存块。因此，与列表相比，元组使用更少的内存空间。这使得当元素数量较大时，元组比列表稍快一些。

Range：range( )函数返回数字序列，默认从 0 开始，每次增加 1(默认)，并在指定的数字之前停止。图 B. 5 所示脚本，存储了 4 的倍数的范围，该范围从 4 开始，到 21 结束。

4. 映射类型(“dict”)

字典用于以“键：值”对的形式存储数据值，使用花括号创建。它们是有序的(对于 Python 3. 7 及以上版本，对于其他版本无序)、可更改的，且不允许重复的值。

以下例子将之前使用的信息存储为字典：

```
Four_multiples=range(4,21,4)
for n in Four_multiples:
  print(n)
```

Output:

```
4
8
12
16
20
```

图 B.5　指定范围的代码和结果输出

```
In [26]: Father_of_chemical_engineering = {"Name": "George Davis",
"Country": "United Kingdom","Birth year": 1850}
```

使用字典，可以轻松地为不同的键搜索特定的值。例如，如果想要查看字典中乔治·戴维斯(George Davis)的出生年份，可以简单地使用以下代码：

```
In [27]: print(Father_of_chemical_engineering["Birth year"])
1850
```

5. 集合类型(“set，frozenset”)

Set：集合用于在单个变量中存储多个项目，同样使用花括号创建。集合是无序的、不可更改的、无索引的，且不允许重复的值。集合是可变的，允许向其中添加或删除值。集合示例代码如下：

```
In [34]: Father_of_chemical_engineering = {"George Davis","United
Kingdom","1850"}
```

调用集合时，可以看到集合的无序特性：

```
In [36]: Father_of_chemical_engineering
Out[36]: {'1850', 'George Davis', 'United Kingdom'}
```

可以使用 add 向集合添加新值：

```
In [37]: Father_of_chemical_engineering.add(1906)

In [38]: Father_of_chemical_engineering
Out[38]: {'1850', 1906, 'George Davis', 'United Kingdom'}
```

Frozenset：是不可变的集合。一旦创建了冻结集合，就无法添加或删除值。冻结集合有时被用作字典键，因为它们是不可变的。

6. 布尔类型(“bool”)

bool()函数可用于评估任何值，返回“True”或“False”。对于 None、False、任何数值类型的零(0、0.0、0j)、空序列、空映射等布尔值，布尔函数返回“False”。

```
In [41]: bool(0)
Out[41]: False

In [42]: bool(Father_of_chemical_engineering)
Out[42]: True
```

使用布尔的另一种方式是使用内置的布尔函数：

```
In [43]: print(10 > 9)
True

In [44]: print(10 == 9)
False
```

7. 二进制类型（“bytes，bytearray，memoryview”）

Bytes 命令可以将对象转换为字节对象或创建指定大小的空字节对象。生成的字节对象是不可变的。

Bytearray 与 bytes 相同，但是可变的。

Memoryview 从字节和字节数组中返回一个 memoryview 对象。生成的对象可以通过切片获得，而不需要复制整个数据集。

B.5 Python 中的函数和循环

函数是在 Python 中执行特定任务的代码块。通常情况下，有两种类型的函数：内置函数和用户定义函数。顾名思义，内置函数是预先构建的函数，可以直接在 Python 脚本中使用或调用。例如，之前使用了“pow”函数通过指数定义阿伏伽德罗常数。pow 函数是一个内置函数。

本节学习如何构建用户定义函数。函数由 def 命令定义。下面构建一个名为“my_first_function”的函数：

```
def my_first_function(x):
    return x**2-4*x+2*x**3
```

将函数保存在脚本中之后，可以在控制台窗口调用它，赋予不同的 x 值，如下所示：

```
In [3]: print(my_first_function(3))
51

In [4]: print(my_first_function(1))
-1
```

在使用 Python 解决不同的线性和非线性方程时函数非常有用。

循环用于迭代序列类型，能够反复执行命令。

B.5.1 “For loop”示例

```
Father_of_chemical_engineering = {"George Davis","United Kingdom","1850"}
for x in Father_of_chemical_engineering:
  print(x)

1850
George Davis
United Kingdom
```

“For loop”通常用于使用 range 迭代一系列数字。可以将“For loop”用于上面构建的函数，如下所示：

```
for x in range(1,6,1):
    print (my_first_function(x))
```

以上循环用于计算“my_first_function” 的 x 值为 1~5 时函数的值，结果如下：

```
-1
12
51
128
255
```

B.5.2 “While loop”示例

```
x=0
while (x<6):
    print (my_first_function(x))
    x=x+1
```

利用这个循环，计算“my_first_function”的值，直到不满足条件语句 $x<6$ 时终止(0~5)。结果如下：

```
0
-1
12
51
128
255
```

使用“While loop”，可以在循环条件为真时执行一组语句。

B.5.3 “Break”和“Continue”语句示例

```
for val in "Engineering":
    if val == "e":
        break
    print(val)

E
n
g
i
n
```

“Break”语句终止包含它的循环，并用于控制程序的流程。

类似地，“Continue”语句指示循环继续下一次迭代。例如：

```
for val in "Engineering":
    if val == "e":
        continue
    print(val)

E
n
g
i
n
r
i
n
g
```

可以看到输出是除了字母“e”之外的所有内容。

B.6 Python 中的库

库是一组模块或一组预先组合的代码，可以被反复使用，以减少实现函数或代码所需的时间，同时它们是可重复使用的资源，有助于提高使用 Python 的效率和效果。Python 默认具有标准库，它是 Python 的准确语法、标记和语义的集合。Python 标准库拥有超过 200 个核心模块，为用户提供了多种数据类型、文本处理、数学和通用操作模块。

由于 Python 深受欢迎，其旗下拥有大量的开源库。下面介绍一些深受化学工程师欢迎的库。

B.6.1 Chemics

Chemics(https://github.com/chemics/chemics)是由威金斯(Wiggins)等人创建的 Python 库，用于化学反应工程的基本操作工具。该库允许用户执行多种操作，如计算无量纲数、气体比热容、气体热导率、质量传递关联式、传输速度、压降和分子量。

该库是化学工程师的便利工具，允许快速高效地执行多个有用的化学工程公式，而不用再依赖多个表格进行这样的计算。

以下将举例说明如何计算流体传输的阿基米德数：已知阿基米德数是一个无量纲数，用于确定由密度差引起的流体运动。它是重力和黏性力的比值，其定义公式如下所示：

$$Ar=\frac{d_p^3\rho_g(\rho_s-\rho_g)g}{\mu^2}$$

其中，d_p为颗粒直径；ρ_g为气体密度；ρ_s为固体密度；μ 为动力黏度；g 为局部外部场，如重力加速度。对于 $d_p=0.001(m)$，$\rho_g=910(kg/m^3)$，$\rho_s=2500(kg/m^3)$ 和 $\mu = 0.001307$ $[kg/(m \cdot s)]$：

```
In [15]: import chemics as ch
    ...: ch.archimedes(0.001,910,2500,0.001307)
Out[15]: 8309.14521243683
```

B. 6. 2 Fluids

Fluids(https：//pythonlang. dev/repo/calebbell-fluids/)是另一个由贝尔(Bell)等人创建的供化学工程师使用的开源库。这个庞大的库涵盖了许多化学工程师的基本工具，包括管道、管件、泵、储罐、两相流、控制阀尺寸、压降计算等。

以通过管道流动的等温可压缩气体质量流量(kg/s)的求解为例。用于计算的公式为：

$$m^2 = \frac{\left(\frac{\pi D^2}{4}\right)^2 \rho_{avg}(P_1^2 - P_2^2)}{P_1\left(f_d \frac{L}{D} + 2\ln\frac{P_1}{P_2}\right)}$$

其中，ρ_{avg}为管道内气体的平均密度；f_d为达西摩擦因子；P_1和P_2为管道的入口和出口压力；L为管道的长度；D为管道的内径；m为通过管道的气体的质量流量。

对于平均密度为11.3 kg/m^{3}的气体，流经长度为1000 m、内径为0.5 m的管道，管道入口压力为1×10^6 kPa(1 bar=100 kPa)，管道出口压力为9×10^5 kPa，计算的质量流量如下：

```
In [16]: import fluids
    ...: fluids.isothermal_gas(rho=11.3,fd=0.00185,P1=1E6,P2=9E5,
         L=1000,D=0.5)
Out[16]: 145.4847572636031
```

以上代码中输入设定为国际单位制(SI)，达西摩擦因子为0.00185。相同的方法可以用来求解公式中的不同变量。例如，求解上述相同管道，质量流量250 kg/s对应的管道出口压力：

```
In [18]: fluids.isothermal_gas(rho=11.3,fd=0.00185,P1=1E6,L=1000,D=0.5,m=250)
Out[18]: 541423.4532578246
```

得到的管道出口压力为5.4 bar或541423.45 Pa。

B. 6. 3 TensorFlow

TensorFlow是由谷歌Brain团队创建的Python库，用于直接或通过使用像Keras这样的包装库[3]创建深度学习模型，TensorFlow允许对张量进行一系列操作；张量是可以用来描述物理性质的数学对象，例如标量和向量。由于神经网络可以轻松表达为计算图，因此可以使用TensorFlow对张量进行一系列操作来实现。

TensorFlow成为理想的深度学习库的特点包括灵活性、庞大的社区、开源性、可视化构建、并行神经网络训练等。正如第10章所示，这些特点以及优化策略如XLA(加速线性代数)用于编译，使TensorFlow成为构建和优化深度神经网络的一个有用的库。

B. 6. 4 Scikit-learn (Sklearn)

Scikit-learn 是由库恩波 (Cournpeau) 等人创建的机器学习库，为用户提供了大量用于不同分类、回归和聚类任务的有监督学习和无监督学习算法，涵盖诸如 K 近邻、支持向量机(SVM)和随机森林等算法。

模型评估技术的可用性如交叉验证，无监督学习算法如因子分析、无监督神经网络和主成分分析等 Scikit-learn 的一些特点，使其成为实现某些机器学习算法的标准。

B. 6. 5 Numpy

Numpy 是 Python 中最基础的库之一，提供对多维数组和矩阵的支持，通过大量的数学函数来操作这些数组/矩阵。它由奥列芬特 (Oliphant) 等人创建，广泛应用于数组的创建和操作。

使用 Numpy 接口可以将图像、声波和其他二进制原始系统表示为一组实数数组。数组是具有一个或多个维度的值集合。一维 Numpy 数组称为向量，二维 Numpy 数组称为矩阵。利用 Numpy 数组，可以执行逐元素操作，而这是使用 Python 列表无法实现的。

B. 6. 6 Pandas

类似于 Numpy，Pandas 是另一个流行的库，用于将数据处理为麦金尼(McKinney)等人创建的数据框。由于其灵活且非常全面的数据操作工具包，Pandas 被广泛应用于大多数数据分析。它允许用户以灵活的方式重塑和透视数据集，并与动态数据很好地配合。此外，它还允许基于标签进行数据切片、索引和子集选择。

Pandas 库可以用来导入或导出数据到 Microsoft Excel，使其成为进行数据相关操作的非常方便的工具。图 B. 6 展示了使用 Pandas 从 Excel 文件中读取数据的基本步骤。

```
In [3]: import pandas as pd
   ...: excel_file='HDPE_trainingdata.xlsx'
   ...: dataset= pd.read_excel(excel_file)
   ...: dataset.head()
Out[3]:
   Time    CAT1     C21  H21      HX1     C22     C42     HX2  H22  Melt_index
0  0.00  255.31  7000.0  8.0  15000.0  7000.0  1000.0  2000.0  1.0     11.6419
1  0.02  255.31  7000.0  8.0  15000.0  7000.0  1000.0  2000.0  1.0     11.6420
2  0.04  255.31  7000.0  8.0  15000.0  7000.0  1000.0  2000.0  1.0     11.6420
3  0.06  255.31  7000.0  8.0  15000.0  7000.0  1000.0  2000.0  1.0     11.6421
4  0.08  255.31  7000.0  8.0  15000.0  7000.0  1000.0  2000.0  1.0     11.6421
```

图 B. 6 从 Excel 文件中读取数据的代码

使用 head( )来查看数据集的前几行。

B. 6. 7 Matplotlib

Matplotlib 是由亨特(Hunter)等人创建的广泛使用的 2D 绘图库，用于在 Python 中创建静图、动画和交互式可视化工具[7]，通过使用 Python 脚本生成具有出版质量的图形。使用 Matplotlib 可生成各种数据可视化工具，如图表、直方图、条形图、误差图和散点图。还可以使用“matplotlib. pyplot”将 Matplotlib 用作基于状态的接口，为用户提供类似 MATLAB 的绘图方式。

图 B. 7 为使用 matplotlib. pyplot 绘制线图的代码，而图 B. 8 为生成的图表。

```
import matplotlib.pyplot as plt
dataset.plot(x='Time', y='CAT1',xlabel='Time',ylabel='Catalyst flow rate',
color='red',figsize=(10,6),title='Catalyst flow rate over time')
plt.show()
```

图 B. 7　绘制线图的代码

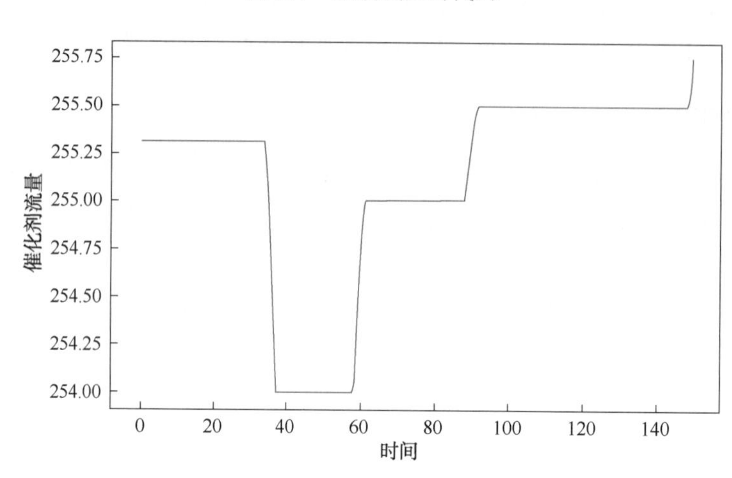

图 B. 8　使用 Matplotlib 绘制的催化剂流量随时间变化的线图

通过使用这些库以及许多其他开源库，读者可以在 Python 中轻松处理几个基本和复杂的工程问题。本附录向读者介绍了 Python 的基础知识，它是化学工程应用中最通用和全面的编程语言。

B. 7 Python 中的机器学习算法：　超参数优化和示例代码

本节总结了第 10 章中讨论的一些流行的机器学习算法、标准算法参数(称为超参数)(见第 10. 1. 2. 3 节)、参数的常用值、寻找“最佳”参数值的方法(称为超参数优化)以及示例 Python 代码。算法总结见表 B. 1，Python 代码见附录 B. 8 中的 B. 1～B. 8。

表 B. 1　机器学习算法、标准参数、参数常用值、寻找“最佳”参数的方法以及 Python 代码

算法	标准参数	参数常用值	选参方法	示例代码
简单线性回归	不适用	不适用	不适用	代码 B. 1
K 均值聚类	n_neigbors，weights，algorithm，leaf_size，p，metric	n_neigbors=[3，5，10，15，20]，weights=uniform，algorithm=auto，leaf_size=30，p=2，metric='minkowski'	网格搜索	代码 B. 2

续表

算法	标准参数	参数常用值	选参方法	示例代码
决策树	criterion, splitter, max_depth, min_samples_split, min_samples_leaf, min_weight_fraction_leaf, max_f eatures	criterion=mse, splitter=best, max_depth=[2, 3, 4, 5, 6, 7, 8, 9, 20, 50, 100], min_samples_split=[2, 5, 10, 15, 20, 40], min_samples_leaf=[1, 3, 5, 10, 15, 20], min_weight_fraction_leaf=0, max_features=auto	网格搜索	代码 B. 3
随机森林	n_estimators, criterion, max_depth, min_samples_split, min_samples_leaf, min_weight_fraction_leaf, max_features, bootstrap, oob_score,	n_estimators=[100, 200, 500, 1000, 2000], criterion=mse, max_depth=[2, 3, 4, 5, 6, 7, 8, 9, 20, 50, 100], min_samples_split=[2, 5, 10, 15, 20, 40], min_samples_leaf=[1, 3, 5, 10, 15, 20], min_weight_fraction_leaf=0, max_features=auto	网格搜索	代码 B. 4
偏最小二乘	n_components	n_components=[Integer value]	通过计算 *Q*2 的分数和 *R*2 的分数获得。当分数不再增加时，选择与该分数相关联的组分数量	代码 B. 5
神经网络/深度神经网络	Model, activation, loss, optimizer, batch_size, epochs, number_of_hidden_layers, input_layer_neurons, output_layer_neurons, hidden_layer_neurons, kernel_initializer	Model=Sequential( ), activation=relu, loss=mean_squared_error, optimizer=adam, batch_size=[1, size of training set, 32, 64, 128], epochs=[10, 100, 500, 1000], number of_hidden_layers=[1, 2, integer value], input_layer_neurons=number of input variables, output_layer_neurons=number of output variables, hidden_layer_neurons=2/3 of the input layer plus output layer neuron, kernel_initializer=normal	通过对数据结构的深入理解、网格搜索、理解计算限制以及试错来获得	代码 B. 6

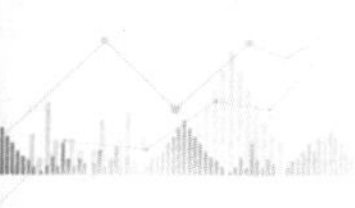

续表

算法	标准参数	参数常用值	选参方法	示例代码
支持向量机	kernel, gamma, C,	kernel=rbf, gamma =[0.001, 0.01, 0.1, 0.2, 0.5, 0.6, 0.9], C=[10, 100, 1000, 10000]	网格搜索和选择适合数据集的核函数	代码 B.7
主成分分析	n_components	n_components=[Integer value]	通过使用碎石图，保留的组分数量具有大于 1 的特征值	代码 B.8

B.8 表 B.1 的示例代码

代码 B.1　线性回归

```
from sklearn. linear_model import LinearRegression
import pandas as pd
import warnings
import numpy as np
from sklearn. model_selection import cross_val_predict
from sklearn. metrics import mean_squared_error, r2_score
warnings. filterwarnings('ignore')
warnings. filterwarnings('ignore', category=DeprecationWarning)
dataset=pd. read_excel("LDPE dataset_KevinMcgregor. xlsx",encoding =
'unicode_escape')
dataset=dataset. drop(36,axis=0)
X=dataset. iloc[0:39,1:23]. values
y=dataset. iloc[0:39,23:29]. values
# define model
model = LinearRegression()
model. fit(X, y)
X_test=dataset. iloc[39:49,1:23]. values
y_test=dataset. iloc[39:49,23:29]. values
y1_test=y_test[:,0:1]
y2_test=y_test[:,1:2]
y3_test=y_test[:,2:3]
y4_test=y_test[:,3:4]
y5_test=y_test[:,4:5]
```

```
y6_test=y_test[ : ,5 : 6]
y_cv = cross_val_predict(model, X_test, y_test, cv=10)
y_cv1=y_cv[ : ,0 : 1]
y_cv2=y_cv[ : ,1 : 2]
y_cv3=y_cv[ : ,2 : 3]
y_cv4=y_cv[ : ,3 : 4]
y_cv5=y_cv[ : ,4 : 5]
y_cv6=y_cv[ : ,5 : 6]
score= r2_score(y_test, y_cv)
score1= r2_score(y1_test,y_cv1)
score2= r2_score(y2_test,y_cv2)
score3= r2_score(y3_test,y_cv3)
score4= r2_score(y4_test,y_cv4)
score5= r2_score(y5_test,y_cv5)
score6= r2_score(y6_test,y_cv6)
rmse = np. sqrt(mean_squared_error(y_test, y_cv))
rmse1= np. sqrt(mean_squared_error(y1_test,y_cv1))
rmse2= np. sqrt(mean_squared_error(y2_test,y_cv2))
rmse3= np. sqrt(mean_squared_error(y3_test,y_cv3))
rmse4= np. sqrt(mean_squared_error(y4_test,y_cv4))
rmse5= np. sqrt(mean_squared_error(y5_test,y_cv5))
rmse6= np. sqrt(mean_squared_error(y6_test,y_cv6))
```

代码 B.2　K 均值聚类

```
from sklearn. neighbors import KNeighborsRegressor
import pandas as pd
import warnings
import numpy as np
from sklearn. model_selection import cross_val_predict
from sklearn. metrics import mean_squared_error, r2_score
warnings. filterwarnings('ignore')
warnings. filterwarnings('ignore', category=DeprecationWarning)
dataset=pd. read_excel("LDPE dataset_KevinMcgregor. xlsx",encoding =
'unicode_escape')
dataset=dataset. drop(36,axis=0)
X=dataset. iloc[0 : 39,1 : 23]. values
y=dataset. iloc[0 : 39,23 : 29]. values
# define model
```

```
model = KNeighborsRegressor(n_neighbors=9)
model.fit(X, y)
X_test=dataset.iloc[39:49,1:23].values
y_test=dataset.iloc[39:49,23:29].values
y1_test=y_test[:,0:1]
y2_test=y_test[:,1:2]
y3_test=y_test[:,2:3]
y4_test=y_test[:,3:4]
y5_test=y_test[:,4:5]
y6_test=y_test[:,5:6]
y_cv = cross_val_predict(model, X_test, y_test, cv=10)
y_cv1=y_cv[:,0:1]
y_cv2=y_cv[:,1:2]
y_cv3=y_cv[:,2:3]
y_cv4=y_cv[:,3:4]
y_cv5=y_cv[:,4:5]
y_cv6=y_cv[:,5:6]
score= r2_score(y_test, y_cv)
score1= r2_score(y1_test,y_cv1)
score2= r2_score(y2_test,y_cv2)
score3= r2_score(y3_test,y_cv3)
score4= r2_score(y4_test,y_cv4)
score5= r2_score(y5_test,y_cv5)
score6= r2_score(y6_test,y_cv6)
rmse = np.sqrt(mean_squared_error(y_test, y_cv))
rmse1= np.sqrt(mean_squared_error(y1_test,y_cv1))
rmse2= np.sqrt(mean_squared_error(y2_test,y_cv2))
rmse3= np.sqrt(mean_squared_error(y3_test,y_cv3))
rmse4= np.sqrt(mean_squared_error(y4_test,y_cv4))
rmse5= np.sqrt(mean_squared_error(y5_test,y_cv5))
rmse6= np.sqrt(mean_squared_error(y6_test,y_cv6))
```

代码 B.3　决策树

```
from sklearn.tree import DecisionTreeRegressor
import pandas as pd
import warnings
import numpy as np
from sklearn.model_selection import cross_val_predict
```

```
from sklearn. metrics import mean_squared_error, r2_score
warnings. filterwarnings(' ignore' )
warnings. filterwarnings(' ignore' , category=DeprecationWarning)
dataset=pd. read_excel( "LDPE dataset_KevinMcgregor. xlsx",encoding =
' unicode_escape' )
dataset=dataset. drop(36,axis=0)
X=dataset. iloc[0 : 39,1 : 23]. values
y=dataset. iloc[0 : 39,23 : 29]. values
# define model
model = DecisionTreeRegressor( )
model. fit(X, y)
X_test=dataset. iloc[39 : 49,1 : 23]. values
y_test=dataset. iloc[39 : 49,23 : 29]. values
y1_test=y_test[ : ,0 : 1]
y2_test=y_test[ : ,1 : 2]
y3_test=y_test[ : ,2 : 3]
y4_test=y_test[ : ,3 : 4]
y5_test=y_test[ : ,4 : 5]
y6_test=y_test[ : ,5 : 6]
y_cv = cross_val_predict(model, X_test, y_test, cv=10)
y_cv1=y_cv[ : ,0 : 1]
y_cv2=y_cv[ : ,1 : 2]
y_cv3=y_cv[ : ,2 : 3]
y_cv4=y_cv[ : ,3 : 4]
y_cv5=y_cv[ : ,4 : 5]
y_cv6=y_cv[ : ,5 : 6]
score= r2_score(y_test, y_cv)
score1= r2_score(y1_test,y_cv1)
score2= r2_score(y2_test,y_cv2)
score3= r2_score(y3_test,y_cv3)
score4= r2_score(y4_test,y_cv4)
score5= r2_score(y5_test,y_cv5)
score6= r2_score(y6_test,y_cv6)
rmse = np. sqrt(mean_squared_error(y_test, y_cv))
rmse1= np. sqrt(mean_squared_error(y1_test,y_cv1))
rmse2= np. sqrt(mean_squared_error(y2_test,y_cv2))
rmse3= np. sqrt(mean_squared_error(y3_test,y_cv3))
```

```
rmse4 = np. sqrt( mean_squared_error( y4_test, y_cv4) )
rmse5 = np. sqrt( mean_squared_error( y5_test, y_cv5) )
rmse6 = np. sqrt( mean_squared_error( y6_test, y_cv6) )
```

代码 B.4　随机森林

```
from sklearn. ensemble import RandomForestRegressor as rf
from sklearn. metrics import mean_squared_error
import pandas as pd
import numpy as np
import warnings
warnings. filterwarnings( 'ignore' )
warnings. filterwarnings( 'ignore' , category = DeprecationWarning)
dataset = pd. read_excel ( "Mastermerged. xlsx", encoding = 'unicode_escape' )
traindataset = pd. read_excel ( "TrainAll. xlsx", encoding = 'unicode_escape' )
testdataset = pd. read_excel ( "TestAll. xlsx", encoding = 'unicode_escape' )
testA = pd. read_excel ( "TestA. xlsx", encoding = 'unicode_escape' )
testB = pd. read_excel ( "TestB. xlsx", encoding = 'unicode_escape' )
testC = pd. read_excel ( "TestC. xlsx", encoding = 'unicode_escape' )
testH = pd. read_excel ( "TestH. xlsx", encoding = 'unicode_escape' )
X1 = dataset. iloc[ : ,0 : 12]. values
y = dataset. iloc[ : ,13 : 14]. values
from sklearn import preprocessing
X = preprocessing. scale( X1)
X_train1 = traindataset. iloc[ : ,0 : 12]. values
X_train = preprocessing. scale( X_train1)
y_train = traindataset. iloc[ : ,13 : 14]. values
X_test1 = testdataset. iloc[ : ,0 : 12]. values
X_test = preprocessing. scale( X_test1)
y_test = testdataset. iloc[ : ,13 : 14]. values
X_testA1 = testA. iloc[ : ,0 : 12]. values
X_testA = preprocessing. scale( X_testA1)
y_testA = testA. iloc[ : ,13 : 14]. values
X_testB1 = testB. iloc[ : ,0 : 12]. values
X_testB = preprocessing. scale( X_testB1)
y_testB = testB. iloc[ : ,13 : 14]. values
X_testC1 = testC. iloc[ : ,0 : 12]. values
X_testC = preprocessing. scale( X_testC1)
y_testC = testC. iloc[ : ,13 : 14]. values
```

```
X_testH1 = testH.iloc[ : ,0 : 12].values
X_testH = preprocessing.scale(X_testH1)
y_testH = testH.iloc[ : ,13 : 14].values
rfr = rf(n_estimators = 1000, random_state = 423,min_samples_split = 2,
min_samples_leaf = 4, max_features = 'sqrt' ,max_depth = 50,bootstrap = 'True' )
# Train the model on training data
rfr.fit(X_train,y_train);
predictions = rfr.predict(X_test)
# Calculate the absolute errors
errors = np.sqrt(mean_squared_error(predictions,y_test))
# Print out the mean absolute error (mae)
print('Root Mean Squared Error:', round(errors,2), 'L.')
from pprint import pprint
# Look at parameters used by our current forest
print('Parameters currently in use: \\n')
pprint(rf().get_params())
from sklearn.model_selection import RandomizedSearchCV
# Number of trees in random forest
n_estimators = [200]
# Number of features to consider at every split
max_features = ['auto', 'sqrt']
# Maximum number of levels in tree
max_depth = [5,10,20,50]
# Minimum number of samples required to split a node
min_samples_split = [2, 5, 10]
# Minimum number of samples required at each leaf node
min_samples_leaf = [1, 2, 4]
# Method of selecting samples for training each tree
bootstrap = [True, False]
# Create the random grid
random_grid = {'n_estimators': n_estimators,
'max_features': max_features,
'max_depth': max_depth,
'min_samples_split': min_samples_split,
'min_samples_leaf': min_samples_leaf,
'bootstrap': bootstrap}
pprint(random_grid)
```

```
#Use the random grid to search for best hyperparameters
# First create the base model to tune
# Random search of parameters, using 3 fold cross validation,
# search across 100 different combinations, and use all available cores
rf_random = RandomizedSearchCV(estimator = rf(), param_distributions
= random_grid, n_iter = 100, cv = 3, verbose=2, random_state=42, n_jobs = -1)
# Fit the random search model
rf_random.fit(X_train, y_train)
rf_random.best_params_
print (rf_random.best_params_)
```

代码 B.5　偏最小二乘

```
from sklearn.cross_decomposition import PLSRegression
import pandas as pd
import warnings
import numpy as np
from sklearn.model_selection import cross_val_predict
from sklearn.metrics import mean_squared_error, r2_score
warnings.filterwarnings('ignore')
warnings.filterwarnings('ignore', category=DeprecationWarning)
dataset=pd.read_excel("LDPE dataset_KevinMcgregor.xlsx",encoding =
'unicode_escape')
dataset=dataset.drop(36,axis=0)
X=dataset.iloc[0:39,1:23].values
y=dataset.iloc[0:39,23:29].values
# define model
model = PLSRegression(n_components=8)
model.fit(X, y)
X_test=dataset.iloc[39:49,1:23].values
y_test=dataset.iloc[39:49,23:29].values
y1_test=y_test[:,0:1]
y2_test=y_test[:,1:2]
y3_test=y_test[:,2:3]
y4_test=y_test[:,3:4]
y5_test=y_test[:,4:5]
y6_test=y_test[:,5:6]
y_cv = cross_val_predict(model, X_test, y_test, cv=10)
y_cv1=y_cv[:,0:1]
```

```
y_cv2=y_cv[ : ,1 : 2]
y_cv3=y_cv[ : ,2 : 3]
y_cv4=y_cv[ : ,3 : 4]
y_cv5=y_cv[ : ,4 : 5]
y_cv6=y_cv[ : ,5 : 6]
score= r2_score(y_test, y_cv)
score1= r2_score(y1_test,y_cv1)
score2= r2_score(y2_test,y_cv2)
score3= r2_score(y3_test,y_cv3)
score4= r2_score(y4_test,y_cv4)
score5= r2_score(y5_test,y_cv5)
score6= r2_score(y6_test,y_cv6)
```

代码 B.6 神经网络/深度神经网络

```
import numpy as np
from keras. models import Sequential
from keras. layers import Dense
from keras. wrappers. scikit_learn import KerasRegressor
from sklearn. model_selection import cross_val_score
from sklearn. model_selection import KFold
from sklearn. preprocessing import StandardScaler
from sklearn. pipeline import Pipeline
import pandas as pd
dataset=pd. read_csv ('Master batches. csv',encoding = 'unicode_escape')
X=dataset. iloc[ : ,0 : 11]. values
Y=dataset. iloc[ : ,11 : 12]. values
## define base model
#def baseline_model():
# # create model
# model = Sequential()
# model. add(Dense(11, input_dim=11, kernel_initializer='normal',
activation='relu'))
# model. add(Dense(1, kernel_initializer='normal'))
# # Compile model
# model. compile(loss='mean_squared_error', optimizer='adam')
# return model
## fix random seed for reproducibility
seed = 7
```

```
#np. random. seed( seed)
## evaluate model with standardized dataset
#estimator = KerasRegressor( build_fn=baseline_model, epochs=100, batch_size=5,
verbose=0)
#kfold = KFold( n_splits=10, random_state=seed)
#results = cross_val_score( estimator, X, Y, cv=kfold)
#print( "Results : %. 2f (%. 2f) MSE" % (results. mean( ), results. std( ) ) )
#
#np. random. seed( seed)
#estimators = [ ]
#estimators. append( ( ' standardize' , StandardScaler( ) ) )
#estimators. append( ( ' mlp' , KerasRegressor( build_fn=baseline_model, epochs=50,
batch_size=5, verbose=0) ) )
#pipeline = Pipeline( estimators)
#kfold = KFold( n_splits=10, random_state=seed)
#results = cross_val_score( pipeline, X, Y, cv=kfold)
#print( "Standardized : %. 2f (%. 2f) MSE" % (results. mean( ), results. std( ) ) )
# define the model
def larger_model( ):
# create model
model = Sequential( )
model. add( Dense( 11, input_dim=11, kernel_initializer=' normal' ,
activation=' relu' ) )
model. add( Dense( 5, kernel_initializer=' normal' , activation=' relu' ) )
model. add( Dense( 1, kernel_initializer=' normal' ) )
# Compile model
model. compile( loss=' mean_squared_error' , optimizer=' adam' )
return model
np. random. seed( seed)
estimators = [ ]
estimators. append( ( ' standardize' , StandardScaler( ) ) )
estimators. append( ( ' mlp' , KerasRegressor( build_fn=larger_model, epochs=100,
batch_size=5, verbose=0) ) )
pipeline = Pipeline( estimators)
kfold = KFold( n_splits=10, random_state=seed)
results = cross_val_score( pipeline, X, Y, cv=kfold)
print( "Larger : %. 2f (%. 2f) MSE" % (results. mean( ), results. std( ) ) )
```

```
#def wider_model():
# # create model
# model = Sequential()
# model.add(Dense(20, input_dim=11, kernel_initializer='normal',
activation='relu'))
# model.add(Dense(1, kernel_initializer='normal'))
# # Compile model
# model.compile(loss='mean_squared_error', optimizer='adam')
# return model
#
#np.random.seed(seed)
#estimators = []
#estimators.append(('standardize', StandardScaler()))
#estimators.append(('mlp', KerasRegressor(build_fn=wider_model, epochs=100,
batch_size=5, verbose=0)))
#pipeline = Pipeline(estimators)
#kfold = KFold(n_splits=10, random_state=seed)
#results = cross_val_score(pipeline, X, Y, cv=kfold)
#print("Wider: %.2f (%.2f) MSE" % (results.mean(), results.std()))
kfold = KFold(n_splits=10, random_state=seed)
results = cross_val_score(pipeline, X, Y, cv=kfold)
print("Larger: %.2f (%.2f) MSE" % (results.mean(), results.std()))
```

代码 B.7　支持向量机

```
from sklearn.model_selection import train_test_split
import pandas as pd
dataset=pd.read_csv ('Master batches.csv',encoding = 'unicode_escape')
X=dataset.iloc[:,0:11].values
Y=dataset.iloc[:,11:12].values
Y=Y.ravel()
X_train, X_test, y_train, y_test = train_test_split(X,Y,test_size=.2,
random_state=422)
from sklearn.model_selection import GridSearchCV
import math
from sklearn.svm import SVR
from sklearn.metrics import mean_squared_error
model = SVR(kernel='rbf', C=1e3, gamma = 0.5, epsilon = 0.01)
print(model)
```

```
model. fit(X_train,y_train)
pred_y = model. predict(X_test)
mse =mean_squared_error(pred_y,y_test)
print("Mean Squared Error : ",mse)
rmse = math. sqrt(mse)
print("Root Mean Squared Error : ", rmse)
# Tuning of parameters for regression by cross-validation
K = 10 # Number of cross validations
# Parameters for tuning
parameters = [{'kernel' : ['rbf'], 'gamma': [0. 1, 0. 2, 0. 5, 0. 6, 0. 9],'C' :
[10, 100, 1000, 10000]}]
print("Tuning hyper-parameters")
from sklearn. metrics import make_scorer
scorer = make_scorer(mean_squared_error, greater_is_better=False)
svr= GridSearchCV(SVR(epsilon = 0. 01), parameters, cv = K, scoring=scorer)
svr. fit(X, Y)
# Checking the score for all parameters
print("Grid scores on training set : ")
means = svr. cv_results_['mean_test_score']
stds = svr. cv_results_['std_test_score']
for mean, std, params in zip(means, stds, svr. cv_results_['params']):
print("%0. 3f (+/-%0. 03f) for %r"% (mean, std * 2, params))
```

代码 B. 8　主成分分析

```
from sklearn. decomposition import PCA
import pandas as pd
import warnings
warnings. filterwarnings('ignore')
warnings. filterwarnings('ignore', category=DeprecationWarning)
dataset=pd. read_excel("LDPE dataset_KevinMcgregor. xlsx",encoding =
'unicode_escape')
dataset=dataset. drop(36,axis=0)
X=dataset. iloc[0 : 39,1 : 23]. values
model =PCA(n_components=2)
model. fit_transform(X)
print(pca. explained_variance_ratio_)
print(pca. singular_values_
```

参 考 文 献

[1] https：//spectrum. ieee. org/top-programming-languages/.

[2] Caleb Bell (2023). Fluids：Fluid dynamics component of chemical engineering design library (ChEDL). https：//github. com/CalebBell/fluids (accessed 25 March 2023).

[3] Abadi, M. , Barham, P. , Chen, J. , et al. TensorFlow：A system for large-scale machine learning. *Proceedings of the 12th USENIX Symposium on Operating Systems Design and Implementation* (*OSDI*' 16), Savannah, GA, USA, 2016.

[4] Pedregosa, F. , Varoquaux, G. , Gramfort, A. , et al. (2011). Scikit-learn：Machine learning in Python. *Journal of Machine Learning Research* 12：2825-2830.

[5] Harris, C. R. , Millman, K. J. , van der Walt, S. J. , et al. (2020). Array programming with numpy. *Nature* 585 (7825)：357-362.

[6] McKinney, W. (2010). Data structures for statistical computing in Python. *Proceedings of the 9th Python in Science Conference*, Austin, TX, June 28 to July 3.

[7] Hunter, J. (2007). Matplotlib：a 2D graphics environment. *Computing in Science & Engineering* 9：90. https：//doi. org/10. 1109/MCSE. 2007. 55.